자연주의
육아백과

자연을 먹고 크는 아이,

아파도 자연으로 다스리는 아이

자연주의 육아백과

전찬일(전찬일한의원 원장) 지음

한겨레출판

머리말

이 땅의 모든 아이들이 자연의 섭리대로 밝게 자라는 그날을 꿈꾸며

아이를 건강하게 잘 키우는 것이 쉬운 일은 아닙니다. 어떻게 해야 아이를 건강하게 키울 수 있는지 알기도 어렵지만, 아는 것을 실천하기란 더 어렵습니다. 아이가 아프면 급한 마음에 일단 증상부터 가라앉히려고 합니다. 하지만 이런 빠른 해결책은 옳지 않을 때가 훨씬 많습니다.

아이가 열이 나면 엄마는 해열제부터 찾습니다. 솔직히 한의사인 저도 여기에 자유롭지 않습니다. 열이 올라 쌕쌕거리는 아이를 보고 약을 찾지 않을 부모가 어디 있겠습니까? 그러나 감기에 걸려 열이 나더라도 해열제를 함부로 먹여서는 안 됩니다. 감기로 열이 난다는 것은 감기바이러스 같은 나쁜 기운邪氣을 몰아내려고 몸속의 바른 기운正氣이 힘쓰고 있다는 증거입니다. 이럴 때 해열제를 쓰면 열과 함께 나쁜 기운이 빠져나가지 못하고 오히려 몸 안에 스며듭니다. 결국 열은 더 심해지고 각종 합병증까지 불러오게 되지요. 반면 열을 스스로 이겨낸 아이들의 몸에는 저항력이 생겨납니다. 그래서 가정요법이나 간단한 처방만으로도 거뜬히 감기를 물리치고 잔병치레도 덜하게 됩니다.

진료실에서 아이들을 만나다 보면 안타까울 때가 참 많습니다. 콧물이 조금 나도, 열만 약간 올라도, 설사를 조금만 해도 바로 항생제에 해열제, 주사까지 쓰다 보니 어느새 병약한 아이가 되어버리고 맙니다. 엄마, 아빠가 조금만 일찍 자연의 이치에 따르는 육아법을 깨우쳤다면 아이는 더욱 건강한 몸으로 자랄 수 있었을 텐데 말입니다. 더 안타까운 것은 이런 아이는 시간이 갈수록 면역력이 떨어져 온갖 잔병치레를 하게 된다는 점입니다. 잔병치레를 거듭하다 보면 비위기능이 허약해져 식욕은 물론 장 기능까지 잃게 됩니다. 잘 먹고 잘 소화하지 못하는 아이가 제대로 크지 못하는 것은 당연합니다. 아토피 같은 알레르기 질환에 걸릴 가능성도 커지겠지요.

그런 아이들이 많아서인지 일 년 열두 달 병원 문턱을 집처럼 넘나드는 엄마들이 너무 많습니다. 사회가 핵가족화되고 맞벌이 부부가 늘면서 우리 할머니들이 아이를 키우던 전통적인 지혜들은 무시되어 왔습니다. 배는 항상 따뜻하게 해야 한다는 옛 방식과는 정반대로, 장을 튼튼하게 한다며 차가운 육각수에 분유를 타 먹이는 것이 한때 유행하기도 했습니다. 홍삼이 성장에 좋다고 체질을 무시하고 너도나도 먹이다가 멀쩡한 아이에게 속열을 조장하고 부작용까지 불러오는 현실입니다. 엄마의 잘못된 선택이 아이의 평생 건강을 망치고 있는 셈입니다.

이런 현실이 이 책을 쓰는 씨앗이 되었습니다. 한의학이라는 큰 잣대로, 부모들에게 자연의 순리에 따라 아이 기르는 법을 조금이나마 알려드리고 싶었습니다. 그 방법은 거창한 것이 아닙니다. 아이가 날 때부터 지니고 있는 정기正氣를 도와줘 스스로 병을 이겨내고 체질에 따라 먹고 자라게 하는 것입니다.

이 책에는 아이를 자연의 힘으로, 타고난 체질에 따라 건강하게 키우는 방법이 담겨 있습니다. 그 안에서 적절하게 한방과 양방 치료의 도움을 받는 법도 정리했습니다. 큰 틀은 아이의 타고난 자연치유력을 최대한 살려야 한다는 것입니다. 그 틀 안에서 성장기에 흔히 겪게 되는 여러 가지 질병들을 어떻게 관리할 것인가를 정리했습니다.

한의서에 이르기를 "열 명의 어른 남자를 치료하기보다 한 명의 부인을 치료하기가 어렵고, 열 명의 부인을 치료하기보다 한 명의 아이를 치료하기가 더 어렵다"고 했습니다. 그만큼 아픈 아이를 돌보는 것이 어렵다는 말이지만, 어려서 질병을 잘 치료하고 건강을 잘 관리해주면 나중에 자라서도 건강하게 살 수 있다는 이야기도 될 것입니다.

아이는 자연의 이치와 고유의 체질에 따를 때 건강하게 자랍니다. 그러려면 부모는 훌륭한 가정주치의가 되어야만 합니다. 어떻게 보면 자기 아이를 가장 잘 아는 사람은 의사가 아니라 부모이기 때문입니다. 엄마, 아빠가 올바른 건강관을 가지고 있어야 아이도 건강하게 자랍니다. 살아 있는 모든 생물이 자연의 이치에 따라 생장하듯, 아이 역시 자연의 울타리 안에서 자라야 합니다. 이 책을 통해 모든 아이가 행복하고 건강한 세상이 되었으면 하는 희망을 품어봅니다.

한의사 전찬일

추천사

믿고 적용할 수 있는 0~6세 가정요법의 모든 것

요즘 들어 친환경적인 육아에 대한 관심이 늘면서 소아한의원을 찾는 엄마들이 늘고 있습니다. 아이의 체질을 잘 살펴 병을 다스리고, 나아가 자연의 순리대로 아이를 건강하게 키우는 방법에 대해 관심이 커진 것이지요.

한의학에서는 예전부터 아이를 기를 때 양생법을 중요하게 생각했습니다. 이에 대해 《동의보감》 소아편에서는 양자십법養子十法이라고 하여 아이를 키우는 열 가지 원칙을 제시하고 있습니다. 또한 질병에 따라 주의해야 할 음식과 아이 체질에 따라 함부로 먹지 말아야 할 한약재를 소개하고 있습니다. 한 예로 홍삼이 체질에 잘 맞는 아이가 있고, 그렇지 않은 아이가 있다는 것이지요. 이 같은 한방 육아법은 지금 아이를 키우는 엄마들에게도 큰 지침이 될 수 있습니다. 자연의 섭리에 따르면 몸도 마음도 튼튼한 아이로 자라게 하지요.

요즘 아이들을 보면 감기약을 달고 사는 경우가 많은데, 약물의 오남용은 내성을 키우고 면역력은 점점 떨어뜨려 아이를 허약체질로 만듭니다. 한의학에는 '사기소진 기기필허邪氣所湊 其氣必虛'라는 경구가 있습니다. 이는 '사기邪氣가 인체에 들어오는 것은 필히 정기正氣가 허약하기 때문이다'라는 뜻입니다. 이 말을 새겨보면 면역기능이 왕성한 아이라면 감기나 질병에 강하다는 것이지요. 약에 의존하기보다는 스스로 질병을 이겨내고 한층 건강해지는 아이로 키우는 것이 중요합니다.

안타까운 것은 우리의 전통에 자연의 섭리에 따른 육아법이 있음에도 불구하고, 잘못된 정보와 민간요법들이 무분별하게 남용되고 있다는 점입니다. 인터넷에는 아이에게 이런 한약을 먹이면 어디에 좋다는 식의 낭설이 넘쳐나고, 한의학적으로 전혀 근거가 없는 민간요법들이 마치 정설인 양 일컬어지고 있습니다. 여기에 대한 피해는 고스란히 아이에게 돌아갑니다. 아이를 건강하게 키우고 싶은 마음이 자칫 돌이킬 수 없는 화를 불러올 수 있습니다. 따라서 하나를 알더라도 제대로 알아야 합니다. 아이를 키울 때는 더 그렇습니다.

이런 안타까운 현실을 보면서 한의학적 정리가 필요하다는 생각을 하던 차에 전찬일 선생님의 책 발간 소식을 들었습니다. 개인적으로, 또 한방소아과학회를 대표하여 무척 고맙고 다행이라는 생각이 듭니다.

저자는 한방소아과를 전공한 후, 현재 소아한의원에서 많은 아이들의 병을 손수 고치면서, 또 대학 강단에서 한의학 강의를 하면서, 아이들이 스스로 건강하게 자랄 수 있는 자연주의 한방 육아법을 한 권의 책으로 묶어냈습니다. 바쁜 와중에 이렇게 방대한 정보를 담은 책을 써냈다는 것이 놀랍습니다.

책을 찬찬히 살펴보면 출생 이후 초등학교에 들어갈 때까지, 평생을 통틀어 가장 급격한 발달을 이루는 성장기의 건강에 대해 다루고 있습니다. 알기 쉽도록 연령별로 구별하여, 그 시기의 흔한 질병 관리를 비롯하여 믿고 적용할 수 있는 가정요법을 안내하고 있습니다. 자연주의적인 방법으로 아이를 밝고 건강하게 기르고 싶은 부모들에게 좋은 지침서가 되리라 생각합니다. 부디 이 책을 통해 이 땅의 모든 아이들이 약의 내성을 키우지 않고 스스로 병을 이겨내면서 건강하고 밝게 자라기를 진심으로 바랍니다.

대한한방소아과학회 16대 회장

김윤희

이 책을 읽기에 앞서

자연으로 아이를 키우고 싶은 모든 엄마들에게

이 책은 자연으로 아이를 키우고 싶은 엄마들을 위한 것입니다. 친정어머니에게 조언을 구하는 것처럼 아이를 돌보면서 궁금하고 답답한 것이 생기면 이 책에서 답을 구해보세요. 책 안에서 계속 반복되는 주제에 대해 간단하게 정리했습니다. 책을 읽기에 앞서 미리 알아두면 본문의 내용을 이해하는 데 도움이 될 것입니다.

: 이 책은 자연주의 육아를 위한 것입니다

이 책은 자연주의라는 큰 틀을 토대로 만들어졌습니다. 제시된 모든 육아법 하나하나가 자연의 이치에 따르고 있지요. 그렇다면 과연 무엇을 두고 자연주의 육아라고 하는지 짚고 넘어갈 필요가 있겠지요.

'자연주의 육아'라고 하면 부담스럽고 어렵게 느껴질 것입니다. "현대 사회에 살면서 의식주를 자연에 가깝게 하고, 예전 어른들처럼 아이가 자라는 대로 자연스럽게 키우는 것이 가능할까요?" 하고 묻는 엄마도 많습니다. 하지만 자연주의 육아는 생각만큼 복잡하거나 어렵지 않습니다.

먹을거리를 예로 들어볼까요? 외식을 많이 하고 수입 농산물과 패스트푸드를 즐겨 먹는다면 틀림없이 아토피는 심해집니다. 또 이런 아이들은 환절기마다 감기에 걸리기 쉽고, 감기약을 달고 사는 경우가 많습니다.

하지만 조금만 노력해서, 집에서 잡곡밥에 제철 음식을 먹이고, 일주일에 한두 번이라도 공기 좋은 곳에서 흙을 밟고 놀게 한다면 아이는 아토피와 감기에서 조금씩 벗어나게 될 것입니다. 감기에 걸린다 해도 아이가 자연스럽게 잘 이겨낼 수 있으니 병원에 그리 자주 갈 이유도 없겠지요. 이렇듯 자연주의 육아는 어디서부터 시작해야 할지조차 모를 만큼 어렵고 복잡하던 육아를 아주 쉽고 편하게 만들 수도 있습니다.

조금만 생각을 바꾸면 아이 몸이 평화로워지는 길이 있는데, 굳이 어려운 길로 갈 이유가 있겠습니까? 이렇게 이야기를 해도 도시생활을 하면서는 자연주의 육아를 할 수 없다고 생각하는 엄마들이 있습니다. 하지만 아이가 아토피로 고통받거나, 면역력이 약해 감기에 자주 걸린다면 생각이 달라지지요.

아이가 평생 쓸 몸인데, 우리 땅에서 난 제철 음식을 골고루 먹이고, 가능한 좋은 환경을 제공하고, 아이가 스스로 감기를 이겨내게 도와주고, 항생제는 줄이고 면역력은 키운 아이들이 건강하게 자라는 모습을 보면 자연주의 육아를 권하지 않을 수 없습니다.

그래서인지 요즘 엄마들은 아이를 자연스럽게 키우려고 자신의 삶도 많이 바꾸고 있더군요. 이렇듯 자연의 섭리를 따르는 육아법을 실천하는 사람들이 하나둘 늘어나면, 도시에 사는 엄마들 역시 자연주의 육아를 할 수 있다는 자신감을 얻을 수 있을 것입니다. 그런 엄마들을 위해 이 책에는 아이의 면역력을 높이는 자연주의 육아법과 아이가 아플 때 면역력을 해치지 않으면서 치료하는 한방 육아에 대해 상세히 담았습니다.

: 보약에 대한 정보는 이렇게 활용하세요

한방 육아에서 엄마들이 가장 큰 관심을 보이는 것이 바로 보약입니다. 예로부터 한의학에서는 약보藥補, 식보食補, 동보動補를 삼보三補라 하여, 약보다는 식이, 식보다는 동이 중요하다고 했습니다. 즉 보약보다는 체질에 맞는 균형 잡힌 식사가, 그리고 식사보다는 적절한 운동이 더 중요하다는 이야기입니다.

하지만 아이가 식욕이 너무 없고 체중이 적게 나가거나, 쉽게 피로를 느끼며 무기력해 보이거나, 잘 먹고 잘 노는데도 감기에 자주 걸리고 오래갈 때도 있습니다. 또한 항생제의 오랜 복용으로 소화기능과 면역력이 떨어져 있을 때도 있지요. 보약은 이럴 때 먹이는 것이 좋습니다.

아이들은 생후 6개월이 되면 자신이 가지고 태어난 면역력이 소진되기 시작하면서 감기 같은 여러 허약증이 나타나기 시작합니다. 따라서 일반적으로 생후 6개월 이후로는 보약 처방이 필요할 수 있습니다. 일반적으로 보약이라 하면 녹용이 포함된 한약을 연상합니다. 물론 녹용은 훌륭한 보약재지만 증상과 체질에 따라 필요할 수도 있고 그렇지 않을 수도 있습니다. 보약에 녹용을 넣을지, 어느 정도 양을 얼마나 오래 먹여야 하는지는 전문가인 한의사에게 맡기면 됩니다.

이 책에는 여러 가지 보약이 나와 있습니다. 체질에 맞춰 상세히 설명했지만 실제로 보약을 먹일 때는 소아한의원에서 체질에 맞는 보약을 처방받아야 합니다. 아무리 좋은 보약이라도 체질에 맞지 않으면 효과를 볼 수 없으니, 보약을 먹일 때는 꼭 한의원의 처방을 따르세요.

: 한약은 한의사의 처방이 있어야 합니다

책을 읽다 보면 내 아이의 증상을 어느 정도 알 수 있고, 그에 따라 어떻게 돌봐야 할지도 깨닫게 될 것입니다. 특히 아이 증상에 맞는 한약에 대한 정보도 얻을 수 있습니다.

한약을 먹일 때 반드시 주의할 점이 있습니다. 음식도 체질에 맞지 않으면 탈이 나고 불편한데 한약도 부작용이 없을 수는 없습니다. 따라서 체질과 증상에 맞지 않는 한약을 임의로 오래 복용해서는 안 됩니다. 서울시 한의사회 조사에 의하면 흔히 건강식품으로 가장 많이 먹는 홍삼도 사람에 따라 여러 부작용을 호소하는 것으로 확인되었습니다. 홍삼은 양기를 보강하는 약재로 과하면 양기가 항진되어 코피, 구내염, 가슴답답, 상열감, 두통, 안구충혈, 고혈압 등의 부작용이 나타날 수 있으며 심할 경우에는 중풍으로 목숨까지 위태로워질 수 있다는 것이었습니다.

그러므로 아이가 한약이나 어떤 특정한 약재를 복용할 때는 반드시 한의사의 진찰을 통해서 처방을 받아야 효과를 볼 수 있습니다. 간단한 가정요법이나 건강보조식으로 먹일 경우에도 주의사항이나 용량을 잘 따르고, 특히 꾸준히 먹여야 한다면 한의사의 조언을 구하는 것이 좋습니다.

이 책에는 보약을 비롯해 아이들이 자주 앓는 질병에 맞는 적절한 한약처방을 적어놓았습니다. 예를 들어 알레르기성 비염에는 소청룡탕, 식욕부진에 양위진식탕, 호흡기가 허약할 때는 청상보하탕 등 이름도 생소한 한약이 많습니다. 이렇게 자세히 한약의 이름을 적어놓은 것은 집에서 이 약을 만들어 먹거나 한약방에 가서 이런 약을 지어달라고 이야기하라는 뜻이 아닙니다. 잘 아시겠지만 해당 질환에 그 처방만을 쓰는 것은 절대 아니니까요. 한의학에서는 이런 다양한 처방을 통해서 질병과 허약증 개선에 접근하고 있다는 것을 알려드리기 위함입니다.

: 기혈소통을 원활하게 하는 추나요법

이 책에 많이 등장하는 것이 바로 추나요법입니다. 집에서 간단하게 할 수 있는 추나요법도 설명했습니다. 아마 책을 읽고 아이에게 바로 시술할 수 있을 것입니다.

추나요법에서 추나推拿란 밀고 당긴다는 의미입니다. 즉 손으로 밀고 당기고 문지르는 등 자극을 줘 기혈소통을 돕고 장부의 기능을 도와주는 치료법입니다. 나아가서 척추와 골반의 변위를 교정하고 긴장된 근육을 풀어 자세를 잡아주고 신경활동을 원활히 하며 통증을 완화해주는 치료법이기도 합니다. 그렇게 함으로서 인체의 자연치유력을 회복시키고, 질병이 발생하지 않도록 미리 예방하는 치료법이라고 할 수 있지요.

추나요법은 아이들에게 편안한 느낌을 주며 시술자와 환자 상호 간에 신뢰감을 조성하는 장점이 있는 치료 방법입니다. 치료에 대한 아이들의 두려움을 줄여줄 수 있을 뿐만 아니라 응급을 요하는 경우에도 약물을 사용하기 전에 간단한 시술로 소기의 목적을 얻을 수 있습니다. 더구나 간단한 추나요법은 한의사의 지도 아래 부모님들도 얼마든지 할 수 있기 때문에 효과적이고 쉬운 것들은 책에 소개해놓았습니다.

추나요법은 아이들에게는 감기, 소화기 질환, 야뇨증, 열성 경련, 성장통, 두통, 요통, 측만증, 사경, 외상성 후유증, 주의력 결핍 장애, 면역기능 강화, 허약 장기 개선, 성장 촉진, 두뇌 발달 촉진 등에 적용하며 한약, 침 치료 등과 병행할 때 더욱 효과적입니다. "어린 줄기부터 휘어지기 시작하면 그 나무는 구부러진다"는 말이 있습니다. 추나요법은 그야말로 어린 줄기가 휘어지지 않도록 잡아주는 버팀목 같은 치료입니다.

: 면역력을 키워 질병을 예방하는 약향요법

아이에게 효과가 좋은 한방 시술로 약향요법이 있습니다. 이 책에는 약향요법에 대한 설명도 있습니다.

약향요법은 아로마요법이라고도 하는데, 기본적으로 한약재와 기타 식물의 잎이나 꽃 등에서 추출한 향유를 사용합니다. 한방 효과가 있는 향유를 흡입하기도 하고, 몸에 바르기도 하며, 목욕이나 마사지를 할 때 사용하기도 합니다. 그렇게 해서 인체의 면역력과 치유력을 향상시켜 질병을 예방하고 치료하는 자연요법이지요.

아이들의 소화기 질환(변비, 설사, 식체, 복통 등), 호흡기 질환(비염, 기침, 중이염 등), 피부 질환(땀띠, 아토피성 피부염 등), 기타 야제증, 스트레스, 비만, 입병 등 다양한 질환에 효과를 보입니다.

약향요법은 6천 년의 역사를 지녔는데 부작용이 거의 없는 자연요법으로, 방법은 조금 다르지만 예로부터 한의학에서도 활용해왔으며 유럽, 미국 등에서도 이미 보편적인 치료법으로 널리 사용하고 있습니다.

이 책에 소개된 약향요법 몇 가지를 예로 들어 보면, 로즈마리, 페퍼민트,

진저(또는 블랙페퍼)를 아몬드 오일에 섞어서 배꼽을 중심으로 시계 방향으로 복부를 꾹꾹 눌러 돌려가며 마사지하면 변비가 해결됩니다. 아이가 배가 아프다고 할 때는 라벤더, 로만캐모마일, 페퍼민트 오일을 올리브 오일에 섞어 추나요법을 시행할 때 사용하면 소화불량, 구토, 복통에 모두 좋습니다. 아이가 새로운 유치원 생활에 힘들어한다면 욕조에 라벤더 오일을 10방울 정도 떨어뜨려 목욕을 시키거나, 베개에 한두 방울 떨어뜨려 향을 맡게 합니다. 또는 라벤더 오일을 아몬드 오일에 몇 방울 섞어 손과 발을 마사지해줘도 좋습니다. 스트레스나 불안, 걱정을 완화하는 효과가 있기 때문이지요. 이렇듯 약향요법은 손쉽게 아이에게 적용해볼 수 있는 안전하고 효과적인 치료법입니다.

: 아이들도 침을 맞을 수 있습니다

한방 치료에서 빼놓을 수 없는 것이 침입니다. 과거에는 어린아이들이 침을 너무 아파하고 무서워하여 쉽게 적용할 수 없었지만, 최근에는 바늘을 이용한 침뿐 아니라 통증이 없는 레이저침, 전기침, 스티커침 등이 개발되어 아이들도 힘들지 않게 침 치료를 받을 수 있습니다.

침 치료는 신생아 시기에도 가능합니다. 물론 주의해야 할 혈 자리들과 성인과는 조금 다른 침법을 사용하지만 증상과 질병에 따라 필요한 경우에는 침 치료를 해주는 것이 효과적인 경우가 있습니다.

예를 들어 아기 때는 천문이 완전히 닫힌 상태가 아니므로 머리에 있는 혈 자리에 침을 놓는 것은 주의해야 합니다. 따라서 어른처럼 침을 깊이 놓기보다는 혈 자리를 자극하는 정도로 침을 가볍게 놓거나 통증이 없는 침을 놓습니다. 그리고 유침이라고 해서 어른들은 침을 맞고 20분 정도 누워 있는 경우가 대부분입니다만 어린 아기들은 그럴 수 없는 경우가 많아 짧게 혈 자리를 자극하는 정도로 침을 놓습니다. 아이의 상태에 따라 일주일에 1~3회 정도 치료를 받습니다.

책을 읽다 보면 침 시술에 대한 설명을 곳곳에서 볼 수 있을 것입니다. '아이한테 어떻게 침을 놓을까?' 하고 의문을 가질 필요는 없습니다.

: 아이는 체질에 따라 키워야 합니다

이 책에서는 자연의 섭리에 맞게 아이를 기르는 데 있어 가장 중요한 것으로 '아이 체질에 맞는 육아를 통해 질병을 예방하고 치유하는 것'을 들고 있습니다. 평상시에 체질에 맞는 음식을 먹고, 몸이 아플 때는 체질에 맞는 치료를 하면 아이를 더 건강하게 키울 수 있습니다. 체질에 맞는 육아법을 잘 실천하면 알레르기성 비염이나 아토피 등 알레르기 질환을 앓는 아이들도 과민한 체질이 개선되면서 증상이 완화될 수 있습니다. 하지만 보통 엄마들이 자기 아이의 체질이 무엇인지 구분해내기란 쉬운 일이 아닙니다. 아마도 이 책을 읽는 엄마들도 그럴 것입니다.

흔히 체질이라고 하면 사상체질, 즉 태음인, 태양인, 소음인, 소양인을 생각합니다. 하지만 아이를 키울 때는 이렇게 어려운 것 말고, 양 체질과 음 체질만 구분해도 충분합니다. 이 책에서는 아이의 체질을 주로 이 두 가지로 설명합니다.

양 체질 아이들은 가만히 있지 않고 아주 활동적이며 열이 많습니다. 잘 때 이불을 차내면서 큰 대자로 사지를 뻗고, 찬 곳을 찾아 돌아다니면서 자고, 방이 조금만 더워도 칭얼대며 자주 깨고 땀을 많이 흘립니다. 설태가 두텁고 구취도 있으며 변비 경향이 있고 소변 색이 노랗고 진합니다.

반대로 음 체질 아이들은 비교적 조용히 놀고 순하며 피부가 희고 발이 찬 느낌이 자주 듭니다. 안아주거나 이불을 적당히 감싸줘야 잘 자고, 엎드려 자는 걸 좋아하며 더운 곳에서도 땀을 많이 흘리지 않습니다. 설태가 얇고 묽은 변을 자주 보며, 소변 색이 맑습니다.

양 체질 아이는 서늘한 성질의 음식이 도움이 되고, 음 체질 아이는 따뜻한 성질의 음식을 먹는 것이 좋습니다. 예를 들면 밤, 대추, 잣, 무, 양파, 생강, 피망, 밤, 닭고기 등은 따뜻한 성질의 음식으로 음 체질 아이에게 좋습니다. 양 체질 아이에게는 몸의 열을 내려주는 녹두, 팥, 수박, 참외, 배, 오이, 죽순, 배추, 시금치, 연근, 미역, 다시마, 김, 돼지고기가 좋지요.

양 체질 아이에게 더운 홍삼을, 음 체질 아이에게 찬 결명자를 오래 먹이면 부작용이 생길 수 있다는 것이 바로 체질에 따른 육아, 자연주의 한방 육아입니다. 한약을 처방할 때도 이러한 큰 맥락에서 하는 것이 한의학입니다.

: 한방차, 한 가지를 오래 먹일 경우 한의사와 상담이 필요합니다

이 책에서는 집에서 손쉽게 끓여 먹을 수 있는 한약재에 대해서도 많이 소개합니다. 엄마 중에는 아이들에게 평소 물 대신 끓여 먹이면 좋은 약재에 대해 궁금해하는 분들이 많습니다. 이 책을 읽다 보면 감기에 걸렸을 때, 비염이 있을 때, 설사나 변비가 있을 때 등 특정 증상이 있을 때 손쉽게 해서 먹일 수 있는 가정요법에 대해 알게 될 것입니다.

물론 이런 약재들은 약성이 완만하여 소개한 용량이나 주의사항을 잘 따르면 부작용이 없습니다. 그런데 장기간 복용할 경우, 아이 체질과 딱 맞지 않아 문제가 발생할 수도 있으므로 반드시 한의사에게 조언을 구하는 것이 좋습니다. 아무리 좋은 약재도 체질에 맞지 않고, 복용량이나 기간이 지나치다면 먹지 않는 것만도 못합니다.

이 밖에도 이 책에는 0~6세 아이를 키우면서 겪는 건강상의 모든 문제들에 관한 많은 정보가 있습니다. 평소 고민은 됐지만 답은 알 수 없던 문제들을 하나씩 차근차근 풀어가길 바랍니다.

차례

신생아 감기

소변과 대변

설사와 변비

눈·코·입·귀

체했을 때·잠재우기

태열·아토피

피부 문제

보약 먹이기

성장발달·아이 키우기

3장_2세에서 3세까지(13~24개월)

엄마가 알아야 할 첫돌에서 두 돌까지 자연주의 육아법

눈·코·입·귀

수유

대소변 가리기와 소변 이상

아토피성 피부염

눈·코·입

치아관리·땀

대변과 소변

수면장애

허약아와 배앓이

피부 문제

5장_5세에서 6세까지(49~72개월)

엄마가 알아야 할 다섯 살에서 여섯 살까지 자연주의 육아법

6장 _ 엄마들이 가장 궁금해하는

자연건강법 질문 65

1장

태어나서 백일까지

옛 어른들은 아기가 날 때부터 모든 것을 아기에게 맞추면서 육아 자체에 느긋한 마음을 가졌습니다. 강박 관념에서 벗어나 여유를 갖고 아기를 대했지요. 다른 아기와 비교하면서 조바심을 내지도 않았습니다. 이런 점을 배워야 합니다. 조바심을 줄이고 내 아기가 자연스럽게 자기만의 속도로 자라주길 기대하면서 마음을 편하게 먹으세요. 신생아를 키우는 엄마는 무엇보다 엄마로서의 자부심과 여유, 자신감을 갖춰야 합니다.

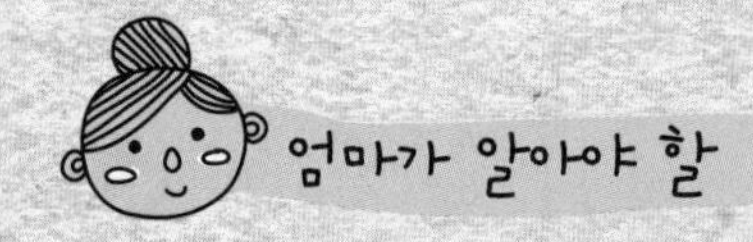

태어나서 백일까지 자연주의 육아법

아기가 태어나면 선조들은 가장 먼저 아기 입속의 오물을 닦아냈습니다. 이것을 식구법拭口法이라고 하는데, 《동의보감》에도 보면 "아기가 태아로 있을 때 입속에 반드시 오물이 있는 것이니 아기가 나오면 우는 것을 기다릴 것 없이 산파가 급히 부드러운 비단이나 면을 손가락에 감고 황련과 감초 달인 물을 찍어서 입속 오물을 깨끗이 닦아 버려야 하는데 만약 오물을 빨아 삼켜서 뱃속에 들어가면 반드시 질병이 생기는 법이다"라고 했습니다. 이것은 식구법을 통한 하태독법下胎毒法, 즉 태독을 제거하는 법입니다. 태독은 아기들이 걸리는 모든 질병의 근원입니다. 우리 조상들은 하태독법을 통해 아기의 태질과 피부질환 등의 질병을 예방했던 것입니다.

산모는 3일이 지나서야 목욕을 할 수 있었는데, 아기는 태어나서 3일간 목욕을 시키는 삼조목욕三朝沐浴의 전통이 있었습니다. 《동의보감》에 보면 "사흘 아침을 아이를 씻기는데 호랑이뼈와 복숭아가지, 돼지쓸개를 금은기金銀器에 달인 물에 씻으면 아이가 놀라기를 적게 하고 두창痘瘡이 나지 않는다"라고 하였습니다. 현대에는 구하기 쉽지 않은 약재이므로 복숭아나무, 뽕나무, 매화나무, 버드나무가지나 한의원에서 고삼, 황련, 백급 등의 약재를 구해 이용해도 좋습니다. 옛날에는 '호환마마'가 아이들에게 가장 무서운 일을 상징하는 말이었음을 볼 때, 이 당시 아이들에게 발생하는 두창痘瘡, 즉 종기나 감염성, 난치성 피부 질환은 아이의 생명과 건강에 아주 중요한 문제였던 것입니다.

옛날 엄마들은 70~80세 노인의 헌옷으로 신생아의 배내옷을 지어 입혔습니다. 그 이유는 노인의 장수가 아이한테도 이어지길 바라는 마음에서였는데, 한의학적으로 볼 때 노인의 음적인 기운이 아기의 편향된 양적인 기운을 보완해줘 건강하게 자라날 수 있다고 본 것입니다. 또한 《동의보감》에 보면 "부귀한 집에서 새 면으로 아이 옷을 만드는 것은 질병이 생길 뿐만 아니라 또한 복을 더는 것이다"라고 하고 있습니다. 《동의보감》뿐만 아니라 한방소아과 서적에는 소아들에게 이불이나 의복을 두껍게 입히지 말고 헌옷을 입힐 것을 당부하고 있는데, 그렇지 않으면 피부가 상하고 종기가 생기며 감기에 잘 걸리고 근골이 연약해진다고 누누이 말합니다.

생후 100일 미만의 아기를 키우는 엄마들은 한결같이 이런 말을 합니다.

"아기가 하루가 다르게 자라는 것 같아요."

그 말이 맞습니다. 생후 100일까지 아기는 모든 면에서 빠른 발달을 보입니다. 출생 직후부터 100일간 아기가 자라는 속도를 보면 놀라울 정도이지요. 아기가 막 태어났을 때의 평균 체중은 3.3kg입니다. 3개월이 되면 2배인 6.6kg이 됩니다. 키는 약 50cm으로 태어나 3개월 즈음에 60cm 이상이 되지요. 아기마다 차이는 있지만 신생아 대부분이 이렇게 눈에 보일 만큼 빠르게 성장합니다. 각 소화기관도 용적 면에서 모두 큰 발달을 이루는데, 그중 특히 위장은 출생 당시에 50ml 정도의 용적이었다가 3개월에는 140~170ml로 3배 이상 커집니다. 모양은 서양 배처럼 생겼는데 아직 성인의 위 모습을 갖추지 못해서 자주 토하곤 합니다.

신생아(신생아는 생후 4주 전까지의 아기를 말하지만, 책에서는 100일까지로 이야기하겠습니다)는 모든 것이 어른과 다릅니다. 이를 잘 모르는 엄마들은 어른과 비교하여 아기의 상태를 판단하지요. 어른의 눈에는 신생아의 여러 특징이 비정상적으로 보일 수 있습니다. 신생아 때만 보이는 독특한 특징을 미리 알아두면 아기를 돌보기가 한결 수월합니다.

: 신생아만의 특징이 있습니다

신생아 시기에만 두드러지는 점이 있습니다. 간혹 이 특징 때문에 엄마들이 당황하는데, 때가 지나면 자연스럽게 저절로 사라지거나 어른과 비슷해지므로 걱정할 필요가 없습니다.

가장 대표적인 것이 천문입니다. 흔히 숨구멍이라 부르는 곳으로 머리 가운데 물렁물렁한 부분을 말합니다. 아기는 태어날 때 산도를 쉽게 빠져나오려고 머리뼈가 완전히 굳지 않고 열려 있습니다. 이 열린 공간을 천문이라고 하지요. 정수리 뒤쪽 삼각형으로 열린 부분을 소천문이라고 하고, 정수리 앞쪽 마름모꼴로 열린 부분을 대천문이라고 합니다. 소천문은 생후 2개월에, 대천문은 18개월이 되면 닫힙니다. 시간이 지나면 자연스럽게 닫히지만, 그래도 완전히 굳기 전까지는 이 부분에 충격이 가지 않도록 조심해야 합니다.

그 밖에 신생아는 엄마 호르몬의 영향으로 인한 특징도 보입니다. 즉 엄마 뱃속에 있을 때 태반을 통해서 엄마에게 받았던 호르몬이 아직 몸에 남아 있기 때문에 나타나는 현상입니다. 갓 태어난 아기를 보면 젖이 볼록하게 솟아 있는데 손을 대보면 젖멍울이 만져지기도 하고 간혹 젖이 나오기도 합니다.

하지만 몸에서 호르몬이 모두 빠져나가면 정상으로 돌아옵니다. 그런데 간혹 아기 젖꼭지를 짜는 엄마들이 있습니다. 신생아 때 젖꼭지를 짜지 않으면 커서 함몰유두가 된다는 말도 안 되는 속설 때문입니다. 이는 전혀 근거가 없는 말입니다. 오히려 괜히 젖꼭지를 짜다가 상처가 생기고 감염이 될 수 있습니다. 신생아의 젖은 가만히 두는 것이 가장 좋습니다.

또한 출생 후 2~3개월 즈음에 생리적으로 빈혈이 나타날 수 있습니다. 적혈구의 조혈능력이 떨어지고 수명이 어른보다 짧아서 일시적으로 나타나는 현상입니다. 이 역시 자라면서 자연스럽게 회복됩니다.

태어난 후 약 2개월까지는 눈물이 나오지 않을 수도 있습니다. 이는 눈물샘이 아직 덜 발달해서 그런 것인데 2개월이 지나면 자연스럽게 눈물이 나옵니다. 눈물을 흘리는 것은 아닌데 눈가가 젖어 있다면 이는 눈물관으로 눈물이 잘 배출되지 않아 생긴 증상입니다. 끓여서 식힌 물이나 모유 몇 방울을 가제 수건에 적셔 닦아주고 눈물관 부위를 마사지해주면 됩니다. 또한 남자 아기는 생후 2주가 되어야 고환이 음낭 속으로 내려오므로 고환이 없더라도 놀라지 마세요.

아기를 가만히 살펴보면 숨을 쉴 때마다 배가 오르락내리락합니다. 이는 생후 2주간 복식호흡을 하기 때문입니다. 복식호흡은 6세 정도까지 계속됩니다. 7세가 넘어가면 흉식 호흡을 하게 되지요. 어른은 1분에 15번쯤 숨을 쉬지만 아기는 30~40번 정도 숨을 쉬고 흥분하면 더 많이 쉽니다.

신생아의 이런 독특한 호흡은 6개월 정도가 되면 변하기 시작합니다. 하지만 아기가 안정 상태에서도 1분에 50회 이상 가쁘게 숨을 내쉰다면 다른 이상이 있는 건 아닌지 진찰해보길 권합니다.

: 신생아의 대변과 소변은 다릅니다

갓 태어난 아기는 생후 2~3일간 냄새가 없는 암녹색의 태변을 봅니다. 신생아라면 누구나 태변을 보지요. 만일 출생 후 24시간 안에 태변을 보지 않으면 장폐색이 의심되는 응급 상황입니다.

녹변은 그 자체만으로 문제가 되지는 않습니다. 어른과 다르다고 걱정할 필요는 없다는 이야기입니다. 장염이 있거나 우유 알레르기가 있어 녹변을 보기도 합니다만, 녹변을 쌌다고 다른 병이 있는지 의심하기보다는 변에 물기가 많은지, 변을 보는 횟수가 급격히 늘었는지를 더 따져봐야 합니다.

모든 신생아는 하루 20번 이상 소변을 봅니다. 어떤 아기는 30번까지 소변을 보기도 합니다. 어른이 하루 4~6번 소변을 보는 것에 비하면 매우 두드러진 점이라 할 수 있지요. 대소변의 이런 특징은 신생아 때만 보이는 것으로 건강에 이상이 있는 건 아닙니다.

: 무엇이든 자연스럽게 이겨내는 것이 좋습니다

신생아에게서만 보이는 신체상의 특징도 그렇고, 대변과 소변의 상태도 그렇고, 신생아 시기에는 많은 것이 엄마를 당황스럽게 합니다. 간혹 그런 것을 병으로 받아들이거나, 인위적으로 빨리 처치해야 한다는 생각을 하기 쉬운데, 무엇이든 아기 스스로 이겨내게 하고 자연스러운 방법으로 키우는 것이 좋습니다.

열을 예로 들어볼까요? 아기가 열이 나면 엄마들은 해열제부터 찾습니다. 솔직히 한의사인 저도 아기의 열에 대해서만큼은 자유롭지 못합니다. 엄마들은 더하겠지요. 아기가 열이 나서 힘들어하는 모습을 보면 당장이라도 열을 떨어뜨리고 싶은 마음에 해열제부터 찾게 됩니다.

아기들에게는 '변증열'이라는 것이 있습니다. 변증열은 성장발육기에 보이는 생리적인 열로 태열을 발산하는 과정이며, 오장육부와 체내의 세포, 조직이 커나가고 성숙하면서 나타나는 열입니다. 대부분 며칠이 지나면 자연스럽게 가라앉는데, 변증열을 겪고 나면 아이 눈도 초롱초롱해지고 똑똑해진다고 해서 예로부터 '지혜열'이라고도 불렀습니다. 이런 경우에 열이 난다고 무조건 해열제를 쓰면 태열의 발산 과정을 막아 태열기가 심해지는 등 2차적인 문제가 생길 수 있습니다.

감기 때문에 열이 난다 하더라도 해열제는 함부로 쓰지 말아야 합니다. 아기가 감기로 열이 나는 것은 감기와 싸우는 과정에서 감기바이러스 등 나쁜 기운을 몰아내기 위해 아이 몸의 면역체계가 애를 쓴다는 증거입니다. 이럴 때 해열제를 함부로 복용하면 열이 나쁜 기운과 함께 밖으로 빠져나가지 못하고 오히려 몸속 깊숙이 들어오게 되지요. 그 결과 열이 잘 가라앉지 않고 지속되다가 폐렴, 중이염, 급성축농증 등 합병증을 일으키게 됩니다.

열을 이겨내고 감기를 회복한 아이들은 저항력이 생겨, 이후에도 가정요법이나 한방 감기약 처방만으로도 거뜬히 감기에서 벗어나며 잔병치레도 덜 하게 됩니다. 이처럼 때로는 느긋한 마음으로 자연스럽게 나아지기를 기다리는 자세가 필요합니다.

단, 자연주의 한방육아법을 무분별한 민간요법과 착각해서는 곤란합니다. 자연주의 육아법이라고 해서 검증되지 않은 민간요법을 쓰거나 아기를 방치하라는 말은 아닙니다. 한의학적 원리에 따라 아기가 스스로 질병을 이겨낼 수 있는 자생력을 키워주는 것이 자연주의 육아법입니다. 또한 약이 필요할 경우에는 내성이 생기지 않는 자연에 가까운 한약으로 질병을 관리해주는 것이 자연주의 육아법인 것입니다.

막힌 코를 뚫어주겠다고 흡입기로 자꾸 빨아내고, 천문을 보호한다고 시원하게 해야 할 아기 머리에 두꺼운 모자를 씌우고, 장을 튼튼하게 만든다고 찬물에 분유를 타 먹이는 것 등도 해서는 안 됩니다. 무엇이든 자연의 이치에 맞게, 조금 느긋하게 키우는 것이 아기에게 가장 좋습니다.

: 모유만 한 음식은 없습니다

저는 엄마들에게 아기를 양육할 때는 무엇이든 자연스러운 것이 가장 좋다고 늘 강조합니다. 엄마 눈에 아이가 조금 이상해도 무리한 방법을 쓰지 말라고 당부하지요. 이는 '내버려두면서 자연스럽게' 키우는 것이 가장 좋다는 확신이 있어서입니다. 그런 의미에서 아기에게 가장 자연스럽게 먹일 수 있는 최고의 음식은 모유입니다. 무리수가 없으면서 최고의 영양을 전달하는 음식으로 모유만 한 것이 없습니다. 정말 어려운 상황이 아니라면 아기에게 반드시 모유를 먹여야 합니다. 특히 출산 후 처음 나오는 초유만큼은 꼭 먹이는 것이 좋습니다. 초유에는 면역인자가 듬뿍 들어 있어 아기의 면역력을 높여줍니다.

또한 모유는 그 어떤 고급 분유와도 비교할 수 없을 만큼 성분이 탁월합니다. 6개월까지는 다른 영양 보충 없이 모유만 먹어도 충분할 정도입니다. 흔히 생후 6개월이 지나면 모유의 영양분이 떨어진다고 생각하는데 절대 그렇지 않습니다. 모유는 돌이 지나서도 아기가 원하면 얼마든지 더 먹여도 될 만큼 훌륭한 음식이고, 그 장점은 두 돌이 지나서도 유효할 정도입니다.

만일 젖이 잘 나오지 않는다면 억지로 유축기를 이용하기보다 우선 젖을 자주 물리세요. 그리고 밤중에도 꼭 젖을 물리도록 하세요. 그러면서 젖이 잘 나오는 음식을 섭취하면 모유량은 충분히 늘어납니다.

간혹 모유를 먹으면서 황달기를 보이는 아기가 있습니다. 신생아는 출생 후 2~4일에 생리적으로 황달이 나타날 수 있습니다. 자연스럽게 없어지기도 하지만 상태가 심하다면 치료가 필요합니다. 하지만 모유로 인한 황달은 걱정하지 않아도 됩니다. 이런 황달은 모유를 하루 정도 끊었다 다시 먹이면 괜찮아집니다.

: 엄마가 알아두어야 할 신생아의 감각기능

이 시기는 호흡, 순환, 배설, 체온 조절과 같은 생명 유지를 위한 기본 기능은 발달했지만 감각을 느끼는 기능은 미숙합니다. 아기의 감각기능이 어른과 비슷하리라고 판단해서는 곤란합니다.

시각은 막 태어나서는 원시 상태이며, 돌이 되면 0.4 정도의 시력을 갖습니다. 생후 수일이 되면 눈앞에서 움직이는 물체를 응시할 수 있고, 눈과 머리를 90도 정도 돌려서 볼 수 있습니다. 2개월이 되면 누워서 눈과 머리를 180도 정도 돌려 볼 수 있게 됩니다.

청각은 이미 뱃속에 있을 때부터 거의 완벽하게 갖춰져 있습니다. 그래서 태아 시절에도 엄마 아빠의 소리에 민감하게 반응합니다. 태교를 할 때 음악과 동화를 들려주라는 것도 태아의 청각기능이 그만큼 발달해서입니다. 태어나자마자 소리가 나는 쪽으로 고개를 돌릴 줄도 알고, 일주일쯤 지나면 큰 소리가 났을 때 깜짝깜짝 놀라기도 합니다. 아기는 어떤 소리보다 엄마 아빠의 목소리를 가장 좋아합니다. 또한 아기에게 자주 말을 걸어주고 좋은 음악을 들려주는 것은 청각 발달에 좋습니다. 이렇게 자연스럽게 청각이 발달하면 언어 능력이 발달하는 데도 큰 도움이 됩니다.

갓난아기는 시력이 발달하지 않아 엄마를 못 알아볼 것 같지만 그렇지 않습니다. 아기는 냄새로 사람을 구별합니다. 아기에게 젖을 가까이 댈 때 자동으로 입을 벌리는 것은 젖 냄새 때문입니다. 그만큼 후각이 민감하다는 말입니다. 엄마 말고 다른 사람에게 안기면 고개를 돌릴 정도로 냄새를 잘 가려냅니다. 엄마의 양수와 젖 냄새를 구별할 정도지요.

그렇다면 맛은 어느 정도 느낄 수 있을까요? 신생아는 어른보다 미숙하긴 해도 단맛을 구별해낼 정도의 미각을 갖추고 있습니다. 미각은 생후 2주부터 급격하게 발달하는데 특히 분유나 모유의 단맛을 좋아합니다. 단맛은 젖을 열심히 빨게 하는 촉매제 역할을 합니다. 즉 단맛이 강할수록 젖을 더 오래 빱니다. 반면 신맛이나 매운맛은 싫어하는데, 시고 쓰고 매운 것을 아기 입에 대면 얼굴을 찡그리거나 고개를 돌립니다.

생후 3개월까지 아기는 많은 원시적인 반사를 보입니다. 100일이 지난 뒤에야 모로 반사, 긴장성 경반사 등의 원시 반사가 없어집니다. 본능적으로 손을 꽉 쥐는 파악 반사는 생후 8주까지 지속됩니다. 그 뒤 눈과 손의 움직임이 조화를 이루면서 비로소 본능에 따르지 않고 자기 주도적으로 물체를 잡을 수 있게 되지요.

울음에 민감한 엄마가 좋은 엄마입니다

생후 3개월까지 아기의 유일한 의사표현 수단은 울음입니다. 배가 고프거나 졸리거나 짜증이 나면 울음을 터뜨립니다. 좋은 엄마는 아기의 울음에 민감합니다. 옛날 할머니들이 아기가 울 때 얼른 달려가 "내 새끼~" 하면서 번쩍 안아 토닥거린 것처럼 아기가 울 때 얼른 달려가 안아주고 원하는 것을 해결해줘야 합니다. 신체적 만족이 곧 정서 발달과 이어지는 시기이므로 아기에게 필요한 것을 그때그때 채워주는 엄마의 노력이 그 어느 때보다 필요합니다.

간혹 "아기가 울 때마다 안아주면 버릇 나빠진다면서요?" 하면서 우는 버릇도 가르쳐야 한다는 엄마들이 있는데 이는 잘못된 생각입니다. 아기의 울음은 뭔가 불만이 있고 원하는 것이 있다는 표시입니다. 할머니가 손주를 돌보는 마음으로 아기를 대해야 합니다.

그렇다면 아기는 언제 울까요? 우선 배가 고프면 웁니다. 식욕은 가장 기본적인 욕구이기 때문에 배가 고프면 아기는 일단 웁니다. 다음으로 기저귀가 젖었거나 춥거나 더울 때 등 뭔가 불편한 것이 있으면 웁니다. '이렇게 불편한데 나 좀 도와주세요' 하고 외치는 것입니다. 몸이 아파도 울고, 엄마가 놀아주지 않아 심심할 때 관심을 끌려고 울기도 합니다.

아무리 봐도 아기가 우는 이유를 찾을 수 없을 때는 영아산통일 수 있습니다. 생후 6주경부터 보이는 영아산통은 아직 정확한 이유가 밝혀지지 않았는데 길게는 생후 3개월까지 지속되기도 합니다. 아기가 영아산통 때문에 숨이 넘어갈 정도로 울면 엄마는 속이 탑니다. 하지만 시간이 지나면 자연스럽게 사라지는 증상이므로 너무 걱정할 필요 없습니다. 영아산통으로 우는 아기는 트림을 잘 시켜야 합니다. 또한 안아서 가볍게 흔들어주면 울음을 멈추기도 합니다. 힘들면 흔들침대도 이용해보세요. 자세한 내용은 뒤에서 다루겠지만 그렇게 노력하다 보면 어느새 자연스럽게 낫습니다.

아기가 우는 데는 다 이유가 있습니다. 생후 4개월부터는 무조건 안고 달래는 것이 좋지 않지만 신생아 시기는 예외입니다. 울면 일단 달려가서 안아줘야 합니다. 아기 울음에 잘 반응만 해줘도 이 시기의 아기를 건강하게 키울 수 있다는 점을 잊지 마세요.

: 때가 되면 할 수 있다는 자신감 기르기

"선생님, 아기가 이상해요. 울기만 하고 먹지도 않고 자지도 않아요."

신생아를 둔 엄마들은 모든 일에 조급하고 겁이 많습니다. 당연합니다. 한 생명을 키우는 엄마가 되는 일이 쉬울 리 없습니다. 이때는 무엇이든 배우면서 차근차근 해보겠다는 느긋한 마음이 필요합니다. 그런 마음가짐이 있어야 스트레스를 받지 않고 자신감을 기르면서 아기를 돌볼 수 있습니다.

저는 엄마들에게 옛날 어른들이 아이를 키울 때처럼 마음을 먹어보라고 조언합니다. 옛날 어른들은 아기가 울면 달려가 얼러주고, 먹지 않으면 인내를 갖고 기다리면서 젖을 물리고, 잘 때까지 차분하게 달래주었습니다. 아기에게 모든 것을 맞추다 보니 조급할 이유도 없고 스트레스를 받을 이유도 없었지요. 그러면서 점점 자신감을 갖고 아기를 잘 키우는 방법을 자연스럽게 익힐 수 있었습니다.

우리 전통 육아에서 이런 느긋함과 여유를 배워야 합니다. 요즘처럼 수유 간격을 맞춘다고 시간을 정해두고 젖을 물리고, 졸리지도 않은 아기를 때가 지났다고 억지로 재우고, 아직 기지도 못하는 아기를 일으켜 세우는 것이 과연 아기에게 좋을지 한번 생각해보세요. 이렇게 자로 잰 듯 아기를 기르면 엄마의 자신감만 사라집니다. 아기는 엄마의 뜻과 의지대로 움직여주지 않기 때문이지요. 날 때부터 자기만의 기질과 천성을 갖춘 아기들이 천편일률적인 육아 방식에 적응할 리 만무합니다.

옛 어른들은 아기가 날 때부터 모든 것을 아기에게 맞추면서 육아 자체에 느긋한 마음을 가졌습니다. 강박 관념에서 벗어나 여유를 갖고 아기를 대했지요. 다른 아기와 비교하면서 조바심을 내지도 않았습니다. 이런 점을 배워야 합니다. 조바심을 줄이고 내 아기가 자연스럽게 자기만의 속도로 자라주길 기대하면서 마음을 편하게 먹으세요. 신생아를 키우는 엄마는 무엇보다 엄마로서의 자부심과 여유, 자신감을 갖춰야 합니다.

: 우리 체질에 맞는 육아법을 배웁시다

전통적인 방식의 육아법에 대한 관심이 높아지고 있습니다. 이런저런 환경 문제도 많고 갈수록 오염도가 심각해지면서, 인위적이지 않고 친환경적인 육아법에 대한 관심이 커지는 것이지요.

옛날 방식 중 좋은 것을 배워가면서 자연스럽게 아기를 키우라고 하면 엄마들이 착각을 합니다. 전통 육아 중 과학적으로 또 경험학적으로 입증된 것을 택하는 것이 아니라, 검증도 안 된 민간요법을 따라하지요.

속설과 전통 육아법을 헷갈려서는 안 됩니다. 제대로 된 전통 육아법에는 오랜 세월 쌓인 육아의 지혜가 담겨 있습니다. 어떻게 보면 정말 단순하지만, 그 단순한 방법이 아기에겐 가장 좋습니다. 요즘에는 서양에서도 이 방식을 좇아 연구하고 있지요.

허준의 《동의보감》에는 양자십법養子十法이라는 신생아를 기르는 원칙이 나와 있습니다. 등과 배와 발을 따뜻하게 하며, 머리와 가슴을 서늘하게 하고, 낯선 사람이나 괴이한 물건을 보이지 말며, 따뜻한 음식을 먹여 비위를 따뜻하게 하며, 우는 도중에 젖을 먹이지 말고, 독한 약을 함부로 먹이지 않으며, 목욕을 자주 시키지 않는다는 것이 그 내용입니다.

목욕에서 한 가지 덧붙이자면, 신생아 시기의 목욕은 일주일에 3번 정도가 적당합니다. 땀을 많이 흘렸거나 토했을 때는 물로만 가볍게 씻기고 비누 목욕은 일주일에 3번 이상 하지 않는 게 좋습니다. 목욕을 자주 하면 피부 보호 기능을 떨어뜨릴 수 있기 때문이지요. 통목욕은 배꼽이 떨어진 후에 하는 것이 좋습니다. 배꼽이 떨어지기 전에는 따뜻한 비눗물에 적신 가제 수건으로 닦아주면 충분합니다. 물은 38~40도 정도로 팔꿈치를 넣어 뜨겁지도 차갑지도 않은 정도면 됩니다. 목욕 시간은 5~10분 정도로 너무 길지 않은 것이 좋습니다. 《동의보감》에는 버드나무 삶은 물이나 돼지쓸개 즙猪膽汁을 약간 넣어서 목욕시키면 모든 피부병을 방지한다고 나와 있습니다.

간단하지요? 하지만 이 단순한 원칙에 맞춰 자란 아이들은 대부분 건강합니다. 이 원칙이 바로 우리나라 사람의 체질에 맞는 육아법이기 때문입니다. 아기를 처음 키우는 초보 엄마들은 이 원칙만 잘 지켜도 아기를 건강하게 키울 수 있습니다. 이밖에 한국 아기들에게 꼭 맞는 육아법이 무엇이 있는지 공부하면서 배우도록 하세요.

: **태열에 대해 알아두세요**

한의학에서는 소아 질병의 발생 원인 대부분을 '태독胎毒'이라고 봅니다. 태독은 임신 중 태내에 쌓인 열독을 말하는 것으로 이 태독이 잘 제거되지 않으면 태열을 비롯하여 각종 구강, 피부, 신경계 질환 등을 일으킬 수 있지요. 아기가 자라면서 이 태열이 저절로 낫는다고 생각하는 엄마들이 있는데 그렇지 않습니다. 갈수록 심각한 환경오염, 서구화된 식습관, 아기에게 맞지 않는 인위적인 양육태도 등이 태열을 고질적인 아토피로 악화시킵니다. 따라서 출생 후 바로 이 태독을 제거하여 조기에 바로잡아야 합니다. 《동의보감》에 따르면 그 내용은 다음과 같습니다.

"아기가 태아로 있을 때 입속에 반드시 오물이 있는 것이니 아기가 나오면 우는 것을 기다릴 것 없이 산파가 급히 부드러운 비단이나 면을 손가락에 감고 황련과 감초 달인 물을 찍어서 입속 오물을 깨끗이 닦아내야 하는데 만약 오물을 빨아 삼켜서 뱃속에 들어가면 반드시 질병이 생기는 법이다."

아기가 막 태어나면 호흡 개시를 위해 입안의 오물을 흡입기로 제거합니다. 이때 한약재 중 황련과 감초를 4g씩 부수어 깨끗한 물에 담가 우려낸 후 그 즙을 입안에 소량 흘려주면 됩니다. 그러면 태변이 나올 때 태독이 같이 제거됩니다.

만일 그래도 아기가 태열 증상을 보인다면 생후 3개월이 지나고 나서 한방 치료를 받을 수 있습니다. 자연적으로 잡지 못한 태열 증상은 치료해서라도 바로잡아야 합니다. 태열은 아기의 신체 발달은 물론 정서에도 좋지 않은 영향을 미치기 때문에 될 수 있는 대로 빨리 고쳐주는 것이 좋습니다. 한방 치료가 효과가 크고, 조기에 발견하여 빨리 치료할수록 효과는 더 좋습니다.

모유수유를 하는 엄마라면 아기의 태열을 악화하는 음식을 먹고 있지는 않은지 평소에 잘 살펴보고, 태열기를 조장하는 생활습관이 있지는 않은지 점검해보길 권합니다.

: **욕구 충족이 곧 사회성과 정서 발달로 이어집니다**

신생아 때 겪는 정서적인 경험은 앞으로의 성장발달에 막대한 영향을 미칩니다. 이 시기에 겪는 가장 불쾌한 경험은 배고픔과 그에 따른 좌절감입니다. 아기의 이런 기본적인 욕구를 채워주지 않고 내버려두면 나중에 정신적, 사회적 문제를 일으킬 수도 있습니다. 기저귀가 젖어서 아기가 울면 빨리 갈아줘야 합니다. 아기가 울면 왜 우는지 빨리 파악하여 그 원인을 없애줘야 정서적으로 안정감을 되찾게 되고 이는 이후 정신적, 사회적 발달에 아주 중요한 요소가 됩니다.

아기가 생후 1개월 정도가 되면 주변 반응에 따라서 미소를 짓는 '사회적 미소'가 나타납니다. 생후 2~3개월이 되어도 이런 미소가 없으면 아기의 발달 과정이나 주변 환경에 이상이 있다는 신호입니다. 엄마와 아기의 상호교류는 초기에는 아기 쪽에서 시작합니다. 이후 상호작용에 의해 감정적 애착관계가 이루어지는 것이지요. 이러한 시작과 반응이 없으면 영아 자폐증 등을 의심할 수도 있습니다.

가장 중요한 것은 엄마의 사랑과 관심입니다. 무엇이든 아기 입장에 맞추려는 양육 태도도 중요하지요. 억지로 무언가를 해주려 하기보다 이치를 따르며 자연스럽게 키우겠다는 마음을 가지세요. 아기의 성장에 맞추면서 아기가 원하는 것을 하나씩 채워주는 것이 신생아 시기의 가장 좋은 육아법입니다.

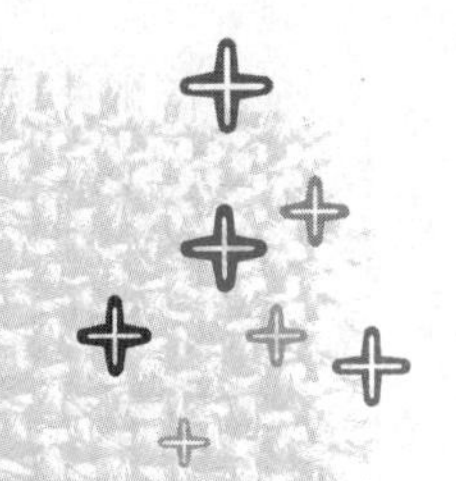

태어나서 백일까지

모유수유

자연이 준 최고의 선물, 모유

아이를 낳으면 엄마의 유방이 서서히 불고 48시간 전후로 젖이 나오기 시작합니다.
출산 후 2~4일까지 소량씩 분비되는 모유를 초유라고 합니다.
이 초유를 통해 아기는 몸속의 태변을 완전히 배설합니다.
초유부터 시작해서 젖을 뗄 때까지 아기에게 가장 좋은 음식은 모유입니다.
적어도 두 돌까지 모유만 한 음식이 없다고 말할 수 있을 정도입니다.
또한 아기를 가슴에 안고 젖을 먹일 때의 기쁨은 엄마만이 느낄 수 있는 행복이기도 하지요.
잊지 마세요. 아기에게 모유만큼 좋은 음식은 없습니다.

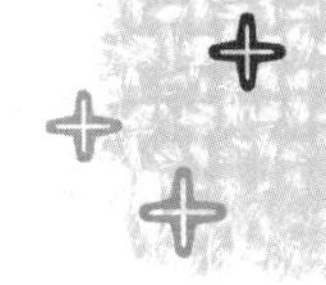

왜 꼭 모유를 먹여야 할까?

이제 웬만한 엄마들은 모유가 얼마나 아기에게 중요한지 다 알고 있습니다. 다 아는 사실을 두고 재차 설명하는 것은 의미가 없겠지요. 하지만 모유가 왜 중요하고, 모유를 먹이지 않았을 때 어떤 문제가 나타나는지 제대로 아는 엄마는 많지 않은 것 같습니다. 단도직입적으로 말하자면 태어나서 6개월까지는 모유 외에 그 어떤 음식도 필요가 없습니다. 이런저런 이유를 들어 분유를 먹이는 엄마도 있지만 아무리 좋은 분유라고 해도 모유보다는 못합니다. 한때 분유가 모유보다 좋다는 학설이 유행하기도 했지만, 최근 밝혀진 바에 따르면 모유를 능가하는 분유는 존재하지 않습니다. 모유는 소화하기 쉬우며 우유 알레르기 같은 수유장애가 적고 항감염 작용이 큽니다. 또한 영양소의 흡수율이 높아 같은 철분이라도 모유 안에 들어 있는 철분이 아기에게 훨씬 많이 흡수됩니다.

감기도 잘 안 걸리고 잔병치레도 없이 건강한 아이를 보면 어렸을 때 모유만 먹고 자란 경우가 많습니다. 그뿐만 아니라, 각종 연구결과를 보면 모유를 먹은 아이가 분유를 먹은 아이에 비해 지능도 훨씬 높다고 합니다. 지능지수가 5~10은 더 높다고 하니, 머리 좋은 아이로 키우기 위해서라도 모유는 반드시 먹여야 합니다. 나중에 아무리 좋은 영양제를 먹인다고 해도 소용이 없습니다.

그뿐인가요. 모유에 들어 있는 면역성분은 너무 막강해서 그 자체로 강력한 면역증강제나 보약 같은 역할을 합니다. 쉽게 말해 모유 먹은 아이가 그렇지 않은 아이에 비해 병에 걸릴 확률이 훨씬 낮답니다. 장염이나 위장 장애, 중이염, 뇌막염, 폐렴은 물론 엄마들이 그토록 무서워하는 아토피에 걸릴 위험 역시 현저하게 낮습니다. 또한 엄마와의 피부 접촉을 통해 정서적인 안정을 얻는 것은 모유를 먹는 아기만의 특혜이기도 하지요. 애써 사랑한다 말하지 않아도 엄마가 가슴에 안고 체온을 전하며 젖을 먹이는 것만으로 아기는 안정감을 얻습니다. 어떤 어려움을 감내하고라도 모유를 먹여야 하는 이유가 바로 여기에 있습니다.

엄마 건강도 지켜주는 모유수유

시중에 나가보면 천차만별의 분유가 있습니다. 저마다 아이의 성장을 위한 최상의 제품이라고 광고합니다. 그러나 앞서 말했던 것처럼 그 어떤 최고급 분유도 모유만큼 좋지는 않습니다. 분유가 나쁘다는 말이 아니라 모유가 그만큼 좋다는 말입니다. 분유 회사의 목표는 모유에 최대한 가까운 성분의 분유를 만드는 것입니다.

하지만 모유를 잘 먹이려면 엄마에게 몇 가지 넘어야 할 산이 있습니다. 아기와 잠시도 떨어져 있을 수 없을 뿐 아니라 먹는 것도 조심해야 하죠. 잘못해서 젖몸살이라도 앓으면 굉장히 아플 수도 있습니다. 하지만 엄마 자신과 아기의 건강을 함께 생각한다면 그런 고통도 감내할 줄 알아야 합니다.

모유수유는 아기는 물론 엄마에게도 좋습니다. 출산 직후 아기에게 젖을 빨리면 엄마 몸에서 오로가 더 많이 나옵니다. 오로는 몸 안에 뭉쳐 있던 피 뭉치를 말합니다. 이것 때문에 많은 엄마가 출산 후 아랫배에 통증을 느낍니다. 그런데 모유를 먹이면 뭉쳐 있던 오로가 밖으로 쉽게 배출됩니다. 만일 오로가 계속 몸 안에 남아 있으면 통증이 계속 되는 것은 물론 산후 부종이 생깁니다. 이를 그냥 내버려두면 비만으로 이어질 수 있지요.

모유수유가 엄마에게 좋은 또다른 이유는 바로 몸매 관리에 도움이 된다는 것입니다. 임신 중 찐 살을 어떻게 빼면 좋을지 걱정하는 엄마들이 많은데 모유수유를 하면 살이 저절로 빠집니다. 임신 기간 중 축적된 지방이 모유를 만드는 데 쓰이기 때문이지요. 또한 젖을 먹이면 엄마의 몸에서 옥시토신이 나와 자궁을 빠르게 수축시키고 출혈도 막아줍니다. 모유수유를 한 엄마들은 유방암이나 난소암, 골다공증에 걸릴 확률도 낮습니다. 아기는 물론 엄마 자신의 건강을 위해서도 모유수유는 반드시 하는 게 좋습니다.

아기가 최고의 모유 전문가입니다

이렇게 좋은 모유수유를 중도에 포기하는 예가 종종 있습니다. 가장 흔한 이유는 엄마 스스로 아기가 충분한 양의 젖을 먹지 못한다고 느끼기 때문입니다. 모유만으로 부족하다는 생각이 자꾸 들다 보니 조급한 마음에 모유 대신 분유를 선택합니다. 하지만 아기 몸무게가 꾸준히 증가하고 있고, 젖을 먹은 후 아기 스스로 만족스러워 하며, 스물네 시간 동안 6번 이상 기저귀를 갈고 있다면 아기는 충분한 양의 젖을 먹고 있는 것입니다.

만일 아기가 잘 못 먹는 것 같다고 분유를 함께 먹이면 그만큼 모유의 양은 줄게 되어 있습니다. 젖은 많이 물리면 많이, 적게 물리면 적게 나오기 때문입니다. 최고의 모유 전문가는 아기입니다. 먹는 양을 아기 스스로 조절한다는 말입니다. 기준을 엄마가 아니라 아기에게 맞춰야 합니다. 모유를 잘 먹게 하는 가장 좋은 방법은 아기가 원할 때마다 젖을 물리는 것입니다.

모유는 적어도 돌까지는 반드시 먹이는 것이 좋고, 그 이후에도 아기가 원하면 더 먹여도 됩니다. 간혹 어떤 엄마들은 수유 간격을 조절한다고 정해진 시간에만 젖을 물리기도 합니다. 또 어떤 엄마들은 6개월이 지나면 모유에 더는 영양분이 없다며 서둘러 모유를 끊을 채비를 합니다. 그러나 절대 그래서는 안 됩니다. 6개월이 지나도 모유의 효과는 떨어지지 않습니다. 다만 철분과 아연 등 아기에게 필요한 영양분을 보충하기 위해 약간의 이유식이 필요할 뿐입니다. 아기가 젖을 떼지 못할까봐 걱정하는 엄마도 있는데 전혀 그럴 필요가 없습니다. 아기가 좀 더 자라 여러 가지 음식을 접하게 되면 자연스럽게 젖을 뗄 수 있으니까요. 그러니 아기가 원하고, 엄마가 여러 가지 이유로 수유를 할 수 없는 상황이 아니라면 계속 젖을 먹이세요.

왜 수유 후에 트림을 시켜야 할까?

모유를 먹이든 분유를 먹이든 아기가 젖을 먹고 나면 트림을 해야 한다. 젖을 먹고 나서 트림을 하지 못하면 아기 배에 가스가 차서 복통을 유발할 수 있으며, 젖을 먹다가 함께 들어간 공기 때문에 토할 수도 있다. 아기가 젖을 먹은 후 트림을 못하면 안은 상태에서 아기를 바로 세운 다음 등을 쓰다듬어주자. 트림을 하지 못해 배가 단단해졌다면 배를 살살 문질러 방귀를 뀌게 한다.

정해져 있는 것은 아니지만 저는 엄마들에게 최소한 돌까지는 반드시 모유를 먹이라고 말합니다. 돌이 지나서도 아기가 원하면 얼마든지 더 먹여도 됩니다. 모유수유의 장점은 적어도 두 돌까지 유효합니다. 세계 보건 기구에 따르면 최소한 24개월까지 모유를 먹이는 것이 좋다고 합니다. 모유는 아기의 평생 건강을 책임질 뿐 아니라 엄마들이 그토록 원하는 두뇌 발달에도 도움이 됩니다. 쉽게 말해 오래 많이 먹일수록 좋다는 말이지요. 모유를 먹은 아이가 나중에 학교에 가서도 공부를 잘할 가능성이 큽니다.

제왕절개 후 모유 먹이는 법

제왕절개를 하면 사실 모유를 먹이는 것이 좀 힘듭니다. 회복도 더딜뿐더러 통증도 만만치 않기 때문에 아기에게 젖을 물리기 쉽지 않지요. 하지만 그렇다고 모유수유를 포기해서는 안 됩니다. 힘이 들고 몸이 좀 불편해도 모유를 먹이는 데는 문제가 되지 않습니다. 만일 일어나 앉을 수 없을 만큼 몸 상태가 좋지 않다면 누워서 수유를 할 수도 있습니다. 엄마가 누워 있다고 아기가 젖을 물지 못하는 것은 아니니까요. 힘들다고 젖 물리기를 포기하는 엄마들이 있는데, 오히려 젖을 먹이면 몸이 빨리 회복됩니다. 수술 후 염증 예방을 위해 항생제나 진통제를 복용했더라도 모유수유에 지장을 주지는 않습니다. 아기에게 해롭지 않으니 상관하지 말고 젖을 물리세요.

수술 때문에 힘들다고 젖을 물리지 않으면 모유가 잘 나오지 않을 수도 있습니다. 출산 후 4~6주간 젖을 자주 물려야만 그 이후에도 모유가 잘 나옵니다. 만일 출산 후 한 달 안에 젖 대신 젖병을 물리면 모유수유에 실패할 확률이 높습니다.

심한 조산일 경우 간혹 병원에서 특수분유를 권하기도 합니다만, 아이에게 자연스러운 수유 습관을 길러주려면 할 수 있는 한 모유를 먹여야 합니다. 그 어떤 장애가 있다 하더라도 모유수유를 하지 못하는 이유가 될 수는 없습니다. 그만큼 아기에게 모유가 중요하기 때문입니다.

모유수유를 해도 살이 빠지지 않는다면

1. 출산 후 6개월까지 모유수유만 하세요

혼합수유를 하면 축적된 지방이 잘 연소되지 않아 그만큼 체중이 줄지 않는다. 그러니 임신 중 찐 살을 빼고 싶다면 모유만 먹여야 한다. 특히 아기가 갑자기 젖을 많이 먹는 급성장기, 즉 생후 5~6개월에 집중적으로 모유를 먹이면 체중 감량 효과가 크다.

2. 체중 감소의 첫 번째 요령은 밤중수유

밤중수유는 체중 감량 효과가 무척 크다. 엄마가 저녁을 먹을 때 흡수한 열량이 밤중수유를 통해 모두 소모되기 때문이다. 저녁 식사 이후부터 다음날 아침 식사를 하기 전까지 공복 상태에서 젖을 먹이면 체중 감량이 더 잘 된다.

3. 아기의 수유 양보다 엄마의 열량 섭취를 줄여야

수유기에 영양 보충을 한다고 엄마가 지나치게 많은 열량을 섭취하면 이전 몸매를 되찾기 어렵다. 아기가 먹는 양이 많지 않다면 엄마의 열량 섭취도 많아서는 안 된다. 수요보다 공급을 늘리지 말라는 이야기다. 저열량이면서도 영양이 고루 들어 있는 채소와 해조류를 먹는 것이 요령이다. 그렇다고 무리하게 다이어트를 하는 것은 좋지 않다. 모유수유 시의 무리한 다이어트는 아이의 식사를 뺏는 것과 마찬가지다.

4. 기혈부터 보강한다

모유를 먹이고 있는데 살은 빠지지 않고 자꾸 몸이 피곤하고 안색이 나쁘면 기혈이 부족한 것이 아닌지 점검해봐야 한다. 출산 후 기운이 허약하면 혈액을 움직이는 능력이 떨어져 혈액흐름에 장애가 생기기 쉽다. 그러면 세포 내에서 에너지 대사가 잘 일어나지 않고, 지방의 에너지 대사율도 그만큼 떨어진다. 그로 인해 임신 중에 축적된 지방이 잘 분해되지 않는다. 기혈이 부족해서 살이 빠지지 않는다고 족발이나 붕어, 가물치, 호박 등을 먹기보다는 엄마 몸 상태에 딱 맞는 한약을 처방받아 기혈을 돕고 불필요한 노폐물을 배출해 체중이 빠른 시간 내에 정상화되도록 도와주는 것이 좋다. 살을 빼기 전에 살을 빼기 위한 체력 보강과 체질개선을 하라는 것이다. 그런 뒤에는 모유 분비량도 많아지고 붓기도 빠지며 자연스럽게 혈액순환이 이루어져 체중 감소도 원활해진다. 물론 아기에게도 좋다.

5. 뭉친 어혈이 원인일 수도

전적으로 모유수유를 하고 있고, 밤중수유도 열심히 하며, 열량 섭취가 많지 않은데도 체중이 줄지 않는다면 어혈이 뭉쳐 있는지 따져보자. 어혈이 있으면 아랫배가 딱딱하고 통증이 있으며 오로가 오랫동안 분비된다. 얼굴 혈색은 어둡고 눈 밑이 검고 몸 여기저기 돌아다니면서 아픈 곳이 많다. 이럴 때는 한의원에서 진단을 통해 어혈이 있는지를 확인하고 적절한 처방을 받아야 한다. 집에서는 도인 20g과 홍화 10g을 물 1리터에 넣고 2/3로 졸아들게 끓여 3일 정도 나눠 마시면 좋다. 복숭아 씨앗을 한방에서는 도인桃仁이라고 하는데, 하복부의 어혈을 없애는 데 도움이 된다. 홍화紅花는 잇꽃의 꽃잎으로 혈액순환을 촉진하고 탁한 혈액을 맑게 해주는 기능이 있다. 하지만 엄마의 체력이 약한 경우에는 진찰을 받는 것이 좋으며, 약을 먹고 나서 모유를 먹였는데 아기가 설사나 토를 하고 배앓이, 피부발진 등이 생기면 일단 먹기를 중단하고 한약 때문인지 다른 원인 때문인지 살펴봐야 한다. 이럴 때는 한의사에게 상담을 받도록 한다.

자연스럽게 모유를 먹이는 기본 원칙 7가지

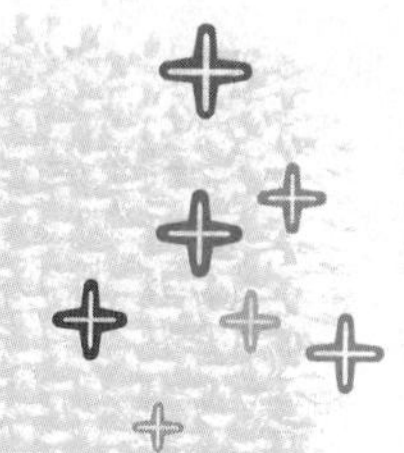

모유가 좋다는 것을 아무리 잘 알고 있어도 사실 모유수유에 성공하기란 쉽지 않습니다. 어렵게 생각하지 말고, 기본 원칙을 차근차근 알아두세요. 기본 원칙을 알고 하나씩 실천해 나간다면 누구라도 모유수유를 잘할 수 있습니다. 우선 기억해야 할 것은 될 수 있으면 빨리 젖을 물리고, 모유만 먹이며, 아기가 원할 때 언제든 젖을 물리는 것입니다. 월령별 수유 횟수 등에 구애받지 말고 내 아기의 상태에 맞춰 젖을 물리세요.

제1원칙 가능한 한 빨리 물리기

어이없게도 아이가 태어난 후 이틀 정도는 완전히 굶겨야 한다고 철썩같이 믿는 엄마들이 있습니다. 그래야 태변이 완전히 빠져나와 아기 뱃속이 깨끗해진다는 것이지요. 사실 태어난 아기를 굶기는 것은 전통적으로 꽤 오랫동안 사용되던 방법 중 하나이기도 합니다. 하지만 무턱대고 굶기는 것이 아닙니다. 먼저 태열독 제거를 위해 하태독법을 시행하고 초유 수유와 수분 공급은 적절히 해줘야 합니다. 다른 것은 무시하더라도 초유만큼은 꼭 먹이라는 것은 유니세프에서도 강조하고 있는 내용입니다. 아기를 완전히 굶겨야 한다고 그냥 두어선 안 됩니다. 초유는 반드시 먹여야 합니다.

가만히 보면 신생아는 출생 후 며칠 동안 태변을 배출하면서 체중이 오히려 줄어듭니다. 생리적인 탈수 현상이지요. 이때 초유도 먹지 않고 무작정 굶으면 탈수 때문에 부작용이 나타날 수 있습니다. 갓 태어난 아기는 몸무게가 3kg

정도밖에 안 되기 때문에 단 100g만 줄어도 합병증이 생길 수 있습니다.

생각해보세요. 성인도 하루 이상 굶으면 건강에 무리가 오는데 세상에 갓 태어난 신생아를 무작정 굶기면 어떻게 될까요? 태어난 직후 며칠간은 적은 양의 초유만 먹어도 괜찮지만, 이를 무작정 굶기는 것으로 오해해서는 안 됩니다.

우선은 초유 먹이기에 집중하면서 그 이후에 어떻게 하면 모유를 계속 먹일 수 있을지 고민해야 합니다. 초유를 먹일 때부터 모유수유 습관을 들이라는 말입니다.

제2원칙 분유는 절대 NO! 처음부터 모유만 먹이기

모유수유를 하기로 마음먹었다면 아기에게 엄마 젖 이외에 다른 음식은 맛보이지 않는 것이 좋습니다. 특히 분유는 모유보다 달고 젖병을 통해 쉽게 흘러나오기 때문에 아기 입장에서 훨씬 먹기가 편합니다. 엄마 젖은 젖병보다 더 세게 빨아야 나오고 맛도 좀 싱겁습니다. 그래서 한번 분유 맛을 본 아기는 모유를 거부하기 쉽습니다.

태어난 지 며칠도 안 된 아기가 뭘 알까 싶지만 아기는 어른들이 생각하는 것보다 훨씬 똑똑합니다. 일단 한번 분유를 맛본 아기는 젖을 물려도 울면서 빨지 않으려 듭니다. 젖 대신 젖병을 내놓으라는 일종의 반항(?)인 셈입니다. 간혹 모유 양이 충분하지 않아 혼합수유를 하려는 엄마들이 있는데, 모유는 엄마가 부지런히 물리기만 하면 아기가 먹을 만큼 충분히 나옵니다. 그러니 모유가 지금 당장 적게 나온다고 성급하게 분유를 먹이지 말고, 계속해서 젖을 물려야 합니다.

아기 역시 사람입니다. 배가 고프면 더 열심히 젖을 빨게 되어 있습니다. 다만 아기가 배고플 때를 엄마가 잘 알아채야 합니다. 신생아는 대개 24시간 동안 8~12번 젖을 먹는데, 만일 이보다 더 적게 젖을 물리면 엄마 가슴에서 모유가 잘 만들어지지 않기 때문에 모유만으로 수유하기가 어려워집니다. 그러

모유수유 철칙
"젖병에 담아서 먹이지 마세요"

유두에 문제가 있지 않은 한, 모유는 엄마 젖을 통해 직접 수유하는 것이 원칙이다. 반드시 아기에게 직접 물리자. 산후조리가 힘들다고 유축기를 이용해 젖을 짜서 젖병에 담아 먹이는 것은 직장에 다니는 등 예외적인 경우가 아니라면 되도록 삼가야 한다. 아기가 젖병에 익숙해지면 그만큼 모유 먹이기가 어려워진다.

니 아기가 원할 때마다 부지런히 젖을 물리세요.

가장 중요한 것은 아기 스스로 '엄마 젖은 배고프면 언제든 먹을 수 있는 것'이라는 사실을 깨닫는 것입니다. 배가 고플 때 분유나 설탕물이 아니라 엄마 젖을 먹는다는 것을 아기가 깨닫게 되면 엄마가 조급해하지 않아도 모유수유에 성공할 수 있답니다.

이것만은 꼭 알아두세요

모유를 늘리는 방법

1. 자주 물려야 양이 는다

모유가 잘 나오게 하려면 우선 젖을 자주 물려야 한다. 모유 양이 적다고 젖 대신 분유를 먹이면 모유가 더 줄 수 있다. 그렇다고 온종일 아이에게 젖을 물리라는 말은 아니다. 최소한 2시간 정도의 간격을 두고 물리는 것이 좋다. 단, 이때 엄마가 정신적으로 안정되어 있어야 한다. 엄마가 젖 먹이는 것에 스트레스를 받으면 모유가 더 줄기 때문이다.

2. 밤중수유 반드시 하기

아기를 낳은 지 얼마 되지 않아 몸도 성치 않은데 밤에 일어나서 수유하는 게 쉬운 일은 아니다. 그러다 보니 아내가 안쓰러워 남편이 분유를 타 먹이는 일도 있는데 모유 양을 늘리려면 밤에도 젖을 물리는 것이 좋다. 생후 100일까지의 밤중수유는 모유 양을 늘리는 지름길이다.

3. 모유가 적을 때의 한방요법

산모가 젖이 부족하면 예로부터 돼지족발을 많이 먹었다. 여기에 황기, 목통, 왕불류행, 하고초, 통초, 천산갑 등을 함께 넣고 달여 그 약물을 마시면 더 좋다. 일반 집에서는 약재를 구하기 어려우므로 한의원에서 약재를 처방받아 사용한다. 또한 평소에 파 끓인 물을 수건에 적셔 유방을 따뜻하게 마사지해주면 젖이 더 잘 돈다. 이 밖에도 간단하게 붉은 팥을 달여 즙을 마시거나, 상추씨와 찹쌀을 함께 끓여 수시로 마셔도 좋다.

4. 모유 늘리는 데 도움이 되는 차, 락타티, 스틸티

락타티나 스틸티는 아니스, 펜넬, 호로파 같은 허브로 만든 차로, 유럽의 민간요법에서 젖 분비를 촉진하기 위해 산모들이 오래 전부터 마셔왔다. 특히 호로파라는 약초는 유럽에서 수천 년 전부터 전통적으로 모유 생성을 위해 사용되었다. 천연제품이어서 비교적 안전하고, 국내에서도 특별한 부작용이 없는 것으로 보고되고 있다.

5. 양쪽 젖 함께 물리기

모유수유 초기에는 한쪽 젖만 물리기보다 양쪽 젖을 다 물리는 것이 모유 생성을 촉진하는 데 더 좋다. 우리나라처럼 출산 후 바로 모유를 먹이기가 어려운 환경일수록 젖을 제대로 먹이려면 보통보다 더 많은 빨기 자극이 필요하다. 양쪽 젖을 모두 물려 모유를 더 많이 나오게 하는 것. 시간이 지나 모유가 충분히 나오면 그때부터 한쪽 젖만 물려도 좋다.

제3원칙 젖이 충분히 나온다고 믿을 것

모유수유를 하는 엄마들이 가장 걱정하는 것이 "모유 양이 적어 아이가 잘 자라지 못하면 어떡하나?" 하는 것입니다. 하지만 모유는 아기가 요구하는 만큼 나오게 되어 있습니다. 쌍둥이를 낳으면 두 아이를 모두 키울 수 있을 만큼 젖이 나오는 것이 자연의 이치지요.

아이들에게는 '급속 성장기'라는 것이 있습니다. 아이들은 날마다 일정한 속도로 자라는 것이 아니라 어느 시기에 갑자기 성장합니다. 태어난 지 2~3주, 6주, 3개월 정도에 급속 성장기가 찾아옵니다. 이때 제대로 성장하려면 더 많은 영양소가 필요하고 엄마 젖도 당연히 더 많이 먹어야 하지요.

그러나 엄마 젖은 아기가 먹던 양에 맞춰서 일정하게 나오기 때문에 급속 성장기에는 젖이 약간 부족하다고 느낄 수도 있습니다. 그러면 엄마는 부족한 만큼 분유를 먹여야겠다고 생각하게 됩니다. 그러나 젖은 많이 물릴수록 더 많이 나옵니다. 분유를 먹이지 않고 자꾸 젖을 물리면 젖의 양도 아기가 원하는 만큼 늘어난다는 말입니다. 또한 일단 급속 성장기를 넘기면 또 이전의 양만큼 적게 먹습니다. 아기가 적게 빨면 젖의 양도 줄어들지요.

인내를 갖고 젖을 계속 물리면 모유의 양도 자연스럽게 늘게 마련입니다. 그러니 느긋한 마음을 갖고 젖을 물리면서 엄마도 음식을 잘 먹어서 모유량이 늘기를 기다리세요. 충분히 영양을 섭취하면서 부지런히 젖을 물리면 어느새 젖량도 늘어날 것입니다.

단, 6개월이 지나면 아기는 모유만으로 식욕을 채울 수 없어 다른 음식을 원하게 되는데, 이때는 젖을 물리면서 이유식을 병행해야 합니다. 즉 모유에서 고형식으로 넘어가는 것이지요. 그렇다고 모유를 함부로 줄여서는 곤란합니다. 누차 말했듯, 모유는 길게 먹이고 많이 먹이는 만큼 그 효과가 크기 때문입니다.

제4원칙 초유는 반드시 먹이자

모유는 시기별로 성분이 다릅니다. 아기가 갓 태어났을 때 나오는 초유는 감염에 대한 저항력을 높이면서 소화기관을 훈련하는 성분이 들어 있습니다. 그 다음에 나오는 젖은 생후 초기에 꼭 필요한 영양소를 고루 갖추고 있습니다. 분만 후 3일까지 나오는 젖을 초유, 3일에서 2주까지 나오는 젖을 이행유, 그 이후에 나오는 젖을 성숙유라고 합니다. 대개 2주까지 나오는 초유와 이행유를 합쳐서 초유라고 일컫지요.

초유는 색이 진하고 끈끈하고 걸쭉합니다. 초유에는 질병으로부터 아기를 보호할 수 있는 면역성분과 태변을 빨리 배출시키는 성분이 들어 있지요. 알려진 대로 초유는 양이 많지 않습니다. 하지만 단백질과 무기질, 비타민A 등은 그 이후에 나오는 젖보다 훨씬 많이 들어 있습니다. 태어난 지 얼마 되지 않았을 때는 이 초유만 먹어도 충분합니다.

아기는 아직 음식을 목으로 넘기는 연습을 못했기 때문에 초유를 먹으면서 열심히 삼키는 연습을 합니다. 이런저런 이유로 초유를 못 먹인 엄마들이 소의 초유를 분유에 섞어 먹이기도 하는데, 이는 별로 권장하고 싶지 않습니다. 소와 사람은 면역체계가 달라 소의 면역성분을 섭취한다고 아기에게 효과가 있는 것이 아니기 때문이지요.

초유 다음에 나오는 이행유는 색깔이 초유에 비해 옅습니다. 초유가 단백질과 무기질이 풍부하다면 이행유는 탄수화물과 지방이 더 풍부합니다. 2주간 나오는 이행유(초기 3일에 나오는 젖과 함께 초유라고 부르기도 합니다) 역시 그 어떤 것으로도 대체할 수 없습니다. 불가피한 상황 때문에 모유수유를 못한다 하더라도 2주 동안 나오는 초유는 반드시 먹이기 바랍니다.

제5원칙 전유와 후유를 모두 먹이기

분만 후 2주가 지나면 모유는 완전한 성숙유가 됩니다. 성숙유에 들어 있는 단백질은 아기의 성장과 뇌 발달을 돕고, 지방은 아기에게 꼭 필요한 열량을 공급합니다. 무엇보다 이 시기의 모유는 초유보다 양이 훨씬 많습니다.

성숙유는 처음에 나오는 전유와 나중에 나오는 후유로 나뉩니다. 전유는 묽고 양이 많으며 유당과 비타민, 무기질, 수분이 많이 들어 있어서 갈증을 해결해줍니다. 흔히 전유를 물젖이라고 합니다. 목마르고 배고픈 아기에게 젖을 물리면 꿀꺽거리며 젖을 넘기는데 이 소리는 바로 전유를 마시는 소리입니다. 할머니들은 아기가 설사를 계속하면 엄마 젖이 물젖이기 때문이라며 젖을 그만 먹이라고도 했습니다만 초반에는 누구나 물젖이 나옵니다. 그리고 전유만으로 아기는 70~80퍼센트 배를 채웁니다.

전유로 어느 정도 배를 채운 아기는 그 뒤 천천히 쉬면서 젖을 빱니다. 이때부터는 나오는 젖이 후유입니다. 후유는 전유보다 진하고 지방과 열량이 높습니다. 흔히 참젖이라고 하지요.

그런데 아기가 후유를 먹고 있을 때 엄마들이 실수를 합니다. 아기는 천천히 후유를 먹고 있는데 '이쪽 젖은 이제 다 나왔나 보다' 하며 다른 쪽 젖을 물리는 것이지요. 이러

모유와 이유식 병행하기

아무리 모유가 좋아도 생후 4~6개월부터는 철분이 부족하므로 늦어도 6개월부터 이유식을 병행하도록 한다. 그렇다고 완전히 모유를 끊으라는 말은 아니다. 다른 음식에 철분이 많아도 완전하게 흡수되지는 않기 때문이다. 모유는 철분 함유량이 적지만 흡수율은 월등하므로 이유식과 함께 꾸준히 먹여야 한다. 이때 이유식은 철분이 많이 들어 있는 고기와 채소를 택한다. 다만 아이의 소화력을 생각해 유동식으로 부드럽게 시작하는 것이 좋다.

면 아이는 참젖을 먹지 못하고 물젖만 먹게 됩니다. 아기에게는 주식을 뺏는 것과 똑같습니다. 따라서 젖을 먹일 때는 한쪽 젖을 충분히 빨려 후유까지 먹을 수 있도록 해야 합니다. 후유를 먹으면서 지방과 열량을 충분히 섭취할 수 있도록 시간적인 여유를 주라는 말입니다.

유방 마사지를 한 후 젖을 물리면 후유를 끝까지 먹이는 데 도움이 됩니다. 젖을 물리기 전에 손바닥으로 유방을 살짝 누르고 다른 쪽 손으로 살살 원을 그리며 문질러주세요. 이렇게 하면 유방에서 전유와 후유가 섞여서 아기가 전유와 후유를 같이 먹을 수 있습니다. 한편 젖이 너무 불었을 때는 젖을 살짝 짜내고 먹이면 빨리 후유를 먹일 수 있습니다.

제6원칙 고량진미보다는 자연식 위주의 식사를

모유의 질을 높이려면 엄마가 영양이 충분한 음식을 균형 있게 섭취해야 합니다. 비타민, 미네랄, 칼슘이 풍부한 녹황색 채소와 뿌리채소, 해조류 등을 많이 드세요. 제철 식품을 먹되, 채소, 곡물, 육류나 생선을 2:4:1 비율로 맞추는 것이 좋습니다. 육류는 기름에 튀기거나 구운 것보다는 삶거나 찐 살코기를 권합니다. 육류보다는 생선이 좋고, 알레르기 때문에 등푸른 생선보다는 흰살 생선을 권합니다.

우유나 치즈, 요구르트, 아이스크림 같은 유제품이나 커피, 녹차, 홍차, 초콜릿 등 카페인이 든 음식, 마늘과 양파, 생강, 후추 등 자극적인 향신료는 삼가는 것이 좋습니다. 참외, 토마토, 딸기, 복숭아, 귤, 오렌지, 키위, 파인애플, 살구, 자두 등의 과일과 콩, 양배추, 브로콜리, 순무 등의 야채도 먹지 않는 것이 좋습니다. 이런 음식은 아기의 장을 민감하게 할 뿐만 아니라 소화기능도 떨어뜨리기 때문입니다. 임신 중 참았던 술과 담배는 모유수유 기간에도 계속 삼가야 합니다. 모유수유 중에 조심해야 할 음식은 임신 중에 조심해야 할 음식과 비슷합니다.

한방에서는 고량진미나 맵고 자극적인 맛, 밀가루 음식은 아기의 태열을 조장한다고 보고 있습니다. 또한 인공색소나 방부제 등 각종 식품첨가물은 아이의 신경을 불안하게 하고 경락의 기혈작용을 교란할 수 있습니다. 모유수유 기간에는 엄마가 먹는 것이 아기에게 바로 전달되므로 오염되지 않은 자연식을 하는 것이 무엇보다 중요합니다.

돼지족발과 붕어는 《동의보감》을 비롯한 여러 의서에서 젖이 나오지 않을 때 써보라고 권장하는 음식입니다. 그러나 모든 사람이 다 효과를 보는 것은 아닙니다. 기혈이 허약해서 젖이 잘 나오지 않는 엄마에게만 해당하지요. 요즘은 기혈이 허해서라기보다 오히려 너무 실해서 젖이 안 나오는 경우가 많습니다. 이때 붕어나 족발을 먹으면 오히려 유방이 단단해져서 젖이 안 돕니다. 몸이 너무 실해서 젖이 돌지 않는다면 기를 통하게 하는 통초, 왕불류행, 목통 같은 약을 써 기를 통하게 하는 것이 우선입니다.

곰탕을 먹으면 젖이 많아진다고 흔히 알고 있는데, 곰탕은 너무 기름져서 좋지 않습니다. 유선염을 일으키는 요인 중 하나가 바로 기름진 음식입니다. 따라서 곰탕은 먹더라도 식혀서 기름기를 완전히 걷어내고 먹어야 하며, 기름진 음식은 되도록 삼가는 것이 좋습니다.

전유만 먹은 아기의 변

모유를 먹을 때 후유를 충분히 먹지 못하고 전유만 먹은 아이는 녹색 변이나 설사를 본다. 전유만 먹은 아기는 탄수화물만 섭취하고 후유의 지방을 먹지 못하기 때문이다. 아기의 뇌 발달을 위해서라도 후유를 충분히 먹게 해야 한다. 후유를 잘 섭취하면 아기의 변은 황금색으로 바뀐다.

후유를 잘 먹이려면 일단 한쪽 젖을 끝까지 물려야 한다. 한쪽 젖을 완전히 비운 다음에 다른 쪽 젖을 물리라는 말이다. 미리 유방 마사지를 하고 젖을 물리면 후유까지 모두 먹일 수 있다. 여러 가지 방법을 동원해서 아기가 전유부터 후유까지 잘 먹을 수 있도록 신경을 쓰자.

제7원칙 스트레스 멀리 하기

간혹 엄마들이 이런 하소연을 합니다.

"커피가 너무 마시고 싶은데 모유수유를 하느라 계속 참아서 우울해요."

물론 커피가 아기에게 좋을 리 없습니다. 하지만 커피 한 잔을 못 마셔서 우울해질 정도라면 차라리 눈을 딱 감고 한 잔 정도는 마시는 편이 낫습니다. 엄마가 스트레스를 받으면 모유의 맛과 성분이 달라지거든요. 또한 유선을 자극하는 황체자극호르몬인 프로락틴이 잘 나오지 않아 모유가 훨씬 줄어듭니다.

스트레스를 없애는 데 따뜻한 물에 목욕하는 것도 좋습니다. 따뜻한 물이 몸의 긴장을 풀어주면서 젖이 나오는 유관을 넓혀주는 작용을 합니다. 몸을 씻을 수 없는 상황이라면 따뜻한 물수건을 가슴에 대고만 있어도 기분이 좋아지고 젖의 양이 늘어납니다.

단도직입적으로 말하자면 모유수유로 인한 금기 때문에 스트레스를 받느니 차라리 조금씩 욕구를 풀어버리는 것이 낫습니다. 단, 아기를 생각해 커피나 탄산음료를 자주 마시는 것은 참아야겠지요. 하지만 일주일에 한두 번 정도는 향긋한 커피 한 잔의 여유를 즐겨도 괜찮습니다. 다른 것도 마찬가지입니다. 먹지 않으면 가장 좋겠지만 그래도 너무나 먹고 싶다면 조금 먹는 것은 괜찮습니다.

모유수유를 할 때 무엇보다 중요한 것은 엄마가 편안한 마음을 갖는 것입니다. 아기가 젖을 잘 물지 못하거나 젖이 잘 나오지 않는다고 우울해해서는 안 됩니다. 시간이 지나면 아기도 모유에 익숙해지고 그에 맞춰 젖의 양은 저절로 늘게 되어 있으니까요. 엄마가 스트레스를 받고 조급해하면 오히려 젖은 더욱 줄어듭니다.

모유수유 중에 약을 먹여야 한다면?

모유를 먹이는 동안에는 엄마가 먹는 모든 것이 아기에게 그대로 전달된다. 따라서 아파서 약을 먹어야 한다면 전문가와 상의하는 것이 안전하다. 한약이든 양약이든 감기약도 예외는 아니다. 감기약 중에서 모유수유를 하면서도 복용 가능한 것을 선택해 먹어야 한다. 대부분의 감기약은 모유수유에 영향을 미치지 않지만, 콧물을 멈추게 하는 항히스타민제는 모유의 양을 줄일 수 있기 때문에 조심해야 한다. 결핵약 복용 중에는 모유수유가 가능하며 스테로이드제나 진균제 복용시에는 모유수유를 할 수 없다. 하지만 항생제나 스테로이드 및 진균제 연고류의 일반적인 사용은 가능하다. 신경정신과 약물 중에는 모유수유시 주의해야할 약물이 있으니 담당의와 상담하여 처방을 받는다.

한약은 일반적으로 처방이 가능하나, 치료 목적으로 사용되는 한약재 중 일부와 더운 성질의 약재는 아기의 태열을 조장할 수도 있으므로 처방에 신중해야한다.

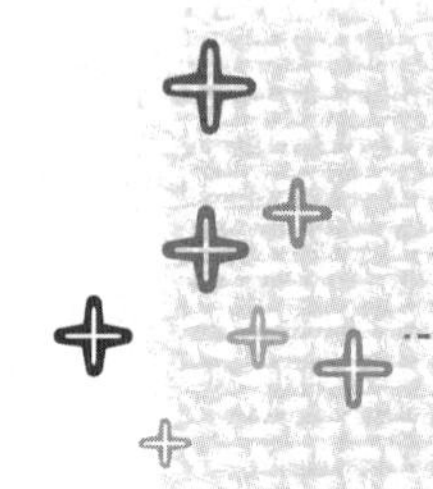

아무도 알려주지 않는 모유수유 비법

모유수유에도 비결이 있습니다. 방법을 알면 쉽게 할 수 있고, 방법을 모르면 하다하다 지쳐 포기하게 되는 것이 모유수유지요. 방법을 몰라 포기하기 전에 비결을 미리 공부하면 어떨까요. 생각해보세요. 분유를 고르고, 시간마다 물을 데워 분유를 타고, 젖병을 소독하는 일이 얼마나 번거로운지 말입니다. 모유수유는 이런 모든 번거로움을 한 번에 해결해줍니다. 고수 엄마들은 이런 사실을 잘 알고 모유수유의 비결을 일찌감치 익혀둡니다.

엄마도 아기도 편한 수유 자세 잡기

초보 엄마는 처음에 아기에게 젖을 물릴 때 어떻게 안아야 할지 몰라 양손으로 아기를 엉성하게 받쳐들고 수유를 합니다. 엄마가 편하지 않은 자세에서는 아기도 제대로 젖을 빨지 못합니다. 모유수유 시간은 생각보다 깁니다. 아기는 보통 한쪽 젖을 10~15분 정도 빠는데 그보다 더 오래 걸릴 수도 있습니다. 따라서 아기도 엄마도 가장 편한 자세를 몸에 익혀야만 힘들지 않게 모유를 먹일 수 있습니다.

품에 안는 것이 가장 흔한 모유수유 자세인데, 여기에도 요령이 있습니다. 우선 아기의 귀와 어깨, 엉덩이가 일직선이 된 상태에서 최대한 엄마 몸에 밀착시킵니다. 이때 아기 배가 하늘을 향하지 않도록 주의합니다. 이때 아기 머리를 유방이 있는 곳까지 올리세요. 아기의 머리가 너무 아래 있으면 안 됩니다. 아기 머리가 유방과 같은 높이, 혹은 그보다 약간 낮은 위치에 있어야 엄

젖을 잘 돌게 하는 유방 마사지법

젖을 잘 먹이려면 아기에게 젖을 물리기 전에 유방 마사지를 하는 것이 좋다. 마사지를 하면 젖 분비가 촉진되기 때문이다. 우선 유방을 상하좌우 네 방향에서 밖에서 안쪽으로 지그시 밀어준다. 이때 다른 손바닥을 미는 반대 방향에 두고 유방을 지탱해주면 유방이 가운데로 몰려 마사지 효과가 더 크다. 그러고 나서 손바닥으로 감싸듯 가슴을 잡고 가볍게 흔들면서 꾹꾹 눌러주는 것으로 마무리한다.

마도 편하고 아기도 쉽게 젖꼭지를 물 수 있습니다. 이때 엄마가 팔로 아기 머리를 받쳐주면 뒤로 넘어가지 않습니다. 그런 후 아기의 배를 엄마 배에 맞닿게 합니다.

초보 엄마는 아기를 엉거주춤 안은 채 등을 구부려 젖을 물리는데, 이런 자세는 엄마에게 요통을 불러일으키기 쉽습니다. 출산 후 요통을 잘못 관리하면 만성질환이 될 수 있으므로 처음부터 수유 자세를 잘 잡아야 합니다.

수유 자세를 잡는 것을 하찮게 생각하는 엄마들이 있는데 절대 그래선 안 됩니다. 생각보다 아기는 무겁습니다. 젖을 먹이려고 아기를 안을 때는 머리를 받친 팔을 쿠션 같은 것에 대주세요. 이때 수유 쿠션을 이용해도 좋습니다.

젖몸살과 유두 통증에서 벗어나는 법

"젖이 아파 미치겠어요."

많은 산모가 모유수유 초기에 유방과 젖꼭지가 아프다고 하소연합니다. 유방에 느껴지는 통증을 흔히 젖몸살이라고 하지요. 젖몸살이 오면 놀라고 당황하는 엄마가 많은데, 젖몸살은 정상적인 산모에게서 흔히 나타나는 증상입니다. 이는 출산 후 유관이 잘 뚫리지 않아 젖의 흐름이 막혀서 생깁니다. 특히 초유는 끈적거리기 때문에 유관이 쉽게 막힙니다.

젖몸살에서 벗어나려면 유관이 막히지 않도록 부지런히 유방 마사지를 하세요. 이때 무조건 힘을 줘서는 곤란합니다. 아프지 말라고 하는 마사지인데, 마사지 자체가 오히려 고통스러울 수 있으니까요. 유방 마사지는 물수건을 이용해서 합니다. 만일 젖몸살로 인한 통증이 참기 어려운 정도라면 찬 물수건으로 통증부터 가라앉힙니다. 그런 뒤 따뜻한 물수건을 가슴에 올려놓고 마사지를 해주세요. 시간은 10분 정도가 적당합니다. 아프지 않은 선에서 부드럽게 눌러주는 것만으로 젖몸살이 한결 나아집니다. 하지만 아직까지 젖몸살에 특효약은 없습니다. 고통이 느껴질 때 '시간이 지나면 나을 거야' 하는 여유로운 마음을 가지세요.

젖몸살과 함께 엄마를 고통스럽게 하는 것이 유두 통증입니다. 아기가 처음 젖을 물면 젖을 빠는 방법을 몰라 유두에 상처를 내기도 합니다. 엄마에겐 극심한 고통이지요. 하지만 상처가 아물 때까지 모유수유를 중단해서는 곤란합니다. 젖이 불면 유두의 통증이 더 심해질 수 있기 때문이지요.

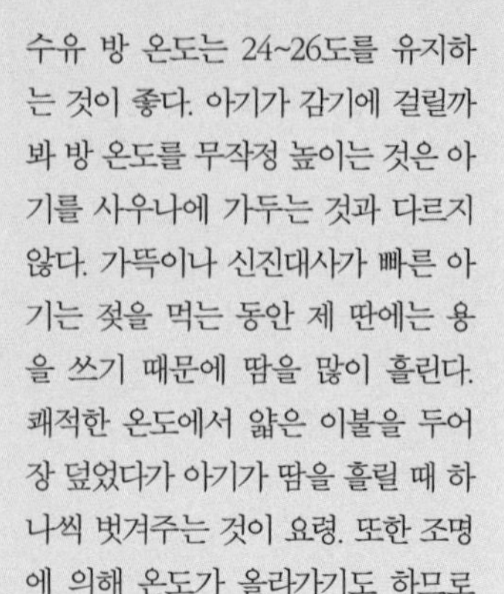
수유 방 분위기

수유 방 온도는 24~26도를 유지하는 것이 좋다. 아기가 감기에 걸릴까 봐 방 온도를 무작정 높이는 것은 아기를 사우나에 가두는 것과 다르지 않다. 가뜩이나 신진대사가 빠른 아기는 젖을 먹는 동안 제 딴에는 용을 쓰기 때문에 땀을 많이 흘린다. 쾌적한 온도에서 얇은 이불을 두어 장 덮었다가 아기가 땀을 흘릴 때 하나씩 벗겨주는 것이 요령. 또한 조명에 의해 온도가 올라가기도 하므로 수유 방의 조명은 중간 정도의 은은한 것이 좋다.

유두에 상처가 났다면 유두 끝에 모유를 바르고 잘 말려주세요. 몇 번 되풀이하다 보면 아픈 것이 많이 가십니다. 아기에게 젖을 깊게 물리는 것도 고통을 줄이는 방법입니다.

간혹 아기 입에 아구창이 생겨 그 세균이 유두에 옮을 수도 있습니다. 겪어본 사람은 그 고통이 얼마나 심한지 압니다. 상상을 초월하지요. 이때는 전문가의 도움을 받는 것이 현명합니다. 시간이 지나면 나을 거라고 미련하게 참지 마세요.

이런 병증 때문이 아니라면 유두 통증은 시간이 지나면 저절로 괜찮아집니다. 덜 아픈 젖꼭지를 먼저 물리고, 아기가 너무 세게 빨지 않도록 배가 고프기 전에 미리 젖을 물리는 것이 요령입니다. 젖몸살이든 유두 통증이든 가장 필요한 것은 엄마의 인내심입니다. 내 아기를 위해 조금 더 견뎌보겠다는 의지와 남편 등 주변 가족의 격려가 무엇보다 도움이 됩니다.

젖꼭지가 아니라 유륜을 물리세요

유독 모유수유를 잘하는 엄마들이 있습니다. 이 엄마들을 가만히 보면 한 가지 공통점이 있습니다. 아기에게 젖을 깊게 물리는 것입니다. 젖을 깊게 물면 일단 젖이 잘 나와서 아기에게 충분한 양의 모유를 줄 수 있고, 아기가 젖을 빨면서 충만감을 느끼기 때문에 정서 발달에도 큰 도움이 됩니다.

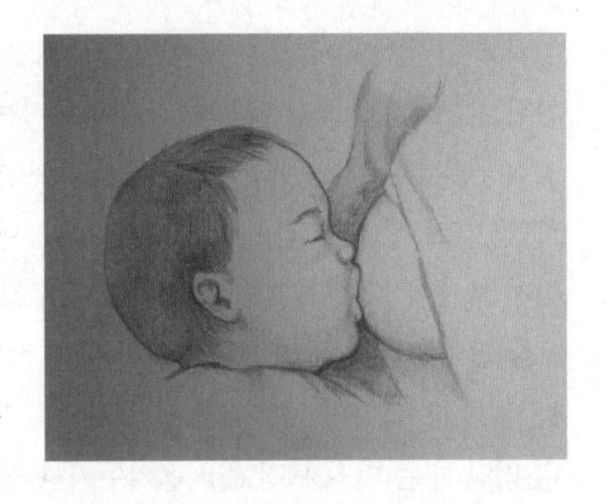

아기에게 젖을 물릴 때는 젖꼭지만 살짝 물게 해서는 안 됩니다. 그러면 효과적으로 젖을 빨 수가 없습니다. 아기의 잇몸에 젖꼭지가 눌려 젖도 제대로 나오지 않을뿐더러 무엇보다 엄마가 너무 아픕니다. 아기의 잇몸이 젖꼭지에 닿아 상처를 내기 쉽기 때문이지요.

먼저 아기가 젖꼭지를 중심으로 유륜까지 입안 가득 물게 해주세요. 만일 아기가 입을 벌리지 않고 젖꼭지만 물고 있다면 엄마 젖으로 입술을 살짝 건드려주세요. 그러면 아기는 본능적으로 입을 벌립니다. 그다음 아기 입속으로 얼른 엄마 젖을 밀어 넣습니다. 그래도 아기가 젖을 잘 물지 못한다면 아기의 턱을 살짝 잡아당기거나 윗입술을 벌려주면 됩니다.

아기가 젖을 깊게 물면 윗입술과 아랫입술이 140도 이상 벌어지고 아랫입술의 안쪽이 약간 뒤집힌 채 엄마 젖에 닿습니다. 턱은 유방을 누르게 되고 코는 엄마의 젖 위에 살짝 닿지요. 간혹 유방에 아기 코가 눌리기도 하는데 이때는 유방을 살짝 눌러 아기가 편안하게 숨 쉴 수 있게 도와주세요.

입 모양을 보기가 어렵다면 아기가 젖의 가운데보다 아래쪽을 더 많이 물고 있는지 확인해보세요. 젖 아래쪽을 좀 더 많이 물어서 젖꼭지가 아기의 입 천장 쪽을 향하고 있어야 합니다. 만일 유두가 아프다면 젖을 다시 물려야 합니다. 젖만 제대로 물릴 수 있어도 모유수유의 절반은 성공한 셈입니다.

직장 맘의 모유수유 요령

직장 생활을 병행하며 모유수유를 하는 엄마들이 늘었습니다. 하지만 일을 하면서 모유수유를 하기란 쉬운 일이 아닙니다. 출근 직전에 모유를 먹여야 하고, 직장에서도 유축기로 모유를 짜야 합니다. 짜낸 모유를 일일이 냉동 보관하기도 쉽지 않습니다. 이때 엄마가 마음을 편히 갖는 것이 가장 중요합니다. 자신감을 갖고 느긋한 마음을 가져야 한다는 말입니다.

직장에서 힘이 들 때는 아기 사진을 보면서 마음을 달래세요. 아기 사진을 보면서 모유를 짜면 젖이 더 잘 나옵니다. 이렇게 짜낸 젖은 냉동실에서 3개월까지 보관이 가능합니다. 영양도 그대로 보존되지요. 냉장 보관이 냉동 보관보다 면역성분이 더 잘 보관되지만 상대적으로 보존 기간이 짧기 때문에 관리를 잘 할 수 없다면 처음부터 냉동 보관을 하는 것이 좋습니다. 냉동실에서 꺼내 먹일 때는 미리 냉장고로 옮겨두거나 실온에 꺼내두어 찬기를 없앤 후 따뜻한 물에서 완전히 녹여야 합니다. 이때 물의 온도가 너무 높으면 젖의 면역

모유 보관법

1. 냉장 보관

모유 보관의 기본은 냉장이다. 냉장 보관은 냉동 보관보다 모유의 면역성분이 더 잘 보존되는 장점이 있다. 냉장으로 3일까지 보관할 수 있다.

2. 냉동 보관

냉동하면 3개월 정도 보관이 가능하다. 단, 냉장실과 냉동실이 분리되지 않은 작은 냉장고에서는 2주를 넘겨선 안 된다.

3. 한번 얼렸다 녹인 모유

일단 한번 얼렸다가 녹인 모유는 냉장고에서 24시간 정도 보관할 수 있다. 그러나 녹인 모유를 다시 냉동 보관해서는 안 된다. 냉장이든 냉동이든 일단 한번 녹인 모유는 한 번에 다 먹이는 것이 좋다. 남은 모유는 아깝더라도 과감히 버리자.

4. 얼린 모유 해동법

전자레인지나 뜨거운 물에 녹이는 건 금물이다. 아기가 먹기 20분 전쯤에 미리 따뜻한 물에 담가서 미지근한 정도로 만들어 먹이는 것이 좋다. 냉동실에서 꽁꽁 얼었다면 그 전날 미리 냉장실에 옮겨서 서서히 녹여 먹이는 것이 방법. 냉장실에서 모유가 다 녹는 데는 대략 12시간 정도 걸린다.

성분이 사라지므로 주의합니다. 먹다 남긴 모유는 냉장고에 다시 보관하지 말고 버립니다.

수유 간격은 2~3시간에 한 번

생후 한 달 이전에는 수유 간격에 신경 쓰지 말고 아기가 먹고 싶어 할 때마다 먹이세요. 이때는 젖을 잘 돌게 하는 것이 가장 큰 목적이기 때문에 아기가 배고파할 때 즉시 젖을 물리는 것이 좋습니다. 하지만 너무 자주 젖을 물리면 한 번에 먹는 양이 적고, 그때마다 젖이 남아 젖몸살이 생길 수도 있습니다. 잘못하면 모유량이 줄기도 하지요.

따라서 되도록 두 시간 이상의 간격을 두는 것이 좋습니다. 하지만 억지로 시간을 맞춰서 먹일 필요는 없습니다. 원칙은 단 하나, 아기가 배고파할 때 먹이는 것입니다.

하지만 먹지 않고 계속 잠만 자는 아기는 3시간을 넘기지 말고 깨워서 먹이세요. 낮에는 2~3시간에 한 번, 밤에는 4시간 정도에 한 번씩 먹이는 것을 기준으로 삼으면 됩니다. 직장에 다니는 엄마라면 아기를 돌봐주는 사람에게 이 사실을 꼭 주지시켜야 합니다.

그런데 엄마 중에 밤중수유에 강박관념을 가진 나머지 알람시계까지 맞춰 두고 몸을 혹사하는 분들이 있습니다. 그러면 엄마도 아기도 성격만 나빠집니다. 아기는 배가 고프면 웁니다. 엄마는 자는 동안이라도 그 울음소리를 귀신같이 알아채고 젖을 물립니다. 울음소리를 못 들어 아기를 굶기지는 않는다는 말입니다. 아기 키우는 엄마라면 누구나 그렇습니다. 그러니 2~3시간에 한 번 먹인다는 원칙을 지키되, 혹시 때를 놓쳐 아기를 굶기면 어쩌나 걱정하지 마세요.

만일 아기가 젖을 먹은 지 얼마 되지도 않았는데 또 배가 고프다고 울면 바로 젖을 물리지 말고 우선 안아서 달래거나 주의를 환기시켜 주세요. 배가 덜 차서 우는 것인지 다른 이유 때문인지 알아보라는 말입니다. 울기만 하면 무조건 젖부터 물리고 보는 엄마들이 있는데 이런 조급한 방법은 좋지 않습니다.

아기들은 필요한 만큼 먹습니다

모유를 도대체 얼마큼 먹여야 하는지 궁금해하는 엄마들이 많습니다. 어느 땐 조금 먹다 마는 것 같고, 또 어느 땐 걸신들린 것처럼 마구 먹는 것도 같습니다. 기분에 따라서는 그냥 물고 있는 것처럼 보이기도 하고요. 그러면 엄마는 대체 아기가 얼마만큼 젖을 먹는지 알 수가 없습니다. 분유는 정해진 양을 타서 먹이니 먹는 양을 정확하게 알 수 있지만 모유는 이렇듯 감으로만 알아야 하니 가늠하기가 쉽지 않지요. 출산 후 한 달을 기준으로 살펴보면 분유의 표준 수유량은 생후 2주까지 50~90ml, 2~4주까지는 100ml입니다.

하지만 모유를 여기에 대입시키는 것은 무리입니다. 모유는 분유보다 소화 흡수가 잘 되기 때문에 이보다 더 먹을 수도 있습니다. 엄마 젖이 생각보다 적게 나오면 아기도 더 적게(하지만 자주) 먹을 수도 있지요.

단적으로 말해 모유를 먹인다면 양에 구애받을 필요가 없습니다. 아이가 자꾸 토하거나 보채면 모를까 다른 신체적인 이상이 없다면 얼마를 먹든 괜찮습니다. 만일 아기가 모유 먹는 시간이 짧다 하더라도 그 시간 동안 충분히 필요한 만큼 먹습니다. 아기가 적게 먹는 것 같다고 분유나 설탕물을 먹이면 입맛만 버린다는 사실을 명심하세요.

아기가 필요할 때 언제라도 젖을 물리려면 엄마가 아기와 함께 자는 것이 좋습니다. 그래야만 아기가 먹고 싶어할 때마다 재빨리 젖을 물릴 수 있기 때문입니다. 즉 배고파할 때를 놓치지 않고 먹이는 게 가장 중요하다는 말이지요. 아기가 먹고 싶어할 때 빨리빨리 젖을 물리세요. 아기가 배고파 울다 지칠 때까지 기다리게 하는 것은 엄마로서의 직무유기입니다. 아기는 배고플 때 필요한 만큼 알아서 젖을 빱니다. 밤중이라도 예외는 아닙니다.

배변 양으로 먹는 양 검사하기

모유를 먹는 아기들은 변을 하루에 5~10번까지 봅니다. 분유를 먹는 아기들보다 횟수도 많고 변 상태도 묽습니다. 하지만 젖에 문제가 있어 변을 묽게 보는 것은 아닙니다. 장 기능이 조금 약해 그럴 수도 있지만 대부분 정상입니다.

배변 양을 보면 젖이 부족한지 알 수 있습니다. 소변과 대변의 양을 보면 모유량이 적당한지 확인할 수 있다는 말입니다. 모유를 충분히 먹는 아기들은 대개 생후 1~2일에는 하루에 2~3개의 소변 기저귀와 1~2개의 대변 기저귀가 나옵니다. 3~4일에는 4~5개의 소변 기저귀와 2개의 대변 기저귀, 5~7일에는 6개 이상의 소변 기저귀와 3~4개의 대변 기저귀를 내놓습니다. 이쯤 되면 기저귀를 갈아주는 것도 보통 일이 아니지요. 소변은 한 번에 30~60ml 정도를 봅니다. 요구르트병이 70ml이니 요구르트병 절반 이상이면 보통이라고 볼 수 있습니다. 대변은 한 번에 70~90g 정도 됩니다.

아기가 잘 먹고 있는지는 체중을 봐도 알 수 있습니다. 생후 3개월까지는 적어도 하루 20~30g 정도 몸무게가 늘어야 합니다. 일주일에 한 번 정도 몸무게를 검사해서 적당히 늘고 있는지 점검해보세요. 만일 제대로 몸무게가 늘지 않으면 아기가 모유를 잘 먹지 못한 것일 수 있으므로 이때는 모유를 더 잘 먹일 방법을 연구해야 합니다.

아이마다 먹는 행태가 다릅니다

이 세상에 태어난 아이들은 모두 다릅니다. 성격도 기질도 다르다 보니 젖을 먹는 모습도 제각각입니다. 어떤 녀석은 태어나자마자 젖을 덥석 물고 신나게 빨아대는가 하면, 태어난 지 며칠이 지나서도 젖을 무는 방법조차 모르는 녀석도 있습니다. 두 시간마다 한 번씩 배고프다고 젖을 찾는 아기가 있는가 하면 어떤 아기는 온종일 잠만 자다가 너덧 시간에 한 번씩 깨어 칭얼댑니다. 웬만한 책에서 볼 수 있는 모유수유에 대한 정보들은 이런 아기들의 특성을 배

제한 채 평균치만 따져서 나온 결론입니다. 아기들 고유의 입맛이나 먹는 행태를 무시한 것이지요.

제 말이 의심이 간다면 주변에서 젖을 먹이는 선배 엄마들을 잘 살펴보세요. 딱 정해진 기준에 맞춰서 젖을 먹이는 엄마들이 생각보다 많지 않다는 걸 알게 될 겁니다. 이는 아기마다 먹는 행태가 다 다르기 때문입니다. 정해진 대로 먹는 아기들은 생각보다 많지 않습니다. 타고난 고유의 식습관이 모유를 먹을 때부터 발현되기 때문이지요. 성장에 큰 이상이 없고 건강에도 문제가 없다면 먹는 습관은 되도록 아기에게 맞추는 것이 좋습니다. 기분 좋게 잘 먹는 아기가 성격도 좋고 건강하기 때문이지요. 이와 함께 꾸준히 모유 먹는 습관을 들인다면 기질이 까다롭거나 먹는 문제로 엄마를 괴롭히던 아기도 차츰 좋아질 겁니다.

초반에 잡아야 할 모유수유 문제들

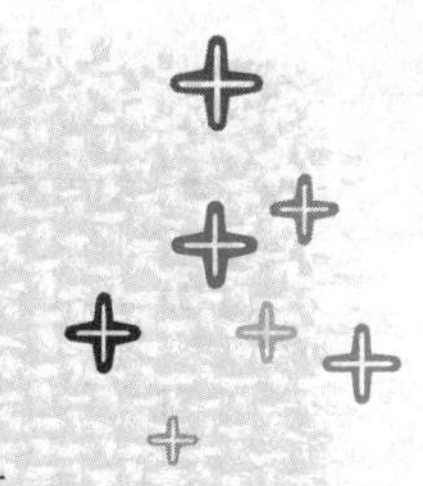

굳은 마음으로 모유수유를 시작해도 이런저런 문제들이 자꾸 젖 먹이는 것을 방해합니다.
유두에 문제가 있거나 엄마의 식습관이 나쁠 때,
아기의 수유 습관에 문제가 있을 때도 모유수유가 힘들어집니다.
하지만 너무 걱정할 필요는 없습니다. 모유수유를 하는 것이 자연의 섭리이니만큼
문제에 대한 해결법도 얼마든지 있기 때문입니다

함몰유두라면

만일 유륜을 짰을 때 유두가 들어간다면 함몰유두라고 볼 수 있습니다. 너무 많이 들어가 있지 않다면 젖꼭지를 반복적으로 잡아당기는 것만으로 유두를 세울 수 있습니다. 그래도 유두가 서지 않는다면 호두껍데기 반쪽을 유두 부위에 얹고 브래지어를 착용한 후 생활하면 도움이 됩니다. 브래지어 앞부분에 구멍을 내어 젖꼭지가 눌리는 것을 방지하거나 실리콘 재질의 유두 보호기를 사용하는 것도 유두가 바로 서는 데 도움이 되고, 정도가 심하면 교정기를 사용할 수도 있습니다. 함몰유두라 할지라도 유선이 발달하는 데는 아무 지장이 없습니다. 유선이 발달한다는 말은 기본적으로 모유수유를 할 기능이 갖추어져 있다는 것을 의미하므로 유두가 함몰되었다고 미리 모유수유를 포기할 이유는 없습니다. 모유수유 문제 중 가장 수월하게 해결할 수 있는 것 중 하나가 함몰유두이니 느긋한 마음으로 노력해보길 바랍니다.

모유를 먹인 뒤 황달이 생겼어요

신생아 황달 중에서 모유가 원인인 경우가 종종 있습니다. 모유에 의한 황달은 모유수유아의 200명 중 1명꼴로 출생 후 4~7일에 나타나지요. 따라서 이 시기에 황달이 나타나면 일단 모유가 원인일 수 있으므로 일시적으로 모유수유를 중단하여 모유 황달 여부를 판별합니다. 그렇다고 모유를 완전히 끊어야 하는 것은 아닙니다. 모유 황달은 모유의 특정 성분이 대사 작용에 관여하여 일시적으로 나타나는 것으로 1~2일간 수유를 중단하고 분유를 먹이면 황달기가 사라집니다. 그 후 다시 모유를 먹여도 모유로 말미암아 황달이 재발하지는 않습니다. 하지만 황달기는 3~10주까지도 가볍게 지속될 수 있으며 눈의 황달기가 가장 늦게 없어집니다. 눈의 흰자는 노란색이 녹색을 띠다가 회색으로 변하면서 점차 정상으로 돌아옵니다.

일시적으로 모유를 끊고 분유를 먹일 때는 젖병을 사용하지 말고 숟가락이나 보충기를 쓰는 것이 좋습니다. 이는 아기가 다시 모유를 먹을 때 젖꼭지를 거부하지 않게 하기 위해서입니다. 또 아기가 분유를 먹는 동안에도 엄마는 열심히 젖을 짜야 합니다. 그래야 그 사이 젖이 줄지 않습니다.

아기가 모유 알레르기를 보일 때

모유를 먹는 아기가 구토를 하거나 피가 섞인 묽은 변을 본다면 모유 알레르기일 가능성이 있습니다. 아기가 모유 알레르기를 보이면 우선 엄마의 식습관을 점검해야 합니다. 엄마가 먹는 음식물이 모유수유를 할 때 아기에게 전달되어 알레르기 반응을 일으킬 수 있기 때문입니다. 밀가루, 돼지고기, 우유, 귤, 고등어, 초콜릿, 콩 등의 견과류가 이에 해당하는데 이 중 어느 특정 음식을 딱 짚어 말하기는 어렵습니다.

모유를 성급하게 끊지 말고 우선 엄마가 먹는 것 중 알레르기를 일으킬 만한 음식의 섭취를 줄이세요. 모유 알레르기를 보이는 아기 중 상당수가 엄마의 식습관 개선만으로 증상이 호전되기 때문입니다. 그 기간에 혼합수유를 하는 것은 무방합니다. 그런 후 아기가 완전히 나아졌다 싶으면 다시 모유수유를 계속 하면 됩니다.

급한 마음에 하루아침에 모유를 끊고 특수분유를 먹이지 마세요. 엄마가 유제품 등 알레르기를 일으키는 음식을 끊고 혼합수유를 하면서 아기의 변 상태를 관찰해보시기 바랍니다. 어느 순간 변 상태가 좋아지면 알레르기 반응도 없어진 것이라고 봐도 좋습니다.

유두가 계속 아파요

수유 초기에는 아기가 젖을 물고 빠는 것에 익숙하지 않아 엄마의 유두가 아플 수 있습니다. 그러나 시간이 지나면서 차츰 괜찮아집니다. 아기 스스로 젖을 잘 빠는 방법을 배우기 때문입니다. 그러나 수유 초기가 지나서도 계속 아프다면 수유 자세를 점검해봐야 합니다.

아기가 젖을 깊게 물지 못하거나, 젖을 먹을 때 혀를 너무 뒤로 젖히면 유두 윗부분이 아픕니다. 아기가 아랫입술로만 젖을 빨 때는 유두 아래쪽이 아프지요. 또 아기가 젖을 얕게 물면 유두 끝이 아픕니다. 아기 입에 아구창이 있을 때도 유두 끝이 아플 수 있습니다. 유두 전체가 아프다면 아기가 혀를 오므리거나 혀끝을 말아올려 젖을 빨기 때문입니다. 유두가 아픈 것은 아기가 젖을 잘못 무는 경우가 대부분이므로 수유 자세를 교정하는 것이 먼저입니다. 유두만 물리지 말고 유륜 전체를 물게 해야 아프지 않습니다.

유두가 아프다고 무조건 모유를 중단할 것이 아니라 적절한 해결방법을 모색해가면서 지속적으로 모유를 먹여야 합니다. 잘못하면 통증이 무서워 엄마가 먼저 모유수유를 중단할 수 있습니다. 통증의 부위에 따라 젖을 무는 방법을 바로잡아주세요.

한편 합성섬유 속옷이나 유두 보호기가 유두에 직접 닿는 것은 피해야 합니다. 합성섬유 속옷이나 유두 보호기는 공기가 통하지 않아 세균이 번식해서 통증을 유발할 수 있기 때문이지요. 부드러운 면으로 된 속옷을 입고 유두 보호기는 되도록 사용하지 않는 것이 좋습니다.

유두에 상처가 나면 모유를 바른 뒤 잘 말리세요

모유수유를 하면 유두에 상처가 자주 납니다. 하루에도 몇 번씩 젖을 물려야 하니 유두에 상처가 나는 게 당연하지요. 유두에 상처가 나면 상당히 아픕니다. 아기 입만 닿아도 눈물이 찔끔 나올 정도라고 하지요.

너무 아플 때는 아픈 쪽 젖을 며칠간 물리지 마세요. 상처가 난 젖꼭지는 물로 잘 씻고 연고를 쓰듯 모유를 발라주면 좋습니다. 모유를 바른 뒤 잘 말리면 상처가 빨리 회복되지요. 잘 마르지 않으면 드라이어나 백열등을 사용해보세요. 젖을 물리지 못하는 동안 모유가 불어 젖몸살이 오면 유축기를 사용해 젖을 짜내도 좋습니다. 갈라진 젖꼭지로 계속 모유를 먹이면 염증이 더 심해질 수 있으므로 나아질 때까지 기다려야 합니다. 잘못하면 상처에 세균이 들어가 유선염이 생깁니다. 그러니 상처가 어느 정도 아물 때까지 다른 쪽 젖으로 수유하기를 권합니다. 한의학에서는 예전부터 태운 녹용모 가루를 발라서 치료를 했습니다. 녹용의 표면을 불에 그슬려서 털을 칼로 긁어낸 후 상처 부위에 바르고 일회용 반창고나 거즈로 덮어 붙이고 자면 상처가 꾸덕꾸덕 말라 아뭅니다. 염증이 있으면 민들레 전초를 말린 포공영蒲公英을 씁니다. 포공영 30g을 물 1리터로 2/3로 줄 때까지 달인 후 3일 정도에 나누어 먹으면 염증이 가라앉고 새살이 빨리 돋습니다.

유선염에 걸렸는데 어떡해야 하죠?

유선염은 젖몸살을 말합니다. 심하면 출산의 고통과 맞먹을 만큼 몹시 아프지요. 유선염은 출산 후 유선이 막히고 유두가 파열되면서 세균에 감염되어 생기는 질환입니다. 유방 마사지를 부지런히 하지 않는 엄마들이 더 잘 걸리지

유선염을 예방하는 차

금은화 당귀차 금은화(인동꽃) 30g, 당귀 15g, 물 1리터를 1시간 달인 후 커피잔으로 한 잔씩, 하루 두 번 마시면 좋다.
포공영 황기차 포공영(민들레) 30g, 황기 20g, 물 1리터를 1시간 정도 달인 후 커피 잔으로 한 잔씩, 하루 두 번 마신다.

요. 한마디로 관리 부족으로 생기는 것입니다.

유선염은 두 가지로 나뉩니다. 우선 유관에 젖이 고이면서 유선 조직을 압박하여 염증이 생기는 것을 급성 울체성 유선염이라고 합니다. 급성 울체성 유선염이 오래되면 내부 조직까지 세균에 감염됩니다. 이를 급성 화농성 유선염이라고 합니다.

급성 울체성 유선염일 때는 멍울을 잘 풀어주는 것이 관건입니다. 멍울만 잘 풀어줘도 열이 떨어지고 통증도 가십니다. 하지만 급성 화농성 유선염으로 발전하면 모유수유를 중단하고 별도로 치료를 받아야만 합니다.

유선염을 예방하려면 출산 후 1~3일 동안 처음 젖이 나올 때부터 더운 수건을 이용해 유방 마사지를 열심히 하는 것이 좋습니다. 뜨거운 물에 적신 수건을 가슴에 덮고 유방 주위와 유두를 가볍게 문질러주세요. 마사지만 잘 해줘도 화농성 유선염으로 발전하는 사태를 어느 정도 막을 수 있습니다.

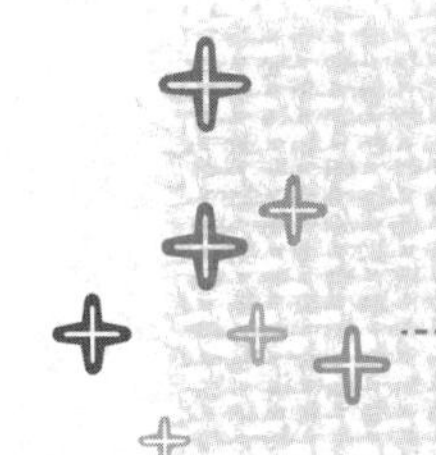

시시콜콜 모유수유 궁금증

모유를 먹이는 엄마들은 이런저런 궁금증이 많습니다.
아기를 낳기 전에 먹던 음식들 중 가려야 할 것이 있는지,
엄마가 몸이 아파 약이라도 먹으면 아기에게 나쁜 영향을 미치지는 않을지,
모유를 끊었다가 다시 먹게 할 수 있는 방법이 있는지
아주 사소한 것들도 궁금하고 걱정됩니다. 엄마들이 많이 묻는 질문을 모아봤습니다.

조산아는 모유 대신 특수분유를 먹여야 하나요?

조산아는 체온 조절이나 호흡 기능에 장애가 있을 수 있기 때문에 각별한 관리가 필요합니다. 조산아를 위한 특수분유가 있긴 하지만, 특별한 이유가 없는 한 모유를 먹여야 합니다. 조산아일수록 모유수유가 더 필요하지요.

조산아는 특히 면역력이 많이 떨어지는데, 이때 모유가 큰 도움이 됩니다. 또한 산모의 회복에도 모유수유가 큰 도움이 됩니다. 아기를 품에 안고 젖을 먹이는 동안 조산으로 인한 우울감에서 해방될 수 있다는 점도 중요하지요.

조산아 산모의 모유에는 만삭아 산모의 모유에 비해 단백질, 락토페린은 물론 유지방을 효과적으로 흡수하게 하는 효소가 더 풍부합니다. 면역글로불린 A가 풍부해 면역력 증강에도 도움이 되지요. 이는 아이의 몸에 무엇이 필요한지 엄마 몸이 인지하고 그런 성분들을 부지런히 만들어내는 것입니다.

단, 아기가 미숙한 만큼 젖을 제대로 빨게 하려면 엄마가 더욱 신경을 써야

합니다. 조산아라도 직접 젖을 빨 수는 있지만 스스로 입을 벌려 물기가 쉽지 않은 만큼 입술을 자극해주고 턱을 당겨 젖을 제대로 물 수 있도록 도와줘야 합니다.

처음에는 빠는 힘이 약해 젖을 오래 물지 못할 수도 있습니다. 젖을 빨다가 지쳐서 잠들어버리는 일도 많지요. 하지만 꾸준히 지속하다 보면 정상적인 수유가 가능해질 것입니다. 특히 지방이 풍부해서 체중 증가에 도움이 되는 후유를 충분히 먹을 수 있도록 젖을 오래 물려야 합니다. 아기가 당장 젖을 빨 수 없다면 젖을 짜서 젖병에 담아 먹이도록 합니다. 젖이 잘 나오도록 규칙적으로 유축을 하되, 특히 후유가 나오도록 적어도 10~15분 이상 짜줘야 합니다.

끊었다가 다시 먹일 수 있나요?

모유는 한 번 끊었다 하더라도 엄마의 노력 여하에 따라 얼마든지 다시 먹일 수 있습니다. 여러 가지 사정에 의해서 모유를 끊었는데 끊은 지 얼마 되지 않았거나, 아기가 생후 3개월이 안 되었을 때 다시 수유를 시도해 성공한 사례가 얼마든지 있습니다. 비록 아기가 그새 분유에 적응을 하여 모유만 먹이는 것이 불가능하다고 해도, 엄마의 노력에 따라 어느 정도까지는 모유를 먹일 수 있습니다. 일단 다시 모유수유를 하기로 결정했다면 굳게 마음을 먹고 하루라도 빨리 젖을 물리는 것이 좋습니다. 이때는 아기가 다시 젖에 익숙해지도록 밤에도 반드시 젖을 물리기를 권합니다. 다만 젖이 다시 돌 때까지 모유만으로는 양이 부족할 수 있으므로 분유도 함께 먹이세요. 모유만 먹이겠다고 아기를 굶겨서는 안 됩니다. 성급하게 분유 양을 줄이지 말고 조금씩 모유를 늘릴 방법을 찾아야 합니다.

모유수유 중 술을 먹어도 되나요?

모유 먹이는 엄마는 절대 술을 마셔서는 안 됩니다. 어쩌다 맥주나 포도주를 한 잔 정도 마시는 것은 괜찮지만, 술을 많이 마시고 젖을 주면 아기에게 문제를 일으킬 수 있습니다.

어쩔 수 없이 술을 마셨으면 최소한 몇 시간 후에 수유해야 합니다. 술을 많이 마셨다면 더 오랫동안 젖을 먹이지 마세요. 술을 마셨어도 젖을 짜내기만 하면 괜찮다고 생각하는 엄마들도 있는데, 짜낸다고 해도 완전히 안전하다고 할 수 없습니다. 《동의보감》에는 유모가 술을 자주 마시면 가래가 끓는 기침과 열을 동반한 경기, 어지러운 증상이 아기에게 생기니 조심해야 한다고 나와 있습니다.

또한 술을 마시면 젖의 양이 줄어 모유수유 자체가 어려워질 수도 있습니다. 모유수유 중인 엄마가 습관적으로 술을 마시면 아이의 뇌신경 발육에 문제가 생길 수 있으며, 자라서 운동 장애를 일으키게 될 가능성도 있다는 사실을 명심하세요.

모유수유 중 흡연을 해도 되나요?

흡연은 술보다 더 심각한 문제를 일으킵니다. 누군가 아기 곁에서 담배를 피우면 아기 역시 담배를 피우는 것이나 마찬가지입니다. 만일 엄마가 담배를 피운다면 모유를 통해 니코틴이나 타르가 아기에게 전달될 가능성이 있지요. 또한 신경장애로 뇌신경 발육에 악영향을 미치며 두뇌활동도 떨어질 수 있습니다. 술과 마찬가지로 담배 역시 모유량을 줄이기 때문에 모유수유 자체가 힘들어질 수도 있습니다.

만일 흡연 중이었다면 엄마 자신의 건강을 위해서라도 이 기회에 담배를 끊기를 권합니다. 임신 중의 금연은 모유수유 기간에도 계속 되어야 한다는 사실을 명심해야 합니다. 엄마뿐 아니라 아빠에게도 해당하는 말입니다. 간접흡연이 얼마나 나쁜지를 생각한다면 가까운 한의원에서 금연침이라도 맞으면서 담배를 끊어야 합니다.

엄마가 질병에 걸렸을 때 모유수유는 이렇게

1. 감기에 걸렸다면

감기에 걸렸어도 모유수유를 할 수 있다. 모유수유를 하던 중 감기에 걸리면 엄마의 몸에서는 모유를 먹는 아기를 보호하려고 항체를 급속히 만들어낸다. 그만큼 엄마의 감기도 더 빨리 낫게 마련. 엄마들이 걱정하는 것처럼 모유수유를 한다고 감기가 아기에게 옮는 일은 없다.

대부분의 감기약은 모유수유에 영향을 미치지 않지만 양약 중에 콧물을 멈추게 하는 항히스타민제는 모유의 양을 줄일 수 있으므로 조심한다. 이때는 천연재료로 만든 한방감기약을 처방받는 것이 좋다.

2. 식중독에 걸렸다면

구토, 복통, 설사 등 위장관 증상에 한정될 경우에는 아기에게 모유를 먹여도 무방하다. 엄마가 식중독에 걸렸을 때 그 균은 보통 장내에 머물고 모유 속으로 전달되지 않으므로 아기에게 모유를 먹이는 것은 전혀 위험하지 않다.

3. 당뇨를 앓고 있다면

심한 당뇨로 엄마의 체력이 너무 약한 경우를 제외하고는 모유를 먹일 수 있다. 모유수유가 당뇨를 악화시키는 스트레스를 없애주기 때문에 오히려 엄마에게도 큰 도움을 줄 수 있다.

엄마가 당뇨가 있을 때 아기가 신생아 황달에 걸릴 위험이 크지만, 이 황달은 치료를 하지 않아도 사라지는 경우가 많다. 또한 당뇨 환자에게 쓰는 인슐린은 모유에 전혀 영향을 미치지 않는다.

4. 결핵 치료를 받고 있다면

엄마가 활동성 결핵에 걸렸고 치료약을 복용한 지 2주가 되지 않았다면 신체 접촉에 의해 아기에게 전염될 수 있다. 이때는 엄마와 아기가 분리되어야 한다. 이 기간 동안 엄마는 젖이 줄지 않게 계속 젖을 짜내야 한다.

결핵약을 2주 넘게 복용했다면 전염될 위험이 없으므로 다시 아기와 만나 안전하게 모유수유를 할 수 있다. 결핵약은 모유수유 중에도 복용할 수 있는 약으로 인정되고 있으니 안심하고 모유를 먹여도 된다.

5. X선 촬영을 했거나 MRI 검사를 받았다면

X선 촬영을 했거나 MRI 검사를 받았어도 모유수유를 할 수 있다. MRI 검사를 할 때 음영을 명확하게 하기 위해 조영제를 투여하는데, 이것 때문에 불안하다면 주사를 맞은 후 모유를 짜서 버리면 된다. 암에 걸려 진단 검사에 들어갔을 때도 모유를 먹일 수 있다. 단, 검사를 받을 때 방사능 물질을 사용했으면 일시적으로 모유를 끊어야 한다. 어떤 방사능 재료는 모유 속에 축적되어 아기에게 전해지는 경향이 있기 때문이다. 하지만 방사능은 시간이 지날수록 감소하므로 3~4개월 후 방사능이 완전히 없어졌다는 진단을 받으면 다시 모유를 먹여도 된다.

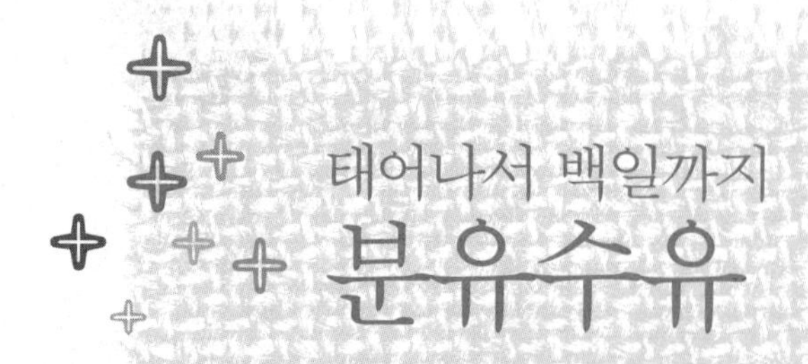

내 아기에게 꼭 맞는 분유 선택법

모유가 분유보다 좋다는 것은 이제 상식입니다.
하지만 모유가 상대적으로 더 좋다는 것이지 분유가 나쁘다는 것은 아닙니다.
어쨌든 분유는 오랜 기간 연구하여 엄마 젖에 최대한 가깝게 만들어낸 것이니까요.
간혹 어떤 분유가 제일 몸에 좋은지 묻는 엄마들이 있는데 분유는 어떤 제품이든 비슷합니다.
물론 성분의 미세한 차이는 있겠지만 큰 의미는 없습니다.
비싼 게 그래도 더 좋지 않을까 고민하지 마세요.
아기가 잘 먹는 분유가 가장 좋은 분유입니다.

어느 분유나 비슷합니다

분유 광고를 보고 있으면 반드시 그 분유를 먹여야 할 것 같은 생각이 듭니다. 자기들 제품에만 특별한 영양분이 많이 들어 있다고 선전하기 때문이지요. 그러나 분유는 소젖을 가공한 후 철분 등 부족한 영양소를 첨가하여 모유와 최대한 비슷하게 만든 것으로 어느 제품이든 비슷합니다. 명품 분유를 먹고 컸다고 해서 더 똑똑하고 건강한 아이가 되지는 않습니다.

새로운 제품에 현혹돼서 분유를 자꾸 바꾸는 엄마도 있는데, 예전에 비해 분유가 좋아진 것은 사실이지만 한두 달 만에 갑자기 명품 분유가 나올 리 없습니다. 먹던 분유를 계속 먹이세요. 여태까지 별 탈 없이 잘 먹던 분유를 굳이 바꿀 까닭은 없습니다. 오히려 분유를 바꿔서 고생하는 아기도 있습니다.

어느 회사 제품인지를 따지기보다는 유통기한이나 보존 상태를 점검하는 것이 훨씬 더 중요합니다. 외형에 녹이 슬어 있지는 않은지, 움푹 들어간 부분이 없는지 살펴봐야 합니다. 한편 구입한 분유는 깨끗하고 건조한 곳에 보관하세요. 안에 들어 있는 계량용 숟가락은 물기 없이 사용하고 깨끗한 상태로 보관해야 분유의 변질을 막을 수 있습니다.

외제 분유의 허와 실

외제 분유는 국산 분유보다 훨씬 비쌉니다. 그래도 비싼 만큼 더 좋을 거라는 생각에 무리해서 외제 분유를 먹이는 엄마들이 꽤 있습니다. 특히 미국산 분유를 먹이면 아기가 키도 훨씬 크고 머리도 좋아질 거라고 맹신합니다. 어이없게도 미국산 분유를 먹이겠다고 모유를 끊는 엄마도 있습니다. 누차 강조하지만 분유는 다 비슷비슷하고, 모유보다 좋은 분유는 없습니다.

미국산 분유 중 일부 제품에 칼슘이 좀 더 들어 있는 건 사실이지만, 그 정도 들어 있다고 성장이 더 빠를 수는 없습니다. 우리나라 분유에도 성장에 필요한 칼슘은 충분히 들어 있습니다.

어떤 미국산 분유에는 타우린이 들어 있는데, 이 타우린 때문에 '머리 좋아지는 분유'라고 불리기도 하지요. 그러나 이 역시 별 의미가 없습니다. 타우린은 생후 한 달 때쯤 몸에서 저절로 생기기 시작합니다. 생후 6개월이 되면 따로 먹이지 않아도 될 만큼 충분히 만들어지지요. 그때까지는 타우린을 외부에서 섭취해야 하는데 우리나라 제품에도 생후 6개월까지는 다 타우린이 들어 있습니다.

결론적으로 말하자면 값비싼 외제 분유라고 해서 아기가 더 잘 자라거나 똑똑해지지는 않습니다. 괜히 돈만 낭비할 따름이지요. 아기가 잘 먹고 잘 소화시키는 분유가 가장 좋은 분유입니다.

월령에 맞춰 고르세요

아기는 성장 단계에 따라 몸에서 요구하는 영양 성분이 다릅니다. 엄마의 젖 역시 아기의 성장 단계에 따라 그 성분이 조금씩 변합니다. 초유부터 시작해서 그때그때 아기가 요구하는 영양분에 따라 성질이 바뀐다는 말입니다.

분유 역시 마찬가지입니다. 월령별로 영양 성분에 차이가 있습니다. 따라서 분유는 월령에 맞는 것을 선택해야 합니다. 간혹 아기 발달이 평균치보다 빠르거나 혹은 뒤처진다며 다른 월령의 분유를 먹이는 엄마도 있는데, 엄마가 임의대로 분유를 선택하는 건 곤란합니다. 어떤 분유든 상관없지만 월령만큼은 맞춰 먹이기를 권합니다. 월령에 맞지 않는 분유를 먹으면 자칫 영양 과잉이나 결핍을 가져올 수도 있습니다.

그렇다고 월령을 자로 잰 듯 딱 나눌 필요는 없습니다. 한두 달 정도 차이가 나는 것은 큰 문제가 되지 않습니다. 월령이 바뀌어도 먹던 분유는 끝까지 다 먹이세요.

분유를 바꾼다고요?

아기 키우는 엄마 대부분은 굳이 분유를 바꾸지는 않습니다. 별다른 이상이 없는 한 먹던 분유를 그대로 먹이는 경우가 대부분인데, 아직 소화기능이 미숙한 아기가 갑자기 다른 분유를 먹게 되면 탈이 나지 않을까 걱정하기 때문이지요. 저 역시 특별한 이유가 없는 한 일부러 분유를 바꿀 필요는 없다고 봅니다.

그러나 어떤 이유로 분유를 바꿔야 한다면 바꿔도 크게 상관은 없습니다. 각각의 분유는 가공 방법만 조금씩 다를 뿐 성분에는 큰 차이가 없거든요. 다만 갑작스럽게 분유를 바꾸면 아기가 새 맛에 적응하기 어려울 수 있으므로 새 분유 1, 원래 분유 9 정도부터 시작해서 조금씩 바꾸기를 권합니다.

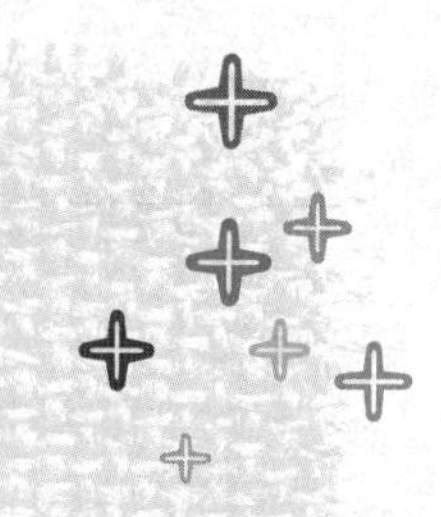

자연스럽게 분유를 먹이는 기본 원칙 5가지

분유를 먹일 때는 모유를 먹일 때보다 더 신경 쓸 게 많습니다.
어떤 물을 써야 할지, 온도는 어떻게 맞춰야 하는지, 양은 어느 정도가 적당한지 등
젖만 물리면 그만인 모유수유에 비해 이것저것 생각해야 할 것이 많지요.
그중 반드시 지켜야 할 기본 원칙이 있습니다.
이 원칙들만 잘 지킨다면 큰 무리 없이 분유수유를 할 수 있습니다.

제1원칙 반드시 맹물을 써야 합니다

분유는 맹물에 타는 것을 전제로 만들어진 식품입니다. 간혹 보리차 등에 분유를 타는 엄마들이 있는데 맹물이 아닌 다른 물을 써서는 안 됩니다. 다른 것이 섞인 물은 자칫 잘못해서 아기에게 알레르기를 일으킬 수도 있습니다. 특히 차 종류는 카페인이 든 것들이 많아서 함부로 써서는 곤란합니다.

그리고 물은 반드시 한 번 끓여서 식힌 것이어야 합니다. 끓이는 게 귀찮고, 식히는 데 시간이 걸린다고 정수기 물을 그대로 쓰는 엄마도 있는데 아무리 깨끗한 물이라도 그냥 쓰면 안 됩니다. 끓이기만 한다면 수돗물이라도 위험하지 않습니다. 깨끗한 정수기의 물이라면 1분 정도, 수돗물이라면 5분 정도 끓이면 안전합니다.

제2원칙 물은 두 번에 걸쳐 나눠 부으세요

하루에 몇 번씩 분유를 타는 게 귀찮아서 대충 눈대중으로 분유를 타는 엄마들이 꽤 있습니다. 하지만 분유를 탈 때는 무엇보다 정확한 비율을 맞추는 것이 중요합니다.

젖병에 물부터 다 채우고 분유를 타는 경우가 종종 있는데, 그래서는 정확한 비율을 맞추기가 어렵습니다. 먼저 젖병에 끓여서 식힌 물을 3분의 2가량 붓습니다. 만일 120ml를 먹일 생각이라면 80ml만 넣는 겁니다. 그런 다음 계량용 숟가락을 이용해서 정확한 양의 분유를 넣으세요. 계량용 숟가락으로 분유를 푼 다음 수평으로 깎아서 넣는 것이 요령입니다. 그 뒤 120ml에 눈금에 맞춰 물을 부으면 정확한 비율로 분유를 탈 수 있습니다. 120ml의 분유를 먹이라고 되어 있다면 이것은 물과 분유를 합친 양입니다. 물 120ml를 붓고 나중에 분유를 넣으면 120ml를 훌쩍 넘게 됩니다. 두 번에 나누어서 물을 넣어야 정확한 비율을 맞출 수 있습니다.

왜 정확한 비율이 중요할까요? 분유를 먹일 때 가장 중요한 것이 농도이기 때문입니다. 분유의 농도는 모유를 근거로 정해진 것입니다. 따라서 아기가 먹는 양이 적다고 분유를 진하게 타거나, 반대로 너무 많이 먹는다고 싱겁게 먹여서는 안 됩니다. 분유를 묽게 타면 맛이 싱거울 뿐만 아니라 아기가 필요한 영양분을 제대로 섭취하지 못할 수도 있습니다. 반대로 너무 진하게 타면 소화하기가 어려울 수도 있고 영양 과다로 비만이 될 수도 있지요.

제3원칙 온도는 체온과 비슷해야

분유를 다 탔다고 바로 아기에게 먹여선 안 됩니다. 먹이기 전에 물이 적당히 식었는지 확인해야 합니다. 팔목 안쪽에 한두 방울 떨어뜨렸을 때 약간 따끈하다고 느껴지면 아기가 먹기에 적당한 온도입니다. 대략 38도 전후로, 체온과 같거나 약간 높으면 됩니다.

만일 분유가 너무 뜨거우면 먹다가 아기가 입을 델 수 있습니다. 어떤 엄마는 장을 튼튼하게 한다고 찬 분유를 먹이기도 하는데 생후 3개월 이전에 찬 분유를 먹이면 십중팔구 탈이 납니다. 체온이 떨어지는 것은 물론 몸의 대사기능도 약해질 수 있지요. 그뿐만 아니라 장이 민감해지고 소화도 잘 안 되며 설사나 감기, 호흡기 질환에 걸릴 수도 있습니다.

아기의 배는 복막염이나 급성장염 등 염증성 질환이 있을 때를 빼고는 늘 따뜻해야 합니다. 배를 따뜻하게 유지하려면 아기가 먹는 분유가 차가워서는 안 되겠지요. 최소한 체온에 맞추거나 그보다 약간 높아야 합니다.

제4원칙 젖병은 품에 안고 물릴 것

분유를 먹이는 엄마를 보면 아기를 눕혀놓고 젖병을 물리는 경우가 많습니다. 품에 안고 먹이기가 힘들다는 이유를 대면서 말입니다. 엄마 젖 대신 분유를 먹는 것도 안타까운 일인데, 거기에 엄마 품을 느낄 기회마저 빼앗는다면 아기가 너무 불쌍합니다. 아기가 젖을 먹을 때는 단지 영양만 섭취하는 것이 아닙니다. 엄마의 따뜻한 정도 함께 먹습니다.

젖을 물리는 기분으로 아기를 품에 안고 먹여야 합니다. 이는 비단 정서적인 이유 때문만은 아닙니다. 아기가 누운 채 젖을 먹으면 소화도 잘 안 될 뿐만 아니라, 공기를 삼키기도 쉬워서 자칫하면 먹은 분유를 다 토해버릴 수 있습니다. 먹다가 사레가 들 수도 있지요. 더구나 신생아는 아직 귀와 코를 연결하는 이관이 발달하지 않았기 때문에, 중이中耳에 분유가 들어가 중이염에 걸릴 수도 있습니다.

공기 덜 먹이는 요령

아기가 젖병을 빨다 보면 어쩔 수 없이 공기도 함께 먹게 된다. 그런데 공기를 너무 많이 먹으면 자칫 구토로 이어지기 쉽다. 조금이라도 공기를 덜 먹게 하려면 분유를 탄 후 뚜껑을 닫지 않은 채로 조금 세워두어 기포를 제거한 후 먹이거나, 아기를 비스듬하게 안고 먹여야 한다. 또한 입에 물릴 때 젖병을 충분히 기울이는 것도 공기를 덜 먹게 하는 요령이다.

제5원칙 다 먹은 다음엔 꼭 트림을 시키세요

아기가 분유를 다 먹었으면 반드시 트림을 시켜야 합니다. 수유 후 트림을 시키는 것은 분유와 함께 들어간 공기를 아기 몸에서 빼내기 위해서입니다. 트림을 안 하면 토할 수 있을 뿐만 아니라 아기가 몹시 불편해합니다. 아기 몸을 세워 안고 등을 아래위로 쓰다듬으면서 살살 두들겨주세요. '끅' 하는 소리와 함께 공기가 빠져나오면 트림을 한 것입니다.

간혹 아기가 트림을 안 한다고 그냥 눕혀버리는 엄마도 있는데 그래선 안 됩니다. 등 쓰다듬는 것은 멈추더라도, 잠깐 안고 있는 것이 좋습니다. 간혹

아기를 건강하게 키우는 '양자십법' 따라하기

"찬 음료, 찬 음식, 익히지 않은 음식을 먹이지 않는다."

《동의보감》을 보면 아기의 건강을 다스리는 열 가지 원칙을 소개하고 있는데 간단히 말하자면 다음과 같다. '등을 따뜻하게 한다, 배를 따뜻하게 한다, 발을 따뜻하게 한다, 머리는 서늘하게 한다, 가슴을 서늘하게 한다, 낯선 사람이나 이상한 사물을 보이지 않는다, 젖과 음식을 따뜻하게 한다, 아이가 울 때 젖을 먹이지 말아야 한다, 약은 함부로 쓰지 않는다, 목욕은 너무 자주 시키지 않는다'이다.

이 중 비위장과 관련한 항목으로 젖과 음식을 따뜻하게 한다는 말은 "소화기를 따뜻하게 해야 하니 찬 음료, 찬 음식, 익히지 않은 음식을 먹이지 않는다"라는 의미다.

한방에서 보면 비위脾胃는 음식물을 소화 흡수하고 영양분을 만들고 그 영양분으로 혈액과 진액, 기운을 생성하여 오장육부를 자양시키는 장기다. 위장, 췌장, 비장, 십이지장이 이에 속한다.

'양자십법養子十法'에 따르면 비위는 그 병이 대부분 음식에 의해서 오는데 특히 생냉지물生冷之物, 즉 차고 익히지 않은 음식을 많이 섭취한 데서 온다고 한다. 차고 익히지 않은 음식을 많이 섭취하면 소화불량, 식체, 복통, 설사, 구토 등의 증상이 나타나고, 혈액과 기운을 만들지 못해 전신적인 허약증을 유발하며, 또한 습기와 담음(체액성 노폐물)을 만들어 각종 질병을 유발한다는 것이다.

따라서 아기가 먹는 음식은 따뜻해야 한다. 찬 음식, 찬 음료, 익히지 않은 음식을 아기에게 그대로 먹여선 안 된다. 장을 튼튼하게 한다고 분유를 찬 생수에 타 먹이거나, 여름에 덥다고 찬 보리차를 먹이는 것은 한의학적으로 볼 때 절대 해서는 안 되는 육아법이다.

트림을 하면서 아기가 토하기도 합니다. 만일 자주 그런다면 한꺼번에 분유를 다 먹이지 말고 반쯤 먹었을 때 트림을 시킨 다음, 나머지 반을 다시 먹이는 것이 좋습니다. 트림은 한 번만 하는 것이 아니라 여러 번에 걸쳐 나눠 할 수도 있습니다. 그러니 한 번 트림을 했다고 해서 바로 눕히지 말고 조금 더 다독여주세요. 연이어 트림하지 않더라도 아기의 뱃속은 훨씬 편안해집니다.

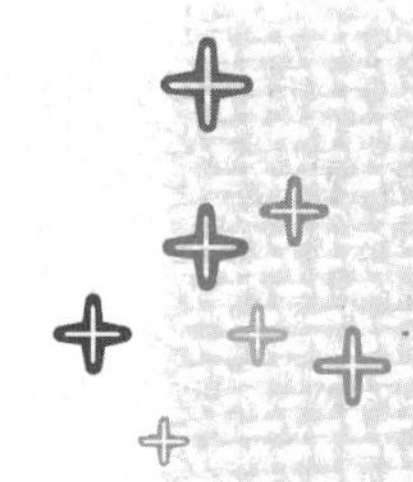

분유수유를 하는 엄마들이 가장 많이 하는 질문

아기에게 분유를 먹이다 보면 궁금한 게 한두 가지가 아닙니다.
한 번에 먹는 양은 어느 정도가 적당한지, 외출할 때는 미리 타서 가지고 나가도 될지, 얼마동안 보관이 가능한지. 물어보고 싶은 것들이 자꾸 생깁니다.
아무리 사소한 것이라도 엄마 입장에서는 걱정이 되고 정확한 답이 필요합니다.
엄마들이 가장 많이 궁금해하는 질문을 모아봤습니다.
이 궁금증에 대한 답만 알아도 분유수유가 한결 수월해질 겁니다.

젖병을 빨지 않는데 어떻게 해야 하나요?

생후 3개월 전까지는 모유를 먹이다가 분유로 바꿔 먹이기가 어렵지 않습니다. 아직 완전히 엄마 젖에 익숙해지지 않았기 때문이지요. 처음에 젖병을 물리면 엄마 젖과 다르다는 걸 알고 잠깐 싫어하는 기색을 보이지만 금세 잊고 잘 먹습니다.

하지만 예민한 아기는 다릅니다. 젖병 말고 엄마 젖을 내놓으라며 울어대지요. 이때 마음 아파하며 젖병 물리기를 포기하면 분유를 먹이기가 점점 더 어려워집니다. 아기가 배고플 때를 기다려 얼른 젖병을 물려보세요. 아기가 배고파할 때 얼른 물리면 젖병과도 금세 친해질 수 있습니다.

만일 그래도 젖병을 거부한다면 젖병에 달린 젖꼭지를 다른 것으로 바꿔보세요. 시중에 판매하는 젖꼭지는 여러 가지 모양이 있습니다. 엄마 젖처럼 둥근 모양도 있고, 약간 납작하게 생긴 것도 있습니다. 끝이 평평한 것도 있고 둥글게 생긴 것도 있지요. 젖꼭지를 바꿔주면 잘 빨게 될 수도 있으니 한번쯤 바꿔보는 것도 좋습니다. 젖꼭지 끝에 살짝 엄마 젖을 바르거나 숟가락에 분유를 따라 살짝 맛을 보게 한 후 물리는 것도 좋은 방법입니다. 젖병을 빨지 않는다고 조바심을 내지 말고 여러 가지 방법을 사용해 아기가 젖병과 친해질 때까지 기다려주세요.

아기가 젖병을 빨면서 그렁그렁 소리를 내는데 괜찮을까요?

가르랑가르랑 '선천성 후두천명'

신생아기부터 생후 1년간 수유를 하거나 숨을 들이마실 때 가르랑거리는 소리가 계속 나는 것을 '선천성 후두천명'이라고 하는데 남녀비 2.5:1로 남아에게 많으며, 누워 있을 때 증상이 악화된다. 증상이 심한 경우에는 수유가 힘들고 이로 인해 성장발육이 늦어지고 흉부의 기형이 초래되기도 하지만, 대부분 돌 전에 기도의 기능이 성숙되면서 호전된다. 심한 경우에 한의학에서는 '도담탕'이나 '궁하탕'을 처방하는데, 상당히 좋은 효과가 있으니 그냥 놔두지 말고 진료를 받자.

아기들은 호흡기 점막과 섬모의 기능이 미숙하기 때문에 기관지에 가래가 많이 고입니다. 가래가 많이 고이면 젖을 빨 때마다 그렁그렁 소리가 납니다. 아기 몸에 문제가 있는 건 아니지만 엄마로서는 신경이 쓰이는 게 당연합니다.

평소에 아기에게 물을 많이 먹이고, 실내가 건조하지 않게 하고, 등을 위에서 아래로 쓸어내려주면 가래가 쉽게 밖으로 빠져나옵니다. 그러면 그렁그렁 소리도 자연히 덜 나겠지요.

젖병을 물리기 전에 아기를 돌려 눕히고, 손바닥을 오목하게 해 등을 가볍게 통통 두드려주는 것도 효과가 있습니다. 평소에 가래가 고이지 않도록 하는 것이 관건입니다.

한 번에 얼마나 먹여야 할까요?

"선생님, 아기가 생각만큼 먹지 않는데 괜찮을까요?"

제가 엄마들에게 늘 듣는 질문입니다. 분유는 모유와 달리 아기가 먹는 양을 정확하게 알 수가 있습니다. 그러다 보니 분유를 먹이는 엄마들이 수유량에 훨씬 민감합니다. 아기가 정해진 양만큼 먹는지 촉각을 곤두세우지요. 하지만 아기가 정해진 양대로 먹지 않는다고 걱정할 필요는 없습니다. 기본적으로 아기는 자기가 필요한 만큼 알아서 먹기 때문입니다.

그래도 걱정이 된다면 일반적인 수치를 알아두세요. 평균적으로 볼 때 생후 1~3개월에는 하루 5~6번, 한 번에 120~180ml 정도 먹습니다. 그러나 이는 말 그대로 수치일 뿐입니다. 어느 때는 한 번에 200ml 넘게 먹기도 하고, 어느 때는 100ml도 채 못 먹습니다. 수유 간격도 들쑥날쑥합니다. 먹은 지 세 시간 만에 또 배가 고프다고 울어대는가 하면, 먹은 지 다섯 시간이 지났는데도 먹을 생각을 전혀 안 하기도 하지요. 어른처럼 아기 역시 몸의 상태에 따라 더 먹기도 하고 덜 먹기도 한다는 말입니다. 그러니 한 번에 얼마만큼 먹여야 할까 하는 고민은 잘못된 생각입니다. 한 번에 정해진 양을 다 먹이기보다 아기가 배고파 우는 때를 놓치지 않고 먹이는 것이 더 중요합니다.

물 먹는 젖병 vs 분유 먹는 젖병

간혹 같은 젖병에 물도 먹이고 우유도 먹이는 엄마들이 있는데 그래선 곤란하다. 점도가 높은 분유에 비해 물은 훨씬 더 잘 빨리고 많이 나오기 때문에 물병의 젖꼭지는 구멍이 더 작아야 한다. 분유 먹는 젖병에 물을 담아 먹이면 훨씬 더 많이 나오기 때문에 사레들릴 수 있다. 따라서 물을 먹는 젖병과 분유를 먹는 젖병은 반드시 따로 써야 한다.

다시마물이나 사골국에 타 먹여도 되나요?

아기에게 부족한 영양분을 보충한다고 분유를 다시마나 멸치 우려낸 물, 혹은 사골국에 타서 먹이는 엄마들이 있습니다. 그러나 아기에게 필요한 모든 영양분은 이미 분유에 들어 있습니다. 골고루 균형을 맞추어서요. 그러니 괜히 다시마나 멸치 육수, 사골국을 쓰지 않아도 됩니다. 잘못하면 오히려 비만을 불러올 수도 있습니다.

특히 다시마나 멸치 육수는 짠맛이 나는데, 이 짠맛에 아기가 길들여지면 문제가 생깁니다. 이유식을 먹을 때도 짠맛을 더 찾고, 어른이 되어서도 짠 음식만 선호할 가능성이 큽니다. 짜게 먹어서 좋은 점은 하나도 없습니다. 또한 강한 맛의 음식을 계속 먹으면 장기에 나쁜 영향을 미칩니다.

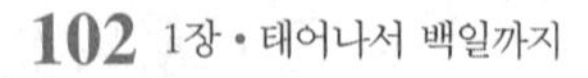

물 대신 보리차를 써도 될까요?

분유를 끓인 보리차에 타서 먹이는 엄마들이 생각보다 많습니다. 보리차에 분유를 타 먹이면 소화가 잘 된다고 하면서 말입니다. 그러나 보리차는 분유를 타서 먹이기에 적합한 물이 아닙니다. 보리는 찬 성질을 지닌 음식입니다. 속을 냉하게 만들기 때문에 아직 장 기능이 약한 아기들에게는 좋지 않습니다. 분유를 보리차에 타서 먹이라는 말은 그냥 끓였다 식힌 물을 사용하라는 의미로 받아들이세요. 보리차를 만들려면 일단 물을 끓여야 하니까요. 집에서 일상적으로 자주 끓여 먹는 결명자도 분유를 타기엔 좋지 않습니다. 결명자 역시 찬 성질의 음식입니다. 그 밖에 둥굴레차나 녹차 등도 좋지 않습니다. 차 종류에는 카페인이 들어 있는 것들이 많으므로 함부로 분유를 타 먹여서는 안 됩니다.

딸꾹질을 멈추게 하려면

딸꾹질은 분유를 한 번에 많이, 혹은 급하게 먹어서 위가 과도하게 팽창하거나 추위에 노출되었을 때 횡경막이 자극받아 생기는 경련이다. 오래 해도 별문제는 없지만 아기가 힘들어해 엄마들이 걱정한다.
생후 몇 개월간은 젖을 먹은 후 딸꾹질을 더 많이 하는데, 이는 신경근육이 미숙해서 생기는 현상이다. 특히 젖을 많이 먹어서 위가 늘어났거나 추운 환경에 노출되었을 때 많이 한다.
딸꾹질은 그냥 두어도 시간이 지나면 저절로 멈춘다. 아기가 딸꾹질을 하면 몸을 따뜻하게 해주고 따뜻한 보리차를 먹이면 좋다. 또한 평상시에 젖이나 분유를 너무 급하게 먹지 않도록 엄마가 조절해줘야 한다. 한 번에 다 먹이지 말고 수유 중간에 쉬었다가 트림을 시키고 나머지를 먹도록 하는 것이 요령이다.
등을 쓸어주고 차가운 물수건을 목덜미에 잠시 대줘도 효과가 있다. 기를 평정시키는 데 도움이 되기 때문이다. 설탕을 조금 먹이는 것도 도움이 되는데, 설탕의 단맛은 이완작용을 하여 경련을 진정시킨다. 이 외에 손가락을 아기 귓속에 넣거나 입천장을 간질이는 것도 효과가 있다.

깨끗하게 분유 먹이기

아기가 원할 때 즉시 물릴 수 있는 젖과 달리 분유는 물을 데우고 분유를 타서
적당한 온도로 식혀야 하기 때문에 먹이는 데까지 약간 시간이 걸립니다.
엄마에게는 상당히 번거로운 노릇이지요.
그러다 보니 귀찮은 마음에 손도 씻지 않고 젖병도 대충 헹궈 분유를 타기도 합니다.
하지만 면역력이 떨어지는 아기에게 분유를 먹일 때는 무엇보다 청결 유지에 신경 써야 합니다.
잘못하면 분유뿐 아니라 세균까지 함께 먹이는 결과를 가져올 수도 있습니다.

분유를 타는 엄마 손은 청결해야 합니다

"배고프지? 얼른 우유 타서 줄게."

아기가 배고파서 울어대기 시작하면 엄마 마음이 바빠집니다. 얼른 분유를 타서 아기 입에 물려줘야겠다는 생각이 앞서지요. 배가 고파 우는 아기를 두고 깨끗하게 손을 씻고 물을 데우고 분유를 타서 식히기는 쉽지 않습니다. 하지만 아무리 급해도 아기 배를 채우기에 앞서 청결을 먼저 고려해야 합니다.

이 시기의 아기들은 면역력이 약하기 때문에 분유를 탈 때 청결을 유지하는 것이 무엇보다 중요합니다. 분유를 타기 전에 일단 식탁 위를 깨끗한 수건으로 닦고, 엄마의 손도 비누로 깨끗하게 닦아야 합니다. 드라마를 보면 외과 의사가 수술에 들어가기 전에 꼼꼼하게 손을 닦습니다. 엄마 역시 분유를 타기 전에 손톱 밑까지 깨끗하게 닦아야 합니다. 손뿐 아니라 분유를 탈 때 쓰는 도구들도 반드시 깨끗이 닦은 후 끓는 물에 소독하여 사용해야 합니다.

신생아 시절에는 젖병 소독도 철저히

젖병 또한 철저하게 소독하는 것이 좋습니다. 한 번이라도 아기가 입에 물었던 젖병은 소독하지 않고 써서는 안 됩니다. 깨끗이 닦은 후에 열탕 소독을 하고 써야 합니다. 아기의 침이 묻어 있으면 미생물이 번식할 수 있기 때문입니다. 신생아 때는 하루에 젖병이 수도 없이 나오는데 그걸 일일이 닦고 소독하는 게 보통 일이 아닐 겁니다. 누가 젖병만 닦아줘도 좋겠다는 생각이 굴뚝 같지요.

하지만 너무 걱정할 필요는 없습니다. 시간이 지나면 아기의 면역력이 높아져 신경을 조금 덜 써도 됩니다. 생후 4개월만 지나도 지금처럼 열심히 젖병을 소독할 필요 없이, 깨끗하게 닦아 쓰고 주기적으로 한 번씩만 소독해주면 됩니다.

분유는 그때그때 타서 먹여야 합니다

외출할 때는 미리 분유를 타서 가져가지 말고 끓인 물과 분유를 따로 준비해야 합니다. 간혹 번거롭다는 생각에 미리 분유를 타서 나가기도 하는데 그래서는 안 됩니다. 물에 탄 분유는 상하기 쉽기 때문입니다. 물에 탄 분유는 상온에서 1시간 이상 보관하지 마세요. 날씨가 더운 여름철에는 그 시간이 더 짧습니다.

분유를 탔는데 아기가 잠이 들어서 먹일 수 없다면 상온에 두지 말고 냉장고에 넣어두세요. 먹다 남은 게 아니라면 냉장고에 이틀 정도 보관할 수 있습니다. 나중에 먹일 때는 전자레인지를 이용하지 말고 중탕을 해서 먹이도록 합니다. 전자레인지로 분유를 데우면 영양소가 파괴될 우려가 있으며, 골고루 데워지지 않아 아기가 먹기에 좋지 않습니다. 분유를 타려고 끓인 물 역시 냉장고가 아니라 상온이라면 오래 보관하지 않는 것이 좋습니다.

아무리 아까워도 먹다 남은 분유는 버리세요

이 시기의 아기들은 일정하게 먹지 않습니다. 배가 고파 우는가 싶어 얼른 분유를 타서 주었더니 얼마 먹지 않고 젖꼭지를 밀어내기도 하지요. 남은 분유가 아까워 놔두었다가 다시 물리는 엄마들이 많은데, 바로 먹일 것이 아니라면 아무리 아까워도 그냥 버려야 합니다. 아기가 젖병을 빨면 침이 섞이기 때문에 분유가 금세 상합니다. 냉장고에 넣어두어도 마찬가지입니다. 상하는 시간을 조금 늦출 수는 있겠지만 그래도 어느 정도 시간이 지나면 역시 미생물이 번식할 수 있습니다.

간혹 남긴 분유를 먹이고도 별 탈 없이 잘 키웠다고 말씀하시는 분들이 있는데 예민한 아이들은 병이 날 수 있습니다. 분유 값보다 더 큰 비용이 약값으로 들어갈 수도 있지요.

태어나서 백일까지

신생아 재우기

이 시기에는 얕은 잠을 잡니다

아기가 생후 3개월이 될 때까지 엄마가 가장 힘들어하는 것이 바로 수면 문제입니다.
낮 동안 아기를 돌보며 이런저런 일을 하느라 지칠 대로 지쳤는데,
아기가 잠도 자지 않고 보채면 정말 곤욕스럽지요. 하지만 어쩌겠습니까.
이 시기의 아기들은 밤과 낮이 따로 없습니다. 아기가 생체리듬을 익히고
수면 습관을 배울 때까지는 힘이 들어도 아기의 생활에 맞춰줘야 합니다.
억지로 재우려 들기보다는 잘 잠들 수 있는 환경을 만들어주는 것이 우선입니다.

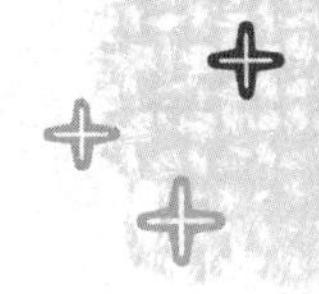

엄마가 알아두어야 할 신생아 수면 습관

"원래 갓 태어난 아기는 잠을 안 자나요?"

초보 엄마들이 많이 하는 엉뚱한 질문입니다. 신생아 시기에는 하루에 18시간 이상 잠을 자는 게 보통이라는데 아기가 수시로 깨서 보채니 이렇게 물을 법도 합니다.

신생아는 아주 많이 잡니다. 아무리 잘 안 자는 아기라도 최소한 15시간 정도는 잡니다. 하지만 어른처럼 한번 잠들면 깨지 않고 계속 자는 것은 아닙니다. 잠을 자더라도 아주 얕은 잠을 자기 때문에 수시로 깹니다. 예민한 기질의 아이라면 더 자주 깨겠지요.

더구나 이 시기의 아기는 밤낮의 구별이 없습니다. 밤에는 자고 낮에는 깨어 논다는 시간 개념이 없다는 말입니다. 생각해보세요. 아기는 열 달 동안 빛 하나 없는 어두운 자궁 안에서 자랐습니다. 배고프다는 걸 느낄 새도 없이 탯줄을 통해 항상 영양 공급을 받아왔으니 입으로 젖을 빨아야 하는 수고도 몰랐지요. 밤과 낮을 구별해서 낮에 먹고 밤에 잠을 자는 습관을 가질 필요가 없었다는 말입니다.

하지만 일단 세상에 태어난 이상 그렇게 계속 살 수는 없습니다. 아기가 밤낮을 구별하는 습관을 가지려면 최소한 생후 3개월까지는 기다려야 합니다. 생후 3~4개월 정도가 되면 아기는 엄마가 원하는 대로 밤에 자는 습관을 가질 수 있습니다. 단, 이런 수면 습관을 들이려면 낮에 잘 먹이면서 충분히 놀아주고 밤에 재우는 생활을 반복해야 합니다.

연령별 수면 시간

신생아 18~20시간
생후 6개월 16~18시간
만 1세 14~16시간
만 2세 12~14시간
만 5세 10~12시간
만 10세 10시간
사춘기 8~9시간
단, 이것은 평균적인 수치일 뿐이다. 자는 시간은 아이마다 다르다. 수치를 벗어났다고 해서 큰 문제가 있는 것은 아니지만 지나치게 많이 자거나 적게 자는 경우는 진찰을 받아보는 것이 좋다.

아기에게 맞춰 생활하는 것은 정서발달을 위해 중요하지만, 엄마가 계속 아기의 생활리듬에 끌려가다 보면 엄마도 야행성이 되고 아기는 바른 생활습관을 기를 기회를 놓치게 됩니다.

하지만 너무 조급하게 마음을 먹어서는 곤란합니다. 수면 습관은 아기마다 차이가 있기 때문입니다. 더 많이 자는 아기가 있고 덜 자는 아기가 있습니다. 예민해서 더 자주 깨는 아기가 있고, 좀 낙천적이어서 한번 자면 오래 깨지 않는 아기도 있습니다. 엄마가 인내심을 갖고 노력한다면 적어도 백일 이후에는 규칙적인 수면 습관을 들일 수 있습니다.

백일이 지나면 달라집니다

앞서 말했듯 신생아는 밤낮의 구별 없이 자주 깹니다. 대개는 배가 고파서입니다. 소화기관이 미숙하니 한 번에 먹는 양도 적고 그만큼 자주 배가 고픕니다. 아기가 분유를 먹는다면 아빠나 할머니 등 다른 사람이 대신 먹일 수 있지만, 모유수유 중이라면 아무리 피곤해도 엄마가 직접 젖을 물릴 수밖에 없습니다. 엄마 처지에서는 보통 피곤한 일이 아닙니다.

하지만 다행스러운 것은 백일을 기점으로 수유 간격이 늘어난다는 것입니다. 신생아 때부터 수유할 때마다 충분한 양을 먹이면 아기가 한 번에 먹을 수 있는 양이 점차 늘어납니다. 그러면 수유 간격도 당연히 늘 수밖에 없지요. 이런 식으로 서서히 먹는 양을 늘려주면 생후 2개월 정도부터는 대략 3시간마다 한 번씩 젖을 먹여도 아기가 배고파하지 않습니다. 물론 몸무게가 작게 나가고 발달이 좀 느리다면 수유 간격을 억지로 늘려선 안 되겠지요. 어떻게든 자주 많이 먹여야 하니까요. 하지만 정상 발달을 보이는 아기 대부분은 한번 잠들고 4~5시간 정도는 중간에 일어나 먹지 않아도 잘 잡니다.

수유 간격을 늘리면서 밤중수유를 조금씩 줄여보세요. 특히 직장에 다니는 엄마라면 육아 휴직 기간이 끝나기 전에 밤중수유를 최대한 줄일 필요가 있습니다. 밤중수유 문제로 중간에 어쩔 수 없이 모유를 끊거나 직장을 그만두는 엄마들이 생각보다 많기 때문입니다.

하지만 너무 걱정하지 마세요. 흔히 어른들이 엄마들을 위로하며 "백일이 지나면 달라진다"고 하는데 맞는 말입니다. 엄마가 생활습관을 바로잡으려고 노력하면 백일 정도가 되었을 때 아기 스스로 밤과 낮을 구분할 수 있습니다. 잠깐씩 깨어 젖을 달라고 할 수는 있지만, 먹고 나면 또 바로 잠이 들지요. 백일까지가 고비려니 생각하고 눈 딱 감고 버텨보시기 바랍니다. 언제 좋은 날이 올까 싶지만 아기와 지내다 보면 생각보다 시간은 빨리 갑니다. 백일 정도가 지나면 언제 그랬느냐는 듯 밤에 잘 자는 아기를 보게 될 것입니다.

옆으로 눕혀 재우세요

심장이 튼튼해진다거나, 잘 놀라지 않는다는 이유로 아기를 엎어놓고 재우는 경우가 있습니다. 실제로 아기를 엎어서 재우면 잘 깨지 않고 푹 자는 것을 발견할 수 있습니다. 게다가 머리통도 예뻐지고, 배가 따뜻해져 영아산통도 예방할 수 있다는 장점도 있지요. 먹은 것을 토할 때도 토사물이 그냥 앞으로 흐르니 질식할 염려가 없고, 고개도 빨리 가누게 됩니다.

이렇듯 여러모로 장점이 많지만 그래도 저는 웬만하면 아기를 엎어 재우지 말라고 말하고 싶습니다. 생후 3개월 전까지는 아기 대부분은 목을 제대로 가누지 못합니다. 한 번 머리를 대면 움직이고 싶어도 그냥 있을 수밖에 없습니다. 만일 아기가 엎어 자는 상태에서 이불이 코와 입을 막으면 호흡곤란을 일으키거나 질식할 수 있습니다.

"그러면 바로 눕혀서 재워야 할까요?"

엎어서 재우지 말라고 하면 엄마들은 바로 이렇게 물어봅니다. 하지만 아기 등을 바닥에 대고 똑바로 눕힌다고 해서 안전한 것은 아닙니다. 신생아 때는 워낙 잘 토하는데 똑바로 누워 자면 구토물이 기도로 들어갈 가능성이 있기 때문입니다. 잘못해서 구토물이 기도로 들어가면 기도가 막혀 질식하거나 흡인성 폐렴이 생길 수도 있습니다.

여러 가지 경우를 따져보면 아기를 옆으로 눕혀 재우는 것이 안전성이나 건강 면에서 가장 좋습니다. 물론 이 자세를 오랫동안 유지하기가 쉽지는 않습니다. 매번 옆으로 눕혀 재우지는 못하더라도 젖이나 분유를 먹은 직후만은 옆으로 누워 잘 수 있도록 해주세요. 인형이나 베개, 이불 등을 등에 받쳐주면 꽤 오랫동안 옆으로 누운 자세를 유지할 수 있습니다.

한쪽으로만 자면 머리 모양이 비뚤어진다고?

머리 모양을 예쁘게 잡아준다고 아기가 잘 때 머리 방향을 자주 바꿔주는 엄마들이 있다. 하지만 아기도 나름대로 자기가 좋아하는 방향이 있다. 아기가 계속 한쪽으로만 고개를 돌리고 자면 머리 모양이 비대칭으로 보이기도 하는데, 시간이 지나면 비대칭이던 머리가 차츰 자리를 잡아간다. 잠자는 아기 머리를 자꾸 돌려서 잠을 방해하는 것은 정서 발달에도 좋지 않다. 아기는 잠자는 동안에 가장 많이 성장한다는 사실을 잊어서는 안 된다. 아기가 푹 자게 지켜보되, 깨지 않는 선에서 살짝 방향을 틀어주는 정도만 해주자.

영아돌연사증후군을 주의하세요

영아돌연사증후군은 주로 생후 4~16주에서 1,000명당 1~2명꼴로 발생하는데, 건강하게 잘 자라던 아기가 정확한 이유 없이 자다가 갑자기 사망하는 것을 말합니다. 부검을 해도 특별한 소견이 나타나지 않는 것이 특징입니다. 원인은 밝혀지지 않았지만 여자 아기보다는 남자 아기가 많고, 겨울철에 특히 많이 발생합니다.

알려진 대로 영아돌연사증후군은 아직 정확한 원인이 밝혀지지 않았습니다. 다만 아기를 엎어 재울 때 영아돌연사증후군이 증가한다는 보고가 나와 있습니다. 안타까운 일이지만 영아돌연사증후군은 엄마가 미리 조심하는 수밖에 없습니다. 적어도 생후 6개월 전까지는 아기를 엎어 재우지 마세요. 엎드려 자는 아기는 영아돌연사증후군에 적용될 확률이 세 배 이상 높습니다.

설명을 보태면 아기를 엎어 재울 경우 숨 쉴 때 내뿜은 이산화탄소가 이불에 남아 산소 부족을 일으킬 수 있습니다. 방 온도를 너무 높게 하지 않는 것도 중요합니다. 높은 온도도 영아돌연사증후군과 관련이 있다는 최신 보고가 있습니다. 출산 후 흡연도 영향을 미친다고 하니, 아기가 있는 집이라면 엄마는 물론 온 가족이 금연을 해야 합니다.

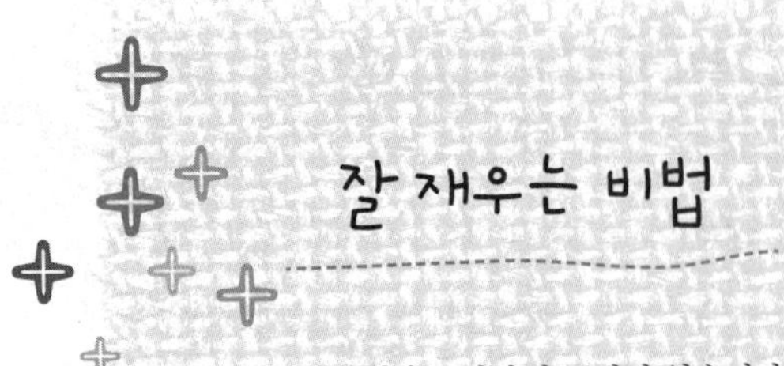

잘 재우는 비법

신생아는 밤낮의 구별이 없습니다. 그러니 시도 때도 없이 자고 깹니다.
그것은 자연스러운 성장 과정이기 때문에 억지로 바꾸려고 한다고 달라지지 않습니다.
그래도 잠을 잘 자게 하는 몇 가지 방법이 있습니다. 아기가 수면 습관이 바로 들 때까지 기다리면서, 평소 생활과 환경을 아기가 잠들기에 쉽도록 맞춰주세요.
어떻게 하면 아기가 잠을 잘 잘 수 있을지 알아봅시다.

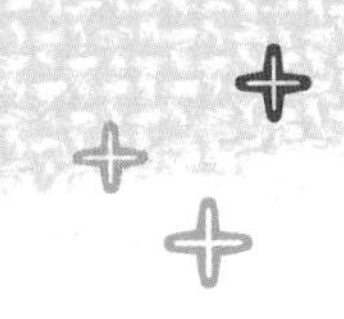

밤에 재우기에 앞서 낮에 충분히 놀아주세요

어른도 낮에 활동을 잘 안 하고, 낮잠을 많이 자고, 기분이 별로 좋지 않으면 밤에 쉽게 잠들지 못합니다. 아기라고 다르지 않습니다. 낮에 잘 놀지 않고, 계속 잠만 자고, 기분도 별로 좋지 않다면 밤에 쉽게 잠들지 못합니다. 아기가 밤에 쉽게 잠들게 하려면 낮 동안에 충분히 놀아줘야 합니다. 즉 밤에 재우려고 노력하기에 앞서, 낮의 활동량을 충분히 늘려줘야 한다는 것입니다. 온종일 누워만 있는 아기가 무슨 활동량이 있느냐고 묻고 싶겠지만 그렇지 않습니다. 엄마와 눈 맞추고 웃고 소리 지르는 것이 아기에는 충분한 활동이며 놀이입니다.

생후 2개월쯤 되면 아기가 옹알이를 시작합니다. 사람을 알아보기 시작하고 가까운 사람의 행동에 반응을 보인다는 말입니다. 아기가 옹알이하는 소리에 귀를 기울이고 그때그때 반응해주면서 말을 많이 걸어주세요. 엄마가 말을 많이 걸면 아기의 옹알이가 늘어납니다.

물론 이 시기의 아기는 아직 어리기 때문에 낮에도 졸리면 바로 잡니다. 하지만 많이 놀고 많이 활동하는 아기는 잘 졸지 않습니다. 졸기보다 노는 것에 더 집중하지요. 반대로 낮 동안 아무 자극도 없이 조용하게 있거나 집이 어두우면 할 일이 없으니 쉽게 낮잠을 잡니다. 그러면 밤에 잠들지 못하는 악순환이 이어집니다.

아기와 놀아주는 낮에는 집을 밝게 해두는 것이 좋습니다. 밝을 때 놀아야 한다는 것을 아기도 알아야 하기 때문이지요. 반대로 밤에는 아기가 자다 깨더라도 바로 잠들 수 있도록 커튼을 쳐두고 불도 어둡게 해두세요. 하루아침에 바뀌지는 않겠지만, 생활습관과 환경을 개선하면 아기는 밤에 자고 낮에 깨어 놀아야 한다는 사실을 서서히 배워갑니다.

많이 먹어야 오래 잡니다

아기가 밤에 잘 자게 하려면 젖을 먹일 때 배불리 먹여야 합니다. 조금씩 자주 먹으면 모유가 줄어들 뿐 아니라 아기 또한 잠을 깊게 자지 못합니다. 배가 금방 고파지니 잠들었다가도 깨서 보채게 되지요. 아기는 만족스러울 만큼 많이 먹어야 오랫동안 편안하게 잡니다. 한 번에 많이 먹게 되는 것을 어른들은 "아기 뱃고래가 늘었다"고 말합니다. 이 시기의 아기들은 뱃고래를 늘려줘야 합니다. 모유를 먹는 아기라면 전유와 후유를 모두 충분히 섭취하기 위해서도 그렇고, 무엇보다 뱃고래가 늘면 밤에 잠을 잘 잡니다. 배가 충분히 부르니 잠도 잘 들고, 배가 고파서 잠에서 깰 확률도 그만큼 줄지요.

하지만 한 번에 많이 먹이겠다고 굶겼다가 몰아 먹여서는 안 됩니다. 아기의 뱃고래가 늘기까지는 생각보다 시간이 좀 걸립니다. 서서히 조금씩 양을 늘려가야 하지요. 그렇게 해서 한 번에 잘 먹게 되면 밤에 잠을 푹 자게 됩니다.

간혹 아기가 울기만 하면 습관적으로 젖을 물리는 엄마들이 있습니다. 특히 모유를 먹이는 엄마들은 아기가 깨어 울면 습관적으로 젖을 물리고 봅니다. 아기는 젖이 일단 입에 들어오면 배가 고프지 않아도 어느 정도 빱니다. 하지만 배가 고프지 않은 채로 찔끔찔끔 젖을 먹어 버릇하면 한 번 먹을 때 많은 양을 먹을 수 없습니다. 그러니 아기가 울더라도 무조건 젖부터 물리지는 마세요. 한 번에 많은 양을 먹을 수 있도록 수유 습관을 잘 잡아줘야 잠을 잘 자는 아기가 됩니다.

밤중수유를 줄이세요

생후 한 달까지 아기는 밤에도 수시로 깨어 젖이나 분유를 찾습니다. 그러나 시간이 지나면 차츰 밤중수유는 줄여야 합니다. 생후 2개월만 지나도 아기는 밤보다 낮에 더 많이 먹습니다. 빠른 아기는 3개월만 지나면 6~8시간까지 안 먹고 잘 수 있습니다. 시간이 갈수록 먹지 않고 자는 시간이 더 늘어나지요. 아이가 낮에 잘 먹고 몸무게가 잘 늘고 있다면 밤중수유를 줄이는 계획을 세워야 합니다. 단, 아이가 체중이 잘 늘지 않고 발달이 느리다면 밤중수유도 계속해야 합니다. 영양 공급이 중요하니까요.

밤에 아이가 배가 고파 울면 완전히 깨우지 말고 조용조용히 먹이도록 하세요. 불을 환하게 켠다거나 큰 소리로 이야기하는 것을 삼가세요. 또한 아기가 밤에 깨는 이유는 꼭 배가 고픈 게 아닐 수도 있기 때문에, 성급히 젖을 물리지 말고 먼저 아기가 다시 잠들 수 있도록 달래보시길 바랍니다. 기저귀가 젖었는지, 방이 너무 덥지는 않은지, 수면을 방해할 만한 요인을 하나씩 확인해 본 다음, 그래도 아기가 잠들지 못한다면 그때 젖을 먹여도 늦지 않습니다. 아기가 깰 때마다 무조건 젖을 주다 보면 나중에는 잘 때 꼭 먹어야 하는 습관이 생길 수도 있습니다.

스스로 잠드는 연습을 시켜주세요

신생아는 자다가 정말 많이 깹니다. 조용한 엄마 뱃속에서 나온 지 얼마 되지 않아서, 주변이 조금만 시끄러워도 바로 눈을 떠버리지요. 많이 자더라도 얕은 잠을 자기 때문에 작은 소음에도 쉽게 반응하는 것입니다. 하지만 그럴 때마다 엄마가 자다 일어나서 재울 수는 없는 노릇입니다. 스스로 잠들 줄 알아야 밤중에 깨더라도 다시 잠들 수가 있습니다.

어린 아기가 설마 혼자 잠이 들 수 있을까 싶겠지만 2개월 정도부터는 혼자 잠드는 연습을 할 수 있습니다. 그렇다고 우는 아이를 마냥 내버려두라는 것은 아닙니다. 잠깐 보채다 금세 잠들면 모르겠지만 한참 동안 자지 않고 보챈다면 아기를 안아주세요. 이때 잠이 들 때까지 안아주지는 말고 아기가 진정할 만큼만 안아주십시오. 조금 진정되었다면 다시 자리에 눕히고 스스로 잠들 수 있게 해주세요. 즉 잠들기 직전까지 누군가 안아서 달래주는 것이 아니라, 누워서 자기 스스로 잠들어야 한다는 것을 아기 스스로 인식하도록 도와주라는 말입니다.

그리고 낮에 너무 길게 재워선 안 됩니다. 낮에 아기들이 잠들면 엄마는 그야말로 천국입니다. 꿀 같은 낮잠을 자기도 하고, 젖병을 닦거나 기저귀를 빠는 등 밀린 집안일을 하기도 하지요. 한숨 돌리면서 쉴 수 있는 시간도 아기가 잘 때뿐이니 낮에 조금이라도 더 자기를 은근히 바라는 엄마도 많을 것입니다.

하지만 낮에 너무 길게 자면 밤에 적게 자는 습관이 저절로 몸에 뱁니다. 따라서 너무 많이 잔다 싶으면 일부러라도 깨워 놀아줘야 합니다. 물론 낮잠을 많이 자도 밤에 잘 자는 아기도 있습니다. 이러면 굳이 낮잠을 잘 때 깨울 필요는 없겠지요.

낮에 적당히 일광욕을 시켜주면 수면유도 호르몬인 멜라토닌의 분비가 촉진됩니다. 따라서 적당한 일광욕은 아기의 수면 습관을 들이는 데 도움이 됩니다. 생후 한 달이 지난 후부터 하루 수 분 정도 일광욕을 시켜주는 것은 크게 문제가 되지 않습니다. 단, 집 안에서 햇볕과 바람을 약간 느끼게 해주는 정도가 안전합니다.

아기를 푹 재울 수 있는 환경

아기가 자는 방은 좀 어두워야 합니다. 아기가 잠들었다고 안심하고 텔레비전 음량을 높이거나 어른들끼리 큰 소리로 이야기를 나누는 경우가 있는데, 가능한 한 조용한 분위기를 유지하는 것이 좋습니다.

아기가 자다가 깨면 얼른 분유를 타 먹여야 한다고 일부러 불을 켜 놓고 재우기도 하는데, 이러면 아기가 다시 잠들기 어렵습니다. 밤에는 자야 한다는 것을 아기 스스로 알게 하려면 어둡고 조용한 분위기에서 얼른 젖을 먹이고 다시 재워야 합니다. 조명을 약하게 하거나, 완전히 불을 끄고 재우세요. 아기가 잠에서 깨어 울면 작은 조명 하나를 켠 채로 분유를 타 먹이고, 모유수유를 할 때는 그냥 누워서 젖을 물리는 것이 좋습니다.

혹시 감기라도 걸릴까봐 덥게 키우기도 하는데, 아기가 잘 자려면 실내 온도를 22~24도 정도로 유지해야 합니다. 어른이 얇은 옷을 입고 일상적인 일을

아기 재운다고 기응환 먹이지 마세요

아기는 신경 계통이 미숙할 뿐만 아니라 원시적인 반사가 남아 있다. 따라서 작은 외부의 자극에도 종종 과민 반응을 보인다. 자다가 깜짝 놀라 깨거나, 갑자기 우는 것도 신생아 반응의 일종이다.

이때 놀란 아기를 진정시키려고 기응환을 먹이는 엄마들이 있는데 한방에서도 기응환은 함부로 권하지 않는다. 기응환은 아기가 열이 나거나, 외부의 커다란 자극에 의해 정말 놀랐을 때, 심하게 체했을 때 한두 번 정도 복용할 수는 있다. 하지만 기응환은 일시적으로 증상을 완화하는 작용을 할 뿐 보약도 아니고 예방약도 아니다. 단기적인 처방책은 돼도 근본적인 해결책은 아니라는 말이다. 특히 만 2세 이전의 아기가 기응환을 지속적으로 복용하면 내성이 생기고 부작용이 나타날 수 있다.

할 때 덥거나 춥다고 느끼지 않을 정도지요. 난방이 지나치면 아기가 잘 자지 못합니다. 아기는 어른보다 더위에 약하고, 실내가 더우면 짜증을 냅니다. 겨울철에는 습도 조절에도 유의해야 하는데 40~60퍼센트 정도를 유지해주는 것이 좋습니다. 가습기 대신에 젖은 수건을 널어놓는 것도 방법입니다.

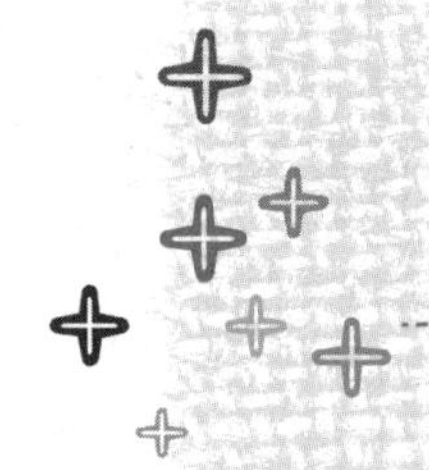

아기 수면에 관한 소소한 궁금증

신생아만큼 특별한 시기가 없습니다. 신생아는 모든 면에서 어른과 다릅니다.
잠도 마찬가지입니다. 온종일 잔다고 해도 과언이 아닐 만큼 신생아는 많이 잡니다.
하루 대부분을 자면서 보내는 만큼 아기 잠에 관한 엄마들의 궁금증이 많습니다.
왜 아기들은 그렇게 많이 자는지, 자면서도 왜 그렇게 보채는지,
어떻게 재워야 할지 궁금한 게 한둘이 아니지요. 아기 수면에 관한 궁금증을 하나씩 풀다 보면,
아기 성장에 관한 전반적인 궁금증도 풀 수 있습니다.
신생아의 수면은 도대체 뭐가 다를까요?

아기가 밤에 이유 없이 울어요

아무 문제 없이 잘 먹고 잘 놀던 아기가 밤에 잠을 자다가 갑자기 자지러지게 울 때가 있습니다. 우는 모습을 보면 꼭 어디가 심하게 아픈 것만 같지요. 아기가 별다른 이유 없이 고통스럽게 울면서 잠들지 못한다면 신생아에게 흔한 '영아산통'일 가능성이 있습니다. 그렇다면 영아산통이란 뭘까요?

아기는 뱃속에 있는 내내 탯줄로 영양을 공급받습니다. 입으로 먹지 않아도 탯줄을 통해 필요한 영양소를 모두 공급받지요. 하지만 세상에 나온 다음에는 제 스스로 젖을 빨아 영양분을 섭취해야 합니다. 그러나 아기의 비위脾胃는 아직 완전히 제 기능을 갖추지 못한 상태입니다. 음식물이 들어오니 소화는 시켜야겠고, 소화를 제대로 시키기에는 아직 장기의 기능이 미비한 것이지요. 아기의 비위는 음식을 받아들이고 소화시키는 과정을 계속 반복하면서 제 기능을 찾아갑니다. 하지만 그 과정이 순탄치만은 않아서 배가 꼬이듯 아플 수

있습니다. 아기에게는 무척 힘든 노릇인데, 이것이 바로 영아산통입니다.

영아산통(Infantile colic)은 생후 2~3개월 된 아기가 초저녁이나 밤중에 복통이 있는 듯이 다리를 오므리고 까르르 소리를 내어 울며 수 분 내지 30분 이상 몹시 보채는 경우를 말합니다. 영아산통은 신생아 다섯 명 중 한 명꼴로 나타날 만큼 흔하며, 대부분 생후 4개월 정도가 지나면 자연스럽게 없어집니다.

영아산통이 심한 아기가 우는 모습을 보면 목소리가 크고 지속적이며 안색은 홍조를 띠고 입 주위는 창백합니다. 복부는 팽만되어 있으며 다리를 구부리고 손은 꽉 쥐고 있는데 아기가 허탈해지거나 가스를 배출하면서 괜찮아집니다. 그러나 진찰해보면 의학적으로 아무 이상이 없습니다.

영아산통은 원인이 뚜렷하지 않으나 과식, 가스 흡입 등 부적당한 수유법, 우유 알레르기 등 장기능 장애, 피곤, 긴장이나 스트레스(가정불화, 소음) 등이 원인이 됩니다.

곁에서 지켜보는 엄마는 애가 타겠지만 영아산통은 신생아에게 흔한 증상으로 딱히 병이라고 할 수 없습니다. 아기가 자라면서 자연스럽게 나아지기를 기다리는 수밖에 없지만 예방법으로 안아주거나 흔들침대에서 흔들어주면 좋습니다. 수유할 때 공기를 같이 먹지 않게 분유를 타면서 흔들었던 젖병을 잠시 세워두어 공기 방울을 위로 떠오르게 한 뒤 먹입니다. 트림은 꼭 시키고 오른쪽으로 눕힙니다. 조용한 환경 조성과 스트레스를 없애주는 것은 기본입니다.

분유를 바꾸어 보거나 유제품이나 시고 매운 맛이 나는 야채나 과일, 백설탕이 많이 들어간 단 음식, 카페인이 많은 음식, 자극적 조미료나 향신료 등은 모유수유를 하는 동안 삼가는 것이 좋습니다. 이런 음식은 아기의 장을 민감하게 하고 소화, 흡수 기능을 떨어뜨려 영아산통을 더 일으킬 수 있습니다.

항상 배는 따뜻하게 하고, 가스가 많고 변비기가 있으면 좌약을 넣거나 관장을 하여 방귀나 변이 나오게 해주면 영아산통이 많이 줄어듭니다. 정도가 심한 경우에는 소아용 과립 한약이나 시럽약 등을 한의원에서 처방받아 정장작용과 소화기능을 도와주면 훨씬 정도가 약해지고 점차 좋아집니다.

침대가 좋을까요, 요가 좋을까요?

아기가 아직 제 몸을 마음대로 움직이지 못하니 안심하고 그냥 어른이 자는 침대에 재우는 엄마들이 있습니다. 하지만 저는 어른 침대보다는 안전장치가 확실한 아기 침대에서 재우거나, 차라리 바닥에 요를 깔고 재우라고 말하고 싶습니다. 어른 침대에서 재우다가 행여 바닥에 떨어져 머리에 충격을 입으면 매우 위험합니다.

아기는 대부분 4~5개월 정도가 되어야 뒤집기를 시작하지만 움직임이 많은 아기는 생후 3개월밖에 안 되었는데도 몸을 뒤집습니다. 아이가 좀 크고 난 뒤라면 침대에서 떨어진 정도는 아무것도 아닐 수 있습니다. 가벼운 멍이 들거나 그마저도 없을 수 있지요. 그러나 아직 어린 아기들에게는 이 정도의 충격도 굉장히 치명적일 수 있습니다. 엄마가 계속 옆에서 지켜보지 못한다면 안전하게 아기 침대에서 재우거나 바닥에 요를 깔고 재우세요. 무엇보다 아기의 안전이 우선입니다.

신생아 야제증이 뭔가요?

낮에 잘 놀던 아이가 밤만 되면 갑자기 울고 보채곤 합니다. 이런 증상을 한의학에서 야제증이라고 하지요. 낮에 멀쩡하던 아기가 밤에 갑자기 울면 엄마도 함께 놀라 어쩔 줄 몰라 합니다. 엄마 처지에서야 원인을 알 수 없으니 답답하고 속상하지만 아기 역시 밤에 쉬지 못하고 울어야 하니 힘든 건 매한가지입니다.

영아 초기에 잠을 못 자고 우는 것은 공복감, 소화불량, 복통, 영아산통이 있거나 질병에 걸렸을 때, 혹은 기저귀가 젖었을 때 등 신체적으로 불편해서입니다. 그러나 생후 100일이 넘어서도 좋아지지 않고 심하게 울고 보챈다면 '야제증'으로 보고 치료를 해줘야 합니다. 야제증의 원인을 보면 다음과 같습니다.

첫째는 속에 열이 있는 경우입니다. 속열은 구체적으로 '심열心熱'로, 심장에 열이 많이 발생되어 쌓여 있다는 말입니다. 간, 신, 비, 폐, 심의 오장 중에서 심장이 어느 장기보다 강하게 과열되어 신체의 대사 기능이 항진된 것을 말하지요. 이런 아기는 얼굴이 붉고, 잠잘 때 가슴을 위로 향해 누워 자며, 답답해서 누가 껴안는 것을 싫어하고, 안아주면 더 크게 웁니다. 또 울음소리가 높고 예리하며, 대변은 건조하고, 소변의 양은 적고 붉은 색이 돕니다. 몸에 열이 많아 손발이 뜨겁고 땀을 많이 흘리며 밤에 불빛만 봐도 심하게 웁니다. 이럴 때는 잠자리를 시원하게 해주고 열이 소변으로 빠져나갈 수 있게 소변을 잘 보게 하는 약재를 씁니다. 도적산, 통심음이 대표적인 처방입니다.

둘째는 배가 아픈 경우입니다. 열이 많을 때와는 반대로 아기가 얼굴색이 창백하고, 손발과 배가 차며, 허리를 구부리고 울 때가 많습니다. 소변 색이 맑고 대변이 묽은 특징을 보이지요. 한방에서는 이를 비한脾寒이라고 하는데, 이는 소화기능을 주관하는 비장이 찬 기운에 의해 손상된 것을 말합니다. 이런 아기들은 소화기관이 약해 잘 체하고 자주 배가 아픕니다. 이때는 찬 것을 삼가고 배를 항상 따뜻하게 해줘야 합니다. 약재로는 속을 따뜻하게 하고 소화기능을 돕는 육신산, 익황산 등을 씁니다.

셋째, 신경이 예민하고 뭔가에 놀란 경우입니다. 이런 아기는 자다가 갑자기 깜짝 놀라면서 큰소리로 울거나, 엄마 품을 파고들며 꼭 껴안으려고 합니다. 머리털을 곤두세우며 두 눈을 부릅뜨기도 하는데, 눈썹 사이 미간에 푸른빛이 도는 경우가 많습니다. 이는 낯선 사람이나 크고 이상한 소리, 갑작스러운 고통이나 심한 스트레스 때문에 아기가 놀라서 그런 것입니다. 놀란 아기는 심장과 간, 쓸개의 기운이 불안정해집니다. 이때는 놀란 기운을 진정시키고 해당 장기의 기운을 도와줘야 합니다. 대표적인 처방에는 인숙산, 온담탕, 감맥대조탕, 귀비탕, 우황포룡환 등이 있습니다.

야제증에 좋은 약향요법

라벤더, 캐모마일, 바질, 마조람 중에서 아이가 좋아하는 향을 한두 개 선택하여 8방울 정도 물에 타서 족욕을 해준다. 주로 잠들기 한두 시간 전에 하는 것이 좋은데 족욕을 하면서 발 마사지를 해주면 효과가 더 좋다. 재울 때 베개에 한두 방울 떨어뜨려줘도 도움이 된다. 향이 너무 강하면 아기가 싫어할 수 있으므로 양을 잘 조절하는 것이 중요하다.

집에서는 간단한 추나요법으로 증상을 개선할 수 있습

니다. 추나요법을 쓰는 부위는 주로 '소천심小天心'과 '인당印堂'입니다. 소천심은 손을 오므렸을 때 손바닥 가운데 오목하게 파인 부분을 말합니다. 이 부분을 엄지손가락으로 꾹꾹 돌리듯 눌러서 50번 이상 자극하면 야제증을 개선하는 데 도움이 됩니다. 인당은 양쪽 눈썹 사이를 말합니다. 이 부위를 엄지손가락 끝으로 30번 이상 눌러주면 야제증에 좋습니다.

신생아의 수면은 어른과 뭐가 다르죠?

앞서 설명했지만 신생아는 일생을 통틀어 가장 많은 시간을 잡니다. 하루 18~20시간을 자는데 먹을 때를 빼놓고는 하루 대부분을 잔다고 보면 됩니다. 한 번 자는 시간은 30분~3시간 정도인데, 모유를 먹는 아기는 소화가 더 잘 되기 때문에 분유를 먹는 아기에 비해 더 짧게 잡니다.

아기가 완전히 밤에만 자게 되는 것은 돌이 지나서야 가능합니다. 하지만 돌이 지나서도 여전히 낮잠에 대한 성향은 남아 있어 낮에도 몇 시간씩은 잡니다. 하지만 밤잠을 방해하는 정도는 아니지요.

3~4세까지는 1회 수면 주기가 40~60분 정도이다가, 5~10세에는 차츰 그 주기가 길어져 드디어 성인과 같은 90분 주기가 완성됩니다. 참고로 수면 주기는 얕은 잠과 깊은 잠이 반복되는 주기를 말합니다. 수면 주기가 길어지면 낮잠을 덜 자도 된다는 의미지요. 아이가 10세를 넘어서면 낮에 학교에 다니는 등 사회적 요인의 영향을 받아 더는 낮잠을 자지 않습니다.

취학기에 접어들어 낮잠이 사라지는 것이 과연 낮잠이 불필요해서인지 아니면 사회적 습관 때문인지에 대해서는 밝혀지지 않았지만, 최근의 연구 결과에 따르면 나이를 불문하고 오후 2~3시경에 20~30분 정도 낮잠을 자는 것이 건강에 좋다고 합니다. 이는 오후의 졸음이 연령에 상관없이 넓게 인정되는 생리적인 현상으로 밝혀졌기 때문인데, 굳이 낮잠을 자지 않더라도 생활에 무리가 없는 만큼 너무 구속받을 필요는 없다고 판단됩니다.

똑바로 눕혀 재울까요, 아니면 엎어 재울까요?

똑바로 눕혀 재우는 자세는 아기에게 가장 안정감을 줍니다. 뒤통수가 납작해지는 것이 염려된다면 짱구 베개로 머리를 받쳐주면 되지요. 하지만 머리 모양에 민감한 요즘 엄마들은 아기를 똑바로 눕혀 재우는 것을 많이 꺼립니다. 짱구 베개를 써가면서 바로 재우기보다는 그냥 엎어 재우는 것이 머리 모양을 예쁘게 만들 수 있다고 생각하기 때문이지요. 또한 아기를 똑바로 재우면 아기가 자다가 토했을 때 토사물이 기도로 넘어가는 위험이 따를 수 있어 엄마들이 더욱 조심하는 게 사실입니다.

하지만 엎어 재우는 것이 더 위험합니다. 엎어 재울 때 앞서 설명한 영아돌연사증후군에 걸릴 확률이 무려 세 배나 증가하기 때문이지요. 행여 생길지도 모를 질식사를 방지하려면 최소한 아기가 생후 3개월 이상이 되어 목을 제 스스로 가눌 수 있을 때 엎어 재워야 합니다.

저는 그래서 생후 3개월이 채 안 된 아기는 차라리 옆으로 눕혀 재우라고 권합니다. 아기 뒤통수도 납작해지지 않으면서 안정감을 줄 수 있는 자세이기 때문이지요. 맨바닥보다는 쿠션감이 있는 요가 좋고, 아기 어깨에 무리가 가지 않도록 좌우를 바꿔가면서 재웁니다.

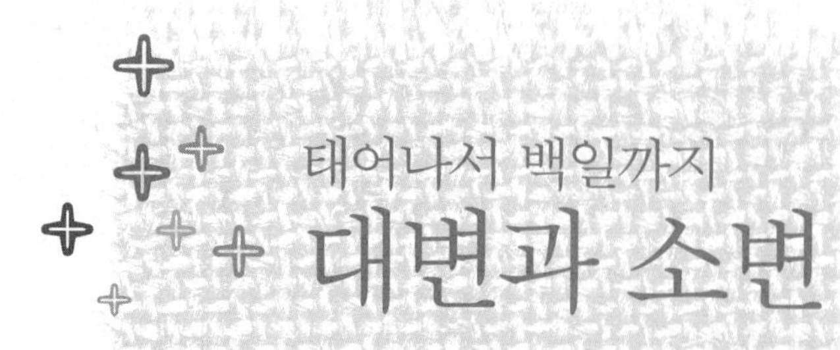

태어나서 백일까지

대변과 소변

엄마가 알아두어야 할 신생아 대변의 특징

먹는 문제만큼이나 엄마들이 고민하는 것이 아기의 대변입니다.
변이 조금만 이상해도 몸에 문제가 있는 게 아니냐며 걱정을 하지요.
한 가지 알아둘 점은 신생아의 변은 어른의 변과 다르다는 점입니다. 엄마들이 생각하는 것처럼 '황금 똥'을 눠야만 건강한 것은 아닙니다. 변의 색깔이나 모양이 어른과 다르다고 놀랄 필요는 전혀 없습니다. 아기가 잘 놀고 잘 먹는다면 걱정하지 않아도 됩니다.
신생아의 변은 색깔도 다양하고 모양도 제각각입니다.

태변에 대해 알아두세요

신생아는 태어난 후 10시간쯤 지나면 태변을 보게 됩니다. 옛날에는 흔히 '배내똥'이라고 했습니다. 태변은 아기가 엄마 뱃속에서 양수, 표피세포 등을 먹고 배출한 것입니다. 태변은 대개 냄새가 없고 암녹색을 띠며 끈적끈적하면서도 부드럽지요. 만일 태어난 지 24시간이 넘었는데도 태변을 보지 않으면 장폐색이 의심되는 응급 상황입니다. 또한 태변이 전부 나오지 않고 뱃속에 계속 남아 있으면 황달의 원인이 될 수도 있습니다.

태변은 한 번에 다 나오는 게 아니라 조금씩 수차례에 걸쳐 나오는데, 그 양을 다 합치면 국 한 대접 정도가 됩니다. 이때 초유를 먹으면 태변이 더 잘 나옵니다. 따라서 아기를 낳은 후 가능한 한 빨리 엄마 젖을 물려 태변을 잘 보게 해야 합니다. 태변이 잘 배출되어야만 태열기가 생기지 않습니다.

생후 2~3일간 태변을 보던 아기는 곧 황녹색의 묽은 변을 보기 시작합니다. 이를 이행변이라고 하는데 태변에서 정상변으로 넘어가는 중간 단계의 변을 말합니다. 이행변은 생후 4일째부터 약 2주까지 보게 되는데 이행변을 다 보면 그다음부터는 드디어 노랗고 몽글몽글한 정상변을 보게 됩니다.

신생아의 변은 제각각입니다

변만 봐도 아기가 건강한지 아픈지 가늠할 수 있다는 것을 아는 엄마는 많지만, 정작 아기 변에 대해 제대로 아는 엄마는 많지 않습니다. 아기의 변은 건강을 판단하는 척도이긴 해도, 건강한 변에 대해 명확한 기준은 없습니다. 어떤 아기는 하루에 10번 가까이 변을 보기도 하고, 어떤 아기는 하루종일 한 번도 누지 않기도 합니다.

신생아들의 변은 색깔도 모양도 다 제각각입니다. 심지어 엄마가 어떤 음식을 먹었느냐에 따라 색이나 모양이 달라지기도 합니다. 즉 이런 변은 건강한 변이고 이런 변은 문제가 있는 변이라고 단정 지을 수 없다는 말입니다.

아기에게 특별한 문제가 없다면 변 색깔이 조금 어둡거나, 변을 보는 횟수가 너무 잦거나, 반대로 변을 하루에 한 번도 보지 않는다고 해도 크게 걱정할 일이 아닙니다. 일단 '황금색 똥'을 눠야 정상이라는 생각은 버리세요. 대신 '아기 똥은 개성도 강하고 어른과 다르다'라고 생각하는 편이 현명합니다. 단 변을 보는 행태가 갑자기 달라지면서 아기가 자주 보채고 울거나 잘 놀지 못하고 먹지도 않는다면 다른 문제가 있다는 신호일 수 있습니다. 그럴 때는 정확한 진단이 필요합니다.

모유 먹는 신생아의 변

"선생님, 아기가 자꾸 설사를 해요."

모유를 먹이는 엄마들이 가장 많이 묻는 말입니다. 이런 엄마들이 한 가지 알아둬야 할 사실이 있습니다. 모유를 먹는 아기는 변이 일단 어른보다 묽다는 점입니다. 변이 너무 묽어서 설사처럼 보이는 것이지요. 물기가 많아서 어느 때는 기저귀가 푹 젖기도 합니다. 아기를 키워본 적이 없는 초보 엄마라면 기저귀를 갈 때 "혹시 설사가 아닐까?" 하며 놀라는 것이 당연하지만 모유를 먹는 아기의 변은 묽은 것이 정상입니다. 덧붙이자면 모유수유 중인 신생아의 변은 달걀 노른자 색에 시큼한 냄새가 나기도 하고 거품이 보일 때도 있지요. 어느 때는 갑자기 녹변을 보기도 하고, 가끔 끈적끈적한 점액이 섞여 나오기도 합니다. 하지만 이 역시 정상적인 변으로 조금 자라면 저절로 사라집니다.

모유를 먹는 아기의 배변 횟수는 보통 하루 1~5회 정도인데 간혹 열 번 가까이 변을 보는 아기도 있습니다. 어느 때는 방귀를 뀌다가 변을 지려서 기저귀에 묻어나기도 합니다. 엄마로서는 문제가 있는 게 아닐까 걱정이 되겠지만 모두 정상이니 특별한 조치를 취하지 않아도 됩니다. 다만 아기가 평소와 달리 유독 칭얼거리고, 무언가 불편한 기색이 있는데 거기에 변마저 평소와 다르다면 한번쯤 진단을 받아볼 필요는 있습니다.

분유 먹는 신생아의 변

분유를 먹는 아기의 변은 모유를 먹는 아기의 변과 조금 다릅니다. 색깔이 좀 더 진해 담황색을 띠고, 좀 더 되직합니다. 입자도 더 굵고 알갱이 같은 것이 섞여 나올 때도 있습니다. 변을 보는 횟수도 하루에 1~3회 정도로 모유를 먹는 아기에 비해 좀 적은 편입니다.

간혹 엄마 중에 아기가 변을 보는 횟수가 좀 적은 것 같다고 변비가 아니냐고 묻는 분들이 있는데, 변을 보는 횟수가 적다고 모두 변비는 아닙니다. 일주일에 두세 번만 변을 보더라도 평소에 잘 놀고 잘 먹고, 변을 볼 때 아기가 힘들어하지 않는다면 문제가 되지 않습니다.

변비라고 지레짐작하고 설사용 분유를 먹이거나, 평소보다 분유를 묽게 타서 먹여서는 안 됩니다. 변을 잘 보던 아기가 갑자기 변을 안 보거나 변의 굳기가 딱딱해졌다면 분유를 바꾸기 전에 먼저 아기한테 다른 이상한 점이 없는지부터 점검해보세요. 별다른 문제가 없다면 그대로 두어도 괜찮습니다.

신생아 때 자주 보는 녹변

"아기 변이 녹색이에요. 무슨 문제가 생긴 건 아닐까요?"

워낙에 '황금 똥'이 최고라는 이야기가 많이 나와서인지 황금색 변이 아니면 무슨 문제가 있는 것처럼 생각하는 엄마들이 있습니다. 그러나 녹변 역시 정상적인 변입니다. 그렇다면 아기는 왜 녹색 변을 볼까요? 담즙의 녹색 성분이 장에서 제대로 흡수되지 않아서입니다.

아기가 스트레스를 받거나 놀라거나 흥분하면 평소보다 장운동이 빨라집니다. 장운동이 빨라지니 음식물도 장을 빨리 통과할 수밖에 없지요. 아기가 섭취한 음식물은 식도와 위를 지나 십이지장에 이르면 간에서 분비된 담즙과 섞여 녹색이 되는데, 이것이 장을 거치면서 소화가 되고 노란색으로 변하는 것이 정상적인 과정입니다.

그런데 장운동이 빨라지다 보니 담즙의 녹색 성분이 장에서 제대로 소화되지 못하고 그대로 배출되어 변이 녹색이 됩니다. 그래서 예전에는 아이가 놀라면 녹변을 본다고 했습니다. 아기가 녹변을 보면 아기가 스트레스를 받을 만한 일이 있었는지부터 살펴보세요. 일시적인 스트레스가 원인인 녹변은 시간이 지나면 저절로 괜찮아집니다.

그렇다고 모든 녹변이 정상인 것은 아닙니다. 감기 초기나 장염이 있을 때도 녹변을 볼 수 있습니다. 또한 녹변과 함께 점액이나 피가 섞여 나오면 장염일 가능성이 있습니다.

또한 모유를 먹는 아기가 녹변을 본다면 전유와 후유의 불균형 때문일 가능성이 있습니다. 모유는 처음에 빨 때 나오는 전유와 뒤에 나오는 후유로 나뉩니다. 전유는 탄수화물의 비율이 높고 후유는 지방의 비율이 높습니다. 아기가 후유까지 먹지 못하고 전유만 먹게 되면 탄수화물만 섭취하게 되어 변이

변을 보는 횟수가 갑자기 늘었다면

아기마다 변을 보는 횟수나 양은 제각각이다. 그런데 아기가 갑자기 변을 자주 보는 등 평소와 다른 배변 습관을 보인다면 다음의 경우를 따져 보자.

1. 분유가 평소와 달랐을 때

분유 양을 잘 지켜서 먹였는지 살펴본다. 평소보다 양을 초과했거나 아기가 급하게 분유를 먹었을 때, 또한 분유를 갑자기 바꿨을 때, 분유를 타는 물이 깨끗하지 않았을 때, 우는 아기에게 억지로 젖병을 물렸을 때 소화가 안 돼 변을 더 자주 보기도 한다.

2. 장이 약할 때

날 때부터 장이 약한 아기가 있다. 이런 아기는 변을 보는 횟수도 많고 설사처럼 변이 묽다. 이때는 무리해서 젖을 먹이지 말고 수유 양을 조절할 필요가 있다. 변을 보는 횟수가 늘면서 점액질이 섞여 나온다면 장염이 의심되므로 신중한 처치가 필요하다.

3. 감기에 걸렸을 때

아기가 감기에 걸리면 몸 안의 열이 높아져 그로 말미암아 변을 더 자주 볼 수 있다. 이는 아기의 몸이 세균과 싸우고 있다는 것을 뜻하므로 해열제나 지사제를 써서는 안 된다. 탈수가 걱정스럽다면 물을 더 자주 먹여 수분을 보충해주면 된다.

4. 분유 알레르기일 때

분유 단백질에 알레르기 반응을 보이는 아기가 간혹 있다. 대개 장염 등을 앓은 다음 2차적으로 발병하는데 드물게 유전적으로 신생아에게서 나타나기도 한다. 이때 아기는 보통의 설사보다 훨씬 더 묽은 변을 자주 보며, 점액질이나 피가 섞여 나오기도 한다.

묽어지고 녹색이 될 수 있습니다. 이럴 때는 젖을 물릴 때 아기가 후유까지 충분히 먹을 수 있도록 시간적인 여유를 두세요. 후유를 먹는 습관이 바로잡히면 아기의 변 색깔도 바뀝니다.

간혹 아기가 놀라서 녹변을 본다며 함부로 기응환을 먹이는 엄마도 있습니다. 기응환은 절대 만병통치약이 아닙니다. 한의사들도 함부로 처방하지 않으니 변이 이상하다고 기응환을 먹여선 곤란합니다.

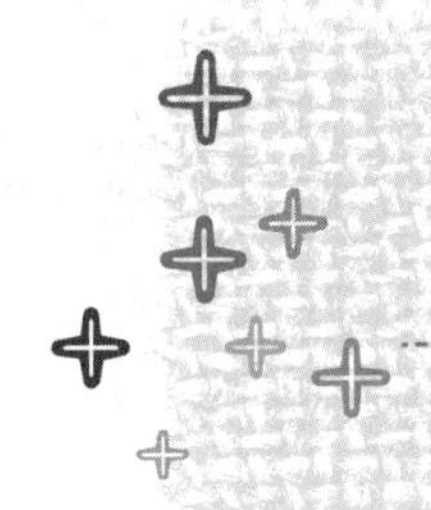

아기 변에 대한 여러 가지 궁금증

하루에 몇 번씩 기저귀를 갈다 보면 여러 가지 궁금증이 생기게 마련입니다.
왜 우리 아기는 변을 이렇게 자주 볼까, 변이 왜 이렇게 묽을까,
혹시 변비에 걸린 건 아닐까 등 묻고 싶은 게 한둘이 아닐 겁니다.
하지만 어떤 변이 좋다고 꼭 집어 말할 수는 없습니다.
아기 변은 제각각이고 상황에 따라 여러 가지 모습을 보이니까요.
그래도 엄마들이 갖는 몇 가지 공통적인 물음들이 있습니다.

정상적인 아기는 하루에 변을 몇 번 보나요?

신생아는 아기마다 변을 보는 횟수 차이가 아주 큽니다. 대개 하루에 1~5번 정도 변을 보는데 모유를 먹는 아기는 일주일에 한두 번 누기도 합니다. 아기가 모유를 완전히 소화를 해 찌꺼기가 남지 않으면 그만큼 변을 보는 횟수도 줄지요. 먹은 걸 다 소화를 시켰으니 밖으로 나올 것도 없어 변을 안 보는 것입니다.

횟수뿐 아니라 변의 색깔과 굳기도 아기마다 다를 수 있고, 같은 아기라도 매일 다를 수 있습니다. 비슷한 월령인데도 아기마다 차이가 있는 경우도 흔합니다. 따라서 변을 보는 횟수에 너무 구애받을 필요는 없습니다. 며칠에 한 번 변을 보는 아기부터 하루에 10번 가까이 변을 보는 아기도 있으니까요. 아기가 잘 놀고 잘 먹고 잘 자기만 한다면 그 어느 경우도 정상 범주에 속한다고 할 수 있습니다.

젖을 먹자마자 곧바로 똥을 싸요

많은 아기가 모유나 분유를 먹은 후 곧바로 변을 보기도 합니다. 이것은 '위-대장 반사'라고 하는 정상적인 반사반응에 의해 나타나는 현상이지요. 위-대장 반사란 음식을 먹어 위가 팽창되면 대장이 수축하여 그 반응으로 대변을 보는 것을 말합니다.

아기만 그런 것이 아니라 어른도 이런 위-대장 반사를 보입니다. 어른도 아침에 일어나 식사를 하고 화장실을 가는 경우가 많습니다. 즉 밤새 비어 있던 위장에 음식이 들어가면 그 반응으로 화장실을 가는 것이지요. 아기는 특히 이런 위-대장 반사 반응이 쉽게 일어납니다. 배고플 때 젖을 먹고 위가 팽창하면 그 반응으로 대장이 수축하여 곧바로 변을 보는 것이지요. 배탈이 나거나 체해서 그런 것이 아니므로 크게 걱정하지 않아도 됩니다.

모유수유 중인 아기가 일주일에 한 번씩 변을 봐요

모유를 먹는 아기들 중 일부는 일주일에 한 번 정도 변을 보기도 합니다. 일주일씩 변을 보지 않으니 엄마는 혹시 변비가 아닐까 싶어 걱정하겠지만 이 역시 정상에 속합니다. 모유는 완전식품입니다. 아기에게 꼭 필요한 성분만 들어 있지요. 그러다 보니 그 성분들이 아기의 위와 장에서 잘 소화되면 변이 될 만한 찌꺼기가 생기지 않습니다. 다 소화돼서 남은 게 없다는 말입니다. 따라서 아기가 일주일에 한 번 대변을 보더라도 똥 누는 것을 힘들어하지 않고, 잘 먹고 꾸준히 몸무게가 증가하며, 변 상태가 부드럽다면 걱정할 필요가 없습니다.

분유 먹는 아기인데 3~4일에 한 번 변을 봐요

분유를 먹는 아기들은 보통 하루에 한 번 변을 봅니다. 만일 아기가 이보다 더 뜸하게 변을 보면서, 변을 볼 때 용을 쓰고 힘들어한다면 변비일지도 모릅니다. 아기가 변을 보는 횟수가 너무 뜸하다면 변이 딱딱하지 않은지 살펴보는 것이 좋습니다. 집에서의 처치법은 분유를 약간 진하게 먹이거나, 설탕이나 엿기름을 섞어 먹이는 것입니다. 변이 딱딱할 때 분유를 묽게 타 먹이기가 쉬운데, 이 시기의 아기들은 섭취량이 부족할 때 오히려 변비가 생깁니다. 따라서 평소보다 분유를 조금 진하게 먹이면서, 대신에 물의 섭취를 늘리는 것이 좋습니다.

대변으로 알 수 있는 신생아 질환

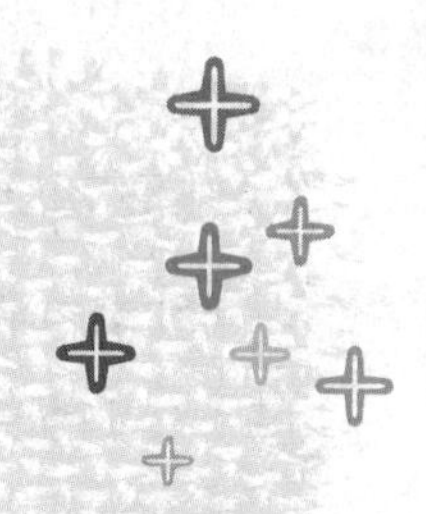

신생아의 변은 천차만별입니다.
아기마다 색깔도 제각각이고 모양도 일정하지 않습니다.
대개가 발달 과정에서 보이는 정상적인 변이지만, 간혹 문제가 되는 변이 있습니다.
가장 대표적인 것이 곱똥이나 피똥입니다.
아기가 이런 변을 보면 반드시 진단을 받아야 합니다.
정상일 수도 있지만 몸에 문제가 생겼다는 신호일 수도 있기 때문이지요.

코변을 볼 때

앞서 말했던 것처럼 모유를 먹는 경우에는 정상적으로도 코 같은 점액이 조금 섞여 나올 수 있습니다. 하지만 간헐적으로 조금씩 섞여 나오는 것이 아니라 코 같은 점액이 섞인 변을 자주 본다면 장염을 의심할 수 있습니다.

특히 세균성 장염은 설사와 발열이 함께 나타나면서 코 같은 점액이 섞인 변을 보게 됩니다. 심하면 피가 섞여서 나오기도 합니다. 아무 문제 없이 간헐적으로 코변을 보는 것이 아니라, 열과 설사를 동반하면서 변에 점액이 묻어 나온다면 장염을 의심하고 진단을 받아야 합니다. 또한 장염이 나은 후에도 장의 소화 흡수 기능이 덜 회복되고 유단백이나 유당에 대한 소화력이 떨어지면 계속해서 점액이 섞여 나올 수 있습니다. 이 경우는 아기가 몸을 회복하는 과정에서 보이는 증상이니 차차 나아집니다.

혈변을 볼 때

아기의 직장과 항문에 자극(단단한 변에 의해 항문의 안쪽 점막이 상처 입는 등의 자극)이 가해지면 아기의 변 표면에 실처럼 피가 묻어나올 수 있습니다. 이런 경우에는 그냥 두어도 점막의 상처가 회복되면서 더 이상 변에 피가 묻어나오지 않습니다. 물론 그 과정에서 아기가 좀 괴롭기는 하지요.

하지만 변비가 심해지면 굵고 딱딱한 변을 보다가 항문이 찢어져서 선홍색 피가 몇 방울 떨어지거나 묻어나올 수 있습니다. 이럴 때는 좌욕으로 항문열상을 빨리 아물게 해서 통증을 줄여줘야 합니다. 심하면 아기가 배변을 참아 변비가 계속 이어질 수 있습니다.

변비 외에 세균성 장염에 걸려도 혈변을 봅니다. 이때의 양상은 앞의 경우와 약간 다른데 피와 함께 점액질이 보입니다. 이때는 빨리 장염 치료를 해줘야 합니다.

간혹 아기가 짜장면 같은 색깔의 변을 보기도 하는데, 상부 소화기 장관인 위와 십이지장 등에서 출혈이 있을 경우에 그럴 수 있습니다. 이때도 바로 병원에 가봐야 합니다.

아기가 토마토케첩같이 끈적끈적한 붉은 변을 보면서, 10분 정도 조용히 있다가 1~2분씩 자지러지게 울기를 반복한다면 장중첩증을 의심할 수 있습니다. 이 역시 응급처치가 필요합니다.

변에 흰 몽우리가 섞여 나올 때

할머니들이 흔히 '생똥', '산똥'이라고 부르는 변을 말합니다. 아기가 먹은 것을 다 소화시키지 못해 그대로 몽우리 섞인 변을 본다고 생각해서 나온 말이지요. 하지만 흰 몽우리가 보인다고 무조건 아기가 소화를 제대로 못 시킨다고 볼 수는 없습니다. 별문제 없이도 변에 흰 몽우리가 섞여 나올 수 있으니까요. 흰 몽우리가 섞여 나오더라도 아기가 잘 먹고 논다면 걱정하지 않아도 됩니다.

간혹 아기가 장에 문제가 있어 장운동이 빨라지면 분유가 장에서 머무는 시간이 짧아져서 몽우리가 있는 변을 보기도 합니다. 감기 등으로 말미암아 장이 나빠진 경우에도 이럴 수 있습니다. 하지만 아기 변에 흰 몽우리가 보인다고 바로 특수분유로 바꿔 먹여서는 곤란합니다. 누차 말하지만 아기가 평소에 별 탈 없이 잘 자라고 있다면 별다른 조치를 취하지 않아도 저절로 나아집니다.

회백색 변을 볼 때

흰색 몽우리가 아니라 변이 전반적으로 회백색이라면 문제가 있습니다. 아기의 변은 대개 노란색을 띠게 마련입니다. 앞서 말한 것처럼 담즙이 변에 섞여 배출되는 과정에서 노란색이 되지요. 그런데 이런저런 이유로 담즙이 변에 섞이지 못하면 변이 회백색이 됩니다. 대표적인 경우가 담도폐색증입니다. 즉 담도가 막혀 장에서 담즙이 분비되지 않아 회백색 변을 보는 것이지요. 담즙이 제대로 소화되어야 아기의 변이 노란색을 띠는 것입니다. 이 경우 황달이 동반되는데 빨리 검사를 받아봐야 합니다. 담도 폐색의 원인을 찾는 것이 우선이며 정도가 심하면 개복 수술까지 고려해야 합니다.

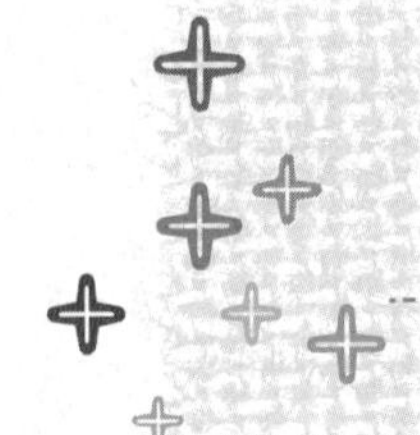

소변이 이상해요

신생아가 소변을 자주 보는 것은 당연합니다. 대개 하루에 10번 이상 소변을 봅니다.
아기들이 섭취한 수분 대부분은 소변으로 나갑니다. 그래서 하룻밤만 지나도
기저귀가 산더미처럼 쌓이게 마련이지요.
아기가 소변을 적게 본다면 수분 섭취량이 부족하든가
아니면 설사나 땀 때문에 수분 손실이 크다는 증거입니다.
그럴 때는 물을 좀 더 먹이는 것이 좋습니다.
그래도 소변을 보는 횟수가 적다면 몸에 다른 이상이 없는지 살펴봐야 합니다.

소변을 잘 안 보는 것 같아요

이 시기의 아기들은 하루 8~12회 정도 소변을 봅니다. 그런데 이보다 훨씬 적게 소변을 보는 아기들이 있습니다. 엄마가 보기에 유난히 소변 기저귀가 적게 나온다면 일단 아기가 평소에 물을 잘 먹는지를 살펴보기 바랍니다. 섭취한 수분량이 적을 때 소변의 양은 당연히 줄 수밖에 없습니다. 그 밖에 설사 등으로 인해 수분 손실이 많을 때도 소변을 잘 보지 않을 수 있습니다. 또한 수유 양이 부족할 때도 소변량이 적습니다.

먼저 아기가 평소에 물을 잘 먹는지, 설사로 수분이 손실되지는 않았는지, 젖은 잘 먹는지를 잘 살펴보고 그 원인을 찾아 해결해야 합니다.

아기 소변에서 피가 나와요

여자 아기의 소변 기저귀에 피가 묻어 있는 것을 볼 때가 간혹 있습니다. 특히 태어난 지 얼마 안 된 신생아에게서 많이 보입니다. 이는 엄마의 호르몬 영향으로 가성 생리를 하는 것입니다. 기저귀에 묻은 피의 양이 많거나 너무 오랫동안 피가 보이면 조치가 필요하지만, 이는 태어난 지 얼마 안 된 신생아에게 가끔 볼 수 있는 증상으로 시간이 지나면 나아집니다. 기저귀에 약간 묻는 수도 있고 간혹 어른이 생리하듯 덩어리가 만져지기도 하는데 모두 큰 이상은 없습니다. 가끔 기저귀에 냉 같은 것이 보일 때도 있는데 이 역시 생후 1~2주 정도면 없어지니 크게 걱정하지 않아도 됩니다.

요산이 섞여 나와도 기저귀가 붉게 젖습니다

가만히 보면 피는 아닌데 아기 기저귀가 붉게 물들어 있을 때도 있을 겁니다. 이는 요산이 소변에 섞여 나온 것입니다. 신생아는 아직 신장 기능이 미숙하기 때문에 소변에 종종 요산이 섞여 나옵니다. 요산이란 몸 안의 DNA 등이 분해되어 소변으로 나오는 것을 말하지요. 이때 기저귀를 잘 살펴보면 붉은 주황색 알갱이가 보이는데 이것이 바로 요산 가루입니다. 피와 달리 요산은 시간이 지나도 색깔이 달라지지 않습니다. 요산 때문에 기저귀가 붉게 젖었다면 수분 공급을 충분히 해주는 것이 도움이 됩니다.

노란 소변은 수분 부족입니다

소변이 약간 노란 것은 상관없지만 색깔이 진하다면 아기가 충분히 수분을 섭취하고 있는지 살펴볼 필요가 있습니다. 아기가 평소보다 물을 적게 먹거나 땀을 많이 흘리면 소변이 노랗게 변하기도 합니다. 소변이 노랗고 양이 줄었다면 수분 보충을 해줄 필요가 있습니다. 하지만 모유를 먹는 아기라면 특별히 따로 물을 먹이지 않아도 됩니다. 모유만으로도 수분 섭취가 가능하기 때문이지요. 반면 분유를 먹는 아기는 별도로 수분을 늘려야 할 필요가 있습니다. 아기 대부분은 물을 많이 먹으면 소변의 양도 늘고 색깔도 옅어집니다.

하지만 물도 많이 먹이고 소변 양이 늘었는데도 색깔이 여전히 짙다면 몸에 다른 문제가 있을 수도 있습니다. 이 경우에는 진맥을 하여 보다 정확한 원인을 찾아야 합니다.

소변에 피가 섞여 나온다면

기저귀가 붉게 물드는 것이 신생아 가성 생리나 요산 때문만은 아니다. 정말로 소변에 피가 섞여 나올 때도 있다. 소변과 피가 함께 나오는 것은 요로감염이나 요로결석 때문이다. 신장에 문제가 있을 때도 소변에 피가 섞여 나온다. 드물게는 피가 응고되지 않는 병 때문이기도 하다. 그 밖에 소변이 나오는 길이나 생식기등에 상처가 났을 때도 피가 나온다.

전문가가 아닌 한 어떤 상황인지 판단하기는 사실 어렵다. 따라서 일단 기저귀에 피가 비치거나 기저귀 전체에 붉은색이 보인다면 기저귀를 들고 병원에 가 정확한 진단을 받는 것이 좋다.

태어나서 백일까지

설사 · 변비 · 구토

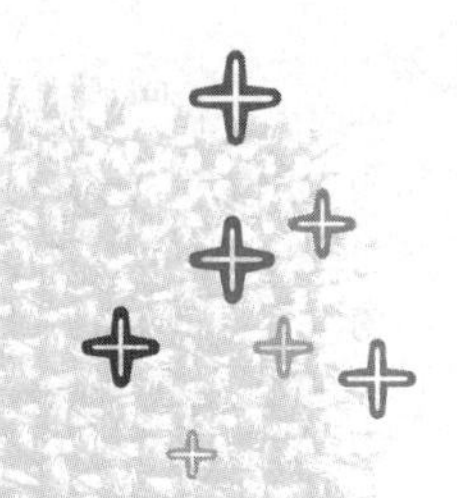

아기가 설사를 하는 이유

아기들에게 설사는 감기만큼이나 흔한 병입니다.
아기를 키우면서 설사 때문에 고민 안 해본 엄마는 없을 것입니다.
그러나 설사를 한다고 무조건 아기를 둘러업고 병원으로 뛰어가야 하는 것은 아닙니다.
그보다는 아기가 설사를 하는 이유가 무엇인지 곰곰이 생각해보고 원인을 찾는 것이 더 중요하지요.
한두 번 설사를 하다가도 갑자기 멀쩡해질 수도 있으니 너무 걱정하지 말고
아기 상태를 잘 살피면서 탈수로 이어지지 않도록 돌보는 것이 더 중요합니다.

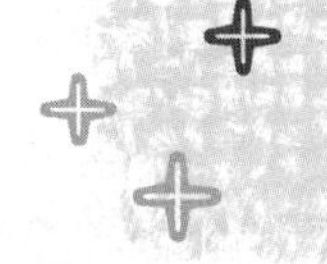

설사와 묽은 변은 다릅니다

아기들은 하루에도 몇 번씩 변을 봅니다. 젖먹이의 경우 하루에 5~6번, 어느 때는 10번까지 변을 보기도 합니다. 또한 신생아 중 모유를 먹는 아기들은 분유를 먹는 아기들에 비해 변이 더 묽어 설사로 착각하기 십상입니다.

평소보다 변을 보는 횟수가 늘고 변에 물기가 많고 양도 늘면서 냄새도 심해지면 설사를 의심해볼 수 있습니다. 하지만 평소에도 변을 묽게 보던 아기라면 구별해내기가 쉽지 않겠지요. 하루에 2~3번씩 된 똥을 누던 아기가 하루에 1번만 변을 보면서 그 변에 물기가 많다면 이때는 설사일 수 있습니다. 하지만 어떤 경우더라도 엄마 혼자 선불리 판단해서는 곤란합니다. 엄마가 혼자

백 번 관찰하고 고민하는 것보다 진단을 제대로 받는 것이 훨씬 정확하기 때문이지요.

아기가 묽은 변을 봤다고 무조건 설사가 아닐까 의심하지 말고 우선 아기가 평소와 어떤 점이 다른지 파악하고, 상태를 지켜보아 호전될 기미가 보이지 않는다면 진단을 받는 것이 현명합니다.

아기는 왜 설사를 할까?

우선 분유나 모유를 먹고 체한 것일 수 있습니다. 분유가 너무 진하거나 아기가 급하게 먹었을 경우, 분유를 탄 물이 깨끗하지 않았을 경우, 분유 자체가 아기에게 잘 맞지 않는 경우 설사를 합니다. 또한 아기가 울 때 진정시키지 않고 그냥 젖을 물리면 이것이 설사로 이어질 수 있습니다. 만일 체해서 하는 설사라면 변에서 신 냄새나 썩은 냄새가 납니다.

선천적으로 위와 장이 약한 아기들도 설사를 합니다. 이런 설사는 그다지 냄새가 나지 않지요. 또한 어떤 아기는 유전적으로 분유 단백질에 알레르기 반응을 보이기도 하는데 이때 역시 설사를 할 수 있습니다. 또한 감기나 세균 감염에 의해서 몸에 열이 날 때도 설사를 합니다. 외부의 균과 싸우는 과정에서 그 증상으로 설사가 나타나는 것이지요. 항생제를 오래 사용할 때도 설사를 할 수 있는데, 아이가 감기약을 오래 먹고 설사를 한다면, 항생제에 의해 장 점막과 장내 환경이 나빠진 것일 수 있습니다. 모유를 먹는 아기라면 젖을 빨 때 후유까지 충분히 먹지 못하고 전유만 먹었을 때도 변이 묽어질 수 있습니다.

그런데 사실 아기가 설사를 일으키는 진짜 이유는 엄마가 가장 잘 압니다. 아기가 뭘 먹었는지, 다른 자극이 있었는지를 제대로 아는 사람은 엄마뿐이기 때문입니다. 평소에 엄마가 아기를 주의 깊게 지켜보지 않으면 그 원인을

한의학에서 보는 설사의 원인

1. 아기가 습하고 찬 기운 때문에 몸이 상했을 때
2. 체기가 있을 때
3. 심하게 놀라거나 스트레스를 받았을 때
4. 선천적으로 비장과 위장이 허약할 때
5. 감기에 걸리거나 세균에 감염되었을 때

찾기가 매우 어렵습니다.

설사의 원인이 예전과 다르게 많이 늘었습니다. 그만큼 생활환경이 다양해졌기 때문입니다. 어떤 전문가라도 그 다양한 원인을 속속들이 다 파악할 수는 없습니다. 그러니 내 아기의 건강은 내가 지킨다는 마음으로 아기가 설사를 일으킬 만한 요인에 대해 평소에도 끊임없이 관심을 기울여야 합니다.

모유 먹는 아기의 설사 vs 분유 먹는 아기의 설사

아기가 설사만 하면 젖을 끊어야겠다는 엄마들이 있습니다. 왜 그런 생각을 하는지 모르겠지만 젖을 끊고 분유를 먹인다고 설사를 안 하는 것은 아닙니다. 모유를 먹은 아기가 분유를 먹은 아기에 비해 묽은 변을 보는 것은 사실이지만, 모유가 설사의 직접적인 원인은 아니라는 말이지요. 설사가 아주 심하다면 일시적으로 속을 비우고 전해질 용액을 먹이면서 탈수에 대한 관리를 해야 하지만 어느 정도 회복되면 다시 모유를 먹이는 것이 좋습니다.

분유를 먹는 아기가 설사를 하면 잠시 분유를 끊고 설사 분유를 먹이기도 합니다. 하지만 설사 분유는 말 그대로 설사를 할 때 먹는 분유지 설사 자체를 낫게 하는 분유는 아닙니다. 따라서 정말 필요한 경우가 아니라면 특수분유를 함부로 먹이는 것은 좋지 않습니다. 특수분유를 먹이더라도 증상이 호전되면 바로 평소에 먹던 분유로 바꿔 먹여야 합니다.

간혹 설사가 멈춘 후에도 예방 차원이라며 설사 분유를 계속 먹이는 엄마도 있는데, 설사 분유는 설사를 할 때 먹을 수 있다는 것 외에는 영양학적으로 일반 분유에 비해 나을 것이 없습니다.

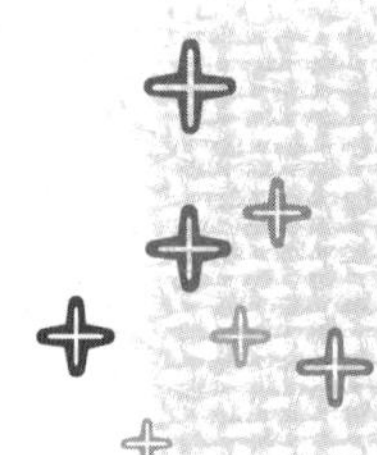

설사에 대한 자연주의 대처법

아기가 설사를 하면 엄마들은 큰병에 걸린 것처럼 걱정합니다.
물론 설사는 만만히 볼 병이 아닙니다. 설사가 심하면 정말 큰일이 날 수도 있거든요.
그러나 가만히 놔두어도 저절로 낫는 경우도 많습니다.
따라서 설사를 할 때는 아기의 상태를 잘 관찰하는 게 중요하지요.
설사를 하더라도 잘 놀고 잘 먹는다면 탈수가 되지 않게 주의하면서 잘 돌보면 됩니다.
하지만 설사 외에 다른 증상이 동반되면 정확한 진단을 받아야 합니다.

전해질 음료는 급할 때만 먹이세요

아기가 설사를 하면 가장 먼저 수분 공급에 신경 써야 합니다. 끓인 물 1리터에 설탕 두 숟가락과 찻숟가락으로 반 정도 되는 소금을 섞어 수시로 먹이면 설사 때문에 부족해진 수분이 채워집니다. 사과주스를 조금 희석해서 먹이는 것도 괜찮습니다. 이런 음료는 부족한 수분과 전해질을 빨리 보충시켜 줍니다. 하지만 설사를 시작한 당일만 먹이는 것이 좋습니다. 계속 이런 음료를 먹이면 탈수증 치료가 더 어려워질 수 있기 때문입니다. 하루 정도 집에서 이런 음료를 만들어 먹이고 그 뒤로는 약국에서 전해질 용액을 사서 보충하도록 하세요. 또한 심한 설사나 구토가 있을 때는 병원에서 치료를 받으세요.

설사할 때 과일주스?

신생아는 오렌지주스에 알레르기를 일으킬 수 있으므로 피해야 한다. 설사할 때는 사과도 별로 좋지 않다. 하지만 아기가 탈수 증상이 있을 때는 전해질과 수분 공급을 위해 이런 과일주스를 약하게 희석해서 조금 먹이는 것은 괜찮다.

함부로 민간요법을 사용해서는 안 됩니다

백일이 지난 아기가 설사할 때는 살짝 볶은 찹쌀에 마 가루를 조금 섞어 미음처럼 묽게 만들어 먹이면 좋습니다. 따뜻한 매실차를 조금 먹여보는 것도 괜찮지요. 그러나 생후 100일이 안 된 아기에게 이런 가정요법은 적절하지 않으며, 함부로 민간요법을 쓰는 것은 더욱 위험합니다. 그보다는 설사의 원인을 빨리 찾아 없애주는 것이 중요합니다.

예전에는 설사가 멈출 때까지 무작정 굶기기도 했습니다만, 특별한 경우를 제외하고는 설사를 하더라도 영양 공급을 해줘야만 합니다. 심하지만 않다면 아기는 설사를 하면서도 젖을 먹을 수 있습니다.

만일 급성 설사라면 처방을 받아 설사 분유를 먹일 수 있습니다. 설사 분유는 유지방을 식물성 지방으로 대체하여 유당을 제거한 분유를 말합니다. 밖으로 빼앗긴 수분과 전해질을 빠르게 보충해주면서 소화 흡수가 잘 되도록 가공한 것이지요. 하지만 설사가 멈춘 후에는 설사 분유도 끊어야 합니다. 아기가 계속 먹기에는 영양이 충분하지 않기 때문입니다. 설사 분유는 설사가 심할 때만 잠깐 먹이는 것이 좋습니다.

설사가 동반된 응급 상황

1. 열과 구토가 동반될 때
2. 아기가 배가 아파 계속 울 때
3. 변에 점액이나 혈액이 섞여 나올 때
4. 피부 발진이 나타날 때

지사제 함부로 쓰지 마세요

설사부터 멈추는 게 우선이라는 생각에 지사제를 사용하는 엄마도 있는데, 지사제는 절대 함부로 사용해서는 안 되는 약입니다. 설사는 세균으로 인한 독소나 체내에 쌓인 이물질 때문에 발생하는 것으로 이런 이물질들은 얼른 몸 밖으로 내보내야 합니다. 그런데 만일 지사제를 남용하면 이런 이물질들이 밖으로 배출되지 않습니다. 이렇게 되면 오히려 설사가 악화되는 악순환이 계속됩니다. 그 밖의 다른 문제까지 가져올 수도 있고요. 따라서 지사제는 전문의와 상담한 후에 신중하게 사용해야 합니다.

설사에 좋은 추나요법

변비가 있을 때는 배꼽 주위를 시계 방향으로 마사지해주면 효과가 있습니다. 설사는 그 반대입니다. 활성화된 장 활동을 억제해야 하므로 시계 반대 방향으로 마사지를 합니다. 아침과 저녁에 아기를 자리에 눕히고 무릎을 세운 상태에서 배를 살살 문질러줍니다. 이때 아기의 배가 차가워지지 않도록 실내 온도를 따뜻하게 유지해야 합니다. 아기 배를 문지르는 엄마의 손도 차가워서는 안 됩니다. 복부 마사지를 할 때 라벤더, 진저, 제라늄 오일을 각각 3방울씩 올리브 오일 30ml에 섞어 만든 향유를 같이 문질러주면 더욱 효과가 좋습니다. 이런 향유는 놀란 장을 진정시키고 장 속을 따뜻하게 하는 효과가 있습니다.

아기가 설사를 할 때 엄마가 조심해야 할 음식들

모유수유 중인 아기가 설사를 한다면 엄마도 음식을 조심해서 먹어야 한다. 엄마가 먹은 음식이 아기에게 직접적으로 영향을 끼치기 때문이다. 아기의 장을 민감하게 하고 소화 흡수 기능을 떨어뜨리는 음식은 될 수 있으면 삼가는 것이 좋다.

과일 중에서는 참외, 토마토, 딸기, 복숭아, 귤, 오렌지, 키위, 파인애플, 살구, 자두 등이 그런 음식에 해당한다. 콩이나 양배추, 브로콜리, 순무 등도 좋지 않으며 우유나 치즈, 요구르트, 아이스크림 같은 유제품 역시 피해야 한다. 그 밖에 커피, 녹차, 홍차, 초콜릿 등 카페인이 든 음료나 마늘과 양파, 생강, 후추 등 자극적이고 향이 강한 조미료나 향신료는 되도록 먹지 않는다.

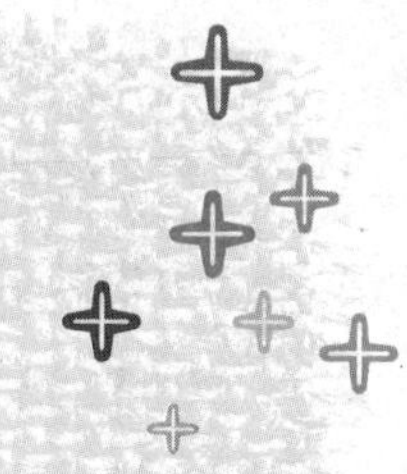

변비가 심하다고요?

변비의 기준은 변을 보는 횟수가 아니라 변의 상태에 달렸습니다.
즉, 3~4일에 한 번 변을 보더라도 딱딱하지 않고 물기가 있으면 변비라고 할 수 없습니다.
반대로 매일 변을 본다고 해도 변이 단단하거나 변을 볼 때 지나치게 힘들어하면
변비라고 할 수 있습니다. 변비인지 아닌지 판단할 때는
아기의 변이 성인과 다르다는 점을 염두에 두어야 합니다.

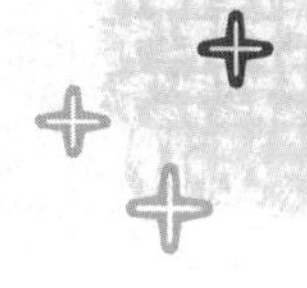

다른 병 때문에 변비가 올 수도 있습니다

생후 한 달 정도까지는 웬만해서 변비가 생기지 않습니다. 생후 24시간 이내에 태변을 보기 시작한 아기는 그 뒤 이행변을 거쳐 정상변을 눌 때까지 하루에도 몇 번씩 변을 봅니다. 출산한 지 하루가 지나서도 태변을 보지 않는다면 장폐색 같은 질환을 의심해야 합니다. 만일 그 이후로도 아기가 변을 잘 보지 못해 관장까지 해야 한다면 해부학적인 협착, 선천성 거대결장, 태변 전색증, 복벽근 이상 등의 질병을 의심해볼 수 있습니다.

또한 선천적으로 장 운동력이 약하거나 장에 열이 많은 체질의 아기들이 변비에 걸리기 쉽습니다. 만일 변비 같지는 않은데 변이 너무 단단하다면 수유량이 부족하다는 증거입니다. 이때는 수유량을 늘리는 한편, 물이나 보리차 등으로 수분 섭취를 늘려줘야 합니다.

갑자기 변비가 생겼다면

엄마들이 본격적으로 변비를 고민하는 시기는 생후 2개월 전후부터입니다. 이전까지 하루에도 몇 번씩 변을 보았다면 이 시기에는 하루에 한 번이나 혹은 3일에 한 번 정도로 줄어듭니다.

모유를 먹는 아기가 분유를 먹는 아기에 비해 상대적으로 변비에 덜 걸리는데, 이는 모유에 변비를 해소하는 성분이 있기 때문입니다. 하지만 모유를 먹는 아기라도 감기나 다른 질병에 걸려 먹는 양이 줄어들면 변비가 생길 수 있습니다. 즉 평소보다 먹는 양이 부족해도 변비에 걸릴 수 있다는 말이지요. 이때는 변비뿐 아니라, 체중도 잘 늘지 않고 소변 보는 횟수도 줄어듭니다.

아기가 갑자기 변비가 생겼다면 당황하지 말고, 수유량이 줄지 않았는지, 물은 충분히 먹고 있는지 살펴보세요. 변비는 성장 과정에서 올 수 있는 자연스러운 증상 중 하나이므로 느긋한 마음으로 음식 조절에 신경 써주면 됩니다.

분유를 진하게 먹이는 것도 방법입니다

앞서 말한 것처럼 분유를 먹는 아기가 모유를 먹는 아기에 비해 변비에 걸릴 확률이 더 높습니다. 분유를 먹이는데 변비에 걸렸다면 수분을 보충하면서 평소보다 분유를 진하게 먹여 보세요. 많이 먹으면 그만큼 밀어내는 힘이 생깁니다. 간혹 분유를 묽게 타 수분 섭취를 늘려야 한다고 생각하는 엄마도 있는데, 일단 변을 형성하는 고형 성분을 많이 먹이는 것이 좋습니다. 수분 섭취는 분유를 먹은 다음 따로 하면 됩니다. 이때 물 50ml에 조청을 3ml 정도 타서 여러 번 나눠 먹이는 것도 도움이 됩니다.

변비에 좋은 프룬 주스

일반적인 변비에는 보리차 대신 결명자를 진하게 끓여 먹이면 도움이 된다. 이유식 이전이기 때문에 섬유질이 많은 음식을 섭취할 수 없으므로 백일이 가까운 아기들은 약국 등에서 프룬 주스를 구해서 먹이는 것도 좋다. 프룬 주스는 섬유질이 아주 풍부하고 먹기 쉬워서 외국에서는 변비에 많이 처방한다.

한방에서 보면 변비는 태열 때문에 장에서 수분이 과다

하게 흡수되어 생기는 것으로 봅니다. 이런 경우 소아전문 한의원에서 태열을 내려주고 변을 잘 나오게 하는 소아환약을 처방받아 먹이면 증상이 개선됩니다.

한편 변을 잘 보지 못해 아기가 끙끙거릴 때 몸을 바로 눕힌 다음 다리를 들고 아랫배를 지그시 눌러주면 효과가 있습니다. 또 회음부 부분을 살살 눌러줘도 변이 쉽게 나올 수 있습니다.

면봉을 써보세요

한방에서는 아기가 아무리 변비가 심해도 관장약을 써서 억지로 똥을 누게 하지 않습니다. 관장약을 자주 쓰다보면 습관이 들 수 있기 때문이지요. 하지만 아기가 너무 힘들어하면 면봉으로 간단하게 관장하는 정도는 괜찮습니다. 집에서 사용하는 면봉에 올리브 오일을 살짝 묻힌 다음 항문을 살살 문질러주세요. 항문 주변을 자극해주면서 항문에 몇 번 넣었다 뺐다 하면 며칠씩 변을 못 보던 아기도 쉽게 똥을 눕니다. 그래도 아기가 변을 보지 못한다면 조금 기다렸다가 잠시 후에 다시 시도해봅니다. 몸에 특별한 이상이 있지 않는 한 이 정도면 아기들이 변을 봅니다. 하지만 이 방법 역시 자주 쓰면 습관이 되어 나중에는 별 도움이 되지 않는다는 점을 잊지 마세요.

변비에 좋은 추나요법

아기를 바닥에 눕힌 다음 무릎을 살짝 세운 후 따뜻한 손바닥으로 배 전체를 20~30번 정도 시계 방향으로 문질러줍니다. 손가락으로 배를 가로 세로로 3등분하여 한 부분씩 천천히 눌러주는 것도 좋습니다. 아기의 호흡에 맞춰 아기가 숨을 내쉴 때 누르고 들이쉴 때 손을 떼는 것이 요령입니다. 만일 손가락으로 살살 만져보아 뭉친 부분이 느껴진다면 몽우리진 곳이 풀릴 때까지 그 부분만 집중적으로 천천히 원을 그리면서 문질러주세요. 마무리 단계로 배 전체를 따뜻한 손바닥으로 20~30번 정도 비벼줍니다. 이 과정을 아침 저녁으로 매일 반복합니다. 이때 로즈마리나 페퍼민트, 진저(또는 블랙페퍼) 오일을 아몬드 오일에 섞어 마사지하면 더욱 효과가 있습니다.

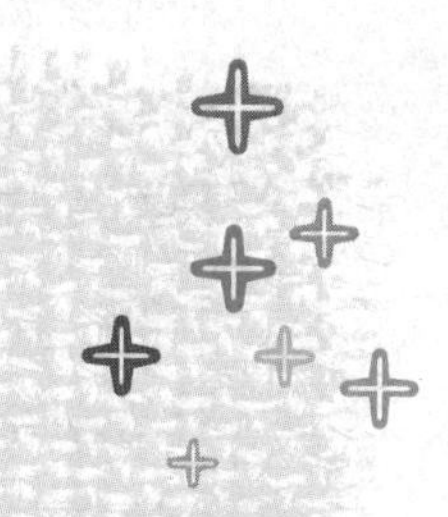

젖만 먹으면 토해요

주는 대로 잘 먹고 잘 자라주면 좋겠지만 아기는 하루에도 몇 번씩 토합니다.
애써 먹인 젖을 전부 토해버리면 엄마는 애가 타게 마련입니다.
그러나 신생아가 수유 후에 토하는 것은 당연합니다.
또한 몸에 별 이상이 없고 조금씩 토하는 것은 큰 문제가 되지 않습니다.
구토가 심하던 아기도 6개월쯤 되어 혼자 앉을 수 있게 되면 많이 나아집니다.

신생아 때 자주 토하는 것은 당연합니다

아기들은 젖이나 분유를 먹고 나서 잘 토합니다. 어른의 위는 옆으로 비스듬히 누워 있는데 신생아의 위는 세로로 세워져 있기 때문에, 젖을 먹은 후 바로 눕거나 먹은 양이 많으면 젖이 넘쳐흐르는 것입니다. 그래서 신생아가 생리적으로 토하는 것을 두고 '게우기'라고 하며, '먹은 것을 올린다'라고 말하기도 합니다.

위는 사막에서 쓰는 물주머니처럼 생겼습니다. 또한 위쪽과 아래쪽에 근육을 잡아주는 근육이 있어서 음식물이 들어오면 위로 역류하거나 아래로 흐르는 것을 막아주지요. 그런데 신생아의 위는 근육이 아직 제대로 발달하지 못했습니다. 특히 위쪽 근육이 아래쪽 근육보다 약해서 음식이 역류하는 것을 제대로 막아내지 못합니다.

안 그래도 위 기능상 잘 토할 수밖에 없는데 수유량이 평소보다 많거나 급하게 젖을 먹으면 더 잘 토합니다. 아기가 너무 잘 토한다면 다음에 유의하세요. 우선 젖을 물릴 때는 유륜 전체를 물리고, 분유를 먹일 때는 젖병을 충분히 기울여 먹이는 것이 구토를 예방하는 요령입니다. 또한 수유 후에는 반드시 트림을 시켜주세요. 만일 아기가 트림을 하지 않으면 바로 눕히지 말고 몇 분 정도 안고 놀아주는 것이 좋습니다. 만일 젖을 다 먹지도 않았는데 토한다면 한 번에 다 먹이지 말고 간격을 두고 쉬어가면서 먹이면 구토를 어느 정도 막을 수 있습니다.

아기는 이럴 때 토해요

1. 평소보다 많이 먹었을 때
2. 젖병을 빨면서 공기를 많이 마셨을 때
3. 분유가 너무 진할 때
4. 장염에 걸렸을 때
5. 외부 환경으로 인해 스트레스가 심할 때

원인에 따라 토하는 모습도 다릅니다

아기들이 토하는 모습은 참 가지각색입니다. 먹자마자 입가에 주르륵 흘려버리기도 하고 꽤 많은 양을 한 번에 울컥 토하기도 합니다. 마치 분수처럼 뿜어낼 때도 있습니다.

그런데 젖이 입 밖으로 나왔다고 다 토하는 것으로 볼 수는 없습니다. 먹고 나서 트림까지 다 시킨 후 아기를 눕혔는데 젖이 입가에 조금 흐르는 정도라면 굳이 토했다는 말을 쓰지 않습니다. 입 안에 남은 젖을 아기가 살짝 밀어낸 것으로 보고 가제 수건으로 가볍게 닦아주면 그만입니다.

하지만 꽤 많은 양을 왈칵 토한다면 여러 가지 경우를 따져봐야 합니다.

우선 수유 형태가 바뀌면 토하는 아기가 있습니다. 모유를 먹던 아기가 갑자기 분유를 먹게 되었거나, 지나치게 많이 먹었거나, 분유가 갑자기 바뀌었거나, 분유가 평소보다 진하다면 구토를 일으킬 수 있습니다.

둘째, 수유 후에 심하게 몸을 움직여도 잘 토합니다. 과격하게 놀 때는 먹은 양의 절반 정도가 나오기도 합니다. 하지만 아기가 많이 토하더라도 너무 걱정할 필요는 없습니다. 신생아는 아직 위장관이 미숙해서 잘 토하는 게 당연합니다. 다만 수유 후에 아기와 놀 때는 심하게 흔들지 마세요. 미숙한 위를 자극하여 더 심하게 토할 수 있습니다.

셋째, 왈칵 토하는 것보다 더 심한 정도로 마치 분수를 뿜어내듯 젖을 토하는 아기가 있습니다. 이럴 때는 젖이 내려가는 상부 위장관이 좁아졌거나 막혀 있을 가능성이 있습니다. 그러나 여러 차례 반복적으로 뿜어내는 게 아니라 어쩌다 한번 토했다면 별 문제가 없습니다.

자주 토할 때는 이렇게 해보세요

아무리 괜찮다고 해도 웬만하면 토하지 않는 게 좋겠지요. 다음의 몇 가지 점을 주의하면 아기가 토하는 것을 어느 정도 줄일 수 있습니다.

일단 신생아는 배가 많이 부르거나 수유 후에 갑자기 자세를 바꾸면 쉽게 토합니다. 젖을 먹은 다음에는 지나치게 놀게 하지 말고, 가볍게 안고 어르는 것이 좋습니다. 한 20분 정도 안고 있거나 비스듬히 앉혀두면 구토를 예방하는 데 도움이 됩니다.

아기는 수유 중에 공기를 많이 마시면 더 잘 토합니다. 아기가 배가 무척 고픈 상태에서 젖을 먹이면 급하게 먹느라 공기도 더 많이 들이키게 됩니다. 따라서 아기를 굶겼다 먹여선 안 됩니다. 분유를 먹일 때는 젖병을 충분히 기울여 공기가 들어가지 않도록 주의해야 합니다. 분유를 탄 후에는 젖병을 잠시 세워두고 공기가 제거된 뒤에 먹이는 것이 좋습니다. 그래도 아기가 토한다면 분유를 한 번에 다 먹이지 말고 여러 번에 걸쳐 나눠 먹이세요. 또한 분유 농도도 약간 묽게 조절합니다. 영양 공급이 걱정된다면 먹이는 횟수를 그만큼 늘리면 됩니다.

트림시키는 법

아기를 세워 안고 등을 아래위로 쓰다듬다가 살살 두드려준다. 한 5분 정도 반복하면서 아기가 트림을 하는지 확인한다. 만일 5분이 지나도 트림을 안 하면 굳이 억지로 시키지 않아도 된다. 아기를 눕힐 때는 오른쪽으로 눕히는 것이 소화하는 데 도움이 된다. 모유를 먹는 아기는 굳이 트림을 안 해도 되지만, 만일 아기가 수유 후에 잘 토한다면 꼭 트림을 시켜주는 게 좋다.

한편 수유 후에는 반드시 트림을 시켜야 합니다. 아기의 등을 두들겨 몸 안의 음식물과 공기를 분리한 다음 공기만 다시 빼내는 것입니다. 젖을 먹을 때 함께 들어간 공기가 도로 빠져나와야만 위의 압력이 떨어져 젖이 역류하는 것을 줄일 수 있습니다.

토할 때는 음식물이 기도를 막지 않도록 주의해야 합니다. 아기의 머리를 옆으로 돌려줘 음식물이 밖으로 잘 흘러나오게 도와주십시오. 이때 아기의 마음을 편하게 해주는 것도 중요합니다. 엄마가 너무 호들갑을 떨거나 주변이 시끄러우면 스트레스를 받아 더 많이 토하게 됩니다.

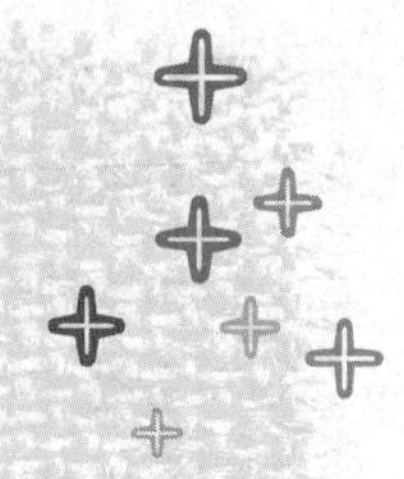

구토의 숨은 원인, 비위 허약

신생아는 잘 토합니다. 너무 많이 토하다 보니 어느 때는 먹은 것보다 토한 것이 더 많아 보이기도 합니다. 아기가 가볍게 토하는 것은 소화기능과는 큰 관련이 없습니다. 따라서 토하고 난 직후에 아기가 또 젖을 먹고 싶어 하면 그냥 젖을 물려도 상관없습니다. 배가 고파서라기보다는 허전한 기분이 들어 젖을 찾는 경우가 대부분이니까요. 하지만 아기가 자주 토하고 잘 놀지 않는데다 체중도 늘지 않는다면 비위가 허약해서일지도 모릅니다.

'비위허약아'가 잘 토합니다

신생아 때 잘 토하던 아기도 대개 6개월이 지나 앉을 수 있게 되면 저절로 나아집니다. 더 자라서 걷거나 컵을 사용하게 되면 대부분 토하지 않습니다. 또한 토하는 것 때문에 영양 상태에 문제가 생기는 경우는 드뭅니다. 하지만 아기가 분유나 모유를 먹는 양이 적고 체중 역시 잘 늘지 않는다면 구토에 대해 적절한 처방이 필요합니다. 이런 아기가 '비위허약아'에 속하기 때문이지요. 비위가 허약한 아기들은 한의학적으로 처방을 하여 소화기능을 향상시켜줘야 합니다.

한의학적으로는 볼 때 잘 토하는 것은 비위허약에 의해 위장의 '숙강 작용(음식물을 소화시켜 내려보내는 작용)'이 좋지 않아서 발생하는 것으로 봅니다. 현대의학에서 보자면 '분문부이완'이나 가벼운 '위식도역류증' 정도가 되겠지요.

어린 아기라고 해도 이런 증상을 보인다면 적절한 처방과 치료가 필요합니다. 신생아기에도 복용할 수 있는 한약이 있습니다. 증류식 한약이나 과립형 한약을 말합니다. 이런 한약을 통해 아기의 비위기능을 돕고 위의 숙강 작용을 증진시킬 수 있습니다. 정도에 따라 무통 침이나 부착형 생체전기침도 사용할 수 있습니다.

만일 아기가 먹은 것 대부분을 분수처럼 뿜으면서 토해버린다면 중증의 위식도역류증이나 유문협착증을 의심할 수 있습니다. 이런 병에 걸린 아기는 대체로 많이 야윕니다. 폐렴, 천식, 식도염, 빈혈 등의 합병증이 발생할 수 있고, 드물게는 수술이 필요할 수도 있지요. 하지만 수술이라고 다 위험한 것은 아닙니다. 수술을 한 후 4~6시간이 지나면 수유가 가능할 정도이니 지레 겁을 먹을 필요는 없습니다.

질병으로 인한 구토

이 외에도 아기는 다른 질병 때문에 토하기도 합니다. 그러니 질병을 치료하면 구토 증상은 저절로 좋아집니다. 단, 구토를 하는 동안에 탈수가 오지 않도록 주의를 기울여야 합니다. 아기가 토하지 않도록 조금씩 자주 먹이면서 몸이 나아지는 것에 맞춰 조금씩 양을 늘려가도록 합니다.

구토를 잘 일으키는 질환에는 감염성 질환인 상기도 감염(감기 등), 급성위장관염, 요로감염증, 뇌수막염 등이 있습니다. 또한 선천성 위장관 질환, 대사성 장애, 중추신경계 질환 등도 만성적인 구토의 원인이 됩니다.

만일 토한 것이 우윳빛이 아니라 짙은 노란색이거나 초록색이라면 더 심각합니다. 이는 담즙이 십이지장을 경유해서 나온 것으로 소장이 막혔을 가능성을 의미합니다. 간혹 아기에게 위궤양이 있을 수도 있는데, 위궤양이 있을 때는 아기의 구토물에 핏물이 섞여 나옵니다. 만일 구토물에서 대변 냄새가 난다면 장폐색, 복막염, 위대장 누공 등을 의심할 수 있습니다.

구토에 좋은 추나요법

구토에도 마사지가 효과가 있습니다. 아기가 토할 때 마사지를 해주면 소화즙이 잘 분비되고 위장관의 활동이 활발해져 소화력과 식욕이 커지고 장이 편안해집니다.

우선 아기를 바로 눕힙니다. 그리고 양 엄지손가락으로 아기의 갈비뼈 가장자리를 따라 명치에서부터 옆구리 쪽으로 1분에 100번씩 2분 동안 밀어내립니다. 그다음 명치에서 배꼽까지 검지와 중지로 1분에 100번씩 2분 동안 지그시 눌러 내려줍니다. 마지막으로 손바닥으로 배꼽 주위를 원을 그리듯 문질러줍니다. 시계 방향으로 5분 정도 하면 적당합니다. 아기에게 추나요법을 할 때 라벤더, 로만캐모마일, 페퍼민트 오일을 올리브 오일 30ml에 3:3:1의 비율로 섞어 쓰면 더 좋습니다.

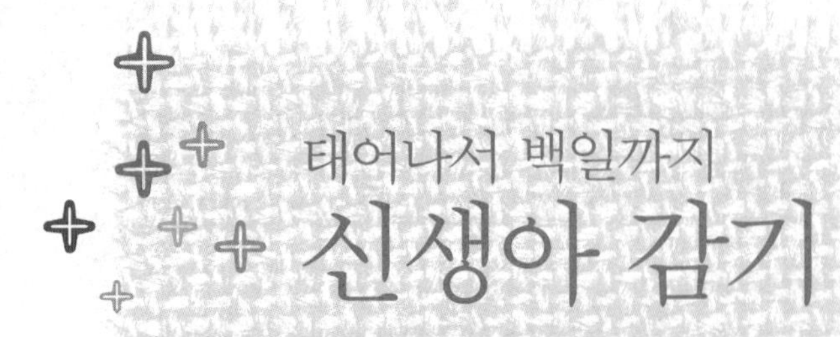

태어나서 백일까지

신생아 감기

신생아 감기는 반드시 치료해야 합니다

아기 호흡기에 조금만 이상이 있으면 무조건 감기라고들 생각합니다.
다른 질환이 있는지 아닌지에 대한 여부는 크게 중요하게 생각하지 않지요.
때가 지나면 낫겠거니 하고 안이하게 대처합니다. 하지만 신생아에게 감기는 위험합니다.
어른보다 신체적으로 미숙하고 면역력도 약하기 때문에,
자칫 다른 질환으로 발전할 수 있기 때문이지요.
무엇보다 미리 예방하고 대비하는 것이 감기에 걸리지 않는 지름길입니다.

생후 6개월까지는 감기에 잘 안 걸립니다

감기는 어른보다 아이가 훨씬 잘 걸리고 다른 질환에 비해 발병률도 높습니다. 하지만 생후 6개월까지는 감기에 잘 걸리지 않습니다. 태어날 때 엄마로부터 면역력을 물려받기 때문이지요. 그 면역력은 대개 6개월까지 지속됩니다. 따라서 생후 6개월까지는 감기에 걸릴 확률이 낮고, 별다른 잔병치레 없이 잘 자랍니다. 문제는 생후 6개월부터입니다. 이때부터 아기는 감기를 비롯한 갖가지 질환에 쉽게 걸립니다. 6개월부터 두 돌까지가 감기에 가장 잘 걸리는 시기이지요. 정도가 심한 아기는 1년에 열 번 이상 감기를 앓기도 합니다. 그러다가 두 돌이 넘어서면서 빈도가 줄어듭니다.

그런데 간혹 6개월 전에 감기에 걸리는 아기도 있습니다. 엄마로부터 면역력을 물려받았는데 왜 벌써 감기에 걸릴까요? 이유는 간단합니다. 모든 아기가 엄마에게 면역력을 잘 물려받는 것은 아닙니다. 이 시기의 아기는 모든 면에서 미숙하기 때문에 감기에 걸리면 바로 치료를 받아야 합니다. 신체 기관이 미숙한 만큼 감기의 진행 속도도 매우 빨라 삽시간에 증상이 악화합니다. 또한 신생아는 가정요법만으로 증상을 완화하기에는 한계가 있습니다. 아무거나 먹일 수도 없고, 여러 가지 처방을 쓰기에도 부담이 있지요. 따라서 아기가 열이 나거나 기침을 하는 등 감기 증상을 보인다면 지체하지 말고 병원에 가시기 바랍니다. 합병증의 발생 또한 빨라서 잘못해서 치료 시기를 놓치면 큰 문제가 될 수도 있습니다.

꾸준한 관리가 필요합니다

신생아 감기라고 해서 뭔가 특별한 증상을 보이는 것은 아닙니다. 재채기와 기침, 가래, 콧물 등 감기의 일반적은 증상을 그대로 보이지요. 문제는 그 증상만으로 끝나는 것이 아니라는 점입니다. 아기가 감기에 걸리면 호흡기뿐만 아니라 비위에도 나쁜 영향을 미칩니다. 식욕도 떨어지고 먹는 것을 잘 소화시킬 수 없어서 몸 상태가 전반적으로 나빠지지요. 녹변이나 묽은 똥을 보기도 하는데, 이는 신생아가 감기에 걸렸을 때 흔히 동반되는 증상입니다. 잘 먹지도 않고 구토도 많이 합니다. 또한 땀 조절이 잘 안 되어 평소보다 더 칭얼거리면서 땀을 더 많이 흘리지요. 처방을 받아 약을 먹인다 해도 땀 조절 능력이 떨어지기 때문에 열도 쉽게 내리지 않습니다. 감기가 어떤 종류인가에 따라 장에도 영향을 줘 심하게 설사를 하기도 합니다.

그래서 신생아가 감기에 걸리면 호흡기뿐 아니라 전반적인 관리가 필요합니다. 신생아 감기는 치료를 받으면서 증상이 심해지는 경우도 흔한데, 처음에는 미열과 재채기만 하다가 치료를 받으면서 콧물도 나고 가래가 심해지기도 하지요. 치료를 한다고 아기의 상태가 바로 좋아지는 것이 아니므로, 꾸준한 관리가 필요합니다. 집을 항상 청결히 하고, 적절한 온도와 습도를 유지하면서 환기에도 신경을 써야 합니다. 아기의 소화기능이 평소보다 떨어진다는 것을 감안하여 먹는 것도 조절해줄 필요가 있지요. 어른은 아기보다 저항력이 있어서 2~3일 정도만 치료를 받아도 증상이 좋아지지만, 아기는 절대 그렇지 않습니다. 한번 감기에 걸리면 일주일은 보통이고, 나아진 것처럼 보이다가도 다시 감기에 걸리거나 합병증을 일으키기도 합니다. 안타깝게도 신생아 감기에 아주 특별한 치료법은 없습니다. 아직 어리기 때문에 한약이나 침 시술도 조심스럽게 써야 합니다. 일단 아기가 감기에 걸리면 병원에 와 정확한 진단을 받아야 하지만, 집에서도 관리를 잘 해줘야만 빨리 회복할 수 있습니다.

신생아 감기는 예방이 최우선

하나 마나 한 말처럼 들릴지 몰라도 신생아 감기는 예방이 최우선입니다. 자연 면역력을 높여주겠다고 백일도 안 된 아기를 데리고 외출을 하는 엄마들이 간혹 있는데, 백일 전에는 될 수 있는 대로 외출을 삼가야 합니다. 불가피한 상황이 아니라면 백일 전까지는 집에만 있는 것이 좋습니다. 특히 사람이 많은 곳에 데리고 다니는 것은 위험합니다.

기저귀를 산다고 어린 아기를 업고 집 근처의 할인 매장에 가기도 하는데, 그런 곳은 공기도 좋지 않을뿐더러 세균도 많습니다. 사람이 많이 모이므로 눈에 보이지 않는 더러운 이물질도 많지요. 그런 곳에 면역력이 약한 아기를 데리고 가면 당연히 감기에 걸릴 확률도 높아집니다. 필요한 물건은 다른 사람에게 부탁해서 구하거나, 굳이 외출을 해야 한다면 아기를 잠시 맡겨놓고 엄마 혼자 다녀오는 것이 좋습니다.

집 안에만 머문다고 감기의 위험으로부터 완전히 자유로워지는 것은 아닙니다. 집은 아기가 온종일 있는 곳이니만큼 쾌적하고 청결해야 합니다. 찬 바람이 들어온다고 창문을 하루 한 번도 열지 않으면 환기가 안 돼 집 안 공기가 탁해집니다. 환기를 시킬 때는 차가운 바깥공기가 그대로 아기에게 가지 않도록 아기를 잠시 다른 방에 두세요. 겨울에도 잠깐씩 환기를 해줘야 합니다. 또한 아기가 있는 방은 깨끗한 상태를 항상 유지해야 합니다. 깨끗해 보인다고 청소를 게을리해서는 안 됩니다. 보이지 않는 미세한 먼지들이 언제든지 아기의 호흡기를 공격할 수 있기 때문이지요. 방안의 온도와 습도도 일정하게 유지하는 것이 좋습니다. 온도는 22~25도, 습도는 50~60퍼센트 정도가 적당합니다.

신생아 기침은 관찰이 필요합니다

열이 동반되지 않고 간간이 하는 기침, 가래가 그렁거리지 않는 기침이라면 크게 걱정할 필요는 없습니다. 콧물, 코막힘이 없으며 기침을 하면서 자꾸 토하는 경우가 아니라면 더욱 괜찮습니다. 습도를 높이고 물을 많이 마시게 하고, 적당한 환기로 집 안의 공기를 깨끗하게 하면 기침이 점차 잦아듭니다. 하지만 기침이 오래가면 진료를 받아야 합니다. 단순히 감기로만 보지 말고 기관지염, 모세기관지염, 폐렴, 비염이나 축농증, 역류성 식도염, 결핵 등 기타 감염성 질환 등에 걸린 것은 아닌지 검사해보아야 합니다.

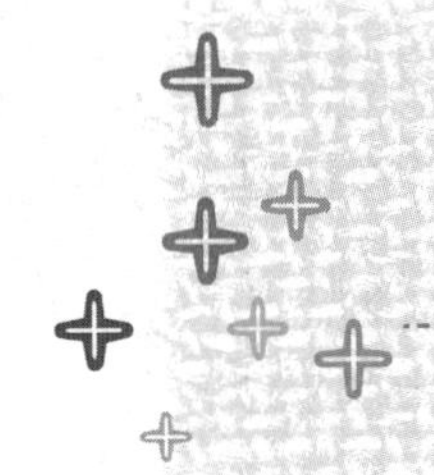

아기가 열이 심해요

아기 몸에 이상이 있을 때 나타나는 몇 가지 신호가 있습니다. 대표적인 것이 열입니다.
아기가 열이 나면 대번에 겁부터 나지요. 하지만 모든 열이 문제가 되는 것은 아닙니다.
신생아는 기본적으로 어른보다 체온이 약간 높고 작은 활동에도 쉽게 열이 납니다.
심지어 옷만 조금 두껍게 입혀도 열이 오르지요.
아기가 열이 날 때는 무조건 걱정부터 할 게 아니라,
열이 날 만한 다른 원인이 없는지부터 살피는 것이 우선입니다.

신생아는 환경에 의해 열이 나기도 합니다

일단 신생아의 정상 체온은 섭씨 36.5~37.5도까지라는 점을 알고 계셔야 합니다. 또한 어느 부위에서 체온을 재느냐에 따라 온도에 차이가 있습니다. 항문을 재면 약간 높게 나오고, 겨드랑이나 입에서 재면 좀 낮게 나오지요. 만일 아기의 체온이 38도 정도라면 일단 열을 내려줘야 합니다.

신생아는 병 때문이 아니라 주변 환경 때문에도 열이 자주 납니다. 실내 온도가 너무 높거나 옷을 너무 많이 입혔을 때도 열이 나지요. 아기가 특별한 증상 없이 열이 나면 옷을 많이 입히지는 않았는지, 이불을 너무 두껍게 덮은 것은 아닌지, 방 안이 덥지는 않은지 점검해보세요.

주변 환경 때문에 열이 나는 것이라면 그 원인만 제거해줘도 열이 떨어집니다. 그래도 열이 내리지 않고 39도 이상 계속 올라가면서 아기가 힘들어한다면 기저귀까지 다 벗긴 다음에 미지근한 물수건으로 몸을 충분히 닦아 주세요. 간혹 열을 내려야 한다며 찬 물수건을 사용하는 분들도 있는데, 이는 좋은 방법이 아닙니다. 처음에는 열이 떨어지는 것 같아도 나중에 오히려 더 오를 수 있습니다. 아기가 추위에 몸을 떨면서 근육에서 열이 발생하기 때문이지요. 이럴 때는 미지근한 물로 닦아주는 것이 좋습니다. 만일 이렇게 했는데도 한두 시간 내에 열이 떨어지지 않으면 병원에 가보아야 합니다. 신생아는 쉽게 열이 나고 별문제 아닌 경우도 많지만, 심각한 질환의 초기 증상으로 열이 나기도 하기 때문입니다. 간혹 열을 빨리 떨어뜨리겠다고 성급하게 해열제를 먹이는 엄마들이 있는데, 해열제는 의사의 판단 하에 복용하는 것이 좋습니다.

해열제 남용은 금물

열이 더 오를까봐 지레 겁을 먹고 해열제를 먹이는 엄마가 많은데, 아기가 열이 난다는 것은 몸이 병과 싸우는 과정이므로 서둘러서는 안 됩니다. 특히 신생아에게 정확한 진찰 없이 해열제를 먹이는 것은 위험합니다.

힘이 쭉 빠진 채 자려고만 하거나 39도 이상의 고열일 때만 약을 쓰는 것이 좋습니다. 39도 미만에서 아이 컨디션이 나쁘지 않고 잘 논다면 해열제를 쓸 필요가 없습니다. 혼자 견뎌내는 힘을 키워줘야 아기에게 면역력이 생깁니다. 감기에 걸렸을 때 생기는 열은 아기를 힘들게도 하지만, 세균의 활동을 둔화시키고 면역기능을 활성화하는 긍정적인 작용도 합니다.

보고에 의하면 아스피린 계통의 해열제는 경우에 따라 '라이 증후군(Reye Syndrome)'이라는 급성뇌질환의 원인이 되기도 합니다. 또한 처방전 없이 약국에서 해열제를 자주 사 먹이면 어린이 만성 두통이 생길 수 있다는 연구결과도 있습니다. 특히 생후 6개월 미만인 아기가 경련을 일으킨 경험이 있다면 함부로 해열제를 쓰면 안 됩니다. 정확한 진단 하에 아기가 왜 열이 나는지 원인을 파악해야 하지요.

가장 좋은 것은 아기 스스로 자연스럽게 열을 이겨내는 것입니다. 아기가 제 힘으로 열을 이겨낼 수 있도록 도와주는 것이 엄마의 역할입니다.

열이 날 때의 가정요법

열이 심하지 않다면 따뜻한 보리차를 먹이고 이불을 덮어주거나 옷을 약간 덥게 입혀 땀을 내줍니다. 이렇게 해도 계속 열이 나고 아기가 힘들어한다면 입은 옷을 모두 벗기고 방을 서늘하게 해줘야 합니다. 이때는 기저귀까지 모두 벗겨야 합니다. 기저귀 하나라도 보온 효과가 있기 때문이지요. 아기의 체온이 평상시보다 더 떨어지지만 않는다면 다 벗겨도 괜찮습니다.

옷을 모두 벗긴 다음에는 미지근한 물수건으로 몸을 닦아주세요. 이때 물수건은 꼭 짜지 않고 충분히 젖어 있어야 합니다. 아기 몸에 물을 많이 묻혀야 수분이 증발하면서 열도 떨어지는데, 물수건을 꼭 짜서 쓰게 되면 효과를 볼 수 없겠지요. 요가 젖을 만큼 충분히 물을 묻혀야 열도 잘 떨어집니다. 간혹 물수건을 아기 머리에 얹어두는 분도 있는데, 그러면 물의 증발을 막기 때문에 열도 떨어지지 않습니다.

이런 열은 바로 병원으로

1. 얼굴이 붉고 눈에 초점이 없으며, 심하게 처지거나 정신이 희미해 보일 때
2. 머리를 아파하거나, 목이 뻣뻣해 보일 때
3. 호흡이 곤란하고 입술이나 피부가 보랏빛으로 변할 때
4. 피부에 피멍 같은 반점이 나타날 때
5. 기침할 때 피가 섞인 것 같은 가래가 나오고, 점액이나 피가 섞인 변을 볼 때
6. 분유를 삼키지 못하고 침을 흘릴 때
7. 체온이 40.6도 이상이거나, 고열이 1~2일 동안 지속될 때
8. 열이 나면서 경련을 하고 탈수 증상을 보일 때
9. 구토와 설사를 많이 할 때

단, 손과 발은 따뜻하게 해주세요. 손과 발이 따뜻하면 위로만 올라가던 열이 사지로 퍼지면서 자연스레 열이 내리기도 합니다. 또한 귀의 제일 위 끝을 사혈침이나 소독한 바늘로 따서 피를 몇 방울 내줘도 열이 내려갑니다.

많은 엄마가 찬물을 써야 열이 떨어진다고 생각하는데, 찬물을 쓰면 오히려 역효과가 납니다. 근육에서 열이 나서 오히려 체온이 올라가게 하고 피부의 말초혈관을 수축시킵니다. 말초혈관이 수축되면 혈액순환이 제대로 이뤄지지 않아 열이 제대로 발산될 수 없습니다. 간혹 물 대신 알코올을 수건에 적셔 쓰는 엄마도 있는데 찬물과 마찬가지로 좋지 않은 방법입니다.

감기 걸린 아기를 위한 생활요법

어른도 아프면 평소보다 영양 섭취에 신경을 쓰고 충분한 휴식을 취해야 합니다.
아기도 마찬가지입니다. 감기에 걸리면 전반적인 몸의 기능이 떨어지기 때문에
평소보다 특별한 관리가 필요합니다. 목욕부터 음료 선택, 집 청소 등
아기의 일상과 관련한 모든 것들에 배려가 필요하지요.
감기 걸린 아기를 위한 생활요법에 대해 알아봅시다.

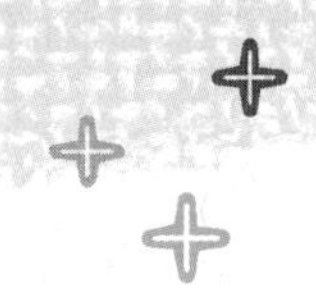

감기 걸린 아기 목욕시키기

신생아가 감기에 걸리면 나을 때까지 절대 목욕을 시켜선 안 된다고 말하는 분들이 있는데, 정도가 심하지 않다면 가벼운 목욕을 해도 괜찮습니다. 피부를 청결히 해주고 땀이 차는 것을 막는 데 목욕이 가장 좋으니까요. 다만 평소보다 짧고 간단하게 한 후에 체온이 떨어지지 않게 바로 물기를 닦아줘야 합니다. 그런 후 아기가 정상 체온을 찾을 수 있도록 적당히 놀아줘 몸에서 열이 나게 해주면 좋습니다.

하지만 감기가 심하고, 체력이 많이 떨어진 상태라면 상태가 나아질 때까지 씻기지 않고 두는 편이 낫습니다. 목욕 자체가 체력 소모가 많기 때문에 잘못하면 감기가 더 심해질 수도 있습니다. 아기의 상태가 어느 정도인지 잘 관찰해야 합니다. 목욕해도 괜찮을 만큼 체력이 있는지, 목욕을 시킨 후에 증상이 악화될 여지는 없는지 잘 살펴보세요. 상태를 잘 알 수 없다면 일단 아기의 기

분을 지켜보면서 가제 수건을 따뜻한 물에 적셔 닦아주세요.

열이 난다는 것은 그만큼 체력 소모가 있다는 말로, 열이 심한 상태에서 목욕을 시키는 것은 증상 개선에 도움이 되지 않습니다. 미열일 때 가볍게 씻기는 것은 열을 내리는 데 도움이 되지만, 열이 심한 상태에서 목욕을 시키면 체력 소모가 그만큼 커지므로 젖은 수건으로 닦는 정도만 해주세요.

찬물 함부로 먹이지 마세요

감기 걸린 아기에게 열을 내리게 한다고 찬물을 먹이는 엄마들이 있습니다. 찬물을 먹으면 기도의 온도가 떨어집니다. 기도에 붙은 섬모는 몸에 들어온 나쁜 물질을 몸 밖으로 내보내는 역할을 하는데, 찬물을 먹어 기도 온도가 떨어지면 섬모의 기능도 떨어져 균을 밖으로 잘 배출시키지 못합니다. 오히려 감기가 악화될 가능성이 있는 것이지요. 찬 바람을 많이 쐰 아기가 감기에 잘 걸리는 것과 비슷한 이치입니다.

하지만 찬 것을 먹이는 게 무조건 나쁘지는 않습니다. 입안이 헐어 열이 나는 수족구 같은 병은 찬물을 먹으면 통증이 줄어들 뿐 아니라, 잘 먹지 못하는 아기에게 수분 보충을 시켜줄 수 있습니다. 하지만 보통 감기에 찬물을 먹으면 소화도 잘 안 되고 체온이 떨어져 몸의 기능이 전반적으로 약해집니다. 또한 열이 나는 감기는 장에까지 영향을 미쳐 설사를 일으키기도 하는데, 이때 찬물을 먹으면 설사가 더 심해질 수 있습니다.

쉬는 것만큼 좋은 약은 없습니다

아플 때는 당연히 쉬어야 합니다. 아기도 마찬가지입니다. 충분한 영양과 수분을 섭취하면서 잘 쉬어야 합니다. 앞서 말했듯 신생아 감기는 특별한 치료법이 없습니다. 증상이 완화되도록 잘 관리하면서 아기 스스로 이겨내도록 도와주는 것이 최선이지요. 아기가 감기를 잘 이겨내려면 체력을 키워야 하고,

체력을 키우는 데 쉬는 것만큼 좋은 약이 없습니다. 많은 엄마가 증상 개선에만 연연하여 아기가 쉬어야 한다는 사실을 잘 잊는데, 무엇보다도 아기가 스트레스를 받지 않고 휴식을 잘 취해야만 감기가 빨리 낫습니다.

수많은 민간요법이 있지만 검증된 것은 없습니다. 신생아에게 무리가 가지는 않을지 걱정이 되는 방법들이 대부분입니다. 하지만 휴식만큼은 확실한 약이 됩니다. 이런저런 비법에 귀 기울이기보다는 아기가 편안히 잘 쉬게 하면서 체력을 키워주는 것이 가장 중요합니다.

열이 난다고 싸두지 마세요

"땀 쪽 빠질 때까지 이불 두껍게 덮어줘라."

할머니들이 감기 걸린 아기를 두고 흔히 하는 말입니다. 옛날에는 그랬습니다. 열을 열로 다스린다고 아기에게 두꺼운 옷을 입히고 그것도 모자라 이불로 꽁꽁 싸매두곤 했지요. 감기 초기에 가볍게 땀을 내주는 것은 괜찮지만, 열이 이미 높은데 덥게 하거나 땀을 많이 내는 것은 좋지 않습니다. 가뜩이나 감기 때문에 열이 있는데, 거기에서 체온이 더 올라가면 열성 경련을 일으킬 가능성도 있습니다. 더구나 땀이 더 나서 수분도 더 많이 손실됩니다. 수분 손실은 탈진으로 이어지고요.

"감기에 걸리면 고춧가루 푼 콩나물국을 먹고, 이불 푹 뒤집어쓰고 땀을 내면 낫는다"는 말도 있지요. 이런 이야기들은 땀을 통해 열을 발산시키고, 몸속의 나쁜 기운을 밖으로 몰아낸다는 의미입니다. 즉 땀이 나면서 감기바이러스에 대한 면역 활동이 활발해지고 열이 발산되어 열을 내리는 것입니다. 하지만 아기들을 지나치게 꽁꽁 싸매두면 위에서 말한 것처럼 열이 더 오를 수 있으므로 주의해야 합니다.

열이 심하다면 오히려 옷을 벗기고 미지근한 물로 닦아줘야 합니다. 어른들이 들으면 펄쩍 뛰겠지만, 미지근한 물로 열을 내려주고 신진대사를 돕는 것이 감기를 낫게 하는 데 훨씬 효과가 있습니다. 가벼운 면 옷으로 땀을 바로 흡수시키면서, 무겁지 않은 이불을 덮어 체온 유지만 해주는 것이 좋습니다.

먼지 터는 청소는 금물

아기가 감기에 걸리면 집 안 청결에 신경이 많이 쓰입니다. 평소보다 청소도 더 깨끗이 하고 어느 곳에 먼지가 쌓였는지 더욱 눈여겨보게 되지요. 청소하는 것은 좋습니다. 하지만 쓸고 터는 청소는 될 수 있는 한 삼가야 합니다. 공기 중에 날리는 먼지가 아기 호흡기로 들어갈 수 있기 때문입니다. 청소기도 먼지를 바로 빨아들이는 제품을 선택하여 청소기를 돌릴 때 먼지가 날리지 않도록 주의해야 합니다. 이때 카펫 등 먼지가 날릴 만한 생활용품은 아기 주변에서 치우도록 합니다. 아기가 갖고 노는 인형, 깔고 덮는 이불, 베개 등에서도 먼지가 날릴 수 있으므로 일단 치워두는 것이 좋습니다.

청소를 할 때는 쓸고 털기보다는 젖은 걸레로 바닥과 창틀 등을 잘 닦아내도록 합니다. 만일 아기에게 알레르기가 있다면 집 안에서 동식물을 키워서도 안 됩니다. 알레르기가 있는 아기가 감기에 걸렸을 때 애완동물의 털이나 꽃가루가 감기뿐 아니라 알레르기 증상마저 악화시킬 수 있습니다.

감기와 헷갈리기 쉬운 신생아 후두천명

신생아부터 돌 때까지 숨을 쉴 때 가르릉거리는 소리가 나는 것을 '선천성 후두천명'이라고 한다. 남녀 비율이 2.5:1일 정도로 남자 아기에게 많이 나타나며 누워 있을 때 증상이 심하다. 하지만 대부분 돌 전에 기도의 기능이 발달하면서 좋아진다. 증상이 심하면 수유가 곤란해지고, 이로 말미암아 성장발달도 늦어지면서 흉부 기형이 올 수도 있다. 증세가 심하면 '도담탕'이나 '궁하탕'을 복용하면 효과가 있다.

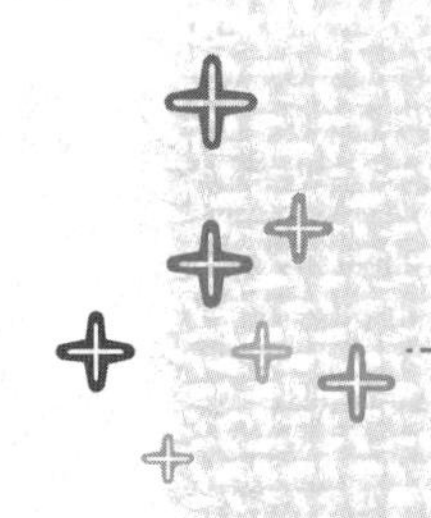

신생아 감기에 대한 궁금증

열이 나고 코가 막히는데 도대체 감기인지 아닌지 알쏭달쏭할 때가 있습니다.
감기라면 서둘러 치료를 해야 할 것이고, 그렇지 않다면 집 환경이나
영양 관리 등에 더 신경을 써야 하겠지요.
사실 아기가 감기인지 아닌지는 증상만으로 판단 내리기 어려울 때가 많습니다.
감기에 대한 궁금증을 한번 해결해볼까요?

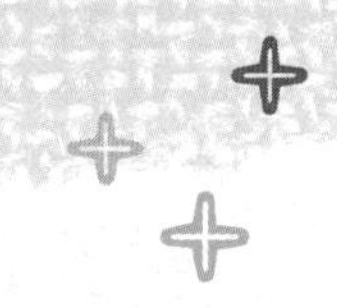

감기 때문에 허약해졌는지 식은땀을 흘려요

식은땀을 흘린다고 다 허약한 것은 아닙니다. 아기가 땀을 많이 흘리는 것은 지극히 정상입니다. 신생아는 어른보다 체온이 높고, 열을 조절하는 능력이 미숙하기 때문에 땀도 많이 흘리거든요. 방 안 공기가 조금만 높거나 옷을 많이 입어도 쉽게 땀을 흘립니다. 하지만 질환이 있을 때도 땀을 많이 흘릴 수 있습니다. 갑상선 기능 저하증이나 선천성 심장 질환, 혹은 결핵 같은 소모성 질환 등이 이에 해당합니다. 아기가 땀을 흘리는 것은 대개 진단을 받아보면 원인이 나옵니다. 한의학에서는 크게 원기가 부족하거나 속열이 많은 경우에 식은땀을 많이 흘린다고 봅니다. 하지만 제 경험으로 보아 특별한 병이 아닌 정상일 때가 훨씬 많습니다. 그래도 엄마들은 아기가 식은땀을 많이 흘린다며 걱정을 합니다. 자라면서 저절로 좋아질 거라고 말해줘도 잘 듣지 않지요.

땀을 흘린다고 너무 걱정하지 마세요. 특히 신생아일수록 땀을 많이 흘리

고, 평소 괜찮다가도 갑자기 막 땀을 흘립니다. 땀이 많아서 베개가 젖기도 하지요.

특히 땀샘이 많이 있는 뒷머리나 손바닥은 젖을 먹고 난 뒤에 항상 땀이 고여 있을 정도지요. 아기는 원래 땀이 많은 법이니 크게 걱정하지 않아도 됩니다. 식은땀도 크게 문제가 되지 않습니다. 생후 6개월 이후로도 땀을 너무 많이 흘린다면 진찰 후 한약을 처방받아 체질개선을 해줄 수 있습니다.

호흡이 빠르고 체온이 높아요

신생아는 기본적으로 호흡이 빠릅니다. 특히 출생한 후 2주간은 호흡이 약간 불안정한 편인데, 시간이 지나면 나아집니다. 신생아의 호흡을 보면 대개 1분에 35~40회 정도인데 잘 때 측정하는 것이 정확합니다. 울거나 아프거나 놀 때는 호흡이 빨라져서 1분에 50번 이상 호흡을 하기도 합니다. 아기가 잘 때도 이처럼 숨을 많이 쉰다면 감기 등 다른 질환이 의심되지만, 깨어 있을 때 숨을 많이 쉬는 것은 정상으로 볼 수 있습니다.

신생아는 체온을 조절하는 기능이 미숙하기 때문에 바깥의 온도 변화에 민감합니다. 더운 방에 아기를 꽁꽁 싸두고 있으면 체온이 올라가 열이 나는 것처럼 보이기도 하지요. 정확한 체온을 알려면 항문 체온계를 쓰는 것이 좋습니다. 항문으로 체온을 잴 때는 체온계 끝에 오일을 발라서 1cm 정도 넣어 재면 되는데, 절대 억지로 밀어 넣어서는 안 됩니다. 측정 결과 아기의 체온이 36.5~37.9도를 유지한다면 정상입니다. 의학적으로는 직장 온도가 38도를 넘어가면 발열로 봅니다만 평소에 36.5도를 유지하다가 갑자기 37도를 넘어섰다면 열이 있다고 봐야 옳겠지요. 평소 아기의 체온이 어느 정도인지 알려면 시간을 두고 주기적으로 체온을 재봐야 합니다. 체온을 미리 알아둔다면 감기 때문에 열이 있는 건지 아닌지 판단하기가 쉽습니다.

따뜻하게 키워야 감기를 막을 수 있지 않나요?

아기를 따뜻하게 키우는 것은 전통적인 육아 방식입니다. 아기에게 두꺼운 옷을 입히고 그것도 모자라 이불에 꽁꽁 싸두지요. 엄마가 산후조리 중이라면 더합니다. 방 온도를 최대한 높이고 바람 들라 문도 꼭 닫아두지요.

하지만 아기를 덥게 키우는 것은 좋지 않습니다. 앞서 말했지만 아기는 체온 조절 기능이 미숙한데, 특히 신생아는 조금만 싸두어도 금방 열이 오릅니다. 실제로 신생아가 열이 나는 이유 중 가장 많은 것이 너무 덥게 키워서입니다. 신생아는 조심스럽게 키워야 한다고 옷도 여러 겹 입히곤 하는데, 배내옷 위에 얇은 옷을 하나 더 입히고 이불을 덮어주는 것으로 충분합니다. 적당한 온도를 유지하는 것은 좋지만 덥게 키우는 것은 좋지 않습니다. 땀을 많이 흘려 탈수 현상이 일어나면 건강에 더 좋지 않습니다. 방 온도는 25도를 넘지 않아야 하고, 옷은 어른보다 한 겹 정도 덜 입힌다고 생각하세요. 덥게 키우는 것이 감기 예방에 도움이 된다는 것은 근거가 없는 말입니다.

아기가 코가 막혀서 힘들어해요

감기 때문에 아기 코가 막혔을 때는 제일 먼저 물을 충분히 먹여야 합니다. 젖은 물수건을 아기 방에 널어두어 습도를 높여줄 필요도 있지요. 물을 충분히 먹이면서 높은 습도를 유지해주면 막힌 코가 뚫리는 데 도움이 됩니다. 간혹 코가 막혔다고 면봉으로 아기 코를 후비는 엄마들이 있는데, 웬만하면 콧속은 건드리지 않는 편이 좋습니다. 코가 말라붙어 코딱지가 생겼다면 식염수를 한두 방울 넣어주세요. 식염수를 넣고 약간 기다리면 코딱지가 녹습니다.

콧물은 무조건 나쁜 것이라고 생각한 엄마들이 흡입기로 콧물을 억지로 뽑아내기도 합니다. 하지만 콧물을 뽑아낸다고 감기가 낫는 데 도움이 되지는 않습니다. 오히려 코를 함부로 뽑아내다가 점막에 상처가 생길 수 있습니다. 또한 콧물 속에 들어 있는 항균 성분이 함께 없어져서 감기가 더 심해질 수도 있습니다. 흡입기는 코가 너무 심하게 막혀 숨 쉬기 곤란한 경우에만 쓰도록 하세요.

감기 예방에 가습기가 도움이 될까요?

가습기가 감기의 예방과 치료에 도움이 되는 것은 사실입니다. 방 안이 건조하면 가래가 말라 끈끈해지면서 아기가 힘들어하는데, 이때 가습기로 습도를 높여주면 가래 끓는 증상이 한결 좋아집니다. 또한 가래가 묽어져서 밖으로 배출시키는 것도 한결 수월해집니다.

하지만 이것은 가습기를 제대로 잘 썼을 때의 이야기입니다. 가습기는 하루만 청소를 걸러도 세균이 자랍니다. 가습기 속에 물이 남아 있으면 바로 잡균이 생기지요. 그 물로 가습기를 틀면 공기 중에 세균이 들끓게 되고 그 세균이 아기 코를 통해 바로 폐에 진입합니다. 세균의 번식을 막으려면 매일 물을 갈아줘야 할뿐더러, 물도 끓여서 식힌 물을 사용해야 합니다. 또한 습기로 인해 곰팡이가 생길 위험이 있기 때문에 하루에도 몇 번씩 방을 환기시켜줘야 합니다. 상당히 번거로운 일이지요.

가습기는 물을 매일 갈아주고 청소도 꼬박꼬박 해주고, 환기를 자주 시킬 자신이 없으면 차라리 안 쓰느니만 못합니다. 가습기가 감기 등 호흡기 질환에 도움이 되는 것은 사실이지만 여러 가지로 많은 것을 신경 써야 한다는 것을 아셔야 합니다. 가습기를 쓸지 말지보다는, 역효과가 나지 않게 잘 쓸 수 있을지를 먼저 판단해야 합니다.

가습기 살균제 사용 금지!

가습기 살균제 속에 함유된 성분 중 PHMG와 PGH는 폐를 손상시키며 급성 염증의 증가 및 폐, 심장 대동맥 섬유화를 유발하여 사망에 이르게 할 수 있다. 가습기를 안전하게 쓰는 방법은 주기적으로 청결하게 닦고 물을 자주 갈아주는 것뿐이다. 그것이 힘들다면 방에 빨래나 젖은 수건을 널어놓는 것이 훨씬 안전하다.

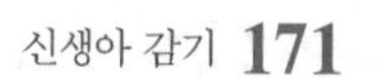

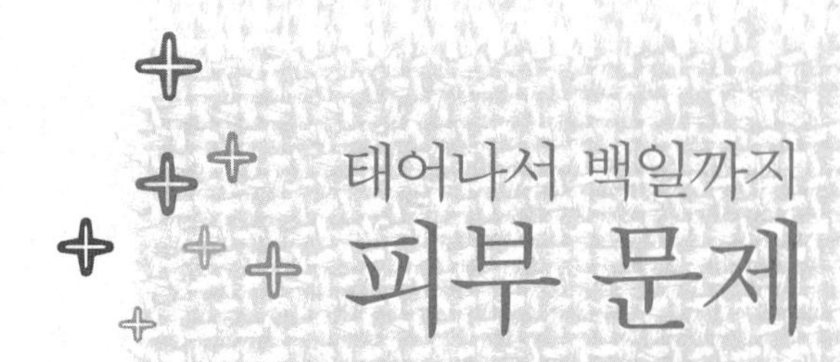

태어나서 백일까지

피부 문제

아기에게 태열기가 있대요

아기를 키우는 엄마라면 아기의 작은 증상 하나에도 민감한 반응을 보입니다.
대표적인 것이 바로 태열기입니다. 사실 태열기 자체는 병이 아닙니다.
태열은 아기에게 흔히 보이는 열적인 증상, 즉 얼굴이 붉어지거나 별다른 이유 없이
좁쌀 같은 반점이 보이는 등의 증상을 통칭하는 말이지요.
하지만 태열이 아토피로 이어진다는 통설이 강해서인지
아기에게 태열기가 보이면 심각하게 생각하는 엄마가 많습니다.

태열의 원인은 태중에서 받은 열독

어떤 엄마들은 태열이 곧 아토피라고 생각하여 무분별하게 약을 남용하기도 합니다. 사실 그런 엄마들의 마음을 이해 못 하는 것은 아닙니다. 아기 얼굴에 울긋불긋한 열꽃이나 반점이 생기는 것을 그냥 지켜볼 엄마가 어디 있겠습니까. 하지만 심하지 않은 태열은 별다른 치료를 하지 않아도 음식이나 환경을 잘 관리하면 자연스럽게 사라지는 경우가 많습니다. 그래서 옛날 어른들은 아기에게 태열이 있어도 "자라서 땅 밟기 시작하면 괜찮아진다"라고 말하곤 했지요.

대개 아기가 태열을 보이는 원인은 뱃속에 있을 때 받은 열독熱毒 때문입니

다. 임신 중에 엄마가 잘못된 식습관을 갖고 스트레스가 많은 환경에서 살면 태아 역시 열독을 많이 받습니다. 그 밖에 엄마가 알레르기 체질인 경우에도 열독이 심해지지요. 뱃속에서 받은 열독은 아기가 태어난 후 자연스럽게 발산되는 게 일반적입니다. 하지만 열독의 정도가 심하면 자연스러운 발산만으로 태열기가 완전히 제거되지 않습니다. 열독이 발산하는 과정에서 보이는 여러 가지 증상을 태열기라고 하는데, 열독이 심하면 태열기도 그만큼 심해지지요.

처음 태열기를 보였을 때 어떻게 관리하느냐가 무척 중요합니다. 대수롭지 않게 여기고 내버려두면 아토피 등 심각한 피부질환으로 발전할 위험이 있습니다. 태열이 열독을 발산하는 정상적인 생리적 과정이긴 하지만 적절한 관리가 필요하다는 말입니다. 이런 힘든 과정을 겪지 않는다면 가장 좋겠지만, 긍정적으로 생각하면 태열은 아기가 더 잘 자라기 위한 일종의 성장통으로 볼 수 있습니다. 성장통에 별다른 처방은 없습니다. 다만 아기가 태열기를 잘 이겨내려면 엄마의 도움이 절대적으로 필요합니다.

태열이 심해지면 아토피로 확산

한의학에서 태열이란 광의로 보면 신생아기부터 나타나는 소아의 모든 피부질환, 즉 지루성 피부염, 신생아 여드름, 아토피성 피부염 등을 총칭한다. 작게는 얼굴에 나타나는 피부 발진과 습진을 말하는데, 초기 증상은 심각하지 않다. 하지만 태열을 잘못 관리해서 증상이 심해지면 아토피성 피부염으로 발전하게 된다.
아토피성 피부염은 초기 태열과 달리 피부가 갈라져 피가 나거나 진물이 나고 두꺼워지는 고통이 따른다. 따라서 태열이 아토피로 발전하지 않도록 처음 증상이 나타났을 때 잘 관리해줘야 한다. 태열을 그냥 내버려두면 곧바로 영아형 아토피성 피부염으로 진행된다.

잘못 생각하여 열독을 배출하는 과정을 억지로 막으려고만 하면 그것이 오히려 다른 질병을 가져올 수 있습니다. 아기가 열독을 잘 배출하여 태열을 잘 이겨낼 수 있도록 관리해주는 것이 엄마의 역할입니다. 무조건 걱정하면서 없앨 궁리만 하지 말고 아기가 열독을 잘 발산할 수 있도록 인내를 갖고 도와주세요.

"하태독법"으로 아토피를 예방하자!

한의학에서는 소아 질병 발생의 원인 중 많은 부분을 '태독胎毒'이라고 봅니다. 이 태독이 잘 제거되지 않으면 태열기를 비롯하여 각종 구강, 피부, 신경계 질환 등을 일으킨다고 보지요. 《의학입문》이라는 한의서를 쓴 중국 명나라 명의 '이천'은 "소아 질병의 대부분이 태독이 원인이며, 나머지 일부분이 음식에 의한 것이고, 십분의 일 정도가 감기 등 감염으로 발생된다"고 말할 정도입니다. 태독은 열을 끼게 되므로 태열독이라고도 하는데, 흔히 엄마들이 이야기하는 태열기 외에도 지루성 피부염, 아토피성 피부염 나아가 아구창, 야제증, 알레르기 질환, 경기, 경련성 질환 등도 이 태독과 관련이 있습니다. 따라서 이 태독을 잘 다스리면 아토피도 예방하고 아기가 건강하게 자라나갈 수 있는 기반을 만들어 준다고 할 수 있습니다. 《동의보감》을 비롯하여 많은 한의서에서는 출생 후 바로 이 태독을 제거하는 우선적인 방법을 제시하고 있는데, 이것을 "하태독법下胎毒法"이라고 합니다. 저는 이 하태독법을 우리나라에서 태어나는 모든 아기들에게 적용하는 캠페인을 벌인다면, 대한민국의 건강한 미래에 일조할 수 있다고 확신합니다. 《동의보감》에 보면 하태독법 중 식구법拭口法, 즉 입안의 오물을 씻어내는 법을 제시하고 있는데 내용을 보면 다음과 같습니다. "아이가 태胎에 있을 때 입속에 반드시 오물이 있는 것이니 아이가 나오면 우는 것을 기다릴 것이 없이 산파가 급히 부드러운 비단을 손가락에 감고 황련黃連과 감초甘草를 끓인 즙을 찍어서 입속의 오물을 깨끗이 닦아야 하는데 만약 오물을 빨아 삼켜서 뱃속에 들어가면 반드시 모든 질병이 생기는 법이다." 요즘은 아기가 태어나는 즉시 호흡개시를 위해 입안의 오물을 흡입기로 제거하므로 식구법을 시행하지 않더라도, 2차적으로 다음과 같은 방법으로 태변과 함께 태독이 제거되도록 하면 더욱 확실한 하태독법이 됩니다. 방법은 다음과 같습니다.

한약재 중 황련 4g을 부수고 으깨어 깨끗한 뜨거운 물에 담가 충분히 우려낸 후 그 약물을 아기 입안에 흘려 넣습니다. 한두 티스푼 정도로 적은 양으로

하태독법 이렇게 하자!

하태독법은 초유를 먹이기 전에 하는 것이 좋다. 한두 티스푼을 먹인 후 태변을 볼 때까지 금식하면 좋지만 초유를 먹여야 한다면 그렇게까지 하지 않아도 된다. 보통 한 번만 먹여도 되지만 태열기가 있거나 부모가 알레르기 체질로 아토피가 우려된다면 3~4시간 뒤에 한 번 더 먹일 수 있다. 황련은 근처 한의원에 가서 얻는 것이 가장 좋다. 아주 적은 양이면 되니까 하태독법을 한다고 말하면 그냥 줄 수도 있다. 황련은 펄펄 끓이는 것보다는 컵에 끓는 물을 3분의 1쯤 붓고 여기에 황련을 넣고 우려내는 것이 더 좋다. 미리 만들어 냉장 보관하면 하루 정도는 괜찮지만 황련을 적당히 부셔 으깨어 놓았다가 출산하러 들어갈 때 산모실에서 우려내어 사용하는 것이 좋겠다.

도 충분합니다. 그렇게 해서 태변이 나오면 태독이 제거되는 것입니다. 어떻습니까? 간단하지요? 앞으로 태어날 우리 아기에게 반드시 하태독법을 해주세요. 주변 엄마들에게도 이 방법을 소개해주세요. 간단한 하태독법으로 아기들의 아토피를 예방하고 건강하게 자라게 해줄 수 있다면 안 할 이유가 없습니다. 우리 선조들과 수천 년 역사의 한의학을 믿고 시행해보세요. 반드시 좋은 효과를 보게 될 것입니다.

약이 독이 될 수도 있습니다

태열의 가장 좋은 치료법은 아기의 면역력이 향상되도록 도와주면서, 자연스럽게 나을 때까지 인내심을 갖고 기다리는 것입니다. 끈기와 인내심이 약이라는 말이지요. 하지만 성미 급한 요즘 엄마들은 아기에게 작은 문제만 보여도 득달같이 병원을 찾습니다. 빨리 치료해달라고 조급하게 요구하지요. 이런 엄마들은 특히 약에 많이 의존합니다. 약을 써서라도 어떻게든 눈에 보이는 이상을 없애려고 하는 것이지요.

하지만 처음부터 약에 의지하면, 약 없이는 아기를 키울 수 없는 지경에 이르고 맙니다. 아기의 자연치유력을 약화시켜서 시간이 지나면 자연스럽게 나을 태열기를 오히려 더 키울 수 있습니다. 약이 독이 될 수도 있다는 말입니다.

앞서 말한 것처럼 태열은 아기 몸속의 열이 피부를 통해 밖으로 빠져나가는 중에 생기는 피부 증상입니다. 스테로이드 연고 등 피부질환에 쓰는 약을 사용하면 태열이 밖으로 나오지 못하고 다시 속으로 들어갈 수 있습니다. 밖으로 빠져나가지 못하고 몸속에 남은 나쁜 기운은 시간이 지나면서 악성 열로 바뀝니다. 결국 아토피 피부염으로 진행하지요.

인간은 매우 뛰어난 면역 시스템을 갖추고 있습니다. 약의 역할은 이 자연치유력을 보조해주는 것뿐이지요. 요즘에는 환경호르몬이나 대기오염 등의 문제로 태열이 아토피로 발전할 가능성이 커졌습니다. 그럴수록 일시적인 증상 완화를 위해 약을 쓰기보다, 근본적인 원인을 제거하기 위해 노력해야 합니다.

열과 땀을 통해 태열을 발산합니다

아기가 돌 전에 주기적으로 원인 모를 열이 며칠 정도 났다가 가라앉는 경우가 있습니다. 이것을 '변증열變蒸熱'이라고 하는데, 이는 성장기에 흔한 생리적인 열이며 태열을 발산하는 과정이라고 할 수 있습니다. 오장육부와 체내의 세포 조직이 성숙하는 과정에서 나타나는 것으로, 예전에는 변증열을 앓고 나면 아기가 눈도 초롱초롱해지고 똑똑해진다고 해서 지혜열이라고도 했습니다.

아기에게 있는 변증열은 자연스러운 성장 과정입니다. 따라서 이를 억지로 막거나 아기를 꽉 싸매서 덥게 키워서는 안 됩니다. 특히 가슴과 머리 쪽은 서늘하게 키우는 것이 좋습니다.

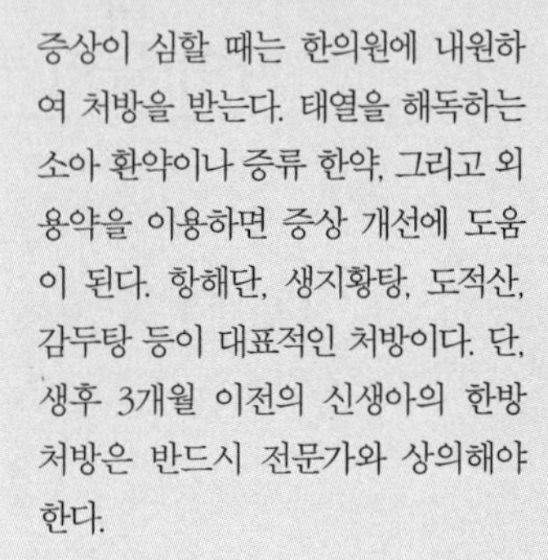
태열의 치료

증상이 심할 때는 한의원에 내원하여 처방을 받는다. 태열을 해독하는 소아 환약이나 증류 한약, 그리고 외용약을 이용하면 증상 개선에 도움이 된다. 항해단, 생지황탕, 도적산, 감두탕 등이 대표적인 처방이다. 단, 생후 3개월 이전의 신생아의 한방 처방은 반드시 전문가와 상의해야 한다.

이때 목욕은 너무 자주 시키지 마십시오. 아기가 땀을 많이 흘려도 매일매일 목욕을 시키지는 마세요. 피부가 건조해질 수 있습니다. 목욕을 할 때는 자극이 적은 아토피 전용 용품을 사용하는 것이 좋습니다. 목욕물 온도 역시 너무 높지 않도록 해야 합니다. 팔꿈치를 넣었을 때 미지근하게 느낄 정도인 35~36도 정도가 좋습니다. 시간은 10~15분 정도가 적당합니다. 목욕 후에는 보습에 신경을 써야 하는데 오일보다는 로션을 사용하는 것이 좋습니다. 또한 아기가 손으로 피부를 긁지 않도록 손톱을 짧게 잘라주세요.

모유수유 중일 때 주의할 점

태열이 있는 아기에게는 특히 모유수유가 필요합니다. 모유는 면역력을 증진시킬 뿐 아니라 속열을 더 빨리 풀어주는 효과가 있기 때문입니다. 단, 모유수유를 할 때는 엄마가 음식을 주의해서 먹어야 합니다. 엄마가 먹는 음식이 그대로 아기에게 전달되니까요. 아토피를 유발하는 인스턴트 음식, 밀가루, 고기, 등푸른 생선, 자극적인 음식 등은 피해야 합니다. 상추, 치커리 같은 쓴 채소와 나물을 먹으면 젖을 통해 속열을 내리는 데 도움이 많이 됩니다. 스트레스를 받지 않도록 조심해야 하고 컴퓨터나 텔레비전, 휴대전화기에서 나오는 전자파도 피하는 것이 좋습니다. 일찍 자는 습관을 들이는 것도 열을 내리는 데 중요합니다.

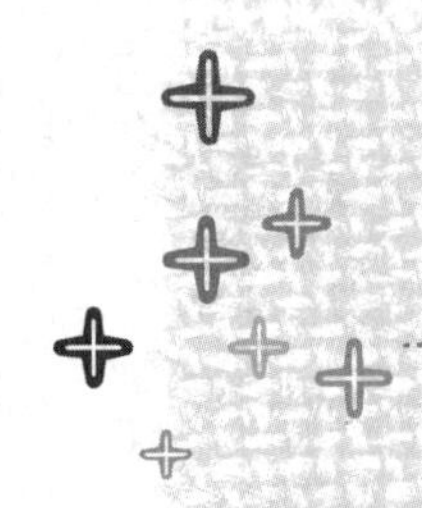

아토피가 생겼는데 어떻게 하죠?

아토피는 생후 2개월 이후에 주로 발생합니다.
후천적인 환경이나 음식 등 다양한 원인에 의해 기혈이 정체되어
얼굴이나 팔다리의 접히는 부분에 주로 발생합니다.
태열과 달리 아토피는 자연 회복이 쉽지 않습니다.
낫더라도 재발할 우려가 크지요.

한방에서 본 아토피성 피부염의 원인

한의학에서는 아토피성 피부염을 태렴창, 내선, 사만풍이라고 합니다. 태렴창은 그 원인이 태아기부터 시작되었음을 의미합니다. 내선은 주로 젖먹이 시기부터 증상이 나타남을 말하지요. 사만풍이란 양 볼에서 시작하여 이마, 머리, 피부로 퍼져 나가면서 나중에는 주로 팔다리가 접히는 부분에 피부염이 많이 나타나는 것을 표현하고 있습니다.

임신 중 섭생 부족에 따른 태열 축적, 잘못된 의식주, 면역력 약화를 가장 큰 원인으로 봅니다. 여기에 급성으로는 체내 외 풍습열의 나쁜 기운을, 만성으로는 혈이 마르고 건조해지는 혈허를 주원인으로 보지요. 2개월 이후부터 나타나는 영아기의 아토피는 이마, 뺨, 두피 등에 증세가 나타납니다. 몸 구석구석에 나타나는 때도 있습니다.

태열과는 증상이 다릅니다

태열은 얼굴에 중점적으로 나타납니다. 따라서 아토피성 피부염이 얼굴에만 약간 있다면 태열과 쉽게 구분하기 어렵습니다. 일반적으로 태열은 아토피성 피부염처럼 심하게 가렵지 않으며, 피부가 갈라져서 피가 나거나 진물이 나고 두꺼워지는 증상도 드뭅니다. 아토피성 피부염은 얼굴뿐만 아니라 팔다리, 목, 귀 등 접히는 부위는 물론 등, 엉덩이, 종아리, 머리에도 나타납니다. 따라서 피부 전체가 건조해지면서 아기가 심하게 가려워하고 얼굴 외에 팔다리로 증상이 번지면 일단 아토피성 피부염으로 봐야 합니다. 영아형 아토피는 소아기 아토피로 진행되기 쉽습니다. 하지만 치료를 잘 받고 의식주를 잘 관리해 주면 조기 치유가 가능합니다.

아토피성 피부염은 두 번의 자연치유 시기가 있습니다

한방에서는 아토피성 피부염이 진행될 때 두 번의 자연치유 시기가 찾아온다고 말합니다. 첫 번째는 어르신들이 얘기하듯이 '돌이 지나 걷기 시작하여 땅을 밟으면서 좋아지는 것'입니다. 두 번째는 호르몬 기능이 왕성한 사춘기에 피지 분비가 촉진되고 면역기능이 안정되면서 아토피 증상이 없어지는 것을 말합니다.

여기서 첫 번째 말한 '땅을 밟는다'는 것은 보행 외에 또 다른 의미가 있습니다. 흙을 밟으면서 땅의 기운, 즉 음기를 몸에 접하면 태열이라는 양기가 그 영향을 받아 몸속에 축적된 과도한 열이 자연스럽게 떨어진다는 것을 의미합니다. 그러면 돌까지 진행된 아토피성 피부염 역시 자연스럽게 나아진다는 것이지요. 이는 자연의 섭리와 음양의 조화가 아기의 건강에 얼마나 중요한지 알려줍니다.

아기가 돌을 지나 걷게 되면 시멘트로 된 아스팔트 바닥보다는 흙을 많이 밟게 해주세요. 약을 쓰는 것보다는 자연의 조화에 맞춰 키우는 것이 아토피성 피부염을 고치는 데 더 효과가 있습니다.

아토피성 피부염 아기를 위한 자연주의 생활요법

아기가 아토피성 피부염을 앓고 있다면 평소에 옷을 헐렁하고 얇게 입히는 것이 좋다. 순면 제품을 사용하고 세탁할 때 세제를 조금 써야 한다. 베개를 비롯한 침구류는 항진드기용 제품을 쓰거나 면으로 된 것을 사용하는 것이 좋다. 비누나 샴푸는 피부에 자극을 많이 주므로 가능한 안 쓰는 게 좋고, 만일 썼다면 반드시 깨끗하게 헹구어야 한다.

모유수유 중이라면 엄마의 음식 섭취가 무엇보다 중요하다. 우유나 버터, 치즈, 요구르트 등의 유제품이나 기름에 볶거나 튀기거나 구운 육류는 삼가야 한다. 고등어, 꽁치, 갈치, 참치 등의 등푸른 생선도 아토피를 악화시킨다. 그 외 초콜릿, 인공 색소나 첨가물, 조미료, 설탕 등도 피하는 것이 좋다. 밀가루나 인스턴트 음식, 커피나 코코아 등 카페인이 있는 차 종류도 먹지 않는 것이 좋다.

울긋불긋 기저귀 발진 고치기

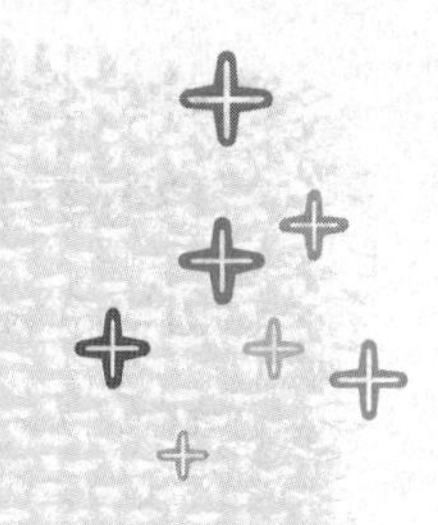

기저귀를 안 차는 아기는 없습니다.
대소변을 가리지 못하는 생후 2년간은 늘 기저귀를 차고 있어야 하지요.
그런데 이 기저귀를 잘 관리하지 못하면 연약한 아기 피부에 여러 가지 문제가 생길 수 있습니다.
기저귀에 묻은 대소변에서 나오는 각종 세균이 아기의 약한 피부를 공격하기 때문입니다.
신생아 때 꼭 한번쯤 걸리는 기저귀 발진은 평소에 기저귀를 잘 관리하지 못해서 생깁니다.

기저귀 발진은 왜 생길까요?

아기들의 피부는 굉장히 약합니다. 작은 자극에도 쉽게 손상되지요. 하루에 열 번도 넘게 기저귀를 바꿔 차다 보면 연약한 아기 피부가 자극받는 것은 당연합니다. 기저귀가 닿는 부분에 붉은 발진이 오톨도톨 올라오고 피부가 하얗게 벗겨지는 걸 보면 어느 엄마든 걱정이 됩니다. 이것이 바로 기저귀 발진입니다. 기저귀를 쓰는 아기에게 가장 흔하게 보이는 접촉성 피부염이지요.

기저귀 발진은 대소변이 묻은 기저귀를 오래 차고 있을 때, 그 안에 들어 있는 암모니아가 피부를 자극해 생깁니다. 기저귀 속의 습기가 높아지고 대소변의 독성에 아기 피부가 자극을 받으면 각질층이 손상되면서 기저귀 발진이 일어나지요. 특히 아기 변이 묽을 때는 습기가 더 빨리 차기 때문에 기저귀 발진이 더 잘 생깁니다.

기저귀 발진을 예방하는 길은 무조건 빨리 기저귀를 갈아주는 것입니다. 소변과 대변에 오래 접촉하는 만큼 기저귀 발진이 생길 확률도 높아지기 때문입니다. 오물이 묻은 기저귀는 깨끗이 삶아 빨아 햇볕에 널고, 기저귀를 채울 때는 통풍이 잘 되도록 해주세요. 또한 대변이나 소변을 본 후에는 맹물로 엉덩이를 깨끗이 씻어주는 것이 좋습니다. 비누로 씻으면 아기 피부가 더 자극받을 수 있기 때문입니다.

천 기저귀와 종이 기저귀 중 어느 게 더 좋을까요?

아기 피부에는 사실 천 기저귀가 더 좋습니다. 종이 기저귀보다 공기가 더 잘 통하고 다시 쓸 수 있어 비용도 적게 들지요. 하지만 천 기저귀를 쓰려면 엄마가 훨씬 부지런해야 합니다. 천 기저귀는 아기가 대소변을 봤을 때 오물이 흡수되지 않고 그대로 젖어 있기 때문에 빨리 갈아줘야 합니다. 기저귀가 젖지 않았는지 엄마가 수시로 확인해야 하지요. 기저귀가 오랫동안 젖어 있으면 아기의 기분도 좋지 않거니와 피부 자극도 훨씬 심해집니다.

종이 기저귀의 장점은 무엇보다 흡수력이 뛰어나다는 것입니다. 종이 기저귀는 아기가 용변을 보면 바로 흡수하기 때문에 발진이 생길 가능성이 그만큼 적습니다. 여행을 가거나 밤에 잠을 잘 때는 그때그때 기저귀를 갈아줄 수 없으므로 흡수력이 좋은 종이 기저귀를 쓰는 것이 편리합니다.

엄마 중에는 종이 기저귀가 비싸다고 소변을 몇 번이나 보게 하고 나서 새 기저귀로 갈아주는 분들이 있는데, 종이 기저귀가 흡수력이 좋다고 오래 채워두면 천 기저귀를 오래 채워두는 것보다 더 안 좋습니다.

심할 땐 기저귀를 벗겨 놓아도 됩니다

발진이 심할 때는 기저귀를 벗겨 놓으세요. 특히 날이 더울 때는 기저귀에 땀이 차서 발진이 더 심해지곤 하는데, 예방 차원에서라도 잠깐씩 기저귀를 벗겨 놓으면 발진이 생길 가능성이 줄지요. 그러다 아기가 오줌을 싸면 어떻게 하느냐고요? 어쩌긴요. 얼른 엄마가 치워주면 되지요. 많이 번거로울 것 같지만 막상 해보면 그렇지도 않습니다. 이 시기 아기들은 누가 안아주지 않으면 온종일 누워 있는 게 일과이기 때문에 기저귀를 벗겨둔다고 크게 번거로운 일은 생기지 않습니다. 기저귀를 벗긴 후 아기 엉덩이가 닿는 부분에 두꺼운 수건을 깔아두고 오줌을 쌀 때마다 수건을 갈아주면 됩니다. 아기 엉덩이를 바깥공기에 더 많이 드러낼수록 발진은 빨리 좋아집니다. 대신 기저귀를 차지 않는 동안은 아기가 춥지 않게 실내 온도를 약간 높이는 것이 좋습니다.

기저귀 발진의 한방 치료

기저귀 발진이 생기면 무조건 연고부터 들이대는 엄마들이 있습니다. 연고가 발진을 빠르게 낫게 하는 것은 사실이지만 연고 역시 아기 피부에 자극을 주는 것은 마찬가지입니다. 자연스러운 방법으로 낫게 하는 것이 가장 좋습니다.

저는 기저귀 발진으로 고민하는 엄마들에게 녹두 가루를 써보라고 권합니다. 녹두는 열을 내려주는 작용을 합니다. 녹두를 곱게 갈아서 가루분 대신 기저귀 발진이 생긴 부위에 바르면 상당한 효과가 있습니다. 단, 녹두를 쓸 때는 분쇄기에 간 다음 체에 걸러 고운 가루만 이용해야 합니다. 하지만 심하게 짓무르거나 상처가 난 곳에는 바르지 마세요. 짓물러 염증이 생겼다면 따로 치료를 받아야 합니다.

복숭아 잎桃葉 끓인 물도 효과가 있습니다. 복숭아 잎을 물에 넣고 충분히 끓여 우려낸 다음, 그 물을 솜에 묻혀 발진이 난 부위에 발라주세요. 목욕물에 연하게 타서 사용해도 효과가 있습니다. 복숭아 잎을 구하기가 어려우면 우엉을 대신 사용해도 좋습니다. 우엉은 성질이 차서 소염, 해독, 수렴 작용을 합니다. 땀띠나 기저귀 발진이 있는 부위에 우엉 끓인 물을 발라주면 빨리 가라앉습니다. 우엉 뿌리 50g에 물 700ml 정도를 붓고 팔팔 끓인 물을 목욕한 후에 발라줍니다.

그 밖에 고삼과 황기, 사상자를 각 10g씩 물 500ml에 끓인 후, 그 물을 솜에 적셔 하루에 2~3번씩 발라줘도 효과가 있습니다. 발진이 생긴 부위가 넓다면 물에 타서 좌욕을 시켜도 좋습니다.

연고와 가루분 제대로 사용하기

1. 연고는 이렇게

병원에서 처방받은 연고는 임의대로 사용하지 말고, 증상과 사용법을 바로 알고 써야 한다. 대부분의 기저귀 발진은 집에서 자연적인 생활요법으로 치유할 수 있다. 기저귀 발진은 불필요한 항생제나 스테로이드제, 진균제를 남용할 때 더 악화한다.

연고를 쓸 때는 정확한 진단을 받고 꼭 필요한 경우에 적당량만 사용하는 것이 좋다. 발진이 난 부위를 물로 깨끗이 닦아 2차 감염을 예방하고 나서 연고를 쓴다.

2. 가루분은 이렇게

가루분은 치료가 아닌 예방 차원에서 쓰는 것이다. 발진이 심한 부위에 가루분을 바르면 피부가 숨을 쉬지 못해 상태가 더 나빠진다. 발진이 심할 때는 가루분을 쓰지 말고 연고만 사용하는 편이 낫다. 연고와 가루분이 뭉쳐 있으면 대소변이나 땀이 들러붙어 발진이 더 심해진다.

가루분을 바를 때는 목욕 후에 물기를 말끔히 닦은 후 습기가 없는 상태에서 가볍게 두드려 바른다.

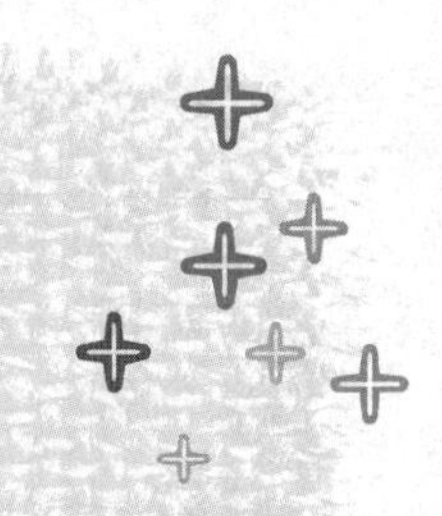

땀띠가 너무 심해요

전에는 습기가 많고 더운 여름철에 땀띠가 잘 생겼는데,
실내 온도가 높은 요즘에는 겨울철에도 땀띠가 잘 생깁니다.
신생아는 어른보다 체온 조절 기능이 미숙하고 양기가 충만하여
같은 환경에서도 땀을 더 많이 흘립니다.
또한 땀을 식히는 피부 기능이 미숙하고 피부 자체가 연약해서 땀띠가 잘 생깁니다.
그래서 아기는 너무 덥지 않게 키우는 것이 좋습니다.

신생아는 당연히 땀을 많이 흘립니다

신생아는 생후 얼마 동안은 땀이 나지 않습니다. 만산아는 생후 2~18일, 조산아는 2~4주가 되어야 땀이 나기 시작합니다. 앞서 말했듯 아이는 어른보다 땀을 많이 흘립니다. 땀은 자율신경계에서 조절하는데, 자율신경계가 성숙하는 시기는 보통 만 2세 전후입니다. 그 전까지는 자율신경계가 땀을 제대로 조절하지 못해 유난히 땀을 많이 흘리는 것이지요. 아기가 땀을 많이 흘리면 혹시 허약한 체질이 아닐까 생각하는 엄마들이 있는데 꼭 그렇지는 않습니다. 대개 몸이 허할 때 땀을 많이 흘리기는 합니다. 감기를 심하게 앓고 난 뒤 아기가 땀을 더 많이 흘리는 것은 몸이 허약해졌기 때문으로 볼 수 있습니다. 하지만 이 시기에는 꼭 몸이 허약하지 않더라도 땀을 많이 흘립니다. 생체적으로 체온 조절 능력이 떨어질 수도 있고, 다른 아이에 비해 속열이 많아서일 수도 있습니다.

아기가 평소보다 땀을 많이 흘린다면 우선 원인을 살펴보세요. 실내 온도가 높지는 않은지, 다른 질병은 없는지, 옷을 너무 두껍게 입힌 건 아닌지 하나하나 짚어보시길 바랍니다. 아기가 별다른 이상 없이 잘 자라고 있다면 땀을 조금 많이 흘리는 것 자체는 큰 문제가 되지 않습니다.

땀을 많이 흘리는 만큼 땀띠도 잘 생깁니다

땀띠는 땀구멍이 막혀 땀이 잘 나오지 못해 생긴 염증입니다. 어른보다 땀을 많이 흘리는 아기에게 땀띠가 더 잘 나는 것은 당연합니다. 목이나 이마에 특히 잘 생기는데, 심할 때는 등 전체가 땀띠로 가득 차기도 합니다. 땀띠는 몸에 열이 오르기 쉬운 여름철에 특히 많이 생깁니다. 그러나 요즘 아기 키우는 집을 보면 사시사철 방 온도를 높게 유지하기 때문에 시기와 상관없이 아무 때나 잘 생깁니다. 옷을 두껍게 입히고 이불로 꽁꽁 싸서 키우는 까닭에 외부 온도와 상관없이 생기기도 합니다. 땀띠는 처음에 하얗다가 염증이 생기면서 점차 붉게 변합니다. 이쯤 되면 아기는 가려워서 울어댑니다. 가렵다고 자꾸 긁으니 세균에 감염되어 염증이 심해지는 악순환이 반복됩니다. 너무 심하게 긁어 고름이 잡히기도 하지요. 땀띠는 한번 생기면 잘 낫지 않으니만큼 땀이 유독 많이 맺히는 부위를 평소에 잘 관리해야 합니다. 물로 깨끗이 씻어주고 습기가 차지 않도록 잘 말려주세요. 신생아는 땀띠가 생길 요인이 큰 만큼, 치료보다 예방하는 것이 더 중요합니다.

땀띠분 함부로 쓰지 마세요

처음에 생기는 흰 땀띠는 땀구멍에 수포가 생긴 것입니다. 별로 가렵지 않기 때문에 치료까지 할 필요는 없습니다. 하루에 몇 번 따뜻한 물로 가볍게 씻어주고 보송보송하게 말려주는 것만으로도 증상이 호전됩니다. 비누를 사용하면 땀띠가 심해질 수도 있으니 맹물로 씻기는 것이 좋습니다.

그런데 걱정이 지나쳐 땀띠분을 바르는 엄마들이 있습니다. 땀띠분은 약이 아닙니다. 이미 생긴 땀띠에 분을 발라봤자 별 효과는 없습니다. 오히려 분에 들어 있는 화학 성분이 피부를 자극하여 땀띠가 더 심해질 수 있습니다. 특히 땀띠용 연고나 보습 로션을 쓰면서 분을 바르면 피부에 달라붙어서 상태가 더 나빠집니다. 땀띠분은 치료가 아니라 예방 차원에서 사용해야 합니다. 목욕을 시키거나 기저귀를 간 뒤에 땀이 차지 말라고 사용하는 것이 땀띠분입니다. 땀띠분의 효과는 살이 접힌 부분에 땀이 차는 것을 막아주고 피부의 마른 상태를 유지하는 것입니다. 쉽게 설명하자면 어떤 형태든 피부질환이 있을 때는 사용해서는 안 됩니다. 특히 땀이 난 상태에서 쓰면 곤란합니다. 땀과 분이 뒤섞여 피부에 들러붙으면 피부가 숨을 쉬지 못할뿐더러, 세균이 자랄 위험도 있습니다.

땀띠를 예방하는 생활습관

아기 키우는 내내 땀띠와 전쟁을 하며 살 수는 없는 노릇입니다. 그래서 평소에 땀띠를 예방하는 환경을 만들어줘야 합니다. 우선 집이 너무 덥지 않아야 합니다. 그래도 아기가 땀을 흘릴 때는 바로바로 닦아주고 옷을 갈아입혀 주세요. 겨울이더라도 두꺼운 옷을 입히기보다는 얇은 옷을 여러 겹 입혔다가 온도에 따라 벗겨가며 체온을 조절해주는 것이 좋습니다. 이 정도만 해줘도 땀띠를 예방할 수 있습니다.

"그럼 여름에는 그냥 벗겨 키우는 게 좋을까요?"

여름에 아기 옷을 홀랑 벗겨두는 분도 있는데, 덥다고 옷을 벗겨두면 땀이 흡수되지 않습니다. 얇은 면 옷을 입혀서 땀이 흡수되게 해야 합니다. 바람이 잘 통하는 천연섬유 옷이 좋겠지요. 기저귀는 너무 꽉 채우지 말고 가끔 통풍이 되게 벗겨 놓는 것도 도움이 됩니다. 간혹 땀을 흡수한다고 살이 접히는 부분에 가제 손수건을 둘러주는 엄마도 있는데 좋은 방법이 아닙니다. 가제 수건이 땀에 젖으면 땀띠가 더 잘 생깁니다. 물로 닦아만 줘도 될 것을 이렇게 이상한 방법을 써서 땀띠를 빨갛게 악화시켜 병원에 오는 엄마들이 꽤 많습니다. 서늘하게 키우고, 흡수가 잘 되는 면 옷을 입히고, 땀이 날 때마다 닦아주고, 통풍에 신경 쓰는 정도로 땀띠는 충분히 예방됩니다.

땀띠에 효과적인 한방재료

1. 녹두 가루

녹두는 열을 내려주는 작용을 한다. 녹두를 곱게 갈아서 분처럼 땀띠가 난 부위에 바르면 상당한 효과가 있다. 단, 녹두를 분쇄기에 간 다음 고운체에 내려 아주 고운 가루만 이용해야 한다.

2. 복숭아 잎 끓인 물

복숭아 잎이 진한 푸른색이 될 때까지 물에 넣고 오래 끓인다. 충분히 우러나면 이파리를 건져내고 끓인 물을 솜에 묻혀 땀띠가 난 부위에 발라준다. 아기를 목욕시킬 때 이 물을 연하게 타도 효과가 있다.

3. 오이즙

오이는 성질이 차서 열을 식혀주는 작용을 한다. 여름철 각종 피부질환에 사용하면 효과가 있다. 싱싱한 오이 한 개를 강판에 갈아 즙을 낸 후, 그 즙을 솜이나 가제 수건에 묻혀 땀띠 부위에 대주면 열도 식고 피부도 진정된다.

4. 우엉

우엉의 떫은 맛을 내는 타닌 성분은 소염, 해독, 수렴 작용을 한다. 우엉을 끓여 식힌 물을 땀띠가 난 부위에 발라주면 피부가 진정된다. 우엉 뿌리나 잎 20g에 물 500ml를 붓고 충분히 삶는다. 목욕한 후에 땀띠 부위에 발라준다.

5. 대황, 황기, 사상자

대황과 황기, 사상자를 각각 10g씩 준비하여 물 500ml에 넣고 끓인다. 끓인 물을 탈지면에 적셔 환부에 하루 2~3번씩 발라준다.

6. 알로에

건강식품으로 알려진 알로에는 열을 빼는 작용을 하여, 각종 피부 질환에 많이 쓰이는데 아기 땀띠에도 상당한 효과가 있다. 알로에를 얇게 잘라 땀띠가 난 부위에 살짝 붙여준다.

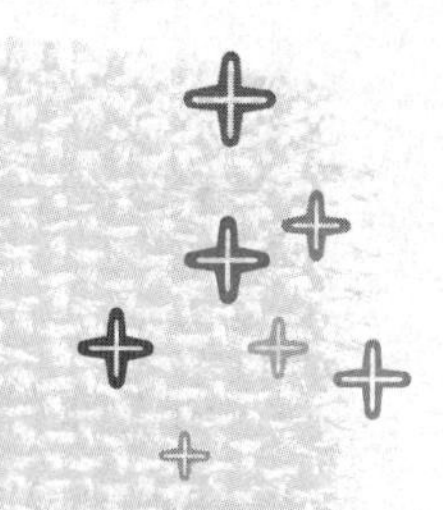

신생아도 여드름이 나나요?

신생아에게도 여드름이 생길 수 있습니다. 대개 생후 2주부터 발병하는데,
3개월까지 계속되기도 합니다. 얼굴에서는 특히 볼, 이마, 머리 부분에 잘 생기지요.
여드름인 줄 모르고 이런저런 방법을 사용하는 엄마들이 많은데
신생아 여드름은 그냥 두어도 저절로 없어집니다.
사춘기를 지난 아이의 피부가 깨끗해지는 것처럼
신생아 여드름도 크면서 없어지니 너무 걱정하지는 마세요.

신생아기를 지나면 자연히 없어집니다

신생아 여드름은 고름이 약간 생길 정도의 가벼운 증상이 대부분입니다. 성인의 여드름과 비슷하지요. 증상이 심하면 적절한 체질개선이 필요하지만 보통은 피지선 기능이 활발한 신생아기를 지나면 자연히 없어집니다.

한방에서는 신생아 여드름도 일종의 태열로 보고 치료를 합니다. 사실 신생아 여드름이 나는 아기들은 체질상 영아형 아토피성 피부염이 올 확률이 높습니다. 따라서 증상이 심하다면 태열을 제거하고 아토피 예방 차원에서 체질개선 치료가 필요합니다. 한방에서는 증류 한약을 복용하거나 소아용 환약, 은용액, 약향요법, 외용 연고, 한약 입욕법 등을 씁니다.

일단 신생아 여드름이 생기면 아기의 얼굴을 심하게 닦으면 안 됩니다. 닦더라도 계면활성제가 없는 순한 비누를 써야 합니다. 녹차 우린 물로 시원하게 닦아주거나 한방 연고를 가볍게 발라주는 것도 좋습니다. 스테로이드 계통

의 연고는 바르지 말고, 아기를 시원하게 키우는 것이 도움이 됩니다.

다른 피부 질환과 무엇이 다른가요?

아기에게 여드름이 생기면 혹시 태열이 아니냐며 걱정하는 엄마가 많습니다. 한방에서 신생아 여드름을 태열의 일종으로 보는 것은 사실이지만, 만성적인 태열과 달리 신생아 여드름은 자연적으로 치유되기 때문에 관리만 잘 해줘도 충분합니다. 그래도 이것이 심각한 태열인지, 시간이 지나면 사라지는 신생아 여드름인지, 아니면 더울 때 일시적으로 나타나는 땀띠인지 구별되지 않는다면 신체의 어느 부위에 증상이 나타나는지를 살펴보세요.

앞서 말했듯이 땀띠는 목과 겨드랑이, 다리 사이 등 살이 겹쳐 땀이 잘 차는 부위에 많이 생깁니다. 태열기와 신생아 여드름은 주로 얼굴에 나타나지요. 특히 신생아 여드름은 볼과 이마, 머리에 집중적으로 발생합니다. 모공을 중심으로 고름집이 생기는 것이 특징인데, 대부분 생후 2주경부터 생기기 시작해 3개월 즈음 없어집니다. 그 뒤에 생기는 증상은 여드름이라 보기 어렵습니다. 또 하나, 신생아가 잘 걸리는 지루성 피부염은 얼굴이나 두피 등 피지선이 발달한 곳에 잘 생깁니다. 노란색의 기름기 있는 각질이 보이는 것이 지루성 피부염의 특징입니다.

어떤 질환이든 아기 피부에 생기는 증상들은 예방이 중요합니다. 타고난 체질을 바꿀 수는 없지만, 대부분의 피부 질환은 평소 생활만 잘 관리해도 어느 정도 예방할 수 있습니다.

속단은 금물입니다

가벼운 신생아 여드름인데도 엄마들은 아기 피부에 발진이 보이면 걱정을 합니다. 식중독은 아닌지, 두드러기가 생긴 건 아닌지 속단하고 잘못된 처치를 하는 경우가 많습니다. 하지만 엄마들의 잘못된 처치로 가볍게 지나갈 신생아 여드름이 오래갈 수도 있습니다. 집에서 할 수 있는 가장 좋은 방법은 맹물로 잘 씻어주는 것입니다. 이는 신생아 여드름뿐 아니라 다른 피부 질환에도 해당합니다. 비누를 과도하게 사용하지 말고, 따뜻한 물로 깨끗이 씻어주세요. 씻긴 후에는 수건으로 문지르지 말고 물기를 톡톡 두드리며 닦아줍니다. 특히 살이 겹치는 부분은 물기를 꼼꼼하게 닦은 다음 잘 말려 피부를 보송보송하게 유지하는 것이 중요합니다. 목욕 후에 잘 말려주지 않으면 씻기지 않느니만 못합니다.

그리고 될 수 있으면 아이를 서늘하게 키우십시오. 어리다고 꽁꽁 싸두거나 집 안 온도를 너무 높게 해서는 안 됩니다. 아기는 어른보다 땀도 잘 흘리고 체온도 쉽게 올라갑니다. 땀과 열이 많으면 피부 질환에 걸릴 가능성은 훨씬 커집니다. 온도가 적당하면 아기의 피부 저항력도 높아지고 속열이 쉽게 빠져나가서 피부 건강을 지킬 수 있습니다.

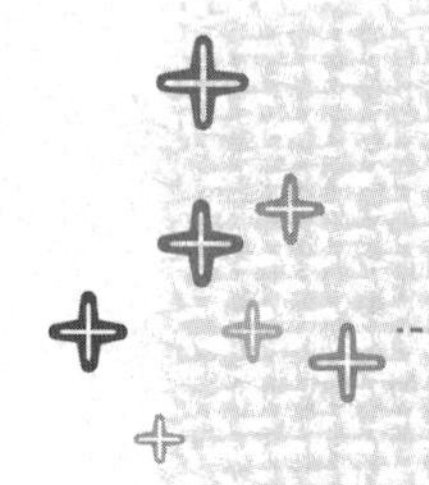

지루성 피부염이 뭔가요?

지루성 피부염 역시 땀띠나 여드름과 마찬가지로 신생아에게 가장 흔한
피부 질환 중 하나입니다. 할머니들은 이를 두고 흔히 '쇠똥이 앉았다'고 말하곤 하지요.
주로 이마나 눈썹, 귀 뒤 , 뺨, 머리 부분에 잘 생기는데 노란색 기름기가 낀 딱지가 생깁니다.
피지 분비가 많은 곳에 집중적으로 발생하지요.
생후 3개월 이내의 아기에게 특히 많이 발생하는데,
이는 이 시기에 유독 피지 분비가 왕성하기 때문입니다.

아토피와 달리 노란 진물 딱지가 생겨요

지루성 피부염은 머리에 잘 생깁니다. 두피에만 집중적으로 나타나는 경우가 많은데, 신생아가 요람에 있으면서 모자를 쓴 것 같다고 하여 외국에서는 'cradle cap'이라고 부르기도 합니다.

지루성 피부염에 걸리면 처음에는 두피가 빨개지면서 하얗게 각질이 일어납니다. 그러다 시간이 갈수록 노란 진물이 나오면서 두꺼운 딱지가 생기지요. 아토피성 피부염과 다른 점은 많이 가렵지 않다는 것입니다. 증상이 나타나는 부위도 두피와 얼굴에 한정되며 수주에서 수개월이 지나면 대부분 저절로 좋아집니다.

보기 싫다고 딱지를 억지로 잡아떼는 엄마도 있는데, 잘못하면 상처가 덧날 수 있으므로 함부로 손대서는 안 됩니다. 아기 머리에 지루성 피부염이 심할 때는 향유 등을 듬뿍 발랐다가 10분 정도 지난 다음에 감겨주면 딱지도 떨어지면서 증세가 호전됩니다. 지루성 피부염은 언뜻 아토피와 비슷해 보이는데, 가장 큰 차이는 아토피 피부염보다 기름기가 많다는 것입니다. 육안으로도 식별할 수 있으며 치료도 훨씬 쉽습니다.

태열의 일종으로 적절한 치료가 필요합니다

한의학에서는 영아기의 지루성 피부염을 태열의 일종으로 봅니다. 따라서 일단 두피에 지루성 피부염이 나타나면 증상이 심하지 않더라도 처음부터 적절한 치료와 관리가 필요합니다. 눈에는 단순하게 딱지가 앉은 것처럼 보이더라도 태열기가 있는 아기들은 영아형 아토피 등 다른 피부 질환을 일으킬 가능성이 있기 때문입니다.

따라서 한방에서는 지루성 피부염의 요인인 태열이 더 발전하는 것을 막기 위해 영아기에 복용할 수 있는 증류 한약이나 소아 환약을 처방합니다. 바를 수 있는 외용약도 함께 처방하여 증상이 더 악화하는 것을 막아주지요. 증상에 따라 약초 목욕을 권하기도 합니다. 약초 목욕을 하면서 한방 연고를 함께 사용하면 빠른 효과를 볼 수 있습니다.

사람마다 차이가 있지만 저는 지루성 피부염의 경우 항지루 샴푸나 부신피질호르몬제 연고는 쓰지 않기를 권합니다. 두 가지 모두 오래 사용하면 아기 피부에 좋지 않습니다. 또 부작용이 나타날 가능성도 있습니다.

만일 두피가 더 빨개지면서 가려움증이 생기면 지루성 피부염이 있는 자리가 2차적으로 곰팡이에 감염된 것입니다. 이러면 항진균제 연고를 처방받아야 합니다.

지루성 피부염에 좋은 가정요법

지루성 피부염을 앓는 아기가 심하게 가려워하거나 상처에서 진물이 날 때는 고삼, 사상자, 황백, 백선피를 물 1리터에 각각 10g을 넣고 한 시간 이상 달여서 상처 부위에 발라주거나 입욕제로 쓰면 부작용 없이 증상을 완화할 수 있지요. 삼백초와 어성초 각 10g을 같은 방법으로 우려내어 입욕제로 사용해도 역시 좋습니다. '은용액'이라고 해서 전기분해한 은을 녹인 물이 있습니다. 집에서도 만들어 쓸 수 있는데, 이 은용액을 환부에 발라주면 진물이 멈추고 2차 감염을 예방하며 증상 개선에 효과가 있습니다. 만일 은용액을 썼는데 피부가 건조해진다면 수분이 제거된 바셀린 같은 보습제를 발라주면 됩니다.

머리에 생긴 딱지는 아기용 샴푸로 머리를 감기고 촘촘하고 부드러운 솔(brush) 빗으로 두피를 긁어 주면 잘 떨어집니다. 아기용 샴푸 대신 병원에서 처방하는 항지루 샴푸를 쓸 수도 있지만, 항지루 샴푸는 딱지를 떼어내는 데에는 수월할지 몰라도 피부에는 더 자극을 줄 수도 있습니다.

또한 오일을 이용하여 딱지를 제거할 수도 있습니다. 우선 딱지가 앉은 부위에 오일을 골고루 바르고 두드리듯 마사지를 해서 오일이 잘 스며들게 합니다. 오일이 잘 발라졌으면 딱지 위에 충분히 스며들도록 20분 정도 그대로 둡니다. 그런 후 촘촘하고 부드러운 빗으로 두피를 살살 긁어 딱지를 제거해줍니다. 단, 너무 빗질을 세게 하면 두피에 자극이 갈 수 있으므로 조심해야 합니다. 어느 정도 딱지가 떨어졌으면 아기용 샴푸로 머리를 감겨 남아 있는 오일을 씻어줍니다. 오일을 바르고 닦아내지 않으면 두피의 모공이 숨을 쉬지 못하고 딱지가 더 두꺼워지므로 반드시 닦아내야 합니다.

이것만은 **꼭** 알아두세요

모유수유 중에 아기가 지루성 피부염에 걸렸다면

모유수유 중인데 아기가 지루성 피부염에 걸렸다면 엄마가 먹는 음식을 가려야 한다. 참외와 토마토, 딸기, 복숭아, 귤, 오렌지, 키위, 파인애플, 살구, 자두 등은 일단 자제한다. 콩이 들어간 음식과 우유와 치즈, 요구르트, 아이스크림 등의 유제품도 삼가야 한다. 커피, 녹차, 홍차, 초콜릿 등 카페인이 든 음식도 가려야 하며, 마늘과 양파, 생강, 후추 등 자극적이고 향이 강한 음식 역시 삼가는 것이 좋다. 또 고량진미나 맵고 자극적인 맛, 밀가루 음식을 피하고 인공색소나 방부제가 들어간 음식 섭취를 제한해야 한다.

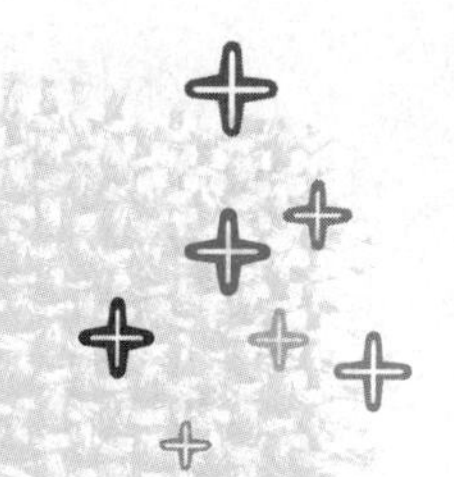

태어나서 백일까지

머리와 배꼽

아기 머리에 숨구멍이 있다고요?

옛 어른들은 아기 머리에 숨구멍이 있다고 했습니다. 바로 천문을 말합니다.
하지만 실제로 천문으로 숨을 쉬는 건 아닙니다.
천문은 시간이 지나면 저절로 닫히는데, 그때까지 천문이 하는 역할은 큽니다.
태어날 때는 산도를 빨리 빠져나올 수 있도록 도와주고,
태어난 후에는 머리에 가해지는 충격을 흡수해주지요.
또한 뇌의 급속한 성장을 수용할 공간 확보를 위해서도 중요합니다.

머리에 움푹 파인 곳이 있어요

아기의 머리는 여러 개의 뼈가 모여 이루어져 있습니다. 신생아 때는 이 뼈들이 아직 완전히 결합하지 않아 틈새가 벌어져 있습니다. 이 틈새를 천문이라고 하지요. 이는 아이가 태어날 때 산도를 쉽게 빠져나오기 위한 것입니다. 또 생후 18개월까지 뇌 용량이 급속하게 늘기 때문에 뇌가 들어갈 공간을 마련하고자 머리뼈가 완전히 닫히지 않고 열려 있는 것이지요.

이렇듯 아기 머리 정수리에 있는 천문은 중요한 역할을 하기 때문에 평소에 다치지 않도록 조심스럽게 다루어야 합니다. 천문은 두 부분으로 나뉘는데, 정수리 앞쪽에 있는 마름모꼴 부분을 대천문, 뒤쪽의 삼각형 부분을 소천문이

라고 합니다. 대천문은 마름모 모양으로 그 대변간의 거리가 신생아 때 2cm, 6개월쯤에 2.5cm, 10~12개월에는 1cm가 되며 14~18개월 때 닫힙니다. 그러나 2년이 넘어서 닫히는 아기도 있습니다. 소천문은 대천문보다 훨씬 일찍 닫히는데 대개 생후 6~8주면 닫힙니다. 대천문과 소천문 모두 두피로 덮여 있습니다. 만져보면 물렁물렁하지요. 따라서 천문에 충격이 가지 않게 조심해야 합니다.

대천문은 건강의 지표입니다

대천문을 숨구멍이라고 하는 것은 평상시 아기가 숨을 쉴 때 함께 오르락내리락하며 움직이기 때문입니다. 마치 머리로 숨을 쉬는 것처럼 보이기도 합니다. 그러다가 아기가 울거나 혹은 대변을 보면서 몸에 힘을 주면 볼록 솟아오릅니다.

이 대천문은 아기의 건강 상태를 파악하는 데 중요한 지표가 됩니다. 대천문이 함몰되어 있으면 탈수증이나 영양 장애를 의심해야 합니다. 너무 튀어나와 있다면 뇌종양이나 수두증, 뇌수막염, 비타민A 과다 등을 의심할 수 있습니다. 만일 대천문이 너무 일찍 닫힌다면 '골 봉합 조기 유합증'이라는 염색체 질환이나 소두증을 의심할 수 있으며, 너무 늦게 닫힌다면 수두증이나 구루병이 아닌지 확인해봐야 합니다.

갓 태어난 신생아의 머리 모양은 어른과 다릅니다

앞서 말했듯 아기 머리는 대천문이 있어 머리 모양이 완전히 굳어지지 않았습니다. 태어날 때 산도를 어떻게 빠져나오느냐에 따라 머리통이 길쭉해질 수도 있습니다. 그래서 제왕절개를 한 아기보다 자연 분만을 한 아기의 머리가 더 뾰족합니다.

갓 태어난 아기의 모습이 생각만큼 예쁘지 않을 거라고는 예상했어도 아기 머리가 길쭉한 걸 보면 어느 엄마든 놀랄 수밖에 없습니다. 마치 영화 속에 나오는 외계인처럼 보이기도 하지요.

하지만 너무 걱정할 필요는 없습니다. 이는 일시적인 현상으로 하루 이틀이 지나면 본래의 모양으로 되돌아옵니다. 비단 머리뿐만 아닙니다. 갓 태어난 아기는 산도를 빠져나오느라 얼굴이나 엉덩이에 상처가 나기도 하고, 피가 맺히기도 합니다. 하지만 이 역시 수 일 내에 괜찮아집니다. 특별한 치료를 하지 않아도 말입니다.

아기의 머리 모양은 자라면서 많이 바뀝니다. 어떻게 눕히느냐에 따라, 잠을 얼마만큼 자느냐에 따라 엄마들이 좋아하는 예쁜 짱구 모양이 되기도 하고, 뒤통수가 납작해지기도 하지요. 하지만 머리 모양과 성장발달과는 별 관계가 없으니 머리 모양에 너무 신경을 쓰는 것은 현명하지 못합니다. 그리고 출산 직후에 엄마 눈에 이상하게 비친 머리 모양은 수 일 내에 되돌아온다는 것을 잊지 마세요.

머리의 부종은 함부로 건드려선 안 됩니다

간혹 갓 태어난 아기의 머리에서 말랑말랑한 부종이 만져질 때가 있습니다. 이는 아기가 뱃속을 빠져나올 때 머리에 가해진 압박으로 부종이 생긴 것입니다. 흔히 산류라고 하지요. 이는 2~3일이 지나면 자연적으로 없어집니다.

산류 말고 두혈종일 수도 있습니다. 두혈종이란 골막과 두개골 사이에 피가 고인 것을 말합니다. 출산 진통이 길었을 때 많이 생기지요. 이 역시 산류와 마찬가지로 질환이 아닙니다. 하지만 산류와 달리 몇 개월 동안 남아 있을 수도 있습니다. 그렇다고 별다른 처방이 필요한 것은 아닙니다.

행여 부종을 없애겠다고 무리하게 누르거나 찜질을 해서는 안 됩니다. 시간이 지나면 저절로 없어지는 증상이니 함부로 건드리지 말라는 이야기입니다. 그저 시간이 약이라고 생각하고 느긋한 마음으로 기다리세요.

배냇머리 깎아주지 마세요

갓 태어난 아기들을 보면 머리카락이 까맣게 윤이 나는 아기도 있고, 숱이 적어 대머리처럼 보이는 아기도 있습니다. 태어날 때 가진 머리를 배냇머리라고 합니다. 옛날 어른들은 이 배냇머리를 전부 깎아줘야 머리숱도 많아지고 윤기가 흐른다고 했습니다. 그러나 배냇머리를 빡빡 민다고 해서 머리숱이 많아지거나 탐스러워지는 것은 아닙니다.

배냇머리는 백일 전후부터 돌이 될 때까지 전부 빠집니다. 돌이 지나면 진짜 머리카락이 생기지요. 이때 머리 색깔이 바뀌기도 하고 숱도 달라집니다. 배냇머리가 한창 빠질 때 엄마들이 "혹시 우리 아기가 대머리가 될까요?" 하고 걱정을 하는데 배냇머리가 빠지면 곧 새 머리카락이 나오니 걱정하지 않아도 됩니다.

배냇머리가 있을 때 머리카락 안에 딱지가 앉기도 합니다. 이는 신진대사가 활발한 나머지 지루성 피부염이 생긴 것입니다. 크림이나 오일을 발라준 다음 가제 수건으로 닦아주면 잘 떨어지므로 특별하게 걱정하지 않아도 됩니다. 또 머리에 태지가 남아 비듬처럼 보일 때도 있는데 이것도 곧 없어지므로 그냥 놔두세요.

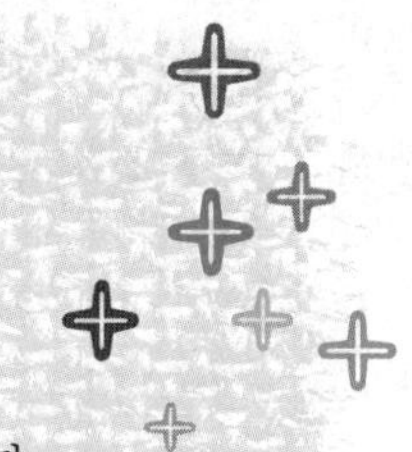

신생아 머리 가누기

누운 아기를 한번 살펴보세요. 누가 시킨 것도 아닌데 한쪽으로만 고개를 돌리고 있습니다.
반대편으로 살짝 돌려주면 다시 비비적거리며 원래 방향으로 고개를 돌립니다.
그렇게 눕는 것이 아기 자신에게 가장 편하기 때문입니다. 아기가 편한 대로 눕혀도
큰 상관은 없습니다. 하지만 가능하면 양 방향으로 골고루 머리가 닿게 돌려주는 것이 좋습니다.
아기의 머리는 아직 형태가 완전히 만들어진 것이 아니므로 어떻게 잡아주느냐에 따라
모양이 잡히기 때문이지요. 그렇다고 아기에게 너무 스트레스를 줘서는 안 됩니다.
아기가 편한 상태를 유지시켜 주면서 어쩌다 한번씩 머리를 돌려주는 것으로 충분합니다.

목 가누기는 최소한 세 달 이후 가능

갓 태어난 아기의 목은 아주 짧습니다. 흡사 머리와 몸이 붙어 있는 것처럼 보이지요. 신생아는 움직이는 능력이 거의 없습니다. 그러다가 생후 한 달이 지나면 누운 상태에서 몸의 방향을 가끔 바꾸는 정도를 할 수 있지요. 목을 마음대로 움직이려면 최소한 3개월은 지나야 합니다. 그 전에는 근육이 발달하지 않아 목을 가누지 못합니다. 하지만 눕히지 않고 엎드려 놓으면 자기가 원하는 방향으로 머리를 돌릴 수 있고, 순간적으로 목을 들어올릴 수도 있습니다. 하지만 이것도 아기마다 차이가 좀 있습니다. 발달이 좀 빠른 아기는 그보다 더 빨리 목을 가눌 수 있고, 발달이 좀 늦으면 더 걸릴 수도 있습니다.

일단 목을 가누면 아기를 안아주기가 상당히 수월해집니다. 짧은 시간 동안 아기를 업을 수도 있습니다. 하지만 오랜 시간 업고 있는 것은 아직 무리입니다. 아기의 가슴과 배, 그리고 발이 조일 수가 있어 혈액순환에 좋지 않기 때

문입니다. 또 목을 가눈다 하더라도 아기를 안을 때는 아직 주의해야 합니다. 목이 갑자기 뒤로 젖혀질 수 있기 때문이지요.

고개를 한쪽으로만 돌려요

아기는 이미 어떤 자세가 자신에게 편한지 알고 있습니다. 이쪽저쪽 번갈아 가면서 고개를 돌리면 머리 모양이 예뻐질 텐데, 고집스럽게 한쪽만 쳐다봅니다. 한쪽으로만 누워 있으면 바닥에 닿은 쪽이 납작해져 머리 모양이 비대칭이 될 수도 있습니다. 일단 모양이 납작하게 굳어버리면 곤란합니다. 한쪽이 너무 납작해져 있으면 나중에 반대쪽으로 머리가 잘 돌아가지 않습니다.

따라서 아기 머리 모양이 완전히 굳어지기 전에 일정 시간마다 머리 방향을 바꿔주세요. 엄마가 돌려줘도 어느새 자기가 편한 방향으로 다시 돌린다고요? 그럴 땐 두꺼운 요나 베개로 아기의 등을 받쳐주세요. 그러면 아기가 몸을 돌리고 싶어도 돌릴 수 없지요. 아기가 한쪽만 쳐다보고 있다면 반대편에 소리 나는 모빌을 걸어주는 것도 좋습니다.

많이 업어주면 다리가 정말 휠까?

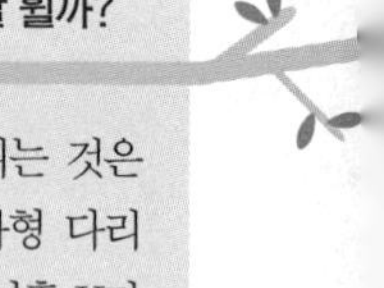

많이 업어준다고 다리가 휘는 것은 아니다. 아기들은 원래 O자형 다리를 하고 있다. 보통은 2살 이후 X자형으로 변했다가 만 6세 정도가 되어야 11자가 된다. 아이가 원할 때마다 업어줘도 절대 다리가 휘지 않는다. 단, 업을 때 아기의 팔이나 다리를 너무 꽉 묶어서 혈액순환에 방해가 되지 않도록 한다. 최근 우리의 전통 포대기가 세계 각국 엄마들에게 호응을 받고 있다. 포대기를 통해 아이와 충분한 스킨십을 할 수 있기 때문이다. 다리는 걱정하지 말고 실컷 업어주자.

지나치게 한쪽으로만 고개를 돌리면 사경을 의심할 수 있습니다

사경은 분만 중에 입은 외상으로 근육 내에 혈종이 생기거나, 목에 있는 연부조직이 압박을 받아서 근 섬유가 변한 것을 말합니다. 사경인 아기는 목을 한 방향으로만 돌릴 수밖에 없습니다. 하지만 고개를 한쪽으로만 돌린다고 사경이라고 단정할 수는 없고 다른 증상도 함께 봐야 합니다. 사경인 아기는 머리를 돌리거나 뒤로 제치면 몹시 아파합니다. 또한 목 앞쪽의 근육에 종괴가 만져지지요. 엄마가 아기의 목을 돌릴 때 아기가 아파하거나 울지 않고 자연스럽게 고개를 돌린다면 사경이라고 할 수 없습니다.

설혹 사경에 걸렸더라도 돌 전에는 마사지와 체조로 상태를 호전시킬 수 있습니다. 하지만 돌 이후에 사경을 발견하면 외과적인 수술이 필요합니다.

근육성 사경을 고쳐주는 추나요법

추나요법은 한의학의 한 분야로서 손으로 직접 특정부위를 자극하는 방법입니다. 생체의 기능적인 현상이 신체 구조와 유기적인 연관을 가지고 있다는 점을 이용하여 특정 부위를 손으로 자극하여 인체의 생리, 병리적 상태를 조절하는 치료법이지요. 추나요법은 침이나 특별한 약물 처방 없이 손으로 하는 것이기 때문에 치료에 대한 공포와 고통을 줄여줍니다. 특히 어린 환자들에게 좋은 방법이지요. 또한 응급을 요하는 경우에도 약물을 사용하기 전 간단한 시술로 소기의 목적을 얻을 수도 있습니다. 아기들에게 편안한 느낌을 주고, 시술자와 환자 사이에 신뢰감을 만들 수 있다는 것도 추나요법의 장점입니다.

추나를 할 때는 우선 아기의 기분을 살피고, 보온에 신경을 써야 합니다. 기저귀와 갈아입힐 옷, 수건과 시술에 쓸 오일 등을 미리 준비하고 아이의 눈을 보며 반응을 살펴야 합니다. 아기가 울거나 보채면 중단하고, 편안해질 때까지 기다려야 합니다. 아기 피부가 자극받지 않도록 미지근한 마사지 오일을 발라가면서 하면 더 좋습니다.

근육성 사경에서 추나요법을 쓰는 것은 혈액순환을 돕고 뭉친 응어리를 풀어주고 운동 범위를 늘려주는 데 목적이 있습니다. 근육성 사경의 추나요법은 다음과 같습니다.

① 아이를 똑바로 눕힌 후 뭉쳐 있는 근육(흉쇄유돌근)을 검지와 중지를 사용하여 문지르듯이 지압해줍니다.
② 충분히 문지른 다음 근육을 살짝 잡고 당겨줍니다.

③ 다시 검지와 중지, 두 손가락으로 돌려서 문지르듯 지압해줍니다.

④ 기울어진 쪽으로 머리를 돌리면서 점차 활동 범위를 넓힙니다. 이 과정에서 아기가 아파서 심하게 울기도 하는데 어느 정도는 감안하고 시행해야 합니다.

업을 때 기본 원칙

1. 생후 2~3개월부터 목을 가누기 시작하면 업을 수 있다. 하지만 업고 외출까지 하려면 아기가 어느 정도 안정적으로 목을 가눌 수 있어야 한다.
2. 이 시기의 아기를 업을 때는 머리 뒤로 받침대가 있어야 하며, 넓은 끈을 써서 허리와 등을 안전하게 지지해줘야 한다.
3. 끈은 너무 꽉 조이지 말고, 아기의 팔이나 다리가 불편하지 않게 해준다.
4. 업고 있는 동안 아기가 잠들면 고개 가누는 것이 불안정해지므로 포대기를 풀고 눕힌다.
5. 수유 후 바로 업으면 쉽게 토할 수 있다. 엄마가 움직일 때 몸이 흔들려서일 수도 있고 끈이 압박해서일 수도 있다. 따라서 젖을 먹인 후 아기를 바로 업지 말아야 한다.
6. 포대기는 근래 서양에서 애착육아(attachment parenting)의 일환으로 아이를 안거나 업고 신체접촉을 많이 하자는 baby wearing 운동의 중심에 있다. 애착육아는 아이를 따로 재우고, 우는 아이를 무조건 안아주거나 수유를 하지 말아야 한다는 엄격한 육아법에서 벗어나 아이 위주로 자연스럽게 신체적으로나 정신적으로 보다 긴밀한 육아를 하자는 것이다. 아이가 원하면 많이 업어주자!

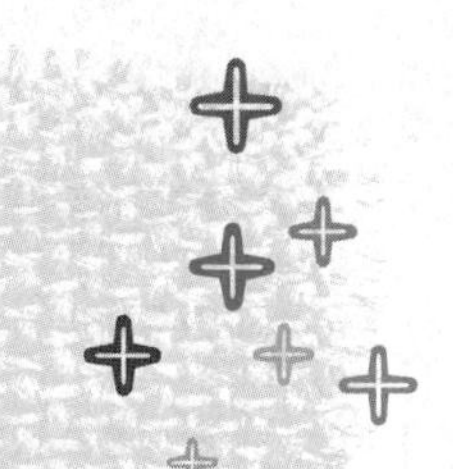

배꼽 관리를 어떻게 할까요?

전통적으로 아기가 태어나면 탯줄을 자르고 남편은 안마당에서 태와 탯줄을 태워 버렸습니다.
아기 배에 남은 탯줄은 바로 막히는 것이 아니라 10~20일쯤 지나야 막힙니다.
일주일쯤 지나면 거무스름하게 변하면서 저절로 떨어지지요.
이 자리에 생기는 것이 바로 배꼽입니다.
배꼽이 떨어지기 전까지 물기를 말려주고 잘 소독해줘야 탈이 없습니다.
배꼽에는 영양과 단백질이 풍부해 세균이 자라기 쉽고 염증이 생기기도 쉽습니다.

배꼽이 아물 때는 잘 말려줘야 합니다

"아기 배꼽이 이상해요."

이런 질문을 하는 엄마가 많습니다. 아기를 낳은 후 가장 먼저 부딪히는 난관이 아닐까 싶네요. 혹시 건드리면 아프지 않을까, 잘못해서 감염되는 것은 아닐까 고민이 될 것입니다. 배꼽만 얼른 떨어져도 한결 나을 텐데 하는 생각이 저절로 들지요. 배꼽은 시간이 지나면 저절로 떨어지고, 그냥 둬도 별 탈 없이 잘 아뭅니다.

그래도 관리는 잘 해줘야 합니다. 가장 중요한 것은 잘 말려주는 일입니다. 목욕할 때 물이 좀 들어가는 것은 괜찮지만, 목욕을 한 다음에 바로 싸두지 말고 배꼽에 남아 있는 물기를 완전히 말린 다음 옷을 입혀야 합니다. 공기에 드러내는 것이 싸매는 것보다 도움이 됩니다. 배꼽이 아직 떨어지지 않았다면 통목욕을 시키기보다는 젖은 수건으로 몸을 닦아주는 것이 좋습니다.

이때 굳이 소독약을 쓰는 것은 권하지 않습니다. 그냥 자연스럽게 말리는 것이 가장 좋습니다. 이렇게만 해도 보통 일주일 정도면 자연스럽게 떨어져 나갑니다. 하지만 잘 마르지 않고 습윤한 경우, 냄새가 나는 경우, 목욕물에 닿아 오염된 경우에는 베타딘(포비돈) 용액으로 배꼽과 주변 3cm 정도를 잘 소독해줍니다. 배꼽이 떨어지고 난 후 간혹 피나 진물이 나오기도 하는데 만일 염증이 오래 간다면 바로 치료받는 것이 좋습니다.

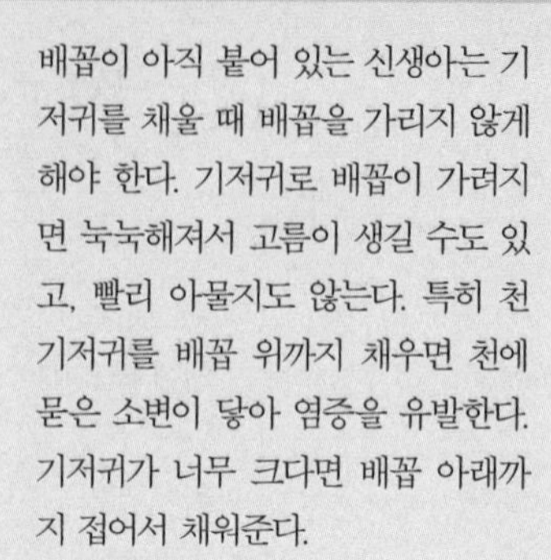

기저귀 채우는 법

배꼽이 아직 붙어 있는 신생아는 기저귀를 채울 때 배꼽을 가리지 않게 해야 한다. 기저귀로 배꼽이 가려지면 눅눅해져서 고름이 생길 수도 있고, 빨리 아물지도 않는다. 특히 천 기저귀를 배꼽 위까지 채우면 천에 묻은 소변이 닿아 염증을 유발한다. 기저귀가 너무 크다면 배꼽 아래까지 접어서 채워준다.

배꼽이 떨어지는 시기는 조금씩 차이가 있어요

"배꼽이 안 떨어져요."

이 역시 엄마들이 많이 하는 걱정입니다. '같은 날 태어난 아이는 벌써 떨어졌다던데, 왜 우리 아기 배꼽만 안 떨어지는 걸까?' 온갖 생각을 하지요. 그러나 아기마다 배꼽이 떨어지는 시기는 차이가 있습니다. 일주일 만에 떨어지는 경우도 있고 며칠 더 걸릴 수도 있어요. 배꼽이 떨어지지 않는다고 함부로 건드려서는 곤란합니다. 그 사이 진물이나 피가 나기도 하는데 신생아의 배꼽에서 나오는 진물은 단백질이 풍부하기 때문에 세균이 자라기 쉽고, 염증도 생기기 쉽습니다. 하지만 한 달이 넘도록 떨어지지 않는다면 병원에 가는 것이 좋습니다. 드물게 백혈구에 이상이 있을 수도 있기 때문이지요. 또 배꼽 주변에서 진물이 흐르면서 냄새가 심하게 나거나 배꼽 주변이 붉게 물들 정도라면 서둘러 병원을 방문하기를 권합니다. 아기가 어떤 상태인지 엄마로서는 정확하게 알 수 없으므로 병원에 오기 전에 함부로 연고를 발라서는 곤란합니다.

배꼽이 떨어진 후에도 피가 조금씩 묻어나올 수 있습니다. 탯줄이 떨어진 자리는 아무는 데 조금 시간이 걸리지요. 물이 닿지 않게 조심하면서 상태를 지켜보세요. 열이나 냄새 등이 없으면 걱정하지 않아도 됩니다.

배꼽 탈장은 저절로 괜찮아집니다

신생아는 아직 배꼽의 근육이 약합니다. 따라서 탯줄이 떨어져나가도 배꼽 부위가 완전히 아물지 않을 수 있습니다. 그러면 아직 완전히 붙지 않은 피부 밑 근육 사이로 장 일부가 튀어나올 수 있습니다. 이를 배꼽 탈장이라고 하지요.

배꼽 탈장은 배꼽 주변이 동전만 한 크기로 돌출되고 한동안 호전되었다가 다시 나타나기를 반복합니다. 보통은 저절로 괜찮아집니다. 단, 탈장 부위가 너무 크거나 1년 이상 지속될 때는 병원에 가서 진료를 받는 것이 좋겠습니다.

튀어나온 배꼽을 들여보낸다고 반창고를 붙이거나 동전을 붙여놓는 엄마들이 간혹 있습니다. 도대체 어디서 그런 방법들을 배웠는지 모르겠지만, 전혀 효과가 없습니다. 오히려 상처 부위에 공기가 통하지 않아서 염증이 도지거나, 2차 감염으로 치료를 받아야 할 상황이 될 수도 있습니다. 배꼽 탈장은 그냥 두어도 곧 사라지니 괜히 긁어 부스럼 만들지 마세요.

배꼽에 자란 살, 육아종

배꼽이 떨어진 부위에 염증이 생기거나 살이 자라난 것을 육아종이라고 한다. 육아종으로 진물이 날 때는 소독용 알코올로 소독하고 통풍을 시켜 잘 말려준다. 소독 후에는 거즈로 덮어두지 말고 공기에 드러내 말려줘야 한다. 알코올 외에 포비돈 용액(베타딘)이라는 붉은 갈색 소독약을 사용하면 소독 부위가 마르는 데 도움이 된다. 소독은 하루에 1~3번으로 충분하다.

하지만 배꼽 주위가 붉게 변하거나 진물과 동시에 악취가 나면 병원에 가는 것이 좋다. 증상이 나아지지 않으면 수술을 하기도 있는데, 수술이라고 하기도 민망할 만큼 간단하고 아기도 별로 아파하지 않는다.

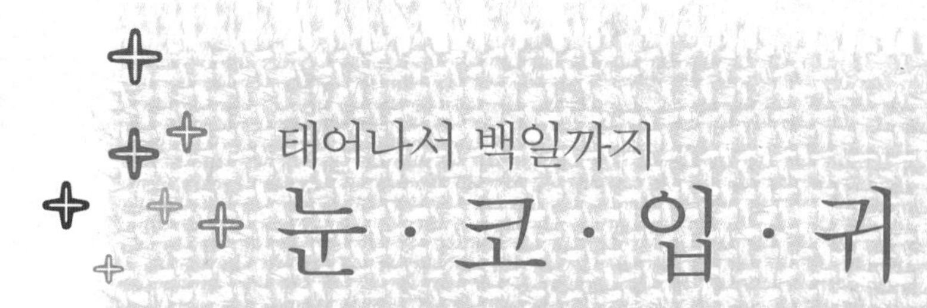

태어나서 백일까지

눈 · 코 · 입 · 귀

갓 태어난 아기는 필요한 만큼만 봅니다

아기가 갓 태어났을 때는 시력이 상당히 나쁜 편입니다.
눈을 잘 마주치지도 못하고 초점도 잘 맞지 않지요.
가까이에 있는 엄마 얼굴을 겨우 알아볼 수 있을 정도입니다.
이를 모르고 엄마 눈을 보며 방긋 웃는 것을 상상하던 엄마들은 무척 당황합니다.
아기가 제대로 시력을 갖추려면 적어도 5~6세는 되어야 합니다.
그제야 비로소 어른과 같이 잘 볼 수 있습니다.

신생아는 얼마만큼 볼 수 있을까?

신생아는 시력이 좋지 않습니다. 엄마로서는 답답한 노릇이지만 여기에는 다 그럴만한 이유가 있습니다. 아기가 세상에 나오려면 엄마의 좁은 산도를 지나야 합니다. 그런데 산도를 빠져나오면서 눈에 가해지는 압력은 위험합니다. 압력 때문에 시력을 잃을 수도 있습니다. 그래서 아기는 뱃속에서 기본적인 시력만 갖춘 상태로 세상에 나옵니다. 일단 밖으로 나온 뒤에 차츰 시력을 갖춰가는 것입니다.

갓 태어난 아기를 보면 눈이 붓고 충혈되어 있습니다. 눈이 충혈된 것을 결막출혈이라고 하는데 이는 분만 중에 혈관이 터진 것으로 며칠 만에 좋아집니

속눈썹이 눈을 찌를 땐?

속눈썹이 눈을 자꾸 찌르면 눈물이 많이 나고 눈이 충혈되거나 눈곱이 자주 낀다. 한방에서는 이를 도첩권모倒睫捲毛라고 하는데 크면서 자연히 좋아지는 수가 많다. 신생아는 아직 속눈썹이 부드러워 눈을 찔러도 각막에 심한 손상을 주지 않으므로 그냥 지켜봐도 무관하다. 하지만 만 3세까지 증상이 나아지지 않으면 수술을 할 수도 있다.

다. 신생아는 18~30cm 거리에서 초점을 맞추고 얼굴 앞에 있는 물체를 볼 수 있습니다. 젖을 빨면서 엄마와 눈을 맞출 수 있는 거리입니다.

아마 먼 곳까지 다 볼 수 있다면 이제 막 세상을 접한 아기가 너무 정신이 없겠지요. 먼 곳까지는 잘 볼 수 없어서 오히려 아기는 더 편안할 수 있는 것입니다.

가끔 아기 눈 근처가 축축하게 젖어 있기도 한데, 이는 눈물관으로 눈물이 잘 배출되지 않아서 생기는 흔한 증상입니다. 눈물샘이 막혔다고 걱정하지 마세요. 끓인 물을 가제 손수건에 적셔서 닦아주거나, 모유를 몇 방울 떨어뜨리고 살살 문질러주면 금방 좋아집니다.

자꾸 눈곱이 껴요

신생아 눈에 눈곱이 끼는 것은 눈물이 빠져나가는 눈물길이 좁거나 막혔기 때문입니다. 눈물은 눈물샘에서 나와 눈 안쪽의 눈물길을 통해 코로 빠져나가게 되지요. 그런데 신생아는 이 눈물길이 좁아서 눈곱이 많이 낍니다.

눈곱이 너무 많이 낀다면 6개월에서 1년 정도는 꾸준히 마사지를 해줘야 합니다. 물론 심하면 인위적으로 눈물길을 뚫어주거나 넓혀주기도 하지만 마사지를 잘 해주면 대부분 호전됩니다. 마사지를 하는 요령은 다음과 같습니다. 우선 깨끗이 손을 닦습니다. 그런 후 엄지와 검지로 양 눈의 안쪽을 잡으면 통통한 주머니 같은 것이 만져지는데 이것을 하루에 세 번 1~2분씩 주물러주면 됩니다.

신생아 눈곱은 대개 깨어 있을 때는 없다가 자고 일어났을 때 생깁니다. 아기가 자고 일어났을 때 눈에 눈곱이 말라붙어 있으면 깨끗한 가제 수건에 생리식염수를 묻혀 닦아주도록 합니다.

눈이 빨갛게 충혈되었어요

눈이 충혈되고 눈곱이 많이 낀다면 신생아 결막염을 의심할 수 있습니다. 엄마의 산도를 통과할 때 거기에 있던 세균이 아기 눈에 들어가 감염되었을 수도 있고, 눈물샘이 막혀 있거나 뚫려 있더라도 통로가 좁아서 결막염이 나타나기도 합니다.

일단 증상이 나타나면 삶은 수건으로 눈을 안쪽에서 바깥쪽으로 닦아주고, 눈에 멸균된 생리식염수를 한두 방울 넣고 씻어주면 증상 완화에 도움이 됩니다. 황련 4g을 500ml 정도의 물에 넣어 30분 이상 약한 불에 달여서 아이 눈을 씻어주면 가벼운 결막염은 자연스럽게 치료가 됩니다. 하지만 충혈이 심하고 부어올랐을 때는 병원에 가서 안약을 처방받는 것이 좋습니다.

가성 사시가 있을 수 있습니다

"우리 아기 눈이 사시 같아요. 모빌을 달아줘서 그런가요?"

생각보다 많은 엄마가 이런 고민을 하는 것 같습니다. 그러나 아기들은 생후 수개월간 일시적인 가성 사시가 있을 수 있어요. 어린 아기들은 아직 눈 사이의 코뼈가 오똑하지 않아 눈 안쪽 피부가 양쪽 눈의 흰자위를 더 많이 덮게 되지요. 그러니 엄마 눈에는 눈 안쪽의 흰자위보다 바깥쪽의 흰자위가 더 많이 보여 동공이 몰려 있는 것처럼 보입니다. 아이가 나이가 들어가면서 콧날이 오똑해지면 이 가성 사시는 괜찮아집니다.

약 80퍼센트의 아기가 가까운 것을 잘 못 보는 원시 상태로 태어나는데, 원시 상태인 아기가 물체를 똑똑히 보려고 할 때 눈이 가운데로 몰리는 것을 '조절성 내사시'라고 합니다. 이 경우에도 큰 문제는 없습니다. 하지만 선천성 유아 사시라면 빨리 교정해야 시력 손실을 막을 수 있습니

가성 내사시와 선천성 사시 구별법

가성 내사시인지 선천성 사시인지는 아기 눈앞에 손전등을 비추었을 때 불빛이 눈동자에 어떻게 반사되는지 관찰하면 알 수 있다. 반사된 점이 검은 눈동자의 한가운데 위치하면 정상이고, 다른 지점에 맺히면 사시다.

다. 일단 눈이 모여 있는 것처럼 보이면 안과 검진을 받아볼 필요가 있습니다.

모빌을 달아주세요

아기가 모빌을 보다가 사시가 될까 염려하는 엄마들도 있는데 모빌과 사시는 아무런 관계가 없습니다. 아기들의 호기심 자극을 위해 모빌을 달아주는 것은 좋습니다. 초반에는 흑백 모빌을, 한두 달이 지난 후에는 색깔이 있는 모빌을 달아주면 됩니다. 아기는 모빌을 쳐다보면서 부지런히 옹알이도 하고 한참 동안 놀 수도 있습니다.

모빌은 정면 말고 오른쪽이나 왼쪽 45도 각도에 달아주는 것이 좋습니다. 아직 아기는 시력이 좋지 않으니 너무 멀리 달아주지는 마세요. 머리 위에 달아놓으면 모빌을 볼 때 눈을 위로 치켜떠야 하므로 위치를 잘 잡아줘야 합니다. 한편 천장에 달았을 때 모빌이 형광등 바로 아래에 있지 않도록 주의해주세요. 바로 눈앞에 형광등이 있으면 편안하게 모빌을 바라볼 수가 없습니다.

미숙아가 조심해야 할 망막증

미숙아로 태어난 아기들은 반드시 안과 검진을 받아볼 필요가 있습니다. 임신 36주 미만 혹은 체중 2kg 미만의 미숙아들은 망막증에 걸릴 수 있기 때문입니다. 망막증은 망막 근처에 혈관이 자라 시력에 장애를 줄 수 있는 질환이지요. 일찍 발견해 치료하면 별문제가 없지만 내버려두면 시력을 잃을 수 있습니다.

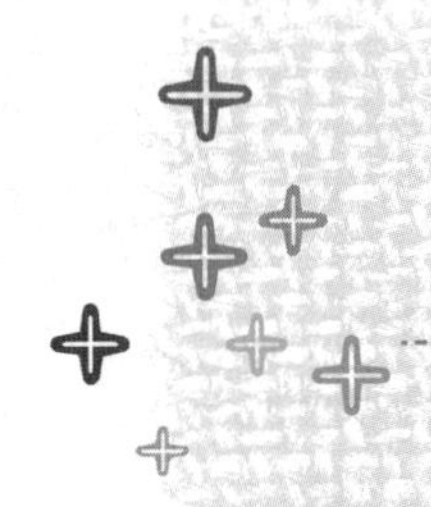

아기는 냄새를 맡고 엄마를 알아봅니다

신생아의 콧구멍은 아주 작습니다. 하지만 굉장히 예민하게 발달해 있지요.
신생아는 시력은 약한 반면 후각이 뛰어난 편입니다.
예민한 후각은 생존과 밀접한 관련이 있어요.
아기는 엄마 젖을 먹어야 하기 때문에 냄새로 엄마를 알아보고 젖을 찾아 뭅니다.

신생아는 코로만 숨을 쉽니다

신생아는 기도가 좁고 후두개가 커서 일정 기간 주로 코를 통해서만 호흡을 하지요. 생후 3~4개월까지는 코로만 숨을 쉰다고 보면 됩니다. 아기가 코로만 숨을 쉬는 이유는 또 있습니다. 바로 젖을 먹기 위해서이지요. 입으로도 숨을 쉬면 엄마 젖을 빨다 잘못해서 숨이 막힐 수도 있어요. 이런 까닭에 신생아 때는 아예 입은 먹기만 하고 코로 숨을 쉬게 되어 있지요.

신생아는 찬 바람을 쐬거나 감기에 걸리지 않아도 코가 잘 막힙니다. 숨을 쉬는 양에 비해 콧구멍은 작으면서 분비물이 많이 생기기 때문이지요. 코로만 숨을 쉬어야 하니 코가 막히면 상당히 답답해합니다. 코가 막히지 않도록 평소에 집 안 환경을 쾌적하게 조성하는 것이 굉장히 중요하지요.

하지만 아무리 신경을 써도 신생아는 코가 자주 막힙니다. 그르렁거리는 소리도 자주 내지요. 그렇다고 따로 치료할 필요는 없습니다. 코가 막힌다고 병원에 가서 자꾸 코를 뽑는 것은 좋지 않습니다.

일단 방 안의 습도를 높여주는 게 좋습니다. 방 안에서 빨래를 말리거나 수건에 물을 적셔 널어두면 습도를 높이는 데 좋습니다. 코에 물기가 많아지면 숨쉬기가 훨씬 수월해지겠지요. 코에 따뜻한 물수건을 대주면 일시적으로 막힌 코가 뚫립니다.

생리식염수를 한 방울 넣어주는 것도 막힌 코를 뚫는 데 좋습니다. 무를 곱게 갈아 즙을 낸 후 면봉에 적셔 코 안에 살짝 발라줘도 도움이 됩니다. 무는 시기에 따라 약간 매울 수도 있으니 한번 먹어보고 쓰는 것이 좋겠지요.

이외에도 어깨보다 높은 베개에 눕히면 일시적으로 코가 뚫립니다. 간혹 코가 막혔을 때 모유를 코에 떨어뜨리는 엄마들이 있는데 굳이 권하고 싶지는 않습니다. 콧속의 환경은 따뜻하고 습도가 높아서 세균이 번식하기 쉽습니다. 모유에는 세균이 없지만 콧속의 세균이 모유의 풍부한 영양분을 먹고 번식하거나 코의 염증을 악화시킬 수도 있습니다.

함부로 콧속을 건드려서는 안 됩니다

코가 막히면 아기가 답답해할까봐 무조건 병원에 와서 콧물을 뽑아달라고 하는 엄마들이 있습니다. 어떤 엄마는 물어보지도 않고 흡입기를 이용해 콧속에 있는 콧물을 억지로 뽑아내기도 합니다. 이렇게 인위적으로 코를 뽑는 게 좋을 리 없습니다. 물론 아기는 일시적으로 답답함을 없애니 좋겠지만 계속 코를 파내다 보면 코의 점막이 말라 코가 더 막힐 수도 있기 때문입니다. 정도가 심하지 않다면 습도를 좀 올려주거나 물수건을 코에 올려놓는 등 자연스러운 방법으로 관리해주는 것이 좋습니다.

코딱지도 함부로 건드려선 안 됩니다. 마른 코딱지를 파내면 코 점막에 상처를 낼 수 있습니다. 아기 코에 코딱지가 잔뜩 들어 있어서 숨쉬기가 거북해 보이면 식염수를 한두 방울 떨어뜨려 주세요. 코딱지가 말랑말랑해졌을 때 면봉으로 살짝 꺼내면 아프지 않게 쏙 빠져나옵니다. 목욕을 시키는 것도 한 방법입니다. 따뜻한 목욕물로 몸을 닦고 나면 코딱지도 어느새 말랑말랑해지지요. 이때 가제 수건으로 코를 살짝 눌러 주면 저절로 밖으로 빠져나옵니다.

재채기를 할 때는 이렇게

아기가 재채기하는 것은 집이 그만큼 건조하다는 증거다. 젖은 빨래를 실내에 너는 것이 좋다. 혹시 담배를 피우는 사람이 있다면 집 안에서만큼은 금연하도록 한다. 코 점막을 자극해 재채기가 더 나올 수 있기 때문이다. 무엇보다 담배의 나쁜 성분이 아기의 호흡기에 좋을 리가 없다.
아기가 재채기를 하면 엄마는 감기가 아닐까 하며 집 안 온도를 높이는데, 아기가 재채기를 하는 것은 반드시 감기 때문만은 아니다. 재채기는 아기 스스로 코를 청소하는 방법이다. 코에 이물질이 들어와도 제 힘으로 코를 풀 수 없으니 재채기를 해서 코에 들어온 이물질을 내보내는 것이다.

입속에 아구창이 생기지 않게 조심하세요

신생아의 입은 태어나면서부터 엄마 젖을 빨 수 있게 훈련되어 있지요. 젖을 빨아야 살 수 있으니 뱃속에서부터 미리 연습해둔 것입니다. 아기 입 근처에 엄마 젖을 가져가면 아기는 고개를 열심히 돌리면서 젖을 찾습니다. 아기들의 젖 빠는 힘은 생각보다 셉니다. '젖 먹던 힘까지'라는 말이 있지요. 먹고 나면 온몸이 땀으로 젖을 정도입니다. 그러다 보니 입술에 물집 같은 게 잡히기도 합니다. 곪을 정도가 아니면 자연스럽게 괜찮아지니 걱정할 필요는 없습니다. 아기는 생후 2주 후부터 미각이 굉장히 발달합니다. 아기가 가장 좋아하는 맛은 당연히 달콤한 엄마 젖입니다.

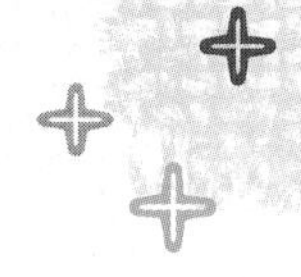

신생아도 맛을 느낄 수 있습니다

입은 신생아의 몸 중에서 꽤 큰 역할을 하는 기관입니다. 아기는 태어날 때부터 미각을 갖고 있습니다. 생후 2주 전후로 급격하게 미각이 발달하는데 분유나 모유의 단맛을 무척 좋아합니다. 단맛은 아기가 젖을 더 많이 빨도록 자극하는 역할을 하지요. 이는 생존을 위한 아기의 본능이라고 할 수 있습니다. 단맛을 좋아하기 때문에 젖을 더 많이 빨고 젖을 더 많이 빨아서 그만큼 영양을 보충하는 것이지요. 신기하게도 단맛과 달리 신맛은 좋아하지 않습니다. 시거나 쓴맛, 매운맛의 음식을 아기 입에 대보면 찡그리면서 고개를 돌려버리지요.

아기가 단맛을 좋아한다고 해서 함부로 설탕물을 먹이진 마세요. 가끔 아기가 물도 마시지 않고 젖도 빨지 않을 때 수분을 보충한다고 설탕물을 먹이기도 하는데, 한번 설탕물에 맛이 든 아기는 젖을 점점 더 멀리할 수도 있습니다. 아기에게 수분을 보충할 때는 맹물이 가장 좋고, 그다음이 보리차입니다.

유치가 나기 전에는 양치질을 안 해도 됩니다

유치가 나기 전까지는 양치질을 반드시 해줄 필요는 없습니다. 하지만 입 안은 항상 깨끗하게 해줘야 합니다. 잘못하면 아구창 등 감염 질환을 앓을 수도 있으니까요. 일주일에 몇 번씩 삶아서 깨끗하게 말린 가제 손수건에 생리식염수나 녹차 물을 묻혀 잇몸을 닦아 주세요.

하지만 시판되는 구강세정제는 함부로 쓰지 않는 것이 좋습니다. 구강세정제에는 감미료, 인공 첨가물, 화학 세정 성분 등이 들어 있는데 아무리 잘 닦아내도 아기가 먹을 수밖에 없습니다. 치아가 나지 않은 상태라면 굳이 구강세정제를 사용하지 않아도 충분히 입을 건강하게 관리할 수 있습니다. 만일 모유 찌꺼기가 입안에 많이 남아 있다면 가제 수건에 물을 묻혀 입안을 닦아 주세요. 찌꺼기 대부분은 가제 수건으로 닦으면 쉽게 떨어집니다. 만일 잘 닦이지 않으면 아구창일 가능성이 있습니다.

아구창은 입안이나 혀가 캔디다 알비칸스라는 곰팡이에 감염되어 생기는 병입니다. 소독이 덜 된 젖꼭지나 엄마의 생식기 질환인 칸디다증을 통해 옮기도 하지요. 이 균은 사람의 입안에 많은데 정상인이라면 누구나 가지고 있는 균입니다. 하지만 면역력이 약한 신생아에게는 문제를 일으키지요. 아구창이 생기면 입안과 혀에 하얀 백태가 덮입니다. 백태 주변에는 붉은색의 테가 생기지요. 백태 모양은 응고된 우유 덩어리와 비슷합니다. 딱 달라붙어 잘 떨어지지 않고 강제로 떼어내면 피가 나기도 합니다. 가벼운 아구창은 자연적으로 치유됩니다. 하지만 간혹 아기가 너무 아파해서 수유에 지장을 줄 수 있으니 증상이 심해지면 처방을 받아 치료하는 것이 좋습니다.

아구창에 대한 한방 치료법

한방에서는 아구창을 단순히 입에 생기는 병으로만 보지 않습니다. 태열이 비장과 심장으로 들어가 발생하는 것으로 보이지요. 이때는 '청열사비산'을 처방합니다. 이와 함께 '보명산'이라고 하여 볶은 백반, 마아 , 주사(수비라고 아홉 번을 물에 갈아 중금속을 가라앉히는 방법을 통해 안전하게 사용할 수 있도록 한 경면주사가루)를 가루 내어 물에 타서 발라주면 아구창을 치료할 수 있습니다.

양방에서는 일종의 진균성(곰팡이) 질환으로 보고 보라색 용액(GV)을 바르게 하고 약(진균제 myostatin)도 먹입니다. 그러나 보라색 용액은 5일 이상 바르지 않는 것이 좋고 약도 일주일 넘게 먹이지 않는 것이 좋습니다. 보라색 용액을 오래 바르면 국소적으로 궤양이 생길 수 있고, 먹는 약도 오래 복용하면 탈이 날 수 있으니까요.

아구창의 원인이 위생관리 소홀 때문만은 아닙니다. 하지만 더러운 환경에서 잘 발생하므로 평소에 아기가 먹는 젖병을 끓는 물에 잘 소독해서 사용하세요. 또한 모유를 먹는 아기든 분유를 먹는 아기든 수유 후에는 반드시 입안을 잘 닦아주는 것이 아구창 예방에 도움이 됩니다. 특히 밤중에 수유한 후에는 보리 물이라도 먹여 입을 헹구는 것이 좋습니다.

이것만은 꼭 알아두세요

모유 먹는 아기가 아구창에 걸리면 엄마도 조심

모유를 먹는 아기가 아구창에 걸리면 엄마에게도 문제를 일으킬 수 있다. 젖을 먹이고 난 후에 젖가슴에 찌르는 것 같은 통증이 느껴지면 이상 신호. 이럴 때는 이스트 감염일 가능성이 있다. 이스트 감염은 아구창이 있는 아기가 젖을 빨면서 엄마에게 옮기는 것이다. 엄마가 이스트 감염이 있다면 아기와 엄마가 동시에 치료를 받아야 한다. 하지만 치료를 받는 동안 모유를 끊을 필요는 없다. 경과를 지켜보면서 통증이 없는 선에서 얼마든지 모유를 먹일 수 있다. 기름진 음식, 비린 생선, 후추 등 자극적이고 향이 강한 조미료나 향신료는 가능한 한 피하도록 하자.

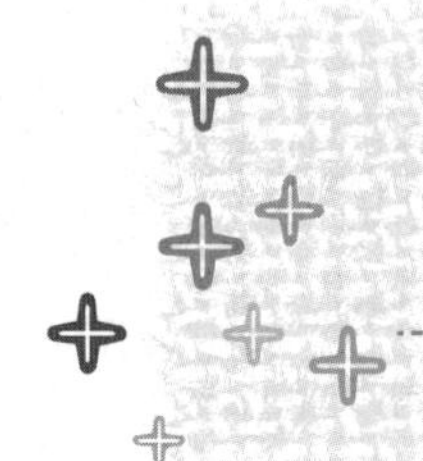

태어날 때부터 완벽한 청각 기능

아기는 뱃속에서부터 이미 들을 수 있습니다.
태어난 지 일주일 정도가 되면 청각이 거의 다 발달하게 되지요.
큰 소리가 나면 깜짝 놀라고 엄마의 목소리가 들리면 무척 좋아합니다.
신생아 시기에는 무엇보다 아기에게 안정감을 주는 것이 중요합니다.
문을 여닫는 소리, 초인종 소리 등을 가능하면 차단하고
엄마의 다정한 목소리나 뱃속에 있을 때 들었던 태교 음악을 들려주면 정서 발달에 도움이 됩니다.

귀 모양이 이상해요

신생아의 귀는 대부분 찌그러져 있습니다. 열 달 동안 좁은 엄마 뱃속에서 눌려 지내다 보니 그렇습니다. 엄마 눈에는 이상하게 보일 법도 하지요. 하지만 시간이 지나면 언제 그랬느냐는 듯 모양을 찾아갑니다. 아기를 재울 때 한쪽으로만 눕히지 마세요. 한쪽으로만 눕히면 귀가 계속 눌려서 제 모양을 찾는 것이 늦어집니다. 또한 아기와 놀거나 젖을 먹일 때 귀를 살살 만져주면 더 좋습니다.

이렇게 잘 만져주고 기다리면 될 것을 성미 급한 엄마들이 기구 등을 사용해 모양을 교정하려고 합니다. 왜 그런 생각을 하는지는 모르지만 굳이 기구를 사용해서 귀 모양을 바로잡아주고 싶다면 의사의 조언을 받는 것이 좋습니다.

그런데 간혹 귀 모양이 정말 기형인 경우도 있습니다. 정상적인 아기가 출산 직후에 귀가 찌그러져 있는 것과는 근본적으로 다르지요. 만일 엄마가 보

기에 정말 귀 모양이 이상하다면 의사와 상의하여 기구를 사용해 교정을 해줄 수도 있습니다. 아기가 어릴수록 교정 결과는 더 좋고, 생후 6개월까지 교정할 수 있습니다.

혹시 귀가 너무 돌출되고 정상적인 주름이 없다면 성형수술을 받을 수도 있습니다. 하지만 성형 수술은 다섯 살 이전에는 하지 않는 것이 원칙입니다.

귀지는 보이는 곳만 닦아주세요

아기 귀에 귀지가 많다면 목욕할 때 귀에 물이 들어가지 않게 조심하세요. 목욕을 한 다음에는 면봉을 이용해 귀에 묻은 물을 닦아줍니다. 단, 보이는 곳만 살짝 닦아주고 지나치게 깊게 넣지는 마세요. 이때 귀 안에 있던 귀지는 물기가 마르면서 저절로 밖으로 나옵니다. 만일 귀지 때문에 귀가 막혔다면 소아과나 이비인후과를 방문하여 꺼내는 것이 안전합니다. 습하고 끈적끈적한 물귀지를 가진 아기들은 귀에서 냄새가 나기도 합니다. 아기 귀에서 냄새가 난다면 멸균 면봉으로 보이는 곳만 살짝 닦아주세요.

어떤 엄마는 귀를 깨끗이 한다고 심하게 닦기도 하는데, 잘못하면 귓속에 상처가 나서 염증이 생길 수 있습니다. 염증이 심해지면 중이염이나 지루성 피부염으로 발전할 수도 있지요. 이때는 열과 통증이 동반되어 아기가 심하게 웁니다. 지루성 피부염일 때는 귓바퀴나 머리, 뺨 등에도 진물이 나고 딱지가 생깁니다. 이때는 엄마가 함부로 손을 대서는 안 됩니다. 일단 귀에서 냄새가 많이 난다면 다른 질병을 의심하고 소아과나 이비인후과에서 정확한 진단을 받아야 합니다.

신생아 중이염

중이염은 귀의 안쪽인 '중이' 부분에 염증이 생기는 것을 말합니다. 중이는 바깥에서는 접근할 수 없는 구조인데, 중이의 유일한 외부 통로가 이관이라는 곳입니다. 귀와 코[中耳]가 바로 이 이관을 통해 연결되어 있습니다. 코로 들이마신 균이 귀로 들어가지 않도록 귀에서는 항상 이관을 통해 코쪽으로 물을 흘려보내고 있는데, 감기나 비염에 걸리면 이관의 점막에 염증이 생겨 귓속에 물이 고이고 균들이 귀로 빨려들어가 중이염이 생기는 겁니다. 아기들은 성인보다 이관이 짧고 넓고 곧고 평평해 더 중이염에 걸리기 쉽습니다. 또 저항력이 약해 감기에 자주 걸리기 때문에 중이염에 걸리는 빈도가 높을 수밖에 없습니다.

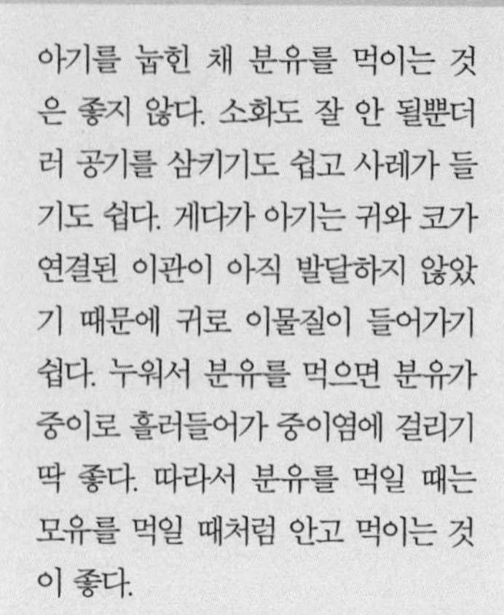
눕혀서 분유 먹이는 것은 금물

아기를 눕힌 채 분유를 먹이는 것은 좋지 않다. 소화도 잘 안 될뿐더러 공기를 삼키기도 쉽고 사레가 들기도 쉽다. 게다가 아기는 귀와 코가 연결된 이관이 아직 발달하지 않았기 때문에 귀로 이물질이 들어가기 쉽다. 누워서 분유를 먹으면 분유가 중이로 흘러들어가 중이염에 걸리기 딱 좋다. 따라서 분유를 먹일 때는 모유를 먹일 때처럼 안고 먹이는 것이 좋다.

중이염에 걸리면 통증과 청력장애, 귀울림, 분비물 분비 등의 증상이 동반됩니다. 감기 끝에 다시 열이 오르거나 아기가 귀를 자꾸 만지면 중이염을 의심할 수 있습니다.

영아기에는 특별한 증상 없이 그냥 심하게 울고 보채거나 잘 먹지 않고 귀를 베개에 문지르거나 소리에 반응이 둔하면 중이염을 의심할 수 있습니다. 열이 나기도 하고 귀에서 물이나 고름이 나오기도 하지요. 젖을 빨 때 아파서 잘 먹지 않고 울고 보채기도 합니다. 통증이나 분비물 등 뚜렷한 증상 없이 중이염이 진행되는 경우도 많으므로 세심하게 관찰해야 합니다.

한방에서 잘 쓰는 중이염 치료법

한방에서 볼 때 중이염의 대표적인 원인은 풍열[風熱]입니다. 풍열 독으로 말미암아 붓고 아픈 염증이 생기는 것이지요. 여기에 습한 기운이 더해지면 독기가 물러가지 않아 중이염이 오래갑니다. 중이염에 잘 걸리고 오래가는 아이들을 보면 만성적으로 폐의 기가 부족하고 신장이 약한 경우가 많습니다. 귀는 신장의 기운을 반영하는 기관이지요. 신장의 기운이 쇠약한 노인들의 청력이 약한 이유가 바로 이것입니다. 따라서 신장이 튼튼하면 귀도 건강합니다.

중이염은 한약을 이용하여 치료하면 좋은 효과를 볼 수 있습니다. 열이 나고 통증이 심한 급성중이염은 풍열을 제거하고 열독을 풀어 염증을 가라앉히는 방법을 씁니다. 귀에서 농이 나오면서 오래가는 만성 중이염은 열을 식히고 습을 제거하는 방법을 쓰거나, 신장의 진액을 보충하여 열을 떨어뜨리고 농을 배출시키는 방법을 씁니다.

집에서는 소독, 방부, 항염, 항바이러스, 면역세포 활성화에 효능이 있는 캐모마일을 이용해 치료할 수도 있습니다. 아이 귓속에 들어갈 만한 크기로 솜을 말아 캐모마일 오일을 두 방울 정도 묻힙니다. 캐모마일 오일을 묻힌 솜을 귀에 꽂고 드라이기로 더운 바람을 살짝 쐐주면 향유가 고막을 통해 스며들며 중이염을 낫게 합니다.

신생아 난청

한의학에서 신생아 난청은 이농이라고 합니다. 크게 선천적인 경우와 후천적인 경우로 나뉘는데 어떤 경우든 아기 신장(콩팥)의 정精과 기氣가 부족하여 난청까지 발생한다고 봅니다. 심하지 않은 난청이라면 신장의 정과 기를 돕는 처방과 침 치료, 청력 훈련을 병행하면 빠르게 개선됩니다. 청력 훈련은 남아 있는 청력을 최대한 활용하여 음音과 말소리를 듣는 능력을 키워 원활한 의사소통을 돕는 훈련입니다.

신생아 중 약 0.1퍼센트가 선천적 난청에 해당합니다. 유전적인 요인이나 임신했을 때의 약물 복용이 원인이 됩니다. 후천적으로는 풍진이나 뇌수막염, 심한 황달이나 출생 시의 질식, 중이염 등의 후유증으로 난청이 올 수 있습니다. 고도 난청일 때는 보청기를 착용하고 청력 훈련을 시행합니다. 아주 심한 경우는 돌 무렵에 인공와우 수술을 고려할 수도 있습니다.

유전적인 경우를 제외하고는 선후천적인 원인과 질병이 생기지 않게 주의하는 것이 난청을 예방하는 길입니다. 임신 전에 풍진 예방접종을 받고 임신 중 절대 안정하며 충분한 영양 섭취를 해야 합니다. 약물을 남용하지 않고, 출생 후 아기가 황달이 심하면 철저하게 치료하며 감염성 질환에 걸리지 않도록 주의해야 합니다. 만일 감염성 질환에 걸렸다면 신속히 치료를 하고 합병증 예방을 위해 노력해야 합니다.

알아두면 도움이 되는 신생아 반사

아기는 3개월까지 많은 원시 반사를 보인다. 백일이 지나면 이런 원시적인 반사가 자연스럽게 사라진다. 백일 전까지는 워낙 개인차가 크기 때문에 아기에게 발달장애가 있어도 알아보기 어렵다. 이때 이런 신생아 반사를 알아두면 아기가 정상인지 아닌지를 판단할 때 도움이 된다. 정상아에게 공통으로 드러나는 반사 행동이기 때문이다.

1. 흡입 반사

아기는 입에 닿는 것이면 무엇이든지 입안에 넣고 빨려고 하는데 이를 흡입 반사라고 한다. 생존을 위해 아기에게 꼭 필요한 반사이기도 하다. 특히 배가 고플 때는 이 행동이 강하게 나타난다. 손가락을 입 주위에 대면 빨아먹으려고 고개를 이리저리 돌리는 것을 볼 수 있다. 아기의 흡입 반사 정도를 보면 배가 어느 정도 고픈지 쉽게 알 수 있다.

2. 모로 반사

신생아가 갑작스러운 자극 때문에 놀라면 팔과 다리를 들어 올리면서 포옹하는 자세를 취한다. 이를 모로 반사라고 하는데 마치 껴안는 행동과 비슷해 껴안는 반사라고도 한다. 모로 반사는 생후 1주 정도부터 보이기 시작해 출생 후 3개월 정도가 되면 없어진다.

3. 보행 반사

아기를 바로 세운 자세에서 발바닥을 바닥에 닿게 하면 마치 걸으려는 듯이 발을 버둥거린다. 한편 탁자 모서리에 정강이나 발등을 대면 마치 계단을 오르는 것처럼 탁자 위에 발을 한발 한발 올려놓기도 한다. 이것을 보행 반사라고 한다. 태어날 때부터 걸을 수 있는 능력이 있다는 것을 증명해주는 반사이기도 하다.

4. 바빈스키 반사

바빈스키라는 프랑스의 의사가 발견한 신생아 반사다. 아기의 발바닥을 가볍게 긁으면 발가락이 위쪽으로 부채처럼 펴지게 된다. 바빈스키 반사는 보통 생후 1년이면 사라진다. 이 반사는 아이의 신경학적 정상 여부를 판단하는 지표가 된다. 아이가 성장한 이후에도 이 반사가 사라지지 않으면 중추신경계에 이상이 있을 수 있다.

5. 일어나기 반사

아기가 누워 있는 상태에서 손을 잡고 살짝 끌어당기면 몸을 일으키려는 듯이 안간힘을 쓴다. 그러나 아직 목을 가누지 못하기 때문에 끝까지 따라 올라오지는 못한다.

6. 쥐기 반사

손바닥을 가볍게 자극하면 아기는 손에 닿은 손가락을 세차게 움켜쥔다. 이때 아기가 쥔 손가락을 잡아당겨보면 그 힘이 만만치 않다는 것을 알 수 있다. 엄마의 손가락을 잡고 매달릴 수 있을 정도다. 이 반사는 엄마에게 매달리려는 욕구와 관계가 깊다.

7. 긴장성 경반사

아기의 얼굴을 한쪽으로 돌리면 돌린 쪽의 팔다리가 펴지고 반대 쪽 팔다리는 구부러진다. 그 모습이 펜싱 할 때와 비슷해서 펜싱 반사라고도 한다. 마치 "엄마 저요!" 하며 한쪽 손을 드는 것처럼 보인다. 이 반사는 생후 3~4개월이 지나면 없어진다.

신생아 청력 검사

청력은 출생 후 양수와 잔설이 중이에서 없어지면서 수일 내 예민해지는데, 청력 검사는 그 이후에 실시할 수 있다. 일단 난청이 있다고 판단되면 반드시 검사를 받아보는 것이 좋다.

아기가 큰 소리가 나도 고개를 돌리지 않고, 잠에서 깨지 않는다거나, 생후 3개월이 넘었는데도 옹알이를 하지 않고 말하는 사람과 시선을 맞추지 않을 때, 6개월이 지났는데 이름을 불러도 돌아보지 않고 음악을 들어도 반응을 보이지 않거나 소리 나는 곳에 관심을 보이지 않는다면 난청일 가능성이 있다. 이런 경우에도 꼭 검사를 받아보아야 한다.

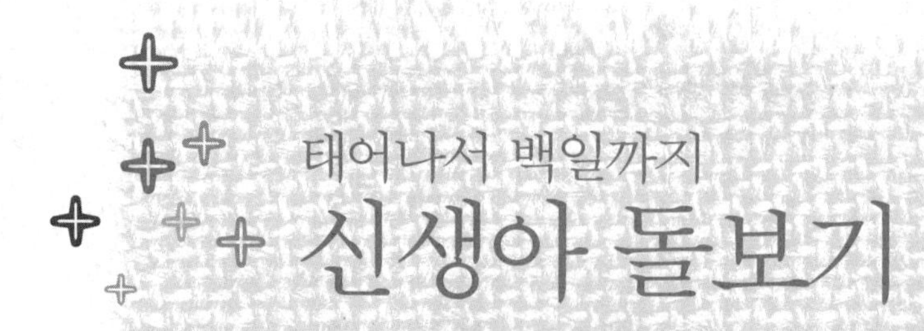

태어나서 백일까지 신생아 돌보기

신생아 목욕시키기

아기를 키우면서 가장 어려운 일 중 하나가 바로 목욕시키기입니다.
아기 목욕시키는 게 얼마나 힘든지는 아마 시켜본 사람만이 알 겁니다.
아직 목을 제대로 못 가누기 때문에 한 손으로는 아기를 받치고 다른 손으로 닦아줘야 합니다.
한 번에 옷을 홀딱 벗기면 추울 수 있으므로 조금씩 벗기면서 닦아야 하니 얼핏 생각해도
두 손으로는 부족할 수밖에 없습니다. 아기가 아직 몸을 잘 가누지 못할 때는 목욕을 할 때
아빠의 도움이 절대적으로 필요하다고 하겠습니다.

태어나서 3일간 삼조목욕의 전통

산모는 3일이 지나서야 목욕을 할 수 있었는데, 아기는 태어나서 3일간 아침에 목욕을 시키는 삼조목욕三朝沐浴의 전통이 있었습니다. 《동의보감》에 보면 "사흘 아침을 아이를 씻기는데 호랑이뼈와 복숭아가지, 돼지쓸개를 금은기金銀器에 달인 물에 씻으면 아이가 놀라기를 적게 하고 두창痘瘡이 나지 않는다"라고 하였습니다. 현대에는 구하기 쉽지 않은 약재이므로, 복숭아나무, 뽕나무, 매화나무, 버드나무가지나 한의원에서 고삼, 황련, 백급 등의 약재를 구해서 이용하면 됩니다. 목욕이 어렵다면 달인 물을 수건에 적셔서 몸을 닦아주기만 해도 좋습니다. 호환마마라는 말이 있을 정도로 이 당시에 아이들에게 발생하

는 두창痘瘡, 즉 종기나 감염성, 난치성 피부 질환은 아이의 생명과 건강에 중요한 문제였던 것입니다.

목욕의 목적은 청결만이 아닙니다

보통 목욕을 하는 이유는 몸을 깨끗하게 하기 위해서이지요. 그러나 신생아에게 있어 목욕은 몸을 깨끗이 하기 위한 것만은 아닙니다. 목욕을 통해 피로를 풀어주고 잠이 잘 오게 하며 신진대사를 촉진해 성장을 도와주려는 목적도 있습니다. 깨끗하게 씻기겠다고 몸 구석구석을 힘줘 박박 닦거나 너무 오래 아기를 물 속에 담가두어서는 안 됩니다. 아기 피부에 자극이 가는 것은 물론, 아직 체력이 약한 아기가 금세 지칠 수 있기 때문입니다. 아기에게 목욕은 기분 좋은 것이라는 사실을 알게 하기 위해서라도 될 수 있는 대로 목욕은 짧고 가볍게 시켜주세요. 또한 아기에게 규칙적인 신체리듬을 잡아주려면 시간을 정해두고 목욕을 시키는 것이 좋습니다.

만일 아기의 몸 상태가 좋지 않다면 목욕을 시키지 않는 것이 좋습니다. 목욕을 하기 전에 체온은 괜찮은지, 감기 기운은 없는지 등을 꼼꼼하게 살펴보세요. 목욕은 아기의 기분이 좋고 몸 상태가 좋을 때 시켜야 합니다. 아이가 심하게 울었거나 젖을 먹은 지 얼마 되지 않았다면 조금 기다렸다가 씻기도록 하세요.

비누 사용은 일주일에 두세 번

아기에게 목욕을 시켜줄 때는 너무 뜨겁지 않은 물을 준비합니다. 팔꿈치를 대보아 따뜻하다고 느껴질 정도면 적당합니다. 손이나 수건에 비누를 약간만 묻혀서 닦아줍니다. 피부를 건강하게 하려면 목욕을 할 때 비누를 너무 많이 사용하지 마세요. 피부의 방어기능을 오히려 떨어뜨릴 수 있습니다. 여름철에 땀을 많이 흘리면 비누를 사용하지 말고 물로만 목욕을 시켜주면 됩니다. 땀띠나 기저귀 발진을 예방하기 위해서라도 맹물로 씻어주는 것이 가장 좋습니다. 꼭 비누를 써야 한다면 계면활성제가 들어가지 않은 비누를 사용하는 것이 좋습니다. 아토피 전용 비누 대부분은 계면활성제가 들어 있지 않습니다.

간혹 목욕을 할 때 우는 아기들이 있습니다. 목욕 자체가 싫다기보다는 낯설고 두렵기 때문일 가능성이 큽니다. 아기 대부분은 목욕을 좋아합니다. 따끈한 물에 몸을 담그고 엄마가 부드럽게 닦아주니 당연히 기분이 좋지요. 그렇다고 너무 오래 목욕을 시키면 안 됩니다. 아기 피부는 연약하기 때문에 오랫동안 물에 있으면 피부에 문제가 생길 수도 있습니다.

아기 씻기는 순서

1. 얼굴을 부드럽게 닦아준다.
2. 머리를 감긴다. 샴푸 사용은 2~3일에 한 번이면 충분하다.
3. 아기의 몸을 욕조에 담근다. 목둘레부터 시작해 가슴과 배를 씻긴다.
4. 팔과 다리를 씻긴다. 위부터 아래로 부드럽게 쓸어내린다.
5. 등과 엉덩이를 씻긴다. 손바닥이나 수건으로 원을 그리듯 씻어주는 것이 요령이다.
6. 여자 아기는 음순 주변을, 남자 아기는 고환 뒤쪽을 잘 닦아준다.
7. 몸을 깨끗하게 헹궈주고 재빨리 물기를 닦아준다.

전용 욕조를 쓰는 것이 좋습니다

이 시기의 아기들은 아직 면역력과 저항력이 약합니다. 어른이 사용하는 욕조를 함께 사용하면 세균에 감염될 수도 있습니다. 목욕을 시키는 과정에서 아기에게 문제가 생기는 것을 미리 방지하려면 아기 전용 욕조를 마련하는 것이 바람직합니다. 아기 욕조는 너무 깊지 않고 바닥에 미끄럼을 방지할 수 있는 홈이 있는 것이 좋습니다.

또한 목욕을 시킨 다음에는 재빨리 물기를 닦고 옷을 입혀야 합니다. 아기들은 온도 변화에 민감하기 때문에 벗긴 채로 너무 오래 두면 감기에 걸릴 수도 있습니다. 손 닿는 곳에 미리 수건을 깔아두고 기저귀와 옷을 챙겨두세요. 분이나 로션은 몸의 물기를 완전히 제거하고 체온이 떨어질 위험을 방지한 다음에 발라줘도 늦지 않습니다.

목욕할 때 쓰면 좋은 라벤더 오일

자기 전에 사용하는 목욕 비누를 보면 라벤더 향이 들어가 있는 것이 많다. 라벤더 향이 진정작용을 해 숙면을 취하는 데 도움이 되기 때문이다. 아기 목욕에도 라벤더 오일을 쓰면 좋다. 라벤더 오일을 넣은 물에 씻기면 칭얼대던 아기가 안정감을 보이며 잠도 잘 잔다. 이밖에 라벤더 오일은 땀띠나 기저귀 발진 같은 피부 질환을 예방하는 데도 도움이 된다. 욕조에 5~10방울 정도 떨어뜨리고 씻기면 된다.

아기 건강에 좋은 감초 목욕과 녹차 목욕

아기를 목욕시킬 때 쓰면 좋은 한방재료가 있습니다. 감초와 녹차를 이용해보세요. 감초는 비위를 보하고 기혈을 돋우며 열을 내려주는 효과가 있고, 소염과 해독 작용을 합니다. 특히 새살이 돋는 데 효과적이지요. 방법은 간단합니다. 감초 20g을 1시간 정도 물에 달여 목욕물에 타서 쓰세요. 만일 피부가 민감한 편이라면 목욕물에 섞기 전에 아기의 귀 뒤쪽에 감초 달인 물을 살짝 묻혀보세요. 30분 후에 별다른 이상이 없는지 확인해보고, 피부에 아무 변화가 없다면 목욕을 시켜도 됩니다. 감초 물은 특히 초기 아토피성 피부염에도 효과적입니다.

녹차는 한약재로 다명茶茗이라고 합니다. 머리와 눈을 맑게 하고 소화를 도우며 속열을 풀어주는 효과가 있지요. 성질이 차서 태열이나 아토피성 피부염, 땀띠, 기저귀 발진 등을 진정시키는 데 도움이 됩니다. 미백 효과가 있을 뿐만 아니라 가려움증에도 좋습니다. 녹차 티백 하나를 우려내거나, 가루녹차 한 숟가락을 목욕물에 타서 쓰면 됩니다. 다만 감초나 녹차를 쓸 때는 비누와 함께 사용하지 않는 것이 좋습니다. 감초와 녹차의 성분만으로 비누로 씻길 때 못지않은 세정 효과가 있습니다.

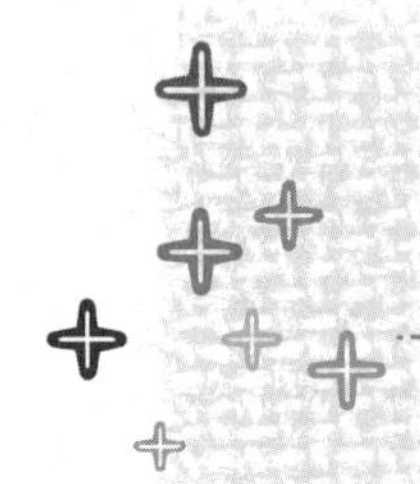

신생아 시기의 예방접종이 궁금해요

우리나라 엄마들은 예방접종을 절대적으로 신뢰하는 경향이 있습니다.
아기 건강에 대한 지나친 염려증 때문입니다. 하지만 엄마들이 기대하는 것처럼
예방접종이 만병통치약은 아닙니다. 즉 예방접종을 한다고 무조건 병을 예방해주는 것은
아니라는 거지요. 경우에 따라서는 예방접종 자체가 문제가 될 수도 있습니다.
아는 것이 힘이라는 말이 있듯, 예방접종에 대해 잘 알고 목적을 분명히 할 필요가 있습니다.

아기가 맞는 주사, 과연 어떤 성분일까요?

예방접종 백신에는 포름알데히드, 페놀, 치로메살, 에틸렌글리콜 등이 방부제로 사용됩니다. 도대체 이것들이 어떤 작용을 하는 걸까요? 놀라지 마세요. 우선 포름알데히드는 발암물질로 알려져 있는 물질입니다. 시체의 방부처리에 사용되고 살균제, 살충제, 폭약, 화학섬유를 만들 때 쓰입니다. 페놀은 맹독성 물질로 면역계 교란을 불러일으킬 뿐 아니라 생명에도 위협을 줄 수 있습니다. 주로 물감이나 살충제, 플라스틱, 방부제, 살균제를 만들 때 쓰이지요. 치로메살은 에틸 수은을 50퍼센트 이상 함유한 방부제로, 이로 말미암아 수은에 중독될 수 있습니다. 에틸렌글리콜은 부동액의 주요성분으로 DTaP, Hib, B형 간염 백신 등에 방부제로 사용됩니다.

이런 화학첨가물들은 대부분 독성이 있거나 알레르기를 일으키는 원인으로 알려진 것들입니다. 이런 물질이 우리 몸에 들어갔다고 생각해보세요. 생후 6개

월 정도까지는 간이 해독작용을 제대로 할 수 없어서 이런 물질이 들어가면 아주 적은 양이라도 부작용을 일으키고 중독증을 유발할 수 있습니다.

따라서 예방접종을 한다면 만일의 사태를 대비하여 아기가 가장 건강할 때 한 번에 하나씩만 해야 합니다. 여러 가지 주사를 하루에 다 맞아서는 안 되며, 꼭 필요하지 않은 선택 접종은 피하는 것이 안전하다고 할 수 있습니다.

확실한 것은 예방접종 자체만으로도 아기는 힘들 수 있다는 점입니다. 특히 경련성 질환을 앓았거나, 아토피가 심하거나, 뇌신경에 문제를 가진 아기라면 필수 접종도 신중해야 합니다.

예방접종 날짜가 조금 늦어져도 괜찮습니다

아기 몸 상태도 나쁘고 날씨도 춥고 비도 오는데 예방접종 날짜를 지켜야 한다며 아기를 둘러업고 병원을 찾는 엄마들이 있습니다. 특히 아기를 처음 키우는 초보 엄마들이 그렇습니다. 하지만 예방접종을 해당 날짜에 하지 않는다고 해서 큰일이 나는 것은 아닙니다. 짧게는 며칠 길게는 2주 정도 늦어도 큰 상관이 없습니다.

우선 예방접종 날짜를 반드시 지켜야 한다는 강박관념부터 버리세요. 경우에 따라서 1~2주 정도 늦어져도 크게 상관없습니다. 정해진 날짜에 따르기보다 아기의 몸 상태가 가장 최선일 때를 택하는 것이 좋습니다. 아기의 몸 상태가 좋지 않거나, 가벼운 질병을 앓고 있다면 몸 상태가 나아지기를 기다리세요. 특히 열이 있는 경우에는 절대 예방접종을 해서는 안 됩니다. 만약 아기가 만성질환을 앓고 있다면 전문의와 상담을 한 후 결정해야 합니다.

특히 B형간염 백신은 단체 생활을 시작하는 시기까지 늦추는 것이 현명합니다. 프랑스는 부작용을 우려하여 B형간염 백신을 필수 접종에서 제외하고 있습니다. 수두 백신은 그 효능과 부작용이 분명하지 않아서 2005년 이후에서야 필수접종이 되었습니다.

"날짜를 못 맞추면 처음부터 다시 맞아야 하잖아요."

엄마들이 많이 묻는 말인데, 그렇지 않습니다. 병원에서는 이런저런 사정 때문에 아기의 예방접종 날짜가 좀 늦어졌더라도 처음부터 다시 접종을 하는 것이 아니라 그냥 이어서 접종을 합니다. 다만 일부 예방접종은 수 개월 이상 너무 늦어지면 다시 시작하는 것도 있으니 의사에게 알려줄 필요는 있습니다.

예방접종 때 지켜야 할 것들

우선 예방접종은 가능한 한 오전에 하는 것이 좋습니다. 아침에 일어나자마자 아기의 체온을 재보고 열이 없는 것을 확인해야 합니다. 조금이라도 열이 있다면 일단 예방접종을 미루는 것이 현명합니다. 예방접종 전날 미리 목욕을 시켜서 깨끗한 상태에서 주사를 맞게 해야 합니다.

병원에 갈 때 육아 수첩을 꼭 가져가세요. 아기의 발달 상황이나 몸 상태를 점검해야 하기 때문이지요. 아기의 상태를 정확히 전달하려면 엄마가 직접 데리고 가는 것이 좋습니다. 만일 다른 사람에게 부탁한다면 아기의 현재 상태를 자세히 알려줘야 하며, 어떤 주사를 맞아야 하는지, 몇 차 접종인지를 확실히 주지시켜야 합니다. 실수로 다른 주사를 맞는 경우가 종종 있기 때문입니다.

누차 강조하지만 예방접종을 며칠 늦춘다고 해서 당장 아기에게 큰일이 일어나는 것은 아닙니다. 날씨가 나쁘다거나 아기의 몸 상태가 좋지 않다면 며칠 연기하는 것이 현명합니다.

예방접종 후 이렇게 해주세요

우선 주사를 맞힌 직후 접종 부위를 잠시 눌러주세요. 예전에는 주사 맞은 곳을 계속 문질러줘야 한다고 했는데 그럴 필요는 없습니다. 다만 주사를 맞은 다음에는 20분 정도 병원에 머무는 것이 좋습니다. 예방접종을 한 후 아기의 상태를 조금 지켜볼 필요가 있기 때문입니다. 또한 집에 와서도 적어도 3시간 정도까지는 아기를 잘 관찰해보세요. 조금이라도 이상한 점이 발견되면 병원

예방접종과 알레르기

알레르기를 일으키는 첨가물이 포함된 백신이 있다. 따라서 아기에게 알레르기가 있다면 접종 전에 의사에게 이 사실을 미리 알려서 주사 때문에 알레르기가 발생하는 것을 방지해야 한다. 알레르기의 원인이 되는 첨가물이 들어 있지 않은 백신을 접종하는 것이다.
B형간염 백신에는 효모, MMR 백신에는 달걀, 수두 백신에는 네오마이신 항생제 등이 있으므로 해당 알레르기가 있는 아기라면 더욱 주의해야 한다.

에 문의를 해야 합니다. 특히 예방접종을 한 후 갑자기 열이 난다면 바로 병원에 가는 것이 좋습니다.

단, 접종 부위가 붓는 것은 걱정하지 않아도 됩니다. 주사를 맞은 다음 해당 부위가 붓는 것은 흔히 일어나는 일입니다. 너무 많이 붓는다면 물기가 닿지 않게 하여 찬찜질을 해주면 됩니다.

그리고 주사를 맞힌 당일과 그 다음날은 아기를 쉬게 해주세요. 단, 예방접종 후에 목욕도 시키지 않고 아기를 눕혀두는 엄마들이 있는데 그렇게까지 조심할 필요는 없습니다. 예방접종 후에 목욕을 시키지 말라는 것은 아기를 힘들게 하지 말라는 말이지 물에 절대 닿으면 안 된다는 뜻은 아닙니다.

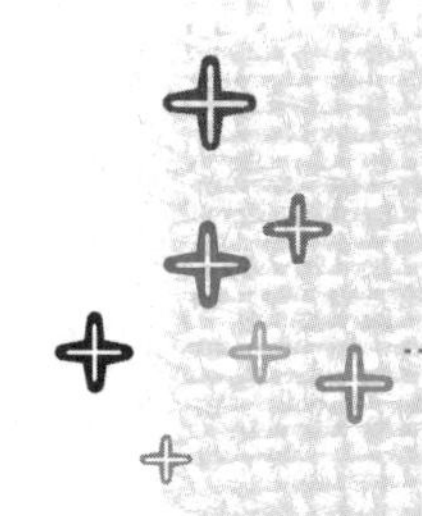

아기가 온종일 손가락을 빨아요

이 시기의 아기들은 빨고 싶은 욕구가 많습니다.
젖이나 젖병을 빠는 것만으로 부족해 온종일 손가락을 입에 넣고 사는 아기도 있지요.
엄마 눈에는 더러워 보이기도 하고 저러다가 병에 걸리면 어쩌나 걱정스럽기도 합니다.
습관이 되면 못 고친다고 전전긍긍하는 엄마도 많습니다.
하지만 아기가 자라면서 손가락을 빠는 것보다 더 재미있는 것이 많다는 걸 알게 되면
이 버릇은 저절로 줄어듭니다.

아기가 손가락을 빠는 것은 빨고 싶은 욕구 때문입니다

손가락을 빠는 것은 신생아에게 가장 많이 보이는 버릇 중 하나입니다. 처음에는 가만히 있던 아기도 백일을 전후로 갑자기 손가락을 빨기도 하지요. 빠는 모습도 참 다양합니다. 엄지손가락만 계속 빠는 아기가 있는가 하면 검지와 중지를 한꺼번에 입에 넣고 빠는 아기도 있습니다. 주먹 전체를 입에 무는 아기도 있지요.

처음에는 그저 귀엽게 봐줄 수 있지만 온종일 손가락을 입에 물고 사는 아기를 보면 '저러다 버릇이 들면 어쩌나?' 조바심이 생깁니다. 어릴 땐 그렇다 치더라도 무엇이든 한번 습관이 들면 고치기가 어렵다고 생각하기 때문입니다.

하지만 이 시기의 아이들이 손가락을 빠는 것은 큰 문제가 되지 않습니다. 아기가 입에 닿는 것을 무엇이든 빨고 보는 것은 이 시기 아기들이 공통으로 가진 흡입 반사입니다. 아기만의 자연스러운 반사 행동 중 하나로, 이를 통해

생리적 욕구가 충족됩니다.

시간이 지나면 손가락을 빠는 버릇은 자연히 없어집니다. 세상에 이보다 더 재미있는 것이 많다는 것을 아기 스스로 자각하면서 다른 욕구 충족법을 배워가기 때문이지요.

사실 아기가 손가락을 빨면 편한 점도 있습니다. 이유 없이 칭얼대는 일이 적어지고, 잠이 들 때도 칭얼대는 일이 훨씬 줄어들지요. 잠에서 깨어 칭얼대다가도 손가락을 입에 물며 다시 잠들기도 합니다.

하지만 아직 면역력이 떨어지는 시기이니만큼, 손가락을 빨다가 나쁜 균이 들어가지 않도록 늘 청결에 주의를 기울여야 합니다. 자주 씻겨주고 손에 더러운 것이 묻어 있지 않은지 수시로 확인해주세요. 굳이 손가락을 못 빨게 하여 아기에게 스트레스를 주기보다는, 시간이 지나 자연스럽게 그 버릇이 없어지길 기다리면서 위생 관리에 신경 쓰는 것이 현명합니다.

손가락 대신 공갈젖꼭지를 물려주세요

빠는 욕구를 채워주는 대용품으로 공갈젖꼭지를 사용해도 됩니다. 공갈젖꼭지는 아기의 빠는 욕구를 최대한 채워주면서, 손가락에 염증이 생기는 등의 문젯거리를 해결해줍니다. 또한 영아산통을 줄여주기도 하지요. 공갈젖꼭지를 물고 있는 시간 동안 아기는 보채지 않기 때문에 엄마가 한결 편할 수도 있습니다.

손가락을 빤다고 말도 못 알아듣는 아기를 야단치거나, 손가락에 쓴 약을 바르거나 반창고 따위를 붙이지는 마세요. 아기에게 스트레스만 줄 뿐 손가락 빠는 버릇을 고치는 데는 아무런 도움이 되지 않습니다. 또한 아직 무엇이 옳고 그른 행동인지 구별할 능력도 없는 아기에게 억지로 행동을 제지당하는 것만큼 고통스러운 일은 없습니다. 이럴 때 아기의 집착을 억지로 없애려 하기보다는 공갈젖꼭지 같은 대용품을 통해 문제를 해결하기를 권합니다. 시간이 지나면 손가락 빠는 버릇은 자연스럽게 나아집니다. 공갈젖꼭지를 빠는 것도 버릇이 들지 않느냐고 묻는 엄마들이 있는데, 적절히 사용하면 괜찮습니다. 게다가 아기가 누워만 있는 시기를 지나 제 스스로 걷고 뛸 정도가 되면 공갈젖꼭지는 쉽게 뗄 수 있습니다.

아기가 잘 때는 손가락도 공갈젖꼭지도 금물!

잘 때만큼은 공갈젖꼭지를 물려주지 말자. 공갈젖꼭지를 문 채로 잠들면 입안의 점막이 벗겨질 수 있고, 칸디다 등이 번식해 아구창이나 입병을 일으킬 수 있다. 또 자다가 공갈젖꼭지가 입에서 빠지면 잠에서 깨서 보채기도 한다. 아기가 잠들기 전 칭얼댈 때 잠깐만 공갈젖꼭지를 물리고, 아기가 잠들면 바로 빼놓도록 한다.

모유 먹는 아기에게 공갈젖꼭지는 금물

분유를 먹는 아이라면 상관없지만 모유를 먹는 아기라면 공갈젖꼭지를 사용할 때 신중해야 합니다. 생후 한 달이 지난 아이에게 공갈젖꼭지를 사용하면 유두혼동이 일어나 엄마 젖을 잘 빨지 않을 수 있기 때문입니다. 아이가 공갈젖꼭지에 익숙해져 엄마 젖을 거부하게 되면 엄마의 젖이 줄어 모유수유에 실패할 수도 있습니다.

하지만 분유를 먹는 아기들은 좀 다릅니다. 이 시기의 아기들은 빠는 욕구가 강한데 분유를 먹는 것만으로는 그 욕구가 충분히 채워지지 않습니다. 이때 공갈젖꼭지가 그 욕구를 마저 채워줍니다. 단, 아기가 빨고 싶어 하지 않는데도 공갈젖꼭지를 물려주지는 마세요. 처음에는 우는 아기를 쉽게 달랠 수 있어 좋겠지만, 시간이 지나면 아이는 공갈젖꼭지에 필요 이상으로 집착하게 됩니다. 상담을 하다 보면 외출을 했다가 공갈젖꼭지를 두고 온 것이 생각나 혼비백산이 되어 집으로 돌아왔다는 엄마도 있고, 급한 마음에 그때마다 공갈젖꼭지를 사서 썼다는 엄마도 있습니다. 먼 길을 달려 집으로 돌아가거나, 급하게 새로 살 만큼 공갈젖꼭지에 의존한다는 말이지요. 정도가 심하면 공갈젖꼭지 이외에는 아기를 달랠 수단이 없는 지경에 이르고 맙니다. 이렇게까지 공갈젖꼭지에 집착하게 되면 끊기도 점점 어려워집니다. 정말 필요할 때 외에는 공갈젖꼭지를 물리지 마세요. 그것이 아기의 빠는 습관을 없애는 제일 나은 방법입니다.

또한 공갈젖꼭지를 쓸 때는 소독에 신경을 써야 합니다. 신생아는 면역력이

공갈젖꼭지가 뻐드렁니를 만든다?

공갈젖꼭지를 물리면 이빨 모양이 이상해진다고 믿는 엄마들이 많은데 이는 근거 없는 이야기다. 사실 공갈젖꼭지를 오래 빨면 젖니가 뻐드렁니가 될 수는 있을 것이다. 하지만 젖니는 금세 빠지는 이빨이고, 공갈젖꼭지가 그 뒤에 새로 나는 영구치에까지 영향을 미치지는 않는다. 대개 공갈젖꼭지는 아기 시절에만 사용하므로, 영구치가 나는 만 6세 이후까지 영향을 미칠 일은 없다.

약하기 때문에 젖병을 소독하는 것처럼 공갈젖꼭지도 철저하게 소독해서 써야 합니다. 공갈젖꼭지로 우유를 먹는 것도 아니고 입에 물고만 있는데 무슨 탈이 있을까 싶겠지만, 잘못하면 소독하지 않은 젖병을 물리는 것보다 더 심각한 사태가 발생할 수도 있습니다. 아기가 조금 더 커서 면역력이 강해지면 모르겠지만, 신생아 시기에는 무엇보다 위생 관리가 중요합니다. 사소한 부주의로 아기가 세균에 감염되는 사태는 막아야 합니다.

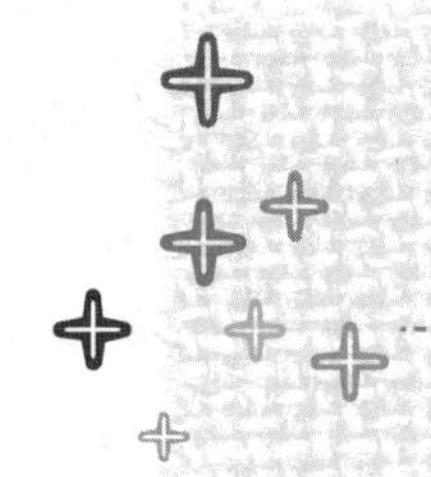

아기가 미숙아로 태어났어요

미숙아는 엄마의 최종 월경일로부터 37주 미만에 태어난 아기를 말합니다.
보통 몸무게가 2.5kg 이하로 태어나며,
제 스스로 호흡하거나 체온을 조절하는 능력이 떨어지지요.
미숙아가 태어나는 비율은 엄마들이 생각하는 것보다 훨씬 높습니다.
100명 중의 8명 정도가 미숙아로 태어난다고 하니,
내 아기가 이에 해당할 가능성을 무시할 수 없지요.
하지만 미숙아로 태어났어도 엄마가 잘 돌봐주면 충분히 잘 성장할 수 있습니다.

미숙아의 건강 파수꾼은 모유입니다

정상체중으로 태어난 아기라도 출생 직후에는 살이 거의 없고 몸집도 작습니다. 만일 아기가 예정일보다 일찍 태어났다면 훨씬 작고 여리겠지요. 하지만 걱정할 필요가 없습니다. 이제부터라도 아기의 건강을 지키겠다고 마음먹고 관심을 기울인다면 정상아와 다름없이 튼튼하게 키울 수 있습니다.

미숙아에게 제일 좋은 약은 바로 모유입니다. 모유를 통해 부족한 면역기능을 키워줄 수 있고, 영양분도 충분히 전달할 수 있습니다. 따라서 의학적인 이유로 모유수유를 하지 못하는 경우가 아니라면 어떻게든 모유를 먹여야 합니다.

미숙아를 둔 엄마의 초기 모유는 만삭아를 둔 엄마의 모유보다 훨씬 뛰어납니다. 단백질과 락토페린과 유지방을 효과적으로 흡수하는 효소가 많이 들어 있지요. 면역글로불린A가 풍부해 면역력을 키우는 데도 훨씬 도움이 됩니다. 신기하게도 지금 내 아기에게 가장 필요한 것이 무엇인지 엄마 몸이 먼저 알

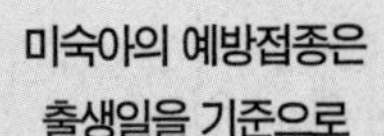

미숙아의 예방접종은 출생일을 기준으로

미숙아라고 해서 예방접종을 늦출 필요는 없다. 태어날 날을 기준으로 월령을 계산하여 예방접종을 한다. 하지만 만 2개월이 되어서도 아기가 병원에서 자라고 있다면 소아마비 접종은 퇴원 이후에 하는 것이 좋다. 만일 아기의 체중이 2kg이 되지 않는다면 B형간염 접종을 해도 항체가 잘 생기지 않으므로 접종을 연기해야 한다.

아채고, 스스로 그런 성분들을 만들어내는 것입니다.

이때 엄마가 특별히 신경 쓸 것은 단 하나, 칼슘 섭취입니다. 미숙아는 특히 칼슘이 모자라는데 이는 엄마의 모유로만 채울 수 있습니다. 따라서 엄마가 칼슘이 많은 음식을 먹어서 모유를 통해 아기에게 칼슘을 보충시켜줘야 합니다.

아기에게 젖을 빨 힘이 있다면, 계속해서 젖을 물려주세요. 엄마 젖을 많이 잘 먹게 하는 것이 미숙아를 정상 발육 상태로 만드는 지름길입니다. 만일 아기가 젖을 빨 수 없다면 유축기를 이용해서라도 젖을 먹이길 바랍니다. 만일 불가피하게 분유를 먹여야 한다면 부족한 영양분을 보충해 줄 미숙아용 분유를 먹이고, 병원에서 주는 특수 영양제를 먹이는 것도 좋습니다.

실내 환경은 조금 더 따뜻하게

미숙아는 정상아보다 체중이 적게 나갈 뿐 아니라 피부도 얇고 호흡도 불안정합니다. 신체 기능도 많이 떨어져서 바깥세상에 대한 적응력도 보통 아기보다 처지는 편이지요. 자라면서 병에 걸릴 확률도 더 높습니다. 바꿔 말해 저항력이 그만큼 떨어진다는 말입니다.

미숙아가 가장 조심해야 할 것은 바로 감기입니다. 정상아라면 덥지 않게 키우는 것이 정석이지만, 미숙아라면 아기가 있는 방 온도를 25도 정도로 조금 높게 유지해야 합니다. 습도는 60퍼센트 전후가 적당합니다.

수유할 때 역시 아기의 저항력을 생각해야 합니다. 모유수유를 하는 엄마의 손이 늘 청결해야 하지요. 엄마 손이 깨끗해야 아기가 세균 감염의 위험에서 벗어날 수 있습니다. 무엇보다 병에 걸리지 않게 예방하는 것이 미숙아를 키우는 첫 번째 원칙이라는 사실을 명심하세요.

이렇듯 아기가 자라는 환경에 신경을 잘 써주면 대개 만 두 돌 무렵에 보통 아기들과 비슷한 상태가 됩니다. 체중도 많이 늘고 몸집도 커지지요. 그러나 체중이 늘었다고 안심해서는 안 됩니다. 체중과 동시에 키와 머리 둘레도 일정한 비율로 늘어나야만 비로소 정상 발육 상태로 왔다고 볼 수 있습니다.

보약은 엄마를 통해서

미숙아는 정상아보다 건강 상태가 좋지 않은 것이 사실입니다. 원기도 떨어지고 병에 대한 저항력도 약하지요. 이때 아기가 특히 약한 부분을 잘 파악하여 약을 통해 개선해주면 질병을 예방할 수 있을 뿐 아니라 건강을 회복하는 데 도움을 줄 수 있습니다.

특히 영유아기는 건강의 기초를 다지는 시기로, 이 시기에 선천적으로 약한 부분을 보완하여 성장할 수 있게 한다면 건강한 성인으로 성장할 수 있습니다.

보약은 말 그대로 '보補'하는 것입니다. 몸의 부족한 부분의 기운을 돋우어 몸 전체가 균형 있는 건강 상태를 유지하도록 돕는 것이지요.

아이가 태어날 때부터 몸이 작거나 예정일보다 일찍 태어났다면 몸을 보해주는 것이 좋습니다. 하지만 태어난 지 얼마 안 된 신생아에게 함부로 보약을 먹일 수는 없는 노릇입니다. 보약은 적어도 생후 6개월은 되어야 안전하게 복용할 수 있습니다. 정상 발달을 보이는 아기라도 대개 돌이 되었을 때 첫 보약을 먹입니다. 하물며 정상 발달선 상에 있지 않은 미숙아라면 그 시기를 더 늦출 수밖에요.

신생아 시기의 미숙아에게는 간접적인 방법을 쓸 수밖에 없습니다. 방법은 모유수유를 하는 엄마가 보약을 먹는 것이지요. 엄마가 산후조리를 할 때 아기 몸을 보할 수 있는 약을 복용하여 아기에게 간접적으로 전하는 방식입니다.

산후보약을 처방할 때 아기의 건강도 함께 고려하여, 아기의 건강 증진을 위한 약재를 함께 넣어 복용하세요. 한약의 좋은 성분이 젖을 통해 아기에게 전달되어 아기의 성장과 건강 증진에 도움을 줄 수 있습니다.

이것만은 꼭 알아두세요

미숙아가 주의해야 할 병

1. 빈혈

미숙아는 엄마로부터 철분을 충분히 공급받지 못한 채 태어났기 때문에 빈혈에 걸릴 가능성이 있다. 아기에게 빈혈기가 있다면 철분제를 통해 부족한 철분을 채워줘야 한다. 단, 복용 시기는 몸무게가 출생 직후의 몸무게보다 2배가 되는 시점부터가 좋다.

2. 미숙아 망막증

미숙아 망막증은 망막이 제대로 형성되지 못해 발생하는 질환이다. 생후 1개월 이내에 조기 진단이 가능하지만, 아기의 눈 상태가 의심스럽다면 서둘러 안과에서 검진을 받는 것이 좋다.

3. 패혈증

미숙아들은 면역력이 약하기 때문에 외부 균에 쉽게 감염된다. 만일 감염을 내버려두면 핏속으로 세균이나 바이러스가 침입하여 패혈증을 일으킬 수 있다. 패혈증은 생명을 위협할 만큼 심각한 질환이기 때문에 평소 아기의 면역력 신장에 신경을 써야 한다.

4. 호흡곤란

미숙아는 폐의 발달이 미숙하기 때문에, 호흡이 불규칙할 뿐 아니라 작은 자극에도 비정상적으로 숨을 빨리 쉬기도 한다. 일시적인 것은 곧 회복되지만, 호흡 곤란이 계속 된다면 호흡기 질환을 의심해봐야 한다. 호흡기가 전반적으로 미숙하므로 아기의 상태를 늘 관찰해야 한다.

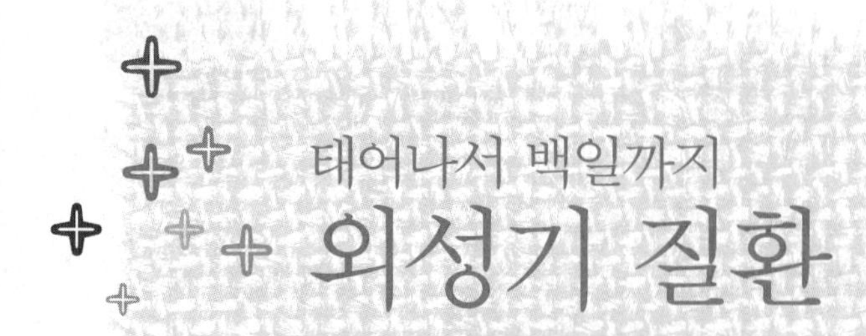

태어나서 백일까지

외성기 질환

음낭수종에 대해 알아봅시다

신생아의 모든 신체 기관은 아직 미숙합니다.
불완전한 상태로 태어나 생후 몇 년에 걸쳐 기능을 갖춰갑니다.
성기도 마찬가지입니다. 성기가 제대로 기능을 갖추는 과정에 문제가 생길 수도 있습니다.
음낭수종이나 탈장 등 외성기 질환으로 분류되는 병들을 말하지요.
이런 질환은 생후 1년을 전후로 사라지기도 하고,
경과에 따라 수술을 받아야 하는 일도 있습니다.

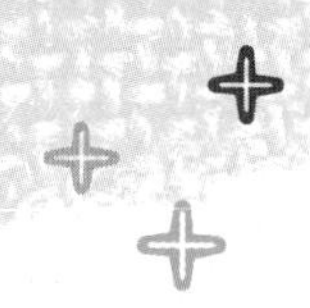

아기가 음낭수종이래요

태아 시절, 고환은 아기 뱃속에 자리잡고 있습니다. 그러다 아기가 성장하면서 뱃속에 있던 고환이 사타구니(서혜부)를 타고 내려와 음낭에 들어가지요. 정상적인 고환으로 자리잡게 되는 것입니다. 그런데 고환이 아래로 내려와 음낭에 들어가는 과정에서 문제가 생길 수 있습니다.

고환이 아래로 내려올 때 교통로가 남게 되는데 시간이 지나면 이 교통로는 저절로 막힙니다. 그런데 길이 막히기 전에 뱃속에 있던 장액이 그 길을 타고 음낭에 내려와 고이면 음낭이 점점 커지지요. 이것이 바로 비교통성 음낭수종으로 남자 신생아의 1~2퍼센트가 이 증상을 보입니다. 하지만 배와 연결되는 교통로가 이미 막혔기 때문에 돌쯤 되면 장액이 저절로 없어지고 고환의 크기도 정상적으로 돌아옵니다.

수술이 필요한 음낭수종도 있습니다

고환이 내려온 길이 막혔다면 이렇듯 별 문제없이 증상이 사라지지만, 간혹 이 길이 열린 상태로 태어나는 아기들이 있습니다. 이러면 서혜부 탈장이나 교통성 음낭수종이 생깁니다. 뚫려 있는 구멍이 작으면 교통성 음낭수종, 구멍이 커서 장이 빠져나오는 것을 서혜부 탈장이라고 합니다.

길이 계속 열려 있으니 장액이 계속 음낭으로 내려옵니다. 이러면 고환의 크기는 줄지 않습니다. 하지만 신생아 음낭수종의 치료는 돌까지는 지켜보는 것이 원칙입니다. 대개 돌 전에 교통로가 자연적으로 막히는 경우가 많기 때문입니다. 돌 이후에도 증상이 계속되면 구멍이 열려 있다고 보고 교통로를 차단하는 수술을 시행합니다.

흔히 교통로가 열려 있는 상태에서 주사기로 음낭에 구멍을 뚫어 음낭 속의 물을 뽑아내기도 합니다. 하지만 교통로를 남겨둔 채 음낭 속의 물만 뽑아낸다고 완치되는 경우는 거의 없습니다. 또한 주사기로 음낭수종을 뽑아내다가 고환이 손상을 입으면 고환의 성장에 장애가 따르기도 합니다. 이러한 이유로 교통성 음낭수종은 수술하는 것이 원칙입니다.

한방에서 음낭수종은 산증에 속합니다

아랫배에 병이 생겨 배가 아프고 대소변이 잘 나오지 않는 것을 산증이라고 하는데, 이것은 찬 기운으로 생깁니다. 음낭수종은 수산水疝, 서혜부 탈장은 기산氣疝이라고 하였지요.

앞서 말했듯 비교통성 음낭수종은 수술을 하지 않아도 됩니다. 하지만 아기에게 통증이 있고 음낭에 있는 장액이 빨리 흡수되지 않는다면 한방적 처방으로 훨씬 증상이 좋아질 수 있습니다. 찬 기운을 몰아내고 따뜻하게 해주거나, 이수利水시켜 정체된 습濕을 제거하거나, 하수되어 내려가 있는 기운을 끌어올리는 등의 치료법을 정하여 처방합니다.

정류 고환과 이동성 고환도 있습니다

고환이 음낭에 완전히 내려오지 못하고 중간에 머무는 것을 정류 고환이라고 합니다. 남자 신생아의 3.4퍼센트에서 나타날 만큼 흔한 증상이며 미숙아일수록, 체중이 적을수록 많이 나타나지요. 대개 생후 3개월 정도가 되면 정상으로 돌아오는데, 이 시기는 남성호르몬의 혈중 농도가 급속히 올라가서 고환이 저절로 내려오는 경우가 많습니다. 고환이 복강에 깊이 위치할수록, 오래 머물러 있을수록 체온에 의해 고환 조직의 손상이 더 심해지므로 생후 3개월이 되었는데도 저절로 내려오지 않는다면 늦어도 2세 전에는 치료를 해야 합니다.

이동성 고환은 보통 때는 고환이 음낭에 있다가 울거나 자극을 받아 위로 올라가는 것을 말합니다. 이는 병증은 아니고 고환을 보호하기 위한 반사로 만 5세 경에 가장 심하게 나타나고 사춘기가 되면 저절로 없어집니다.

신생아 포경수술은 신중하게

한때 갓 태어난 신생아에게 포경수술을 하는 경우가 많았는데, 요새는 거의 시행하지 않는다. 음경의 귀두가 포피包皮로 덮여 유착된 상태를 포경이라고 하는데, 정상적인 성장 과정에서 대부분 유착된 부분이 떨어지기 때문에 포경수술이 필요한 경우는 많지 않다. 또한 포경수술로 없어지는 포피에서는 20여 가지의 생리학적인 호르몬이 나오며, 성기의 보호, 면역, 감각 기능에 아주 중요한 역할을 한다. 100명 중 1명만이 포경으로 귀두와 포피가 유착되어 있으며, 정상적으로 귀두와 포피의 분리는 만 19세까지 진행된다. 생후 6개월에 20퍼센트의 아기가 분리되고, 만 10세에는 50퍼센트가, 만 19세 이후에 99퍼센트가 분리되므로, 20세 이전에는 포경수술을 하지 않는 것이 좋다.

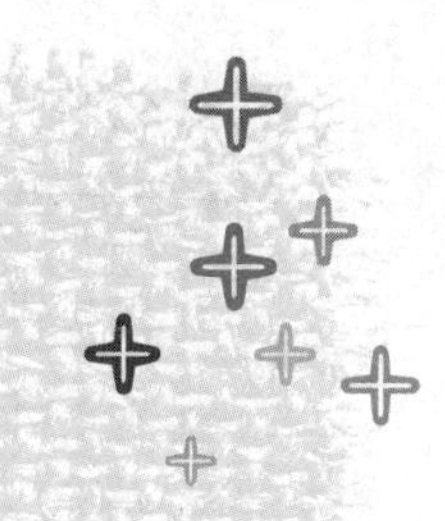

음낭수종과 비슷한 서혜부 탈장

태아 초기에는 고환과 난소가 태아의 뱃속에 위치하고 있습니다.
그러다 태아가 자라면 고환이나 난소가 사타구니(서혜부)를 따라
음낭이나 자궁 옆으로 내려옵니다.
그런데 이 서혜관이 막히지 않아서 발생하는 것이 음낭수종과 서혜부 탈장입니다.
음낭수종은 서혜관을 통해 장액이 내려와 음낭에 고이는 것이고,
서혜부 탈장은 장이 빠져나와서 생기는 것입니다.
수술이 필요한 경우 치료 방법도 비슷합니다.

탈장이 없으면 괜찮습니다

"걱정하지 마라. 돌 되면 다 좋아진다."

엄마들이 음낭수종을 보고 놀랄 때 경험 많은 할머니들이 이렇게 말해주곤 합니다. 비교통성 음낭수종을 많이 본 경험에서 나온 이야기지요. 탈장이 없는 경우에는 보통 돌이 되면 구멍은 막히고, 장액은 흡수됩니다. 만일 이때가 되어서도 수종이 없어지지 않거나 수종 내 압력이 너무 높거나 탈장이 있는 경우는 수술해야 합니다. 일단 음낭수종이 있으면 어떤 상태인지 진찰을 받아 보는 것이 좋겠습니다.

서혜부 탈장은 위험합니다

서혜부 탈장은 사타구니(서혜부)가 튀어나왔다가 다시 들어가기를 반복하는

것입니다. 뱃속에 있는 장이 서혜부 쪽으로 빠져나온 것이지요. 통증은 별로 없습니다.

간혹 아기가 기침을 심하게 하거나 대변을 보고 나서 장이 빠져나오는 경우가 있는데, 이는 복압이 높아져서 그런 것입니다. 아기가 잠들면 복압이 낮아져 빠져나온 장이 다시 뱃속으로 돌아갑니다. 그러나 이 과정에서 구멍에 장이 낄 수가 있습니다. 탈장된 장이 도로 들어가지 않으면 괴사하는데 이것을 감돈이라고 합니다. 감돈이 되면 아이가 굉장히 아파하고 탈장된 부위가 부어오르면서 장이 막히므로 토하기도 합니다.

일단 아기가 서혜부 탈장을 일으키면 되도록 빨리 수술해야 합니다. 언제라도 감돈이 생길 수 있기 때문이지요. 수술은 쉽게 말해 구멍을 메워주는 것입니다. 수술 시간은 15~30분가량이고, 수술 후 별다른 문제가 없으면 다음날 퇴원할 수 있습니다.

두 돌 전에 좋아지는 배꼽 탈장

배꼽이 풍선만큼 커지는 증상이 있습니다. 장이 배꼽 아래쪽의 속살을 비집고 나와서 생기는 배꼽 탈장입니다. 모양도 이상하여 엄마들이 겁을 냅니다. 하지만 겉보기엔 무서워 보여도 두 돌이 되기 전에 저절로 좋아지는 경우가 대부분입니다. 일단 검사를 받아봐야 하지만 그냥 두고 보자는 처방을 받기가 쉽습니다. 그야말로 시간이 약인 셈이지요. 배꼽 탈장도 서혜부 탈장과 마찬가지로 정도가 심하면 장이 꼬이는 등 문제가 되기도 하지만, 그런 경우는 매우 드뭅니다. 하지만 만 두 돌이 지나서도 배꼽 모양이 나아지지 않는다면 수술적 처치가 필요합니다. 수술은 두 돌이 지난 후 의사의 결정에 따라 적당한 시기를 잡아 시행합니다. 대부분 두 돌 무렵이면 좋아지기 때문에 수술까지 하는 경우가 매우 드뭅니다.

나이 드신 어른 중에 아기 배꼽이 커지면 동전을 붙여두라는 분이 있습니다. 동전을 반창고로 붙여놓거나 천 따위로 둘둘 감아두기도 하지요. 하지만

이는 전혀 근거 없는 민간요법으로 잘못하면 염증을 일으킵니다. 배꼽 크기를 줄이는 데는 아무 도움이 되지 않으니 절대 따라하지 마세요. 배꼽이든 서혜부 부위든 탈장 때문에 그 부위가 튀어나오거나 커진다면 우선 정확한 진단을 받는 것이 우선입니다. 두고 볼지 아니면 의학적 처치를 병행할지는 의사가 판단해야 합니다.

이것만은 **꼭** 알아두세요

여자아기에게 흔한 외음부 질염

여자아기는 엄마에게서 받은 호르몬의 영향으로 출생 후 일시적으로 분비물이나 피가 나오기도 한다. 이런 출혈이나 점액 분비는 3~4주가 지나면 멈춰야 하는데, 외음부나 질이 박테리아에 감염되어 염증이 생기면 가렵고 아프면서 고름 같은 분비물이 나온다. 분비물로 말미암아 냄새가 나기도 하고 소변을 보면서 아기가 울기도 한다.

이러한 외음부 질염은 기저귀에 포함된 성분이 독하거나, 목욕할 때 비누 성분에 자극을 받아 생기기도 한다. 감기가 아닌데 열이 나고, 소변을 자주 보며, 소변을 볼 때 아기가 아파하면 검사를 해보는 것이 좋다.

한방에서는 이를 아기가 비위가 허약하고 원기가 부족해질 때 많이 나타난다고 본다. 즉, 면역력이 떨어져 외음부에 있는 유익균들의 활동이 약해지고 유해균이 득세한 것을 원인으로 보는 것이다.

고삼과 사상자, 황백이라는 약재를 같은 무게 비율로 한 줌 정도 넣고 좌욕을 하면 증상 개선에 도움이 된다. 여자아기가 대변을 본 뒤에는 반드시 뒤쪽 방향으로 닦아주고, 물로 잘 씻어줘야 한다.

이유식

모유수유

감기

열

소변과 대변

설사와 변비

눈 · 코 · 입 · 귀

체했을 때 · 잠재우기

태열 · 아토피

피부 문제

보약 먹이기

성장발달 · 아이 키우기

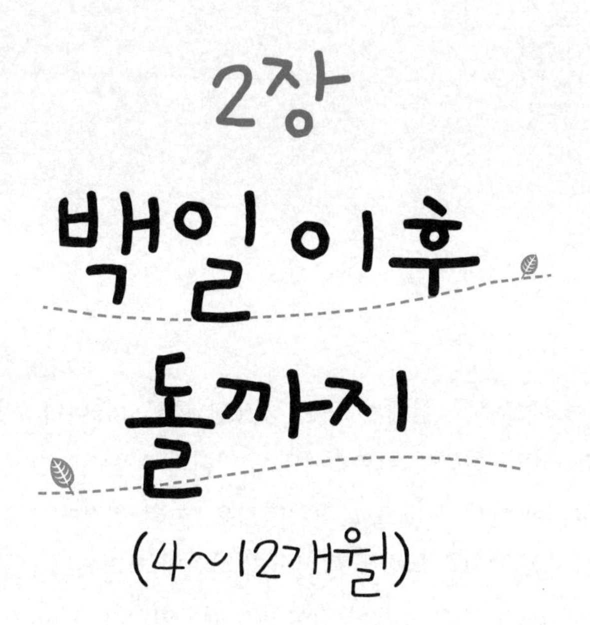

우리나라에서 돌잔치는 예로부터 행해져 오는 중요한 행사였습니다. 아기 건강에서 그만큼 중요한 때가 바로 돌이었습니다. 의학이 발달하지 않았던 과거에는 1년 동안 별 탈 없이 잘 자라주었다는 것은 엄청난 일이었기 때문입니다. '돌까지 건강하다면 어른이 돼서도 건강할 것'이라는 정말로 축복할 만한 일이었던 셈이지요. 지금도 그 사실에는 변함이 없습니다. 모든 장기가 어느 정도 제 구실을 하게 되는 돌까지는 아기 건강의 초석을 쌓는 무척 중요한 시기입니다.

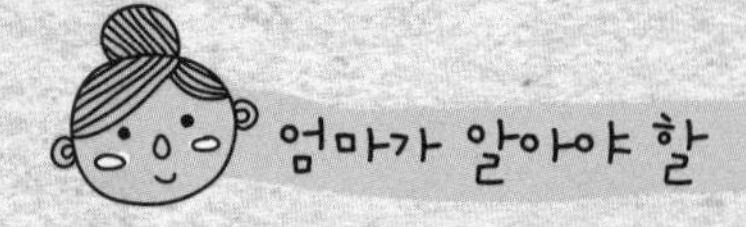

백일 이후 첫돌까지 자연주의 육아법

우리나라에서 돌잔치는 예로부터 행해져 오는 중요한 행사였습니다. 양반만 했던 행사가 아니라, 서민, 천민에 이르기까지 우리나라 사람이라면 누구도 빠짐없이 챙겼던 중요한 행사가 바로 돌잔치였지요. 아기 건강에서 그만큼 중요한 때가 바로 돌이었습니다. 의학이 발달하지 않았던 과거에는 1년 동안 별 탈 없이 잘 자라주었다는 것은 엄청난 일이었기 때문입니다. '돌까지 건강하다면 어른이 돼서도 건강할 것'이라는 정말로 축복할 만한 일이었던 셈이지요. 지금도 그 사실에는 변함이 없습니다. 모든 장기가 어느 정도 제 구실을 하게 되는 돌까지는 아기 건강의 초석을 쌓는 무척 중요한 시기입니다.

: 운동기능과 지능이 급속도로 발달해요

돌 즈음이 되면 체중은 약 10kg, 키는 약 75cm 내외가 됩니다. 태어나서 몸무게가 세 배 정도 성장하는 아주 중요한 시기인 셈입니다. 그러므로 돌까지 잘 안 먹고 질병으로 고생한 아이들은 나중에 성인까지 영향을 미칠 수도 있습니다.

돌이 되면 머리둘레가 가슴둘레와 비슷하거나 약간 작아집니다. 만약 머리둘레가 더 크다면 영양불량, 수두증, 구루병을 의심할 수 있습니다. 돌이면 분당 심박 수는 100회, 호흡 수는 28회 정도이며, 생후 4개월 정도부터 손가락을 쥐었다 폈다 하면서 물건을 잡을 수 있게 됩니다. 코와 귀를 연결하는 이관耳管, 유스타키오관)은 성인보다 짧고 곧고 넓어서 6~24개월에는 중이염을 많이 앓습니다.

이 시기의 아기들을 보면 침도 많이 흘리고 무엇이든 자꾸 입으로 가져가려고 하지요. 보통 유치가 6개월 정도부터 나오기 시작하기 때문에 입이 근질근질해서 그렇습니다. 이때부터는 적절히 치아발육기나 입에 물어도 되는 해가 없는 장난감을 아기가 가지고 놀게 해도 됩니다.

몸이 잘 성장하는 만큼 이 시기에는 아기들의 운동기능과 지능이 급속도로 발달합니다. 자고 일어나면 아기가 큰다고 느낄 정도로 쑥쑥 자라지요.

6개월 이전의 아기들은 청각과 후각을 통해 세상을 알아간다고 합니다. 청각은 엄마의 뱃속에 있을 때부터 발달하기 시작해 아직 덜 발달된 시각을 대신하는 중요한 기관입니다. 백일이면 낯익은 목소리를 구별하고 6개월이면 소리가 나는 방향을 알아차리고 음악을 들으면 좋아합니다. 시력도 좋아져 물체의 움직임을 따라 볼 수 있고 손으로 붙잡으려고 하지요. 후각은 뇌의 정서 발달 부분과도 연결돼 있습니다. "아기는 엄마 냄새를 안다"는 말이 그래서 나온 것입니다. 6개월 이후부터는 오감이 많이 발달하면서 엄마와 본격적인 교감을 나누게 됩니다.

생후 3~4개월이 되면 목을 가누어 머리를 수직으로 들 수 있으며 좌우로 돌릴 수도 있습니다. 4개월에는 적당한 크기의 물체를 잡을 수 있을 만큼 근육이 발달하지요. 6개월 정도 되면 엎드린 자세에서 누운 자세로, 다음에는 누운 자세에서 엎드린 자세로 몸을 뒤집을 수 있습니다. 7~8개월이 되면 배밀이를 하거나 기어다닐 수 있고 8~9개월에는 도움을 받지 않고도 혼자 앉을 수 있고, 엄지손가락과 집게손가락을 맞잡아 정확하게 작은 물체를 집을 수가 있으며

'빠이빠이'를 할 수 있습니다. 9~10개월에는 양손을 잡고 한두 발자국을 뗄 수 있으며, 11개월에 무엇인가를 붙잡고 걷기 시작합니다. 12개월에 혼자 서며 조금 지나서 혼자 걷게 되고 컵으로 능숙하게 마실 줄 알게 된답니다. 아기가 자라는 모습은 경이로움 그 자체지요.

하지만 명심할 것이 있습니다. 대체로 이러한 절차를 밟아 아기가 발달해 나가지만, 아기마다 타고난 발달 리듬이 다르다는 사실입니다. 너무 옆집 아기의 발달에 집착하지 마세요. 한두 달, 혹은 서너 달 차이가 있지만, 대부분 아기는 자기가 타고난 리듬대로 발달하고 있기 때문에 걱정해야 할 경우는 드뭅니다.

: 말을 시작한다는 것은 정신적으로 발달해 나가고 있다는 뜻

이 시기 아기들이 옹알이하는 모습처럼 잊히지 않는 모습도 없습니다. 아기의 의미 없는 옹알이에도 엄마, 아빠는 눈물이 날 정도로 감동을 받게 마련입니다.

아기가 7개월이 되면 '마~마~', '바~바~' 같은 자음 소리를 반복해서 내게 되고, 8~9개월이면 자기 이름을 부르는 소리를 알아듣고 고개를 돌립니다. 만 1세에는 '엄마'나 '아빠' 외에 한두 단어를 더 사용할 수 있습니다. 맘마나 응가처럼 엄마가 아기한테 자주 하는 말 중 하나일 것입니다.

아기가 이렇듯 말을 시작한다는 것은 정신적으로 발달해 나간다는 것을 의미하지요. 4개월이 되면 즐거울 때는 '까르르' 큰 소리를 내며 웃게 되고, 기분이 좋지 않을 때는 울거나 보채서 자신의 기분을 표현하기도 합니다. 6개월에는 가족에게 애착을 나타내며, 낯선 사람이 가까이 오면 불안감을 느낍니다. 8개월에는 '분리불안'이 심해져서 아기를 떼어 놓기가 어려워집니다. 분리불안이란 엄마와 떨어지려고 할 때, 또는 떨어져 있을 때 생기는 불안증으로 성장하면서 자연스럽게 없어집니다. 오히려 아기가 분리불안이 없다면 영아자폐증를 의심해 볼 수 있으므로 전문의의 진찰을 받아 보아야 합니다.

또한 8개월에는 아기들이 '까꿍놀이'를 참 좋아합니다. 이 놀이는 우리의 전래 놀이인데, 눈에 보이지 않는 것도 존재한다는 사실을 반복해서 확인하게 됩니다. 하지만 까꿍놀이를 할 때는 주의할 점이 있어요. '까꿍놀이'를 너무 심하게 해 아기들을 놀라게 하면 안 됩니다. 아기들을 너무 놀라게 하면 심장과 간담의 기운이 허약해져 정신, 육체적으로 허약하게 자랄 수 있으니 주의해야 합니다. 자극적인 텔레비전, 너무 큰 소리의 음악도 이 시기에는 자제하는 것이 좋습니다. 조그만 일에는 잘 놀라지 않고, 배짱이 두둑한 아이로 키우고 싶다면 아기를 놀라게 하는 일은 삼가야 하겠지요. 즉, 이 시기에는 잘 키우려고 지나친 자극을 주는 일을 피해야 합니다. 아기가 엄마를 믿고 세상이 편하고 안전하고 행복한 곳이라는 생각이 들게 몸을 편하게 해주는 것이 가장 좋습니다. 기저귀가 젖었을 때 제때 갈아주고, 배고파 울 때 잘 먹여주고, 아기를 보며 웃어주고 다정하게 사랑을 해주는 것만으로도 충분합니다.

아기를 건강하게 키우겠다고 지나치게 좋은 것을 먹이고, 아기를 똑똑하게 키우겠다고 지나친 자극을 주는 것은 절대로 해서는 안 되는 시기지요.

: 정서와 두뇌 발달에도 좋은 포대기

우리 엄마들은 옛날부터 아이가 태어난 지 세 달이 지나서 목을 가눌 수 있게 되면 포대기로 아이를 업었습니다. 포대기의 장점은 앞으로 매는 슬링이나 유모차보다도 우월해서 요즘 서양에서도 재조명이 되고 있습니다. 포대기는 근래 서양에서 애착육아(attachment parenting)의 일환으로 아이를 안거나 업고 신체접촉을 많이 하자는 baby wearing 운동의 중심에 있습니다. 애착육아는 아이를 따로 재우고, 우는 아이를 무조건 안아주거나 불규칙한 수유를 하지 말아야 한다는 엄격한 육아법에서 벗어나 아이 위주로 자연스럽게 신체적으로나 정신적으로 보다 긴밀한 육아를 하자는 것입니다. 포대기로 아이를 업으면 자궁 안에서와 비슷한 환경이 됩니다. 엄마의 체온과 심장박동을 느낄 수 있기 때문에 아이에게 안정감을 주고 정서적으로 좋습니다. 한의학적으로 볼 때 우리 인체의 앞은 음이고 뒤는 양에 속합니다. 자석도 음양극이 서로 끌어

당기듯이 아이를 앞으로 안는 것보다 엄마의 양 부위인 등과 아이의 음 부위인 신체 앞면이 밀착되는 것이 음양의 이치에도 맞다고 볼 수 있는 것입니다. 또한 양 손이 자유로워져 엄마가 집안일을 할 수 있을 뿐 아니라 엄마와 같은 곳을 바라보면서 교감하고 소통하고 대화함으로써 아이의 두뇌 발달에 좋은 영향을 미칩니다. 세상과 교감하면서 자란 아이는 세상에 대한 신뢰감을 갖고 남을 생각하고 리더십을 가진 아이로 성장할 수 있습니다. 정말 우리 선조들의 지혜가 얼마나 대단한지를 다시 깨닫게 됩니다.

:: 아기의 성장을 돕는 전통 놀이법

아기가 아무것도 하지 않고 그저 자고 먹고 싸기만 한다고 생각하기 쉬운데 그렇지 않습니다. 아기들은 놀면서 감각을 발달시키며 세상을 알아갑니다. 이때 엄마가 아기의 감각을 발달시켜주는 놀이를 해주면 성장에 도움이 되지요. 어떤 놀이가 있을까요? 간단합니다. 요새는 이런저런 정보도 많고 의학 발달로 인해 검증된 놀이법이 많이 나와 있지만 아기의 놀이만큼은 전통적인 방식이 좋습니다. 우리의 전통 놀이는 아기의 성장발달에 잘 맞춰져 있지요.

하루 시간 대부분을 누워서 보내는 아기에게 목 운동을 시킬 수 있는 놀이법으로 '도리도리'가 있습니다. 엄마가 아기와 눈을 맞추며 도리도리 동작을 해주면, 아기는 이를 보고 따라하면서 어휘력도 늘립니다. 한번 도리도리를 배운 아기는 곧 엄마가 해주지 않아도 스스로 도리도리를 합니다.

그다음 '짝짜꿍'은 손과 눈의 협응력을 키워주는 첫 번째 놀이라 할 수 있습니다. 아기는 엄마가 하는 짝짜꿍 동작을 따라하면서 어휘감각은 물론 리듬감도 배우지요. 특히 짝짜꿍을 하면서 훈련된 눈과 손의 협응력은 뇌 발달에 큰 도움이 됩니다.

'곤지곤지' 역시 짝짜꿍과 비슷한 효과가 있습니다. 짝짜꿍이 손바닥끼리 마주치는 간단한 놀이라면 곤지곤지는 손바닥에 손가락을 정확히 맞추는 좀 더 어려운 놀이라고 할 수 있습니다. 곤지곤지를 하면 눈과 손의 협응력은 물론 손가락의 소근육 발달에도 좋습니다.

'잼잼'도 곤지곤지처럼 손가락의 소근육 발달을 함께 돕습니다. 손가락 전부를 한꺼번에 오므렸다 폈다 반복해야 하므로 손의 소근육이 전반적으로 발달합니다.

모든 놀이를 할 때는 아기와 눈을 맞추면서 리듬감을 살려야 합니다. 아기가 보고 따라할 수 있도록 꾸준히 반복하는 것도 중요합니다.

이 시기에는 이 정도 놀이만 해줘도 충분합니다. 신체 발달은 물론 뇌 발달에도 도움이 되는 놀이들이어서 의미가 큽니다. 인위적인 장난감으로 아기를 자극하기보다 이런 자연스럽고 전통적인 방식으로 아기의 성장발달을 도와주세요.

저는 엄마들에게 '과유불급過猶不及'이라는 말을 자주 하는데, 지나친 자극은 모자란 것만 못하다는 의미입니다. 아기의 뇌는 아직 발달 중이기 때문에 지나친 놀이와 자극은 오히려 해가 됩니다. 이 시기에는 정서와 언어 자극이 필요하고, 이는 전통적인 놀이 방식으로 충분합니다.

이유식을 시작해야 합니다

이 시기는 기본적으로 아기가 배고프면 젖을 물리고, 기저귀가 젖으면 갈아주는 등 아기의 리듬에 엄마가 충분히 맞춰주면서, 엄마가 반드시 해야 할 몇 가지가 있습니다. 태어나서 반드시 초유를 먹여야 하는 것처럼 이 시기에 가장 중요한 일이 4~6개월부터 시작하는 이유식입니다.

4~6개월 사이에는 이유식을 시작해야 합니다. 이유식을 할 때는 대충 어른이 먹는 국에 밥을 말아 먹이는 것도 나쁘지만, 너무 이유식 책에 있는 그대로 하려고 아기와 승강이를 벌이는 것도 바람직하지 않습니다. 이유식 시기별로 기본은 지키되 엄마와 아기가 서로 편하고 행복하게 이유식을 해야 합니다. 아기가 숟가락을 쥐고 음식을 먹는 행복을 만끽할 수 있도록 말입니다.

"아기가 여기저기 묻히고, 제대로 먹지도 않는 것 같아 그냥 제가 매일 떠

먹여줘요" 하는 엄마가 있습니다. 하지만 먹는 것을 스스로 즐기는 아이로 키우려면 엄마가 인내심을 가져야 합니다. 여기저기 좀 묻히면 어떻습니까? 아기는 지금 살려고 이유식을 먹는 것이 아니라, 오감을 통해 음식을 탐색하고 즐겁게 느끼는 중이라는 사실을 잊지 마세요.

이 시기의 이유식을 무엇으로 했느냐는 무척 중요합니다. 아기가 커서 김치나 된장 등 전통 음식을 잘 먹는 아이로 만들고 싶다면 이유식에 무척 공을 들여야 합니다. 시판 이유식을 전자레인지에 데워서 주거나, 깡통 이유식을 젖병에 넣어서 주는 일은 절대로 해서는 안 됩니다.

싱싱한 제철 음식으로 엄마가 직접 만든 이유식을 먹은 아이들은 커서도 단단하고 건강하다는 사실을 잊지 말아야 합니다.

: 백일부터 돌 사이에는 밤중수유를 끊어야 합니다

그리고 아기나 엄마의 건강을 위해서 밤중수유는 4~8개월 사이에 반드시 끊어야 합니다. 아기의 리듬에 맞추는 것도 중요하지만, 엄마가 단호해야 할 때도 있습니다.

8개월이 되었는데도, 젖 달라고 밤중에 우는 아기가 안쓰러워 젖을 물리는 엄마들이 종종 있습니다. 아기가 아무리 안쓰러워도 밤중수유는 끊는 것이 좋습니다. 8개월 이후의 밤중수유는 득보다 실이 훨씬 많기 때문입니다.

밤중수유가 계속되면 위장관에 부담을 줘 소화기능에 좋지 않은 영향을 미치며, 유치가 썩기 쉽습니다. 또한 젖병을 끊기 어려워지고 성장발육에도 좋지 않은 영향을 미칠 수 있습니다. 물론 자다 깨서 수유를 해야 하는 엄마에게도 피곤하고 힘든 일입니다.

자기 전에 충분히 포만감 있게 먹이고, 자다 깨면 분유 양을 줄여서 주거나 보리차를 먹이면서 차차 그냥 재우기를 시도하세요. 보리차를 먹는 것도 습관이 될 수 있으니, 나중에는 보리차도 불필요하게 자주 주지 말아야 합니다.

젖을 먹이는 경우라면, 아기를 달래서 재우거나, 조금은 울리는 것을 각오

하는 마음 자세도 필요합니다. 그런 과정을 거치다 보면 어느 순간 밤중수유를 끊을 수 있습니다.

: 모유수유는 두 돌까지도 좋습니다

이유식을 하면서 모유수유도 안정적으로 계속 해줘야 합니다. 분유수유는 돌이 지나면 중단을 권유하지만 모유는 그렇지 않습니다. 적어도 돌까지는 모유를 먹이고 돌이 지나서도 아기가 원하는 만큼 먹이면 됩니다. 한의학적으로도 아기에게 젖을 두 돌 지나서 먹여도 좋습니다. 실제로 면역학적으로는 두 돌이 지나서도 모유의 장점은 계속되니까요.

단, 이 시기에는 모유수유만으로는 영양 공급이 충분하지 않기 때문에 다른 식품을 통해서 고르고 충분한 영양 섭취가 되게 도와줘야 합니다. 수유량이 많다면 모유로 인한 포만감 때문에 식욕이 생기지 않을 수 있으니 수유 횟수를 줄여보는 것도 한 방법이 될 수 있습니다.

돌 즈음부터는 모유를 먹이더라도 아기에게 조금 참는 힘을 가르치는 것이 좋습니다. 돌 즈음이 되면 모유가 아무리 훌륭하다고 하더라고, 모유만으로 아기가 성장할 수 없기 때문입니다. 이유식을 잘 해 먹이고, 젖을 먹이는 수유 간격을 조금씩 늘리는 것도 필요합니다. 엄마 젖만 찾고, 밥을 잘 안 먹는 아기로 만들지 않으려면 모유도 절제를 가르칠 필요가 있습니다. 모유도 머지않아 끊어야 하니까요.

: 아기의 뱃고래를 늘려주세요

할머니들은 돌 즈음 아기들을 보면 "뱃고래를 키워야 한다"라는 말을 많이 하십니다. 뱃고래를 키우려고 억지로 많이 먹이는 엄마들도 많이 있습니다.

원칙적으로는 아기가 원하는 시간에 원하는 만큼 충분히 젖을 빨리면 아기 뱃고래가 늘어납니다. 아기가 자고 있을 때를 제외하고는 젖은 아기가 먹고 싫어할 때마다 먹이는 것이 뱃고래를 키우는 자연스러운 방법입니다. 아기 스스로 젖 먹는 시간을 알게 되는데, 배고파 울며 엄마 젖에 코를 박고 젖을 빨려 할 때 양껏 충분히 먹이면 됩니다.

하지만 아무리 뱃고래를 키우려 노력해도 안 되는 아기도 분명히 있습니다. 체질에 따라 소화기능이 약하고 소식하는 소음 체질의 아기들은 1회 수유량을 많이 늘려 뱃고래를 키우려 해도 잘 안 됩니다. 반대로 소화기능이 활발하고 식욕이 왕성한 태음인 아기들은 일부러 늘릴 필요도 없이 많이 먹습니다. 오히려 이런 아기들은 아무리 많이 먹여도 수유 간격을 넓히기 어렵지요.

선천적으로 소화력이 왕성하지 않아 잘 먹지 않는 아기는 무리하게 뱃고래를 키우지 않는 편이 낫습니다. 뱃고래를 키우려다 오히려 체기나 소화 장애를 유발할 수도 있습니다. 이런 경우라면 크고 물렁물렁한 아이로 키우기보다는, 작더라도 단단한 아이로 키우는 것이 목표가 되어야 합니다.

: 돌에는 젖병을 떼야 합니다

12개월이면 젖병도 떼어야 할 시기입니다. 젖병을 오래 물면 고집도 세지고 중이염이나 충치가 발생하기 쉽고 턱이나 두뇌 발육에도 좋지 않은 영향을 미칠 수 있습니다. 이제는 분유를 떼고 밥을 하루 세 끼, 그리고 생우유나 두유 500~600ml, 과일과 간식을 조금 먹는 것이 기준이 됩니다. 우유나 두유를 먹일 때도 반드시 빨대나 컵을 사용하도록 해야 합니다. 6개월부터는 컵을 사용하고, 돌 즈음이 되면 젖병도 끊어야만 돌 이후에 먹는 습관을 잘 들일 수가 있습니다.

: 알레르기 행진이 오지 않게 조심하세요

돌 이전에 감기에 자주 걸리는 아기들이 있습니다. '돌 지나면 감기에 잘 걸리지 않겠지'라고 여기며 안일하게 지내서는 안 됩니다. 왜냐하면 돌 전에 감기를 앓고 난 후에 '소아기 알레르기성 기관지천식'으로 이행되는 경우가 종종 있기 때문입니다. 그러므로 아기들이 감기에 걸리지 않게 예방을 잘 해줘야 합니다. 즉, 이 시기에 감기에 자주 걸리지 않도록 여러 방면으로 신경을 써야 한다는 뜻입니다.

특히 가족 중에 천식이나 알레르기가 있는 아기라면 더욱 신경을 써야 합니다. 혹시 소아기에 자주 생기는 알레르기 행진(allergy march)이라는 말을 들어보셨나요? 알레르기 행진이란 출생 후 연령이 높아지면서 질환이 순서대로 나타나는 것을 말합니다. 예를 들어, 생후 6개월에서 3세까지 모세기관지염이 발병하고 이것이 기관지천식으로 이행하는 것도 여기에 해당합니다. 어릴 때 태열이었던 아기가 아토피 피부염을 앓다가 비염을 앓게 되는 것도 알레르기 행진에 속합니다. 따라서 알레르기 행진이 되지 않도록 감기 치료를 잘 하는 것이 무척 중요합니다.

태열이 아토피가 되지 않게 관리하세요

백일까지는 '태열이니까 괜찮아'라고 대범하게 맘을 먹던 엄마들도 백일이 지나도 여전히 아기 얼굴이 울긋불긋하면 슬슬 걱정이 되기 시작합니다. 아기가 아토피로 고생하지 않을까 싶어서지요.

이때 소아과를 가면 백이면 백 아토피라는 진단을 받고, 작은 스테로이드 로션을 받아옵니다. 이때부터 엄마 마음도 울적해지기 시작합니다. 하지만 전체 피부가 건조해지면서 얼굴 외에 팔다리 접히는 곳까지 증상이 나타나지 않는다면 태열로 봐도 무방합니다. 사실 신생아 태열은 흔한 증상입니다. 태열은 생후 1~2주부터 주로 얼굴에 울긋불긋 나타나는 반점양 습진으로 대체로 저절로 없어지고 치료도 어렵지 않습니다. 예전 어른들도 "태열은 걱정할 것 없어. 아기가 돌 돼서 땅 밟으면 다 없어져"라고 아무렇지도 않게 여겼지요.

그러므로 너무 걱정하지 마세요. 이 시기에 엄마가 해야 할 일은 아기의 태열이 소아형 아토피로 진행하지 않게 잘 관리하는 것입니다. 양방에서는 스테로이드나 항생제 사용 외에는 별다른 방법이 없습니다. 아무리 용하다는 양방 병원에서 준 로션도 스테로이드가 미량 들어 있기 쉽습니다. 이런 스테로이드 로션이 싫은 엄마들은 민간요법에 의존합니다. 하지만 민간요법은 아기마다 반응이 다르므로 아기의 피부 상태를 자세히 관찰하면서 쓰도록 하며 한의사의 조언을 받아볼 필요가 있습니다. 태열 증상이 가볍지 않고 오래간다면 민간요법보다는 아기의 체질에 맞는 좀 더 근본적이고 자연주의적인 한방 치료를 받아보는 것이 좋습니다.

하지만 그 모든 것보다 우선해야 하는 것은 엄마가 마음을 진정하는 것입니다. 아기가 아토피인 엄마들의 열에 아홉은 마음에 어두운 기운이 가득합니다. 아기의 아토피가 평생이라도 갈 것처럼 불안해하고, 한 번에 낫게 하겠다고 조급해합니다.

엄마의 이런 기운이 아기에게 좋을 리가 없습니다. 아기의 생활과 먹을거리를 잘 관리하면 면역력이 높아지면서 아토피도 사라질 것이라고 마음을 편하게 먹는 게 중요합니다.

백일 이후 돌까지(4~12개월)

이유식

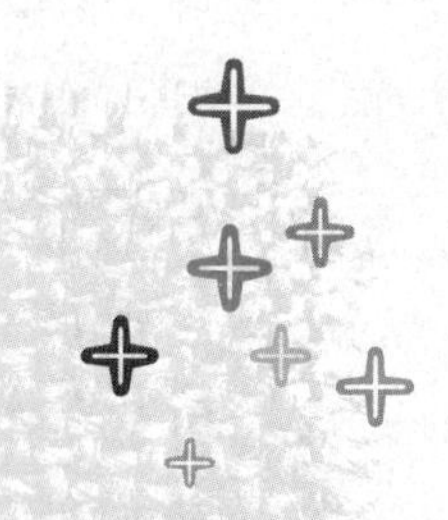

이유식이 아이의 평생 입맛을 결정합니다

백일부터 돌까지는 모유수유만큼이나 이유식을 잘 해야 하는 시기입니다.
아기가 자라 모유나 분유만으로는 충분한 영양을 섭취할 수 없고, 서서히 밥 먹을 준비를
해야 하기 때문입니다. 아기가 이유식을 할 때가 되면 엄마들은 알게 모르게 긴장을 합니다.
몇 개월에 어떻게 시작하고, 무엇을 얼마만큼 먹여야 할지, 또 아기가 잘 소화시킬지 걱정이 많습니다.
하지만 이유식에 왕도는 없습니다. 이 얘기 저 얘기에 우왕좌왕하기보다는
엄마와 아기가 서로 보조를 맞춰가며 해나가면 됩니다.

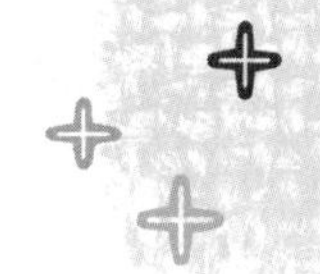

왜 이유식이 중요할까요?

생후 4~6개월이 되면 아기의 성장 속도가 빨라져 모유나 분유만으로는 충분한 영양 공급을 할 수 없게 됩니다. 이 시기 아이들은 하루에 체중당 2~2.5g의 단백질이 필요합니다. 또한 탄수화물과 지방, 무기질과 철분, 비타민 등 성장을 위한 다양한 영양소를 요구하게 되지요. 이때 아기에게 필요한 영양을 제대로 공급해주지 않으면 빈혈, 식욕부진, 성장장애, 근육 경련 등 영양 부족으로 인한 각종 질환이 나타납니다.

건강한 아기는 생후 4~6개월이 되면 무엇을 먹는 것처럼 입을 오물거립니다. 이는 아기 스스로 어른처럼 밥을 먹기 위해 준비하는 것이라 할 수 있습니

다. 아기는 언젠가는 하루 세 끼 밥을 먹으며 살아가야 합니다. 그런데 젖만 먹던 아기에게 어느 날 갑자기 밥을 먹으라고 할 수는 없는 일입니다. 그래서 밥을 먹는 준비 과정으로 이유식을 하는 것입니다.

아기들은 이유식을 통해 여러 음식을 접하면서 미각을 발달시킵니다. 미각이 발달하면 먹는 것이 얼마나 행복한 일인지 알게 됩니다. 잘 먹는 아이가 잘 크게 마련이므로 아기에게 먹는 것은 행복한 일이라는 사실을 느끼게 하는 일은 무척 중요합니다. 다양한 이유식을 접하면서 미각을 발달시키고 영양을 섭취하다 보면 성장도 부쩍 빨라집니다. 또한 이유식을 먹으면 포만감이 오래가 잠도 깊게 자게 됩니다. 턱을 앞뒤로 움직여 젖을 빨던 아기가 턱을 아래위로 움직여 이유식을 씹음으로써 두뇌가 발달하는 것도 이유식을 꼭 해야 하는 이유 중 하나입니다.

보통 이유식 시기를 초기, 중기, 후기, 완료기로 구별하여 그 음식과 조리법을 달리하는데 그 이유는 아기들의 성장발달 과정과 관련이 있습니다. 이유식 초기는 소화기 계통이 발달하는 시기, 중기는 호흡기 계통이 발달하는 시기, 후기는 체질이 드러나는 시기, 완료기는 아이에 따른 허약증이 파악되는 시기입니다. 따라서 각각의 시기에 맞는 재료로 이유식을 만들어 성장발달을 돕고 몸을 보해야 건강한 아기로 키울 수 있습니다.

목을 가눌 때가 이유식 시작 적기

간혹 "우리 아기가 백일도 안 됐는데 쌀죽을 너무 잘 먹어요"라며 아기가 건강하다고 자랑하는 엄마들이 있습니다. 아기가 일찍 이유식을 시작한다고 건강한 건 아닌데도 이런 자랑을 합니다. 너무 빨리 이유식을 시작하면 당장은 눈에 보이는 문제가 없을지 몰라도, 나중에 음식 알레르기가 생기거나 소화기에 무리가 갈 수도 있다는 것을 모르기 때문입니다.

옛날 어머니들은 아기가 목을 가누면 젖 이외의 음식을 먹이기 시작했습니다. 목을 가눈다는 것은 목 근육에 힘이 생기고 체력이 튼튼해졌다는 의미입니다. 아무리 튼튼해 보이는 우량아라도 목을 가누지 못하면 그만큼 발육 상태가 좋지 않은 것입니다. 목을 가누는 시기는 대략 백일 전후로, 개월 수로 따지면 4개월 정도가 됩니다. 그래서 생후 4~6개월에 이유식을 시작하는 것입니다. 또 다른 이유도 있습니다. 4개월 이전의 아기들은 씹고 무는 능력이 제대로 발달하지 않았을 뿐 아니라, 소화기관도 아직 미숙합니다. 반면 4~6개월쯤 되면 아기는 이유식을 시작해도 될 만큼 장기가 성숙합니다. 또한 면역성이 생겨 음식에 대한 알레르기 반응도 많이 줄어듭니다.

반면 이유식 시기가 너무 늦어도 안 됩니다. 엄마들이 자주 가는 인터넷 육아 사이트에 보면 '완전 모유수유를 할 경우 이유식 시기를 늦추는 것이 좋다'거나 '아토피 아이는 이유식을 늦게 시작해야 한다'는 이야기가 있습니다. 저는 이 말을 믿고 실제로 6개월이 넘었는데도 이유식을 시작하지 않는 엄마도 보았습니다. 물론 모유가 아기에게 최고의 음식이기 때문에 6개월까지 모유만 먹여도 아기 건강에 큰 이상이 없을 수 있습니다. 하지만 이유식의 중요한 의미 중 하나는 '씹어서 밥을 먹는 연습을 한다'는 것입니다. 이 연습은 제때 시작해야 합니다. 그 시기가 너무 늦어 아기가 씹는 것을 거부하게 되면 젖병으로 이유식을 먹는 상황이 생길 수 있습니다.

아토피 아이도 마찬가지입니다. 아토피가 있다고 해서 모유나 분유만 먹고 살 수는 없습니다. 한의사의 조언을 통해 아기에게 좋지 않은 음식이 무엇인지 알아내고 그에 맞춰 이유식을 진행해야 합니다. 그래야 아토피 아이도 다른 아이들과 마찬가지로 그 시기에 맞는 성장발달을 해나갈 수 있습니다.

소화기 계통이 발달하는 이유식 초기(4~6개월)

이유식은 보통 백일이 지나 4~6개월이 됐을 때, 체중은 6~7kg이 될 때 시작하는 것이 좋습니다. 한방에서는 이 시기에 위와 장 같은 소화기관의 기능이 왕성해진다고 보고 있습니다. 즉 4개월 이후부터 음식을 받아들여 소화, 흡수, 배설시키는 소화기관이 발달하기 때문에 이유식을 할 수 있지요. 이때의 이유식은 영양 보충보다는 숟가락으로 음식을 먹는 준비를 하는 기간이라 할 수 있습니다. 따라서 무리하게 이 음식 저 음식을 먹이려고 하기보다는 숟가락과 친해지는 것에 더 신경을 써야 합니다.

이유식은 쌀미음으로 시작합니다. 쌀은 알레르기를 적게 일으키는 식품으로 첫 이유식 재료로 좋습니다. 미음은 건더기 없이 거의 물에 가까운 묽은 액체 상태를 말합니다. 이때 아기의 건강을 위해 현미나 흑미 등의 곡류를 먹이려는 엄마들도 있는데 아직은 무리입니다. 곡류에 따라 알레르기를 일으킬 수 있으므로 쌀로 미음을 만드는 것이 가장 바람직합니다. '쌀미음만으로는 영양이 부족하지 않을까?' 하는 생각에 여러 가지 다른 재료를 생각하게 되는데 쌀미음은 영양 면에서도 훌륭하지만, 알레르기를 일으키는 성분도 현저히 작아서, 밀가루를 주식으로 하는 미국에서도 이유식만큼은 쌀미음으로 시작하고 있습니다.

이유식 초기에는 여러 가지 음식을 섞지 말고 한 가지 음식을 일주일 정도 줍니다. 양은 한 숟가락에서 시작하여 점차 늘려가도록 합니다. 일주일 뒤에 또 다른 음식을 첨가해 먹입니다. 그래야 새로 첨가한 음식에 아기가 알레르기 반응을 보이는지 알 수 있기 때문입니다. 특히 아기가 태열이 있다면 이 원칙을 철저히 지켜야 합니다. 새로운 재료의 이유식을 먹은 후 설사, 구토, 피부 발진 등의 증상이 나타나면 그 음식은 주지 말아야 합니다.

호흡기 계통이 발달하는 이유식 중기(6~8개월)

이유식 초기를 잘 보내면 숟가락으로 음식을 먹는 것에 어느 정도 익숙해집니다. 이때부터는 본격적으로 영양을 생각해야 합니다. 생후 6개월이 넘으면 엄마 뱃속에서 받은 영양소가 거의 소모되기 때문에 음식을 통한 영양 보충이 필수입니다. 또한 이 시기는 아기의 호흡기 계통이 발달하는 시기입니다. 이유식 초기 때와 달리 외출이 잦아지면서 외부 공기를 많이 쐬게 되어 감기 같은 호흡기 질환에 잘 걸립니다. 따라서 배, 검은콩, 고구마, 잣 등 호흡기를 보하는 재료로 이유식을 만들어주면 좋습니다.

6개월에는 약간 덩어리가 있을 정도의 묽은 죽을 만들어 씹는 연습을 시켜줘야 합니다. 아기들은 아직 씹는 방법을 모르기 때문에 이유식을 입에 넣어주면 입에 물고 있다가 씹지 않고 꿀떡 삼키는 경우가 많습니다. 이때는 엄마가 이유식을 주면서 '냠냠' 하고 씹는 모습을 보여주면 아기도 따라하면서 씹는 방법을 익힙니다. 입에 음식을 넣어주면 혀로 어금니 쪽으로 보내 잇몸으로 씹을 수도 있지요.

7개월에는 진죽, 8개월에는 된죽을 만들어주면 이유식 후기에 다양한 재료로 만든 이유식을 먹이기가 한결 수월해집니다. 이때 역시 새로운 재료를 처음 먹일 때는 짧게는 2~3일에서 길게는 일주일까지 간격을 두어야 합니다. 그래야 아기가 그 재료의 맛을 충분히 음미할 수 있고, 또 알레르기 유무도 알 수 있습니다.

단계별 이유식 먹이기 요령

이유식은 생후 4~12개월에 걸쳐 이루어지며 아기의 성장발달과 먹는 음식에 따라 초기, 중기, 후기, 완료기로 나뉜다.

1. 이유식 초기(4~6개월)

스케줄 : 하루 한 번. 수유와 수유 사이 아이가 배고파할 때. 대개 오전 10시가 적당.

양 : 한 번 먹일 때마다 10ml 정도(찻숟가락으로 5~10번).

모유 & 분유 : 700~800ml 정도를 네다섯 번에 나눠 먹인다.

굳기 : 처음에는 숟가락을 기울이면 주르륵 흘러내릴 정도에서 시작해 뚝뚝 떨어질 정도의 굳기까지.

이용할 수 있는 재료 : 쌀, 찹쌀, 감자, 고구마, 당근, 애호박 같은 채소류. 밤, 감, 사과, 배 같은 과일. 완숙 달걀노른자 등.

2. 이유식 중기(6~8개월)

스케줄 : 오전과 오후 한 차례씩. 아이가 약간 배고파할 때 주면 좋다.

양 : 한 번 먹일 때마다 50ml 정도(아이 밥공기로 1/2공기).

모유 & 분유 : 800~900ml 정도를 네다섯 번에 나눠 먹인다.
굳기 : 처음에는 마요네즈나 잼 형태에서 시작해 8개월이면 두부 정도의 굳기까지.
이용할 수 있는 재료 : 쇠고기(안심이나 등심, 우둔살), 닭고기(가슴살), 흰살생선(가자미, 명태, 대구), 완숙 달걀노른자, 두부, 다진 버섯, 견과류(잣, 호두), 깨, 플레인 요구르트.

3. 이유식 후기(9~10개월)

스케줄 : 아침, 점심, 저녁 하루 세 번. 어른의 식사 시간에 맞춰서.
양 : 한 번 먹일 때마다 아이 밥공기로 4/5공기.
모유 & 분유 : 700~800ml 정도를 하루 세네 번에 나눠 먹인다.
굳기 : 잇몸으로 쉽게 으깰 수 있는 바나나 정도의 굳기.
이용할 수 있는 재료 : 재료는 중기와 같으나 알레르기가 없고 소화를 잘 시키는 아이는 완료기의 음식을 조금씩 먹일 수 있다. 쇠고기(안심이나 등심, 우둔살), 닭고기(가슴살), 흰살생선(가자미, 명태, 대구), 완숙 달걀노른자, 두부, 다진 버섯, 견과류(잣, 호두), 깨, 플레인 요구르트.

4. 이유식 완료기(11~12개월)

스케줄 : 아침, 점심, 저녁 하루 세 번, 오전과 오후에 간식.
양 : 한 번 먹일 때마다 아이 밥공기로 한 공기를 국과 반찬과 함께 먹인다.
모유 & 분유 : 600~700ml 정도를 하루 세 번에 나눠 먹인다.
굳기 : 잇몸으로 쉽게 으깰 수 있는 바나나 정도의 굳기에서부터 진밥 수준까지.
이용할 수 있는 재료 : 현미를 포함한 대부분의 곡류, 우리 밀가루, 옥수수, 돼지고기(안심), 쇠고기(안심이나 등심, 우둔살), 닭고기(가슴살), 흰살생선(가자미, 명태, 대구), 참치, 오징어, 새우, 게살, 완숙 달걀노른자, 두부, 치즈, 다진 버섯, 견과류(잣, 호두), 깨, 플레인 요구르트.
아직 피해야 할 재료 : 달걀흰자, 조개류, 등푸른 생선, 오렌지, 키위, 파인애플, 복숭아, 딸기, 토마토, 섬유질이 너무 많고 향이 강한 야채, 땅콩, 생우유, 초콜릿, 꿀, 수입 밀가루.

체질이 드러나는 이유식 후기(9~10개월)

9개월 정도까지 키워보면 아기가 어떤 체질인지 대강은 알게 됩니다. 크게 양陽 체질의 아기와 음陰 체질의 아기로 나눌 수 있습니다. 양의 기운이 강한 양 체질의 아기들은 누가 봐도 부산하고 활동적입니다. 몸에 열이 많아 조금만 더워도 땀을 흘리고 변비에 잘 걸립니다. 반면 음의 기운이 강한 음 체질 아기들은 비교적 조용하고 온순해서 순하다는 이야기를 많이 듣습니다. 이불을 덮

돌 전에 먹이지 말아야 하는 음식

1. **생우유, 치즈 등 유제품** 알레르기를 일으킬 수 있고 장에 탈이 날 수 있다. 요구르트는 달지 않은 것으로 생후 8~10개월이면 먹여 볼 수 있다.
2. **가공 육류, 등푸른 생선, 오렌지류(감귤), 딸기, 토마토** 들은 알레르기를 일으키는 히스타민이라는 물질 때문에 너무 일찍 먹이면 두드러기 등을 일으킬 수 있다.
3. **초콜릿, 코코아, 녹차**에는 카페인 성분이 들어 있어 아이에게 좋지 않다. 녹차는 상대적으로 히스타민 함량도 높다.
4. **백색 정제 밀가루** 밀가루도 알레르기를 잘 일으킨다. 농약이나 방부제도 걱정이다.
5. **견과류, 옥수수, 콩 등 딱딱하고 덩어리진 음식** 땅콩이나 완두콩 등은 알레르기를 유발하기도 하지만, 소화하기도 어렵다. 딱딱한 음식은 사레가 들려 기도로 들어가 호흡곤란, 질식을 일으킬 수도 있다.
6. **기타 꿀, 조개류, 갑각류, 달걀흰자** 꿀은 열이 많은 음식으로 아기에게는 좋지 않으며, 간혹 있을 수 있는 보툴리즘이라는 균 때문에라도 돌 이후에 먹이는 것이 좋다.

어줘야 잘 자고 따뜻한 곳에서도 땀을 잘 흘리지 않지요.

이렇게 아기의 체질만 파악해도 이유식 만들기가 수월해집니다. 양 체질의 아기에게는 음의 기운을 보하는 음식 재료로 이유식을 만들고, 음 체질의 아기에게는 양의 기운을 보하는 음식 재료로 이유식을 만들면 됩니다. 모든 음식에는 고유의 성질이 있습니다. 양의 기운이 강한 음식에는 밤, 잣, 무, 닭고기, 대추, 양파 등이 있고 음의 기운이 강한 음식에는 팥, 수박, 참외, 배추, 김, 돼지고기 등이 있습니다. 아기의 체질에 따라 음식 재료를 적절히 골라 먹이면 음과 양의 기운이 잘 조화되게 키울 수 있습니다.

이유식 후기에는 된죽으로 시작하여 무른 밥, 즉 진밥을 먹을 수 있을 정도까지 진행하면 됩니다. 이 시기에는 그동안 이유식을 잘 먹던 아기도 갑자기 까탈을 부리며 먹지 않으려고 하거나 자기가 좋아하는 것만 먹으려는 경향이 나타납니다. 정서적으로 자기주장이 강해지는 시기이기 때문입니다. 이때는 먹이는 것에 급급해 아기가 원하는 대로 해주기보다는 바른 식습관을 가질 수 있도록 하는 것에 초점을 맞춰야 합니다. 또한 간이 없는 음식만 먹어온 아기가 어른이 먹는 음식을 맛본 후 이유식을 거부하기도 합니다. 밍밍한 이유식보다는 짭짤한 어른 음식이 더 맛있기 때문이지요. 이때는 멸치 가루나 된장 등으로 약하게 간을 해서 먹여도 됩니다. 대신 어른이 먹는 음식을 자주 맛보지 않도록 해주세요.

허약증을 알 수 있는 이유식 완료기(11~12개월)

이유식 완료기가 되면 아기 대부분은 어른처럼 세 끼 밥과 반찬이 중심이 된 식사를 할 수 있습니다. 어른이 먹는 음식 중에서 무르고 부드러운 음식은 대부분 먹을 수 있습니다. 하지만 아직은 어른만큼 모든 신체 기관이 완벽하지 않기 때문에 조심해서 음식을 먹여야 합니다. 또한 돌 전까지 먹여서는 안 되는 식품도 반드시 가려야 합니다.

돌 무렵이 되면 아기의 오장육부 중 어디가 허약한지 드러납니다. 허약한 것은 선천적으로 태어날 때부터 기운이 충실하지 못해 허약한 경우와 건강하게 태어났어도 섭생을 잘못하여 허약해진 경우로 나눌 수 있습니다. 따라서 평소 아이의 건강 상태를 보고 허약한 장부가 있다면 그 장부를 보하는 재료를 이용하여 이유식을 만들어 먹이는 것이 좋습니다.

소화기계가 약한 아이들은 인삼 4~6g이나 백출 6~8g에 대추나 감초를 넣고 물 400ml를 부어 30분 정도 우려내어 식힌 물을 먹이면 좋고, 율무와 마가루를 찹쌀과 섞어 죽을 끓여 자주 먹이면 도움이 됩니다. 호흡기가 약한 아

이것만은 꼭 알아두세요

체질에 맞는 음식

1. 양 체질의 아기

곡류 : 멥쌀, 팥, 녹두, 보리, 옥수수, 들깨

채소, 과일류 : 수박, 참외, 오이, 배추, 감자, 시금치, 토마토, 귤, 딸기

축산물 : 돼지고기, 오리, 달걀, 우유

해산물 : 김, 미역, 다시마, 굴, 조개, 전복, 새우, 오징어

기타 : 녹즙, 영지버섯, 칡, 된장, 두부

2. 음 체질의 아기

곡류 : 찹쌀, 밀, 율무, 좁쌀, 참깨, 밤, 잣, 수수

채소, 과일류 : 무, 대추, 양파, 당근, 쑥, 양배추, 사과, 오디

축산물 : 닭고기, 쇠고기, 염소, 꿩

해산물 : 명태, 조기, 갈치, 멸치, 삼치, 참치

기타 : 인삼, 카레, 계피

이들은 평상시 유자차나 모과차, 대추차, 오미자차 등을 마시게 하면 좋습니다. 순환기와 정신신경계가 약한 아이들은 하루에 감초 4g, 대추 2~3개, 참밀 이삭 반 줌을 한 시간 이상 끓여 차처럼 먹이면 도움이 됩니다. 비뇨생식기와 골격계가 약한 아이들은 오자伍子라고 하여 구기자, 차전자, 토사자, 복분자(산딸기), 오미자를 4g씩 달여 먹이면 좋습니다. 단, 한의사의 조언을 구한 뒤에 시작해야 하고, 허약증이 심한 경우에는 진맥 후 처방을 받는 것이 가장 좋습니다.

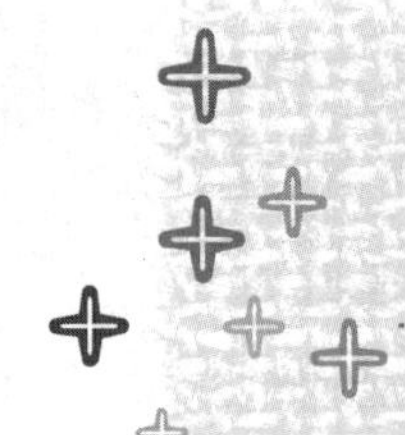

건강하고 똑똑한 아이로 키우는 한방 이유식 원칙

아기를 키우는 엄마들의 가장 큰 소망이 건강하고 똑똑한 아이로 키우는 것이 아닐까 합니다.
건강하고 똑똑하게 키우려면 무엇보다 먹는 것에 신경을 써야 합니다.
입으로 들어가는 모든 것들이 그대로 아기의 몸과 두뇌를 만들기 때문이지요.
이유식을 할 때는 한방 이유식 원칙을 지키는 것이 좋습니다.
한방 이유식은 아기 몸에 무리가 가지 않고, 대대로 전해 내려오는
검증된 음식이라 할 수 있습니다. 한방 이유식의 원칙은
간을 하지 않은 담미 음식을 먹이는 것, 시판 이유식이나 가루 이유식을 멀리하고
신토불이 재료를 이용하는 것 등입니다.

담미 음식을 먹어야 건강합니다

이유식에는 소금, 설탕 등을 첨가하지 않아야 합니다. 《동의보감》에는 담미淡味를 먹어야 건강하다고 했습니다. 담미란 간하지 않은 심심한 음식을 말합니다. 이유식에 된장을 넣는 것이 좋을지 물어보는 엄마들이 간혹 있습니다. 된장은 우리 몸에 유익한 식품이지만 처음 이유식을 시작할 때는 적합하지 않습니다. 대신 이유식 후기부터는 조금씩 된장을 섞는 정도는 괜찮습니다. 몸에 좋은 우리 음식인 된장에 익숙하게 하기 위해 이유식 후기부터 아주 조금씩 먹이는 것은 좋지만 초기나 중기부터 간을 하면 음식 고유의 맛을 느끼지 못할 수 있고, 소화기관에도 무리가 가므로 삼가야 합니다.

이유식은 식습관의 틀을 만드는 기본입니다. 일정한 장소에서 일정한 시간에 먹여 올바른 식습관이 형성되도록 해야 합니다. 특히 아기를 따라다니면서 이유식을 먹이는 것은 정말 좋지 않습니다. 조금이라도 더 먹여 뱃고래를

늘리려는 엄마 마음은 이해가 되지만 장기적으로 볼 때 바람직하지 않습니다. 이유식 때부터 따라다니며 먹이기 시작하면 초등학교에 들어갈 때까지 그렇게 해야 할지도 모릅니다. 엄마가 사정사정해야 겨우 한 숟가락 받아먹는 아이로 만들지 않으려면 이유식을 먹을 때부터 식습관을 잘 들여야 합니다.

한방에서는 시판 이유식을 권하지 않습니다

요즘 시중에는 뚜껑만 열면 수저로 떠먹일 수 있는 시판 이유식이 많이 나와 있습니다. 시판 이유식은 대부분 여러 음식을 섞어 만든 것들입니다. 아토피나 알레르기가 없더라도 이유식 초기 단계에서는 여러 음식을 섞어 먹이는 좋지 않습니다. 시판 이유식은 만드는 과정에서 식품첨가물이 들어갈 수밖에 없습니다. 또한 덩어리가 별로 없고 유동식인 경우가 많습니다.

이유식은 젖이나 분유에서 정상 식사로 넘어가기 위한 중간 과정으로 치아와 잇몸과 턱으로 씹어서 먹는 습관을 길들이기 위한 목적도 큽니다. 그런데 유동식인 시판 이유식으로는 씹는 연습을 충분히 할 수 없지요. "아이가 너무 좋아해서요"라며 시판 이유식을 먹이는 엄마들도 있는데, 이 시기의 아이들은 많이 먹는 것보다는 균형 잡힌 영양식을 하는 것이 더 중요합니다.

가루 이유식 역시 좋지 않습니다. 가루 이유식은 타서 먹이기 쉽고 맛도 달콤해 이유식을 먹이는 엄마라면 누구나 한번쯤 관심을 갖습니다. 특히나 '크고 똑똑하게 키워준다'는 광고의 영향으로 '이유식은 내 손으로 직접 만들어 준다'는 원칙을 확고히 세운 엄마도 마음이 흔들리게 마련입니다. 가루 이유식이 좋지 않은 첫 번째 이유는 고형식이 아니라는 점입니다. 고형식을 통해 아기는 입으로 음식의 질감을 느끼고 씹고 삼키는 연습을 합니다. 씹는 동작은 두뇌를 자극해 머리를 좋게 하고, 씹은 음식을 삼키는 동작은 아기가 말을 할 때 사용하는 근육을 발달시킵니다. 그런데 가루 이유식을 줄 경우 씹을 건더기가 없어서 전혀 씹는 연습을 할 수 없습니다. 살만 찌우려고 이유식을 먹이는 것이 아니라는 사실을 명심하세요. 게다가 처음부터 가루 이유식을 먹은 아기들은 나중에 밥을 잘 안 먹을 가능성도 아주 큽니다.

신토불이 한방재료를 이용하세요

보통 '한방재료'라고 하면 한약을 지을 때 쓰는, 이름도 생소한 한약재를 떠올리는데 그렇지 않습니다. 우리가 늘 먹는 음식 재료들도 넓은 의미에서 한방재료라 할 수 있습니다. 특히 우리 민족이 5천 년 동안 먹어온 전통식품들은 그 효과가 검증된 안전한 먹을거리라고 할 수 있습니다. 평소 재료의 성질과 효능을 알고 있으면 이유식을 만들 때도 다양하게 이용할 수 있습니다. 녹두, 팥, 연근, 파뿌리, 마, 호두, 잣, 배, 밤, 감 등은 평상시에도 즐겨 먹으면 좋은 재료들입니다. 좀 더 적극적으로 말린 한약재도 사용할 수 있습니다. 이유식 초기부터 사용할 수 있는 한약재로는 구기자, 귤껍질, 마, 당귀 같은 것들이 있습니다. 이유식 중기부터는 황기, 맥문동, 오미자, 연근 등을 넣어 이유식을 만들면 좋습니다. 이런 재료들은 아기의 기운을 보해주고 오장육부를 튼튼하게 만들어줍니다.

한방재료를 포함해 음식재료를 선택할 때는 우리 땅에서 나고 자란 제철 식품을 선택하는 것이 기본입니다. 바로 신토불이 원칙을 지키는 것이지요. 요즘은 한국의 전통음식보다 서양음식을 좋아하는 아이들이 많습니다. 이는 어렸을 때부터 피자나 햄버거, 빵, 치즈 등 서양음식을 많이 접해왔기 때문일 것입니다. 그래서인지 이유식 재료로 망고나 바나나 등 수입농산물을 사용하는 경우가 많은데 이는 아이의 평생 입맛을 만든다는 측면에서도 그렇지만 안전성에 있어서도 바람직하지 않습니다. 이유기 때 입맛이 평생을 가고, 그 입맛대로 먹은 음식에 따라 아이의 건강이 좌우됩니다. 아기가 커서 스스로 음식을 선택하기 전까지는 신토불이 음식으로 한국인의 입맛을 들이는 것이 중요합니다.

음식궁합을 생각하세요

음식에도 궁합이 있습니다. 즉, 같이 먹으면 좋은 음식과 나쁜 음식이 있다는 뜻입니다. 우리가 익히 아는 돼지고기와 새우젓은 음식궁합이 잘 맞는 식품입니다. 반대로 당근과 오이는 음식궁합이 맞지 않는 대표적인 식품으로 같이 먹으면 비타민C가 파괴됩니다. 따라서 이유식을 할 때는 식품의 음식궁합을 잘 따져 궁합이 맞는 식품을 선택하는 것이 좋습니다. 당근을 넣을 때 양배추를 같이 넣으면 좋고, 김을 기름에 발라먹는 것도 좋습니다. 김장철에 많이 먹는 돼지고기와 생굴, 배추와 새우 역시 궁합이 잘 맞는 식품입니다. 반면 조기와 식용유는 음식궁합이 맞지 않기 때문에 아기에게 조기를 줄 때는 식용유를 쓰지 않고 구워주는 것이 좋습니다. 딸기와 설탕, 토마토와 설탕을 같이 먹으면 비타민C가 파괴되어 좋지 않습니다.

요구르트 대신 김치를 먹이세요

아기가 이유식에 어느 정도 적응하고 나면 많은 엄마가 요구르트를 먹입니다. 맛이 상큼해 아이들이 좋아하기도 하지만, 유산균이 많아 장을 건강하게 한다는 생각에 간식으로 자주 주는 것 같습니다. 하루에 요구르트를 몇 개나 먹이면 좋은지 물어보는 엄마들도 많습니다. 그때마다 저는 아기의 장 건강을 생각한다면 요구르트 대신 김치를 잘 챙겨 먹이라고 말해주곤 합니다. 유산균이 몸에 좋은 것은 사실이지만 시중에 판매되고 있는 요구르트는 단맛이 너무 강해 충치를 유발하고 밥맛만 떨어뜨리지요. 세계적인 발효 식품으로 인정받는 김치에 들어 있는 유산균은 요구르트에 있는 유산균보다 그 효과가 좋습니다. 한 연구에 따르면 김치에 들어 있는 유산균은 요구르트에 들어 있는 것보다 병원균을 죽이는 효과가 탁월하다고 합니다. 또한 요구르트에는 없는 섬유질이 풍부하여 장이 약한 아이의 소화 흡수를 돕고 변비를 예방하는 역할을 합니다. 비타민, 카로틴, 미네랄 등의 영양도 풍부해 끼니마다 먹이면 좋습니다.

보통 이유식 후기부터 먹이면 좋은데 어른이 먹는 김치는 염분이 강해 좋지 않습니다. 번거롭더라도 아기를 위한 김치를 따로 담가야 합니다. 어른 김치에서 소금, 고춧가루 같은 강한 양념을 빼고 묽게 푼 찹쌀 풀을 넣어 재료 고유의 맛을 느낄 수 있도록 하면 됩니다. 또한 동치미나 백김치 국물을 10배 정도로 희석해 이유식을 먹일 때마다 국처럼 떠먹이는 것도 아주 좋습니다.

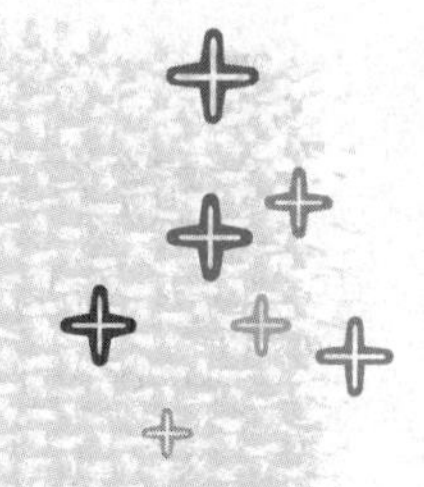

초보 엄마들이 많이 물어보는 이유식 궁금증

첫아이를 키우다 보면 정말 온갖 궁금증이 생깁니다.
특히 먹이는 일만큼은 건강과 직접 연결되기 때문에
그때그때 궁금증을 해소하지 못하면 이유식을 제대로 진행할 수 없습니다.
요즘 엄마들은 인터넷에서 궁금증을 풀곤 하는데 대부분 개인 경험에 의존한 내용이어서
그 신빙성이 의심스러운 경우가 많습니다. 물론 경험만큼 소중한 정보도 없지만
경험담에 앞서 정확한 이유식 지식을 갖고 있어야 합니다.
초보 엄마들이 가장 많이 물어보는 이유식 궁금증을 모아보았습니다.

이유식을 잘 안 먹어요

"정성스럽게 이유식을 만들었는데 아기가 입도 안 대요" 하며 속상해하는 엄마들이 많습니다. 의욕을 갖고 아기한테 좋다는 재료를 넣어 이유식을 만들었는데 입도 대지 않으면 실망이 이만저만 아니지요. 하지만 아기 입장에서 보면 당연한 일입니다. 젖이나 분유를 먹던 아기가 어느 날 갑자기 새로운 음식을 받아들이기란 쉬운 일이 아닙니다. 입에 넣어주면 계속 뱉어내지만 아기는 그 과정을 통해 숟가락의 느낌과 음식의 맛을 알아갑니다. 처음 얼마 동안은 숟가락 끝에 이유식을 살짝 얹어 맛만 보여주는 정도로 진행하다 조금씩 양을 늘려가세요. 인내심을 가지고 꾸준히 먹는 연습을 시키면 어느 순간 넙죽넙죽 잘 받아먹는 아기의 모습을 보게 될 것입니다.

이유식을 시작한 지가 꽤 되었는데도 아기가 잘 안 먹는다면 아기가 젖이나 분유를 너무 많이 먹는 것은 아닌지 점검해보세요. 이유식을 잘 안 먹는 아기

들은 대체로 엄마가 아무 때나 젖을 물리는 경우가 많습니다. 그리고 밤중수유를 하는 경우도 많지요. 젖으로 충분히 배가 부른 아기가 이유식도 잘 먹는 경우는 거의 없습니다. 이때는 젖이나 분유를 줄여야 합니다. 아기가 이유식을 잘 안 먹는다고 해서 억지로 입에 떠 넣거나 분유병에 가루 이유식을 타서 먹이지는 마세요. 억지로 먹이면 아예 먹는 것을 거부할 수 있고, 가루 이유식을 먹이면 씹는 연습을 제대로 할 수 없습니다. 이유식은 영양 공급도 중요하지만 식사에 대한 좋은 습관과 즐거움을 줄 수 있어야 한다는 사실을 명심해야 합니다.

쌀미음을 싫어하는 아기에게 과즙을 먼저 주는 것도 방법입니다. 단맛이 나는 사과즙으로 이유식에 대한 거부감을 없애고, 그래도 계속 거부하면 아예 1~2주 쉬었다가 다시 시작해도 됩니다. 이유식을 먹이기 전에 엄마가 숟가락에 음식을 얹어 "아유, 맛있다. 냠냠" 하며 맛있게 먹는 시범을 보여주세요. 아기는 엄마의 모습을 보며 점점 이유식을 먹는 것에 익숙해집니다. 젖병이나 엄마 젖에 익숙한 아기가 숟가락을 이용해서 먹는 이유식에 적응하는 데는 몇 주가 걸릴 수도 있습니다.

그래도 이유식은 반드시 숟가락으로 먹여야 합니다. 처음에 아기에게 이유식을 먹이면 혀로 밀어낼 수 있습니다. 그러면 엄마들은 아기가 잘 안 먹는 줄 알고 젖병에 넣어서 먹이려고 합니다. 하지만 아기가 혀로 음식을 밀어내는 행동은 음식을 싫어하는 것이라기보다는 일종의 반사로 먹는 방법에 익숙하지 않기 때문입니다. 포기하지 말고 잠시 쉬었다 여러 번 시도하면 숟가락으로 잘 먹게 됩니다.

선식을 먹여도 되나요?

선식은 초기 이유식 재료로 좋지 않습니다. 선식에는 여러 가지 곡식이 들어 있기 때문에 한 번에 한 가지씩 첨가하며 알레르기 유무를 관찰해야 하는 이유식 초기에는 맞지 않습니다. 또한 소화 흡수도 잘 안 돼서 소화 장애를 일으킬 수도 있습니다. 알레르기를 억제하는 항체는 생후 6개월 이후부터 생성되기 시작하므로 중기부터 조금씩 먹이는 것은 괜찮습니다. 하지만 선식을 분유와 함께 타서 젖병으로 먹이는 것은 좋지 않습니다. 씹는 연습을 전혀 할 수 없기 때문이지요. 선식으로 이유식을 할 경우 중기에 죽 형태로 만들어 숟가락으로 먹이는 것이 좋고, 중기 이후에는 알갱이가 있는 죽을 만들어 먹여야 합니다.

간식으로 아기 과자나 아기 음료가 괜찮을까요?

시중에는 '아기를 위해 안전하게 만들었다'고 광고하는 과자나 음료수들이 많습니다. 그런 광고를 본 엄마들은 '아무래도 아기 것이니까 다른 것들보다 좋을 거야' 하는 막연한 심정으로 아기 과자나 음료수를 주기도 합니다. 하지만 아무리 아기를 위한 것이라고 해도 공장에서 만들어낸 식품은 100퍼센트 안심할 수 없습니다. 꼼꼼히 재료를 살펴보면 설탕, 색소, 첨가물, 수입 백밀가루 등 일반 과자나 음료수를 만들 때 들어가는 것들이 대부분 포함되어 있다는 것을 알 수 있습니다. 이런 재료로 만들어진 과자나 음료수 등은 알레르기 질환, ADHD, 청소년기의 반항장애, 면역기능저하, 비만, 성인병, 성장부진 등을 불러올 수 있으므로 될 수 있으면 안 먹이는 것이 좋습니다.

두유는 언제부터 먹일 수 있나요?

그동안의 연구에 따르면 두유에 들어 있는 콩 단백질은 오심, 헛배부름, 변비 등을 유발할 수 있고, 아토피 발생률을 높인다고 합니다. 그러므로 두유는 면역력이 높아지는 생후 8개월 이후에 먹이는 것이 좋습니다. 아기에게 두유를 먹일 때는 꼭 아기용 두유를 선택해야 합니다. 일반 두유를 먹일 경우 비타민 D와 미네랄, 철분 등이 부족해 구루병과 빈혈이 생길 수 있습니다. 보통 모유 수유를 하지 못할 때 식물성 성분인 두유가 동물성 성분인 분유보다 좋을 것 같아 일찍부터 두유를 먹이는 경우가 있는데 그렇지 않습니다. 아기에게 최고의 음식은 엄마 젖이고, 엄마 젖을 먹을 수 없는 경우는 분유를 먹여야 합니다. 최대한 엄마 젖에 가깝게 만든 것이 분유이기 때문입니다. 또한 두유를 주식으로 먹은 아기들과 분유를 주식으로 먹은 아기들의 아토피 피부염 발생률은 비슷한 것으로 보고되고 있어 두유가 분유보다 더 좋다고 할 수는 없습니다. 단, 일반 분유를 먹고 설사를 하는 등 아기 몸에 이상 반응이 있으면 분유 대용으로 콩분유를 먹여야 하는 경우도 있습니다.

이유식을 언제 먹이는 것이 좋나요?

이유식은 매일 일정한 시간을 정해놓고 주되 이유식 초기에는 오전 10시경에 먹이는 것이 좋습니다. 모유나 분유를 수유하기 전에 이유식을 먼저 줍니다. 아이가 모유나 분유를 먹고 포만감을 느끼면 이유식에 흥미를 갖지 못하기 때문입니다. 수유 전에 이유식을 먼저 먹이는 것에 대해서는 반대 의견도 있습니다. 수유 전에 이유식을 먹이면 주식이 이유식이 될 수 있고, 그렇게 되면 소화기관에 부담을 주고 알레르기도 발생할 수 있기 때문에 돌 전까지는 모유나 분유가 주식이 되어야 한다는 것이지요. 돌 전까지 모유나 분유가 주식이 되어야 한다는 사실은 맞습니다. 하지만 6개월 정도 되면 아기가 이유식을 받아들일 만큼 소화기관이 튼튼해졌기 때문에 아기 대부분은 수유 전에 이유식을 줘도 괜찮습니다.

이유식을 전자레인지에 데워도 괜찮나요?

이유식은 한 번 분량만 만들어 바로 먹이는 것이 좋지만 아기가 먹는 양이 적다면 그 양을 맞춰 만든다는 것이 무척 번거롭습니다. 그래서 하루 먹을 분량을 한꺼번에 만들거나 냉동실에 얼려놓았다가 주는 경우가 많지요. 이때 주의해야 할 것은 이유식을 데우는 방법입니다. 이유식을 데울 때 가장 좋은 방법은 중탕으로 가열해서 체온 정도로 데우는 것입니다. 이 과정이 번거로워 전자레인지로 데워서는 안 됩니다. 전자레인지는 너무 뜨겁게 데워지거나 고루 데워지지 않습니다. 더 심각한 것은 전자레인지에서 나오는 전자파입니다. 전자파를 담은 음식을 아기에게 먹이는 것이 좋을 리 없습니다. 전자파는 음식의 영양소를 파괴하고 성분을 변형시켜 음식 본연의 생명력을 잃게 합니다.

잘 먹던 이유식을 갑자기 거부해요

이유식을 잘 먹던 아기가 갑자기 잘 먹지 않는다면 몇 가지 원인이 있을 수 있습니다. 먼저 아기의 몸 상태가 좋지 않은 경우입니다. 어른들도 아프면 입맛을 잃는 것처럼 아기들 역시 마찬가지입니다. 더군다나 아직 소화기관이 완벽하지 않기 때문에 조금만 아파도 먹지 않으려 합니다. 열이나 감기 증상이 없는데 이유식을 거부한다면 놀란 일이 없는지 한번 살펴보세요. 심리적으로 놀랐을 때 먹는 것을 거부할 수 있습니다. 또한 체기가 있으면 트림이나 구토를 하고 자꾸 보채면서 먹는 양이 줄어듭니다. 하지만 다른 음식은 잘 먹는데 특정 음식만 먹지 않으려고 한다면 음식에 대한 기호가 생겨서 그런 것입니다. 이때는 조리방법을 달리 해보는 것이 좋습니다.

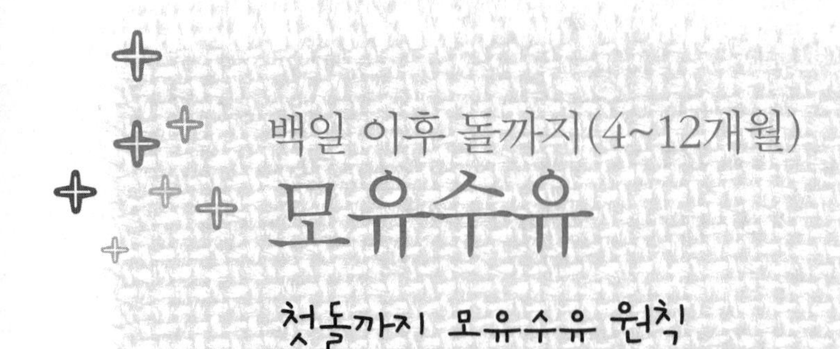

백일 이후 돌까지(4~12개월)

모유수유

첫돌까지 모유수유 원칙

백일 정도 되면 모유수유가 좀 편해집니다.
아기도 엄마 젖에 적응되어 잘 먹고, 엄마도 몸이 많이 회복되어
편한 마음으로 모유수유에 집중할 수 있습니다.
백일부터 첫돌까지는 정말 모유수유를 열심히 해야 합니다.
백일이 지나면서부터 무럭무럭 성장하는 아기에게 충분한 영양을 공급해줘야 하기 때문입니다.
물론 이유식으로도 가능하지만 이유식 후기까지는 모유를 잘 먹여야 합니다.
모유를 먹이다 보면 이 시기에도 여러 가지 어려움을 겪기도 합니다.
그때마다 한방의 지혜를 빌리면 어려운 순간을 잘 넘길 수 있습니다.

아무 때나 먹이지 말고 시간 간격을 두세요

출생 후 백일까지는 아기가 원하는 대로 젖을 물려도 됩니다. 그래야 젖량이 늘고 아기도 젖에 익숙해지지요. 그런데 백일 이후에는 수유 간격을 조절해야 합니다. 원칙적으로 아기가 원하는 시간에 원하는 만큼 충분히 젖을 빨리면서, 서서히 시간 간격을 두는 것이 좋습니다. 일반적으로 4주 정도가 지난 다음에는 두세 시간 간격으로 먹을 수 있습니다. 먹은 지 두 시간이 채 안 됐는데도 아기가 보챈다고 자꾸 젖을 물리면 한 번에 먹는 양이 적어 젖이 남습니다. 젖이 남게 되면 아기는 후유를 먹지 못하고, 모유량이 줄 수도 있습니다.

6개월 이후부터는 적어도 3~4시간 이상의 간격을 두는 것이 좋습니다. 먹

은 지 얼마 지나지 않았는데 아기가 배가 고프다고 울면 바로 젖을 물리지 말고 안아 달래거나 주의를 환기시켜 주세요. 그러면 수유 간격을 약간 늘릴 수 있습니다. 간혹 아기가 적게 먹는다고 자주 먹여서 먹는 양을 늘리려고 하는 엄마들이 있는데, 이는 오히려 한 번에 먹는 양을 더 적게 만드는 역효과를 불러옵니다. 아기가 젖을 자주 찾으면 공갈젖꼭지를 물리거나 젖병에 물을 담아 먹이면서 서서히 시간 간격을 늘려줘야 합니다. 적어도 6개월 이후부터는 수유 간격을 3~4시간으로 조절하는 것이 좋습니다.

8개월이 되면 밤중수유를 끊어야 합니다

밤중수유는 적어도 8개월에는 중단해야 합니다. 밤중수유가 계속되면 아기의 소화기능에 좋지 않은 영향을 주고 유치가 썩을 수도 있습니다. 자기 전에 충분히 포만감 있게 먹이고 자다 깨면 분유나 젖 대신 보리차로 대체해 나가는 요령이 필요합니다. 하지만 아기가 밤중수유를 중단하는 것을 유난히 힘들어하면 좀 더 먹일 수 있습니다. 특히 모유수유를 하는 아기는 특별히 배가 고프지 않아도 정서적 안정감을 느끼려고 엄마 젖을 찾는 경우가 많습니다. 이때 원리원칙만 따져 모른 척하면 아기가 불안해서 더 젖을 찾게 되므로 그냥 젖을 물리는 것이 좋습니다. 아기가 정서적 안정을 하는 것이 밤중수유의 부작용보다 더 중요하니까요.

밤중수유를 끊으려면 뱃고래를 적당히 키워 수유 간격과 수유량을 늘려가야 합니다. 아기가 8개월 정도 되면 5~6시간 정도는 아무것도 먹지 않고 잘 수 있습니다. 그래도 아기가 자다 깨서 젖을 찾으면 간단히 보리차를 먹이고 다시 재우세요. 이것도 점차 횟수를 줄이면서 그냥 재워 버릇해야 합니다.

아이가 밤에 깨서 운다고 무조건 수유를 하지 말고, 안아서 달래보기도 하면서 그냥 재워보세요. 그래야 밤중수유를 끊을 수 있습니다.

돌 이후 모유수유는 정서 안정에 도움

모유수유는 두 돌까지 계속 해도 됩니다. 분유수유는 돌이 지나면 중단하는 것이 좋지만 모유는 그렇지 않습니다. 적어도 돌까지는 모유를 먹이고, 돌이 지나서도 아기가 원하는 만큼 먹여도 됩니다. 한방에서는 두 돌 지나서까지 모유를 먹여도 좋다고 하고 있습니다. 면역학적으로도 모유의 면역성분은 두 돌이 지난 후에도 그 효과가 지속됩니다. 또한 젖을 먹으며 엄마와 교감하는 시간은 아기의 정서적 안정에 큰 도움이 됩니다. 이 시기의 정서적 안정은 아기의 인성 형성에 많은 영향을 주므로 억지로 젖을 떼어서 아기를 불안하게 할 필요는 없습니다. 단, 모유수유만으로는 영양 공급이 충분하지 않기 때문에 다른 식품들을 통해서 영양이 부족해지지 않도록 신경을 써야 합니다. 젖을 너무 많이 먹으면 포만감 때문에 식욕이 생기지 않을 수 있으니 수유 횟수를 줄일 필요가 있습니다.

《규합총서》에서 배우는 젖 먹이기 지혜

조선 순조 때 빙허각 이 씨가 주부들을 위해 쓴 《규합총서》에 보면 수유에 대해 나와 있다. 한의학적으로 이치에 맞는 내용으로 아기에게 젖을 먹일 때 염두에 두면 좋다.

'아기에게 처음 젖을 먹일 때는 반드시 묵은 젖을 짜버리고 먹여야 한다. 어머니가 잠이 들려 할 때는 곧 그 물린 젖을 빼내야 하나니, 너무 잠에 취하여 아기가 포식한 것을 깨닫지 못하기 때문이다. 아기가 울음을 덜 그친 상태에서 젖을 먹이지 말아야 하나니, 흉곽에 젖이 체하여 토할 수 있기 때문이다. 밥을 먹인 다음에 곧이어 젖을 먹이지 말아야 하나니, 밥을 먹고 나서 곧 젖을 먹이면 체할 수 있기 때문이다. 특히 젖을 먹이는 동안 어머니는 인삼과 엿기름을 먹지 말아야 하나니, 젖이 말라버리고 젖의 농도가 손상되기 때문이다. 부부가 성교한 뒤에도 곧바로 젖을 먹이지 말아야 하나니, 심리적으로 흥분하면 신체적 내분비선의 촉진으로 유액의 성분이 변할 수 있기 때문이다.'

뱃고래를 키울 때입니다

할머니들이 아기들을 보면서 많이 하는 말 중 하나가 '뱃고래를 키워야 한다'는 것입니다. 또한 뱃고래를 키우려고 일부러 많이 먹이는 엄마들도 있습니다. 원칙적으로는 아기가 원하는 시간에 원하는 만큼 충분히 젖을 빨리면 뱃고래가 늘어납니다. 자고 있을 때를 제외하고는 아기가 먹고 싶어할 때마다 젖을 먹이는 것이 뱃고래를 키우는 자연스러운 방법입니다. 뱃고래를 키우면 밤에도 먹지 않고 오래 잘 수 있어 밤중수유를 끊는 데도 도움이 됩니다. 반대로 뱃고래를 충분히 키우지 못하면 자다가도 배가 고파서 자주 깨기 마련입니다. 따라서 생후 3개월 이후부터 수유 간격을 늘리면서 한 번에 먹는 양을 조금씩 늘려가야 합니다.

아무리 애를 써도 뱃고래를 키우기가 어려운 아기들이 있습니다. 소화기능이 약하고 소식하는 소음체질의 아기들은 1회 수유량을 늘리려고 해도 잘 안 됩니다. 반대로 소화기능이 활발하고 식욕이 왕성한 태음인 아기들은 일부러 늘리려 노력하지 않아도 많이 먹습니다. 오히려 이런 아기들은 너무 많이 먹어 수유 간격을 늘리기가 어렵고, 비만이 우려되기도 하지요.

선천적으로 소화기능이 약해 잘 먹지 않는 아기들에게 뱃고래를 키운다고 잘 때 젖병이나 젖을 빨게 하여 비몽사몽 간에 수유를 계속하는 경우도 있는데 이러면 오히려 체기가 생기고 소화 장애를 유발합니다. 토하거나 배변 장애를 일으키고 숙면을 취하지 못하며 잘 보채고 배가 빵빵하게 나오지요. 이것은 뱃고래가 커진 것이 아니라 장에 가스가 차고 소화 흡수가 안 된 노폐물이 남아서 나타나는 증상입니다. 그러므로 소화기능이 약해 뱃고래를 키우기 어려울 때는 억지로 뱃고래를 늘리려고 하지 않는 것이 좋습니다.

아토피 아기를 위한 수유 방법

아토피 피부염이 있는 아기들에게 모유만큼 좋은 것은 없습니다. 아토피는 알레르기성 질환인데 모유에는 면역물질이 들어 있어 아기의 면역성을 길러줍니다. 모유를 먹는 아기 중에 아토피가 호전되지 않는 아기도 있는데 이때는 엄마가 음식을 잘 가려서 먹어야 합니다. 엄마가 먹은 음식의 성분이 모유를 통해 아기에게 전해지기 때문입니다. 생우유나 버터, 치즈 같은 유제품은 좋지 않고 기름으로 요리한 음식도 좋지 않습니다. 등푸른 생선도 주의해야 하고, 과일 중에서는 귤, 오렌지, 토마토, 딸기가 좋지 않습니다.

아토피 아기에게 젖을 먹일 때 엄마가 피해야 할 음식

동물성 식품 우유, 달걀, 고등어, 연어, 꽁치, 가다랑어, 전갱이, 새우, 게, 오징어, 기름에 튀긴 육류 등.
식물성 식품 수입 밀가루, 옥수수, 땅콩, 완두콩, 겨자, 피망, 카레, 귤, 키위, 파인애플, 마늘, 생강 등.
기타 초콜릿, 인공 색소가 들어간 음식, 백설탕, 카페인, 알콜 등

모유수유를 안 하는 아토피 아기에게는 알레르기 분유 대신 산양 분유를 먹이면 도움이 됩니다. 알레르기 분유는 알레르기를 일으키는 우유 단백질을 인위적으로 가수 분해하여 알레르기를 일으키는 원인 물질을 현저히 줄인 가공 식품입니다. 하지만 산양 분유는 그 자체가 우유보다 단백입자가 작은 유단백으로 되어 있어 알레르기 발생이 적습니다. 산양 분유에는 아기가 소화시키기 어려운 α-S1-카제인이 모유처럼 적게 들어 있고, 유청단백의 락트알부민과 β락토글로블린도 우유와 구조적 차이가 있어, 메스꺼움, 구토, 복통, 설사 등 우유 단백 알레르기가 있는 아기나 소화기능이 약한 아기에게 좋습니다. 영양 면에서도 모유에 가까워서 아토피 아기를 건강하게 키울 수 있습니다. 또한 돌이 지나 생우유를 먹을 수 있게 되었을 때도 산양유를 먹이는 것이 좋습니다.

어쩔 수 없이 젖을 끊어야 한다면

모유는 보통 돌까지는 기본이고 두 돌까지 먹여도 좋습니다. 가장 이상적인 것은 아이가 자연스럽게 떼도록 하는 것인데 아무리 마음을 굳게 먹고 모유수유를 하더라도 피치 못할 사정으로 젖을 끊어야 하는 경우가 있습니다. 예를 들어 엄마가 병이 생겨 약을 먹어야 하거나, 직장 여건상 수유를 할 수 없게 되면 어쩔 수 없이 젖을 끊어야 합니다. 이때 중요한 것은 엄마나 아기 모두 스트레스를 적게 받으면서 젖을 떼야 한다는 것입니다. 아기 입장에서 보면 자신을 먹여 살리던 든든한 엄마 젖을 못 먹게 되므로 충격을 받을 수 있습니다. 엄마 역시 무리하게 젖을 끊는 과정에서 몸을 상할 수 있으므로 주의해야 합니다.

한 달 정도 여유를 두고 끊으세요

피치 못할 사정이 생겨 모유수유를 중단해야 할 때 준비 없이 갑작스럽게 끊어서는 안 됩니다. 아기가 심리적으로 불안해질 수 있으므로 충분한 시간 여유를 갖고 분유나 우유 등 대체해서 먹일 것을 준비하고 모유를 끊어야 합니다. 돌 즈음이라면 젖병 대신 컵을 이용하여 우유나 두유를 먹이는 것이 좋습니다. 컵은 6~7개월 정도부터 쓸 수 있습니다.

젖을 끊을 때는 대략 한 달 정도 여유를 갖고 점차 수유량을 줄여가며 떼야 합니다. 수유한 만큼 젖이 생기는 시기이므로 아기에게 젖을 적게 물릴수록 젖량은 줄어듭니다. 젖이 불었을 때 아기에게 빨리거나 젖을 다 짜버리면 젖은 줄지 않습니다. 젖이 불어 가슴이 아프면 젖을 짜내는데 이때 완전히 짜지 말고 꽉 찬 느낌이 없어져 불편하지 않을 정도만 짜는 것이 좋습니다. 젖이 유방에 남아 있으면 유방은 젖이 더는 필요 없다는 신호를 뇌에 보내고 뇌는 젖의 생산을 서서히 줄입니다.

돌 즈음이 되면 아기가 밥을 잘 안 먹는다는 이유로, 혹은 엄마의 편의를 위해 젖을 떼는 경우가 있습니다. 아기가 계속 젖을 찾고 왜 엄마가 젖을 주지 않는지 이해하지도 못하는 상황에서 억지로 모유수유를 중단하면 아기의 심리적 박탈감도 클뿐더러 건강에도 좋지 않습니다. 특히 밥을 잘 먹지 않는다는 이유로 수유를 중단하게 되면 더는 면역성분을 받을 길이 없어서 잔병치레가 많아지고 급기야 자주 아프게 됩니다.

아기가 심리적 박탈감을 느끼지 않도록

모유수유의 큰 장점은 수유하면서 자연스럽게 신체접촉을 하게 된다는 것입니다. 아이의 정서 발달을 위해 모유수유를 권장하는 것도 이 때문입니다. 그런데 갑자기 모유를 끊으면 이런 자연스러운 신체접촉의 기회가 사라지므로 아기가 정서적인 박탈감을 느낄 수가 있습니다. 아기가 분리불안이나 애정결핍을 느끼지 않게 하려면 모유를 떼는 과정에서 더 많은 신체접촉을 통해 엄마의 애정을 표현해야 합니다. 갑작스럽게 직장에 다시 나가게 되면서 모유수유를 중단하고 그동안 늘 함께 있던 아이와 떨어져 지내야 한다면 더더욱 아기가 심리적 박탈감을 느끼지 않도록 신경 써야 합니다. 간혹 젖을 떼려고 젖꼭지에 까만 칠을 하거나, 식초나 쓴 약을 바르기도 하는데 이런 방법은 아기에게 큰 충격을 줄 수 있어 젖 떼는 방법으로 좋지 않습니다.

자연스럽게 젖 말리는 방법

젖을 물리지 않으면 젖이 불기 시작합니다. 돌 이전에 갑자기 젖을 뗀다면 젖이 불어 생기는 고통 또한 상당합니다. 수유를 중단해서 젖이 불어 있다면 유방에 남아 있는 젖을 짜내고, 압박붕대로 힘껏 동여매면 우선은 젖이 더는 나오지 않습니다. 만일 젖이 고이면서 가슴에 열이 나고 통증이 심해지면 얼음

찜질을 해줍니다. 얼음을 비닐봉지에 담은 후 수건으로 감싸 가슴에 대고 있으면 통증이 가라앉고 유선이 커지는 것을 막아줍니다. 얼음찜질 대신 양배추를 한 잎씩 떼어 냉동실에 얼렸다가 가슴에 대줘도 좋습니다. 젖을 빨리 말리려고 산부인과에서 젖 말리는 처방을 받기도 하는데 바람직하지 않습니다. 젖 말리는 약의 경우 구토, 어지러움, 혹은 경련이 일어나는 등의 부작용을 수반할 수 있습니다. 가능한 한 이런 약을 복용하지 말고 자연스럽게 젖이 마르게 해주세요. 모유 분비를 줄이는 음식을 먹어도 좋은데 겉보리를 발아시켜 말린 엿기름은 젖을 말리는 데 특효약으로 불립니다. 엿기름을 달여 먹는 게 부담스럽다면 엿기름으로 만든 식혜를 마셔도 됩니다. 달여 먹을 때는 물 1리터에 엿기름을 크게 한 줌을 넣고 끓기 시작하면 불을 줄여 1시간 정도 달여서 1~2일에 나누어 먹으면 됩니다.

고수 엄마들이 이야기하는 젖떼기 요령

1. 아기가 젖을 먹던 장소 피하기

아기들은 보통 익숙한 수유 환경에서 젖을 먹으려고 하는데, 특정한 장소나 시간대에 모유를 연상하기도 한다. 따라서 아기가 모유를 떠올릴 만한 환경을 피해야 한다. 예를 들어 엄마가 자주 소파에 앉아서 젖을 주었다면 되도록 그 소파에는 앉지 않도록 한다.

2. 젖 먹는 시간 잊게 하기

잠에서 깨자마자 젖을 먹었던 아기라면 눈을 뜨자마자 좋아하는 다른 음식으로 주어 젖 먹던 경험을 잊게 해야 한다. 엄마가 하기 어려울 때는 아빠가 해주는 것이 좋다. 또한 아기가 젖을 찾기 바로 직전, 젖이 생각나기 전에 아기가 좋아하는 것을 하는 것도 방법이다. 예를 들면 책 읽어주기, 노래 부르기, 산책하기 등을 해본다.

3. 아기에게 이야기하기

아기가 엄마의 말을 정확히 이해하지 못한다 해도 왜 젖을 끊어야 하는지 자주 설명해준다.

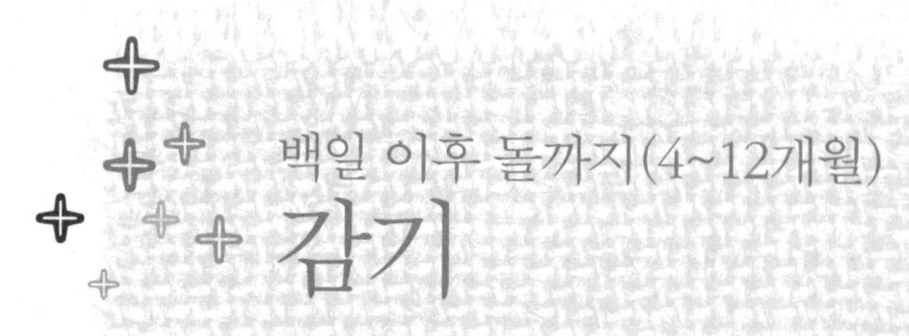

백일 이후 돌까지(4~12개월)

감기

감기는 돌 전에 가장 많이 걸립니다

아기들은 태어날 때 엄마로부터 받은 면역력이 떨어지는 생후 6개월 이후부터
두 돌까지 자주 감기에 걸립니다. 계절적으로는 1월, 4~5월, 9월 등 겨울과 환절기에 감기에 잘 걸리는데,
그 이유는 온도 변화에 적응하는 능력이 아직 미숙하기 때문입니다.
아기가 감기에 걸렸을 때는 빨리 낫게 하겠다는 생각보다는
잘 앓게 하겠다는 생각을 하는 것이 좋습니다.
감기를 잘 앓고 난 아기들은 전보다 더 건강한 모습을 보입니다.
감기를 겪으면서 면역력을 키우기 때문입니다.

사기가 몸에 들어와 걸리는 감기

한방에서는 감기를 감모感冒, 상풍한傷風寒이라고 합니다. 느낄 감感, 무릅쓸 모冒, 다칠 상傷자를 쓰는 것에서 보듯, 외부의 바람이나 한냉 등 나쁜 기에 몸이 '무릅쓰고 느껴 상하는 것'이 감기입니다. 한의학의 경전이라고 불리는《내경》은 감기에 대해 이렇게 표현하고 있습니다. '사기소진 기기필허邪氣所湊 其氣必虛' 즉, '사기가 인체에 들어오는 것은 정기正氣가 허약하기 때문이다'라는 뜻입니다. 우리 몸이 허약한 부분 없이 강한 체력을 유지하는 상태에서는 병이 발생할 여지가 없습니다. 감기는 내 몸의 정기가 약해졌기에 나쁜 기운이 들어와 생기는 것입니다. 이 말을 깊이 새겨보면 체질적으로 면역기능이 왕성한 아기

라면 감기나 다른 질병에 잘 걸리지 않는다고 할 수 있습니다. 근래 잘못된 의식주 생활과 약물 남용으로 정기가 약해진 아이들을 흔히 보게 되는데 참으로 안타까운 일입니다.

이러한 풍한사기는 대개 7일 정도면 그 세력을 잃지만, 면역력이 약한 아기는 가래가 남아 있거나 중이염, 축농증, 기관지염, 폐렴, 천식 등으로 발전하는 특징이 있습니다. 감기를 많이 앓는 아기들은 1년 내내 감기를 달고 살기도 합니다. 하지만 이때 항생제나 기타 약물을 장기간 복용함으로써 약물에 대한 내성을 키우고 면역력이 떨어지는 것이 더 큰 문제가 되고 있습니다.

감기를 잘 앓고 나면 더 건강해집니다

"우리 아기는 한겨울에도 감기 한번 앓은 적 없다"라고 자랑스럽게 말하는 엄마들이 있습니다. 그 말을 들은 다른 엄마들은 그것이야말로 건강의 증표라고 생각하고 부러워하지요. 하지만 감기에 걸리는 것은 우리 몸이 외부환경에 대해 정상적으로 반응하고 있다는 증거로 오히려 감기를 잘 앓고 나면 건강에 도움이 됩니다. 바이러스와 같은 나쁜 기운이 침입했을 때, 스스로 면역 체계와 저항 체계를 가동시켜 병을 이겨내는 경험을 하고 나면 아기의 면역력은 더욱 커집니다. 또한 이것은 다른 큰병을 이겨낼 수 있는 기초 바탕이 되기도 하지요.

이런 차원에서 보면, 사실 감기는 병이라기보다는 우리 몸에 나쁜 기운이 들어왔을 때 방어 시스템이 제대로 작동할 수 있게 만드는 훈련 과정이라 할 수 있습니다. 감기 치료에는 아직 마땅한 특효약이 없습니다. 감기바이러스는 200여 가지나 되고, 몸 상태에 따라 증상도 제각각이어서 앓을 만큼 앓으면 저절로 낫습니다. 현대 의학에서 감기는 코와 목에 염증이 생겨 콧물, 기침, 재채기, 가래, 발열, 오한, 두통, 근육통 등을 유발하는 것으로 90퍼센트 이상이 바이러스 감염에 의한 것이고 그 외에는 세균 감염으로 생긴다고 말합니다. 그래서 일단 아기를 괴롭히는 증상을 없애고자 약을 처방합니다. 우리가 소아과에서 처방받는 약들은 감기 자체를 치료하는 약이 아니라 열, 콧물, 기침 등의 증상을 가라앉히는 대증요법인 셈입니다. 몸 안의 면역 체계가 해야 할 일을 외부에서 들어온 약물이 대신 처리한다면 아기는 자신의 면역 체계를 강화할 기회를 잃고, 결과적으로 더 자주 더 심하게 감기에 걸릴 수 있습니다.

내성을 키우지 않는 한방 감기약

감기 때문에 양약을 오래 복용한 아기가 식욕이 떨어지고 소화를 못 시키며 변이 묽어져 체중이 확 줄어드는 경우를 자주 봅니다. 이런 아기는 항생제에 대한 내성 또한 무섭지요. 그래서 감기 초기에는 한방 치료를 하는 것이 좋습니다. 한방 치료의 장점은 약물에 대한 내성을 키우거나 소화기관에 부담을 주지 않고, 자연치유력과 면역력을 높인다는 것입니다. 더욱이 한약 외에도 약향요법, 약침, 무통 침 등 다양한 치료법을 통해 높은 치료 효과를 보이고 있습니다. 특히 통증 없는 자연스러운 처치로 아기로 하여금 병원에 대한 공포심을 줄여주고, 단맛이 나는 시럽 한약, 과립 약이나 증류 한약 등이 개발되어 좀 더 수월하게 한약을 먹일 수 있게 되었습니다.

특히 오랜 감기나 그 후유증으로 말미암은 만성적인 호흡기 질환 즉 비염, 축농증, 천식, 해수, 중이염 등에도 증상만 완화해주는 대증치료가 아니라 허약한 부분을 보완하면서 몸 전체를 건강하게 만들어 주는 것을 목표로 하므로 오히려 근본적인 회복이 가능합니다. 하지만 심한 기침이나 누런 콧물이 10일 이상 지속되거나 고열이 3일 이상 지속된다면 감기로 말미암은 합병증이 온 것일 수 있으므로 항생제나 해열제 처방을 받아야 할 수도 있습니다.

항생제와 해열제, 함부로 사용하지 마세요

아기가 열이 나는 것만큼 두렵고 힘든 일도 없을 겁니다. 그런 마음에 엄마들은 해열제부터 찾습니다. 하지만 열이 난다고 해서 성급히 해열제를 먹이는 것은 좋지 않습니다. 감기에 걸렸을 때 열이 나는 것은 정상적인 몸의 기능으로, 감기에 걸리면 우리 몸의 발열 중추에서는 외부로부터 들어온 감염 요인들과 싸우려고 대사활동을 원활히 할 수 있도록 열을 내는 것입니다. 그러니 열이 올랐다고 해서 바로 해열제를 먹이는 것은 아기 스스로 감기와 싸워 이길 기회를 잃게 하는 것이나 다름없습니다.

원래 해열제란 뇌 신호에 착각을 일으켜 열을 내지 않도록 하는 작용을 하기 때문에 자주 쓰게 되면 뇌가 계속해서 착각을 일으킬 수 있으므로 아기들에게 좋지 않습니다. 해열제는 39도 이상의 고열이 아니라면 될 수 있는 대로 쓰지 않는 것이 좋습니다. 또한 해열제는 열이 나는 증상을 완화할 뿐이지 근본적인 감기 치료제가 될 수 없습니다. 해열제 대신 미지근한 물로 아이 몸을 닦아 열을 내리는 방법도 있는데 이는 39도 이상의 고열일 경우에 사용하는 것이 좋습니다. 열이 심하지 않다면 오히려 이불을 덮어 땀을 내줘야 열이 떨어집니다. 만약에 그래도 열이 떨어지지 않고 오른다면 그때 가서 물수건 마사지를 합니다.

항생제 또한 마찬가지입니다. 항생제는 바이러스가 아닌 세균 즉, 박테리아를 죽이는 약입니다. 감기나 이와 유사한 호흡기 질환은 대부분 바이러스성 질환으로 바이러스와 박테리아는 엄격히 다릅니다. 따라서 바이러스로 말미암은 감기에 세균을 잡는 항생제를 쓰는 것은 잘못된 일입니다. 조사 결과 우리나라 소아과의 항생제 남용은 심각한 수준에 이르렀다고 합니다. 항생제 남용의 폐해는 우리 몸에 살면서 유익한 작용을 하는 세균까지 죽인다는 것입니다. 항생제는 폐렴, 부비동염처럼 감기를 앓는 동안 세균에 의해 2차 감염이 되었을 때만 사용해야 합니다.

독감과 감기는 다릅니다

겨울이 되면 매년 급성 호흡기 질환인 독감이 유행하는데, 독감은 직접적인 접촉이나 호흡기로 전파됩니다. 증상은 고열과 근육통, 두통 그리고 기침이 동반된 급성 질환으로 고열이 3일간 지속하고 기침과 전신 권태감이 1~2주간 지속합니다. 간혹 감기가 심해지면 독감으로 발전한다고 생각하는 엄마가 있는데 감기와 독감은 바이러스 자체가 다릅니다. 감기는 200여 가지나 되는 바이러스로 말미암은 것이고 독감은 인플루엔자라는 특정 바이러스로 말미암은 질병입니다.

우리나라에서는 매년 10월경부터 다음해 4월경까지 독감 환자가 많이 발생하고 때에 따라서는 폭발적인 대유행이 있기도 합니다. 그래서 이를 대비한 독감 예방접종은 인플루엔자 바이러스를 혼합하거나 단독으로 백신을 만들어 주사하는 것입니다. 따라서 인플루엔자 바이러스가 아니면 예방 효과가 없습니다. 간혹 감기에 걸리지 않으려고 독감 예방접종을 하는 일도 있는데, 예방하는 바이러스 자체가 다르므로 독감 예방접종을 했다고 해도 감기에 걸릴 수 있습니다. 6개월 미만의 영아는 부작용 발생률이 높아 독감접종은 금기이며, 6개월 이상에서 만성질환을 가지고 있거나 단체생활을 하는 아이는 독감에 걸리면 병세가 악화되고 중증이 될 염려가 있으므로 예방접종을 하는 것이 좋습니다.

소화기에 문제가 있어도 기침을 합니다

소화기에 이상이 생겨도 감기 증상과 같은 기침, 가래, 코막힘 같은 호흡기 증상이 있을 수 있습니다. 특히 평소에도 잔기침을 자주 하는 아기라면 소화기에 이상이 있을 수 있습니다. 《동의보감》에서는 식적食積(체한 것)때문에 생기는 기침을 식적수라고 합니다. 식적은 불규칙한 식사, 폭식이나 과식, 씹지 않고 삼키는 등 잘못된 식습관이 원인이 되어 나타나는데 일시적으로 체한 것(식체)과 달리 증상이 만성적으로 나타나는 '만성식체'도 있습니다. 식적이 있는 아기들은 위장이 항상 부어 있어 위와 근접한 횡경막의 움직임 등 폐와 관련된 기운의 흐름을 방해해서 잔기침, 코막힘, 가래 등의 증상을 달고 살기 쉽습니다. 심할 때는 감기약을 먹어도 잘 낫지 않습니다. 이런 아이들은 소화기 치료를 해주면 호흡기 증상이 금세 사라지기도 합니다.

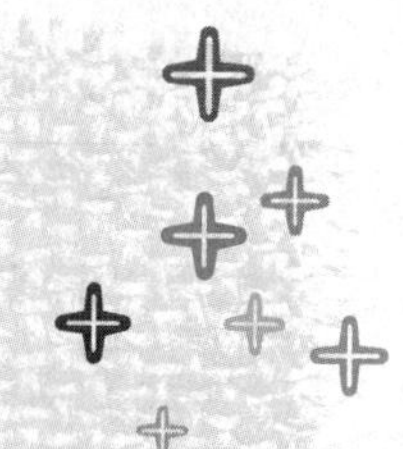

감기 증상에 따른 한방요법

감기가 시작되면 발열, 맑은 콧물, 기침, 편도염 등의 증상이 나타나는데
아기마다 그 증상은 다릅니다. 여러 증세가 동시에 나타나기도 하고,
체질에 따라 취약한 부위에 중점적으로 나타나기도 합니다. 아기마다 증상이 다른 이유는
감기의 원인과 체질이 다르기 때문입니다. 기관지나 폐에 이물질이 있다면
기침으로 체내에 있는 이물질을 내보내고, 장에 이물질이 있으면 설사로 배출하는 등
원인과 몸 상태에 따라 각기 다른 증상을 보입니다.
따라서 감기의 치료 또한 원인과 증상에 따라 달리해야 합니다.

코가 약한 아기에게 나타나는 콧물감기

콧물은 감기 초기에 열과 더불어 가정 먼저 나타나는 증상 중의 하나입니다. 처음에는 주로 맑은 콧물이 나오다가 점차 누런 콧물이 나옵니다. 대개 감기가 심해졌거나 만성비염, 부비동염(축농증)이 있을 때 누렇고 끈적끈적한 콧물이 나오는데, 한방에서는 맑은 콧물이 누런 콧물로 바뀌는 이유를 담열痰熱 때문으로 봅니다. 누렇고 끈적끈적한 콧물은 찬 공기가 몸속의 열을 뭉치게 하여 그 열이 코에 나타나면서 생기는 것으로 이런 콧물은 폐 진액이 부족하거나 속열이 많은 아기에게 주로 생깁니다.

콧물감기에 자주 걸리는 원인은 크게 두 가지로 나눌 수 있습니다. 첫째 단순한 감기에서 코가 약한 체질로 콧물이 먼저 나오는 경우입니다. 둘째 흔히 말하는 알레르기성 비염에 해당하는 경우입니다. 우선 첫째의 경우는 만성비염이나 축농증으로 발전되지 않게 잘 치료해야 합니다. 보통은 감기의 회복과 함께 좋아집니다. 반면 알레르기성 비염이 있는 경우는 다른 감기 증상은 완화되어도 콧물, 코막힘, 재채기 등이 일주일 이상 계속 되고, 심하면 거의 일 년 내내 증상이 있을 수 있는데, 아침이나 기온의 변화가 있는 환절기에 심해지는 특징을 보입니다. 단, 알레르기성 비염은 대부분 네 살 이후로 뚜렷하게 나타납니다.

한방에서는 맑은 콧물이 줄줄 흐를 때는 '소청룡탕', '삼소음'을, 누런 콧물 또는 비린내 나는 화농성 콧물이 계속 나오면 '갈근탕', '패독산', '선방활명음'을, 코막힘이 심하면 '통규탕' 등을 처방합니다. 콧물감기에 걸렸을 때 대추차, 파뿌리 차조기차 등을 먹이면 좋습니다.

한방차 만드는 법

이번 장에서 소개하는 한방차 재료는 만 한 살 기준으로 이틀 용량이다. 500ml의 물에 해당 재료를 넣고 물이 끓기 시작하면 약한 불로 줄여 30분 정도 물이 너무 졸지 않게 우려낸다. 우려낸 차를 하루에 3회 정도 나누어 먹이면 된다. 아기가 잘 먹지 않으면 조금 더 졸여 양을 줄이고 하루에 여러 차례 수시로 나누어 먹인다. 차는 항상 뚜껑을 닫고 끓여 재료 고유의 향이 날아가지 않게 하는 것이 좋다.

칡대추감초차 칡, 대추 10g과 감초 2g을 함께 달여서 조금씩 떠먹이면 아기의 막힌 코가 확 뚫립니다. 말린 대추나 감초는 염증을 없애고 코 안의 작은 핏줄들을 튼튼하게 해서 코막힘에 좋습니다.

파뿌리차조기차 파뿌리 1개, 차조기 잎 3g을 넣고 달여 먹입니다. 열이 없는 경우에 더 좋고 초기 감기에 효과가 있지만, 장이나 피부가 약한 아기들은 설사나 피부 발진이 없는지 주의 깊게 지켜보셔야 합니다.

무즙 맵지 않은 무를 강판에 갈아서 천으로 즙을 짠 후 면봉에 무즙을 적셔 콧구멍 안에 넣고 주의해서 잘 발라주면 코가 뚫립니다. 무즙은 살균 작용을 해서 코감기를 비롯한 호흡기 염증에 좋습니다. 경우에 따라 생리식염수를 몇 방울 떨어뜨려 흡입기로 코를 빼주기도 하는데 너무 자주 빼주면 코의 정상적인 활동을 방해할 수 있습니다. 예를 들어 세균이 들어오는 것을 걸러내거나 콧물의 형태로 배출시키는 등의 섬모 운동에 영향을 줄 수 있기 때문에 자주 하는 것은 피해야 합니다.

감기와 싸우는 과정에서 생기는 열 감기

감기 하면 가장 먼저 떠오르는 증상이 발열입니다. 흔히 오한과 두통, 목 부위 통증 등이 같이 나타나지요. 보통 아기가 열이 나면 겁을 먹고 부산을 떨며 해열제를 찾지만 무조건 열을 떨어뜨리는 것은 금물입니다. 몸에 열이 나는 것은 몸이 감기와 싸워 이겨내려는 과정 중 하나입니다. 그런데 성급하게 해열제를 먹여 발열을 억제하면 오히려 다른 합병증을 불러올 수 있고, 또 그만큼 면역증강을 감소시킬 수 있습니다. 열이 39도 미만이라면 오히려 이불을 덮어주거나 생강차를 먹여 땀을 나게 하는 게 좋습니다. 하지만 이 땀이 식으면 찬 기운에 오히려 감기가 심해질 수도 있으므로 땀을 잘 닦아주고 땀에 젖은 옷은 바로 갈아입히는 것이 좋습니다. 또한 수분 부족으로 말미암아 탈수 현상이 일어나지 않도록 물을 많이 먹이는 것도 잊지 말아야 합니다.

열이 있으면 기운이 없고 식욕이 감퇴하므로 이때는 아기를 안정시키고 푹 쉬게 해야 합니다. 열이 39도 이상일 경우는 미지근한 물로 몸을 닦아 열이 더 오르지 않도록 합니다. 찬물은 오히려 체온을 높일 수 있으니 주의하세요. 또한 아기가 울면 체온이 상승하므로 되도록 아기가 울지 않게 잘 달래줘야 합니다.

한방에서는 목이 부으면서 열이 갑자기 오르는 감기에는 '은교산'을, 열과 함께 근육통, 기침, 두통 등을 동반하는 몸살감기에는 '패독산'을 처방합니다. 이와 함께 보리 결명자차, 생강차, 인동덩굴차 등을 먹이면 좋습니다.

보리결명자차 아기가 열이 날 때 보리와 결명자를 1:1의 비율로 끓여 먹이면 좋습니다. 수분은 탈수를 방지하는 효과 좋은 해열제이기 때문이지요. 집에서 먹는 맹물도 좋지만 겨울의 정기를 듬뿍 받은 보리와 간의 열을 식혀 내부의 피로를 없애는 결명자는 둘 다 찬 성질을 지녀 열을 내리는 데 좋습니다.

생강차 생강을 깨끗이 씻어 껍질째 동전 크기로 썬 다음 뜨거운 물에 우려냅니다. 열은 밤에 심한 경우가 많습니다. 밤에 갑자기 열이 조금 올랐다면 낮에 너무 열심히 놀아 가벼운 몸살 증상이 있는 것이거나 가벼운 감기 증세인 경우가 많으니 생강차를 마시게 한 후 재우면 효과가 있습니다. 단, 고열에는 적당하지 않습니다.

인동덩굴차 인동덩굴 한 주먹을 달여서 보리차처럼 수시로 먹입니다. 인동등은 덩굴로 자라면서 겨울에도 얼어서 시들지 않으므로 인동등이라 합니다. 즉 혹독한 겨울 추위에도 얼어 죽지 않고 잘 견뎌내는 덩굴이라는 것입니다. 해열과 소염작용을 하는 성분이 들어 있어 열감기는 물론 평소 아이들의 감기 예방에도 좋습니다.

탈수가 의심될 때

감기로 발열과 발한, 또는 장염 증상이 겹쳐 구토와 설사를 하여 탈수가 의심될 때는 수분과 전해질을 빨리 보충해줘야 한다. 묽은 쌀죽을 먹이거나, 오렌지 주스 250ml와 물 250ml를 섞고 소금 1/4 작은 숟가락을 타서 먹이면 좋다. 탈수가 심하지 않을 때는 보리차에 소금을 아주 조금만 타서 수시로 마시게 하면 수분이 보충된다. 원칙적으로는 약국에서 당-전해질 음료를 구입해 먹이는 것이 가장 좋은 방법이다.

합병증이 나타나기 쉬운 목감기

목감기는 감기가 왔을 때 편도와 인후가 많이 붓고 아픈 것을 말합니다. 대개 감기가 심하다 싶으면 목감기에 걸려 있는 경우가 많습니다. 목감기가 심하면 열이 오르고, 때로는 중이염이나 급성축농증, 임파선염 등으로 진행되며 경우에 따라 열성 경기를 일으키기도 합니다. 아기가 목감기를 앓고 있다면 목 부위를 수건으로 따뜻하게 감싸주고 충분히 쉬게 하면서 증상이 악화하는지를 살펴보세요. 목이 아픈 아이들은 음식물을 넘기기가 어려워 밥을 잘 먹지 않으려고 합니다. 이럴 땐 억지로 먹이려고 하지 말고 미음이나 물을 먹이면서 최대한 영양을 보충해줘야 합니다. 목이 아플 때 간혹 아이스크림 같은 찬 음식을 먹이는 경우가 있는데, 이는 증상을 일시적으로 완화하는 데 효과가 있을 뿐 근본적인 치료가 될 수 없습니다. 소화기가 약한 아이들은 오히려 병의 진행이 빨라지므로 함부로 먹여선 곤란합니다.

한방에서는 편도선이 심하게 부었으면 '필용방감길탕', '형개연교탕'을, 목이 붓고 열이 나며 몸살기가 있는 경우에는 '연교패독산'을 처방합니다. 또한 현삼차, 시호차, 박하차, 유자차 등을 먹이면 좋습니다.

현삼차 현삼 8g을 끓여 먹입니다. 현삼은 콩팥의 열을 식혀주는 작용을 하는데, 콩팥과 목은 멀리 떨어져 있지만, 열을 떨어뜨리는 기운이 얼굴까지 올라와 목의 열도 떨어지게 합니다. 현삼은 오래 끓일수록 효과가 좋으므로 물을 넉넉하게 붓고 1시간 이상 우려냅니다.

시호차 시호 6g을 끓여 먹입니다. 시호는 신체의 겉도 아니고 속도 아닌 중간 단계의 병을 푸는 약재인데, 열이 오르고 내리기를 반복할 때 더욱 효과적이며 목의 열을 풀어주는 데도 좋습니다.

박하차 박하 4g을 끓이되, 박하 향이 사라지지 않도록 20분 정도 뚜껑을 닫고 짧게 달여야 합니다. 박하는 목에 뭉쳐 있는 열을 풀어줍니다.

유자차 꿀에 재놓은 유자를 뜨거운 물에 넣어 마시면 목의 통증을 가라앉히는 데 좋습니다. 유자는 비타민이 풍부해서 피로 회복과 감기 예방에 좋은 식품입니다.

도라지감초차 껍질을 벗기지 않은 생도라지 25g과 감초 6g을 달여 먹입니다. 도라지는 널리 알려진 것처럼 기관지와 인후의 염증을 개선하고 보강하는 데 대표적인 약재입니다.

폐 기운이 약해질 우려가 있는 기침감기

밤낮으로 콜록거리면서 마른기침을 하는 아기를 보고 있으면 기침만이라도 어떻게든 낫게 하고 싶은 마음이 굴뚝 같습니다. 하지만 '기침은 폐를 지키는 개'라는 말에서 알 수 있듯, 기관지나 폐에 밖으로 내보내야 할 이물질이 있다는 신호입니다. 하지만 기침을 너무 오래 하면 기관지와 폐의 기운이 약해질 우려가 있으므로 기침감기는 빨리 치료해야 합니다. 특히 기관지가 약해 기관지염, 폐렴, 천식 등이 잘 오고, 감기만 오면 기침을 하며 목에 걸린 가래 때문에 구토까지 하는 아기라면 더욱 빨리 치료해줘야 합니다. 기침이 너무 오래 간다면 단순히 감기로 보지 말고 폐렴이나 기관지천식, 알레르기성 기관지염, 축농증, 역류성 식도염, 위장장애 등은 아닌지 점검해봐야 합니다.

기침을 많이 하는 아기는 무엇보다 안정이 중요합니다. 찬 공기를 쐬는 것은 기관지를 자극할 수 있으므로 좋지 않습니다. 방 안에 가습기나 젖은 수건을 널어두어 습도를 충분히 확보합니다. 방 안의 습기가 충분하면 기도에서 수분이 증발하지 않아 기침을 덜 하기 때문입니다. 가래 때문에 기침이 심하다면 손바닥을 둥글게 모아서 등을 가볍게 쳐주면 기관지 속의 가래가 떨어져 기침이 어느 정도 가라앉습니다. 아기가 밤에 기침이 심해 잠을 자지 못할 때는 윗몸을 약간 경사지도록 눕히면 좀 나아집니다. 목과 가슴이 차가우면 기침이 심해질 수 있으니 목까지 감싸는 옷을 입히거나 수건으로 감싸 보온에 신경 쓰고, 찬 음료나 차가운 인스턴트 음식, 달고 기름기가 많은 음식은 적게 먹이도록 합니다.

한방에서는 감기 초기에 기침만 있을 때는 '행소산', '삼소음'을, 마른기침을 할 때는 '청화보음탕', 맑은 콧물이 나고 기침과 재채기가 심할 때는 '금불초산'을 처방합니다. 기침감기에 걸렸을 때는 살구씨차, 잣호두죽, 오미자차 등을 먹이면 좋습니다.

살구씨차 말린 살구씨 6g을 끓여 먹입니다. 살구는 기침과 가래, 천식에 좋은 약재입니다. 기관지가 약한 아기에게는 살구씨를 갈아 넣은 죽을 먹이기도 합니다. 단, 살구씨에는 독성이 있어 부작용을 일으킬 수 있으므로 반드시 더운물에 미리 담가 껍질과 뾰족한 끝부분을 잘라버린 다음 깨끗이 닦고 말려서 사용해야 합니다.

잣호두죽 쌀로 흰죽을 끓이다가 잘게 빻은 잣과 호두를 넣어 5분간 더 끓입니다. 잣과 호두는 면역기능을 강화시키는 효과가 있고 폐와 기관지를 촉촉하게 하여 기침감기뿐 아니라 천식을 앓는 아기에게도 좋습니다.

맥문동 도라지 오미자차 맥문동, 도라지 각 6g과 오미자 4g을 끓여 먹입니다. 특히 가래 없는 마른기침을 할 때 더욱 좋습니다. 신맛이 나는 오미자는 폐의 기능을 강화하고 기침과 가래를 줄이는 역할을 합니다.

가래가 끓는 감기

그렁그렁 하는 아기의 가래 소리를 듣는 것만큼 답답한 것은 없을 것입니다. 한방에서는 가래가 끓는 감기를 우리 몸 가장 깊은 곳에서 나쁜 기운이 올라오는 것으로 여기고 될 수 있는 대로 빨리 치료하고 있습니다. 처방은 단순히 가래만 없애는 데 그치지 않고 호흡기를 강화하는 방법을 사용합니다. 가래가 심하면 물을 많이 먹여 가래 배출이 수월하도록 합니다. 또한 스스로 가래를 뱉을 능력이 없는 아기의 등과 가슴을 가만히 두들겨줘 가래 배출을 도와주세요. 손바닥을 동그랗게 오므려서 가슴과 등을 두드려주면 기관지에 붙어 있는 가래가 떨어져서 쉽게 밖으로 나옵니다.

한방에서는 가래와 함께 기침이 심하면 '정천화담강기탕'을, 코가 목 뒤로 넘어가 가래가 될 때는 '통규탕'이나 '가미이진탕'을, 가래가 항상 심할 때는 '보중도담탕'을 씁니다. 가래를 없애는 데에는 배도라지 중탕이나 파인애플이 도움이 됩니다.

배도라지 중탕 잘 익은 배의 껍질을 깎고 속을 파낸 후 그 속에 잘게 썬 도라지 한 뿌리를 넣습니다. 이것을 유리그릇에 담고 중탕 그릇에 넣어 약한 불로 두 시간 정도 달입니다. 배가 투명해지면 푹 고아진 것인데, 이것을 작은 숟가락으로 퍼서 여러 번 나눠 먹입니다. 도라지는 가래를 삭이고, 배는 폐의 열을 감소시키는 효과가 있습니다.

파인애플 파인애플에는 단백질 분해효소인 '브로멜라인'이라는 물질이 들어 있습니다. 브로멜라인은 가래를 삭여서 밖으로 나오기 쉽게 만들고 기관지가 부었을 때 염증을 제거하는 작용을 합니다. 가래가 많이 끓을 때 효과적인 식품입니다. 단, 알레르기가 있는 아기는 주의합니다.

구토, 설사가 동반되는 감기

체한 상태에서 감기에 걸리거나, 또는 감기에 걸려서 체기를 보이는 경우가 있습니다. 체기가 있을 때의 감기는 열이 별로 나지 않고, 구토와 설사, 복통 등의 증상을 보입니다. 가정에서는 기름진 음식, 달걀 등의 고단백 음식, 햄이나 소시지 부류의 인스턴트 음식, 라면 등의 밀가루 음식, 유제품, 찬 음식을 주지 말고, 부드러운 죽이나 미역과 채소를 넣은 옅은 된장국 등을 먹이는 것이 좋습니다. 한방에서는 정리탕, 불환금정기산, 도씨평위산, 곽향정기산 등을 처방하는데 아주 효과가 좋습니다. 감기가 있으면서 구토와 설사가 동반되면 장염이라고 생각해서 무조건 병원으로 달려가 항생제 처방을 받는 경우가 많은데 그것보다는 한약 처방을 받아보세요. 감기바이러스에 의한 장염에는 항생제가 크게 소용이 없습니다.

열 경기를 하는 감기

감기에 걸리면 발열과 함께 경기를 일으키기도 하는데 이를 열 경기라고 합니다. 소아의 3~4퍼센트가 경험하는데 체온이 상승하면서 경기를 하며 보통은

5분 이내로 짧게 하는 것이 일반적이고 길어도 15분을 넘지 않습니다. 열 경기를 일 년에 5번 이상, 경련 시간이 15분 이상, 하루에 2회 이상, 만 5세가 넘어서도 계속 하면 소아간질 등으로 진행될 수 있습니다. 열 경기를 자주 하는 아기들은 감기에 걸렸을 때 목이 붓고 열이 오르면서 경기를 합니다. 응급처치로는 엄지손가락과 발가락을 따줘 피를 몇 방울 내는 방법이 있습니다. 하지만 경기 이후에 한의원에 내원하여 적절한 치료와 함께 한약 처방을 받아 뇌신경을 보강하고 열 경기를 예방할 수 있도록 체질개선을 해주는 것이 바람직합니다.

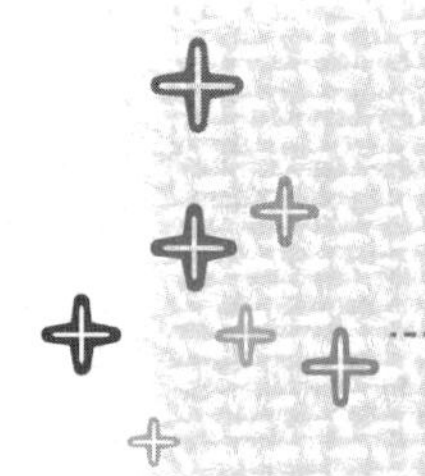

감기에 강한 체질을 만드는 자연주의 생활법

감기의 가장 큰 원인은 면역력 결핍이기 때문에 감기를 예방하려면 면역력을 길러줘야 합니다.
평소에 면역력이 떨어지는 아기가 감기에 잘 걸립니다.
면역력보다 더 중요한 것은 생활습관입니다. 감기는 전염성이 강한 질환입니다.
건강한 아이가 감기에 걸리는 것은 면역력이 약해졌다기보다는 외출하고 돌아와
손발을 씻지 않는다거나 사람이 많은 곳에 다니는 등 감기 예방에 소홀했기 때문입니다.
면역력이 약한 아이라면 감기 예방에 더욱 신경을 써야 합니다.

손에서 입으로 가는 감기

아기가 감기에 걸릴 때를 잘 살펴보면 대형 상점이나 백화점 등 사람이 많이 모인 공공장소에 다녀온 경우가 많습니다. 이는 면역기능이 약한 아기가 외부와 접촉하여 감기균이 옮아온 것입니다. 또 형제 자매간에 서로 감기를 주고받아 집에 감기가 끊이지 않는 경우도 많습니다. 감기는 워낙 전염성이 강하기 때문에 감기에 걸리지 않으려면 외부 접촉을 줄이는 수밖에 없습니다. 흔히 감기는 "손에서 입으로 간다"고 합니다. 그래서 감기가 유행할 때는 사람이 많은 곳을 피해야 하고, 가족들은 외출 후 집에 와서는 손을 씻고 양치질까지 한 다음에 아기와 만나야 합니다.

청결한 위생과 환경 관리도 중요합니다. 집을 자주 환기시키고, 적당한 실내 온도와 습도를 유지해야 합니다. 여름철에는 따뜻한 봄 날씨에 맞추어 실내온도를 25~26도로 두며, 겨울철에는 신선한 가을 날씨에 맞추어 20~22도

정도로 유지해야 합니다. 습도 또한 계절에 따라 다를 수 있는데, 봄과 여름에는 50~60퍼센트, 가을과 겨울에는 40~50퍼센트가 적당합니다.

호흡기를 약하게 하는 찬 음식과 찬 기운을 피합니다

《동의보감》에 '형한음냉즉 상폐形寒飮冷則 傷肺'라는 말이 있습니다. 이는 '몸을 차게 하고 찬 것을 먹으면 호흡기가 상한다'는 뜻입니다. 즉 찬 기운이나 찬 음식이 호흡기를 약하게 한다는 뜻입니다. 내 몸이 튼튼하다면 차가운 기운에 쉽게 감기가 들지는 않겠지요. 그러므로 감기를 예방하려면 아기를 찬 기운이나 찬 음식에 노출되지 않도록 하는 것이 중요합니다. 여름철일지라도 찬물에 목욕시키지 말고 물을 따뜻하게 데워서 씻겨야 합니다. 그렇다고 땀을 흘릴 정도로 따뜻하게 하는 것은 좋지 않습니다. 옷은 너무 두껍지 않게 입힙니다. 아기가 옷을 두껍게 입으면 찬 기운에 대한 적응력이 약해지기 때문입니다. 마찬가지로 잠잘 때는 너무 덥지 않게 하되 새벽 바람이나 찬 기운에 노출되지 않도록 합니다. 더불어 목이나 등은 따뜻하게 해주고, 더운 곳에서 추운 곳으로 갑자기 이동할 때는 목도리나 마스크를 해주는 것이 좋습니다.

햇볕과 맑은 공기가 면역력을 키워요

감기에 걸릴까봐 아기를 집 안에서만 키우는 엄마들이 많습니다. 집 안에만 있으면 외부 환경에 대한 적응력이 떨어져 잠깐의 외출이나 환경 변화에도 감기에 잘 걸립니다. 아기가 어릴 때는 유모차에 태워 30분 정도만이라도 바깥 바람을 쐬게 하는 것이 좋습니다. 물론 사람이 많은 장소는 피해야 합니다.

겨울철이라도 햇볕이 있는 맑은 날에 춥지 않게 옷을 입힌 후 가까운 공원을 산책하는 것이 면역력을 키우는 데 좋습니다. 춥지 않은 봄과 가을에는 수시로 맑은 공기와 햇볕을 쐬는 것이 좋습니다. 좋은 공기는 피부와 호흡기를 통해 전신에 신선한 산소를 공급하고 신진대사를 활발하게 하여 면역력을 증진시킵니다. 햇볕은 비타민D의 합성을 도와 뼈가 튼튼해지도록 도와주고 멜라토닌 분비를 활성화해서 숙면을 취하게 하므로 아기가 건강하게 자랄 수 있게 합니다. 생명을 유지하는 데 가장 중요한 요소는 물과 햇볕, 공기입니다. 그 중요성은 아무리 얘기해도 지나치지 않습니다.

담백하고 소화가 잘 되는 음식이 좋아요

감기를 예방하려면 영양도 충분히 공급해야 합니다. 비타민C와 비타민B1이 특히 중요한데 비타민C는 채소나 과일류에 풍부합니다. 피망, 케일, 시금치, 고춧잎, 고추 등의 채소와 키위, 오렌지, 딸기, 토마토, 감잎차 등에 많이 들어 있습니다. 비타민B1이 많이 함유된 식품으로는 돼지고기, 콩류, 땅콩, 간, 굴, 곡류 등이 있습니다. 신선하지 못한 음식, 인스턴트 식품, 자극적이고 기름진 음식은 금하는 것이 좋으며, 반찬도 담백하고 소화가 잘 되는 것으로 주되 가능한 한 따뜻한 것이 좋습니다. 특히 아침에 일어나서 처음 먹는 물은 냉장고에서 꺼낸 물보다는 상온에 놓아둔 물이나 미지근한 물이 좋습니다.

감기 예방에 좋은 빨래 널기

일반적으로 겨울철 감기는 추위 때문에 걸리는 것으로 알고 있으나 추위보다는 난방으로 인한 건조함 때문에 더 잘 유발된다. 습도가 30퍼센트 이하로 내려갔을 때 감기바이러스의 활동이 가장 왕성해지기 때문이다. 건조한 실내 환경은 감기 같은 호흡기 질환뿐 아니라 아토피 같은 피부질환도 악화시킬 수 있다. 따라서 감기를 예방하려면 실내 온도와 습도에 대해 더욱 신경을 써야 한다. 보통 실내에서 습도를 유지하고자 가습기를 많이 쓰는데 가습기는 습도를 높이는 데는 도움이 되지만 가습기의 물이 오염됐을 때는 쓰지 않느니만 못하다. 오히려 젖은 빨래를 널어두거나 그릇에 물을 떠놓는 등 다소 원시적인 방법이 가습기보다 안전하고 효과가 있다. 사실 가습기는 한 곳에만 집중적으로 수증기가 분무되기 때문에 방 안 전체 습도 조절에는 어렵다. 젖은 빨래를 널어두면 빨래도 말리고 습도도 조절되는 일거양득의 효과를 누리는 셈이다.

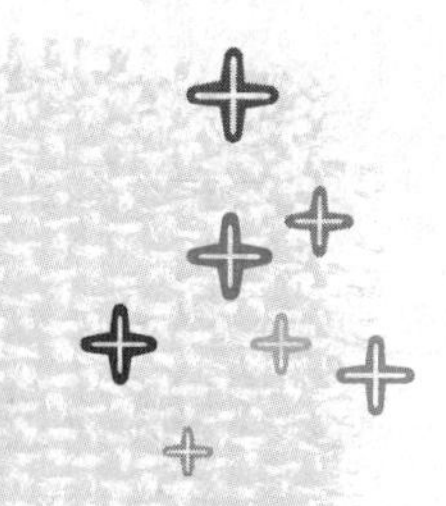

엄마들이 자주 묻는 감기 궁금증

돌 전 아기의 감기는 잘 다루어야 합니다.
세 살 버릇 여든까지 간다는 말처럼 이 시기의 감기를 어떻게 다루느냐에 따라
건강 체질이 되느냐 그렇지 않느냐가 결정되기 때문입니다.
증상만 없애려고 함부로 약을 써도 안 되고, 면역력을 키워준다는 핑계로
그냥 내버려두는 것도 좋지 않습니다.
아기의 증상을 잘 살피면서 약한 부분을 보강해주고, 환경도 잘 관리해줘야 합니다.
돌 전 아기들이 자주 묻는 감기에 대한 궁금증을 모아보았습니다.

한약으로도 감기가 치료될까요?

감기에 걸렸는데 열이 심하지 않고 염증이 가벼울 때는 한약으로 충분히 치료할 수 있습니다. 한약으로 감기가 나을까 의심하는 엄마들이 많은데, 저희 아이는 열 살이 넘도록 감기 때문에 양약을 먹은 것이 손에 꼽을 정도입니다. 서양의학은 질병의 원인을 세균으로 보고, 그 원인균을 사멸하는 방법으로 치료에 접근합니다만 바이러스 질환에 대한 치료는 아직 없습니다. 감기는 바이러스성 질환으로 양방에서는 대증치료에서 벗어나지 않습니다.

반면 한방에서는 질병의 원인이 세균이라면 세균을 죽이는 치료를 하기보다는 먼저 세균을 억제할 수 있는 정기正氣(면역력과 유사한 의미)를 도와주는 것을 우선으로 합니다. 한방 감기약에 인삼이 자주 들어가는 것도 그러한 이유에서입니다.

이렇게 한약으로 감기를 잘 이겨내고 나면, 그 뒤에 다시 감기에 걸려도 쉽

게 회복되고 합병증으로 고생하는 경우가 현저히 줄어듭니다. 열이나 염증이 심한 경우에는 항생제가 들어간 양약을 처방받거나 입원 치료를 하게 되는데 급성기가 지난 후에는 한약으로 몸을 보하면서 관리를 해주는 것이 좋습니다. 급성기가 지났는지는 엄마가 봐서 알 수 있는 때도 있지만 진찰을 받는 것이 정확합니다.

감기가 너무 오래가요

보통 감기는 1~2주 내에 저절로 낫습니다. 그 이상 오래간다면 합병증이나 다른 질환이 아닌지 정확한 진단이 필요합니다. 감기 합병증은 주로 2차적인 세균 감염으로 발생하는데 제일 흔한 것이 중이염입니다. 중이염은 영아의 25퍼센트에서 감기 합병증으로 나타나며, 다음으로 부비동염(축농증), 경부임파절염, 유양돌기염, 편도주위 봉와직염, 후두염, 기관지염, 모세기관지염, 폐렴 등이 있습니다.

초기에 감기 증상과 유사하여 감기로 오인할 수 있는 질환으로는 홍역, 볼거리, 백일해, 간염 등이 있으며, 또한 디프테리아, 이물질의 흡입, 알레르기 비염과도 잘 감별해야 합니다. 감기가 아닌 다른 질병일 경우 병의 경과도 달라지고, 치료법도 당연히 달라져야 합니다. 그러므로 지나치게 감기에 자주 걸리거나 한 번 걸린 감기가 오래간다면 정확한 진찰을 받는 것이 좋겠습니다.

돌도 안 됐는데 한방 감기약을 먹여도 되나요?

돌이 안 돼 자꾸 감기에 걸려 소아과에 출근 도장을 찍는 아기들이 있습니다. 그런데 돌도 안 된 아기에게 자꾸 항생제를 먹이자니 마음이 안 좋고, 한방 감기약을 먹이자니 함부로 한약을 먹여도 될지 걱정이라는 엄마들이 있습니다. 우선 저는 한의사로서 항생제 같은 약물에 대한 내성이 높아지는 것은 바람직하지 않다고 생각합니다. 한방 감기 치료의 장점은 치료 약물이 면역성을 떨어뜨리지 않는다는 것입니다. 다시 말해 한방 감기약은 아기 몸에 부담을 주지 않으면서 자연치유력을 높여 병을 이겨내는 힘을 키워줍니다.

특히 양약으로 잘 낫지 않는 만성적인 감기에 더욱 효과적입니다. 아기가 오랜 감기의 후유증으로 호흡기 질환에 자주 걸린다면, 허약한 부분을 보완해주는 한방 감기약을 쓰는 것이 더 빠른 회복을 보일 수 있습니다. 또한 초기 감기에도 한약이 아기에게 안전하고 효과적입니다. 급성감기로 열과 염증을 동반한 심한 감기를 제외한 경우는 한방 감기약이 효과적입니다.

한약에 대해서는 많은 속설이 있습니다. 머리가 나빠진다, 뚱뚱해진다, 말이 늦어진다, 머리가 센다 등 말입니다. 예전에 한의사의 진찰 없이 한약을 만들어 먹이거나, 불필요하게 많이 먹이는 경우가 있었기 때문에 이런 속설이 퍼진 것입니다. 최근의 연구 결과에 따르면 한약이 오히려 두뇌 발달과 비만 억제의 효과가 있는 것으로 판명되었습니다. 그러므로 한의사의 진찰 후 처방을 받는다면 돌 전 아기에게 한약을 먹이는 것은 아무 문제가 없습니다.

양방 감기약을 감기가 완전히 나을 때까지 먹여야 할까요?

감기가 다 낫지 않았는데 임의대로 약을 중단하는 것은 바람직하지 않습니다. 또 약을 먹지 않아도 시간이 흐르면 스스로 나을 수 있는 단계인데 불필요하게 오래 약을 먹이는 것도 바람직한 일은 아닙니다. 양약, 특히 항생제의 복용은 반드시 필요할 때 단기간 동안 먹이는 것을 원칙으로 해야 합니다. 중이염에 걸린 아이가 항생제를 3개월 이상 복용하는 것도 자주 보는데, 일반적인 장액성 중이염은 항생제의 치료 효과가 인정되고 있지 않습니다. 우리나라는 너무 항생제 치료에 의존하는 경향이 있으며 그 탓에 항생제 내성률이 세계 1위라는 불명예를 가지고 있습니다. 급성기 염증으로, 필요하다면 1주 내외에서 항생제 처방을 받을 수 있지만 그 이상은 신중해야 합니다. 감기 초기나 마무리 과정 중에는 양약보다는 한약으로 감기 증상을 개선하도록 하세요. 양약은 최소한으로 하고 한약으로 자연스럽게 감기를 이겨내도록 도와주면 면역력을 떨어뜨리거나 항생제의 부작용이나 내성에 대해 걱정하지 않아도 됩니다. 요약하자면 한약이든 양약이든 약에 의존하지 말고 스스로 이겨내게 하는 것이 가장 좋은 방법이며, 약이 필요하면 한약이 양약보다는 아이에게 더 자연스럽다는 것입니다.

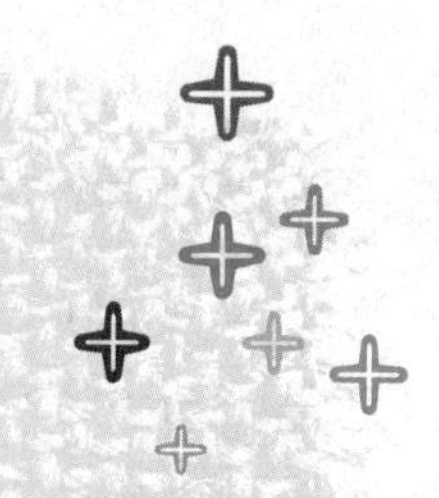

백일 이후 돌까지(4~12개월)

열

열은 병이 아니라 증상입니다

체온은 하루에 1도 정도 범위에서 오르내리는데, 아침이 제일 낮고
측정하는 부위에 따라 다르며 연령에 따라 차이가 있습니다.
소아는 성인보다 약간 높으며, 한 살 이하 아기들의 정상 체온은 36.5~37.5도입니다.
항문에서 잰 체온이 38도, 구강에서 잰 것이 37.5도,
겨드랑이에서 잰 것이 37도 이상이면 의학적으로 열이 있는 것으로 판단합니다.
아주 심한 고열은 41도 이상을 말합니다.
열은 병이 아니고 증상입니다. 열이 날 때 다른 증세가 없고
많이 아파 보이지 않고 잘 논다면 중한 병일 가능성이 적습니다.

해로운 기운을 물리치려는 방어 작용

열은 몸의 방어 작용입니다. 몸에 이상이 생겼다는 것을 알려주는 신호가 되기도 하고, 해로운 기운을 물리치는 과정에서 열이 나기도 합니다. 대부분 원인은 감기입니다. 그 외에 염증성 질환을 생각해볼 수 있습니다. 아이들에게 많은 것으로는 장염이나 요로감염, 중이염이 있고, 가와사키병에서는 5일 이상 열이 나고 임파선이 붓는 등의 증상이 나타납니다.

한의학에서는 열을 크게 내상열과 외감열로 나누어 다룹니다. 내상열이란 체했을 때 생기는 열이거나, 내부 장부에 축적된 병리적인 열입니다. 반면 외감열은 감기나 감염 질환 등의 원인이 되는 해로운 기운이 침입해서 그에 대

항해 싸우느라 나는 열입니다. 귓볼을 만져보아 열이 있으면 외감(즉 감기, 감염)이 많고, 귓볼에 열이 없으면 내상(체한 경우)이 많습니다. 등과 배를 만져보아 등이 더 뜨거우면 외감이 많고 배가 더 뜨거우면 내상이 많습니다. 체한 경우의 내상열에 항생제나 해열제를 투여하면 비위가 더욱 망가져서 치료를 늦춘다는 사실을 알아야 합니다.

한편 아이의 몸은 빠르게 성장하기 때문에 기의 움직임이 활발해서 그만큼 몸속에 열이 많습니다. 이렇게 아이들은 어른에 비해 속열이 많은데다가 체온 조절 능력이 떨어지므로 열이 잘 납니다. 하지만 열이 갑작스럽게 높이 오른다면 당연히 원인을 찾아 치료를 해야 합니다. 발열은 병이 아니라 증상이기 때문에, 열을 치료하는 것이 아니라 원인을 치료해야 하는 것입니다. 또한 아기들의 특성상 탈수 예방이나 영양 공급 등으로 질병 외에 2차적인 문제가 생기지 않도록 적절한 관리를 해줘야 합니다.

체온 제대로 재기

아이에게 열이 있는 것 같을 때는 먼저 체온을 재봐야 한다. 평소 체온을 아는 것이 도움이 되므로 체온계를 갖추어 체온을 기록해두는 것이 좋다. 체온을 잴 때는 재는 부위의 땀을 잘 닦고 충분한 시간 동안 밀착해서 재야 한다. 겨드랑이보다는 입안, 입안보다는 항문에서 재는 게 더 정확하다. 다른 부위는 아기가 움직여서 체온이 낮게 측정되는 경우가 많기 때문이다. 항문 체온계로 열을 재면 겨드랑이나 입으로 쟀을 때보다 보통 1~2도가량 높게 측정되는 경우가 많다. 수은 체온계로 체온을 잴 때는 먼저 체온계의 눈금 가장 위쪽을 잡고 털어서 눈금이 35도 아래로 내려가게 한 뒤에 재야 한다.

영리해지려고 나는 열, 변증열

아기 몸이 따끈하다고 느껴질 정도로 열이 오르는 것 같은데, 몸 상태는 괜찮아 보일 때가 있습니다. 영유아는 38도 정도면 열이 있다고 봐야 합니다. 하지만 밥도 잘 먹고, 잠도 잘 자며, 평상시와 똑같이 잘 논다면 특별히 약을 먹거나 병원에 갈 필요는 없습니다. 이런 열을 한의학에서는 '변증열'이라고 합니다. 변증열이란 태열독을 발산하고 신체적, 정신적 성장발달을 단계적으로 이루어 나가는 생리적인 열로 영리해지려고 나는 열이라 하여 지혜열이라고 흔히들 말해왔습니다. 귀와 엉덩이가 차고 특별한 감기 증상 없이 비교적 컨디션이 괜찮다면 변증열일 가능성이 높습니다. 이 열은 치료할 필요가 없습니다. 옛 어른들이 아기가 열나고 아픈 후에 더 영근다는 말을 했는데 바로 이 변증열을 두고 하는 말입니다. 짧게는 며칠, 길게는 일주일 이상 열이 나다가 저절로 열이 가라앉는 경우가 대부분입니다. 변증열은 특별한 후유증 없이 가라앉는데, 만일 열이 계속 심하게 나면 적절한 치료가 필요합니다. 보통은 한의원에서 자락요법刺絡療法, 즉 특정 혈관 부위에 한두 방울 피를 내는 처치와 한약 처방을 받으면 쉽게 좋아질 수 있습니다. 변증열이 의심된다면 해열제를 먹이지 말고 한의원에서 진료를 받는 것이 좋습니다. 해열제는 오히려 정상적인 성장발달과 태열독의 발산 과정을 방해할 수 있습니다.

체하거나 놀라도 열이 납니다

체해서 소화가 잘 안 되거나 낮에 심하게 놀랐을 때도 열이 나는 수가 있습니다. 체해서 열이 나는 경우는 주로 밤에 열이 오릅니다. 배는 뜨겁지만 손발은 찬 경우가 대부분이며 구토, 설사, 복통 등이 동반됩니다. 놀라서 열이 나는 경우는 입이 바짝 마르면서 심장이 두근거리고 머리와 가슴에서 열이 납니다. 또한 심하게 울면서 손발을 버둥거리기도 합니다. 이런 경우는 체기를 내리거나 놀란 기운을 가라앉혀야 합니다. 가까운 한의원에 가서 자락법으로 손을 가볍게 따주거나 간단한 침 치료를 받으면 좋습니다. 체한 경우에는 평위산, 내소산 등을, 놀란 경우에는 우황포룡환, 감맥대조탕, 자감초탕 등 아기들도 복용이 간편한 한약을 처방 받아 먹이면 열도 가라앉고 증상도 개선됩니다.

이럴 땐 무조건 병원으로

아이가 열이 날 때 반드시 병원에 가야 하는 발열은 어떤 것인지 엄마들은 궁금해합니다. 한밤중 도저히 열이 안 내려 아기를 들러업고 응급실에 가본 경험이 있는 엄마라면 더욱 그럴 겁니다. 다음과 같은 증상이 나타난다면 한밤중이라도 응급실에 가는 것이 좋습니다.

* 3개월 이하의 아기가 열이 날 때
* 소변 양이 적고 호흡이 가쁠 때
* 구토나 설사를 여러 번 할 때
* 기운 없이 쳐져 있고 잘 먹지 않을 때
* 잠을 잘 못 자고 기침을 심하게 할 때
* 얼굴이 붉으면서 눈에 초점이 없으며, 정신이 없거나 희미하고 깨우기 힘들 때
* 머리를 아파하거나, 목이 뻣뻣하거나, 경련을 할 때
* 호흡이 곤란하고 입술이나 피부가 보랏빛으로 변할 때
* 아이가 계속 그치지 않고 울 때
* 피부에 피멍 같은 반점이나 발진이 나타날 때
* 기침을 하면 피가 섞인 것 같은 가래가 나오고, 점액이나 피가 섞인 변을 볼 때
* 음식을 삼키지 못하고 침을 흘릴 때
* 체온이 40.6도(항문) 이상이거나, 고열이 1~2일 동안 지속될 때(겨드랑이 체온이 6개월 이전 38.5도, 6개월 이후 39.7도 이상일 경우)

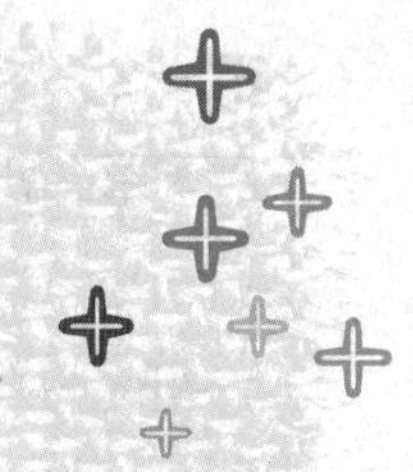

스스로 열을 내리게 하는 한방요법

이 시기의 아기들은 열이 잘 납니다. 아직 체온 조절 능력이 떨어지기 때문이죠.
더운 음식을 먹거나 음식을 많이 먹었을 때, 업혀 있을 때 아기의 체온은 쉽게 38.5까지 오를 수 있습니다. 또한 감기나 바이러스 같은 세균이 몸에 침투했을 때 몸에서 스스로 병을 이기려는 방법으로 온몸의 순환을 좋게 하고 면역 반응을 높이기 위한 자연스러운 반응으로 열이 나기도 합니다. 이럴 때 엄마가 해열제부터 먹인다면, 아기가 스스로 열을 이겨내고 면역성을 쌓을 기회를 뺏는 것이나 마찬가지입니다.
따라서 38~39도의 열은 자연스러운 해열을 도와주면서 하루나 이틀 정도 지켜보는 것이 좋습니다.

찬 부분을 따뜻하게

손, 팔꿈치, 가슴, 배, 등, 엉덩이, 허벅지, 무릎, 발 등을 차례로 만져보고 혹시 찬 부분이 있으면 엄마 손을 따뜻하게 한 다음, 찬 부분이 따뜻해질 때까지 감싸주고 비벼서 열을 내주세요. 그러면 위로만 올라가던 열이 온몸으로 퍼지면서 열이 내리기도 합니다. 아기의 차가운 발을 5분 정도 따뜻한 물에 담그는 것도 좋은 방법입니다. 아기가 열이 있을 때 시원하게 해줘야 한다면서 바깥바람을 쐬어주기도 하는데 이는 좋지 않습니다. 설사 미열이라고 해도 외출은 하지 않는 것이 좋고, 병원에 갈 때도 될 수 있으면 찬 바람을 쐬지 않게 해야 합니다. 따뜻한 방에서 놀게 하거나 잠을 재우고 대신 자주 환기시켜 깨끗한 공기를 공급하는 것이 좋습니다.

열이 있는데 땀이 나지 않을 때는 사혈요법을

사혈요법이란 출혈을 시켜 혈액순환을 방해하는 어혈(혈전)을 몸 밖으로 빼내거나, 정체된 기혈을 순환시켜주는 한방요법입니다. 이 방법은 열은 있으면서 땀이 나지 않을 때 사용합니다. 반면에 열이 나면서 땀이 날 경우는 몸이 허한 것이므로 이런 강한 치료법은 좋지 않습니다.

먼저 귀의 제일 위 끝, 아니면 엄지손가락과 엄지발가락 손톱 뿌리 안쪽 모서리에서 3mm 떨어진 부위를 사혈침이나 소독된 바늘로 따서 피를 몇 방울 내주면 열이 내려갑니다. 또한 등을 살펴보면서 척추를 따라 붉은 반점이 있는지 확인합니다. 붉은 반점이 보이면 사혈침이나 소독한 바늘로 찔러 피를 조금 냅니다. 그러면 땀이 나면서 열이 내립니다.

변비가 있을 때는 관장을

변비가 있는 경우 관장을 시켜주면 열이 내립니다. 아기가 별 이상은 없는 것 같은데 대변 보기를 힘들어하고 열이 지속된다면 관장을 해주세요. 관장을 할 때는 35도의 미지근한 물에 볶은 소금을 1퍼센트 농도로 풀어 200~300ml를 관장기로 항문에 넣어줍니다. 이때 관장기 주입구에 올리브 오일이나 참기름을 발라 항문에 상처가 나지 않도록 주의합니다. 입으로 먹을 수 없는 것은 항문에 넣지 않는 것이 원칙이므로 관장액은 생수를 데워 만들고 기름도 먹을 수 있는 기름으로 합니다. 관장 후 아기 항문을 손으로 막고 참을 수 있는 만큼 참게 한 다음에 변을 보게 하는데 이렇게 변을 보고 나면 열이 떨어집니다. 만일 관장 뒤에 변이 나오지 않으면 장이 물을 다 흡수한 것이므로 2시간 정도 지난 다음 다시 관장해주면 배변과 함께 열이 떨어집니다. 간단하게는 약국에서 항문 주입식 관장약을 사다가 해줄 수도 있습니다. 관장은 습관적으로 해서는 안 되며 꼭 필요할 때만 해주도록 하세요.

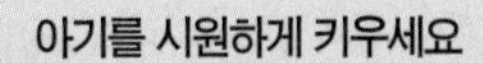

아기를 시원하게 키우세요

아기를 덥게 키워서는 안 된다. 열기는 기운을 소모시키고 아이가 단단하게 자라는 것을 방해하기 때문이다. 아기들은 양기가 왕성해서 빠르게 성장한다. 이때 속이 꽉 차도록 다져주는 역할을 하는 것은 음기인데 덥게 키우는 것은 음기의 작용을 방해한다. 아기는 어른보다 열 소실량이 4배나 많아서 아기를 꽁꽁 싸두어 열 발산을 막으면 좋지 않다. 너무 추워서는 안 되겠지만, 아기를 시원하게 키우는 것이 건강하게 키우는 첫 번째 원칙이다. 또한 열이 많은 아기는 닭고기나 밀가루, 기름에 튀긴 음식, 단 음식을 줄이고 신선한 채소와 과일을 많이 먹이는 것이 좋다.

미열에는 발표법을

한방에서는 초기 발열에 발표법을 씁니다. 발표법이란 땀을 내는 치료법을 의미합니다. 감기로 열이 날 경우 차가운 물이나 음식을 주면 안 되고, 미지근한 물과 따뜻한 음식을 먹여야 합니다. 열이 심하지 않다면 이불을 덮거나 옷을 약간 덥게 입혀서 땀을 내줍니다. 이렇게 하면 몸에서 땀이 나면서 열이 내려갑니다. 이때 수분을 충분히 공급하는 것도 중요합니다.

예로부터 "감기에 걸리면 고춧가루 푼 콩나물국을 먹고, 이불 푹 뒤집어쓰고 땀을 내면 낫는다"는 말이 전해옵니다. 이는 열을 발산해 몸속의 나쁜 기운을 밖으로 몰아낸다는 의미입니다. 즉, 땀이 나면서 몸속의 열이 사지로 퍼져 열이 내리는 것입니다. 하지만 너무 덥게 하면 열이 더 날 수도 있으니 주의합니다.

고열이 날 때는 미지근한 물수건으로 닦아줍니다

40도에 가까운 고열 증세가 나타날 때는 옷을 완전히 벗기고 미지근한 물수건으로 닦아주십시오. 온몸 구석구석을 물이 흐를 정도로 흠뻑 젖은 미지근한 물수건으로 닦아야 합니다. 이렇게 하면 피부의 혈액순환이 촉진되고 피부에서 물이 증발할 때 몸의 열을 빼앗아가서 체온을 떨어뜨립니다. 열이 떨어질 때까지 계속해서 문지르듯이 닦아줍니다. 혹시나 아기가 춥지 않을까 하여 수건을 덮어주면 효과를 떨어뜨리므로 주의해야 합니다. 또한 얼음 주머니나 찬 수건을 이마에 얹어 놓는 것도 좋습니다. 그러나 아기가 싫어하면 억지로 할 필요는 없습니다. 아기에 따라 얼음찜질이 역효과를 낼 수도 있기 때문입니다.

충분한 수분과 적절한 한약 복용

미열이 날 때는 우선 수분을 충분히 공급해주는 것이 좋습니다. 수분은 탈수를 방지하는 효과 만점의 해열제이기 때문이죠. 일반 생수보다는 보리와 결명자를 1:1의 비율로 섞어 끓여 먹이면 더 효과적입니다. 겨울의 정기를 가득 받은 보리와 간의 열을 식혀 내부의 피로를 없애는 결명자는 둘 다 찬 성질을 지녀 열을 내리는 데 좋습니다. 복숭아, 포도, 배, 수박 등을 즙을 내어 먹이는 것도 좋습니다. 과일즙으로 수분도 보충하고 과일의 서늘한 성분이 열을 내리는데도 도움을 줍니다. 반면 열이 날 때 육류를 먹으면 위에서 소화되면서 열을 더 나게 하므로 먹이지 않는 것이 좋습니다.

또한 열이 나는 증상에 따라 적절히 한약을 먹이면 도움이 됩니다. 한방에서는 열은 있는데 땀이 나지 않으면 마황탕이나 구미강활탕을 처방합니다. 반대로 열이 있으며 땀을 많이 흘릴 때는 계지탕이나 인삼패독산을 처방합니다. 열이 오르락내리락 하면서 추웠다 더웠다 하는 경우엔 소시호탕을 처방합니다. 고열과 함께 변비가 있으면 조위승기탕을 처방하는데, 관장하듯이 변을 내보내면서 열을 빼줍니다. 목이 부으면서 열이 나는 경우가 많은데 이때는 은교산이 잘 듣습니다.

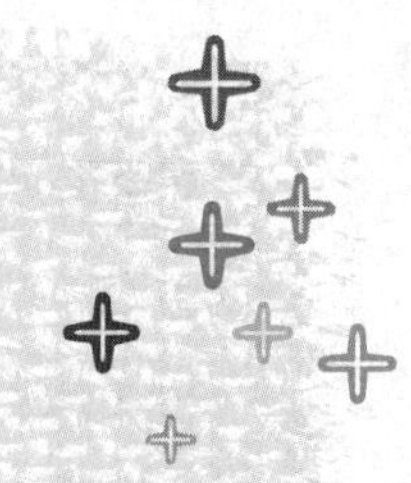

엄마를 놀라게 하는 열 동반 증상

온몸이 불덩이같이 끓어오르는 고열. 열 자체도 무섭지만, 열로 끝나지 않고
경기나 두드러기 등을 동반한다면 엄마는 놀라게 마련입니다.
특히 아기가 의식을 잃고 열 경기를 하면 엄마는 놀라고 당황해서 어쩔 줄을 몰라하지요.
아기가 고열이 나고 동반 증상까지 있다면 물론 병원에 가야 합니다.
이런 경우 무엇보다 엄마가 침착해야 합니다. 만약 아기를 업고 급하게 응급실에 가기 전에
기본적인 조치를 해 준다면 아기는 위험한 고비를 넘길 수 있고 엄마는 훨씬 여유를 가질 수
있을 것입니다.

신경계 미숙으로 나타나는 열 경기

아기들이 열이 날 때 경기를 일으키는 것을 열 경기라고 합니다. 열 경기는 많게는 전체 아이의 8퍼센트에서 경험하는 증상으로 열 경기를 한 번 했다고 열이 오를 때마다 경기를 하는 것은 아닙니다. 아기가 열이 나는 것도 걱정되는데 경기까지 한다면 겁이 더 날 것입니다. 하지만 열 경기는 아직 신경계가 미숙해 조절이 안 되는 세 돌 미만의 아기에게는 자주 일어날 수 있습니다. 커가면서 점점 경기가 줄어들게 되지요. 오히려 열이 없이 경기를 일으킨다면 그것이 더 문제가 될 수 있습니다.

열이 오르면 이마에 얼음 물수건을 올려놓아 머리를 식혀주면 경기를 예방하는 데 큰 도움이 됩니다. 또한 물을 많이 먹이는 것이 좋습니다. 열 때문에 탈수 현상이 심해지면 더 잘 나타나는 것이 열 경기이므로 열이 나기 시작할 때 물을 많이 마시면 경기를 예방할 수 있습니다. 어른들이 "아기 감기 걸리면

물 많이 먹여라"라고 말하는 게 다 이유가 있는 것입니다.

열이 오른다고 무조건 해열제를 먹이지는 마세요. 열 경기를 자주 하는 아이라도 열이 38.5도 이상 되었을 때 해열제를 먹이는 것이 좋습니다. 해열제가 아기의 면역력을 직접 떨어뜨리는 것은 아니지만 면역인자의 활동을 억제해 병을 이겨내는 데 오히려 방해가 됩니다. 억지로 열을 내리기보다는 자연적으로 열을 내리는 방법을 택하는 것이 좋습니다. 해열제의 사용이 열성 경련의 빈도를 줄이지 못한다는 보고도 많고요. 아기가 편도가 크거나 예민하면 감기를 앓을 때마다 고열이 오르고 경기를 하기도 하는데 편도 자체를 작게 할 수는 없지만 덜 예민하게끔 체질개선을 할 수 있습니다. 한약으로 적절히 체질개선을 하면 열 경기를 예방할 수 있습니다. 또한 경기 후에도 한약으로 뇌신경을 안정시키고 기운을 조절해줘야 합니다.

울체되었던 속열이 보이는 열꽃

열이 심하면 열꽃이 얼굴과 온몸에 생길 수 있습니다. 열꽃은 감기로 열을 앓고 난 후에 울체되어 있던 속열이 밖으로 나타난 것입니다. 하지만 열이 내리고, 몸이 시원해지면 언제 그랬느냐는 듯 사라집니다. 보통은 열꽃이 피고 나서 3~4일 정도면 자연스럽게 가라앉기 시작합니다. 열꽃은 그야말로 열 때문에 생긴 것으로 염증이 나거나 덧나지 않습니다. 하지만 정도가 심하다면 열독을 마저 풀어 발산해주는 처방이 필요할 수 있습니다. 심한 경우에는 한약건재상에서 '형개'와 '황련'이라는 약재를 구해 적당량을 끓여 그 물을 희석하여 목욕을 시키거나, 아기가 놀라지 않을 정도로 조금 차갑게 하여 발진 부위를 닦아주면 좋습니다. 약재를 구하기 어렵다면 녹차 우린 물을 시원하게 발라줘도 괜찮습니다.

보통 열이 나서 몸에 발진이 돋으면 모두 열 뒤에 오는 열꽃으로 압니다. 하지만 단순한 열꽃이 아닌 경우도 있으니 감기 끝에 오는 것이 아니라면 진찰을 받아야 합니다. 가와사키라는 희귀병은 5일 이상의 고열 뒤에 목, 겨드랑이, 사타구니 등 살이 접히는 곳에 발진이 생기고, 혀가 딸기처럼 붉어집니다. 수두는 몸통부터 발진이 시작되어 온몸에 물집 같은 것이 생기고, 홍역은 열이 나면서 입안에 하얀 반점이 생긴 다음에 귀 뒤부터 발진이 시작됩니다.

열 경기를 보일 때 응급처치 요령 10가지

1. 안전한 곳에 편히 눕힌다.
2. 혁대나 꽉 조인 옷을 풀어놓는다.
3. 베개를 없애고 턱을 적당히 젖혀서 기도를 확보한다.
4. 혀를 깨물 것같이 이를 꽉 물 때는 지체 없이 나무젓가락 등을 물린다.
5. 가래 등 타액이 많이 고이면 고개를 옆으로 돌려 뱉도록 한다.
6. 고열일 경우 목, 가슴, 겨드랑이 등을 미지근한 물수건으로 닦아서 해열시킨다.
7. 고열일 경우 좌약을 쓰거나 관장을 시킨다.
8. 엄지손발 끝이나 검지손가락 안쪽으로 파랗게 올라오는 혈관 끝을 소독한 바늘로 딴다(소량의 출혈도 무방한데 보통 3~4방울 정도로 한다).
9. 경기를 하는 모양과 깨어날 때까지의 시간을 기록한다.
10. 15분 이상 지속하거나 반복적으로 발작하면 신속하게 병원으로 옮긴다.

백일 이후 돌까지(4~12개월)

소변과 대변

소변으로 알아보는 아기 건강

말 못하는 아기들은 자기 몸의 상태가 어떤지 달리 표현할 길이 없습니다.
이때 아기의 건강을 알아보려면 소변과 대변을 보면 됩니다.
돌 이전의 아기는 소변을 보는 횟수와 색깔을 통해 건강 상태는 물론 수유량까지
가늠할 수 있습니다. 대변 못지않게 소변의 상태를 파악하는 것이 그래서 중요합니다.
돌 이전에는 대개 하루 10회 이상 소변을 보는데,
만일 하루에 4번 이하로 소변을 보거나, 특히 소변을 보는 간격이 8시간 이상일 때,
색깔이 이상하거나 혈뇨가 비친다면 비뇨생식기에 문제가 있다는 신호입니다.

색이 노랗고 냄새가 나면 수분 부족

아기의 소변이 노랗고 냄새가 나는 데에는 여러 가지 이유가 있습니다. 수유량이 모자라거나 땀을 많이 흘려 몸 안의 수분이 부족해지면 소변 색이 노래지면서 냄새가 날 수 있습니다. 수분이 모자랄 때는 아기에게 물을 많이 먹여야 합니다. 수유량을 늘리고 보리차 등을 먹여 수분 섭취를 늘려주세요. 만일 소변에서 사탕 냄새나 쥐 오줌 냄새 등 특이한 냄새가 나면 대사 장애가 의심되므로, 소변을 본 기저귀를 가지고 소아과에서 진찰을 받아야 합니다.

수분을 충분히 섭취하고 있는데도 소변 색이 노랗다면 속열 때문일 수도 있습니다. 특히 심장에 열이 있으면 소변 색이 노랗고, 갈증을 느끼며, 혀가 붉

고, 설태가 두텁고, 변비를 보입니다. 또한 가슴과 머리에 열이 있는 것처럼 느껴지며 밤에 잘 자지 못하고 우는 증상이 함께 나타납니다. 만약에 소변 색만 노란 것이 아니라 이런 증상이 동반된다면 진찰을 받을 필요가 있습니다. 밤에 자주 깨서 보채고 우는 '야제증'의 대표적인 원인이 심장에 열이 있어서입니다. 한방에서는 태열이 심장으로 전달되어 속열이 생긴 것으로 보고 속열을 풀어주는 약재를 처방합니다.

주황색 소변은 요산 때문

신생아 때는 소변 기저귀가 주황색이나 맑고 연한 붉은색으로 물들어 있는 경우가 많습니다. 붉은색 경계가 뚜렷하게 보이기도 하고, 어떤 때는 가루 같은 것이 보이기도 합니다. 이것은 소변에 요산이 섞여 나온 것입니다.

요산이란 몸 안의 DNA 등이 분해되어 소변으로 나오는 것으로, 요산 때문에 기저귀가 붉게 물드는 것은 정상으로 볼 수 있습니다. 어쩌다 한두 번 나오기도 하고, 한동안 지속적으로 나오기도 합니다. 피와 달리 요산은 기저귀에 묻은 주황색이나 붉은 기운이 시간이 지나도 거의 변하지 않습니다. 기저귀에 묻은 주황색이나 붉은색을 보고 아기 소변에서 피가 나왔다며 놀랄 수 있는데, 피처럼 보일 뿐입니다.

요산은 먹는 양이 줄어들거나 감기 등으로 탈수가 있을 때 많이 나옵니다. 따라서 요산 때문에 기저귀가 붉게 물들었다면 모유수유 중인 아기에게는 모유를 좀 더 먹이고, 분유수유 중인 아기에게는 분유에 물을 좀 더 타서 희석시켜 먹이는 것이 좋습니다. 즉 수분 섭취를 늘려주면 자연스럽게 없어집니다.

소변을 볼 때마다 아파하면 요로감염

열이 나면서 소변을 볼 때 자주 얼굴을 찡그리며 아파하는 아기들이 있습니다. 아기가 아파하면서 소변에서 이상한 냄새가 나거나 기저귀를 너무 자주 갈아줘야 한다면 요로감염을 의심할 수 있습니다. 요로감염이란 소변이 나오는 오줌길에 세균 감염으로 염증이 생긴 것을 말합니다. 이 시기의 아기가 요로감염에 자주 걸린다면 태어날 때부터 오줌길에 문제가 있었을 수 있습니다. 이런 경우라면 요로감염으로 그치지 않고 방광에서 콩팥으로 소변 역류가 일어나기도 합니다. 만약 소변 역류까지 일어난다면 수술이 필요합니다.

한의학적으로 볼 때 요로감염은 신장과 방광 등 비뇨생식기능이 허약해져서 올 수 있고, 간에 습과 열이 몰려 있다가 비뇨기계로 내려올 때도 생깁니다. 만약에 요로감염이 자꾸 반복된다면 소아한의원에서 진찰 후 허약증을 치료하거나 체질을 개선해줘야 합니다.

아기도 질에서 분비물이 나올 수 있습니다

가끔 소변을 본 기저귀에 냉대하같이 회백색이나 연한 노란색 분비물이 묻어나오고, 속옷에서 비린내가 나는 여자아기가 있습니다. 큰 여자아이도 아니고 돌도 안 됐는데 냉 같은 것이 나오면 깜짝 놀라게 마련입니다. 이런 외음부 질염은 여자아기에게 종종 있는 문제로 외음부에 세균이나 진균 등에 의해 염증이 발생하는 것입니다. 음순 내 지방이 적고 음모가 없어 자극을 받기 쉽고, 에스트로겐이 적어 질 상피가 얇고 위축이 잘 되는 점도 감염이 쉽게 일어나는 원인입니다.

이런 경우는 외음부의 불결한 상태와 비위생적인 관리가 원인이 되며 간혹 엄마의 질염 균에 감염되기도 하므로 더욱 신경 써서 관리해줘야 합니다.

하지만 너무 놀라지는 마세요. 병원에서 치료를 받으면 금방 낫습니다. 우선 아래쪽으로 통풍이 잘 되게 해주고, 대변을 본 후에는 자극이 없는 비누와 깨끗한 물로 잘 씻어야 합니다. 이런 경우 요로감염도 발생하기 쉬우므로 감기 증상이 없는데 열이 나고 잘 떨어지지 않으면 소변 검사를 해볼 필요가 있습니다.

참고로 한약건재상에서 고삼과 사상자, 황백이라는 약재를 구해 같은 무게 비율로 한줌 정도의 분량을 넣어 끓여서 좌욕을 시키면 증상 개선에 도움이 많이 됩니다. 양방치료(항생제나 진균제 등)로 치료가 되지 않으면 내부의 원인을 찾아 한약으로 조절해주는 것이 좋습니다.

한방에서는 비위가 허약하고 원기가 부족해지면 면역력이 떨어져 외음부에 있는 유익균들의 활동이 약해져 유해균이 득세를 하여 나타난다고 봅니다. 경우에 따라 스트레스나 피로에 의해, 또는 아래로 습과 열독이 생겨서 나타난다고 보고 원인에 따른 처방을 하여 치료하는데 좋은 효과를 보이고 있습니다.

요로감염과 외음부 질염을 줄이는 방법

1. 꼭 끼는 옷을 입히지 않는다

아기에게 꼭 끼는 스타킹이나 너무 작은 기저귀는 좋지 않다. 이렇게 되면 통풍이 안 되고 혈액순환이 떨어져 세균이 좋아하는 환경이 된다.

2. 천 기저귀를 쓴다

아무리 좋은 종이 기저귀라고도 면으로 된 천 기저귀보다 좋을 수는 없다. 아기가 요로감염에 자주 걸린다면 기저귀부터 천으로 바꿔준다.

3. 아기의 아랫도리를 닦을 때 되도록 자극을 적게 준다

아기의 성기를 감싸고 있는 피부는 유난히 연약하다. 따라서 될 수 있는 대로 자극을 주지 않아야 한다. 아기의 아랫도리를 씻길 때는 아기용 비누를 살짝 묻혀 물로 살살 닦아야 한다.

4. 통풍에 신경 쓴다

아랫도리가 습하면 요로감염에 걸릴 확률이 높다. 통풍에 신경을 쓰면 요로감염을 줄일 수 있다. 옛날 어른들이 아기 아랫도리를 자꾸 벗겨 놓았던 것도 다 이런 이유에서다.

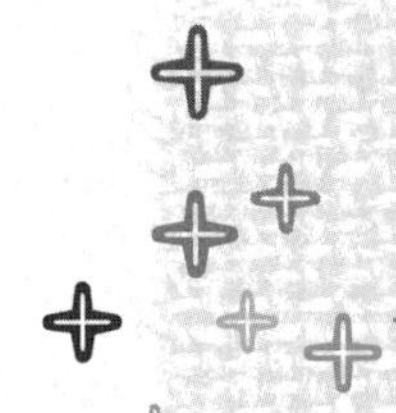

대변으로 알아보는 아기 건강

대변은 아기의 건강 상태를 가장 쉽게 알아볼 수 있는 지표입니다.
아기가 무엇을 먹었는지, 소화는 잘 되었는지, 건강에는 이상이 없는지를
모두 변의 색깔이나 횟수, 굳기로 판단할 수 있기 때문입니다.
가장 좋은 대변 색은 황금색이고, 굳기는 휴지로 닦았을 때 많이 묻어나오지 않는 촉촉한 변입니다.
변을 보는 횟수는 매우 다양해서 며칠에 한 번 보는 아기들부터
하루에 5번 이상 보는 아기도 있습니다. 변의 횟수에 상관없이
2~3일 만에 한 번 똥을 누어도 황금색의 촉촉한 변을 무리 없이 본다면
정상적인 변이라고 할 수 있습니다.

변 색깔이 이상해요

황금색 변을 잘 보던 아기들이 간혹 녹변이나 수박 색깔 변을 보면 몸의 이상 신호로 받아들이는 엄마들이 있습니다. 아기를 키우다 보면 종종 변의 색깔과 굳기가 변하기도 합니다. 하지만 변 상태만 좀 달라지고 다른 신체상의 변화가 없다면 그 자체만으로 문제라고 보지는 않습니다. 이유식을 먹는 아기가 평소보다 녹색 색소가 많이 든 채소를 많이 먹었거나 지방이 많고 단 음식, 자극적인 음식을 먹었다면 담즙이 증가하여 녹변을 볼 수 있습니다. 만일 당근이나 수박 등 붉은 계통의 음식을 먹었다면 변 색깔이 수박 색깔로 바뀌지요.

녹변의 경우는 비단 음식물에만 상관이 있는 것은 아닙니다. 아기가 갑자기 스트레스를 받거나, 무언가에 놀라거나 흥분하면 장운동이 빨라지는데, 음식물이 장을 통과하는 시간이 짧아지면 담즙이 소화되지 않고 그대로 배출되어 녹변을 볼 수 있습니다. 옛 어른들이 아기가 녹변을 보면 "아기가 놀랐나 보

다"고 하신 것도 다 이유가 있는 것이지요.

또 정말 건강에 문제가 있어서 녹변을 보기도 합니다. 흔히 감기 초기에 녹변을 보기도 하고, 또 아기가 장염에 걸리면 녹변을 자주 봅니다. 장염인 아기는 설사를 하고 때로 코 같은 점액이나 피가 섞여 나오기도 합니다. 우유 등에 알레르기가 있어도 장운동의 증가로 녹변을 볼 수 있습니다. 아기가 이런 질병 때문에 녹변을 본다면, 녹변 자체보다 근본적인 질병 치료가 필요합니다. 하지만 치료를 요하는 질병 때문에 생긴 녹변이 아니라면 안심하셔도 됩니다. 쉽게 말해 아기가 녹변을 보더라도 잘 먹고 잘 자고 잘 논다면 신경 쓰지 않아도 됩니다.

하지만 너무 오래 녹변을 본다면 아기의 소화 흡수 기능이 미숙하다는 판단하에 분유를 바꿔보거나, 소화가 더 잘 되는 이유식을 만들어 먹일 필요가 있습니다. 음식을 더 천천히 먹이는 등 식습관도 개선할 필요가 있지요.

평소에 찬 음식은 피하고 배를 따뜻하게 해주세요. 마사지도 도움이 되는데 배꼽을 중심으로 시계 반대 방향으로 자주 문질러 주세요. 찹쌀에 마 가루를 조금 넣고 미음을 만들어 조금씩 먹이면 아기의 장을 편안하게 해줄 수 있습니다. 또한 속을 따뜻하게 하여 소화 흡수 기능을 향상시킬 수 있으므로 참고하세요.

변에 점액질과 피가 섞여 나와요

변에 코 같은 점액이 섞여 나오는 코변이나 혈변 또한 엄마의 고민거리입니다. 모유를 먹는 아기는 정상적으로 코변을 볼 수 있습니다. 모유에는 분유보다 유지방이 풍부하기 때문입니다.

하지만 장염을 앓을 때도 코변을 주로 볼 수 있습니다. 특히 세균성 장염은 설사와 발열을 동반하면서 코변을 보는데, 증세가 심하면 피가 섞여 나오기도 합니다. 장염을 앓고 나서 장의 소화 흡수 기능을 회복되는 과정에서도 코변을 볼 수 있습니다.

혈변을 보는 경우도 여러 가지입니다. 아기가 변비가 심할 때 변이 너무 굵고 딱딱하여 항문이 찢어져 피가 몇 방울 묻어나올 수 있습니다. 이럴 때는 좌욕으로 항문열상 부위의 상처를 빨리 아물게 하고 통증을 줄여줘야 합니다. 항문열상이 심하면 대변을 볼 때의 아픈 기억 때문에 아기가 대변을 참아 변비가 더 심해질 수 있습니다.

세균성 장염에 걸렸을 때도 점액질과 함께 혈액이 섞여서 변이 나오기도 하는데 이때는 장염 치료를 서둘러야 합니다. 피가 변 표면에 묻어 있는 정도가 아니라 변에 섞여서 검게 자장면같이 나온다면 이는 상부 소화기관인 위, 십이지장 등에서 출혈이 있을 수 있다는 증거입니다. 때로 아기에게 철분제나 철분이 많이 들어 있는 시리얼 등을 먹였을 때 검은 색을 띠는 변을 보기도 하는데, 그런 경우가 아니라면 병원에 가봐야 합니다. 그리고 토마토케첩 같은 붉은 변을 보고 복통이 심하게 나타나면 장중첩증에 해당되므로 바로 응급실로 가세요.

장중첩증이란?

상부 장이 하부 창자 속으로 망원경같이 밀려들어가는 것을 말한다. 주로 5~9개월 영아에 흔히 발생하고 2세 이후에는 드물다. 건강하던 아기가 별안간 심한 복통으로 다리를 배 위로 끌어올리고 어찌할 바를 모르고 우는데 이때는 젖을 물려도 소용이 없다. 복통이 1~2분 계속된 후 5~15분쯤 멎었다가 다시 발작한다. 안색이 창백하며 복벽은 늘어져 있고 배를 만져보면 소시지 모양의 덩어리가 만져진다. 구토와 함께 토마토케첩 같은 혈변을 보는 것이 특징이다. 바로 응급실로 가서 바륨 관장을 해줘야 한다.

먹은 것이 그대로 나와요

간혹 아기들이 순두부처럼 몽우리가 있는 변을 보기도 합니다. 변에 몽우리가 섞여 나온다면 이는 먹은 것이 소화가 덜 되었다는 것을 의미합니다. 모유는 유지방이 풍부해서 변을 볼 때 몽우리가 섞여 나올 수도 있습니다. 그런데 아기가 너무 자주 몽우리가 있는 변을 본다면 소화불량일 수 있습니다. 이때는 천천히 모유를 먹이면서, 이유식 역시 소화가 잘 되는 재료를 선택해야 합니다. 먹을 때도 천천히 꼭꼭 씹도록 해야 하지요.

어느 때는 변에 붉은 섬유질이 그대로 나올 때도 있습니다. 엄마들이 피똥인 줄 알고 깜짝 놀라는데, 이 또한 아기가 토마토나 수박, 당근 같은 붉은색

과일이나 채소를 먹은 다음 소화를 잘 시키지 못하고 그대로 변으로 배출한 것입니다. 아기가 섬유질을 잘 소화하려면 그냥 생으로 주지 말고 살짝 익히거나 먹기 좋게 갈아서 줘야 합니다. 특히 토마토 껍질은 소화가 잘 안 되므로 벗겨내고 먹이는 것이 좋습니다. 그리고 토마토는 알레르기를 일으킬 위험이 있어 돌 전에는 먹이지 않는 것이 좋습니다. 과일 중에 파인애플, 오렌지, 키위, 딸기 등도 알레르기의 위험이 있으니 돌 이후에 먹이세요.

얼마만큼 변을 봐야 정상일까요?

변을 보는 횟수는 아기마다 차이가 있습니다. 어느 아기는 모유나 분유를 먹은 후 곧바로 변을 보기도 합니다. 또 어떤 아기는 2~3일에 한 번 변을 보기도 합니다. 먹자마자 바로 변을 보는 것은 '위 대장 반사'에 의한 것입니다. 위 대장 반사는 식사 후에 위가 팽창하면서 대장의 운동을 자극해 변을 보는 것으로 지극히 정상적인 현상입니다. 먹자마자 바로 변을 보니 엄마 눈에는 걱정스럽겠지만, 이는 조금 전에 먹은 것이 변으로 나오는 게 아니라 그 전에 먹고 소화가 다 된 것이 변으로 나오는 것입니다. 위 대장 반사는 보통 하루 2~3회 정도 나타나는데, 특히 밤새 소화가 다 되어 위가 빈 상태에서 아침에 첫 수유를 했을 때 가장 많이 나타납니다. 이렇게 변을 자주 보는 아기가 있지만, 모

쌀뜨물 같은 변을 본다면

쌀뜨물 같은 변을 본다면 로타바이러스로 말미암은 급성 바이러스성 위장관염일 경우가 많다. 가성콜레라라고 하는데 생후 6~24개월 사이에 주로 발생한다. 초가을에서 겨울 사이에 유행하며, 발병 후 3~4일에 전염성이 높으니 위생 관리에 철저히 신경 쓰고, 다른 아기들과 어울리지 않게 한다. 감기와 비슷한 호흡기 증상이 보이고, 구토를 하며, 녹색, 황색 또는 쌀뜨물 같은 설사를 수일간 하다가 자연스럽게 회복되는 경우가 많다.

유를 먹는데도 하루에 한 번조차 변을 보지 않는 아기도 있습니다. 백일이 지나면 아기들 각자 자신에게 맞는 배변 리듬이 생깁니다. 그런데 그 배변 리듬이 2~3일에 한 번일 수도 있고, 하루 한 번일 수도 있습니다. 모유는 영양학적으로 아기에게 꼭 필요한 것들로 이루어져 있고 소화 흡수 또한 잘 됩니다. 아기가 모유를 잘 소화하면 변이 될 찌꺼기가 생기지 않을 수도 있지요. 그러면 아기는 변으로 배출할 게 없어 2~3일에 한 번 변을 보기도 합니다. 아기가 변을 뜸하게 보더라도 색깔이 좋고 굳기가 딱딱하지 않고 부드럽다면 변비가 아닙니다. 하지만 하루에 한 번 꼬박꼬박 변을 보더라도 변이 딱딱해서 아기가 똥을 눌 때 힘들어한다면 변비라고 볼 수 있습니다.

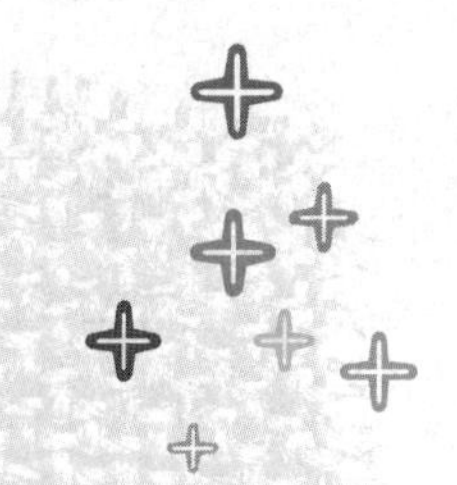

백일 이후 돌까지(4~12개월)

설사와 변비

감기만큼 흔한 증상, 설사

돌 전 아기에게 설사는 감기만큼 흔한 증상으로 가만히 놔두어도 저절로 낫는 경우가 많습니다.
따라서 아기가 설사를 하더라도 잘 놀고 잘 먹으면 일단 안심해도 됩니다.
하지만 설사가 멈추지 않고 오래가기 시작하면 곤란합니다.
제대로 먹지 못해 칭얼대기도 하고,
변 때문에 빨갛게 발진이 난 엉덩이도 보기 안쓰럽습니다.
또한 급성 설사일 경우 응급상황이 발생할 소지도 많습니다.
아기가 설사할 때는 먼저 원인부터 밝혀내야 합니다.
또 평소 변을 묽게 보는 아기라면 설사인지 아닌지도 잘 구분해야 합니다.

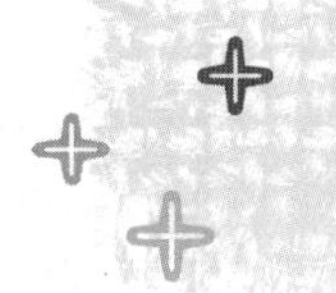

비위가 약한 것이 설사의 근본 원인

아기의 대변은 횟수와 양상이 매우 다양하고, 성인보다 훨씬 묽습니다. 또한 어른처럼 그 형태가 일정하지 않지요. 또한 비슷한 월령의 아기끼리도 변의 형태는 제각각입니다. 모유수유를 하는 아기는 대체로 변이 묽어서 하루에 대여섯 번씩 변을 보기도 하고, 분유를 먹는 아기는 변이 좀 단단하고 변을 보는 횟수도 좀 적습니다.

문제는 설사입니다. 이 시기의 아기가 설사를 자주 하면 엄마는 무척 긴장이 됩니다. 아기는 왜 그렇게 설사를 자주 할까요? 쉽게 설명하면 소화기관이 아직 미숙하기 때문입니다. 소화기관이 미숙한 상태에서 평소보다 많이 먹거나, 감기에 걸렸을 때, 먹은 음식이 몸에 맞지 않을 때, 바이러스나 세균 감염으로 말미암은 장염에 걸렸을 때 바로 설사가 나타납니다. 어른과는 매우 다르지요.

만일 아기가 만성설사를 한다면 체질적으로 또는 질병 이후에 장점막이 약해져 분유가 맞지 않아서일 수 있습니다. 분유 자체를 장에서 흡수하지 못하는 '유단백 알레르기 설사'나 '유당불내성 설사'가 많지요. 이럴 때는 분유를 바꾸거나, 일시적으로 설사 분유를 먹이면서 치료하면 한결 좋아집니다.

속이 냉해지면서 생기는 설사도 있습니다. 잘 때 이불을 걷어차 배를 드러내고 자거나, 찬 음식을 너무 많이 먹어 몸이 냉해져 설사를 하는 경우입니다. 특히 소화기관이 약한 아기가 찬 것에 노출되었을 때 바로 설사를 할 가능성이 큽니다. 한의학에서는 모든 설사를 소화기 계통인 비위, 즉 비장과 위장 그리고 대장에서 비롯된다고 봅니다. 아기가 습하고 찬 기운에 몸이 상했을 때, 체기가 있을 때, 심하게 놀라거나 스트레스를 받았을 때, 선천적으로 비장과 위장이 허약할 때, 감기나 외부 감염이 있을 때 등 경우마다 잘 구별하여 그에 맞는 치료와 처방을 합니다.

잘못 먹어 생기는 설사가 가장 많습니다

당연한 이야기겠지만 아기 설사는 대개 음식을 잘못 먹어 생깁니다. 분유가 몸에 맞지 않을 때, 평소보다 분유를 진하게 먹거나 급하게 먹었을 때, 이유식이 거칠어서 소화가 안 되었을 때, 이유식 양을 계획적으로 늘리지 못해 배탈이 났을 때 설사를 합니다.

설사는 심하면 하루 10차례 이상 보기도 하는데, 이때는 소화되지 않은 음식물 찌꺼기가 그대로 나옵니다. 흰 몽우리가 섞이기도 하고 썩은 냄새나 신 냄새가 납니다. 만일 아기가 설사하면서 구토 증상까지 보인다면 이때는 반나절 정도 분유나 젖을 끊고 물만 주는 것이 좋습니다. 그 후에는 분유를 평소 농도보다 두 배 정도 묽게 타서 주고, 이유식은 미음만 조금 먹입니다.

특정 음식물에 대한 알레르기가 있을 때도 설사할 수 있습니다. 대표적인 것이 '우유 알레르기'에 의한 설사입니다. 아기가 알레르기 체질이면 장의 점막도 민감하여 특정 음식에 대한 반응으로 설사를 하기 쉽습니다. 특히 알레르기의 주항원인 유단백에 민감한데, 주로 우유 등 유제품을 먹었을 때 알레르기 반응이 나타나지요. 그러면 흡수 장애가 생기고 장운동이 항진되어 설사를 하게 됩니다. 이런 아기는 유단백 입자가 작아 소화하기가 더 쉬운 '저항원성 유단백'으로 이루어진 산양분유를 먹이면 좋습니다. 그 밖에 우유 단백을 콩 단백으로 대체한 콩분유를 먹이는 것도 방법일 수 있습니다.

무더운 여름이나 장마철에 상한 음식을 먹고 설사를 하기도 합니다. 이는 외부에서 발생한 세균으로 생긴 염증성 설사로 이질, 장티푸스, 급성장염 등이 있습니다. 염증성 설사는 물처럼 좍좍 설사를 하면서 고열이 납니다. 이때는 탈수되지 않도록 수분을 보충해주고, 세균성일 경우에는 항생제 처방 등이 꼭 필요하므로 의사의 지시에 잘 따르세요.

급성 바이러스성 위장관염으로 인한 설사

급성 바이러스성 위장관염은 로타바이러스가 원인이라는 사실이 밝혀지기 전까지 '가성콜레라'라고 불렸습니다. 주로 생후 6~24개월 사이에 발병하며 3세 이후에는 거의 나타나지 않습니다. 아기가 급성 바이러스성 위장관염에 걸리면 1~3일 정도 발열과 식욕부진을 보이면서 갑자기 하루에 몇 번씩 구토를 합니다. 이중 30퍼센트 정도가 구토하기 전에 기침과 콧물, 가벼운 감기 증상을 보입니다. 그리고 구토와 동시에, 혹은 1~2일 후 설사를 하기 시작합니다. 이때 설사는 녹색이나 황색 또는 쌀뜨물과 비슷하며, 양이 많고 하루 10~12회 정도 변을 봅니다. 보통 일주일 전후로 설사가 멈추지만, 간혹 장에서 우유의 단백질을 흡수하지 못해 우유를 먹자마자 다시 설사를 일으키기도 합니다.

급성 바이러스성 위장관염은 춥고 건조한 초가을부터 겨울까지 유행하는데 주로 오염된 음료수, 손, 음식 등을 통해 전염되며, 호흡기를 통해 감염되기도 합니다. 특히 초기에 전염성이 높아 가족이나 놀이방, 유치원 등에서 쉽게 전염됩니다. 따라서 급성 바이러스성 위장관염일 경우 처음부터 아기는 물론 주변 가족까지 손을 깨끗이 씻는 등 철저한 위생 관리를 해야 하며, 외부 사람과의 접촉을 피해야 합니다. 일단 증상이 보이면 탈수가 되지 않도록 수분과 전해질을 보충해주고, 탈수가 심할 때는 입원시켜 치료해야 합니다. 드물지만 면역기능이 저하된 아기는 뇌염, 뇌막염, Reye 증후군, 폐렴, 영아돌연사와 같은 합병증이 올 수도 있습니다.

또한 근래에는 겨울철에 노로바이러스 위장관염이 연령과 상관없이 유행하고 있습니다. 오심, 구토, 복통, 설사가 주 증상으로 소아에게는 구토가, 성인에게는 설사가 주로 나타납니다. 이 외에도 두통, 발열, 오한, 근육통 등 전반적인 신체 증상이 동반되는 경우가 많습니다. 토사물이나 분변의 소량의 바이러스로도 쉽게 감염되므로 날음식을 피하고 소독과 개인위생에 철저해야 합니다. 전염성은 증상 발현 때 제일 심하고 이후 길게는 2주까지도 유지되므로 감염에 주의해야 합니다.

지나친 항생제 사용이 원인인 설사

항생제를 오래 먹으면 장 안에 있는 당 분해 효소의 작용이 억제되어 설사를 할 수 있습니다. 항생제는 우리 몸에 침투한 세균을 없애는 약인데, 문제는 이 항생제가 장내 유익한 세균마저 없앤다는 것입니다. 장 점막을 보호하고 장내 효소작용을 돕던 유익세균이 없어지면 장 점막이 약해지고 장내 환경이 나빠져 설사를 합니다. 아기들이 감기약을 오래 먹은 이후로 설사를 자주 한다면, 이는 항생제에 의한 설사로 볼 수 있습니다. 이때는 반드시 필요하지 않다면 항생제의 사용을 중단해야 합니다. 그 대신에 한방 감기약으로 감기를 마무리해주고 그다음에도 설사를 계속한다면 약해진 장을 회복시키는 한약을 먹이는 것이 좋습니다.

비위 기운이 약해서 생기는 만성설사, 허설

한의학에서는 비위의 기운이 허약해져서 생기는 설사를 허설虛泄이라고 합니다. 설사를 오래 하면 체중이 잘 늘지 않고 아기의 성장발달에도 악영향을 미칩니다. 그로 말미암아 몸도 허약해져서 감기 같은 잔병치레도 늘게 되지요. 보통 장염을 앓고 나서 장점막이 약해져 우유 알레르기가 생기거나 유당불내성 장이 되어, 분유나 우유를 먹고 설사를 하기 쉽습니다. 이것이 만성화되어 '과민성 대장'의 경향을 띠고 최소 2주 이상 설사가 멈추지 않으면 만성설사라고 말합니다. 하지만 이와 달리 원인을 뚜렷이 알 수 없는 만성설사도 있습니다.

만성적으로 설사하는 아기는 비위를 따뜻하게 보하는 생강, 백출, 복령, 마를 함께 끓여서 그 물을 평소 조금씩 먹이면 도움이 됩니다. 이유식을 하고 있다면 기름기 있는 음식을 피하고 설사가 심할 때는 된밥보다는 진밥이나 죽으로 대체하는 것이 바람직합니다.

특히 찹쌀에 볶은 마를 조금 넣어 죽을 만들어 먹이면 좋습니다. 찹쌀은 어떤 곡물보다도 따뜻한 성질이 있고, 볶은 마는 설사를 멈추고 비위의 기를 돕기 때문입니다. 만성설사를 하는 아기는 입맛이 까다롭고 잘 먹지 않으려는 경향이 있는데, 아기가 찾는다고 찬 음료나 찬 음식, 찬 과일, 유제품 등을 함부로 먹이면 안 됩니다.

만성설사에 효과 있는 '귀원음'

양방에서는 만성설사에 특별한 약이 없다. 식생활 관리와 정장제 처방 정도인데 이렇게 해서는 설사가 잘 멈추지 않는다. 한방에서 '귀원음'이라는 한약을 처방한다. 귀원음은 인삼, 백출(삽주뿌리), 산약(마), 귤껍질, 가자, 육두구, 까치콩, 오미자, 매실 등으로 만드는데 만성설사에 효과가 뛰어나다.

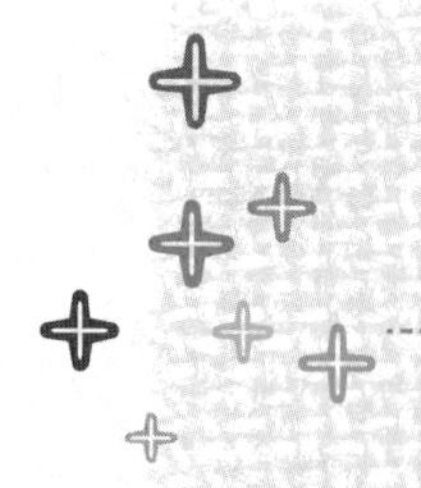

설사에 효과적인 한방 치료법

아기가 설사를 하면 엄마들은 흔히 증상을 없애려고만 듭니다.
설사만 멈추면 일단 큰 고비를 넘겼다고 생각하지요.
하지만 설사는 더 근본적인 치료가 필요합니다. 아기의 체질을 개선해주고,
비위를 보강하여 설사를 일으킬 만한 신체적 요소를 제거해줘야 합니다.
한방에서는 설사에 대한 대증요법보다는
아기 스스로 치유하고 장 기능을 빨리 회복할 수 있게 도와줍니다.

수분 섭취가 가장 중요합니다

아기가 설사할 때는 물을 많이 먹여야 합니다. 탈수 현상을 막기 위해서이기도 하지만 수분을 충분히 섭취하여 몸 안의 나쁜 물질을 밖으로 배설하게 하려는 의도도 있습니다. 수분 섭취에는 보리차가 좋습니다. 보리차는 열을 동반하는 설사와 급성 설사에 도움이 됩니다. 하지만 아기가 만성적인 설사를 한다면 보리차를 자주 먹이거나 보리차에 분유를 타서 먹이는 것은 좋지 않습니다. 보리는 찬 성질을 지닌 음식이기 때문에 속이 냉해질 수 있기 때문입니다. 결명자 역시 찬 성질을 가졌으므로 피해야 합니다.

이때는 팔팔 끓인 물을 식혀서 먹이는 게 좋은데, 설사가 너무 심하면 물보다 전해질 용액이 더 효과적입니다. 시중에서 파는 이온음료 대신 집에서도 충분히 만들어 먹일 수 있습니다. 식힌 물 1리터에 설탕 2숟가락, 소금은 찻숟가락으로 반쯤 섞은 후 수시로 먹이면 됩니다. 오렌지주스나 사과주스를 물

에 희석시켜 조금씩 먹이는 것도 좋습니다. 이런 음료를 만들어 먹이면 부족한 수분과 전해질을 빨리 보충할 수 있습니다. 그러나 며칠을 계속 이렇게 먹이는 것은 고장성 탈수의 위험성이 있어서 권장하지 않습니다. 아기가 설사를 오래 한다면 약국에서 당-전해질 음료를 구해 먹이는 것이 좋고, 심한 설사나 구토 등이 있을 때는 빨리 병원 치료를 받아야 합니다.

지사제, 함부로 사용하지 마세요

아기가 설사하면 흔히 지사제를 씁니다. 하지만 아기에게 지사제를 무분별하게 쓰면 안 됩니다. 아기는 변을 보면서 몸 안의 독소와 나쁜 균을 밖으로 배출합니다. 설사는 이 세균이 제때 배출되지 않았거나, 혹은 몸 안에 쌓여 있는 이물질이 많아 발생하는 경우가 많지요. 즉 설사를 통해 평소보다 더 많은 이물질을 밖으로 배출하는 것입니다. 만일 지사제를 남용하여 이런 나쁜 물질이 몸 밖으로 배출하지 못하게 막아버리면 오히려 설사가 악화됩니다. 또한 2차적인 합병증을 불러올 수 있습니다. 지사제는 장의 수분 흡수를 촉진하거나 장운동을 억제해서 설사를 잠시 멈추게 할 뿐 근본 원인을 치료하는 약이 아닙니다. 억지로 장운동을 억제하기 때문에 오래 먹으면 장 무력증을 유발할 수도 있습니다. 특히 심한 복통과 고열이 동반된 설사를 하는 아기, 장 기능이 약한 아기, 만성설사를 하는 아기에는 더욱 좋지 않습니다. 지사제는 반드시 전문의와 상담한 후 신중하게 복용해야 합니다.

급성 설사에는 설사 분유를

급성 설사를 할 때는 설사로 유출된 수분과 전해질을 빠르게 보충하기 위해 설사 분유를 먹여야 합니다. 설사 분유는 유지방을 줄이고 유당을 제거하여 소화 흡수가 잘 되도록 처리한 분유입니다. 하지만 너무 오래 먹이지 말고 1~2주 정도만 먹이는 것이 좋습니다. 설사 분유에는 철분과 미량원소 등 일부 영양소가 들어 있지 않고, 지방과 열량의 함량이 낮아서 이것만 계속 먹이면 영양이 부족해질 수 있기 때문이지요. 다만 설사 분유를 먹이다가 다시 평소에 먹던 분유로 바꿀 때, 한 번에 바꾸지 말고 분량을 서서히 조절해가면서 바꾸는 것이 좋습니다. 설사가 멎었다 하더라도 아직 재발할 위험이 있기 때문이지요. 이때는 설사 분유와 일반 분유 비율을 7:3, 5:5 순으로 조절해가면서 서서히 일반 분유의 양을 늘려가는 것이 좋습니다.

유단백 알레르기가 있어서 설사를 할 때는 알레르기 분유나 산양유를 먹입니다. 알레르기 분유는 유단백을 인위적으로 가수분해하여 알레르기를 일으키는 성분을 낮춘 분유입니다. 산양유는 유단백 입자가 작고, 알레르기 일으키는 성분이 낮은 유단백으로 되어 있어 알레르기를 일으킬 가능성이 낮습니다.

음식으로 기운이 떨어지는 것을 막아야 합니다

어떤 설사냐에 따라 처음에는 이것저것 음식을 금하기도 하지만, 상황을 지켜보면서 설사에 적합한 음식 섭취로 아기의 기운이 떨어지지 않게 해야 하는 경우가 많습니다. 음식으로 기운을 보해줘야 아기 몸이 스스로 빠르게 회복하는 힘을 낼 수 있으니까요. 하지만 이때는 음식을 잘 가려 먹여야 합니다. 이유식을 할 때는 찬 음식, 유제품, 기름진 음식, 밀가루 음식, 마르고 딱딱한 음식, 맵고 자극적인 음식을 먹여선 안 됩니다. 된밥보다는 진밥이나 죽을 주는 것이 좋습니다. 또한 젖이나 분유보다 맑은 미음을 많이 먹이면 치료 기간이 훨씬 단축될 수 있습니다. 미음이나 죽 이외의 과자류나 음료 등은 일절 먹이지 않도록 하며, 설사가 일시적으로 멈추더라도 하루 이틀은 경과를 보며 평상식을 먹여야 합니다.

설사에는 따뜻한 성질을 지닌 음식과 섬유질이 적으며 수렴 작용이 있는 음식이 좋습니다. 이런 음식은 대변을 굳게 하고 장을 튼튼하게 해줍니다. 설사를 할 때 먹이면 좋은 음식은 다음과 같습니다.

찹쌀마죽 · 부추된장찌개 《본초강목》에는 성질이 따뜻한 음식인 찹쌀에 대해 '찹쌀죽은 기력을 내게 하고 위장의 냉증과 설사, 구토를 낫게 한다'라고 쓰여 있습니다. 그뿐 아닙니다. 중국 북송시대의 시인 장모는 "아침 일찍 찹쌀미음을 따끈하고 부드럽게 만들어 먹으면 위장을 보호하고 몸을 따뜻하게 하여 추위에 강하게 한다"고 했습니다. 찹쌀을 살짝 볶아서 죽을 쑤고, 여기에 마 가루를 조금 넣어 아기에게 먹이면 어느새 설사가 멈추고 기운이 납니다. 또한 된장찌개에 부추를 넣고 끓여서 먹이면(단, 간을 약하게 해야 합니다), 아기 몸이 따뜻해지면서 설사가 멎습니다. 부추는 하복부를 따뜻하게 하며 된장은 정장작용이 있어 설사가 멎는 데 도움이 됩니다.

홍시감 · 곶감 붉게 익은 홍시를 껍질을 벗겨 숟가락으로 떠서 먹이면 지사작용을 합니다. 돌 전후의 아기에는 하루 반개~1개 정도가 적당합니다. 곶감은 겨울에 설사하는 아이에게 좋은 음식으로 너무 마르지 않은 연한 곶감 3~4개를 물에 넣고 달여 수시로 먹여도 좋습니다. 물 1리터에 대추 5알과 곶감 5개를 넣어 물이 1/3 정도로 줄 때까지 약한 불에 끓입니다. 이렇게 우린 물을 하루 한 잔 정도 수시로 먹이면 좋습니다. 평상시에는 감을 많이 먹으면 변비가 생기지만 설사를 할 때 먹으면 장을 안정시켜 설사를 멈추게 합니다.

바나나 · 포도즙 · 쑥 푸른빛이 도는 바나나는 아기가 소화하기 힘드니, 껍질이 노랗고 무른 바나나를 먹입니다. 이유식 초기의 아기에게는 될 수 있는 대로 익혀서 주는 것이 좋습니다. 포도는 생으로 먹이면 변을 무르게 하는 작용을 하지만, 달인 즙을 먹이면 소화 작용을 돕고 대변을 굳게 합니다. 쑥 역시 설사를 막아주는 음식입니다. 뿌리와 잎, 줄기가 모두 있는 쑥 한 움큼을 1리터의 물에 넣고 1/3 정도로 줄어들 때까지 약한 불에서 끓입니다. 하루 한 잔 정도의 양을 수시로 마시게 하면 좋습니다. 아기가 먹기 어려워하면 매실차에 희석해서 먹이거나 쑥국을 끓여 먹여도 됩니다.

매실 · 밤 매실 원액 한 숟가락을 따뜻한 물 한 잔에 타서 먹입니다. 아기가 신맛 때문에 잘 먹지 못하면 오곡조청 등으로 단맛을 내어 먹이면 됩니다. 매실은 장 상태에 따라 설사를 멈추고, 변비를 완화하는 효능을 가지고 있습니다. 밤은 위장이 약한 상태에서 설사를 할 때, 성장통을 호소할 때, 식욕이 부진하고 허약할 때 먹이면 좋습니다. 밤의 떫은맛은 수렴 작용을 하여 설사를 멎게 하는 효능이 있습니다.

설사에 좋은 마법

'엄마 손은 약손'이란 말이 있습니다. 정말 신기하게도 엄마가 배를 문질러주면 아픈 배가 다 나았던 기억이 있을 겁니다. 손바닥으로 문질러주는 수기법을 '마법摩法'이라고 하는데, 한방적으로 근거가 있는 방법입니다. 손바닥으로 배를 문질러주는 것은 위胃를 달래고, 기氣의 순환을 이롭게 하며, 뭉친 것을 삭이고 체한 것을 풀어주고, 장위腸胃의 활동을 조절하는 효과가 있습니다.

복부에는 위장관의 소화 활동과 연관된 경락이 많이 퍼져 있습니다. 변비가 있을 때는 배꼽 주위를 시계 방향으로 마사지해야 하지만 설사를 할 경우에는 그 반대입니다. 항진된 장의 운동을 억제해줘야 하기 때문에 시계반대 방향으로 마시지를 해주는 것이 좋습니다. 아침과 저녁 두 차례에 걸쳐 아기를 자리에 눕히고 무릎을 세운 다음 배를 문질러줍니다. 이때 배가 차가워지지 않도록 실내 온도를 따뜻하게 하고, 아기 배에 손을 대기 전에 먼저 엄마 손을 따뜻하게 해야 합니다. 마사지 후에는 배에 따뜻한 팩을 올려두는 것도 도움이 됩니다. 하지만 이렇게 배를 문질러주는데 아기가 편안해하지 않고, 오히려 더 아파하고 설사가 심해지면서 열이 난다면 다른 질병이 원인일 수 있으므로 병원에 가봐야 합니다.

아기가 설사할 때 모유수유 중인 엄마가 피해야 할 음식

모유수유 중이라면 참외, 토마토, 딸기, 복숭아, 귤, 오렌지, 키위, 파인애플, 살구, 자두 등의 과일과 콩, 양배추, 브로콜리, 순무 등의 야채, 우유나 치즈, 요구르트, 아이스크림 같은 유제품이나 커피, 녹차, 홍차, 초콜릿 등 카페인이 든 음식, 마늘과 양파, 생강, 후추 등 자극적이고 향이 강한 음식은 삼가는 것이 좋다. 이러한 음식은 아기의 장을 민감하게 하고, 소화 흡수 기능을 떨어뜨린다.

이것만은 꼭 알아두세요

설사에 좋은 한방음식

※아래 제시한 것은 돌 나이를 기준으로 3~4일 정도 먹을 수 있는 양입니다.

1. 도토리 가루

도토리 중에서 아주 떫은 것을 골라서 속 알맹이를 말려 가루를 낸다. 이 가루를 하루에 1~2g씩 3번 먹인다.

2. 마, 귤껍질

볶은 마(산약)와 말린 귤껍질을 각각 12g씩 1리터의 물에 넣고 1/3 정도로 줄어들 때까지 약한 불에서 끓인다. 하루 한 잔 정도씩 차처럼 며칠간 먹인다. 볶은 마는 장을 편안하게 하고 기운을 돋우며 설사를 멈추는 작용을 한다. 귤껍질은 말려서 사용하는데 오래 묵은 것일수록 좋다.

3. 생강차, 파뿌리차

설사를 자주 하는 아기의 배와 손발이 차갑거나, 배를 따뜻하게 해줄 때 아기가 편안해한다면 비위를 따뜻하게 해주는 생강이나 파뿌리를 끓여서 차처럼 먹이면 좋다. 생강은 얇게 썰어서 햇볕에 말려서 쓰면 더욱 좋다. 파뿌리는 파의 실뿌리와 아래 흰 부분을 말하는데 오래 끓이면 걸쭉해지고 맛이 강해지므로 살짝 끓여서 매실차에 희석해서 조금씩 먹이도록 한다.

4. 곽향차

곽향은 감염 질환이나 음식에 의한 질환에 효과가 있다. 특히 구토, 설사, 복통에 큰 효과가 있다. 세균과 바이러스의 활동을 억제하고 식독을 제거하는 훌륭한 약재로, 예로부터 토사곽란(장염이나 식중독)에 많이 쓰였다. 1리터의 물에 곽향 12g을 넣고 끓인 후 1시간 이상 우려내어 차처럼 며칠간 먹이면 된다.

5. 향유, 백편두차

향유는 여름 감기에 걸렸거나 더위를 먹었을 때, 찬 음식을 많이 먹고 복통, 설사, 구토를 할 때 쓰는 명약이다. 까치콩(백편두)과 같이 끓여 먹이면 더 효과가 크다. 돌을 기준으로 향유 12g, 백편두 15g을 1리터의 물에 넣고 끓인 후 1시간 이상 우려내어 차처럼 며칠간 먹이면 된다.

이것만은 꼭 알아두세요

설사로 짓무른 엉덩이 관리하기

기저귀를 차는 아기가 설사를 계속 하면 엉덩이가 쉽게 짓무른다. 따라서 아기가 설사를 하면 바로바로 기저귀를 갈아줘야 한다. 이때 시중에서 파는 물티슈로 엉덩이를 닦기보다는 따뜻한 물에 적신 가제 수건으로 살살 닦아주거나 따뜻한 물로 씻어주는 것이 좋다. 설사를 많이 하면 엉덩이 피부가 예민해지는데 이때 물티슈를 쓰면 화학 성분이 엉덩이를 짓무르게 할 수 있기 때문이다. 잘 씻겨낸 다음에는 물기가 없도록 마른 수건으로 톡톡 두드려 말려주고 보습제를 발라 건조해지는 것을 예방한다. 짓무른 엉덩이에 분을 바르면 오히려 모공을 막아 짓무른 부위가 더 나빠질 수 있으므로 사용하지 않는다.

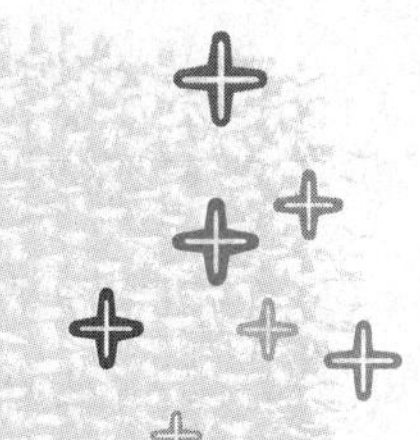

변비에 걸렸을 때

한의원에서 진료할 때 엄마들한테 빼놓지 않고 하는 질문이 대변 횟수입니다.
엄마들과 이야기를 나누다 보면 매일 혹은 2~3일, 심지어 3일을 넘기는 아기까지 등장합니다.
하지만 변을 보는 횟수가 변비 진단에 절대적인 기준이 될 수는 없습니다. 2~3일 만에
변을 보아도 변 상태가 좋고 아기가 변을 볼 때 힘들어하지 않는다면 크게 걱정하지 않아도 됩니다.
체질에 따라서 매일 변을 보는 아기들도 있고, 3일에 한 번 변을 보는 아기들도 있습니다.
그러다 성장하면서 자연스럽게 정상적인 배변 리듬을 찾아가게 되지요.

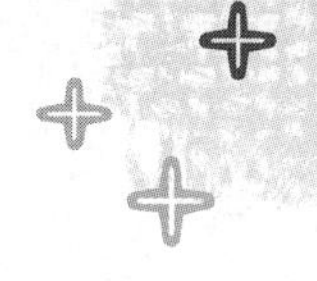

매일 변을 봐도 변비일 수 있습니다

보통 의학적으로는 아기가 일주일에 두 번 이하로 변을 볼 때, 단단하고 마른 변을 볼 때, 변을 볼 때마다 힘들어하고 가끔 피가 묻어나올 때 변비로 진단합니다. 만일 변비를 치료하지 않고 그대로 내버려두면 배가 더부룩해지고 가스가 차며 식욕이 떨어질 수 있으므로 반드시 치료해야 합니다.

수분 섭취가 부족하고 음식 중 섬유질이 부족하면 대변량이 줄어들고 건조해지면서 변비가 됩니다. 따라서 수유 중에 변비가 생기면 수유량이 적지 않은지 살펴보아야 합니다. 모유는 분유보다 소화 흡수가 잘 되고 유당이 많아서 분유를 먹일 때보다 변비가 적습니다. 이유식을 처음 시작하는 아기들은 오히려 음식 섭취량이 줄어들어 일시적으로 변비가 생기기도 합니다. 그리고 돌이 지난 아기들이 생우유를 먹기 시작하면서 젖을 먹는 양이 줄어드는데 생우유는 섬유질이 적은 음식이어서 변비에 안 좋습니다. 다른 음식보다 생우유

를 많이 먹게 되면 변비가 생길 확률이 더 높아지지요.

특히 우유 알레르기는 설사의 원인도 되지만 변비의 원인도 됩니다. 우유의 단백질이 대장의 정상적인 소화 흡수와 연동 운동을 막아 변비가 생길 수 있습니다. 이런 아기들은 유단백 섭취를 막아야 합니다. 이때는 콩분유나 산양분유로 대체하면 변비를 예방할 수 있습니다.

변비의 근본 원인은 비, 위, 대장과 혈허

한방에서는 변비를 비脾, 위胃, 대장大腸, 간肝의 문제 때문에 생긴 것으로 보고 있습니다. 비위에서 음식물을 제대로 소화 흡수하지 못하거나, 수분대사를 잘 조절하지 못했을 때 변비가 오는 것이지요. 비위나 대장에 지나치게 열이 많거나 반대로 대장이 차가울 때, 스트레스가 심하거나 과도한 체력 소모로 대변을 배설하는 힘이 부족할 때도 변비가 온다고 봅니다.

식습관도 좋고 물도 충분히 마시는데 변비 증세를 보인다면 대장에 열이 많아서입니다. 변은 일정 기간 대장에서 머무르며 밖으로 나가기 좋은 상태가 되기를 기다리는데, 이때 장 점막을 통해 수분과 전해질 등이 흡수됩니다. 그런데 대장에 열이 많으면, 열을 내리려고 물을 많이 흡수하게 되고, 물을 많이 흡수하게 되면 수분을 뺏긴 변이 바짝 말라 딱딱해지면서 변비가 됩니다. 평상시 매운 음식을 먹거나 더운 성질의 약재를 자주 복용해도 장에 열이 많아져 변비가 생깁니다. 열 때문에 생긴 변비는 복부가 단단하고 팽만감이 있습니다. 혀는 붉고 누런 설태가 끼며 구취가 심하게 납니다. 허약한 아기보다는 체격이 좋고 단단하며 열이 많은 체질의 아기에게 많이 나타납니다.

이때는 대황차를 끓여주면 좋습니다. 대황은 장군풀의 뿌리를 말린 것으로 대장에 열이 많아 생기는 변비에 좋습니다. 대황 12g을 물 1리터에 넣어 약한 불로 끓이는데 물의 양이 1/3 정도로 줄 때까지 끓여 하루 한 잔 분량을 수시로 먹입니다. 쓴맛이 나서 아기가 거부할 수 있으므로 조청으로 단맛을 가미하여 먹입니다.

몸에 혈액이 부족해도 변비가 올 수 있습니다. 혈액이 부족한 증상을 혈허라고 하는데, 혈액이 부족하면 장의 윤기가 떨어져 건조하게 되고 이것이 변비로 이어집니다. 혈허가 생기는 원인은 소화기관이 약해 음식물에서 영양분을 충분히 흡수하지 못해서입니다. 이럴 때는 힘을 줘도 대변이 잘 나오지 않습니다. 변을 봐도 염소 똥처럼 조금씩 하루에 여러 번 보지요. 얼굴이 창백하고 혀가 건조해지기도 합니다. 체격이 마르고 비위가 약하거나 식욕이 없고, 만성 소모성 질환이 있는 아기들에게서 자주 봅니다. 우선 소화력을 도와주는 치료를 하고 충분하고 고른 영양 섭취를 할 수 있게 도와줍니다. 특히 미역, 다시마 등의 해조류와 땅콩, 아몬드, 호두, 잣, 들깨 등 견과류가 좋습니다. 이런 음식은 건조한 장을 매끄럽고 윤기 있게 해줍니다.

반드시 병원에 가봐야 하는 변비

변비 증상과 함께 열이 오르고 배가 팽팽하게 부풀고 끙끙거리면 중증의 폐렴이나 복막염일 수 있습니다. 변비로 관장을 했는데 끈끈한 검은 변을 보거나 피가 섞여 나올 때는 위장관 내에 출혈이 있는 것입니다. 신생아 시절에는 수유량이 부족해서 변비가 생기기도 하지만, 이 시기에는 갑상선 기능 저하증, 유문부 협착, 위식도 역류로 말미암은 잦은 구토가 변비의 원인이 되기도 합니다. 기타 납중독, 당뇨, 내분비 질환, 요붕증, 고칼슘혈증, 선천적 기형 등에 의해서도 병적인 변비가 나타납니다. 또한 아기가 일주일 이상 변을 보지 못하고 리본처럼 가는 변이나 토끼 똥 같은 변을 본다면 선천성 거대결장을 의심할 수 있습니다. 이때는 심한 복부팽만감, 구토, 성장부진이 반드시 동반됩니다.

최고의 변비 치료제는 자연 음식

아기나 어른이나 변비의 가장 좋은 치료법은 변비에 좋은 음식을 먹어 자연스럽게 변이 잘 통하게 하는 것입니다. 모유에는 변비를 줄이는 성분이 있는데, 감기나 그 밖의 다른 이유로 평소보다 수유량이 줄면 변비가 옵니다. 이러면 체중이 잘 늘지 않고 소변량도 줄어 기저귀 개수가 줄어듭니다. 이때는 수유량을 늘려야 합니다. 모유수유를 하고 있다면 보통 때보다 물과 음식을 좀 더 먹어 젖을 늘립니다.

분유를 먹는 아기들은 변비에 걸릴 확률이 높습니다. 이 경우에는 보리차 등으로 수분을 보충하면서 분유를 좀 더 진하게 먹이면 해결됩니다. 분유를 많이 섭취한 만큼 변의 양이 많아지고 밀어내는 힘이 생기기 때문입니다. 또한 모유를 먹는 아기든 분유를 먹는 아기든 물 50ml에 조청을 한 숟가락(3ml 정도) 타서 수차례 나누어 먹이면 좋습니다.

이유기 중후반에 있는 아기가 변비에 걸렸을 때는 섬유질이 풍부한 과일이나 채소를 꾸준히 먹이면 도움이 됩니다. 특히 사과, 배, 자두는 섬유질이 아주 풍부해서 변비 치료에 효과가 좋습니다. 주스로 먹일 때는 시판하는 것보다는 강판에 갈아 직접 과즙을 내 먹이도록 합니다. 귤, 오렌지, 토마토, 딸기는 알레르기를 일으킬 수 있으므로 돌 전에는 먹이지 않도록 하세요. 또한 감, 바나나, 익힌 사과, 삶은 당근은 변비를 악화시킬 수 있으므로 주의해야 합니다. 아기가 아직 이유식 초기에 있다면 채소는 소화하기 쉽도록 삶아서 먹여야 합니다. 이런 방법들을 다 써봐도 변비가 낫지 않는다면 이는 가정에서 해결될 수 없는 것입니다. 이 경우 반드시 전문의의 도움을 받아야 합니다.

관장약, 쓰지 않는 것이 최선

변비 때문에 고통받는 아기가 안쓰러워 엄마들이 직접 관장을 하기도 합니다. 하지만 관장을 자주 하면 습관이 되어 나중에는 관장에 의해서만 변을 보는 일이 벌어질 수 있습니다. 또한 장 기능이 회복하는 데 장애가 되기도 하며 항문이 손상되기도 합니다. 그러므로 관장은 마지막 수단으로 사용해야 합니다.

어쩔 수 없이 관장약을 쓸 때는 먼저 관장약을 손으로 감싸 온도를 따뜻하게 하는 것이 좋습니다. 그다음 항문 주위와 관장기 끝에 바셀린이나 베이비오일을 발라서 항문에 부드럽게 삽입합니다. 이때 공기가 들어가지 않도록 주의하면서 관장기 안에 있는 관장약을 서서히 넣어줍니다. 절대 정량보다 많이 넣어서는 안 되고, 관장약을 주입 한 후 5~10분 정도는 다리를 오므리고 기저귀나 휴지로 항문을 막고 있어야 합니다. 이렇게 잘 막고 있으면 변이 나오는 것을 느낄 수 있습니다. 아기가 배를 아파하면 손을 떼고 배변을 시킵니다.

관장약보다 안전한 것이 면봉입니다. 집에서 사용하는 면봉에 올리브 오일이나 베이비오일을 바릅니다. 면봉의 솜 부분이 보이지 않을 만큼, 약 2cm 정도 항문에 밀어 넣고, 면봉의 머리 부분을 몇 번 넣었다 뺐다 합니다. 이때 살짝 휘젓듯이 돌려가며 자극을 줘도 좋습니다. 한 번에 변을 보지 못하면 30분이나 한 시간 후에 다시 시도해봅니다. 아기 대부분은 이 정도 자극에 변을 보게 되는데, 이것도 습관이 들면 별다른 자극이 안 된다는 점을 기억해야 합니다.

좀 더 적극적인 방법도 있는데 비닐장갑을 낀 다음 새끼손가락에 바셀린을 충분히 묻혀 아기의 항문 주위를 몇 번 문질러 항문 근육을 풀어주면서, 서서히 항문 속으로 1~2cm 정도 넣고 빼기를 서너 번 반복하는 것입니다. 손가락 관장은 어느 정도 성장해서 면봉 관장으로 효과를 보지 못하는 아기들에게 권할 만합니다. 주의할 점은 손톱을 짧게 잘 다듬어서 항문이 다치지 않도록 해야 한다는 것입니다. 이 역시 자주 하는 것은 좋지 않습니다.

변비에 좋은 마사지 방법

아침과 저녁, 하루 두 번 아기를 자리에 눕힌 다음 무릎을 세우고 손바닥으로 배꼽 주위를 시계 방향으로 문질러줍니다. 처음에는 부드럽게 만지다가 점차 힘을 주면서 문지르는 것이 요령입니다. 그다음 배를 배꼽을 중심으로 가로세로 각 3등분 하여 9칸으로 나눕니다. 천천히 한칸한칸 부드럽지만 적당히 힘을 가하여 시계 방향으로 마사지해줍니다. 이때는 손가락이 따뜻해야 합니다.

아기가 숨을 내쉴 때 누르고, 들이쉴 때 손을 뗍니다. 만일 손으로 만져보아 뭉친 부분이 있으면 그 부위를 집중적으로 천천히 원을 그리며 문질러줍니다. 매일 아침 물을 먹인 후에 하는 것이 좋은데, 이때 아기의 표정을 살피면서 적당히 힘을 조절해줍니다. 마사지 시간은 10분 정도가 적당하고 매일 같은 시간에 규칙적으로 하면 더욱 효과가 있습니다. 아기가 변을 보고 싶어 끙끙거릴 때 똑바로 눕히고 다리를 든 다음 아랫배를 지그시 눌러주면 변을 보는 데 도움이 됩니다. 또 회음부(음부와 항문 사이)를 살살 눌러주면 변이 쉽게 나오기도 합니다.

이것만은 꼭 알아두세요

장 건강에는 자연 정장제 콩을

'장 좋아지는 약'이라 해서 많이 먹이는 정장제는 결코 변비 치료제가 아니다. 실제로 정장제를 먹고 변비가 없어졌다는 아기는 없다. 정장제는 변비보다는 장이 약해 변이 묽은 아기에게 더 효과가 있다. 정장제라고 하면 일반적으로 유산균이나 효모 제제를 말하는데 이런 것들은 유산균의 수를 늘려 장내 환경을 개선하는 역할을 하기도 한다. 하지만 장의 기능은 유산균의 수보다는 체질, 질병, 식습관, 생활습관, 유전적인 영향 등 좀 더 근본적인 것에 영향을 받는다. 따라서 장 기능이 좋아지는 데에 정장제는 크게 작용하지 않는다고 보는 것이 맞다.

가장 좋은 정장제는 콩이다. 콩을 발효시킨 청국장에 들어 있는 각종 효소와 청국장 균은 소화 활동을 활발하게 돕고 장내 노폐물을 깨끗이 청소해주는 기능을 한다. 따라서 변비와 설사를 동시에 없애는 역할을 한다. '서목태(쥐눈이콩)'를 볶아 가루를 내서 미숫가루처럼 먹여도 변비와 설사에 도움을 준다. 단, 알레르기가 있는 아기들은 최소한 돌이 지난 뒤에 적용하는 것이 좋다.

백일 이후 돌까지(4~12개월)

눈 · 코 · 입 · 귀

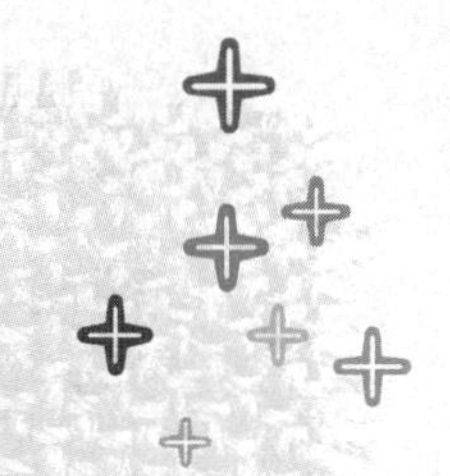

간의 기운을 나타내는 눈

한의학에서는 이목구비가 오장육부와 연결되어 있다고 보는데
그중에서 눈은 간과 연결되어 있습니다.
따라서 눈에 이상이 생기면 간에 문제가 없는지 살펴보아야 합니다.
눈에 병이 있다고 우리 몸에서 눈만 떼어서 생각할 수는 없습니다.
백일이 지나면 아기의 시력은 엄마와 주변 사물을 알아볼 수 있을 정도로 발달하여,
엄마와 눈을 맞추며 까르르 웃기도 합니다.
눈빛만 봐도 아기의 건강 상태를 알 수 있습니다.

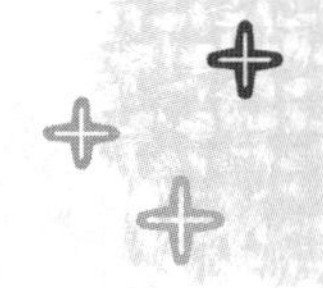

신생아 때 눈이 몰려 있는 것은 정상입니다

신생아는 눈이 안쪽으로 몰려 있어 사시처럼 보이기도 합니다. 이를 '가성내사시'라고 합니다. 이것은 아기의 코가 낮고 양미간 사이가 넓어서 눈 안쪽 흰자를 가려 눈이 가운데 몰린 것처럼 보이는 것입니다. 가성내사시는 아기가 자라면서 코가 높아지고 피부가 당겨지므로 생후 6개월 정도면 정상 모습이 됩니다.

'영아내사시'는 생후 6개월 이내에 발생한 선천성 내사시를 말하는데, 까만 눈동자가 심하게 안쪽으로 돌아가 있는 것이 특징입니다. 이런 경우 늦어도 2세 전까지 수술을 해야 시력 발달에 문제가 없으므로 빠른 치료가 요구됩니다.

참고로 이 외에도 2~3세경 원시가 있는 아이가 물체를 똑똑히 보려고 할 때 눈이 가운데로 몰리는 '조절성 내사시'가 있는데 이때는 원시 안경을 쓰게 하여 교정해줘야 합니다. 그리고 눈의 외안근 불안으로 피곤하거나 텔레비전을 오랫동안 시청한 후, 또는 멍하니 먼 곳을 바라볼 때 가끔씩 한쪽 눈이 바깥쪽으로 돌아가는 '간헐적 외사시'도 있는데 소아 사시 중 발생 빈도가 가장 높습니다. 이 경우 눈가림 치료 등을 하면서 경과를 보다가 수술을 해줍니다.

위에서 말한 사시 중 가성내사시를 제외하고는 모두 적절한 시기의 치료나 수술이 필요한 사시들입니다. 아기들은 원래 어릴 때 사시가 있다가 나중에 좋아진다는 주위의 말만 듣고 치료 시기를 놓치는 일은 없어야 하겠습니다.

안약을 오래 쓰면 안압이 올라갑니다

눈이 충혈되면 우선 그 원인을 서둘러 파악하여 치료 시기를 놓치지 말아야 합니다. 눈의 충혈은 두통이나 복통처럼 여러 질병에서 나타날 수 있는 증상일 가능성이 큽니다. 보통은 눈썹이나 다른 이물질 등이 눈을 찌를 때, 결막염, 안구건조증, 알레르기, 수면부족 등이 있을 때 눈이 충혈될 수 있습니다.

하지만 아기의 눈이 충혈되었다고 함부로 안약을 쓰면 곤란합니다. 소아과에서 준 안약도 오래 쓰면 안압이 높아지기 때문에 길게 쓰는 것은 좋지 않습니다. 우선은 아기가 손으로 눈을 비비지 않게 하는 것이 가장 중요합니다. 아기 손을 천으로 감싸 놓는 것도 한 방법입니다. 만일 아기가 천으로 손을 감싸는 것을 싫어한다면 일단 손부터 깨끗이 씻겨야 합니다.

간혹 집에서 죽염을 물에 섞은 포화죽염수를 만들어 쓰는 엄마도 있습니다. 안압이 올라가는 안약 대신에 쓰면 부작용이 없을 것으로 생각하는 것입니다. 하지만 아무리 자연적인 방법을 쓴다 하더라도 돌 전 아기는 눈이 연약하여 눈의 점막과 조직에 자극을 줄 수 있습니다. 그리고 죽염수를 만드는 과정에서 세균 감염 등 안전에 문제가 생길 수 있으며, 죽염수는 체액과 농도가 달라 삼투압 작용 등으로 이상을 일으킬 수도 있습니다. 굳이 조치를 취해야겠으면 약국에서 생리식염수를 사서 쓰는 편이 차라리 낫습니다. 그래도 아기 눈이 낫지 않고 충혈된다면 안과에 가봐야 합니다.

아기 눈에 겨자찜질을 한다고요?

자연요법으로 아기를 키우는 엄마 중에는 겨자찜질을 만병통치약으로 여기는 분들이 꽤 있습니다. 아마 엄마 자신이 직접 해보고 효과를 보았기 때문일 것입니다. 실제로 일본의 니시 의학에서는 겨자찜질을 많이 활용하는데, 호흡기 질환이나 소화기 질환이 있을 때 겨자찜질로 효과를 보고 있다고 합니다.

하지만 아직 돌이 안 된 아기에게 겨자찜질 같은 자연요법을 쓸 때는 신중해야 합니다. 눈이 부었거나 염증이 있을 때 겨자찜질을 함부로 하면 자칫 아기에게 치명적인 영향을 끼칠 수도 있기 때문입니다. 결론부터 말씀드리면, 눈에 겨자찜질을 하는 것은 위험합니다. 찜질을 하다가 만일 겨자가 눈에 들어가면 시력이 떨어질 수 있습니다. 또한 겨자의 열기가 눈에 작용하는 것은 바람직하지 않습니다. 한의학에서는 눈에 관한 질병에 더운 성질의 약재를 쓰지 않는 것이 원칙입니다. 겨자는 열이 많은 약재이기 때문에 눈에는 절대로 사용하지 말아야 합니다. 한방에서는 어느 방법을 쓰든 배와 발은 따뜻하게 하고 머리와 눈을 시원하게 하는 것이 원칙입니다. 눈이 충혈됐을 때는 찬찜질이 좋습니다.

눈을 맞추지 않아요

아기 대부분은 백일이 지나면 엄마와 눈을 맞추기 시작합니다. 그런데 아기가 기분 좋을 때 보면 눈을 맞추는 것 같기도 하고, 어떨 때는 눈을 못 맞추는 것 같기도 해서, 이게 정말 괜찮은 건가 헷갈려하는 엄마가 많습니다. 아기가 소리가 나는 방향을 알아차리고 정확하게 고개를 돌리려면 적어도 생후 6개월은 되어야 합니다. 그 전까지는 눈을 맞췄다가도 금세 초점을 잃기도 하고, 소리가 나도 모른 척 한 곳만 응시하기도 합니다. 한 3개월 정도부터 조금씩 눈을 맞출 수 있다고 생각하세요. 아기마다 발달이 다르므로 적어도 6개월 정도까지는 기다려보아야 합니다. 하지만 생후 6개월 이후에도 엄마와 눈을 못 맞춘다면 인지능력이나 청력에 문제가 있을 수도 있으므로 그때부터는 주의 깊게 살펴보아야 합니다.

눈과 얼굴이 잘 부어요

아기가 눈이 많이 부었다며 병원에 오는 엄마들이 있습니다. 눈과 얼굴이 부으면 신장이 안 좋은 것 아니냐고 묻는 분도 있습니다. 물론 아기 몸에 이상이 있어서 눈이나 얼굴 등 신체 부위가 평소보다 많이 부을 수도 있습니다. 하지만 이 시기의 아기가 눈 주변이 집중적으로 붓는다면 아기를 엎어 재웠기 때문일 가능성이 큽니다. 만일 신장이나 심장이 좋지 않아 얼굴과 눈이 붓는다

아기의 이목구비에 병이 생기는 것은 태열독 때문

한의학에서는 이목구비를 오장육부와 연결된 것으로 본다. 눈은 간에, 코는 폐에, 입은 비위에, 혀는 심장에, 귀는 콩팥에 해당한다. 따라서 이 시기에 시각, 후각, 미각, 청각이 잘 발달하고 눈, 코, 입, 귀에 질병이 없이 건강하게 자라는 것은 오장육부가 건강하다는 의미이기도 하다. 만약에 눈, 코, 입, 귀에 질병이 있다면 오장육부의 건강 상태도 함께 검사해봐야 한다.

이 시기 아기가 눈, 코, 입, 귀에 병이 있다면 그 원인이 태열독 때문인 경우가 많다. 《의학입문》이라는 한의서에서는 '소아병 대부분은 태열독이다'라고 말하고 있다. 태열독이 오장육부에 쌓이면 이목구비에 여러 가지 질병이 나타난다는 것이다.

태열독을 예방하려면 엄마가 임신 중에 고량진미와 기름진 음식, 밀가루 음식, 매운 음식, 더운 성질의 음식을 삼가고 적절한 체중을 유지하며 스트레스를 피해야 한다. 감염 질환에 걸리지 않게 주의하고 약도 신중하게 복용해야 한다.

면 다른 증상이 동반될 것입니다.

엎어 자지 않는데도 유독 부기가 심하다면 그때는 진찰을 받아보아야 합니다. 그리고 저는 가능하면 아기를 엎어 재우지 말라고 합니다. 아직 제 몸을 잘 가누지 못하는 아기를 재울 때는 항상 영아돌연사증후군을 염두에 두어야 하기 때문입니다. 아기가 갑자기 사망하는 영아돌연사증후군은 엎어 재우는 것과 관련이 큽니다.

코가 건강하면 폐도 건강합니다

한의학적으로 코는 폐 건강과 연관이 있습니다.
폐 기운이 떨어지면 코를 골고 폐가 차가워지거나 더워지면
콧물, 코막힘 등의 증상이 나타납니다.
또한 코는 신선한 공기를 몸 안으로 들여보내고,
탁한 공기를 몸 밖으로 내보내는 중요한 기능을 합니다.
외부의 나쁜 기운을 막아내는 1차 방어선이기도 하지요.
코가 건강하면 폐도 건강합니다.

콧물을 달고 사는 아이

이 시기 아기는 대부분 감기에 걸리면 감기가 나을 때까지 콧물을 달고 삽니다. 가제 수건으로 닦아줘도 그때뿐이고, 너무 닦다 보니 코 밑이 빨갛게 헐어 연고까지 써야 할 지경에 이르지요.

하지만 코감기에 걸린 아기들은 열이나 기침 등 다른 감기에 걸린 아기들보다는 비교적 몸 상태가 좋아서 엄마 역시 크게 걱정하지 않습니다. 그저 콧물이 멈출 때까지 소아과에서 처방받은 약을 꼬박꼬박 먹이는 예가 많지요. 하지만 콧물은 생각만큼 딱 끊어지지 않습니다. 나았다 싶으면 또 찔끔찔끔 흐르고, 그러다가도 한나절 안 나오기도 합니다. 그러다 보니 약을 딱 끊지 못합니다. 콧물을 제대로 잡지 못하면 중이염이나 축농증이 온다는 말에 심지어 두 달이 넘게 콧물 약을 먹이는 엄마도 봤습니다.

하지만 돌 전 아기가 약을 오래 먹는 것은 어느 면으로도 좋지 않습니다. 약

에 내성이 생길 뿐만 아니라 면역력도 떨어지고 장도 약해지고 식욕도 없어집니다. 게다가 항생제는 몸에 유익한 세균까지도 죽이기 때문에, 약을 오래 먹은 아이는 허약체질이 될 수 있습니다. 쉬운 말로 빈대 잡으려다 초가삼간 태우는 격입니다.

항생제는 가능한 한 쓰지 맙시다. 집에서 쉽게 콧물을 줄이는 법을 알려드리겠습니다. 쉽게 쓸 수 있는 재료로 무가 있습니다. 맵지 않은 무를 강판에 갈아 즙을 내어 아기 콧속에 발라주면 콧물이 줄어들면서 코가 뚫립니다. 면봉에 무즙을 살짝 적셔서 코 안 구석구석을 조심스럽게 잘 발라주세요. 무즙은 살균작용이 있어 코감기를 비롯한 호흡기 염증에 좋습니다.

또한 칡뿌리, 수세미, 대추감초차, 유근피 등 코 건강에 좋은 한방약재로 차를 만들어 먹이는 것도 도움이 됩니다. 이런 약재를 먹일 때는 먼저 피부나 변 등에 변화가 있는지 확인해야 합니다. 만일 이 약재를 써서 특별한 징후가 보인다면 한의사와 상담을 하세요. 칡뿌리나 유근피는 성질이 차서 속이 냉하거나 위나 장이 약한 아기에게 오래 먹이는 것은 바람직하지 않습니다. 만일 이런 자연요법을 써도 아기가 계속 콧물을 흘린다면 만성비염일 수 있습니다. 비염이 오래가면 반드시 정확한 진찰로 원인을 파악해서 치료받는 것이 마땅합니다.

폐 기운이 약하면 코를 곱니다

물도 많이 먹이고, 가습기를 틀어 습도를 높이고, 생리식염수로 코딱지로 없애주고, 여러 가지 방법을 써봐도 잠잘 때 코를 고는 아기들이 있습니다. 편안하게 잘 자던 아기가 콧물, 코막힘과 함께 코를 곤다면 비염이나 축농증에 걸렸을 가능성이 있습니다. 이런 염증성 코 질환은 비강 점막을 붓게 하고 공기의 흐름을 막아 코를 골게 하지요.

만일 질병 때문에 갑자기 코를 고는 게 아니라, 평상시에도 만성적으로 코를 곤다면 선천적으로 편도나 아데노이드가 크기 때문일 수도 있습니다. 코 뒤의 편도인 아데노이드나 인후 편도가 크면 코를 잘 골며 열 감기, 목감기, 중이염 등에 걸리기도 쉽습니다.

한방에서는 폐의 기운이 허약할 때도 코를 곤다고 봅니다. 염증이나 질병에 의한 것이 아니라 폐의 허약증으로 말미암아 코를 골 수도 있다는 말입니다. 만일 폐가 약해 코를 고는 것이라면 폐 기운을 보강하는 처방을 받아야 합니다. 근본적으로 폐 기운을 돋우는 것은 한방적 처치 외에는 방법이 없습니다.

아기가 코를 곤다면 우선 집 안의 습도와 온도를 적절하게 유지해주세요. 폐가 허한 아기는 특히 외출할 때도 찬 바람을 조심해야 합니다. 너무 심하게

코 건강에 좋은 한방약재

※아래 설명한 것들은 돌 나이를 기준으로 3~4일간 먹일 수 있는 분량입니다.

1. 칡뿌리

한방에서는 칡뿌리를 갈근이라고 한다. 갈근은 코가 막혀 숨을 쉬기 어렵고 눈과 머리가 무거우면서 소화가 잘 안 될 때 쓰면 좋다. 갈근 30g을 물 700ml에 1시간 정도 우려내어 며칠간 수시로 먹인다.

2. 수세미

한방에서는 사과락이라고 하는데 알레르기성 비염과 천식에 좋은 효과를 보인다. 수세미 즙을 희석시켜 먹이거나, 마른 수세미 30g을 물 700ml에 1시간 정도 우려내어 며칠간 수시로 먹인다. 가지에서 나오는 수액을 먹여도 비슷한 효과를 볼 수 있다.

3. 유근피(참느릅나무 뿌리껍질)

코나무라고도 하는데, 유근피 30g을 물 700ml에 1시간 정도 우려내어 며칠간 조금씩 나눠 먹인다. 각종 코 질환에 사용할 수 있으며 종기나 고름을 없애면서 이뇨작용을 돕는 역할을 한다.

4. 대추감초차

말린 대추나 감초 안에는 각종 염증을 없애고 콧속에 있는 작은 핏줄들의 기능을 돕는다. 따라서 비염이나 감기 등으로 말미암아 아기의 코가 제 기능을 못할 때 쓰면 좋다. 대추 15g과 감초 4g(하루 기준)에 적당량의 물을 붓고 차처럼 달여 마신다.

코를 곤다면 자기 전에 콧속에 생리식염수를 몇 방울 떨어뜨려 콧물을 빼줘도 좋습니다.

코 너무 자주 빼주지 마세요

아기 콧속에 코가 가득 차 있으면 보고만 있어도 답답합니다. 코를 빼주면 한결 편할 텐데 하는 생각에 뻥코 같은 흡입기로 코를 빼주게 되지요. 일시적으로 아이는 시원해할지 모르지만 코 건강에 그다지 좋은 것은 아니니 습관적으로 자주 하지는 마세요. 이런 기구를 이용해 코를 자주 빼주다 보면 코 점막이 약해지고 심지어 코피도 자주 납니다. 또한 가뜩이나 미숙한 아기 코의 자연 정화 능력은 더 떨어지게 되지요.

아기들의 호흡기 점막은 미숙하고 스스로 정화하는 능력이 떨어지기 때문에 평상시에도 코에 분비물이 많이 생길 수 있습니다. 코딱지가 많이 생기면 비염이 되지 않을까 걱정하는 엄마들이 많은데 그렇지는 않습니다. 코딱지도 단단하게 덩어리져 겉으로 보이는 것만 빼주면 됩니다. 특히, 코딱지가 많다고 비염 약을 처방받아 오래 먹이는 경우가 있는데, 이렇게 항생제나 소염제를 남용해서는 곤란합니다. 무엇이든 자연스럽게 아기 스스로 해결하도록 돕는 것이 좋습니다.

알레르기성 비염을 조심해야 합니다

보통 비염과 알레르기성 비염은 많이 다릅니다. 비염은 코 안에 염증이 생긴 것으로, 평상시에도 콧물이 많이 나오고 코가 잘 막힙니다. 반면 알레르기성 비염은 특정한 알레르기 인자에 노출되었을 때 나타납니다. 이때는 콧물과 코 막힘, 재채기, 기침, 가래가 함께 나타나며, 아기가 눈과 코를 심하게 비빕니다. 또한 코가 목 뒤로 넘어가는 후비루 증상도 보이지요. 주변에서 환절기만 되면 계속 재채기를 해대는 사람이 있는데, 그런 증상이 바로 알레르기성 비염입니다.

사실 돌 전에 알레르기성 비염에 걸릴 확률은 낮습니다. 알레르기성 비염은 보통 네 돌 이후에 나타나지요. 하지만 위장관 알레르기나 영아형 아토피를 가진 알레르기 체질의 아기가 코감기를 자주 앓는다면 그것이 알레르기성 비염으로 발전할 가능성은 충분합니다.

알레르기성 비염이 되면 아기는 잘 먹지도 놀지도 못할 정도로 아주 힘들어 합니다. 그러므로 알레르기 체질의 아기가 코감기에 자주 걸린다면 알레르기성 비염이 되지 않도록 처음부터 관리를 잘 해줘야 합니다. 우선 아기에게 찬 음식, 밀가루 음식을 주지 말아야 합니다. 고기나 비린 생선도 너무 많이 줘선 곤란합니다. 집 안에서 온도와 습도를 적당하게 유지하는 것은 기본이겠지요. 특히 에어컨이나 선풍기 등에 의한 냉한 기운도 비염이 있는 아기에게는 좋지 않으니 조심해야 합니다. 아기가 코감기에 자주 걸릴 때는 사람 많은 곳을 피하고, 외출 후 손을 잘 씻어주세요. 아기는 어른보다 호흡기 점막이 약하고 면역력이 부족해 가래나 코의 배출이 원활하지 않고 감기로 인한 비염 증상이 오래갑니다. 이런 만성화된 비염을 그냥 두면 알레르기성 비염으로 발전하는 것은 시간문제입니다. 적절한 환경관리와 더불어 한방 치료를 통해 코를 튼튼하게 하고 면역력을 키워주는 것이 좋습니다.

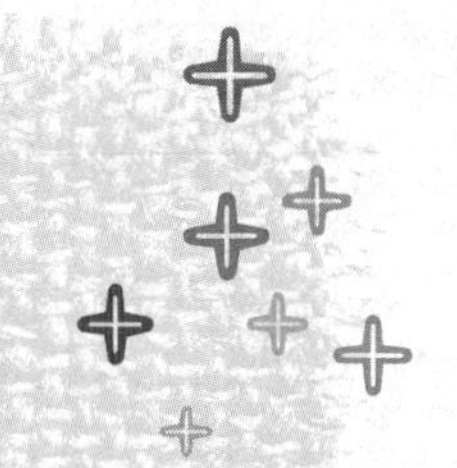

입병이 잘 생기면 비위와 심장을 다스립니다

한의학적으로 입은 비위에 속하고, 혀는 심장에 속합니다.
비위의 기운이 약하고 냉하면 아기가 맑고 거품이 있는 침을 많이 흘립니다.
비위와 심장에 열이 쌓이고 면역력이 약할 때는 아구창에 걸리기도 합니다.
만일 아기가 입병에 자주 걸린다면 눈에 보이는 증상만 없애려고 하지 말고
비위와 심장을 건강하게 만드는 데 더 신경을 기울여야 합니다.

돌 전 아기는 침을 많이 흘립니다

돌 전 아기들은 정말 많은 침을 흘립니다. 가제 수건을 대줘도 흠뻑 젖을 정도이지요. 신생아 때는 입안의 습기를 유지할 정도만 침이 나오지만, 생후 3~4개월이 되면 침 분비가 갑자기 많아져 그것을 전부 삼키지 못해 밖으로 흐릅니다. 아기가 침을 흘리는 것은 아주 정상적인 현상입니다. 이가 날 무렵에는 더 많은 침을 흘리기도 합니다.

사실 한방에서는 침을 많이 흘리는 것을 비위기능이 약하다고 보는데, 대부분 치료를 할 정도는 아닙니다. 침이 많다는 증상 하나만으로 비위가 약하다고 진단할 수는 없고, 다른 증상이 함께 나타날 때 여러 가지를 종합적으로 판단해서 진단을 내립니다. 일단 다른 특별한 증상이 없다면 침을 삼키는 능력이 생길 때까지 기다려보는 편이 좋습니다. 아기마다 차이가 있는데, 어떤 아기는 네 돌까지도 침을 줄줄 흘리기도 합니다.

침을 유난히 많이 흘리는 증상을 한방에서는 '체이滯頤' 또는 '유연流涎'이라고 합니다. 좀 더 설명을 보태자면 비위의 기운이 차고 약하거나, 반대로 비위에 습濕과 열熱이 있으면 침을 많이 흘립니다. 침을 흘리는 이유가 비위의 기가 차고 허약해서라면 대개 침이 맑고 거품이 있습니다. 이런 아기는 밤에 보채고 울며 손발이 찹니다. 이때는 비위의 기능을 보해주면서 속을 따뜻하게 하는 약을 쓰면 좋아집니다.

비위에 습한 기운과 열이 있는 아기는 끈적끈적한 침을 흘립니다. 혀에 설태가 두껍게 끼기도 하고, 소변 색이 누렇고 변비가 나타나기도 하지요. 만일 아기가 땀을 많이 흘리면서 왕성한 식욕을 보이고 낮에 부산스럽게 논다면 열이 많은 것입니다. 이런 아기는 비위의 습열을 없애주는 약을 쓰면 한결 증상이 나아집니다. 이렇듯 아기가 침을 흘리는 것도 각각의 원인이 있으므로, 그 원인을 찾아 근본적인 치료를 해주는 것이 좋습니다.

수족구는 열이 뭉쳐 생기는 '따뜻한 병溫病'입니다

돌 전 아기는 아직 면역력이 떨어지기 때문에 입안이 자주 헙니다. 그런데 만일 입안이 헐면서 손발에 물집까지 잡힌다면 단순한 입병이 아니라, '수족구'일 가능성이 있습니다. 수족구란 일종의 바이러스성 질환입니다. 감기의 일반적인 증상과 함께 입안과 혀, 손바닥과 발바닥에 수포성 궤양이 생기는 특징을 보이지요. 수족구는 보통 1주 정도 치료하면 완쾌되지만, 그때까지 아기가 잘 먹으려 들지 않아 엄마들의 애를 태웁니다. 차가운 아이스크림을 먹이면 입안의 통증이 가라앉고 그나마 조금 먹일 수 있어서 속칭 '아이스크림병'이라고도 합니다.

한방에서는 수족구병을 '온병溫病'으로 봅니다. 말 그대로 '따뜻한 병'이라는 의미입니다. 수족구는 신체적응력이 떨어지는 환절기에 온열한 나쁜 기운이 아기에게 침범하여 발생합니다. 사람의 몸은 계절에 따라 따뜻해지기도 하고 차가워지기도 합니다. 기온이 높은 여름에는 열을 식히려고 몸속이 차가워지고, 기온이 찬 겨울에는 체온을 유지하려고 몸속이 따뜻해집니다. 봄이 되면 겨울 동안 몸에 있던 더운 기운이 밖으로 나오게 되는데, 봄철의 상승 기운에 잘 적응하지 못하면 수족구 같은 온병에 걸리는 것입니다. 보통 여름과 가을철에 유행을 하는데, 최근에는 주원인이었던 콕사키 바이러스 외에 엔테로 바이러스에 의한 수족구가 유행하고 있습니다. 이 경우는 예후가 좋지 않아 뇌막염 등의 합병증으로 사망한 사례까지 나오고 있으니 주의해야 합니다. 수족구가 유행할 때는 단체생활을 피하고 손을 잘 씻으며 개인위생에 더 신경 써주세요.

아기들이 수족구병에 잘 걸리는 것은 어른보다 주위 환경 변화에 잘 적응하지 못하고 면역력이 약해서입니다. 특히 겨울에 너무 덥게 키웠거나, 평소 잠을 잘 자지 못했을 때, 감기에 걸려 땀으로 열을 발산시켜야 하는데 함부로 해열제를 남용하거나, 지나치게 단 음식을 많이 먹었을 때 수족구가 더 잘 생깁니다.

수족구병을 치료하려면 울체된 열을 내리는 것이 우선입니다. 단 음식과 인스턴트 식품, 패스트푸드 같은 음식을 피하고 제철 채소 위주로 먹이는 것이 열을 내리는 데 도움이 됩니다. 채소에는 비타민이나 무기질 등 성장에 도움

아기의 입에서 구취가 난다면

아기에게 깨끗한 음식과 물만 먹이고, 입안도 자주 닦아주는데 입에서 고약한 냄새가 날 때가 있다. 한의학에서는 위나 장에 열이 있거나 소화 장애가 있을 때 구취가 나타난다고 본다. 그 밖에도 오장육부의 상태에 따라서 다양한 원인이 있을 수 있는데 대부분 '열'이라는 공통점이 있다. 열이 어느 장기에 있느냐에 따라 구취의 상태도 다르다.

구취를 치료할 때는 아기에게 변비나 설사가 있는지, 땀을 많이 흘리는지, 혀에 백태가 자주 끼는지, 태열이 있는지, 잠을 잘 자는지, 감기를 오래 앓고 있지 않은지, 신경질적인지 등 정확한 진찰을 해본 후 각각에 맞는 처방을 내린다.

을 주는 영양소뿐 아니라 몸속의 열을 낮추는 성분이 많습니다. 이때 열을 내리겠다고 함부로 해열제를 쓰는 것은 좋지 않습니다. 해열제를 남용하면 열이 빠져나가지 못하고 계속 남아 오히려 수족구를 악화시킬 수 있습니다. 열을 발산하여 몸의 울체 열을 빼주면서 탈수가 되지 않게 하고 영양을 잘 공급해 줘야 합니다.

아구창이 있을 때

아구창은 캔디다 알비칸스라는 균이 일으키는 병으로, 소독이 덜 된 젖꼭지, 엄마의 생식기 칸디다증 등에 의해 감염됩니다. 사실 이 균은 정상인이라면 누구나 가지고 있는 균입니다. 평소에는 별 작용을 하지 않다가 면역력이 떨어졌을 때 염증 등 문제를 일으킵니다. 따라서 항생제 장기 복용이 발병 원인이 되기도 합니다. 즉, 아구창은 감기처럼 면역력이 약해서 생기는 병이라고 할 수 있습니다. 그래서 어른보다는 아기에게 아구창이 잘 생깁니다. 주로 생후 6개월 전에 많이 발병하지요.

아구창에 걸리면 일단 입안과 혀에 허연 백태가 끼고 붉은 테두리를 두른 하얀 반점이 생깁니다. 백태는 응고된 우유 덩어리처럼 보이는데, 입안에 딱 달라붙어서 닦아도 잘 떨어지지 않습니다. 억지로 떼어내려고 하면 피도 나고 몹시 아프므로 함부로 손을 대서는 안 됩니다. 증상이 가벼운 아구창은 약간 불편함을 줄 뿐 자연적으로 치유되므로 따뜻한 물수건으로 살살 닦아주는 정도만 해줘도 됩니다. 하지만 아기가 음식을 입에 물지 못할 정도로 아파한다면 병원 치료를 받아야 합니다.

한방에서는 아구창을 태열이 비장과 심장으로 들어가서 생긴 것으로 보고, '청열사비산'이라는 약을 복용시킵니다. 또한 바르는 약인 '보명산'을 씁니다. 보명산은 볶은 백반에 마아초 가루와 주사 가루를 섞어 물에 탄 것입니다. 이 약을 아기에게 수시로 발라주면 증상이 한결 나아집니다.

양방에서는 아구창을 일종의 진균성 질환으로 보고 치료 용액(보라색 약)과

약을 먹이는데, 치료 용액은 5일 이상 바르지 않는 것이 좋고 먹는 약도 7일 이상 복용하지 않는 게 좋습니다. 바른 자리에 궤양이 발생할 수도 있고, 먹는 약은 간에 부담이 되기도 하며 면역력을 오히려 떨어뜨리기 때문입니다.

아구창을 예방하려면 평소에 젖병이나 젖꼭지를 깨끗하게 소독해야 합니다. 아기가 평소에 잘 물고 노는 공갈젖꼭지도 늘 청결해야 합니다. 젖병이나 공갈젖꼭지를 소독할 때는 그냥 물로만 닦지 말고 끓는 물에 살균 소독하고 나서 물기까지 말끔하게 잘 말려야 합니다. 또한 젖이나 분유를 먹인 다음에는 입안을 잘 헹궈주세요.

아구창에 걸린 아기가 젖병이나 공갈젖꼭지를 오래 물고 있으면 입안 점막이 더 벗겨져서 아플 뿐만 아니라, 이미 자리잡은 캔디다 균이 더 쉽게 자랍니다. 따라서 이때는 수유 시간을 너무 길게 잡으면 안 됩니다. 젖이나 분유는 20분 안에 모두 먹이고, 공갈젖꼭지 역시 정말 필요할 때가 아니면 물리지 마십시오.

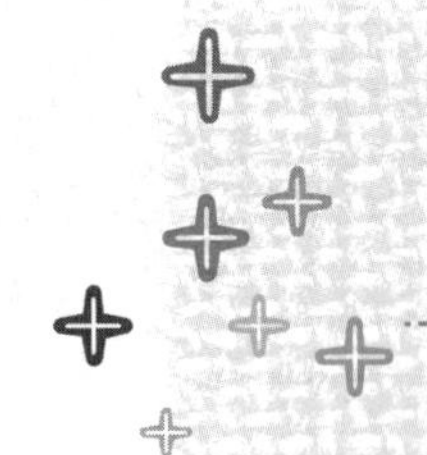

귀가 건강한 아기는 신장이 튼튼합니다

귀는 타고난 정기를 담고 있는 신장과 관련이 있습니다.
즉, 귀는 신장의 기운을 반영합니다. 영유아기 가장 흔한 귀 질환은 중이염입니다.
중이염은 아기가 감기에 걸렸을 때 코의 염증이 귀로 번지면서 생깁니다.
중이염은 영유아의 85퍼센트가 한 번 이상 걸릴 정도로 흔한 병입니다. 하지만 한번 걸리면
만성화되기 쉽고 항생제 처방을 오래 받는 안타까운 병입니다.
중이염에 자주 걸리는 아기는 신장의 부족한 기운을 보해주면서
코 치료를 함께하면 발생 빈도가 현저히 줄어듭니다.

감기보다 무서운 합병증, 중이염

감기보다 중이염이 더 무섭다고 말하는 엄마들이 많습니다. 감기 합병증 중 하나인 중이염은 영유아의 85퍼센트가 세 돌 이전에 한두 번쯤 앓을 정도로 흔한 질환입니다. 어릴수록 이관耳管이 짧고, 넓고, 수평적이어서 코의 염증이 쉽게 중이中耳로 넘어가서 발생합니다. 비염이나 축농증이 있으면 중이염에 걸릴 가능성이 크고, 중이염과 함께 코에 대한 치료를 함께 해줘야 재발을 막을 수 있습니다.

중이염은 그 경과에 따라 급성중이염, 삼출성 중이염, 만성 화농성 중이염으로 나뉩니다. 급성중이염은 감기의 합병증으로 귀에 염증을 일으켜 귀에서 고름이 나오고 심한 통증을 동반합니다. 급성중이염이 완전히 치료되지 않으면 중이에 염증액이 고이는 삼출성 중이염이 되는데 삼출성 중이염을 오랫동안 내버려두면 청력 저하로 이어질 가능성이 있습니다. 만성 화농성 중이염은

간혹 진주종성 중이염이나 유착성 중이염 등 심각한 질환으로 발전할 수 있기 때문에 주의를 기울여야 합니다. 대부분의 급성중이염은 후유증 없이 감기 이후로 점차 회복되지만, 재발이 잦고 만성화도 잘 된다는 데 문제가 있습니다. 감기에 걸리면 으레 중이염에 걸리고, 중이염에 걸리면 항생제를 먹게 되는 악순환에 빠지게 되지요.

한의학에서는 귀의 병은 뼈, 모발, 선천적 면역기능과 관련된 장부인 신장의 정기가 허해져 온다고 봅니다. 따라서 중이염이 자주 걸리는 아기는 신장의 기운을 보강하고, 감기에 대한 저항력을 기르는 것이 중요합니다.

한방에서는 중이염의 진행 정도에 따라 치료법을 달리하고 있습니다. 급성 중이염은 닭고기, 새우, 게와 생선류를 금하고 소염, 진통, 살균 효과가 있는 청열거풍지제를 처방합니다. 삼출성 중이염은 규칙적인 식사와 고른 영양 섭취로 기력을 키울 수 있도록 하고 삼출액을 배출하는 삼수습약을 사용합니다. 지속적으로 고름이 흐르는 만성 중이염에는 충분한 휴식과 정신적 긴장감을 피할 수 있도록 하면서 신장의 정기를 돕고 면역력을 키울 수 있도록 합니다.

외이도염에는 검은콩과 산수유를

아기가 자꾸 귀를 만지고, 귀에서 곯은 냄새가 나는 경우에는 외이도염을 의심해 보아야 합니다. 귀의 구조상 가장 바깥에 있는 외이도는 항상 건조한 상태로 있어야 세균의 성장을 억제할 수 있습니다. 만일 여기에 물이 들어가 습기가 차면 세균이 쉽게 번식하지요. 세균이 있는 상태에서 피부가 벗겨지면 외이도 전체에 염증이 생기는 급성 세균성 외이도염이 발생합니다. 신생아기에도 외이도염에 걸릴 수 있는데 양수에 젖어 있던 외이도 부위에 균이 침입하여 염증이 생기거나, 목욕 후 귓속의 물이 잘 마르지 않은 상태에서 이 부근에 상처가 나서 세균이 침입하면 외이도염이 생깁니다.

외이도염의 증상 중 가장 대표적인 것은 가려움증과 통증으로, 말을 못하는 아기들은 잘 먹지 않고 칭얼거리며 잘 자지 못하는 경우가 많습니다. 귓속 피부는 다른 부위와 달리 피하 조직이 매우 적고 뼈에 바로 밀착되어 있어 급성기에는 가벼운 염증이더라도 심한 통증을 동반합니다. 대부분은 항생제를 복용하고 외이도를 깨끗이 관리해주면 좋아집니다. 하지만 면역력이 약한 아기들은 조기에 적절한 치료가 이루어지지 않으면 치료 기간이 길어질 수 있으므로 조심해야 합니다.

소염작용과 함께 세균에 대한 저항력을 높여주는 검은콩과 산수유를 먹이는 것도 치료에 도움을 줍니다. 특히 산수유는 한방에서 '석조石棗'라 부르는데 이 열매를 씨만 빼내고 달여 마시면 신진대사를 촉진해주고 세균에 대한 저항력을 높여줘 외이도염과 중이염이 만성화되는 것을 예방할 수 있습니다.

귀에 누런 딱지가 앉는다면

중이염이나 외이도염으로 귓속에 염증이 생기면 고름이 흘러나와 누런 딱지가 생길 수 있습니다.

또한 지루성 피부염일 때도 누런 딱지가 보입니다. 습진의 일종인 지루성 피부염은 피지샘의 활동이 증가하여 피지 분비가 왕성한 두피와 얼굴에 주로 생기는데, 특히 눈썹, 코, 입술 주위, 귀, 겨드랑이, 가슴, 서혜부 등에 많이 나타납니다. 한방에서는 지루성 피부염을 심열, 폐열, 비위열 등의 열 질환으로 보고 있습니다. 열의 이상 과잉으로 몸에 독소가 쌓이고 발산이 되지 않아 피부나 두피에 염증이 생기는 것이지요. 따라서 연고를 바르는 것은 근본적인 치료가 될 수 없습니다. 해당 장부의 열을 내려주면서 원기를 찾도록 도와줘야 합니다.

흔하지는 않지만 아기의 귀지가 습기가 많은 물 귀지일 때 귀지가 마르면서 누런 딱지처럼 보일 수도 있습니다. 소아과에 갔을 때 아기의 귀지가 물 귀지인지 아닌지 확인해두는 것이 좋습니다. 물 귀지는 정상입니다.

그 밖에 농가진이 있을 때, 귓속의 염증 부위가 터져서 고름이 나올 때도 누런 딱지가 생길 수 있습니다. 만약 겉보기에 원인이 무엇인지 알 수 없다면 전문의의 진찰을 받는 것이 좋습니다.

귀지 파야 하나, 가만두어야 하나?

귀지를 파는 것이 좋은지 가만히 두는 것이 좋은지 궁금해하는 엄마들이 많습니다. 아무리 지저분하게 보여도 귀지는 가능한 한 손을 대지 않는 것이 좋습니다. 귀지는 외이도를 보호하는 역할을 하기 때문입니다. 귀 입구에서부터 고막에 이르는 외이도는 얇은 피부로 덮여 있는 민감한 조직이어서, 무리하게 귀지를 파내면 상처가 생기기 쉽고, 상처가 나면 외이도염으로 발전할 가능성이 있습니다.

아기들이 누워서 울다가 눈물이 얼굴을 타고 귓속으로 흘러들어가 귀지가 되기도 하는데, 대부분의 귀지는 귓속 섬모조직의 운동으로 자연스럽게 밖으로 나옵니다. 하지만 귓속에 물이 들어가거나, 먼지 같은 이물질이 많이 쌓이거나, 염증이 있어서 귀지가 딱지처럼 피부에 달라붙어 있을 때는 함부로 손대지 말고 소아과 진료를 받으면서 귀지를 제거해달라고 부탁하는 것이 좋습니다.

귀에 물이 들어갔을 땐

귀에 물이 들어갔을 때는 아기 머리를 한쪽으로 기울여 물이 저절로 나오도록 한다. 귀에 물이 들어가도 고막이 가로막고 있어서 큰 문제가 생기지는 않는다. 따라서 귓속을 무리하게 닦거나 후비지 않도록 조심한다. 귀에 물이 들어가면 귓속의 피부가 물에 불어 약해지는데 이때 면봉으로 닦다가 상처를 내면 염증이 생길 수 있으므로 주의한다.

백일 이후 돌까지(4~12개월)

체했을 때 · 잠재우기

돌 전 아기는 잘 체합니다

젖이나 이유식을 먹고 잘 체하는 아기들이 있습니다.
돌까지는 소화기능이 미숙해 잘 체합니다.
또 한번 체기가 있으면 그 뒤에도 계속 체해서 엄마 속을 많이 썩이지요.
아기가 체하면 엄마는 일단 당황합니다. 구토도 하고 열도 나는 등
여러 증상이 한꺼번에 나타나서 엄마는 안절부절못하게 되지요.
하지만 한의원에 가기 전에 먼저 간단한 응급처치라도 하면 회복이 한결 수월합니다.

체기, 흔한 만큼 잘 다스려야 합니다

아기가 체하면 평소보다 배가 볼록하게 차오르고, 달걀 썩는 냄새가 나는 트림이나 방귀가 나옵니다. 소화 안 된 젖을 덩어리째 토하기도 하고, 속이 불편해 음식도 잘 안 먹고 녹변을 보며, 대변 기저귀에서 신 냄새가 나고 배가 아파 칭얼댑니다. 대개 이런 증상을 보이는 아기는 손발을 만져보면 평소보다 훨씬 차갑습니다. 얼굴색도 누렇게 뜨거나 평소보다 하얗게 보입니다.

손발이 차갑다는 것은 말초 혈액순환이 잘 안 된다는 것이고, 이러면 혈중 산소 농도가 떨어져 손발을 땄을 때 까만 피가 나옵니다. 심장이 좋지 않아 산소 공급이 잘 안 되었을 때 청색증을 일으켜 입술이 검고 푸르게 변하는 것과

같은 이치입니다. 《의학입문》이라는 한의서에 보면 '소아병 대부분은 태독이고, 일부분은 식적이며, 열에 하나는 감기다'라는 말이 있습니다. 여기에서 식적이란 체한 것을 말하지요. 식적은 이처럼 태독, 감기와 함께 가장 흔한 소아병 중 하나입니다. 자주 발생하는 흔한 질환이니만큼 잘 다스리는 방법을 알아야겠지요. 체기를 잘 다스리지 못하면 소화기관에 병이 오고 이것이 영양흡수 장애나 기타 허약증을 유발할 수 있습니다.

식적은 몸에 안 맞는 음식을 먹었거나 과식했을 때, 충분히 씹지 않고 급하게 먹었을 때, 감정이 상한 상태에서 음식을 먹었을 때 잘 나타납니다. 선천적으로 위장 기능이 약한 것도 식적을 일으키는 원인이 되지요. 먼저 아기의 체질과 소화기능의 발달 정도를 알아야 합니다. 그에 맞춰 평소에 아기가 잘 소화하는 음식을 줘야 하며, 잘 씹을 수 있게 한 번에 조금씩 천천히 먹이는 것이 좋습니다. 울었거나 심하게 놀아 흥분했을 때, 기분이 좋지 않을 때 등 감정 상태가 좋지 않을 때는 나아지길 기다렸다가 먹이도록 하세요. 이런 식습관을 들이면서 위장 기능을 보하는 한약을 복용하면 식체를 예방하는 데 좋습니다.

급체에 효과 좋은 자연주의 치료법

한방에서는 자락법이라고 해서 검지에 올라오는 '호구삼관맥'이라는 혈관에서 피를 내는 치료법을 많이 사용합니다. 자락법의 원리를 이해하기 쉽게 설명해보겠습니다. 빨대에 물을 담고 한쪽 구멍을 손끝으로 막으면 물이 떨어지지 않지만 손을 떼는 것과 동시에 물이 죽 흘러내립니다. 이런 원리로 인체의 말단인 손끝의 혈관을 출혈시켜 피를 내주면 막혔던 기가 소통될 수 있습니다. 사람의 열 손가락 끝에는 각 오장육부의 기운이 시작되거나 끝나는 혈도가 있습니다. 특히 엄지손가락과 엄지발가락에는 기의 순환, 소화기능과 연관이 있는 장부의 경락이 흐르고 있어 음식을 먹고 체했을 때 엄지손가락과 엄지발가락을 따주면 효과가 있습니다.

양손 엄지손톱 밑의 소상少商과 양발의 엄지발톱 밑의 은백隱白 부위를 압박해서 피가 몰리게 한 후 알코올로 소독한 침으로 빠르게 따서 피를 냅니다. 소상은 폐의 기운이, 은백은 비의 기운이 모이는 부위입니다. 소상을 따는 것은 체내 기운의 순환을 주관하는 폐를 다스리려는 것이고, 은백을 따는 것은 소화를 담당하는 비를 치료하려는 것입니다. 체했을 때 손발을 따려면 어림짐작으로 부위를 짚어서는 안 됩니다. 정확한 부위가 어디인지 안 다음 빠르게 따는 것이 중요하므로 가까운 한의원에서 지도를 받으세요.

아기가 체한 건지 아닌지 헷갈릴 때가 잦습니다. 체한 건지 아닌지 정확하지 않은 상태에서 습관적으로 손발을 따거나, 어른이 먹는 소화제를 먹여선 곤란합니다. 아기가 계속 불편해하면 먼저 진찰부터 받는 것이 현명합니다. 체했다는 진단이 정확히 나오면 그 뒤에 간단히 소아 침을 맞거나 손을 따도 늦지 않습니다. 이때 체기 내리는 한약을 함께 복용하면 치료가 훨씬 빠릅니다. 자주 체하는 아기들은 비장과 위장의 기능을 근본적으로 개선하여 습관적으로 체하거나 식욕이 떨어지는 것을 막아주는 한약 처방을 받는 것이 좋습니다. 아기가 평소에 자주 보채면서 음식을 먹으면 불편해하거나 대변이 이상하면 가까운 소아한의원에서 정확한 진단을 받아보기를 권합니다.

급체가 아니면 직접 손 따지 말 것

체하는 원인도 여러 가지다. 단순히 음식을 잘못 먹어서일 수도 있고, 선천적으로 비위가 허약해서일 수도 있으며, 당시 몸 상태가 좋지 않아서일 수도 있다. 원인도 정확히 모르면서 증상만 없애려고 성급하게 손을 따면 병만 더 키울 수 있다. 따는 부위도 질환에 따라 달라지므로 지침이 필요하며, 따는 기술도 필요하다. 한밤중에 급체를 한 위급한 상황이 아니라면, 한의원에서 시술이나 지도를 받아야 한다.

분유는 묽게 타서 먹이세요

아기가 체했을 때 가장 중요한 것은 위를 쉬게 하는 것입니다. 따라서 음식량을 평소보다 줄여야 합니다. 자극적인 음식은 피하고 소화가 잘 되는 부드러운 음식을 먹여야 위가 편안하게 쉴 수 있습니다. 아기의 소화기능은 자라면서 점차 나아지지만 무리가 가지 않게 조심하면서 꾸준히 관리해줘야 합니다. 조금씩 자주 먹이면서 찬 음식, 밀가루 음식, 유제품, 기름진 음식은 피하는 것이 좋습니다. 또한 기분 나쁜 상태에서는 음식을 주지 말고, 분유는 약간 묽게 타서 먹이는 것이 요령입니다. 배에 따뜻한 팩을 대주는 것도 체했을 때 소화기능을 도와주는 좋은 방법입니다. 다만 이때 팩은 너무 뜨겁지 않아야 하며 따뜻한 정도면 충분합니다.

체기에 좋은 한방재료

체했을 때는 음식을 조심해야 합니다. 체했다는 것은 기운이 막혔다는 의미입니다. 즉, 잘못 먹은 음식이 위에 정체되고, 기운의 흐름이 막힌 것입니다. 이때 억지로 음식을 먹으면 오히려 체증이 악화할 수 있습니다. 이럴 때는 음식이 소화기를 통과하기 좋도록 죽이나 미음 같은 부드러운 음식 먹여야 합니다. 또 신맛과 단맛이 나는 음식이 좋은데 찬 음식, 밀가루 음식, 기름진 음식, 유제품 등을 피하고 속을 조금 비우는 것이 좋습니다. 체했을 때 소화를 촉진하고 비위를 강화하는 한방 약재는 다음과 같습니다.

지실 탱자나무나 광귤나무의 미성숙 열매를 말린 것으로, 급체하여 명치끝이 답답하고 통증이 있을 때 식체를 내려주는 데 아주 효과적인 한약재입니다. 한약 건재상에서 구해 반 줌 정도를 물 1리터에 넣고 반으로 줄어들 때까지 충분히 우려내어 며칠 동안 차처럼 먹이면 됩니다.

엿기름 아기가 소화가 안 되어 트림을 하고 배가 아프다고 할 때는 엿기름(맥아)을 차처럼 끓여주면 좋습니다. 엿기름은 소화력을 도와 체기를 내립니다.

삽주뿌리 삽주뿌리(백출) 차도 비위의 기능을 돕고 소화력을 증진시키는 데 좋습니다.

마죽 변이 묽거나 설사를 자주 할 때 좋습니다. 쌀가루를 넣고 흰죽을 쑨 다음 마 가루를 넣고 5분간 더 끓입니다. 마는 위장을 편안하게 하는 기능이 있습니다.

인삼 인삼은 몸이 차고 마르며 얼굴이 흰 아이에게 맞습니다. 그런 아이가 체기 이후 기운이 떨어지고 비위가 허약하며 식욕이 부진할 때 인삼차를 끓여 마시게 합니다. 어른 엄지손가락만 한 크기의 마른 인삼을 적당히 부수어 1리터의 물에 넣고 반으로 줄어들 때까지 약한 불에 끓입니다. 하루 한 잔 정도의 양을 며칠 동안 수시로 먹입니다.

체기로 막힌 기운을 소통시키는 경혈 마사지

우리 어머니, 할머니들은 아이들이 배가 아프면 배를 쓰다듬으며 노래를 불러주곤 했습니다. "할미 손은 약손, ○○ 배는 똥배"라고 주절거리듯 노래를 하면서 배를 쓰다듬고 문질러주었지요. 그러다 보면 마음이 편해지고 따뜻한 손과 마찰열에 의해서 배가 따뜻해지면서, 신기하게도 아픈 배가 언제 그랬냐는 듯이 괜찮아지고는 했습니다. 이것이 다름 아닌 추나요법으로 추법이나 마법에 속하는 것입니다. 이런 방법은 복부에 있는 기순환의 통로인 경락을 자극하여 막힌 체기를 뚫어주고 위장관 활동을 원활하게 도와주는 효과가 있습니다. 이런 방법은 일종의 자연치료법이기도 하지만 아이의 마음을 편안하게 하여 증상을 개선하는 심리적 요법이기도 합니다.

손바닥으로 배꼽 주변을 시계 방향으로 원을 그리듯 문질러주는 것을 '마복摩腹'이라고 합니다. 또한 '추중완推中脘'이라 하여 명치에서 배꼽까지 두 손가락으로 지그시 누르며 쓸어내려주는 것도 좋습니다. 막힌 기운을 소통하고 위장의 운동성을 돕는 경혈을 눌러주는 것도 체했을 때 도움이 됩니다. 이른바 경혈 마사지입니다. 체했을 때는 주로 '합곡'과 '태충'이라는 두 경혈을 눌러주는 것이 좋습니다. 합곡은 손등에서 엄지와 검지가 갈라지는 부분을 말합니다.

태충은 엄지발가락과 둘째 발가락이 갈라지는 부분을 말하지요. 합곡과 태충은 막힌 기운을 소통하는 데 가장 효과가 있는 경혈입니다. 이와 함께 무릎 관절의 움푹 들어간 곳에서 엄지손가락을 제외한 네 손가락의 너비만큼 아래에 있는 '족삼리'라는 경혈도 위장의 운동성을 도와주는 대표적인 경혈입니다. 이렇듯 위장의 운동성을 돕는 경혈을 지그시 눌러주면 체기에 효과를 볼 수 있습니다.

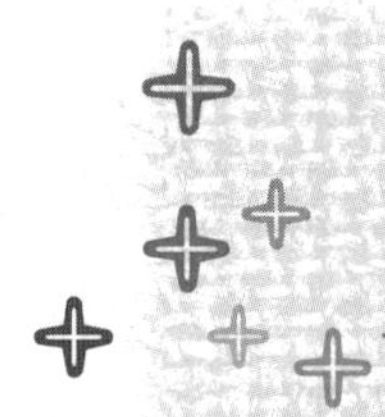

잘 자야 잘 자랍니다

아기는 정말 잘 자야 합니다. 대부분 돌 전 아기는 하루에 15~18시간 정도 잠을 잡니다.
아기들이 잠을 푹 자지 못하고 밤에 깨어 우는 것을 한의학에서는 '야제'라고 합니다.
야제는 보통 세 돌 전에 많이 좋아지는데 무작정 좋아지기만을 기다리는 것은 현명하지 못합니다.
잠을 자는 동안 하루의 피로가 풀릴 뿐만 아니라, 아기의 성장에 꼭 필요한 호르몬들이 분비됩니다.
따라서 잠을 잘 못 자는 아기는 그만큼 성장할 기회를 놓치고 있다고 할 수 있습니다.
아기가 잠을 못 자면 그 원인에 따라 적절한 조치를 취해줘야 합니다.

열이 많은 아기는 시원하게 재우세요

야제증을 가진 아기는 몸속에, 특히 심장에 열이 많은 경우가 대부분입니다. 이런 아기는 얼굴이 붉고 몸이 뜨겁습니다. 또 울음소리가 크고 날카로우며, 소변량이 적고 색이 붉습니다. 누가 안아주면 싫다고 몸을 비틀고 밤에 잠을 잘 못 잡니다. 이불을 좀 덮어주면 이내 얼굴을 찌푸리며 칭얼대지요. 이는 잘 시간이 되었어도 과도한 열로 인해 몸은 아직 활동하는 중이라는 신호입니다. 이렇듯 선천적으로 몸에 열이 많은 아기는 밤에 잘 자지 못합니다. 이때는 수면 환경을 시원하게 해주는 것이 우선입니다. 약간 서늘한 곳에서 재우는 것이 좋지요. 만일 아기가 열 때문에 잠을 잘 못 잔다면 심장의 열이 소변으로 잘 빠져나가

편안하게 잠들게 하는 비결

1. 아기가 잠들 때까지 엄마가 옆에서 지켜본다.
2. 엄마의 향취가 밴 옷이나 이불로 아기를 덮어준다.
3. 따뜻한 물로 목욕을 시킨다. 특히 잠들기 전에 따뜻한 물로 목욕시켜주면 금세 잠이 든다.
4. 아기를 낯선 사람과 환경에 갑자기 노출하지 않는다.
5. 텔레비전이나 전등을 끄고 조용하고 안정된 분위기를 조성한다.
6. 낮에는 햇볕을 쏘이고 적절한 야외활동을 한다.

도록, 소변을 원활하게 볼 수 있는 한약인 '도적산' 등의 체질개선약을 복용시키는 것도 방법입니다.

잘 체하는 아기라면 배를 따뜻하게

열이 많은 아기와는 반대로 얼굴색이 창백하고 손발과 배가 찬 아기들이 있습니다. 이런 아기들은 울 때도 사지를 뻗지 않고 허리를 구부리고 몸을 웅크린 채 웁니다. 또한 배가 자주 아프고 잘 체하며, 소변 색이 맑고 대변이 묽다는 특징을 보이지요. 이는 아기의 소화기관이 약하여 비장이라는 장부가 균형을 유지하는 기능이 부실하기 때문입니다. 쉽게 말해 소화기관이 약해서 같은 음식을 먹더라고 쉽게 체하는 것입니다. 이런 아기들은 찬 음식을 삼가고 여름철이라도 배를 따뜻하게 해줘야 밤에 잘 잡니다.

신경이 예민한 아기는 마음을 편하게

아이를 재운다고 생각하면 떠오르는 것 중에 하나가 자장가입니다. 전통적으로 아이를 재울 때는 품에 안거나 눕혀서 가슴을 토닥거리며, 또는 포대기로 업고서 흔들흔들 얼러주면서 자장가를 불러주었습니다.

"자장자장 우리 아기,우리 아기 잘도 잔다 / 꼬꼬닭아 울지 마라, 우리 아기 잠을 깰라 / 멍멍개야 짖지 마라, 우리 아가 잠을 깰라"

자장가는 그 노랫말과 리듬이 대체로 단순하고 반복적인데 이것은 뱃속에서부터 들어왔던 엄마의 호흡, 엄마의 심장 뛰는 박자와 유사한 것입니다. 이런 자장가는 엄마의 숨결과 향취, 스킨십과 어우러져 아이에게 편안함과 정서적인 안정감을 주면서 스르르 잠에 빠져들게 하는 것입니다. 예민한 아이일수록 이런 애착육아 방식이 더 필요합니다.

신경이 예민하거나 심하게 놀란 경험이 있는 아기는 잠을 잘 자지 못합니다. 아기가 신경이 예민한 데는 두 가지 이유가 있습니다. 선천적으로 예민한 경우와 후천적으로 심하게 놀라거나 어떤 질환을 앓게 된 후에 예민해지는 경우입니다. 어떤 이유에서든 신경이 예민해지면 밤에 자다가 깜짝깜짝 놀라면서 깨서 우는 일이 많아집니다. 한방에서는 아기들이 간과 신의 기운이 허해서 잘 놀란다고 봅니다. 한의학적으로 간은 근육을 주관하고 신은 뼈의 성장을 담당하는 기관입니다. 따라서 이 두 기관이 허약해졌다는 것은 성장에도 나쁜 영향이 갈 수 있다는 것을 의미합니다. 따라서 신경이 예민한 아기들은 마음을 편안하게 해줘 잘 자게 하는 것이 성장에도 중요합니다. 이런 아이들은 자주 안아주고 사랑한다는 표현을 많이 해주세요. 배고플 때나 기저귀가 젖었을 때 바로바로 대처해서 아기가 항상 엄마의 보살핌을 받고 있다는 마음을 갖게 해주는 것도 중요합니다. 정도가 심하면 한의원에서 진찰을 받는 것이 좋습니다.

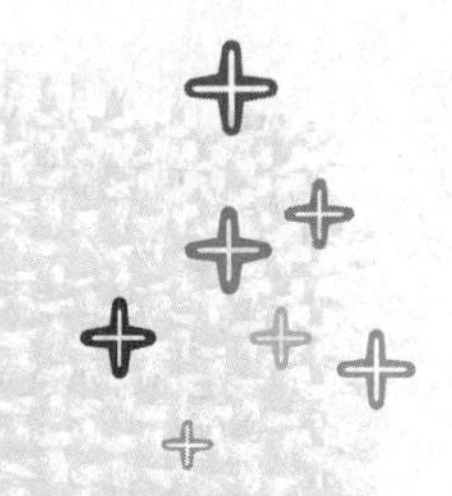

백일 이후 돌까지(4~12개월)

태열 · 아토피

잘못 관리하면 태열이 아토피가 됩니다

돌 전 아기는 질환이 없어도 얼굴과 몸에 피부 문제가 생겼다 사라지기를 반복합니다.
바로 태열 때문입니다. 예전에는 태열을 심각하게 보지 않았습니다.
그냥 두어도 자연스럽게 없어졌으니까요. 하지만 환경오염,
잘못된 식습관, 약물 오남용 문제가 심각한 요즘은 태열을 잘 관리하지 않으면
쉽게 사라지지 않습니다. 아토피 피부염으로 발전하는 예가 상당수지요.
지금 당장은 문제가 안 되더라도 아기가 자라면서 더 골치 아파질 수 있으므로
초반에 태열을 관리해주세요.

열과 땀을 통해 태열을 발산하게 합니다

태중에서 받은 열독은 출생 후 몸 밖으로 드러나면서 우리가 '태열기'라고 부르는 피부 증상을 보이게 됩니다. 신생아를 주제로 설명할 때도 말씀드렸지만 태열은 몸 안에 쌓여 있는 열독을 발산하는 정상적인 생리현상입니다. 예전에는 보통 돌 전에 없어졌지만, 요즘은 서구화된 식습관과 환경오염, 자연과 멀어지는 육아환경, 약물 오남용 탓에 각종 피부 질환의 원인이 되고 있습니다. 대표적인 것이 바로 소아형 아토피성 피부염입니다.

태열이 있을 때 가장 큰 원칙은 몸 안의 열을 자연스럽게 밖으로 배출하는 것입니다. 제가 엄마들을 만날 때마다 해열제를 함부로 쓰지 말라고 신신당

부하는 것도 이런 이유 때문입니다. 해열제는 열이 자연스럽게 몸 밖으로 빠져나가는 것을 막아 태열기를 악화시킵니다. 심각한 고열이 있는 위급 상황이 아니라면 함부로 해열제를 써서는 안 됩니다. 열이 심각하지 않고, 특별한 질환이 없다면 2~3일 정도는 지켜보는 것이 좋습니다. 열이 있어도 아기가 크게 힘들어하지 않고 잘 먹고 잘 논다면 변증열일 가능성이 큽니다.

그렇다고 일부러 열과 땀을 내게 할 필요는 없습니다. 간혹 아기를 꼭꼭 싸매어 키우기도 하는데, 이는 잘못된 방법입니다. 덥다고 지나치게 냉방을 하거나, 춥다고 너무 덥게 하는 등 너무 어른 기준에 아기를 맞추려 하지 마세요. 자연스럽게 열독이 배출되는 데 방해만 될 따름입니다. 아기는 최대한 계절의 변화와 흐름을 느낄 수 있도록 키우는 것이 좋습니다.

그리고 땀띠가 났을 때는 물로 잘 닦아주고 습기가 차지 않게 잘 말려주세요. 적당한 선에서 땀띠분을 사용하는 것은 괜찮습니다. 아기의 피부를 관리해주라고 하면 엄마들은 특별한 방법을 생각하는데, 피부 관리에 특별한 방법이 있는 것은 아닙니다. 덥지 않게 키우면서 청결을 유지한다는 기본 원칙만 지키면 됩니다.

알레르기를 유발할 수 있는 음식은 돌 이후에

이유식을 시작할 때 알레르기를 유발할 수 있는 음식을 피해야 합니다. 그런 음식은 적어도 돌 이후로 늦추는 것이 안전합니다. 영양이 부실해질까봐 걱정하는 엄마들이 있는데, 요새는 영양 과다가 문제가 될지언정 음식을 못 먹어 영양이 부족한 예는 극히 드뭅니다. 그리고 영양을 대체할 만한 음식은 얼마든지 있습니다.

생우유(집안에 알레르기를 앓는 사람이 있으면 요구르트 역시 돌 이후로), 달걀 흰자, 완두콩이나 강낭콩, 조개, 등푸른 생선, 오렌지류(감귤), 딸기, 토마토, 키위, 파인애플, 초콜릿, 백색 정제 밀가루, 백설탕, 튀긴 육류(특히 닭고기), 꿀, 첨가물이나 색소류 등은 돌 이후에 먹이는 것이 안전합니다. 이러한 음식은 알레르기를 유발할 수 있으며 태열을 조장하기도 합니다.

태열이 아토피로 발전하는 것을 막는 가장 좋은 음식은 모유입니다. 아토피는 알레르기성 질환인데 모유에는 면역성분이 들어 있어 아기의 자연치유력을 키워주기 때문입니다. 모유수유를 하는데도 불구하고 아기의 얼굴이 울긋불긋하다면 모유수유하는 엄마의 음식을 철저하게 자연식으로 바꿔줘야 합니다. 그러면서 앞서 말한 음식을 피해 이유식을 만들어주세요. 아기가 먹는 음식 관리만 잘 해줘도 아토피를 예방 치료하는 데 큰 도움이 됩니다.

음식 관리와 함께 평소 목욕도 너무 자주 시키지 말고, 자극이 적은 아토피 전용 제품을 사용하세요. 비누에 의한 자극을 피하면서 최대한 피부를 청결하게 유지해야 합니다. 그래도 피부가 건조하다면 보습을 잘 해줘야 합니다. 목욕 후 물기가 약간 남아 있는 상태에서 몸 전체를 사랑으로 마사지 해주듯이 보습제를 발라주세요. 오일 타입 보습제는 피부 호흡을 방해하므로 피하는 것이 좋습니다. 얼굴 부위에는 수분이 없는 바셀린 타입이 더 효과적입니다.

태열이 아토피가 되지 않게 하려면

백일까지는 "태열이니까 괜찮아"라고 대범하게 마음을 먹던 엄마들도 백일이 지나도 여전히 아기 얼굴이 울긋불긋하면 슬슬 걱정이 되기 시작합니다. 아기가 아토피로 고생하지 않을까 싶어서지요.

이때 소아과를 가면 아토피라는 진단을 받고, 작은 스테로이드 로션을 받아오기도 합니다. 이때부터 엄마 마음도 울적해지기 시작합니다. 하지만 전체 피부가 건조해지면서 가려워하고 얼굴 외에 팔다리 접히는 곳까지 증상이 나타나는 것이 아니라면 아토피가 아니라 단순한 태열로 봐도 무방합니다. 사실 신생아 태열은 흔한 증상입니다. 태열은 생후 1~2주부터 얼굴, 몸 등에 반점이 생기는 것으로 대체로 저절로 없어집니다. 예전에 어른들이 "태열은 걱정할 것 없어. 아기가 돌 돼서 땅 밟으면 다 없어져"라고 아무렇지도 않게 여겼지요.

그러니 너무 걱정하지 마세요. 이 시기에 엄마가 해야 할 일은 아기의 태열이 소아형 아토피로 가지 않게 관리하는 것입니다. 양방에서는 스테로이드나 항생제 사용 외에는 별다른 방법이 없습니다. 아무리 용하다는 양방병원에서 준 로션도 스테로이드가 미량 들어 있기 쉽습니다.

스테로이드 로션을 쓰기 싫은 엄마들은 민간요법에 의존합니다. 하지만 이러한 방법들은 아기마다 반응이 다르므로 피부 상태를 관찰하면서 써야 하며 되도록 한의사의 조언을 받는 것이 좋습니다. 증상이 가볍지 않고 오래간다면 민간요법보다는 아기의 체질에 따라 좀 더 근본적이고 자연주의적인 한방 치료를 받아보세요.

면역성이 약한 아기들에게는 의식주 관리 하나하나가 중요합니다. 의식주에 대한 관리는 아토피에 준해서 관리하므로 아토피성 피부염 항목을 참고하세요.

한의학에서는 태열은 태아가 태중에서 받은 열독에 의해 더욱 조장된다고 봅니다. 수태기간 동안 엄마의 식생활, 스트레스, 생활환경, 알레르기 체질이나 감염 등과 관련이 있지요. 특히 고량진미나 맵고 자극적인 음식, 밀가루 음식, 술 등이 태열을 더욱 조장한다고 봅니다. 따라서 모유수유 중이나 이유식 때 주의할 음식도 중요하지만 임신 기간부터 이러한 음식을 삼가는 것도 아기들의 심한 태열과 아토피를 줄이는 근본적인 예방대책이 될 것입니다.

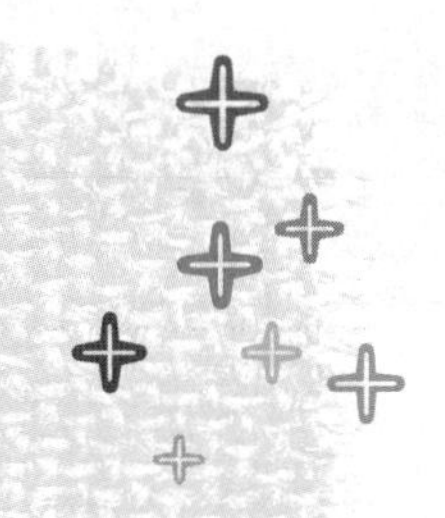

골치 아픈 아토피 바로잡기

'기묘하다', '정체를 알 수 없다'라는 어원을 가진 아토피(atopy).
아토피는 심한 가려움과 진물 때문에 일상생활이 힘들뿐더러,
한 번 걸리면 좀처럼 고치기 어려운 만성질환입니다. 완쾌가 어려운 질환이다 보니
'아토피'란 말만 들어도 엄마는 머리털이 곤두섭니다.
정확한 원인을 짚어내기도 까다로워 원인만 찾다가 병이 악화하는 경우도 많지요.
얼굴에 울긋불긋하게 습진이 생기고 피부가 건조해지며
팔 다리 엉덩이에도 증상이 나타난다면 아토피로 볼 수 있습니다.

열독을 풀어주고 면역력을 높이는 한방 치료법

한방에서는 아토피의 가장 큰 원인을 몸 안에 쌓인 속열로 봅니다. 몸 안에 쌓인 열이 독을 만들고, 그 독이 피부로 드러나 발진, 진물, 가려움증을 일으키는 것이지요. 아토피를 낫게 하려면 몸 안의 열독을 풀어줘야 합니다. 그와 함께 알레르기에 대항할 수 있는 면역력을 키우는 치료를 하면서 생활환경, 식습관 개선 등의 생활 관리가 꾸준히 병행되어야 합니다.

한방 치료는 열독이 뭉친 부위와 아기의 체질에 따라 처방이 달라지지만, 대체로 고삼, 백선피, 사상자, 창이자, 현삼, 생지황 등과 같은 약재들로 열독을 풀어주고 면역력을 높여줍니다. 흔히 아토피 치료에 사용되는 스테로이드 제제는 염증에 강력하게 작용하여 초기에는 효과를 볼 수 있지만, 지속적으로 사용하면 내성이 생겨 증상을 악화시키고 피부를 약하게 만드는 등 부작용이 있습니다. 따라서 아기가 너무 괴로워하지 않는다면 조금 시간이 걸리더라도

열독을 풀어주고 면역력을 높이는 자연적인 한방 치료가 더 좋습니다.

차가운 성질의 채소를 먹이세요

아토피는 식습관과 아주 밀접한 관련이 있습니다. 음식이 속열을 만드는 가장 큰 원인이기 때문입니다. 튀김이나 고기 같은 기름진 음식과 과자, 사탕, 아이스크림처럼 단 음식, 빵이나 라면 같은 밀가루 음식의 섭취를 줄이는 것이 첫 번째 원칙입니다. 이런 음식들은 속열을 조장할 뿐만 아니라 소화하기가 어려워 체하기 쉽습니다. 체기가 있으면 기운이 잘 돌지 않고 독한 가스가 뱃속에 차서 위장관을 자극하고, 이로 인해 알레르기나 두드러기가 더욱 잘 생깁니다. 음식 자체에만 문제가 있는 게 아니라, 이것이 소화되는 과정에서 탈을 일으켜 2차적인 원인을 발생시킨다는 말입니다.

아기의 속열을 없애려면 기름진 음식보다 깻잎, 상추, 미나리, 호박잎, 시금치 등의 푸른 채소를 많이 먹여야 합니다. 푸른 채소는 피를 맑게 하고 잘 돌게 할 뿐 아니라, 성질이 시원해 몸속의 열기도 쉽게 식혀 줍니다. 또한 김치, 된장, 청국장 등의 발효 식품과 미역, 다시마 등의 해조류 등을 먹이세요. 이런 음식은 몸 안에 독소를 없애주고 면역력을 높여줍니다.

앞서 기름지고 단 음식을 피해야 한다고 했는데, 알레르기를 유발하는 식품 또한 피해야 합니다. 알레르기 반응을 일으키는 식품에는 달걀흰자, 우유, 밀가루, 등푸른생선, 새우, 게, 오징어, 땅콩, 완두콩, 튀긴 육류, 초콜릿, 오렌지 등이 있습니다.

아토피의 초기 치료와 만성기 치료는 다릅니다

아토피는 진행 시기와 속도에 따라 치료법이 다릅니다. 초기에 하는 치료와 만성기에 접어들었을 때 하는 치료에 차이가 있지요. 아토피 초기에는 주로 청열해독淸熱解毒을 해줍니다. 청열해독이란 열을 내리고 독소를 풀어주는 것을 말합니다. 피부의 울혈과 부종을 없애고 가려움증을 가라앉히면서 염증이 생기는 것을 미리 막는 치료법이지요. 이런 작용을 하는 한약재에는 녹두, 민들레, 어성초, 인동초 등이 있습니다. 아토피가 많이 진행된 만성기에는 자음윤조慈陰潤操를 해줍니다. 자음윤조란 몸의 음기를 더 키우면서 건조해진 피부를 윤기 있게 해주는 것을 말합니다. 피부가 건조해지는 것을 막고 피부세포의 재생을 돕는 데에는 맥문동, 오미자, 질경이, 천문동, 구기자 등이 효과가 있습니다. 그 외 면역력을 높여주고 몸에 쌓인 독소를 제거하는 약재에는 국화꽃, 동충하초, 다시마, 오가피 등이 있습니다. 가정에서 구하기 쉬운 약재와 사용법은 다음과 같습니다.

어성초 맛이 맵고, 성질이 찬 어성초는 강력한 해독, 살균 작용을 해 아토피는 물론 여드름이나 종기에도 좋습니다. 가려움증이 심할 때는 어성초 잎을 빻아 물에 희석해 차게 한 후 면으로 된 천에 적셔 가려운 부위에 붙이면 한결 시원해지고 가려움증이 가십니다.

국화꽃 항염, 해독작용이 뛰어난 국화꽃은 열을 내려주고 몸속에 쌓인 열독을 풀어줍니다. 말린 국화를 차로 마셔도 좋고, 찬찜질을 하거나, 우린 물로 반신욕을 해도 좋습니다.

인동초 금은화라고도 불리는 인동초는 열을 내리고 몸의 독소를 제거하면서 항균작용까지 하여 아토피에 특히 좋은 약재입니다. 이른 봄에 어린 새싹을 따서 끓는 물에 살짝 데쳐 찬물에 담가 우린 뒤 나물로 먹거나, 차로 우려먹으면 좋습니다.

오가피 오가피는 아기의 기를 북돋우면서 가려움증을 한결 낫게 합니다. 오가피의 잎과 나무껍질을 데쳐 말렸다가 물을 붓고 충분히 달인 다음 조청으로 단맛을 가미하여 차처럼 마시면 좋습니다.

다시마 다시마에서 나오는 끈끈한 점액질은 피부를 촉촉하게 해주고 혈액 순환을 도와줍니다. 다시마를 먹으면 피부가 매끄럽고 탄력이 생기지요. 아기 이유식의 육수로 쓰면 좋습니다. 또한 샐러드, 쌈 등 다양한 방법으로 응용합니다.

미나리 수근이라고 불리는 미나리는 습한 곳에서 자라는 식물로 습열과 습독을 없애는 데 효과가 있습니다. 전이나 무침 등 다양한 방법으로 요리할 수 있고, 미나리 즙을 물과 섞어 차게 한 후 가려운 부위에 찬찜질을 해도 됩니다.

매실액 매화나무 열매인 매실은 맛이 시고 성질이 따뜻해 독소를 배출하는 항균작용이 있습니다. 매실액은 아토피는 물론 더위 때문에 떨어진 기운을 회복하는 데도 도움을 줍니다. 물에 타서 수시로 마시게 합니다.

감잎차 감잎차는 특히 비타민C가 풍부합니다. 비타민C는 활성산소를 없애고 면역기능을 높여 아토피를 억제하는 효과가 있지요.

아토피 피부 자연으로 고치기

아토피 피부염이 있는 아기들은 피부가 예민하므로 최대한 자극을 주지 않고, 보습에 신경 써야 합니다. 옷과 침구는 땀 흡수가 잘 되고 자극이 없는 면직물을 써야 합니다. 목욕은 미지근한 물에 가볍게 하는 것이 좋지요. 목욕물이 너무 따뜻하면 아기가 많이 가려워할 수 있습니다. 목욕용품 또한 향이나 색소 등의 첨가물이 들어 있지 않은 아토피 전용 제품을 사용하고 피부에 자극이 가지 않게 물기를 톡톡 두들겨 닦아줘야 합니다. 보습제를 발라주는 것이 나쁘지는 않지만, 아기 피부에 발진이 심하게 있거나 상처가 있는 부위에는 안 쓰는 편이 좋습니다. 특히 가루분을 보습제와 함께 쓰면 염증이 더 심해집니다.

아토피가 있는 아기는 머리카락이 길어선 안 됩니다. 치료를 생각한다면 보기에 덜 예쁘더라도 짧게 잘라줘야 합니다. 머리카락이 피부를 자극해 가려움과 염증이 더 심해질 수도 있습니다. 또한 손톱은 바짝 깎은 다음 손톱 줄로

생활 속 아토피 관리법

1. 음식은 우리 땅에서 난 제철 식품을

아토피의 가장 큰 원인 중 하나는 먹을거리다. 인스턴트 식품, 고지방 식품, 패스트푸드, 밀가루 음식 대부분은 우리 재료로 만든 것이 아니다. 우리 땅에서 제철에 난 농산물을 먹여야 한다.

2. 흙을 많이 밟게 하기

아스팔트나 시멘트로 둘러싸인 환경에서 땅을 밟지 못하고 자라면 몸의 균형이 깨져 속열이 많아진다. 즉 땅이 주는 음기를 제대로 받지 못해 열이 더 쌓여 염증도 잘 생기는 것. 아기에게 아토피가 있다면 무엇보다 흙과 친해질 수 있는 환경을 만들어줘야 한다. 여건이 안 되면 집 안에 화분을 놓아두는 것도 좋다.

3. 온도는 낮게 공기는 맑게

실내온도가 높으면 피부가 건조해지므로 적정한 온도를 유지한다. 아기가 덮는 침구류는 햇볕에 자주 널어 일광 소독하고, 환기를 자주 해 맑은 공기가 들어오게 한다. 날씨가 좋다면 옷을 벗긴 채 바람을 쐬는 풍욕을 해주는 것도 독소를 몸 밖으로 발산시켜 줄 수 있어 좋다.

4. 목욕으로 아토피 자극원 씻어내기

목욕으로 땀 같은 피부 자극원을 씻어내면 아토피 치료에 도움이 된다. 하루 한 번 미지근한 물로 간단하게 씻겨주면 좋다. 단, 비누를 많이 쓰는 것은 오히려 피부를 자극할 수 있으니 주의할 것. 반신욕도 좋은데 아토피에 좋은 어성초나 국화꽃 등을 함께 사용한다. 목욕 후에는 부드러운 면 수건으로 톡톡 두드려 물기를 닦아준다. 건조한 부위는 물기가 완전히 마르지 않은 상태에서 보습제를 발라주는 것이 좋다.

5. 꾸준한 운동으로 체력 키우기

적당한 운동은 면역력을 키워준다. 아기에게 부담이 가지 않을 정도로 적당히, 그리고 꾸준하게 운동을 시켜 건강한 체력을 만들어준다.

잘 다듬어주세요. 시간적 여유가 된다면 마무리로 손톱 끝에 오일을 발라 유연하게 해주면 더 좋습니다. 이렇게 손톱 관리를 하는 것은 긁어서 생기는 상처가 아토피를 악화시키는 가장 큰 원인이 되기 때문입니다.

그렇다고 아기가 가려워서 긁는 걸 무조건 막을 수는 없는 노릇입니다. 긁을 때 상처가 나지 않게 손톱을 잘 다듬어주고, 아기가 알아듣지 못하더라도 계속 쉬운 말로 설명해주는 것도 엄마의 역할입니다. 만일 너무 가려워서 아기가 잠도 못 자는 지경이라면, 잠들기 직전에 찬찜질을 해주는 것도 좋습니다. 말 그대로 차가운 찜질을 해주라는 말입니다. 앞서 설명한 아토피에 좋은 약재를 물에 잘 우려냅니다. 그 뒤 가제 수건을 적당한 크기로 잘라 우린 물에 담으세요. 용기째 냉장고에 보관했다가 가려운 부위에 붙여주면 가려움증이 한결 가십니다. 낮에도 수시로 써도 되고, 잠들기 전에 붙여주면 아기가 칭얼대지 않고 잠들 수 있습니다.

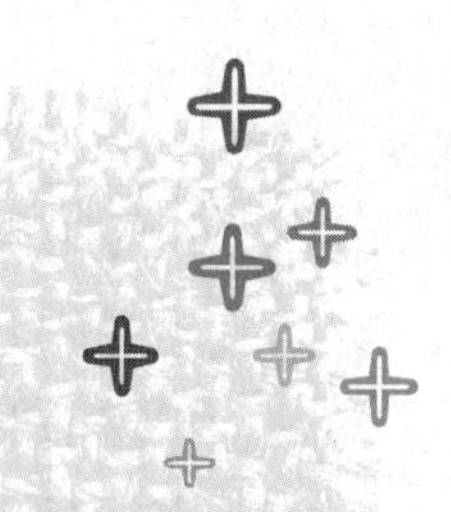

백일 이후 돌까지(4~12개월)

피부 문제

나타났다 사라지기를 반복하는 두드러기

한방에서는 두드러기를 담마진이라고 부릅니다.
불규칙한 지도나 원 모양으로 피부가 부풀어 오르면서 약간 창백한 색깔을 띠는 것이 특징입니다.
물론 몹시 가렵기도 합니다. 한 번 생기면 며칠 동안 나타났다 사라지기를 반복하는 때도 잦습니다.
심할 때는 한 달 이상을 반복해서 그런 증상을 보이는 아이도 자주 봅니다.
일단 아기 몸에 두드러기가 생기면 약을 함부로 쓰지 말고 원인을 파악해야 합니다.
원인에 따라 치료법도 다르기 때문입니다.

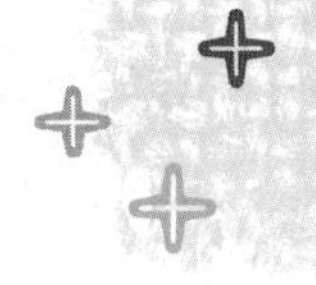

음식물로 인한 두드러기가 대부분

두드러기의 원인은 대부분 음식물에 있습니다. 따라서 아기가 두드러기 증상을 보이면 일단 최근에 먹은 음식과 약을 모두 적어두는 것이 좋습니다. 만일 의심이 가는 음식물이 있으면 일단 그 음식을 끊어보십시오. 만일 이유식으로 어떤 음식을 처음 먹였는데 두드러기가 생겼다면 일단 그 음식을 끊고, 1~3개월 후에 그 음식을 다시 조금 먹여서 또 두드러기가 생기는지 확인해보십시오. 그러면 그 음식이 두드러기의 원인인지 아닌지를 알 수 있습니다.

두드러기는 알레르기 질환의 하나입니다. 음식이나 약물, 햇빛, 찬 기운, 꽃가루 등이 모두 항원이 될 수 있습니다. 벌레나 벌에 물려서 두드러기가 나기도 하지요. 일단 아기가 가려워하면 찬찜질을 해주면 좋습니다. 단, 아기가 두드러기 증상과 함께 쌕쌕거리며 숨쉬기 힘들어하거나, 목이 부어 음식 삼키는 것을 어려워하거나 열이 계속 나면 바로 병원에 가야 합니다. 이 시기에 두드러기가 나타난다면 우선 병원을 찾는 것이 좋습니다. 엄마 혼자의 힘으로 그 원인을 파악하기 쉽지 않으며 우선 두드러기를 빨리 가라앉히는 것이 중요합니다. 두드러기가 만성적으로 반복된다면 한약으로 근본적인 치료를 해줘야 합니다.

두드러기의 한방 치료법

지실, 우방자, 갈근 등 한방에서 두드러기를 치료하는 약재들을 살펴보면 대개 열을 식혀주는 것들입니다. 가장 효과적인 약재는 칡뿌리를 말린 갈근으로 풍열을 발산시켜 없애주는 효능이 있습니다. 우엉의 씨인 우방자도 두드러기에 좋은데 우방자는 약성이 매우면서도 서늘한 독특한 성질이 있습니다. 몸 안의 염증을 가라앉히고 피부를 통해 열을 발산하는 작용도 합니다. 지실이라고 부르는 탱자도 두드러기 치료에 잘 쓰는데, 몸 안에 있는 체기와 습열을 제거하여 두드러기를 낫게 합니다.

두드러기는 증상이 오랫동안 지속되면 아이들은 짜증도 나고 힘들어합니다. 음식도 함부로 먹일 수 없고, 양약을 먹어도 그때뿐이어서 어떻게 해야 하나 막막하지요. 이런 경우는 한약을 처방받는 것이 좋습니다. 한약으로 면역기능을 돕고, 청혈요법을 써서 두드러기로 발생된 혈독을 제거시켜줍니다. 여기에 면역 약침을 맞아 알레르기 반응을 억제해 나갑니다. 이렇게 하면 근본적으로 체질이 개선되어 쉽게 두드러기가 일어나지 않습니다. 청기산, 곽향정기산, 황련해독탕, 보중익기탕 등의 처방을 활용합니다.

젖은 기저귀로 인해 생기는 기저귀 발진

기저귀 발진은 기저귀를 차는 아기에게 생기는 가장 흔한 피부 질환입니다.
젖은 기저귀를 빨리 갈아주지 않거나 통풍이 잘 안 되었을 때 소변의 암모니아나 대변의 소화 효소 등이 아기의 약한 피부를 손상시켜 피부 과민 반응으로 나타납니다. 감기 등의 호흡기 질환이나 설사를 앓고 난 뒤 기저귀 발진이 많이 생기는데, 이는 몸의 면역력이 떨어지면서 피부가 민감해졌기 때문입니다. 기저귀를 빨 때 세제를 너무 많이 쓰거나 잘 헹구지 않아도 기저귀 발진을 일으킬 수 있습니다.

잘 낫지 않는 기저귀 발진엔 달걀흰자 거품을

기저귀 발진의 예방책에는 특별한 것이 없습니다. 기저귀를 빨리 갈아주고, 천 기저귀를 쓸 때는 자주 삶고 햇볕에 널어 세균 번식을 막아야 합니다. 평소 일회용 종이 기저귀를 쓰더라도 기저귀 발진이 생기면 나을 때까지 천 기저귀를 쓰는 것이 좋습니다. 아무리 좋은 종이 기저귀라고 해도, 면으로 된 천 기저귀만큼 좋을 수는 없습니다. 종이로 된 옷을 입는 것과 면으로 된 옷을 입는 것 중 어떤 것이 더 편하고 통풍이 잘 될지 생각해보면 이해가 쉬울 것입니다. 실제로도 평소에 천 기저귀를 하는 아기들이 훨씬 발진이 적습니다. 천 기저귀를 한 아기들은 오줌을 싸면 금방 차가워져서 쌀 때마다 웁니다. 그래서 나중에 오줌을 잘 가린다는 말도 있습니다. 종이 기저귀는 흡수율이 좋아 소변을 싸도 아기가 불편해하지 않습니다. 바로 갈아줘야 하는데 아기가 그냥 있으니 발진이 더 심해질 우려가 있지요. 종이 기저귀를 차든 천 기저귀를 차든 아기가 대소변을 보고 나서는 엉덩이를 잘 씻고 말려야 합니다. 기저귀 발진이 심하면 일정 시간 기저귀를 채우지 않는 것도 방법일 수 있습니다.

만약 기저귀 발진이 났다면 연고는 의사의 처방을 받아 바르는 것이 좋습니다. 처방 없이 시판하는 연고나 로션을 임의대로 쓰는 것은 좋지 않습니다. 불필요한 항생제나 스테로이드제, 진균제 등이 발진을 더 악화시킬 수 있기 때문입니다. 특히 가루분은 연고를 쓴 부위에는 절대 발라서는 안 되며, 로션도 증상이 심한 부위에 바르면 피부 호흡을 방해하므로 주의해야 합니다. 이런저런 설명을 많이 했지만 원칙은 하나입니다. 될 수 있으면 로션이나 연고를 쓰지 않으면서 청결을 유지하는 것입니다. 그래서 저는 기저귀 발진이 나을 때까지 기저귀를 벗기고 통풍을 시키라고 말합니다. 엄마가 아무리 관리를 잘해도 기저귀 발진이 재발하는 예도 많습니다. 그럴 때는 달걀흰자를 거품을 내서 발진이 난 엉덩이 부위에 바른 다음 말리면 도움이 됩니다. 달걀흰자는 환부의 습열독을 빼주는 역할을 합니다.

기저귀 발진의 한방 치료법

기저귀 발진이 자주 나는 아기는 속열이 많거나 소화기가 약한 경우가 많습니다. 기저귀 발진이 밥 먹듯이 생기는 아이라면 몸속의 속열을 없애주는 근본적인 대책을 세워야 합니다. 한방에서 기저귀 발진에 쓰는 약재는 아토피 치료에 쓰는 약재와 비슷한데, 이는 두 질환 모두 속열 때문에 생기기 때문입니다. 외용 약재를 보면 다음과 같습니다.

녹두즙 요즘은 녹두기저귀도 나올 만큼 녹두는 부기를 가라앉히고 열을 내려주며 해독 작용을 하기 때문에 발진에 좋습니다. 생녹두를 하루 정도 물에 불린 후 갈아서 기저귀 발진 부위에 바르고 말려줍니다. 녹두죽을 함께 먹이면 상당한 효과가 있습니다. 또는 녹두 가루를 파우더 대신 사용할 수 있는데, 분쇄기에 간 다음 체에 받쳐 고운 가루만 이용해야 합니다. 짓무르고 상처가 생긴 부위에는 바르지 마세요.

우엉 끓인 물 우엉은 탄닌 성분 때문에 떫은 맛을 내며 찬 성질을 가지고 있어 소염, 해독, 수렴 작용을 합니다. 특히 아이들 땀띠나 기저귀 발진에 발라주면 효과적입니다. 우엉 뿌리 50g에 물 700ml를 붓고 진하게 삶은 물을 목욕한 후에 발라주거나 좌욕을 시킵니다.

고삼, 황기, 사상자 고삼과 황기와 사상자를 각 10g씩 물 500ml에 끓여서 탈지면에 적셔 환부에 1일 2~3회 발라주면 좋습니다. 또는 물에 타서 좌욕을 시켜도 좋습니다.

적소두(팥), 달걀흰자 팥은 수분대사를 촉진시켜 붓기를 빼고 열독을 가라앉히는 효과가 있습니다. 달걀흰자는 부기를 내리고 해독 작용을 합니다. 물에 불린 팥을 곱게 갈아 달걀흰자와 섞어 거품을 내어 잘 섞은 다음 발진 부위에 발라주면 됩니다.

이 외에 감초물, 녹차물, 오이즙도 효과가 있습니다.

기저귀 발진이 심하면 병원에 가야 할까요?

기저귀 발진은 집에서 관리만 잘 해주면 굳이 병원까지 오지 않아도 됩니다. 관리라고 하면 앞서 말했듯이 통풍을 잘 시켜주고, 함부로 분을 바르지 않으며, 씻을 때 비누를 남용하지 말고 잘 헹궈주며, 실내 온도를 너무 덥지 않게 하는 것 등입니다.

특히 연고나 크림을 함부로 쓰면 안 되는데, 발진 부위가 넓고 이미 피부가 벗겨져 곰팡이 감염이 의심스럽다면 처방 없이 약을 쓰면 안 됩니다. 이때는 병원에서 아기 상태를 점검받고 항진균제 등을 사용해야 하지요.

아기의 기저귀 발진이 너무 심하다면 앞서 설명한 생활 관리 요령에 어긋나는 것이 없는지 꼼꼼히 살펴보세요. 천 기저귀를 사용하고 있다면 끓는 물에 적어도 15분 이상 삶아야 합니다. 또한 세탁을 할 때 섬유 유연제 등을 함부로 써서도 안 됩니다. 그리고 이유식을 먹이면서 무언가 새로운 음식을 시작하지는 않았는지, 질병으로 항생제를 복용하지는 않았는지, 평소보다 변이 묽어 피부 자극이 심해지지는 않았는지 등도 잘 살펴봐야 합니다.

증세가 심하지 않다면 굳이 병원까지 오지 않아도 되지만, 다음과 같은 증상이 동반된다면 검진을 받아봐야 합니다. 기저귀 발진을 보이면서 열이 심하게 날 때, 아기의 체중이 줄었거나, 평소보다 먹는 양이 감소할 때, 여드름처럼 오돌오돌하거나 궤양 같은 모양의 발진이 보일 때, 발진이 생긴 부위가 기저귀를 차는 곳을 넘어설 때, 일반적인 생활 관리로 3일 안에 증상이 나아지지 않을 때입니다. 발진 대부분은 조금만 잘 관리해주면 나아지는 경우가 상당수입니다만, 아무리 애를 써도 낫지 않는다면 다른 질환의 동반 증상일 수 있으니 정확한 진단을 받아보길 권합니다.

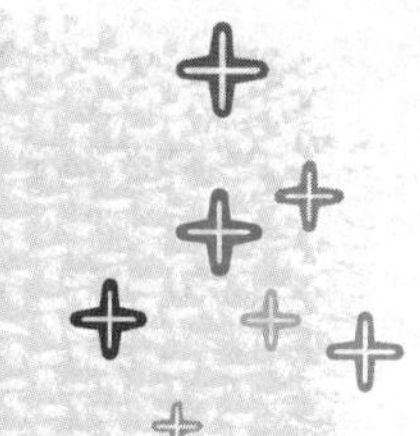

쇠똥이 앉은 것 같은 지루성 피부염

지루성 피부염은 신생아기부터 생길 수 있습니다. 주로 피지선의 분포가 많은 머리, 뺨, 목이나
귀 뒤, 겨드랑이, 회음부 등에 생기는데, 특히 두피에 잘 생깁니다.
처음에는 두피가 빨개지고 하얗게 각질이 일어나다가
점차 노란 진물이 나오면서 두껍게 딱지가 생깁니다.
옛날 할머니들은 흔히 '쇠똥이 앉았다'고 표현하기도 했지요.
한방에서는 지루성 피부염 역시 일종의 태열로 보고 있습니다.
증상 자체를 고치려 들기보다 열을 내리는 근본적인 치료가 더 중요합니다.

일종의 태열입니다

지루성 피부염은 아토피성 피부염과는 달리 심하게 가렵지 않습니다. 부위도 보통 두피와 얼굴에 한정되며 아기들에게 흔한 피부 질환입니다. 대개 수주에서 수개월 정도 일시적으로 나타나다가 점차 없어지게 마련이지요. 지루성 피부염으로 병원에 가면 대개 항지루 샴푸나 부신피질호르몬제 연고를 처방해 줄 것입니다. 이 약들은 눈에 보이는 피부염을 가라앉히기는 하지만, 두 가지 모두 오래 사용하면 피부에 좋지 않고 부작용이 나타날 수 있으므로 장기간 쓰는 것은 좋지 않습니다.

두피에 지루성 피부염이 나타나면 일단 심하지 않더라도 초기에 적절한 관리나 치료가 필요합니다. 한방에서는 지루성 피부염 역시 일종의 태열로 보고 있습니다. 눈에 보이는 것은 가벼운 지루성 피부염일지 몰라도 이를 잘못 관리하면 열독이 심해져서 영아형 아토피 등 다른 피부 증상으로 발전할 수 있습니다. 만일 모유수유를 하고 있다면 엄마가 먹는 것에 주의해야 합니다. 아토피성 피부염을 앓는 아기의 엄마가 주의해야 할 사항과 같습니다. 참외, 토마토, 딸기, 복숭아, 귤, 오렌지, 키위, 파인애플, 살구, 자두 등의 과일과 콩, 양배추, 브로콜리, 순무 등의 야채, 그리고 우유나 치즈, 요구르트, 아이스크림 같은 유제품이나 커피, 녹차, 홍차, 초콜릿 등 카페인이 든 음식, 마늘과 양파, 생강, 후추 등 자극적이고 향이 강한 음식은 삼가는 것이 좋습니다. 한방에서는 특히 맵고 자극적인 맛, 밀가루 음식이 태열을 조장한다고 보고 있으며 인공색소나 방부제 등 각종 식품첨가물이 신경을 불안하게 하고 경락의 기혈 작용을 막는다고 보기 때문에 특히 피해야 합니다. 엄마가 오염되지 않은 자연식을 하는 것이 무엇보다 중요합니다.

지루성 피부염의 한방 치료법

한방에서는 지루성 피부염을 일종의 태열로 보고 열독을 제거하는 치료를 합니다. 태열이 잘 배출되지 않아 몸에 열독이 쌓여 피부나 두피에 발진과 진물 등 염증이 생기는 것으로 해석합니다. 따라서 피부 연고를 바르는 것만으로는 근본적인 치료가 불가능합니다. 몸속의 열을 내리고 열독을 배출시키는 처방을 받아야 합니다. 소아한의원에 가면 아기도 얼마든지 안전하게 복용할 수 있는 증류 한약이나 소아환약을 처방해줍니다. 경우에 따라 약 목욕이나 한방 연고를 사용할 수 있는데 빠른 효과를 볼 수 있으며, 영아형 아토피로 진행되는 것도 예방할 수 있습니다.

가려움증이 있고 진물이 날 때 한약재 중 고삼, 사상자, 황백, 백선피 각 10g을 물 1리터에 한 시간 이상 달여서 바르거나 입욕제로 쓰면 부작용 없이 증상을 완화시킬 수 있습니다. 삼백초와 어성초 각 10g을 같은 방법으로 우려내어 입욕제로 사용해도 역시 좋습니다. 은용액이라고 해서 은을 전기분해해서 물에 녹여 놓은 물이 있습니다. 집에서도 만들어서 사용할 수 있는데, 이 은용액을 환부에 발라주면 진물이 멈추고 2차 감염을 예방하며 증상 개선에 많은 도움이 됩니다. 자세한 내용은 '태어나서 백일까지'의 내용을 참고하세요.

백일 이후 돌까지(4~12개월)

보약 먹이기

기초 체력을 만드는 돌 보약

옛 조상들은 아기가 돌이 되면 '돌 보약'을 먹였습니다. 아기들은 생후 6개월이 되면
엄마 뱃속에서 나올 때 이미 가지고 태어난 면역력이 떨어지기 시작합니다.
그래서 감기 등 잔병치레를 하면서 허약증을 보이지요. 그래서 생후 6개월부터는 보약을 먹여
면역력을 키워줄 수 있습니다. 요즘은 증류 한약이나 과립 한약 등이 개발되어
어린 아기에게도 쉽게 보약을 먹일 수 있습니다. 물론 일반 탕약을 잘 먹는 아기도 많습니다.
엄마들은 보약이라고 하면 흔히 녹용을 떠올리는데, 물론 녹용이 훌륭한 보약이지만
증상과 체질에 따라 약의 재료는 달라집니다. 녹용을 넣지 않아도
효과가 좋은 약이 많습니다. 녹용 보약은 보통 한 돌에 1~2첩 정도 처방합니다.

한약 자체가 곧 보약입니다

한약이 좋은 이유는 어떤 질병에 걸렸을 때 단순히 그 증상만 치료하는 것이 아니라 한방 이론에 따라 체질을 먼저 헤아린 후에 증상 완화와 함께 근본적인 치료를 하는 데 있습니다. 감기에 걸렸을 때 소아과에 가면 항생제, 해열제, 소염제, 항히스타민제 등을 처방하는데 이들 약은 대부분 증상을 완화하는 데에 효과가 있을 뿐 아기를 근본적으로 건강하게 만들어주지는 못합니다.

반면 한방에서는 아기들 각각의 체질과 증세에 따라 황기, 인삼, 함박꽃뿌리, 오미자, 칡, 도라지, 매실, 박하 잎 등 적절한 한약재를 사용해서 오장육부의 기운을 돕거나, 차고 더운 성질을 조절해 증상을 완화하고, 나아가서 몸의

균형을 잡아주는 근본적인 치료를 함께 합니다. 한약은 보약이 곧 치료약이요, 치료약이 곧 보약입니다. 이를 '보사겸용요법補寫兼用法'이라 부릅니다.

한약재 중에는 우리가 일상생활에서 식용으로 사용하는 것들이 많아 어린 아기라도 잘 먹을 수 있을 뿐 아니라 부작용이 적고 내성 또한 거의 없습니다. 또한 아기의 자연치유력을 높이는 데 도움이 많이 되지요. 우리 몸은 외부로부터 세균의 침입을 받거나 상처를 입으면 자체 방어기구가 작동합니다. 즉 백혈구나 대식세포 등이 활성화되어 세균의 증식을 억제하고 손상된 조직을 복구하는 힘이 있습니다.

이때 한약을 복용하면 몸의 면역체계가 강화되어 질병에 대한 자연치유력이 높아지고, 잔병치레가 없는 건강한 체질이 됩니다. 특히 영아기는 오장육부가 완성되고 평생을 살아갈 기초 체력이 만들어지는 시기이므로 이때 보약을 먹으면 큰 효과를 볼 수 있습니다.

여름에 먹는 보약은 땀으로 나간다?

보약을 먹기 시작하는 가장 적당한 시기는 생후 6개월~1년 6개월입니다. 아기는 생후 6개월부터 면역기능이 떨어져서 감기나 외부 자극에 쉽게 감염되는 등 여러 가지 허약 증상이 나타납니다. 이때부터 보약을 먹일 수 있는데 아기가 너무 허약하지 않다면 돌 즈음부터 편하게 먹여도 됩니다.

일반적으로 녹용 보약은 돌 아기의 경우 1첩을 3~4일에 나누어 먹이는데 만 나이에 맞춰 첩 수를 계산합니다. 즉, 두 돌에는 2첩, 세 돌에는 3첩이 최소량이라 할 수 있습니다. 하지만 반드시 그런 것은 아니고 아기의 상태에 따라 달라질 수 있습니다.

흔히 어른들이 "여름에 보약을 먹이면 땀으로 나간다"는 말을 자주 합니다. 하지만 《동의보감》에 보면 '하월선보기夏月宣補氣'라고 하여 여름에 오히려 기운이 손상되기 쉬우니 기운을 보충해줘야 한다고 했습니다. 보약은 아기의 허약증이 발생한 시기에 맞춰 복용해야지 계절을 정해서 복용해서는 안 됩니다.

다만 이런 말이 나온 것은, 면역력이나 오장육부의 음양균형을 조절해줘야 하는 경우가 여름보다는 봄과 가을에 많기 때문으로 볼 수 있습니다. 그래서 어른이나 아이 할 것 없이 일반적으로 환절기에 보약을 복용하는 것이지요. 봄은 모든 생명이 깨어나는 시기로 아기의 몸 역시 왕성한 성장을 준비합니다. 가을은 펼쳤던 기운을 안으로 거두는 시기로 다가올 겨울에 대비하여 몸 안에 영양분을 많이 비축해두는 것이 중요합니다. 따라서 몸에 특별히 이상이 없는 아기라면 봄과 가을에 보약을 먹는 것이 좋습니다.

질병이 있을 때는 보약 복용을 늦추세요

보약을 지을 때는 우선 아기의 건강과 평상시의 몸 상태를 정확하게 알아야 합니다. 어른과 달리 아기는 의사표현을 하기가 어려우니 엄마가 미리 아기의 편식 여부나 멀미, 복통, 코, 기침, 잠, 땀, 대변의 횟수나 상태 등을 자세히 이야기하여 보약을 지을 때 참고해야 합니다. 감기나 기관지 염증이 있을 때, 열이 날 때, 배변 상태가 좋지 않을 때는 보약을 피해야 합니다. 비염이나 축농증이 있어도 먼저 치료를 하고 회복기에 들어섰을 때 보약을 먹는 것이 좋습니다.

아기는 어른과 달리 평소에도 먹는 음식이 한정되어 있습니다. 그래서 보약을 먹는다고 해서 특별하게 가려야 할 음식은 없는 편입니다. 굳이 말하자면 청량음료나 아이스크림 등 찬 음식은 피해야 합니다. 라면 같은 인스턴트 음식을 먹이지 않는 것은 기본이겠지요. 다 아는 상식임에도 굳이 언급하는 것은 젊은 엄마들이 아기가 먹는 음식을 너무 쉽게 생각하는 경향이 있어서입니다. "저 어릴 때는 이런 음식들을 입에 달고 살았는걸요" 하는 엄마들이 뜻밖에 많아 당혹스러울 때가 있습니다. 시대가 아무리 바뀌어도 사람 몸에 좋고 나쁜 음식이 달라지지는 않습니다. 아기에게 무심결에 가공 식품이나 자극적인 음식을 먹여왔다면 보약 복용 여부와 상관없이 식습관을 개선해야 합니다.

아기에게 보약을 먹일 때 간혹 약의 성분이 맞지 않아 부작용이 일어날 수도 있습니다. 쉽게 말해 약의 성분과 아기의 체질이 맞지 않는 것이지요. 드물기는 하지만 이런 부작용은 소화가 잘 안 되고 토하거나 열이 오르기도 하며 설사를 하거나 피곤해하는 증세로 나타납니다. 만일 보약을 먹는 도중에 이런 증상이 나타나면 복용을 중단하고 한의원에 문의해야 합니다. 이런 부작용은 한의사의 진찰 없이 보약을 지어 먹였을 때 나타나기 쉽습니다. 보약을 처방받을 때는 반드시 한의사의 진찰을 받아야 하며, 이와 더불어 엄마가 아기의 평소 몸 상태와 증상을 정확하게 전달하는 것도 중요합니다.

아기가 한약을 잘 안 먹는다면

아기들이 먹는 한약은 너무 쓰지 않게 처방한다. 하지만 한약 고유의 쓴맛이 있어 한약을 선뜻 받아먹는 아기는 별로 없다. 엄마들은 대개 한약을 먹인 후 사탕이나 꿀을 주는데, 이것보다는 조청이나 쌀엿을 한약에 조금 넣어 먹이면 쉽게 한약을 먹일 수 있다. 올리고당도 천연에 가까운 단맛을 낸다. 형제가 한약을 함께 먹는 경우 경쟁심을 조금 자극하는 것도 한약을 잘 먹이는 방법. 조금씩 여러 번 나누어 먹이거나 입 깊숙이 넣어 쭉 짜서 먹이는 방법도 있다.

이것만은 **꼭** 알아두세요

영양제가 좋을까, 보약이 좋을까?

영양제는 비타민, 무기질, 아미노산, 지방산 등 우리 몸에 필요한 영양분을 섭취하게 하는 것이고, 보약은 말 그대로 우리 몸의 허약한 부분을 보충시켜 지나치지도 모자라지도 않는 적당한 건강 상태를 유지하도록 하는 것이다. 그러므로 보약이란 우리 몸이 건강하게 활동하도록 유지해주는 약이라 할 수 있다. 영양제는 영양상으로 결핍되기 쉬운 아기들에게 먹이는 것이다. 아기가 편식하지 않고 골고루 음식을 잘 섭취하고 있다면 굳이 영양제를 따로 먹일 필요는 없다. 보약도 허약증이 없이 건강한 상태의 아기라면 굳이 먹일 필요는 없다.

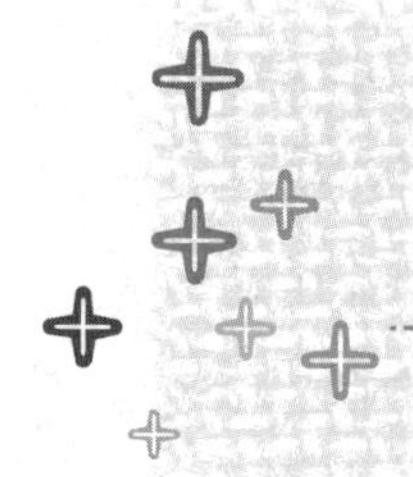

허약증에 따른 보약 먹이기

아기들의 보약 또한 어른과 마찬가지로 체질에 맞춰 먹이는 것이 중요합니다.
아기들도 저마다 열이 많거나, 몸이 차가운 등 타고난 체질이 다르기 때문입니다.
흔히 체질을 말할 때는 사상체질(태양인, 태음인, 소양인, 소음인)로 나누지만
오장육부가 미숙한 아기들은 사상의학 대신 오장육부의 허실에 따라 체질을 분류합니다.
즉 아기 몸의 허약한 부분이 어디인지에 따라 체질을 구분하지요.
어떤 아기는 한 가지 기능만 허약할 수 있고 어떤 아기는 전반적으로 다 허약하기도 합니다.
정확한 진단을 통해 허한 곳을 보해주는 보약을 먹여야 합니다.

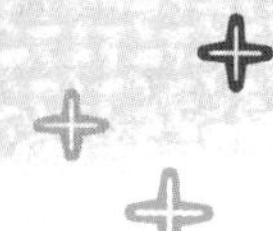

소화기가 허약한 아기

소화기가 약한 아기들은 식욕부진, 편식, 구토 등의 증상을 보이며 잘 체하고, 배꼽 주위가 자주 아픕니다. 설사나 변비 등 대변의 이상이 많고, 손발이 차며 배가 빵빵하게 부풀어 있는 경우가 많지요. 얼굴은 황백색으로 윤기가 없고 쉽게 피로해 잘 놀지 못하며, 먹는 것이 부실해 체중도 잘 늘지 않습니다. 몸이 허약한 아기들의 가장 많은 비율을 차지하는 것이 바로 소화기 허약증이지요. 소화기 기능이 허약한 아기는 위와 장의 기운을 높여주고, 소화액이 잘 분비되어 활동력을 강화하는 인삼, 백출, 진피, 후박, 감초, 백복령, 반하 등을 주약재로 씁니다. 보양식으로는 마죽이 좋은데 마는 소화기 계통은 물론 호흡기를 강하게 해주고 장을 튼튼히 해주는 데 좋습니다.

호흡기가 허약한 아기

호흡기가 약한 아기들은 외부의 기온 변화에 민감합니다. 감기에 잘 걸리고 평소에도 잦은 기침을 하고 열이 쉽게 오릅니다. 특히 한밤중이나 새벽에 기침을 많이 하지요. 재채기도 자주 하고, 맑은 콧물을 달고 살며, 코도 수시로 막혀 엄마를 애타게 합니다.

다른 아기는 쉽게 물리치는 감기도 이런 아기에게는 합병증까지 불러올 만큼 심각할 때도 있습니다. 즉 감기에 걸리면 중이염이 바로 뒤따라오고, 인두와 편도선이 심하게 붓습니다. 그뿐만 아니라 피부가 연약하여 추위를 잘 타고 음식이 조금만 차도 기침을 하는 등 환경 적응력이 매우 약합니다. 이런 아기에게는 폐의 기운을 높이고 면역력을 강화시키는 황기, 사삼, 오미자, 길경, 맥문동 등이 주 약재로 쓰입니다. 보양식으로는 도라지 죽이 좋습니다. 도라지는 가래를 삭이고 호흡기 계통을 튼튼히 해줍니다.

심장이 허약한 아기

심장과 뇌신경계가 허약한 아기들은 안색이 창백하고 가슴이 두근거리고 맥박이 고르지 않습니다. 신경이 몹시 예민하여 매사에 신경질을 잘 내고 소변을 자주 봅니다. 영유아기에는 밤중에 꼭 한두 차례 갑자기 울면서 깨어 엄마를 놀라게 합니다. 이런 아기들에게는 흥분을 가라앉히고 경락(기가 흐르는 길)의 소통을 원활하게 하는 용안육, 산조인, 백복신, 원지, 백자인 등을 주로 씁니다. 보양식으로는 팥죽이 좋은데, 팥은 심장이 약한 아기를 차분하게 안정시키고 소변을 잘 보도록 도와줍니다.

간이 허약한 아기

간 기능이 허약한 아기들은 식욕이 없고, 얼굴이 윤기 하나 없이 누렇습니다.

조금만 놀아도 피곤해하고 계절을 심하게 타지요. 특별한 이유가 없는데도 코피가 자주 나고 식은땀도 잘 흘립니다. 특히 눈에 병이 잘 생기고 경우에 따라서는 시력이 약해지기도 합니다. 이런 아기들에게는 간의 해독기능을 높이고 긴장을 풀어주면서 피로감을 줄이는 백작약, 오가피, 천궁, 구기자, 황기 등을 씁니다. 보양식으로는 구기자죽이 좋습니다. 구기자는 자양강장의 효능이 뛰어나고, 특히 간 기능을 보호하는 효과가 있습니다.

신장이 허약한 아기

신장이 허약한 아기들은 소변을 자주 보고, 신경이 예민하며, 아침에 일어났을 때 눈 주위가 자주 붓고 안색이 창백합니다. 치아와 모발의 발육이 좋지 않은데 특히 모발에 힘이 없고 가늘고 윤기가 없으면서 숱이 적은 편입니다. 여자 아기는 손발이 몹시 차고, 비임균성 질염에 걸려 기저귀에 황색 분비물이 묻어 있기도 합니다. 이런 아기들에게는 뼈와 골수를 단단하게 하고 신장과 방광의 기능을 높이는 산수유, 숙지황, 녹용, 두충, 복분자 등의 약재를 사용합니다. 보양식으로 복분자죽이 좋은데, 복분자는 '요강을 뒤엎을 정도로 힘을 강하게 해준다'는 뜻으로 신장의 양기를 올려주는 데 특히 좋습니다.

백일 이후 돌까지(4~12개월)

성장발달 · 아기 키우기

우리 아기 잘 자라고 있는 걸까요?

아기들은 하루가 다르게 쑥쑥 자랍니다.
그런데 가끔 우리 아기가 정상적으로 잘 자라고 있는지 걱정스러울 때가 있습니다.
발달이 빠른 다른 아기를 보면 조급한 마음이 들기도 하지요.
하지만 아기들은 모두 자신만의 리듬으로 성장합니다.
몇 달 늦게 말을 하거나, 몇 달 늦게 걷는다고 해서 크게 걱정할 일이 아닙니다.
반대로 성장발달이 빠르다고 해서 기뻐할 일도 아닙니다.
아기를 키워본 어른들은 "때가 되면 다 한다"는 말을 합니다.
그 말처럼 느긋한 마음으로 아기의 성장을 지켜보는 여유가 필요합니다.

낯선 사람을 보면 울어요

아기는 엄마와 애착관계를 형성하는 과정에서 낯선 사람을 보고 불안해합니다. 어떤 아기는 집 앞의 가게 아저씨만 보면 울음을 터뜨리고, 또 어떤 아기는 사람들 앞에만 서면 엄마에게서 떨어지지 않으려고 들기도 합니다. 아기가 낯선 사람을 보고 울거나 경계하는 것은 아주 정상적인 모습입니다. 오히려 엄마와의 애착관계가 잘 형성되었기 때문이라고 긍정적으로 볼 수도 있습니다. 이것을 외인불안이라고 합니다. 낯선 사람을 보고 울고 엄마에게서 떨어지지 않으려던 아기도 첫돌이 지나면 자연스럽게 그런 행동이 줄어듭니다.

다만 안 그러던 아기가 그러거나 정도가 심해졌다면 신체적 이상 때문에 그럴 수 있으니, 아기에게 별다른 문제가 없는지 점검해볼 필요는 있습니다. 아픈 아기가 예민하고 엄마를 더 찾듯, 몸이 불편하면 신경이 예민해져서 더 신경질적이 될 수 있습니다. 이 시기의 아기는 몸과 마음이 함께 유기적으로 성장합니다. 정서상의 문제가 곧 신체 문제에 기인할 수 있으니 아기의 건강이 어떤지도 함께 살펴보세요. 신체상에 별문제가 없다면 이런 증상을 크게 걱정하지 않으셔도 됩니다.

엄마와 한시도 안 떨어지려고 해요

분리불안은 엄마와 잠시 떨어져야 하는 순간에, 혹은 엄마 없이 있어야 할 때 생기는 불안증을 말합니다. 분리불안은 생후 8~10개월쯤에 처음 나타나는데, 엄마가 화장실만 가도 울면서 불안해하는 증상으로 드러납니다. 그래서 어떤 엄마들은 화장실 문을 열어둔 채 아기가 보는 데서 볼일을 보기도 합니다. 이런 분리불안은 자라면서 서서히 없어지는데, 그 시기는 아이마다 차이가 있습니다. 대부분 3~4세까지는 분리불안 증상이 어느 정도 남아 있습니다.

육아 방식도 워낙 서구화되다 보니 아기가 이런 분리불안 증상을 보일 때 냉정하게 버릇을 잡으려는 엄마들이 꽤 있습니다. 아기를 잘 어르고 달래기보다는, 안 된다는 말을 반복하면서 아기 스스로 버릇을 잡기를 요구하는 것이지요. 전통적 육아 방식에서는 절대 안 될 말이고, 저 역시도 이 시기의 아기에게 버릇 들이기를 강요하는 것은 옳지 않다고 생각합니다. 전통적인 육아 방식을 무조건 고수하는 것도 문제이긴 하지만, 아기를 잘 키우려면 옛 할머니들의 지혜에서 배울 필요가 있습니다.

이 시기에 엄마로부터 충분한 사랑을 받지 못한 아기는 세상에 대해 불신을 갖게 됩니다. 이 시기는 정서 발달이 곧 몸에도 영향을 미치기 때문에 이런 불신감이 성장발달에도 악영향을 미칠 수 있습니다. 그래서 저는 보약 한 첩을 먹이더라도 엄마가 품에 안고 잘 다독이면서 먹여야 효과가 있다고 말하곤 합니다. 억지로 먹이면서 아기를 혼낼 바에는 차라리 보약 대신 아기가 좋아하는 음식을 더 먹이라고 충고하지요. 야제증이나 야뇨증 등 소아기에 발생하는 많은 질환의 원인이 정서 불안에 있다는 것을 한방에서도 이미 중요시 여겼습니다. 이것을 칠정소상七情所傷이라고 하지요. 신체적인 건강만 챙길 게 아니라 아기의 정서 안정에도 신경을 써야 하는 이유가 이런 데 있는 것입니다. 따라서 이 시기에는 원칙을 지키더라도 아기가 원하는 것을 자연스럽게 맞춰주면서 아기 눈높이에서 훈육을 해야 합니다. 이렇게 자란 아이가 몸도 마음도 건강합니다.

불러도 아무 반응이 없어요

생후 6~8개월에 생기는 낯가림이나 분리불안증이 보이지 않고, 혼자 노는 것을 좋아하고, 엄마와 애착이 잘 형성되지 않는다면 '영아 자폐증'을 의심할 수 있습니다. 영아 자폐증은 1만 명당 4~5명에서 나타나는데 남아가 여아보다 3~4배 많습니다. 영아 자폐증인 아기는 불러도 대답이나 반응이 없고, 다른 사람의 존재를 의식하지 않는 듯 행동하며 언어 능력이 발달하지 않고, 괴성을 잘 지르며, 말을 하더라도 무의미한 단어만 되풀이합니다. 한 가지 물건(자동차 바퀴 등 특정한 장난감)에 집착하거나, 한 가지 행동을 되풀이하며, 작은 변화도 몹시 싫어합니다. 흔히 발뒤꿈치를 들고 걷거나 손가락을 특이하게 놀리고, 껑충껑충 뛰는 등 아기마다 특정한 한두 가지 행위를 반복합니다. 커가면서 대변을 늦게 가린다거나, 자해를 하고, 지능 발달이 늦기도 하지요. 특별한 치료 방법은 없지만 부모 상담과 교육을 통하여 아기와 최대한 정서적 애착관계를 만들고, 특수교육을 통해 전체적인 발달을 도와줘야 합니다.

저는 이런 증상을 보이는 아기가 나이 든 할머니의 손에 자라면서 호전되는 예를 종종 보아왔습니다. 아기가 앓는 모든 질환, 특히 정서 발달과 관련한 질병만큼은 전통 방식만 한 것이 없다는 것을 확인하곤 합니다. 전통적 방식은 특별한 비법을 말하는 것이 아닙니다. 인내와 사랑, 조건 없는 베풂이 그 답입니다. 그 어떤 명약도 따뜻한 할머니 손길만 한 것이 없다는 게 제 지론입니다. 아기를 키우는 엄마들이 꼭 알아야 할 것은 최신 육아 정보나 건강 상식이 아닙니다. 더욱 근본적인 가치관과 아이를 대하는 마음가짐이 아이를 건강하고 밝게 키우는 데 가장 필요한 요소입니다.

6개월인데 눈을 못 맞춰요

백일이 지나면서 아기 대부분은 눈을 맞추기 시작합니다. 하지만 백일이 지났는데도 아기가 눈을 맞추지 못할 때가 있습니다. 이런 아기는 기분 좋으면 눈을 맞추는 것 같기도 하다가, 또 언제 그랬느냐는 듯 눈동자에 초점이 없고 응시하는 곳이 어디인지 잘 파악이 안 될 때가 있습니다. 아기가 소리나는 방향을 완벽하게 알아차리고 고개를 돌리려면 적어도 생후 6개월은 되어야 합니다. 아기마다 발달 과정이 다르므로 최소한 6개월까지는 기다려보는 것이 좋습니다. 만약에 6개월 이후에도 엄마와 눈을 못 맞춘다면, 인지나 청력에 문제가 있을 수도 있으므로 전문의의 진단을 받아야 합니다.

돌인데도 아기가 서지 못해요

정상적인 아기라면 대개 9~10개월이면 벽을 붙잡고 서고 12개월이면 기댈 것 없이 혼자서도 잘 섭니다. 물로 이보다 훨씬 빠른 아기도 있고, 때로 조금 늦은 아기도 있습니다. 하지만 생후 15개월이 넘어서도 혼자 서서 몇 발자국도 떼지 못한다면 발달 장애가 없는지 확인해볼 필요가 있습니다. 우선 아기 팔다리의 좌우 운동을 살피면서 양쪽 힘이 비슷한지 부자연스럽지는 않은지를 점검해보세요. 아기의 발달이 조금 늦더라도 목을 가누고 뒤집고 혼자 앉아 있는 데 문제가 없다면 심각하게 걱정하지 않아도 됩니다. 참고로 운동발달 장애를 진단하는 데 있어 두 돌까지 혼자 앉을 수 있다면 충분히 걸을 수 있는 것으로 보고 있습니다. 하지만 4세 이후에도 혼자 앉지 못하면 보행할 수 없을 것으로 판단합니다.

너무 심하게 용을 써요

분유나 모유를 먹거나 응가를 할 때, 혹은 잠을 잘 때 아기가 용을 쓰는 것은 아주 흔한 일입니다. 어떤 아기는 웃으며 잘 놀다가도 아무 이유 없이 심각하게 용을 쓰며 얼굴을 찌푸리기도 합니다. 혹시 똥을 싸나 싶어 기저귀를 살펴봐도 기저귀는 깨끗하지요. 아기가 자주 용을 써도 사실 심각한 경우는 거의 없습니다. 아기 얼굴이 벌게지면서 미간에 주름이 잡히는 걸 보고 엄마들이 괜히 놀라는 거지요. 아기는 신경 활동이나 오장육부가 아직 미숙하고 불안정하기 때문에 자기도 모르게 용을 쓰기도 하는 것입니다. 하지만 너무 자주, 심하고 길게 용을 쓰면서 운동 발육이 너무 늦다면(예를 들어 6개월 정도가 되어도 뒤집기를 못한다면) 전문의의 진단을 통해 신경근육계 등에 이상이 없는지 알아볼 필요는 있습니다. 한방에서는 이런 아기를 위해 발달을 촉진하는 보약 처방과 아울러 추나요법이나 경락 마사지 등의 방법을 통해 좋은 효과를 보고 있습니다.

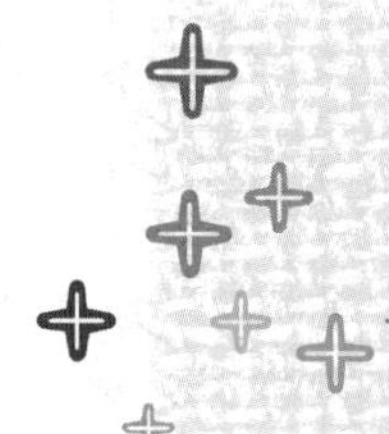

아기 키우기, 충분한 사랑이 최고

이 시기 아기 키우기에는 왕도가 없습니다.
아기와 온종일 생활하면서 아기와 엄마가 서로 맞춰나가야 합니다.
그리고 이 시기에는 무한한 사랑을 쏟아부어야 합니다.
아기 때 형성된 엄마와의 애착관계는 정서적 안정감을 주고,
이런 정서적 안정감은 인지 발달과 사회성 발달의 기초가 되기 때문입니다.
사랑받고 자란 아기는 자신이 보호받고 있다는 생각에 자존감도 높게 마련입니다.

애착관계 형성이 가장 중요해요

영아기 아기에게 가장 중요한 발달과제 중 하나가 엄마와의 애착 형성입니다. '애착'은 아이와 엄마 간에 형성되는 정서적인 유대감으로, 이 유대감이 확고해지면 아기는 안정감 있게 세상을 적극적으로 탐색하게 되고 이것이 곧 인지 발달과 사회성 발달의 기반이 됩니다. 아기와 애착 형성을 잘 하려면 신체적인 접촉이 많아야 하고, 애정을 충분히 표현해줘야 합니다.

그와 함께 아기의 말과 행동 하나하나에 적극적으로 반응해주는 것 또한 정말 중요합니다. 엄마가 아기의 울음과 행동을 민감하게 알아채고 그에 적절히 반응해줘야만 아이와 엄마의 유대감, 즉 애착이 생기기 때문입니다. 적어도 생후 1년간은 아기가 울 때 바로 반응을 보여주고, 아기에게 있는 문제를 빨리 해결해줘야 합니다. 아기의 울음에 바로 반응하고 원하는 것을 해결해주는 것 자체가 바로 애착 형성으로 이어집니다.

어떤 엄마는 아기가 울 때 안아주거나 달래주면 버릇이 나빠지는 것 아니냐며 걱정을 합니다. 물론 무조건 안아주라는 것은 아닙니다. 아기의 울음소리에 민감한 엄마가 되어야 한다는 이야기입니다. 기저귀가 젖었는지, 배가 고픈지, 아픈 곳은 없는지 아기의 신호를 잘 읽고 적절히 대응을 해야 합니다. 이런 과정을 통해 애착이 잘 형성되면 아기는 세상에 대해 기본적인 신뢰를 갖습니다. 만약 세상에 대한 신뢰를 만들지 못하면 자라면서 점점 타인과 세상에 대해 불신이 커져 인간관계를 잘 형성할 수 없습니다. 이것을 의학적으로는 '반응성 애착장애'라고 합니다.

또한 아기와 올바른 애착 형성을 위해 아기마다 타고난 기질과 특성을 인정해주는 것도 중요합니다. 저는 엄마들을 만날 때마다 아기마다 체질이 다르고, 그 체질에 맞춰 음식과 돌보기 방식이 달라진다고 늘 강조합니다. 신체상에도 이런 차이가 있는데 정서상에 차이가 있는 것은 너무 당연합니다. 그 기질과 특성을 잘 이해하고 인정해야만 몸도 마음도 건강하게 키울 수 있습니다. 어떤 아기는 순해서 키우기 쉽고 어떤 아기는 너무 까다로워 키우기 어렵습니다. 기질이 아기의 성품을 나타내는 것은 아닙니다. 키우기 쉽다고 좋은 아기가 아니고, 좀 까다롭다고 성격이 나쁜 아기가 아니라는 말입니다. 말 그대로 기질은 아기의 특징을 말할 뿐입니다. 그러니 아기의 버릇이나 기질을 억지로 고치려고 들어서는 안 됩니다. 체질을 억지로 개선하지는 못합니다. 그 체질을 보해주고 약한 부분을 채워줄 뿐이지요. 아기의 기질도 마찬가지입니다. 타고난 기질과 천성을 바꾸겠다고 어릴 때부터 혼을 내거나 버릇을 들이려고 한다면 아기가 건강하게 자라는 것은 점점 더 요원해집니다.

잘 먹이는데 살이 너무 안 쪄요

엄마들로부터 하루에도 십수 번씩 듣는 말이 "아기가 살이 너무 안 찐다"는 말입니다. 아기가 마른 데에는 여러 가지 원인이 있습니다. 체질적 원인에서부터 질병이나 장부 허약증 등 다양한 원인으로 살이 안 찝니다. 그런데 특별한 질병도 없고 허약증이 있는 것도 아닌데 살이 잘 붙지 않는 아기가 있습니다.

유전적인 요인도 있습니다. 아기가 특별한 질병이 없더라도 엄마나 아빠가 소화기능이 떨어지고 허약체질이라면 그 체질이 아기에게 유전되어 살이 안 찔 수 있습니다. 또한 신경이 예민하거나 상당히 활동적이어서 영양분을 몸에 저장할 겨를이 없을 때도 살이 찌지 않습니다. 이런 아기는 기초대사량이 높은 발산적인 양陽 체질이라고 할 수 있지요.

아기가 소화기능도 좋고 체력도 크게 떨어지지 않으며 감기 등 잔병치레를 하지 않는다면, 그리고 근래에 갑자기 체중이 줄어든 것이 아니라면 걱정하지 마세요. 이런 경우 살을 찌우는 방법도 마땅히 없으며, 만약 억지로 살을 찌우면 건강에 오히려 해롭습니다.

하지만 소화기능이 좋지 않고, 허약하여 잔병치레를 많이 하거나 특정한 질병을 앓고 있다면 진단 후 적절한 치료와 체력 보강이 필요합니다. 특히 영양을 섭취해 저장하는 비위기능을 도와주며, 약한 장기를 도와 허약증을 개선하고, 질병을 치료하면 체격은 자연스럽게 좋아지게 될 것입니다.

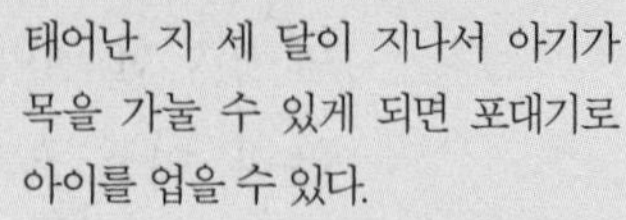

육아 한류 '포대기'

태어난 지 세 달이 지나서 아기가 목을 가눌 수 있게 되면 포대기로 아이를 업을 수 있다.
포대기의 장점은 앞으로 매는 슬링이나 유모차보다도 우월해서 요즘 서양에서도 재조명이 될 정도다.
포대기는 자궁 안에서와 비슷한 환경을 만들어 엄마의 체온과 심장박동을 느낄 수 있기 때문에 아이에게 안정감을 주고 정서적으로 좋다.
한의학적으로 볼 때 우리 인체의 앞은 음이고 뒤는 양에 속한다. 자석도 음양극이 서로 끌어당기듯이 아이를 앞으로 안는 것보다 엄마 양 부위인 등과 아이의 음 부위인 신체 앞면이 밀착되는 것이 음양의 이치에도 맞다고 볼 수 있는 것이다. 또한 아이를 업으면 양 손이 자유로워져 엄마가 가사일을 할 수 있다는 장점 외에도 엄마와 같은 곳을 바라보면서 교감하고 소통하고 대화함으로써 아이의 두뇌 발달에 좋은 영향을 미친다. 세상과 교감하면서 자란 아이는 세상에 대한 신뢰를 가지며 남을 생각하고 리더십을 가진 아이로 성장할 수 있다. 정말 우리 선조들의 지혜가 얼마다 대단한지를 다시 깨닫게 된다.

아기가 손을 탔어요

아기가 안거나 업어주지 않으면 잠도 안 자고, 놀지도 않는 경우에 어른들은 '손을 탔다'고 말하지요. 이런 아기를 돌보려면 엄마는 아주 녹초가 됩니다. 생후 3~4개월까지 아기가 원하는 대로 가능하면 충분히 안아주는 것이 정서적으로 좋습니다. 하지만 5~6개월 정도가 되면, 엄마가 너무 힘든 상황이라면 과감히 아기를 안아주지 말고 잠깐 울게 내버려 두는 것도 나쁘지 않습니다. 아기들은 영리하기 때문에 금방 이런 상황이 무엇을 뜻하는지를 배웁니다. 엄마도 힘들 때가 있어서 안아줄 수 없을 때도 있고, 스스로 놀 수도 있다는 사실을 알게 되는 것입니다.

요즘 엄마들은 아기를 너무 울리지 않으려고 하는데, 아기가 울어도 큰일이 나지는 않습니다. 6개월이 지나면 무조건 안아주기보다는 아기 스스로 탐색하게 하고 놀게 하는 것이 아기의 근육 발달과 두뇌 발달에도 더 좋습니다. 하지만 이러한 과정은 절대적이지 않고 상대적이니 시기나 방법은 아기에 맞추어야 합니다. 버릇을 고치겠다고 무조건 울리고 방치하는 것은 절대 안 됩니다.

침대에서 떨어졌어요

머리에 타박상을 입었을 때 뇌에 이상이 있다면 두통으로 울고 보채며 잘 진정되지 않는 경향이 있습니다. 또한 목이 뻣뻣해지거나, 잘 안 먹고 토하고 열이 나거나 변이 안 좋아집니다. 특히 잠이 든 아이를 깨웠을 때 잠에 취해서 잘 깨어나지 못하는 기면 증상을 보인다면 정밀검사가 필요합니다. 침대에서 떨어진 아기가 이런 증상을 보이지 않는다면 크게 걱정하지 않아도 됩니다. 침대가 있는 방에서 아기를 키울 때는 정말 안전사고에 주의해야 합니다. 침대 옆에 가드를 설치하고, 침대 밑에 매트를 깔아 아기가 떨어져도 최대한 충격을 덜 받도록 해야 합니다.

보행기, 언제부터 태우는 게 좋은가요?

보행기는 생후 8개월 이후에 아기가 허리를 비교적 꼿꼿이 세우고 가눌 수 있을 때 태우는 것이 좋습니다. 너무 일찍 태우는 것은 골격이 바로 자리를 잡는 데에도 바람직하지 않지요. 다시 말해 혼자 앉아 있는 것이 충분히 가능하고 안정적이 될 때 태워야 합니다. 그렇지 않으면 척추에 무리를 줄 수 있으며 걸음걸이나 신체 발육에도 좋지 않은 영향을 끼칠 수 있습니다. 미국 소아과학회에서는 보행기 사용 금지 운동을 한다고 합니다. 보행기가 안전사고의 위험성을 높이며 앉거나 걷는 자세에 나쁜 영향을 미칠 수 있기 때문이지요. 또한 보행기가 걸음마를 일찍 배우는 것을 도와주지 않는다는 사실도 알려졌습니다.

굳이 보행기를 사용해야 한다면 엄마가 잘 보이는 곳에서 태우도록 합니다. 계단이 있는 2층이나 안전사고의 위험성이 있는 곳은 절대 피해야 합니다. 아기의 손이 닿는 곳에 뜨거운 것이나 날카로운 것 등 위험한 것은 반드시 치워야 합니다. 보행기 사용 시간은 가능하면 짧게, 길어도 하루 2시간 정도로 제한하고 높이는 아기가 적당한 힘을 더해 설 수 있는 높이가 좋으며 다리가 끌릴 정도로 낮으면 안 됩니다.

장거리 여행은 언제부터 가능한가요?

장거리 여행은 6개월 정도는 지나야 안심할 수 있습니다. 비행기나 자동차를 타고 오랫동안 이동해야 하거나, 여행지의 풍토 변화, 물의 변화, 자외선 노출 등에 의한 스트레스 상황에 아기를 노출하면 신체 기능을 떨어뜨리고 멀미나 감기, 배탈, 탈수, 냉방병, 급격한 체력저하 등을 유발할 수 있습니다. 혹시 여행을 가더라도 물은 반드시 집에서 챙겨간 물이나 아기가 먹던 생수를 끓여서 먹이는 것이 안전하지요. 분유는 변질하기 쉬우므로 반드시 먹일 때 타야 하고, 달리는 차 안에서 수유하지 않는 것이 좋습니다. 햇볕도 너무 오래 쐬는 것은 아기 건강에 해롭습니다. 바깥 온도가 너무 차거나 더우면 갑자기 차 밖으로 나서지 말고, 창문을 열어 아기에게 온도 변화에 적응할 수 있는 여유를 줘야 합니다. 가능한 한 여행지에서 시달리게 하지 말고 충분히 쉴 수 있게 해 주세요.

업어주기 요령

1. 생후 2~3개월부터 목을 가누기 시작하면 업는 것이 가능하지만 목을 가누는 것이 안정된 이후에야 업고 외출까지 할 수 있다.
2. 특히 이 시기의 아기를 업을 때는 머리 뒤로 받침이 있는 것이 좋으며 끈도 넓은 것으로 허리와 등을 안전하게 지지해주는 것을 사용한다.
3. 끈은 단단히 매되 너무 꽉 조이지 않게 하며, 팔이나 다리가 불편하지 않게 해준다.
4. 특히 업고 있다 아기가 잠이 들면 고개 가누는 것이 불안정해지므로 잘 고정이 되어 있지 않다면 포대기를 풀고 눕히는 것이 좋다.
5. 수유하고 나서 바로 업으면 속이 불편해지면서 토하는 경우가 많다. 흔들거려서 그럴 수도 있고 끈으로 압박되어 그럴 수도 있으므로 수유 후 바로 업지 않는다.
6. 포대기는 근래 서양에서 애착육아(attachment parenting)의 일환으로 아이를 안거나 업고 신체접촉을 많이 하자는 baby wearing 운동의 중심에 있다. 애착육아는 아이를 따로 재우고, 우는 아이를 무조건 안아주거나 수유를 하지 말아야 한다는 엄격한 육아법에서 벗어나 아이 위주로 돌아가자는 육아법이다. 신체적으로나 정신적으로 보다 자연스럽고 긴밀한 육아를 하자는 것이다. 아이가 원하면 많이 업어주자!

이것만은
꼭
알아두세요

전통 놀이 육아법, 단동십훈檀童十訓

얼마전 EBS에서 방영된 〈오래된 미래, 전통 육아의 비밀〉이라는 프로를 보면서 다시 한번 전통 놀이 육아법의 소중함을 깨닫게 되었다. 이런 전통 놀이를 통해 아이와 접촉하고 만지고 놀면서 호흡하는 것은 엄마에게도 육아 스트레스를 줄이고 아이에 대한 포용력을 키워준다. 아이는 부모의 애착행동을 통해 보다 밝고 안정적으로 변한다. 또한 아이의 두뇌발달을 돕고 집중력과 창의력을 키워주며, 신체발달에도 좋은 영향을 미치는 것이다. 잼잼, 곤지곤지, 짝짜꿍, 까꿍, 쭉쭉이 등 우리가 흔히 알고 있는 이런 놀이가 두뇌의 많은 영역을 자극해서 지능과 행동발달, 뇌발달에 좋은 영향을 미친다는 것이다. 놀라운 것은 이런 놀이들이 [단동십훈]이라는 10가지 전통 놀이 육아법으로 전해지고 있다는 것인데, 단동십훈檀童十訓은 아이를 어르는 우리나라의 대표적인 놀이 육아법으로 단동치기 십계훈檀童治基 十戒訓의 줄임말로 단군왕검 이후로 그 기원을 가지고 있다고 한다. 우리가 흔히 아는 '도리도리', '곤지곤지', '잼잼', '짝짜꿍' 등이 여기서 비롯된 것이라니 선조들의 DNA가 우리 몸속에 지금까지 전해지고 있는 것이 새삼 신기하다. 동영상은 네이버 블로그 '전찬일교수의 착한 한의학'이나 인터넷 검색을 통해서 확인할 수 있다. 1 불아불아弗亞弗亞하늘로부터 온 아기의 생명을 존중한다는 의미로 엄마가 일어선 아이의 허리를 양손으로 잡고 좌우로 흔들면서 허리와 다리의 힘을 길러준다. 2 시상시상侍想侍想우주의 섭리에 순응하여 몸을 귀히 여겨 함부로 하지 말라는 뜻으로 아이를 앉혀 놓고 두 팔이나 허리를 잡고 몸을 앞뒤로 밀었다 당겼다 하는 것이다. 3 도리도리道理道理머리를 좌우로 흔들듯 이리저리 생각해 하늘의 이치와 천지 만물의 도리를 깨치라는 것이다. 4 곤지곤지坤地坤地오른손 집게손가락으로 왼쪽 손바닥을 찍는 시늉을 하며 '땅=곤坤'의 이치와 음양의 조화로 덕을 쌓으라는 의미다. 5 지암지암持闇持闇흔히 잼잼이라고 부르는 것으로 두 손을 쥐었다 폈다 하면서 "쥘 줄 알았으면 놓을 줄도 알라"는 깨달음을 은연중에 가르치는 것이다. 6 섬마섬마西摩西摩남에게 의존하지 말고 스스로 일어서 굳건히 살라는 뜻에서 아이를 손바닥 위에 올려놓고, 아이의 엉덩이나 허리를 받쳐 세우는 시늉을 하는 것이다. 7 업비업비業非業非양팔을 뻗어 손바닥을 흔드는 동작이다. 흔히 애비애비라고 말하는 것인데 아이가 해서는 안 될 것을 이를 때 하는 말로, 도리와 어긋나는 행동을 삼가라는 뜻이다. 8 아함아함亞含亞含손바닥으로 입을 막는 시늉을 하며 소리를 내는 것으로, 두 손을 모아 입을 막은 '아亞'자의 모양처럼 입조심하라는 뜻이 내포된 것이다. 9 작작궁 작작궁作作弓 作作弓짝짜꿍으로 음양의 결합, 천지의 조화 속에 흥을 돋우라는 뜻에서 두 손바닥을 마주치며 박수를 치는 것이다. 10 질라아비 휠휠의支娜阿備 活活議아이가 앉은 채로 두 팔을 날개처럼 양 옆으로 벌리고 흔드는 동작으로 정신과 육체가 모두 건강하게 자라도록 기원하고 축복하며 함께 춤을 추는 모습이다.

열 명의 어른 남자를 치료하기보다 한 명의 부인을 치료하기가 어렵고,

열 명의 부인을 치료하기보다 한 명의 아이를 치료하기가 더 어렵다"는 말이 있습니다.

아픈 아이를 돌보는 것이 그만큼 어렵다는 뜻이지만,

어려서 질병을 잘 치료하고 건강을 잘 관리해주면

나중에 자라서 건강하게 살 수 있다는 이야기이기도 합니다.

눈 · 코 · 입 · 귀

수유

성장식 · 식욕부진

보약 먹이기

빈혈 · 열

감기

구토 · 차멀미

장염과 설사

대소변 가리기와 소변 이상

아토피성 피부염

경기 · 땀

잠버릇

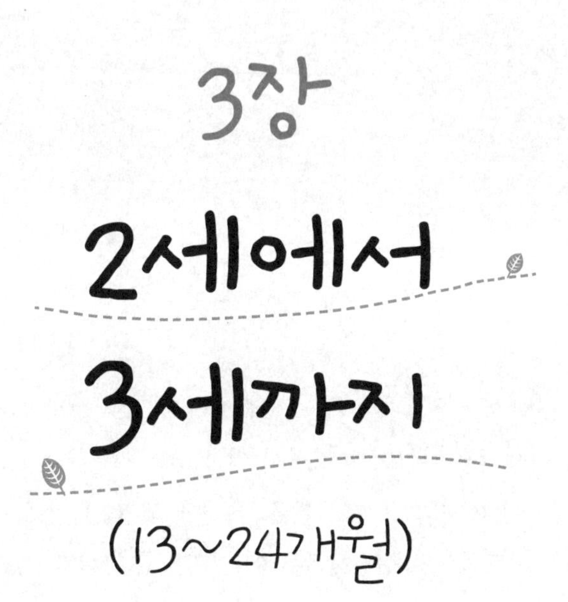

3장

2세에서 3세까지

(13~24개월)

돌이 지나면서 누워서 젖만 먹던 아기는 이제 제법 고집도 부릴 줄 알게 되고, 세상에 대해 강한 호기심을 갖고 자기 주도적으로 생활을 이끌어 나가려고 합니다. 그러다 보니 엄마가 아기를 돌보기가 그 전보다 좀 힘듭니다. 먹는 것도 제가 원하는 것만 찾고, 행여 싫은 음식을 주면 고개를 젓습니다. 힘들어하지만 말고 현명하게 아기를 돌봐야 할 때입니다. 이 시기의 크고 작은 버릇이 평생의 건강을 결정합니다. 그 전까지는 아기에게 맞춰 오냐 오냐 하며 받아줬던 것들을 이제 하나씩 점검해보아야 합니다.

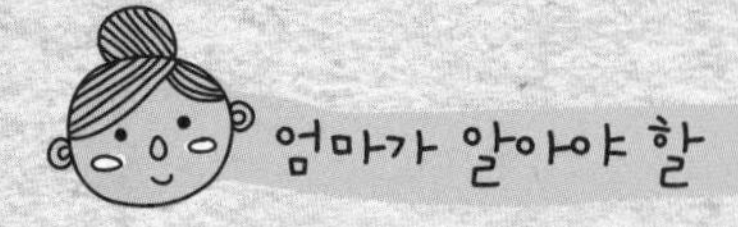

첫돌에서 두 돌까지 자연주의 육아법

돌이 되면 아기의 체중은 출생 시의 3배, 키는 1.5배가 될 정도로 성장합니다. 이제 아기의 몸은 더 단단해지고 젖살이 빠지면서 이목구비가 뚜렷해집니다. 누워서 젖만 먹던 아기는 이제 제법 고집도 부릴 줄 알게 되고, 세상에 대해 강한 호기심을 갖고 자기 주도적으로 생활을 이끌어 나가려고 합니다. 그러다 보니 엄마가 아기를 돌보기가 그 전보다 좀 힘듭니다. 먹는 것도 제가 원하는 것만 찾고, 행여 싫은 음식을 주면 고개를 젓습니다. 하루 동안 가장 많이 하는 말이 "안 먹어" "싫어"이니 엄마의 고충이 이만저만이 아니지요.

힘들어하지만 말고 현명하게 아기를 돌봐야 할 때입니다. 이 시기의 크고 작은 버릇이 평생의 건강을 결정합니다. 밥 한 끼를 먹이더라도 제철 재료를 사용해 자연이 주는 영양분을 섭취하도록 해야 하고, 될 수 있는 대로 반조리 식품 등 인공적인 음식을 먹이지 말아야 합니다. 땅을 많이 밟게 하여 면역력을 키우고, 규칙적인 생활습관을 잡아주는 것도 이 시기에 엄마가 해야 할 중요한 과제이지요. 그 전까지는 아기에게 맞춰 오냐오냐 하며 받아줬던 것들을 이제 하나씩 점검해보아야 합니다.

안전에 신경을 쓰고 수면 습관을 잡아주세요

돌을 기준으로 아기들은 이제 세상을 향해 두 발을 내딛게 됩니다. 조금 늦은 아이도 있고 조금 빠른 아이도 있지만 조금 기다리면 다 스스로 걷습니다. 두 다리를 넓게 벌리고 발을 움직이려는 모습이 금방이라도 넘어질 것 같지요. 그래도 조금 시간이 지나면 걷는 방법을 익히면서 잘 걷게 됩니다. 걷게 되면 엄마는 정신을 바짝 차려야 합니다. 아기의 행동 반경이 넓어지면서 본격적으로 사고를 치고 다니니 말입니다. 집 안 곳곳에 안전장치를 설치하는 것은 기본입니다. 날 선 모서리에는 보호대를 붙이고 칼이 들어 있는 싱크대 문에는 안전 고리를 채워주세요. 아무리 안전장치를 해도 분명히 사건 사고가 생깁니다. 따라서 이를 최소화시킬 수 있는 예방책을 미리 마련해두는 것이 현명하지요.

아기는 이제 활동량이 많아지고 주변의 모든 것이 신기해집니다. 온종일 놀아도 계속 놀고 싶어 하지요. 하지만 아기가 아무리 놀자고 떼를 써도 잘 시간이 되면 자야 합니다. 이때 수면 습관이 잘 들지 않으면 키우는 내내 재울 때마다 고생할 수도 있습니다. 이는 비단 엄마를 위해서만은 아닙니다. 아기는 자면서 큰다는 말이 있습니다. 잘 자는 아기가 밥도 잘 먹고 잘 큽니다. 말 그대로 성장기의 아이는 자면서 부쩍 자라기 때문에 성장발달을 위해서라도 일정한 시간에 푹 자게 해야 합니다. 너무 오랫동안 낮잠을 자면 밤에 잘 자지 못할 수도 있으니 낮에 취하는 수면은 어느 정도 조절해줘야 합니다. 낮잠 자는 시간은 하루 1~2시간 정도면 적당합니다.

밥 먹는 연습이 필요한 시기입니다

돌이 지나면 본격적으로 젖병을 끊고 밥을 먹어야 합니다. 하지만 그 전까지 모유나 분유가 주식이던 아기가 어느 날 갑자기 밥만 먹을 수는 없습니다. 이유식을 잘 먹던 아기라도 밥을 거부하는 예가 종종 있지요.

그렇다고 이전에 먹이던 것을 계속 먹이면 밥 먹는 습관을 들이기가 점점 어려워집니다. 밥 먹는 습관이 들지 않아 두 돌까지 유동식과 젖만 먹는 아기도 있습니다.

일단 젖병을 먼저 떼야 합니다. 젖병을 오래 물면 충치가 생기기도 쉽습니다. 분유를 끊고 생우유를 먹이되, 젖병 대신 컵을 사용하세요. 간혹 생우유를 젖병에 넣어주는 엄마도 있는데 절대 그래선 안 됩니다. 생우유가 성장에 중요하긴 하지만, 그렇다고 분유처럼 젖병에 넣어 수시로 먹여선 곤란합니다. 우유를 지나치게 먹으면 밥을 잘 먹지 않을 뿐 아니라 영양에도 불균형이 옵니다.

밥을 먹는 자체도 중요하지만, 밥을 먹는 과정에서 기구를 사용하는 연습이 되어야 합니다. 아직 어리다고 무조건 밥을 먹여주지 말고 숟가락을 쥐여주고 떠먹는 훈련을 시키세요. 처음에는 먹는 것보다 흘리는 게 많고, 한 끼 먹는데 한나절이 걸릴 수도 있습니다. 보고 있으면 답답하겠지만 시간이 지나면 차차 익숙해져 시간에 맞춰 제 스스로 먹는 법을 터득하게 될 것입니다.

아기에게 음식을 줄 때는 하루 세 번 밥을 주고 아침과 점심, 점심과 저녁 사이에 간식을 줍니다. 아직 아기는 위의 용적이 작아 한꺼번에 많은 음식을 먹을 수가 없습니다. 따라서 끼니와 끼니 사이에 간식으로 보충해줘야 합니다. 과일이나 우유, 두유 등은 아기들이 먹기에 좋은 간식입니다. 시판되는 간식이나 과자류를 사서 먹이는 것은 좋지 않습니다. 간식은 말 그대로 간식일 뿐입니다. 식사에 방해될 만큼 간식을 많이 주면 안 됩니다.

: 어른 밥을 그대로 주지 마세요

돌이 지나면 밥과 반찬을 먹을 수 있지만 그렇다고 엄마 아빠가 먹는 음식을 그대로 줘서는 안 됩니다. 어른이 먹는 음식은 아직은 아기들이 먹기에 너무 짜고 자극적입니다. 또 잘 받아먹는 것처럼 보여도 잘 씹지 않고 삼키기 때문에 소화에 어려움을 겪을 수도 있습니다. 어금니가 나기 시작하면 단단한 음식도 제법 잘 씹어 먹을 수 있습니다. 음식을 많이 씹어 먹으면 소화에 좋을

뿐 아니라 두뇌활동을 촉진해 머리도 좋아집니다.

그렇다고 해도 아직 견과류 같은 딱딱한 알맹이 음식을 주지는 마세요. 자칫 잘못하다 목에 걸리기라도 하면 큰일입니다. 조금 더 시간이 지나야 덩어리 음식도 무리 없이 씹어 삼킬 수 있습니다.

돌을 넘어선 아기는 활동량이 많고 골격도 단단해집니다. 고기, 생선, 우유 등을 먹여 양질의 단백질을 공급해줘야 합니다. 또한 다양한 재료를 이용해 다른 영양소들도 골고루 섭취할 수 있도록 해주세요. 어려서부터 여러 가지 음식을 먹는 습관을 들이는 것이 좋습니다. 나중에 편식하지 않게 하려면 여러 가지 음식 맛을 보여줘야 합니다. 싫어하는 음식은 아기들이 귀신같이 골라내곤 하는데, 벌써 편식하는 습관이 들면 곤란합니다. 아기가 어떤 음식을 싫어한다면 조리법을 바꿔서 먹여보는 것도 좋습니다.

: 선천적으로 약한 부분을 보하는 돌 보약이 필요한 시기

돌은 아기에게 있어 큰 전환기입니다. 먹을거리가 달라지고 행동 반경도 넓어지지요. 그러면서 엄청난 성장발달을 하게 됩니다. 충분한 기와 혈이 필요할 수밖에 없습니다. 또한 이 시기는 평생 살아가는 데 바탕이 될 기초 체력을 다지는 시기입니다. 이때 선천적으로 약한 부분을 잘 보완해주면 나중에 성장한 후에도 건강하게 지낼 수 있습니다. 잠을 잘 자지 못하고 보채거나 예민한 아기, 편식하는 아기, 설사나 변비를 자주 하는 아기, 감기에 자주 걸리는 아기들은 보약이 필수입니다.

돌 보약은 다 비슷하다는 생각에 한의사로부터 진단을 받지 않고 약을 지어 먹이는 예가 흔한데, 돌 보약이야말로 정확한 처방과 진단 하에 먹여야 합니다. 아기들이 다 비슷하다고 생각할 수 있는데, 평소에 몸에 열이 많은지, 밥은 잘 먹고 소화는 잘 시키는지, 호흡기는 괜찮은지, 잠은 잘 자는지 등에 따라 아기마다 체질이 다르고 필요한 보약도 다릅니다. 특히 홍삼은 체질에 관계없이 잘 듣는다고 생각하여 함부로 먹이는데, 홍삼 역시 아기의 체질과 증상에 따라 복용법이 다릅니다. 임의대로 함부로 홍삼을 먹이면 뜻하지 않은 부작용이 나타날 수도 있습니다.

참고로 보약을 지을 때 녹용을 넣어도 되는 체질인지 역시 진찰을 받아야 정확하게 판단할 수 있습니다. 체질에 맞는 녹용 보약은 원기를 보하고 뇌의 발달을 도우며 뼈와 치아 생성에도 큰 도움이 됩니다. 특히 발육이 늦거나 잔병치레를 자주 하고 밥을 잘 먹지 않는 아기들에게 효과가 있습니다.

아기에게 보약을 먹이려고 할 때 보약을 잘못 먹어 머리카락이 하얘졌다거나, 뚱뚱해졌다거나, 말이 늦어지고 머리가 나빠졌다는 말을 한번쯤 들어보셨을 겁니다. 하지만 한의사의 진찰을 받고 나이와 체질에 맞는 약을 처방받아 적절한 양을 먹인다면 아무 부작용이 없습니다. 즉, 엄마들이 아는 보약에 대한 이런 속설은 근거가 없는 기우일 따름입니다. 그러니 검증되지 않은 이런 속설 때문에 보약 먹이기를 주저할 필요는 없습니다. 진찰 후에 나이에 맞게 적절한 양을 먹이면 원기가 보강되고 면역력이 높아지며 뇌의 발달과 뼈와 치아의 생성에 큰 도움이 됩니다.

: 말귀를 알아듣기 시작합니다

아기는 이제 엄마, 아빠, 맘마 등의 말을 시작합니다. 할 수 있는 말은 많지 않지만 눈치가 빨라 엄마의 말을 생각보다 잘 알아듣습니다. 엄마가 칭찬하는지, 야단을 치는지, 뭔가를 요구하는지를 거의 알아듣는다는 말입니다. "안 돼"라고 말하면 대꾸는 안 해도 하던 행동을 멈추고 엄마 눈치를 살피지요. 엄마가 어느 때 자기를 예뻐하는지도 귀신같이 알아채고는 애교 섞인 행동을 하기도 합니다. 말만 못할 뿐 생각하고 표현하는 것은 수준 이상이라는 말입니다. 그러니 말해봤자 아기가 못 알아들을 것이라고 생각하지 말고 작은 일도 잘 설명을 해주세요. "밥을 잘 먹어야 몸이 튼튼해지지", "숟가락으로 밥을 먹으면 참 재미있어", "잠을 잘 자야 예뻐진단다" 등 아이의 생활습관과 관련한 말이면 더 좋겠지요. 무엇이 옳고 그른 행동인지, 어떤 습관을 길러야 하는지를 설명하다 보면 어느새 그것이 일상생활에 자리잡는 것을 확인하게 될 것입니다.

감기와 싸워 이길 수 있는 시간을 주세요

찬 바람이 불고 눈이 날려도, 뜨거운 여름에 땀을 비 오듯 흘려도 아기는 세상과의 소통에 정신이 없습니다. 여태껏 경험하지 못했던 새로운 바깥세상에 열광하고 온 마음을 빼앗깁니다. 그러면서 아기는 본격적으로 질병의 공격을 받습니다. 엄마에게서 받은 면역력이 바닥이 난 상태이니 이제 아기는 감기를 달고 살지도 모릅니다. 그러나 너무 걱정하지는 마세요. 오히려 그 과정을 통해 아기는 스스로 병을 이기는 법을 학습할 수 있습니다.

돌을 기점으로 감기의 의미는 굉장히 달라집니다. 돌 전에는 사소한 감기도 긴장해야 하지만 돌이 지난 후부터는 감기를 잘 앓게 하는 게 중요합니다. 콧물이 나거나 기침을 한다고 무조건 병원에 달려가서 증상을 완화시키는 약을 처방받으면 아기들은 점점 더 약해집니다. 병과 싸워 이겨야 아기가 더 튼튼해집니다. 감기에 걸릴 때마다 약의 도움을 받게 되면 아기는 점점 더 약해질 수밖에 없습니다. 아기에게 감기와 싸워 이길 시간을 주세요. 만일 아기가 감기를 달고 산다면 약을 덜 먹어서가 아니라 몸의 면역력이 바닥을 치고 있기 때문입니다. 감기를 달고 사는 아기일수록 감기약을 계속 먹이기보다 약해진 몸의 기운을 보강해줄 필요가 있습니다. 어쩔 수 없이 약을 먹이더라도 항생제나 해열제 같은 양약은 급성기에 반드시 필요할 때만 먹여야 합니다. 또한 웬만하면 약을 쓰더라도 자연 재료를 쓴 한약을 복용하게 하면서 아기 스스로 감기를 이겨내게 하는 것이 좋습니다. "한약에 감기약도 있어요?" 하고 묻는 분들이 있는데, 한방 감기약은 내성을 키우지 않고 궁극적으로는 아기가 오히려 감기를 빨리 이겨내게 도와줍니다.

열이 나면 엄마들은 무조건 열을 떨어뜨리려고 총력을 기울입니다. 열이 많이 나는 대표적인 질병이 감기지요. 그러나 감기로 인한 열은 해열제 없이도

2~3일이면 내립니다. 또한 해열제를 쓴다고 감기가 빨리 낫지는 않습니다. 무턱대고 해열제를 쓰면 오히려 감기 때문에 열이 나는 것인지, 아니면 다른 병에 걸린 것인지 구별할 수 없습니다.

돌이 지난 아기라면 열이 날 때 스스로 이기는 연습을 하여 면역력을 길러야 합니다. 열 경기를 했던 적이 없다면 39.5도까지 올라가도 큰 문제가 없습니다. 만일 감기에 의한 발열이라면 40도가 된다고 해도 엄마들이 생각하는 것처럼 뇌손상이 일어나는 등 심각한 문제를 가져오지는 않습니다. 열이 심하면 옷을 벗기고 미지근한 물수건으로 닦아주면서 수분을 보충해주세요. 해열제는 아기가 열 때문에 너무 힘들어할 때 사용해도 늦지 않습니다. 매번 열이 날 때마다 해열제로 열을 떨어뜨리는 것이 옳은 일이 아니라는 것을 항상 염두에 두어야 합니다.

: 이 시기 장염은 대개 자연적으로 치료됩니다

이 시기 아기들에게 생기는 바이러스성 장염 중에 발병률이 가장 높은 것은 가성콜레라입니다. 알려진 대로 로타바이러스가 일으키는 질환이지요. 보통 이 장염은 두 돌까지 자주 걸리고 세 살 이후에는 잘 걸리지 않습니다. 대부분 일주일 정도면 낫는데, 면역기능이 유달리 떨어지지만 않는다면 특별한 합병증 없이 회복됩니다. 단, 장염에 걸렸을 때는 탈수를 막는 데 온 신경을 기울여야 합니다. 보리차 등을 먹여 수분을 공급하고 탈수 가능성이 있으면 포도당 전해질 용액을 먹이세요. 그렇다고 지사제를 함부로 사용해서는 안 됩니다.

아기의 장염을 예방하려고 생후 2, 4, 6개월에 로타바이러스 예방접종을 하는 예가 늘고 있습니다. 하지만 저는 로타바이러스 예방접종을 비롯한 선택접종은 해당 질병의 발생 빈도나 안전성, 예방 효과 등 모든 것을 고려해볼 때 꼭 해야 한다고 보지 않습니다. 면역기능이 떨어지는 병약한 아기가 아니라면, 그 질병이 유행할 시기에 자연적인 예방에 신경 쓰는 것으로 충분하다고 말하고 싶습니다.

이 시기에는 설단소증이 발견될 수 있습니다. 설단소증은 아랫잇몸 안쪽과 혀가 짧게 붙어 있는 경우를 말합니다. 혀가 제대로 움직이지 못하니 발음이 이상하지요. 일반적으로 돌까지는 잘 모르고 지내는 경우가 많습니다. 돌 전까지는 말을 못하기 때문에 발음이 이상해도 그러려니 하고 넘긴다는 말입니다. 그런데 설단소증이 있는 아기는 말을 배우기 시작하면서 'ㄹ' 발음을 잘 못합니다. 혀를 내밀었을 때 혀끝이 아랫입술을 덮을 만큼 내려오는지 살펴보세요. 혀가 아랫입술까지 쭉 내려오면 설단소증이 아닙니다. 설단소증의 치료법은 수술뿐인데, 가장 좋은 시기는 18개월 전후입니다. 말을 배우고 발음이 익숙해진 다음에 수술을 하면 발음 교정이 쉽지 않기 때문에 늦기 전에 간단히 수술을 해줘야 합니다.

: **배변 훈련에 조바심은 금물**

대소변 가리기는 절대 서둘러서는 안 됩니다. 잘못하면 아이나 엄마 모두 스트레스를 받습니다. 이런 스트레스는 만성변비, 유분증, 유뇨증 등의 원인이 될 수 있습니다. 예전에는 배변훈련을 할 때가 되면 할머니들이 아이들에게 밑이 터진 바지를 입혔습니다. 앉기만 하면 자동적으로 가랑이 밑이 벌어져서 대소변을 보려고 할 때 신속하게 대처할 수도 있었습니다. 그렇게 되면 아무래도 대소변이 덜 묻게 되어 아이는 물론 돌보는 사람도 스트레스를 적게 받았겠지요.

한편 전통육아에서 할머니들은 아이들에게 노래를 많이 불러주었는데, 대소변 가리기와 관련되어서도 '단지 팔기'라는 노래가 전해옵니다. "단지 사소, 똥 단지 사소, 그 단지 얼마요, 2원이요, 아이고 똥냄새야, 똥냄새가 나서 안 사요." 하하! 얼마나 해학적인가요? 이처럼 재미있는 가사의 노래는 아이가 대소변 가리기를 힘들고 하기 싫은 행위가 아니라, 즐거운 놀이로 받아들일 수 있게 했던 것입니다.

아기가 소변을 보는 간격이 일정해지면 방광의 기능이 어느 정도 발달했다고 할 수 있습니다. 이때부터는 배변 훈련을 할 수 있습니다. 대소변 가리기는 일반적으로 18개월 이후에 시작하지만 아기마다 개인차가 있습니다. 쉽게 대소변을 가리는 아기도 있고, 꽤 컸는데도 기저귀를 못 떼는 아기도 있습니다. 변을 일찍 가리는 것과 늦게 가리는 것은 지능과는 전혀 상관이 없으며, 늦게 한다고 해도 전혀 문제 될 것이 없습니다. 배변 훈련을 하느라 스트레스를 받으면 정서적 불안감에 오히려 대소변을 더 늦게 가리게 될 수도 있습니다.

자연스럽게 식습관을 들이듯, 대소변도 자연스럽게 가릴 수 있도록 긴장을 풀어줘야 합니다. 기저귀를 떼는 것은 아기에게는 발달상 주목할 만한 일입니다. 항문 근육이 발달한 증거이면서, 정서 발달도 원만하게 잘 되고 있다는 표시이기도 하지요. 다른 아기들은 벌써 다 기저귀를 뗐는데 내 아기만 늦는다고 해서 재촉해서는 안 됩니다. 혼을 내는 것은 아무 효과도 없을뿐더러 엄마나 아이 모두 스트레스만 받을 뿐입니다.

어린이집을 일찍 보내는 엄마들이 이 문제 때문에 고민을 많이 합니다. 적어도 기저귀는 떼고 보내야 한다는 생각에 대소변을 지릴 때마다 혼냅니다. 그러나 어린이집에 가면 친구들이 화장실에 들락거리는 모습에 자극받아 훨씬 쉽게 기저귀를 떼기도 합니다. 세상 모든 아이는 모두 자기만의 속도에 맞춰 자란다는 사실을 잊어선 안 됩니다. "조바심 내지 마라. 때가 되면 다 한다"라는 옛 어른들의 말이 대부분 틀린 게 없습니다.

: 집 안 모든 물건이 장난감

돌이 지난 아기들은 부지런히 눈을 굴려 엄마 아빠가 어떻게 하는지를 보고 배웁니다. 형제자매의 행동을 보고 그대로 따라하기도 합니다. 여자아기는 엄마가 하는 것을 보고 화장하는 흉내를 내기도 하고, 어설프게 빗질을 하기도 합니다. 어디서 보고 배웠는지 기특하게(?) 연필을 잡고 공부하는 척도 합니다.

위험하지 않다면 아기가 어른 물건에 관심을 갖거나 행동을 따라할 때 직접 손으로 만져보고 행동하게 해주세요. 값비싼 장난감보다 언니가 가진 몽당연필 하나가 이 시기 아기들에게는 가장 좋은 장난감이며 학습 교재입니다.

한편 이 시기 아기들은 규칙과 질서에 대해 배울 수 있습니다. 장난감을 꺼내 잘 놀고 난 후에는 스스로 정리하는 습관을 들여주세요. 아기들이 놀고 난 후 "너는 저리 가 있어. 엄마가 치울게"라고 하지 말고 "우리 이제부터 같이 정리하는 놀이를 할까?"라고 말해보세요. 단순히 정리를 한다고 하면 잘 하지 않지만, 놀이처럼 엄마가 유도해주면 신이 나서 어질러놓은 물건들을 치울 것입니다.

: 아토피, 약보다 의식주 관리가 중요합니다

요즘 엄마들이 가장 두려워하는 병 중 하나가 바로 아토피입니다. 잘 낫지도 않으면서 아기를 고통스럽게 하지요. 아직은 왜 아토피가 생기는지 정확하게 밝혀지지는 않았습니다. 다만 유전적인 요인과 면역적인 요인, 의식주 환경들이 아토피를 유발하고 악화시킨다고 알려졌지요.

"아토피가 완치가 되나요?"

아기의 증상이 하루아침에 낫기를 기대하는 마음에 이런 질문을 던지기도 하지요. 하지만 요술처럼 아토피 증상을 낫게 하는 방법은 없습니다. 한방에서 근본적인 치료를 한다고 해도 병원 치료만으로 증상이 낫기를 기대해서는 안 됩니다. 약이 아무리 좋아졌다고 해도 약만 가지고 고칠 수 없다는 말입니다. 아토피를 뿌리째 뽑으려면 의식주 전부가 바뀌어야 합니다. 병원에 열심히 다닌다고 치료되는 것이 아니라 집에서 부지런히 아기를 낫게 하는 환경을 마련해줘야 합니다.

아토피가 생겼을 때 가장 먼저 하는 것이 연고를 바르는 것인데요. 스테로이드 연고는 효능이 뛰어나 순식간에 증세가 나은 듯 보이기도 합니다. 그러나 스테로이드 연고는 사실 증상을 치료하는 것이 아니라 감추는 역할을 하는 것입니다. '눈 가리고 아웅 한다'는 표현이 꼭 맞지요. 그래서 약을 끊으면 갑자기 더 증세가 나빠지기도 합니다.

아기가 아토피가 심하다고 공기 좋은 곳으로 이사하는 집도 있습니다. 대도시를 벗어나 약간만 외곽으로 나가도 공기가 확실히 다르지요. 아토피는 주거지를 친환경적으로 바꾸었을 때 어느 정도 호전되기도 합니다. 자연에 있을 때 훨씬 잘 낫는 것은 분명한 사실이지요. 하지만 시골에 사는 것만이 능사는 아닙니다. 시골에 살면서 생활습관은 도시에 살던 바와 다르지 않다면 큰 효과가 없습니다.

아기가 아토피를 앓고 있다면 무엇보다 보습에 유의하세요. 기본적으로 아토피를 앓는 아기의 피부는 수분 손실이 커 상당히 건조합니다. 목욕 후에 보습제를 바르는 것이 효과가 있는데, 이때는 몸에 어느 정도 물기가 남아 있을 때 발라주는 것이 좋습니다. 보습제를 바를 때는 그저 발라주는 게 아니라, 몸 전체를 마사지해준다는 생각을 해야 합니다. 엄마의 따뜻한 손길이 느껴지는 마사지를 통해 아기 마음이 편안해지면서 증세가 훨씬 빨리 호전됩니다. 어느 질병이든 엄마의 사랑만큼 강력한 약은 없습니다.

: 열 때문에 경기를 하는 아이들이 많습니다

돌이 지난 아기들은 열 때문에 경기를 하는 수가 많습니다. 열성 경기는 전체 아기의 5퍼센트 정도가 경험할 정도로 흔한 증상이지요. 하지만 열이 난 상태에서 경기를 했고, 몇 분 이내에 끝이 났다면 그다지 걱정하지 않아도 됩니다. 아기가 경기를 일으키면 우선 안전한 곳에 베개 없이 눕히고 옷을 헐렁하게 풀어주세요. 그런 후 턱을 적당히 젖혀 기도를 확보하고, 침이 흐르도록 고개를 옆으로 돌려주십시오.

흔한 증상이긴 해도 반복적으로 경기를 한다면 가볍게 봐 넘겨선 안 됩니다. 한 번 경기할 때 15분 이상, 하루에 두 번 이상, 1년에 다섯 번 이상 경기를 한다면 더욱 정밀한 진료를 받아볼 필요가 있습니다. 열 경기로 말미암은 후유증은 특별하지 않습니다. 성장과 관계가 없으며 뇌 손상과도 관계가 없지요. 아직은 뇌가 발달 과정상 기능적으로 미숙한 상태여서 경련이 발생하기 쉬운 것입니다.

: 분노 발작을 일으킬 때도 있습니다

이 시기 아기들은 자신이 원하는 대로 이루어지지 않으면 분노 발작을 일으키기도 합니다. 소리를 지르고 울고불고 난리를 치지요. 바닥에 머리를 박는 자학 행동을 하기도 합니다. 엄마는 이런 행동에 놀라 아기가 원하는 것을 급하게 들어주게 마련입니다. 하지만 그때마다 요구를 들어주면 습관이 되어 원하는 게 있을 때마다 발작을 일으킬 수도 있습니다.

아기가 분노 발작을 일으킬 때는 위험하지 않도록 주변을 정리하고 발작이 끝날 때까지 차분히 기다려야 합니다. 제풀에 지쳐 가라앉으면 그때 안아 달래주면서 말로 잘 설명해주는 지혜가 필요합니다. 분노 발작은 경련성 질환은 아니지만 일종의 행동장애로 그냥 넘길 일은 아닙니다. 아기가 왜 발작을 일으키는지 근본적인 이유를 찾아내고 그런 행동을 할 수밖에 없는 마음을 잘 이해하고 다독여줘야 정서적으로 문제를 일으키지 않습니다. 이때 엄마는 마음은 이해해도 그런 공격적인 표현은 해서는 안 된다고 단호한 태도를 보여야 합니다. 특히 엄마 자신이 먼저 감정을 다스리는 모습을 보여줘야 합니다. 즉, 화가 났을 때 분노를 그 즉시 표출하지 않고 잘 다스리는 좋은 본보기가 되어야만 합니다.

아기가 또래보다 발달이 느리다면 두 돌이 되기 전에 발달 검사를 받아보는 것이 좋습니다. 한방에서든 양방에서든 발달지연이 있을 때 24개월 이전에 치료를 시작해야 효과가 좋습니다. 물론 발달지연이 아닌 발달장애라면 그 전에라도 빨리 조치를 취해야 합니다. 돌이 지나도 걷지 못한다고 걱정하는 엄마도 있는데, 걷는 문제만큼은 아기에 따라 조금 늦거나 빠를 수 있으니 너무 예민하게 받아들이지 않아도 됩니다. 단, 10개월까지 제 스스로 앉지 못한다면 문제가 있습니다. 발달장애는 겉으로 드러나는 운동발달 외에 인지, 청력, 언어 등에도 관련하기 때문에 평소에 아기를 자세히 관찰해야 합니다.

저는 아기 키우는 엄마들에게 늘 이렇게 말합니다.

"조급함이 아이 건강을 망칩니다. 먹는 것이든 행동 습관이든 제 스스로 경험하고 깨닫게 하는 것이 좋습니다."

아기를 기를 때의 모든 문제는 억지로 뭔가를 했을 때, 또 물질문명이 만들어낸 편리함을 따를 때 발생합니다. 돌부터 본격적으로 세상을 경험하는 아기에게 자연의 이치에 따라 스스로 성장하는 법을 가르치는 것이 이 시기 엄마들의 역할입니다.

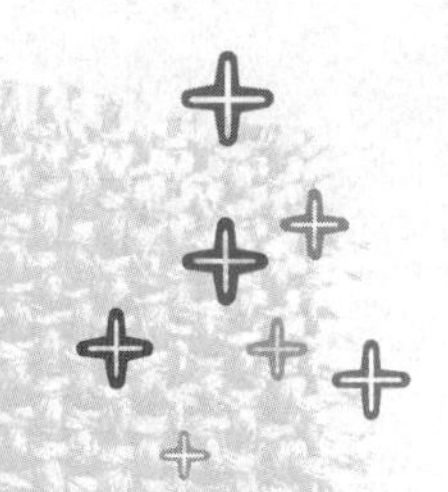

2세에서 3세까지(13~24개월)

눈 · 코 · 입 · 귀

시력 관리가 중요합니다

몸이 열 냥이면 눈이 아홉 냥이라는 말이 있습니다. 그만큼 눈이 중요하다는 말입니다.
그런데 요새는 초등학교에 들어가기도 전에 안경을 쓰는 아이가 부쩍 늘었습니다.
눈이 나쁜지 모르고 있다가 어느 날 검사를 받고 나서야
정상 시력에 못 미친다는 걸 깨닫는 경우도 많지요.
아기는 잘 보이지 않아도 표현을 못 하니 엄마가 주의 깊게 관찰해야 합니다.
적어도 생후 6개월~1년, 3세, 입학 전,
이렇게 최소한 세 번 정도는 시력 검진을 받아보는 것이 좋습니다.

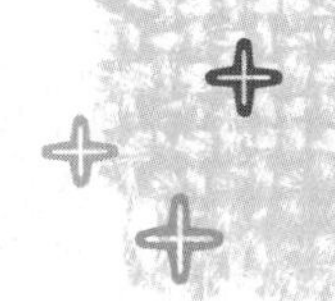

오장육부가 튼튼한 아기가 눈도 건강합니다

돌이 되면 시력이 0.4 정도가 되고 색채를 완전히 구별할 수 있습니다. 성인 정도의 시력은 적어도 만 5~6세가 되어야 갖출 수 있습니다. 따라서 시력이 완성되는 만 5세까지는 눈 관리가 무척 중요합니다. 시력 이상은 빨리 발견하는 게 관건입니다. 빨리 발견하면 할수록 시력 저하를 막을 수 있지요. 한번 떨어진 시력이 회복되는 건 요원합니다.

근시에는 선천적으로 눈이 나쁜 악성근시와 공부와 컴퓨터 등 후천적 요인으로 생기는 단성근시가 있습니다. 하지만 이 시기의 아이들은 원래 시력이 어른 같지 않은데다 표현도 하지 못하기 때문에 시력에 문제가 있는지 알기

쉽지 않습니다. 이럴 때는 아기가 사물을 응시하는 모습을 잘 관찰하는 것이 방법입니다. 아기가 물건을 볼 때 눈을 찡그리거나, 초점을 잘 못 맞추는 것 같고, 주변의 사물을 잘 인지하지 못한다면 악성근시를 의심하고 검사를 받아야 합니다. 악성근시는 진행 속도가 빨라 고도근시나 약시가 될 수 있기 때문에 주의가 필요합니다.

아기들의 악성근시는 근시를 개선하기보다는 악화 속도를 늦추는 것을 목표로 해야 합니다. 한방에서는 근시 치료를 위해 한약, 무통 침, 추나요법, 시력개선 운동 등을 처방하고 있습니다. 하지만 아직 어린 아기들에게 이런 방법들을 제대로 쓰기에는 무리가 있습니다. 따라서 평소에 시력을 보호하는 생활습관을 들이는 것이 중요합니다. 눈에 좋은 자연식을 많이 섭취하는 것도 중요하지요.

한의학에서는 눈을 설명할 때 비단 사물을 보는 역할만 하는 것이 아니라, 오장육부와 연관된 기관으로 보고 있습니다. 오장육부와 전신의 건강 상태가 눈에 나타난다는 이론이지요. 구체적으로 설명하자면 흰자위는 폐, 검은 눈동자는 간, 눈초리는 심장, 동공은 콩팥, 눈꺼풀은 비장의 건강을 나타냅니다. 만일 아기가 시력에 문제가 있다면 안구의 긴장을 풀고 오장육부를 건강하게 하여 증상이 악화하는 것을 어느 정도 막을 수 있습니다. 시력은 수정체 조절 능력이 떨어져 시상이 망막에 정확하게 맞춰지지 않는 것으로, 수정체와 이를 조절하는 안구 근육의 긴장을 풀어주는 것이 중요합니다. 눈 주위를 마사지하거나 멀리 볼 수 있게 야외 활동을 적절히 하는 것도 좋습니다.

눈 밑이 검은 것은 오장육부가 부실한 탓

아기가 눈 밑이 거무스름하면 일단 어디가 아픈 것처럼 보입니다. 어른도 실제로 몸이 안 좋으면 눈 밑이 어두워집니다. 한의학에서는 '관형찰색'이라 하여 외형으로 나타나는 증상을 가지고 몸 안에 어떤 질병이 있는지 알 수 있고, 피부나 얼굴의 병변을 오장육부의 부조화에서 기인한다고 봅니다.

먼저 알레르기 질환이 있을 때 그런 현상이 있습니다. 아토피 피부염, 알레르기성 비염, 알레르기성 기관지천식이 있을 경우입니다. 또 비염이나 축농증이 있을 때도 눈 밑이 검어집니다. 코 주위로 가는 정맥이 울혈되어 어두운 기운이 생기는 것입니다. 또 비위기능이 약해 몸에 '담음'이라는 노폐물이 많을 때도 눈 밑이 어둡습니다. 이럴 때 아기는 식욕이 부진하고 배앓이가 잦으며 마르고 허약합니다. 신장 기능이 좋지 않아도 몸에 독소와 수분이 쌓여 눈이 붓고 눈 아래가 어두워질 수 있습니다. 이렇듯 눈 밑이 검은 것은 오장육부와 관련하여 어떤 문제가 있다는 것을 의미합니다.

물론 별다른 이상 없이 선천적으로 눈 밑이 어두운 경우도 있긴 합니다. 엄마 아빠 중 한 사람이 눈 밑이 유독 어둡다면 유전적으로 아기 역시 눈 밑이 검을 수 있습니다. 이럴 때 아기는 특별히 아픈 곳이 없고 잘 먹고 잘 놀지요. 그래도 저는 아기의 눈 밑에 검다면 한번쯤 한방 진단을 받아보라고 말합니다. 호미로 막을 일을 가래로 막는 사태를 방지하기 위해서입니다. 만일 아무 문제가 없다면 안심하면 되고, 문제가 발견된다면 원인을 파악해 적절한 치료를 해줘야 하겠지요.

속눈썹이 눈을 찔러요

유난히 눈물을 많이 흘리면서, 햇볕 아래서 눈을 잘 못 뜨거나 자주 충혈되고, 눈곱이 많은 아기가 있습니다. 이런 아기는 평소에도 눈을 자주 비벼 엄마로 하여금 '혹시 눈병에 걸린 건 아닐까' 하는 의심이 들게 하지요. 물론 눈병이나 다른 질환 때문에 눈에 이상이 오는 경우도 있긴 합니다만, 가장 많은 이유는 속눈썹이 눈을 찔러서입니다. 속눈썹이 눈을 찔러서 그런 거라고 말을 하면 대개 안심하지만, 사실 이것은 시력 저하를 일으키는 큰 요인이 됩니다.

《동의보감》에서는 이런 증상을 도첩권모倒睫捲毛라고 합니다. 그대로 옮겨보자면 '눈물이 방울방울 흐르고 점차 예막이 생기고 눈꺼풀이 긴장되면서 속눈썹이 거꾸로 들어가 눈동자를 찔러 아픈 것'이라고 합니다. 하지만 그 증상을 엄마 스스로 파악하기란 쉽지 않습니다. 아직은 속눈썹이 부드러워서 아기가 크게 아파하지 않을뿐더러 각막에 상처를 내지도 않기 때문입니다. 만일 아기에게 이런 증상이 보인다면 주의 깊게 관찰해보세요. 반복적으로 증상이 나타난다면 도첩권모가 아닌지 안과 진단을 받아보길 권합니다. 정도가 심하면 만 3세 이후에 수술 치료를 해줘야 합니다.

시력 보호를 위한 생활요법

1. 조명 바로 아래에 아기를 눕히지 않는다

이 시기 아기들은 빛에 대해 호기심이 강하다. 조명이 조금만 밝아도 빛이 나오는 곳을 하염없이 쳐다보곤 한다. 이때 조명의 파장 때문에 눈이 쉽게 피로해지고 시력에도 악영향을 줄 수 있다. 따라서 조명 바로 아래에 아기가 누워 있지 않도록 한다.

2. 텔레비전을 가까이 보게 하지 않는다

텔레비전은 성장기 아이에게 백해무익하다. 미국 소아과학회에서도 두 돌 전의 아기에게 텔레비전을 보여주지 말라고 권장하고 있다. 하지만 아이가 어쩔 수 없이 텔레비전을 보게 된다면 충분한 거리를 유지하게 해야 한다. 보통 텔레비전 화면 가로 길이의 5~6배 거리는 기본. 또한 너무 어두운 곳에서 보면 좋지 않으므로 책을 읽을 수 있는 조명 밝기를 유지해야 한다.

3. 눈에 좋은 음식을 먹인다

비타민A와 B가 많이 들어 있는 음식을 먹인다. 달걀노른자, 우유, 버터, 치즈, 간, 콩, 현미, 보리, 생선, 견과류, 생굴, 해조류, 당근, 토마토, 고구마와 시금치, 파슬리 등 푸른 잎채소 등이 눈에 좋다. 반대로 수입 밀가루, 닭고기 및 튀기거나 구운 육류, 매운 음식, 백설탕, 과식, 야식은 피해야 한다.

나쁜 기운에 제일 먼저 반응하는 코

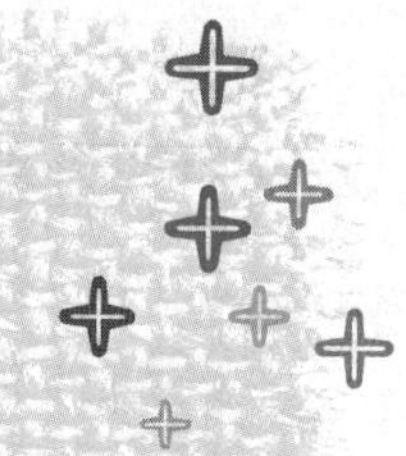

코는 몸 안에 들어오는 나쁜 기운이나 이물질에 가장 먼저 반응하는 기관입니다.
특히 폐 기운이 허약하거나 원기가 부족하면 비염과 축농증 같은 코 질환에 걸리기 쉽습니다.
비염이나 축농증 같은 코 질환이 나타나는 원인은 크게 두 가지입니다.
첫째, 내부적으로 몸이 허약해졌을 때
둘째, 외부적으로 기후 조건이 안 맞을 때입니다.
또한 아기가 무언가에 의해 정신적인 압박을 받았을 때도 이런 질환이 나타날 수 있습니다.

코가 막혀 숨조차 못 쉬는 비염

비염은 폐가 너무 차거나 혹은 너무 더울 때, 원기가 부족하거나 체질적으로 문제가 있을 때 생기는 질환입니다. 주로 콧물, 코막힘, 후각 장애 등으로 나타나지요. 비염은 급성비염과 만성비염으로 나눌 수 있습니다. 급성비염은 흔히 걸리는 코감기라고 생각하면 됩니다. 만성비염은 다시 만성 비후성 비염, 위축성 비염, 혈관운동성 비염, 알레르기성 비염 등으로 나뉩니다. 만성비염은 급성비염이나 감기 따위가 잘 낫지 않고 오랫동안 계속될 때 생깁니다. 또한 축농증을 너무 오래 앓아도 만성비염이 생깁니다. 양방에서 쓰는 스프레이식 점막수축제를 오랫동안 많이 써도 나타날 수 있습니다.

비염의 대표적인 증상은 코막힘입니다. 코막힘은 밤에 더욱 심해지며 심한 경우 코로 숨쉬기가 어려워지기도 합니다. 냄새를 잘 맡을 수 없고, 콧물이 나며 때로는 두통까지 나타납니다. 이로 말미암아 잠도 잘 못 자지요. 이런 아기의 코안을 들여다보면 점막이 붉게 충혈되거나 창백해져 있기도 합니다. 콧속 벽이 부어 딸기 모양으로 부풀어 오른 것도 볼 수 있습니다. 또 과도하게 나온 콧물이 인후부를 통해 뒤로 넘어가 기침을 하거나 가래가 끓기도 합니다.

아기들은 코가 막히면 굉장히 답답해합니다. 이럴 때는 우선 습도와 온도를 적절하게 유지해주면서, 찬 바람을 쐬지 않도록 외출을 자제하는 것이 좋습니다. 증세가 심해 아기가 잠을 이룰 수 없을 정도라면 생리식염수 몇 방울을 코에 떨어뜨린 다음 가제 수건으로 코를 눌러 분비물을 빼주면 됩니다. 이와 함께 맵지 않은 무를 식염수 대신에 사용할 수도 있습니다. 무를 강판에 갈아서 천으로 즙을 짠 다음 면봉에 적셔 콧구멍 구석구석을 주의해서 잘 바르면 코가 뚫립니다. 무즙은 살균작용이 있어 코감기를 비롯한 호흡기 염증에 좋습니다. 이때 코를 뽑는 흡입기는 자주 사용하지 않는 것이 좋습니다. 흡입기를 쓰면 일시적으로 아기가 시원해할지 모르지만 코 건강에는 좋지 않기 때문입니다.

탁한 콧물이 쉴 새 없이 흘러내리는 축농증

축농증을 한의학에서는 비연鼻淵, 뇌루腦漏라고 하는데, 《동의보감》에서는 '탁한 콧물이 그치지 않아 샘물과 같으므로 비연鼻淵이라고 한다'고 했습니다. 축농증은 서양인보다 동양인에게 많이 나타난다고 합니다. 아마 서양인보다 동양인의 콧대가 낮고 비강이 좁기 때문인 것 같습니다.

사람의 코 주위 안면 골 안에는 공기가 들어 있는 공간이 있습니다. 코 주위에 있다고 해서 이름이 부비동이지요. 축농증은 이 부비동에 염증이 생기는 것을 말합니다. 그래서 축농증을 부비동염이라고도 하지요. 부비동과 코는 작은 구멍으로 연결되어 있습니다. 만일 이 구멍이 막히면 부비동에 균이 번식하여 염증이 생깁니다. 부비동염, 즉 축농증에 걸리면 코가 막히고 콧물이 나며 냄새를 잘 맡지 못하고 머리도 아픕니다. 아기들은 감기에 걸렸을 때 비염과 함께 이 축농증을 앓는 수가 많습니다. 또한 한의학에서는 오장육부 중 쓸개의 열이 뇌로 전달되었을 때, 폐의 기운이 허약할 때도 축농증이 생길 수 있다고 봅니다.

아기가 부비동염에 걸리면 일단 끈적끈적한 누런 코가 계속해서 나옵니다. 이 밖에도 후비루(코, 가래가 뒤로 넘어가는 증상), 코막힘, 후각장애 등이 따라옵니다. 코에서 냄새가 나고 두통이나 안면통, 미각 장애까지 나타나는데 아기는 어른보다 통증은 덜한 편입니다. 이 외에도 축농증에 걸린 아기는 기침하면서 콧소리를 내고, 안면이 창백하며 잘 먹지 않고, 때로 열이 나기도 합니다. 아기가 만일 이런 증상을 보인다면 서둘러 치료해줘야 합니다. 축농증을 그대로 내버려두면 인두염, 편도염, 후두염, 기관지염, 만성 중이염, 소화불량, 두통, 안구 돌출 및 시력장애 등의 합병증을 불러올 수 있기 때문입니다.

만성적인 코 질환엔 한방 치료가 효과적입니다

우리나라 소아의 20퍼센트 이상은 비염이나 축농증을 앓고 있습니다. 이런 만성적인 코 질환은 사실 특별한 치료법이 없고, 수술을 해도 재발하는 경우가 많습니다. 아무리 시간이 지나도 낫지 않으니 답답한 마음에 오랫동안 항생제를 먹이는 엄마들도 있습니다. 사실 만성적인 코 질환은 한방에서 근본적인 치료를 한다고 해도 완전히 다 낫는다고 장담할 수 없습니다. 그래도 체질을 개선해주면서 치료를 병행하면 그 증상이 상당히 나아집니다. 아기들에게 코 질환이 있다면 한방 치료를 받아보세요. 호흡기를 보강하고 체질을 개선해주면서 코를 치료하면 근본적인 치료가 가능합니다.

비염이나 축농증이 있는 아기는 대개 감기에 자주 걸리고 열이 많습니다. 또한 식욕부진, 변비, 식은땀, 코피 등을 보이지요. 이런 아기들은 코 질환 자체만 볼 게 아니라 적당한 한약을 처방하여 체질적 불균형 상태를 개선해줘야 합니다. 특히 그 증상이 만성적이라면 반드시 한방 치료를 권합니다. 한방에서는 항생제나 소염제의 내성과 부작용 걱정 없이 병을 치료할 수 있습니다.

한방에서는 체질과 병증에 따라 치료하므로, 증상만 없애는 것이 아니라 전체적으로 몸을 건강하게 할 수 있습니다. 또한 약 복용으로 말미암은 부작용이 없으며 내성을 키우거나 면역력을 떨어뜨리지 않습니다. 또한 겉으로 보이는 증상만 치료하지 않고 체질 자체를 개선하므로 일단 치료를 시작하면 다시 재발하는 일이 드뭅니다.

코에 생기는 병은 체질적 불균형을 개선하면서 코의 증상을 집중적으로 치료하면 효과를 볼 수 있습니다. 한약 복용과 아울러 무통 침 시술, 약향요법 등을 병행합니다. 집에서는 비강을 씻는 방법을 직접 쓸 수 있습니다. 깨끗이 정수한 물 1리터에 천연소금 2숟가락을 넣으면 훌륭한 세척액이 됩니다. 번거롭다면 생리식염수를 써도 무방합니다. 이렇게 준비한 세척액을 아이가 세수할 때 주사기를 이용해 분사해서 씻어 흘러내리게 해주세요. 코 뒤로 넘기지 않도록 해야 합니다. 당장은 아니더라도 1~2주 정도면 증상이 나아지는 것을 볼 수 있습니다.

만일 증상이 급성이라면 형개연교탕, 여택통기탕, 방풍통성산, 소청룡탕 등을 복용하는 것이 좋습니다. 만성일 경우에는 보중익기탕, 육미지황탕 등을 복용합니다. 코와 관련한 질환이 만성적으로 나타난다면 한방 치료가 더욱 효과가 있습니다.

잦은 코피에는 체질개선이 먼저

코피는 아기들에게서 자주 보이는 증상입니다. 환절기에 신체 적응력이 떨어지거나 비점막이 건조해지거나 민감해지면 혈관이 터져 코피가 나곤 합니다. 특히 허약한 아기들이 자주 코피를 흘리지요. 다른 이상 없이 코피가 나는 것은 조금 지켜봐도 괜찮지만 빈도가 잦다면 체질개선이 필요합니다.

코피는 외상으로 인한 점막 손상이 원인일 때가 많습니다. 아기가 심하게 코를 후비거나, 감기 등에 걸려 코를 세게 풀게 했을 때 점막이 손상되어 코피가 나는 것이지요. 물론 별다른 이유 없이도 코피를 흘릴 수 있습니다. 어른과 마찬가지지요.

한방에서는 코피가 나는 것을 폐에 있는 열 때문으로 봅니다. 아기는 몸속

코피가 멈추지 않을 때는 쑥과 연근

쑥을 씻어 짓이기거나 잘 비빈 후 뭉쳐서 솜과 함께 콧구멍을 막아두면 코피가 멈춘다. 쑥 대신 연근 즙을 솜에 적셔서 콧속에 넣어두어도 지혈 효과가 있다. 특히 코피를 흘린 후에 연근을 먹이면 좋다. 연근은 지혈 작용과 함께 상처가 난 혈관을 복원하는 효과가 있다.

의 열이 위쪽으로 뻗치는 경향이 있습니다. 이때 그 열이 폐에 집중적으로 몰리면, 폐와 한통속인 코에서 피가 터져 나오는 것이지요. 이 경우에는 주로 심하게 놀거나 잠을 자다 코피를 흘릴 때가 많은데, 양도 많고 지혈도 잘 안 됩니다.

이 밖에 다른 이유도 있는데, 비위가 허약해서 잘 체하고 식욕이 부진하며 얼굴도 누렇고 혈색이 없는 아이들도 피곤하면 코피를 자주 흘립니다.

그리고 감기를 자주 앓는 아이가 비염이나 부비동염을 후유증으로 앓으면 코피가 잘 납니다. 비염과 부비동염은 코의 점막을 약하게 만들기 때문에 코를 후비거나, 코를 너무 세게 풀거나, 건조한 날씨에 노출되면 쉽게 코피가 납니다. 하지만 이런 경우는 폐에 열이 있을 때와는 달리 피의 양이 많지 않고 지혈도 금세 됩니다.

코피가 날 때 아기는 물론 지켜보는 엄마도 불안해하게 마련입니다. 그러나 코에서 갑자기 나오는 피는 언뜻 양이 많아 보여도 실제로는 적은 양입니다. 코피를 쏟아 현기증이 일어나거나 피가 모자랄 일은 없으니 안심하셔도 됩니다. 엄마가 불안해하면 그 모습을 보는 아기 역시 불안함을 느낍니다. 아기가

이것만은 꼭 알아두세요

코피가 자주 나는 아기를 위한 식이요법

1. 인스턴트 음식을 삼가면서 과일, 채소, 녹즙 등 서늘한 성질의 자연식을 먹인다. 단, 서늘한 성질의 음식이라고 해서 청량음료나 아이스크림을 뜻하는 것은 아니다.
2. 연근을 먹인다. 연근을 갈아 생즙을 내어 찻숟가락으로 하루에 여러 번 나눠 먹인다. 연근을 간장에 졸이거나 달걀을 입혀 부치는 등 요리를 해서 반찬으로 먹여도 좋다.
3. 한방에서 백모근이라고 말하는 풀을 생즙으로 복용하거나, 말린 백모근 100g을 달여 하루에 2회씩, 10일 정도 먹여도 효과가 있다.

코피가 나면 우선 고개를 앞으로 숙이게 하고 콧등 부위를 눌러주세요. 그러면 저절로 피가 멈춥니다.

만일 이렇게 했는데 피가 멎지 않으면 코피가 나는 쪽의 팔을 한참 동안 머리 위로 들게 하세요. 또한 콧등과 목덜미, 머리의 정수리 부분에 얼음 주머니를 대줘 차게 하면 혈관을 축소해 코피가 쉽게 멎습니다.

아기가 코를 골아요

평소에 코를 골지 않던 아기가 코를 곤다면 비염이나 축농증이 없는지 확인해봐야 합니다. 코에 생기는 염증성 질환은 비강 점막을 붓게 하고 공기의 흐름을 막아 잠잘 때 코를 골게 하지요. 하지만 이런 염증성 질환이 없는데도 아기에게 코를 고는 경향이 있다면 비염이나 축농증이 원인이 아니라, 선천적으로 편도나 아데노이드가 크기 때문인 경우가 더 많습니다. 사실 아기가 코를 고는 것 자체는 큰 문제가 아닙니다. 하지만 잠잘 때마다 코를 곤다면 숙면에도 좋지 않고, 낮의 집중력도 떨어져 성장발육에 좋지 않은 영향을 미치게 되겠지요.

또한 아데노이드나 편도가 크다면 비단 코만 고는 것이 아니라, 열 감기나 목감기, 중이염 등에 자주 걸릴 위험이 있습니다. 자라면서 콧속에 비강이나 인후의 공기 흐름을 위한 충분한 공간이 확보되면 코를 골거나 감기를 자주 앓는 경향이 조금씩 줄어듭니다. 따라서 평소에 숨을 편하게 쉴 수 있도록 온도와 습도 조절에 유념하면서 예후를 지켜보는 것이 좋습니다. 《동의보감》에서는 폐의 기운이 약해지면 몸이 허약해지고 그 영향으로 코를 곤다는 말이 나와 있습니다. 이럴 때 폐 기운을 보강해 허약증을 치료하면 코를 덜 골게 됩니다.

가래가 많고 기침이 심할 때는 엎드려 재우세요

낮에는 괜찮다가 한밤중이나 새벽에 갑자기 기침이 심해질 때가 있습니다. 이런 아기는 비염이나 축농증, 아데노이드염, 알레르기성 기관지염 등을 의심해야 합니다. 코와 후두부의 문제로 생긴 분비물이 코 뒤로 넘어가는 것을 후

이것만은 꼭 알아두세요

코 건강에 좋은 한방재료

1. 칡뿌리

한방에서 갈근이라고 하는 칡뿌리는 아기가 코가 막혀 숨을 잘 못 쉬고, 그로 인해 피곤해하면서 몸살기를 보일 때 효과가 있는 재료다. 특히 콧물을 없애는 효능이 우수하다. 말린 칡뿌리 30g을 물 700ml에 넣고 약한 불로 반으로 줄 때까지 우려내 하루 100ml 정도씩 3~4일에 동안 먹인다.

2. 수세미

수세미는 알레르기성 비염이나 천식 등에 좋은 효과를 볼 수 있다. 수세미 즙을 직접 먹여도 좋고, 마른 수세미 30g을 물 1리터에 넣고 약한 불로 반으로 줄 때까지 우려내 하루 100ml 정도씩 3~4일 먹여도 좋다. 수세미 가지에서 나온 즙을 먹여도 효과가 있다.

3. 대추감초차

대추나 감초는 염증을 없애고 코안의 작은 핏줄의 작용을 돕는다. 특히 비염이나 감기 때문에 코가 막혔을 때 효과가 좋다. 말린 대추 30g과 감초 10g을 물 700ml에 넣고 약한 불로 반으로 줄 때까지 우려내 하루 100ml 정도씩 3~4일 동안 먹인다.

4. 느릅나무차

참느릅나무의 뿌리껍질을 사용한다. 참느릅나무의 껍질은 코 질환에 좋은 약재로, 끓이면 코처럼 끈적끈적한 액이 생겨서 일명 '코나무'라고도 하며, 한방에서는 유근피라고 부른다. 말린 유근피 30g을 물 700ml에 넣고 약한 불로 반으로 줄 때까지 우려내 하루 100ml 정도씩 3~4일 동안 먹인다. 각종 코 질환에 사용할 수 있으며 종기와 고름을 없애면서 소변 배출을 돕는다. 독성이 없어 돌 이후부터 복용할 수 있다. 하지만 한의서에는 위장이 약하고 속이 차거나 비위가 허약한 소아는 오래 복용하지 말라고 되어 있다. 따라서 코가 좋지 않을 때 일시적으로 복용하는 것은 몰라도 오래 먹이는 것은 좋지 않다. 몸을 보하는 성질이 없어서 오래 먹으면 기운이 손상될 수도 있다.

비루 증상이라고 하는데, 후비루 증상이 있는 아기는 기침을 많이 합니다. 즉, 가래와 콧물 같은 분비물이 코 뒤로 넘어가 고여 있다가 발작적인 기침을 일으키는 것이지요.

이런 아기는 한밤중이나 새벽에 갑자기 기침을 하거나, 아침에 일어났을 때 발작적인 기침을 일으킵니다. 신기한 것은 몇 번 기침하다가 언제 그랬느냐는 듯 멈춘다는 것입니다. 기침과 함께 고여 있던 가래가 밖으로 나와 낮 동안에는 기침을 하지 않는 것입니다.

이런 아기는 엎드려 재우세요. 엎어 재우면 콧속 분비물이 뒤로 넘어가는 후비루 증상이 줄어들어 기침을 덜 합니다. 아기가 낮에는 멀쩡하다가 새벽이나 아침에 기침을 심하게 하고, 이 증상이 오래간다면 일단 후비루 증상이 없는지부터 확인해보십시오. 단, 돌 전 아이들은 엎드려 재우는 것을 피합니다.

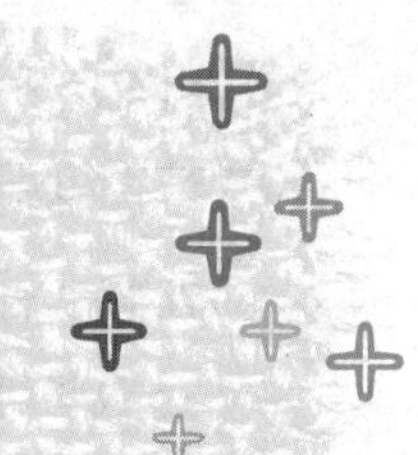

속열이 생기면 입안에 병이 생깁니다

입에 생기는 병은 건강상에 큰 문제가 되지는 않습니다.
그보다는 아기가 입이 아파 아무것도 먹으려 하지 않는다는 것이 문제입니다.
아기가 입병에 걸리면 영양과 수분 공급에 더 신경 써야 합니다.
한의학에서는 심장과 위장에 열이 있는 아기가 원기가 부족할 때 입에 병이 생긴다고 봅니다.
기운을 돕고 심장과 위장의 열을 내려줘 체질을 개선하면
입병을 앓지 않고 잘 자랄 수 있습니다.

입안이 허는 구내염

유난히 입안이 잘 허는 아기가 있습니다. 조금 피곤하거나 감기에 걸리기만 하면 입이 헐고 염증을 일으키는 구내염이 생겨 음식을 제대로 먹지 못하지요. 구내염은 입안에 생기는 모든 염증성 질환을 통칭하는 말로 주로 입술과 혀에 나타나는데 그 종류가 다양합니다.

아기가 앓는 구내염 중 흔한 것이 카타르성 구내염입니다. 이 병에 걸리면 입안 점막에서 잇몸에 걸쳐 빨갛게 붓는 증상이 나타납니다. 카타르성 구내염에 걸린 아기는 입에서 냄새가 나고, 통증 때문에 잘 먹지 못하며, 잠을 못 이루고 보채서 엄마를 힘들게합니다. 홍역이나 성홍열 등 열이 많이 나는 병과 함께 옵니다.

그다음으로 아프타성 구내염은 구내염 중 가장 많이 나타나며 바이러스로 인해 생깁니다. 때로 약물 중독이나 알레르기에 의해 발병하기도 합니다. 또

한 아기가 몸이 피곤하거나 스트레스를 받았을 때 많이 생기지요. 발병 부위는 카타르성 구내염과 비슷한데 혀에도 종종 생깁니다. 하지만 빨갛게 붓지 않고 지름 2~3mm의 좁쌀만 한 반점이 나타납니다. 나중에는 이것이 점점 커져서 회백색의 막을 이루지요. 보통 하나만 나타나지만 간혹 여러 개가 한꺼번에 생기기도 합니다. 반점의 표면이 벗겨지면서 통증이 생기고, 증상이 심해지면 침이 흐르면서 고약한 냄새가 납니다. 또는 열이 나거나 턱 밑의 림프선이 붓기도 하며, 짜고 매운 음식을 먹으면 통증이 더 심해집니다.

아프타성 구내염은 한방 치료가 무척 효과적입니다. 그 이유는 단순히 입안에 생긴 염증을 치료하는 게 아니라 패인 점막 조직을 재생시키기 때문입니다. 점막은 피부보다 재생력이 뛰어납니다. 한방 치료로 아기 몸의 회복력을 약간만 키워줘도 점막이 빨리 재생하여 깨끗이 없어지지요.

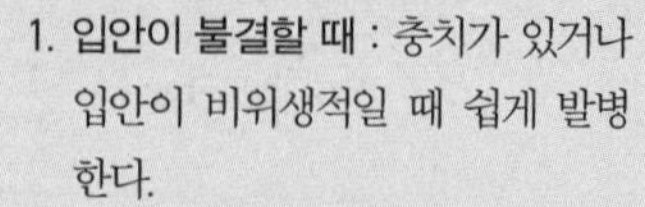

구내염의 원인

1. **입안이 불결할 때** : 충치가 있거나 입안이 비위생적일 때 쉽게 발병한다.
2. **영양 상태가 나쁠 때** : 전반적인 영양이 부족하거나 비타민B12, 비타민C 등이 결핍되어도 생긴다.
3. **질병으로 말미암은 체력 소모** : 위장병이나 고열을 동반하는 병 등으로 체력이 소모되어 저항력이 약해지면 입안에 잠복한 바이러스나 세균이 활동하기 시작한다. 바이러스나 세균이 입안의 점막 등에 침투하여 염증이 생기는 것이다.
4. **심장과 비위에 열이 울체된 경우** : 평상시 수면불량이나 변비, 구취, 색이 진한 소변, 많은 땀 등의 증상이 동반된다.

세 번째, 궤양성 구내염은 갑자기 열이 나고 입의 점막이나 잇몸이 패이기 때문에 아기가 몹시 아파합니다. 영양 상태가 좋지 않고 입안이 비위생적일 때, 충치 등으로 감염되었을 때 주로 나타납니다. 궤양성 구내염에 걸린 아기는 침을 많이 흘리고, 구취가 심하며, 턱 밑의 림프선이 부어오릅니다. 이때 자극적인 음식은 좋지 않으며 구기자차, 양배추, 감잎차 등을 먹으면 효과가 있습니다.

네 번째, 괴저성 구내염은 영양 상태가 좋지 않아 극도로 쇠약해진 젖먹이 아기에게서 많이 나타납니다. 점막에 생긴 회백색의 궤양이 검은 갈색으로 변하면서 점막에 구멍이 뚫려 잇몸과 위턱이 상하기도 합니다. 강한 입내를 풍기며 심하면 목숨이 위태로워질 수도 있습니다.

다섯 번째, 36개월 미만의 아이가 열 감기로 고생한 후 구내염이 생겼다면 헤르페스성 구내염일 가능성이 큽니다. 바이러스가 주원인인데 조심한다고 피할 수 있는 것이 아니라 몸의 상태가 나빠질 때 걸립니다. 볼 안쪽의 점막, 잇몸, 혀 등에 물집이 생겼다가 터지면서 작은 궤양이 생깁니다. 잇몸을 건드리면 피가 나기도 하지요. 헤르페스성 구내염에 걸린 아기는 아이스크림이나 우유처럼 시원하고 부드러운 음식을 먹여 통증을 줄일 수 있습니다. 뜨겁지 않은 죽을 주거나 일시적으로 더운물 대신 찬물을 먹이는 것이 좋습니다. 증상이 그리 심하지 않다면 충분히 쉬고 잘 먹으면 일주일이나 열흘 정도 후에는 저절로 좋아집니다.

구내염을 치료하는 가글용 한약재

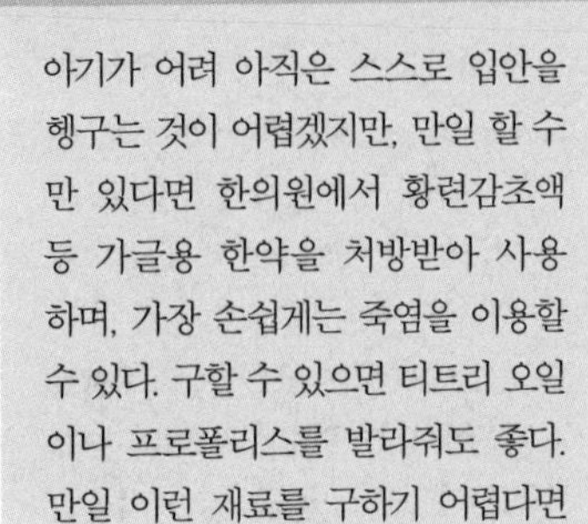

아기가 어려 아직은 스스로 입안을 헹구는 것이 어렵겠지만, 만일 할 수만 있다면 한의원에서 황련감초액 등 가글용 한약을 처방받아 사용하며, 가장 손쉽게는 죽염을 이용할 수 있다. 구할 수 있으면 티트리 오일이나 프로폴리스를 발라줘도 좋다. 만일 이런 재료를 구하기 어렵다면 꿀을 발라줘도 효과가 있다.

마지막으로 단순성 구내염은 염증만 있는 상태로 다른 구내염의 초기 증상으로 나타나는 때도 있습니다. 보통은 일반적으로 말하는 입병이 여기에 속한다고 볼 수 있지요. 대부분 충분한 휴식과 영양 공급만으로 회복됩니다.

'ㄹ' 발음을 잘 못한다면 설단소증일 수도

혀 밑 잇몸의 안쪽 가운데와 혀 아래가 짧게 붙어 있는 것을 설단소증이라 합니다. 선천적인 문제인데 딱히 알려진 원인은 없습니다. 설단소증에 걸린 아기의 혀를 들어보면 인대처럼 보이는 '설소대'가 정상아보다 짧고 넓습니다. 이러면 혀를 잘 움직이지 못해 혀의 운동에 장애가 오고, 발음도 이상해집니다. 이런 경우를 흔히 '텅 타이(tongue-tie)'라고 부르지요. 설소대가 짧으면 짧을수록 언어발달이 힘들어지므로, 빨리 치료해줘야 합니다.

사실 돌 전까지는 아기가 말 자체를 잘 못하므로 발음이 이상해도 그것이 설단소증인 줄 잘 모릅니다. 그러다가 아기가 말을 배우기 시작하면서 'ㄹ' 발음을 못하는 걸 보고서야 문제가 있다는 것을 알게 되지요. 설단소증이 있는 아기는 혀를 내밀었을 때 앞니를 넘어오지 못합니다. 또 혀를 내밀 때 혀끝이 뾰족해지지 않고 혀 가운데가 들어가 하트 모양이 되지요.

만일 아기 발음이 이상하더라도 혀를 밖으로 내밀게 했을 때 혀끝이 아랫입술을 덮을 만큼 내려오면 설단소증이 아닙니다. 이때는 설단소증이 아니라 다른 이유로 발음에 문제가 있는 것입니다. 사실 설단소증은 증상이 심하지 않다면 어른이 될 때까지 발견 못한 채 지내기도 합니다. 나중에 발음이 정확해야 하는 전문직을 가지려고 할 때에야 비로소 설단소증을 발견하기도 합니다.

설단소증의 치료는 수술 이외에는 다른 방법이 없습니다. 수술에 가장 좋은 시기는 본격적으로 말을 배우기 전, 즉 생후 18개월 이후입니다. 말을 배운 다음에 수술하면 굳어진 발음을 교정하기가 무척 어렵습니다. 만일 아기가 이 시기가 되었는데 'ㄹ' 발음이 이상하다면 바로 병원에서 검사해야 합니다. 수술은 혀끝을 앞으로 당겨 설소대를 옆으로 절단한 다음 가로로 봉합해주는 것입니다. 수술 자체가 어렵지 않으므로 크게 긴장할 필요는 없습니다.

악용되는 설소대 수술

일부 엄마들이 아이에게 일부러 설소대 수술을 시킨다고 한다. 즉, 혀 밑의 설소대를 수술하여 혀를 더 길게 만드는 것. 영어 R과 L 발음을 좋게 하려는 목적으로, 혀를 더 늘리면 유연성이 생겨 발음이 더 좋아진다고 생각하는 것이다. 그러나 정상아는 혀를 수술했다고 영어 발음이 더 좋아지지 않는다. 굳이 몸에 좋을 것 없는 전신마취를 하면서까지 아이에게 불필요한 수술을 시킬 필요는 없다.

비위가 약해지면 침을 흘려요

"다른 아기보다 침을 많이 흘려요. 이가 나와서 그러나보다 했는데, 가만 보면 그런 것도 아닌 것 같아요. 그냥 놔두기엔 너무 심한데 어떻게 하면 좋을까요?"

아기가 침을 너무 많이 흘리면 늘 닦아주거나 턱받이를 해줘야 하니 엄마로서는 여간 신경 쓰이는 게 아닙니다. 그냥 놔두면 침이 그대로 흘러 턱 주위에 습진이 생길 수도 있지요. 하지만 사실 침을 많이 흘리는 것 자체가 문제는 아닙니다. 단순히 침이 많다고 치료할 것은 아니라는 말입니다.

문제는 침 흘리는 증상이 몸 안에 문제가 있다는 신호일 때입니다. 한방에서는 침을 많이 흘리면 비위기능에 문제가 있을 수 있다고 봅니다. 하지만 침 흘리는 것만으로 비위가 약하다고 단정할 수는 없고, 다른 증상들을 종합해서 진단합니다.

만일 아기가 비위가 차고 약하거나 습열이 있으면 침을 많이 흘릴 수 있습니다. 비위의 기가 차고 허약할 때는 맑고 거품 있는 침을 흘리고 얼굴이 희며, 입술 색깔이 창백합니다. 또한 설사도 많이 하고 복통이 심하지요. 이런 아기는 밤에 울고 보채는 일이 잦고 손발이 찹니다. 이럴 때는 비위기능을 보하고 속을 따뜻하게 하는 약을 쓰면 증상이 개선됩니다.

비위에 습열이 많을 때는 끈적끈적한 침을 흘립니다. 또한 자주 목말라하고, 혀에 태가 두껍게 끼며, 변비가 생기지요. 이런 아기는 활동이 왕성하여 평소에도 땀을 많이 흘리고 식욕이 왕성하며 열도 많습니다. 이럴 때는 비위의 습열을 없애주는 약을 쓰면 좋습니다. 하지만 침 흘리는 것 외에 특별한 문제가 없고 성장발달이 정상이면 크게 신경 쓰지 않아도 됩니다.

민간요법에서 미꾸라지를 푹 삶아 체에 내려 먹이면 아기가 침을 흘리지 않는다는 말이 있는데, 한의사 입장에서 보면 그 효과가 무척 의심스럽습니다. 그리고 침 흘리는 것만 갖고 문제 삼는 이유가 무엇인지 잘 모르겠습니다. 만일 침을 흘리면서 다른 증상이 나타난다면 종합적으로 진단하여 한약 처방을 받을 필요가 있습니다. 하지만 아무 이상 없이 침만 흘린다면 그냥 지켜봐도 됩니다. 시간이 지나면 침을 흘리는 것은 저절로 낫게 마련입니다.

위와 장의 열로 생기는 구취

한의학에서 볼 때 어른 아이 할 것 없이 구취는 위나 장에 열이 있거나 소화장애가 있을 때 잘 생깁니다. 또한 오장육부의 상태에 따라 다양한 원인이 있을 수 있는데 대부분 열이라는 공통분모가 있습니다. 열이 어느 장부에 있느냐에 따라 동반되는 증상이 다른데, 변비나 설사가 있는지, 땀을 많이 흘리는지, 혀에 백태가 자주 끼는지, 태열이 있는지, 잠을 잘 자는지, 감기를 오래 앓았는지, 신경질적인지 등에 따라 치료가 달라집니다. 단순히 냄새를 없애는 치료는 효과가 없습니다. 구취를 일으키는 정확한 원인을 몸속에서 찾아 근본적인 치료를 할 필요가 있습니다.

만일 구취가 있는 아기가 감기에 걸려 폐에 열이 차면, 코와 기관지에 염증이 생기고 콧물과 가래가 차서 입으로만 숨을 쉬게 됩니다. 이러면 냄새가 더 심해집니다. 이는 평상시에 구취가 없는 아기들도 마찬가지입니다. 따라서 감기로 인한 일시적인 구취나 심하지 않은 구취는 치료 대상이 아닙니다.

아기에게 구취가 있으면 우선 채소나 과일을 자주 먹이고 육류나 밀가루 음식, 단 음식을 줄여야 합니다. 우유보다는 두유를 먹이고, 녹차를 조금씩 먹이면서 입을 헹궈주는 것도 도움이 됩니다. 밤중수유는 구취나 충치의 원인이 될 수 있으므로, 적어도 생후 4개월이 지나면 횟수를 줄여야 합니다. 그러다가 유치가 나면 중단하는 것이 좋습니다.

치과 진찰 후 구강에 아무 문제가 없는데도 구취가 심하면, 다른 원인을 찾아봐야 합니다. 각 원인에 따라 장부의 음양 균형을 조절해줄 필요가 있습니다. 이럴 때는 어디에 문제가 있는지 한의원에서 진단을 받아보고 적절한 처방을 받기를 권합니다.

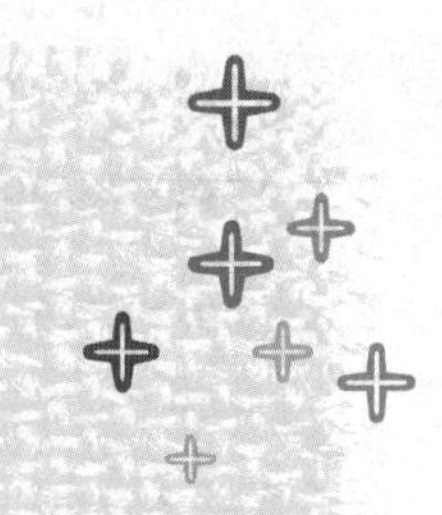

아기는 중이염에 잘 걸립니다

중이염은 성장기 아기가 가장 흔히 걸리는 질환 중 하나입니다.
특히 급성중이염은 85퍼센트의 아기가 한 번 이상 걸리고,
50퍼센트 정도의 아기가 두 번 이상 앓을 만큼 흔합니다.
중이염은 귀의 고막 안쪽인 '중이中耳' 부분에 염증이 생기는 것으로
대부분 비염이나 감기의 합병증으로 생깁니다.
아기가 자꾸 귀에 손을 대며 울 때 가장 먼저 떠올릴 수 있는 것이 중이염입니다.

폐와 신장이 약한 아기들이 잘 걸려요

내이, 중이, 외이로 나뉘는 귀의 해부학적 구조 중에 외이는 바깥으로 뚫려서 소리가 들어오는 곳이고, 중이는 고막 안쪽의 부분으로 바깥에서는 접근할 수 없는 구조입니다. 중이의 유일한 통로가 이관인데, 이 이관이 귀와 코를 연결하고 있습니다. 코를 통해 들어온 균들이 귀로 들어가지 않도록 귀에서는 항상 이관을 통해 코 쪽으로 물을 흘려보냅니다.

그런데 만일 아기가 감기나 비염에 걸리면 이관에 염증이 생기고 막히면서 귓속에 물이 고입니다. 그런 상태에서 바이러스나 균이 귀로 흘러 들어가면 중이염에 걸리는데, 특히 어린 아기일수록 중이염에 자주 걸립니다. 돌 전후에는 이관이 아직 짧고 넓으며 수평적입니다. 즉 구조 자체가 중이염에 걸리기 쉽게 되어 있습니다. 또한 저항력이 약해 감기에 잘 걸리니 그만큼 중이염에 걸릴 확률이 높을 수밖에 없습니다.

한방에서 보는 급성중이염의 원인은 우선 풍열風熱입니다. 풍열은 외부로부터 바이러스나 세균 등에 의해 중이가 감염되는 것을 의미합니다. 귀는 신장의 기운을 반영하고 있어 신장이 튼튼하면 귀도 건강합니다. 노인이 되어 신장이 약해지면 청력도 함께 약해지는 것은 이런 이유입니다. 만성적인 중이염은 아기가 폐의 기가 부족하고 신장이 약해서 중이염을 오래 앓게 되어 생깁니다.

중이염에 걸리면 우선 열이 많이 나고 아픕니다. 증상이 심하고 오래가면 청력에 장애가 생기기도 하지요. 때로 귀에서 분비물이 나오기도 하는데 처음에는 물같이 깨끗한 것이 나오다가 점점 고름처럼 나오기도 합니다. 이 시기의 아기들은 아직 귀가 아프다는 의사 표시를 못합니다. 만일 아기가 감기 끝에 다시 열이 오르거나 귀 있는 곳을 만지작거리면 중이염일 수 있습니다. 또한 심하게 울며 보채거나 잘 먹지 않고, 베개에 귀를 문지르거나 소리에 반응을 잘 보이지 않으면 중이염인지 아닌지 진단을 받아봐야 합니다. 중이염에 걸렸을 때 귀에 압력이 가해지면 통증이 더 심해질 수 있습니다. 따라서 아기가 귀를 대고 누워 있거나 엄마 품에 안겨 젖을 먹을 때 울면서 보챈다면 중이염에 걸린 게 아닌지 알아볼 필요가 있습니다. 어떤 경우에는 통증이나 분비물 같은 증상이 전혀 없을 수도 있기 때문에, 아기 상태를 좀 더 자세히 살펴볼 필요가 있습니다.

중이염을 두고 웬만한 아기가 다 앓는 병이라고 해서 만만하게 보아서는 안 됩니다. 증상이 심하면 청력이 떨어질 수 있고, 고막이 파열되거나 만성 중이염, 미로염, 유양돌기염 등으로 진행할 수도 있습니다. 또한 한창 말을 배울 나이의 아기가 중이염으로 청력에 문제가 생기면 언어발달에 문제가 되기도 합니다.

고막이 터지면 오히려 괜찮습니다

"큰일났어요. 병원에 갔더니 중이염이 심하다고 했는데 집에 와서 보니까

물이 줄줄 나오고 있어요. 고막이 터진 것 같은데 혹시 못 듣게 되면 어떻게 하지요?"

중이염이 한창 진행되던 중에 귀에서 물이 흘러나오는 것을 보면 깜짝 놀랄 수밖에 없지요. 더 큰병으로 악화된 것은 아닌가 걱정될 것입니다. 그러나 오히려 이런 경우는 괜찮습니다. 귀에서 물이 나오는 것은 중이염 때문에 삼출액이 고였다가 한계를 넘어서는 바람에 고막이 찢어져 물이 나오는 것입니다. 이러면 막혀 있던 중이에 공기가 들어가 치료 속도가 빨라집니다. 고막이 찢어지면 청각 장애가 생기는 것이 아닐까 걱정하는 엄마들이 많은데 찢어진 고막은 쉽게 재생되므로 아기가 듣지 못하게 되는 일은 없습니다.

엄마가 알아야 할 중이염의 종류

'아는 게 힘'이라는 말이 있듯, 중이염의 종류와 증상에 대해 알면 엄마의 마음이 훨씬 편해집니다. 중이염은 크게 세 가지로 나눌 수 있습니다. 우선 아이에게 가장 흔한 급성중이염입니다. 급성중이염의 주원인은 바이러스입니다. 나이가 어리고 모유수유를 하지 않을 때, 알레르기가 있을 때, 면역 결핍증이 있을 때, 감기를 심하게 앓았을 때 주로 발생합니다. 밤에 통증이 더 심하고 귀에서 고름이 흐르는 경우가 많습니다. 정도가 심할 땐 난청이 생기기도 합니다. 하지만 증상이 너무 심각하지 않다면 대부분 합병증이나 후유증 없이 점차 회복됩니다.

둘째, 삼출성 중이염이 있습니다. 삼출성 중이염은 중이 안에 삼출액이 고여 있는 것을 말합니다. 그리 아프지는 않지만 소리가 잘 들리지 않는 특징을 보입니다. 아기를 불러도 별다른 반응을 보이지 않는데, 삼출성 중이염은 급성중이염의 후유증으로 나타나는 수가 많습니다. 중이와 바깥공기의 압력을 같게 유지해주는 이관에 문제가 생겼을 때 발생합니다. 삼출성 중이염 대부분은 발병한 후 3개월 안에 자연적으로 치유되곤 합니다. 따라서 장기간 항생제를 복용할 필요는 없습니다.

마지막으로 만성 화농성 중이염이 있습니다. 만성 화농성 중이염 역시 삼출성 중이염과 마찬가지로 아기가 크게 아파하지는 않습니다. 3개월 이상 귀에서 고름이 흐르면서 잘 듣지 못하며, 고막천공(고막에 구멍이 뚫린 현상)이 있습니다. 만성 화농성 중이염이 너무 심하면 청력을 아예 상실할 수 있으므로 증상이 지속될 경우 서둘러 치료받아야 합니다. 만성 화농성 중이염은 세균성 질환이기 때문에 항생제를 처방합니다.

항생제가 필요한 경우는 많지 않습니다

아기가 중이염에 걸리면 엄마들은 당연히 항생제부터 먹여야 한다고 생각합니다. 일단 염증부터 가라앉혀야 한다는 조바심 때문이지요. 조사된 바로는 현재 아기들이 앓는 질환 중 항생제를 가장 많이 쓰는 질환이 바로 중이염입니다. 그런데 사실 중이염에 걸렸다고 해도 정말 항생제를 써야 할 경우는 많지 않습니다. 결국 현재 우리나라에서는 엄마들의 편견 탓에 중이염을 앓는 아기 중 상당수가 필요도 없이 항생제 치료를 받고 있다는 말이지요. 단언컨대 감기 뒤에 발병하는 급성중이염의 80퍼센트 정도는 굳이 항생제를 쓰지 않아도 저절로 낫습니다. 즉, 급성중이염이 항생제를 쓰지 않았다고 만성 중이염으로 진행되는 예는 별로 없다는 말입니다.

삼출성 중이염은 아기가 특별히 아파하지 않을 뿐만 아니라 겉으로 보기에 멀쩡해서, 항생제를 쓰다 말다 하기를 반복합니다. 이렇게 쓰는 항생제는 더 나쁩니다. 그래도 중이염인데 약을 먹여야지 하며 항생제를 꼬박꼬박 먹이다가, 어느 순간 '항생제는 아기 몸에 안 좋으니 이만 끊어야지' 싶어 한두 번 건뛰기를 몇 개월씩 반복한다고 생각해보세요. 쉬엄쉬엄 항생제를 먹이니 아기 몸에 내성균이 자라기가 얼마나 좋겠습니까.

최근 밝혀진 연구에 의하면 삼출성 중이염에도 항생제는 효과가 없다고 합니다. 실제로도 삼출성 중이염은 별다른 치료 없이 저절로 나을 때가 많습니다. 양방에서는 삼출성 중이염을 수술로 치료합니다. 귀에 관을 삽입해서 중이 안에 고인 삼출액을 뽑아내는 것이지요. 하지만 아직 어린 아기는 어른과 달리 전신마취를 해야 합니다. 신체 기능이 미숙한 아기에게 전신마취가 좋을 리 없지요. 가장 좋은 방법은 한방 치료를 통해 아기의 자연치유력을 최대한 높여주는 것입니다. 감기에 걸리지 않게 조심하면서 말입니다.

항생제 사용을 고려해야 하는 경우는 급성중이염이 38.5도 이상의 고열과 심한 통증을 수반할 때입니다. 하지만 증세가 그렇더라도 두 돌이 넘었다면 항생제를 사용하지 않고 한약만 복용해도 자연스럽게 좋아집니다. 다만 열과 통증이 일주일 이상 가라앉지 않고 고름 같은 삼출액이 나오면서 아기가 힘들어 한다면 항생제 처방이 필요할 수 있으니 양방 소아과를 방문해야 합니다.

중이염에 효과 좋은 한방 치료

중이염은 한방에서 편도가 크고, 열 감기를 자주 앓고, 코가 좋지 않으며, 열과 땀이 많고, 변비가 있는 아기에게 많이 나타난다고 봅니다. 중이염이 자주 반복된다면 한약을 통해 치료하는 방법을 생각해보세요. 경험적으로 보면 아기의 중이염은 한약으로 치료할 때 예후가 상당히 좋습니다.

한방에서는 중이염을 급성과 만성으로 나누어 치료합니다. 우선 급성중이염은 귀로 가는 경락에 풍열이라 불리는 감염원이 침입해서 나타난다고 봅니다. 그래서 한약을 써서 이런 풍열을 제거하는 한편, 열독을 풀어 염증을 가라앉게 합니다.

중이염이 급성기를 지나 만성기로 들어섰다면 아기의 면역력이 떨어져 반복적으로 세균 감염이 되는 것입니다. 이때는 저항력을 키우는 한약으로 치료합니다. 즉 귀는 폐와 신장과 연결되어 있으므로 폐의 기운을 돕고 신장을 보하는 처방을 합니다.

중이염에 좋은 약향요법

중이염에는 캐모마일 오일이 효과적이다. 캐모마일 오일은 소독, 방부, 항염, 항바이러스 기능과 함께 면역세포를 활성화하는 효능이 있다. 아기 귓속에 들어갈 만한 굵기로 솜을 말아 캐모마일 오일을 두 방울 정도 묻힌 다음 중이염이 생긴 귓구멍에 꽂고 드라이어의 더운 바람을 살살 쐬게 한다. 그러면 향유가 고막을 통해 스며들면서 염증을 가라앉힌다. 귀에 꽂은 솜은 1시간 정도 그냥 둬도 무방하다.

중이염 걸린 아기에게는 찬찜질과 녹황색 채소를

아기가 중이염에 걸렸다면 일단 안정을 취하게 해야 합니다. 그리고 증상이 나아질 때까지 꾸준한 관심을 갖고 자연요법을 시행해야 합니다. 급성기에는 목욕을 삼가는 것이 좋습니다. 아기가 열이 나고 통증이 너무 심하다면 얼음 주머니를 귀 뒤에 대주세요. 찬찜질만으로 통증이 한결 줄어듭니다. 열이 별로 없을 경우에는 더운찜질도 괜찮습니다.

만일 아기 귀에서 고름이 나오면 귀에 솜을 넣고 자주 갈아 끼워줍니다. 귀 주위가 더러우면 종기가 생길 수도 있으니 따뜻한 물수건으로 귀 주변도 잘 닦아줘야 합니다. 평소에 먹는 것도 주의를 기울여주세요. 녹황색 채소는 염증이 잘 생기는 아기들에게 좋습니다. 중이염이 자주 생긴다면 평소에 녹황색 채소를 잘 먹이는 것이 좋습니다. 한편 코나 목에 염증이 생기지 않도록 감기 예방에도 힘쓰고, 수분과 전해질, 비타민 섭취에도 더 신경 써주세요.

귀가 아플 땐 업어주세요

아기가 젖병을 빨아먹으면 귀가 더 아플 수 있다. 이럴 때는 컵이나 숟가락을 이용해 우유나 분유를 주도록 한다. 또한 누워 있으면 압력 때문에 귀가 더 아플 수 있으니 안거나 업어주고, 베개도 높여주는 것이 좋다. 참고로 누워서 수유하는 것은 중이염 발생을 높인다.

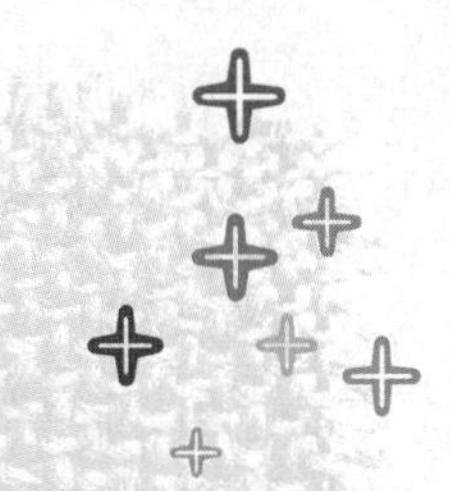

2세에서 3세까지(13~24개월)

수유

젖병을 끊어야 할 시기입니다

돌이 되면 이제 슬슬 젖병 끊을 준비를 해야 합니다.
정서적인 문제가 없는 한 빠는 욕구도 돌이 되면 거의 사라지지요.
적어도 18개월 전에는 젖병을 떼는 것이 좋습니다.
물론 젖병 떼는 게 절대 쉬운 일은 아닙니다.
아기와 승강이를 벌이는 과정이 만만치 않지요.
아기가 서럽게 울어대도 한번 마음먹었으면 젖병을 주지 말고 버텨야 합니다.
약해지는 엄마 마음을 아기는 귀신처럼 알아챕니다.
단, 적절한 준비 기간을 갖고 끊는 것이 아기에게도 엄마에게도 좋습니다.

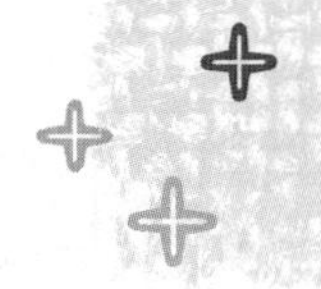

젖병을 오래 빨면 밥을 안 먹을 수 있습니다

젖병을 빠는 아기는 밥을 잘 먹지 않습니다. 이제 끼니마다 챙겨 먹어야 할 밥을 기껏해야 간식 정도로만 생각합니다. 배가 고프면 우선 젖병부터 찾습니다. 아기가 계속 젖병으로 분유를 먹으면 씹는 훈련을 할 틈이 없습니다. 돌이 되면 본격적으로 밥 위주의 식사를 해야 하는데, 씹는 훈련을 못 하니 먹기 쉬운 유동식만 먹으려고 들지요. 아기가 여전히 분유나 유동식에만 익숙해한다면 밥을 먹어도 한계가 있습니다. 쉽게 말해 밥덩이를 그냥 꿀떡 삼키는 것입니다. 이런 아기는 뇌 발달에도 한계가 있습니다. 음식물을 씹는 안면 근육인 저작근이 활발하게 움직여야 뇌 발달도 원만히 이뤄지는데, 아기가 잘 씹지 않으니 뇌가 긍정적인 자극을 받을 수 없기 때문입니다. 이러면 결국 지능 발달에도 문제가 생길 수 있습니다. 이 시기에는 밥 잘 먹는 아기가 똑똑하다는 말이 꼭 맞습니다.

어디 그뿐인가요? 아기가 밥을 잘 안 먹으면 빈혈이 생길 가능성이 커집니다. 먹지 않아 생긴 빈혈은 식욕부진을 가져와 음식을 더 안 먹게 합니다. 결국 안 먹어서 빈혈이 생기고, 빈혈이 생겨 더 안 먹는 악순환이 반복되고 맙니다. 이러면 신체의 각 부위가 한꺼번에 성장하는 중요한 시기에 영양을 제대로 공급하지 못합니다. 그러면 당연히 성장발달과 발육에도 좋지 않은 영향이 따르겠지요.

그래도 안 먹느니 젖병이라도 빠는 게 낫다고요? 만일 그런 마음을 가지고 있다면 생각을 고쳐야 합니다. 젖병을 오래 빨면 비단 영양 공급에만 문제가 생기는 것이 아닙니다. 젖병을 오래 빤 아기는 턱 모양이 바뀌거나 중이염에 걸리기 쉽습니다. 또한 충치가 생길 확률도 훨씬 높고 부정교합을 일으킬 수도 있습니다. 아기가 젖병을 오래 빠는 것은 정서 발달에도 좋지 않은데, 배가 고플 때 젖병을 빨아야만 직성이 풀리는 아기는 점점 더 젖병에 집착하게 마련이고, 이 때문에 점점 더 고집이 세질 수도 있습니다.

젖병을 쉽게 떼려면 이유식부터 잘 먹어야

모진 마음을 먹고 젖병을 떼려고 마음먹어도 어느 날 갑자기 아기한테서 젖병을 뺏을 수는 없습니다. 아기에게도 젖병과 완전히 헤어질 때까지 준비 기간이 필요합니다. 아기가 젖병 없이 다른 음식을 잘 먹으려면 일정 시간 연습이 필요합니다. 기본 목표는 숟가락을 쓰는 데 익숙해지게 하는 것입니다. 숟가락을 쓰다 보면 눈과 손의 협응력이 생기고 손의 소근육이 발달하며, 제 스스로 적당량의 음식을 떠 입에 넣으면서 바른 식습관을 들일 수 있습니다. 따라서 이유식을 먹일 때는 반드시 숟가락을 사용해야 합니다. 아기가 쉽게 잘 먹는다고 시판용 이유식을 젖병이 넣어 먹이는 엄마들이 있는데, 모든 이유식은 숟가락으로 떠먹는 것이 원칙입니다.

물을 먹일 때도 젖병 대신 컵을 쓰세요. 컵으로 마셔 버릇하면 젖병을 한결 쉽게 뗄 수 있습니다. 아직 분유를 떼지 못했다고 해서 컵을 사용할 수 없는 것은 아닙니다. 즉 분유도 젖병 대신 컵에 담아 마시면 됩니다.

만일 그래도 아기가 젖병을 고집한다면 분유나 우유는 계속 컵에 담아 먹이되, 아무 맛이 안 나는 맹물을 젖병에 담아 먹이도록 합니다. 맛있는 우유나 분유는 컵을 쓸 때만 먹을 수 있고, 평소 좋아하던 젖병에는 아무 맛도 안 나는 맹물만 들어 있다면 아기는 점차 젖병을 싫어하게 됩니다. 이렇게 젖병을 떼는 훈련을 하는 한편 고형식을 먹는 연습도 병행해야 합니다. 밥을 제대로 먹지 못하는 상태에서 젖병만 떼면 곤란합니다. 젖병을 끊고서도 영양을 잘 공급 받으려면 이유식 과정을 원만하게 거쳐 고형식까지 먹을 수 있어야 합니다. 적어도 진밥 정도는 오물거리며 씹어 삼킬 줄 알아야 한다는 말입니다. 처음부터 밥을 잘 먹는 아기는 세상에 없습니다. 시간이 걸리더라도 젖병을 떼는 노력을 하면서 이유식 과정을 찬찬히 잘 밟아야 궁극적으로 밥 잘 먹는 버릇을 키워줄 수 있습니다.

아기가 밥보다 우유를 더 좋아한다면

돌이 되어 이제부터는 밥을 주식으로 먹고 우유는 보충식 정도로만 먹어야 하는데도, 여전히 우유 없이는 못 사는 아기들이 있습니다. 밥을 먹이면 그대로 입에 물고 있다가 뱉어버리거나, 아예 처음부터 입을 다문 채 고개를 돌려버리기도 하지요. 결국 엄마는 아기가 배가 고플까봐 한숨을 쉬며 우유를 먹입니다. 앞서 말한 것처럼 아기가 밥 대신 우유를 찾는 가장 큰 이유는 아직 고형식을 먹는 일에 익숙하지 않아서입니다. 이유식 과정을 잘 밟지 못하고, 고형식을 접할 기회가 적다 보니 덩어리진 음식을 아예 못 먹는 것입니다.

여기에 한 가지 이유를 더 들 수 있습니다. 바로 아기가 비위기능이 체질적으로 약할 때입니다. 비위기능이 약하면 밥보다 소화가 쉬운 우유를 더 찾을 수밖에 없습니다. 씹어 삼키기도 귀찮을 뿐 아니라, 밥을 먹으면 속이 불편해져 양껏 먹지 못하고 결국 빈속을 우유로 채우는 것입니다. 만일 아기가 비위가 허약하여 밥 대신 우유만 고집한다면 소화력을 돕고 비위를 튼튼하게 만드는 한약을 복용하면 됩니다. 이와 함께 평소에 늘 배를 따뜻하게 해주고, 찬 음식, 밀가루 음식, 기름진 음식 등은 피해야 합니다.

좀 큰 아기라면 우유를 먹일 때마다 말로 잘 타일러보세요. 아기마다 차이는 있지만 늦어도 18개월이 넘으면 말귀를 제법 알아듣습니다. 다만 말문이 틔지 않아 제대로 반응을 못 할 따름이지요. "우유 대신 밥을 먹으면 얼마나 좋을까?" 하는 말로 아기의 관심을 밥에 향하게 하는 것입니다. 그러면서 엄마 아빠가 화목하게 밥을 함께 먹는 것을 보여주세요. 식사 시간에 아기를 무릎 위에 앉혀서 음식에 대한 호기심을 불러일으키는 것도 좋습니다.

젖병 떼는 과정에서 엄마들이 많이 하는 실수

젖병을 떼는 과정에서 엄마들이 가장 많이 하는 두 가지 실수가 있습니다. 첫째, 밤중수유를 끊지 못하는 것, 둘째 젖병을 끊겠다고 호언장담하고서도 아기가 우는 모습에 마음이 약해져 다시 젖병을 물리는 것입니다.

돌이 지나서도 밤중수유를 하는 아기는 젖병 없이는 쉽게 잠들지 못합니다. 한밤중에 자다 깨어 젖을 먹는 것이 습관이기도 합니다. 이러면 젖병을 떼기가 점점 어려워집니다. 이런 아기를 보면 대개 밤낮없이 젖병을 찾고, 젖병이 없으면 공갈젖꼭지라도 물고 있어야 합니다. 아기가 젖병을 빨리 떼려면 먼저 밤중수유부터 중단해야 합니다. 즉 밤중수유를 완전히 끊어야만 젖병을 뗄 수 있다는 말입니다. 아기가 생후 8개월이 넘었는데도 밤에 젖병을 찾는다면 젖병을 제때 떼지 못할 확률이 높아질 뿐 아니라, 충치가 생길 가능성도 큽니다. 또한 수면 중에 나오는 성장호르몬이 밤에 젖을 먹는 동안 제대로 분비되지 못해, 신체 발달에 지장을 줄 수 있습니다. 갑자기 밤중수유를 중단하면 아기가 잠을 못 잘 거라고 지레짐작하는 분들이 있는데, 절대 그렇지 않습니다. 오

밤중수유 끊는 법

1. 분유를 묽게 타 양을 줄인다.
2. 밤중에 분유를 줄 때는 불을 켜지 말고 어두운 상태에서 먹인다.
3. 분유의 양을 차차 줄이다가 나중에는 보리차를 준다.
4. 아기가 밤에 자다 깨어 울어도 젖병을 바로 주지 말고 스스로 잠들 수 있도록 기다려준다. 밤중수유를 끊겠다고 잠자는 아기에게 공갈젖꼭지를 물리는 엄마도 있는데 이는 별로 좋은 방법이 아니다. 밤중수유를 끊는 것은 수월할지 몰라도 또 다른 집착이 생길 수 있다.

히려 밤중수유를 중단하면 깨야 할 이유가 없어져, 아침까지 푹 잘 잡니다. 만일 아기가 두 돌이 되어서도 밤에 우유를 찾는다면, 낮 동안에 스트레스를 받고 있지는 않은지 살펴봐야 합니다. 정서적인 불안도 밤중수유를 끊지 못하는 원인이 되기 때문입니다.

젖병을 끊기로 했다면 아기가 아무리 울고 떼를 써도 다시 젖병을 물려선 안 됩니다. 만일 보채는 게 안쓰럽다고 다시 젖병을 물리면, 아기는 울면 젖병을 준다는 사실을 깨닫고 다음번에는 더 심하게 떼를 쓸 것입니다. 젖병 떼기가 요원해지는 것은 당연한 일이지요. 젖병을 뗄 때는 아무리 아기가 안쓰러워도 단호한 태도를 보여야 합니다. 젖병을 갖고 승강이를 벌이다가 결국 다시 젖병을 물리는 것은 아기를 더 괴롭히는 일입니다. 활동과 성장에 필요한 열량과 영양분을 충분히 공급받지 못할 뿐만 아니라, 평생 자리잡을 식습관이 바로 서지 못하기 때문입니다.

잠시 마음이 아플지 모르지만 시간이 지나면 금세 적응할 것입니다. 단호한 말투로 이제 더는 젖병으로 먹어서는 안 된다고 말해주세요. 아직 말귀를 못 알아듣는다고 해도 엄마의 단호한 마음을 파악하는 것만으로 효과는 충분합니다.

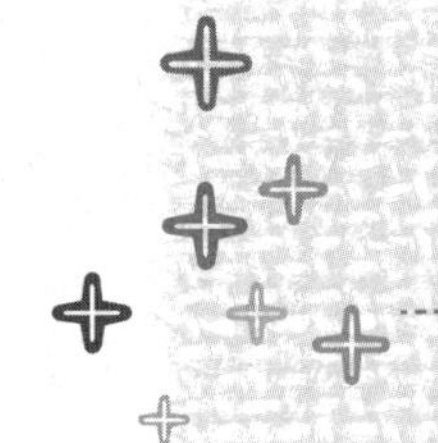

이제부터는 생우유를 먹일 수 있습니다

아기가 하루 세 끼에 맞춰 꼬박꼬박 밥을 먹기 시작했다면 분유를 끊고
생우유를 먹일 때가 된 것입니다. 생우유는 성장기의 아기들에게 아주 좋은 음식입니다.
칼슘, 인산, 마그네슘 등의 무기질이 들어 있어 뼈와 치아를 튼튼하게 해줄 뿐만 아니라,
신경과 근육의 발달을 촉진합니다.
성장에 필요한 단백질은 물론 에너지원인 지방, 탄수화물도 들어 있지요.
돌이 지나 분유 대신에 밥을 주식으로 먹을 수 있다면 우유도 충분히 먹이세요.

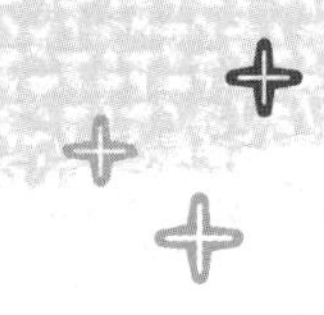

하루 500ml 정도가 적당합니다

생우유는 하루에 500ml 정도면 충분합니다. 간혹 우유가 완전식품이라는 말에 혹해 무한정 먹이려는 엄마들이 있는데 아무리 좋은 음식이라도 지나치게 많이 먹이면 탈이 납니다. 또한 우유 하나만으로 아기에게 필요한 모든 영양소를 완벽하게 충당할 수는 없습니다. 우유에는 단백질과 탄수화물, 지방, 칼슘 등이 풍부하게 들어 있지만 사실 철분과 비타민 등은 부족합니다. 생우유를 많이 먹으면 배가 불러 자연히 다른 음식을 적게 먹을 수밖에 없는데, 그러면 우유에는 없는 영양분을 섭취하지 못해 오히려 성장발달을 방해할 수 있습니다. 세상에 어떤 좋은 음식도 완벽하지는 못합니다. 우유만 줄곧 먹이기보다는 밥과 여러 가지 반찬을 통해 영양을 섭취하면서 다양한 미각을 기르는 편이 훨씬 현명합니다. 우유는 간식 정도로 생각하는 것이 옳지요.

또한 우유를 잘 소화시키지 못하는 아기도 있고, 체질적으로 알레르기 반응

을 일으키는 아기도 있다는 사실을 알아야 합니다. 아기가 우유를 먹고 변비나 설사, 혈변을 보인다면 소화를 잘 못 시키고 있다는 증거입니다. 경우에 따라서는 구토나 두드러기 등 알레르기 반응을 보이기도 합니다.

만일 우유를 먹고 이런 부작용이 나타난다면 일단 못 먹게 해야 합니다. 그렇다고 우유를 완전히 끊으라는 말은 아닙니다. 좀 더 자라 면역력이 더 커지고 장이 성장하면 다시 우유를 먹일 수 있습니다. 우유를 못 먹는다고 당장 큰일이 나는 것은 아니고, 우유를 대신할 식품도 얼마든지 있습니다. 조급한 마음을 버리고 기다리면, 두 돌 정도가 되었을 때 이런 부작용은 언제 그랬느냐는 듯 사라지기도 합니다.

만일 우유를 먹고 설사를 한다면 일단 따뜻하게 데워 먹여보세요. 그래도 설사를 하면 우유 대신 산양유나 두유를 먹이면 됩니다. 산양유는 우유만큼이나 영양이 풍부하지만, 유단백 입자가 작아 알레르기나 소화 장애를 일으킬 가능성이 낮습니다.

생우유를 먹는다고 모유를 끊을 필요는 없습니다

간혹 아기가 우유를 잘 먹으면 모유가 불필요하다고 생각하는 엄마들이 있습니다. 하지만 생우유를 먹는 것이 모유를 끊는 이유가 될 수는 없습니다. 모유는 돌까지는 반드시 먹이는 것이 좋고, 그 이후에도 아기가 원하면 얼마든지 더 먹여도 됩니다. 적어도 두 돌까지는 모유가 가진 여러 가지 장점이 아기의 성장발달에 도움이 되기 때문입니다. 단, 모유만으로는 영양 공급이 충분하지 않기 때문에, 돌 지난 아기라면 밥을 주식으로 먹어야 합니다. 이때 생우유는 부족한 영양분을 보충해주는 간식 정도로 먹일 수 있지요. 단, 돌 지난 아기가 모유를 너무 많이 먹으면 식욕이 떨어질 우려가 있어 수유 간격을 조절할 필요가 있습니다. 어쨌든 이 시기 아기들이 꼭 먹어야 하는 것은 밥과 반찬입니다. 생우유를 잘 먹는다고 모유를 끊어서는 안 되는 것처럼, 모유를 잘 먹는다고 밥을 안 먹이는 것은 곤란합니다. 밥을 잘 먹는 중에 모유까지 잘 먹으면 훨씬 좋다는 뜻입니다.

아기가 싫어하면 억지로 우유를 먹이지 마세요

모든 아기가 우유를 좋아하는 것은 아닙니다. 다른 것은 다 잘 먹으면서도 우유만 보면 고개를 돌려버리는 아기도 꽤 많습니다. 만일 아기가 싫어한다면 생우유를 그대로 먹이지 말고 우유가 들어간 주스나 부드러운 빵을 만들어주는 것도 방법이 될 수 있습니다. 만일 우유를 넣은 간식도 그다지 안 좋아한다면, 그냥 안 먹여도 됩니다. 우유가 아기가 성장하는 데 좋은 음식이긴 하지만 다른 음식을 통해 얼마든지 영양분을 섭취할 수 있습니다. 치즈를 먹여도 좋고, 우유 대신 두유를 먹여도 됩니다. 그러면서 푸른잎 채소나 생선, 달걀, 과일 등을 많이 먹이면 우유를 먹을 때만큼 영양을 섭취할 수 있습니다.

간혹 "이제 우리 아이는 분유를 끊었어요" 하고 자랑하면서 분유 대신 생우유를 젖병에 넣어 먹이는 엄마들을 봅니다. 젖병을 쓸 생각이면 차라리 우유를 먹이지 마세요. 이 시기의 아기는 우유를 먹는 것보다 젖병을 끊는 것이 더 중요합니다. 우유를 먹일 때는 반드시 컵에 따라 먹이거나 빨대를 꽂아 먹게 해야 합니다.

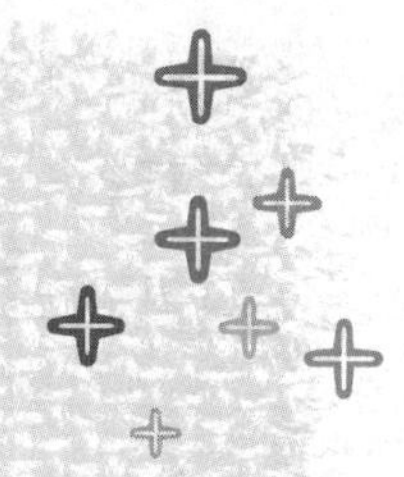

웃으면서 모유 떼기

먹던 음식을 바꾸는 것만큼 어려운 일이 또 없습니다.
병이 나 한동안 죽을 먹어야 하거나, 외국 생활로 밥 대신 빵만 먹어야 한다고 생각해보세요.
스트레스가 이만저만이 아닐 겁니다. 아기에게 모유를 떼는 과정이 그렇습니다.
물론 하루아침에 모유를 끊고 밥을 먹는 것은 아니지만,
모유와 물만 먹던 아기에게 새로운 음식을 먹는 것은 쉬운 일은 아니지요.
따라서 최대한 즐겁게 모유를 떼는 방법을 알아둘 필요가 있습니다.

모유를 끊을 때는 여유를 갖고 천천히

모유를 하루아침에 갑자기 끊기란 불가능합니다. 이유식 양을 늘리고, 세 끼 밥 먹는 연습을 하는 동안 서서히 수유량을 줄여나가야 합니다. 하지만 그것도 억지로 해서는 곤란합니다. 모유를 쉽게 끊는 방법은 아기 스스로 모유에 흥미를 잃어 더 이상 젖을 빨지 않게 하는 것입니다. 어떻게 하면 젖에 흥미를 잃게 할 수 있을까요?

먼저 아기에게 다양한 음식을 맛보게 하세요. 그렇다고 간이 강한 음식이나 단 음식으로 입맛을 유혹하라는 것은 아닙니다. '어, 이런 맛도 있네? 뭘까?' 하는 호기심을 느낄 만큼 조금씩 천천히 음식 맛을 보게 하세요. 비단 맛뿐 아니라 모유와 다른 촉감을 느끼게 하는 것도 관건입니다. 고형식은 촉감이 독특하여 입에 넣는 것만으로 아기의 흥미를 끌 수 있습니다.

아기에게 다양한 맛과 촉감을 제공하는 음식은 철저하게 자연적이어야만

합니다. 소금이나 설탕은 극소량만 써야 하고(저는 처음부터 쓰지 않기를 권합니다), 제철에 우리 땅에서 난 것으로 요리하는 것이 기본입니다. 아기가 좋아한다고 인공 감미료나 인스턴트 식품을 먹이면 모유뿐 아니라 간이 안 된 건강 이유식 자체에 흥미를 잃을 수 있습니다.

다만 이 모든 과정은 천천히 자연스럽게 이뤄져야 합니다. 지나치면 안 하느니만 못하다는 말이 있듯, 모유를 떼느라 이런저런 시도를 하는 것이 되레 아기의 입맛을 버리는 결과를 가져올 수도 있습니다. 또한 어른 음식을 먹이면 아기가 소화 장애나 알레르기를 일으킬 수 있으니, 한 가지 음식을 계속 먹이면서 상태를 관찰하는 느긋한 마음이 필요합니다.

젖을 못 먹게 된 아기의 마음을 이해해주세요

엄마 젖가슴은 아기에게 가장 소중한 안식처입니다. 모유를 먹던 아기는 엄마 젖을 빨면서 세상 어떤 것과도 바꿀 수 없는 안정감을 느꼈을 것입니다. 사실 신체발달 면에서 볼 때 돌이 지나면 더는 모유를 먹지 않아도 큰 무리가 없습니다. 모유의 효능은 여전하지만 다른 음식을 통해 모유만으로는 부족한 영양소를 채워야 합니다. 하지만 아기에게 모유는 단순한 먹을거리가 아닙니다. 모유를 다시는 먹지 않는다는 것은 세상에서 가장 좋아하는 것을 잃는 것과 똑같습니다. 그만큼 상실감이 크다는 말입니다.

그렇다고 언제까지나 엄마 젖만 빨고 있을 수는 없는 노릇입니다. 엄마 품을 벗어나 흙을 밟고 세상을 경험해야 하는 시기이기 때문입니다. 하지만 아기는 새로운 경험과 동시에 마음의 위안이 필요합니다. 엄마의 젖가슴을 떠나는 데서 오는 불안감을 위로받아야 합니다. 아기가 밥을 먹을 때 웃으며 말을 많이 걸어주세요. 모유를 먹일 때처럼 품에 안지는 못하더라도 엄마가 늘 옆에 있다는 걸 알려줘야 합니다. 특히 아기가 새로운 경험을 할 때 엄마의 애정 표현이 필요합니다. 밥도 못 먹느냐며 다그치거나 혼을 내서는 안 됩니다. 식습관을 바로잡는 것도 물론 중요하지만, 젖을 못 먹게 된 아기의 마음을 이해하고 다독일 줄도 알아야 합니다.

밥을 잘 먹다가도 갑자기 엄마 젖을 찾을 때도 있습니다. 그럴 때 젖을 물리면 안 되지만, 젖이 그리운 아기에게 충분한 신체 접촉으로 애정을 표현해주세요. 엄마와 함께 밥을 먹는 것도 젖을 먹는 것 못지않게 즐겁고 행복한 일이라는 걸 아기가 깨달아야 합니다. 이때 만일 엄마가 망설이거나 불안해하면 아기는 그것을 대번에 알아차리고 더 보챌 수 있습니다. 무엇이든지 자연의 이치에 따라 변하고 성장하는 것은 즐거운 일입니다. 아기가 모유를 떼는 것은 자연스러운 과정이니, 즐거운 마음으로 아기를 대하기 바랍니다.

젖 말리는 약은 쓰지 마세요

젖을 떼는 것도 문제지만 말리는 것도 문제입니다. 잘못하면 뒤늦게 젖몸살이 와서 이를 악물고 고통을 참아야 할 수도 있습니다. 아기가 젖을 빨지 않으니 계속 젖을 짜내야 하는 것도 보통 일이 아닙니다. 직장을 다니는 엄마가 모유 때문에 속옷이 젖어 당황하는 예도 적지 않지요.

어느 날 모유를 갑자기 끊으면 젖이 불고 울혈이 생길 가능성이 큽니다. 젖몸살 없이 젖을 말리려면 '어느 날 갑자기'가 아니라 서서히 젖을 끊어야 하지만, 날을 정해놓고 단호하게 젖을 끊었다면 젖 말리는 방법을 여러 가지로 연구해야 합니다.

엄마들이 젖을 말릴 때 흔히 약을 씁니다. 하지만 젖 말리는 약은 정말 좋지 않습니다. 구토와 어지럼증은 물론 어느 때는 경련이 일어나기도 하지요. 번거롭더라도 젖 말리는 약은 될 수 있는 대로 쓰지 마세요. 자연스럽게 젖이 마르도록 해야 합니다.

만일 모유수유 중에 젖이 많지 않았다면 젖을 말리는 게 어렵지 않습니다. 그저 아기에게 젖을 안 물리는 것만으로 모유량이 저절로 줄어들지요. 하지만 평범하게 젖을 물리던 엄마라면 젖을 끊었을 때 유방이 팽팽하게 부풀어 오릅니다. 유방이 팽팽히 부풀어 올랐을 때 유축기를 사용해서 완전히 다 짜내세요. 손을 사용하는 것은 한계가 있으니 이때만큼은 유축기를 사용해도 좋습니다. 그런 후 다시 젖이 고이면 조금씩 짜냅니다. 젖을 말리겠다고 팽팽히 불어 아픈 가슴을 쥐고 힘들어하는 것은 좋지 않습니다. 몸과 마음을 한번 적응해주듯이, 처음에는 충분히 참았다가 한 번 완전히 짜주는 것도 괜찮습니다. 젖이 이렇게 불 정도인데도 수유를 하지 않으면 우리 몸은 1차적으로 왜 그러지 하고 반응하다가, 젖을 줄이는 단계로 접어듭니다. 이렇게 아기에게 젖을 물리지 않고 젖을 조금씩 짜내면서 며칠을 보내면 자연스럽게 젖이 마릅니다.

젖 떼려고 아기를 놀라게 한다고요?

아기를 놀래켜서 젖을 못 먹게 하는 공포요법은 옳지 않다. 젖꼭지에 쓴 약을 바른 채 시치미를 떼고 젖을 물리거나, 빨간약 같은 것을 발라 아기를 놀라게 하는 것이 대표적인 예. 이런 방법으로 모유를 뗄 수 있을지 모르지만 아기에게 공포와 상실감은 물론 심지어 엄마에게 속았다는 배신감을 남길 수 있고, 그 상처는 무의식에 남아 오랫동안 작용한다.

젖 말리는 데 효과적인 엿기름과 양배추

흔히 식혜를 먹으면 젖이 줄어든다고 말하는데 이 말이 어느 정도는 맞습니다. 식혜의 주재료인 엿기름이 젖을 말리는 작용을 하지요. 그러나 식혜를 한두 사발 먹는 정도로는 젖을 잘 말릴 수 없습니다. 젖을 깨끗이 말릴 만큼 충분한 양의 엿기름을 먹으려면 온종일 식혜만 먹어야 할 겁니다.

젖을 말리려면 엿기름을 내려서 물을 많이 섞지 말고 진하게 드세요. 젖량이 많다면 물 대신 수시로 먹어도 좋습니다. 엿기름은 한약재로는 '맥아'라고 하는데 비위를 좋게 해주는 약재입니다. 소화기능을 좋게 하고, 많은 양을 복용하면 젖을 말리는 데 효과가 있습니다. 엿기름 내린 물을 먹는 동안 짜낸 모유는 아기에게 먹여도 상관없습니다. 하지만 아기에게 직접 젖을 물리지는 마세요. 아기가 젖을 빨면 아무리 엿기름을 많이 먹어도 유선이 자극되어 젖이 계속 생성됩니다.

아기가 시도 때도 없이 젖을 만지려고 하면

이 시기의 아기는 특정 대상이나 물건에 집착하기도 한다. 이불이나 인형, 손수건 등 그 대상은 다양한데 그중 하나가 엄마 젖꼭지가 될 수도 있다. 사람들이 있는 곳에서 아기가 젖을 만진다고 혼을 내면 아기에게 상처가 된다. 이럴 때는 또래와 어울릴 기회를 주는 등 관심사를 다른 곳으로 돌려줘야 한다. 이때 애정 표현은 필수다. 말귀를 어느 정도 알아들을 수 있으므로 왜 그런 행동을 하면 안 되는지 설명해줘도 좋다.

양배추 잎도 젖을 말리는 데 좋습니다. 생양배추 잎을 유방에 붙이면 신기하게도 젖의 양이 줄어듭니다. 심을 잘라낸 양배추를 낱장으로 냉장고에 보관했다가 유방에 붙이세요. 통째로 붙이거나 조각내어 나누어 붙여도 좋습니다. 그리고 그 위에 브래지어를 착용하면 됩니다. 잎사귀가 따뜻해지거나 시들해지면 시원한 것으로 바꿔 붙여주세요.

젖 말리는 데 좋은 자연 재료

1. 엿기름

엿기름을 햇볕에 말려 볶은 후 껍질을 벗겨 가루를 낸다. 이 가루를 한 번에 5g 정도 더운 물에 타서 먹는다. 엿기름은 소화를 돕고 위를 데우는 작용을 하는데, 볶아서 쓰면 젖의 양을 줄일 수 있다. 달여 먹을 때는 물 1리터에 엿기름을 넉넉하게 한 줌 넣고 끓기 시작하면 불을 줄여 1시간 정도 우려내어 1~2일에 나누어 먹는다.

2. 인삼차

인삼은 기운을 북돋우면서 젖을 말리는 일거양득의 효과가 있지만 열이 많은 체질은 주의해야 한다. 인삼 20g을 물 500ml에 넣고 진하게 달인 후, 하루 세 번 식사 후에 마신다. 며칠간 복용하면 젖이 줄어든다.

3. 칡차

칡은 특유의 찬 기운으로 젖을 말리면서 젖몸살도 없애는 기능을 한다. 마른 칡뿌리 30g을 물 500ml에 넣고 진하게 달인 후, 하루 세 번 식사 후에 마신다. 이렇게 며칠만 마시면 젖이 줄어든다.

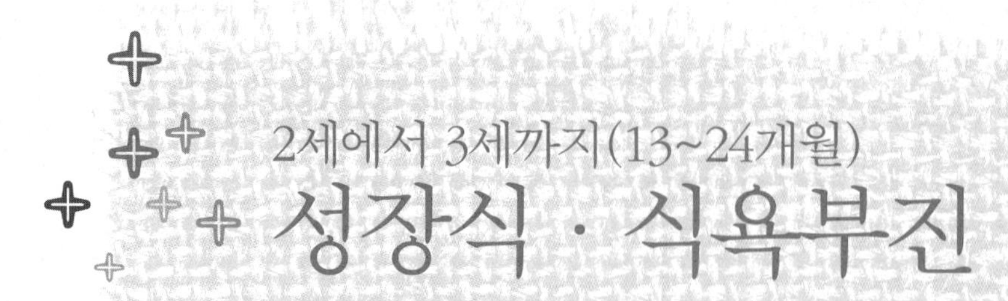

2세에서 3세까지(13~24개월)

성장식 · 식욕부진

밥이 주식이 되는 돌 이후 성장식

이제부터 아기는 본격적으로 밥을 먹게 됩니다.
그동안 이유식을 제대로 진행했다면 어른처럼 밥과 반찬을 먹을 수 있습니다.
만일 아직도 아기가 고형식을 씹는 데 익숙하지 않다면 이유식을 제대로 하지 않았기 때문입니다.
육아에 늦은 때란 없습니다. 지금부터라도 새로운 음식에 적응할 수 있도록 도와주세요.
이 시기에 분유나 모유를 지나치게 많이 먹으면 밥을 잘 먹지 않으므로
젖과 밥의 비율을 조절해줘야 합니다.

밥을 먹을 수 있지만 소화기능이 어른 같지는 않습니다

돌이 되면 이유식이 거의 끝납니다. 이제부터는 본격적으로 밥을 먹어야 합니다. 이때까지도 모유나 분유로 배를 채우면 곤란합니다. 밥과 반찬을 꼭꼭 씹어 먹는 훈련을 하면서 영양분을 골고루 섭취해야 합니다. 그렇다고 돌 지난 아기들이 어른 밥상에서 모든 음식을 먹을 수 있는 것은 아닙니다.

씹는 데 익숙해지기는 했어도 딱딱한 것을 잘게 부수어 먹는 것은 아직 어렵습니다. 아직은 모든 음식을 부드럽게 조리해 먹여야 합니다. 어른 밥상에 앉히더라도 아기가 먹는 음식은 간을 덜 하여 다른 그릇에 담아 주는 게 좋습니다. 적어도 두 돌까지는 간을 아주 조금만 하는 것이 건강에 좋습니다.

성장기에 빠뜨리지 말아야 할 음식

필수아미노산 함유 식품 고기, 생선, 달걀, 우유 등의 동물성 단백질과 두부나 콩 같은 식물성 단백질
비타민A, 비타민B, 비타민C, 미네랄 함유 식품 참치, 치즈, 시금치 등 녹황색 채소, 사과, 귤, 양배추, 육류, 현미, 견과류
칼슘 함유 식품 멸치, 우유

아이가 어른과 똑같이 먹을 수 있으려면 적어도 6세 정도까지는 기다려야 합니다. 그때까지는 지나치게 기름지거나 자극적인 음식은 먹여선 안 됩니다. 요새 아이들은 아주 어릴 때부터 햄버거나 피자, 과자 등을 입에 달고 삽니다. 제가 한의원에서 만나는 아이들을 봐도 한결같이 이런 자극적이고 인공적인 음식을 입에 달고 삽니다. 그러면서 자연적으로 아기를 키우겠다는 것은 사실 이치에 안 맞습니다. 그런 음식을 먹으면 소화기능도 떨어지고 한약 처방도 효과를 제대로 볼 수 없습니다.

아기마다 먹는 양이 다릅니다

밥이 보약이라고 하는데, 개인적으로 참 공감이 가는 말입니다. 사실 밥과 반찬만 제대로 잘 먹어도 보약이 필요 없을 만큼 건강하게 자랄 수 있습니다. 물론 우리 땅에서 난 제철 재료들로 음식을 먹었을 경우입니다.

"대체 얼마만큼 먹여야 좋을까요?"

아기마다 성격이 다른 것처럼 먹는 양이나 음식에 대한 기호도 모두 다릅니다. 그러니 '얼마만큼'이라는 질문에 정확한 답을 드릴 수는 없습니다. 다만 밥은 한 끼에 반 공기씩, 세 끼를 먹이면 됩니다. 그러면 대략 작은 공기로 하나 반 정도 되겠지요. 하지만 이것이 절대적인 양은 아닙니다. 저는 밥 먹는 양을 잴 때 밥공기를 너무 큰 걸 쓰지 말라고 하는데, 집집마다 밥그릇 크기가 다르고 아기마다 먹는 행태도 다릅니다. 다만 너무 크지 않은 공기로 반 공기를 한 끼 기준으로 삼되, 이보다 지나치게 많이 먹거나 너무 적게 먹으면 곤란합니다. 반찬으로는 감자나 달걀, 다진 고기나 생선, 시금치, 당근, 양파, 오이, 배추 등을 골고루 먹이는 것이 좋습니다. 또한 식사 후에 간식으로 귤이나 사과, 토마토 등의 과일을 먹이는 것도 좋습니다.

이유식에서 유아식으로 넘어갈 때 아기의 식욕이 갑자기 떨어지는 경우가 있습니다. 아무거나 잘 먹던 아기가 갑자기 편식을 하기도 합니다. 이는 단순히 고집이 늘었다고 판단할 문제는 아닙니다. 특별한 이유 없이 그냥 일어날 수 있는 일이니 아기가 싫다는 음식을 억지로 먹이려고 하지 마세요. 체중이 순조롭게 증가하고 있다면 그냥 두어도 괜찮습니다. 간혹 음식 모양이 색다르거나 맛이 이상하게 느껴질 때 잘 먹지 않기도 합니다. 이럴 때는 조리법을 좀 바꿔볼 필요가 있습니다. 이것저것 다양한 조리법으로 음식을 만들어 먹여보세요.

꼭 섭취해야 할 영양소가 있습니다

돌이 지난 후부터 영양 공급만큼 중요한 게 없습니다. 아기가 눈이 휘둥그레질 정도로 빠르게 성장하기 때문입니다. 따라서 이때 영양이 제대로 공급되지 않으면 신체 발육뿐 아니라 지능 발달에도 나쁜 영향을 끼칠 수 있습니다. 따라서 아기에게 필요한 영양소를 골고루 공급해줘야 합니다.

첫 번째 영양소가 바로 단백질입니다. 단백질 중 특히 신체 조직을 만드는 필수아미노산을 반드시 잘 먹여야 합니다. 필수아미노산을 충분히 섭취하지 못하면 성장이 제대로 이뤄지지 않습니다. 하지만 무조건 많이 먹인다고 영양이 공급되는 것은 아닙니다. 양과 함께 질을 생각해야 합니다. 질이 떨어지는 음식은 위생상으로도 좋지 않고 영양 흡수율도 떨어집니다. 또한 비타민이나 미네랄도 필요한 양만큼 섭취해야 합니다. 또한 이 시기의 아기에게 칼슘은 뼈와 치아를 구성하고 철은 조혈작용을 합니다. 결과적으로 볼 때 아기가 자랄 때 필요하지 않은 영양소는 없습니다. 그러니 5대 영양소와 기타 영양분을 모두 골고루 먹여야 합니다. 아기가 특정 음식만 먹으면 그 음식 안에 든 영양소만 섭취할 수밖에 없습니다. 그래서 아기의 기호를 존중하면서 모든 영양을 골고루 섭취할 수 있도록 양을 조절해줘야 합니다. 아기가 싫어하면 조리법을 바꾸거나 다른 재료와 섞어서 먹이도록 하세요. 작은 눈속임이 통할 나이이고, 그렇게 먹이다 보면 어느새 편식하는 습관이 없어질 겁니다.

만 6세가 되기 전까지는 비타민 섭취가 두뇌 발달에 결정적인 작용을 합니다. 두뇌 발달에 필요한 단백질과 비타민, 생선에 많은 DHA, 오메가3 등을 날마다 빼놓지 않고 먹이도록 하세요.

너무 많이 먹으면 식체가 생깁니다

"아이고, 그놈 참 잘 먹네."

내 아이를 두고 누가 이런 말을 하면 참 기분이 좋습니다. 이 시기 엄마들의 지상 최대 과제는 내 아이가 이것저것 잘 먹는 것이지요. 밥 잘 먹게 하는 보약 좀 지어달라는 엄마들도 무척 많습니다. 하지만 저는 많이 먹이기보다는 차라리 자주 먹이더라도 조금씩 먹이기를 권하고 있습니다. 이것저것 가리지 않고 많이 먹으면 건강할 거라고 생각하지만, 실상은 그 반대입니다. 많이 먹는다고 아이가 더 빨리, 튼튼하게 자라는 것이 아니라는 말입니다. 오히려 잘못된 과식 습관은 비만이나 행동장애 등을 일으킬 확률을 높입니다. 아이 뒤를 쫓아다니며 한 숟가락이라도 더 먹이려고 애쓰지 말고, 어느 정도 양이 찼다 싶으면 그만 먹이세요. 많이 먹이느니 차라리 약간 부족하게 먹이는 편이 훨씬 낫습니다.

특히 자기 전에 먹을 것을 찾는 아기들이 있습니다. 수유 시절에 젖병을 문 채 자 버릇했다면 자라서도 잘 때 뭔가 먹고 싶어합니다. 하지만 잠들기 전에 많이 먹는 습관은 만성식체를 불러올 수 있습니다. 한의학에서는 '식적'이라고 하는데, 많이 먹은 음식들이 몸을 튼튼하게 하기는커녕 소화가 안 되어 몸 안에 독소로 남고, 이것이 결국 다른 질환을 불러옵니다. 과유불급이라는 말처럼 무엇이든 과하면 좋지 않습니다.

아기에게 아토피가 있다면 음식을 신중하게 골라 먹여야 합니다. 아토피를 유발하는 음식들을 특히 가려서 먹이세요. 그렇다고 아예 먹이지 말라는 이야기는 아닙니다. 조금씩 양을 늘리면서 면역력을 강화할 필요도 있습니다. 요리를 할 때는 이것저것 섞지 말고, 한 가지 재료로 한 음식을 만들어야 합니다. 그래야 어떤 음식이 아기에게 맞는지를 정확하게 짚어낼 수 있습니다. 이것저것 섞여 먹이면 알레르기를 일으키는 음식이 무엇인지 구별할 수 없지요. 만일 재료를 섞더라도 새로운 음식은 하나씩만 추가해서 먹여야만 아이 몸의 반응을 파악하기가 쉽습니다.

설명을 덧붙이자면 아토피나 알레르기가 있는 아기들은 견과류에 특히 민감합니다. 하지만 두뇌 발달에 좋은 견과류를 아예 안 먹일 수는 없는 노릇입니다. 따라서 한 가지 견과류를 조금씩 먹여보되, 기간을 두고 다른 것들을 하나씩 추가해 먹여보세요. 이때 날 것보다는 볶은 것을 갈아 먹이면 알레르기 반응도 훨씬 덜 보이고 소화도 잘 시킵니다.

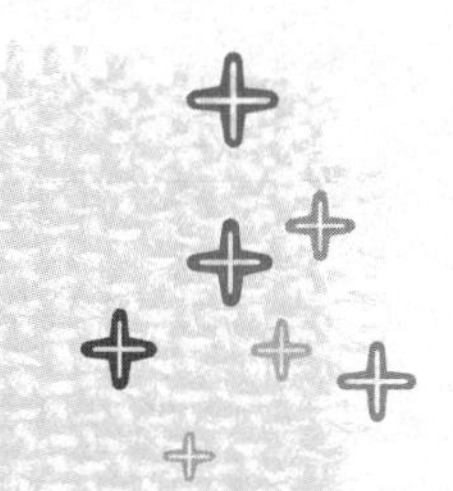

먹여야 할 음식 vs 먹여선 안 되는 음식

돌이 지나면 아기는 이것저것 가리지 않고 잘 먹게 됩니다.
이때부터는 엄마가 아기의 먹을거리에 더욱 신경을 써야 합니다.
잘 먹는다고 아무거나 함부로 먹이면 꼭 뒤탈이 따르게 마련입니다.
꼭 먹여야 할 음식과 먹이면 안 될 음식이 무엇인지 알아두세요.
음식만 잘 가려 먹여도 건강한 아기로 키울 수 있으니까요.

오장육부의 균형을 깨는 인스턴트 식품

이제 아기는 웬만한 음식을 모두 먹을 수 있습니다. 문제는 그동안은 듣도 보도 못했던 인스턴트 식품이나 각종 군것질거리를 접할 때라는 사실입니다. 길을 가다가 다른 아이가 먹는 것을 보게 되기도 하고, 어른 옆에서 피자나 라면, 햄버거 따위를 맛볼 수도 있습니다. 엄마가 아무리 조심을 해도 친척들이 와서 "아유, 예뻐" 하면서 과자를 먹이기도 합니다.

하지만 이제 겨우 돌 지난 아기들이 이런 음식을 즐겨 먹으면 곤란합니다. 인스턴트 음식이나 패스트푸드 따위는 단맛과 짠맛이 강하고 아기에게 굉장히 강렬한 자극을 줍니다. 어른 입에도 달고 짠데 아기에게는 그 몇 배나 강력하게 작용할 밖에요. 아기가 그런 음식에 길들기 시작하면 이후 식생활은 엉망이 될 수밖에 없습니다. 밥을 안 먹는 나쁜 습관이 들뿐더러, 자꾸 그런 음식을 먹어 버릇해서 오장육부의 균형이 깨집니다. 이렇듯 아이를 키우다보면 공든 탑이 하루아침에 무너지는 일이 허다하지요. 하지만 어쩌겠습니까. 그저 온 힘을 기울여 못 보게 하고 못 먹게 할 수밖에 없습니다. 산에 들어가 살지 않는 이상 이런 음식들을 피해갈 도리는 없지요.

"아예 안 먹는 것보다는 이런 거라도 먹는 게 나아요."

간혹 이런 말을 하는 엄마들이 있는데 이런 음식들은 먹어서 좋을 게 하나도 없습니다. 말 그대로 백해무익이지요. 이런 음식들은 미각을 교란하고 소화기능을 떨어뜨릴 뿐만 아니라 면역력까지 나쁘게 합니다.

유기농 식품이라고 다 안전한 건 아닙니다

지금의 성장 환경에서 아기에게 자연식만 먹일 수는 없습니다. 바로 집 앞에 온갖 반조리 식품을 파는 가게가 있고, 백화점 식품 코너만 가봐도 첨가물로 범벅된 음식 천지입니다. 아기가 어쩔 수 없이 이런 음식을 접하게 되더라도, 집에서는 철저하게 제철 재료로 음식을 만들어 먹여야 합니다. 유기농이 너무 비싸다면 신선한 재료를 사다가 물로 여러 번 씻으면 됩니다. 이미 오염된 환경에서 자란 먹을거리에 아무리 농약을 치지 않고 자연 안에서 키웠다 한들 그것이 완벽한 유기농일 수는 없습니다. 신선한 제철 재료를 쓰는 것만으로 충분합니다.

밥을 먹일 때만큼은 아기가 안 먹으려고 해도 져주면 안 됩니다. 밥 챙기기가 귀찮다고 엄마가 먼저 피자나 기름에 튀긴 통닭을 시켜 먹는 예도 종종 보는데, 그런 음식들을 먹고 자란 아이는 영양소는 못 섭취하고 열량과 지방만 섭취하기 때문에 허약한 비만아가 되기 십상입니다.

밀가루 음식도 적당히 먹일 필요가 있습니다. 밥 대신 빵을 먹이는 것도 좋지 않습니다. 흔히 백색 밀가루를 삼백三白이라고 해서 백색 설탕, 백색 정제소금과 함께 거론하는데, 세 가지 모두 피하는 것이 건강에 좋습니다. 가끔 입맛이 없을 때 면이나 빵을 별식으로 먹인다면 모를까 시도 때도 없이 주는 것은 안 됩니다.

또한 아기가 이것저것 안 가리고 잘 먹더라도 덩어리지거나 딱딱한 것을 그냥 줘선 안 됩니다. 씹는 능력이 미숙한 아기들은 이런 것들을 삼키다가 목에 걸릴 수 있습니다. 젤리류, 포도, 알사탕, 어묵, 소시지, 당근 덩어리, 팝콘, 땅콩 같은 견과류는 절대 그냥 주지 마세요. 이런 음식을 그나마 씹어 삼키려면 적어도 세 돌은 넘겨야 합니다.

과일주스와 이온음료는 과유불급

달짝지근한 주스를 좋아하지 않는 아기는 없습니다. 우유는 안 먹어도 주스는 넙죽넙죽 잘 받아먹지요. 하지만 그 모습이 예쁘다고 주스를 많이 먹여선 안 됩니다. 시판하는 과일 주스는 하루에 200ml를 넘지 않아야 합니다. 사실 과일주스를 많이 먹이는 것은 아기 몸에 그다지 좋지 않습니다. 당분이 너무 많이 들어 있기 때문입니다. 과일주스를 많이 먹으면 상대적으로 우유나 밥을 잘 안 먹을 수 있습니다. 그러면 당연하게 성장에 지장이 오지요. 그뿐만 아니라 설사나 비만이 올 수도 있습니다. 그러니 아기가 아무리 좋아해도 일정량 이상은 안 주는 것이 좋습니다.

아기들은 이온음료도 무척 좋아합니다. 맛이 달기 때문이지요. 아기가 평소에 땀을 흘린다고 이온음료를 자주 먹이는 엄마들이 있는데, 광고에서 말하는 것처럼 갈증을 한 번에 해결해주는 이온음료는 없습니다. 이온음료는 운동 후 땀을 많이 흘리거나 설사나 구토로 탈수가 있을 때, 전해질을 보충하려고 조금 먹일 수는 있습니다. 하지만 필요도 없이 너무 많이 먹이면 전해질 불균형이 일어날 수 있습니다. 이온음료는 쉽게 말해 설탕과 소금을 섞은 물입니다. 이온음료를 너무 많이 먹으면 신장이나 심장에 부담을 주고 뼈, 혈관, 면역기능, 정신신경계 등 다양한 분야에서 이상이 생길 수도 있습니다.

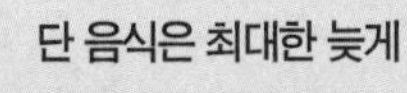

단 음식은 최대한 늦게

가능하다면 단맛은 최대한 늦게 맛보게 해야 한다. 단 음식이 비만의 대표적인 원인이기 때문이다. 그뿐만 아니라 단 음식을 많이 먹으면 장 기능이 무력해질 위험도 있다. 특히 설탕은 주의력결핍 과잉행동장애(ADHD)를 부추기기도 한다. 비위가 허약한 아이들이 단맛에 유독 집착하는 경향이 있는데 이런 아이들은 밥도 잘 안 먹는다. 만일 아이가 지나치게 단맛을 찾는다면 소아한의원을 찾아 진단을 받아보길 권한다.

주스와 마찬가지로 이온음료를 많이 먹으면 아기 머릿속에서 다른 것을 먹을 생각이 싹 사라집니다. 결국 영양 불균형을 가져와 성장발달에 악영향을 미치며, 감기 같은 잔병치레도 많아지고, 알레르기 질환 또한 쉽게 발병할 수 있습니다. 그동안 무심코 아기에게 이온음료를 먹였다면 이제부터라도 자제해야 합니다.

뭘 넣어 끓인 물보다는 생수를 주세요

보리나 결명자, 둥글레, 구기자 등을 넣어 끓여 물처럼 마시는 경우가 많습니다. 아기 키우는 집에서는 끓여 마시는 보리를 한 보따리씩 사 놓기도 하지요. 보리는 소화기능을 돕고, 결명자는 눈을 밝게 하는 효과가 있습니다. 둥굴레차 역시 변비기가 약간 있는 아기들에게 좋으며 감기를 예방하고 기운을 돕는 효과가 있습니다. 그러나 보리나 결명자는 성질이 차서 속이 냉한 아기들이 오래 먹는 것은 안 좋습니다. 볶아서 사용하면 성질이 중화되어 부작용을 없앨 수 있지만, 결명자는 변이 묽고 장이 약한 아기에게 맞지 않을 수 있으니 좀 더 주의해서 먹일 필요가 있습니다.

유난히 찬물을 좋아하는 아이

찬 음식을 많이 찾는 아기는 열이 많은 체질로 아토피나 태열, 야제증, 변비, 비염, 편도염 등의 질환을 앓고 있기 쉽다. 또한 잘 때 이불을 걷어차고, 옷을 잘 갖춰 입기 싫어하고, 찬물을 벌컥벌컥 마신다. 그래서 장에 문제가 생기기도 하고, 배앓이를 자주 하며, 감기도 늘 달고 산다. 이런 아기들은 시원하게 키워야 한다. 옷을 두껍게 입히지 말고 잘 때도 이불을 덮어주기보다는 잠옷 안에 얇은 면 옷을 하나 더 입혀주는 편이 낫다. 단, 배와 발은 차지 않게 해야 한다. 또한 집 안에서만 놀게 하지 말고 바깥에서 신선한 바람을 자주 쐬게 해준다. 아기가 지나치게 찬 것을 많이 찾는다면 일단 한의원에서 속열이 뭉쳐 있는 것은 아닌지 진료를 받아보는 것이 좋다.

구기자는 성질에 균형이 잡혀 있고 간과 신장에 들어가서 기운을 돕는 약재입니다. 또한 눈을 밝게 하고 간 기능을 개선하며 근골격계를 튼튼하게 하지요. 하지만 한의서에 보면 감기 등으로 열이 있거나, 장기능이 약해 변이 묽거나, 비만이 있는 사람은 먹지 말라고 나와 있습니다. 따라서 아기에게는 조금씩만 끓여 먹이고, 무조건 오래 먹이지는 않는 편이 좋습니다.

저는 개인적으로 뭘 넣어 끓인 물도 좋지만 약알칼리의 육각수가 많이 포함된 생수가 좋다고 생각합니다. 뭘 넣어서 끓인 물은 어쨌든 살아 있는 물이라 보기 어렵고, 첨가한 재료가 아기 체질에 맞지 않을 수도 있기 때문입니다. 특별한 증상이 있을 때 어쩌다 한두 번 이런 약재를 넣어 끓여 먹이는 것은 상관없지만, 매번 똑같은 약재를 넣어 오랫동안 복용시키는 것은 바람직하지 않습니다.

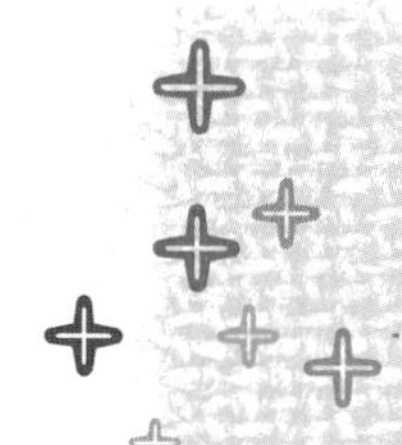

우리 아기 도대체 왜 안 먹는 걸까요?

얼러도 보고, 소리도 질러보고, 입맛 돋운다는 음식을 들이밀어도
당최 반응이 없는 아기를 보면 속이 터질 지경입니다.
말이라도 제대로 할 줄 알면 좋겠는데
"시여(싫어)" 소리만 연발하는 아기를 보면 엄마도 밥을 먹기가 싫어집니다.
아기가 안 먹어서 스트레스를 받은 나머지 시름시름 앓는 엄마도 있습니다.
속상해하지만 말고 한걸음 떨어져 찬찬히 그 이유를 살펴보면 어떨까요?

안 먹는 아기의 70퍼센트는 잘못된 식습관을 갖고 있습니다

비위가 약한 아이들은 소화기능이 떨어져서 음식을 잘 먹지 못합니다. 아무리 맛있는 음식을 줘도 한 숟가락만 먹으면 입을 다물고, 좀 먹는다 싶으면 어느새 토해버려 애써 만든 음식을 무용지물로 만듭니다. 그런데 가만히 보면 아기가 잘 안 먹는 이유는 잘못된 식습관에 있는 경우가 무척 많습니다. 제가 아기의 식습관에 문제가 있는 것 같다고 말하면 대뜸 이런 질문이 되돌아옵니다.

"좋은 것만 사다가 정성스럽게 만들어 먹이는데 무슨 말씀이세요?"

좋은 것을 제때 잘 먹게 한다는 강박증이 오히려 아기로 하여금 음식을 안 먹게 한다는 사실을 잘 모르기 때문이지요. 엄마가 이유식 때부터 너무 부드러운 음식만 먹였거나, 제때 안 먹는다고 숟가락을 들고 따라다니며 먹였거나, 좋아하는 것만 먹여 편식하는 습관이 생겼을 때 아기는 밥을 안 먹을 수밖

에 없습니다. 잘 키우려고 한 노력이 되레 잘못된 식습관을 조장한 셈입니다.

'3푼 조리 7푼 양생'이라는 말이 있습니다. 질병의 30퍼센트는 의학으로 치료할 수 있지만, 나머지 70퍼센트는 잘못된 식습관이나 생활습관을 바꿔야 한다는 말입니다. 즉, 약보다는 바른 식습관이 훨씬 중요하다는 말이지요. 아기가 잘 먹지 않는다면 보약을 찾을 게 아니라, 식습관부터 바로잡아줘야 합니다. 아기를 과잉보호하며 음식을 먹이는 건 아닌지, 아기 입맛에 무조건 맞추는 건 아닌지, 행여 몸에 좋다고 아기가 너무 싫어하는 음식을 억지로 먹이고 있지는 않은지 엄마의 양육방식을 돌아볼 필요가 있습니다. 잘못된 식습관은 식욕을 떨어뜨리고, 이는 결국 성장과 두뇌 발달, 면역기능 등 다양한 부분에 영향을 미칠 수 있으므로 빨리 개선해주는 것이 좋습니다.

식욕을 떨어뜨리는 온갖 원인

아기가 잘 먹지 않는다면 우선 유동식을 너무 많이 먹고 있지는 않은지 점검해봐야 합니다. 먹기 싫어서 안 먹는 게 아니라 배가 너무 불러 못 먹는 것은 아닌지 살펴봐야 한다는 말입니다. 만일 아기가 하루에 500ml 넘게 우유를 먹는다면 당연히 입맛이 떨어질 수밖에 없습니다. 액체 음식이나 유동식은 똑같은 열량이라도 부피가 크기 때문에 위에 부담을 줍니다. 이럴 때는 액체 음식과 유동식을 줄여야 합니다.

비위기능, 즉 소화기능이 허약해 잘 먹지 않는 아기도 많습니다. 이런 아기들은 소화 흡수력이 떨어져, 음식을 많이 먹으면 쉽게 체하거나 힘들어할 수 있습니다. 이때 비위기능을 도와주면 음식 섭취량이 늘어 키도 더 잘 크고 몸무게도 쑥쑥 늘어납니다. 돌도 지났으니 망설일 필요 없이 체질에 맞게 보약을 먹여도 됩니다. 아기가 아직 어려 쓴 보약을 먹지 못할까봐 걱정하는 엄마도 있는데, 아이를 주로 보는 한의원에서는 한약도 쓰지 않게 처방합니다.

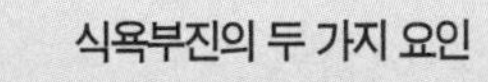

식욕부진의 두 가지 요인

기질적 요인 아기가 감기를 비롯한 여러 가지 열성 질환을 반복적으로 앓았거나, 입안이 허는 구내염에 걸렸거나, 간염이나 만성적인 소화불량, 결핵, 빈혈, 뇌성마비 등을 앓으면 식욕을 잃는다.
심인성 요인 엄마가 너무 신경을 쓴 나머지 아기가 영양 과잉이 되면 식욕을 잃는다. 외동이, 첫째나 막내, 쌍둥이인 경우가 많다.

아기가 감기에 걸렸을 때 감기에 따른 증상 때문에, 혹은 항생제를 먹어서 식욕이 떨어지기도 합니다. 특히 원래 비위가 허약한 아기라면 감기에 걸렸을 때 십중팔구 식욕이 떨어지고 체중이 줄어들지요. 보통은 감기가 낫고 약을 끊으면 점차 식욕을 되찾지만, 평상시의 체력을 찾지 못해 식욕이 되돌아오지 않을 수도 있습니다. 이럴 때는 비위기능을 돕고 원기를 키워 허약 상태를 개선하는 보약을 먹이면 식욕은 물론 건강까지 되찾을 수 있습니다.

한방 치료로 비위기능을 도와주세요

비위의 기능을 돕는 약으로 양위진식탕, 보중익기탕, 삼령백출산 등이 있습니다. 이런 약을 복용하면 대개 2주일 정도면 식욕을 되찾기 시작합니다. 아기에게 체기가 있다면 향사평위산 계통의 약으로 체기를 풀어준 후에 보약을 먹여야 합니다. 또한 소화즙이 충분히 나오지 않는다거나, 평소 변을 잘 못 볼 때는 육미지황탕, 육마탕, 지황백호탕 등으로 소화즙을 잘 나오게 하고, 변비를 낫게 하면 식욕부진이 개선됩니다.

식욕부진이 심한 아기를 보면 사상체질상 비위가 허약한 소음인인 경우가 많습니다. 이렇듯 타고난 체질적 소인이 있거나, 아기가 많이 허약하다면 한 번만 한약을 먹어서는 효과를 볼 수가 없습니다. 체질 불균형과 허약 정도에 따라 주기적으로 꾸준히 관리해야 부족한 기능을 도울 수 있습니다. 아기가 한약을 잘 못 먹거나, 잘 먹더라도 오래 복용해야 한다면 증류 한약을 먹이는 것도 효과적입니다.

또한 원인에 따라 집에서 그에 맞는 관리를 해줘야 합니다. 앞서 이야기한 것처럼 식욕부진은 한 번의 치료로 효과를 보기 어려워서, 원인에 맞는 한약과 음식을 꾸준히 먹여야 궁극적인 치료가 가능합니다. 대표적인 약재와 음식을 소개하면 다음과 같습니다.

비위기능이 약한 경우 식욕부진은 기본적으로 비위의 기능이 약한 아기에게 많습니다. 체중이 적고 살이 무르고 혈색이 부족한 것은 비위가 약한 탓입니다. 인삼, 황기, 백출, 마, 연씨, 백편두(까치콩), 건강(말린 생강) 등을 먹여 비위의 기능을 높이고, 밀가루 음식, 기름진 음식, 찬 음식, 돼지고기처럼 소화가 잘 안 되는 음식은 주지 않는 것이 좋습니다.

소화기에 노폐물이 많은 경우 소화력이 약하고 노폐물을 처리하는 능력이 떨어지면 식욕이 떨어집니다. 이런 아기는 적게 먹기는 해도 많이 마른 편은 아닙니다. 어지럼증, 두통, 차멀미, 잦은 배변, 복통 등이 나타나지요. 이럴 땐 반하, 창출, 진피(말린 귤껍질), 맥아(엿기름), 약 누룩 등을 먹여 소화기의 기능을 도와줘야 합니다. 잘 안 먹는다고 너무 자주 음식을 줘서는 안 되며, 정해진 시간에 정해진 양을 먹여야 합니다. 저녁을 가볍게 먹이고, 잠들기 두 시간 전에는 고형식을 주지 않는 것이 좋습니다.

상부에 열이 많은 경우 평소에 땀을 많이 흘리고, 덥지도 않은데 찬물을 자주 찾을 때 식욕부진이 될 수 있습니다. 이런 아기는 열 감기를 많이 앓고, 코피가 자주 나며, 밥을 먹을 때 물을 많이 마십니다. 이는 몸 안의 열이 위로 뻗치기 때문입니다. 진액이 말라 소화즙 분비가 떨어지기 쉽습니다. 약재로는 건지황, 칡, 석곡, 천화분(하눌타리 뿌리) 등이 좋고, 그 외에 돼지고기, 미나리, 보리밥, 녹두를 먹이면 효과가 있습니다.

질병으로 입맛을 잃은 경우 병을 자주 앓는 아기는 기혈과 체력이 부족해지면서 입맛을 잃어 잘 먹지 않습니다. 잘 먹어서 몸이 튼튼해져야 병을 이길 텐데 아파서 먹지 못하니, 병도 앓고 입맛도 잃는 악순환이 계속되지요. 이런 아기는 우선 질병부터 치료한 다음에 보약으로 기혈을 보충해줘야 합니다.

식욕을 길러주는 추나요법

우리 어머니, 할머니들은 아이들이 배가 아프다고 하면 배를 쓰다듬으며 노래를 불러주곤 했습니다. "할미 손은 약손, ○○ 배는 똥배"라고 주절거리듯 노래를 하면서 배를 쓰다듬고 문질러주었지요. 그러다 보면 마음이 편해지고 따뜻한 손과 마찰열에 의해 배가 따뜻해지면서, 신기하게도 아픈 배가 언제 그랬냐는 듯이 괜찮아지고는 했습니다. 이것이 다름 아닌 추나요법으로 추법이나 마법 등에 속하는 것입니다. 이런 방법은 복부에 있는 기순환의 통로인 경락을 자극하여 막힌 체기를 뚫어주고 위장관 활동을 원활하게 해 소화를 도와주는 효과가 있습니다. 이런 방법은 일종의 자연치료법이면서 아이의 마음을 편안

식욕을 돕는 대표 음식 3가지

1. 마죽

마죽은 비위기능이 약한 아기들에게 큰 효과가 있다. 마죽을 만들어 먹이면 비위을 보할 뿐 아니라 설사를 멈추고 기운을 회복하는 데도 도움이 된다. 말린 마를 산약山藥이라고 하는데, 이 마 가루를 돌까지 8g을, 두 돌까지는 12g 정도를 쌀죽에 넣어서 죽을 끓여 먹이면 효과가 있다. 산약은 소화효소가 풍부해 위장에서 잘 소화될 뿐만 아니라 비위의 기능을 도와 식욕을 돋워준다.

2. 약 누룩

약 누룩은 소화효소의 작용을 도와 소화력을 키우고 체기를 내리는 효과가 있다. 약 누룩 20g을 프라이팬에 살짝 볶은 다음, 물 1리터에 넣고 반이 될 때까지 졸인다. 이를 하루 100~150ml씩 3~4일에 걸쳐 먹이면 효과가 있다.

3. 삽주뿌리 차

백출이라 불리는 삽주뿌리는 비위 허약을 개선하고 원기를 보강하며 소화력을 증진한다. 말린 백출 30g을 물 1리터에 넣고 반이 될 때까지 졸인다. 이를 하루 100~150ml씩 3~4일에 걸쳐 먹인다. 말린 귤껍질을 함께 넣어 달이면 더욱 좋다.

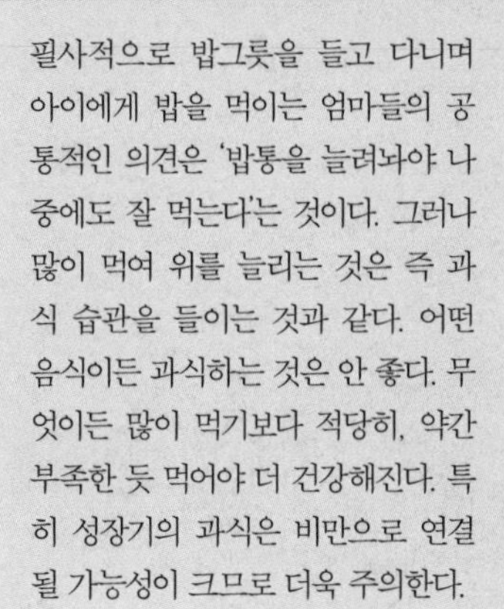
위를 늘린다고요?

필사적으로 밥그릇을 들고 다니며 아이에게 밥을 먹이는 엄마들의 공통적인 의견은 '밥통을 늘려놔야 나중에도 잘 먹는다'는 것이다. 그러나 많이 먹여 위를 늘리는 것은 즉 과식 습관을 들이는 것과 같다. 어떤 음식이든 과식하는 것은 안 좋다. 무엇이든 많이 먹기보다 적당히, 약간 부족한 듯 먹어야 더 건강해진다. 특히 성장기의 과식은 비만으로 연결될 가능성이 크므로 더욱 주의한다.

하게 하여 증상을 개선하는 심리적 요법이기도 합니다.

손으로 몸을 밀고 당기는 식으로 마사지를 하거나 경혈을 자극하는 치료법을 추나요법이라고 합니다. 아기가 식욕이 떨어졌을 때는 소화력과 식욕을 동시에 살려주고 장을 편안하게 하는 마사지를 해주면 좋습니다. 하지만 마사지를 하려고 배에 손을 댔을 때 아기가 아파서 운다면 한의원에 가서 진료를 받아봐야 합니다.

식욕을 키우고 소화력을 살리는 추나요법으로 '분추복음양'이 있습니다. 먼저 아기를 바로 눕힌 다음, 양 엄지손가락을 이용해 갈비뼈 아래 가장자리를 따라 명치에서 옆구리 쪽으로 밀어 내립니다. 1분에 100회 속도로 1~2분 정도 해주면 됩니다. '추중완'은 검지와 중지 두 손가락으로 명치부터 배꼽까지 밀어 내려주는 방법입니다. 1분에 100회 속도로 1~2분간 해줍니다. '마복'은 손바닥으로 배꼽 주위를 시계 방향으로 문지르는 방법입니다. 시간은 5분 정도가 적당하고 설사가 있으면 반시계 방향으로 마사지해줍니다. 이때 올리브 오일 30ml에 라벤더 오일 3방울, 로만캐모마일 오일 3방울, 페퍼민트 오일 1방울을 섞어 사용해도 좋습니다. 마복은 소화불량, 구토, 복통에 모두 좋은 마사지법입니다.

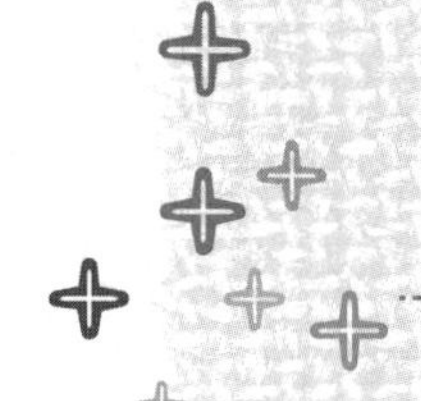

올바른 식습관이 평생 건강의 초석

밥 잘 먹는 것만큼이나 중요한 것이 바른 식습관을 들이는 것입니다.
한방에서는 '밥이 보약'이라는 말을 많이 합니다.
몸에 좋은 음식을 차려 바른 자세로 앉아 즐거운 마음으로 먹는 것은
어떤 것과도 비교가 안 되는 최고의 보약입니다.
따라서 어릴 때 좋은 식습관을 길러줘 평생 건강의 초석을 다져야 합니다.
일단 먹이는 게 중요하니 버릇은 나중에 잡겠다고 생각하면 그때는 늦습니다.
지금부터 한자리에 앉아 바르게 먹는 습관을 들이세요.

정해진 자리에서 바르게 앉아 먹기

돌쟁이를 둔 엄마들의 공통 관심사는 하나입니다. 한마디로 '아무거나 잘 먹어 쑥쑥 자라는 것'이지요. 한의원을 찾는 엄마들을 보면 키가 작으니, 몸무게가 적게 나가느니 하며 어떻게든 잘 먹게 할 비법을 묻습니다. 그러면 저는 되묻습니다. 아기가 아침, 점심, 저녁을 시간에 맞춰 한자리에서 제대로 먹는지를요. 영양 좋은 음식을 잘 먹는 것이 성장발달의 관건인 것은 분명하지만, 바른 식습관이 들지 않으면 어떤 보약도 큰 효과를 볼 수 없다는 것을 엄마들은 잘 모릅니다. 그래서 아기가 잘 자라지 못하고 허약한 것 같으면 영양제나 보약부터 찾지요.

아기가 세 끼 밥을 먹어야 할 돌부터는 먼저 식습관을 잡는 것을 목표로 삼아야 합니다. 아기에게 밥은 정해진 자리에 앉아서 집중해서 먹어야 한다는 것을 가르쳐주세요.

이 시기의 아기는 대체로 좀 부산스럽습니다. 두 발로 걷기 시작하면서 여기저기 들쑤시고 다니는 건 물론이고, 엄마 외에 또래 친구들과 어울려 다니며 본격적으로 놀이를 배웁니다. 밥 먹는 것보다 재미난 것이 곳곳에 널렸지요. 본격적인 밥상머리 전쟁이 시작되는 것도 이때입니다. 돌 지난 아기를 키우는 집에서 엄마가 밥그릇을 들고 아기 뒤를 쫓아다니는 것은 아주 흔한 광경입니다. 하지만 매번 이런 식으로 밥을 먹이다 보면 아이는 세 끼 밥을 한자리에 앉아 먹는 것을 전혀 배울 수 없습니다. 하고 싶은 대로 신나게 놀면서도 밥을 먹을 수 있는데 굳이 지루하게 한자리에 앉아 밥 먹을 이유가 없는 거죠.

일단 식사 시간이 되면 무조건 정해진 식사 자리에 아기를 앉히십시오. 아이가 자리를 뜨면 단호하게 밥상을 치워야 합니다. 또 아직 아기가 숟가락을 잘 못 쓰더라도, 숟가락은 직접 아기의 손에 들려주세요. 엄마가 자꾸 먹여주면 시간도 덜 걸리고 더 많이 먹일 수 있을지는 모르지만 아이에게 식사 개념을 심어주는 것이 힘들어집니다. 밥 먹을 때마다 식탁이나 밥상이 난장판(?)이 될 각오를 하세요. 또한 아이가 식사 시간을 즐겁게 받아들일 수 있도록, 예쁜 그릇을 준비하거나 다양한 조리법으로 음식을 준비하세요. 그런 과정을 통해 아이는 세 끼 정해진 시간에 직접 밥을 먹는 습관을 갖게 됩니다.

밥과 국은 따로따로

아기가 밥을 잘 안 먹어 시간이 걸리면 "물 마시고 먹자" 하며 물 컵을 입에 대줍니다. 밥을 먹을 때 아기에게 물을 마시게 하면 훨씬 수월하게 음식을 넘기기도 합니다. 어른도 입맛이 없을 때 밥을 물이나 국에 말아 후루룩 먹는 것과 비슷합니다. 음식을 잘 챙겨 먹는 게 아니라 그냥 끼니를 때운다는 기분으로 말이죠.

아기에게는 절대 그래선 안 됩니다. 아기마다 차이는 있지만 돌 정도 된 아이는 위의 용적이 400ml 정도밖에 되지 않습니다. 성인의 1/7 크기입니다. 그러니 밥 먹는 도중 물을 많이 마시면 밥을 제대로 먹지 못합니다. 또한 위압이 올라가 먹다가 토할 수도 있습니다.

마찬가지로 국에 말아서 먹이는 것도 안 좋습니다. 매번 국에 말아서 밥을 먹게 되면 제대로 씹지 않고 음식을 삼키는 습관이 생깁니다. 이제 아기는 이유기를 지났기 때문에 본격적으로 씹는 연습을 해야 합니다. 음식을 씹는 것은 엄마가 생각하는 것보다 훨씬 중요합니다. 엄마는 밥을 양껏 잘 먹는 것에만 신경을 쓰지만, 잘 씹어 먹지 않으면 소화가 안 되어 영양분을 제대로 흡수할 수 없습니다. 또한 음식을 씹는 행위는 두뇌 발달과도 연관이 있습니다. 따라서 아기에게 밥을 먹일 때는 물이나 국을 따로 먹여야 합니다. 밥을 국에 말아 먹이거나 습관적으로 물을 마시게 해서는 안 됩니다. 계속 이렇게 밥을 먹이면 나중에는 국이나 물 없이는 밥을 아예 못 먹게 될 수도 있습니다.

간식은 간단하게

아기들에게는 식사뿐 아니라 간식도 중요합니다. 하루에 필요한 에너지와 영양분의 10~15퍼센트 정도를 간식으로 보충해야 합니다. 어른이야 세 끼 밥을 먹으면 간식은 먹어도 그만 안 먹어도 그만이지만 이 시기의 아기들은 아직 소화기가 미숙해서 하루 세 끼 식사로는 충분한 양을 섭취할 수 없습니다. 따라서 간식을 통해 영양을 보충해줘야 합니다.

하루 세 번의 식사 외에 아침과 점심, 점심과 저녁 사이에 간식을 주도록 합니다. 이때 중요한 것은 다음 식사를 방해하지 않는 한도를 지키는 것입니다.

"밥을 잘 안 먹으니 간식이라도 잘 챙겨 먹여야죠."

이렇게 말하는 엄마들이 많은데, 절대 그래서는 안 됩니다. 밥을 못 먹는 것은 별개의 문제이고, 간식은 말 그대로 간식일 뿐입니다. 아기가 밥을 잘 먹지 않는다면 간식을 아예 건너뛰고, 다음 끼니가 될 때까지 배가 고프도록 놔두는 것이 차라리 낫습니다. 식사 시간을 지키는 것처럼 간식을 먹는 시간도 정해두는 것이 좋습니다. 생각날 때마다 수시로 과자나 과일을 주지 마세요. 그러면 아이는 늘 먹을 것을 입에 달고 살게 되고, 음식은 제시간에 정해진 양을 먹어야 한다는 것을 배우지 못합니다. 또한 이런 아이는 치아 관리도 쉽지 않아 충치가 생기기 쉽습니다.

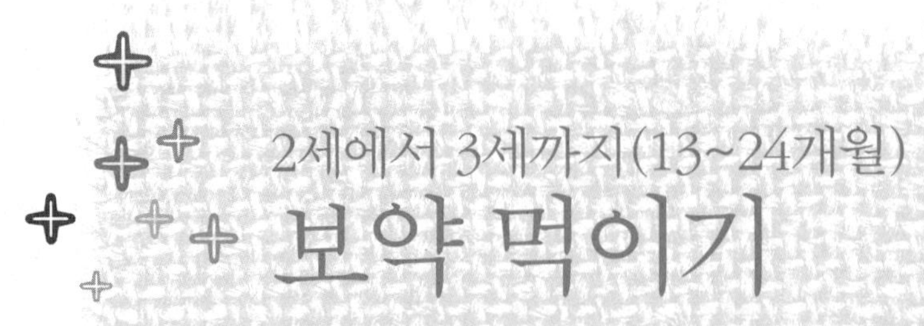

2세에서 3세까지(13~24개월)

보약 먹이기

오장육부의 기능이 완성되는 시기에 좋은 '돌 보약'

돌이 되면 보약을 먹이는 것이 좋습니다. 돌부터 두 돌까지는 왕성한 성장과 함께
오장육부의 기능이 완성되는 중요한 시기입니다.
반면 잔병치레가 늘고 이것저것 편식을 하기도 하지요.
이때 보약을 쓰면 부족한 에너지를 보충해줘 성장에 큰 도움이 됩니다.
한방에서 몸을 '보補'한다는 것은 신체의 여러 가지 기능 중 부족한 것을 치료하는 의미입니다.
지나치지도 모자라지도 않는 적당한 건강 상태를 유지하도록 돕는 것이지요.

돌 보약 한 첩은 성인 보약 열 첩과 같습니다

"돌이 되었는데 보약을 먹일 수 있나요?"

엄마들이 자주 묻는 말 중 하나입니다. 가만히 있어도 주변에서 "돌이 되었는데 보약 한 첩 먹어야지?"라는 말을 합니다. 집안에 나이 드신 어른이 있으면 엄마에게 묻지도 않고 직접 한약방에 가 보약을 지어 오기도 하지요.

돌은 아기에게 큰 전환기입니다. 돌이 되면 수유기와 이유기를 마치고 본격적으로 밥과 반찬을 먹게 됩니다. 행동 반경도 커집니다. 이전까지 뒤집고 앉고 기면서 소극적인 활동을 해왔다면 이제 걷기 시작하면서 본격적으로 자기 의지대로 활발히 움직입니다. 정서 발달도 급격히 이뤄져서 호기심이 부쩍 느

이런 아기는 보약이 필수

1. 많이 움직이지 않아도 쉽게 지치고 피곤해하는 아이
2. 식은땀을 자주 흘리는 아이
3. 예민한 아이
4. 잠을 잘 자지 못하고 보채는 아이
5. 살이 잘 붙지 않는 아이
6. 편식이 심한 아이
7. 설사나 변비를 자주 보이는 아이
8. 감기를 자주 앓는 아이

는데, 어찌나 사고를 치는지 한시도 눈을 떼지 못할 정도입니다.

엄마에게는 그야말로 고생문이 본격적으로 열리는 시기지만, 아기는 사고도 치고 엄마 속도 썩이면서 몸과 마음이 성큼 자랍니다. 보통 사춘기 때 키가 부쩍 자란다고 알고 있는데 사춘기에 키가 자라는 최고치가 1년에 10cm 정도라면, 이 시기의 아기도 1년에 10cm 이상 자랍니다. 그러니 당연히 많은 에너지가 필요할 수밖에 없습니다. 또한 두 돌까지 평생을 좌우할 오장육부의 건강 상태가 결정되므로 영양 공급이 정말 중요합니다.

만일 아기가 영양 상태가 좋고 별다른 잔병치레가 없을 만큼 튼튼하다면 보약을 따로 먹일 필요는 없습니다. 하지만 대부분 아기는 이전까지 건강하다가도 돌을 넘기면서부터 종종 아픕니다. 면역력이 부족한 가운데 바깥 출입도 잦아지고, 고집이 늘어 밥을 안 먹는 예가 흔하기 때문이지요. 그런 만큼 보약으로 건강을 다져주면서 아기에게 필요한 에너지를 보충해주면 훨씬 좋겠지요.

한방에서는 질병이 생기는 원인을 인체의 허약으로 보고 있습니다. 즉, 장기가 허약하면 그만큼 병에 걸릴 가능성이 큽니다. 그런데 사람은 누구나 선천적으로 허약한 부위가 있고, 후천적으로도 어느 부위가 허약해질 가능성이 있습니다. 결국 그 허약한 곳에 병이 찾아오는 것이지요. 그런 까닭에 아기 몸의 허약한 부분을 미리 알아내 개선하면 병을 예방할 수 있을 뿐 아니라 더 튼튼하게 자라게 할 수 있습니다. 즉 때를 놓치지 않고 선천적으로 약한 부분을 잘 보완해주면 건강한 어른으로 자라날 수 있습니다. '어릴 때 먹은 보약 한 첩이 어른이 먹는 보약 열 첩보다 낫다'는 말이 있습니다. 나이를 먹고 여러 번 질병을 앓아 점점 더 장기가 허약해지기 전에 미리 보약을 먹으면 커서도 병치레를 하지 않고 건강하게 지낼 수 있다는 뜻입니다.

조산아는 생후 6개월부터 보약 처방

조산아는 선천적으로는 신장의 기운이, 후천적으로는 비위 기운이 허약하기 때문에 성장발육이 부진하고, 몸이 마르며, 잘 먹지 않는 경향이 있습니다. 어떤 아기는 면역기능이 유난히 약해 감기를 달고 살기도 하지요. 아기가 예정일보다 늦게 태어나 많이 허약한 상태라면 돌이 되기 전에 보약을 먹일 수도 있습니다. 성장발달 면에서 보통 생후 12개월부터 '돌 보약'을 먹는 것이 일반적이지만, 조산아는 생후 6개월부터 허약한 장기의 기능을 돕는 '개선 보약'을 처방하기도 합니다.

또 정상아가 보통 1년에 한두 번 보약을 먹는다면 이런 아기는 3개월에 한 번씩 집중적으로 약을 먹이기도 합니다. 그러면서 몸 상태가 나아지면 6개월~1년에 한 번씩 처방을 합니다. 만일 아기가 예정일보다 빨리 태어나 성장발육이 부진하다면 한약으로 비위와 신장 기운을 도와 식욕과 발육을 증진시킬 필요가 있습니다.

돌 보약은 다 비슷하다고 생각해서 굳이 진료를 받지 않고 약을 짓는 분들이 많습니다. 할머니가 손자에게 먹일 보약을 지어줄 때 흔히 그렇게 합니다. 굳이 아기를 데려가 보이지도 않고, 돌이 되었으니 보약을 먹이는 게 좋겠다며 용하다는 의원을 찾아가 그냥 약을 지어 먹이지요. 하지만 어린 아기라도 체질이 있고, 그 체질에 따라 약을 달리 써야 합니다. 몸에 열이 많은지, 밥을 잘 먹는지, 잠은 잘 자는지 등에 따라 각기 다른 처방이 필요하다는 말입니다. 돌 보약이라고 하더라도 이런 점을 고려해야만 효과를 거둘 수 있습니다. 그러니 아기에게 돌 보약을 먹일 때는 한의원을 찾아 진료를 받고 그것에 맞게 약을 처방받기를 권합니다.

간혹 어른 보약을 지은 후 그 약을 아기에게 먹여도 되느냐고 묻는 분도 있습니다. 양약을 쓸 때 같은 약을 어른보다 적게 먹이는 경우가 많다 보니, 한약도 그렇게 먹일 수 있을 거로 생각하는 것이지요. 하지만 한약은 절대 그렇게 먹여서는 안 됩니다. 특히 보약은 어른과 아기의 처방이 전혀 다릅니다. 어른 몸에 좋은 보약이 아기에게는 독이 될 수도 있으니 확인되지 않은 상태로 아무 보약이나 함부로 먹이지 마세요.

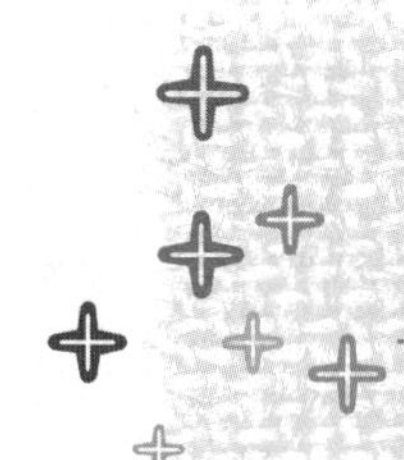

인삼, 홍삼, 녹용에 대해 알아봅시다

인삼과 홍삼, 그리고 녹용은 보약에 쓰는 대표적인 약재입니다.
원기를 회복하고 몸을 보하면서 성장발달에도 좋다고 알려졌지요.
그러다 보니 돌 보약을 지어 먹이려는 엄마 중에 이 약재들에 대해
이것저것 물어보는 분들이 많습니다. 대부분 근거 없는 속설을 확인하는 질문입니다.
아무리 좋은 약재라도 바로 알고 먹이지 않으면 탈이 날 수 있습니다.
인삼과 홍삼, 녹용에 대해 알아봅시다.

인삼과 홍삼은 속열을 만들 수도 있습니다

인삼은 주변에서 무척 쉽게 구할 수 있는데다 음식 재료로 흔히 쓰기 때문에 별다른 의심 없이 아기에게 먹이는 수가 많습니다. 하지만 한방에서는 특별한 경우를 제외하고는 아기에게 인삼을 사용하지 않습니다. 인삼이 속열을 만들 수 있기 때문입니다.

몸에 좋다고 알려진 약재라도 몸에 맞지 않으면 오히려 부작용을 일으킬 수 있는 법입니다. 특히 아직 성장기에 있고 소화기능이 미숙한 아기들에겐 아주 사소한 것 하나라도 가려서 먹여야 합니다. 무심결에 '이 정도는 괜찮겠지, 몸에 좋다는 데 별문제가 있을까?' 하는 마음으로 음식을 먹이면 꼭 탈이 납니다. 뒤늦게 아기에게 문제를 생겨도 이미 아기 입으로 들어간 음식을 도로 토하게 할 수는 없습니다.

홍삼도 어느 아기에게나 다 좋은 음식은 아닙니다. 홍삼은 인삼을 쪄서 말

린 것이지요. 홍삼을 만드는 과정에서 더운 성질이 완화되기 때문에 부작용은 줄고 효능은 높아진다고 흔히 알려져 있습니다. 하지만 아무리 처리를 했다고 해도 인삼은 인삼입니다. 인삼의 기본 성질이 좀 줄었을 뿐, 그 자체의 부작용이 완전히 사라진 것은 아닙니다. 소량을 먹더라도 뜻하지 않게 아기에게 문제가 될 수도 있다는 말입니다. 홍삼을 복용하고 나타날 수 있는 부작용에는 소화 장애, 설사, 울렁증, 두통, 불면, 얼굴이나 손발의 화끈거림, 가슴 답답증, 아토피 악화, 피부 발진, 코피 등이 있습니다.

100퍼센트 안전하지 않은 한, 위험 부담이 있는 식품은 피하는 것이 좋습니다. 어떤 약재든 아기의 체질과 증상을 고려해서 선별하는 것은 물론, 몸 상태와 소화 능력에 따라 복용하는 양도 정확하게 처방해야 합니다. 특히 인삼이나 홍삼처럼 약성이 강한 재료들을 진단 없이 임의대로 먹이는 것은 바람직하지 않습니다. 아기 몸을 보하기는커녕 부작용 때문에 진땀을 뺄 수도 있습니다.

녹용을 처방 없이 먹이는 것은 금물

녹용이 몸에 좋다는 것은 상식입니다. 하지만 효능이 뛰어난 만큼 여러 가지 억측이 난무하는 것이 녹용입니다. 녹용을 잘못 먹으면 바보가 된다는 말까지 떠돌지요. 하지만 녹용을 먹고 바보가 된 아기를 저는 본 적이 없습니다. 한방 진찰 후에 나이와 몸 상태에 따라 적절한 양을 먹인다면 녹용이 문제가 되지는 않습니다.

기본적으로 녹용은 성장발육을 돕고 뇌기능을 도와주며, 면역을 높이는 대표적인 약재입니다. 성질이 따뜻하여 양기를 보하고 뼈와 치아의 생성에도 좋습니다. 발육 상태가 좋지 않거나 언어 능력 등 지능 발달이 늦은 아이, 잔병치레가 심한 아이, 밥을 잘 안 먹는 아이에게 특히 효과가 좋습니다. 하지만 녹용을 먹일 때는 녹용 한 가지만 쓰는 것이 아닙니다. 아기의 몸 상태와 체질에 따라 여러 가지 약재를 함께 달여 먹이는데, 그중 하나로 녹용이 들어가는 것이지요.

보약을 쓸 때 녹용을 넣느냐 안 넣느냐는 전문가인 한의사가 판단할 문제입니다. 또한 반드시 녹용을 넣어 먹어야 하는 것은 아닙니다. 녹용이 면역기능과 원기를 키우고 발육을 돕는 작용을 하지만, 어떤 아기는 녹용을 먹지 않는 것이 더 나을 수도 있습니다.

아기에게 녹용을 먹이는 가장 좋은 방법은 한의사에게 진료를 받은 다음, 오장육부의 허실을 잡아주는 다른 약재와 함께 먹이는 것입니다. 아기가 많이 허약한 편이 아니라면 1년에 한 번 정도 2주에 걸쳐서 먹이면 됩니다. 돌에는 보통 하루에 60~70ml 분량을 5회 정도 나누어 먹이면 됩니다.

아기가 녹용을 먹어도 괜찮다는 진단을 받은 엄마 중에 간혹 생녹용을 직접 구해 먹이는 분도 있습니다. 하지만 생녹용은 부패가 굉장히 빠릅니다. 굳이 아기에게 녹용을 직접 달여 먹이고 싶다면, 약으로 달이기 전에 혹시 상하지는 않았는지 꼭 확인해야 합니다.

하지만 앞에서 누차 강조했듯 생녹용만 먹일 때는 신중해야 합니다. 반드시 한의사로부터 체질 확인을 받으세요. 녹용 하나만 달여 먹일 때의 용량은 나이와 체격에 따라 달라지므로 복용법 역시 꼭 문의하기 바랍니다.

성장을 돕고 비만을 예방하는 녹용

저는 그간 녹용에 관한 여러 속설에 대해 과학적인 근거를 찾고 싶었습니다. 그래서 한방소아과를 전공할 때, 박사학위 논문 주제로 '녹용과 비만 그리고 성장의 상관관계'를 연구하기로 했지요.

연구 결과 녹용은 놀랍게도 키를 키우게 하는 중요한 인자인 IGF를 증가시키고, 반대로 비만과 관련한 중성지방, 콜레스테롤, LDH, Leptin 등을 감소시키는 것으로 나타났습니다. 다시 말해 녹용은 키는 키우고 비만은 억제하는 효과를 보이는 재료입니다. 얼마 전 영국 언론에서도 이와 비슷한 발표를 했는데, 녹용이 비만에 효과적이라는 내용이었습니다.

기본적으로 한약은 십여 가지의 약재를 조합하여 체질과 증상에 맞게 처방합니다. 따라서 녹용을 먹는다고 속설처럼 머리가 나빠지거나 살이 찌지는 않습니다. 즉 처방 구성이 어떻게 되느냐에 따라 키를 키우면서도 비만도를 조절할 수 있습니다. 그뿐만 아니라 다른 약재를 함께 넣기 때문에 식욕을 증진시켜 적정 체중으로 성장하게 하고, 면역력을 키워 감기에 잘 안 걸리게 하며, 혈색과 기운을 보강할 수 있지요. 따라서 녹용과 관련된 여러 속설은 한의사의 정확한 진찰과 처방만 있다면 걱정할 필요가 없습니다.

녹용을 먹으면 바보가 된다는 말의 진실

녹용은 아주 옛날부터 보약 재료로 사용했습니다. 하지만 구하기가 어려워서 서민들은 구경도 못 하는 귀한 약재였습니다. 녹용 대부분은 왕궁에 상납되었습니다. 그런데 너무 귀한 약재이다 보니 왕손들 사이에서도 녹용 쟁탈전(?)이 벌어지곤 했습니다. 다툼이 하도 잦아지니 녹용을 지키려고 급기야 이런 경고문을 내붙였습니다.

'아이에게 녹용을 지나치게 먹이면 머리가 나빠진다.'

이 경고문이 세간을 떠돌면서 녹용을 먹으면 아예 바보가 된다는 말로 확대되었다고 합니다. 그 말이 지금까지 전해지는 것이지요.

항간엔 다른 말도 있습니다. 해방 이후 녹용이 대대적으로 유행했는데, 효능은 뛰어났지만 구하기 어려운 것은 여전해서 사대문 안의 부자들만 자식들에게 먹일 수 있었습니다. 조선시대와 마찬가지로 평범한 서민은 구할래야 구할 수도 없었지요.

당시 자식에게 녹용 한 첩 구해 먹이지 못해 속을 앓던 한 새댁이 있었는데, 며느리가 사방팔방으로 녹용을 구하러 다니는 것을 본 시어머니가 이렇게 말했다고 합니다.

"녹용 잘못 먹어서 바보가 된 아이를 내가 봤다. 속상해하지 말고 잊어라."

실제로 있었던 일들인지는 확인할 수는 없지만, 녹용을 먹어서 머리가 나빠지는 등 뇌에 문제가 생겼다는 말은 잘못된 사실입니다. 만일 녹용 복용이 문제가 된다면 아예 처방전에서 사라졌겠지요. 지금도 모든 한의원에서 아기의 체질에 따라 적절하게 녹용을 처방하고 있습니다.

아기에게 보약을 먹일 때 지켜야 할 몇 가지 원칙

아기는 어른처럼 신체 기능이 성숙하지 못하기 때문에
보약 하나를 먹이더라도 신중해집니다.
먹여서 나쁠 건 없다고 생각하면서도, 먹어서 탈이 나지는 않을지 한편 걱정을 하는 것이지요.
모든 아기에게 적용시킬 수 있는 보약 복용법은 없습니다.
다만 일반론으로 크게 지켜야 할 원칙이 있을 뿐이지요.
그 원칙이 무엇인지 알아볼까요?

보약의 복용 시기나 횟수는 아이마다 다릅니다.

보약은 정성이라는 말이 있습니다. 공장에서 찍어내듯 뚝딱 만드는 것이 아니라 오랜 시간 동안 불 앞을 지키고 앉아 정성스럽게 달여 만드는 것이 기본입니다. 만들 때만이 아니라, 먹는 방법에도 상당한 정성이 들어가야 합니다. 보약은 어떻게 먹느냐에 따라 똑같은 약이라도 약효가 달라질 수 있기 때문입니다. 아기에게 보약을 먹일 때는 특히 그렇습니다.

녹용 보약은 1년을 기준으로 1~2회 정도로 제한하지만, 일반 보약은 특별히 복용 횟수를 제한하지 않습니다. 아기의 허약 상태에 따라 1년에 한 번 먹일 수도, 여러 차례 먹일 수도 있습니다. 또한 아기가 많이 허약하면 한 번 보약을 먹을 때 먹는 기간도 길어지고 횟수도 보통 아기보다 많습니다.

어린 아이일수록 보약을 신중하게 먹여야 하는 것은 사실이지만, 1년에 한 번만 먹여야 한다거나, 환절기에만 먹여야 한다는 등의 속설을 따를 필요는 없습니다. 체질과 증상에 따라 복용 횟수와 양은 아기마다 다르다는 것을 잊지 마세요.

감기를 자주 앓는 아기는 여름 보약이 효과적

한방에서 봄은 만물의 소생하는 기운을 받아 성장하는 시기이며, 가을부터는 모든 영양분을 몸에 저장하여 체중이 증가한다고 합니다. 한편 이런 환절기에는 면역력이 떨어지고 잔병치레를 하기 쉽지요. 이런 까닭에 보약은 봄과 가을에만 먹어야 한다고 생각합니다. 심지어 여름에 보약을 먹으면 땀으로 다 빠져나가 버린다는 말도 있습니다. 물론 몸이 성장하고 영양분을 저장하는 시기와 환절기에 보약을 먹어 원기를 보충하면 건강에는 더할 나위 없이 좋습니다. 그러나 《동의보감》에서는 오히려 여름 보약의 중요성을 강조하고 있습니다. 여름에는 기력을 보충하는 치료를 기본으로 해야 한다는 것이지요.

실제로 감기에 자주 걸리는 아기들은 호흡기가 다소 편안해지고 병에 잘 걸리지 않는 여름철이 오히려 보약을 먹기에 좋습니다. 겨울에 감기에 자주 걸린다고 날이 추워졌을 때 보약을 먹이는 것이 아니라, 오히려 감기에 잘 걸리지 않은 시기에 보약을 먹여서 기운을 차리게 하고 면역력을 강화할 수 있습니다. 이렇게 따져보면 사실 보약을 먹는 데 좋은 계절은 따로 있는 게 아닙니다. 아기의 상태에 따라 어떤 보약이 필요한지 판단하고, 그에 맞춰 복용 시기를 정하는 것이지요. 더구나 아기가 허약하다면 계절에 구애받지 않고 보약을 먹는 것이 좋습니다.

한편 한약을 많이 먹으면 간에 무리가 온다는 말도 있는데 절대 그렇지 않습니다. 일반적으로 한약 복용은 간 기능에 영향을 주지 않습니다. 이는 이미 많은 임상 실험을 통해 검증된 사실입니다. 얼마 전의 한 연구 발표를 보면, 한 대학의 한방소아과에서 160명의 아이를 대상으로 3개월 이상 한약을 복용한 결과를 발표했는데, 간 기능에 이상이 있는 아이는 단 한 명도 없었습니다.

보약은 건강할 때 먹이는 것이 원칙입니다

보약의 효과를 극대화하려면 아기 컨디션이 비교적 괜찮을 때 먹여야 합니다. 아기 몸에 문제가 있어 열이 나거나 소화기능이 좋지 않을 때 보약을 먹이면 오히려 증상이 더 악화될 수도 있습니다. 보약은 아기가 특별히 아픈 곳이 없을 때 먹이는 것이 좋습니다. 병이 있다면 치료 한약으로 그 병을 다스린 후에 먹여야 합니다.

아기들은 감기가 오래갑니다. 보통 한번 약을 먹기 시작하면 3~4일에서 일주일은 기본이지요. 몸에 좋지 않은 항생제를 오래 먹이다 보면 속이 상합니다. 그런 경험을 몇 차례 하고 나면, 감기약 대신 보약을 먹여야겠다는 생각이 들게 마련이지요. 하지만 아기가 감기에 걸렸다면 우선 감기부터 치료해야 합니다. 감기는 사기, 즉 나쁜 기운이 몸에 들어와 생기는 질병인데 이때 보약을 먹으면 나쁜 기운도 보약 때문에 강해질 수 있습니다. 따라서 보약의 효과를 제대로 보려면 우선 이 사기부터 없애야 합니다. 감기에 걸렸을 때 보약을 잘못 먹으면 몸을 보하는 게 아니라 오히려 병을 키울 수도 있습니다. 한방 감기약으로 감기를 다스린 후에 보약을 먹이세요.

급성비염이나 축농증 등의 증세가 심하면 우선 그것부터 치료하세요. 기관지염이나 열이 날 때, 배변 상태가 좋지 않을 때도 보약을 먹여선 안 됩니다. 보약을 먹이는 중에 아기가 이런 증상이 나타난다면 일단 복용을 멈추고 증상부터 치료하길 권합니다. 아기가 체했다면 더더군다나 보약을 먹여서는 안 됩니다. 예방접종을 한다면 이틀 정도는 쉬었다가 먹게 하는 것이 좋습니다. 예방접종이 아닌 일반 주사를 맞은 경우에도 최소한 8시간 후에 먹이는 것이 좋고, 만일 다른 약도 먹어야 한다면 30분 정도 간격을 두고 먹이는 게 좋습니다.

보약 먹일 때 이런 음식은 피하세요

보약을 먹을 때 피해야 할 음식은 크게 세 가지입니다. 한약의 소화를 방해하는 음식과 약성에 어긋나거나 약성을 중화시키는 음식, 특정 한약재와 상극인 음식을 말합니다.

흔히 돼지고기, 닭고기 등 육류, 인스턴트 음식, 밀가루 음식, 유제품, 카페인 음식, 찬 음식, 녹두, 숙주, 생무 등이 이에 해당합니다. 이런 음식은 소화력을 떨어뜨려 체기를 발생시킬 수 있고, 한약이 흡수되는 것도 방해합니다. 카페인의 강한 작용은 한약의 작용을 방해하고, 녹두나 숙주는 한약의 효과를 중화시켜 버리지요. 날무는 보약에 흔히 쓰이는 숙지황과 상극이기도 하지만 강한 소화제로 한약을 너무 빨리 소화시켜버릴 수도 있습니다.

아기가 보약을 잘 먹게 하는 법

아기가 한약을 잘 못 먹을까봐 걱정을 많이 하지만 생각보다 아기들은 한약을 곧잘 먹습니다. 아기가 먹는 한약은 처방할 때부터 어른이 먹는 것보다 덜 쓰고 향도 약하게 하기 때문입니다. 약간 달콤한 맛도 나서 평소에 약만 봐도 울음을 터뜨리던 아기라도 한약은 별 거부감 없이 잘 받아먹기도 합니다. 하지만 별로 쓰지 않은데도 죽어라 한약을 먹지 않는 아기도 간혹 있긴 합니다. 어쨌든 평소에 먹던 익숙한 음료가 아니니 거부할 수도 있습니다. 문제는 한번 거부하기 시작하면 계속 먹지 않으려 든다는 것입니다. 기껏 한약을 지어놓고 아기에게 제때 잘 먹이지 못해 발을 동동 구르는 엄마도 가끔 있습니다.

유독 아기가 한약을 잘 못 먹는다면 포도주스에 섞어서 먹여보세요. 포도주스는 맛과 향이 강하면서 색깔도 짙어 한약에 섞어도 티가 잘 안 납니다. 조청을 넣어 단맛을 더하는 것도 괜찮습니다. 포도주스나 조청은 함께 섞어 먹여도 한약의 흡수를 방해하지 않습니다. 단, 유제품과 섞어 먹이는 것은 곤란합니다. 유제품은 한약의 소화 흡수를 방해할 수 있기 때문입니다.

아기가 한 번에 한약을 다 먹지 못한다면 정해진 양에 구애받지 말고, 하루에 다섯 번 이상 수시로 조금씩 나누어서 먹여도 좋습니다. 그래도 잘 먹지 못한다면 하루에 먹어야 할 총량을 조금 줄이는 것도 방법입니다.

만일 이 방법 저 방법 다 써봐도 아기가 한약을 거부한다면 증류 한약으로 바꾸어 먹이기를 권합니다. 증류 한약은 보통 한약보다 아기에게 먹이기가 훨씬 수월합니다. 단, 증류 한약은 일반 한약보다 첩 수가 많고, 추출 과정이 복잡하여 만드는 데 시간이 오래 걸립니다. 그래서 그냥 한약보다는 약간 비싼 편이지요.

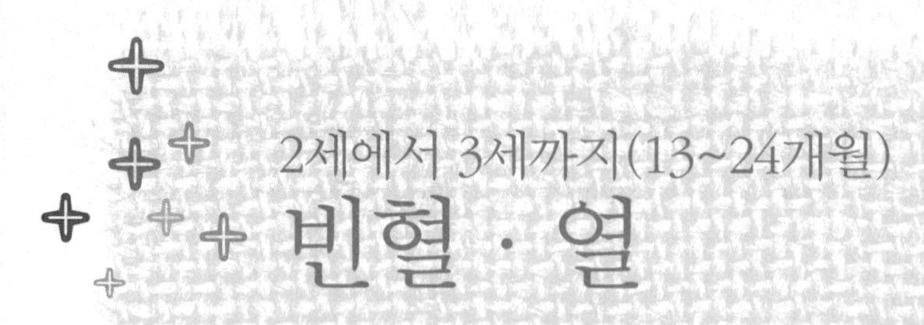

2세에서 3세까지(13~24개월)

빈혈 · 열

일시적으로 빈혈이 올 수 있습니다

엄마 뱃속에서 받은 철분은 생후 6개월 이후로 점차 사라지기 시작합니다.
성장이 왕성한 이 시기에 적혈구가 많이 소비되면 아기 몸은 철분이 늘 모자랍니다.
결정적으로 돌이 지나면 분유를 떼고 생우유를 먹게 되는데,
우유는 철분이 부족한 대표적인 음식이고 철분의 흡수를 방해할 수 있습니다.
또한 우유 알레르기가 있는 아기가 우유를 먹었을 때 철분이 손실될 수 있습니다.

빈혈은 혈허증에 속합니다

분유를 끊고 밥으로 넘어가는 이행 과정에서 밥을 잘 안 먹으려는 아기들이 있습니다. 밥을 잘 먹지 않으면 일시적으로 영양 불균형과 함께 빈혈이 나타납니다. 빈혈이 심하면 철분제를 따로 먹여야 하지만 보통은 밥과 반찬을 골고루 먹이면서 철분이 많은 음식을 섭취하면 좋아집니다. 아기들을 진찰하다 보면 병 때문이 아니라 잘못된 식습관으로 빈혈이 생긴 경우가 상당수입니다. 빈혈은 두뇌신경 발육, 성장 속도와 면역기능을 떨어뜨릴 수 있으니 특별히 유의해야 합니다.

한방에서는 빈혈을 혈허증으로 봅니다. 혈허증은 철 결핍뿐 아니라 조혈기

능, 혈액의 순환 기능, 혈액의 영양 및 산소 공급 기능이 떨어지는 것을 통칭합니다. 몸의 구성 요소가 부족하고 영양 상태가 좋지 않다는 것을 의미하지요. 단순히 빈혈 수치가 정상이라고 해서 안심해서는 안 됩니다. 아기의 얼굴에 혈색이 없고, 몸이 마르고, 어지러워하며, 손발이 차면서 감기에 잘 걸리고, 성장발육이 늦다면 혈허증이 아닌지 의심해봐야 합니다.

혈허증은 오장육부 중에서 심장, 비위, 간이 허약할 때 잘 생깁니다. 따라서 허약한 장기의 기능을 개선하면 증상도 나아집니다. 빈혈 수치가 낮은 아이가 허약한 장기 기능을 개선하는 한약을 복용한 후 다시 빈혈 수치가 오르는 것을 흔히 볼 수 있지요.

하지만 아기가 앓는 빈혈에 항상 혈허증에 해당하는 약만 쓰는 것은 아닙니다. 소화기의 상태에 따라 비위의 기운을 도와주는 처방을 함께 하기도 합니다. 식욕이 좋아지고 소화가 잘 되어야만 빈혈에 좋은 음식도 몸에 잘 스며들기 때문이지요. 간혹 감기가 심해 잘 먹지 않으면 일시적으로 빈혈 증세가 나타나는데, 감기가 낫고 식욕이 돌아오면 빈혈이 같이 없어지기도 합니다. 이럴 땐 식욕을 되찾고 나서 두 달쯤 후에 다시 검사를 해보는 게 좋습니다. 먹는 것 하나만 좋아져도 빈혈이 없어지는 수가 많습니다. 일반적으로 아기가 고기, 생선, 채소를 충분히 먹으면 빈혈 걱정은 하지 않아도 됩니다.

모유를 오래 먹이면 빈혈에 좋습니다

돌이 지나면 분유는 끊어야 하지만 모유수유는 계속해도 됩니다. 모유와 분유에 들어 있는 철분의 양은 비슷한데 모유에 있는 철분이 분유보다 훨씬 잘 흡수됩니다. 즉, 모유수유가 빈혈에 도움이 된다는 말입니다. 따라서 아기에게 빈혈이 있을수록, 할 수 있을 때까지 모유를 먹이는 것이 좋습니다.

또한 빈혈 증세가 있으면 철분이 풍부한 음식을 많이 먹이세요. 육류와 생선, 곡류, 과일, 채소 등에 철분이 많이 들어 있습니다. 대표적인 식품은 간, 콩팥, 고기, 창자, 달걀 노른자, 대추, 말린 완두콩, 강낭콩, 땅콩, 참깨, 말린 과일(포도), 녹색 채소 등입니다.

철분은 우리 몸에 들어와 헤모글로빈의 주성분이 되어 빈혈을 치료해줍니다. 붉은색 고기나 창자의 철분은 채소의 철분보다 흡수가 더 잘 됩니다. 또한 과일과 채소에 들어 있는 비타민C는 철분 흡수를 촉진하여 함께 먹으면 더욱 좋습니다. 굳이 철분 보충제를 먹이지 않아도 철분이 많이 든 음식을 매일 먹이면 빈혈이 서서히 좋아집니다.

빈혈에 좋은 음식 및 먹이는 요령

아기에게 빈혈이 있을 때 가장 좋은 것은 음식을 통해 철분을 보충해주는 것입니다. 대추는 철분 함유량이 11.4~24mg/100g으로 식물성 식품 가운데 가장 많은 철분이 들어 있습니다. 또한 한방에서 피와 기를 보해주는 대표적인 약재로 사용됩니다. 생대추는 귤의 두 배가 넘는 비타민C가 들어 있어서, 마른 대추 10개와 멥쌀로 죽을 쑤어 수시로 먹이면 빈혈에 효과가 있습니다. 대추죽은 재생불량성 빈혈, 혈소판 감소성 자반증, 철 결핍성 빈혈, 과민성 자반증 등에 두루 응용됩니다. 대추만 간식처럼 먹여도 좋습니다.

용안육도 좋습니다. 용안육은 용의 눈이란 뜻으로 열매가 동물의 눈처럼 생겼습니다. 물 1리터에 용안육 30g을 넣어 충분히 달인 후, 그 물에 죽을 쑤어 아침저녁으로 아기에게 먹입니다. 아기 몸이 차다면 인삼 4g 정도를 함께 넣어 달입니다. 또한 대추 20g과 용안육 20g을 물 1리터에 달여 수시로 먹여도 좋습니다. 용안육 20g을 달인 물에 녹차 2g을 우려내어 하루 2번쯤 나누어 마시게 해도 비슷한 효과가 있습니다.

검은콩을 넣은 밥, 땅콩 30g과 멥쌀 30g으로 죽을 쑤어 하루 두 번씩 먹여도 좋습니다. 이때 반찬으로는 달걀 요리가 좋습니다. 토마토와 소의 간을 먹기 쉽게 조리해 먹여도 도움이 되지요. 수삼 한 뿌리와 대추 15개를 기름기가 적은 부위의 쇠고기와 함께 삶아 요리해도 훌륭한 치료식이 됩니다. 단, 몸에 열이 많은 아기에게는 삼 대신 황기를 넣어 먹이세요.

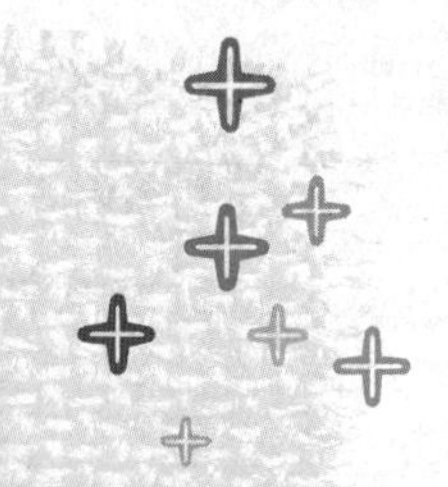

해열제 없이 열 이기기

한의학에서는 열을 속열과 외감열로 나누어 다룹니다.
평소 몸속에 축적되었던 열이 몸 상태에 따라 밖으로 나올 때 속열이 많다는 말을 씁니다.
외감열이란 병의 원인이 되는 해로운 기운이 몸속으로 침입해서
그에 대항해 싸우느라 생긴 열입니다. 이러한 외감열을 해열제로 일부러 떨어뜨리면
면역력이 떨어져 오히려 아기가 병을 이겨내기 힘듭니다.
해열제는 잘 알고 사용해야 합니다.

감기로 인한 열은 2~3일이면 떨어져

열은 감기의 대표 증상입니다. 그래서 열이 나면 엄마들은 아기가 감기에 걸렸다며 당황합니다. 어떻게든 빨리 열을 떨어뜨리려고 일단 병원으로 달려가 해열제부터 받아옵니다. 그러나 감기로 말미암은 열은 해열제를 복용하지 않아도 2~3일이면 떨어집니다. 말 그대로 '앓을 만큼 앓으면' 저절로 낫는 것이지요. 그 사이에 해열제를 쓴다고 더 빨리 낫는 것은 절대 아닙니다. 특히 해열제는 증상을 감추는 것일 뿐 원인을 치료하는 약이 아니므로 병을 치료하는 데 도움이 되지 않습니다. 또한 엄마가 임의대로 열을 떨어뜨리면 아기가 감기 때문에 열이 나는 것인지, 다른 병 때문에 열이 나는 것인지 알 수 없게 됩니다.

아기가 감기에 걸려 열이 난다면 일단 '앞으로 2~3일 동안은 열이 나겠다'고 미리 마음의 준비를 해야 합니다. 열을 떨어뜨린다고 감기가 빨리 낫는 것

이 아니니 해열제를 쓰지 말고 그냥 열이 나도록 놔두세요.

밖에서 나쁜 바이러스가 들어오면 우리 몸은 그것과 싸우려고 열을 냅니다. 바이러스가 강하면 강할수록 열도 많이 나지요. 열이 나는 과정에서 춥고 떨리는 오한이 생깁니다. 하지만 체온이 한계점에 다다르면 오한은 사라지고 열도 다시 떨어지게 되지요. 그러다 다시 침입자와 싸우고자 열이 올라갑니다. 이런 식으로 밤새 열이 오르락내리락하는 것입니다.

온종일 열이 나고, 그다음날 또 열이 난다고 해서 참지 못하고 병원으로 달려가지 말고 하루 이틀 더 기다려보세요. 특히나 돌이 지난 아기라면 열이 날 때 스스로 치유하는 연습을 해서 본격적으로 면역력을 길러야 합니다. 과거에 열 경기를 했던 적이 없다면 열이 39도까지 올라가도 컨디션이 그렇게 나쁘지 않다면 큰 문제는 없습니다. 순전히 감기에 의한 발열은 40도가 된다고 해도 뇌손상을 일으키지는 않으니 걱정하지 마세요.

속열을 풀어주거나 피부에 모인 기운 발산시키기

발열은 병이 아니라 증상이기 때문에 열이 나는 근본 원인을 찾아 치료해야 합니다. 이것은 서양의학에서도 마찬가지인데, 다만 열 때문에 아기가 심하게 힘들어하거나 탈수 등 다른 문제가 염려된다면 그에 대한 조치를 취해야 합니다. 한방에서도 원인에 따라 속열을 풀어주거나 체표에 응결된 기운을 발산시키는 등의 치료법을, 아기의 체질과 병의 깊이를 살펴서 처방합니다.

집에서는 아기가 열이 심하지 않다면 이불을 덮거나 옷을 약간 덥게 입혀서 땀을 내주세요. 이렇게 해도 계속 열이 나고 힘들어한다면 반대로 옷을 얇게 입히고 방을 서늘하게 해주십시오. 수분을 충분히 공급하는 것도 중요합니다. 열이 심할 때는(39도 이상) 옷을 완전히 벗기고 미지근한 물수건으로 몸을 닦아주십시오. 온몸 구석구석을 물이 흐를 정도로 흠뻑 젖은 미지근한 물수건으로 닦아야 합니다. 이는 피부의 혈액순환을 촉진하고 피부에서 물이 증발할 때 열을 빼앗아가는 원리를 이용한 것입니다. 아기 몸을 닦아줄 때는 열이 떨어질 때까지 계속해서 문지르듯이 닦아줍니다. 이때 수건으로 덮어두는 것은 효과를 떨어뜨립니다.

열이 나면 체력도 떨어지고 몸 여기저기가 아픕니다. 잘 먹지도 못하고 온종일 칭얼거리게 되지요. 열이 날 때 아기가 너무나 힘들어한다면 해열제를 사용하는 것이 낫습니다. 하지만 해열제는 일반적으로 39도 이상의 열에서 사용하도록 합니다. 열 경기를 한 적이 있는 아기는 38.5도 전후에서 사용할 수 있습니다. 무엇보다 열이 날 때마다 해열제를 사용하는 것은 좋지 않다는 것을 반드시 염두에 두어야 합니다. 위에서 설명한 방법으로 몸을 식히고 수분을 보충하면 곧 해열이 되는 경우도 많습니다.

일단 열이 날 때는 지속적으로 아기를 관찰해야 합니다. 열이 몇 도인지 계속 점검하고 언제부터 열이 났는지를 기록해놓는 것도 좋습니다. 일반적인 감기라면 2~3일 정도면 열이 떨어집니다. 만일 그 이상 열이 난다면 다른 합병증이 왔거나 감기가 아닌 다른 병일 수 있습니다.

열꽃은 병이 나아가는 신호

열이 난 후 온몸에 좁쌀 같은 붉은 반점이 났으면 열꽃일 가능성이 큽니다. 열꽃은 그 자체를 병으로 받아들이기보다는 병이 나아가는 일종의 신호라고 생각하면 됩니다. 열 감기 후 몸 안에 남아 있던 여분의 열이 피부 바깥으로 나가면서 나타나는 것이지요. 아기가 장이나 피하에 노폐물이 많을 때는 간혹 발진이 진하고 굵게 나타나기도 하고 가렵기도 합니다.

하지만 열꽃은 특별한 치료 없이 2~4일 정도 지나면 저절로 가라앉습니다. 흉터도 남지 않지요. 따라서 아기에게 열꽃이 보이더라도 먹고 노는 데 지장이 없다면 크게 걱정하지 않아도 되겠습니다. 열꽃은 예민한 피부 질환이 아니므로 비누로 목욕하는 것도 상관없습니다만, 감기 뒤끝이므로 아기가 한기를 느끼지 않도록 주의해야 합니다. 그러나 아기가 보채면서 열꽃이 쉽게 가라앉지 않고 반점 모양이 바뀌거나 합쳐지면서 커진다면, 발진을 동반한 다른

이것만은 꼭 알아두세요

이럴 때는 병원으로

열이 3~4일이 지나도 내리지 않고 감기 증상이 심해진다면 병원에 가야 한다. 이때는 병이 상기도(코, 목)에서 하기도(기관지, 폐)까지 내려갔을 수 있다. 또한 열이 5일 이상 계속된다면 뇌막염, 뇌수막염, 가와사키병 등일 가능성이 있다. 열이 40도 이상 갑자기 올라가도 빨리 병원에 가야 한다. 이럴 때는 아기가 일반적인 감기를 넘어섰을 가능성이 있으므로 적절한 치료를 받아야 한다.

질병일 수 있습니다. 이럴 때엔 소아한의원에 가보는 것이 좋습니다.

열을 예방하려면 아기를 너무 덥게 키우지 말아야 합니다. 너무 추워도 안 되지만 너무 더워도 안 됩니다. 열기는 기운을 소모시키고 아기가 단단하게 자라는 것을 방해합니다. 아기들은 양기가 왕성해서 빠르게 자랍니다. 속이 꽉 차도록 다져주는 역할을 하는 것이 음기인데, 덥게 키우면 음기가 제대로 작용할 수 없습니다. 평소 아기들에게 두꺼운 옷을 입히지 말고 얇은 옷을 여러 겹 입혀 체온 조절을 해줘야 합니다.

똑똑해지려고 나는 변증열

소아기에 열이 나는 가장 흔한 이유는 감기나 독감에 걸렸거나 감염이 되었거나 체했기 때문입니다. 하지만 이 경우에 속하지 않아도 열이 날 수 있습니다. 아무리 찾아도 원인을 알 수 없는 열이지요. 이런 열을 양방에서는 '불명열'이라고 하는데, 한의학에서 말하는 '변증열'에 속할 수 있습니다.

변증열은 생리적인 열입니다. 성장발육기에 태열을 발산하는 과정에서 생기는 열이지요. 오장육부와 체내의 세포와 조직이 커나가고 성숙하면서 나타나는 열입니다. 이럴 땐 몸 전체에서 열이 나는데 꼬리뼈 부위와 귓불만은 찬 것이 특징입니다. 변증열은 짧게는 2~3일, 길게는 일주일 이상 나다가 저절로 가라앉습니다.

변증열을 앓고 나면 아기 눈이 더욱 또랑또랑해지고, 더 약아진다고 해서 예전에는 지혜열이라고도 불렀습니다. 말했듯이 변증열은 특별한 후유증 없이 시간이 지나면 내리지만, 심한 열이 떨어지지 않고 계속 보이면 적절한 치료가 필요합니다. 일반적으로 한의원에서 자락술(특정 혈 부위를 따서 피를 내는 것)과 약을 처방하여 낫게 합니다. 변증열이 오래가면 섣불리 해열제를 먹일 것이 아니라 소아한의원에서 진료를 받아보는 것이 좋습니다.

변증열은 열이 오르락내리락하는 것 외에 특별한 증상은 별로 없고 땀만 조금 흘리는 정도로 비교적 컨디션이 괜찮습니다. 기침, 콧물도 없고, 배가 아프다고 하지도 않지요. 다만 39도까지 열이 오르면 계속 주의하며 지켜봐야 합니다. 드물게 고열이 계속되면서 아기가 잘 놀지 않고, 심하게 보채거나, 찬물을 계속 찾고, 피부발진이 나타나거나 경기를 일으킬 수도 있는데, 이것은 중증의 변증열로 소아한의원에 가서 치료를 받아야 합니다.

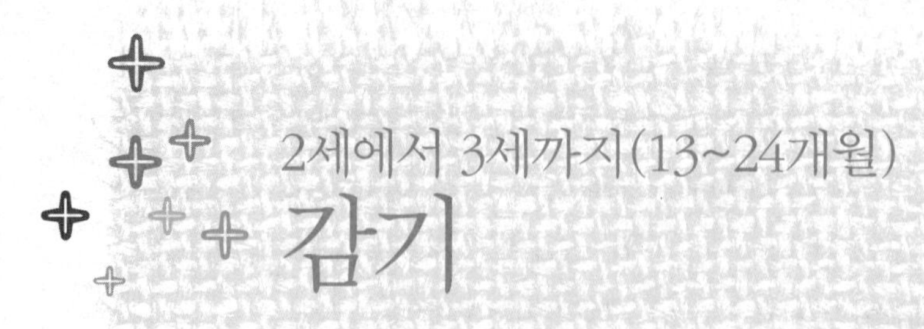

2세에서 3세까지(13~24개월)

감기

증상을 없애는 데만 급급하지 마세요

한의학에서는 풍한風寒의 나쁜 기운인 사기邪氣가 몸에 들어와 감기에 걸리게 된다고 합니다.
외부의 사기는 아기 주변에 언제나 존재합니다.
아기가 건강하다면 몸에 나쁜 기운이 들어와도 별 탈 없이 지나가지만
면역력이 약하면 사기와 싸울 능력이 떨어져 감기나 질병에 걸리기 쉽습니다.
돌이 지난 후 걸리는 감기는 잘 앓는 게 중요합니다.
콧물이 조금 나고 열이 오르는 것 같다고 무조건 병원에 달려가면
아기 몸은 점점 더 약해질 수밖에 없습니다.
병을 이겨내는 과정을 통해 아기는 더욱 건강해집니다.

하루만 약이 떨어져도 불안한 엄마들

아기가 처음 감기에 걸려 당황하던 엄마들도 시간이 지나면 차츰 노련해집니다. 밤에 열이 나면 보관해둔 해열제를 먹여 열을 떨어뜨린 후 날이 밝았을 때 병원에 갑니다. 아이 키우는 집이라면 해열제 한두 개씩은 꼭 있습니다. 해열제만 있으면 그나마 다행입니다. 어떤 엄마는 이전에 처방받은 항생제와 가루약 등을 남겨놓기도 합니다.

병원을 몇 번 다니면서 엄마들도 반은 의사가 됩니다. 색깔별로 효능이 다른 시럽들을 잘 남겨두었다가 아기가 병에 걸리면 나름대로 조제해서(?) 먹이는 분도 있습니다. 약이 남았는데 그냥 버리기가 아깝다면서 말이지요. 감기

가 증상이 비슷비슷하고 병원에서 주는 약도 크게 다르지 않으니 그냥 먹여도 된다고 생각하는 모양입니다. 하지만 약이 변질될 수도 있고, 잘못된 자가 처방이 병을 키울 수 있으니 이런 행동은 절대 삼가야 합니다.

병원에서는 항생제를 비롯하여 여러 가지 약을 줍니다. 약을 먹고 나으면 다행인데, 그렇지 않을 때도 있습니다. 그러면 엄마들은 또 병원에 가서 약을 받아옵니다. 감기에 걸리면서부터 나을 때까지 꽤 시간이 걸리는데 그 사이 엄마들은 하루만 약이 떨어져도 불안해합니다. 깨끗이 감기가 떨어질 때까지 하루도 빼놓지 않고 약을 먹이는 것입니다. 감기에 대한 이런 대응법이 아기를 점점 더 약하게 만든다는 것은 전혀 생각하지 않고 말입니다.

감기에 걸리면 아기는 그때부터 감기바이러스 같은 사기와 싸워야 합니다. 돌 이전의 감기는 긴장하고 조심해야 하지만, 돌이 지나면 빨리 낫게 하기보다 잘 앓게 해주는 것이 더 중요합니다. 감기를 제 스스로 싸워서 이겨야 더 튼튼해지기 때문입니다. 하지만 지금까지 저는 아기에게 감기와 싸울 시간을 주는 엄마를 자주 보지 못했습니다. 아기의 증상이 더 나빠질까봐 약부터 달라는 엄마들은 많이 만나고 있지요. 이런 엄마들은 감기 초반에 그냥 둬도 괜찮아질까 싶어 집에만 있다가, 감기가 심해지면 아기에게 약을 먹이지 않은 것에 대해 죄책감까지 느낍니다. 병에 걸리면 재빨리 약을 먹이는 것을 아기를 잘 돌보는 것으로 오해하는 것이지요. 하지만 앞서 말했듯 매번 감기에 걸릴 때마다 약의 도움을 받으면 아기는 면역력을 키울 소중한 기회를 잃게 됩니다.

우선 감기를 대하는 태도를 고쳐야 합니다. 감기는 사소한 병은 아니지만, 그렇다고 무조건 약으로 고칠 병도 아닙니다. 약을 먹으면 7일, 먹지 않으면 일주일 만에 낫는다는 말처럼 약을 먹으나 먹지 않으나 감기가 낫는 데 걸리는 시간은 비슷합니다. 감기를 위해 먹는 약이 감기를 치료하지는 못합니다. 단지 감기로 말미암은 증상을 완화하기만 할 뿐이지요. 정 걱정이 되면 아기로 하여금 감기를 스스로 이겨내게 도움을 주는 한방 감기약을 한의원에서 처방받으세요.

감기는 아기가 자라는 정상적인 과정입니다

아기들은 1년에 5~8번 정도 감기를 앓습니다. 감기에 걸려 몸에서 열이 나고 기침을 하는 아기를 보고 있으면 엄마 마음도 아프지요. 그러나 감기를 앓는 것 자체를 아기가 자라는 과정 중 하나라고 편하게 받아들여야 합니다. 꼭 아기 몸이 허약하기 때문에 걸리는 것도 아니고, 엄마가 아기를 잘못 돌봐서 걸리는 것도 아닙니다.

1월, 4~5월, 9월 등 환절기에 감기가 유행하는데 이는 하루의 일교차가 크기 때문입니다. 실내 온도와 습도를 잘 맞추면서 갑자기 추워지거나 더워지지 않게 조심조심해도 아직 소화기와 호흡기가 약한 아기들은 쉽게 감기에 걸립니다. 큰 합병증 없이 3~4일 안에 증세가 좋아진다면 아기는 좋은 훈련을 한 셈입니다. 항생제를 먹어 증상을 눈에 안 보이게 하면 엄마 마음은 편할지 몰라도 아기는 더 튼튼해질 기회를 잃은 것입니다.

무조건 병원에 데려가지 말라는 것이 결코 감기를 만만하게 보라는 뜻은 아닙니다. 감기는 모든 병의 시작입니다. 제대로 다스리지 않으면 중이염, 폐렴, 비염, 모세기관지염 등의 합병증을 유발할 수 있습니다. 한편 굉장히 심각한 병도 시작은 감기와 비슷합니다. 다른 질환을 앓는 경우 감기가 굉장히 치명적인 영향을 끼칠 수도 있습니다. 감기에 걸렸다고 무조건 약을 먹이지 말라는 것은 감기가 별것이 아니어서가 아닙니다. 감기는 모든 병의 시작이지만 잘만 다스리면 더 건강해지는 관문이니 약의 도움 없이 아기 스스로 이겨낼 수 있도록 도와주라는 말입니다.

감기는 빨리 낫는 것보다 잘 앓는 게 중요합니다

이 시기의 감기는 잘 먹고 잘 쉬면 굳이 항생제를 먹지 않아도 저절로 낫습니다. 입맛에 맞는 음식을 먹이고, 보리차를 수시로 마시게 해 수분을 충분히 보충하고, 호흡기가 더 나빠지지 않게 집 안 습도를 충분히 높여 잘 쉬게 하면

따라잡기 성장이란?

아기는 감기를 앓는 동안 성장을 멈춘다. 성장에 필요한 에너지까지 모두 모아 감기를 물리치는 데 집중하기 때문이다. 그러나 감기에 걸린 동안 해열제나 항생제의 도움 없이 감기를 잘 이겨냈다면 그 이후에 따라잡기 성장을 하게 된다. 그동안 병을 이겨내느라 쏟았던 모든 에너지를 다시 성장하는 데 돌리는 것이다.
단, 감기를 앓고 난 후 따라잡기 성장을 할 겨를이 없이 다시 감기에 걸린다면 문제는 달라진다. 이미 에너지를 많이 쓴 상태에서 다시 감기와 싸워야 하므로 성장은 다시 멈추고 만다. 이렇듯 감기에 자주 걸리게 되면 따라잡기 성장 자체가 어려워질 수도 있다.

차츰 좋아지지요. 아기가 감기를 앓을 때 엄마가 가장 큰 목표로 삼아야 할 것이 있습니다. 빨리 낫게 하기보다 약의 도움 없이 감기의 시작과 끝을 아기 스스로 경험하고 이겨내게 하는 것입니다. 처음에는 물론 걱정이 될 겁니다. 감기를 경험하는 자체가 아기에게 쉬운 일이 아니니까요. 하지만 아기가 한 번만 감기를 잘 이겨내고 나면 그다음부터는 훨씬 쉬워집니다. 감기에 다시 걸려도 앓는 행태나 기간이 훨씬 가볍고 짧아지는 것을 두 눈으로 확인할 수 있을 겁니다.

감기에 걸리자마자 아기를 둘러업고 병원으로 달려오지 마세요. 약부터 먹이고 보겠다는 마음을 버려야 합니다. 집에서 소화 잘 되는 유동식과 따뜻한 물을 먹이면서 아기가 감기를 온몸으로 경험하며 자력으로 이겨낼 수 있는 환경을 만들어주세요. 해열제처럼 증상 자체를 없애는 약보다는 한의원에서 처방한 한방 감기약을 먹이는 것도 좋습니다. 한방 감기약에서 쓰는 약재는 자연 성분이기 때문에 내성을 키우거나 위에 부담을 주지 않습니다.

《동의보감》에 이런 말이 나옵니다. '아기에게 얇은 옷을 입히고, 오래 묵은 면으로 만든 옷을 입히며, 날씨가 좋을 때는 바깥바람을 자주 쐬어줘라.'

아기가 추울까봐 옷을 두껍게 입히는데 사실 아기는 몸 안에 열이 많습니다. 열이 잘 돌고 적당히 소모되어야만 몸 안에서 뭉치지 않습니다. 열이 뭉치지 않고 잘 발산하려면 평소에 서늘하게 키워야 합니다. 머리 쪽을 특히 시원하게 해주되, 손발은 따뜻하게 유지하는 것이 좋습니다. 이러면 밤에 잠도 잘 잡니다. 추운 겨울에도 두꺼운 옷을 입히기보다는 얇은 옷을 여러 겹 입히세요. 공기가 잘 통하고 땀이 잘 흡수돼야 감기에 걸리지 않습니다.

아기는 이제 걸을 수 있게 된 만큼 밖에서 활동하는 것을 좋아할 것입니다. 아기가 바깥 공기를 쐬어 피부를 단련하면 감기 예방에 좋습니다. 햇볕이 따뜻한 날에는 집에만 있지 말고 아기를 데리고 나가 산책을 하세요. 이 역시 아기의 자연치유력과 면역력을 도와 병을 이겨내는 힘을 키워줍니다.

잦은 감기는 면역력에 이상이 있다는 신호

가끔 걸리는 것이 아니라 감기를 아예 달고 산다면 아이 몸의 면역력이 바닥을 치고 있다는 것입니다. 나았다 싶으면 다시 기침을 해대고, 한번 걸리면 나을 때까지 3주 이상 걸린다면 몸의 면역에 이상이 있는 것입니다. 이러면 몸의 기초부터 다시 다져줘야 합니다. 눈앞에 보이는 증상만 치료하는 것으로는 근본적으로 개선되지 못합니다.

감기에 자주 걸리는 아기들은 잘 크지 못합니다. 감기를 앓는 동안에는 거의 성장이 멈춘다고 해도 과언이 아닙니다. 아기들은 감기에 걸리면 입맛을 잃어 잘 먹지 않지요. 평소에 잘 먹는 아기들도 감기에 걸리면 몇 숟가락 받아먹다가 마는데, 만일 아기가 평소 먹는 것에 별 흥미가 없다면 아예 받아먹으려고도 안 할 겁니다. 이러면 먹은 게 별로 없어서 몸 안에 들어온 나쁜 기운과 싸울 힘이 떨어집니다. 그러니 감기가 나을 때까지 열흘 이상의 시간이 걸립니다. 가뜩이나 부족한 에너지를 감기와 싸우는 데 소진하니, 그 기간에 성장한다는 것은 요원한 일이 되고 맙니다. 이렇게 감기를 계속 달고 살면 결국 성장에 큰 차질이 생길 수밖에 없습니다.

잦은 감기는 성장을 방해할 뿐 아니라 정서발달에도 문제를 일으킵니다. 감기에 걸리면 아기는 종일 칭얼거립니다. 마음껏 놀아야 하는데 몸이 아파 제 맘대로 할 수 없으니 짜증이 날 수밖에요. 이런 상태가 오래갈수록 아기의 스트레스는 더 쌓이고 정서적인 안정을 취할 수가 없습니다. 이런 상태가 반복되면 아기는 매사에 짜증과 불만이 많은 아이로 자랄 수도 있습니다.

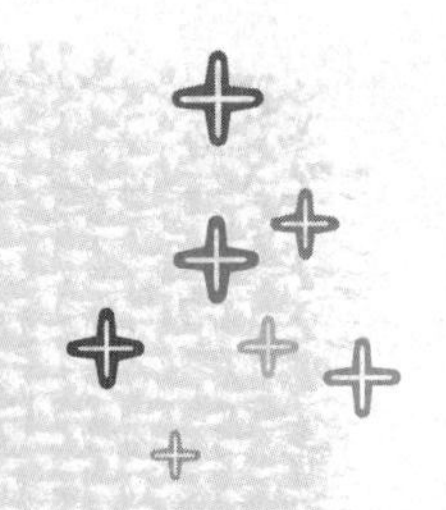

시시콜콜 감기 궁금증

엄마들이 가장 궁금해하는 게 바로 감기입니다.
약을 먹여야 할지, 음식은 어떻게 먹이는 게 좋을지, 감기로 인한 합병증이 무엇인지 등
꼭 알아야 할 것들이 너무 많습니다. 감기에 대해 모범 답안은 없습니다만,
모든 궁금증을 대변할 한 가지 원칙은 있습니다.
약 없이 제 힘으로 이겨내도록 도와주는 것입니다.
현명한 엄마는 약을 함부로 쓰지 않고 생활 속에서 아기를 도와줄 방법을 먼저 찾습니다.

항생제를 쓰면 부작용이 생기나요?

항생제는 사실 아주 유용한 약입니다. 생명을 위협하는 염증을 치료할 때 아주 요긴하게 쓰이지요. 그러나 문제는 몸의 면역력으로 충분히 이겨낼 수 있는 병에도 항생제를 사용한다는 데 있습니다. 이렇게 항생제를 자주 사용하다 보니 최근에는 항생제가 효과를 나타내지 못하는 이른바 '슈퍼 박테리아'가 늘어났습니다. 세균들이 자신을 죽이려고 하는 물질에 저항하고자 더 강한 종족으로 진화한 것이지요.

그래도 요새는 항생제 오남용에 대한 말들이 많아 엄마들도 어느 정도 경계를 하고는 있습니다. 항생제가 들어간 약은 되도록 오래 먹이고 싶어하지 않지요. 그런데 항간에는 이런 말도 있습니다. 항생제를 잠깐 먹이면 내성이 길러지지만, 감기가 끝날 때까지 먹이면 내성이 생기지 않는다는 것입니다. 그래서 감기에 걸리면 하루 이틀 항생제를 먹이지 말고 감기가 완전히 뚝 떨어

질 때까지 항생제를 먹여야 한다는 것입니다.

항생제 내성은 세균에게 방어 능력이 생겨 항생제의 효능을 떨어뜨리는 것을 말합니다. 그러나 이 세균을 죽이려고 도대체 얼마나 많은 양의 항생제를 먹어야 하는지는 확실하지가 않습니다. 세균을 완전히 없애버리려다가 오히려 그 어떤 항생제로도 죽일 수 없는 슈퍼 박테리아를 만들 수도 있지요. 세균을 다 없애겠다고 항생제를 오래 사용할 바에는 긴급한 경우에 짧게 투여하는 것이 훨씬 현명합니다.

한편 감기는 세균이 원인이 아닌 바이러스 질환입니다. 바이러스에 감염되었는데 합병증이 없음에도 세균을 잡는 항생제를 쓰는 것은 옳지 않습니다. 게다가 이 항생제는 단순히 감기에만 작용하는 것이 아니라 온몸에 작용한다는 문제가 있습니다. 즉, 우리 몸을 건강하게 유지하는 데 필요한 세균까지 전부 다 없애버리는 것이지요. 그래서 어른도 감기약을 오래 먹으면 소화가 잘 안 되고, 설사하는 일이 생기는 것입니다.

감기 뒤의 합병증을 막으려면 어떻게 해야 할까요?

감기 합병증을 막으려면 충분한 수분과 영양을 섭취하면서 잘 쉬는 것이 최우선입니다. 물론 주변 환경도 위생적이어야 하겠지요. 감기가 도진다고 창문을 꽁꽁 닫아두지 말고, 집을 자주 환기시켜주세요. 다 아는 상식이지만, 아기가 자주 감기에 걸린다면 베란다에서라도 흡연해서는 안 됩니다. 이 점을 남편에게 꼭 주지시키는 것이 좋습니다. 또한 가능하면 아기를 데리고 외출하지 마세요. 외부 사람과 만나는 것은 감기에 걸린 아기가 합병증까지 앓게 되는 지름길입니다. 부득이하게 바깥 공기를 쐬었다면 아기는 물론 함께 외출했던 엄마도 손발과 얼굴을 깨끗이 씻어야 합니다. 이때는 아기에게 양치질도 반드시 시켜야 합니다.

기침이나 가래가 많을 때는 특히 충분히 물을 먹이고 습도를 적절하게 유지해주세요. 목이 아픈 아기라면 맵고 짜고 자극적인 음식과 뜨거운 음식은 피

감기로 말미암은 합병증

1. 중이염(가장 흔한 합병증으로 영아 질병의 25퍼센트를 차지한다).
2. 부비동염(축농증)
3. 경부림프절염, 유양돌기염
4. 편도주위 봉와직염
5. 후두기관지염, 모세기관지염, 폐렴

하는 것이 좋습니다.

감기 합병증은 아무래도 면역력이 떨어진 아기에게 자주 옵니다. 평상시 편식 습관을 피하고 아기가 좋아할 만한 놀이로 운동하게 해주세요. 잠은 일찍 충분히 자게 하고, 스트레스가 없는지 살펴보세요. 감기가 잦을 때는 놀이방 등의 단체 생활을 가능한 한 줄여주세요.

누차 강조하지만 항생제는 될 수 있는 대로 안 쓰는 게 좋습니다. 웬만한 감기는 면역력을 떨어뜨리지 않는 자연주의적인 한방 치료가 좋고, 아기 스스로 이겨내게 도와줘야 감기가 재발하는 악순환을 막을 수 있습니다. 아기가 허약하다면 1년에 2번 정도 진맥을 받고 보약을 먹이기를 권합니다. 시판하는 홍삼 등 무분별한 건강보조 식품은 오히려 아기에게 해가 될 수 있으니, 먹이기 전에 반드시 한의사와 상담해야 합니다.

감기 합병증에는 반드시 항생제를 써야 하나요?

몸에 바이러스가 들어와 감기에 걸리면 2차 세균 감염으로 편도염, 축농증, 폐렴 같은 합병증이 생길 수 있습니다. 세균 감염으로 말미암은 합병증의 특징은 감기 증상의 악화와 함께 고열과 구토를 보이면서 호흡이 곤란할 만큼 심한 기침을 하고 설사를 하는 등의 특징이 있습니다. 이때는 침투한 세균을 잡도록 항생제를 써야 합니다. 필요 이상으로 쓰지만 않는다면 항생제의 효과를 볼 수 있지요. 하지만 우리나라는 항생제를 너무 많이 처방하는 것이 문제가 되고 있으니 반드시 써야 하는 상황인지 잘 파악하고, 쓰더라도 남용하지 않아야 합니다.

보통 감기 뒤에 오는 급성중이염에 걸리면 반드시 항생제를 써야 한다고 알고 있는데, 이는 잘못된 정보입니다. 급성중이염 역시 바이러스 때문에 생기는 질환으로 세균을 잡는 항생제를 써봐야 효과가 별로 없습니다. 어떤 엄마는 감기로 인한 합병증을 막겠다고 미리 항생제를 먹이기도 합니다. 감기 초기에 항생제를 먹인다고 합병증을 예방할 수 있는 게 아닌데도 말이죠.

부득이하게 항생제를 쓴다면 반드시 필요한 분량만 처방받고, 증상이 심하지 않다면 일주일을 넘기지 않는 것이 좋습니다. 요즘 아기들은 예전보다 감기에 잘 걸리고, 치료해도 잘 낫지 않으며, 장염을 자주 앓는 특징을 보입니다. 아토피도 많고 알레르기 질환도 많지요. 아기들이 이렇게 많은 질병에 쉽게 걸리는 것이 항생제 과다 복용과 무관하지 않다는 사실을 알아두세요.

독감과 감기가 어떻게 다른가요?

겨울에는 급성 호흡기 질환인 독감이 유행합니다. 독감에 걸리면 근육통, 두통, 기침 등과 함께 고열이 3일 이상 지속합니다. 이에 대비해 독감 예방접종을 하는 사람이 많습니다. 어린 아기와 노인은 물론, 일반 성인도 독감 예방주사를 맞지요. 특히 엄마들은 독감 예방접종을 하면 그해 유행할 독감에 대해서는 안심할 수 있다고 여겨서, 다른 일로 소아과에 갔다가 내친김에 아기에게 독감 예방주사를 맞히는 경우가 허다합니다.

하지만 엄마들이 생각하는 것과 달리 독감 예방접종을 했다고 해서 모든 독감을 막을 수 있는 것은 아닙니다. 독감 예방접종은 그해 유행할 것으로 예상하는 독감 바이러스를 혼합하거나 백신을 만들어 주사를 놓는 것입니다. 다시 말해 독감 예방주사를 맞았다고 하더라도 해당 바이러스가 아닌 다른 바이러스에 의한 독감은 예방할 수 없습니다. 또한 아기가 이전에 경련성 질환을 앓았거나 특정 알레르기, 면역 결핍 질환 등이 있다면 예방접종 자체 때문에 부작용을 일으킬 수도 있습니다.

아기가 잘 먹고 잘 자며 매사 활기가 넘친다면 굳이 독감 예방접종을 할 필요가 없습니다. 하지만 아기가 만성적

이럴 때는 병원으로

심한 기침이나 콧물이 일주일 이상 가거나, 목이 아파 아무것도 먹지 못한다면 병원에 가야 한다. 또한 고열이 3일 이상 떨어지지 않거나 호흡이 곤란할 때도 지체하지 말고 병원에 간다.

감기 때문에 열이 오르다가 떨어지면 발진이 날 수 있는데, 보통은 저절로 없어지지만 만일 2~3일 내에 없어지지 않고 곪는 증상이 보이면 감기가 아닌 홍역이나 수두일 수 있다. 다른 피부 질환이 아닌지 병원에 가서 확인해야 한다. 감기가 아니라면 항생제나 해열제를 써야 할 수도 있다.

으로 폐질환을 앓고 있거나 심장과 신장에 문제가 있는 만성질환아거나, 면역 기능이 떨어져 있을 때, 어쩔 수 없이 단체 생활을 오래 해야 할 경우에는 미리 예방접종을 해두는 것이 좋습니다. 아기는 독감에 걸렸을 때 병세가 쉽게 악화하기 때문입니다. 하지만 이런 특별한 경우가 아니라면 그냥 평상시에 독감에 걸리지 않게 위생 관리를 잘하고 영양을 충분히 섭취하는 편이 더 낫다고 할 수 있습니다.

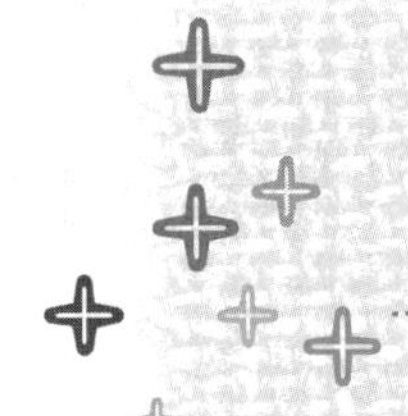

감기를 거뜬히 이겨내게 도와주는 한방요법

감기는 아기마다 양상이 다릅니다. 콧물이 많이 나는 아기도 있고,
열이 들끓는 아기도 있고, 콜록대며 잔기침만 해대는 아기도 있지요.
이런 증상이 한꺼번에 나타나기도 하고,
허약한 부위에만 집중적으로 드러나기도 합니다.
감기 증상이 나타나면 증상만 없애는 데 급급할 게 아니라
증상 완화와 함께 면역력을 키우는 데 신경을 써야 합니다.
증상도 없애면서 면역력을 키우는 한방요법에 대해 알아봅시다.

콧물감기에는 칡대추감초차

"아이 코에 콧물이 가득해요. 쏙 뽑아주면 속이 다 시원할 것 같아요."

아기 코에 콧물이 가득 들어차 있으면 무척 답답해 보입니다. 아직 제 손으로 코를 못 푸는 탓에 지켜보는 엄마가 더 답답하지요. 참다못해 병원에 가서 콧물 좀 시원하게 뽑아달라고 부탁하는 엄마도 있습니다. 하지만 코를 뽑으면 당장은 시원하겠지만 자주 하면 코 점막에 손상을 줄 수 있습니다.

흔한 콧물감기는 별문제가 아닙니다. 그런데 아기에게 알레르기성 비염이 있다면 문제가 다릅니다. 알레르기성 비염이 심하면 1년 내내 코를 훌쩍거리며 살게 되기도 합니다. 특히 환절기에는 더욱 심해집니다.

콧물감기에는 칡, 대추 10g과 감초 2g을 물 500ml에 넣고 30분 정도 달여 먹이면 효과가 있습니다. 막힌 코를 뚫어주고 코안의 염증을 없애주는 작용을 하지요. 파뿌리(밑의 흰 부분) 1개, 차조기 잎 3g을 500ml 물에 달여 먹여도 좋

습니다. 열이 없으면서 콧물이 날 때 좋으며 초기 감기에도 효과가 있습니다. 한편 맵지 않은 무를 강판에 갈아 천으로 즙을 짠 후 면봉에 적셔 콧구멍에 바르면 코가 뚫리는 효과가 있습니다.

열 감기에는 인동초차

엄마들이 아기가 감기에 걸렸을 때 가장 무서워하는 것이 바로 열입니다. 열이 오랫동안 계속 나면 뇌손상을 일으킨다는 생각 때문이지요. 또 열이 나면 아기가 많이 힘들어합니다. 감기에 걸려도 열만 나지 않으면 그래도 아기가 버틸 만한데, 일단 열이 나기 시작하면 밥도 못 먹고 보채며 잠도 못 자서 지켜보는 엄마도 몹시 힘들지요.

열은 아기가 감기와 싸워 이겨내는 과정에서 생깁니다. 제대로 열을 발산하고 나야 건강하게 감기를 이겨낼 수 있습니다. 열을 무조건 떨어뜨리면 오히려 다른 합병증을 불러오기도 하고 면역력을 떨어뜨릴 수도 있습니다. 최근 연구에 따르면 너무 높지 않은 열은 오히려 인체 방어에 유리하게 작용해 백혈구의 운동, 림프구의 활동, 살균 작용, 항바이러스 작용을 촉진한다고 합니다.

아기가 열이 나면 해열제를 쓰기 전에 보리와 결명자를 1대 1로 넣은 후 끓여서 먹여주세요. 물이 해열제가 될 수 있습니다. 결명자와 보리는 찬 성질을 가지고 있어 열을 내려줍니다. 고열이 아니라면 생강을 씻어 뜨거운 물에 우려내 마시게 하면 좋습니다. 가벼운 감기 증상에 효과가 좋습니다. 특히 겨울철에 인동덩굴을 구해 보리차처럼 먹이면 감기에 의한 발열에 좋습니다. 인동은 말 그대로 겨울도 이기는 찬 성질의 약초로 해열과 소염작용을 합니다.

목감기에는 현삼차

목이 부으면 열이 많이 오르는데다 아파서 잘 먹지 않으려고 하지요. 목이 아픈 아기에게는 미음과 물을 먹이면서 기운을 잃지 않게 해주는 것이 중요합니다. 목 주변을 따뜻하게 감싸주고 잘 쉬게 하세요. 목이 아플 때는 현삼을 끓여 먹이면 효과가 있습니다. 현삼은 목의 열을 내리는 데 도움을 줍니다. 시호 역시 목의 열을 풀어주는 데 효과가 있는 약재입니다. 이 외에도 박하차, 유자차, 도라지와 감초차, 무와 꿀차 등이 효과가 있습니다.

기침감기에는 살구씨차

열이나 콧물은 자연스럽게 줄어들 때가 많은데 기침은 저절로 나아지지 않습니다. 게다가 기침 증상이 길어지면 기관지와 폐 기능이 약해질 수 있어서 초반에 잘 다스려줘야 합니다. 기침이 2주 이상 지속된다면 단순히 감기로 생각하지 말고 다른 합병증이 없는지 검사를 해보는 것이 좋습니다.

아기가 기침을 많이 할 때는 우선 습도를 높여주세요. 습도가 높으면 기침을 덜 합니다. 젖은 빨래를 방 안에 널어두어 습도를 올리는 것이 좋습니다. 또한 기름기 있는 음식을 줄이고 목 주변을 따뜻하게 감싸줘야 합니다. 말린 살구씨차나 잣호두죽을 먹이는 것도 효과가 있습니다. 마른기침을 한다면 맥문동, 도라지, 오미자차 등을 끓여 먹이면 효과가 있습니다.

가래가 끓는 감기에는 배중탕

가래가 끓으면 우선 수분을 잘 보충해줘야 합니다. 물을 많이 마시면 가래가 묽어져 배출이 한결 수월해집니다. 손바닥을 동그랗게 오므려 가슴과 등을 통통 두드려줘도 가래 배출이 쉬워지지요. 그래도 가래가 없어지지 않는다면 배숙을 만들어 먹이세요. 배 속을 파낸 후 도라지와 꿀을 함께 넣어 중탕하여 그 즙을 마시게 하는 것이지요. 생강도 가래를 삭이는 효과가 있어서 차로 마시면 도움이 됩니다.

아기가 체한 상태에서 감기에 걸리거나, 혹은 감기에 걸렸을 때 식체를 일으키면 열은 별로 안 나면서 토하고 설사를 하게 됩니다. 단, 기침과 콧물, 오한, 두통이 함께 옵니다. 이럴 때 영양 보충을 한다고 기름진 음식을 먹이는 엄마들이 있는데, 그러면 오히려 체기가 사라지지 않고 구토와 설사가 더 심해집니다. 햄이나 소시지류의 인스턴트 음식, 라면 등의 밀가루 음식 등은 일절 끊어야 합니다. 부드러운 죽이나 기름기 없는 된장국 등을 진하지 않게 끓여 먹이세요. 감기와 소화기 증상이 동반될 때 세균성 장염이 아니라면 항생제는 별 소용이 없습니다. 한의원에서 정리탕, 불환금정기산, 도씨평위산, 곽향정기산 등을 먹이면 아주 효과가 좋습니다.

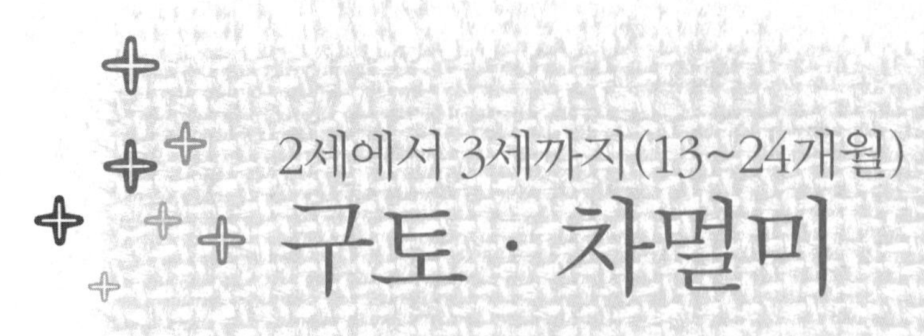

2세에서 3세까지(13~24개월)

구토 · 차멀미

아기는 왜 토할까요?

사실 돌이 지나면서부터는 잘 토하지 않는데, 한의학에서는 구토의 원인을 크게 두 가지로 봅니다.
먼저 비위가 약하고 찬 기운 때문에 토하는 경우입니다.
이런 아기는 얼굴이 희고, 손발이 차며, 소변이 비교적 맑고, 체격이 마르고 왜소합니다.
두 번째 급성 감염이 있거나 스트레스가 심할 때, 갑자기 놀랐을 때 토하는 것을 말합니다.
이런 아기는 얼굴과 입술이 붉습니다.
토하는 횟수는 많지 않으나 양이 많고 토사물에서 쉰내가 납니다.
열이 나기도 하고 갈증이 나 물을 많이 찾으며 소변이 탁합니다.

많이 먹으면 잘 토합니다

"아기가 주는 족족 잘 받아먹더니 갑자기 토해서 깜짝 놀랐어요."

아기가 밥을 받아먹는 모습은 참 예쁩니다. 먹는 모습만 봐도 흐뭇하니 몸에 나쁘지만 않다면 아기가 먹고 싶어하는 걸 못 먹게 하는 엄마는 없습니다. 하지만 아기 위의 용적은 어른보다 턱없이 작습니다. 많은 음식이 들어가면 토하는 게 당연하지요. 이처럼 많이 먹어서 토하는 것을 '식상 토'라고 합니다. 한마디로 과식으로 말미암은 소화불량 때문에 토하는 것입니다. 많이 먹었을 때 토하는 걸 억지로 막을 필요는 없습니다. 토하면서 체기가 내려가기 때문입니다.

하지만 아기가 먹을 수 있는 양에는 한계가 있다는 것을 교훈 삼아 다음부터는 너무 많이 먹이지 않길 바랍니다. 잘 받아먹는다고 많이 먹이면, 식욕 조절 능력이 떨어져 비만에 걸릴 가능성이 큽니다. 소화기에 무리가 가는 것은 당연하고요. 또한 만성적인 식체를 갖게 되어 갖가지 질병을 일으킬 수도 있습니다.

구토를 잘 일으키는 감염성 질환이 있는데, 상기도 감염, 급성 위장관염, 요로 감염증, 뇌수막염 등입니다. 선천성 위장관 질환, 대사 장애, 중추신경계 질환 등도 만성구토의 원인이 될 수 있습니다. 드문 질환이지만 소가 되새김질하듯 음식물을 토했다가 다시 먹는 '반추' 증상을 보이는 아기들도 있는데, 이는 엄마와 애착 형성이 잘 안 되었을 때 나타납니다.

원인에 따라 토하는 모습이 다릅니다

아기가 토하면 그 시간대를 검사하세요. 원인에 따라 토하는 시간대가 달라지기 때문에 구토의 원인을 알아내는 데 도움이 많이 됩니다. 먹자마자 바로 토한다면 스트레스나 위유문부 궤양이 원인입니다. 밥을 먹고 나서 1시간 이상 지난 후에 토하는 것은 위유문부 폐색과 위의 운동 장애를 의심해볼 수 있습니다. 아침에 일어나서 밥 먹기 전에 구토하면 부비동염(축농증)이나 요독증일 가능성이 크고, 특정 음식을 먹은 후 토하면 알레르기나 분해효소 결핍으로 볼 수 있습니다.

토하는 모습 역시 원인에 따라 다릅니다. 위장관 질환 때문에 일어나는 구토는 구역질이 함께 나타나지만, 뇌압이 상승해서 토할 때는 구역질이 나오지 않습니다. 소화가 잘 안 돼 토할 때는 토하고 난 뒤 복통이 사라집니다. 분수처럼 솟듯이 토할 때는 뇌압이 올라간 것으로 뇌수막염 등을 의심할 수 있습니다.

토할 때 유의할 것은 토사물이 다시 입으로 들어가지 않게 하는 것입니다. 아기가 토사물을 들이키면 흡인성 폐렴에 걸릴 수 있습니다. 아기가 토할 때는 고개를 옆으로 돌리거나 앞으로 숙여줘야 합니다. 입안에 토사물이 남아 있으면 가제 수건으로 깨끗하게 닦아주도록 합니다. 구토를 억제하는 약을 무분별하게 사용하면 병의 원인을 발견하지 못할 수도 있으니 함부로 사용하지 마세요.

심하게 토할 때는 음식을 먹이는 게 어렵습니다. 그러나 계속 아무것도 먹지 않으면 탈수증에 걸릴 우려가 있으므로, 토기가 가라앉으면 우선 보리차 같은 물을 먹이세요. 그다음에는 소화가 잘 되는 죽을 먹이고, 상태가 나아졌을 때 밥을 먹입니다. 음식을 먹이는 도중 다시 토하면 30분~1시간이 지난 후에 다시 조금씩 먹이도록 합니다.

엄마가 알아둬야 할 탈수 증상

구토를 할 때 가장 큰 문제는 탈수증이다. 아기는 쉽게 탈수를 일으키는데, 탈수를 일으키는 아기를 보면 입술이 마르고 울 때 눈물이 없고 피부에 탄력이 없다. 아기가 보채거나 축 처지고, 10시간 정도 소변을 보지 않으면 위험한 상황이니 바로 병원에 가야 한다.

구토에 좋은 한방차

아기가 토하면 음식을 먹이기가 참 어렵습니다. 조금 나아진 듯하여 음식을 떠 입에 대주면 다시 구역질을 해대지요. 구토기를 멈추는 한방차에는 다음과 같은 것이 있습니다.

귤껍질차 귤껍질 30g을 1리터의 물에 넣고 반으로 줄어들 때까지 약하게 끓입니다. 하루 한 잔 정도를 몇 번에 나누어서 며칠간 먹이면 됩니다. 귤껍질은 마른 것을 사용하고, 오래 묵은 것일수록 더 좋습니다. 귤껍질의 향은 위의 소화기능을 돕고, 기의 순환을 원활하게 하여 구토를 진정시켜줍니다.

생강차 구토를 하는 아기가 얼굴색이 희고, 배와 손발이 차고 열이 없다면 생강차가 좋습니다. 생강은 비위를 따뜻하게 해주는 기능이 있어 차처럼 끓여 먹으면 효과가 있습니다. 생강은 그냥 쓰는 것보다 얇게 썰어 햇볕에 말려서 쓰면 더욱 좋습니다. 생강차는 매운맛 때문에 아기들이 잘 먹지 못할 수 있으니, 매실차 등에 희석하거나 꿀을 넣어서 먹이도록 하세요.

곽향차 곽향은 방아 잎을 말린 것으로 곽향차는 정신을 맑게 하고 소화기능을 향상시키는 대표적인 약차입니다. 감염 질환이나 음식에 의한 질환으로, 구토와 설사, 복통을 진정시켜주지요. 세균과 바이러스의 활동을 억제하고 식독을 제거하는 한약재입니다. 예로부터 토사곽란(장염이나 식중독 등)에 많이 쓰였습니다. 곽향 20g을 1리터의 물에 넣고 반으로 줄어들 때까지 약한 불에 끓입니다. 하루 한 잔 정도를 몇 번에 나누어 며칠간 먹입니다.

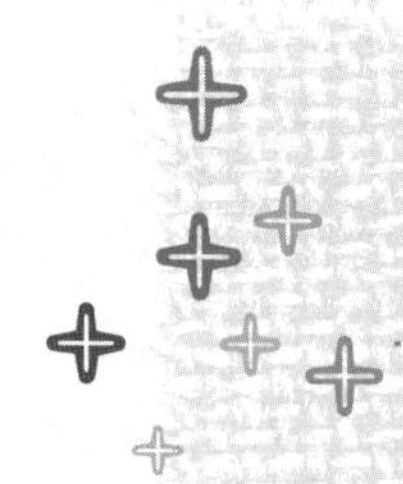

소음인 아기가 많이 하는 차멀미

멀미는 기차나 자동차, 배, 비행기 등을 탔을 때 어지럽고 메스꺼우며 토하는 증상입니다.
기차나 자동차를 타는 동안 너무 괴로워하지만, 일단 내리고 나면 증상이 사라집니다.
한방에서 볼 때 멀미는 비위 계통이 허약한 아기의 위장 안에
'담음'이라는 체액성 노폐물이 쌓여 생긴다고 봅니다.
이 노폐물이 위장 안에 머물면서 울렁증을 일으키거나
구토 중추를 자극하여 멀미가 생긴다는 것이지요.
위장관 계통이 약한 소음인 아기가 멀미를 더 잘 일으킵니다.

비위기능을 도와주면서 위에 있는 노폐물을 없애주세요

차멀미를 잘 하는 아기는 평상시에도 배가 자주 아픕니다. 또한 식욕이 없어 입이 짧고, 헛구역질을 잘하며, 마르고 예민하며 손발이 차갑습니다. 이러한 증상은 비위 허약과 관계가 있는 증상들입니다. 비위기능을 돕고 위장관 안의 담음(체액성 노폐물)을 제거해 체질을 개선하면 멀미가 나아집니다. 또한 동시에 기타 허약증도 개선되는 효과가 있습니다.

기차나 배, 비행기 등을 탈 때는 되도록 움직임이 적은 곳에 앉는 것이 좋습니다. 아기에게 말을 자주 걸거나, 아기가 좋아할 만한 장난감을 가지고 차에 오르면 관심이 분산돼 멀미를 덜 합니다. 창문을 열고 경치를 바라보게 하거나 바람을 쐬면 증상이 한결 나아지지요.

여행을 떠나기 전에 되도록 소화가 잘 되는 것으로 식사하되, 출발 2시간 전에는 식사를 마치는 것이 좋습니다. 특히 평소에 잘못된 식습관을 갖고 있으

면 멀미가 더 심해집니다. 유제품이나 단 음식, 인스턴트 음식, 청량음료, 밀가루 음식 등을 즐겨 먹는 아기는 멀미가 더 자주 나타납니다.

차멀미에 좋은 한방 음식

아기가 차멀미를 습관적으로 하면, 엄마는 으레 차를 타기 전에 멀미약을 먹이거나 붙이는 멀미약을 미리 준비합니다. 하지만 어린 아기에게 쓸 만한 음용 멀미약이나 붙이는 멀미약은 없습니다. 아무리 약성이 강하지 않다고 하더라도 쓰지 않는 편이 안전합니다. 이때는 차를 태우기 며칠 전부터 차멀미에 좋은 한방 음식을 먹이는 것이 효과적이고 안전합니다. 대표적인 것이 단국화입니다. 단국화는 흔히 감국화나 감국이라고 하는데 흰색, 노란색, 가지 색 등 색이 다양합니다. 단맛이 나는 것도 있고 쓴맛이 나는 것도 있습니다. 약으로 쓰는 것은 가을에 피는 흰 꽃과 노란 꽃을 그늘에 말린 것입니다. 말린 단국꽃 10g을 물에 우려 자동차나 기차를 타기 며칠 전부터 자주 마시게 하세요. 단국꽃은 어지럼증에도 효과가 있으므로 멀미로 어지럼증이 심할 때 쓰면 특히 좋습니다.

천마 15g을 물에 달여 기차나 배를 타고 가기 며칠 전부터 하루에 두세 번 나누어 먹여도 좋습니다. 천마는 경련을 멈추고 어지럼증을 낫게 하는 약재로 멀미가 생기지 않게 하는 데 쓰입니다. 레몬 끝에 3개 정도의 구멍을 뚫어 빨게 해도 좋습니다. 휘발유의 메스꺼운 냄새를 레몬의 상쾌한 향기가 덮어 멀미를 덜 하게 합니다. 솔잎을 씹거나 물고 있어도 멀미가 덜합니다. 이런 방법은 심하지 않은 멀미 때 해볼 방법입니다.

2세에서 3세까지(13~24개월)

장염과 설사

장염은 감기 다음으로 아기에게 흔한 질환입니다

장염은 말 그대로 장에 염증이 생긴 병입니다. 아이들에게 감기 다음으로 흔한 질병이지요.
장염에는 바이러스성과 세균성 장염이 있는데, 아기들에게 생기는 것은 대부분 바이러스성입니다.
세균성 장염은 이질, 장티푸스, 식중독 등이 있습니다.
한의학에서 바이러스성 장염은 습열 설사, 세균성 장염은 이질에 속합니다.
아기는 아직 소화기관이 미숙하기 때문에 장염에 잘 걸립니다.

장염의 대표 주자, 습열 설사와 이질

한방에서 습열 설사라 부르는 바이러스성 장염은 열이 많이 나지 않습니다. 바이러스성 장염은 구토가 심하고 변이 묽고 대변량도 많습니다. 반면 이질이라 부르는 세균성 장염은 열이 펄펄 나고, 증상이 심해지면 열성 경련을 일으키기도 합니다. 혈변이나 점액성 변을 보거나, 심한 경련성 복통을 수반하곤 합니다. 세균성 장염이라도 장에 독소를 만드는 세균에 감염됐을 때는 물이 많은 설사가 나타납니다.

아기들에게 생기는 바이러스성 장염 중에 가장 많이 알려진 것이 가성콜레라입니다. 가성콜레라는 로타바이러스가 일으키는 위장관염입니다. 로타바이

이런 경우는 위험합니다

1. 설사에 피가 섞여 나올 때.
2. 설사하면서 복통이 심할 때. 특히 2시간 이상 복통이 지속될 경우.
3. 설사가 심할 때. 8시간 사이에 8번 이상 물 설사를 하는 경우.
4. 설사 때문에 탈수가 심할 때. 돌 지난 아기가 10시간 정도 소변을 보지 않는 경우, 입술이 마르거나 눈이 쑥 들어가고 울어도 눈물이 나오지 않는 경우, 피부가 차고 축축해 보이는 경우.
5. 아기가 기운이 없어 축 처지거나, 깨워도 반응이 없거나, 몹시 아파 보일 때.

	바이러스성 장염(습열 설사)	세균성 장염(이질)
38도 이상의 고열	흔하지 않다	흔하다
복통	흔하지 않다	흔하다
구토	흔하다	흔하지 않다
점액변	없다	있다
혈변	없다	있다
계절 유행	10~1월	없다

러스성 위장관염에 걸리면 대개 1~3일 정도 잠복기가 있습니다. 잠복기에는 감기와 비슷한 증상이 계속됩니다. 그러다 하루 이틀 토하면서 물처럼 설사를 하지요. 심하게 토할 때는 물만 먹어도 바로 토해서 아기가 기운을 잃습니다.

보통 이럴 때 아기가 체했다고 생각하기 쉬운데, 식체와는 다릅니다. 발열과 함께 구토 증상이 시작되면서 물 설사를 합니다. 하루에 7~10번까지 쌀뜨물 같은 설사를 하는데, 이렇게 되면 탈수 증상이 올 수 있습니다. 보통은 일주일 정도면 괜찮아집니다만 그대로 두면 탈수로 인한 심각한 문제가 생길 수 있습니다. 일단 아기가 설사하면서 열이 나면 무조건 병원에 가야 합니다.

가성콜레라는 주로 6~24개월의 아기에게 잘 발생합니다. 3세 이후에는 거의 걸리지 않으며 생후 2년이 지나면 90퍼센트의 아기들이 이 장염에 대한 항체를 가지게 됩니다. 매년 초가을과 겨울철에 많이 유행하지요. 그러나 거의 1년 내내 발생한다고 보는 것이 맞습니다. 설사로 병원에 입원하는 아이의 반 이상을 차지할 정도로 유행할 때도 있습니다. 대변에 있던 바이러스가 음료수와 음식, 손을 통해 전파되는데 공기에 있던 바이러스가 호흡기를 통해 전염되기도 합니다.

탈수 예방이 가장 중요합니다

로타바이러스성 위장관염은 원인이 바이러스이기 때문에 특별한 치료약 없이도 자연 치유됩니다. 그러나 심한 경우에는 대증요법이 필요합니다. 더 상태가 나빠지는 것을 막고 회복을 빠르게 하는 것입니다.

장염이 있을 때 가장 중요한 것은 탈수를 막는 것입니다. 보리차 등으로 수분을 충분히 공급하고, 증세가 심해지면 포도당 전해질 용액을 먹이거나 수액을 맞아야 합니다. 지사제나 장운동 억제제, 흡착제 등은 별 효과가 없습니다. 약을 먹이거나 수액을 맞아야 할 정도로 탈수가 심할 때는 전문가의 처방에 따라 조치를 취해야 합니다. 탈수를 막겠다고 쓴 방법이 아기에게 되레 해가 될 때도 있기 때문입니다. 단순히 전해질 용액을 주는 정도는 괜찮습니다.

증세가 어느 정도 회복되면 반드시 한약을 쓰길 권합니다. 약해진 장 기능을 빨리 회복해야만 정상적인 영양 공급이 가능해지기 때문입니다. 만일 장 기능이 회복되지 않으면 유단백 알레르기에 걸리거나 유당불내성 장으로 발전해 만성설사에 시달릴 수 있습니다.

로타바이러스는 전염력이 상당히 높습니다. 따라서 집에 설사 환자가 있을 때는 아기가 가까이 가지 않도록 하는 것이 가장 중요합니다. 설사를 시작한 후 3~4일간이 전염성이 가장 높습니다. 또한 손을 자주 씻고 오염된 물건을 만지지 않도록 하는 위생 관리가 중요하다고 하겠습니다.

로타바이러스 예방접종을 해야 하나요?

6개월 미만의 아기에게 로타바이러스 예방약을 먹일 때도 있습니다. 저는 이미 언급했듯이 필수접종도 주의해서 받아야 한다고 생각합니다. 따라서 그 외에 모든 선택접종은 그 질병의 발생 빈도나 안전성, 예방 효과 등 모든 것을 고려해볼 때 반드시 필요하다고 보지 않습니다. 로타바이러스 예방접종은 일반적으로 먹는 백신으로 생후 2, 4, 6개월에 접종합니다. 비용 또한 1회 접종 시 10만원에 가까워 만만치 않지요.

로타바이러스에 대해 엄마들이 알아야 할 사실이 있습니다. 로타바이러스 경구용 생백신이 미국에서 1998년에 허가되었으나, 접종자에서 장중첩증이 발생한 예가 발견되어 단 1년 만에 사용이 중지되었습니다. 새로 출시된 경구용 생백신인 로타릭스나 로타텍 등은 아직 이런 부작용이 나타나고 있지는 않지만 안심할 수만은 없는 상황입니다.

로타바이러스성 설사는 대부분 일주일 정도면 낫고, 면역기능이 억제된 소아가 아니라면 특별한 합병증 없이 회복됩니다. 따라서 아기가 면역기능이 떨어지지 않는다면 유행 시기에 예방에 신경 쓰는 것으로 충분합니다.

또한 근래에는 겨울철에 노로바이러스 위장관염이 연령과 상관없이 유행하고 있습니다. 오심, 구토, 복통, 설사가 주 증상으로 소아에게는 구토가, 성인에게는 설사가 주로 나타납니다. 이 외에도 두통, 발열, 오한, 근육통 등 전반적인 신체 증상이 동반되는 경우가 많습니다. 토사물이나 분변의 소량의 바이러스로도 쉽게 감염되므로 날음식을 피하고 소독과 개인 위생을 철저히 해야 합니다. 전염성은 증상 발현 때 제일 심하고 이후 길게는 2주까지도 유지되므로 감염에 주의해야 합니다.

장염을 치료하는 한방요법

한의학에서는 주로 여름철에 덥고 습하고 탁한 기운을 받고 상한 음식을 먹었을 때 장염에 걸린다고 봅니다. 물론 장염 환자에게 전염되는 것도 주요 원인이지요. 한방에서 장염 치료는 한약과 침, 뜸으로 이루어집니다. 아기들은 침을 맞거나 뜸을 뜨는 데 어려움이 있으므로 아기 상태에 맞춰 선택적으로 적용합니다. 한약은 외부에서 받는 습열의 기운과 탁한 기운을 제거하는 약재를 처방합니다. 식중독 독소를 배출시키고 위와 장의 점막을 빠르게 회복시켜 자연스럽게 발열, 구토와 설사, 복통을 멈추도록 합니다. 진인양장탕, 평위산, 황금작약탕, 익원산 등이 대표적입니다. 침 치료에는 몸에 직접 침을 놓는 체침과 귀에 침을 놓는 이침이 있습니다. 침으로 인체 기혈을 조화롭게 하고 장의 과도한 운동력과 경련을 진정시키면서 장염 증상을 치료합니다. 뜸은 급성기가 지난 후에 사용합니다. 뜸 치료는 허약해진 장의 면역력을 높여주고, 뱃속을 따뜻하게 하여 장 기능을 빠르게 정상으로 만들어줍니다.

장염 때문에 아기가 설사를 한다면

장염에 걸려 설사를 할 때는 함부로 지사제를 써서는 안 됩니다.
지사제는 말 그대로 설사를 멈추게 하는 약입니다.
아기가 설사를 하면 어떻게든 멈추게 하려고 하는데, 설사가 무조건 나쁜 것만은 아닙니다.
설사는 장운동을 빠르게 해서 장 안에 쌓인 나쁜 것들을
몸 밖으로 내보내는 역할을 하기 때문입니다.
만일 지사제로 설사를 멎게 하면 나쁜 것이 몸 밖으로 나가지 못해
병이 더 심해질 수도 있습니다.

모유는 줄이고, 분유 대신 설사 분유

아기가 장염으로 설사할 때 가장 무서운 것은 몸 안의 수분이 빠져나가는 것입니다. 설사 그 자체가 위급한 것은 아니지만 탈수는 무서운 증상입니다. 자칫 생명이 위태로울 수도 있습니다. 탈수를 막는 데 가장 좋은 것은 포도당 전해질 용액입니다. 설사하는 아기에게 먼저 포도당 전해질 용액을 먹여 급한 불부터 끈 다음 차근차근 원인을 찾아 치료해야 합니다. 전해질 용액은 포도당과 설탕, 소금이 들어 있어 열량을 보충해주기도 합니다.

만일 아직 아기가 모유를 먹고 있으면, 설사를 할 때 굳이 모유를 끊을 필요는 없습니다. 다만 설사가 너무 심하면 장에 부담을 줄 수 있으므로 일시적으로 양을 좀 줄이세요. 증상이 좀 나아지면 차차 다시 늘리는 것이 안전합니다. 한 번에 2~3분씩만 먹이다가 차차 1분씩 수유 시간을 늘려주면 됩니다.

만일 분유를 먹고 있다면, 일단 유당이 적거나 함유되지 않은 설사 분유를

먹이는 것이 좋습니다. 만일 설사 분유를 구할 수 없다면 일반 분유를 평소보다 두 배 정도 묽게 타서 유당의 농도를 낮추어 먹입니다. 아기가 분유 말고 다른 음식도 잘 먹고 있다면 분유 대신에 찹쌀 미음이나 마 가루를 조금 넣은 미음을 먹이면 설사가 훨씬 빨리 회복됩니다. 주의할 것은 모유를 먹고 있든 분유를 먹고 있든 상관없이 다른 이유식이나 과자, 음료 따위를 먹이지 않는 것입니다.

정리하자면, 모유는 줄이고 분유는 설사 분유로 대신하며, 설사에 좋은 재료로 미음을 묽게 쒀 먹이는 것이 설사하는 아기를 위한 기본 식사입니다. 아기가 힘이 없어 보이더라도 평소 좋아하던 음식을 함부로 먹여선 안 됩니다. 입맛을 살리려다가 되레 증상이 악화될 수 있습니다. 설사가 멈췄다고 해도 안심하지 말고 하루 이틀 경과를 더 지켜본 후 평상시의 식습관으로 돌아가는 것이 좋습니다.

장염에는 청결 유지가 최우선입니다

아기가 설사를 한다면 먼저 주변을 깨끗하게 해주세요. 청결은 모든 질병을 예방하고 낫게 하는 기본 원칙입니다. 설사를 일으키는 바이러스나 세균은 입을 통해 들어갑니다. 균이 입으로 침투하는 데에는 여러 가지 상황이 있을 수 있지만, 가장 흔한 것은 세균 묻은 손을 입에 대는 것입니다. 늘 손을 빨고 살다시피하는 아기들은 대부분 손을 통해 세균이 입에 들어갑니다. 만일 아기가 설사를 한다면 손부터 먼저 닦아주세요. 하루에도 여러 번 손을 씻어줘야 합니다. 아기에게서 나오는 대변 기저귀는 그 즉시 치워 집 밖으로 버리는 것이 좋습니다. 기저귀를 처리할 때 쓴 여러 용품도 쓸 때마다 깨끗하게 소독하고, 아기를 만지는 엄마의 손도 청결을 유지해야 합니다.

옷도 자주 갈아입혀 주세요. 설사를 하는 아기가 있으면 다른 아기의 옷과 분리해서 세탁해야 합니다. 이때는 살균 소독제를 사용하는 것이 안전합니다. 식구 중에 설사하는 사람이 있으면 아기와 분리시켜야 합니다. 세탁물도 함께 빨아서는 안 되고, 될 수 있는 대로 아기 주변에 머물지 않게 하세요.

설사에 좋은 자연식

영양도 공급하고 설사를 자연스럽게 회복시키는 음식이 있습니다. 따로 조리할 필요가 없고 천연 재료 그대로 사용하기 때문에 부작용도 없습니다. 아기가 설사할 때 먹이면 좋은 대표적인 자연식으로 홍시와 곶감이 있습니다. 홍시는 설사를 멈추는 대표적인 음식이지요. 잘 익은 홍시를 껍질 벗겨 숟가락으로 떠먹이면 설사가 멈추는 효과가 있습니다. 하루 반 개에서 한 개를 여러 차례 나누어 먹입니다. 만일 겨울이라면 홍시 대신에 곶감을 쓸 수 있겠지요. 대추 5개와 연한 곶감 3~4개를 물 3컵을 넣고 달여 반으로 졸인 후 몇 번에 걸쳐 나누어 먹이면 설사가 멎는 효과가 있습니다. 단, 설사가 멈추고 나서도 계속 먹이면 변비가 생길 수도 있으니 유의하세요.

다음으로는 마늘이 있습니다. 단, 아기에게는 너무 매우니 익혀 먹이는 것이 좋습니다. 생마늘 2개를 껍질째 까맣게 탈 정도로 구워 매운맛을 없앤 다음 껍질을 벗기고 먹여보세요. 증상이 나았더라도 5일 정도 복용하면 예방 효과가 있습니다.

설사에 좋은 과일에 바나나와 찐 토마토가 있습니다. 바나나는 설사 중에도 부담 없이 먹일 수 있는 대표적인 과일로, 하루 2개 정도까지 먹일 수 있습니다. 토마토를 먹일 때는 익혀서 껍질을 벗기는 것이 좋습니다. 방울토마토는 오히려 부담을 줄 수 있으므로 크고 잘 익은 토마토를 먹이세요. 그 밖에 설사에 좋은 채소로 부추가 있습니다. 부추는 강한 살균 작용이 있어 세균성 설사에 효과가 있지요. 부추 자체를 생으로 먹이기엔 부담스러우므로, 아기에게는 부추죽을 쑤어 먹이는 게 좋습니다. 죽을 만들 때 찹쌀과 마 가루를 조금 넣으면 더 좋습니다. 돌 이후부터는 꿀을 먹여도 되는데, 특히 벌꿀은 강한 살균력이 있어 장염이나 세균성 설사에 효과가 있습니다. 녹차에 벌꿀을 탄 다음 하루에 한 번 정도 마시게 하세요.

설사를 계속 하는 건 비위가 허약하기 때문입니다

영유아기에는 과민성 대장증후군과 비슷하게 만성적인 설사를 하기도 합니다.
오랜 시간 동안 계속 설사를 하는 이유는 여러 가지가 있습니다. 특히 장염을 여러 번 앓다보면 소장 점막이 손상되고 유당불내성 장이 되어 만성설사를 하는 경우가 많습니다.
또한 유단백 알레르기 때문에 장이 약해져 만성적으로 설사를 하기도 하지요.
항생제를 너무 오래 복용해도 그렇게 됩니다.
만성설사는 허약아가 되는 지름길이므로 빨리 치료하는 게 좋습니다.

비위가 튼튼해야 만성설사를 고칠 수 있습니다

만성적인 설사나 과민성 대장형 설사를 한의학에서는 허설이라고 합니다. 비위의 기능이 허약해져서 오는 설사라는 뜻입니다. 이런 설사는 잘 낫지도 않고 오랫동안 계속 갑니다. 계속 설사를 해대니 체중도 안 늘고 발육도 나빠질 수밖에 없지요. 몸이 허약해지면서 감기 같은 면역 질환도 자주 앓게 되어 엄마를 고생시킵니다.

간혹 아기가 장염을 앓고 난 후에 오랫동안 설사를 하기도 합니다. 장염 때문에 손상을 입은 장이 유당을 제대로 소화시키지 못해 그럴 수도 있고(이를 유당불내성 설사라고 합니다), 장염이 아직 깨끗하게 낫지 않았거나 우유 알레르기 때문에 그럴 수도 있습니다. 급성장염이나 가성콜레라를 앓고 난 후에는 1~2주 동안 유당을 소화 못하는 유당불내성 설사가 나타나기도 합니다.

하지만 이런 경우는 보통 한 달 정도면 좋아집니다. 몇 달 동안 유당불내성

설사가 계속 되기도 하지만, 장이 튼튼해지고 면역력이 좋아지면서 차츰 사라집니다.

설사가 너무 오래갈 때는 한방 치료가 대단히 효과적입니다. 양방에서는 만성설사를 치료할 수 있는 특별한 약이 없습니다. 음식을 조절하면서 정장제 같은 것을 복용하는 정도지요. 반면 한방 정장 시럽이나 '귀원음'이라는 약을 처방하면 설사가 멈출 뿐 아니라 식욕과 기운도 회복할 수 있습니다.

귀원음은 인삼, 백출(삽주뿌리), 산약(마), 귤껍질, 가자, 육두구, 까치콩, 오미자, 매실 등으로 만든 한약입니다. 이 처방이 듣지 않는 아기가 드물 정도로 효과가 좋습니다. 설사를 오래 한다면 꼭 소아한의원에 들러보세요.

아기 장을 튼튼하게 만드는 자연식과 생활요법

아기의 장을 튼튼하게 하려면 먼저 자고 일어났을 때 물을 충분히 먹이세요. 하지만 밥 먹는 도중에 물을 먹여서는 안 됩니다. 또 찬 음식이나 맵고 기름진 음식, 밀가루 음식, 인스턴트 음식 등을 안 먹이는 게 좋습니다. 대신 섬유소가 많은 식품을 먹이세요. 섬유소는 채소, 나물, 다시마, 미역 같은 해조류와 우엉, 도라지, 더덕 등의 뿌리채소류에 많이 들어 있습니다.

하지만 아무리 섬유소가 많이 든 음식이어도 씹지 않고 삼켜선 안 됩니다. 오히려 소화기에 부담을 줄 수 있습니다. 간식으로 볶은 약콩을 껍질째 먹게 해도 좋습니다만 지금 월령에서는 목에 걸리지 않게 주의해야 합니다.

아기가 잘 안 먹는다면 볶은 약콩을 갈아서 볶은 마 가루와 함께 미숫가루를 만들어 물에 타 먹여도 좋습니다. 음료수로는 매실액을 따뜻하게 해서 물 대신 먹여도 효과를 볼 수 있습니다.

또한 배변 훈련을 잘 해서 변의를 느낄 때 참지 않고 바로 변을 볼 수 있게 해야 합니다. 자기 직전에 배불리 먹이지 않는 것이 좋은데, 특히 저녁 9시가 넘어서 아기가 배고파하면 소화가 잘 되는 음식으로 아주 간단하게 간식을 챙겨주세요.

마사지와 약향요법도 장을 튼튼하게 만드는 데 좋습니다

설사에 마사지만 한 방법도 없습니다. 변비에는 배꼽 주위를 시계 방향으로 문질러주며 마사지를 하는데, 설사는 그 반대입니다. 항진된 장의 운동을 억제해야 하기 때문에 반시계 방향으로 마사지를 해야 하지요. 아침저녁으로 아기를 자리에 눕히고 무릎을 세운 상태에서 마사지를 해주세요. 이때는 배가 차가워지지 않도록 실내 온도를 따뜻하게 하고, 문지르는 엄마 손 역시 따뜻해야 합니다. 급성 열성 설사가 아니라면 마사지를 하고 나서 아기의 배에 따뜻한 팩을 놓아줘도 좋습니다.

복부 마사지를 할 때 향유를 이용해도 좋습니다. 라벤더, 진저, 제라늄 오일을 각각 세 방울씩 올리브 오일 30ml에 섞어서 향유를 만드세요. 항진된 장의 활동을 진정시킬 뿐 아니라 속을 따뜻하게 해주는 효과가 있습니다.

2세에서 3세까지(13~24개월)

대소변 가리기와 소변 이상

소변을 가리는 시기는 아기마다 다릅니다

이 시기 아기를 키울 때 엄마들의 가장 큰 숙제가 바로 소변 가리기입니다.
옆집 아기가 진즉에 기저귀를 뗐다는 말을 들으면 마음이 조급해집니다.
그러나 소변을 일찍 가린다고 영리한 것도 아니며, 좀 늦게 가린다고 해서
지능이 떨어지는 것도 아닙니다. 대소변을 가리는 시기는 아기마다 차이가 납니다.
보통 대변은 생후 3년 이내에, 밤에 소변을 가리는 것은 여아가 5년 이내,
남아는 6년 이내에 이루어지면 큰 문제가 없습니다.

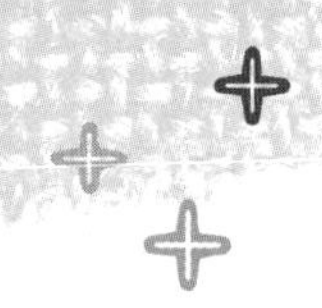

자연스럽게 소변 가리게 하는 법

16~18개월이 되면 아기는 두세 시간 정도 소변을 참을 수 있습니다. 이때 유아용 변기를 마련해서 일정한 시간에 변기에 앉혀주세요. 알록달록한 유아용 변기는 호기심을 자극하고, 대소변 가리는 것을 즐거운 놀이로 받아들이게끔 해줄 것입니다. 변기 옆에 좋아하는 장난감을 놓아두거나 즐거운 노래를 들려줘도 좋습니다. 변기에 앉는 것이 기쁘고 즐거운 일이라는 생각이 들면 소변을 훨씬 빨리 가립니다.

아기가 자고 일어났을 때나 식사를 하기 전에, 한참 동안 쉬를 하지 않았을 때 변기에 앉히면 좀 더 쉽게 용변을 볼 수 있습니다. 아기가 변기에 오줌을

눴을 때는 크게 기뻐하면서 아낌없이 칭찬해주세요. 그러면 칭찬받는 게 즐거워 변기에 소변을 누기 시작합니다. 그러다 보면 자연스럽게 오줌이 마려울 때 변기에 앉아야 한다는 사실도 깨닫습니다.

처음부터 원만하지는 않을 겁니다. 갑자기 변기에 앉혔을 때 당황하는 아기도 적지 않습니다. 스트레스가 많으면 떼를 쓰느라고 일부러 변기에서 소변을 참기도 합니다. 이럴 때 야단치는 것은 절대 금물입니다. 아기가 잘 못 하더라도 "괜찮아" 하며 다독여주세요. 그러면서 왜 대소변을 가려야 하는지 말로 잘 설명해주십시오. 어린이집에 가서 혼자 오줌을 못 가리면 친구들과 사귈 수 없고, 언니, 형아가 되려면 대소변을 가릴 줄 알아야 한다는 것을 좋은 말로 가르쳐주면 됩니다. 간혹 주변에서 아직도 오줌을 지리느냐는 말을 들을 수 있는데, 그럴 땐 그냥 "우리 아기는 내가 알아서 잘 키워요" 하는 마음으로 의연하게 넘기기 바랍니다.

대소변을 가리는 훈련은 아기가 얼굴에 힘을 주거나 보채는 등의 징조를 잘 이용하면 훨씬 더 쉽습니다. 이 시기의 아기는 어른이나 주변 형제를 흉내내는 것을 무척 좋아하므로, 또래 친구나 형, 언니가 변기에 앉아 용변을 보는 것을 보여줘도 큰 도움이 됩니다.

어느 정도 소변을 가린다는 생각이 들면 기저귀를 벗기고 팬티를 입히십시

이것만은 꼭 알아두세요

야뇨증은 만 5세 이후에도 가리지 못하는 것

일반적으로는 두 돌 전에 소변을 가리는 훈련을 시작한다. 대개 만 4세 정도가 되면 오줌이 마려워도 참을 수 있게 되고, 제 스스로 소변을 보게 된다. 하지만 모든 아이들이 소변을 제때 가리는 것은 아니다. 특히 밤에 오줌을 가리는 것은 더욱 그렇다. 통계마다 약간 차이가 있지만, 많게는 6세 아이 100명 중 15명은 소변을 가리지 못하고, 8세에는 8명, 15세에는 1명 정도가 야뇨증을 보인다. 아이마다 신체 발달이 다르듯, 방광 기능도 그 성숙도가 아이마다 다를 수 있다. 야뇨증은 성별에 따라 편차가 큰 편인데, 남자아이가 여자아이보다 약 2배가량 많다.

오. 이때부터는 엄마가 좀 귀찮아집니다. 아기가 소변을 눌 기세를 보일 때마다 화장실을 들락거려야 하니까요. 그러나 귀찮다고 어느 정도 소변을 가릴 수 있는 아기에게 그냥 기저귀를 채워두면 아무 때나 기저귀에 용변을 보던 기억이 남아 혼란스러워합니다. 또 이때쯤 되면 아기가 먼저 기저귀를 거부할 수도 있습니다. 친구나 형제들이 속옷을 입는 것을 보고 따라하고 싶은 생각이 들 테니까요. 단, 밤에는 아직 기저귀를 채워야 합니다. 밤에 소변을 가리는 것은 만 3세 정도 되어야 어느 정도 할 수 있습니다. 남자 아이는 보통 30개월이 지나면 서서 오줌을 누는 법을 가르칠 수 있습니다.

때가 되어도 소변을 잘 못 가리는 이유

때가 되어도 아기가 소변을 잘 못 가리는 데는 참 다양한 이유가 존재합니다. 한방에서 보자면 우선 태어날 때부터 신장과 방광이 찬 아기가 오줌을 잘 못 참고 특히 밤에 지도를 많이 그립니다. 이런 아기는 양기가 부족합니다. 그래서 방광이 차고, 얼굴색이 창백하며 소변량이 많은 것이지요. 이런 아기는 밤뿐 아니라 낮에도 소변을 자주 봅니다.

신장과 방광의 기능이 약하면서 열이 있는 아이도 밤에 소변을 자주 봅니다. 이런 아이는 피부가 검고 잠시도 가만히 있지 못하고 여기저기 돌아다닙니다. 잘 때 땀을 많이 흘리고, 더운 걸 못 참아 이불을 걷어차곤 하지요. 아기가 건강해지려면 낮에 왕성히 활동하고 밤에는 자면서 기운을 축적해야 하는데, 이런 아기는 기운이 약해 밤에 열이 나면서 야뇨증을 보이지요. 이런 아기에게는 신장과 방광을 열을 조절하면서, 음혈을 기르는 처방을 해주는 것이 좋습니다.

마지막으로 비장과 폐장이 허약하여 면역력이 떨어져도 소변을 잘 참지 못합니다. 이런 아기는 얼굴이 희고 식은땀을 많이 흘립니다. 면역력이 약해 1년 내내 감기를 달고 사는 등 잔병치레가 잦고, 식욕이 없어 음식을 잘 먹지 않으려고 하지요. 피로를 쉽게 느껴 짜증도 잘 냅니다. 한방에서는 이런 아기들에게 기를 보강하고 면역력을 높이는 처방을 합니다.

배뇨 간격을 자연스럽게 조절하세요

대소변을 가릴 때, 특히 오줌을 누일 때 엄마들은 시간을 정해두고 아기를 변기에 앉힙니다. 쉬를 어느 정도 가렸다고 해도 아기는 아직 언제까지 참아야 하고, 언제 화장실에 가야 하는지 구분을 잘 못합니다. 또한 아기는 오줌이 마려우면 일단 싸기 때문에 배뇨 간격을 정해두고 오줌이 마렵겠다 싶을 때 아기를 변기에 앉히면 소변을 훨씬 쉽게 가립니다.

따라서 아직 소변을 가리는 게 익숙하지 않고, 때와 장소를 잘 구별하지 못한다면 엄마가 먼저 아기의 배뇨 간격을 염두에 두어야 합니다. 정해진 시간이 되면 아기가 소변을 마려워하지 않아도 일단 변기에 앉히고 오줌을 누입니다. 이때 "쉬~" 하는 소리로 배뇨를 유도해도 좋습니다.

그런데 이 배뇨 간격은 유동적이어야 합니다. 만일 아기가 아침부터 물이나 우유를 많이 먹었다면 배뇨 간격은 당연하게 앞당겨져야 합니다. 정오가 쉬를 보는 시간이라도 그 시간까지 기다리지 말라는 이야기입니다. 버스나 지하철을 타야 한다면, 탑승 직전에 오줌을 누이세요. 그러면서 "차를 타면 오줌을 눌 수가 없어. 지금 미리 싸지 않으면 바지에 오줌을 싸야 해" 하면서, 옷을 입은 채 용변을 봐서는 안 된다는 것과, 때와 장소를 가려야 한다는 것을 잘 설명해주십시오.

야뇨증에 좋은 한방 먹을거리

소변을 가리는 시기는 아이마다 차이가 있고, 야뇨증이 있는지 없는지를 알려면 적어도 4~5세 정도까지는 기다려야 합니다. 우선 야뇨증에 좋은 먹을거리를 알아두시기 바랍니다. 야뇨증은 방광과 신장의 기능, 허약, 스트레스 등과 밀접한 관련이 있습니다. 평소 야뇨증에 좋은 음식을 먹으면 증상을 예방하고 치료하는 데 도움이 됩니다.

우선 은행이 있습니다. 우리나라에는 첫날밤을 맞은 새색시가 긴장한 나머지 자주 소변을 보는 것을 막으려고 결혼 전에 은행을 구워 먹던 풍습이 있었습니다. 은행은 오줌이 자주 마려운 것을 억제하는 작용을 하여, 하루에 3~4알 정도 구워서 먹으면 효과가 있습니다. 하지만 은행 자체에 독이 있기 때문에 아기에게 너무 자주 먹이거나 날것으로 먹는 것은 해가 될 수도 있습니다.

구자(부추 씨)는 방광과 신장의 양기를 북돋우는 좋은 약재입니다. 부추 씨를 볶아 가루를 내어 이것을 죽이나 미음을 끓일 때 조금 넣어보세요. 방광과 신장의 기능을 근본적으로 개선하여 야뇨증은 물론 그 밖의 다른 질병도 막을 수 있습니다.

산수유 역시 신장을 보호하는 기능을 합니다. 또한 간을 튼튼하게 하고 몸을 단단하게 하지요. 산수유는 따뜻한 성질을 지닌 약재로 산수유 특유의 신맛은 근육의 수축력을 높여주고, 방광의 조절 능력을 향상시켜 야뇨증을 다스리는 데 좋습니다.

사실 소변을 잘 가리고 못 가리고의 문제는 발달상 그렇게 중요하지 않습니다. 발달 속도에서 차이가 나는 것이지 그것이 전반적인 발육이나 지능과 연관되어 있지는 않다는 말입니다. 결국 자라면 모두 비슷비슷해집니다. 다만 요즘은 너무 일찍 놀이방이나 학원을 보내다 보니 아기가 정서적으로 상처를 받을 수 있다는 점이 신경 쓰이는 부분이긴 합니다. 그렇다고 아기를 다그치거나 성급하게 가르치려 들면 오히려 더 나빠질 수 있습니다. 아기가 소변을 잘 가리지 못하더라도 느긋한 마음으로 기다려주면 반드시 좋아지게 되어 있습니다. 단, 5~6세가 되어도 밤에 소변을 전혀 못 가린다면 반드시 치료를 받아야 합니다. 야뇨증의 치료는 한방이 훨씬 효과적이고 부작용이 없습니다.

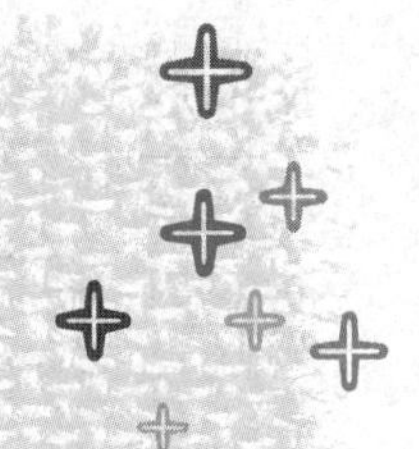

대변 가리기만큼은 할머니 방식이 좋습니다

아이들이 아랫도리를 훌훌 벗어놓고 마음껏 뛰놀던 시절이 있었습니다.
그 시절 아이들은 굳이 똥오줌을 못 가려도 타박을 듣지 않았지요.
요즘 엄마들은 너무 성급합니다. 때가 되면 시키지 않아도 어련히 잘할 것들을
너무 어릴 때부터 강요합니다. 대소변 가리는 것이 대표적입니다. 좀 늦게 가리면 어떻습니까?
남에게 해가 되는 것도 아닌 것을요. 대변 가리기만큼은
옛 방식을 따르는 것이 좋다는 생각입니다. 건강에 문제가 있지만 않다면 말이지요.

아이가 대변을 못 가리는 가장 큰 원인은 스트레스

주변에 보면 말도 빨리 하고 걷는 것도 빠르고 기저귀도 일찍 떼는 아기들이 있습니다. 그걸 보면 엄마는 조바심이 생겨 자꾸 아기를 채근하게 됩니다. 하지만 저라고 엄마에게 야단을 맞고 싶을까요? 아기 기르는 데 가장 나쁜 것이 바로 이 조급증입니다. 사실 우리나라만큼 배변 훈련을 빨리 하는 나라도 없습니다. 물론 아기가 잘 따라준다면 좋지만 생각만큼 대변 가리기가 쉽지 않은 게 현실입니다. 좀 늦되더라도 잘못된 건 아닙니다.

앞서 소변을 가릴 때 아기의 모방 심리를 이용하는 것에 대해 언급했는데요. 돌이 지난 아기는 자기가 좋아하는 사람의 행동을 참 잘 따라합니다. 엄마가 화장실 변기에서 힘주는 모습을 보여주면 따라하고 싶은 생각이 듭니다. 당장 무슨 의미인지 몰라도 변기에 앉는 것 자체에 홍미를 느낄 수 있지요.

한방에서 볼 때 대변을 못 가리는 데는 여러 가지 이유가 있을 수 있지만,

가장 큰 원인은 스트레스입니다. 기저귀나 옷에 똥을 싸서 엄마에게 야단을 맞으면 아기는 큰 스트레스를 받습니다. 압박이 심하면 변을 억지로 참아 변비까지 생길 수도 있습니다. 대소변 가리기는 절대 서둘러서는 안 됩니다. 그러다보면 아이나 엄마나 모두 스트레스를 받게 되고, 아이에게 이런 스트레스는 만성변비, 유분증, 유뇨증 등의 원인이 될 수 있습니다.

아기에게도 엄연히 감정이 있고, 그 감정에 따라 생활 방식은 물론 건강까지 결정됩니다. 변을 제때 못 가린다고 조급해하지 마세요. 때가 되면 다 알아서 가립니다. 저는 배변 훈련만큼은 옛 어른이 쓰던 방식을 배우는 것이 좋다는 생각입니다. 똥을 누면 "아이구, 참 예쁘게도 쌌네!" 하며 배변 자체가 기분 좋은 일이라는 걸 알게 하고, 조금 늦게 대소변을 가리더라도 엉덩이를 두들겨주며 "괜찮다, 잘 먹고 잘 자라기만 하면 된다" 하고 말해주세요. 그러다가 한번쯤 실수 없이 잘 가리면 마음을 다해 칭찬해주시고요.

예전에는 배변 훈련을 할 때가 되면 할머니들이 아이들에게 밑이 터진 바지를 입혔습니다. 앉기만 하면 자동적으로 가랑이 밑이 벌어져서 대소변을 보고자 할 때 신속하게 대처할 수 있었습니다. 그렇게 되면 아무래도 대소변이 덜 묻게 되어 아이는 물론 돌보는 사람도 스트레스를 적게 받을 수 있었겠지요.

전통육아에서 할머니들은 노래를 많이 불러주었는데, 대소변 가리기를 가르칠 때 부르던 '단지 팔기'라는 노래가 전해옵니다. "단지 사소, 똥 단지 사소, 그 단지 얼마요, 2원이요, 아이고 똥냄새야, 똥냄새가 나서 안 사요" 얼마나 해학적인가요? 이처럼 재미있는 가사의 노래는 아이가 대소변 가리기를 힘들고 하기 싫은 행위가 아니라, 즐거운 놀이로 받아들일 수 있게 했던 것입니다.

변비가 없는지 살펴보세요

아기가 대변을 못 가릴 때는 평소 변을 보는 행태를 파악해볼 필요가 있습니다. 변비가 심한 아기는 화장실 가는 자체를 싫어합니다. 나오지도 않는 변을 억지로 봐야 하니 변기만 봐도 줄행랑을 치곤 하지요. 이럴 때는 변비 증상을 개선해줄 필요가 있습니다. 평소에 섬유질이 많이 든 음식을 먹이도록 하세요. 햄 같은 인스턴트 식품이나 과자 등은 변비에 해가 됩니다. 아기들이 마시는 주스도 단맛만 날 뿐 변비에는 도움이 안 됩니다. 엄마가 만들어준 천연 음료가 아닌 이상 아무거나 많이 마신다고 변비가 낫지 않는다는 말입니다.

특히 조심할 것은 변비를 없애겠다고 함부로 관장을 하는 것입니다. 관장을 하면 빨리 변을 볼 수는 있지만, 장기적으로 볼 때 장이 운동을 덜 하게 되어 변비가 오히려 만성화될 수 있습니다. 식사 시간을 지키는 것도 중요합니다. 어떤 음식이든 꼭꼭 씹어 삼키게 하고 제때 시간 맞춰 밥을 먹으면 장이 활성화되어 화장실에서 볼일을 보는 게 한결 쉬워집니다.

가장 어려운 발달 과제, 대변 가리기

아기들에게 대소변 가리기는 보통 일이 아닙니다. 그 시기의 발달 과제 중에서 가장 어려운 일이라고도 할 수 있습니다. 어른 눈에는 아무것도 아닌 것처럼 보이겠지만 아기에게는 절대 쉽지 않습니다. 따라서 강제로 배변 훈련을 하면 되레 역효과가 날 수 있습니다. 아기에게 과도한 스트레스를 주면 더 늦게 가리는 것은 물론, 변비나 유분증, 야뇨, 배뇨 장애 등을 겪을 수도 있습니다.

우여곡절 끝에 아이가 대소변을 가리기 시작하는 것은 여러 가지 발달이 원만하게 이뤄지고 있다는 증거입니다. 즉, 아기가 기저귀를 뗀다는 것은 항문 근육의 발달뿐 아니라 정서 발달이 원만하게 이루어졌음을 의미합니다. 하지만 단번에 이뤄지는 일이 아니어서 엄마의 도움이 필요하지요.

소변을 가릴 때처럼 아기가 평소에 대변을 보는 시간대를 파악하면 좋은 참고가 됩니다. 또한 대변을 보기 전에 어떤 신호를 보이는지 잘 관찰해두세요. 변을 보는 시간대와 아이가 보이는 신호를 잘 파악하여, 아기가 변을 보려 할 때 변기에 앉혀주세요.

엄마들은 흔히 아이를 보육기관에 맡길 때 그래도 기저귀는 떼고 보내야 한다고 생각해 무리하게 배변 훈련을 시키곤 합니다. 하지만 기저귀를 떼지 않았다고 아기를 받지 않는 보육기관은 없습니다. 그런 곳이라면 처음부터 보내지 않는 편이 낫고요. 오히려 저는 보육기관에서 만난 선생님과 친구들의 모습을 보고 순식간에 대소변 가리기에 성공한 아이들을 여럿 보았습니다. 물론 기저귀를 떼고 보내면 여러 가지로 마음이 놓이겠지만 그렇지 않다고 해서 큰 문제가 되지는 않습니다.

배변 훈련의 원칙은 칭찬과 격려입니다

대소변 가리기는 아기의 정서 상태에 따라 그 성패가 좌우됩니다. 성격이 예민하거나 방광 기능이 허약한 아이라면 더더욱 힘든 일입니다. 대변 가리기에 문제가 생기면 아기는 불편한 상황에서는 대변을 보지 않으려 합니다. 참는 것이 습관이 되면 변비로 진행될 수 있지요. 마려운데도 참다 보니 속옷에 대변을 지리는 유분증이 생기기도 합니다. 또 소변 가리기를 잘못하면 아기가 소변을 너무 자주 보려고 하거나 시원하게 보지 못합니다. 또한 좀 커서도 밤에 기저귀를 계속 차야 하는 야뇨증으로 진행될 수도 있지요.

대소변 가리기의 기본 원칙은 칭찬과 격려입니다. 잘 가렸을 때는 칭찬을 해주고, 설사 제대로 성공하지 못했더라도 아기의 마음을 이해해주세요. 대소변을 조금 더 빨리 가리는 것이 큰 의미가 없다는 것을 엄마가 먼저 알아야 합니다.

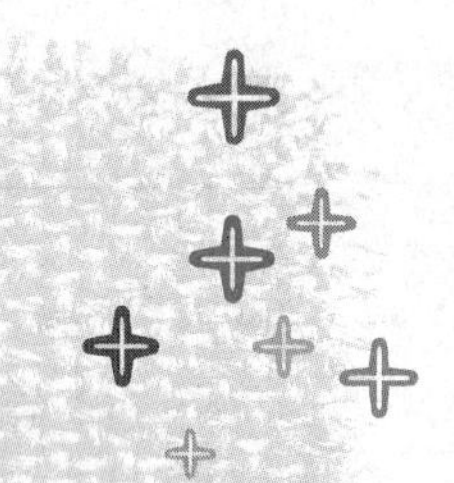

엄마를 놀라게 하는 소변 이상

아기 소변에서 평소와 다른 냄새가 난다면 엄마는 걱정이 앞섭니다.
말 못하는 아기가 자신의 몸 상태를 표현하는 것이 대소변이기 때문이지요.
원래 소변에서는 냄새가 납니다. 평상시와 다름없는 냄새는 상관이 없지만
먹는 것이 특별히 달라지지 않았는데 냄새가 이상하다는 것은
몸에 이상이 생겼다는 증거입니다. 또 소변을 볼 때마다 아파하면
요로감염을 의심할 수 있습니다. 아기 소변에 이상이 보인다면
한번쯤 소아한의원에 가서 진료를 받는 것이 좋습니다.

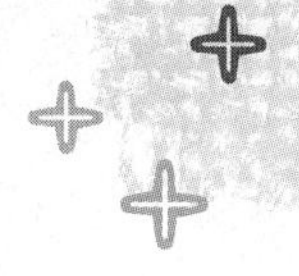

소변에서 심한 냄새가 나요

오줌에서 나는 냄새는 오줌의 주성분인 요소의 냄새입니다. 어느 정도의 지린내는 큰 문제가 없습니다. 하지만 평상시와 다른 냄새가 나거나, 향 자체가 강해졌다면 아기의 건강 상태를 점검해볼 필요가 있습니다. 예를 들어 소변에서 코를 쏘는 암모니아 냄새가 나면 세균 감염을 의심해봐야 합니다. 세균에는 소변을 분해하고 암모니아를 생성하는 효소가 있습니다. 당뇨 후유증으로 많이 나타나는 케톤증후군은 소변에서 은은한 과일 향기가 납니다. 흔치 않지만 소아 선천성 대사이상 증상의 하나인 페닐케톤뇨증은 쥐 오줌 냄새가 납니다. 하지만 이런 질환이 아니더라도, 약이나 평상시와 다른 음식을 먹었을 때도 일시적으로 냄새가 달라질 수도 있다는 것을 염두에 두세요.

냄새는 달라지지 않았는데, 평소와 달리 향이 강해졌다는 것은 무언가 조절이 필요하다는 신호라 볼 수 있습니다. 한방에서 볼 때 아기가 별다른 병증 없

이 소변 냄새만 심하다면 방광에 열이 많은 것으로 봅니다. 태열이 방광에 축적된 것이지요. 이럴 때는 방광의 열을 내려주는 약을 처방하면 소변이 맑아지고 냄새도 줄어듭니다. 방광에 열이 많으면 소변 냄새가 짙어지는 것 외에 변비기를 보이거나, 몸에 열이 많아 땀을 자주 흘리거나, 땀띠나 아토피가 나타나기 쉽습니다. 또한 열 감기도 자주 앓게 되는데, 이럴 때는 반드시 체질을 개선해줘야 합니다.

소변에서 냄새가 날 때는 한의학적 처방과 가정요법을 병행하면 좋습니다. 먼저 보리차 등으로 수분 섭취를 늘려주세요. 채소나 과일, 해산물을 충분히 먹이는 것도 좋습니다. 곡류 중에서는 팥이 열을 내리고 소변을 시원하게 내보내는 작용을 합니다. 밥을 지을 때 팥을 섞어보세요. 쌀도 현미를 먹이는 것이 좋습니다. 단 음식, 밀가루, 육류는 될 수 있는 대로 줄여야 합니다.

소변을 자주 보고, 볼 때마다 아파해요

아기가 평소보다 소변을 자주 본다면 제일 먼저 요로감염을 의심해야 합니다. 요로감염은 요도, 방광, 요관, 신우, 신실질에 세균이 있는 상태입니다. 아기들에게 흔히 나타나는 질환이지만 반드시 치료해야 합니다. 요로감염이 있을 때는 고열이 함께 와서 감기와 헷갈리기 쉽습니다. 감기겠거니 하며 그냥 내버려두기도 하지요. 하지만 요로감염은 치료가 늦어질수록 후유증이 생길 위험이 커서 치료 시기를 놓치지 않아야 합니다. 감기와 구별되는 점이 있다면 아기가 소변을 시원하게 보지 못하면서 오줌을 볼 때마다 아파한다는 것이지요. 하지만 아기가 어리면 이런 증상을 동반하지 않을 수도 있기 때문에, 일단 원인을 알 수 없는 열이 있다면 만일을 대비해 요로감염이 아닌지 확인하는 것이 좋습니다.

그렇다면 아기는 왜 요로감염에 자주 걸릴까요? 아기는 신장과 방광, 신장과 요도 간의 거리가 무척 짧은 편이고 박테리아나 병원체에 대한 저항력이 어른보다 약합니다. 이것이 아기가 요로감염에 잘 걸리는 이유입니다. 만일 아기가 요로감염에 걸려서 치료를 시작했다면 균이 완전히 없어질 때까지 치료를 멈춰선 안 됩니다. 증상이 좋아졌다고 해서 금세 치료를 멈추면 재발할 우려가 있습니다.

요로감염에 걸린 아기 중에는 요로 기형이나 방광의 소변이 역류하는 방광요관 역류증이라는 병이 동반된 경우도 있습니다. 방광요관 역류증이 있으면 소변이 밖으로만 나오는 것이 아니라 안쪽 신장으로도 흐르기 때문에 신장에 심각한 손상을 줄 수 있습니다. 따라서 요로감염 증세가 있다면 병원에 가서 전반적인 검사를 함께 받아봐야 합니다. 사실 요로감염은 제대로 치료만 하면 깨끗하게 나을 수 있습니다. 다만 늦게 발견해서 치료가 안 되면 신장에 손상이 가고, 만성 신우신염으로 진행할 수 있으므로 빨리 발견하는 것이 중요합니다.

습열이 내려와 생기는 요로감염

요로감염에는 두 가지 원인이 있습니다. 상행성 감염과 혈행성 감염입니다. 대변을 볼 때나 닦을 때, 혹은 아기가 지저분한 손으로 생식기를 만져 세균에 감염되면 요로를 따라 균이 올라가지요. 이렇게 외부에서 균이 들어가는 것을 상행성 감염이라고 합니다. 이와는 반대로 감기를 앓았거나 다른 염증이 있을 때 그 균이 혈액을 타고 신장에 침입한 것을 혈행성 감염이라고 합니다. 혈행성 감염이 주로 신생아에게 나타난다면, 상행성 감염은 주로 돌 이후에 나타납니다.

한의학에서는 몸의 습열이 내려와 요로에 염증이 생긴다고 봅니다. 습기와 열기가 밖으로 빠져나오지 못하면 항생제를 아무리 먹어도 반복적으로 염증이 생기지요. 따라서 한방에서는 이러한 염증을 가라앉히기 위해 습기와 열기를 소변으로 배출하는 한약을 처방합니다. 또한 세균에 대한 저항력에 떨어져 요로감염이 발생할 수도 있으므로, 원기를 도와주는 한약을 쓰기도 합니다.

요로감염에는 구맥차와 질경이씨차가 좋습니다. 구맥은 패랭이꽃을 말합니다. 냄새가 없고, 맛이 쓰며 찬 성질을 지녔습니다. 습열로 소변이 잘 나오지 않을 때나 방광염, 요도염, 급성신우신염에 걸렸을 때 씁니다. 꽃이나 풀 전체를 말린 것을 30g 준비합니다. 이것을 물 1리터에 넣고 끓여 반으로 줄어들 때까지 끓입니다. 이 물을 하루에 100~150ml 정도씩 3~4일간 먹이면 소변이 시원하게 잘 나오고, 하체의 습열이 없어져 염증이 가라앉습니다.

질경이의 잎은 차전초, 씨는 차전자라고 합니다. 수레가 다니는 길에 많이 자란다고 해서 이런 이름이 붙여졌지요. 차전자는 소변을 배출하고 눈을 맑게 하며 설사를 멈추는 작용을 합니다. 특히 요로감염에 효과가 있습니다. 차전자 20g을 물 1리터에 넣고 약한 불에 끓입니다. 반 정도로 줄면 불을 끄고, 하루에 100~150ml 정도를 3~4일간 먹입니다.

요로감염을 예방하기 위한 생활습관

요로감염에는 특히 위생적인 생활습관이 중요하다. 여자아기는 특히 생식기가 연약해서 문제가 생기기 쉬우므로 더욱 신경 써야 한다.

1. 외부생식기를 씻을 때 너무 세게 닦지 않는다.
2. 소변을 참지 않게 한다.
3. 꽉 끼는 옷을 입히지 않는다.
4. 손을 잘 씻어준다.
5. 변을 보고 나서는 앞에서 뒤쪽으로 닦는다.

2세에서 3세까지(13~24개월)

아토피성 피부염

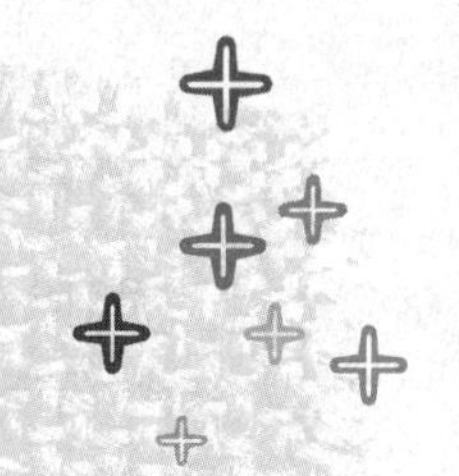

아토피 아기가 점점 늘고 있습니다

아토피는 아기에게 가장 무서운 병 중 하나입니다.
잘 낫지 않을 뿐 아니라 피가 나도록 긁어야 할 만큼 가렵습니다.
어떻게든 아토피를 피하려고 임신부터 출산까지 세심하게 신경을 쓰지만,
어느 날 보면 아기 피부에 발진이 돋아 있지요. 안타깝게도 현실이 그렇습니다.
잘못된 의식주와 그에 따른 면역력 약화 등 엄마 개인의 힘으로는 어쩔 수 없는
아토피의 요인이 주변에 너무 많습니다. 어떤 요인이 있는지 하나씩 알아봅시다.

다섯 명 중 한 명이 걸리는 아토피

알레르기는 특정한 물질이나 환경에 과민 반응하는 것을 말합니다. 복숭아를 먹으면 두드러기가 난다거나, 햇빛에 노출되거나 금속이 몸에 닿으면 피부가 붉어지며 가려워지고, 먼지가 날리면 재채기를 하는 것 등을 말하지요. 아토피성 피부염 역시 이런 알레르기의 하나입니다. 아토피성 피부염은 아기만 앓는 것이 아닙니다. 50퍼센트 정도는 두 돌 내에 없어지지만, 25퍼센트는 청소년기까지 가고, 나머지 25퍼센트는 성인이 되어도 없어지지 않고 계속 갑니다. 최근 10년 사이에 아토피성 피부염을 앓는 아기가 점점 더 늘고 있습니다. 최근에는 아기 다섯 명 중 한 명꼴로 아토피를 앓고 있다고 합니다.

양방에서는 아직 아토피성 피부염의 원인을 정확하게 설명하지 못합니다. 피부 건조증, 습진, 피부 발진 등 증상도 너무 다양해서 어느 것이 아토피라고 콕 짚어 말하기도 사실 쉽지 않지요. 지금까지는 유전적인 원인이 절반 정도이며, 면역학적 이상도 원인이 된다고만 알려졌습니다. 단, 알레르기를 일으키는 특정 인자들이 아토피를 더 악화하는 것은 분명한 사실입니다. 음식이나 특정 대상, 먼지 등이 그에 해당하는데, 그래서 아토피를 치료할 때는 식습관을 비롯한 생활환경이 무척 중요합니다.

갈수록 아토피가 늘고 있는데, 아직 별다른 묘책은 없는 상황입니다. 그런 방법이 나왔다면 벌써 언론매체를 통해 세간에 알려졌겠지요. 그러니 아토피에 좋다는 온갖 방법들에 혹하지 마세요. 검증되지 않은 방법으로 섣불리 아토피를 치료하려고 들었다간 병세만 더 악화시킬 수 있습니다. 다섯 명 중 한 명꼴로 걸리는 흔한 질환이지만, 잘못 관리하면 아이가 평생 고생할 수도 있습니다.

태열과 아토피는 어떻게 다를까?

한의학에서 태열이란 광의적으로 보면 신생아부터 나타나는 소아의 모든 피부질환, 즉 지루성 피부염, 신생아 여드름, 아토피성 피부염 등을 총칭합니다. 협의로는 얼굴에 나타나는 피부 발진과 반점, 습진을 이야기하지요. 따라서 아토피성 피부염이 얼굴에만 약간 있는 경우는 사실 태열과 구분하는 기준이 모호합니다. 증상이 나타나면 우선 태열기가 있다고 보고, 진전되는 상황을 봐가면서 아토피인지를 판단하는 것이 일반적입니다.

일반적으로 태열은 아토피성 피부염처럼 심하게 가렵지 않고, 피부가 갈라져 피가 나거나 진물이 나고 두꺼워지는 증상은 드문 편입니다. 태열이 주로 얼굴에 나타나는 반면, 아토피성 피부염은 얼굴뿐만 아니라 몸에 전체적으로 나타나지요. 주로 팔다리, 목, 귀에 자주 나타나고 등, 엉덩이, 종아리, 머릿속에도 나타납니다. 따라서 피부가 전체적으로 건조해지면서 심하게 가려워하고, 얼굴 외에 팔다리로 증상이 나타나면 태열보다는 아토피일 확률이 높습니다. 또한 태열을 잘 관리하지 못하면 아토피성 피부염으로 진행되기 쉽습니다.

아토피성 피부염에 걸리면 아기는 긁고 또 긁습니다. 피가 날 때까지 긁어대 손톱에 피가 맺히기도 하지요. 그러나 피가 나서 딱지가 앉은 살을 또 긁는 것이 아토피입니다. 간지럽지 않으면 아토피가 아니라는 말도 있는 것처럼 아토피에 걸리면 못 견딜 정도로 간지럽습니다. 가려운 곳을 긁고 문지르다 보면 진물과 딱지가 생기는데, 그 과정에서 염증이 악화하고 피부가 갈라지고 두터워집니다.

돌 전 아토피는 이마, 뺨, 두피 등에 많이 나타납니다. 심하면 몸 구석구석에 나타나기도 하는데, 두 돌에 가까워지면 귓불이나 팔 다리, 등에 습진 형태로 발전합니다. 두 돌이 지나면서부터는 얼굴 부위의 피부염이 줄어드는 대신 무릎 뒤, 팔꿈치 앞쪽 등이 심해집니다. 특히 건조한 겨울철에 증세가 악화하며 긁느라 잠을 설치기도 합니다.

장이 약해도 아토피가 옵니다

알레르기 질환이 나타나는 곳은 피부와 점막입니다. 아토피나 두드러기는 주로 피부에, 비염은 코 점막에, 천식은 기관지 점막에, 위장관 알레르기는 장 점막에 나타나지요. 알레르기 질환은 음식과 밀접한 관련이 있는데, 음식을 직접 소화 흡수하는 장 점막에 이상이 생기면 아토피뿐만 아니라 다른 알레르기 질환도 심해질 가능성이 큽니다. 아기에게 처음 나타나는 알레르기 질환이 구토와 설사, 복통 같은 장내 알레르기 반응이고, 장내 알레르기 반응을 보인 아기가 그 이후에 영아형 아토피를 보이는 경우가 많지요. 그만큼 장과 아토피는 서로 밀접한 관계가 있다고 볼 수 있습니다. 따라서 장 점막이 안정되어 장이 튼튼해지면 피부도 건강해질 수 있지요.

한의학에서는 폐와 대장, 피부가 서로 아주 밀접하게 통한다고 봅니다. 현대의학에서도 장 점막이 약해져 장 안의 독소가 체내로 흡수되거나 소화가 덜 된 단백질 덩어리가 흡수되면 아토피성 피부염이 심해진다고 보고 있습니다. 이것을 장 투과도가 증가되었다고도 하는데 미국소아과학회에서도 장 투과도 증가와 아토피 피부염이 비례한다고 발표한 적이 있습니다.

장 투과도가 증가하면 장내 유익균은 줄고, 대신 유해균이 늘면서 장 점막이 손상됩니다. 이를 막으려면 사탕, 과자, 아이스크림, 탄산음료 등 단순당을 먹이지 말아야 합니다. 또한 규칙적으로 밥을 먹이는 것이 좋습니다. 만일 아기가 제때 끼니를 먹어 버릇하지 않으면 위산이 잘 분비되지 못하고 소화효소가 떨어집니다. 그러면 나쁜 균이 살아서 장까지 내려오고 결국 장 점막이 허약해지지요. 이 밖에도 항생제 복용을 줄이고 유산균의 섭취를 늘리는 습관을 들이세요. 장 점막의 세포 분화와 성장에 중요한 영양소인 글루타민, 필수지방산, 아연 등을 많이 섭취하는 것도 중요합니다. 청국장이나 김치, 된장 등을 간을 약하게 하여 자주 먹이는 것이 도움이 됩니다.

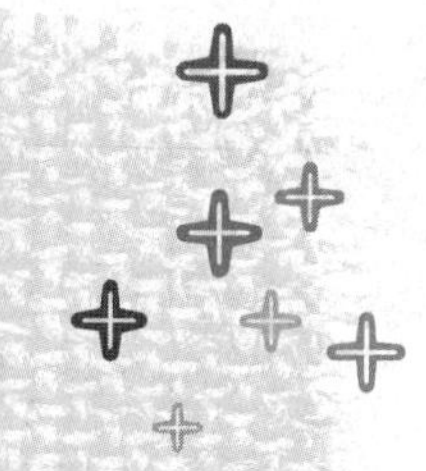

아토피 치료는 자연주의 육아가 정답입니다

아토피성 피부염은 복용 약이나 연고만 갖고 완전히 치료할 수 없습니다.
의식주 환경이 바뀌지 않으면 치료가 완전히 되지 않아 쉽게 재발합니다.
의사의 노력도 중요하지만 특히 엄마의 노력과 관심이 절대적으로 필요한 질환이
바로 아토피성 피부염입니다. 또한 아토피를 앓는 아기들이야말로 자연적인 육아법이 필요합니다.
피부 관리나 외치법에만 매달리지 말고,
자연 친화적으로 먹고 입고 놀 수 있는 환경을 만들어주세요.

습기와 열을 제거하고 면역력을 높이는 한방 치료

"아토피, 완치할 수 있을까요?"

아토피로 병원을 찾는 엄마들 중 열에 아홉은 이런 질문을 합니다. 완치가 쉽다면 아토피로 고생하는 아기들이 이렇게 많지는 않겠지요. 아토피는 피부병이라기보다는 혈액병입니다. 혈액 내 면역기능이 불안정하고, 혈액이 피부를 윤택하고 건강하게 하는 작용에 이상이 생겨서 나타나는 현대병입니다. 그러므로 피부에 나타난 증상만 없애려고 하기보다는 근본치료를 통해 면역력을 키워야 합니다. 아기가 웬만한 잔병은 스스로 이겨내게 도와줘야 신체 저항력이 전반적으로 좋아지고 아토피도 좋아질 수 있습니다. 너무 깨끗한 환경에서 아기를 보호하며 키우는 것이 오히려 문제가 될 수 있습니다.

한방에서는 아토피를 한약과 입욕제, 한방 연고 등으로 치료합니다. 먼저 한약으로 아토피의 주원인인 풍風과 습濕과 열熱을 조절합니다. 풍은 피부 건조

와 가려움증을, 습은 진물을, 열은 피부가 벌게지고 염증이 생기게 하지요. 아토피에 주로 사용하는 한약은 이런 증상을 없애면서 태열과 혈독을 제거하여 체내의 독을 없애고 혈액을 맑게 해줍니다. 주로 탕약을 많이 쓰며, 태열을 없애주는 환약을 함께 처방합니다. 한약을 써서 아토피가 어느 정도 가라앉으면 원기를 돕는 보약을 처방합니다. 아토피가 다시 재발하지 않게 저항력을 키워주는 것입니다.

또한 통증이 없는 무통 침을 통해 오장육부의 불균형 상태를 개선해주고, 병의 증상을 완화하는 처방을 씁니다. 마사지나 추나요법으로 경락과 경혈을 자극하여 병에 대한 자생력을 돕기도 하지요. 아기가 심하게 가려워하면 자운고, 삼백이황고 등의 한방 연고로 가려움증이나 염증, 피부 점막의 손상을 회복시켜줍니다. 한방입욕제도 병행하면 더욱 효과적입니다.

양방의 아토피 연고인 스테로이드제를 바르면 놀랄 만큼 빨리 증세가 호전되는 것처럼 보입니다. 그러나 사실 이 스테로이드제는 증상을 치료하는 것이 아니라 감추는 역할을 합니다. 따라서 약을 끊음과 동시에 증세가 더 악화하기도 하지요. 또한 스테로이드제를 남용하면 내성이 생기고 면역력이 떨어질 우려가 있습니다. 반면 한방에서 쓰는 연고는 효과가 즉각적이지는 않지만 내성을 키워 증상이 더 악화하는 경우는 없습니다.

계절에 따라 아토피 관리가 달라요

아토피는 관리가 중요한 질환입니다. 꾸준한 치료와 관리로 아토피 증상이 나아졌다고 해도 관리에 소홀하면 쉽게 재발합니다.

사계절이 뚜렷한 우리나라 같은 곳에서는 계절별로 관리하는 법이 다릅니다. 봄은 황사가 심해지고 꽃가루가 날리는 계절입니다. 꽃가루가 많이 날리거나 바람이 많이 부는 날은 외출을 삼가는 것이 좋습니다. 부득이하게 외출을 해야 한다면 모자와 마스크 등을 쓰게 하고, 외출 후에는 간단히 목욕을 시키는 것이 좋습니다. 또한 꽃가루가 날릴 때는 빨래도 집 안에서 말리세요. 바깥에 빨래를 널면 아기 옷에 꽃가루가 묻어 알레르기를 더 악화시킬 수도 있기 때문입니다. 환기는 이른 아침이나 저녁에 짧게 하는 것이 좋습니다.

여름에는 아기가 땀을 많이 흘리는 것이 문제입니다. 땀을 많이 흘리면 아토피가 더 심해질 수 있기 때문이지요. 따라서 여름에 땀을 많이 흘렸다면 아기 몸을 시원한 물로 닦아줘야 합니다. 또한 땀 흡수가 잘 되는 헐렁한 옷을 입혀 통풍이 잘 되게 하는 것이 좋습니다. 통풍이 잘 돼야 피부가 단련되고, 면역력도 강해집니다. 땀을 많이 흘린다고 에어컨을 내내 틀어주는 것은 결코 좋은 방법이 아닙니다. 땀이 몸에 계속 남아 있으면 피부 건강에 좋지 않지만, 어느 정도 더위를 느끼고 땀이 나야 신체 면역력도 좋아지기 때문입니다.

다만 너무 뜨거운 한낮에는 외출하지 마세요. 피부가 자외선에 노출되면 아토피 증상은 훨씬 나빠집니다. 여름철에는 아기를 데리고 수영장 같은 곳에 많이 가는데, 염소 성분이 많은 실내 수영장은 아기 피부에 좋지 않습니다. 부득이하게 수영장에 가야 한다면 물놀이를 한 후에 깨끗하게 씻어줘야 합니다. 해수욕장도 그리 권할 만한 장소는 아닙니다. 바닷물의 짠 기운이 피부를 자극할 수도 있기 때문이지요. 아기가 원한다고 아이스크림이나 탄산음료를 주는 것은 곤란합니다. 시원한 과일로 갈증을 달래주세요.

일교차가 심한 가을이 되면 감기에 걸릴 가능성이 커집니다. 한방에서는 폐주피모肺主皮毛라고 하여 폐를 피부의 주인이라고 합니다. 피부가 좋지 않으면 호흡기에 문제가 생기고 폐가 약하면 피부 상태도 나빠지지요. 피부와 폐는 몸의 내부와 외부 기운이 소통하는 통로이기 때문입니다. 그런 까닭에 한방에서는 아토피 피부염을 치료할 때 먼저 호흡기를 튼튼하게 하는 처방을 합니다. 특히 감기는 대표적 호흡기 질환으로, 감기를 제대로 앓고 지나가야 호흡기 면역력과 함께 피부 면역력도 좋아집니다. 감기에 걸렸다면 무조건 항생제를 쓸 것이 아니라 아기가 자력으로 감기를 이겨낼 수 있도록 도와줘야 합니다. 또한 날씨가 건조하므로 외출하기 전에는 보습제를 반드시 바르고, 외출에서 돌아오면 손과 발을 깨끗이 씻어주세요.

겨울에 춥다고 문도 열지 않고 집 안에만 있으면 오히려 감기에 걸리기 쉽습니다. 춥더라도 하루에 한 번은 환기를 하고, 난방도 너무 많이 하지 마세요. 아토피가 있는 아기들은 기본적으로 서늘하게 키우는 것이 좋습니다. 겨울철에는 피부가 건조해져서 아토피가 더 심해질 수 있습니다. 아기의 피부가 건조해지지 않도록 수분 섭취를 늘리고 습도를 유지해주세요. 피부 보습에도 더욱 신경 써야 합니다.

가려움이 심할 때는 한방약재 목욕을

목욕은 몸을 깨끗이 할 뿐만 아니라 정서적으로도 편안한 느낌이 들어 아토피를 앓는 아기에게 큰 도움이 됩니다. 목욕을 얼마나 자주 하느냐에 대해서는 의견이 분분하지만 비누 목욕은 최소화하는 것이 좋고, 물 목욕이나 입욕을 권장합니다. 비누 목욕은 일주일에 3회 이내로 하는 게 좋으며 물 목욕이나 입욕은 하루에 두 번 정도 해도 상관없습니다.

비누 목욕을 할 때는 부드러운 천으로 비누 거품을 내서 살살 문질러주세요. 비누를 직접 피부에 사용하거나 거친 때수건을 쓰는 것은 곤란합니다. 아토피 전용 비누를 사용하는 것이 좋은데, 아토피 전용 비누는 씻고 난 후 미끈미끈한 느낌이 남아 있습니다. 비누기가 남아 있다고 생각해서 박박 문질러 닦지 마세요.

물의 온도는 뜨겁지 않은 미지근한 정도가 좋습니다. 가려움이 심하거나 피부에서 진물이 나면 한약재 중 고삼, 사상자, 황백, 백선피 4가지 약재를 함께 달여서 입욕제로 쓰면 증상이 한결 좋아집니다. 삼백초나 어성초를 써도 효과가 있습니다. 목욕이 끝난 후에는 물기를 가볍게 닦고 아직 마르지 않은 상태에서 보습제를 발라줍니다. 보습제는 반드시 아토피 전용 보습제를 쓰는 것이 좋고, 여러 종류 중에 아기에게 특히 잘 맞는 것을 골라서 쓰도록 합니다. 한편 잠자기 전에 더운 목욕을 하면 자면서 더 가려워질 수 있으므로 이른 저녁 시간에 씻기는 것이 좋습니다.

자연치유력을 높이는 온천욕

온천요법은 온천수에 함유된 광물질, 미네랄 성분 등의 작용으로 신진대사를 촉진하고 신체 노폐물을 제거하며, 혈액의 기능을 돕고 자연치유력을 활성화하는 치료법입니다. 따라서 온천욕이 아토피에 효과가 있다고 할 수 있겠지요. 또한 휴양지의 좋은 자연환경, 맑은 공기 등이 아토피로 말미암은 스트레스와 긴장 완화에 도움이 될 수 있습니다. 그러나 한 달에 한두 번 하는 온천욕은 근본적으로 도움을 주지 못하기 때문에 현실적으로 쉽게 적용하기는 어렵습니다.

온천욕이 아토피에 좋긴 하지만, 만일 아기가 습진이 심하고 상처가 많다면 2차 감염의 우려가 있습니다. 습진과 상처가 온천물에 자극을 받아 상태가 더 악화될 수도 있지요. 온천수는 약한 알칼리성을 가진 단순천이나 약식염천, 중조천 등이 좋고, 물이 산성이거나 강한 알칼리성이라면 피하는 것이 좋습니다. 유황천도 여러 피부 질환에 효과가 있으나 아기들에게는 자극이 너무 강할 수도 있으므로 아기가 상처 부위를 아파한다면 억지로 시키지는 마세요.

찜질방이나 사우나는 피하세요. 아기들이 이런 데 노출되면 체온 조절이 불안정해져 응급 상황이 벌어질 수도 있습니다. 탈수 증상뿐만 아니라 열이 급격히 올라서 아토피가 더 심해지기도 하지요. 이런 곳에서 땀을 낸 뒤 충분히 수분 공급을 해주지 않으면 피부는 더 건조해지고 증상이 심해집니다. 오염된 환경으로 말미암아 세균에 감염될 수도 있습니다. 일부에서는 땀을 통해 몸안의 독소를 배출하여 피부 질환을 치료한다고 하는데 이는 좀 더 자란 아이들에게 해당하는 말입니다. 아기가 아직 어릴 때는 사람이 많고 더운 곳을 피하는 것이 좋습니다.

보습제로 쓰기 적당한 향유

아기가 아토피를 앓을 때 가장 신경 써야 하는 것 중 하나가 바로 보습입니다.

아토피를 앓는 아기의 피부는 일반 아기들보다 피부 표면에서의 수분 손실이 많은 편입니다. 똑같은 환경에서도 더 건조해지지요. 또한 피부 자체가 약하기 때문에 아토피로 인해 피부 상태가 더 망가집니다.

보습제는 방부제, 계면활성제, 향, 색소가 없는 무자극 로션이 좋습니다. 시판하는 베이비 오일을 사용하기도 하는데, 합성 오일은 사용하지 않느니만 못합니다. 또한 보습제는 피부에 어느 정도 수분이 있을 때 발라주는 것이 좋습니다. 목욕을 한 후 피부가 촉촉할 때 바로 발라줘야 합니다. 하지만 보습제를 바르겠다고 매번 아기를 씻길 필요는 없습니다. 피부가 더럽지 않다면 물수건으로 가볍게 닦아주고 해당 부위에 바르면 됩니다. 특히 날이 건조한 가을과 겨울에는 보습제를 꼼꼼히 발라줘야 증상이 심해지지 않습니다.

아토피 피부와 산성수

아토피 피부에 산성수가 좋다는 말이 있다. 하지만 산성수는 소독 살균 효과로 감염을 막아 피부를 진정시키는 정도다. 강한 산성수는 오히려 피부를 자극해 피부 기능을 떨어뜨릴 우려가 있다. 따라서 산성수를 쓸 때는 아기 피부 상태를 잘 관찰하며 사용해야 한다. 요즘은 정수기에서 알칼리수와 산성수가 분리되어 나오므로 이를 이용하면 된다.

보습력이 좋고 부작용이 없는 향유를 쓰는 것은 한방에서 권하는 방법입니다. 호호바 오일은 보습력이 좋은 대표적인 향유입니다. 여기에 가려움증을 없애주는 라벤더 오일과 염증과 알레르기에 좋은 캐모마일 오일을 섞어서 발라줘도 좋습니다. 이 세 가지 오일을 섞어 쓰면 면역 세포에 새로운 활성을 주어 병든 세포와 싸워 이기도록 하는 효과가 있습니다. 또한 피부에서 수분이 증발하는 것을 막아주고, 피부 표면의 습기를 유지해줍니다.

보습제나 향유를 아기 몸에 바를 때는 그냥 바를 것이 아니라, 몸 전체를 문지르며 마사지를 해주면 훨씬 좋습니다. 보습제를 바르는 것은 보습 효과를 보려는 목적도 있지만 엄마와의 접촉을 통해 아기에게 정서적인 안정감을 주려는 목적도 큽니다. 아토피는 스트레스를 받으면 더욱 심해지므로 아기의 마음을 편안하게 해주는 것도 중요한 치료라고 할 수 있습니다.

시중에 나와 있는 보습제 중 아토피 전용이라고 해서 무조건 다 맞는 것은 아닙니다. 똑같은 아토피 로션도 어느 아기에게는 잘 맞고 어느 아기에게는 맞지 않는 경우가 흔하지요. 만일 아토피용 보습제를 썼는데 금세 건조해지거나 아토피 증상에 별 차이가 없다면 내 아이에게 맞는 보습제가 아닙니다. 또한 아기 피부에 상처가 있으면 2차 감염이 우려되므로 이때는 항상 연고를 발라주고, 상처가 없는 건조한 부분에만 아토피 전용 보습제를 발라주는 것이 좋습니다.

여름철 목욕 후에 땀띠분을 발라줄 때가 많은데, 아토피성 피부염을 앓는 아기에게는 절대 금물입니다. 땀띠분은 건조한 아토피 아기의 피부를 더욱 건조하게 할 수 있기 때문입니다.

풍욕을 시켜도 아토피에 도움이 됩니다

풍욕은 프랑스의 로브리가 창안하고 일본의 니시 의학에서 자주 사용하는 방법입니다. 공기를 이용해 피부 호흡과 신진대사를 활발하게 하여 피부의 면역력을 키우는 것이지요. 단, 겨울철이나 감기에 자주 걸리는 아기들은 주의해서 시행해야 합니다.

풍욕은 해 뜨기 전과 해 지기 전에 하는 것이 가장 효과적으로, 아침저녁으

아토피와 알레르기 행진

알레르기 행진(allergy march)이라는 말이 있다. 출생 후 나이를 먹으면서 알레르기 질환이 순서대로 나타나는 것을 말한다. 영아기에는 소화기관에 알레르기가 나타나 설사, 구토, 복통 등이 보이고 피부에는 영아형 아토피성 피부염이 생긴다. 생후 6개월에서 3세까지는 모세기관지염을 앓고 난 아이들이 기관지천식으로 이행된다. 3~4세에는 두드러기가, 4세부터는 비염이 나타나고, 6세 이후로는 기관지천식을 앓고 있는 아이들 중에 약 70퍼센트가 자연 치유되는데 이를 알레르기 행진이라고 한다. 이런 과정을 이해하면 연령별로 아토피와 관련한 질병에 미리 대처하고 예후를 파악할 수 있다. 하지만 이 순서가 뒤바뀔 때도 있고, 한두 가지를 건뛸 때도 있으며, 여러 가지가 겹쳐져 오랫동안 고생하기도 한다.

아토피가 있는 아기들이 나중에 비염이나 천식으로 갈 확률이 높다는 것은 분명한 사실이다. 따라서 이런 아기들은 생활 관리를 철저히 하고, 감기 등 호흡기 질환을 심하게 앓지 않게 해야 한다.

로 하루 두 번 정도 합니다. 겨울에는 충분히 환기를 시켜 실내에 산소를 가득 채운 후, 창문을 조금만 열고 하세요. 우선 베란다 문을 열어두고 아기 옷을 벗긴 다음 얇은 이불을 덮습니다. 그 후 이불을 덮었다 걷어내길 1분 정도씩 반복합니다. 처음에는 5분 정도 하고 조금씩 시간을 늘려 나중에는 20~30분 정도 시행하세요. 이불을 벗긴 동안 머리, 팔, 다리, 등, 배 등을 순서대로 문질러 마사지해주면 더 효과가 있습니다.

아토피가 있는 아기들에게는 규칙적인 생활 리듬이 굉장히 중요합니다. 일찍 자고 일찍 일어나는 규칙적인 생활을 해야 면역력이 강화되고 병이 나빠지는 것을 막을 수 있습니다. 엄마 아빠가 먼저 규칙적인 수면 습관을 들여야 합니다. 또한 아기가 잘 자도록 텔레비전이나 조명은 일찍 끄는 것이 좋습니다.

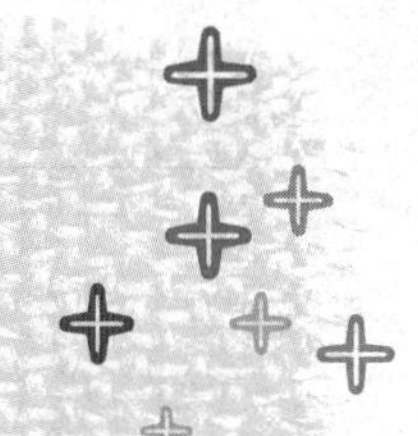

도시에서 아토피에 좋은 환경 만들기

도시보다는 시골에서, 선진국보다는 후진국에서 자란 아이가
아토피에 걸릴 확률이 비교적 낮습니다. 자연 친화적인 환경에서
가공식품을 덜 먹으면서 자라기 때문입니다. 그래서 아기가 아토피성 피부염을 앓으면,
증상이 나을 때까지만이라도 공기 좋은 시골에서 살아야 하는 게 아닐까
고민하는 엄마들이 많습니다. 하지만 공기 좋은 곳으로 간다고 해도 생활습관이 바뀌지 않으면
아토피는 호전되지 않습니다. 도시에서도 자연 친화적인 주거환경을 갖추고
생활 관리에 힘쓰면 좋은 효과를 볼 수 있습니다.

헌 옷을 얻어 입히세요

아토피를 앓는 아기가 입는 옷은 무조건 순면이어야 합니다. 만져봐서 좀 괜찮아 보인다고 해도 순면이 아니라면 피부에 자극을 줄 수 있습니다. 순면은 흡수력이 좋고 피부 자극이 없어서 아토피 아기들이 입기에 좋습니다. 아기에게 예쁜 옷을 입히고 싶은 게 엄마 마음이지만, 그보다는 아토피를 예방하고 치료하는 게 우선입니다. 보기 좋고, 색깔 선명한 새 옷을 입히고 싶은 마음을 잠시 미뤄두고 가능하면 다른 아기가 입던 옷을 얻어서 입히기 바랍니다. 아기가 아직 어리니 남이 입던 옷을 입는다고 싫어하지도 않겠지요.

순면 옷이라고 해도 가공 과정에서 화학물질이 묻어 있을 수밖에 없습니다. 하지만 남이 입던 옷은 이미 여러 번 세탁해서 나쁜 화학성분이 거의 빠졌기 때문에 아기에게 자극을 주지 않습니다.

또한 옷은 약간 크게 입혀주세요. 그래야 통풍도 잘 되어 피부가 건강해집니다. 당연한 이야기이지만 두꺼운 옷보다는 얇은 옷을 입혀야 통풍이 잘 됩니다. 베개나 이불은 항 진드기용 제품이나 면으로 된 것을 사용하되 자주 갈아주는 것이 좋습니다.

아직 아기는 엄마 품에 있을 때가 많습니다. 아기를 자주 안아줘야 하는 만큼 엄마도 상의는 면 옷을 입는 것이 좋습니다. 또한 귀걸이나 목걸이 같은 액세서리는 될 수 있는 대로 하지 않아야 합니다.

옷이나 이불을 세탁할 때는 세제를 적당히 넣고, 깨끗이 헹궈주세요. 요즘은 합성세제를 쓰는 것도 모자라 살균표백제에 섬유유연제, 화학풀, 정전기방지제, 방향제, 탈취제까지 씁니다. 이런 제품들은 마지막 헹굴 때 넣거나, 심지어는 빨래를 말린 후에 뿌리기 때문에 잔류 문제가 무척 심각합니다. 이런 제품은 대개 독성 화학물질이 많이 들어 있습니다. 그 독성 물질은 호흡기뿐만 아니라 피부에 직접 닿아 작용하기 때문에 피해가 매우 직접적이지요. 참고로 설명하자면 섬유유연제에는 암모니아와 알데히드류의 독성 물질이 들어 있고 활성산소가 포함되어 신경계통에도 손상을 줄 수 있다고 합니다. 그러니 가능하면 사용하지 않는 것이 제일 좋습니다. 어쩔 수 없이 써야 한다면 소량만 쓰고, 충분히 헹궈서 통풍이 잘 되는 곳에서 말리세요.

열성음식 대신 냉성음식 위주로

한방에서 보는 아토피는 몸 안 열이 제대로 배출되지 못했기 때문에 나타나는 증상이라고 봅니다. 따라서 아기에게 밥을 먹일 때 열이 많은 음식보다는 찬 성질을 가진 음식을 먹이는 것이 좋습니다. 열이 많은 음식이라고 해서 뜨거운 음식을 뜻하는 것은 아닙니다. 아이스크림은 차갑지만 열성음식입니다. 몸 안에 들어가 비정상적인 열을 내기 때문입니다. 육류 중에서도 열성이 강한 것과 적은 것이 있는데, 기름이 많은 부위가 열성이 강합니다. 고등어, 청어 같은 등푸른 생선도 열성이 강합니다. 채소 중에서도 마늘, 생강, 고추, 파, 부추 등은 열성이고 가지, 미나리, 수박, 감자, 연근 등은 냉성입니다. 기름에 튀기면 열성이 강해지고, 맵고 짠 음식 또한 열성이 강하므로 피해야 합니다.

제철에 난 우리 음식을 먹이세요

음식 재료를 선택할 때는 농약이나 화학비료를 사용한 농산물보다는 유기농산물이 좀 더 안전합니다. 같은 품종이라도 유기농산물이 영양소가 더 풍부해서 아기에게 더 유익하지요. 비단 아토피를 앓는 아기에게만 해당하는 이야기는 아닙니다. 하지만 환경오염이 심각한 요즘 완벽한 유기농 식품을 얻기란 불가능에 가깝습니다. 이미 오염된 물과 흙에서 자란 식품을 유기농이라고 단정할 수는 없는 노릇이니까요. 그래서 저는 유기농산물이 아니더라도 친환경 농산물, 특히 제철에 난 우리 농산물을 먹을 것을 권합니다.

친환경 농산물은 유기농산물, 전환기 유기농산물, 무농약 농산물, 저농약 농산물 이렇게 네 가지로 나뉩니다. 유기농산물은 3년 이상 농약과 화학비료를 사용하지 않고 재배한 농산물을 말하며, 전환기 유기농산물은 1년간 그렇게 재배한 농산물입니다. 무농약은 농약을 사용하지 않고 재배한 농산물이고, 저농약은 농약을 1/2 이하로 사용하여 재배한 농산물입니다. 하지만 꼭 이 기준에 맞춰 농산물을 먹일 필요는 없습니다. 저는 친환경 농산물이 아니더라도 제철 우리 농산물이라면 괜찮다고 생각합니다.

단, 가능하면 수입 농산물은 피하는 것이 좋습니다. 수입 농산물은 유통 과정에서 식품이 변질되지 않게 수확 직후 농약을 과도하게 뿌렸을 가능성이 큽니다. 수입된 밀, 옥수수, 감자, 오렌지, 레몬, 체리, 바나나, 파인애플 등은 다 그렇다고 보면 됩니다.

아토피 유발 식품에 대한 내성도 키워줘야

"다른 아기가 먹는 걸 하나도 못 먹게 했더니 아기가 신경질적으로 변하는 것 같아 걱정이에요."

유제품이나 육류, 인스턴트 식품 등 아토피 아기들은 주의해야 할 음식이 많습니다. 다른 아기들이 맛있게 먹고 있는데 "너는 먹으면 안 돼!"라고 말하는 엄마 마음도 아프지만, 먹고 싶은 걸 억지로 참아야 하는 아기들은 더욱 고통스럽습니다. 또 아기는 한창 성장을 해야 하고, 고른 영양이 필요합니다. 그러니 무조건 특정 음식을 못 먹게 하기보다는 조리법을 달리하거나 대체할 수 있는 음식을 찾아보세요. 아토피에 좋지 않은 음식들은 주의해서 먹이되 그중에서도 더 민감한 음식부터 제한합니다. 증상이 좀 나아지면 아토피를 유발하는 식품을 조금씩 먹여 내성을 키워주는 것도 필요합니다. 원인이 되는 음식을 완벽하게 차단하면 오히려 면역력이 떨어지는 결과를 가져올 수도 있습니다. 하지만 과자나 사탕, 인스턴트 음식 등 영양가는 적고 건강에 좋지 않은 음식은 달라고 떼를 써도, 처음부터 입맛을 들이지 않는 것이 현명합니다.

우선 엄마부터 '이 음식은 먹으면 안 돼!' 하는 부정적인 생각보다는 '먹어도 되는 음식이 이렇게 많네'하는 긍정적인 생각을 가지세요. 한번 예를 들어 보겠습니다.

'우유를 못 먹는다고? 그럼 두유나 산양유를 먹이면 되겠구나.'
'삼겹살 대신에 수육을 먹이면 되겠네.'
'생선은 고등어 대신 대구가 좋겠어.'
'과일은 토마토, 딸기, 파인애플, 키위, 오렌지만 빼고 먹이면 되겠네.'
'야채나 해산물도 먹일 수 있고, 김치나 된장찌개도 좋다니 다행이다.'

생각만 하지 말고 한번 적어보세요. 마음이 달라질 겁니다. 엄마가 이렇게 긍정적인 마음을 가져야 아기도 나쁜 음식에 집착하지 않습니다. 아기가 먹을 간식거리는 엄마가 직접 만들어주시고요. 그러다 보면 어느새 아기가 달고 자극적이고 기름진 음식보다 담백한 자연식을 더 좋아하게 될 겁니다.

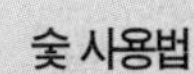

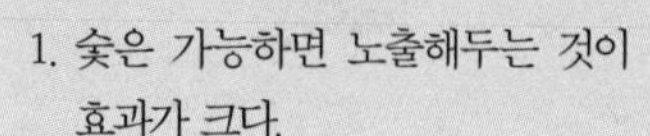

숯 사용법

1. 숯은 가능하면 노출해두는 것이 효과가 크다.
2. 숯을 식힐 때 표면에 나쁜 물질이 달라붙어 남아 있으므로 잘 씻어서 써야 한다.
3. 양동이에 담가 까맣고 탁한 물이 나오지 않을 때까지 씻어서 잘 말린다.
4. 청정지역에서 자란 단단한 목질의 나무로 만든 숯일수록 효과가 좋다.
5. 숯은 3개월에 한 번씩 다시 씻어주는 것이 좋다.

헌 집에서 깨끗이 지내세요

별다른 증상이 없다가 새 아파트에 입주하고 나서 아토피가 생겼다는 말을 많이 들어보셨을 겁니다. 사실 새 아파트는 아토피에 굉장히 좋지 않습니다. 집을 지을 때 사용한 각종 독성물질이 따끈따끈하게 남아 있기 때문입니다. 면역력이 강한 어른도 코가 답답하고 피부가 간지러운데 아기들은 두말할 필요가 없겠지요. 화려하게 꾸민 새 집보다는 소박하고 낡은 집이 아토피에는 훨씬 좋은 환경입니다. 이사 후에 도배나 장판을 새로 하는 것도 피하는 것이 좋습니다.

또한 집에서는 카펫이나 커튼 대신 블라인드를 사용하세요. 집먼지 진드기의 서식을 막을 수 있습니다. 진공청소기로 집 구석구석에 남아 있는 먼지를 빨아내고, 가구 배치도 가끔은 바꾸어주세요. 숨어 있는 먼지를 없앨 수 있습니다. 새 가구를 들이는 것도 신중해야 하며, 필요 없는 가구는 집 안에 두지 않는 것이 좋습니다. 에어컨이나 가습기를 사용한다면 청소를 깨끗하게 하고, 환기도 잘 시켜야 합니다. 애완동물을 키우거나 봉제인형이 많은 것도 좋지 않으며 집 안에서 담배를 피우는 일도 없어야 합니다.

집 안 곳곳에 숯을 놓아두는 것도 좋습니다. 숯은 유해물질을 빨아들이는 효과가 있습니다. 따라서 집 안 곳곳에 숯을 넉넉히 놓아두면 피부와 몸 안에 독소가 들어오는 것을 막을 수 있습니다. 또한 음이온을 발생시켜 전자제품에서 나오는 전자파를 줄여주고, 아이 몸의 신진대사와 자연치유력을 올려줄 수 있습니다. 간혹 어른들은 먹거나 바르기도 하는데 아기들에게는 그렇게 사용하지 마세요.

이것만은 꼭 알아두세요

아토피에 나쁜 음식 vs 좋은 음식

아토피 아기들이 조심해야 할 음식

① 우유, 버터, 치즈, 요구르트 등의 유제품

② 육류(특히 기름에 볶거나 튀기거나 구운 것)

③ 등푸른생선(고등어, 꽁치, 갈치, 참치), 장어

④ 초콜릿, 인공색소나 첨가물, 조미료, 설탕

⑤ 감자튀김, 튀김류, 과자, 밀가루 음식, 라면 등 인스턴트 음식

⑥ 기타 오렌지, 토마토, 딸기, 고사리와 죽순, 마가린, 마요네즈, 커피, 코코아

아토피 아기에게 좋은 음식

① 단백질은 식물성 위주로.

② 유단백 덩어리가 작은 산양유.

③ 동물성 단백질은 등푸른생선을 제외한 생선류

④ 식물성 지방(들기름, 참기름)

⑤ 흰 쌀밥보다는 현미 잡곡밥을 위주로 식사

⑥ 채소와 해조류

⑦ 항산화효소 작용으로 활성산소를 제거하고 억누를 수 있는 곡류, 콩, 발효식품(된장, 김치), 매실, 솔잎, 녹차, 감잎차, 과일(비타민C), 루이보스티 등.

2세에서 3세까지(13~24개월)

경기 · 땀

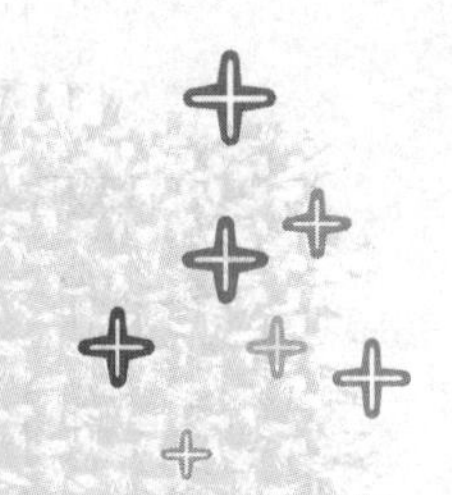

경기는 생각보다 흔한 증상입니다

팔다리를 쭉 뻗거나 뒤틀면서 떨기도 하고,
눈동자를 위로 치켜뜨면서 의식을 잃기도 하는 경기.
일단 아기가 경기를 일으키면 엄마는 혼비백산이 될 수밖에 없습니다.
혹시 커서 문제가 되지는 않을까 하는 생각에 밤잠을 못 이루는 엄마도 많습니다.
그러나 경기는 아기가 자라면서 생길 수 있는 가장 흔한 증상 중 하나입니다.
열이 있을 때 하는 경기는 후유증이 없으며,
신경계 이상으로 말미암은 간질도 빨리 발견만 하면 잘 치료할 수 있습니다.

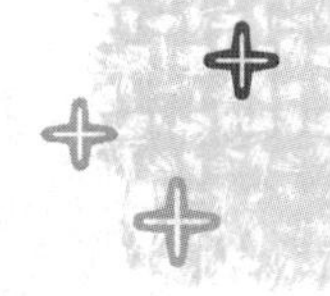

열성 경기는 생각보다 위험하지 않습니다

열이 날 때 갑자기 경기가 오는 것을 한방에서는 급경풍이라고 합니다. 양방에서 흔히 열성 경기라고 하지요. 아기들의 5~8퍼센트 정도가 경험할 만큼 흔하지요. 급경풍이 오는 것은 아기가 허약하고 폐에 열이 많은 체질인데 고열이 계속되기 때문입니다. 일반적으로 체온이 갑자기 상승할 때 일어나지요. 70퍼센트 정도는 감기가 원인이고 편도염, 중이염, 인두염, 위장염, 돌발진 등도 원인이 될 수 있습니다. 한편 가족력도 영향을 줄 수 있습니다.

열이 동반된 경기로 5분 이내에 끝이 났고, 처음 한 것이라면 너무 걱정할 필요는 없습니다. 열이 있는 경기는 별다른 후유증이 없고, 두 돌 이전의 아기에게서 흔히 나타나는 증상입니다. 18~22개월 아기에게 가장 많이 나타나고, 5세 이후부터는 잘 일어나지 않습니다. 여자아기보다는 남자아기에게 더 잘 생기며, 경기 후 특별한 이상 소견이 없는 것이 특징입니다. 열이 내리고 7~10일 정도가 지나면 뇌파를 비롯해서 모든 것이 정상으로 돌아옵니다.

그러나 이러한 경기도 자주 하게 되면 소아간질로 진행될 수 있으므로 가볍게 보아 넘겨서는 안 됩니다. 경련을 15분 이상, 하루에 두 번 이상, 1년에 다섯 번 이상 한다면 진료를 받아봐야 합니다.

한방에서는 이런 경련이 있고 나면 뇌신경을 안정시키고 풍과 열을 조절하는 처방을 해줘 재발을 방지하도록 도와줍니다. 또 경기가 일어나도 가볍게 하고 지나갈 수 있도록 유도하지요.

열이 없는 경기라면 간질일 수도

아기는 아직 신경이 제대로 발달하지 않아 경련을 일으키기 쉽습니다. 열이 오르는 열성 경기라면 큰 문제가 없지만 열이 없는 상태에서 경기를 일으켰다면 신경계에 문제가 있을 가능성이 있으므로 반드시 검사를 받아봐야 합니다. 신경계 이상으로 말미암은 경기를 간질이라고 합니다. 간질을 앓게 되면 뇌신경이 손상되거나 2차적인 외상이나 심리적인 문제를 일으킬 수 있으므로 조기에 발견해 치료하는 것이 중요합니다.

간질은 뇌세포의 비정상적인 활동으로 나타나는 것이어서 아무 때나 갑자기 일어납니다. 온몸이 뻣뻣해지고, 의식을 잃으며, 입에 거품을 무는 증상만 간질이라고 생각하기 쉬운데 그렇지 않습니다. 뇌의 어디에서 경련이 시작했느냐에 따라 의식은 있는 상태에서 몸이 뻣뻣해지기도 하고, 팔이나 다리 일부만 경련을 일으키기도 합니다. 또는 소발작이라고 해서 순간적으로 멍해지기도 하는데, 아기가 자주 그런다면 검사를 받아봐야 합니다.

아기가 경기를 할 때는 이렇게

1. 안전한 곳에 편히 눕힌다.
2. 허리띠나 꽉 조인 옷을 풀어준다.
3. 베개를 없애고 턱을 적당히 젖혀서 기도를 확보한다.
4. 가래나 침이 많이 고이면 고개를 옆으로 돌려 빼준다.
5. 엄지 끝이나 검지 안쪽으로 파랗게 올라오는 혈관 끝을 소독된 바늘로 딴다(소량의 출혈도 무방한데 보통 3~4방울 정도로 피를 낸다).
6. 경기를 하는 모양과 발작 시간을 기록한다.
7. 5분 이상 지속하거나 나아졌다가 다시 경기를 하면 병원으로 옮긴다.

체했을 때도 경기를 합니다

급체를 한 경우에도 경기를 합니다. 아기는 소화기계가 약해서 음식으로 인한 체기가 발생하기 쉽고, 이렇게 되면 위장관 안에 체액성 노폐물인 '담음'이 쌓이기 쉽습니다. 이 담음이 위로 올라가 기의 통로를 막고 뇌신경을 교란시켜 경기를 일으킵니다. 또한 큰 소리에 놀랐을 때도 경기를 할 수 있습니다. 어린 아이일수록 민감하고 심약합니다. 따라서 갑자기 큰 소리를 듣거나, 무서운 것을 보거나, 떨어지거나 넘어지는 등 외부 자극에 의해 놀랐을 때, 심신이 불안해지고 뇌신경이 교란되어 경기를 일으킬 수 있습니다.

이 밖에도 경기의 원인은 다양한데, 경기 그 자체가 성장발육에 악영향을 미치지는 않습니다. 하지만 경기가 어떤 질병에 의해서 일어난다면 당연히 성장발육에 문제가 될 수 밖에 없습니다. 흔히 경험하는 단순한 열 경기는 성장발육에 절대 영향을 미치지 않으며 열 경기로 인한 특별한 후유증 역시 없습니다.

건강한 아기들도 열 경기를 할 수 있습니다. 건강하다고 고열을 동반한 감기나 감염 질환을 피해갈 수 있는 것은 아니니까요. 열 경기는 말 그대로 열이 너무 올라서 뇌신경이 불안정해져서 나타나는 것입니다.

아기의 뇌는 아직 발달하는 과정에 있습니다. 해부학적으로나 기능적으로 미숙한 상태이므로 언제든 경기를 일으킬 수 있습니다. 또한 가족 중에 열 경기를 경험한 이가 있다면 그 가능성은 더 커집니다.

뇌신경을 안정시키는 한방 치료

한방에서 경기 치료는 크게 한약, 침, 추나요법 세 가지로 이루어집니다. 한약 처방은 때에 따라 다릅니다. 경기를 시작하는 발작기에는 풍열을 쳐서 급한 증상을 없애줍니다. 발작이 없을 때는 몸 안의 불필요한 대사 산물인 담과 식체, 어혈 등을 제거해 뇌신경을 안정시키고, 신경의 발달을 튼튼하게 해주는 치료를 합니다. 급경풍은 열, 식체, 놀람 등이 원인이지만 만경풍은 심장과 간, 소화기 등이 허약하고 기운이 불안정해 경기를 하는 것이므로 허약증을 개선해야 합니다.

만일 증상이 처음 일어났거나 그리 심하지 않으면 과립 한약과 환약을 먹입니다. 경우에 따라서는 탕약이 더 효과적일 때도 있습니다. 복용량은 아기 상태에 따라 좀 더 늘리거나 줄입니다.

침에는 체침, 이침, 약침, 두침 등이 있는데 경락 기운을 조절하고 불안정한 뇌신경을 안정시키는 데 효과적입니다. 아기들도 맞을 수 있으며 레이저 침을 이용해 무통 치료도 할 수 있습니다. 일주일에 1~3회 정도 치료를 합니다.

추나요법으로 경추나 두개골, 골반 등의 변위를 교정하고 두경부 근육의 긴장을 풀어주는 방법도 좋습니다. 추나요법은 뇌신경을 안정시키고 두뇌로 혈액과 기가 잘 통하게 하여 경기를 예방하는 효과가 있습니다. 한약을 복용하면서 침 치료와 병행할 때 더욱 효과적입니다.

경기를 자주 하는 아기는 음식을 조심해야 합니다. 설탕이 많이 들어간 음식, 초콜릿, 탄산음료, 사탕 등의 단 음식이나 빵, 과자, 라면, 짜장면, 스파게티 등의 밀가루 음식, 닭고기, 화학첨가물이 많이 들어간 음식을 많이 먹여선 안 됩니다. 또한 항생제를 오랫동안 복용하는 것도 좋지 않습니다. 평상시에 녹황색 채소를 많이 먹이고 올리브 오일, 포도씨 오일, 들기름, 참기름 등의 식물성 기름을 먹이도록 하세요.

분노 발작과 호흡정지 발작

경기는 아니지만 경기처럼 발작할 때가 있습니다. 이를 '유사 경련'이라고 하는데 이는 병이 아닙니다. 별다른 치료법은 없으며 아기의 마음을 이해해주는 것이 중요합니다. 그러나 반복적으로 발작을 일으킨다면 다른 병이 있는 것은 아닌지 소아한의원에 가보는 것이 좋습니다. 한방에서는 아이가 발작을 여러 번 반복할 때 심장을 안정시키고 간과 쓸개의 기운을 풀어주며 화기火氣를 내려주는 처방을 해줘 재발을 예방합니다.

분노 발작은 18개월~3세에 많이 나타납니다. 자기 마음대로 하고 싶은 생각과 어린 나이로 퇴행하고 싶은 욕구 사이에 갈등과 분노가 생겨 발생합니다. 소리를 지르고 울고불고 난리를 치다가 바닥에 머리를 박기도 합니다. 심하면 숨을 멈추고 의식을 잠깐 잃기도 합니다. 이런 행동에 놀란 엄마는 서둘러 아기가 원하는 것을 들어주기 마련입니다. 그러나 발작을 일으킬 때마다 원하는 것을 들어주면 자신의 뜻을 관철하려고 매번 발작을 일으킬 수 있습니다.

이럴 때는 위험한 사태가 발생하지 않도록 주변을 정리하고 발작이 끝날 때까지 기다렸다가 차분하게 이야기를 해주는 것이 좋습니다. 분노 발작은 경련성 질환은 아니지만, 일종의 행동장애이므로 그냥 넘길 일은 아닙니다. 왜 발작을 일으키는지 관찰하고 그 마음을 이해해줘야 정서적으로 문제를 일으키지 않습니다. 이때 엄마는 아기의 마음을 이해하지만 그 표현 방법은 인정할 수 없다는 태도를 보여야 합니다.

분노 발작을 보이다가 어느 순간 호흡을 멈추는 아기도 있습니다. 이는 호흡정지 발작으로 5퍼센트 정도의 아기들에게서 보이는 증상입니다. 생후 24개월까지 흔하게 일어나다가 만 4~5세가 되면 저절로 사라집니다. 욕구불만으로 울다가 갑자기 그치고 숨을 쉬지 않는 증상을 보이는 게 특징입니다. 숨을 쉬지 않으니 얼굴이 새파래지기도 하고, 호흡을 정지하는 시간이 길어지면 의식을 잃거나 경기를 일으키기도 합니다.

하지만 호흡정지 발작은 경련성 질환과는 다릅니다. 보통 30초~1분이면 깨어나고, 후유증은 없습니다. 아기는 호흡 발작으로 주위 어른들을 조종하려 할 수 있으므로 발작 자체에 관심을 두기보다는 아기가 느끼는 불안이나 좌절감을 이해해줘야 합니다. 호흡정지 발작은 병이 아니어서 특별한 치료법도 없습니다. 그러나 자주 발작을 일으킨다면 단순히 호흡정지 발작인지, 아니면 다른 병이 있는 것은 아닌지 진료를 받아보는 것이 좋습니다.

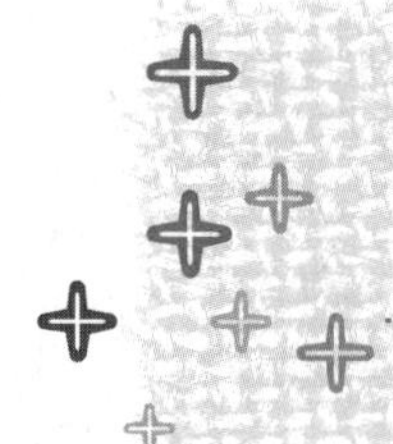

땀 조절력이 약해 땀을 많이 흘려요

이 시기의 아기들은 땀 조절을 잘 못 해 밤낮으로 땀을 많이 흘립니다.
두 돌이 지나야 비로소 땀 조절이 비교적 원활해집니다.
별로 덥지도 않은데 아기가 땀을 줄줄 흘리는 모습을 보면
엄마는 아기가 허약해서 그런 거라며 걱정합니다.
그러나 땀을 많이 흘린다고 반드시 허약한 것은 아닙니다.
오히려 어느 정도 땀을 흘려야 건강하다고 할 수 있습니다.

생리적인 땀 vs 허약해서 나는 땀

땀은 체온을 유지하기 위한 신체조절 작용입니다. 몸에 열이 나거나 더울 때, 몸을 많이 움직였을 때 땀이 나면서 체온이 일정하게 유지됩니다. 즉, 땀이 어느 정도 나는 것은 아기의 신진대사 활동이 원활하게 이루어지고 있다는 증거입니다. 특히 어릴수록 땀을 많이 흘립니다. 어른보다 체온 조절 능력은 약한데, 잠시도 쉬지 않고 활발하게 움직이니 엄마가 보기에 심하다 싶을 정도로 땀을 많이 흘리지요.

또한 어른들 기준으로 옷을 입히고 실내 온도를 맞춰놓으면 금세 땀을 흘립니다. 어른들은 집 안에서 얇게 입은 채 거의 움직이지도 않으면서, 아기는 두껍게 옷을 입히고 놀게 하지요. 겨울에는 감기에 든다며 더 두껍게 입힙니다. 그러니 어른들이 생각하기에는 별로 더운 것 같지도 않은데 아기는 땀을 뻘뻘 흘리는 겁니다.

하지만 신체 허약으로 땀을 흘리는 아기도 있습니다. 원인은 크게 두 가지로 속열이 많은 경우와 위기衛氣가 약한 경우입니다. 위기는 우리 몸의 외부에 있으면서 해로운 기운을 막아 몸을 보호하는 작용을 하는 기운이지요. 속열이 많을 때는 움직일 때 땀을 많이 흘립니다. 찬 음식을 좋아하고, 잘 때 이불을 잘 덮지 않고, 잘 놀면서 땀이 나는 것입니다. 반면 위기가 약할 때는 가만히 있어도 식은땀이 나고, 땀을 흘린 후에 기운이 없어 보입니다. 위기가 약해 땀이 많이 난다면 소아한의원을 찾아 적절한 진단을 받는 것이 좋습니다.

똑같은 곳에서 다른 아기는 별로 땀을 흘리지 않는데 우리 아기만 유달리 땀을 많이 흘린다면 문제가 있습니다. 실내가 덥고 많이 움직여서 땀이 나는 것은 괜찮지만 다른 아기들은 하나도 땀을 흘리지 않는데 우리 아기만 심하게 땀이 난다면 이는 생리적인 땀이 아니지요. 땀이 많으면서 중이염, 편도염 등의 열성 감기를 자주 앓고 태열기, 아토피 증상을 가지고 있다면 치료가 필요합니다. 식욕부진, 편식, 무력감, 변비, 구취, 진한 소변, 코피, 두통 등을 동반한 경우에도 반드시 치료를 받아야 합니다. 이때는 열을 내려주는 체질개선을 해주거나, 보약을 통해 원기회복을 해주면 좋아집니다.

유난히 머리에 땀이 많이 나요

"생후 17개월 된 아이인데, 머리에만 땀이 나요. 몸이 좋지 않다 싶으면 머리카락이 젖을 정도로 땀을 흘립니다. 한약을 먹으면 좋아질까요?"

아기들은 머리 부분에서 땀을 많이 흘립니다. 특히 아기가 잠을 잘 때 다른 증상 없이 머리에 땀이 나는 것을 '증롱두烝籠頭'라고 합니다. 대나무 찜통에서 증기가 오르는 것처럼 아기 머리가 뜨겁고 땀이 난다는 뜻이지요. 이런 까닭에 예로부터 머리를 시원하게 해서 키우라는 말이 나오는 것입니다.

머리에는 모든 양기가 모입니다. 그러니 항상 열이 나게 마련입니다. 따라서 잘 때 머리가 흠뻑 젖도록 땀을 흘린다고 해서 아기가 허약한 것은 아닙니다. 오히려 머리에 열이 나는 것은 기운이 왕성하다는 증거일 수도 있지요. 어큰보다 양기가 넘치고 열이 많아 흘리는 땀이니 크면 나아집니다.

정도가 심하다면 땀을 흘리는 것 이외에 다른 증상이 있는지 눈여겨보세요. 양기가 편승하여 음기를 이기고 위로 뻗쳐 올라오게 되면 열이나 땀이 나면서 변비, 구취, 진한 소변, 코피, 편도염, 중이염, 두통 등의 다양한 증상들이 나타나게 되지요. 이때는 치료가 필요합니다.

땀이 나면서 손발이 차가워요

아기의 손발이 찬 것은 신경계의 발달이 미숙해서 혈관을 일정하게 조절하지 못하기 때문입니다. 즉, 혈액순환이 원활하지 못해 손발이 차고 땀이 많이 배는 것이지요. 손발이 찬 것만으로 큰 문제가 되지는 않습니다. 성장발육이 양호하고 다른 증상이 없으면 굳이 치료를 하지 않아도 됩니다.

다만 아기가 손발이 찬데, 몸에서는 열이 난다거나 설사나 구토를 동반한다면 감기로 열이 나는지, 체기가 없는지 원인을 따져볼 필요가 있습니다. 한의학에서는 양허陽虛라고 해서 몸속 따뜻한 기운이 약해져 손발이 차고 추위를 많이 타는 증상을 감별하기도 하는데, 아기들은 양의 성질이 많은 상태여서 양허한 경우는 별로 없습니다. 오히려 양기가 너무 상체로 몰려서 그런 경우가 있지요. 이럴 때는 상체의 열을 내려줘야 손발이 따뜻해집니다.

잘 때 흘리는 땀은 도둑 도盜자를 써서 '도한'이라고 합니다. 속열이 있거나 심장이나 혈이 뜨거워서 자면서 땀을 흘리는 것이지요. 밤에 잠을 잘 못 자는 야제증과 도한이 여기서 연관성을 지니는데, 바로 두 질환의 원인 중 하나가 바로 심장의 열 때문입니다. 안 그러던 아기가 갑자기 잘 때 땀을 흘린다면 소아한의원에서 진찰을 받아보는 것이 좋습니다. 그러나 땀을 흘리는 정도가 심하지 않고, 특별히 더하거나 덜하지 않으며 밤에 잘 잔다면 체질적인 것으로 보고 별로 걱정할 필요는 없습니다.

머리와 가슴은 시원하게, 배와 등은 따뜻하게

아기들은 어른보다 체온이 약간 높습니다. 따라서 평소에 서늘하게 키우는 것이 좋지요. 아기를 키울 때 머리와 가슴은 시원하게, 반면 배와 등은 따뜻하게 해줘야 합니다. 배가 차면 소화가 잘 안 되고 한기가 몸에 들어와 배앓이나 설사를 하기가 쉽습니다. 그리고 등이 차면 폐로 찬 기운이 전해져 호흡기가 약해지고 감기에 쉽게 걸리지요.

잘 때 땀을 많이 흘린다면 마른 수건으로 잘 닦아주고, 옷이나 이불은 너무 두껍지 않은 것으로 바꿉니다. 만일 땀이 나서 옷이 젖었다면 얼른 마른 옷으로 갈아입혀 주세요. 새벽의 찬 기운 때문에 감기에 걸릴 수도 있습니다.

땀이 많은 아기는 물을 충분히 먹여주고, 너무 단 음식이나 튀긴 음식, 열량이 높은 음식은 피하는 것이 좋습니다. 대신 해산물, 과일, 채소 등을 많이 먹게 하세요. 황기차, 오미자차, 매실차 등도 좋습니다.

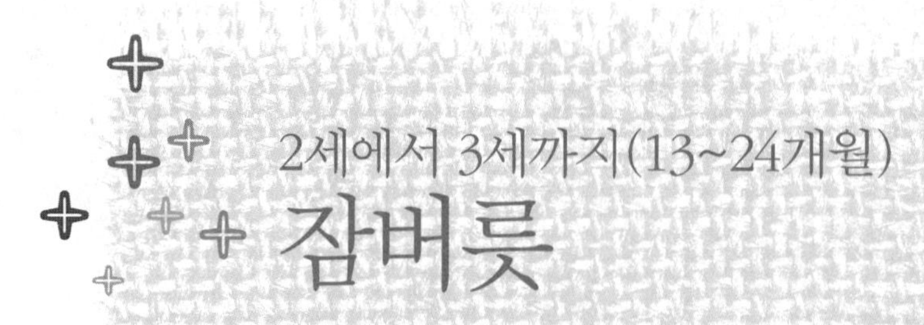

2세에서 3세까지(13~24개월)

잠버릇

잠을 못 자면 성장발달에 장애가 옵니다

돌이 되면 14~16시간, 두 돌 정도가 되면 12~14시간 정도 자는 것이 평균입니다. 물론 아기에 따라 자는 시간은 달라지기 때문에, 이보다 더 자거나 덜 잔다고 해서 큰 문제가 되는 것은 아닙니다. 아기들은 자신에게 필요한 만큼 알아서 잘 테니까요. 다만 평균 수면 시간보다 지나치게 많이 자거나 적게 잔다면 소아한의원에서 진료를 받아보는 것이 좋습니다. 이 시기에 잠을 잘 자지 못하면 성장발달에 영향을 미칠 수 있기 때문입니다.

심장과 비위 문제로 생기는 야제증

낮잠 잘 때는 안 그러다가 밤에 잘 때면 깨어나서 보채고 우는 아기들이 있습니다. 잠깐 울다가 잠드는 것이 아니라 꽤 오랜 시간 동안 자지러지게 웁니다. 그냥 보통 칭얼대는 정도를 넘어 심하게 울지요. 어른들은 크면 나아질 것이라고 하지만 도대체 언제까지 자다 깨어나서 울지 모를 일입니다. 아기 때문에 밤잠을 설치는 엄마에게는 밤이 공포의 대상입니다. 도대체 오늘은 얼마나 울다 잘 건지 한숨부터 나오지요. 그러나 아기는 더욱 괴롭습니다. 오죽 괴로우면 자다가 깨어나서 울겠습니까. 아기가 번번이 자다 일어나서 우는 것은 습관이 아니라 질병입니다. 한방에서는 이를 '소아야제'라고 합니다.

밤에 잘 자지 못하고 보채는 이유는 오장육부가 편안하지 않아서입니다. 특히 야제증은 심장 신경계와 비위 소화기계에 밀접한 관계가 있습니다. 해당 장기의 음양오행적인 불균형이 야제증의 원인이지요. 심장에 열이 있는 아기는 얼굴이 붉고 잠잘 때 가슴을 위로 향하며, 답답해서 껴안는 것을 싫어하고 안아주면 더 크게 웁니다. 비위가 약하고 냉한 아기는 얼굴색이 창백하고 손발과 배가 차며 허리를 구부리고 우는 경우가 많습니다. 또한 놀란 일이 있어 자다 깨는 아기는 갑자기 큰 소리로 울거나 엄마 품을 파고들며 꼭 껴안으려 합니다. 입에 염증이 있는 아기는 입이 아파 잘 먹지 못해 배가 고파 자다 깨서 웁니다.

잠을 잘 자게 하는 방법이 있습니다

비위가 약한 아기들은 얼굴이 하얗거나 노랗고 손발이 찹니다. 배를 만져보면 가슴보다 차가우며 평소에 침을 많이 흘리기도 하지요. 이런 아기는 음식이나 물을 따뜻하게 해서 먹이세요. 잠잘 때 배나 손발이 차가워지지 않도록 이불을 잘 덮어주고 옷을 잘 챙겨 입혀야 합니다. 아기의 비위기능을 좋게 하려면 음식을 지나치게 많이 먹이지 말고 자극적은 음식이나 차가운 음료수는 먹이지 않는 것이 좋습니다. 가벼운 운동도 도움이 됩니다. 배꼽 중심을 시계 방향으로 하루 2번, 1회에 50~100번씩 문질러주면 좋습니다.

열이 많은 아기는 잘 때 서늘하게 해줘야 합니다. 그렇지 않아도 열이 많은데 잠자리가 더우면 아기는 더욱 고통스럽습니다. 어른들은 아기가 따뜻하게 자야 좋다고 생각하기 쉬운데, 아기는 밤새 시원한 자리를 찾아다니느라 잠을 설칩니다. 실내 온도는 22~23도 정도, 습도는 50퍼센트 전후로 맞춰주세요. 또 잘 때 입는 잠옷이나 내복은 너무 두껍지 않은 것이 좋습니다.

또한 밤에 많이 먹이면 곤란합니다. 잠을 잘 자려면 속이 가벼워야 합니다. 그래야 기운의 흐름이 원활해지지요. 배가 든든해야 잘 잔다며 자기 전에 우유를 잔뜩 먹이는 것은 정말 곤란합니다. 이미 습관이 들어 잘 때 젖병을 물고 자는 아기도 있습니다. 그러면 어쩔 수 없이 밤에 많이 먹을 수밖에 없습니다. 그러나 밤에는 위장도 쉬어야 합니다. 음식이 가득 찬 상태에서는 위장이 쉴 수 없겠지요.

이제 아기도 어른과 비슷한 생활을 해야 합니다. 배고파서 밤중에 젖을 물려야 하는 신생아 시절을 생각하지 마세요. 배가 가득 찬 상태보다는 비어 있는 것이 건강에도 좋고 잠자기에도 좋습니다. 혹 아직도 밤중수유를 한다면 빨리 끊어야 합니다. 우유 대신 물을 주는 식으로 달래면서 밤중수유를 끊도록 하세요. 만일 아기가 소화가 안 되어 잠을 설친다면 한방 소화제를 먹이도록 합니다.

주변 환경을 편안하게 만들어주는 것도 중요합니다. 자기 전에 따뜻한 물로 목욕하는 것도 좋습니다. 아기가 긴장을 풀고 편안한 기분을 가질 수 있도록 해주세요. 자기 전까지 옆에 있어주는 것이 좋고, 아기가 좋아하는 침구류를 곁에 두어 즐겁게 잠들 수 있도록 해주는 것도 권할 만합니다.

아기가 낮에 밖에서 신나게 놀면 밤에 잘 잡니다. 이제 걸음마도 제법하고 호기심도 점점 많아져 바깥에서 노는 일에 재미를 붙일 때입니다. 낮 동안 햇볕을 쬐며 놀면 수면유도 호르몬인 멜라토닌이 분비가 잘 됩니다. 낮잠을 너무 오래 재우지 않는 것도 한 방법입니다. 아직은 낮잠을 충분히 자는 것이 좋지만 낮잠 때문에 밤잠에 영향이 있다면 당연히 줄여야 합니다. 밤에 잠을 설치면 낮잠을 많이 자게 됩니다. 그러면 다시 밤에 잠을 설치게 되는 악순환이 반복될 수 있지요. 낮에 잠을 조금 덜 자면 밤에 푹 잘 수 있습니다.

잠 잘 자게 하는 한방요법

한방에서 아기가 밤에 잘 자지 못할 때 쓰는 약재들이 있습니다. 이 재료들은 약성이 완만하고 부작용이 없어 물처럼 끓여 마셔도 좋고 밥에 넣어도 좋습니다.

산조인, 용안육차 잠을 잘 못 자는 아기는 멧대추씨인 산조인을 하루에 10~15g 볶아 끓여 차처럼 먹이면 잠도 잘 자고 자면서 식은땀도 덜 흘립니다. 산조인은 신경 안정 효과가 뛰어난 식품입니다. 신경이 예민하고 심장이 약한 아기가 잠투정이 있다면 용안육 6~10g을 끓여 차처럼 먹이거나 씹어 먹게 하면 좋습니다. 용안육은 맛이 달아 아기가 먹기에도 좋습니다. 철분이 풍부하여 대추와 아울러 빈혈에도 좋은 식품이지요. 대추와 섞어 달여 먹여도 좋습니다.

솔잎, 박하 베개 그늘에 말린 솔잎과 박하 잎을 9:1 정도의 비율로 섞어 베개에 넣어주면 아기가 잠을 잘 잡니다. 향기가 심장의 열을 가라앉히고 마음을 편안하게 해주지요. 향이 유지되게 일주일에 한 번 정도 속을 갈아주면 더욱 좋습니다. 단, 아기가 향을 싫어한다면 억지로 사용할 필요는 없습니다.

연꽃 열매 연꽃 열매는 연밥이라고 하는데, 껍질을 벗기면 하얀 속살이 나옵니다. 이것을 밥 지을 때 넣으면 밤 맛이 납니다. 연꽃 열매 10g을 부드럽게 가루를 낸 후 쌀 25g과 섞어 묽게 죽을 쑤어 먹이면 숙면을 취하는 데 도움이 됩니다. 아기가 열매 냄새를 싫어하면 쌀의 비율을 조금 더 많게 해도 됩니다.

까치콩, 대추차 까치콩의 한약명은 백편두입니다. 까치콩을 볶아서 가루로 만들고서 한 번에 4g씩 대추차와 함께 먹입니다. 위와 장을 편안하게 하고 신경 안정에 도움을 주어 잠을 잘 자게 해줍니다.

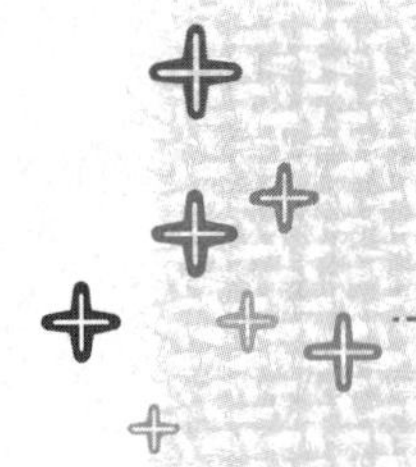

아기가 잠버릇이 너무 심해요

자면서 돌아다니거나 심하게 코를 고는 아기들이 있습니다.
조금 크면 잠꼬대를 하기도 하지요. 그러려니 하고 넘길 수도 있지만
이런 증상이 반복된다면 한번쯤 잠자리나 아기의 건강 상태를 점검해볼 필요가 있습니다.
잠을 설치면 성장에 장애가 올 수 있으니까요.

돌아다니면서 자요

이 시기 아기들은 몸에 열이 많고 신진대사가 아주 활발하지요. 대신 체온 조절기능은 미숙합니다. 그러다 보니 자면서 몸에서 나오는 열을 참지 못하고 이불을 차버리고 잠자리를 옮겨 다니지요. 뒤척거리거나 굴러다니며 자는 것은 단순한 버릇일 수도 있지만, 한편으로 좀 더 쾌적한 잠자리를 찾아다니는 것일 수도 있습니다. 아기가 차가운 벽에 붙어서 자거나 요 밖으로 나가서 맨 바닥에서 자거나 이불을 차버리고 잔다면 방 안 온도가 너무 높지 않은지 확인해봐야 합니다. 또 옷을 너무 많이 입힌 것은 아닌지도 살펴보세요. 서늘하게 재우면 감기에 걸릴까봐 걱정스럽겠지만 덥게 재워 땀을 흘리게 하면 오히려 감기에 더 잘 걸립니다.

어린데도 심하게 코를 골아요

> **전기장판에서 아기를 재운다고?**
>
> 전기장판이나 매트 위에서 아기를 재워서는 안 된다. 전자파는 여러 가지로 신체에 좋지 않은 영향을 미친다. 특히 아기들은 뇌신경이나 몸의 세포, 조직, 기관이 커나가고 있으므로 더 큰 영향을 받을 수 있다. 전자파를 차단했다고 해도 마찬가지다. 아기들은 약간 서늘하게 키우는 것이 좋으며 바닥이 더우면 숙면을 취하기 어렵다.

아주 어린 아기들이 코를 고는 경우는 흔하지 않습니다. 그런데 두 돌 정도가 되어서 습관처럼 코를 고는 아기들이 있습니다. 사실 코를 고는 것 자체는 큰 문제가 아닙니다. 하지만 코와 호흡기는 폐와 밀접한 연관이 있기 때문에 코를 고는 증상을 사소하게 넘겨서는 안 됩니다.

코 뒤의 편도인 아데노이드나 인후 편도가 크다면 코를 자주 골게 됩니다. 이런 아기들은 열 감기, 목감기, 중이염 등을 앓기도 쉽지요. 이는 비강이나 인후의 공간이 작아 공기 흐름이 원할하지 못해서입니다. 하지만 크면서 조금씩 나아지는 경우가 대부분이니 걱정하지 않아도 됩니다.

이 외에도 《동의보감》에서는 폐의 기운이 허약해지면 허약증의 하나로 코를 곤다고 이야기하고 있습니다. 이런 경우는 폐 기운을 보강해줘야 합니다. 폐 기운이 약한 아기는 감기에 잘 걸리고, 비염 같은 호흡기 질환도 잘 생깁니다. 아기가 코를 계속 곤다면 폐에 별다른 이상은 없는지 한번쯤 소아한의원에 방문해 진료를 받아보는 것이 좋습니다.

젖병을 빨면서 자요

돌 전 아기는 빠는 욕구가 강합니다. 손에 닿는 것은 무조건 입으로 가져가 한번씩 맛을 봐야만 직성이 풀리지요. 이런 구강기가 지나면 서서히 빠는 것에 흥미를 잃습니다. 그런데 돌이 지나서도 젖병을 빨아야만 잠이 들거나, 잘 때 공갈젖꼭지를 물어야 한다면 문제가 생길 수 있습니다. 우유를 먹으면서 자는 습관이 있을 때 가장 큰 문제는 충치입니다. 또 자기 전에 우유를 많이 먹으면 속이 거북해 야제증이 생길 수도 있습니다. 젖병이 아니라 공갈젖꼭지를 빤다면 그나마 충치 걱정은 없겠지만, 그렇다고 계속 공갈젖꼭지를 문 채 재우면 안 됩니다. 젖꼭지를 물고 자면 숙면을 취하기가 어렵습니다. 자다가 빠진 젖꼭지를 찾느라 잠이 깨기도 하지요. 그러니 젖꼭지 없이 잠드는 연습을 시켜주세요. 젖꼭지를 주면 바로 잠들 텐데 왜 굳이 힘들게 재워야 하나 싶겠지만, 일단 습관이 바뀌면 밤에 더 잘 잘 수 있습니다. 안아서 재우거나 아기를 토닥거리거나 인형을 안겨주는 등 그 어떤 방법이든 상관없습니다. 이제부터는 공갈젖꼭지 없이 잠들어야 한다고 설명해주고, 아기가 아무리 찾아도 주지 마세요. 며칠간은 애타게 찾겠지만 또 금세 잊어버리는 것이 아기입니다.

너무 늦게 자요

아기가 늦게 자는 것은 엄마의 책임이 더 큽니다. 어른들은 전혀 잘 생각을 안 하면서 억지로 자라고 하면 어느 아기가 자겠습니까? 식구들이 밤늦게까지 깨어 있으면 졸다가도 눈을 뜨고 새벽까지 버티는 아기들도 있습니다. 이러면 늦게 잠든 만큼 다음날 늦게까지 자기 때문에 잠이 부족하지는 않을 것입니다. 하지만 밤에 늦게까지 깨어 있으면 콩팥의 기운인 신기가 약해집니다. 또한 신경이 예민해질 수도 있고 성장에도 지장을 줄 수 있습니다. 아기가 졸다 지쳐 잠들 때까지 기다리지 말고 일정한 시간이 되면 불을 끄고 온 가족이 함께 잠자리에 들어야 합니다. 밤늦게 할 일이 있다면 아기를 먼저 재우고 하는 것이 좋습니다. 또한 잠자리에 들기 직전에는 속이 거북하지 않도록 지나치게 많이 먹이지 말아야 하며, 저녁 먹는 시간도 조금 이른 편이 좋습니다.

"어린 줄기부터 휘어지기 시작하면 그 나무는 구부러진다"는 말이 있습니다.
나무에게 어린 줄기가 휘어지지 않도록 잡아주는 것이 중요하듯이,
아이들에게도 어린 시절의 건강을 바로잡아주는 것이 굉장히 중요합니다.
자연주의 육아는 아이들의 건강에 지침이 되는 버팀목입니다.

식습관 바로잡기

눈 · 코 · 입

치아 관리 · 땀

대변과 소변

호흡기 질환

건강식품 · 한약 먹이기

수면장애

허약아와 배앓이

피부 문제

언어발달 · 산만

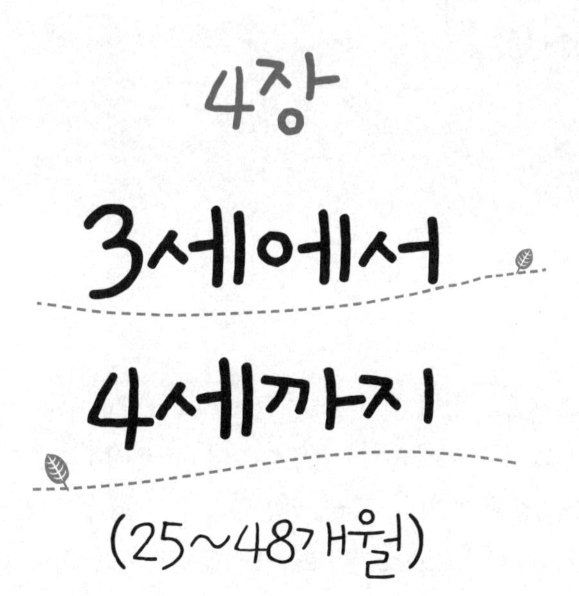

4장

3세에서 4세까지

(25~48개월)

세 돌이 넘으면 눈에 안 보이는 것도 인식하게 됩니다. 지능이 발달하면서 가상의 세계에서 놀 줄 알게 되는 것입니다. 이 시기야말로 친환경적이고 자연주의적인 육아법이 필요합니다. 좁은 집 안에서 장난감을 갖고 놀게 하기보다는, 바깥세상으로 나가 마음껏 상상하며 사람들과 어울리게 하는 것이지요. 지능에 좋다는 온갖 교구교재보다 산천에 널려 있는 자연물들을 보고 만지게 하는 것이 발달 면에서 훨씬 좋습니다. 자연물 특유의 촉감과 색감은 어느 값비싼 장난감과도 비교가 안 될 만큼 독특한 개성이 있으니까요.

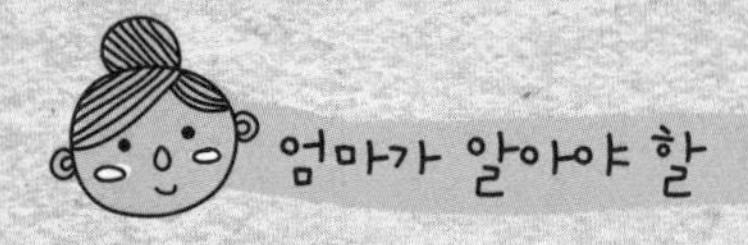

세 살에서 네 살까지 자연주의 육아법

태어난 지 4년이 지나면 체중은 출생 때의 5배인 16~17kg 정도가 됩니다. 키는 약 2배 만큼 커서 102cm쯤 되지요. 만 두 돌이 넘어서면서부터는 그동안 급격한 발달을 보이던 성장 패턴이 조금씩 완만해집니다. 25~36개월에는 8cm, 37~48개월에는 7cm 정도 크고, 그 뒤로는 1년에 한 5~6cm가량 큽니다. 이 수치를 생각한다면 성장 곡선이 완만해진다고는 해도 생후 3~4년의 성장 비중이 결코 작다고 말할 수는 없습니다.

머리 둘레는 4세에 50cm 정도가 되는데, 20세 성인의 머리 둘레가 평균 55cm이므로 크기만 보았을 때는 90퍼센트 가까이 완성되는 셈입니다. 그러다가 만 6세에 이르면 뇌신경이 성인의 90퍼센트 가까이 만들어지지요. 따라서 이 시기는 아이의 지능과 운동, 신경 발달이 완성되는 아주 중요한 때입니다. 꾸준히 뇌 발달에도 신경을 써야 한다고 볼 수 있습니다.

운동 능력을 보자면 36개월에는 올라갈 때, 만 48개월에는 내려갈 때 양쪽 발을 번갈아 들고 뛸 수 있습니다. 또한 3세에는 세발자전거를 탈 수 있고, 원과 십자가를 보고 그대로 그립니다. 양말과 신발을 제 힘으로 신을 수 있으며 혼자 손을 씻을 수도 있습니다. 4세에는 가위질도 할 줄 알게 되고, 한쪽 발로 든 채 잠깐 설 수 있으며, 사각형을 보고 그대로 그릴 수 있습니다.

자연 속에서 키워야 지능도 자랍니다

두 돌까지만 해도 눈에 보이는 것만을 인식해서 아기 인형을 업고 유모차에 태워서 놀거나, 병원에서 주사 맞는 흉내를 내며 자기가 일상적으로 접하는 것들을 주제로 놀았습니다. 주로 엄마 아빠를 흉내 내는 놀이가 많았지요. 그래서 이전까지 엄마들은 "아이 앞에서는 밥도 제대로 못 먹겠다"는 말을 많이 했습니다.

하지만 세 돌이 넘으면 눈에 안 보이는 것도 인식하게 됩니다. 쉽게 말해 옛날 석기 시대에 살던 공룡이나 다른 행성을 왔다 갔다 할 수 있는 우주선, 성 안에 사는 공주님 등을 상상하며 놉니다. 지능이 발달하면서 가상의 세계에서 놀 줄 알게 되는 것입니다.

대표적인 것이 바로 소꿉놀이입니다. 어렸을 때 땡볕 아래 옹기종기 모여 앉아 소꿉놀이하던 기억은 누구에게나 있을 겁니다. 상상하면서 놀 수 있다는 것은 그만큼 지능이 발달했다는 것을 말합니다. 또한 현실과 가상의 세계를 구분할 수 있고, 자기조절력 같은 인성도 조금씩 생기고 있다는 것을 의미하지요. 소꿉놀이를 하면서 감정 조절이 안 되면 자꾸 친구와 싸우게 되고, 참지 못하면 재미있게 놀 수도 없으니까요.

저는 이 시기야말로 친환경적이고 자연주의적인 육아법이 필요하다고 봅니다. 좁은 집 안에서 장난감 같은 것을 갖고 놀게 하기보다는, 바깥세상으로 나가 마음껏 상상하며 사람들과 어울리게 하는 것이지요. 지능에 좋다는 온갖 교구교재보다 산천에 널려 있는 자연물들을 보고 만지게 하는 것이 모든 발달 면에서 훨씬 좋습니다. 자연물 특유의 촉감과 색감은 어느 값비싼 장난감과도 비교가 안 될 만큼 독특한 개성이 있으니까요.

지능이 발달하는 시기라고 아이를 사교육에 내모는 것은 정말 좋지 않습니다. 굳이 억지로 공부시키지 않아도 눈에 보이는 모든 것, 특히 자연이 주는 모든 것이 훌륭한 교재이며, 이것들을 많이 접하는 것이야말로 뇌를 키우는 지름길이라고 할 수 있습니다. 이 시기는 호기심만 잘 채워줘도 지능이 성큼 자라기 때문입니다. 저를 찾는 엄마들이 가끔 "이제 학원에 보내려는데 머리 좋아지는 한약을 먹으면 도움이 될까요?" 하고 묻습니다. 아무리 좋은 보약도 결국은 자연의 섭리를 따른 것입니다. 자연 그 자체가 아이에게는 보약이라는 사실을 잊어선 안 됩니다.

: 운동이 곧 보약입니다

성장 곡선이 완만해지기는 해도 여전히 아이는 쑥쑥 자라고 있습니다. 세 돌이 넘으면 신나게 뛰노는 것은 물론 여러 가지 신체 놀이도 할 줄 알게 됩니다. 활동량이 많이 느는 만큼 영양 섭취도 중요하지요. 그래서 엄마들이 보약을 많이 찾습니다. 밥도 웬만큼 먹을 수 있고 밥도 어느 정도 먹을 수 있으니, 약 부작용에 대한 걱정 없이 성장에 좋다는(여기에는 꼭 두뇌발달이라는 조건이 붙습니다) 보약을 먹이고 싶어하지요. 저는 그런 엄마들에게 꼭 당부하고 싶습니다.

"운동이 곧 보약입니다."

단순히 운동이 좋다는 것이 아니라, 운동을 제대로 하지 않으면 성장에 좋은 영향을 미칠 수 없다는 점을 꼭 알아야 합니다. 아이가 활발히 뛰놀며 운동하는 습관을 갖지 못하면 키 성장에 절대적인 영향을 미치는 다리와 허리의 근육들이 제대로 발달하지 못합니다. 또한 자라는 데 필요한 자극이 부족하여 성장 자체가 둔화할 수도 있습니다.

아이가 운동할 때는 성장호르몬이 평상시보다 최고 25배까지 늘어납니다. 반면 활발하게 뛰놀지 못해 운동할 기회가 없는 아이는 스트레스가 많습니다. 아이가 스트레스를 받게 되면 소화기관에 장애가 생겨 식욕이 떨어지고 영양 흡수도 어려워질 수 있습니다. 게다가 성장호르몬의 분비도 정상적으로 이뤄지지 않아서, 스트레스를 받은 아이는 성장호르몬의 농도가 정상치의 1/3로 감소합니다. 그러니 보약을 챙기기 전에 아이가 평소에 잘 먹고 뛰노는 습관을 갖게 해주세요. 방 안에 앉아 학습지만 들여다보는 아이에게는 보약도 큰 효과를 거둘 수가 없습니다.

: 건강의 기초가 되는 식습관을 형성해야 할 시기

두 돌이 지난 아이들은 편식이 심합니다. 3~4세는 자아가 생기면서 고집도 세지는 시기입니다. 고집이 생기다 보니 먹기 싫으면 밥을 안 먹습니다. 또한 음식에 대한 기호도가 뚜렷해져 밥 대신에 맛있는 음식만 먹으려 들기도 합니다. 하지만 엄마가 밥상머리 전쟁에서 지면 아이 건강에 적신호가 들어옵니다. 이 시기에 몸에 밴 입맛과 식습관은 평생을 갑니다.

식습관을 잡을 때 가장 중요한 것은 아이로 하여금 즐겁게 밥을 먹도록 하는 것입니다. 식사는 즐거운 일이라는 생각을 하게 해야 적극적으로 밥을 잘 먹습니다. 눈을 부릅뜨고 "밥 먹어!" 하고 야단치면 그 순간만큼은 울며 겨자 먹기 식으로 밥을 먹을지 몰라도, 엄마가 없으면 아예 숟가락도 안 잡으려고 들 것입니다. 따라서 온 식구가 모여 앉아 즐겁게 얘기를 나누며 식사하는 분위기를 만들어주는 것이 좋습니다.

만일 아이가 식욕부진이라면 더욱 적극적인 방법이 필요합니다. 아이가 이 시기에 잘 먹지 못하면 성장발육은 물론, 뇌 발달이나 면역기능 등 다양한 부분에 걸쳐 나쁜 영향을 미칩니다. 대개 식욕부진이 있는 아이들은 체질적으로 소화기계가 허약하여 입맛이 없고 소화력이 떨어지며, 복통, 구토, 설사, 변비 등의 증상을 호소하는 경우가 많습니다. 겉모습은 대체로 많이 마르고, 혈색이 좋지 않으며, 심지어 빈혈이 있는 경우도 있습니다.

하지만 이 시기에 밥을 잘 안 먹는 아이들을 보면 원래 허약하기보다는 식습관이 잘못된 경우가 훨씬 많습니다. 엄마가 이것저것 골고루 먹이지 않았거나, 아무 때나 아이가 내켜할 때 음식을 먹였거나, 반대로 너무 혼을 내 음식을 거부하는 예가 대부분이지요. 결국 엄마의 잘못으로 밥을 안 먹는 것입니다.

몸에 좋은 약보다는 올바른 식습관을 잡는 것이 중요한 시기입니다. 밥을 안 먹는다고 우유만 계속 먹이고, 과자나 패스트푸드로 끼니를 때우며, 떼쓰는 아이를 달랜다고 사탕 따위를 물려주면 보약이 무슨 소용이 있겠습니까? '우리 아이는 왜 밥을 안 먹지?' 하며 고민만 하지 말고, 식단과 식습관부터 살펴볼 필요가 있습니다. 달고 기름진 음식에만 길든 아이라면 지금부터라도 담백하면서도 음식 고유의 맛을 느낄 수 있는 식단으로 바꿔줘야 합니다. 우리 조상이 먹었던 담백한 식단이야말로 아이를 건강하게 키우는 가장 좋은 자연식입니다.

: 감기와 본격적인 전쟁이 시작됩니다

모든 발달이 전보다 빠른 요새 아이들은 두 돌만 지나도 단체 생활을 시작합니다. 놀이방이나 어린이집, 보육원, 학원 등에서 또래와 어울리는 시간이 크게 늘지요. 집에서 엄마의 보호 아래 깨끗한 것만 먹고 입다가, 이제 좀 거칠고 지저분한(?) 세상과 만나게 됩니다. 몸에 안 좋은 군것질도 좀 하게 되고, 친구와 떼를 지어 땅에서 뛰놀기도 하지요. 이러다 보면 어쩔 수 없이 각종 바이러스나 세균에 노출됩니다. 특히 전염성 질환에 많이 걸리는데, 감기가 그 대표격입니다. 감기에 걸린 아이를 며칠간 집에서 쉬게 하다 좀 나은 것 같다 싶어 놀이방에 다시 보내면 하루아침에 병세가 도지는 예가 흔합니다. 일 년 내내 감기를 달고 사는 아이도 참 많습니다.

이를 나쁘게만 볼 일은 아닙니다. 이렇게 감기와 한바탕 전쟁을 치르면서 자기 스스로 병을 이겨내는 면역력이 부쩍 자라기 때문입니다. 저는 감기 때문에 골머리를 앓는 엄마들에게 이런 위로를 합니다.

"감기 한번 앓지 않는 아이는 오히려 나중에 큰 병이 올 수도 있습니다. 가래로 막을 일 호미로 막는다고 생각하세요."

다시 말해 감기를 잘 앓고 나면 몸이 부쩍 건강해진다는 말이지요. 이를 모르고 조급한 마음에 무분별하게 약을 사용하는 것은 정말 잘못된 방법입니다. 해열제나 항생제 따위로 감기를 억누르면 더 허약한 아이로 자라게 됩니다.

감기를 자연적인 방법을 낫게 할 때 한 가지 문제가 있습니다. 만성적인 감기를 그냥 내버려두었다가 합병증을 앓는 것입니다. 어느 부위가 취약한가에 따라 중이염, 부비동염(축농증), 만성비염, 폐렴, 기관지천식 등 다양한 합병증이 생기는데, 합병증이 생기면 감기는 오래갑니다. 감기가 만성적이고 합병증까지 유발한다면 이때는 증상을 치료하면서도 원기를 돕는 처방을 해줘야 합니다. 그 과정에서 면역력을 키워주고 감기나 합병증을 이겨내게 해줘야 하지요.

하지만 면역력은 결국 아이 스스로 병과 싸워 이길 때 본격적으로 자랍니다. 아이가 스스로 감기를 이겨내려면 어떻게 도와줘야 하는지, 약물 복용을 최소화하려면 어떻게 해야 하는지를 엄마가 배워야 합니다.

: 말을 더듬는다고 걱정하지 마세요

이 시기의 가장 큰 특징은 언어발달이 급속도로 이뤄진다는 점입니다. 아이마다 차이가 있지만 두 돌에는 272개, 세 돌에는 896개, 네 돌에는 1,520개의 단어를 구사할 수 있습니다. 아는 단어가 늘수록 어휘력도 풍부해집니다. 세 돌이면 자기 성별과 이름을 정확하게 말할 수 있고, 숫자를 셋까지 셉니다. 네 돌이면 자기 뜻을 말할 줄 알고, 전치사와 반대말도 사용할 수 있습니다.

요즘 아이들은 엄마 아빠가 뱃속에서부터 많은 이야기를 들려주고, 오디오나 텔레비전 등을 통해 남이 하는 말을 많이 듣다 보니 예전보다 말을 빨리 시작하는 경향이 있습니다. 거기에 한글 공부도 일찍 시작해서 세 돌만 지나도 말을 청산유수로 잘합니다. 그런데 어느 날 갑자기 입을 닫고 말을 더듬는 아이들이 있습니다. 눈만 뜨면 수다쟁이처럼 떠들던 아이도 그럴 때가 있지요. 아이들은 2~3세에 말을 갑자기 많이 배우는데, 그 과정에서 5세까지 일시적으로 말을 더듬을 수 있습니다.

사실 아이가 말을 더듬는 것은 자기 의지와는 별로 상관이 없습니다. 심지어 아이는 자기가 말을 더듬는다는 사실조차 잘 깨닫지 못합니다. 아이가 생각은 너무 많은데 표현력이 따라주지 않으면 말을 더듬게 됩니다. 즉 말보다 생각이 더 빨리 발달하는 경향이 있어, 머릿속에 수많은 생각이 떠오를 때 이를 다 말로 표현하지 못하는 것이지요. 특히 성격이 급한 아이들은 더 그렇습니다. 이때 엄마가 아이가 할 말을 미리 앞서 말해버리거나 실수를 지적하면 말하는 자체가 두려워 점점 더 말을 더듬을 수 있습니다.

이 밖에 아프거나 허약할 때도 말을 더듬습니다. 엄마가 너무 강박적으로 말을 가르치거나 간섭해도 말을 더듬을 수 있지요. 스트레스 역시 아이가 말을 더듬는 큰 원인입니다. 공부를 너무 시키거나 생활습관을 심하게 가르치면 그 스트레스가 말을 더듬는 것으로 나타나는 것입니다. 또는 말을 더듬는 아이를 흉내 내다가 말을 더듬기도 합니다.

아이가 만 2세가 되어도 의미 있는 말을 하지 못하고, 만 3세가 되어도 단어를 이어 구절을 말하지 못하면 '언어지연'으로 보며 특수교육이 필요할 수 있습니다. 지능 발육 지연과 영아 자폐증, 뇌성마비, 청력저하, 교육부족, 정서장애 등이 언어지연의 원인입니다.

한방에서는 언어발달이 지연되어 말이 늦어지는 것을 '어지語遲'라고 합니다. 예로부터 말을 '심장의 소리心之聲爲言'라고 했는데, 아이가 심장의 기운이 부족하면 말이 늦어진다고 보고 있습니다. 심장이 허약해 언어발달이 늦은 아이들은 얼굴색이 창백하고 지력이 떨어지며 정신이 맑지 못합니다. 숙면을 취하지 못하고 잘 놀랍니다. 또 혀의 색깔이 붉지 않고 맥박이 아주 약하게 뛰지요. 이때는 심장의 기운을 돕고 혈을 보강하며 정신을 맑게 하는 처방을 합니다.

아이가 말이 늦어서 걱정이라면 석창포의 뿌리를 달여서 차처럼 마시게 하는 방법이 있습니다. 석창포는 총명탕을 만들 때 쓰는 대표적인 재료입니다. 심장을 보하고 두뇌를 맑게 하며 인지와 언어 등 뇌 발달에 효과가 좋지요. 이런 약과 함께 무통 침 치료, 추나요법을 병행하며, 치료 기간은 1~2년 정도로

잡습니다. 꾸준히 치료받기가 쉽지는 않겠지만 언어치료와 한방 치료를 병행하면 훨씬 빨리 좋아집니다.

산만함이 원인은 화기火氣

3~4세 아이들은 정말 산만합니다. 식당이나 공공장소에 가면 이리저리 나대는 아이들이 정말 많습니다. 달래도 보고 혼내도 보지만 좀처럼 산만한 행동이 나아지지 않지요. '미운 네 살'이라고 넘기기에는 그 산만함이 도를 넘기도 합니다. 요새 들어 산만하고 충동적인 아이들이 무척 많아졌습니다. 이 시기의 아이들이 산만한 것은 성장발달상 당연하지만, 놀이방에서 저 혼자 돌아다니거나, 어른의 말을 전혀 들은 척도 안 하거나, 잠시도 한자리에 앉아 있지 않아 눈살을 찌푸리게 할 정도라면 그 원인이 무엇인지 점검해볼 필요가 있습니다. 가정 분위기가 너무 어수선하고 혼란스러워도 아이가 산만해질 수 있습니다. 아이가 공공장소에서 지나치게 산만하게 굴거나 시끄럽게 해 주변 사람들에게 피해가 간다면 적절히 제재하고 그러면 안 된다고 이유를 설명하고 타일러야 합니다. 아이 행동에 대한 지나친 허용도 원인이 될 수 있습니다.

한의학에서는 산만함의 원인을 화火로 보고 있습니다. '화가 난다', '화병이 있다' 등에서 이야기하는 '화火'인데, 이러한 화기가 심장이나 간, 쓸개에 뭉치면 한시도 가만히 있지 못하고, 충동적으로 행동하고, 한 가지 일에 집중하지 못합니다. 화를 조장하는 원인에는 임신 중 스트레스, 부적절한 육아 방식, 불안한 가정 분위기, 부모의 정서적인 문제, 인공적이고 인스턴트화된 음식 등 환경적인 요인이 크게 작용합니다.

요즘 의학 정보가 넘쳐나면서 아이가 조금만 산만하게 행동해도 주의력결핍 과잉행동장애(ADHD)가 아닌가 걱정하는 엄마들이 많습니다. 하지만 아직 ADHD를 진단하기는 어려운 나이입니다. 다만 ADHD의 잠복기라고 볼 수는 있으므로, 아이의 산만함을 잘 관리하여 ADHD로 발전하지 않도록 하는 것이 좋습니다.

소변을 못 가리면 사회성에 문제가 생깁니다

만 세 돌이 되면 대부분 대소변을 가릴 수 있습니다. 발달이 빨라 18개월 즈음이면 낮에 소변을 가리는 아이도 많습니다. 통상적으로 보면 대변을 완전히 가릴 수 있게 되는 것은 대개 생후 3~5년 정도입니다. 밤에 소변을 가리는 것은 2.5~3년이 되어야 겨우 가능하며, 의학적으로 만 5세 정도를 기준으로 두는 것이 보통입니다. 하지만 저는 이런 기준이 별 의미는 없다고 봅니다. 대소변을 가리는 시기는 정말 아이마다 천차만별이어서, 조금 늦게 가린다고 문제 삼을 것은 없습니다. 단순히 대소변을 좀 늦게 가린다고 발달에 문제가 있다고 말할 수 없다는 것입니다.

하지만 아이가 네 돌이 지났는데도 전혀 소변 가릴 생각을 안 한다면 사회성 발달에 문제가 될 수도 있습니다. 놀이방이나 유치원의 단체 생활이 거의 불가능하기 때문입니다. 즉 소변을 못 가리는 그 자체가 문제가 아니라, 그로 말미암아 야기되는 상황이 문제라는 말입니다.

의학적으로는 낮에 오줌을 지리는 것을 주간 유뇨, 밤에 무의식적으로 오줌을 싸는 것을 야뇨증이라 합니다. 주간 유뇨든 야뇨증이든 일상생활이나 집단 활동에 방해될 정도라면 적절한 조치가 필요합니다. 친구들과 어울려 지내야 할 나이에 소변을 잘 가리지 못하면 쉽게 놀림을 받고, 아이 스스로 위축되어 자신감을 잃을 수도 있습니다.

오줌을 싸는 아이를 보면 대부분 스트레스가 많습니다. 자신감이 없는 정도가 아니라 자아상도 나쁘며 매사에 부정적입니다. 이런 경우 오줌 싸는 자체를 고치려 들기보다는 아이의 정서를 회복하는 것이 우선입니다. 즉, 아이의 자아를 존중하고 자존심을 지켜주면서 소변을 가릴 때마다 칭찬하는 것이야말로 증상을 개선하는 힘이 됩니다. 이런 과정이 따라야만 치료 효과도 극대화될 수 있습니다.

성별을 구별하고 친구들과 어울려 놉니다

아이들은 보통 30개월이 되면 성별의 차이를 이해하고 남자다운 것과 여자다운 것을 구별할 줄 알게 됩니다. 성정체성이 생긴다는 말입니다. 또한 만 36개월 전후로 친구를 사귈 수 있고, 좀 더 자라면 남과 어울려 노는 것도 좋아합니다. 하지만 어울려 노는 것을 저절로 깨우치는 것은 아닙니다. 엄마가 아이를 품에 감싸고만 있으면 남과 주고받으며 관계를 유지하는 법을 배울 수 없습니다. 때로 남에게 지기도 하고, 자기 것을 양보해야 한다는 것은 엄마가 아닌 또래와의 관계 속에서만 배울 수 있습니다. 아이를 보호한다고 무조건 감싸주면 안 됩니다. 이전까지 아이의 신체 발달에만 신경을 썼다면, 이제부터라도 몸과 마음이 모두 건강한 아이로 키우는 방법에 대해 고민하길 바랍니다.

옛 어른들이 아이를 키우는 모습을 떠올려보면, 내 아이 네 아이 할 것 없이 온 동네 아이들을 자식처럼 키웠습니다. 아이는 그 안에서 자연스럽게 남과 어울리는 법을 배울 수 있었지요. 몸도 건강하고 마음도 성숙한 아이로 키우기 위한 옛 어른들의 지혜가 아니었을까 싶습니다. 아이 몸에 좋은 자연 음식만 찾을 게 아니라, 남과 어울려 사는 법을 배우는 전통적인 육아 방식을 배울 필요가 있습니다.

아토피가 본격적으로 기승을 부리는 시기입니다

아토피성 피부염은 시기에 따라 유아형, 소아형, 성인형으로 구분할 수 있는데 두 돌 이후에 발생하는 아토피는 소아형 아토피성 피부염에 해당합니다. 이 시기 아토피의 특징은 진물이 나는 유아형 아토피 성향이 줄고, 그 대신에 피부가 건조해지고 몹시 가렵다는 것입니다. 아토피가 나타나는 부위는 이전과 다르지 않습니다. 무릎 뒤, 팔꿈치 안 , 사타구니, 목 주변 등 주로 살이 접히는 부위에 많이 나타나지요. 입술 주위가 갈라지거나 귓바퀴의 위나 아래가 찢어지기도 합니다.

문제는 건조증이 특히 심해져서 각설이 생기고, 밤에 잠을 설칠 정도로 심하게 가렵다는 것입니다. 가려움을 견디다 못해 계속 긁으니, 피부가 코끼리 가죽처럼 두껍고 딱딱해집니다. 덧난 상처가 2차 감염도 잘 되어서 농가진을 앓기도 합니다.

따라서 이 시기의 아토피는 좀 더 적극적인 치료가 필요합니다. 밤새 긁어 대느라 잠을 설치면 성장에도 막대한 지장이 따릅니다. 또한 아토피 관리가 잘 안 되면 알레르기성 비염이나 두드러기 같은 질환을 앓을 확률도 커집니다. 그뿐만 아니라 아토피를 앓은 흔적 때문에 친구와 어울리는 데 자신감을 잃기도 합니다. 결국 아토피가 사회성 발달에 지장을 주는 셈입니다.

이 시기까지 아토피가 진행되었다면 사실 웬만한 치료는 다 해봤을 겁니다. 연고를 쓰는 것은 물론, 값비싼 아토피 제품도 써보았을 것이고, 음식이나 생활 환경도 계속 신경을 써왔을 테지요. 아토피 때문에 하도 시달리다 보니 이제 엄마는 검증되지 않은 민간요법을 찾게 됩니다. 얼마나 민간요법이 많은지 일일이 말로 다 설명하기가 어려울 정도입니다. 하지만 이런 방법들로 효과를 보는 경우는 극히 드뭅니다. 좋은 환경과 먹을거리를 제공하고 검증된 방법의 치료를 꾸준히 받는 것이 중요합니다.

사실 한방 치료는 단시간에 효과가 나타나지 않습니다. 일반적인 아토피 치료는 연고를 바르고 약을 먹는 동안 잠깐 좋아지기도 하는데 한방 치료는 눈에 띄는 효과가 없어 답답합니다. 그렇더라도 포기하지 말고 꾸준히 치료해야 합니다. 짧게는 3개월에서 길게는 1년까지 걸릴 수 있습니다. 치료와 더불어 환경 관리와 음식 관리를 잘 해주면 아토피를 완치할 수 있습니다.

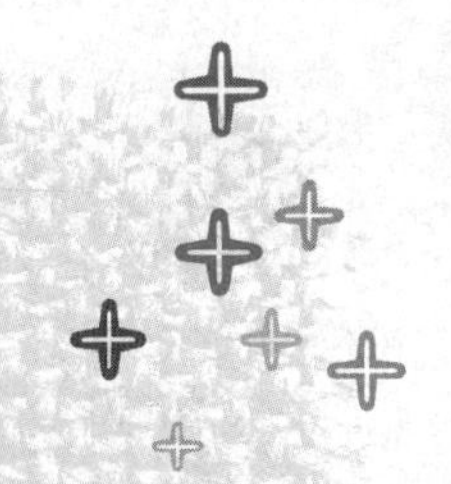

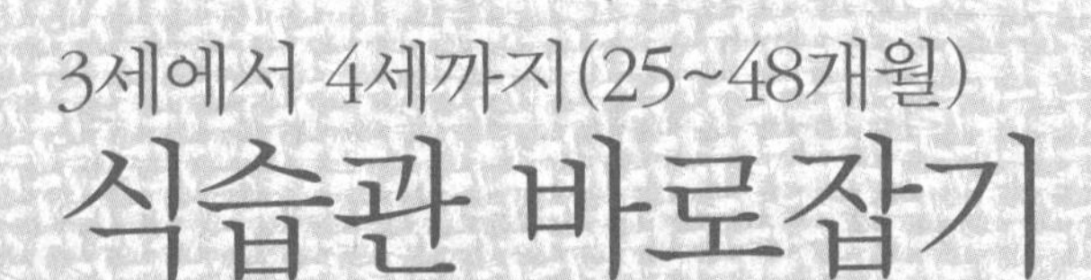

3세에서 4세까지(25~48개월)

식습관 바로잡기

안 먹어도 너무 안 먹어요

밥 안 먹는 아이를 둔 엄마들이 아이 입에
음식이 조금이라도 들어가는 걸 보려는 마음은 정말 간절합니다.
한창 자랄 시기여서 많은 영양소가 필요한데,
아이가 제대로 먹지 않으면 그만큼 발달이 늦어질 수밖에 없지요.
다른 것은 몰라도 식욕부진만큼은 어떻게든 고쳐줘야 합니다.
식욕이 없는 아이를 보면 체질적으로 소화기가 허약할 때가 많습니다.
이런 아이는 마르고 혈색이 좋지 않으며, 너무 안 먹어서 빈혈을 일으키기도 합니다.
아이가 밥을 안 먹는 데는 다 이유가 있습니다. 원인을 찾아 하나씩 문제를 해결해봅시다.

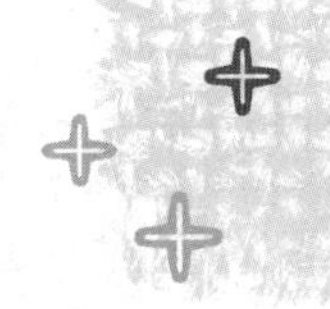

아이가 왜 밥을 먹지 않을까요?

밥을 잘 먹지 않는 아이들은 음식을 오래 입에 물고만 있고 삼키지 않습니다. 그나마 밥을 물에 말아주면 후루룩 넘겨버리지요. 국수 같은 걸 주면 조금 오물거리다 꿀떡 삼키는데, 밥이나 반찬처럼 조금이라도 씹어야 하는 음식은 도무지 삼킬 생각을 안 합니다. 기분이 나쁘면 혀로 음식을 밀어내기도 하지요.

어쩌다 조금 먹는다 싶으면 이내 구역질을 하거나 토해버리기 일쑤입니다. 평소 싫어하는 음식이나 생소한 음식을 보면 입에 대기도 전에 마른 구역질부터 하는 아이도 꽤 많습니다. 설상가상으로 이런 아이는 체하기도 잘합니다. 안 그래도 잘 안 먹는 아이가 체하기라도 하면 아예 입을 닫아버립니다. 잘 먹지도 않고 기껏 먹은 게 소화도 잘 안 되니 대변에서는 시큼한 냄새가 나고, 손발이 차가워지고 밤에 미열도 오릅니다. 잘 안 먹는다는 문제 하나가 여러 가지 신체 이상을 불러오는 셈이지요.

식욕이 부진한 아이들은 대개 소화기계가 허약할 때가 많습니다. 그런데 그보다는 이유식 습관이 잘못 들여졌거나, 엄마가 한자리에 앉아 제때 밥 먹는 습관을 가르치지 못했거나, 좋아하는 음식이라도 먹게 하려다 보니 편식 습관이 생기는 등 잘못된 식습관이 더 크게 작용합니다. 이유식을 단계별로 진행하지 않아 씹는 연습이 충분히 되지 않았다거나 다양한 음식을 골고루 접하지 못한 아이들은 밥을 먹는 게 더 싫을 수 있습니다. 아무 때나 밥을 먹이고, 아이가 싫어하는데도 억지로 먹이면 십중팔구 식욕부진으로 이어지지요. 이것이 식욕부진의 첫 번째 원인입니다.

그다음으로 병을 오래 자주 앓아서 비위가 손상되거나, 선천적으로 허약한 아이가 후천적으로 충분한 영양을 공급받지 못해도 식욕부진이 옵니다. 여름철에 더위를 먹어 비위가 약해져도 식욕이 떨어지는데, 특히 여름에만 식욕부진을 보인다면 더위에 지치지 않도록 잘 보살펴야겠지요.

이 밖에도 이사 등으로 갑자기 생활환경이 변하거나 스트레스를 받으면, 비위의 소화력이 떨어져 체기를 일으키거나 소화즙이 잘 분비되지 않습니다. 결론적으로 볼 때 식습관의 문제 외에는 위장관 기능이 떨어지고 원기가 부족한 아이들이 식욕부진을 보인다고 할 수 있습니다.

선천적으로 먹는 양이 적은 아이들이 있습니다

'정말 저렇게 안 먹고도 살 수 있을까?' 싶을 정도로 밥뿐만 아니라 먹는 것 자체를 싫어하는 아이들이 있습니다. 이렇게 안 먹는 아이를 보는 엄마 마음은 타들어가겠지만, 먹는 것에 비하면 아이는 왕성하게 움직이며 잘 노는 편입니다. 이런 아이들은 위와 장이 무력해서 음식물을 잘 소화하지 못합니다. 소화가 안 돼 위와 장에 음식물이 오래 머물다 보니 모든 음식을 천천히 조금씩 먹습니다. 한마디로 선천적으로 먹는 양이 적지요. 이런 아이들은 먹는 양이 적지만 음식물이 뱃속에 머무르는 시간이 길어서 공복감을 잘 느끼지 못합니다. 배가 하나도 안 고픈데 엄마가 자꾸 옆에서 더 먹으라고 채근하니 입맛이 생길 리가 없습니다. 이런 아이들은 마르고 피부에 윤기가 없으며, 설사를 자주 합니다. 또 조금만 먹어도 배가 불룩 튀어나오고 피하지방이 적어 뱃가죽이 얇습니다. 얼굴은 희고 손발은 차며 자주 배앓이를 하지요. 이 경우 한약으로 체질개선을 하더라도 꾸준한 복용과 치료가 필요합니다.

아파서 입맛이 없어요

먹는 양이 적은 아이들 중에는 유독 입맛이 없는 경우가 있는데 아파서 그럴 때가 있습니다. 아이도 어른처럼 아프면 입맛을 잃습니다. 특히 감기에 걸렸을 때 그렇지요. 이 시기 아이들은 특히 감기에 잘 걸리는데, 감기에 걸리면 입맛이 떨어지는 게 당연합니다. 몸이 감기바이러스와 싸우다 원기가 떨어져서 위도 약해지고 소화시킬 힘도 부족해진 거지요.

감기 외에도 반복적으로 열성 질환을 앓을 때, 구내염이나 간염이 있을 때, 소화불량이 오래갈 때, 결핵 같은 호흡기 질환이 만성적으로 반복될 때, 기생충에 감염되었을 때, 빈혈이나 선천성 심장 질환이 있을 때, 갑상선 기능저하, 뇌성마비 같은 중추성 질환 등이 있을 때도 아이가 입맛을 잃고 밥을 잘 안 먹습니다. 아이가 이런 병을 앓고 있다면 병부터 빨리 치료해야 입맛을 찾고 밥을 잘 먹을 수 있습니다. 닭이 먼저냐 달걀이 먼저냐 하는 식으로 어느 것에 우선순위를 두지 말고 할 수 있는 모든 것을 다해 아이를 도와줘야 합니다.

그 이유는 아이가 병을 앓는 동안 성장이 지연되기 때문입니다. 아파서 잘 먹지 않으니 당연하게 성장도 잘 안 됩니다. 이럴 때는 질병을 치료하는 한편, 몸을 보하는 치료를 병행하는 것이 중요합니다. 그래야 입맛도 정상으로 돌아오고 성장에도 문제가 없습니다.

아토피와 식욕부진은 쌍둥이 질병입니다

"아토피성 피부염은 피부 질환인데, 그게 식욕부진과 무슨 관계가 있나요?"

아토피가 있으면 식욕부진이 생기기 쉽다는 말을 하면 엄마들은 바로 이런 질문을 합니다. 설명해드리겠습니다. 우선 아토피는 피부 겉면에만 오는 염증성 질환이 아니라, 인체 모든 점막까지 약해질 수 있는 질병입니다. 넓게는 코안의 점막, 기관지 점막, 위장관의 점막도 피부처럼 약해집니다. 즉 아토피가 있는 아이들은 소화기 안쪽의 피부라고 할 수 있는 위장관 점막이 무척 예민하여 알레르기 반응도 쉽게 생깁니다. 소화를 돕는 점막이 알레르기 반응을 보인다면 아이는 당연히 소화를 잘 못 시키고 설사를 자주 하며 입맛을 잃게 되지요. 아토피를 앓는 아이가 유독 마르고 허약해 보인다면 이런 이유일 수도 있습니다. 이런 경우 비위기능을 개선하여 소화기 점막을 튼튼히 해주면 식욕과 아토피 증상도 좋아집니다.

간식은 인스턴트가 아닌 제철음식으로

밥도 밥이지만 엄마들은 간식도 열심히 먹입니다. 그런데 그 간식이라는 것을 자세히 들여다보면 과자, 빵, 튀김, 햄버거, 청량음료, 요구르트 등 인스턴트 식품이 생각보다 많습니다. 대체로 기름지고 달아서 일단 입 짧은 아이가 먹기에 참 좋습니다. 게다가 이런 간식은 열량이 높고 혈당을 높이기 때문에 배가 고프다는 욕구를 느끼지 못하게 합니다.

이런 음식들에 길든 아이는 끼니때마다 피자나 스파게티, 빵, 국수 등을 찾습니다. 그러다 보면 밥 먹기는 더욱 어려워지지요. 간식은 제철 재료를 이용한 전통음식으로 만들어줘야 합니다. 시판하는 가공식품들은 좀 더 자라서 얼마든지 먹을 수 있습니다. 하지만 한창 자랄 나이에 이런 음식을 먹으면 더 클 수 있는 키를 덜 자라게 하고, 더 많이 먹어야 하는 자연친화적인 음식을 영영 못 받아들이게 합니다. 아이가 먹는 모든 음식은 담백해야 합니다. 먼저 입맛을 담백하게 바꿔줘야만 밥도 잘 먹을 수 있습니다.

단체 생활이 식욕부진을 일으키기도 합니다

다른 장기도 그렇지만 특히 소화기관은 스트레스에 가장 민감한 기관입니다. 오죽하면 조금만 신경 써도 바로 설사가 나오는 '과민성 대장 증후군'이라는 병이 있겠습니까? 만일 아이가 체질적으로 아무 이상이 없는데도 밥을 안 먹는다면 최종적으로 심리적인 문제가 있는지 살펴봐야 합니다. 아이가 조금만 기분 나쁜 일이 있어도 밥을 거부하고, 식탁 앞에 앉을 때마다 엄마와 큰 소리로 승강이를 벌인다면 무언가로 인해 정신적인 스트레스를 받고 있는 게 분명합니다.

놀이방 생활이 스트레스가 될 때도 많습니다. 이 시기 아이들은 대부분 난생 처음 놀이방이나 보육원에 갑니다. 이는 아이가 이제 단체 생활을 시작한다는 의미입니다. 아무리 졸려도 정해진 시간에 일어나야 하고, 친구와 싸우다가 제 물건을 빼앗기기도 하고, 선생님에게 혼도 나야 하니 적응력이 뛰어나지 않다면 놀이방에 다니는 자체가 큰 스트레스일 것입니다. 그러다가 한계 상황까지 가면 그만 입맛을 뚝 잃고 먹는 것을 거부하는 식욕부진이 나타나게 되지요.

엄마가 직장 생활을 할 경우에는 더 어렵습니다. 할머니, 시어머니, 친정어머니 등 아이를 맡아 키워줄 분이 있다면 모를까, 아이를 낳고 석 달이 지나면 엄마는 직장에 다시 다녀야 합니다. 낯선 놀이방 같은 곳에 다니는 것도 힘든데, 엄마마저 볼 수가 없습니다. 하지만 엄마는 아랑곳하지 않고 아침마다 이렇게 말합니다.

"엄마 늦었어. 빨리 먹고 일어나 놀이방 가야지?"

다 먹으면 놀이방에 가야 한다고 생각을 한 아이는 더 먹지 않으려고 합니다. 안 먹으면 그만큼 엄마의 관심을 끌 수 있을 뿐만 아니라, 엄마를 오랫동안 자기 옆에 잡아둘 수 있다는 걸 알기 때문이지요. 그러면 엄마는 급기야 화를 내고 빨리 안 먹으면 혼낼 거라고 으름장을 놓게 마련입니다.

어른이고 아이고 맘이 편하고 느긋해야 밥도 맛있고, 소화도 잘 됩니다. 옆에서 누군가가 많이 좀 먹으라고 재촉할 때는 입맛도 사라지고, 먹었다 한들 소화도 잘 안 됩니다. 우선 처음으로 엄마 곁을 떠나야 하는 아이의 마음을 배려해주세요. 적어도 밥을 먹는 분위기가 편하고 안정적이어야 합니다. 아이가 밥알을 하나하나 세가면서 밥을 먹더라도 "빨리 먹어라", "한 입 더 먹어라"라고 말하지 마세요. 스트레스가 가중되어 더 입맛을 잃습니다. 그저 아이가 단체 생활에 잘 적응할 수 있도록 하루의 일과를 들어주면서 아이가 받았을 스트레스를 그때그때 풀어줘야 합니다. 그러다 보면 아이는 어느새 단체 생활에 잘 적응합니다. 그러면 스트레스가 있어도 이겨내고 식욕부진 증상도 점차 나아집니다.

잘 먹는데도 안 크는 아이가 있습니다

이것저것 가리지 않고 잘 먹는데도 안 크는 아이들이 있습니다. 이런 아이들은 소음인 체질에 속한다고 볼 수 있습니다. 이 체질은 비위기능이 허약하여 소화를 잘 시키지 못하거나, 음식물을 먹어도 영양흡수 능력이 떨어져 살이 잘 붙지 않습니다. 건강 상태가 좋지 않으면 바로 체중이 줄기도 하지요. 일단 이런 아이들은 비위를 도와 소화기능과 흡수력을 증진시키고 기와 혈을 보충해줘야 합니다. 즉, 살을 찌우기보다는 오장육부의 전반적인 건강 상태를 유지해나가는 것에 목적을 두어야 할 것입니다.

급한 마음에 영양제나 기타 살 찌우는 약을 먹이는 것으로는 근본적인 체질개선이 어렵습니다. 비위가 약해 영양을 흡수 못한다면 우선 비위의 기능부터 되찾아주는 것이 우선이라는 말입니다. 이는 단시간에 해결될 문제가 아닙니다. 시간을 두고 짧게는 몇 개월, 길게는 1년 이상 적절히 관리해준다면 성인이 되어서도 효과가 사라지지 않습니다. 저는 적어도 식욕부진만큼은 학교에 입학하기 전까지 어느 정도 개선해야 한다는 생각입니다. 사춘기까지는 신체의 각 기능이 빠른 속도로 성장할뿐더러, 공부를 하기 위한 에너지도 많이 필요합니다. 그러니 일찌감치 밥 잘 먹는 아이로 만들어놓지 않으면 앞으로의 생활이 무척 어려워집니다. 이때는 엄마가 먼저 마음을 느긋하게 다스려야 합니다. 처음부터 다시 시작한다는 마음으로, 아이의 음식 기호도를 쫓아가지 말고 새로 식습관을 길들여 나가면서 최대한 영양을 공급할 방법을 모색해보세요. 두드리면 열리는 법입니다.

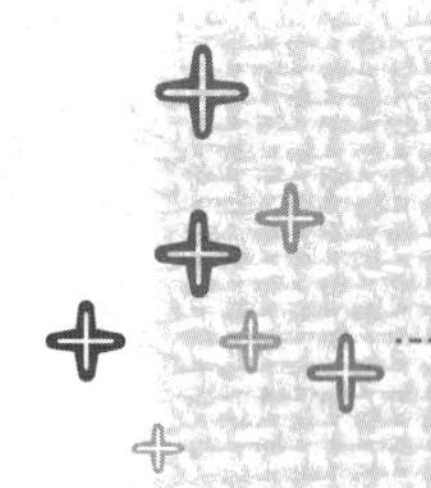

우리 아이 튼튼하게 키우는 자연식 식습관 네 가지

밥이라면 거들떠보지도 않는 아이를 두고 마냥 좋아지기를 기다릴 수는 없는 노릇입니다.
느긋한 마음으로 지켜보되 몇 가지 원칙을 지킬 필요가 있습니다.
식습관을 형성하는 주변 환경이 바뀌지 않는 한
그 어떤 방법도 밥 잘 먹는 아이를 만들 수는 없습니다.
안 먹던 아이를 먹게 하고 튼튼하게 키우는 자연식 식습관에 대해 알아봅시다.

엄마 아빠의 편식 습관부터 고치세요

사실 식욕부진 때문에 병원을 찾은 아이들은 음식 모두를 안 먹는다기보다, 밥은 아주 조금 먹으면서 자기 입에만 맞는 음식을 찾아 편식하는 경우가 대부분입니다. 편식을 하면 영양을 골고루 섭취할 수 없으므로 성장발달에 막대한 영향을 미치고, 감기 같은 잔병치레의 원인이 되기도 하지요.

인정하고 싶지 않겠지만, 편식은 90퍼센트 엄마의 잘못입니다. 편식하는 아이의 엄마를 보면 먹는 것이 얼마나 중요한지 제대로 인식하지 못하는 분들이 뜻밖에 많습니다. 그저 배불리 먹이면 된다는 단순한 생각을 하고 있지요. 텔레비전을 보면서 아이와 함께 밥을 먹거나, 이유식도 그냥 시판 이유식을 사서 먹이는 경우가 많습니다. 엄마가 직장 생활을 하면 십중팔구 그렇습니다. 피곤하다는 이유로 "우리 오늘 저녁 피자 시켜 먹을까?" 하고 아이를 꼬시는(?) 분도 여럿 봤습니다. 엄마가 이런 마음이니, 밥 안 먹으려고 떼를 부리는 아이에게 단호한 태도를 보일 수가 없습니다.

이와 반대로 영양 섭취를 목적으로 아이가 좋아하지도 않는 음식을 강요하는 엄마도 있습니다. 그 순간에는 혼나는 게 싫어 억지로 몇 숟가락 먹을 수도 있지만, 그렇게 경험한 음식은 백발백중 싫어하게 됩니다.

편식을 고치려면 먼저 엄마 아빠의 식습관부터 고쳐야 합니다. 편식하는 아이를 가만히 살펴보면 부모 역시 편식하는 경향이 있습니다. 엄마 아빠도 채소를 잘 안 먹으면서 아이 것만 따로 준비해 먹이려고 하지요. 집에서 일상적으로 먹는 음식이 아니라면 아이에게 잘 먹일 수 없습니다.

아이가 어떤 특정 재료를 너무 싫어한다면 조리법을 바꾸는 것도 방법입니다. 생선을 싫어한다면 익힌 생선살을 부수어 주먹밥을 만들거나 튀김옷을 입혀 살짝 튀겨 먹여보세요. 또한 아이가 좋아할 만한 다른 재료와 조합해서 먹이는 것도 좋지요. 처음에는 아이가 알아채지 못하게 잘게 다지는 식으로 시작합니다. 아이가 볶음 요리를 좋아한다면 다양한 재료와 섞어 볶음밥을 만들어줘도 좋겠지요. 3~4세는 편식 습관이 고정화될 시기이므로 어떻게든 다양한 입맛을 살려주는 것이 중요합니다.

좋은 음식이라도 많이 먹이면 안 됩니다

과일은 얼마든지 먹여도 좋다고 생각하는 엄마들이 있습니다. 밥을 잘 안 먹으면 과일이라도 많이 먹여야 한다고 굳게 믿고 있지요. 새콤달콤한 과일로 입맛이 돌아올 거라는 기대도 하는 것 같습니다. 결론적으로 말하자면 과일은 하루 300~400g 이상은 안 먹이는 게 좋습니다. 엄마들의 기대와 달리 과일을 너무 많이 먹으면 과당 때문에 오히려 식욕이 떨어져 편식이 더 심해질 수 있습니다. 영양이 불균형해지는 건 당연하겠지요. 설사와 충치도 생기기 쉽고요. 이처럼 아무리 좋은 음식도 지나치게 많이 먹으면 성장발육에 좋지 않습니다.

과일 얘기를 더 해볼까요? 비단 영양 불균형과 충치 같은 질환 때문에 과일을 많이 먹이지 말라는 것은 아닙니다. 과일은 기본적으로 아이가 좋아하는 단맛을 지녔습니다. 단맛은 매우 강한 맛입니다. 강한 단맛에 길들면 밥이나 반찬 같은 담백한 음식은 거들떠도 안 보게 됩니다. 더구나 과일의 당분은 쉽게 에너지로 전환되는 반면 빨리 소모됩니다. 즉 먹고 나서 반짝 힘이 났다가 금방 기운이 떨어지지요. 계속 단맛만 찾다 보면 비만은 물론, 행동장애까지 일으킬 수 있습니다. ADHD를 앓는 아이들의 60퍼센트가 단맛을 좋아한다는 통계 보고가 있습니다.

이렇듯 아무리 좋은 음식이라도 지나치게 많이 먹으면 반드시 부작용이 따릅니다. 채소를 좋아한다고 풀 종류만 계속 먹이면 성장에 꼭 필요한 단백질이 부족해집니다. 그렇다고 고기를 끼니때마다 먹이면 비만이나 소화불량에 걸리게 되지요. 어느 특정 음식의 장점만을 생각해 그것만 고집해서는 안 됩니다. 성장에 필요한 영양소는 어느 한 가지로 제한되지 않기 때문입니다. "이거라도 먹는 게 어디야" 하는 생각은 금물입니다. 이때는 식사량보다 영양의 질이 훨씬 더 중요합니다. 하루의 식사에서 영양 섭취가 불완전하다면 적어도 일주일 단위로 영양의 균형을 잡아주세요. 또한 단백질 식품과 탄수화물류, 야채류는 식사의 기본이니 끼니때마다 한 가지도 빠뜨리지 않도록 유념하세요.

주식을 안 먹으면 간식부터 끊으세요

먹을 게 없어 고구마 한 조각, 강냉이 한 줌도 훌륭한 간식이던 시절과 달리 요즘은 먹을 게 곳곳에 널렸습니다. 문제는 아이들이 좋아하는 간식 대부분이 화학 처리가 된 가공식품이라는 점입니다. 화학 첨가물을 전혀 안 썼다고 광고하는 아이용 과자도 절대 안전하지 않습니다. 기본적으로 과자를 만들 때 쓰는 밀가루가 안전하지 않은데, 아무리 좋은 가공법이라 한들 아이에게 좋을 리 있겠습니까?

간식은 아이의 영양을 해치지 않고 주식을 방해하지 않는 선에서만 먹여야 합니다. 엄마가 직접 만든 과자나 빵, 제철 과일, 견과류 등이 좋습니다. 간식의 비율은 하루 동안 먹는 음식물의 20퍼센트를 넘기지 말아야 합니다. 하루 세 끼 식사도 잘 하지 않는 아이가 간식까지 먹으면 가장 중요한 주식을 더 안 먹을 수 있으므로 양 조절이 중요합니다. 밥을 먹지 않는다면 그 문제가 해결될 때까지 아예 간식을 주지 않는 편이 더 나을 수도 있습니다.

저는 주식과 마찬가지로 간식 역시 제철 음식을 먹이라고 늘 권합니다. 우리 땅의 제철 음식이라면 과일 뿐 아니라 옥수수나 고구마, 감자 같은 것도 간식으로 좋습니다. 한 가지보다는 여러 가지를 섞어 먹이는 것이 좋고 그날의 주식에 따라 부족한 영양소를 보충해줄 수 있다면 더욱 좋습니다. 아침에 단백질을 잘 먹지 못했다면 달걀이나 치즈를 이용한 간식을 주는 식으로 말이지요. 채소가 부족했다면 과일이나 샐러드를 만들어주면 좋겠지요.

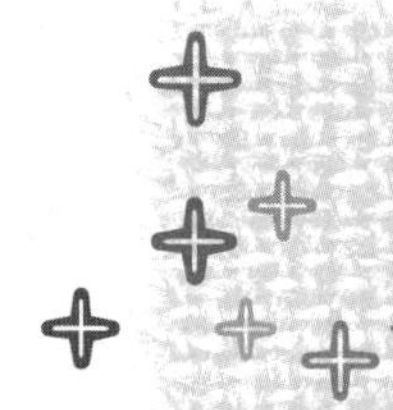

식욕부진에 효과적인 한방요법

밥 먹기 싫어하는 것은 병은 아닙니다. 하지만 밥을 싫어하는 아이는
충분하고 고른 영양 섭취가 불가능하기 때문에 제대로 성장할 수 없습니다.
결국 마르고 허약해져 감기도 잘 걸리고 잔병치레를 자주 하게 됩니다.
요즘 아이들은 정말 군것질을 많이 합니다. 게다가 아이를 유혹하는 인스턴트 음식이 너무 흔합니다.
군것질과 인스턴트 음식은 식욕부진을 불러오는 대표적인 원인입니다.
이런 음식들을 피하면서 입맛을 돌게 하는 한방요법을 시행해보세요.
아이의 식욕이 한결 좋아집니다.

입맛을 돌게 하는 한방 가정요법

"밥 잘 먹게 하는 약이 있으면 좀 지어주세요."

언뜻 보기에도 수척하게 마른 아이 손을 잡고 저를 찾아온 엄마가 한 말입니다. 한약을 먹이면 그래도 좀 입맛이 돌아오지 않겠느냐며, 쓴 약이라도 좋으니 빨리 처방 좀 해달라고 하소연을 합니다. 물론 한약으로 아이 입맛을 돌아오게 할 수도 있지만, 우선 입맛을 돌게 하는 가정요법을 쓰면 어떨까요?

입맛을 돌게 하는 한방 가정요법은 조리법이 간단하고 재료 고유의 맛이 살아 있다는 특징이 있습니다. 아이 입맛을 되찾게 하는 대표적인 음식이 바로 마죽입니다. 특히 비위가 약한 아이가 먹으면 위장도 보호하고 기운 회복에도 도움이 됩니다. 하루 먹을 만큼의 죽을 만들 때, 마 가루 8~15g을 함께 넣어 끓이기만 하면 됩니다. 맛이 강하지 않아 아이는 마 가루가 들어갔는지도 잘 모를 정도지요. 입이 짧고 식욕이 부진한 아이들은 대게 음식을 꼭꼭 씹어 삼키는 것을 싫어하는데, 이때 죽을 묽게 쑤어 먹으면 고형식보다는 잘 먹습니다. 이렇게 먹기 좋은 죽에 마 가루를 넣으면 입맛을 돌게 하는 데 약보다 더 효과가 좋습니다. 마에는 디아스타제라고 하는 소화효소가 다량 들어 있기 때문에 소화 흡수가 잘 될 뿐만 아니라 비위의 기능을 도와 식욕을 증진하는 작용이 있습니다. 돌까지는 8g, 두 돌까지는 10g, 세 돌까지는 15g을 넣어 하루에 서너 번 나누어 먹이면 됩니다.

한방에서 '신곡'이라 불리는 약 누룩도 좋습니다. 약 누룩은 소화효소의 작용을 도와 소화력을 키우고 식체 등에 의한 식욕부진을 개선하는 약재입니다. 약 누룩 30g을 살짝 볶은 다음 물 1리터에 넣고 약한 불에 반으로 줄어들 때까지 우려냅니다. 이 물을 하루 100~150ml 정도 3~4일 동안 나눠 먹입니다.

삽주뿌리차도 도움이 되지요. 삽주뿌리는 한방에서 '백출'이라고 합니다. 비위 허약을 개선하여 식욕증진은 물론 원기를 보강하고 소화력을 키우는 대표적인 약재입니다. 말린 백출 40g을 물 1리터에 넣고 약한 불에 반으로 줄어들 때까지 우려냅니다. 이 물을 하루 100~150ml 정도 3~4일 동안 나눠 먹입니다. 여기에 말린 귤껍질을 함께 넣고 달여도 좋습니다.

밥 잘 먹는 아이로 만드는 추나요법

아이 배를 마사지해주면 소화즙이 잘 나오고 비위의 활동이 활발해집니다. 결과적으로 소화력과 식욕이 커지고 장이 편안해지지요. 한방에서는 손으로 시행하는 모든 마사지법을 추나요법이라고 합니다. 추나요법은 엄마들도 배워서 할 수 있지만, 아이를 마사지할 때 손을 못 대게 할 만큼 너무 아파한다면 몸 어딘가에 이상이 있을 수 있다는 신호이므로 억지로 추나요법을 해서는 안 됩니다. 몸에 문제가 생긴 게 아닌지 한의사에게 진찰부터 받아야겠지요. 아이가 마사지를 해도 별로 싫어하지 않는다면 상태를 봐가면서 조금씩 추나요법을 써보세요. 한 번에 효과가 있지는 않지만 꾸준히 계속 하면 밥 잘 먹는 아이로 키우는 데 도움이 됩니다.

우선 아이를 똑바로 눕히세요. 그다음 갈비뼈 바로 아래 가장자리를 따라 명치에서 옆구리 방향으로 양 엄지손가락으로 밀어 내립니다. 분당 100번씩, 1~2분 정도 하면 적당합니다. 명치에서 배꼽까지 검지와 중지 두 손가락으로 꾹꾹 누르면서 쓸어내려줘도 효과가 있습니다. 이 역시 분당 100번 정도, 1~2분씩 하면 좋습니다. 배꼽 주변을 시계 방향으로 원을 그리며 문질러주는 것도 식욕 증진에 좋은 추나요법입니다. 5분 정도 살살 문질러주면 식욕도 생기고 아이의 정서 발달에도 좋습니다.

식욕부진에 좋은 약향요법

라벤더 3방울, 로만캐모마일 오일 3방울, 페퍼민트 오일 1방울을 올리브 오일 30ml에 넣어 추나요법을 할 때 쓰면 좋다. 소화불량, 구토, 복통 세 가지 모두에 효과가 있다.

비위기능을 돕는 한약

밥맛 없는 아이에게는 비위의 기능을 돕는 한약을 씁니다. 밥맛을 좋게 하는 대표적인 한약으로는 양위진식탕, 보중익기탕, 삼령백출산 등이 있습니다. 보통 2주일 정도 먹이면 식욕이 좋아지는 대표적인 식욕촉진용 한약입니다.

하지만 아이가 입맛을 잃은 이유가 체기 때문이라면 이런 약을 먼저 먹여선 안 됩니다. 체기를 풀어주는 것이 우선이지요. 체기가 있으면 식욕촉진용 한약을 먹여도 제대로 흡수되지 않습니다. 체기를 푸는 한약 처방으로는 평위산, 내소산, 대화중음 등이 있습니다. 또한 아기가 소화즙이 잘 나오지 않거나, 평소에 변비가 있다면 육미지황탕, 육마탕, 지황백호탕 등으로 소화즙 분비를 돕고 쾌변을 유도할 수 있습니다. 이런 약으로 속을 편안하게 해주면 식욕도 자연스럽게 돌아옵니다.

식습관의 문제 이전에 전반적으로 식욕이 없는 아이는 대개 소음인인 경우가 많습니다. 소음인은 비위가 허약하고, 한약을 복용해도 어느 날 갑자기 식욕이 왕성해지지는 않습니다. 성미 급한 엄마들은 이런 사실을 모른 채 비싼 한약을 먹여도 하나도 효과가 없다며 울상을 보이곤 합니다. 아이가 소음인이거나, 허약증이 심하다면 좀 더 인내심을 갖고 치료해야 합니다. 허약 상태가 심하고 체질개선이 필요할수록 꾸준히 관리를 해줘야 합니다. 중도에 포기하면 부족한 기능과 허약증을 채워줄 수 없습니다.

이럴 때 저는 약 4주 이상의 복약을 원칙으로 합니다. 또한 3개월에 한 번 정도 재진하여 지속적으로 관리하게 합니다. 이렇게 1년 정도 관리해주면 식욕을 되찾고 허약체질이 개선됩니다. 빈자리가 크면 채워야 할 것도 많은 법입니다. 허약한 정도가 심할수록 긴 시간과 노력이 필요합니다.

3세에서 4세까지(25~48개월)

눈 · 코 · 입

열이 많으면 눈에 이상이 생깁니다

한의학적으로 눈과 관련된 질병에는 한증寒證, 즉 찬 기운으로 인한 질병이 없다는 말이 있습니다.
다시 말해 눈과 관련한 대부분의 질병은 열 때문에 생긴다는 것이지요.
아이가 열날 때 눈이 충혈될 때가 많은 것도 이런 원리입니다.
따라서 아이가 눈이 아플 때는 열을 없애줘야 합니다.
달고 매운 음식은 열이 많으니 피하는 것이 좋습니다.
눈병이 있으면 맛이 담백한 음식과 채소나 과일, 해산물을 많이 먹이세요.

다래끼가 생겼을 때 무조건 짜지 마세요

한방에서는 다래끼를 맥립종이라고 합니다. 침에 찔린 것처럼 아프다고 해서 '침안'이라고도 하지요. 눈에 관한 질병은 십중팔구 열 때문에 생기는데 다래끼도 마찬가지입니다. 따라서 다래끼가 막 생기기 시작한 초기에는 먼저 열부터 내리는 처방을 합니다. 만일 다래끼가 어느 정도 진행하여 고름까지 생겼다면 고름을 빼내는 처방과 함께 침 치료를 병행하지요.

집에서 쉽게 하는 방법도 있습니다. 주먹을 쥐어보면 새끼손가락 아래 손금이 접히면서 살짝 튀어나오는 부분이 있습니다. 이곳을 소독한 바늘로 피를 몇 방울 내주면 눈의 통증과 부기가 가라앉습니다.

눈에 고름이 잡히면 어떻게든 짜내 없앨 생각을 하는데, 고름은 충분히 곪아 빠져야 다시 생기지 않습니다. 이때는 눈 주변을 따뜻한 물수건으로 찜질해서 더 빨리 곪게 해줘야 합니다. 곪은 부위를 직접 짜지는 마세요. 고름이 생긴 곳의 속눈썹을 뽑아주면 고름도 따라나옵니다.

아이 눈에 다래끼가 너무 잘 생긴다면 비위가 허약하거나 비위에 열이 쌓였다는 증거입니다. 이럴 때는 체질개선을 통해 비위를 보하거나 비위에 쌓인 열을 빼줘야 합니다. 육류와 밀가루 음식, 단 음식은 비위에 열을 쌓이게 하므로 피하는 것이 좋습니다. 대신에 채소나 과일, 해산물을 많이 먹게 하세요. 또한 눈에 피로가 쌓이지 않도록 잠도 충분히 재워야 합니다.

사물을 볼 때 눈을 자꾸 찡그리면 근시

아이가 뭔가를 볼 때 자꾸 눈을 찡그린다면 시력이 많이 떨어졌다는 신호입니다. 이 시기 아이들은 시력이 약간 떨어졌다고 해서 눈을 찡그리지는 않습니다. 서둘러 안과 진단을 받아보아야 합니다. 아이는 대부분 원시상태(약 +2.5D)로 태어나는데, 돌이 되면 시력이 0.4 정도가 되며, 이때서야 색채를 완전히 구별할 수 있습니다. 그러다가 만 5~6세가 되어서야 성인과 비슷한 시력을 갖춥니다. 지금 월령에는 대략 1.0 정도의 시력은 되어야 합니다. 만일 아이가 자꾸 눈을 찡그린다면 시력이 평균치에 미치지 못할 뿐만 아니라 약시일 가능성도 있습니다. 한번 나빠진 시력은 다시 회복할 수 없습니다. 따라서 이 시기의 눈 건강과 시력 관리는 무척 중요합니다. 이때까지 안과 검진을 한 번도 받아보지 않았다면 서둘러 안과에 가봐야 합니다.

좀 더 철저하게 눈 건강을 지키려면 적어도 생후 6개월~1년, 3세, 입학 전 이렇게 세 번 정도는 시력 검진을 받아야 합니다. 시력 이상은 조기 발견이 가장 중요합니다. 시력이 이미 나빠진 상태에서 우연히 그 사실을 발견한다면 치료가 어렵습니다.

눈에 이물질이 들어갔을 때는 식염수 세척을

아이가 자꾸 눈을 비빌 때가 있습니다. 눈에 뭐가 들어가 불편해서 자꾸 손이 가는 것이지요. 눈 좀 비비지 말라고 타일러도 눈 속의 이물질이 빠지지 않으면 아이는 말을 듣지 않습니다. 가렵고 불편한데 가만히 있을 아이는 많지 않습니다. 그렇다고 눈 비비는 걸 그냥 내버려두면 각막에 상처가 날 수도 있습니다. 이럴 때는 식염수를 넣어 이물질이 흘러나오게 해야 합니다. 식염수는 인체에 아무 해가 없고, 또 세척 작용을 하기 때문에 눈 비비는 아이에게 한번쯤 써봐도 무방합니다.

단, 어른이 사용하는 안약을 넣어선 안 됩니다. 눈에 이물질이 들어갔을 때는 생리식염수로 빼주는 것이 가장 좋습니다. 식염수를 넣었는데도 이물질이 계속 남아 있거나, 이물질이 나와도 아이가 아파하거나 가려워한다면 바로 안과를 찾아 처치를 받아야 합니다.

눈에 좋은 천연 재료

사람의 눈은 무척 민감합니다. 조금만 피곤해도 쉽게 충혈되고, 작은 먼지만 들어가도 아프고 가렵습니다. 민감한 부위인 만큼 눈과 관련한 처방은 천연 재료를 사용하는 것이 좋습니다. 개인적으로 양방에서 쓰는 어른용 안약과 연고는 될 수 있는 대로 쓰지 않기를 권합니다. 눈을 맑게 하는 대표적인 재료에 국화가 있습니다. 국화는 간의 열을 내려 눈을 맑게 하고, 열이 심해 생기는 증상을 없애줍니다. 눈이 뻑뻑하고 아플 때 특히 효과적입니다. 마른 국화 꽃잎으로 엷게 차를 끓여 마시면 좋은데, 구기자와 함께 사용해도 효과가 좋습니다.

차가운 성질인 결명자는 눈을 맑게 해주는 약초로 유명합니다. 간과 눈에 뭉친 열을 풀어줘 눈을 건강하게 만들어줍니다. 결명자를 보리차처럼 끓여 먹거나 죽으로 만들어 먹으면 특히 좋습니다. 아기 베개에 결명자를 넣어줘도 좋지요. 하지만 속이 찬 아이들은 결명자를 많이 먹으면 설사를 일으킬 수도 있으니, 너무 오래 복용하는 것은 좋지 않습니다.

한방에서 안약 대신 쓰는 약재로 황련이 있습니다. 일명 깽깽이풀이라고도 하지요. 눈이 침침하거나 끈적거릴 때, 결막염 증세가 있거나 상처가 났을 때 황련 달인 물을 시원하게 식혀 눈을 닦아주면 안약을 쓴 것 같은 효과가 있습니다.

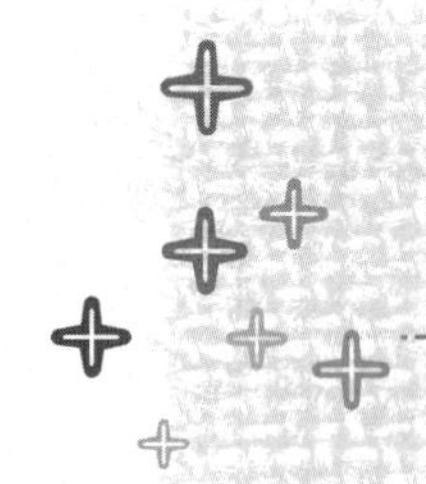

코가 건강하면 감기에 걸리지 않습니다

감기에 자주 걸리는 아이들은 대부분 코 건강이 안 좋습니다. 감기에 막 걸렸을 때, 그 전조 증상으로 콧물이 납니다. 한번 시작한 콧물은 감기가 끝날 때까지 그치지 않지요. 코가 항상 막혀 있는 만성비염, 종일 코를 훌쩍거리고 재채기를 해대는 알레르기성 비염, 코의 부비동에 농이 고이는 축농증 역시 코가 건강하지 못해 생기는 질환입니다. 코는 우리 몸과 바깥 기운이 처음 만나는 곳입니다. 따라서 코가 건강하면 외부에서 들어오는 나쁜 기운을 막아 감기나 다른 질병에 잘 걸리지 않습니다.

폐 건강이 곧 코의 건강

코는 폐와 밀접하게 연결되어 있습니다. 폐는 코로 들어온 산소를 받아들이고 이산화탄소를 밖으로 내보내는 아주 중요한 역할을 하지요. 중요한 역할을 하는 곳이니만큼 관리가 까다롭습니다. 담배 연기나 매연 같은 탁한 공기와 만나도 싫어하고, 갑자기 찬 공기가 들어오는 것도 달가워하지 않습니다. 코는 외부에서 들어온 공기를 따뜻하게 만들고 습기를 머금게 해서 폐로 보냅니다. 또 먼지가 많은 공기는 코털에 의한 정화 작용을 거쳐 맑은 공기로 바뀌어 기관지를 거쳐 폐에 들어갑니다.

따라서 코가 건강해야 폐가 건강하고, 반대로 폐가 튼튼해야 코 기능을 보완할 수 있습니다. 코가 허약하거나 예민해서 감기를 달고 산다면 폐의 기능을 높여야 합니다. 폐가 튼튼해야만 코가 탁하고 건조한 공기를 잘 걸러낼 수 있기 때문이지요. 즉, 폐 기운을 보강해줘야 코도 좋아지고, 면역력도 높아져 감기에도 덜 걸립니다.

코 질환에 대한 면역력을 키우려면 항생제 같은 양약보다는 한방 약재를 쓰는 것이 효과적입니다. 한방에서 쓰는 약재는 단순히 증상만 없애는 것이 아니라, 폐의 기운을 돋워 코를 근본적으로 건강하게 만들어주기 때문입니다.

코 질환에 좋은 대표적인 약재가 참느릅나무의 뿌리껍질입니다. 일명 코나무라고 불리며, 한방에서는 유근피라고 하지요. 말린 유근피 30g을 물 1리터에 넣고 약한 불로 반으로 줄 때까지 우려내어 하루 100~150ml씩 3~4일에 동안 먹이면 효과가 나타납니다.

아이가 코를 고는 이유

전에는 멀쩡하던 아이가 갑자기 코를 곤다면 일단 비염이나 축농증을 의심해봐야 합니다. 코에 생기는 염증성 질환은 비강 점막을 붓게 해서 코를 골게 하지요. 비염이나 축농증이 없는데도 코를 곤다면 선천적으로 편도나 코 뒤의 편도인 아데노이드가 큰 경우입니다. 이런 여러 가지 원인 때문에 콧속 공기 흐름이 좋지 않으면 집중력이 떨어지는 것은 물론, 숙면을 방해하여 성장발육에도 나쁩니다.

아데노이드나 인후 편도가 큰 아이는 코만 고는 게 아니라 열 감기, 목감기, 중이염에 걸리기 쉽습니다. 그렇다고 수술 같은 부담스러운 치료법까지 생각할 필요는 없습니다. 아직 아이는 성장 과정에 있으므로 크면서 얼마든지 증상이 나아질 수 있습니다.

《동의보감》에는 '폐 기운이 허약해지면 허약증의 하나로 코를 곤다'고 나와 있습니다. 이는 아이가 코를 고는 것은 일종의 허약증이기 때문에 폐 기운을 보강하는 치료를 해야 한다는 의미입니다. 다시 말해 코를 고는 자체가 병이 아니라는 말입니다. 코를 고는 증상뿐 아니라 비염이나 축농증도 마찬가지입니다. 한방에서는 증상을 완화하면서 폐 기운을 보강하는 처방을 합니다.

알레르기성 비염에 좋은 약재로는 수세미가 있습니다. 한방에서는 사과락이라고 하는데 수세미즙이나 가지에서 나오는 수액을 먹여도 좋고, 마른 수세미 20g을 물 1리터에 넣고 약한 불로 반으로 줄 때까지 우려내어 그 물을 먹여도 좋습니다. 하루 100~150ml씩 3~4일에 나눠 먹이면 됩니다.

코막힘에 좋은 칡뿌리와 대추감초차

감기로 코가 막혔다면 감기를 치료하면 되지만, 감기도 아닌데 항상 코가 막혀 잠을 편히 못 잔다면 다른 치료가 필요합니다. 아이의 코가 항상 막혀 있다면 일단 만성비염, 비후성 비염, 축농증, 아데노이드 비대증 등이 없는지 확인해봐야 합니다. 코가 막혀 입으로 숨을 쉬면 얼굴 형태까지 바뀐다는 연구 결과도 있습니다. 두통도 생기기 쉽고 집중력도 떨어지지요. 하루이틀이 아니라 며칠씩 코가 막혀 있다면 한번쯤 검진을 받는 것이 좋습니다.

코가 막혔을 때는 집 안 환경도 무척 중요합니다. 습도와 적절한 온도를 유지하고, 아기가 찬 바람에 직접 닿지 않게 해야 합니다. 생리식염수나 죽염수를 이용해 콧속을 청소해주면 코 점막의 붓기가 가라앉아 숨쉬기가 한결 편해집니다. 또한 맵지 않은 무를 강판에 갈아 면봉에 묻혀서 콧속을 닦아줘도 효과가 있습니다. 무즙은 코를 뚫어줄 뿐 아니라 자체적으로 살균작용을 해서 코감기를 비롯한 호흡기 염증에 좋습니다.

코가 꽉 막혀 숨을 잘 못 쉴 정도라면 칡뿌리가 효과적입니다. 말린 칡뿌리 30g을 물 1리터에 넣고 약한 불로 반으로 줄 때까지 우려냅니다. 이 물을 하루에 100~150ml씩 3~4일에 동안 나눠 먹입니다. 칡뿌리 우린 물은 맛이 써서 아이들이 잘 먹지 않을 수 있으므로 조청이나 꿀을 넣어 먹이세요.

대추감초차도 좋습니다. 대추나 감초는 염증을 없애고 코안의 작은 핏줄들의 기능을 돕습니다. 특히 비염이나 감기로 인한 코막힘에 좋은 효과가 있습니다. 말린 대추 30g과 감초 10g을 물 1리터에 넣고 약한 불로 반으로 줄 때까지 우려냅니다. 이 물을 하루 100~150ml씩 3~4일 동안 나눠 먹입니다.

코가 안 좋으면 눈 밑이 검어집니다

눈 밑이 푸르거나 어두운 것에는 여러 가지 원인이 있습니다. '알레르기성 샤이너(shiner)'라고 하여 아토피성 피부염, 알레르기성 비염, 알레르기성 기관지천식이 있으면 눈 밑 정맥이 충혈되어 푸르고 어두워집니다. 또한 비염이나 축농증이 있어도 눈 밑이 검어집니다. 코의 염증 때문에 피가 잘 돌지 않아 눈 밑이 푸르고 어두워지는 것이지요. 이렇게 되면 후비루, 즉 콧물 가래가 목 뒤로 넘어가는 현상까지 생깁니다. 후비루는 기관지를 자극하여 만성적인 기침을 일으키기도 합니다.

또한 눈 밑은 한방적으로 소화기관에 속하기 때문에 비위가 허약해도 눈 밑이 검어집니다. 즉 비위의 기혈이 부족해져서 식욕이 떨어질 때도 눈 밑에 그늘이 생기지요. 경우에 따라 신장이 좋지 않아도 몸에 독소와 수분이 쌓이면서 눈이 붓고 눈 아래가 어두워지기도 합니다. 하지만 이런 이상 없이도 선천적으로 눈 밑이 어두운 아이들도 있으니 위에서 말한 증상이 없다면 크게 걱정하지 않아도 됩니다.

코 질환에 좋은 지압과 약향요법

코 주위의 혈 자리를 자극하면 콧물이 나고 코가 막히는 증상이 한결 나아집니다. 양쪽 콧방울 바깥쪽으로 움푹 들어간 곳을 영향이라고 하고, 양 눈썹 사이 가운데를 인당이라고 합니다. 이 혈 자리를 볼펜 끝으로 10회 이상 꾹꾹 눌러서 자극해주면 콧물이 멈추고 막힌 코가 뚫립니다. 단, 아이가 아파할 수 있으므로 힘 조절에 주의해야 합니다.

또한 향유를 이용한 약향요법도 좋습니다. 유칼립투스 6방울, 파인 3방울, 페퍼민트 1방울, 티트리 3방울의 비율로 배합합니다. 이것을 뜨거운 물수건에 2~3방울 정도 떨어뜨려 코밑에 대준 다음 5분 정도 수증기와 함께 들이마시게 합니다. 아이가 너무 어리다면 면봉에 묻혀 콧속에 직접 발라줘도 좋습니다.

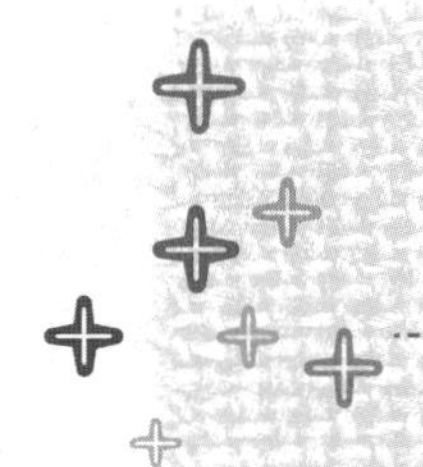

면역력이 떨어지면 입병에 걸립니다

입은 세균의 온상이란 말이 있습니다. 우리 몸 중에서 음식 찌꺼기가 남아 있어
세균들이 서식하기 좋은 환경을 제공하는 곳이기 때문이지요.
아직 면역력이 약한 아이들은 입과 관련된 병에 잘 걸립니다.
입에 이상이 있을 때는 아이들이 입이 아파 잘 먹지 않으려 해서 기력이 떨어질 수 있습니다.
따라서 입병은 빨리 치료해야 하고, 아픈 아이들이 잘 먹을 수 있도록
자극이 적고 부드러운 음식을 만들어주는 것이 좋습니다.

원기가 부족해서 생기는 구내염

입에 생긴 염증을 구내염이라고 합니다. 아이가 입안이 헐었거나 아프다고 할 때는 구내염이 생긴 것이라고 보면 됩니다. 구내염에는 여러 가지 종류가 있습니다. 구내염 중에 가장 흔한 것이 바이러스로 인해 생기는 아프타성 구내염입니다. 아프타성 구내염에 걸리면 입의 점막, 혀, 잇몸 등에 좁쌀만 한 크기의 작은 반점이 생깁니다.

입안 점막이나 잇몸의 넓은 부분이 빨갛게 부어오르면 카타르성 구내염입니다. 이 경우 구취가 나고 통증이 심해 잠을 잘 못 자기도 합니다. 갑자기 열이 나면서 입의 점막이나 잇몸이 조그맣게 패여 있다면 궤양성 구내염입니다.

이런 구내염들은 충치가 있거나 잇몸이 곪았을 때, 입안이 불결할 때 잘 생깁니다. 또 몸 상태가 좋지 않을 때 유독 구내염이 잘 걸리는 아이들도 있지요. 한의학에서는 구내염의 원인을 원기 부족으로 봅니다. 또한 구내염에 잘

걸리는 아이들은 장과 비위에 열이 많은 체질로, 열을 내려주는 한약을 먹이면 좋습니다.

아이가 입이 아파 먹기 어려워하면 뜨겁고 매운 음식은 먹이지 않는 것이 좋습니다. 입안에 생긴 염증인 만큼 입안을 깨끗이 관리해주는 것도 중요합니다. 아이용 치약도 좋지만 죽염이나 소금물로 입안을 잘 헹궈주는 것이 좋습니다. 티트리 오일이나 프로폴리스, 꿀을 발라줘도 증상이 한결 나아집니다.

위에 열이 많으면 입술이 잘 터요

유난히 입술이 잘 트는 아이들이 있습니다. 겨울이 아닌데도 아이 입술이 터지고 갈라지면 엄마는 혹시 영양 상태가 부실한 게 아닐까 우려가 되기도 합니다. 입술 피부는 다른 피부보다 무척 예민한 부분이라 조금만 건조해도 쉽게 터집니다. 문제는 건조하지도 않은데, 혹은 계절에 상관없이 입술이 마르고 틀 때입니다. 이런 아이들을 보면 대개 위에 열이 많습니다.

한의학에서는 소화기가 허약해 기혈이 부족하거나 열이 많을 때 입술이 갈라지고 트는 증상이 나타난다고 봅니다. 이때는 입술만 트는 게 아니라 땀이 많이 나면서 소화불량, 구취, 백태, 변비 등의 증상이 함께 옵니다. 식욕이 아예 없거나 반대로 너무 많기도 하지요.

입술이 잘 틀 때는 몸에 수분이 부족해지지 않도록 물을 많이 먹이거나, 성질이 서늘한 녹색 채소를 많이 먹여야 합니다. 각종 과일과 감잎차 등 비타민 C가 많이 들어 있는 음식도 많이 먹여야 하지요. 단 열을 많이 내는 음식은 피해야 합니다. 자극적이고 매운 음식, 단 음식, 밀가루 음식, 튀기거나 불에 구운 고기 등이 이에 해당합니다.

설태는 너무 많아도 너무 적어도 문제

저는 아이를 진료할 때마다 혀를 내밀어보라고 합니다. 혀를 보면 아이의 전반적인 건강 상태를 알 수 있기 때문이지요. 대부분 아이는 혀 위에 허연 이끼 같은 것이 얇게 덮여 있습니다. 이를 설태라고 합니다. 설태는 림프구, 상피 조직, 음식물 찌꺼기 등으로 이루어져 있습니다.

그런데 이 설태가 갑자기 두꺼워지고 누렇게 변할 때가 있습니다. 변비가 있거나 체기가 있을 때, 열 감기를 오래 앓을 때 그렇지요. 주로 속열이 많은 아이가 설태가 두껍고 누런색을 띠며 입 냄새가 심합니다. 반대로 속이 차고 비위가 허약한 아이들은 설태가 하나도 없이 혀가 매끈합니다. 따라서 설태가 하나도 없다고 해서 건강한 것이 아닙니다. 설태는 적당히 있어야 정상입니다.

설태가 고르지 않고 마치 그림처럼 얼룩덜룩하게 낀 아이도 있습니다. 그 모양이 지도 같다고 해서 '지도설'이라고도 하지요. 지도설을 보고 아구창이 아니냐고 묻는 엄마도 있는데, 아구창과 지도설은 다릅니다.

지도설은 주로 알레르기 체질에서 많이 보입니다. 아토피나 알레르기성 비염을 앓는 아이에게서 많이 나타나지요. 하지만 지도설 자체가 큰 문제가 되지는 않기 때문에, 혀가 좀 이상해 보여도 걱정할 필요는 없습니다. 단, 이런 아이들은 소화력이 약하고 입이 짧으며 피부가 건조하고 구취나 변비가 있는 경우가 많습니다. 지도설과 이런 증상이 함께 나타난다면 근본적으로 체질개선을 해주는 것이 바람직합니다.

3세에서 4세까지(25~48개월)

치아관리 · 땀

이제는 치아 관리가 중요합니다

유치는 모두 20개로 생후 2년 6개월이 되면 모두 나옵니다.
유치가 나오는 순서는 보통 아래 앞니, 위 앞니, 위 옆니, 아래 옆니, 어금니, 송곳니 순입니다.
그러나 아이에 따라 이 나는 순서가 다를 수도 있습니다.
치아는 조금 일찍 나거나 늦게 난다고 문제될 것은 없습니다.
그렇다고 유치 관리에 소홀해서는 안 됩니다.
어릴 때부터 치아를 건강하게 관리하는 습관을 가져야 평생 튼튼한 이를 가질 수 있습니다.

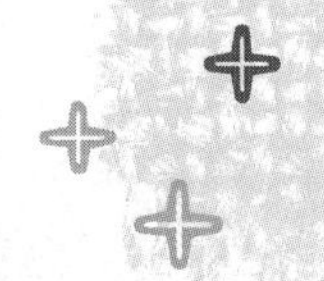

양치질은 자주, 단 것은 적게

치아 관리에서 가장 중요한 것은 양치질을 자주 하는 것과 단것을 적게 먹는 것입니다. 일단 유치가 나기 시작하면 본격적으로 치아 관리를 해줘야 합니다. 유치도 썩을 수 있기 때문에 이와 입안을 거즈로 잘 닦아줘야 하지요. 녹차 물을 묻혀서 닦아줘도 좋고, 좀 자란 아이는 유아용 치약을 사용해도 좋습니다. 참고로 아이나 어른이나 혓바닥의 설태는 누구에게나 있습니다. 아이 입을 닦아 줄 때 설태를 없앤다고 무리하지 마세요. 설태를 굳이 제거해야 할 필요는 없습니다. 다만 설태가 너무 두껍다면 몸에 이상이 없는지 확인해볼 필요는 있습니다.

"유치는 어차피 빠지는 건데, 굳이 관리까지 해줘야 하나요?"

물론 유치는 시간이 지나면 빠집니다. 하지만 유치는 영구치가 나오는 길을 유도하는 역할을 하면서 턱의 성장에도 영향을 미칩니다. 따라서 유치가 충치로 손상되어 일찍 빠지면 곤란합니다. 치아의 기본적인 역할은 성장과 발육을 위해 음식물을 잘 씹는 것입니다. 이때 충치가 생겨 이가 아프면 아이는 잘 씹지 않으려고 합니다. 먹기 쉬운 부드러운 음식만 찾으려 들기 때문에 균형 있는 영양 섭취가 어려워집니다. 이런 여러 가지 이유에서 유치 또한 철저하게 관리해줘야 합니다.

먼저 마른 거즈로 치아를 닦아 치아를 덮은 막을 없애주세요. 그런 후 치약이나 녹차 물을 이용해 닦아주면 치아가 더 청결해집니다. 이때 치약을 많이 쓸 필요는 없습니다. 오히려 입안에 치약이 남지 않게 잘 헹궈내야 합니다. 아침저녁으로만 닦아줄 게 아니라 점심과 간식을 먹고 나서도 닦아주는 것이 좋습니다. 아이 입안을 닦는 거즈는 깨끗해야 합니다. 일회용이 아닌 이상 한 번 쓴 거즈를 계속 쓰려면 잘 삶아 사용해야 합니다. 좀 더 큰 아이들은 칫솔을 이용하고 양칫물을 뱉어내게 합니다. 양치질은 적어도 만 4년은 되어야 혼자 할 수 있고, 그 전까지는 엄마가 도와줘야 합니다.

심장과 담이 허약하면 이를 갈아요

이를 가는 것은 스트레스, 치과적인 문제, 알레르기 등과 관련이 있습니다. 한방에서는 심장과 담(쓸개)의 기운이 허약하면 신경이 민감해지고 불안정해지면서 이를 간다고 했습니다. 그래서 심장과 담을 안정하면서 기운을 보강하는 약을 처방합니다. 하지만 꼭 심장과 담이 약하지 않더라도 감기나 피로 때문에 원기가 부족해지면 이를 심하게 갈 수 있습니다. 따라서 심장과 담의 기운을 보하는 처방과 함께 면역력과 신체 기운을 보하는 처방도 많이 사용합니다.

"이를 갈면 이가 망가지지 않을까요?"

아이가 이를 갈 때 흔히 하는 질문입니다. 아이가 이를 많이 간다고 치아에 문제가 생기지는 않습니다. 다만 이를 심하게 갈 경우 유치가 늦게 빠져 영구치가 나는 데 영향을 줄 수도 있습니다. 또한 치아의 부정교합이나 턱관절에 문제가 생길 가능성이 있기 때문에 치과 상담을 받아보는 것이 좋습니다.

아이는 스트레스를 많이 받아도 이를 갑니다. 신체적으로 아무 문제가 없다면 평소에 아이가 스트레스를 받는 것은 아닌지 확인해봐야 합니다. 긴장을 풀어주고 아이의 마음을 밝게 해주면 이를 가는 습관이 확실히 줄어듭니다.

매일 닦아주는데 왜 이가 노랄까요?

치아가 누렇고 표면이 울퉁불퉁 삭은 것처럼 보인다면 우선 치아 표면의 법랑질이 잘 형성되지 않는 '법랑질 형성 부전증'을 의심할 수 있습니다. 이때는 치과에서 진찰을 받아보아야 합니다. 그렇지 않은데 치아가 누렇고 충치가 잘 생긴다면 생활습관에 문제가 있는 것입니다. 즉 양치질은 잘 하는지, 젖병을 물고 자지는 않는지, 단 음식을 자주 먹는지 확인해보고 해당 사항이 있다면 서둘러 고쳐야겠지요.

한의학에서는 스트레스와 태열이 심장의 열을 조장하면 구강 온도가 올라가며 구강의 침이 마르거나 끈적끈적해진다고 봅니다. 구강의 열이 높아지면 침이 부족해지고, 침이 부족해지면 세균 번식이 늘어납니다. 세균이 늘어나면 치아 주위에 염증이 생기고 충치가 많아지지요. 이때 심장의 열을 내리고 신장의 물水) 기운을 보충해주면 침이 충분히 분비되어 구강 내 환경이 좋아집니다. 치아도 당연히 하얗고 깨끗하게 관리할 수 있지요.

이런 역할을 하는 한약재로는 숙지황, 맥문동, 황련, 갈근, 승마, 지모, 황백, 현삼, 황기 등이 있습니다. 참고로 《동의보감》에 보면 치아의 빛이 누렇고 깨끗하지 못할 때 '백아약白牙藥'으로 문지르고 온수로 양치하면 치아가 하얘진다고 소개하고 있습니다. 백아약은 석고, 백지, 승마, 세신, 사향 등의 약재를 가루 낸 것을 말합니다.

충치가 있어요

아직 어린 아이들에게 충치가 생기면 이만 아픈 게 아니라 정신적 스트레스도 무척 큽니다. 어른들도 치과에 가서 진료대 위에 누우면 무서워집니다. 어린 아이들은 그 정도가 더하지요. '윙~' 하는 기계음과 날카로운 기구가 입안을 돌아다니는 느낌은 거의 공포 수준이라 할 수 있습니다.

요즘은 어린이 치과가 따로 있어 무섭지 않게 진료하지만, 그래도 아이가 너무 어리다면 치과 치료 경험은 안 하는 것이 좋습니다. 따라서 엄마가 나서서 충치 예방에 노력해야 합니다. 충치는 한번 생기면 저절로 낫는 일이 없고, 치료하지 않으면 증상이 더 심해집니다. 규칙적인 생활과 입안을 깨끗하게 관리하는 것이 중요합니다. 양치한 후에는 물 이외에는 아무것도 먹이지 않는 습관을 들여야 합니다. '우유는 괜찮겠지?' 하며 무심코 먹이는 엄마가 많은데, 우유 찌꺼기는 충치가 잘 생기게 하는 대표적인 원인입니다.

한의학에서 이를 튼튼하게 하는 것을 '고치固齒'라고 합니다. 《동의보감》에 소개된 고치법을 보면 '음식을 먹고 양치를 잘 하고 치아 사이에 낀 음식물을 잘 제거하는 것이 중요하다'고 하였습니다. 한편 아침에 일어나 소금물로 양치하고 위 아래로 턱을 부딪쳐 치아를 100번 두드리면 치아가 건강해진다고 소개하고 있으니 아이와 실천해보는 것도 좋습니다.

사고로 이빨이 빠졌을 땐

사고로 이빨이 빠져도 1시간 안에 재이식 치료를 받으면 다시 붙일 수 있다. 단, 빠진 이가 마르거나 더러워지지 않도록 즉시 조치를 취해야 한다. 생리식염수나 우유에 넣거나, 입안에 이를 그대로 물고 바로 병원으로 가는 것이 좋다. 빠진 이가 더러워졌다고 물로 닦아서는 안 된다. 가장 중요한 기능을 하는 이 뿌리 주위가 손상을 입을 수 있기 때문이다.

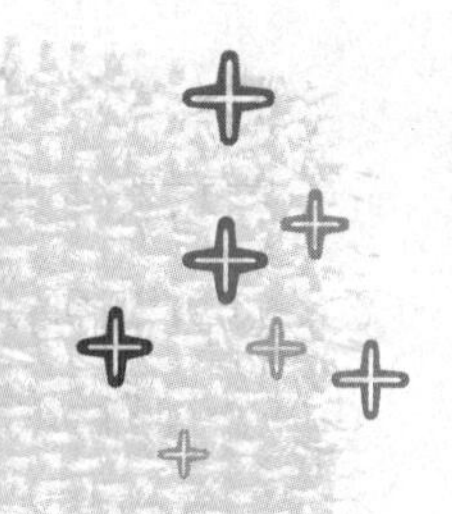

아이들은 원래 땀이 많아요

아이들은 원래 땀이 많습니다.
성장을 위한 신진대사가 활발하고 어른보다 피부 면적당 발산하는 열의 양이 많아
체온이 쉽게 올라가고 땀도 잘 나는 것입니다.
특히 잠들었을 때 땀을 많이 흘립니다.
잠들고 나서 1시간쯤 후에 체온이 약간 올라가면서 이마나 머리에 땀이 많이 나는데
이것은 정상적인 생리현상입니다.

땀이 난다고 다 허약한 것은 아닙니다

아이들은 어른보다 체온을 조절하는 능력이 약하기 때문에 더 쉽게 땀을 흘립니다. 하지만 너무 심하게 땀을 흘리는 아이들이 있습니다. '비 오듯 땀을 흘린다'는 말이 딱 맞을 정도지요. 그런데 병원에 가서 진료를 받아봐도 특별한 이상이 발견되는 예는 별로 없습니다. 그저 몸이 약해서 그런가보다 하면서 걱정할 따름이지요. 하지만 엄마들이 생각하는 것처럼 땀을 많이 흘린다고 꼭 허약한 것은 아닙니다. 오히려 어느 정도는 땀을 흘려야 건강하다고 볼 수 있습니다.

한의학에서는 아이가 어릴수록 양기는 넘치고 음기는 부족하다고 봅니다. 이는 성장발육이 빠르고 신진대사가 왕성하지만, 영양물질, 열량, 체액 요구량 등이 어른보다 높은 것을 의미합니다. 따라서 어른보다 당연히 열과 땀이 많은 게 당연합니다. 열이 좀 있고 땀을 많이 흘린다고 몸에 문제가 있는 것은

아니라는 말입니다.

땀은 체온을 적당하게 유지하기 위한 신체 조절 작용입니다. 감기로 열이 나거나 실내 온도가 높을 때 땀을 내어 일정한 체온을 유지하려는 것이지요. 땀이 적당히 나는 것은 아이의 신진대사 활동이 원활하다는 증거입니다. 따라서 아이의 체격, 체질, 활동량, 주변 환경 등을 고려하지 않고 땀을 너무 많이 흘린다고 걱정할 필요는 없는 것입니다.

어른 중에도 유난히 땀을 뻘뻘 흘리는 사람이 있고, 그렇지 않은 사람이 있습니다. 아이도 마찬가지입니다. 아이가 더위를 많이 타고 찬 음식을 좋아하며, 열 감기를 잘 앓고 변이 단단한 편이라면 땀을 많이 흘립니다. 이런 아이들은 열이 많은 양 체질이기 때문에 땀을 많이 흘립니다.

하지만 이 시기의 아이들은 아직 신체가 완전하게 성숙하지 않았기 때문에 체질을 구분하기가 좀 애매합니다. 그러므로 체질 검사보다는 부모 중에 땀을 유난히 많이 흘리는 사람이 있는지 살펴볼 필요가 있습니다. 부모 중 한 명이 땀을 많이 흘린다면 체질이 그런 것이라고 보고 너무 민감하게 반응하지 않는 것이 좋습니다.

치료를 해야 하는 땀도 있습니다

한의학에서는 식은땀을 크게 자한과 도한으로 구분합니다. 자한은 주로 낮에 조금만 움직여도 땀을 흘리는 것을 말하고, 도한은 잘 때 땀을 흘리는 것을 말합니다. 자한의 자自는 땀이 스스로 죽 흘러내리는 것을 의미하고 도한의 도盜는 밤에 도둑이 들듯이 눈을 감고 잘 때 땀이 흐르는 것을 의미합니다. 아이들이 땀을 많이 흘리는 것은 자연스러운 생리현상이지만 도가 지나쳐 일상생활에 지장을 줄 정도로 많이 흘린다면 자한증이나 도한증일 수 있습니다. 이 경우에는 치료가 필요합니다.

자한은 원기가 부족하고 허약한 데 원인이 있습니다. 아이에게 자한증이 있을 때는 황기, 인삼, 백출 등을 써서 폐와 비위의 기운을 도와줍니다. 감기에 잘 걸리지 않게 하면서, 잘 먹고 소화도 잘 되게 해주지요. 그러면 아이의 체력과 기운이 좋아져 땀을 덜 흘립니다. 여기에 오미자, 용골, 마황뿌리, 보리싹 등 땀을 수렴시켜주는 한약재를 보조적으로 처방합니다.

도한은 흔히 혈액이 부족하거나, 혈액에 열이 많을 때 발생합니다. 도한증에는 주로 서늘한 성질을 지닌 생지황, 황금, 황백, 황련과, 혈을 보해주는 약인 당귀, 천궁, 백작약을 함께 씁니다. 다시 말해 혈을 보충하면서 열을 내려주는 것이지요. 혈액이 부족하고 열이 지나치게 많은 체질적 불균형을 조절해주는 치료를 받게 하는 것입니다.

땀을 많이 흘리는 아이에게 좋은 한방차

자면서 땀을 많이 흘린다면 지황죽을 먹여보세요. 생지황 20g과 말린 당귀 4g을 넣어서 약 30분간 물에 끓입니다. 이 물을 하루 분량의 죽을 만들 때 함께 넣으면 지황죽이 됩니다. 지황은 열을 내려주고 혈액을 만들어주는 데 탁월한 효과가 있습니다.

식은땀을 흘릴 때는 대추찹쌀죽이 좋습니다. 찹쌀죽을 만들 때 씨를 빼고 곱게 다진 대추를 넣어 끓입니다. 대추는 기운을 돋워주고, 단맛이 나 아이들에게 좋은 한방재료입니다.

여름에 땀을 많이 흘리는 아이에게는 황기삼계탕을 만들어주세요. 토종닭의 배를 갈라 황기와 하수오를 넣고 푹 끓여줍니다. 이 국물을 하루 세 번 달여서 먹으면 원기가 생깁니다.

원기 없는 아이가 건강하게 여름을 나려면 맥문동이 좋습니다. 뿌리에 가는 심이 없는 맥문동을 구합니다. 맥문동, 인삼, 오미자를 2: 1: 1의 비율로 물에 넣고 40분 정도 충분히 끓인 후 체에 걸러줍니다. 여름 내내 물 대용으로 마시면 원기 회복에 좋습니다. 만약 아이가 인삼의 쓴맛을 싫어하면 배를 넣어 끓입니다.

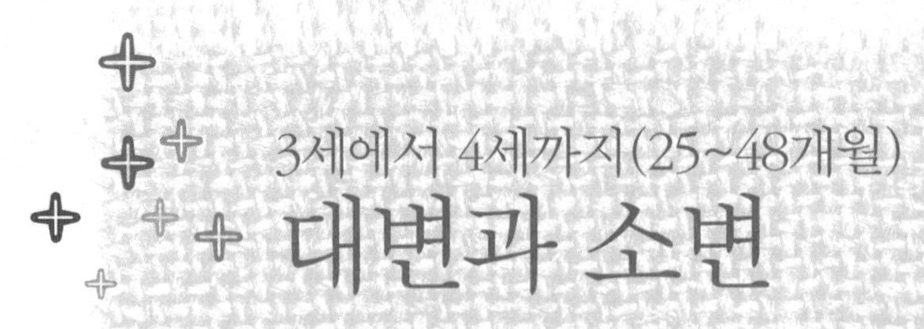

3세에서 4세까지(25~48개월)

대변과 소변

생전 처음 생리현상을 조절하는 대소변 가리기

18~24개월부터 아이들은 배변 훈련을 합니다.
어떤 아이들은 금방 기저귀를 떼기도 하고, 어떤 아이들은 기저귀 떼기가 쉽지 않습니다.
대소변을 빨리 가린다고 머리가 좋거나 공부를 잘하는 게 아닌데도,
엄마들은 기저귀 떼는 날을 손꼽아 기다립니다.
하지만 대소변 가리기는 엄마가 느긋하게 마음을 먹어야 합니다.
억지로 기저귀를 떼려고 아이를 다그쳐서는 안 됩니다.

대소변 가리는 시기는 아이마다 다릅니다

대소변을 가리는 시기는 아이에 따라 차이가 커서 꼭 어느 시기까지 이루어져야 한다고 경계선을 그을 수는 없습니다. 대변을 완전히 가릴 수 있게 되는 것은 대개 생후 3년 6개월까지, 밤에 소변을 가릴 수 있는 것은 여아는 5년, 남아는 6년까지를 기준으로 두는 것이 보통입니다. 그때까지 대소변을 못 가린다면 야뇨증 또는 유분증이라고 볼 수 있습니다.

16~18개월에는 2~3시간 정도 소변을 참을 수 있습니다. 이때쯤 되면 하루 중 일정한 시간에 변기에 앉히면 됩니다. 예를 들면 식사하기 전, 혹은 한참 쉬고 난 후나 잠들기 전입니다. 소변을 어느 정도 가리게 되면 기저귀 대신에

팬티를 입히세요. 밤에 소변을 가리는 것은 적어도 2년 6개월에서 3년은 되어야 겨우 가능해집니다. 남자 아이는 2년 6개월 정도가 되면 변기 앞에 서서 소변을 보게 할 수 있습니다.

대변 가리기는 아이가 안정적으로 앉을 수 있는 생후 1년 6개월~2년에 조금씩 가르칠 수 있습니다. 몇 분 동안 변기에 앉는 것부터 시작하지요. 변기에 앉혀놓는 시간은 아침 식사 후나, 아이가 정기적으로 대변을 눌 때쯤이 좋습니다. 보채거나 낑낑대는 등 대소변을 볼 때 나타나는 징후를 이용하면 대소변 가리기 훈련을 더 쉽게 할 수 있습니다.

이 시기가 되면 어른들이나 형들의 흉내 내기를 좋아하기 때문에 실제 형이나 또래 친구들이 대소변 가리기를 잘하는 모습을 보여주는 것도 좋습니다. 아이가 '나도 형처럼 변기에 쉬를 누고 싶다'고 마음을 먹을 수 있게 말이지요. 그러다가 잘하면 크게 칭찬해주고 혹시 실수하면 잘할 수 있도록 격려해줘야 합니다.

엄격한 배변 훈련은 오히려 역효과

대소변을 못 가린다고 아이에게 스트레스를 주면 대소변 가리기가 더 늦어질 수 있습니다. 아이가 즐거운 마음으로 대소변을 가리는 습관을 들일 수 있도록 너무 서두르지 않는 것이 좋습니다. 빨리 가린다고 좋은 것만은 아닙니다. 아이들에게 대소변 가리기는 무척 큰일입니다. 태어나서 처음으로 자기 몸에서 일어나는 생리현상을 조절해야 하니까요. 이런 훈련을 강제로 하면 역효과가 나기 쉽습니다. 스트레스나 긴장감 때문에 대소변 가리기에 실패하는 것은 물론이고 나중에 변비, 유분증, 야뇨증, 배뇨장애 등을 유발할 수도 있습니다.

만일 때가 되었는데도 대소변을 가리지 못한다면 억지로 훈련을 시킬 게 아니라 재미있는 놀이로 받아들이도록 유도해주세요. 아이가 좋아하는 캐릭터가 새겨진 유아용 변기를 사용하거나, 변기 주변에 아이가 좋아하는 장난감을 놓아두는 것도 좋습니다. 화장실이 즐거운 곳이라고 생각하게 되면 소변이나 대변이 마려울 때 자연스럽게 가서 앉습니다. 배변 훈련 중에는 입고 벗기가 편한 옷을 입히는 것이 좋습니다. 그래야 아이가 소변이 마려울 때 저 혼자 쉽게 옷을 벗을 수 있으니까요. 아이들도 화장실에서 옷을 늦게 내려 실수를 했을 때 무척 속상해합니다.

엄격한 대소변 가리기는 반드시 2차적인 문제를 불러옵니다. 아이 성격이 예민하거나 신장과 방광 기능이 약하다면 대소변 가리기가 더 어려울 수도 있습니다. 또한 너무 엄격하게 대변을 가리게 하면 아이가 대변을 참아서 변비가 생길 수 있습니다. 이것이 오래되면 속옷에 대변을 지리는 유분증이 생기기도 합니다. 또한 소변 가리기를 심하게 시키면 아이가 소변을 너무 자주 보려고 하거나 찔끔찔끔 소변을 보게 되기도 합니다. 이는 나이가 먹어서도 밤에 기저귀를 떼지 못하는 야뇨증으로 진행되기도 하지요.

아이들에게 칭찬만큼 좋은 훈육법은 없습니다. 대소변을 가렸을 때는 칭찬을 아끼지 마시고, 아이의 입장을 십분 이해해가면서 훈련해야 합니다. 절대로 조급하게 서둘러 아이에게 스트레스를 주지 마세요.

대소변을 잘 가리다가 갑자기 못 가릴 수 있어요

대소변을 잘 가리던 아이라도 특정한 상황이 되면 다시 옛날로 돌아가 대소변을 못 가리는 경우가 있습니다. 대표적인 예가 동생이 생겼을 때입니다. 이 시기 아이들에게 동생이 생기면 충격이 큽니다. 그동안 혼자서 엄마 아빠의 사랑을 독차지해왔는데 어디서 조그만 아기가 나타나 그 사랑을 빼앗아 가기 때문이지요. 정서도 불안해지고 스트레스도 많이 받게 됩니다. 그래서 원래 대소변을 잘 가리던 아이라도 동생이 생기면서 갑자기 아기 흉내를 내면서 대소변을 안 가리게 되는 경우가 종종 있습니다.

이것을 '유아기 퇴행'이라고 하는데 엄마의 사랑을 더 많이 받고 싶어 어린 아기의 흉내를 내는 심리 상태입니다. 말 그대로 아기로 돌아가 엄마의 사랑을 갈구하는 것이지요. 동생을 본 아이에게 애정 표현을 많이 해주고 대소변 가리기에 대한 스트레스를 주지 않는다면 다시 대소변을 가리게 될 겁니다.

이처럼 대소변을 잘 가리던 아이가 갑자기 퇴행 현상을 보이는 것은 건강 이상과 같은 육체적인 문제보다는 심리적인 요인이 대부분입니다. 이때 "다 큰 애가 왜 그러니?" 하며 다그치는 것은 전혀 도움이 되지 않습니다. 아이가 힘들어하는 부분을 이해하고 힘든 점을 찾아 해결해주는 것이 가장 좋습니다. 부모의 사랑을 확인하고 정서적 안정을 찾은 아이는 다시 예전으로 돌아가 대소변을 잘 가리게 됩니다.

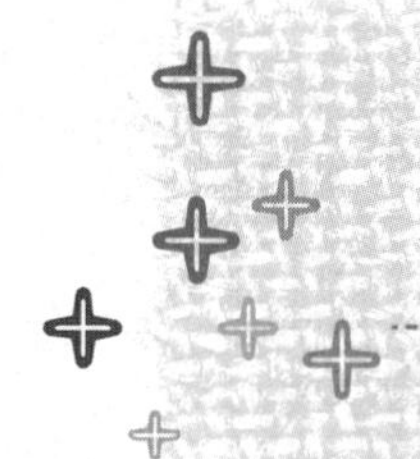

아이가 소변을 못 가려요

만 두 돌이 되면서부터 아이는 대소변을 조금씩 가립니다.
물론 더 늦는 아이도 많지요.
밤에도 기저귀를 안 찰 수 있게 되기까지는 조금 더 시간이 걸립니다.
하지만 아이가 세 돌이 돼도, 네 돌이 돼도 소변 가릴 생각을 안 하면
부모나 아이 모두 힘들어질 수 있습니다. 게다가 이 시기에 소변을 가리지 못하면
만 5세 이후에도 잘 때 기저귀를 차야 할 수 있으므로
치료를 시작하는 것이 좋습니다.

밤에 싸면 야뇨, 낮에 싸면 주간 유뇨

야뇨증은 만 5세가 지나서도 일주일에 2회 이상 야간에 오줌을 싸는 것을 말합니다. 즉, 소변 조절이 가능한 나이를 지나서도 밤에 잘 때 무의식적으로 오줌을 싸는 것이지요. 낮에 오줌을 지리는 것을 주간 유뇨, 밤에 실수하면 야뇨증이라고 합니다. 밤에 오줌을 싸는 것은 흔히 알려진 증상이지만, 낮에 깨어 있을 때도 오줌을 싸는 증상도 생각보다 많습니다. 내 아이라고 그러지 말라는 법은 없지요.

빨리 자라는 아이가 있고 늦게 자라는 아이가 있는 것처럼, 소변도 빨리 가리는 아이가 있고, 늦게 가리는 아이도 있습니다. 좀 늦게 자라는 것은 생활에 지장이 없지만, 소변을 늦게까지 못 가리면 사회성 발달에 지장이 따릅니다. 요즘처럼 일찍 놀이방이나 어린이집 등에서 단체 생활을 시작할 때 아이가 소변을 못 가려 여러 사람 앞에서 실수를 한다면 자존심에 큰 상처가 남습니다.

이는 사회성 발달에 두고두고 장애가 되지요. 따라서 서너 돌이 지나서도 낮에 소변을 못 가린다면 유뇨증에 준하는 치료를 시작하는 것이 좋습니다. 이 시기를 놓치면 나중에 학교에 가서도 소변을 싸는 상황이 될 수도 있습니다.

주야간 유뇨증의 한방 치료는 치료 효과가 상당합니다. 대략 70퍼센트 정도 치료가 되는데, 나머지 30퍼센트도 약효가 없어서라기보다 아이가 너무 어리거나 치료가 집중적으로 이뤄지지 않아서 효과가 없는 것입니다. 적극적으로 치료를 하면 대부분이 치료된다고 볼 수 있습니다.

유뇨증은 1차성 유뇨증과 2차성 유뇨증으로 분류합니다. 1차성 유뇨증은 출생 후 계속 소변을 가리지 못하는 것이며, 2차성 유뇨증은 6개월 이상 잘 가리다가 다시 퇴행하는 것을 말합니다. 유뇨증은 기본적으로 신장과 방광 기운이 약하고 배뇨와 연관된 신경활동이나 호르몬 조절이 원활하지 않아서 생깁니다. 알레르기와도 연관성이 있기 때문에, 정확한 원인을 찾아 그것에 맞게 치료해야 합니다.

야뇨증의 원인 세 가지

한방에서는 다음과 같이 야뇨증의 유형을 크게 세 가지로 구분하는데 첫째는 원기 허약, 둘째는 콩팥과 방광 허약, 셋째는 심장과 담(쓸개) 허약에 의한 야뇨증입니다.

원기 허약에 의한 야뇨증이 있는 아이는 식사량이 적고 감기를 달고 살아 마르고 허약한 경우가 대부분입니다. 또한 허약하기 때문에 한번 잠들면 잘 깨지 못합니다. 방광에 소변이 차면 저절로 잠에서 깨어 오줌을 눠야 하는데, 소변을 이불에 싸고도 알아채지 못할 만큼 곯아떨어져 자는 것이지요.

둘째, 콩팥과 방광이 허약한 것도 야뇨증의 원인인데 이런 경우는 낮에도 소변을 자주 봅니다. 시도 때도 없이 화장실을 가니 소변량이 적고, 어느 때는 속옷에 조금씩 지리기도 하지요. 보통 방광에 소변이 고이면 방광을 비우라는 명령이 척수를 거쳐 뇌로 전달되는데, 콩팥과 방광이 허약하면 이럴 사이도 없이 소변이 흘러나옵니다. 이는 신경 기능이 미숙하고 성장발육이 부진한 아이에게서 많이 나타납니다.

셋째, 심장과 담이 허약하면 야뇨증이 생깁니다. 심장과 담이 허약한 아이는 유난히 겁이 많고 신경이 예민하며 매사에 신경질적이고 잘 놀라는 경향이 있습니다. 또한 밤에 푹 자지 못하고 잠꼬대를 하거나 뒤척이지요. 낮에 놀 때도 산만한 성향이 많습니다. 특히 잘 가리다가 갑자기 오줌을 못 가리는 2차적 야뇨가 많이 나타납니다. 이런 아이는 심장과 담을 보강시켜주면 빠르게 호전됩니다.

야뇨증은 허약증에 속하는 질환입니다. 따라서 학령기 전까지는 치료 자체에 매달릴 것이 아니라, 허약한 몸이 건강해질 수 있도록 관리해주는 것이 중요합니다. 체질개선을 위해 보약을 주기적으로 먹이는 것도 좋습니다. 증상을 완화하는 처방을 하면서, 허약증을 지속적으로 관리하면 어느 순간 자연스럽게 오줌을 가리게 됩니다. 주간 유뇨증은 앞서 말한 대로 아이의 사회성 발달

야뇨증의 최고의 보약은 칭찬과 존중

3~4세가 되면 아이가 본격적으로 놀이방과 유치원 같은 교육기관에 다니기 시작한다. 따라서 밤이든 낮이든 오줌을 싸는 증상을 빨리 치료해주는 것이 좋다. 오줌 가리는 문제는 자신감과 직결되기 때문이다. 실제로 야뇨증이나 주간 유뇨증 때문에 자신감이 없고 주눅이 들어 있는 경우가 참 많다.

오줌을 못 가리는 아이들에게 가장 좋은 약은 칭찬과 존중이다. 성장발육은 전에 없이 빨라졌지만, 야뇨나 주간 유뇨증을 보이는 아이들이 많아졌다. 그 이유는 심리적인 데 있다. 평균 발달이 빨라지다 보니 아이에게 요구하는 사항도 전에 없이 늘어나고, 이를 받아들이는 아이의 부담감이 고스란히 신체 증상으로 나타나는 것이다.

그러니 아이가 오줌을 좀 못 가리더라도 칭찬을 많이 해주자. 비난은 야뇨증이나 주간 유뇨증 치료에 아무 도움이 되지 않는다. 엄마도 어릴 때 실수한 적이 있다고 편하게 이야기해주면 아이가 자신감을 갖고 적극적으로 치료에 임할 수 있다. 특히 소변을 못 가린다고 계속 기저귀를 채워두는 것은 좋지 않다. 친구들은 모두 기저귀 대신 속옷을 입고 있는데, 자기만 기저귀를 차고 있다면 수치심만 더 커질 뿐이다. 치료를 통해 기저귀를 떼게 해주자.

에 지장을 줄 수도 있고, 치료 효과가 상당히 빠르므로 6~8주 정도 집중적으로 치료하여 증상을 개선해주는 것이 좋습니다.

방광과 신장의 기능을 돕는 한방 치료

신체 발달이 미숙하면 신장과 방광의 기능도 약할 수밖에 없습니다. 이는 곧 야뇨증으로 이어지지요. 침과 뜸, 탕약으로 방광과 신장의 부족한 부분을 채워주고, 위에서 언급한 심리적 요인을 조절해주면 야뇨증을 치료할 수 있습니다. 침과 뜸은 지금 월령에도 가능한 무통 치료를 원칙으로 합니다.

몸 상태에 따라 빠르면 치료를 시작한 지 한 달 만에 낫기도 하지만, 몸이 많이 약하거나 발달이 늦다면 3개월 이상 치료해야 할 때도 있습니다. 침은 신장과 방광과 연결된 경혈을 자극하고, 뜸은 비뇨 생식기를 관장하는 경혈을 따뜻하게 해줍니다. 한약으로는 신장과 방광의 허약한 기운을 보하는 약을 처방합니다. 만일 다른 장부에도 원인이 있다면 그에 맞는 처방을 병행하지요.

이런 과정을 통해 배뇨와 관련된 호르몬 분비와, 자다가도 오줌이 마려울 때 깨어나는 수면 각성 작용을 정상화하는 것이 치료의 목적입니다. 한약에 아이의 약한 체질을 보해주는 약재도 함께 넣는다면 야뇨증 치료는 물론 소화기나 호흡기도 튼튼해지는 일거양득의 효과를 볼 수 있습니다. 이렇게 되면 전반적인 성장발육이 좋아지는 것은 물론 정서적인 안정을 취하는 데도 도움이 되지요.

야뇨증에 좋은 천연 약재

한방 치료뿐 아니라 집에서 해줄 수 있는 것들이 많습니다. 하지만 집에서 하는 방법은 한방 치료를 보조해주는 것으로 생각하는 것이 좋습니다. 또한 아무리 약성이 강하지 않더라도 복용 방법이 잘못 되거나 체질에 맞지 않게 장기간 복용하면 오히려 해가 될 수도 있습니다. 따라서 집에서 약재를 사용할 때는 반드시 전문가의 확인을 거치는 것이 좋습니다.

야뇨증에 좋은 천연 재료에 은행이 있습니다. 한방에서는 은행을 '백과'라고 하는데, 은행 열매를 달여 먹이면 기침과 천식에 효과를 볼 수 있고, 굽거나 익혀 먹이면 소변을 줄이는 효과가 있습니다. 따라서 야뇨증이 있는 아이에게 은행을 하루 3~5알씩 구워서 먹이면 좋습니다. 하지만 은행은 약간 독이 있고 알레르기를 유발할 수도 있으므로 반드시 구워서 먹여야 하고, 한두 달 정도 먹여도 개선 반응이 없다면 더 이상 장기복용은 하지 말아야 합니다.

두 번째로는 마가 있습니다. 마를 구워 꿀에 발라 먹이거나 잘 말린 다음 약콩과 함께 갈아서 미숫가루처럼 먹이면 좋습니다. 마는 특히 위나 장이 약해 식욕이 없고 설사를 하거나, 잘 먹지 않아 마르고 허약한 아이의 야뇨증에 좋습니다. 또한 마와 약콩은 신장의 기운을 돕고 배뇨 조절 기능을 향상시킵니다.

세 번째로 복분자가 있습니다. 복분자 70g을 물 1리터에 넣고 끓입니다. 물이 팔팔 끓으면 불을 약하게 줄이고 한 시간 이상 달입니다. 이 물을 일주일에 걸쳐 나눠 먹이면 오줌량이 줄면서 소변 조절을 쉽게 할 수 있습니다. 다만 오줌색이 진하고 냄새가 심한 아이는 삼가는 것이 좋습니다.

네 번째 산수유 역시 야뇨증에 좋습니다. 씨를 없앤 산수유 70g을 물 1리터에 넣고 끓입니다. 물이 끓기 시작하면 불을 줄이고 한 시간 이상 달인 후 일주일 동안 나눠 먹이세요. 산수유는 간과 신장의 기운을 돕고 자양강장을 하는 효과가 있습니다. 야뇨증 외에도 키가 작거나 성장통이 심할 때도 효과를 거둘 수 있지요. 또한 자주 어지러워하거나, 밤에 식은땀을 많이 흘리는 아이에게도 좋습니다. 단, 산수유 씨앗은 설사를 유발할 수 있기 때문에 끓이기 전에 깨끗하게 제거해야 합니다.

다섯 번째, 오미자가 있습니다. 물 1리터를 끓여서 불을 끈 후 오미자 40g을 넣어 하룻밤 우려내, 그 물을 일주일 동안 나누어 먹입니다. 단, 100도 이상에서 끓이면 성분이 파괴되므로 직접 끓이지 말고 끓인 물에 우려내서 먹여야 합니다. 오미자는 수렴 작용이 강해 소변량을 줄여주고 신장의 기운을 보강해줍니다. 이 외에도 피로가 심하고 스트레스가 많을 때, 호흡기가 약해 기침을 오래 할 때도 좋습니다.

생활습관을 점검하세요

평소 아이가 물을 많이 마신다면 소변을 자주 볼 수밖에 없습니다. 하지만 야뇨증을 고치기 전까지는 적어도 잠자기 세 시간 전까지만 물을 마시게 해야 합니다. 물 이외에도 수분이 많이 있는 과일이나 우유, 주스를 줘서도 안 됩니다. 청량음료는 이뇨작용을 일으키므로 특히 주의해야 합니다. 야뇨 증세는 잠자리에 든 지 얼마 안 돼 일어나는 것이 특징입니다. 따라서 잠들기 전에 물만 마시지 않아도 야뇨 증상이 많이 줄어듭니다.

또한 될 수 있는 한 저녁은 일찍 먹는 것이 좋습니다. 늦은 식사는 비만의 위험도 있지만 야뇨증에도 좋지 않습니다. 짠 음식도 피해야 하는데, 과도한 염분 섭취는 건강을 해칠 뿐만 아니라 물을 더 찾게 만듭니다.

그리고 자기 전에 꼭 소변을 보게 하세요. 하지만 아이가 자는데 깨워서 소변을 보게 하는 것은 좋지 않습니다. 숙면을 방해할 수 있고, 그런다고 야뇨증이 개선되니 않습니다. 아이의 자신감이나 편의를 위해 그럴 수도 있지만 근본적인 해결 방법이 될 수 없습니다. 자다 일어나 소변을 보고 다시 자면, 보기에는 야뇨 증상이 사라진 것 같지만 항이뇨호르몬의 정상적인 분비를 방해할 가능성도 있습니다. 또한 밤에 푹 자지 못하면 아이가 제대로 성장하지 못합니다. 아이가 쑥쑥 잘 커야 방광도 제대로 성장하므로 밤에는 무조건 잘 자게 하는 것이 좋습니다.

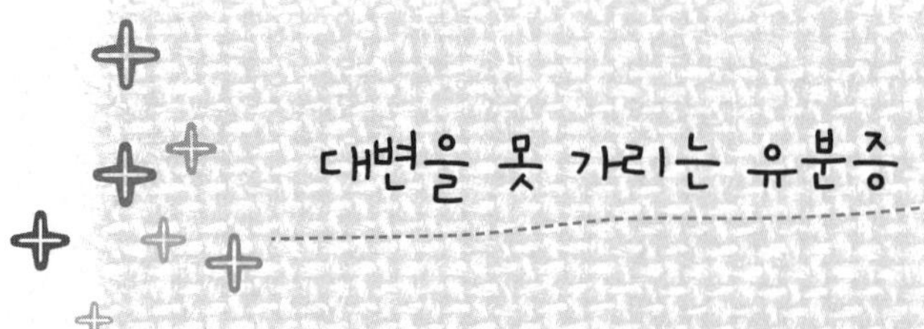

아이가 만 4세가 지나서도 대변을 못 가리고 속옷에 싸는 것을 유분증이라고 합니다.
생각보다는 흔하며 어린 아이의 1.5퍼센트 정도에서 나타납니다.
유분증을 보이는 여자아이와 남자아이의 비율은 1 : 6 으로 남자아이가 훨씬 많습니다.
밤보다는 낮에 더 많이 나타나지요.
대변을 못 가리면 아이가 곤경에 빠질 확률이 높습니다.
친구들에게 놀림을 당하는 것은 시간문제지요.
어떻게 하면 유분증을 고칠 수 있을까요?

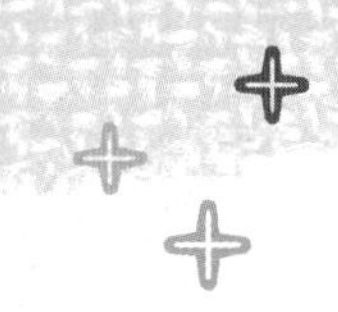

심리적 원인이 대부분

유분증은 장에 선천적인 기형이 있어서 나타날 수도 있지만 일반적으로는 심리적인 원인, 즉 잘못된 배변 훈련이나 습관에 의해서 비롯됩니다. 특히 대소변 가리는 훈련을 너무 심하게 받은 아이에게 잘 나타납니다.

아이가 훈련에 대해 지나치게 압박감을 느끼면 이에 대한 반발심이나 두려움으로 대변이 마려워도 계속 참습니다. 이것이 변비로 이어지고, 변비가 심해지면 항문에 상처가 나지요. 그 상처가 아파서 변을 계속 참는 악순환이 계속 됩니다. 이렇게 변비가 만성이 되면 그 후유증으로 유분증이 생깁니다. 그러므로 대소변 가리기는 너무 서둘러서 강제적으로 시키면 안 됩니다.

일반적으로 아이는 장에 변이 가득 차면 대변을 누고 싶다는 욕구가 자연스럽게 생깁니다. 어른과 마찬가지지요. 별다른 문제가 없다면 배변 욕구가 생길 때 바로 변을 봐서 장을 비우게 됩니다. 그러나 배변을 억지로 참아 만성 변비가 되면, 직장 벽에 있는 신경이 차츰 둔해져서 직장 벽은 이완되고, 대변이 차도 변을 보고자 하는 욕구를 잘 느끼지 못합니다. 자기도 모르는 사이 괄약근이 늘어지면서 변이 속옷에 묻어 나오는 유분증이 생기는 것입니다. 이렇듯 유분증은 심리적인 원인이 큽니다. 아이가 대변을 가려야 한다는 압박감에서 벗어날 때 유분증을 고칠 수 있습니다.

매일 일정한 시간 변기에 앉히세요

유분증은 아이 스스로 조절하고 통제할 수 없는 질환입니다. 따라서 버릇을 고쳐주겠다고 아이에게 창피를 주거나 혼을 내는 것은 아무 의미가 없습니다. 오히려 아이와의 관계만 악화시킬 따름이지요. 그렇다고 무관심하게 내버려 두라는 말은 아닙니다. 힘이 들어도 대변을 가리는 훈련을 다시 시작해야만 합니다. 다만 그 과정에서 혼내고 다그쳐서는 안 된다는 말이지요.

일단 대변은 변기에다 보아야 하고 바지에 싸면 안 된다는 것을 분명하게 인식시켜야 합니다. 아이가 대변을 지릴 때마다 계속 좋은 말로 타일러주세요. 대변을 가려야 하는 이유에 대해 설명할 때는 형제나 친구의 예를 들어가며 경쟁심을 살짝 자극하는 것도 도움이 됩니다.

또한 변비가 되지 않도록 변을 매일 보게 해야 합니다. 우선 관장을 하여 장에 남아 있는 오래된 변을 모두 빼내세요. 그다음부터 매일 일정한 시간에 변을 보는 습관을 들여줘야 합니다. 처음에는 잘 안 될 것입니다. 그래도 정해진 시간에 변기에 계속 앉혀주세요. 아이가 변을 쉽게 보게 하려면 위장관 반사를 이용하면 좋습니다. 위장관 반사란 음식을 먹은 직후 장이 반응하여 대변을 보는 것을 말합니다. 아이가 식사를 마친 직후에 5분 정도 변기에 앉혀두면 규칙적으로 대변을 보는 습관을 기르는 데 좋습니다. 이때 한약도 도움이 됩니다. 한약은 장의 활동을 도와 단단한 변을 부드럽게 만들고, 괄약근의 원래 기능을 회복하게 하여, 아이가 정상적으로 변의를 느끼게 해줍니다. 이때 한약과 함께 섬유질이 많은 채소와 과일을 많이 먹이면 훨씬 좋습니다. 물을 충분히 먹이는 것도 잊어서는 안 됩니다.

하지만 아이에게 성격장애나 정신적 문제가 있어 대변을 가리지 못한다면 정신과 치료를 병행해야 합니다. 만일 여러 가지 노력을 기울여도 유분증이 낫지 않는다면, 장에 기형이 있는 것은 아닌지 보다 정밀한 검사를 해봐야 합니다.

유분증에 좋은 항문괄약근 운동

항문괄약근 운동은 대장과 방광의 기능을 돕고 요도와 항문, 직장의 근육을 단련시켜주는 운동입니다. 대변을 지리는 유분증이나 오줌을 싸는 유뇨증에 모두 효과를 볼 수 있지요. 아이에게 유분증이 있을 때 한 번에 20번 이상 매일 2~3차례 정도 반복해서 시켜주면 증상 개선에 도움이 됩니다.

먼저 아이를 편하게 눕힙니다. 무릎을 세우고 팔을 쭉 편 상태로 둡니다. 이 상태에서 숫자를 세면서 엉덩이를 조금씩 들게 하세요. 엉덩이를 들면서 항문을 꽉 조이라고 합니다. 항문을 조인 상태에서 3~5초 동안 유지하게 한 다음, 힘을 빼면서 천천히 엉덩이를 바닥에 내리게 합니다. 아이에게는 처음부터 한 번에 20번을 하는 것이 무리일 수 있으므로, 매일 반복하면서 조금씩 횟수를 늘려가도록 합니다. 아이가 힘들어하면 엉덩이를 들 때 엄마가 살짝 손으로 받쳐줘도 됩니다. 엉덩이에 힘이 잘 들어가는지 확인도 할 겸 말이지요. 항문에 힘을 잘 주면 엉덩이 근육이 단단해지는 것을 느낄 수 있습니다.

변비가 생겼어요

이제 본격적으로 밥을 먹기 시작하면서 아이는 먹고 싶은 음식에 대한 기호가 뚜렷해집니다.
좋아하는 것이 채소나 과일이면 좋겠지만 그런 아이는 거의 없습니다.
주로 과자나 인스턴트 음식을 찾지요.
이런 음식들은 변비를 유발합니다.
놀이방에 다니면서 생긴 스트레스도 변비의 원인입니다.
여러 가지 이유로 변비가 잘 생기는 시기이니만큼 세심한 관리가 필요합니다.

열이 많은 아이가 변을 잘 못 봅니다

며칠에 한 번씩 변을 보고, 그나마 변을 볼 때는 땀까지 뻘뻘 흘리면서 힘겨워하는 아이들이 있습니다. 이런 아이는 소화력도 떨어져서 먹는 것도 부실하기 쉽습니다. 또 변을 볼 때마다 힘이 드니 짜증을 많이 내지요. 엄마들은 아이의 장에 문제가 있어 변비가 생겼다고 생각하기 쉽지만, 사실 이 시기 아이들이 겪는 변비는 대부분 엄마 잘못입니다. 다시 말해 엄마가 평소 아이에게 스트레스를 많이 주고, 가려 먹어야 할 음식을 제한 없이 먹이는 것이 변비의 가장 큰 원인입니다. 물을 많이 주지 않는 것도 원인이 되지요. 아이의 몸은 거짓말을 하지 않습니다. 하나씩 잘 생각해보면 변비를 조장할 만한 식습관과 정서 문제가 분명히 있을 것입니다.

물론 식습관이 좋고 정서적인 문제가 없는데도 변비 증세가 나타날 수 있습니다. 유독 열이 많은 아이가 그렇습니다. 몸에 열이 많으면 그 열이 대장에도 쌓입니다. 그러면 대장에서 물을 많이 흡수해서 변이 바짝 말라 딱딱해지고, 딱딱해진 변이 잘 나올 리 없습니다. 안 나오는 변을 힘줘서 빼내려고 하니, 항문의 연약한 피부에 상처가 납니다. 심하면 피가 나기도 하지요. 이럴 때는 몸의 열을 내려주는 근본적인 체질개선이 필요합니다. 인스턴트 음식이나 달고 맵고 자극적인 음식은 열이 많기 때문에 먹지 못하게 해야 합니다.

열이 많은 아이뿐만 아니라, 몸이 허약한 아이들도 변비에 걸리기 쉽습니다. 장 속에 쌓인 변을 힘을 줘서 밖으로 밀어내야 하는데 몸에 기운이 없으면 힘을 쓰지 못해 장의 연동운동이 무력해집니다.

또한 몸에 혈액이 부족하면 장이 건조해지고 이것이 변비로 이어지기도 합니다. 혈액이 부족해지는 것은 몸의 소화기능이 약해 음식의 영양분을 충분히 얻지 못하고, 혈액을 제대로 만들지 못한 탓입니다. 이런 아이는 우선 소화기능을 도와줘야 합니다.

소아 변비를 해결하는 5가지 자연요법

첫째, 아이에게 물과 섬유질을 충분히 먹여야 합니다. 곡물과 과일, 채소의 섭취를 늘려야 합니다. 밥과 반찬 특히 김치를 많이 먹이는 게 좋습니다. 우유, 요구르트는 하루 400mL 이상은 먹이지 마세요. 우유를 너무 많이 먹으면 밥과 같은 다른 음식의 섭취가 적어져 영양 상태가 불균형해지고 변비가 올 수 있습니다. 결명자를 조금 진하게 끓여서 물 대신 먹이면 변이 부드러워집니다.

둘째, 배변습관을 교정해주십시오. 우선 하루 중에서 가장 여유 있고 편안한 시간을 정해서(이왕이면 아침이 좋습니다) 매일 같은 시간에 5분 정도 변기에 앉아 있게 합니다. 앉기 편하도록 유아용 변기를 준비하는 것이 좋습니다. 변기에 앉아 있는 동안에는 그림책을 보거나 음악을 듣게 해도 괜찮습니다. 잊지 말아야 할 것은 아이의 노력에 대한 엄마의 칭찬입니다. 엄마의 칭찬을 들은 아이는 대변을 보는 것을 기분 좋은 일로 기억하게 될 것입니다.

셋째, 놀이와 운동으로 장의 움직임을 활발하게 해주세요. 잘 먹는데 배변이 안 될 때는 운동 부족이 원인일 수 있습니다. 변비에 좋은 음식을 먹이면서 놀이와 운동을 통해 몸을 움직이게 해줘야 합니다. 놀이와 운동은 배의 근육을 강하게 하고 장에 적당한 자극을 줍니다. 사실 변비에 시달리는 아이들은 배가 아파서 칭얼대며 잘 움직이지 않으려고 합니다. 그러나 그럴수록 기고, 걷고, 뛰는 운동을 시켜야 합니다. 아이가 움직이는 것을 너무 힘들어하면 배를 문질러서 장운동을 돕는 것도 좋습니다.

넷째, 심한 경우에는 배변을 유도해야 합니다. 변을 본 지 너무 오래되었다면 항문 주변을 자극해서 배변을 유도해야 합니다. 손에 비닐장갑을 끼고 새끼손가락에 올리브 오일을 충분히 묻힌 후 서서히 항문 안쪽으로 넣었다 빼주세요. 서너 번 반복하면 변이 나올 것입니다. 이때 엄마의 손톱이 아이의 장에 상처를 내지 않도록 조심해야 합니다. 하지만 이런 식으로 변을 보는 데 익숙해지면 나중에는 자극 없이 변을 못 보게 되거나, 점점 더 큰 자극이 필요할 수도 있기 때문에 너무 자주 사용해서는 안 됩니다.

다섯째, 변비를 고치는 데 가장 중요한 것은 역시 식생활을 바로잡는 것입니다. 요즘 우리나라 사람들은 육류, 인스턴트 식품, 라면 등 고열량 고단백 식품을 너무 많이 먹는 반면, 식이섬유가 많은 과일이나 채소는 잘 안 먹습니다. 식이섬유란 식품에 들어 있는 식물성 물질로서 소화 흡수는 되지 않지만 수분을 빨아들여 대변을 부드럽게 만드는 작용을 합니다. 또한 대변의 양을 늘리고 대장 점막을 자극하여 배변을 촉진해주지요.

어린 아이가 채소를 좋아하는 경우는 거의 없습니다. 과자나 피자 같은 것에 비하면 맛이 없으니 좋아하지 않는 게 당연합니다. 따라서 식이섬유를 많이 먹게 하려면 인위적인 노력이 필요합니다.

먼저 엄마 자신부터 인스턴트 식품과 육류의 섭취를 줄이세요. 바쁘다는 이유로 엄마가 먼저 그런 음식을 찾는 경우가 꽤 많습니다. 직장생활하랴 아이 키우랴 살림하랴 눈

변비에 좋은 마사지법

1. 아이를 눕히고 무릎을 세우게 한 다음, 배 전체를 20~30회 가량 시계 방향으로 문질러준다.
2. 배를 가로세로 각 4등분 하여 차례차례 세손가락으로 눌러준다. 숨을 내쉴 때 손가락을 누르고, 들이쉴 때 손을 살짝 뗀다. 단, 배를 누를 때는 아이가 너무 아파하지 않게 힘 조절을 잘 해야 한다.
3. 마지막으로 배 전체를 따뜻한 손바닥으로 가볍게 마사지해준다.
4. 이상을 매일 아침저녁으로 실시한다.

코 뜰 새 없이 바쁘겠지만, 아이의 성장을 생각한다면 시간이 걸리더라도 음식만큼은 잘 챙겨 먹여야 합니다. 이는 엄마 자신을 위한 노력이기도 합니다. 예전에는 짜고 매운 음식을 많이 먹어 위암이 많았지만, 최근에는 고기와 피자, 햄버거 같은 고지방 음식을 많이 먹어서 대장암과 직장암이 늘고 있다고 합니다. 아이에게 병 인자를 심어주는 것은 아닌지 한번쯤 돌아봐야 합니다.

변비에 좋은 음식을 알아두세요

백미는 영양과 섬유질이 풍부한 껍질을 벗겨냈기 때문에 변비 개선에 별 도움이 안 됩니다. 변비에는 현미가 좋은데 한 가지 문제는 소화가 잘 안 된다는 것입니다. 따라서 아이에게 현미밥을 먹일 때는 물을 많이 붓고 충분히 익혀 먹여야 합니다. 현미뿐 아니라 메밀도 섬유질이 풍부합니다. 콩도 변비에 좋은데 볶은 콩이나 콩나물은 식물성 섬유소도 풍부하고 양질의 단백질이 들어 있어 성장기 아이들에게 좋습니다. 아이가 조금 크면 잡곡밥을 먹이는 것이 변비 예방에 도움이 됩니다.

채소는 섬유질뿐만 아니라 비타민과 무기질도 풍부하여 성장기 아이들에게 아주 중요한 식품입니다. 특히 시금치, 쑥갓, 상추, 깻잎, 근대, 아욱, 피망, 늙은 호박, 당근 등 녹황색 채소를 많이 먹이는 것이 좋습니다. 해조류는 섬유질과 영양이 풍부할 뿐 아니라, 배변 작용도 도와줍니다. 특히 미역이나 다시마, 김, 톳 등은 섬유질이 풍부한 대표적인 음식입니다.

고구마를 비롯하여 감자, 무, 토란, 우엉, 참마와 같은 뿌리채소도 변비에 아주 좋습니다. 고구마는 껍질에 섬유소가 많기 때문에 잘 씻어서 껍질째 먹이는 것이 좋습니다. 껍질에 많은 세라핀과 섬유소가 장을 청소하고 변을 부드럽게 해줍니다. 땅의 기운을 듬뿍 받은 제철 고구마나 감자를 직접 쪄서 먹으면 그보다 좋은 간식거리가 없습니다.

사과에 함유된 식이 섬유소 '펙틴'은 변을 부드럽게 해줍니다. 껍질째 갈아서 매일 아침 공복에 먹게 하면 좋습니다. 이밖에 수박, 배, 딸기, 참외 등도 변

변비에 좋은 결명자차

물 1리터에 볶은 결명자 두 숟가락을 넣고 달여서 물 대신 먹인다. 변비가 심할수록 결명자 양을 늘려 더 진하게 끓인다. 결명자차는 어린아이들도 잘 마시는데 찬 성질로 장의 열을 풀어 변비를 개선한다. 변비가 있는 아이 대부분은 속열이 있는데, 이런 아이들에게는 결명자가 좋다. 대체로 아이들이 열이 많기 때문에 괜찮지만, 결명자를 먹고 설사를 하거나 아랫배가 차가워진다면 먹이지 말아야 한다.

비에 효과적입니다. 특히 딸기 씨는 장운동을 자극합니다. 귤이나 오렌지 같은 감귤류도 좋습니다. 이들 과일은 즙을 내서 먹이는 것이 좋은데, 녹즙기는 섬유소를 걸러내는 기능이 있으니 강판에 직접 갈아 먹이세요.

아침에 찬물을 먹으면 위-대장 반사를 자극하여 변의를 느끼게 합니다. 그런 면에서 우유도 아주 효과적입니다. 요구르트나 유산균 음료도 배변을 돕습니다. 그러나 속이 찬 아이들은 우유를 먹으면 설사를 하므로 되도록 안 먹이는 게 좋습니다. 또 우유에는 섬유질이 없어서 우유만 먹고 다른 음식을 잘 안 먹으면 변비가 오히려 악화됩니다. 아침에는 한 컵(150ml) 정도면 적당하고, 하루에 400ml 이상은 먹이지 마세요. 이밖에 들깨와 참깨, 땅콩, 아몬드, 잣, 해바라기씨, 호두 등의 견과류와 목이버섯, 표고버섯, 싸리버섯 등 버섯류도 변비 개선에 좋습니다.

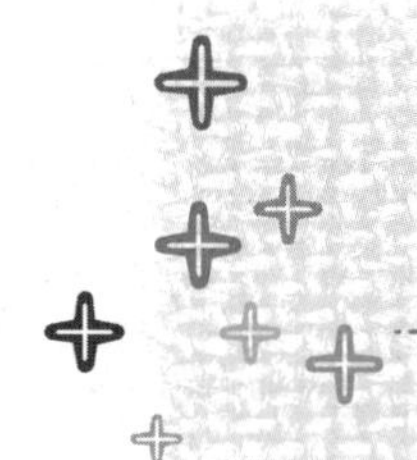

엄마들이 가장 많이 묻는 대소변 궁금증

이 시기 아이들에게 대변과 소변은 무척 중요한 의미가 있습니다.
몇 년 동안 차던 기저귀를 벗어 던지고 자기 의지대로 대소변을 조절할 수 있다는 건
그만큼 신체 정서적으로 성숙했다는 증거가 되지요.
또한 대소변은 여전히 의사 표현이 정확하지 못한 아이들의
건강 상태를 진단하는 중요한 지표가 됩니다.
아이를 키우는 엄마들이 대소변에 대해 가장 궁금해하는 것들을 모아봤습니다.

세 돌이 넘었는데 자다가 2~3번씩 꼭 소변을 봐요

세 돌이 넘어서도 충분히 그럴 수 있습니다. 만약에 아이가 기저귀를 차고 있지만 가끔씩은 소변이 마렵다고 엄마를 직접 깨운다면 배뇨 조절이나 신경활동이 원활해지는 것으로 볼 수 있습니다. 이런 경우에는 조금만 기다리면 자연스럽게 밤에 소변을 완전히 가릴 수 있으니 조급하게 생각하지 마세요. 하지만 낮에도 소변을 자주 급하게 보고 소변 줄기가 약하며, 성장발달이 부진하고 잔병치레를 자주 한다면 신장과 방광이 허약하다고 보아야 합니다. 아이가 밤과 낮을 가리지 않고 소변을 자주 본다면 야뇨증이 생길 확률이 높아집니다. 이럴 때는 정기적으로 해당 장기를 돕는 한약을 처방받아서 먹이는 것이 좋습니다.

야뇨증인데, 기저귀를 계속 채워야 할까요?

아이가 밤에 꼭 한두 번 소변을 보는데 기저귀를 계속 채워야 할지 궁금하다는 엄마가 꽤 많습니다. 기저귀를 안 채우려니 날마다 이불 빨래를 해야 하는 상황이고, 그렇다고 기저귀를 채우자니 이러다가 영영 기저귀를 떼지 못할까 봐 걱정이 되지요. 말씀을 드리자면 기저귀는 원칙적으로 채우지 않는 것이 맞습니다.

하지만 아이가 매일 이불에 실수를 한다면 일시적으로 기저귀를 채울 수밖에 없지요. 기저귀를 완전히 떼려다가 엄마와 아이가 지쳐 나가떨어질지도 모르니까요. 하지만 그 전에 아이가 어떤 상태인지 점검해보는 것이 좋습니다. 일주일에 한두 번이라도 실수를 하지 않거나, 야뇨증을 치료하는 과정에 점점 좋아지는 상태라면 좀 번거롭고 힘이 들더라도 기저귀를 채우지 않는 것이 좋습니다.

일단 기저귀를 차면 저도 모르게 긴장을 풀게 됩니다. 귀찮은 마음에 알면서도 그냥 기저귀에 오줌을 쌀 수도 있습니다. 또한 기저귀를 채우면 또래와 비교하면서 심리적인 위축감을 느낄 수도 있습니다. 물론 엄마가 이불 빨래를 하는 고생을 당분간 감수해야겠지요.

야뇨증은 꾸준한 관리가 필요한 질병이지만, 일단 치료를 시작하면 6~8주 정도가 지나서 변화가 눈에 보이기 시작합니다. 그래서 저는 아이가 아직 기저귀를 차고 있거나, 자는 아이를 깨워서 소변을 보게 하고 있다면 적어도 4주까지는 하던 대로 하라고 말해줍니다. 4주 정도가 지나면 아이의 개선 정도를 봐가면서 기저귀를 벗기거나 자는 아이를 그냥 두라고 말해주지요. 그래야 치료 과정에서 아이의 상태를 객관적으로 파악할 수 있고 아이도 긴장을 하면서 치료에 협조할 수 있습니다.

야뇨증이 있으면 키가 안 크나요?

제가 치료한 경험을 말씀드리자면 야뇨증을 앓는 아이들이 키가 좀 작은 건 사실입니다. 좀 더 구체적으로 30백분위(같은 월령 아이들 100명 중 30번째로 작은 키, 50백분위가 평균) 정도로 작게 나타났습니다. 하지만 야뇨증을 앓아서 키가 자라지 않는 것은 아닙니다. 정확하게 표현하자면 야뇨증이 있어서가 아니라, 신장이 허약해서입니다. 한방에서 신장은 아이의 성장발육과 가장 밀접한 장기입니다. 따라서 신장과 방광이 허약한 야뇨증 아이가 키가 작은 경향이 있는 것은 당연하지요. 신장이 허약하면 야뇨증이 생길 뿐만 아니라, 뼈 발육은 물론 호르몬 작용도 약해져 이것이 결국 성장부진으로 이어지는 것입니다.

그렇다고 절망할 필요는 없습니다. 야뇨증을 잘 치료한다는 것은 약해진 신장의 기운을 보한다는 의미이고, 이는 곧 성장에도 청신호가 들어온다는 것을 뜻하기 때문입니다.

아이의 성장은 적어도 청소년기까지는 계속 됩니다. 어릴 때 신장을 튼튼하게 하면 이후 청소년기까지 성장이 원활해집니다. 그러니 마음을 조급하게 먹지 말고 야뇨증을 잘 치료하여 약해진 신장도 튼튼하게 만들겠다고 결심하세요.

소변에서 거품이 나요

한방에서는 아이의 소변 색이 진하고 냄새가 심하며 거품이 있다면 속열이 있는 것으로 판단합니다. 특히 심장에 열이 있으면 소장과 방광에 열이 전달되어 소변의 상태가 그렇게 변하지요. 이때 아이는 혀가 붉고, 갈증이 심하며, 설태가 두껍게 끼고 변비가 생깁니다. 또한 가슴과 머리에 열이 많고, 땀을 많이 흘리며, 밤에 깊은 잠을 못 자지요.

소변이 뿌옇고 거품이 날 때는 단백뇨를 의심해볼 수 있습니다. 단백뇨란 단백질이 흡수되지 못하고 소변으로 빠져나오는 것을 말합니다. 단백질을 소화하고 찌꺼기를 걸러내는 곳은 신장입니다. 단백질이 아기 성장에 꼭 필요한 영양소인 만큼 신장에서는 단백질 대부분을 흡수하고 극소량의 단백질만 소변으로 배출하지요. 만일 신장에 문제가 있어 단백뇨를 보인다면, 정상치 이상의 단백질이 밖으로 빠져나가는 것입니다.

단백뇨를 그대로 두면 성장에 막대한 영향을 미칠 수 있으므로 서둘러 검사를 받아보는 것이 좋습니다. 집에서도 손쉽게 단백뇨 검사를 해볼 수 있습니다. 아이의 소변을 끓여보세요. 소변을 끓였을 때 달걀흰자가 굳는 것처럼 뿌옇게 변한다면 단백뇨라고 할 수 있습니다. 하지만 건강한 아이도 그날 먹은 음식에 따라 일시적으로 단백뇨가 나올 수 있으므로 너무 걱정할 필요는 없습니다.

소변 줄기가 약해요

신체상에 아무 문제가 없고 단순하게 소변 줄기가 약하다면 비뇨생식기가 허한 것입니다. 이를 한방에서는 '신허'라고 합니다. 한의사들이 "신허하다"고 하는 것은 신장과 방광을 포함한 비뇨생식기의 전반이 허약하다는 것을 뜻합니다. 신장이나 방광이 허하면 호르몬 작용이 잘 안 되고, 뼈의 성장발달도 잘 이뤄지지 않습니다.

또한 신허한 아이들에게 야뇨증이 자주 나타납니다. 이런 아이는 소변을 시원하게 보지 못하고, 급하게 보면서 양도 적고, 소변을 속옷에 자주 지립니다. 소변 줄기가 힘없이 가늘며, 성기는 왜소하며 무기력합니다. 신경도 예민하고 아침에 일어났을 때 눈 주위가 자주 붓고 안색도 창백합니다. 골격이 약하고 수족이 차고 허리가 자주 아프다고 하는데, 특히 한밤중에 무릎이나 팔이 아프다고 말합니다. 아파하는 부위를 주물러주면 시원해하면서 곧 잠이 들지요. 또한 이빨과 머리카락의 발육 상태가 불량합니다. 머리카락이 힘없이 가늘고 색이 옅으며 윤기도 적고 숱도 많지 않습니다.

또한 성장발육이 원활하지 않아 키와 몸무게가 평균치에 못미치는 경우가 많습니다. 어떤 아이는 지능이나 면역기능이 떨어지기도 합니다. 이는 대부분 선천적으로 신장 기운을 약하게 타고난 탓입니다. 하지만 후천적인 노력으로 얼마든지 개선할 수 있습니다. 주기적으로 신장의 기운을 돕는 보약을 먹이면서 건강한 식습관을 길러주세요.

소변을 너무 자주 봐요

아이들이 소변을 너무 자주 보는데 통증은 없는 증상을 한의학에서는 '빈뇨'나 '소변빈삭'이라고 합니다. 일반적으로 아이가 소변을 보는 횟수는 생후 2~3년이면 하루에 약 10번, 3~4년이면 약 9번으로 차츰 줄어들어, 12세를 넘으면 어른처럼 하루에 4~6번 소변을 봅니다. 그런데 아이가 화장실 다녀오고서 30분도 안 지나서 다시 소변을 누러 가고, 자기 전에 계속 화장실을 들락거릴 때가 있습니다.

이런 증상이 근래 갑자기 생겼고, 오줌을 눌 때 아프거나 열이 있으면 요로감염, 방광염일 수 있으니 소변 검사를 받아봐야 합니다. 하지만 그런 증상이 갑자기 생긴 게 아니고, 소변 검사를 해도 별다른 이상이 없다면 허약증인 경우가 대부분입니다.

허약증은 크게 세 가지로 나뉩니다. 첫째, 신장과 방광의 기운이 선후천적

소변을 너무 적게 보는 아이들

아이가 소변을 적게 본다는 것은 평소에 물을 너무 적게 먹는다든지, 아니면 땀이나 설사 때문에 수분 손실이 크다는 뜻이다. 몸이 붓지 않고 열도 없고 다른 이상이 없다면 수분 섭취가 적은 것으로 보고 일단 물을 많이 마시게 해야 한다. 그래도 아기가 소변을 잘 못 본다면 진찰을 받아봐야 한다. 이유가 무엇이든지 소변을 너무 오랫동안 안 보면 신장에 이상이 생길 수 있으므로 주의할 필요가 있다. 특히 설사하는 중에 8시간 이상 소변을 보지 않는다면 중증의 탈수 상태로 갈 수 있으므로 반드시 진료를 받아보는 것이 좋다.

으로 허약해서 올 수 있고 둘째, 심장의 기운이 불안한 경우로 스트레스에 민감하고 심약한 체질에서 나타납니다. 셋째는 비장과 폐의 기운이 허약해 체내의 수분 대사 조절이 약해지고 요로 괄약근의 개폐작용이 무력해서 생깁니다.

소변 검사에서 특별한 이상이 없는 빈뇨증상은 약한 장기를 찾아서 한약으로 보강해줘야 합니다. 경우에 따라 침 치료를 하기도 합니다. 빈뇨, 야뇨증 등 배뇨 장애는 스트레스로 인해 일어나는 경우도 많지만, 그 자체가 스트레스가 되어 성격과 사회성 형성에 좋지 않은 영향을 줄 수 있으므로 그냥 내버려두지 말고 빨리 치료해야 합니다.

아이들도 치질에 걸리나요?

변을 볼 때마다 항문이 찢어져 피가 나는 아이들이 있습니다. 치질 증상처럼 항문 주위가 볼록 올라와 있기도 합니다. 그걸 보고 있으면 '혹시 우리 아이가 치질이 아닐까?' 하는 생각이 들지요. 하지만 어린 아이는 치질이 드뭅니다. 아마도 변비에 의해 항문 주위의 점막이 자극을 받아 약간의 염증으로 살이 부어올랐을 가능성이 큽니다.

아주 간혹 '직장탈출증'이라고 하여 직장이 빠져나올 때가 있는데, 직장이 빠져나올 만큼 증상이 심하다면 외과에서 진찰을 받아야 합니다. 직장탈출증은 여자가 남자보다 6배 많이 발생하며 연령적으로는 유아기와 노년기에 많이 보입니다. 2세 미만의 어린이에게도 많이 보이지요. 유아의 직장탈출증은 직장이 확실히 고정되지 않아 밖으로 빠져나온 것이기 때문에 변비와 배변 습관을 교정해주면 저절로 없어집니다. 직장탈출증은 변을 볼 때 직장이 빠져나오므로 엄마도 쉽게 알 수 있습니다. 어른의 직장탈출증은 수술로 치료하지만, 아이는 수술 없이 치료할 수 있습니다.

일단 아이가 항문에 고통을 느끼면 따뜻한 물에 엉덩이

항문에 상처가 났을 때 좋은 좌욕법

욕조에 따뜻한 물을 담아 하반신만 담근 상태로 10~15분 정도 놀게 한다. 간혹 엉덩이를 벌려 항문에 따뜻한 기운이 직접 닿게 한다. 사실 좌욕이라기보다 반신욕에 가깝다. 아이가 물에 가만히 있지 않으므로 물 안에 장난감을 놔주면 더 좋다. 좌욕을 하면 항문과 아랫배가 따뜻해지면서 장이 이완돼 항문의 통증이 많이 줄어든다. 좌욕 후에는 항문을 잘 말려주고 상처 부위에 연고나 티트리 오일을 발라준다. 티트리 오일은 좌욕 전에 물에 몇 방울 떨어뜨려줘도 효과가 있다.

를 담가 좌욕을 시켜주는 것이 좋습니다. 상처로 열상이 있는 경우에는 좌욕을 시킨 후 연고를 발라주세요. 무엇보다 변비를 해결해야 합니다. 여러 가지 방법을 동원해도 변비가 개선되지 않는다면 소아한의원에서 진찰을 받아보세요.

관장을 자주 하면 안 되나요?

어른이 되어서도 만성 변비에 시달리는 사람들을 보면 변비약을 습관적으로 먹는 경우가 많습니다. 처음에는 한 알이면 쉽게 변을 보지만, 차츰 양이 늘어서 나중에는 서너 알을 한꺼번에 먹어도 잘 듣지 않습니다. 아이에게 관장하는 것도 마찬가지입니다. 관장을 해서 아이가 변을 잘 보면 지켜보는 엄마 속이 다 후련합니다. 하지만 관장을 많이 할수록 제 힘으로 변을 보기가 점점 어려워집니다. 관장은 말 그대로 몸에서 변을 억지로 빼내는 것입니다. 하지만 변비는 변만 빼낸다고 해결되지 않습니다. 원인을 근본적으로 해결하지 않고 관장만 계속 한다면 장 기능은 점점 더 나빠질 것입니다.

변비는 아닌데 늘 변이 가늘어요

아이가 리본처럼 납작하거나 연필처럼 가는 변을 본다면 장의 협착이나 기형 등 해부학적인 이상이나 질병이 있을 수도 있습니다. 이럴 때는 정밀한 검사가 필요합니다. 특별한 질병이 없는데 가늘고 납작한 변을 본다면 식생활에 문제가 있거나 장기능이 약하다고 볼 수 있습니다. 아이들은 찬 음식, 기름진 음식, 맵고 자극적인 음식을 자주 먹고 끼니때마다 과식하면 변이 가늘어집니다. 장염을 오래 앓거나 비위가 허약한 아이들도 장기능이 떨어져 변이 가늘어집니다. 따라서 우선 식생활을 잘 관리해야 합니다. 이와 함께 평소에 배를 따뜻하게 하고 장기능을 돕는 한약을 처방받는 것도 좋습니다. 참고로 가장 좋은 정장제는 콩입니다. 청국장 가루를 먹이거나 볶은 약콩 가루와 마 가루를 섞어 미숫가루를 만들어 먹이면 장기능이 개선되면서 변 상태가 좋아집니다.

3세에서 4세까지(25~48개월)

호흡기 질환

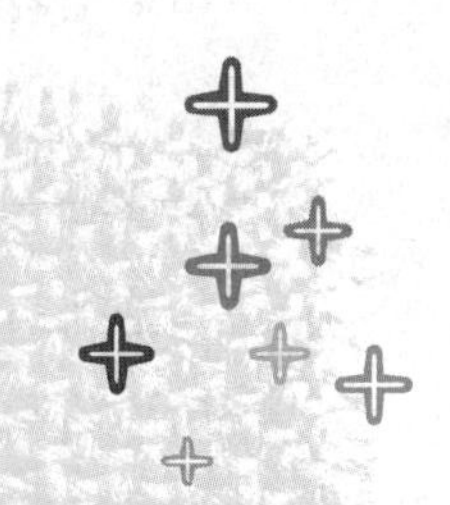

자주 걸리고 오래가는 감기

두 돌부터 네 돌까지는 정말 밥 먹듯이 감기에 걸리고, 한번 걸리면 질릴 만큼 오래갑니다.
놀이방이나 어린이집, 유치원 등 단체생활을 시작하면서 그동안 접하지 못했던
온갖 바이러스와 세균에 노출되니 필연적으로 감기에 걸릴 밖에요.
면역력이 떨어지면 특히 더 쉽게 감기에 걸리고 맙니다.
또 어느 부위가 허약한가에 따라 열이 나거나, 콧물이 나거나,
기침만 해대는 등 증상이 다르지요.
아이의 체질과 증상에 따라 감기를 치료하는 법도 차이가 있습니다.

잘못된 치료와 무분별한 약물 사용이 문제

감기가 빨리 낫지 않고 오래가는 것은 면역력이 많이 떨어졌다는 신호입니다. 이는 감기에 걸릴 때마다 약을 무분별하게 사용하거나 잘못된 치료법을 사용해서입니다. 아이 스스로 감기를 이겨낼 수 있도록 도와주면서 시간적인 여유를 가져야 하는데, 그럴 새도 없이 무조건 약부터 쓰니 면역력이 자랄 틈이 없는 것이지요. 그러니 감기에 더 잘 걸리고, 한번 걸리면 빨리 낫지 않고 오래가는 것입니다. 지금부터라도 아이가 스스로 감기를 이겨내도록 도와주면서, 해열제나 항생제를 될 수 있는 대로 쓰지 말아야 합니다. 약에 너무 의존하면 약물에 대한 내성이 생겨 치료가 더 어려워지는 악순환이 반복됩니다. 말 그

대로 감기를 달고 살게 되지요.

감기가 오래가면 성장에도 문제가 생깁니다. 질병에 걸리면 아이는 성장을 멈춥니다. 성장에 에너지를 쓰지 못하고 몸에 생긴 질병을 치료하는 데 에너지를 써야 하기 때문이지요. 따라서 감기 같은 질병을 자주 앓는 아이들은 제대로 자라지 못합니다.

아이가 조금만 아파도 병원에 가서 출근도장을 찍었다면, 면역력이 이미 많이 떨어진 상태입니다. 한번 떨어진 면역력을 다시 키우려면 스스로 병과 싸워 이겨내는 관문을 통과해야 합니다. 엄마는 그런 아이를 어떻게 도와줘야 하는지, 어떻게 하면 약물 복용을 최소화할 수 있는지 배워야 하지요. 우선은 단체생활을 일시적으로 중단하고 아이를 쉬게 하면서 감기를 치료해줘야 합니다. 약에 대한 내성을 줄이고 자연치유력을 높이려면 한방 감기약의 도움을 받는 것도 좋습니다. 아이가 너무 허약해서 면역력이 많이 떨어져 있다면 한방 감기약과 함께 보약을 통해 질병에 대한 저항력을 키워주는 것도 한 방법입니다.

감기만 걸리면 설사하고 토해요

아이가 체할 때 감기에 걸리거나 혹은 감기에 걸리면서 체하는 수가 많습니다. 이것을 한의학에서는 '식적상한食積傷寒'이라고 합니다. 이런 아이는 열은 별로 없고 구토와 설사, 복통 같은 소화기 이상과 함께 기침, 콧물, 오한, 두통 등을 보입니다. 아이가 감기에 걸릴 때마다 도미노처럼 구토와 설사가 따라온다면 음식 조절을 해줘야 합니다. 기름진 음식이나 달걀 등의 고단백 음식, 햄이나 소시지 같은 인스턴트 음식, 라면 등의 밀가루 음식, 유제품, 찬 음식은 피하는 것이 좋습니다. 그 대신 부드러운 죽을 쑤어 먹이거나 미역이나 채소를 넣은 열은 된장국을 먹이는 것이 좋습니다. 물론 수분 공급도 충분히 해줘야 하고요.

한방 처방으로는 정리탕, 불환금정기산, 도씨평위산, 곽향정기산 등이 있는데 아주 효과가 좋습니다. 감기를 앓는 아이가 설사하고 토하면 혹시 장염에 걸린 게 아닐까 하는 마음에 무조건 항생제를 먹이는데 절대 그러지 마십시오. 감기 바이러스에 의한 장염에는 항생제가 크게 소용없습니다. 열이 심하지 않고 설사나 구토의 횟수도 많지 않다면 음식 조절을 하며 아이가 자연스럽게 낫기를 기다리는 게 좋은데, 식적상한에 사용되는 한방 감기약을 처방받는 것도 좋습니다.

유난히 코감기에 잘 걸리는 아이들

유난히 코감기에 잘 걸리는 아이들이 있습니다. 콧물이 많이 나고 코가 막혀 아주 괴로워하지요. 숨쉬기도 힘든데 열과 두통이 동반하여 밤잠을 설치는 아이도 많습니다. 코감기에 걸리면 처음에는 맑은 콧물이 나옵니다. 그러다 시간이 지나면 누런 콧물이 나오는 축농증으로 발전하기도 합니다. 만성비염이나 축농증을 앓는 아이들의 상당수는 잦은 코감기가 발전한 것입니다.

코감기에 자주 걸리는 원인은 크게 두 가지로 나눌 수 있는데 첫째는 코 질환을 많이 앓던 아이들이 코 점막이 약해져서 콧물이 먼저 나오는 경우입니다. 이럴 땐 만성비염이나 축농증으로 발전하지 않게 잘 치료해야 합니다. 둘째는 알레르기성 비염을 앓는 아이들에 해당합니다. 이런 아이들은 감기가 나아도 콧물과 재채기, 코막힘, 코나 눈의 가려움증 등이 계속되고, 심하면 거의 일 년 내내 증상이 있을 수 있습니다. 아침이나 기온의 변화가 큰 환절기에 심해지는 특징을 가지고 있습니다.

아이 코가 좋지 않을 때는 평소에 비강 세척을 통해 코 점막을 건강하게 유지해줘야 합니다. 비강 세척은 생리식염수나 죽염수로 콧속을 씻어주는 것입니다. 이외에도 환기를 잘 하고 집 안에 먼지가 안 나게 청소도 잘 해야 합니다. 적절한 온도와 습도를 유지해주는 것도 상당히 중요합니다. 카펫이나 털 인형을 없애고, 집 안에 애완동물을 키워서는 안 됩니다. 또한 꽃가루가 날리거나 황사가 있을 때는 외출을 삼갑니다.

몸살감기와 기침감기가 잦아요

몸살은 말 그대로 몸이 쑤시고 아픈 것입니다. 어른이 주로 걸리고 아이들은 몸살에 걸리는 일이 별로 없습니다. 몸살감기는 주로 과로에서 오기 때문입니다. 만일 아이가 몸살감기를 앓는다면 처음 시작한 단체 생활로 몸이 너무 피곤해서입니다. 또는 독감에 걸렸을 때도 몸살과 오한, 고열을 동반하는 경우가 많으므로 진찰을 받는 것이 좋습니다. 단체 생활로 인한 몸살감기라면 스트레스와 피로를 풀어주세요. 이럴 땐 정신적으로나 육체적으로 휴식이 필요합니다. 독감에 걸렸다면 단체 생활은 중단하고 적극적으로 치료해야 합니다. 이런 아이들은 면역력이 많이 약해져 있기 때문에 감기가 나으면 보약을 처방해주는 것이 좋습니다.

감기에 걸린 아이들이 가장 많이 보이는 증상이 기침입니다. 기침은 원래 기도에 어떤 자극이 있을 때 반사적으로 나오는 것입니다. 그래서 자극이 없으면 기침도 금방 멈춥니다. 하지만 감기로 인해 시작된 기침은 생각보다 오래갈 수 있습니다. 이럴 땐 문제가 좀 심각합니다. 아이가 두 돌 이후에 2주 이상 기침을 계속 하면 감기로 인한 단순한 기침이 아닐 가능성이 큽니다. 이럴 땐 병원에 가서 폐렴이나 기관지천식, 알레르기성 기관지염, 축농증, 역류성 식도염, 위장장애 등이 없는지 확인해야 합니다.

기침을 하는 아이는 안정이 중요합니다. 운동이나 외출을 될 수 있는 대로 멀리하여 기관지에 자극이 안 가도록 하면서 방 안에 젖은 수건을 널어두어 습도를 충분히 확보합니다. 방 안의 습기가 충분하면 기도에서 수분이 증발하지 않아 기침이 덜 나기 때문입니다. 또 찬 음료나 인스턴트 음식, 달고 기름기가 많은 음식은 될 수 있는 대로 먹이지 말고 목과 가슴 부위를 수건으로 감싸 보온에 신경을 쓰도록 합니다.

감기만 걸리면 열이 나요

감기만 걸리면 열이 나는 아이들이 있습니다. 심하면 경기를 하기도 합니다. 감기에 걸려 열이 나는 것은 편도선이나 인후 부위에 염증이 생겼을 때가 많습니다. 또한 편도나 인후가 민감하고 상체에 열이 많은 체질이어도 감기에 걸리면 열이 많이 납니다. 한약으로 체질을 개선하면 편도염이나 인후염의 발생이 줄고 고열이 나다가 열 경기로 가는 것을 예방할 수 있습니다. 열이 나면 집에서 보리와 결명자를 1:1의 비율로 섞어 끓여 먹이면 좋습니다. 물은 탈수를 방지하는 효과만점의 해열제입니다. 겨울의 정기를 받은 보리와 간의 열을 식혀주는 결명자는 둘 다 찬 성질을 지니고 있어 열을 내리는 데 도움이 됩니다. 열이 있으면 기운이 없고 식욕이 떨어지므로 아이를 푹 쉬게 하면서 영양을 잘 공급해줘야 합니다.

엄마들은 대개 아이가 열이 나면 겁부터 집어먹고 해열제를 찾지만, 이전에 열 경기를 일으켜본 적이 없는 아이라면 무조건 열부터 떨어뜨려서는 안 됩니다. 열은 아이의 몸이 감기와 싸워 이겨내는 과정에서 생깁니다. 그런데 이때 무조건 열을 떨어뜨리면 오히려 다른 합병증을 불러올 수 있고, 면역력은 더 떨어지게 됩니다. 열이 39도 이상 계속 올라갈 땐 미지근한 물로 전신을 닦아 열이 더 오르지 않도록 합니다. 찬물로 하면 오히려 체온을 더 높일 수 있으니 주의하세요. 또한 아이가 울지 않도록 잘 보살펴야 합니다. 심하게 울면 체온이 올라가기 때문입니다.

낮에는 멀쩡하다 새벽에 기침을 해요

새벽에 유독 기침을 심하게 하는 아이들이 있습니다. 이런 아이들은 그저 약만 먹는다고 기침이 해결되지 않는데, 크게 두 가지로 나눌 수 있습니다. 하나는 알레르기에 의한 기침이고, 하나는 코의 문제로 인한 기침입니다.

알레르기 성향이 있는 아이는 밤, 주로 새벽에 발작적으로 기침을 합니다.

또 낮에 뛰놀거나, 자극적인 냄새를 맡았을 때도 기침을 합니다. 그러므로 아이가 새벽에만 기침을 하는지 낮에도 특정한 자극(냄새, 연기, 찬공기, 먼지 등)이 있으면 기침을 하는지 잘 살펴봐야 합니다.

또한 코가 좋지 않아 콧물이 목 뒤로 넘어가는 후비루 증상이 있는 아이는 누워 있을 때 콧물이 기관지를 자극해서 기침이 납니다. 이런 아이들은 아침에 일어나서도 기침을 하는데, 기침을 여러 번 해서 가래를 뱉어내면 멀쩡해지는 수가 많지요. 이때는 엎드려서 재우면 코가 목 뒤로 넘어가는 것이 줄어들어 기침을 덜 합니다. 만약 아이들이 새벽이나 아침에 기침을 더 심하게 하고 이것이 오래간다면 코에 이상이 없는지 확인을 해봐야 합니다.

감기에 걸렸을 때 목욕해도 될까?

한의학에는 감기를 상풍, 상한이라고 한다. 즉 감기는 바람이나 찬 기운이 몸이 상해서 생기는 병이라는 뜻이다. 감기 중에 목욕을 하면 바람과 찬 기운이 몸에 들어 증상이 더 악화될 수 있으므로 안하는 게 좋다. 목욕 후에 오싹한 추위를 느끼거나 찬 바람을 맞으면, 감기가 심해지고 잘 떨어지지 않는다. 아기가 감기에 걸렸을 때 씻겨야 한다면 우선은 미지근한 물수건으로 몸을 닦아준다. 감기가 너무 오래가서 더는 목욕을 미룰 수 없는 상황이라면 체온 유지에 신경 쓰면서 최대한 빨리 끝내야 한다.

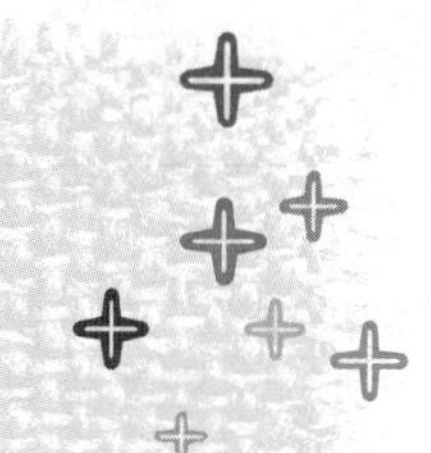

다섯 명에 한 명 꼴로 앓는 비염과 축농증

우리나라 소아 중 20퍼센트 이상은 비염이나 축농증을 앓고 있다고 합니다.
다섯 명에 하나가 걸려 있다는 말입니다. 너무 심한 경우에는 수술을 하기도 하지만 완치되지 않고 재발하는 경우가 많습니다. 비염이나 축농증이 있는 아이는 감기에 자주 걸립니다.
대부분 몸에 열이 많거나 식욕이 없고, 변비와 식은땀, 코피 같은 증상을 보입니다.
이런 아이들은 코만 손볼 것이 아니라 한약으로 체질적 불균형을 개선해줘야 합니다.

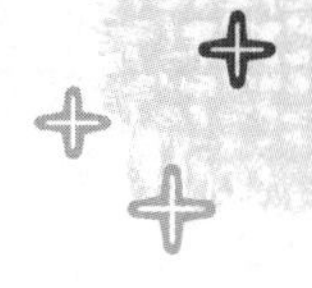

감기에서 시작하는 비염과 축농증

비염과 축농증의 원인은 다양합니다. 내부 원인으로 폐와 비위, 신장이 허약해서 생긴다고 보고, 외부적인 원인으로는 너무 차거나 혹은 너무 더운 기운이 호흡기에 들어와 생긴다고 봅니다. 이를 풍한, 풍열이라고 하는데, 풍한과 풍열은 온도나 습도 등의 불안정한 기후 조건을 의미합니다. 이런 외부 환경이 급성비염, 급성축농증 등의 중요한 유발인자로 작용하지요.

한편 정신적인 스트레스를 받았거나 과로로 몸이 너무 피곤할 때도 비염이나 축농증에 더 잘 걸릴 수 있습니다. 일반적인 발전 양상을 보면 보통 코감기가 너무 오래가면 만성비염이 생기고, 비염이 계속 진행하면 축농증으로 발전합니다.

비염이나 축농증에 자주 걸릴 때는 체질적 불균형을 개선하면서 코의 증상을 집중적으로 치료하면 효과를 볼 수 있습니다. 소아한의원에서는 아이에게 한약을 먹게 하면서 아프지 않은 무통 침, 약향요법, 외치요법(뿌리는 약이나 삽입 약)을 병행합니다. 집에서는 코안을 씻어주면 좋습니다. 원래 비강 세척은 정수기 물 1리터에 천연소금 2순가락을 넣어 식염수를 만들거나 시판하는 생리식염수를 준비한 다음, 한쪽 코를 막고 다른 쪽 코로 물을 빨아들인 후 입으로 뱉어내는 방법입니다. 하지만 아이가 이렇게 하기는 쉽지 않지요. 그래서 엄마가 주사기를 사용해서 콧속을 세척해줘야 합니다. 앉거나 선 상태에서 콧속으로 분사해 흘러 떨어지게 합니다. 굳이 세척액이 코 뒤로 넘어가게 할 필요는 없습니다. 이렇게 1~2주 정도 콧속을 닦아주면 효과를 볼 수 있습니다.

환경과 음식 관리가 중요한 알레르기성 비염

꽃가루가 날리는 환절기만 되면 감기에 걸린 것처럼 재채기를 하고 콧물이 나거나 코가 막히는 아이들이 있습니다. 하지만 열이 나거나 기침을 많이 하지는 않지요. 감기인 것도 같고, 아닌 것도 같아서 엄마들이 헷갈립니다. 만일 다른 감기 증상이 없으면서 재채기나 콧물, 코막힘이 오래간다면 알레르기성 비염일 가능성이 큽니다. 알레르기성 비염은 과민성 비염, 아토피성 비염 등으로 불리기도 하는데, 발작적으로 재채기를 하고, 맑은 콧물을 흘리면서 코가 잘 막히는 것이 특징입니다. 코에 이렇게 문제가 많다 보니 쉽게 피로를 느끼거나 한 가지 일에 집중하지 못하고, 잘 먹지도 않습니다.

알레르기성 비염을 앓는 아이를 보면 유전적인 성향이 많습니다. 엄마 아빠가 알레르기성 비염일 때 아이도 알레르기성 비염일 가능성이 크다는 말입니다. 또한 여자아이보다 남자아이에게 더 많이 나타납니다. 한방에서 알레르기성 비염을 치료하는 목적은 증상만 완화하는 데 있지 않습니다. 즉 호흡기를 보강하고 신체 저항력을 키워 외부 자극에 대해 근본적으로 강해지게 하는 것이 최종 목표입니다. 그렇다고 무조건 몸만 보강하고 증상을 모른 척 하라는 말은 아닙니다. 증상이 갑자기 심해지는 발작기에는 증상에 대한 치료를 먼저 합니다. 그러다가 증상이 가라앉으면 다시 호흡기를 보강하고 신체 저항력을 높이는 처방으로 바꾸지요. 그러면 발작의 정도나 횟수가 차츰 줄어듭니다. 아이의 몸을 보하면서 신체 저항력을 키워주려면 주거환경과 음식을 잘 관리해야 합니다. 평소에 알레르기를 일으킬 만한 요인을 피하고, 면역력을 길러주는 음식을 많이 먹여야 하지요.

이와 함께 약향요법을 병행하면 좋습니다. 아로마 오일에는 소독, 방부, 항염, 항바이러스, 면역세포를 활성화하는 성분이 들어 있습니다. 이 아로마 오일을 적절히 사용하면 여러 가지 질병이 많이 개선됩니다. 알레르기가 있는 아이에게는 유칼립투스 6방울, 파인 3방울, 페퍼민트 1방울, 티트리 3방울을 섞은 다음 뜨거운 물수건에 2~3방울을 떨어뜨려 코밑에 대고 김과 함께 5분간 흡입합니다. 아이가 아직 어려 이렇게 하지 못한다면 면봉에 묻혀 콧속에 직접 발라주면 됩니다. 집에서 사용하는 흡입기에 넣어 사용해도 됩니다.

알레르기성 비염 예방을 위한 환경관리

알레르기성 비염에는 무엇보다 환경 관리가 중요합니다. 알레르기가 많이 생기는 환경에서 자라면 아무리 좋은 약도 효과를 볼 수 없습니다. 다음과 같은 점을 유의해서 환경을 관리해주세요.

1. 집 먼지 안에 있는 진드기는 알레르기성 비염을 일으키는 주요인입니다. 진드기 번식을 막으려면 이불이나 카펫을 잘 마른 상태로 보관해야 합니다. 평소 침구용 청소기로 자주 청소하는 것도 좋습니다.
2. 새나 동물의 털은 알레르기성 비염의 주요 항원이므로 어린 아이가 있는 집에선 가능한 한 키우지 않는 게 좋습니다. 털로 된 물건(장난감이나 털옷)도 가까이 두지 않도록 합니다.
3. 항원뿐만 아니라 유인도 피해야 합니다. 유인이란 환자의 예민한 코점막을 자극하는 각종 자극적인 냄새를 말하지요. 즉 담배 연기, 페인트 냄새, 새로 들인 가구 냄새, 음식 타는 냄새, 찬 바람 등에 아이가 노출되어

선 안 됩니다.

4. 실내를 너무 덥게 해서는 안 되며, 습도는 50퍼센트 정도를 유지합니다.
5. 이부자리를 햇볕에 자주 말리고, 가능하면 침대 생활은 피하세요.
6. 꽃가루가 날리는 계절에는 환기를 단시간에 마치고 외출할 때 마스크를 씁니다.
7. 음식은 반드시 익혀 먹여야 합니다. 한꺼번에 많이 사지 말고 필요한 만큼 그때그때 준비하여 먹이는 것이 좋습니다.
8. 평상시 아이의 체력을 관리합니다. 체력이 좋은 아이는 알레르기가 잘

알레르기성 비염 아이가 주의해야 할 식품

알레르기성 비염에 특히 주의해야 할 음식은 튀긴 육류, 초콜릿, 우유, 달걀, 밀가루 음식이다. 단, 과민반응이 없는 음식은 어느 정도 섭취해도 무방하다.

달걀 **날달걀, 특히 달걀흰자**
유제품 **생우유, 치즈, 버터**
육류 **돼지고기, 양고기, 닭고기, 특히 기름에 조리된 육류**
콩류 **강낭콩, 완두콩, 두부, 콩나물**
견과류 **땅콩, 호두, 아몬드**
곡류 **수수, 보리, 메밀, 밀가루**
젓갈류 **명란젓, 창난젓**
구황식물류 **고구마, 토란**
채소류 **홍당무, 샐러리, 토마토**
과일 **귤, 오렌지, 키위, 바나나, 딸기**
갑각류 **새우, 게, 바닷가재**
어류 **참치, 다랑어, 갈치, 고등어, 꽁치(등푸른 생선류 등)**
식품첨가물 **향신료, 인공색소, 인스턴트 식품(청량음료, 아이스크림, 과자, 피자, 햄버거 등)**
의약품 **아스피린, 해열진통제, 항생제 등**
기타 **마늘, 오징어, 참깨, 설탕(사탕, 초콜릿 등), 튀긴 음식, 찬 음식, 술, 담배 등**

안 생기고, 생기더라도 가볍게 넘길 수 있습니다.

도대체 축농증은 왜 생길까요?

한의학에서는 축농증이 외부 감염, 쓸개의 열이 뇌로 전달된 경우, 폐기가 허약한 경우 생긴다고 봅니다. 이런 원인으로 코점막이나 편도의 염증이 심해지면 얼굴 두개골에 있는 공간인 부비동에 염증이 생겨 농이 차고 배출이 잘 안 돼서 축농증이 생깁니다.

축농증은 생각보다 쉽게 안 낫는 질환입니다. 나았다 하더라도 코가 세균과 바이러스에 늘 노출돼 있기 때문에 재발이 쉽습니다. 양방에서는 종종 항생제로도 치료가 안 돼 수술을 권하기도 합니다. 하지만 아직 어린 아이들에게 수술은 위험할 수 있지요. 아직 두개골이 자라는 중이기 때문입니다. 성공적으로 수술한다고 하더라도 재발률이 70퍼센트나 되기 때문에 매우 급한 상황이 아니라면 수술하지 않는 것이 좋습니다.

한방에서의 치료법은 다음과 같습니다. 우선 위에서 말한 세 가지 원인에 따라 형방패독산, 창이자산, 상국음, 용담사간탕 등의 한약을 처방합니다. 이렇게 원인을 파악하여 치료하면 증상만 개선되는 게 아니라 본질적으로 체질 개선이 이뤄집니다. 또한 한약 복용과 아울러 아프지 않은 무통 침과 비강 레이저 조사, 약향요법, 외치요법(스프레이제 및 삽입약)을 병행합니다. 집에서는 비강 세척을 해서 콧속을 깨끗하게 해주면 좋습니다. 축농증은 한방으로 치료하면 치료 효과가 굉장히 좋은 질환 중 하나입니다.

급성축농증은 감기의 합병증으로 걸리는 수가 많습니다. 코점막에 바이러스나 세균이 번식하면서 생긴 염증이 부비동까지 전염되면서 생기는 것입니다. 급성축농증은 한의학에서 말하는 풍열, 풍한형 축농증입니다. 증상이 오래되지 않아 아직은 장부에 영향을 덜 미쳤기 때문에 쓸개의 열로 인한 축농증이나, 폐기가 허약해서 생기는 축농증보다 오히려 빠른 효과를 볼 수 있습니다.

아이가 축농증이 있을 때는 기름기가 적고 소화가 잘 되는 음식을 먹이는 것이 좋습니다. 동물성 단백질보다는 콩 같은 식물성 단백질이 좋고, 지방도 식물성 지방이 좋습니다. 배, 사과, 토마토, 감자, 오이, 양배추, 양파, 호박, 수세미, 칡, 대추, 영지, 표고버섯 등이 코에 좋습니다.

특히 영지버섯은 면역력 증강에 효과적이라 만성축농증에 좋습니다. 얇게 썬 영지버섯 20g과 말린 칡뿌리 30g을 물 1리터에 넣고 약한 불로 반 정도가 될 때까지 우려내어 하루 100~150ml 정도를 3~4일 동안 먹입니다. 영지버섯은 다시 우려내어 먹어도 약 효과가 있습니다. 아이가 써서 먹지 못한다면 조청을 타서 먹여도 됩니다.

감기 예방이 최우선 과제

축농증 예방에서 가장 중요한 것은 우선 아이가 감기에 덜 걸리게 하는 것입니다. 감기로 인해 비염이 시작되고 이것이 축농증으로 진행되기 때문이지요. 감기에 걸린 아이들을 잘 살펴보면 놀이방이나 유치원, 백화점 같은 사람이 많은 공공장소에서 옮은 경우가 많습니다. 즉 면역기능이 약한 아이가 외부 바이러스에 노출되어 감기에 걸린 것입니다. 또 형제, 자매간에 서로 감기를 주고받아 감기가 끊이지 않기도 하는데 결국 감기는 전염성이 강하기 때문에 최대한 전염성이 강한 환경과 만나지 말아야 한다는 것을 기억해야 합니다. 감기가 유행할 때는 사람이 많은 곳을 피하며 가족들은 외출 후 집에 와서는 손을 씻고, 양치질을 한 뒤에 아이를 대해야 합니다. 이것이 감기 예방의 첫째인 청결한 위생과 환경입니다.

또한 집 안은 환기를 자주 시키고, 적당한 실내 온도와 습도를 맞추어야 합니다. 여름철에는 따뜻한 봄 날씨에 맞추어 실내 온도를 25~26도로 두며, 겨울철에는 신선한 가을 날씨에 맞추어 20~22도 정도로 유지하세요. 습도 또한 계절에 따라 다를 수 있는데, 봄과 여름에는 50~60퍼센트가, 가을과 겨울에는 40~50퍼센트가 적정 상태입니다.

한방 문헌에 '형한음냉즉 상폐形寒飮冷則 傷肺'라는 말이 있습니다. 이는 찬 기운이나 찬 음식이 호흡기를 약하게 한다는 뜻입니다. 아이가 갑자기 찬 기운을 쐬거나 찬 음식을 먹어 감기에 걸리지 않도록 해야 합니다. 호흡기가 약한 아이들을 보면 수영장 같은 곳에 다니면서 감기를 달고 사는 경우가 많습니다. 이때는 아이를 따뜻하게 하고, 따뜻한 음식을 먹이는 것이 좋습니다.

맑은 공기를 자주 쐬어서 폐를 건강하게 하는 것이 중요합니다. 맑은 공기는 피부와 호흡기를 통해 온몸에 신선한 산소를 공급해서 면역력을 높입니다. 추운 겨울이라도 햇볕이 따뜻한 날에는 밖에 나가 놀게 하는 것이 좋습니다. 또한 환절기에 보약을 먹이는 것도 감기 예방에 도움이 됩니다. 아이들은 6세 이전에 호흡기 질병에 가장 많이 걸립니다. 또 기혈이 부족해서 빈혈이 생기거나 면역기능이 저하되면 감기에 걸릴 확률이 높아집니다. 이때 기와 혈을 보하고 면역력을 높이는 약재로 아이 체질에 맞게 약을 지은 후 녹용, 자하거 등을 넣어서 복용하면 감기에 걸리는 횟수가 훨씬 줄고 감기에 걸려도 빨리 회복될 수 있습니다. 또 중이염, 비염, 축농증, 기관지염, 폐렴, 천식 등의 합병증으로 발전하는 것도 예방할 수 있습니다.

기침을 하면서 숨쉬기 힘들어하는 천식

발작적인 기침과 호흡곤란이 주기적으로 나타나는 천식은 엄마와 아이에게 모두 힘든 질병입니다.
쉽게 낫지 않아 병을 앓는 아이도, 옆에서 도와주는 엄마도 늘 불안합니다.
대표적인 만성질환으로 관리를 잘 하면 좋아졌다가,
어느 순간 다시 나타나 아이를 괴롭힙니다.
따라서 천식 치료에는 '완치하겠다'는 마음보다는
'관리를 잘 해야 한다'는 마음가짐을 갖는 것이 더 중요합니다.

천식은 알레르기 진행의 한 단계입니다

천식의 전형적인 증상은 한밤중이나 이른 새벽 또는 아침에 기침을 심하게 하면서 숨쉬기를 힘들어하는 것입니다. 또한 숨 쉴 때마다 쌕쌕거리면서 가래가 끓어 그렁거리는 소리가 나는데, 그 증상이 반복적인 것이 특징입니다. 아이가 다음과 같은 증상을 보이면 천식을 의심해야 합니다.

먼저, 밤이나 아침에 잠자리에서 일어나면 기침을 하지만 오후에는 기침을 별로 하지 않는 경우, 운동을 할 때나 혹은 운동 직후에 기침을 하면서 호흡이 곤란한 경우, 찬 바람을 쐬거나 아이스크림, 콜라, 사이다 등 차가운 음식을 먹고 기침을 하는 경우, 1개월 이상 열 없이 기침을 하는 경우, 병원에서 엑스레이를 찍어보면 정상으로 나오지만 약간의 기관지염이 있다고 하는 경우, 공장의 매연이나 자동차 배기가스 등 자극성 있는 냄새를 맡으면 기침이 나고 호흡이 곤란한 경우, 감기에 자주 걸리며 폐렴이나 모세기관지염을 앓는 경우 등입니다.

그런데 가래나 기침 같은 증상도 같이 나타나기 때문에 감기로 오인하는 경우가 많습니다. 또 실제로 감기로 인해 천식 증상이 드러나거나 악화하기 쉬워서 감기와 혼동할 수 있습니다. 게다가 요즘은 호흡곤란이나 가랑가랑하는 소리 없이 기침만 수 개월씩 계속하는 천식이 증가하는 추세여서 더더욱 감기와 구별이 잘 안 갑니다. 그럼에도 천식이 감기와는 구별되는 몇 가지 특징이 있습니다.

가장 큰 차이는 천식에는 병력이 있다는 점입니다. 즉, 어느 날 갑자기 생기는 병이 아니라는 것이지요. 설명을 보태자면 영아기 때 소화기관에 알레르기가 나타나 설사, 구토, 복통이 많았던 아이들은 영아형 아토피성 피부염을, 6개월~3세에 모세기관지염을 자주 앓았던 아이들은 기관지천식을 보이는 경우가 많습니다. 실제로 천식을 앓는 아이들은 비염이나 결막염, 태열 등 다른 알레르기 증상을 가진 경우가 대부분입니다.

이는 알레르기 질환이 그 원인과 신체 기관에 따라 순서대로 나타나기 때문입니다. 이를 알레르기 행진(allergy march)이라고 합니다. 따라서 알레르기 질환이 처음 나타났을 때 치료를 잘 해줘야 그다음 질환으로 이행되는 것을 막을 수 있습니다. 특히 돌 전에 자주 오는 모세기관지염은 '소아기 알레르기성 기관지천식'으로 이행되는 경우가 많으므로 아이가 감기에 걸렸을 때 치료를 잘 해야 합니다. 흔히 가족 중에 천식이나 알레르기 질환을 앓고 있거나, 담배 연기에 많이 노출이 될수록 더 그런 경향이 있습니다.

천식의 원인에 대해 알아봅시다

기관지천식이 생기는 원인에는 유전적인 요인이 많습니다. 부모 중 어느 한쪽이 천식일 때 아이가 천식에 걸릴 확률은 25퍼센트, 양쪽 모두 천식이면 50퍼센트로 높아집니다. 어린이 천식은 체질적으로 타고나는 경우가 많은데, 부모가 천식이 아니더라도 알레르기성 비염이나 아토피성 피부염, 두드러기 등의 기타 알레르기 질환이 있을 때 아이에게는 천식으로 나타나는 일도 있습니다.

환경적 요인도 무시할 수 없습니다. 집 먼지 진드기, 곰팡이, 꽃가루와 애완동물의 털, 우유와 달걀 등이 원인이 되어 천식을 일으키기도 하며 감기, 심한 운동, 대기오염과 불안, 초조, 긴장 등도 알레르기 천식을 촉발하는 원인이 됩니다. 면역기능이 떨어지면 천식이 더욱 심해지는데, 이때는 소화기, 호흡기, 내분비의 기능이 떨어져 몸의 약한 부분인 폐에 노폐물이 쌓입니다. 그 상태에서 찬 바람이나 찬 음식 등을 접하면 천식 발작을 일으키게 되지요.

천식은 한번 증상이 시작되면 '발작'이라고 할 만큼 심한 기침을 하기 때문에, 엄마들이 증상만 빨리 없애려고 서두를 때가 많습니다. 그러다 보니 바로 증상이 호전되는 양약에 의존하려고 하지요. 물론 발작적으로 기침할 때는 기관지 확장제 등을 통해 증상을 완화하는 것이 중요하지만, 증상이 어느 정도 완화되면 한약으로 증상개선과 함께 폐 호흡기를 보강해줘야 합니다. 천식도 한약으로 치료가 잘 되는 질환 중 하나입니다.

우선 아이의 기혈을 보강하고 면역력을 키워 알레르기에 강한 체질을 만들어야 합니다. 미리 아이의 허약증을 진단하고 그에 맞는 한약으로 약한 장부를 보강하면 알레르기 질환의 발생 빈도를 낮출 수 있습니다. 특히 환절기에 증상이 심해진다면 환절기가 오기 전에 미리 오장육부의 허실을 진단하여 체질에 맞는 한약을 쓰는 것이 좋습니다.

천식이 의심되는 경우

1. 찬 바람(에어컨 포함)을 쏘이거나 몸을 차가워지면 기침을 한다.
2. 뛰고 나면 금방 숨이 차면서 기침을 한다.
3. 아이스크림 등 찬 음식을 먹으면 기침을 한다.
4. 별다른 이상 없이 3주 이상 열 없는 기침을 한다.
5. 먼지, 냄새, 연기에 민감하여 기침을 잘 한다.
6. 밤이나 새벽에 열은 나지 않지만 기침을 하면서 호흡이 곤란하다.
7. 감기에 자주 걸리면서 기침이 오래간다.

천식은 치료 못지않게 관리가 중요합니다

천식은 알레르기 질환이기 때문에 천식을 유발하는 알레르기에 노출되면 언제든지 다시 나타날 수 있습니다. 특히 몸의 기운이 떨어지거나 감기에 걸리면 천식이 나타나기 쉽습니다. 하지만 관리만 잘 하면 일상생활에 큰 지장이 없고, 천식으로 인해 다른 합병증이 나타나는 경우도 드물며, 초등학교 입학 후 자연치료 되는 경우가 많습니다.

천식은 무엇보다도 일상 관리가 중요합니다. 수면, 기상시간, 식습관 같은 일상생활의 리듬을 일정하게 유지하고, 평소에 운동을 많이 해서 체력을 키워야 합니다. 스트레스를 받으면 천식이 심해지므로 아이가 항상 즐겁게 지내도록 도와주세요. 아이와 함께 노래를 부르거나 악기 연주를 하며 즐거운 시간을 갖는 것도 좋은 방법입니다. 그렇다고 과잉보호를 하지는 마세요. 보통 천식 같은 만성질환을 앓는 아이들은 어렸을 때부터 과잉보호를 받아서 예민하고 소극적인 성격을 갖기 쉽습니다. 적극적으로 뛰노는 아이가 면역력도 강합니다.

주변에 알레르기를 일으키는 물질도 없어야 합니다. 찬물이나 찬 공기, 찬 음식 등을 피해야 하고, 먼지, 진드기는 천식의 원인이 되므로 청소를 자주 하면서, 습도를 맞춰주세요. 청소할 때는 청소기보다는 물걸레를 이용하는 편이 낫습니다. 실내에서 애완동물을 키우지 않는 것이 좋고, 천으로 된 소파, 의자와 양탄자, 두꺼운 커튼 등을 사용하지 않아야 합니다. 호흡기 질환을 앓는 아이가 있으면 가습기나 공기청정기를 많이 쓰는데, 이런 제품은 공기를 맑게 하고 습도를 조절하는 데 좋지만 세척을 잘 하지 않으면 안 쓰느니만 못합니다. 자주 세척해서 가습기나 청정기가 또 하나의 오염원이 되지 않도록 해야 합니다.

때로는 아이가 가지고 노는 장난감이 알레르기를 유발하기도 합니다. 두 돌 정도가 지나면 아이는 더 이상 장난감을 물고 빨면서 놀지 않지만, 장난감을 가지고 놀다 손을 입에 넣으면 장난감에 붙어 있던 알레르기 유발 인자가 몸속으로 들어갈 수 있습니다. 따라서 적어도 일주일에 한 번은 장난감을 깨끗하게 씻어줘야 합니다.

특히 감기 예방이 중요합니다. 감기에 걸리면 천식 증상이 심해지고, 천식으로 인해 감기가 더 오래갈 수 있기 때문이지요. 평소 건강 관리와 환경 관리를 통해 최대한 감기에 걸리지 않도록 하고, 감기에 걸렸을 때는 즉시 치료해야 합니다.

몸과 마음을 함께 어루만져주세요

발작까지 빈번한 천식을 앓게 되면 건강한 아이들보다 체력이 약해질 수밖에 없습니다. 발작적으로 기침을 하는 데 드는 에너지가 상당하기 때문에 체력은 물론 성장발달도 많이 떨어지는 편이지요. 그뿐만 아니라 정신적으로도 약해지고 예민해져서 소극적이거나 짜증을 자주 냅니다. 즉 천식으로 인한 발작 증상이 계속 되면 몸과 마음의 건강이 조화가 깨지는 것입니다.

아이가 발작적으로 기침을 하면서도 숨을 잘 쉴 수 있으려면 호흡 근육을 중심으로 한 근력이 필요합니다. 또한 발작이 수일간 계속되면 천식 발작에 대응할 수 있는 지구력도 필요하지요. 이런 체력이 뒷받침되지 않으면 아이가 기침이 시작될 때마다 당황하고 무서워하게 됩니다. 그러다보면 조그만 일에도 잘 놀라고 나약해지지요. 따라서 천식을 제대로 낫게 하려면 먼저 체력을 길러 몸에 대한 자신감을 길러주고, 그 자신감으로 정서적인 안정도 찾게 해줘야 합니다. 몸과 마음이 다 건강하지 않고서는 아무리 좋은 치료를 받아도 천식을 고치지 못합니다.

먼저 부모의 마음가짐이 중요합니다. 아이가 기침을 심하게 하면서 잠을 못 자고, 조그만 자극에도 발작적으로 기침을 하면 안타깝고 마음이 아프기 마련입니다. '내가 잘못 키워서 이렇구나' 하는 죄책감도 느끼게 되지요. 천식을 앓으면 엄마 역시 아이와 마찬가지로 예민해지고 약해지기 쉽습니다. 하지만 엄마가 이런 마음에서 벗어나지 못하면 아이에게 아무런 도움을 줄 수가 없습니다. 엄마가 먼저 마음을 다잡고 아이의 질병 관리에 나서야 합니다.

천식은 잘만 관리하면 건강한 아이들과 다름없이 생활할 수 있는 질병입니다. 미리 겁을 먹거나 당황하지 말고 어떤 상황에서도 의연히 대처하겠다고 강하게 마음을 먹어야 합니다. 그래야 아이의 힘든 마음을 어루만져줄 수 있고, 치료도 적극적으로 할 수 있습니다.

천식을 바로잡는 자연주의 한방 치료

한방에서는 천식이 있을 때 발작기와 완화기로 나누어서 치료합니다. 발작기에는 천식 증상 자체를 호전시키는 것이 중요합니다. 우선 마황, 행인, 소자, 반하 등의 약재를 넣은 한약을 복용시킵니다. 이와 함께 티트리, 파인, 유칼립투스 등 아로마 오일을 이용해서 약향요법도 병행합니다. 또한 한약재로 만든 구강 스프레이제를 뿌려주고, 침 시술을 병행하기도 합니다. 완화기에는 체질을 보강하고 면역력을 높이는 성분을 한약에 추가하여 관리해주면 좋은 결과를 얻을 수 있습니다.

또한 집에서 천식에 좋은 한방재료를 이용해 차를 만들어 먹여도 좋습니다. 천식에 좋은 차로는 차조기씨 차가 있습니다. 한방에서는 소자라고 하는데, 소자는 가래를 삭이고 기침과 천식을 호전시키는 효과가 있습니다. 차조기씨 40g을 1리터의 물에 넣고 물의 양이 반으로 줄어들 때까지 약한 불에 끓

천식에 좋은 추나요법과 약향요법

집에서 마사지를 해주면 천식 치료뿐만 아니라 정서를 안정시키는 데도 효과가 있다. 아이를 엎드리게 한 다음 등의 양 날개 뼈(견갑골) 안쪽을 위에서부터 아래로 엄지손가락을 이용하여 문질러준다.
한 번에 100번 정도가 적당하다. 그다음 아이를 똑바로 눕히고 양 유두 사이 흉골 한 가운데서 바깥 방향으로 양 엄지로 벌리듯 밀면서 마사지를 해준다.
한의원에서 하는 약향요법을 집에서도 할 수 있다. 베르가모트 6방울, 유칼립투스 8방울, 티트리 4방울, 마조람 4방울, 히솝 4방울을 잘 배합한다. 이것을 뜨거운 물수건에 2~3방울을 떨어뜨려 코밑에 대고 5분간 수증기를 마시게 한다. 아이가 어려서 하기 힘들면 그냥 콧속에 발라줘도 된다. 또한 잠잘 때는 꼭 배를 따뜻하게 해주고 특히 배꼽을 통해서 찬 기운이 들어가는 것을 막아야 한다. 등과 발도 따뜻하게 해준다.

입니다. 하루 한 잔 정도씩 몇 번에 나누어 며칠간 먹입니다. 한방에서 백과라고 하는 은행도 천식에 좋습니다. 다만 은행은 독이 있기 때문에 굽거나 익혀서 먹어야 합니다. 너무 많이 먹으면 좋지 않은데, 세 돌 정도면 하루에 다섯 알을 넘기지 않는 게 좋습니다. 배중탕도 도움이 됩니다. 잘 익은 배의 껍질을 깎고 속을 파낸 후 그 속에 잘게 썬 도라지 한 뿌리를 꿀과 함께 채웁니다. 이것을 유리 그릇에 담고 다시 중탕 그릇에 넣어 약한 불로 두 시간 정도 끓입니다. 배가 투명해지면 푹 고아진 것으로 전체를 즙을 내거나 골고루 으깨어 한두 숟가락씩 여러 차례 나누어 먹입니다. 도라지는 가래를 삭이며, 배는 폐의 열을 감소시키고, 꿀은 떨어진 체력과 부족한 영양을 보충합니다.

3세에서 4세까지(25~48개월)

건강식품 · 한약 먹이기

엄마들이 가장 궁금해하는 아이 건강식품 7가지

저는 엄마들을 만날 때마다 "OO를 먹여도 되나요?" 하는 질문을 가장 많이 듣습니다.
아이가 어느 정도 자라 먹을 수 있는 게 많아지면서 소위 몸에 좋다는 건강식품에 대해
궁금해하는 것입니다. 매실, 녹차, 홍삼 등 일상적으로 쉽게 구할 수 있는 것부터
삼백초, 헛개나무 열매 같은 한약재까지 묻는 것도 참 다양합니다.
하지만 중요한 것은 그 식품이 과연 내 아이의 몸에 맞느냐 하는 것입니다.
아이의 체질과 맞지 않으면 아무리 좋은 건강식품도 독이 될 수 있습니다.

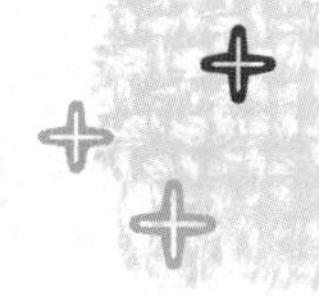

녹차를 먹여도 되나요?

한의학에서는 녹차를 '다엽'이라고 하는데, 몸의 열을 가라앉히는 효과가 있다고 봅니다. 코가 막혔을 때 효과가 있고, 독을 없애고 설사를 멈추게 하지요. 또한 이뇨 작용을 촉진해 심장의 화기를 밖으로 빼내는 데 도움을 줍니다. 하지만 녹차는 성질이 차고 각성 작용을 하기 때문에, 속이 냉하고 밤에 잠을 잘 못 자는 아이에게는 좋지 않습니다. 특히 원기가 허약한 아이가 먹으면 기운이 떨어질 수 있으니 주의해야 합니다. 단적으로 말하자면 녹차는 몸이 뚱뚱하고 땀을 많이 흘리며 혈압이 높고 열이 많은 체질에 적합한 음식입니다.

녹차가 여러 가지로 몸에 좋지만 그래도 문제가 되는 것은 카페인일 겁니

다. 카페인을 많이 섭취하면 골다공증, 정서불안이나 초조감, 가슴 두근거림, 심장병, 불면, 두통 등을 가져올 수 있습니다. 아이에게 이런 카페인이 좋을 리가 없지요. 그러니 커피를 아이에게는 안 먹이는 게 아니겠습니까?

녹차에도 사실 적지 않은 카페인이 들어 있습니다. 그런데 커피와 달리 녹차는 데아닌이라는 아미노산이 들어 있어 카페인이 몸에서 작용하는 것을 어느 정도 막아줍니다. 또한 카페인이 빨리 흡수되는 것을 막는 성분도 있기 때문에 카페인으로 인한 피해가 적은 편입니다. 따라서 따뜻한 물에 조금씩 녹차를 우려 먹이는 것은 아이에게 크게 해가 되지 않습니다. 그래도 아이가 다 자랄 때까지는 녹차를 지속적으로 먹이는 것은 바람직하지 않습니다. 특히 마르고 손발과 배가 차며, 비위가 약하고 복통을 자주 호소하는 소음인 체질의 아이들은 먹이지 않는 것이 좋습니다.

홍삼도 체질에 맞춰 먹여야 합니다

홍삼은 체질과 상관없이 누구에게나 좋다는 말이 있습니다. 인삼처럼 열을 내지 않기 때문에 체질적으로 열이 많은 사람에게도 부작용이 없다고 하지요. 반면 효과는 인삼 못지않게 뛰어나다고 해서, 요즘은 아이에게도 홍삼을 오래 먹이는 엄마가 많습니다. 홍삼 추출액 뿐만 아니라 홍삼이 들어가 성장에 좋다는 어린이 영양제도 있고, 맛이 달아 아이가 잘 먹을 법한 홍삼 사탕도 있습니다.

홍삼은 인삼을 쪄서 말린 것인데 그 과정에서 더운 성질을 줄여 부작용을 없애고 효능을 높인 것입니다. 그러나 아무리 부작용을 없애는 처리를 해도 인삼의 성질은 남아 있기 때문에 체질이 안 맞는 아이가 먹으면 해가 될 수 있습니다. 얼마 전 서울시 한의사회가 실시한 조사에 의하면 건강식품으로 가장 많이 먹는 홍삼도 사람에 따라 여러 가지 부작용을 호소하는 것으로 확인되었습니다. 홍삼은 양기를 보강하는 약재로 과하면 양기가 항진되어 소화 장애, 설사, 울렁거림, 두통, 불면, 얼굴이나 손발 화끈거림, 가슴 답답함, 아토피의 악화, 피부 발진, 혈압조절 이상, 코피 같은 부작용이 나타날 수 있다는 것입니다. 특히 아이들은 '소양지체'라고 하여 태중에서 받은 열이 아직 가라앉지 않은 상태이므로 홍삼을 쓰는 것에 신중해야 합니다. 특히 몸에 열이 많은 양체질 아이들이 삼가해야 합니다.

어떤 한약재든 아이의 체질과 증상을 고려해서 선별되고 적절한 양으로 처방되어야 합니다. 홍삼도 마찬가지입니다. 특히 녹용이나 인삼 등은 약성이 강해서 진찰 없이 그냥 먹이는 것은 바람직하지 않습니다. 이렇게 먹여서 부작용으로 고생하는 경우도 종종 있습니다.

장이 안 좋을 때 먹이면 좋은 매실차

《본초강목》에서는 매실에 대해 이렇게 설명하고 있습니다.

'맛이 시고 무독하며 간과 쓸개를 다스린다. 혈액을 맑게 하고 피로회복에 효과가 있다. 열을 내리게 하며 마음을 편안하게 하고 사지의 통증을 멈추게 한다. 내장의 열을 다스리고 갈증을 조절한다. 구토와 설사를 멈추게 하고 냉대하를 없앤다. 주독과 종기와 담을 없앤다. 뱃속 기생충을 없애며, 각종 해독작용이 있다. 자궁의 출혈을 멈추며, 월경불순, 염증성 대하에 좋다. 대변불통(변비), 혈변, 피오줌을 낫게 한다. 입속 냄새를 없애며, 가슴앓이와 복통과 피로를 다스리고 폐와 장을 수렴한다.'

《본초강목》에서 설명하고 있는 매실의 효과가 현대의학에서도 입증되었습니다. 우리가 음식을 먹으면 음식물이 에너지로 변하는 과정에서 연소 가스가 발생합니다. 이런 연소 가스가 몸속에 쌓이면 피로가 쌓여 몸이 피곤해집니다. 이 피로 물질은 세포나 혈관을 노화시키고 알레르기를 일으키기도 하지요. 그런데 매실에 들어 있는 천연 구연산은 우리 몸 안에 축적된 연소 가스를 밖으로 빼서 피로를 없애줍니다. 또한 매실을 먹으면 간의 해독 작용이 높아지고 위와 장이 건강해집니다. 매실 성분의 하나인 카데인산은 장내의 항균살균 작용을 높여서 설사와 변비를 동시에 멈추게 하는 효과도 있습니다.

이처럼 매실은 한방이나 양방에서 그 효과를 인정받는 식품입니다. 변비와 설사에 모두 좋은 식품으로 매실액을 물에 타 먹으면 좋습니다. 어른은 하루 두세 번씩 한 번에 약 2~3g을 생수 약 200ml 정도에 희석하여 마십니다. 조청이나 꿀을 10~15g 정도 넣어 마셔도 됩니다. 아이는 어른이 먹는 것의 절반 정도면 충분합니다.

아토피에는 삼백초로 목욕을 시키세요

아토피는 한방이든 양방이든 치료가 잘 안 되고 오래 걸려서, 치료에 지친 엄마들이 민간요법의 유혹을 가장 받기 쉬운 질환입니다. 병원에서 아이들을 만나다보면 아토피 자체가 문제가 아니라, 이상한 민간요법을 써서 부작용을 일으킨 경우를 종종 접하곤 하지요. 정체를 알 수 없는 약초를 붙여 피부 발진이 더 심해지기도 하고, 때로는 써선 안 될 약재를 복용해 위장이 나빠진 상태로 오기도 합니다.

가만 지켜보려니 답답해서 그런 방법들을 써봤다는 엄마들에게 제가 한 가지 추천하는 약재가 있습니다. 보통 사람들에겐 잘 안 알려진 삼백초라는 약재입니다. 삼백초는 《동의보감》이나 《향약집성방》 같은 한의서에는 잘 나와 있지 않지만, 민간요법에서 다양하게 사용됐습니다.

삼백초는 성질이 차고 매운맛이 나며 열을 내리고 부종이나 소변이 안 나올 때 쓰는 약재입니다. 간염이나 황달에도 효과가 있지요. 항암 해독작용을 하면서 고혈압, 동맥 경화, 부인과 질환, 변비에도 효능이 있습니다. 하지만 삼백초는 체질을 불문하고 먹을 수 있는 약재는 아닙니다. 특히 속이 차고 소화 기능이 약하거나, 몸이 아주 허약할 때는 몸 상태를 봐가면서 신중하게 복용해야 합니다. 특히 소음인 체질에는 함부로 쓰면 안 되는 약재이지요. 무슨 약이든 아이에게 쓸 때는 신중을 기해야 하는데, 삼백초는 특히 주의를 요합니다. 특히 소음인 체질의 아이에게 엄마의 임의대로 복용시키는 것은 곤란합니다. 저는 그래서 삼백초를 쓸 때는 먹이지 말고 끓여 우린 물을 몸에 바르거나 목욕할 때 입욕제로 쓰라고 권합니다.

치료가 어려운 만큼 아토피에 사용되는 민간요법도 가지각색입니다. 하지만 이런 방법들로 효과를 보는 경우는 드뭅니다. 좋은 환경과 먹을거리를 제공하고 의료기관에서 검증된 방법의 치료를 꾸준히 받는 것이 훨씬 중요합니다.

헛개나무 열매를 먹이면 좋은가요?

헛개나무와 헛개나무 열매는 한의학에서 지구목, 지구자라고 부릅니다. 약재로 아주 많이 사용되는 편은 아니지만 근래에 들어 민간요법으로 많이 활용되고 있지요. 헛개나무는 갈매나무과에 속하는 큰키나무로 열매가 닭 발가락이나 산호처럼 특이하게 생겼습니다. 모양새는 이상하지만 단맛이 나고, 씨앗은 멧대추 씨와 비슷합니다.

헛개나무는 간을 비롯하여 몸안 구석구석에 쌓인 온갖 독을 풀고 간과 위, 대장의 기능을 높여줍니다. 특히 황달이나 지방간, 간경화, 간염 등 갖가지 간 질환이나 주독을 푸는 데 효과가 있습니다. 또한 가슴 속의 열과 갈증을 없애고 구토를 멎게 하며 오줌을 잘 나가게 하고 변비 예방에도 좋습니다. 또 풍습을 없애고 근육을 풀어줘 만성 관절염에도 적용할 수 있지요.

중국의 맹선이라는 사람이 쓴 《식료본 》에 "옛날 어떤 남쪽지방에 사는 사람이 이 나무로 집을 수리하다가 잘못하여 토막을 술독에 빠뜨렸더니 술이 곧 모두 물이 되었다"고 나와 있습니다. 그만큼 헛개나무는 주독을 푸는 데 효과적인 재료입니다. 사실 이상에서 보듯이 아이에게는 사용할 일이 별로 없는 약재입니다. 특히 약성이 주로 몸의 습과 열의 기운을 빼는 작용을 하기 때문에, 원기가 부족하고 변이 묽으며 얼굴이 희고 수족이 찬 음 체질의 아이에게는 먹여서는 안 됩니다.

약재를 달일 때는 옹기에

요즘은 대부분 한의원에서 약을 달여 주지만, 간혹 집에서 약재를 달여 먹이기도 한다. 옛 어른들 말에 "한약이 약효를 내려면 좋은 한약을 처방받는 것뿐 아니라 약을 정성껏 잘 달이는 것이 중요하다"고 했다.
집에서 약재를 달일 때는 신경을 많이 써야 한다. 일단 용기가 중요한데 쇠로 된 용기보다는 흙으로 된 옹기에 약을 달이는 것이 좋다. 옹기는 공기가 잘 통해서 쇠 등 다른 재질로 된 용기에서 달이는 것보다 더 큰 약효를 거둘 수 있다.

꿀을 오래 먹이면 탈이 나지 않을까요?

일반적으로 보자면 아이에게 꿀을 오래 먹이는 것은 그다지 좋지 않습니다. 특히 돌 전후에 꿀을 먹이면 속열을 조장할 수도 있고 알레르기를 일으키거나 세균에 감염될 우려도 있습니다. 두 돌이 지났다고 해도 꿀은 체질에 따라 가려서 먹이는 것이 좋습니다. 꿀은 대표적인 소음인 음식인데, 소음인은 대개 손발이나 배가 차고 소화기능이 약하며 마르기 쉬운 체질입니다. 따라서 소음인이 아닌 열이 많은 아이가 오래 복용하면 열을 더 조장해 부작용이 발생할 수도 있습니다. 만일 단맛 때문에 설탕 대신에 꿀을 쓸 생각이었다면, 차라리 유기농 조청을 쓰는 것이 낫습니다. 조청은 부작용이 상대적으로 적은 편이지요. 또한 소화기능이 약하고 배가 자주 아픈 아이들에게는 보약이 되기도 합니다.

율무차는 어떨까요?

율무는 자양강장에도 효과가 크지만 소변을 잘 배출시키는 작용도 하고 피부 알레르기 치료에도 좋아서 엄마와 아기가 함께 복용하면 좋은 식품입니다. 율무를 오래 먹으면 정신이 맑아지고 피부가 윤택해지며 소화불량도 좋아지지요. 최근에 와서는 율무에 항암작용이 있고 소염 진통 효과는 물론 백혈구를 증가시키고 류머티즘, 신경통에도 효과가 큰 것으로 알려져 사람들이 관심을 보이고 있습니다.

《본초강목》에는 율무에 대해 '비장을 튼튼하게 하고 위와 폐를 보하며 열을 없애준다'고 나와 있습니다. 조금 더 설명을 보태자면 율무는 비위기능을 도울 뿐 아니라 허약증을 동반한 염증성 질환에도 좋고, 체액의 노폐물을 없애줘 비만에도 좋습니다.

하지만 아무리 좋은 약재라도 음양의 조화가 있기 때문에 체질에 맞지 않으면 오랫동안 복용해서는 안 됩니다. 체질로 이야기해 보자면 율무는 태음인

체질의 약재입니다. 몸에서 습기와 노폐물을 빼는 성질이 있어서 배가 나오고 뚱뚱한 편에 속하는 비습한 체질에 잘 맞습니다. 몸이 마르고 차며 혈이 부족한 사람이 오래 복용하는 것은 좋지 않습니다. 아기도 마찬가지입니다. 아기가 마르고 허약하며 몸이 차고 예민한 편이라면 가끔씩 먹는 것은 좋으나, 건강식품으로 장기간 먹는 것은 한의사와 상의한 후 결정하는 것이 좋습니다.

여러 가지 약재를 함께 끓여 먹여도 되나요?

얼마 전 저의 진료실에 온 한 엄마가 시어머니가 차가버섯을 주셨는데, 이것을 쑥 말린 것과 옥수수 수염차와 같이 넣어 끓여 먹여도 되느냐고 묻더군요. 이왕 좋은 음식을 아이에게 먹일 바에는 좀 더 좋은 성분들을 함께 넣어 먹이면 더 효과가 있지 않겠느냐는 질문이었지요.

저는 아이에게 쓰는 약재에 대해 질문을 받을 때 우선 한 가지를 꼭 말씀드립니다. 아이에게 쓰는 모든 약재가 농약 등에 의해 오염되지 않아야 한다는 것입니다. 사실 이것을 엄마가 직접 확인하기는 쉽지 않습니다. 직접 재배해서 얻은 것이 아닌 이상, 남의 말만 듣고 판단해야 하니까요. 그래도 아이에게 음식 특히 약재를 먹일 때는 효능보다 더 중요한 것이 오염되지 않은 순수한 것을 먹이는 것입니다.

저는 차가버섯에 대해 질문한 그 엄마에게 안전하게 자란 차가버섯이라면 먹여도 큰 문제가 없지만, 아이가 아직 자라는 중이고 체질상 맞지 않을 수도 있으니 며칠 복용시켜 보면서 변이나 식욕, 소화기능, 알레르기 반응 등을 잘 관찰하라고 말했습니다.

하지만 다른 약재를 넣어 먹이는 것은 좀 더 신중해야 한다고 만류했습니다. 차가버섯은 차고 쓴맛을 가진 음식으로 항암과 항산화 작용, 면역기능 개선 등의 효과가 있습니다. 옥수수 수염은 알려진 대로 소변을 잘 나오게 하지요. 신장결석이나 방광염이 있을 때 특히 좋은 식품인데 최근 혈당과 혈압을 떨어뜨린다고 보고되었습니다. 쑥은 약성이 따뜻하여 위와 장을 따뜻하게 하고 설사를 멈추며 복통을 낫게 하는 효과가 있습니다. 또한 살충 효과가 있으며 자궁을 따뜻하게 하고 자궁출혈을 멈추게 합니다.

이 땅에 자라는 모든 식품은 이처럼 고유의 약성이 있습니다. 아무리 좋은 식품이라도 체질에 맞지 않으면 오래 복용할 때 문제가 될 수 있습니다. 또한 그 식품이 갖는 고유한 효능이 내 아이에게는 불필요하게 작용할 수도 있지요. 따라서 그 식품이 내 아이에게 맞는지 조금씩 먹이면서 확인해볼 필요가 있습니다. 소위 궁합이 맞는지 알아봐야 한다는 거지요. 그런데 한꺼번에 이것저것 넣어서 먹이면 약재 상호 간의 작용으로 어떤 반응이 나타날지 알 수 없고, 어떤 약재에 의한 이상 반응인지 판단하기도 어렵습니다. 이유식을 할 때나 새로운 음식을 먹을 때도 마찬가지입니다. 그 식품이 내 아이에게 잘 맞는다 싶으면 거기에 한 가지를 더 추가하여 또다시 관찰해봐야 하지요.

개인적인 생각입니다만, 세상에서 좋다는 약재를 다 모아 끓인 약물이 가장 좋은 보약이 될 수는 없습니다. 식약동원食藥同原이라 말이 있듯이 가장 좋은 보약은 골고루 편식하지 않고 식사를 잘 하는 것입니다.

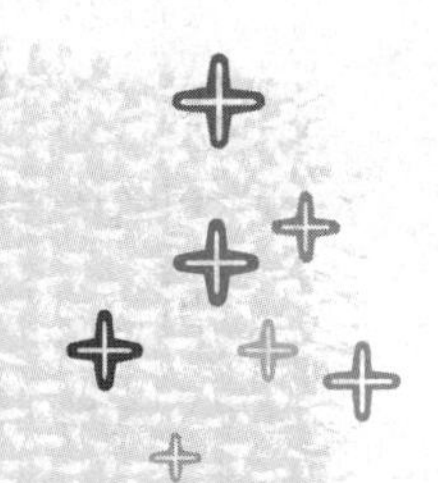

몸에 좋은 한약 제대로 먹이기

체질과 증상에 맞는 한약을 짓는 것도 중요하지만
한 번을 먹이더라도 제대로 먹여야만 효과를 볼 수 있습니다.
아이가 싫어해서, 때맞춰 먹이기가 번거로워서
한약 복용을 제대로 못 시키는 경우가 많습니다.
아이가 싫어할 때는 단맛을 가미해서 먹이거나
증류 한약을 먹이는 등 여러 가지 방법을 시도해볼 수 있습니다.
한약은 한의사가 처방한대로 제때 정확한 용량을 먹여야만
효과를 충분히 볼 수 있습니다.

한약 잘 먹이는 비법 7가지

한약은 특유의 쓴맛 때문에 어린 아이들은 잘 먹지 않으려고 합니다. 더군다나 요새는 곳곳에 단 음식 투성이고, 소아과에서조차 달콤한 딸기향 시럽으로 처방을 하다 보니, 색도 시커멓고 맛도 쓰기만 한 한약을 아이가 좋아할 리 없습니다. 비싼 한약을 지어 먹이려고 했더니 아이가 약 먹을 시간만 되면 어떻게 알고 숨어버린다며 울상인 엄마도 있습니다. 어떻게 하면 몸에는 좋지만 먹기 거북한 한약을 잘 먹일 수 있을까요?

첫째, 단맛을 가미하는 것입니다. 처방받은 한약에 조청, 유기농 설탕, 올리고당을 적당히 타서 먹이는 것이지요. 이런 것이 들어가면 약효가 떨어지지 않느냐고 묻는 엄마도 있는데 별로 지장이 없으며 안 먹는 것보다는 백 배 낫습니다. 단맛이 나는 진한 무가당 포도주스에 한약을 희석해서 먹여도 괜찮습니다. 하지만 백설탕이나 꿀은 섞어 먹이지 않는 것이 좋습니다. 백설탕이 백

해무익이라는 것은 잘 알려진 사실이고, 꿀은 아이 체질에 맞지 않을 수 있기 때문에 삼가는 것이 좋습니다. 단맛을 가미할 때는 아이가 안 보는 곳에서 해야 합니다. 섞는 것을 보면 '얼마나 쓰면 다른 걸 섞을까?' 하는 마음에 더 안 먹을 수도 있으니까요.

둘째, 한꺼번에 다 먹이겠다는 욕심을 버리고 조금씩 나눠 먹이세요. 물론 한약은 정해진 양을 제때 복용하는 것이 가장 좋습니다. 하지만 일단 그것도 아이가 먹는다는 전제 하에 가능한 일이지요. 따라서 처음에는 제때 정량을 꼭 다 먹이겠다는 생각을 버리세요. 하루 복용량을 최대한 지킨다는 전제 하에, 아이가 한 번에 먹을 수 있는 양을 수시로 나눠 먹이도록 하십시오. 시커먼 한약 물을 사발에 담아 먹이려면 더 어려우니, 한약을 시럽 병에 담아 조금씩 빨아 먹게 하는 것도 방법입니다.

셋째, 아이가 한약을 먹고 토한다면 공복에 먹이십시오. 한약을 먹고 자꾸 토한다고 말하는 분들이 있는데, 아이는 어떤 음식이든 처음 먹으면 낯설고 경계하게 마련입니다. 달고 맛있는 과자나 사탕이 아닌 다음에는 말입니다. 아이가 복용하는 한약이 식사 시간과 상관이 없다면, 밥을 먹기 전 빈속에 조금씩 나눠 먹이면 토할 가능성이 좀 줄어듭니다. 한약을 먹이기 1~3분 전에 설탕물을 한 숟가락 정도 먹이고 한약을 먹이면 덜 토하기도 합니다. 만약 아이가 한약을 다 토했다면, 속이 완전히 진정된 다음에 다시 먹이는 것이 좋습니다.

넷째, 환약은 한 번에 입에 다 넣어주지 말고, 으깨어 먹이거나 포도 속에 넣어 먹이세요. 어린 아이일수록 환약을 먹기 어려워합니다. 따라서 환약을 먹일 때는 그냥 주지 말고 뜨거운 물에 불려 곱게 으깬 다음 조청이나 올리고당을 넣어 단맛을 좀 내거나, 물에 타서 먹여보세요. 이렇게 먹여도 아이가 싫어하면 포도의 씨를 빼고 그 안에 환약을 넣고 포도를 삼키게 합니다. 단, 이때는 삼키다가 목에 걸리지 않도록 작은 포도를 써야 합니다. 포도를 이용해 먹이는 것은 어느 정도 자란 아이들에게 하는 편이 좋습니다.

다섯째, 형제나 친구들과의 경쟁심을 이용하는 것도 방법입니다. 한약을 잘 안 먹다가도 형이나 동생이 잘 먹는 모습을 보고 꿀꺽꿀꺽 단번에 들이키는 아이들도 있습니다. 이렇게 주변 형제나 또래 친구들이 한약을 잘 먹는 모습을 보여주면 뜻밖에 잘 먹을 때가 참 많습니다. 어느 때는 엄마 말고 아빠나 할머니 등 다른 사람이 줄 때 쉽게 잘 먹기도 합니다.

여섯째, 약 먹는 분위기를 즐겁게 만들어주세요. 한약은 어른도 즐겁게 먹기 어렵지요. 그러다 보니 아이에게 약을 먹일 때 엄마 얼굴도 그리 밝지는 않습니다. 아이에게 한약을 먹일 때는 엄마의 마음 자세나 분위기가 매우 중요합니다. 아이가 싫어하는 것을 억지로 먹인다는 생각에 엄마부터 자기도 모르게 인상을 찡그리는 수가 많은데, 아이에게 한약을 먹일 때는 되도록 즐거운 분위기를 만들어주세요. 엄마가 주면 안 먹던 한약을 아빠가 줄 때 잘 받아먹는다면 엄마의 방식이 잘못됐다는 것을 의미합니다. 내 아이에게 정말 좋은 음식, 몸이 즐거워하는 음식을 준다는 마음으로 기쁘게 먹이세요.

일곱째, 강제로 먹이려고 하지 마세요. 어떻게 하든 먹이겠다는 마음이 아니라, 어떻게 하면 즐겁게 먹일 수 있을까 하는 마음을 가져야 합니다. 아이에게 어떻게 하면 즐겁게 한약을 먹이게 할 수 있을까요? 아이마다 방법은 다를 것입니다. 장난감 자동차를 좋아한다면, '엄마가 한약을 먹고 나면 장난감 자동차로 함께 놀아주더라' 하는 생각을 하게 하는 것도 방법이 될 수 있을 것입니다. 일종의 보상책인 셈인데, 어린 아이에게 보상책을 쓰는 게 꼭 나쁜 것은 아닙니다. 보상이 동기부여가 된다면 적절히 쓰는 것도 현명한 처사입니다.

약은 일단 강제로 먹이기 시작하면 그다음부터는 먹이기가 더 어렵습니다. 특히 한약은 장기간 복용하는 것이 많아서, 처음부터 쉽고 즐겁게 먹이는 방법을 연구해야 엄마도 아이도 고생을 덜 합니다.

증류 한약도 좋습니다

증류 한약은 증류법을 이용하여 전통 소주를 만드는 것과 같은 원리로 만듭니다. 한약을 달일 때 생기는 증기를 냉각시켜 이슬 같은 맑은 기운을 받아서 만드는 정제된 한약이지요. 무색, 무미의 쓴맛이 없는 새로운 개념의 한약으로 소화 흡수가 빠른 특징이 있습니다. 소화할 때 별다른 부작용 없이 쉽게 복용할 수 있으며 효과도 좋아 아이에게 특히 권할 만합니다. 쓴맛을 유독 싫어하는 아이, 원기회복이나 체질개선 등의 목적으로 약을 오랫동안 복용해야 하는 아이, 한약 흡수가 잘 안 되어 일반 한약을 먹이기가 어려운 아이들에게 더욱 좋습니다. 일반적으로 모든 질환에 적용할 수 있으나 오장육부의 음양을 균형 있게 조절할 때, 체질을 개선하고 면역기능을 강화할 때, 알레르기 질환 등 치료기간이 오래 걸리는 병을 앓고 있을 때, 몸이 허약하여 원기를 북돋워줘야 할 때 특히 효과가 있습니다.

금기 음식이 너무 많아 힘들어요

한약을 먹일 때는 먹지 말아야 할 음식이 많아서 뭘 어떻게 먹여야 할지 고민이 된다는 엄마들이 참 많습니다. 돼지고기도 안 된다, 닭고기도 안 된다, 이것저것 가려 먹이려 노력하지만 그래도 한두 번은 어쩔 수 없이 먹일 수밖에 없지요. 엄마 입장에서는 이것 때문에 약효가 떨어지면 어떡하나 걱정이 되게 마련입니다.

사실 옛날에는 지금처럼 고기를 흔하게 먹을 수 없어서, 육식을 소화하는 기능이 좋지 않았습니다. 안 그래도 소화가 잘 안 되는 고기를 먹으면서 평소에 먹지 않던 한약까지 먹으려니 속이 좋지 않았겠지요. 그러다 보니 한약을 먹을 때 함께 먹으면 안 될 음식들이 이것저것 생겼습니다. 한약과 함께 먹으면 소화가 잘 안 되고, 뭔가 부작용이 나더라 하던 것들이 먹으면 안 될 금기 음식으로 굳어진 게 생각보다 많습니다.

하지만 지금 아이들은 전에 비하면 소화력이 많이 좋아진 편입니다. 과거에 고기를 구경하기 힘들었던 때와는 다르다는 말이지요. 그러니 금기 음식에 대한 개념도 좀 달라질 필요가 있습니다. 물론 한약과 함께 먹으면 궁합이 안 맞는 음식들은 분명히 있습니다. 하지만 한두 번 먹는다고 해서 크게 문제가 될 것까지는 없습니다. 다만 될 수 있는 대로 피한다는 생각을 하고, 부득이한 경우라면 그냥 즐겁게 먹게 하세요. 물론 아이가 소화력이 떨어져 비위기능을 보강하기 위해 약을 먹는다면 고기 음식을 피하는 것은 기본입니다. 그리고 아무래도 기름진 육류는 한약이 몸에 흡수되는 데 방해가 되는 것이 사실입니다. 닭고기는 풍열이 많고, 돼지고기는 찬 성질이 있어 먹는 한약과 성질이 맞지 않을 수 있기 때문에 주의할 음식으로 자주 거론되는 것입니다. 따라서 반드시 가려야 하는 것이라면 한의사가 분명히 말씀을 드릴 것입니다.

같은 증상을 보이더라도 아이의 체질과 병증의 정도에 따라 한약의 구성과 복용법은 다릅니다. 금기해야 할 음식과 이를 지켜야 할 선도 아이마다 차이가 있는 게 당연합니다. 따라서 금기 음식에 대한 강박 관념을 버리고, 한의사와 상의해서 어느 정도 선까지 지켜야 할지, 허용선은 어디까지인지 구체적으로 정하십시오. 정말 피해야 할 음식을 콕 짚어 알려달라고 하는 것도 방법입니다.

녹용은 한의사의 처방 후 먹이세요

《동의보감》에서는 녹용에 대해 "성질이 따뜻하고 맛이 달고 시고 무독하다. 허약과 과로, 몸이 마르고 사지와 허리, 척추의 저리고 아픈 증상, 남자의 신장의 허냉증, 무릎의 무력증, 여자의 부정기적인 출혈, 피가 섞인 대하 등을 다스리고 또 임신 중 태아를 편히 한다"라고 설명합니다.

효능이 이렇게 많다 보니 녹용에 대해서 '일단 먹으면 좋다'는 인식이 많습니다. 특히 엄마들은 녹용이 마치 만병통치약인 것처럼 착각합니다. 하지만 정작 한의원에서는 녹용을 아무 때나 처방하지는 않습니다. 녹용을 복용한다고 다 좋은 것이 아니며, 오히려 녹용을 먹어서는 안 되는 체질을 지닌 아이도 있습니다.

보통은 면역기능과 원기를 키우고 발육을 돕고자 한약에 녹용을 넣는데, 아이의 체질을 정확히 파악해서 신중하게 처방합니다. 녹용은 약성이 강하고 더운 성질을 지닌 약재여서, 아이가 열성 질환이 있거나 열이 많은 체질이라면 반드시 정확한 진단을 받은 후에 먹이도록 하세요. 집에서 엄마 임의대로 녹용만 따로 달여 먹이지 말라는 말입니다. 또한 먹여도 좋다는 진단 하에 복용하더라도, 아이가 좀 마른 편이라면 만 나이×4g 정도, 생녹용은 만 나이×12g을 넘겨선 안 됩니다. 많은 양을 함부로 먹이지 마십시오.

집에 녹용이 있어 아이에게 먹이려고 할 때는 차라리 그 녹용을 한의원에 들고 가 확인한 다음 처방을 부탁하세요. 한의사의 진단 하에 처방을 받고, 그 처방전에 녹용을 함께 넣어달라고 부탁하는 것이 효과 면이나 안전성 면에서 훨씬 바람직합니다. 아무리 좋은 약재나 음식도 지나치게 먹이거나, 체질에 맞지 않는다면 아이에게 독이 될 수 있습니다. 과한 것도 병이 된다는 한방의 이론과 같지요.

한약 보관하는 법

한약은 서늘한 곳이나 냉장 보관을 기본으로 한다. 겨울철 베란다 같은 곳이라도 낮에는 온도가 올라가므로 주의한다. 4~5℃ 일정한 온도로 냉장보관하는 것이 좋다. 한약을 오래 두었다 먹이는 일도 있는데 한약에도 유통기간이 있다. 아무리 밀봉을 잘하고 냉장 보관을 했다고 해도 2개월 넘은 한약은 약효가 떨어진다. 간혹 한약을 냉동시켰다 먹어도 되느냐고 묻는 엄마도 있는데, 한약을 냉동 보관해서는 안 된다. 약성이 변해 효과를 볼 수 없기 때문이다. 한약을 지은 지 2개월이 안 되었어도 보관상의 문제 등으로 한약 팩이 빵빵하게 부풀어 오른다면 발효가 일어났다는 증거이므로 먹이지 말아야 한다.

한약은 부작용이 없나요?

체질과 증상에 맞지 않는 한약을 임의대로 오래 복용하면 반드시 부작용이 생깁니다. 얼마 전 서울시 한의사회에서 조사한 바에 따르면 건강식품으로 가장 많이 먹는 홍삼도 사람에 따라 여러 부작용이 나타나는 것으로 확인되었습니다. 홍삼은 양기를 보강하는 약재로 과하면 양기가 항진되어 코피, 구내염, 가슴 답답증, 상열감, 두통, 안구충혈, 고혈압 등의 부작용이 나타날 수 있으며 심할 때는 중풍으로 목숨까지 위태로워질 수 있다고 합니다.

다만 처방 없이 흔히 먹는 한약은 약성과 독성이 약하고 먹었을 때의 반응이 즉각적으로 나타나지 않아서 부작용이 없는 것처럼 느껴질 뿐입니다. 하지만 눈에 드러나지 않는다고 부작용이 없는 것은 아닙니다. 따라서 한약을 복용할 때는 반드시 한의사의 진찰 후에 처방받는 것이 좋습니다. 단순하게 건강보조식 정도로 먹을 때도 주의사항과 용량을 잘 따르고, 특히 오랫동안 먹을 때는 한번쯤 한의사의 조언을 구하는 것이 좋습니다.

참고로 아이에게 침 치료를 할 수 있는지 궁금해하는 엄마들도 많습니다. 침 치료는 신생아 시기에도 가능합니다. 물론 주의해야 할 혈자리가 있고, 성인과는 조금 다른 시술을 사용합니다. 어른보다는 좀 더 세심한 시술이 필요하지요. 요즘은 통증이 없는 레이저침, 전기침, 스티커침 등이 개발 되어 아이들도 침 치료를 잘 받을 수 있습니다.

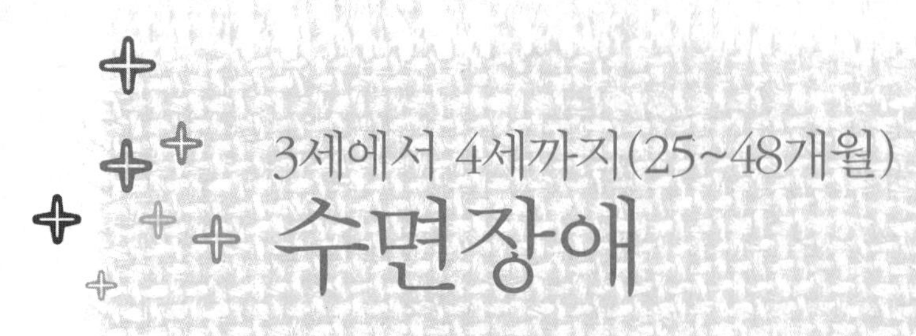

3세에서 4세까지(25~48개월)

수면장애

밤에 잠을 잘 못 자는 야제증

아이가 밤에 잠을 못 자고 심하게 보채거나 자다 깨어나서 우는 증상을 야제증이라고 합니다.
야제증은 사실 그냥 두어도 만 3세가 되기 전에 자연스럽게 좋아지는 수가 많습니다.
하지만 차일피일 미루며 기다리기보다는 적극적으로 증상을 개선해주기를 권합니다.
이 시기의 아이들은 특히 밤에 잘 자야 성장발달이 제대로 이뤄지기 때문입니다.
밤에 일정 시간 이상 푹 자지 못하는 아이는 몸도 마음도 건강할 수 없습니다.

속이 덥거나 차면 야제증이 생깁니다

한방에서 볼 때 야제증의 가장 큰 원인은 두 가지로 보고 있습니다. 첫째는 속에 열이 있을 때입니다. 속열이 많은 아이는 얼굴이 붉고 몸이 뜨거운 편입니다. 몸이 뜨거우면 아이의 몸은 어떻게든 열을 떨어뜨리려고 땀을 많이 냅니다. 또 열을 떨어뜨리려는 과정에서 수분이 많이 빠져나가 변비가 생기기 쉽습니다. 이런 아이들은 몸에 열이 많다 보니 엄마가 안아주면 답답해하고, 잘 때 이불을 차버리거나 옷을 벗어버리곤 하지요. 감기에 걸려 열이 더 오르면 더 심하게 답답해합니다. 이때는 아이가 시원하게 잠을 잘 수 있게 방 온도를 서늘하게 조절해주고, 열이 소변으로 잘 빠져나가도록 배뇨 작용을 원활하게 해주는 한약을 먹여야 합니다.

둘째, 몸이 냉해서 복통을 자주 호소하는 아이들도 야제증을 보입니다. 이 아이들은 열이 많아서 보채는 아이와 반대 양상을 보입니다. 얼굴색이 창백하고, 몸이 다른 아이들보다 찬 편이라 손발도 차지요. 속열이 많은 아이에 비해 소변 색이 맑고 양이 많으며, 변비도 없고 묽은 변을 봅니다. 이런 아이들은 소화기관이 약해 음식을 먹어도 쉽게 체합니다. 체기가 심하면 야제증도 심해지지요. 이럴 때는 찬 음식을 피하고 배를 따뜻하게 해줘야 합니다. 여름철에도 꼭 이불을 덮어줘야 하고, 자기 전에 손발과 배를 문질러서 혈액순환을 도와주면 수면을 취하는 데 도움이 됩니다.

신경이 예민하면 못 잡니다

태어날 때부터 예민한 아이들이 있습니다. 이런 아이들은 신생아 때부터 쉽게 잠들지 못하고, 잠을 잘 자다가도 아주 작은 소리에 놀라 깨고, 심지어는 밤낮이 바뀌는 일도 있습니다. 나중에는 엄마마저 수면장애를 겪을 지경에 이르지요.

날 때부터 예민한 아이도 있지만, 후천적으로 질병을 앓은 다음에 예민해지기도 합니다. 특히 비염이나 축농증, 천식, 아토피 등 잘 낫지 않는 만성질환을 오래 앓은 아이들은 신경이 예민해져 밤에 잠을 잘 자지 못합니다.

신경이 예민한 아이를 잘 재우려면 우선 마음을 편하게 해줘야 합니다. 아이가 잠들 때까지 엄마가 옆에서 지켜보는 것은 기본입니다. 잠자리에 엄마 냄새가 배어 있는 옷과 평소 좋아하는 장난감을 함께 두는 것도 좋습니다. 자기 전에 따뜻한 물에 목욕을 시켜줘도 도움이 됩니다. 어른의 불면증에 따뜻한 목욕이 효과가 있는 것과 마찬가지입니다. 비위가 약하지 않다면 따뜻한 우유를 조금 먹이고 재우는 것도 한 방법입니다.

이런 아이들은 낮에도 생활 관리를 잘 해줘야 합니다. 아이를 낯선 환경에 갑자기 노출하거나 텔레비전 같은 자극적인 화면을 보게 하는 것은 예민한 기질을 더 부추길 수 있으므로 조심해야 합니다. 낮에는 햇볕을 쐬면서 적절하게 운동도 하게 해주세요. 야외에서 일광욕을 하면 숙면을 유도하는 호르몬인 멜라토닌의 분비가 촉진되어 밤에 잠을 자는 데 도움이 됩니다.

앞서 말했지만 선천적이든 후천적이든 신경이 예민해서 잠을 못 자는 아이에게는 심신의 안정이 최우선입니다. 잠자리를 편안하게 해주면서 낮에 기분 좋게 활동하게 해주세요. 적당히 노곤하게끔 낮에 잘 놀고, 편안한 마음으로 잠자리에 들게 한다면 아이의 야제증도 조금씩 나아질 것입니다.

자다 깨서 소리를 지르는 야경증

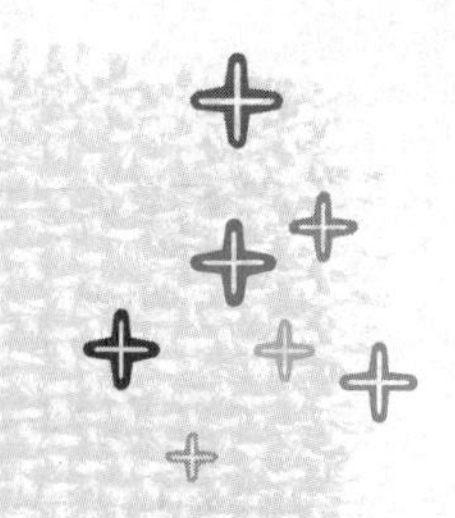

자면서 야제증보다 더 심한 증상을 보이는 아이들이 있습니다. 자다가 갑자기 깨어나
아주 무서운 일이라도 겪은 것처럼 소리를 지르고 팔과 다리를 내젓는 등
과격한 행동을 보이기도 합니다. 이런 증상을 야경증이라고 합니다.
야경증이 심해지면 자다가 일어나 돌아다니는 몽유병이 나타나기도 합니다.
아이가 이런 증상을 보이면 큰 문제라도 생긴 것처럼 걱정하게 되는데
나타나는 증상에 비해 큰 문제가 없는 것이 야경증입니다

아직 뇌가 덜 발달한 것이 원인입니다

야경증이 있는 아이는 잠들고 나서 두세 시간 안에 갑자기 깨어나서 무언가에 공포를 느낀 듯이 울거나 소리를 지릅니다. 잘 때만 해도 멀쩡하던 아이가 갑자기 넋이 나간 것처럼 소리를 지르고 떼를 쓰면 엄마가 더 놀라지요. 하지만 이렇게 엄마를 놀라게 해도 사실 야경증 자체로 문제가 되는 경우는 많지 않습니다.

야경증은 아이가 심하게 피로하거나 무언가에 스트레스를 많이 받았을 때, 열병을 앓았을 때, 혹은 잠을 잘 자지 못할 상황에 처했을 때 주로 나타납니다. 야경증이 심해지면 몽유증상도 나타납니다. 몽유병의 전형적인 증상은 잠자리에서 일어나, 눈을 감거나 정신이 흐릿한 상태에서 자기도 모르는 행동을 하는 것입니다.

이때는 깨워도 잘 깨어나지 못하고 옆에서 말을 걸면 아무렇지도 않게 대답

합니다. 오줌을 싸는 일은 아주 흔합니다. 이런 행동을 한 지 몇 분 후에 다시 자리로 돌아가서 자는 경우도 많은데 다음날 물어보면 간밤의 일을 기억하지 못합니다.

야경증은 초등학생 중 15퍼센트나 보일 정도로 흔한 병인데 대부분 자라면서 저절로 낫고, 어른이 돼서도 이런 행동을 하는 경우는 1백 명당 1명꼴도 안 됩니다. 이는 뇌가 덜 성숙해 나타나는 증상입니다. 아이들의 뇌는 아직 발달 단계에 있기 때문에 그 과정에서 이런 증상이 나타나기 쉽습니다. 혹시 아이의 뇌 발달에 문제가 있거나 지능이 떨어지는 게 아니냐고 걱정하는 엄마들이 많은데, 뇌의 성숙도는 아이마다 다르며 이는 지능과 무관합니다.

야경증이 있을 때 아이보다 오히려 엄마가 문제입니다. 아이가 안정을 찾을 때까지 차분히 기다리면서 마음을 다잡아야 하는데, 보이는 증상이 심하다 보니 안절부절못하고 이상한 민간요법을 쓸 때가 많습니다. 우선 엄마가 먼저 안심하고 아이가 다시 정상으로 돌아올 때까지 기다려줘야 합니다. 한 가지 신경 써야 할 것이 있다면 아이가 잠결에 하는 행동으로 인해 다치지 않게 하는 것입니다. 잠자리에 들기 전에 소변을 보게 하고, 아이 주변에 위험한 것을 두지 마세요.

한의학에서는 대체로 심장이 약하고 간담의 기능이 불안정한 아이들이 기운이 허약해지거나 정신적인 스트레스를 받으면 야경증이 나타난다고 봅니다. 아이가 또래 아이들보다 고집스럽고 떼를 잘 쓰는 성격이면 더 많이 나타납니다.

수면 시간을 늘리면 좋아집니다

아이가 야경증을 보이면 수면 시간을 늘려주세요. 낮잠을 재우거나 밤에 일찍 잠들게 하면 몽유 증세와 수면장애에 도움이 된다는 연구결과가 있습니다. 미국 네브래스카대학 소아과 수면클리닉의 브렛 R. 쿤 박사는 수면협회 연초 회의에서 2~10세 어린이 10명을 치료한 결과 수면 시간을 늘리는 것이 몽유병과 수면공포 치료에 도움이 된다고 발표했습니다. 또한 그는 부모와 함께 자거나, 평소 잠자리에 드는 연습이 부족하거나, 잠자는 데 방해 요소가 많을 때 수면장애가 나타난다고 설명하면서 이런 증상이 지속되면 치료를 받아야 한다고 강조했습니다.

어려서부터 부모와 따로 재우는 것은 미국식 사고에서 나온 것이긴 하지만 아이가 어느 정도 커서 힘들어하지 않는다면 따로 재우는 것이 깊은 잠을 자는 데 도움이 되기도 합니다. 또한 아이가 잠이 잘 드는 환경을 조성하는 것도 중요합니다. 자기 전에는 아이가 흥분할 만한 놀이는 될 수 있는 대로 하지 않는 것이 좋습니다. 잠자리 분위기도 차분하게 해줘야 하지요. 그리고 자기 전에 하는 일들을 계획적으로 실천하는 것도 자는 습관을 들이는 데 좋습니다. 우선 양치질을 하고, 잠옷을 입은 다음, 잠자리에 누워 동화책을 읽어주는 식으로 자기 전에 해야 할 일을 정하고 매일 반복해주세요.

특히 엄마가 할 일이 있거나 다른 외적인 일들 때문에 아이가 늦게 잠들게 해서는 곤란합니다. 아이가 잠드는 시간은 어떤 일이 있어도 지켜져야 좋은 수면 습관을 들이고 야경증 같은 수면장애를 극복할 수 있습니다. 행여 아이를 억지로 자게 한 다음 거실에서 텔레비전을 보거나 시끄러운 소리로 떠들지 마세요. 아이의 수면을 도와주려면 식구들의 협력이 절대적으로 필요합니다. 야경증은 한약으로 잘 치료되므로 정도가 심하면 소아한의원에서 진료를 받아보는 것도 좋습니다.

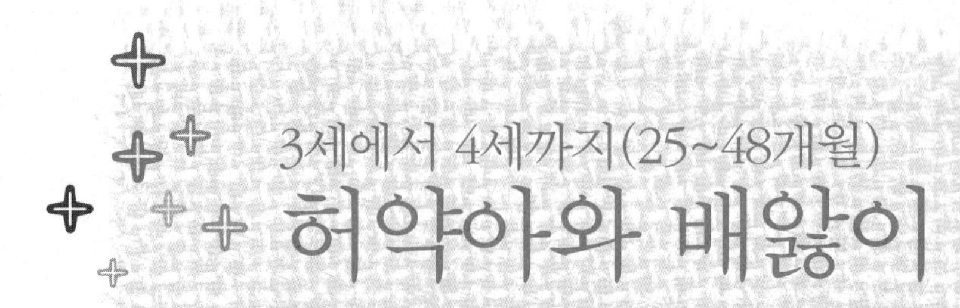

3세에서 4세까지(25~48개월)

허약아와 배앓이

오장 허약에 따른 섭생법

한의학에서는 특정한 질병이 없는데도 늘 피곤해하는 아이들을 허약아로 봅니다.
허약아는 오장(간, 심, 비, 폐, 신)의 허약 상태에 따라 증상이 조금씩 다르게 나타납니다.
원기를 돕는다는 큰 줄기는 같지만,
허약한 부위에 따라 처방과 생활방식이 달라지기 때문에
어느 곳이 허약한지를 먼저 알아야 합니다.

음식 관리가 특히 중요한 소화기 허약아

소화기에 해당하는 장부를 비계脾系라 합니다. 허약아의 유형 가운데 가장 많은 비율을 차지하는 것이 소화기계 허약아입니다. 소화기계가 허약한 아이들은 식욕이 없고 편식하는 경향이 있습니다. 당연한 말이지만 차멀미나 헛구역질, 구토, 복통, 식체 등 소화기와 관련한 증상이 자주 나타나지요. 조금 더 설명해보자면 소화가 덜 된 변을 보거나, 설사나 변비처럼 대변 이상이 많습니다. 배를 만져보면 빵빵하게 팽만감이 느껴지고 배에서 꾸루룩거리는 소리가 나기도 합니다.

소화기계가 허약한 아이들은 피부에도 문제가 많습니다. 배를 비롯해서 피부가 전반적으로 거칠고, 얼굴이 황백색이면서 윤기가 없습니다. 또한 손발에 허물이 잘 벗겨지고 쉽게 피로감을 느낍니다. 체형은 마른 편이어서 엄마들이 체중이 잘 늘지 않는다고 걱정을 많이 하지요. 이런 아이들은 자라면서 꼭 한 번씩 장염이나 이질 등을 앓아 속을 썩입니다.

소화기계가 허약한 아이들은 특히 먹는 것에 신경을 써야 합니다. 음식은 꼭꼭 잘 씹어 먹게 하고 식사는 규칙적이고 즐겁게 할 수 있게 도와줘야 하지요. 소화에 지장을 주는 음식(기름진 음식, 마른 음식, 아이스크림, 빵, 청량음료, 돼지고기, 닭고기, 밀가루 음식, 찬 음식)을 피하고 소화가 잘 되는 음식을 먹여야 합니다. 질거나 되지 않은 밥을 적당한 양으로 따뜻하게 먹이는 것도 필수입니다. 아이가 잘 안 먹는다고 어떻게든 많이 먹이려고 노심초사하는 엄마들이 많은데, 많이 먹이는 것보다는 적당한 양을 규칙적으로 먹게 하는 데 힘을 더 쓰세요. 그러려면 편식하는 습관부터 바로잡아줘야 하겠지요. 아이가 평소에 잘 안 먹던 음식을 먹으면 많이 칭찬해주고 격려해주세요. 매일 적당하게 운동하면 소화기능도 좋아지고 식욕을 되살리는 데도 좋습니다.

아이가 많이 허약하다면 집에서의 관리와 함께 한방 처방이 필요합니다. 양위탕, 소건중탕, 향사육군자탕, 삼출건비탕 등을 활용할 수 있습니다. 비위 허약이 심해지면 몸 전체가 허약해지는 전신적 허약이 생길 수 있습니다. 빈혈, 성장부진, 면역기능 저하, 영양 불균형에 의한 대사장애 등 후유증도 다양합니다. 그러니 잘 안 먹는 문제를 가볍게 여기지 말고 적극적으로 대처하길 바랍니다.

호흡기가 허약한 아이들에겐 환경 관리가 중요합니다

소화기계 허약아와 함께 많은 비율을 차지하는 것이 폐계肺系 즉, 호흡기계 허약아입니다. 호흡기가 허약한 아이들은 감기에 자주 걸리고, 쉽게 열이 나고 기침을 자주 하는데 특히 야간과 새벽에 심합니다. 재채기를 많이 하고, 맑은 콧물을 자주 흘리거나 코피가 자주 나고 코가 잘 막힙니다. 심하면 쌕쌕거리는 소리와 가래 끓는 소리가 들리며 숨 쉴 때 휘파람 같은 소리도 납니다. 어느 때는 귀가 아프다고 울 때도 있지요.

입안을 들여다보면 인두부나 편도선에 감염 흔적이 있고, 입안이 전반적으로 깨끗하지 못하며 편도선이 다른 아이들에 비해 큽니다. 이런 아이들은 모세기관지염, 기관지염, 인후염, 편도염, 폐렴, 기관지천식, 축농증, 중이염을 앓는 수가 많지요. 특히 알레르기성 비염으로 고생하기도 합니다. 호흡기가 약한 아이들은 외부의 기후 변화에 민감하게 반응합니다. 피부도 연약해서 추위를 잘 타며 음식을 조금만 차게 먹어도 기침을 하는 등 외부 환경에 대한 적응력이 몹시 약합니다.

아이가 호흡기계가 허약할 때는 주변 환경을 깨끗하게 하는 것이 중요합니다. 되도록 탁한 공기를 마시지 않게 하고, 외출하고 돌아와서는 반드시 손발을 씻고 양치질을 하게 하세요. 탁한 공기를 많이 마셨다면 콧속을 소금물로 헹궈줘도 좋습니다. 사람이 많은 곳은 되도록 피하고 찬 공기를 자주 쐬지 않게 하고, 목욕 뒤에 갑자기 서늘한 기운을 느끼지 않도록 보온에 힘씁니다. 또한 집 안의 습도와 온도를 적당하게 유지하면서 감기에 걸리지 않도록 예방해야 합니다.

정도가 심하면 반드시 진찰 후 처방을 받으세요. 한방 처방으로는 건폐탕, 청상보하탕, 맥문동탕, 소아보혈탕 등을 활용할 수 있습니다. 호흡기 허약 역시 전신적 허약을 유발하며 성장부진, 면역기능 저하, 식욕부진, 장기능 저하, 식은땀, 가래, 만성비염 등 다양한 후유증을 일으킬 수 있습니다. 호흡기가 약할 때는 보약으로 호흡기를 보강하고 면역기능을 개선해주는 것이 좋습니다.

놀라는 일을 줄여야 하는 심계 허약아

순환기와 정신신경계를 대표하는 기관이 바로 심장입니다. 한의학에서 심장은 정신과 감정 등을 주관하는 기관으로 보고 있습니다. 그래서 심장이 약하면 정신과 관련된 증상이 많이 나타납니다. 자주 놀라고 무서움을 잘 타며 불안하고 초조해합니다. 잠을 깊게 자지 못하고, 꿈을 많이 꾸며 자다가 깨어나 몽유 증상을 일으키기도 합니다. 신경이 몹시 예민하여 매사에 신경질을 잘 내고 소변도 자주 봅니다.

영아기와 유아기에는 밤에 꼭 한두 차례씩 갑자기 깨어 울다가 다시 잠이 듭니다. 잘 놀라며 경기를 잘 일으키지요. 학령기에는 비교적 총명하지만 지구력이 떨어지고 주위가 몹시 산만하여 친구 관계가 원만하지 못한 아이도 많은 편입니다. 소위 말하는 신경질적인 아이라고 말할 수 있습니다. 배 근육이 단단하게 긴장되어 배가 아프다는 말을 자주 합니다. 대변은 딱딱하고 소변은 진한 색을 띨 때가 많습니다.

실제로 심장질환이 있는 경우에는 안색이 창백하거나 다소 푸른색을 띠며, 손발 끝이 굵고 짧습니다. 가슴이 자주 두근거리고 진맥을 하면 맥이 고르지 못하지요. 잘 먹지 않아서 체중이 늘지 않고 수척하며 감기에 잘 걸리는 것이 특징입니다.

순환기와 정신신경계가 허약한 아이들은 무엇보다 평소에 놀라지 않게 해줘야 합니다. 큰 소리나 아이가 놀랄 만한 이상한 물체 등을 갑자기 접하지 않게 해야 합니다. 집 주위가 시끄럽지 않도록 해야 하고, 무서운 영화나 만화 등을 보지 못하게 하며 고전 음악 등으로 안정적인 분위기를 만들어주면 좋습니다. 불필요하게 아이를 혼내거나 겁먹게 하는 것은 좋지 않고 매를 드는 일도 피해야 합니다. 즐겁고 화목한 분위기 속에서 안정감을 느낄 수 있도록 아이에게 관심을 갖고 애정 표현도 많이 해주세요.

정도가 심하면 한방 처방을 받는 것이 좋습니다. 심장은 야뇨증, 야제증, 주의력결핍 증후군, 틱, 경기, 언어 장애 등의 질병과 직접적인 연관성이 있는 기관입니다. 그 외에도 두통, 어지러움, 신경성 복통, 학업 능력 저하, 정서 장애 등이 나타날 수 있으므로 빠르고 적절한 진찰 및 치료가 중요합니다. 한방 처방으로는 온담탕, 귀비탕, 시호가용골모려탕, 소요산, 소아청심환, 지원탕 등을 활용할 수 있습니다.

신장이 허약한 아이는 뼈와 근육을 단련해야 합니다

비뇨생식기와 골격계를 신계腎系라 합니다. 신계가 약한 것을 한방에서는 '신허하다'고 하는데, 이는 신장과 방광을 비롯한 비뇨 생식기및 골격계 전반적으로 약하다는 것을 말합니다. 즉 소변에 이상이 있고, 생식기능과 정기가 허약한 상태로 호르몬 작용이나 뇌척수와 골수, 골격계의 허약과도 연관이 있습니다. 신계가 허약하면 소변이 시원하지 않고, 적은 양을 자주 보면서 소변 색도 탁합니다. 요실금, 혈뇨, 배뇨통 등도 자주 나타나며, 밤에 오줌을 싸거나 혹은 낮에도 오줌을 지리는 경우가 많습니다.

정기가 약하다는 것은 소변 줄기가 힘이 없고 가는 상태로 특히 남자 아이는 성기가 왜소하며 무기력합니다. 신경도 예민하고 자고 일어나면 눈 주위가 자주 붓고 안색도 창백합니다. 골격이 약하고 손발이 차며 허리가 자주 아프다고 합니다. 특히 밤에 무릎이나 팔이 아프다고 하는데 주물러주면 시원해하면서 잠이 듭니다. 다리의 통증은 대부분 무릎 아래쪽에서 많이 나타납니다. 머리카락에 힘이 없으면서 가늘고 윤기가 없으며 숱도 적은 편입니다. 여자아이 중에는 손발이 차고 비임균성 질염으로 팬티에 황색 분비물이 묻어나오기도 합니다. 과거에 신장염에 걸린 아이들이 많은 것도 특징입니다.

비뇨생식기와 골격계 허약아는 적절한 운동으로 근육과 뼈를 단련시켜야 합니다. 항문괄약근을 오므렸다 이완시키는 운동을 많이 하면 좋고, 소아 추나요법을 활용해서 종아리, 아랫배, 목 뒤를 마사지하거나 지압해주는 것도 좋은 치료법이 됩니다. 또한 평소에 몸을 차가워지지 않게 해야 합니다. 편식 습관이 있으면 고쳐야 하고 차가운 음료수나 아이스크림, 인스턴트 음식, 특히 단 음식의 섭취를 줄여야 합니다. 증상이 심하면 한의원에서 진찰한 후 적절한 처방을 받아야 합니다. 한방 처방으로는 육미지황환, 신기환, 사육탕 등을 활용할 수 있습니다.

충분히 자야 하는 간계 허약아

간 기능 및 운동기계를 간계肝補라 합니다. 간은 혈액과 근육을 주관하는 기관으로 혈허血虛 증상이 나타나기 쉽습니다. 간이 허약한 아이들은 자주 어지러워하며 코피가 잘 나고 살이 무른 편입니다. 부분적으로 근육에 경련이나 쥐가 많이 나고 잘 달리지 못합니다. 식은땀도 많이 흘리며 손발톱의 발육 상태가 나쁜 경우도 많습니다. 눈에 감염성 질병이 잘 생기고 시력도 약한 편입니다. 팔이나 다리가 양쪽 모두 또는 한쪽만 힘이 없고 자주 넘어지며 자주 삐기도 합니다. 식욕부진인 아이들이 많고, 피로를 잘 느끼고 계절을 심하게 타서 감기를 달고 사는 아이들도 많습니다.

간 기능 및 운동기계 허약아에게 가장 중요한 것은 충분한 수면입니다. 아이가 편안하게 잠을 잘 수 있도록 적절한 환경을 조성해줘야 합니다. 스트레스로 간 기운이 상하지 않게 하고, 목욕을 자주 해서 혈액순환을 원활히 해주면 좋습니다. 너무 기름진 음식이나 인스턴트 음식을 피하고 녹황색 채소를 많이 먹이세요. 운동은 기운이 빠지지 않을 정도로 적당하게 시키는 것이 좋습니다.

간 기능 및 운동기계 허약의 정도가 심하면 한방 처방을 받는 것이 좋습니다. 한방 처방으로는 소시호탕, 가감위령탕 등으로 나쁜 기운을 조절한 다음 십전대보탕, 보아탕, 사물탕으로 보해주고, 운동기계가 허약한 경우 육미지황탕을 활용할 수 있습니다.

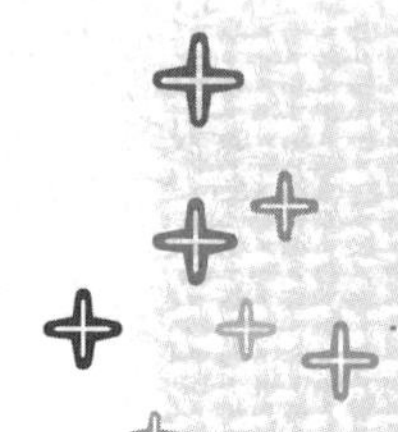

허약해도 배앓이를 많이 합니다

보통 아이들의 배앓이는 정서적인 문제나 허약증에 의한 것이
70퍼센트 이상을 차지한다고 볼 수 있습니다.
이런 경우 통증은 특정 부위에 고정되어 나타나지 않고
막연히 배꼽 주위가 아프다고 하는 경우가 대부분이지요.
이런 배앓이는 '엄마 손은 약손' 하고 노래를 부르면서 배를 살살 문질러주면 나아집니다.
하지만 문질러주는데 더 아파하고 손을 못 대게 한다면 다른 문제가 있을 수 있으니
진찰을 받아야 합니다.

복통의 70퍼센트는 질병이 아닌 기능성 복통

"엄마, 배 아파. 안 먹을래요" 오늘도 아이는 식탁에 앉아 엄마한테 투정을 부립니다. 엄마는 "밥 먹기 싫으니까 또 그러는구나?", "어린이집 가기 싫어서 그러는 거야?" 하면서 조금이라도 더 먹이려고 심지어 쫓아다니면서 먹이고는 하지요. 처음에는 밥 먹기 싫어서 거짓말을 한다고 생각하지만 아이가 자꾸 배가 아프다고 하니 부모님들은 혹시 큰병이 아닌가 하는 생각에 마음이 편치 않습니다. 근처 소아과에 가서 진찰을 받아보지만 특별한 이상이 없으니 걱정하지 말라고 하거나, 배에 가스가 찼다고 관장을 하라고 대수롭지 않게 이야기합니다. 그러다가 결국 아이가 허약해서 그런가 하고 한의원에 찾아오는 경우를 자주 봅니다.

사실 소아기 복통은 기질적인 원인 없이 정서적인 문제나 허약증에 의한 것이 70퍼센트 이상을 차지한다고 볼 수 있습니다. 성격이 예민한 아이나 허약

연령에 따른 복통의 원인과 종류

생후 3개월 이전의 영아기 영아산통이 가장 흔하다.
생후 3개월 이후의 영아기 급성위장염, 장중첩증, 감돈 탈장, 장축 염전증 등.
취학 전후 시기 급성충수염(속칭 맹장), 요로감염증, 급성위장관염.
사춘기 급성위장염, 만성 염증성 질환, 소화성 궤양, 부인과적 질환.
시기와 상관없이 복통의 원인이 되는 질병 감기, 우유 알레르기, 알레르기성 자반증, 변비, 기생충, 전염성 간염, 장염, 식도염, 스트레스 등도 복통의 원인이 될 수 있다.

한 아이가 먹기 싫은 밥을 먹을 때, 뭔가 하기 싫은 일을 해야 할 때, 학교나 어린이집에 갔을 때 복통을 호소하는 경우가 많습니다. 이런 복통은 반복적이면서 그 양상에 특별한 변화가 없고 설사나 구토, 열을 동반하지도 않습니다.

아이들은 비위(소화기관)가 튼튼해야 성장발달도 잘 하고 잔병치레도 하지 않으면서 건강하게 잘 자랍니다. 한의서에 보면 소아기에는 그 생리적 특성상 '비위가 항상 부족하기 쉽다脾常不足'라고 하였는데, 더구나 '소화기계 허약아(비위계 허약아)'들은 비위가 더욱 약하니 배가 자주 아플 수밖에 없습니다. 요즘은 인스턴트 음식, 아이스크림, 찬 음료수, 밀가루 음식 등 소화가 잘 안 되고 소화기에 좋지 않은 음식들의 섭취가 늘어나고 있어 더욱 그렇습니다.

물론 급성위장관염, 장중첩증, 탈장, 급성충수염(속칭 맹장염), 요로감염, 변비, 감기, 알레르기, 스트레스 등이 원인이 되어 복통을 일으킬 수 있습니다. 그러나 위에서 말한 것처럼 원인을 뚜렷하게 무엇이라고 말할 수 없는 만성 반복성 복통이 훨씬 흔합니다. 실제 배가 아플 때 뿐만 아니라 속이 답답하거나 더부룩해도, 배가 고플 때, 대변이 마려울 때, 경우에 따라서는 그냥 컨디션이 좋지 않고 힘들어도 아이들은 배가 아프다고 합니다. 따라서 어디가 어떻게 아픈지 잘 물어보고 질병으로 인한 증상이 아닌지 잘 구별해야 합니다.

한의학에서는 크게 허복통과 실복통으로 나눕니다

원인이 뚜렷하지 않은 만성복통의 경우 소아과에서 그냥 신경성, 기능성 복통이라고만 하는데 한의학에서는 이러한 복통까지 분류하여 다루고 있으므로 치료 효과 또한 매우 좋습니다. 한의학에서 복통은 크게 허복통虛腹痛과 실복통實腹痛으로 나눕니다.

허복통이라는 것은 속이 차거나 비위(소화기관)가 허약해서 오는 경우인데 이런 아이들은 식욕이 부진하고 잘 체하고 울렁증이 있고 자주 토합니다. 성격이 신경질적이고 예민한 아이가 많고 얼굴에 혈색이 부족하고 버즘 같은 것이 잘 생겨 윤기가 없고 손발은 좀 찬 경향이 있습니다. 흔히 만성 반복성 기능성 복통이 여기에 속하며 배가 자주 아프다는 아이들의 70퍼센트 이상이 허복통에 해당합니다. 배가 아프다고 하지만 배를 눌러도 통증이 별로 없고 '엄마 손은 약손' 하고 배를 문질러주면 신기하게 통증이 가라앉으며 속이 편안해집니다. 또한 배를 따뜻하게 해주면 좋아하고 통증이 특정한 곳에 고정되어 있지 않거나 막연히 배꼽 주위가 아프다고 합니다.

실복통은 허복통과 달리 어떤 기질적인 문제가 있는 경우를 말합니다. 보통은 배를 문지르거나 만지면 통증이 훨씬 심해지고, 평소 그러던 아이가 아닌데 갑자기 배가 아프다고 하면 실복통일 가능성이 큽니다. 먹는 것이 눈에 띠게 줄고 복부 팽만감, 열, 구토, 변의 이상 등이 나타나기도 하지요. 그리고 허복통과 달리 통증 부위도 비교적 분명한 편입니다. 급성위장관염, 장중첩증, 감돈 탈장, 급성충수염(속칭 맹장), 요로감염, 변비, 감기, 알레르기, 체한 경우 등에 해당됩니다. 식체로 인한 복통이 가장 흔합니다.

복통을 방치하면 안 됩니다

허복통인 경우 한방 치료 효과는 매우 탁월합니다. 아이의 허약증을 개선하면서 소화기관을 튼튼하게 만들어주면 소화력이 증진되어 복통이 사라집니다. 이렇게 치료를 받은 아이들은 복통만 개선되는 것이 아니라 전반적으로 더욱 건강해집니다. 인삼, 황기, 감초, 신곡, 백작약, 반하 등의 약재가 사용되며 소건중탕, 향사육군자탕, 보중익기탕 등이 대표적인 처방입니다.

실복통인 경우는 그 병증에 따라 복통 외에 다른 증상들이 나타나는데 병인에 따라 치료와 처방이 달라집니다. 《동의보감》에서는 복통의 원인을 한寒, 열熱, 타박이나 종양 등등에 의해 뭉친 나쁜 피(어혈瘀血), 식체, 위장관 내의 체액성 노폐물(담음痰飮), 기생충에 의한 복통 등 6가지로 나누어 각각 치료와 처방을 달리하고 있습니다.

실복통의 경우, 응급치료나 정밀 검사가 필요한 경우도 있습니다. 복통이 급격하거나 열, 구토, 혈변 등 다른 증상이 같이 나타난다면 빨리 진찰을 받아 보세요.

응급처치가 필요한 장중첩증과 급성충수염

응급처치가 필요한 대표적인 복통으로는 영아기의 장중첩증과 취학기의 급성충수염이 있습니다. 장중첩증은 상부 장이 하부 창자 속으로 망원경같이 밀려들어가는 것을 말합니다. 주로 5~9개월 영아에 흔히 발생하고 2세 이후에는 드뭅니다. 건강하던 아기가 별안간 심한 복통으로 다리를 배 위로 끌어올리고 어찌할 바를 모르고 우는데 이때는 젖을 물려도 소용이 없습니다. 복통이 1~2분 계속된 후 5~15분쯤 멎었다가 다시 발작합니다. 안색이 창백하며 복벽은 늘어져 있는데 배를 만져보면 소시지 모양의 덩어리가 만져집니다. 구토와 함께 토마토케첩 같은 혈변을 보는 것이 특징입니다. 바로 응급실로 가서 바륨 관장을 해줘야 합니다.

성인의 급성충수염(속칭 맹장염)은 우하복 복통, 발열, 구토, 백혈구 증가증 등의 전형적인 증상이 나타나기 때문에 비교적 쉽게 알 수 있지만, 소아에서는 이런 증상을 모두 갖추지 않는 경우가 많아 진단에 어려움이 있습니다. 나이가 어릴수록 막연한 복통만 호소하는 경우가 많기 때문입니다. 5세 이하에서는 흔하지 않고 10~12세 사이에 가장 흔하게 나타납니다. 드물지만 5세 이하에서 발병하는 경우에 진단이 어렵고 진전이 빠릅니다. 90퍼센트에서 울렁거림과 구토가 나타나고 미열과 식욕부진 증상을 보입니다. 아이가 움직이려 하지 않고 제자리 뜀뛰기를 시키면 통증을 호소하며 뛰지 못합니다. 간혹 치골부 통증이나 배뇨 장애, 빈뇨, 설사 등이 나타날 수 있습니다.

이 외에도 열이 계속 나고, 일주일이 넘게 대변을 보지 못한다거나, 황달이 보이는 경우, 구토와 설사를 동반한 심한 복통이 있을 때는 바로 진찰을 받아야 합니다. 특히 구토물이나 설사에서 혈액이나 고름 같은 것이 나오고, 노란색 또는 녹색즙을 토하며, 구토에서 변 냄새 등이 날 때도 진찰을 서둘러야 합니다.

배가 아프다는 아이에게 억지로 먹이지 마세요

아이가 배가 아프다고 하는데 밥 먹기 싫어서 핑계를 대는 거라면서 억지로 먹이는 것은 좋지 않습니다. 이렇게 아이가 스트레스를 받으면 소화기능은 더 약해지고 밥에 대한 거부감은 더 커질 수 있습니다. 아이들이 배가 아프다고 하는 것이 전부 거짓말은 아닙니다. 학원 가기 싫거나 시험에 대한 두려움 때문에 배가 아픈 것도 정말 아픈 것입니다. 부모님들이 이걸 꾀병이라고 생각하고 몰아붙이면 스트레스에 의해서 약한 소화기는 더욱 기능이 떨어져버립니다. 우리 아이가 자주 배가 아프다고 한다면 한의사와 상담을 통해 한창 자라야 할 아이의 건강을 챙겨주길 바랍니다.

하지만 무엇보다 올바른 생활습관이 중요합니다. 첫째, 식사 시간을 규칙적으로 잘 지킵니다. 둘째, 군것질이나 잦은 간식과 야식처럼 소화기를 불편하게 하는 습관을 버립니다. 셋째, 찬 음식(아이스크림, 청량음료, 주스 등)을 제한합니다. 넷째, 인스턴트 음식이나 패스트푸드를 되도록이면 적게 먹습니다. 다섯째, 아이가 과중한 스트레스를 받고 있지 않은지 잘 살피고 즐겁게 뛰어놀게 해줍니다.

소화기능을 돕고 복통을 줄여주는 추나요법

분추복음양은 아이를 바로 눕게 한 후 갈비뼈 밑 가장자리를 따라 명치에서부터 옆구리 쪽으로 양 엄지손가락으로 1~2분정도 분당 100회 속도로 밀어 내립니다. 추중완은 명치에서 배꼽까지 위에서 아래로 검지와 중지 두 손가락으로 1~2분 정도 분당 100회 속도로 쓸어내려줍니다. 마복摩腹은 배꼽 주위를 손굽을 이용해 시계 방향으로 가볍게 5분 정도 문지릅니다. 단, 설사에는 시계 반대 방향으로 문지릅니다.

소화즙 분비를 돕고 위장관 활동을 활발히 하여 소화력 및 식욕을 증진시키고 장을 편하게 하는 효과가 있는 마사지법입니다. 만약 추나요법을 받으면서 더욱 아파하거나 손을 대지 못하게 한다면 기질적인 문제가 있을 수 있으므로 반드시 진찰을 받아야 합니다.

올리브 오일 30ml에 라벤더, 로만캐모마일 오일 3방울, 페퍼민트 오일 1방울을 섞어서 추나요법을 할 때 같이 사용하면 좋습니다. 소화불량, 구토, 복통에도 모두 좋은 마사지법입니다.

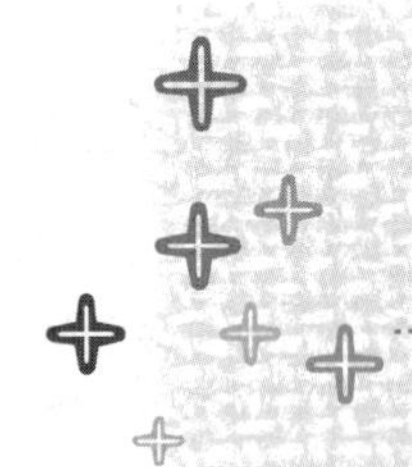

엄마들이 자주 묻는 허약 관련 궁금증

아이가 건강하게 자랐으면 하는 것은 모든 부모의 소원입니다.
한창 자라야 할 아이가 허약 증상을 보이면 걱정이 이만저만 아닙니다.
어지럽다거나 얼굴에 마른 버즘이 생기고 추위나 더위를 심하게 타는 것,
감기에 잘 걸리고 배앓이를 자주 하는 것은 허약증의 대표 증상이라 할 수 있습니다.
허약증은 질병이 아닙니다.
어느 부위가 허약한가에 따라 한방 치료를 통해 허약증을 개선해주면
건강하게 자랄 수 있습니다.

어지럽다는 말을 자주 해요

유난히 자주 어지럽다고 하는 아이들이 있습니다. 한의학에서는 어지러운 증상을 '현훈'이라고 합니다. 어지러움에는 여러 가지 원인이 있을 수 있습니다. 흔하게는 빈혈이나 기허증에서 나타나지만 소화기능이 미숙해서 음식을 잘 먹어도 소화를 못 시키거나, 감기 등으로 호흡기가 약해지면서 '담음'이라고 하는 노폐물이 장에 쌓였을 때도 나타나기 쉽습니다. 배가 아프다는 말을 자주 하거나 차만 타면 멀미를 하기도 하지요.

엄마 눈에는 아이가 약해 보이니 뭐라도 잘 먹으면 좋겠다고 생각하겠지만, 아이가 잘 먹는다고 해도 밀가루가 주재료거나 달거나 기름지고 찬 음식은 담음을 만들기 때문에 먹여서는 안 됩니다. 담음이 생기면 머리로 가는 경락의 흐름과 기운이 혼란을 일으켜 현기증이 더 심해지기 때문입니다.

이 외에도 귀의 평형기관에 문제가 있거나 뇌혈관 질환, 감염 질환 등이 있

어도 아이가 어지러워할 수 있으니, 다른 질병이 없는지도 확인해볼 필요가 있습니다.

허약하면 얼굴에 마른 버즘이 생기나요?

얼굴에 버즘이 생기는 이유는 여러 가지가 있습니다. 우선 아토피성 피부염을 지닌 아이들이 겨울철 찬 바람을 쐬면 피부가 자극을 받고 건조해져서 버즘이 생깁니다. 둘째, 체내에 혈과 진액이 부족해도 버즘이 생길 수 있습니다. 비위 기능이 허약한 아이가 이에 해당하지요. 성장기의 아이들은 음식을 통해 영양분을 얻어 기운과 혈을 만들어야 하는데 비위가 허약해서 잘 먹질 못하고 이것이 결국 기운과 혈을 부족하게 하여 얼굴에 마른 버즘이 나타나는 것입니다. 비위가 허약하면 설혹 아이가 잘 먹는다 하더라도 장에서 흡수를 하지 못해 버즘이 생길 수 있습니다. 비위가 허약하더라도 건강에 큰 문제가 없다면 크면서 얼굴의 피지선이 발달하여 자연스럽게 좋아지지만 계절과 상관없이 너무 오래 마른 버즘이 보인다면 진찰을 받아보세요.

더위와 추위를 심하게 타요

더위나 추위를 심하게 타는 원인은 기혈이 부족한 허증과 체질적 요인으로 나누어 생각할 수 있습니다. 기가 부족한 아이는 외부의 기온 변화에 맞춰 체온을 유지하는 능력이 떨어집니다. 한의학에서는 아이의 체 표면에 보호막처럼 작용하는 기운을 위기衛氣라고 합니다. 그런데 이 위기가 충만하지 않으면 더위와 추위를 잘 이겨내지 못합니다. 이럴 때는 기를 보강해줘야 합니다. 그래야 더위를 이겨 땀도 덜 흘리고, 추위를 이겨 감기에도 덜 걸리지요. 기가 허한 아이들은 매사에 피곤해하고 활력이 떨어지며 말소리가 작고 식욕이 부진하며 맥이 무력합니다.

또한 혈이 부족하면 바깥 기온에 따라 몸이 쉽게 더워지거나 차가워집니다.

자동차에 냉각수가 부족하면 엔진이 금방 과열되듯이 몸에 혈이 부족하면 체온을 유지하기 어렵습니다. 혈이 부족한 아이는 낯빛이 누렇거나 희고 윤기가 없으며, 얼굴에 버즘 같은 것이 생기면서 어지러워하고 밤에 잠을 푹 자지 못하는 경향이 있습니다. 이럴 때는 혈의 생성을 도와 더위와 추위를 잘 이겨내게 해줘야 합니다.

두 번째로 체질적 요인 때문에 더위와 추위를 잘 타기도 합니다. 몸에 열이 많은 양 체질은 더위를 잘 타고, 몸이 찬 음 체질은 추위를 잘 탑니다. 이럴 때는 체질의 음양 균형을 잡아주는 처방이 필요합니다. 한방 치료를 통해 체질 개선을 해주면 자기 체질에 따라 더위나 추위를 어느 정도 타기는 해도 그 정도가 심하지 않으며 기타 신체 증상도 정상화됩니다. 참고로 양 체질 아이는 서늘한 성질의 음식이 좋고, 음 체질 아이는 따뜻한 성질의 음식을 많이 먹이면 좋습니다. 예를 들면 찹쌀, 밤, 대추, 잣, 무, 양파, 생강, 피망, 밤, 닭고기, 명태, 조기, 카레, 홍삼 등은 따뜻한 성질의 음식으로 음의 기운이 강한 아이에게 좋습니다. 양의 기운이 강한 아이에게는 몸의 열을 내려주는 녹두, 팥, 수박, 참외, 배, 오이, 죽순, 배추, 시금치, 연근, 미역, 다시마, 김, 돼지고기, 해삼, 굴, 전복, 녹즙, 영지버섯 등을 추천합니다.

3세에서 4세까지(25~48개월)

피부 문제

멍이 자주 들어요

이 시기의 아이들은 활동량이 많아 다치는 일이 종종 있습니다.
아이가 바깥에서 뛰놀 나이가 되면 언제 터질지 모르는 시한폭탄으로 돌변하지요.
더구나 두 돌이 지나면서 호기심은 갈수록 늘고 활동량이 많아지는 반면,
무엇이 위험한지는 잘 모르기 때문에 하루에도 수차례 넘어지고 다칩니다.
잘 다치고 상처를 입는 게 이 시기의 아이들의 특징이지만,
유독 멍이 심하게 든다면 한번쯤 진찰을 받아볼 필요가 있습니다.
신체적 이상 때문에 멍이 잘 드는 경우도 있기 때문입니다.

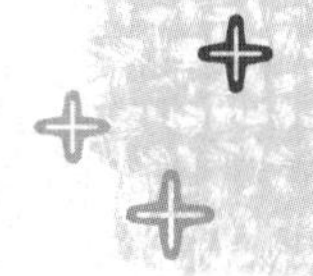

혈액순환이 잘 안 되면 멍도 잘 듭니다

멍은 혈관으로 흘러야 할 혈액이 바깥으로 넘쳐 생기는 것입니다. 일반적으로 외부의 충격에 의해 발생하는데, 비위의 기운이 허약하거나 혈액에 열이 많을 때, 혈액이 정상적으로 순환되지 않고 뭉쳐서 어혈이 생길 때 멍이 잘 듭니다. 비위가 허약하면 혈관이 혈액을 모아서 가두는 역할을 잘 하지 못해 쉽게 멍이 들고 피가 납니다. 이런 아이들은 잘 먹지 않고, 소화력이 떨어지며 혈색이 좋지 않고 마른 경우가 많지요.

혈액에 열이 많은 아이는 더위를 특히 많이 타고 땀도 많이 흘립니다. 또 변비를 앓는 경우가 많으며 태열기가 있고, 열 감기를 자주 앓는 경향이 있지요.

어혈이 있으면 특히 밤에 몸이 아프다고 하고, 얼굴색이 어둡고, 손톱도 분홍빛이 아니라 검거나 자주색을 띠는 경우가 많습니다.

혈소판 감소로 멍이 잘 들기도 합니다

정상적인 경우 아이의 몸에서 피가 나면 혈소판이 피를 응고시켜 피를 멈추게 합니다. 그런데 만일 이 혈소판이 부족하거나 제 기능을 못하면 멍이 잘 들 수 있습니다. 원래 멍으로 생긴 피는 자연스럽게 몸에 흡수되기 마련입니다. 하지만 너무 멍이 자주 들고 한번 피가 나면 잘 멈추지 않는다면 혈소판과 관련된 질병을 의심할 수도 있습니다.

혈소판의 정상 수치는 150,000~400,000입니다. 이 수치에 부족하면 멍이 잘 들고 피도 잘 납니다. 특히 이 수치가 20,000 미만이면 다치지 않아도 저절로 출혈이 일어날 수 있으므로, 이유 없이 아이가 코피 따위를 잘 흘리거나 멍이 너무 잘 들고 오래간다면 반드시 정밀 검사를 받아봐야 합니다.

혈소판이 감소하는 대표적인 질환으로 '면역성 혈소판 감소성 자반증'이란 것이 있습니다. 이는 면역체계의 이상으로 혈소판을 파괴하는 항체가 많이 만들어지는 병입니다. 이 밖에도 항생제 같은 약물 등에 의해 혈소판이 파괴되는 수도 있습니다. 또 루푸스, 백혈병, 재생불량성 빈혈일 경우에도 혈소판이 부족해지지요.

아이가 혈소판이 부족하면 피가 잘 멈추지 않거나, 심하게 어지러워하거나, 관절이 몹시 아픈 증상 등 일반적이지 않은 증상이 보입니다. 하지만 이런 증상이 나타나지 않더라도 멍이 너무 심하게 자주 든다면 한번쯤 혈액 검사를 받아보기를 권합니다.

멍을 빨리 가라앉히는 법

멍이 들었을 때는 바로 얼음으로 냉찜질을 해주는 것이 좋습니다. 냉찜질이 혈관을 수축시켜 출혈을 억제하기 때문입니다. 멍이 든 지 2~3일이 지났거나, 멍이 든 부위에서 열이 나지 않을 때는 찬찜질보다는 더운 찜질을 해주는 것이 멍을 빨리 없애줍니다. 멍이 들었을 때 달걀로 마시지를 하지요. 이는 달걀의 성분 때문이라기보다는 달걀을 문지를 때 가해지는 적당한 자극 때문입니다. 너무 힘이 들어가지 않은 적당한 마사지는 멍을 빨리 가라앉힙니다. 다리나 발목에 멍이 심하게 들었다면, 누울 때 다리를 심장보다 높게 하여 피가 멍든 부위로 몰리는 것을 막아야 합니다.

아이가 멍이 들었을 때 한방에서는 부항을 이용하여 피를 뽑아줍니다. 아무래도 저절로 없어지기를 기다리는 것보다 울혈된 피를 뽑아내면 멍이 빨리 가라앉습니다. 하지만 얼굴처럼 피부가 연약한 부위는 부항에 의해 자국이 남아 외관상 보기 안 좋을 수 있으므로 유념해서 시술합니다. 부항 외에도 어혈을 풀어주는 한약 추출액을 멍이 든 부위에 주입하는 약침을 놓기도 합니다.

멍든 부위가 심하게 붓고 염증이 생겨 열이 난다면 치자 열매를 소주에 담가 우려낸 후 밀가루와 반죽하여 환부에 붙여주면 회복이 아주 빠릅니다. 단, 피부에 치자 물이 들 수 있으니 참고하세요. 이 외에도 홍화잎(잇꽃) 또는 적당히 부순 복숭아씨를 우려내어 먹으면 혈액순환을 도와 멍을 빨리 흩어주고 어혈이 생기는 것을 막아줍니다. 비타민C는 항산화 작용과 조직 재생 작용이 있어 회복을 빠르게 하므로 비타민C가 풍부한 음식이나 영양제가 도움이 될 수 있습니다.

손발 피부와 손톱 돌보기

손발 피부와 손톱은 우리 몸의 가장 말초 부위로, 이 부위가 건강하다는 것은
몸의 기혈 순환이 원활하고 몸 전반이 건강하다는 것을 의미합니다.
반대로 손발과 손톱에 문제가 있다는 것은
영양분 흡수와 이동에 문제가 있어 말초까지 영양이 공급되지 못한다는 것을 말해주지요.

손발바닥의 피부가 자주 벗겨져요

손바닥과 발바닥의 피부가 잘 벗겨지는 것은 환절기 때 몸이 적응하는 과정에서 일어나는 일시적인 현상입니다. 환절기가 지나면 좋아졌다가 다시 환절기에 재발하는 예가 흔하지요. 하지만 아토피를 과거에 앓았거나 현재 앓는 아이들은 환절기와 상관없이 피부가 벗겨지기도 합니다. 즉 알레르기로 인한 증상 중 하나로 피부가 벗겨지기도 하는 것입니다. 이 밖에 비위에서 흡수된 영양분이 손바닥, 발바닥 같은 말초까지 잘 전달되지 못하면 피부가 건조해지다가 벗겨지기도 합니다.

간혹 곰팡이에 의한 피부 질환이나 가와사키 등 감염성 질환을 앓아도 피부가 벗겨집니다. 이런 경우는 허물이 벗겨지면서 가려움증이나 발열 등 다른 증상들이 뚜렷하게 나타나므로 쉽게 판별할 수 있습니다.

만일 아이가 아토피 때문에 손발바닥의 피부가 자주 벗겨진다면 적절한 체

질개선이 필요합니다. 비위가 허약하여 영양이 말초신경까지 전달되지 못해 그런 증상이 나타난다면 보약 등을 통해 보다 적극적으로 몸을 보하면서 치료해줄 필요가 있습니다. 평소 편식하지 않고 골고루 영양을 섭취하는 식습관을 갖고, 적당한 운동으로 건강한 신체를 갖도록 꾸준히 노력해야 합니다. 그래도 부족한 경우에는 보약의 도움을 받도록 하세요.

피부 질환이나 감염성 질환일 경우에는 먼저 해당 질병부터 고쳐야 합니다. 질병이 나으면 피부가 벗겨지는 증상도 없어지지요. 하지만 언제든 재발의 우려가 있으므로 평소에도 적절한 관리가 필요합니다.

손톱 색과 모양이 이상해요

"선생님, 왜 아이 손톱을 그렇게 유심히 보세요?"

병원에서 아이를 관찰할 때 제가 종종 듣는 질문입니다. 양방에서 아이 건강을 파악할 때 청진기로 가슴을 진찰하는 것처럼, 한방에서는 아이의 손톱을 유심히 살핍니다. 예로부터 한방에서는 손톱의 색깔을 보고 건강 여부를 판단해 왔습니다. 손톱은 주로 심장이나 간, 비위와 연관이 큽니다. 손톱 상태가 좋지 않은 아이들은 대부분 심장이 허약하고 간에 혈이 부족하거나 비위가 허약합니다. 해당 장기의 허약이 심해지면 손톱 부위의 색이 창백해지고 손톱도 얇아지거나 잘 벗겨지게 되지요. 이와 함께 빈혈이 있어서 얼굴과 입술이 창백하고 잘 놀라고 짜증도 잘 냅니다. 밤에 깊은 잠을 못 자며 살이 무르고 밥도 잘 안 먹습니다. 거기에 대변을 묽게 보며 손발도 차지요. 대체로 시력도 좋지 않으며 성장이 부진하고 마르기 쉽습니다.

단순히 손톱 색이 얇거나 잘 벗겨지는 것이 아니라, 손발톱이 보랏빛을 띠면서 곤봉 모양을 한 아이들도 있습니다. 선천성 심장질환을 앓는 아이들에서 흔히 볼 수 있는 것으로 심장이 약할 때 손톱과 발톱에도 이런 이상이 생깁니다. 심장에 문제가 있어 혈액 중에 산소가 부족하고 말초까지 신선한 혈액이 충분하게 공급되지 않으니, 손톱과 발톱에 문제가 생길 수밖에 없지요. 이런 아이들은 조금만 움직여도 숨이 차고 힘들어합니다. 잘 뛰어노는가 싶다가도 갑자기 주저앉아 거칠게 숨을 쉬지요. 호흡이 곤란하니 매사에 예민하고 신체 발육도 지연될 수밖에 없습니다.

한방에서는 겉으로 드러나는 많은 증상을 곧 내부 기관의 건강을 알 수 있는 일종의 표시로 봅니다. 손톱과 발톱의 색과 모양도 몸의 상태를 파악하는 중요한 요소 중 하나입니다. 그런 증상 하나하나에 과도하게 신경 쓸 필요는 없지만, 일반적인 모습과 좀 다른 면이 있다면 무엇이 어떻게 다른지 잘 살펴보고 아이의 전반적인 건강 상태를 하나씩 점검해볼 필요가 있습니다.

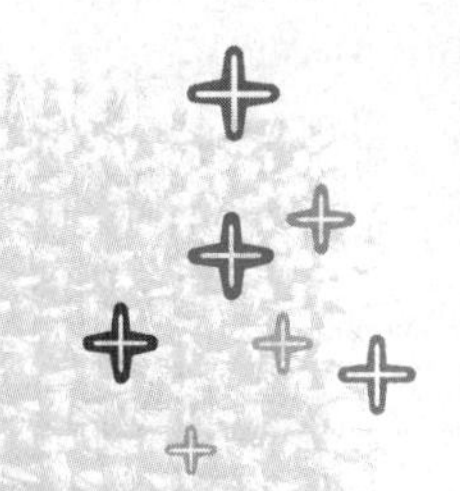

3세에서 4세까지(25~48개월)

언어발달 · 산만

언어발달이 늦으면 조기 진단과 치료가 필요합니다

요즘 아이들은 뱃속에서부터 많은 이야기를 듣습니다. 태어난 뒤에도 세상은
온갖 말들로 가득 차 있습니다. 가만히 있어도 저절로 말을 배우게 되는 환경입니다.
그런데 어떤 아이들은 두 돌이 넘어서도 간단한 단어조차 말하지 못합니다.
또 곧잘 말하다가 갑자기 말을 더듬는 아이도 있지요. 언어발달은 아이마다 정말 편차가 크지만,
말 배우기가 너무 지연되거나 더듬는 정도가 너무 오래 계속 된다면
조치를 취해줘야 합니다.

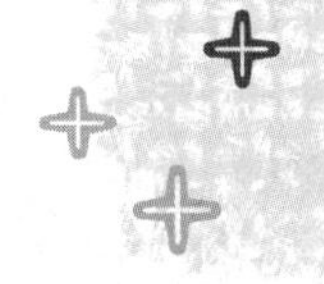

심장이 약해도 말이 늦어집니다

언어 지연으로 말이 늦어지는 것을 한의학에서는 '어지'라고 합니다. 예부터 전해오는 한의학 이론에 의하면 '말은 심장의 소리心之聲爲言로, 심장의 기운이 부족하면 말이 늦어지고 잘할 수 없다'고 했습니다. 심장이 약해 언어발달이 늦어지는 아이들은 얼굴색이 창백하고 지력이 떨어지며 정신이 맑지 못합니다. 또한 혀 색깔이 흐릿하며 맥박이 아주 약하게 뜁니다. 심장이 약해 말이 늦어지는 아이는 우선 심장의 기운과 혈을 보강하고 정신을 맑게 하는 처방이 필요합니다. 심장의 기능이 개선되어야만 그에 따른 언어 지연도 좋아질 수 있습니다.

대표적으로 '창포환'을 처방하는데, 여기에 쓰이는 주약재는 석창포입니다. 석창포는 굽이굽이 자란다고 하여 구절창포라고도 하는데, 단오 때 머리를 감는 그 창포를 말합니다. 《동의보감》에서는 창포에 대해 다음과 같이 설명하고 있습니다.

"성질은 따뜻하고 맛은 매우며 독이 없다. 심장의 구멍을 열고 오장을 보하며 이목구비를 다 통하게 하고 눈과 귀를 밝히며 음성을 낸다. 저린 증상을 다스리며 기생충을 죽이고 건망증을 고치며 지혜를 기르고 심복통을 그치게 한다."

따라서 아이가 말이 늦어서 걱정이라면 석창포의 뿌리를 달여 차처럼 먹이는 것도 방법이 될 수 있습니다. 석창포는 총명탕의 대표적인 재료로서 심장을 보하고 두뇌를 맑게 하며 뇌와 인지, 언어발달 등에 아주 좋습니다.

말이 늦어지는 경우들

1. 아기 때 옹알이에 제대로 대응해 주지 않았다.
2. 텔레비전이나 비디오 시청 시간이 너무 길다.
3. 엄마가 말수가 적다.
4. 엄마가 사람들과 교류하는 것을 싫어한다.
5. 한글을 떼려고 애쓰고, 말보다는 글자 교육에만 치중한다.
6. 아이가 말하기도 전에 먼저 모든 것을 챙긴다.
7. 늦게까지 공갈젖꼭지를 물려 옹알이를 하거나 말할 기회가 없었다.

한방에서는 심장이 약해 언어 지연이 있을 때, 한약, 침, 추나요법 등으로 1~2년에 걸쳐 치료합니다. 시간이 걸리는 이유로 꾸준한 치료가 쉽지 않지만 언어 치료만 받는 것보다 한방 치료를 병행하는 것이 언어발달을 정상으로 돌리는 데 훨씬 효과가 있습니다.

말이 늦되는 중요한 이유

아이의 언어 능력은 24개월 전후에 본격적으로 발달하기 시작해 만 네 돌이 되면 자유롭게 의사 표현을 할 수 있습니다. 이 과정에서 6~8개월 정도 언어발달 지연을 보이거나, 말을 더듬고 잘하지 못하는 것은 크게 문제가 되지 않습니다. 기질상 언어 능력이 조금 늦되는 아이들도 있기 때문입니다. 하지만 그 이상으로 차이가 심하게 벌어진다면 단순히 말을 더듬고 늦되는 것이 아닐 수도 있습니다. 다른 장애로 인해 언어발달이 늦어지는 것일 수 있으므로 전문의의 진단이 필요합니다.

지능 장애로 언어발달이 늦을 수 있습니다. 언어 지연의 50퍼센트 이상이 지능 장애에 원인이 있습니다. 다운증후군, 갑상선기능 저하증, 수두증, 뇌성마비, 분만 시의 뇌손상, 선천성 대사이상 등이 지능 장애를 가져올 수 있습니다.

청력에 문제가 있어도 말을 듣고 배울 수 없으므로 말이 늦어집니다. 100일 정도면 낯익은 목소리를 구분하고 친근감을 표현하며, 6개월이 되면 소리나는 방향을 알아차리고 신나는 음악을 들으면 좋아합니다. 그렇지 않으면 빨리 청력 검사를 받아야 합니다.

애정 결핍으로 말이 늦어지는 아이도 있습니다. 엄마가 충분한 사랑을 베풀지 않고 대화도 잘 하지 않는다면 아이는 말을 잘 배울 수 없습니다. 아이의 첫 언어 선생님이 바로 엄마이기 때문입니다. 평소에 엄마와 얘기도 잘하고, 충분히 사랑받은 아이가 말도 빨리 배울 수 있습니다.

아이가 엄마와 눈을 잘 마주치지 않고 무관심하며, 이름을 부를 때 즉시 반응하지 않는다면 자폐증을 의심할 수 있습니다. 자폐증을 보이는 아이의 80퍼센트가 정신 발육이 늦는데, 이는 언어발달을 막는 중요한 원인이 됩니다.

생소하게 들리겠지만 쌍둥이가 말이 늦어지는 경우도 간혹 있습니다. 엄마는 한 명인데 두 명의 아이를 상대하다 보니, 각각의 아이와 대화하는 시간이 한 아이를 키우는 엄마보다 상대적으로 적기 때문입니다. 상황에 따라 차이가 있겠지만 엄마가 받는 스트레스가 커 정서적 교감이 원활하지 못한 것도 이유일 수 있습니다.

또는 특별하게 꼬집을 만한 이유가 없어도 말이 늦을 수 있습니다. 유전적으로 말이 좀 늦은 가족력이 있을 수도 있고, 너무 애지중지 키워서 아이가 수동적일 때도 말이 늦을 수 있습니다. 아이가 말이 늦다면 위에서 언급한 언어발달 지연의 원인을 살펴보면서, 내 아이에게만 해당하는 특별한 원인이 있는지 곰곰이 생각해보시길 바랍니다.

연령별 언어발달 단계

1. **18~24개월** : 최소 6개 이상의 단어를 알고 있고, 신체 부위를 말하기 시작한다.
2. **24~36개월** : 최소 50개 이상의 단어를 알고 있고, "이게 뭐야?", "엄마 신발" 등 간단한 단어로 문장을 구사할 수 있다.
3. **36~46개월** : 발음이 분명해지고, "아빠 빨리 와" 등 어순에 맞춰 말할 수 있게 된다. ㄲ, ㄸ, ㅃ, ㅆ 등의 된소리도 발음할 수 있다.

일시적으로 나타나는 말더듬

아이는 보통 만 2~3세에 말이 급격하게 느는데, 그 과정에서 갑자기 말을 더듬을 때가 있습니다. 장난을 치거나 친구 흉내를 내느라 그런다고 혼내는 엄마들이 있는데, 이 시기의 아이가 의도를 갖고 말을 더듬는 경우는 별로 없습니다. 머릿속에는 당장 해야 할 말들이 산더미처럼 쌓였는데, 아직 뇌는 적절한 단어와 문장을 구사할 능력을 갖추지 못해 급한 마음에 말을 더듬는 것입니다. 쉽게 말하자면 아직은 '생각 따로, 말 따로'인 것이지요. 이 시기 아이들의 5퍼센트가 말더듬 증상을 보이며, 가족력이 있는 경우 더 빈번하게 나타납니다. 이런 말더듬 증상은 늦어도 만 5세가 넘으면 자연스럽게 좋아집니다.

아이가 어떤 일 때문에 흥분했을 때, 아프고 피곤할 때, 스트레스를 많이 받았을 때도 말을 더듬을 수 있습니다. 특히 요즘 문제가 되는 것이 조기 교육입니다. 아이에게 너무 일찍 말과 글을 가르치고, 그것도 모자라 영어나 운동도 시키는 엄마가 너무 많습니다. 엄마에게는 쉬워 보여도 아이에게는 그 모든 것이 스트레스가 될 수 있습니다. 이런 요인 때문에 말을 더듬는다면 스트레스가 될 만한 것부터 없애줘야 말 더듬 증상이 나아집니다. 또 앞서 말한 것처럼 친구나 텔레비전 개그맨을 흉내 내다가 그것이 습관이 되어 말을 더듬을 수도 있습니다.

아이가 말을 더듬으면 어딘가 모자라 보인다는 생각을 합니다. 아이는 괜찮은데 엄마가 더 창피해하지요. 그래서 일단 아이가 말을 더듬으면 얼른 바로잡아주거나, 아이 말을 자르고 할 말을 대신해주곤 합니다. 성미 급한 엄마는 잔소리부터 늘어놓기도 하지요. 하지만 계속 이런 식이면 아이는 말하는 것 자체에 자신감을 잃을 수 있습니다. 말하는 게 무서워 더 심하게 말을 더듬을 수도 있지요.

일단 아이가 말을 더듬을 때는 언어발달 과정에서 나타나는 자연스러운 현상이라는 것을 먼저 염두에 두십시오. 엄마가 마음가짐을 느긋하게 갖지 못하면 조급한 마음에 아이를 다그치게 되고, 그냥 두어도 나아질 증상이 더 악화할 수 있습니다. 정상적인 과정에서 나타나는 말더듬 증상은 아이가 충분한 어휘력과 표현 능력이 생기면 저절로 나아집니다.

말더듬이는 엄마의 귀에서 시작합니다

"말 더듬이는 아이의 입이 아니라 엄마의 귀에서 시작된다"는 말이 있습니다. 즉, 아이가 한 번 말을 더듬은 것을 가지고 엄마가 혼내거나 예민하게 반응하면, 말을 더욱 더듬게 된다는 뜻입니다. 절대로 예민하게 반응해서는 안 됩니다. 전과 다름없이 자연스럽게 아이와 소통하되 아이의 말을 하나하나 지적하지는 말라는 말입니다.

혹시 아이가 스트레스를 받는 일은 없는지, 엄마가 아이에게 요구하는 것이 너무 많지는 않은지 살펴볼 필요가 있습니다. 아이의 스트레스를 줄여주고, 아이와 이야기할 때는 천천히 또박또박 말을 하는 것이 좋습니다. 형제자매가 있다면 놀리지 못하게 하고, 아이에게도 누구나 말을 조금 더듬을 수도 있다고 잘 설명해줘야 합니다.

아이가 말을 더듬으면 놀림을 받을까봐 놀이방 보내기도 겁이 난다는 엄마들도 많습니다. 하지만 이럴 때일수록 엄마가 대범해져야 합니다. 놀이방 선생님께 먼저 아이 상황을 이야기하고 친구들이 배려해줄 수 있도록 하는 것이 좋습니다. 그러다 보면 아이의 말 더듬는 증상도 서서히 나아집니다. 하지만 6개월 이상 증상이 지속한다면 발달상 다른 문제가 있을수도 있으므로 전문의와 상의해보는 것이 좋습니다.

체질에 따라 아이가 말하는 양상도 다릅니다

음 체질 아이는 말이 많지 않고 비교적 말소리도 작습니다. 하지만 의사는 정확하게 표현하고, 친숙한 사람 앞에서는 말을 잘하는 편입니다. 하지만 생각이 정리되지 않으면 말을 하지 않으려고 합니다. 자기가 생각해서 이해가 되어야만 비로소 입을 열지요. 이런 아이들에게는 자신감을 키워주는 일이 가장 중요합니다. 엄마가 아이에게 자신감을 심어주고, 아이의 말에 매 순간 귀 기울여주면 말수는 적어도 논리적으로 말할 줄 아는 아이로 자라게 됩니다.

반면 입을 한시도 가만두지 않고 재잘재잘 떠드는 아이들이 있습니다. 양체질 아이들이 그렇습니다. 참새처럼 재잘거리고 어른과 말싸움하는 것도 즐기는데 가만히 들어보면 논리적으로 말하기보다는 감성적인 언어를 잘 구사합니다. 성격이 급해 속사포처럼 말을 뱉어 놓아 상대방의 화를 돋우기도 하지요. 하지만 금세 상대방의 비위를 맞출 줄도 압니다. 이런 아이들은 조금 더 생각한 후 말하는 연습을 시키는 것이 좋습니다. 말하는 것도 좋지만 상대방의 이야기를 잘 들어주는 것도 중요하다는 사실을 알려주세요. 엄마가 책을 읽어주거나 이야기를 들려주는 것도 좋은 방법입니다.

산만한 아이 돌보기

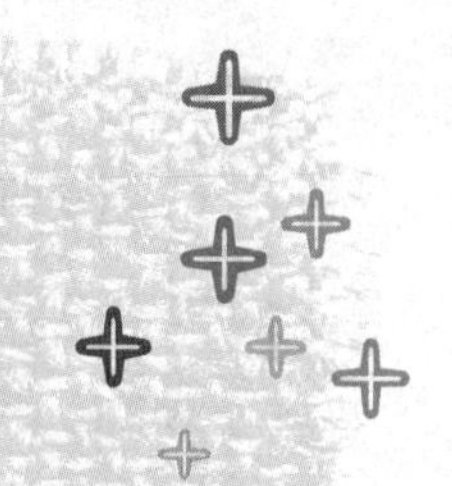

3~4세 아이들은 정말 산만합니다.
식당이나 공공장소에 가면 이리저리 나대는 아이들이 많습니다.
달래도 보고 혼내도 보지만 좀처럼 산만한 행동이 나아지지 않지요.
'미운 4살'이라고 치부하기에는 아이의 산만한 정도가 도를 넘기도 합니다.
이 시기는 아직 주의력결핍 과잉행동장애(ADHD)를 진단하기 어렵지만
산만한 아이를 내버려두면 ADHD로 발전할 수 있으므로 주의해야 합니다.

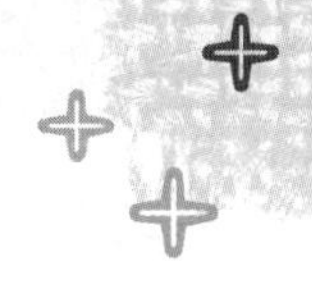

산만한 아이는 화기를 풀어주세요

요즘 들어 산만하고 충동적인 아이들이 많아졌습니다. 이런 아이들은 유치원이나 어린이집 등에서 처음으로 단체 생활을 시작하면서 그 성향이 더 두드러집니다. 수업 시간에 집중하지 못한 채 돌아다니고, 선생님 말씀에 아랑곳하지 않고 마음대로 행동하고, 친구들을 놀리고 때리는 등의 문제 행동이 보이면서 부모들도 그때야 아이의 문제를 심각하게 인식하기 시작합니다.

문제는 이 시기에 너무 산만하고 충동적이어서 문제를 많이 일으킨 아이들이 몇 년 지나 ADHD로 발전할 수 있다는 것입니다. ADHD 아이들은 2차적으로 품행장애나 반항장애, 학습장애, 우울증, 틱이나 뚜렛증후군 등의 정서 장애를 보일 가능성이 커서 처음에 잘 바로잡아줘야 합니다.

한의학에서는 산만함의 원인을 화火로 보고 있습니다. 화기火氣가 심장이나 간, 쓸개에 뭉쳐 아이를 한시도 가만히 있지 못하게 하고 충동적으로 만드는

것입니다. 이런 화기는 부모가 아이의 스트레스를 잘 관리해주었을 때 조금씩 누그러집니다. 아이가 특히 어떤 환경에서 산만해지는지 잘 관찰해두었다가 그 환경에는 최대한 접하지 않도록 하는 것이 좋습니다. 어수선한 환경에 데려다 놓으면 아이는 물 만난 고기처럼 산만한 행동을 보이고, 부모는 아이의 행동을 지나치게 때로는 감정적으로 제재하게 됩니다. 행동을 자주 억압받는 아이는 마음에 화가 쌓일 수밖에 없습니다.

어린이집이나 유치원에서 특히 산만함을 보인다면 증상이 좀 나아질 때까지 보내지 않는 것이 좋습니다. 엄마가 데리고 있으면서 바른 식생활, 규칙적인 운동, 한약 복용 및 행동 치료 등을 통해 화기를 누그러뜨린 다음에 보내야 더 산만해지지 않습니다. 또한 일상생활에서 아이에게 스트레스로 인한 화가 쌓이지 않도록 배려해주는 것이 중요합니다.

ADHD 아이에게 보이는 일반적인 증상

1. 손발을 가만히 있지 못하고 움직이거나 몸을 비비 꼰다.
2. 가만히 앉아 있으라고 해도 자리에서 벌떡벌떡 일어난다.
3. 외부자극에 의해 주의가 쉽게 산만해진다.
4. 놀이 중이나 단체 생활에서 자기 차례를 기다리지 못한다.
5. 질문을 끝까지 듣지도 않고 불쑥 대답해버린다.
6. 다른 사람의 지시를 잘 따르지 않는다.
7. 공부나 놀이를 꾸준히 못 한다.
8. 어떤 일을 하다가 끝맺지도 않고 다른 일을 시작한다.
9. 조용히 놀지 못한다.
10. 말을 너무 많이 한다.
11. 다른 아이들의 놀이에 끼어들거나 방해한다.
12. 다른 사람이 이야기하는 것에 귀를 기울이지 않는 것처럼 보인다.
13. 장난감, 연필, 책 등 늘 가지고 다니는 물건을 잘 잃어버린다.
14. 살피지도 않고 찻길에 뛰어드는 등 결과를 예측하지 못하고 행동한다.

화기를 내리는 한방 치료

한방에서는 화기가 생기는 이유를 크게 세 가지로 보고 있습니다. 첫째, 간의 기운이 막혀 화기가 생기는 경우입니다. 간의 기운이 울체되어 소통이 안 되면 얼굴에 열이 오르락내리락하고, 열이 날 때 식은땀이 갑자기 흐릅니다. 입이 쓰고 잘 마르며, 눈이 쉽게 충혈되고 자주 피곤해하지요. 그뿐만 아니라 혀에 설태가 끼고 소화 장애와 불면증이 생겨 화도 잘 냅니다. 어떨 때는 가슴과 옆구리가 아프다는 말을 하기도 합니다. 간의 기운이 막혀 화기가 생기는 아이에게는 시호귀비탕, 소요산, 육울탕을 처방하면서, 침을 이용해 간의 기운을 소통시키고 화를 내려줍니다.

둘째, 심장의 혈이 부족해 화기가 생기기도 합니다. 심장에 피가 부족해 화기가 오르면 아이가 작은 일에도 많이 불안해하거나 잘 놀랍니다. 조그만 소리가 나도 잘 놀라고 겁도 많아지지요. 이때는 간의 기운이 막힌 것과 달리 화를 내기보다 우울해하면서 의욕을 잃는 경우가 많습니다. 가슴을 답답해하며 아이답지 않게 한숨을 자주 쉬고 엉뚱하게 슬프다는 말을 하기도 하지요. 잠을 깊게 자지 못하고 꿈을 많이 꾸며 건망증도 생깁니다. 또한 입병이 자주 나고 혀가 붉어지며 손발이 저린 증상이 있습니다. 이때는 사물안신탕, 귀비탕, 청심보혈탕 등을 처방합니다. 한약과 함께 침을 놓아 심장을 보하고 기운을 소통시켜 주면 좋습니다.

셋째, 심장과 쓸개가 허약하여 체액성 노폐물인 담음과 함께 화기가 생기는 경우입니다. 이런 아이들은 잠들기를 불안해하고 숙면을 취하지 못하며 자더라도 금방 깹니다. 가슴이 답답하고 어지럽다는 말을 자주 하며 얼굴색 또한 어둡지요. 또한 손발이 차고 배에서 꾸르륵거리는 소리가 자주 나고 차멀미를 자주 합니다. 이때는 가미사칠탕, 온담탕, 청심온담탕 등을 활용합니다. 또한 침 치료로 심장과 쓸개를 보하고 대사를 도와 담음의 발생을 줄이고 화를 내려줍니다.

화기가 있는 아이에게 한방 치료를 하면 점차 침착하고 안정된 모습을 찾아갑니다. 한방 치료의 장점은 한약 복용을 중단하더라도 좋아진 정도를 잘 유지한다는 것입니다. 신경과의 약은 부작용도 우려되고 먹지 않으면 다시 아이가 불안정해집니다. 반면에 한방 치료로 체질과 증상이 호전되면 약을 먹지 않는다고 바로 눈에 띄게 나빠지지는 않습니다.

집에서는 식이요법이나 환경 관리를 통해 아이가 심리적 육체적으로 불안해지지 않게 관심을 계속 기울여야 합니다. 또한 어떤 일을 할 때 차례로 하나씩 처리하면서 감정을 다스리는 법을 가르쳐줄 필요가 있습니다. 필요하다면 엄마가 먼저 이런 교육을 받는 것도 좋습니다.

자연의 섭리에 맞게 아이를 기를 때에는

아이 체질에 맞는 육아를 통해 질병을 예방하고 치유하는 것이 매우 중요합니다.

평상시에 체질에 맞는 음식을 먹고,

몸이 아플 때는 체질에 맞는 치료를 하면 과민한 체질이 개선되면서

아이들을 훨씬 더 건강하게 키울 수 있습니다.

시력

키

성장통 · 성조숙증

소아비만

야뇨증

두뇌계발

감기

알레르기성 비염

아토피

두통

수면장애

허약

스트레스 · 탈모

틱 장애

주의력결핍 과잉행동장애

5장

5세에서 6세까지

(49~79개월)

이 시기는 급성장기는 아니지만, 서서히 완만하게 성장곡선을 그리면서 몸의 기본을 만드는 아주 중요한 기간입니다. 또한 이 시기에 부모님은 아이들에게 일관성 있고 예측 가능한 훈육을 해야 합니다. 모든 훈육과 교육은 부모와 아이의 관계가 좋을 때만 효과를 볼 수 있습니다. 부모님의 일관된 훈육은 아이를 혼란스럽게 만들지 않고 옳고 그름을 깨닫게 합니다. 또한 부모가 분노, 사랑 또는 불안 등의 감정을 처리하는 데 있어서 아이에게 모범이 되는 행동을 하는 것이 중요합니다.

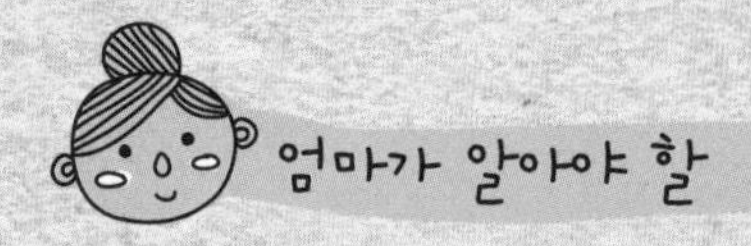

다섯 살에서 여섯 살까지 자연주의 육아법

아이가 여섯 살 때쯤 되면 체중은 출생 시의 6배인 20kg 정도, 키는 115cm가량 됩니다. 이때부터 사춘기까지는 1년에 5~6cm 정도 자랍니다. 5~10세까지 분당 심박 수는 85회, 호흡수는 20회 정도입니다. 치아는 만 6세 이후로 영구치인 첫 번째 어금니가 나기 시작하는데, 이때 나는 치아는 잇몸 모형의 기본이 되므로 제 위치에 잘 자리잡았는지 유심히 살펴볼 필요가 있습니다. 어금니가 나면서 앞니가 빠지는데, 이때 이가 빠지는 것은 아이들이 그만큼 자랐다는 의미이므로 함께 기뻐하고 칭찬을 해줄 일입니다. 옛날 어른들이 아이 이가 빠졌을 때 지붕 위에 던지며 "헌 이 줄게, 새 이 다오" 했던 것처럼 일종의 의식이 필요하지요. 영구치는 모두 32개로 한두 개씩 나기 시작해 사춘기쯤 되면 모든 영구치가 자리잡습니다. 다만 제3뒤어금니인 사랑니는 17~30세 사이에 납니다.

초등학교 입학을 직전에 둔 이 시기는 급성장기는 아니지만, 서서히 완만하게 성장곡선을 그리면서 몸의 기본을 만드는 아주 중요한 기간입니다. 아이의 운동 능력도 눈에 띄게 발달하는데, 5세 이후로는 한 발로 번갈아 뛰며 줄넘기를 할 수 있고 혼자 옷을 입고 벗을 수도 있습니다. 두뇌 발달도 활발한 편이어서 숫자를 열까지 셀 수 있고, 삼각형을 보고 따라 그릴 수 있습니다. 또한 기본색을 정확히 알며 단어의 의미를 물어보기 시작합니다.

2~5세 사이에는 일시적으로 말더듬 증상이 나타나기도 하는데 20퍼센트 정도는 성인까지 지속하기 때문에 5~6세가 되어서도 말을 계속 더듬는다면 언어 치료에 대해 생각해봐야 합니다. 하지만 아이 앞에서 너무 심각하게 반응하는 것은 좋지 않습니다. 아이가 처음 말을 더듬기 시작했을 때 주위에서 지나친 관심을 보이지 않은 것이 아이의 말더듬을 고치는 데 더 도움이 됩니다.

: 만 5세까지는 호흡기 질환에 잘 걸립니다

만 5세까지는 여전히 감기에 잘 걸립니다. 상기도 감염과 밀접한 편도와 아데노이드가 만 5세까지 점점 커지기 때문입니다. 편도와 아데노이드는 아이가 태어날 때부터 있던 것으로 만 5세까지 계속 커지다가 만 5세 이후부터 특별한 염증이 없는 한 점점 작아집니다. 그래서 편도와 아데노이드가 커지는 만 5세까지가 상기도 감염이 잘 걸리는 것이지요. 게다가 이 시기가 지나면서 아이의 면역성도 한층 좋아집니다.

가끔 "아이가 자꾸 감기에 걸리니 편도 절제 수술을 하는 것이 어떨까요?" 하고 묻는 엄마들이 있습니다. 한의학에서는 어떤 기관이든 우리 몸에서 나름대로 중요한 역할들을 한다고 보기 때문에 절제하는 것을 반대합니다. 기관의 절제야말로 자연주의 육아법과는 상반된 방법이지요. 더구나 편도나 아데노이드는 양방에서도 만 5세까지는 절제 수술을 하지 않은 것이 좋다고 봅니다. 보통은 이 시기를 지나면 점점 작아지므로 좀 더 지켜보는 편이 좋겠습니다. 이 문제로 고민하던 상당수의 엄마가 시간이 지나면 조금씩 감기 걱정에서 해방됩니다.

어쩔 수 없이 수술이 필요한 때도 있습니다. 편도가 염증이 없는데도 연하곤란이나 호흡곤란을 일으킬 만큼 커져 있는 경우, 혹은 편도에 종양이 생긴 경우, 편도에 디프테리아균이 감염되었는데 항생제가 듣지 않은 경우, 편도 주위에 농양이 존재하는 경우에는 절제 수술을 심각하게 고려해봐야 합니다. 하지만 이러한 경우를 제외하고는 급만성 부비동염, 중이염 및 감기 예방에 편도 절제가 별로 도움이 되지 않는다는 것이 일반적인 한방 소아전문의들의 견해입니다.

한의학에서는 편도를 일종의 면역기관으로 봅니다. 몸에 발생한 화*가 위로 올라오는 것을 완충하는 역할을 하는 아주 중요한 기관으로 보고 있습니다. 이 완충 작용이 없으면 인체의 음양 균형을 조절하는 능력이 떨어져 2차적인 문제를 불러올 수 있기 때문에 수술을 권하지 않는 것입니다.

: 성장판 검사를 해보는 것도 좋습니다

이 시기가 되면 엄마들이 아이의 키에 상당히 민감해집니다. 아이들이 또래와 관계를 맺기 시작하면서 비교 대상이 분명해지고, 키가 큰지 작은지 명확히 나타나기 때문이겠지요. 이 시기가 되면 손과 손목의 성장판 검사를 통해 골 연령을 조금 구체적으로 확인할 수 있습니다. 아이의 키가 작거나 앞으로 얼마나 클지 궁금하다면 다소 오차는 있을 수 있지만 성장판 검사를 통해 예측 키를 측정해보는 것도 좋습니다.

일반적으로 아이들의 키가 크는 데 가장 중요한 것은 건강하게 태어나 잘 먹고, 잘 자고, 잔병치레 없이 자라는 것입니다. 그런 의미에서 볼 때 아이가 키가 크려면 몸부터 건강하게 만들어야 합니다.

한방소아과학회에서 발표된 논문에 의하면 아이의 성장 지연에 동반되는 증상 중 가장 많이 나타나는 것이 소화기와 호흡기 허약이었습니다. 즉, 식욕부진과 편식이 심해서 영양 불균형이 초래된 경우와 기타 소화기 질환, 그리고 감기 등 잦은 호흡기 질환이 성장 지연과 함께 많이 나타납니다. 이 두 질환 유형을 합하면 전체의 약 74퍼센트에 해당한다고 합니다.

키가 크는 데는 유전적인 요인도 있지만 이는 25퍼센트에 지나지 않습니다. 후천적으로 얼마나 건강하게 생활하느냐에 따라 키가 더 클 수도 있고, 타고난 만큼만 자랄 수도 있는 것입니다. 따라서 아이가 잘 먹고 잘 자고 잘 배변하는 건강한 생활을 할 수 있게 하는 것이 중요합니다. 양방에서의 성장 치료는 성장호르몬을 직접 몸에 투여해 키를 크게 하는 방식입니다. 한의학적인 성장 치료는 뼈와 성장호르몬의 관계에만 집착하지 않습니다. 아이의 전반적인 건강 상태를 진단하고 허약한 부분을 보강하여 키가 클 수 있게 간접적으로(하지만 효과가 계속 가게) 도와주는 것이지요. 그러므로 몸이 건강해지면서 키도 커지는 일거양득의 효과를 보게 되는 셈입니다.

야뇨증에 적극적인 치료가 필요해요

만 5세가 되어서도 밤에 주 2회 이상 오줌을 싼다면 야뇨증입니다. 이 시기까지 밤에 소변을 못 가린다면 심각한 상황이라 할 수 있습니다. 얼마 안 있으면 학교에 가야 하기 때문에 더욱 적극적인 치료가 필요합니다.

야뇨증은 30퍼센트에서 많게는 75퍼센트까지 가족력과 관련된 것으로 알려졌습니다. 가족력이란 가족 중에 같은 질병을 앓았던 경험이 있는 상황을 말합니다. 특히 여아보다는 남아에게 더 많이 나타나며, 검사상 이상이 없는 경우가 대부분입니다. 만 5세 남아의 약 5퍼센트, 여아의 3퍼센트 이상이 야뇨증으로, 나이를 먹으면서 점차 줄어들지만 15세에서도 1퍼센트 이하로 나타나고 있습니다.

이 시기의 아이가 야뇨증이 있으면 부모 대부분은 무척 긴장하고 예민하게 받아들입니다. 아이를 혼내기도 하고 상처를 주는 말을 많이 합니다. 아이 역시 자기가 밤에 소변을 싼다는 것에 대해 무척 창피해하고 그로 말미암아 자존감이 낮아질 수 있습니다.

예전에는 아이가 밤에 오줌을 싸면 키를 씌워 옆집에서 소금을 얻어오게 했습니다. 아이는 키를 쓴 채 빈 그릇을 손에 들고 동네를 한 바퀴 돌며 집집마다 들어가 소금을 달라고 했지요. 아마 소금을 얻으러 온 아이에게 달랑 소금만 줘서 보낸 어른은 없었을 것입니다. 다들 다시는 오줌을 싸지 말라고 한마디씩 했겠지요. 이는 부모가 직접 이야기하는 것보다 큰 효과가 있었습니다. 아이 스스로 '오늘 밤에는 싸지 말아야겠다'고 긴장하게 되고, 실제로 밤에 실수 없이 잤을 때 안도감을 맛볼 수 있었지요.

물론 오늘날에는 이렇게까지는 못합니다. 이런 옛 조상의 지혜에서 배워야 할 점은 아이 스스로 깨닫게 해서 야뇨증을 고쳤다는 것입니다. 따라서 야뇨증을 치료할 때 아이를 다그치기보다는 자각을 통해 고칠 수 있도록 하는 것이 중요합니다.

이 시기의 야뇨증이 심각한 만큼 이런 심리요법만 가지고 좋아지는 것은 어려울 수 있습니다. 이때는 야뇨증의 원인을 정확히 진단하여 적절한 한방 치료를 해줘야 합니다. 아이들의 야뇨증은 방광 기능이 약하고 몸이 허약해서 올 때가 많습니다. 신장과 방광의 경혈을 자극하는 침 치료와 신장과 방광의 허약한 기운을 보강하는 한약을 복용하면 좋습니다.

소아비만은 초기에 잡아야 합니다

이 시기가 되면 아이들이 특히 외모에 신경을 쓰기 시작합니다. 유치원 친구 누구는 얼굴이 예쁘고 누구는 못생겼네 하는 이야기를 하고, 특히 여자아이들은 외모를 치장하는 것을 즐깁니다. 또한 우리가 어린 시절 그랬던 것처럼 외모를 가지고 친구들의 별명을 짓고 놀리는 경우도 많습니다. 이때 가장 상처받는 아이들이 뚱뚱한 아이들입니다. '돼지'라는 별명은 기본이고 '뚱땡이', '먹보' 등 아이의 자존심을 상하게 하는 말도 많이 듣습니다. 뚱뚱한 아이들은 이런 정신적 상처를 받기 쉬울 뿐 아니라 육체적으로도 약할 수 있으므로 소아비만은 초기에 잡아야 합니다.

소아비만은 지방세포의 크기가 커지는 성인 비만과 달리 지방세포의 수도 함께 증가하기 때문에 각별한 관리가 필요합니다. 세포 수가 갑자기 늘어나는 시기는 만 5~6세로 이때 바로잡지 않으면 평생 비만의 고통에 살 수도 있습니다. 이때 비만을 제대로 치료하지 않으면 어른이 되어서 비만이 될 확률이 80퍼센트 이상입니다.

소아비만의 치료 목적은 체중 감소만이 아닙니다. 적절한 음식 섭취와 운동을 습관화함으로써 바람직한 성장을 유지하게 하는 것입니다. 이 시기 비만의 원인을 살펴보면 단순성 비만이 대부분입니다. 그러므로 식이요법과 함께 운동요법, 행동요법 등을 통한 꾸준한 관리가 무엇보다 중요합니다.

아이들의 비만 치료는 성인의 '다이어트' 개념과 똑같이 적용시켜서는 안 됩니다. 왜냐하면 아이들은 지금 한창 자라는 때이므로 성장에 해가 되는 방향으로 체중을 줄여서는 안 되기 때문이지요. 자칫 과도한 체중 감소는 여러 가지 성장발육에 문제를 불러올 수 있으므로 특히 조심해야 합니다.

: 시력 검사를 반드시 받아보세요

아이들이 만 5~6세가 되면 대체로 성인과 같은 정상 시력을 갖게 됩니다. 태어나서부터 조금씩 시력이 좋아지다가 이 시기에 시력이 고정되고, 이 시력이 평생 이어집니다. 그 이전까지는 시력 기능이 불완전하다고 볼 수 있습니다. 그러므로 이 시기에 시력 검사를 하여 근시가 있는지 원시가 있는지 등을 반드시 파악해야 합니다. 시력은 어릴 때 바로잡아주지 않으면 나중에 교정하기가 어렵기 때문입니다.

근래에는 초등학교 이전부터 시력 문제가 나타날 때가 많습니다. 아이들의 건강한 눈을 위해서 적어도 생후 6개월~1년, 3세, 입학 전 최소한 세 번 정도는 시력 검진을 받아보는 것이 좋습니다. 아이들의 시력 이상은 조기 발견이 중요하며 신속한 치료 관리가 필수적입니다. 아이의 시력이 떨어지고 난 뒤 시력 저하를 발견하면 그동안 떨어진 시력을 회복하기란 어렵습니다.

근시는 선천적이면서 초등학교 입학 이전부터 진행되는 악성근시와 학업 등으로 눈이 피로하여 초등학교 고학년 이후로 발생하는 단성근시로 구분할 수 있습니다. 유치원 시기부터 발생하는 근시는 악성근시에 속한다고 볼 수 있는데, 근시 발생 시점이 빠른 만큼 악화 속도도 빨라 고도근시나 약시가 될 수도 있습니다.

일관성 있게 훈육해야 효과적입니다

오이디푸스 콤플렉스(Oedipus Complex)라는 것이 있습니다. 아이들이 이성 부모에게 연정을 품는 심리 상태로 주로 만 3~4세 아이들에게서 많이 나타납니다. 아들이 "엄마랑 결혼할 거야", "아빠 대신 엄마를 지켜줄 거야"라는 말을 한다면 오이디푸스 콤플렉스를 보이는 것으로 생각하면 됩니다. 그러다가 만 6~7세가 되면 가족 내에서 자신의 위치를 받아들이고 자신과 엄마와의 관계, 그리고 아빠와의 관계가 다르다는 것을 인식합니다. 즉 '나는 아빠 또는 엄마와 결혼할 수 없다'는 사실을 조금씩 깨닫게 되지요. 여기에 형제간의 관계를 통해 경쟁심과 친한 감정 사이에서 균형을 유지하는 방법과 이런 감정을 처리하는 방법을 깨우치게 됩니다. 이런 과정에서 가정 분위기와 부모의 태도는 아이의 언행과 성격, 사회성에 막대한 영향을 줍니다.

그런 만큼 이 시기에 부모님은 아이들에게 일관성 있고 예측 가능한 훈육을 해야 합니다. 모든 훈육과 교육은 부모와 아이의 관계가 좋을 때만 효과를 볼 수 있습니다. 부모님의 일관된 훈육은 아이를 혼란스럽게 만들지 않고 옳고 그름을 깨닫게 합니다. 또 아이들은 자신과 부모를 동일시하고 부모의 언행을 흉내 내기 때문에 부모는 자신들이 분노, 사랑 또는 불안 등의 감정을 처리하는 데 있어서 아이에게 모범이 되는 행동을 하는 것이 중요합니다.

이 시기의 아이들은 친구들과 경쟁적인 놀이를 하면서 사회성을 갖추어 나갑니다. 엄마보다는 친구를 더 좋아할 때이지요. 친구도 이성 친구보다는 동성 친구를 더 많이 좋아합니다. 남자아이라면 남자 친구들과 싸움놀이, 자전거 타기 등을 통해 남성성을 강화하지요. 여자아이라면 여자 친구들과 소꿉놀이를 하면서 혹은 분홍색 옷이나 공주에 집착하면서 여성성을 강화합니다. '왜 우리 아이는 이성 친구를 안 좋아할까?' 하고 고민하는 엄마가 있다면 지나친 기우입니다. 이 시기에는 아이가 자신의 성정체성을 강화해서 더 멋진 남성, 여성으로 자랄 준비를 한다고 보면 됩니다.

: 마음의 병이 몸의 병으로 이어집니다

이 시기는 정서적 불안감이 육체적인 증상이나 행동으로 많이 나타나는 때이기도 합니다. 손톱을 물어뜯거나 이를 갈기도 하고, 아무렇지도 않게 거짓말을 하며 물건을 훔치기도 합니다. 틱이나 주의력결핍 과잉행동장애도 이때 두드러지게 나타나지요. 아이가 이런 이상 증상을 보이면 많은 엄마가 행동 하나만을 고치는 데 급급합니다. 무턱대고 아이에게 화를 내거나 매를 들고 협박하기도 하지요.

그런 방법으로는 아이의 행동을 절대 고칠 수 없습니다. 아이가 평소와 다른 버릇을 보이거나 이상 행동을 하는 이유가 어디에 있는지부터 알아야 합니다. 아이의 마음을 이해해야 한다는 것이지요. 그러면서 아이에게 더욱 많은 사랑을 표현해야 합니다. 아낌없는 사랑을 전하는 가운데, 옳고 그름을 분명히 알려주고 부모가 모범을 보여야 합니다.

특히 틱 같은 경우에는 지나치게 지적하는 것은 피해야 합니다. 틱은 아이가 정신적 스트레스를 받았을 때 많이 나타납니다. 또한 이런 신경불안증은 환경오염과 먹을거리를 주의 깊게 살펴봐야 합니다. 중금속 오염, 백설탕, 황색 색소, 방부제 등이 ADHD에 영향을 미친다는 보고가 이미 많이 나와 있습니다. 최근 들어 이런 행동 이상이 많이 나타나는 시기와 환경과 먹을거리의 변화 시기가 일치한다는 연구 결과가 발표되고 있습니다. 최근 한방소아과학회에서는 ADHD 아이와 아토피성 피부염 아이들의 머리카락으로 중금속 오염을 검사한 결과, 납이나 알루미늄 같은 중금속 오염 수치가 높게 나오고 미네랄 중 아연이 결핍되어 있다는 연구결과를 내놓았습니다.

옛날에 군것질거리도 별로 없고, 사교육 하나 못 받았던 시절에는 오히려 아이들의 몸과 정신이 더 건강했습니다. 환경이나 먹을거리가 깨끗했고, 스트레스도 훨씬 적었기 때문일 것입니다. 요즘은 그 반대가 되었습니다. 아시다시피 환경오염은 이제 너무 당연한 말이 되어서 깨끗한 환경을 찾기가 어려울 정도이고, 아이 입에 들어가는 먹을거리 역시 해롭다는 걸 알면서도 먹여야 하는 상황이 되었습니다. 그런 만큼 엄마가 더 까다로워져야 합니다.

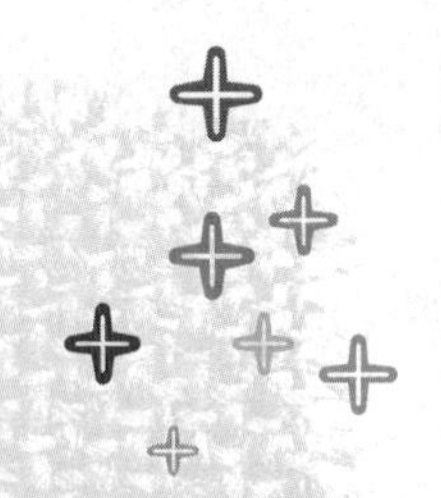

5세에서 6세까지(49~72개월)

시력

정상적인 성인 시력에 도달합니다

아이들이 만 5~6세가 되면 대부분 성인 시력을 갖게 되는데
이때의 시력을 잘 관리하면 평생 건강한 눈으로 생활할 수 있습니다.
만약 이 시기에 시력 저하가 시작되면 어른이 될 때까지 눈이 조금씩 나빠집니다.
따라서 검사를 통해 아이의 시력 이상을 조기에 발견해야 합니다.
비록 나빠진 시력을 되돌릴 수 없어도 더 악화하는 것을 막을 수 있습니다.

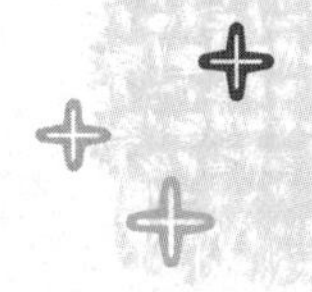

근시 예방을 위한 시력 검사가 중요합니다

멀리 있는 것이 잘 안 보이는 근시는 후천적인 요인이 많이 작용합니다. 워낙 어릴 때부터 영상매체나 컴퓨터에 노출이 많고 책을 자주 보는 요즘 아이들은 근시가 많습니다. 출현 시기도 점점 빨라지고 있고 그 수도 전에 없이 늘어났지요. 내 아이라고 예외는 아닙니다.

특히 몸이 허약한 아이에게 근시가 잘 생깁니다. 초등학교에 들어가기 전에 나타나는 근시는 급격히 고도근시로 발전할 가능성이 크므로 반드시 점검해 봐야 합니다.

근시는 학교에 들어가서 발견되는 예가 많습니다. 아이가 칠판 글씨가 잘 안 보인다고 하면 그때야 부랴부랴 안과를 찾게 되지요. 아이가 만일 눈을 가늘게 뜨고 자꾸 앞으로 가서 사물을 보려 하면 근시를 의심할 수 있습니다. 이럴 때 안과 진단을 받아보면 십중팔구는 안경을 쓰라는 말을 듣습니다. 증상이 드러나고 나서 근시를 발견한 것이므로 이미 시력 저하가 많이 진행된 경우가 많습니다.

우리가 질병을 예방하려고 정기적으로 건강검진을 받는 것처럼, 아이들 역시 근시 예방을 위해 시력 검사를 받아야 합니다. 아이의 눈을 건강하게 지키려면 초등학교 입학 전에 반드시 시력 검사를 받아보기를 권합니다. 이 시기 아이들의 시력은 양쪽 모두 1.5는 되어야 정상인데 그보다 낮다면 적극적인 시력 관리가 필요합니다. 과도한 미디어 노출을 피해야 하고, 40분 정도 집중해서 컴퓨터를 보거나 책을 보았다면 10분 정도는 쉬게 해야 합니다. 또한 영양을 잘 섭취하고, 평소 일찍 자고 일찍 일어나는 등 여러 각도의 생활 관리가 중요합니다.

눈 건강은 오장육부의 건강 상태와 관련이 있습니다

왜 아이들의 시력이 급격히 나빠지는 걸까요? 사실 5세 전까지는 눈을 혹사할 일이 별로 없습니다. 글을 모르니 책을 오래 볼 일도 없고, 컴퓨터를 다루기에도 아직 서툰 나이입니다. 하지만 이 시기에는 두뇌 발달이 급격히 이뤄지면서 대중매체에 확 빠져들 수 있습니다. 즉, 이 시기부터는 유전적인 요인과 함께 나쁜 자세, 텔레비전, 컴퓨터 등으로 눈을 혹사할 가능성이 큽니다.

하지만 이보다 더 중요한 원인이 있습니다. 바로 아이의 전체적인 건강 상태가 좋지 않을 수 있다는 것입니다. 미국의 유명한 안과 전문의인 해럴드 페퍼드는 "내 환자의 50퍼센트는 눈보다 다른 장기의 건강 상태가 좋지 않아 눈에도 이상이 생긴 것이었다"라고 이야기한 적이 있습니다. 위장장애, 복통, 변비, 감기나 장염, 허약체질 등이 시력을 나쁘게 한다는 것입니다.

한의학에서도 이와 비슷한 견해를 보입니다. 한방에서는 예로부터 눈을 단순히 사물을 보는 역할만 하는 기관으로 여기지 않았습니다. 오장육부 전체와 연관된 중요한 기관으로 여겼지요. 예를 들어 흰 눈동자에 이상이 있으면 폐에 문제가 생긴 것으로 봅니다. 검은 눈동자에 문제가 있으면 간에, 눈초리에 문제가 있으면 심장에, 동공에 문제가 있으면 콩팥에, 눈꺼풀에 문제가 있다면 비장에 이상이 생긴 것으로 판단합니다. 즉, 아이의 시력이 오장육부의 건강 상태와 밀접한 관련이 있는 것입니다. 만일 아이가 눈이 나쁘다면 단순히 텔레비전을 멀리 떨어져 보게 하고 컴퓨터만 못 하게 할 것이 아니라, 오장육부의 어느 기능에 문제가 있는 건 아닌지 점검해봐야 합니다.

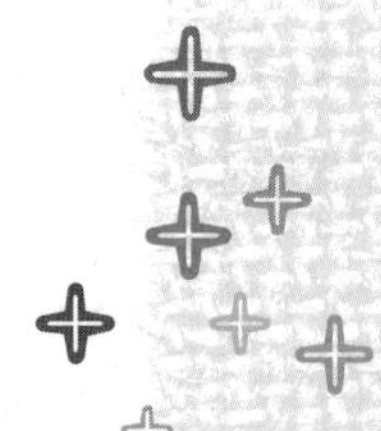

시력 저하를 막는 한방 치료

시력이 좋지 않으면 안과만 찾기 쉽습니다. 하지만 한방 치료를 통해서도
근시 진행을 억제할 수 있습니다. 한방에서는 단순히 근시를 억제하는 것뿐 아니라
아이의 몸 전체를 건강하게 하는 치료를 하기 때문에 일거양득의 효과를 거둘 수 있습니다.
그런데 이런 치료는 단기간에 효과를 볼 수 있는 것이 아닙니다.
아이의 시력이 더는 나빠지지 않고 고정될 때까지 꾸준히 해주는 것이 중요합니다.

마음이 건강해야 눈도 건강합니다

한의학에서는 사람의 건강 상태를 가장 먼저 알아볼 수 있는 곳을 눈이라고 생각합니다. 눈이 맑고 초롱초롱한 신기神氣를 보이면 몸에 별다른 질병이 없는 것으로 진단하지요. 앞에서도 언급했듯이 눈은 오장육부와 모두 연관되어 있기 때문입니다. 반대로 눈이 맑지 못하고 흐리멍덩하며 충혈되어 있거나 시력이 좋지 않으면 몸의 어딘가가 허약하다고 진단합니다. 즉, 허약한 아이가 눈도 나빠지기 쉽습니다.

《동의보감》에서는 '눈병에 한寒증이 없고 열熱증만 있다'라고 했습니다. 즉, 근시는 대부분 화火가 위로 지나치게 올라와서 눈을 흐리게 하는 것입니다. 이렇게 화가 올라오는 원인은 스트레스와 잘못된 음식, 눈의 피로 등입니다. 아이의 눈이 나빠지지 않게 예방하려면 스트레스를 줄여주고, 화를 조장하는 밀가루 음식, 단 음식, 기름에 튀기거나 직화로 구운 음식, 인스턴트 음식을 줄여야 합니다.

"어린애가 무슨 스트레스를 받아요?" 하고 묻고 싶겠지만 절대 그렇게 판단해선 안 됩니다. 이 시기 아이들이 받는 스트레스는 생각보다 큽니다. 과도한 조기교육, 원만하지 못한 친구 관계, 지나친 훈육 등이 아이에게는 모두 스트레스입니다. 그것이 육체적인 이상 증상이나 행동으로 표현되어 손톱 물어뜯기, 이빨 갈기, 거짓말, 훔치는 행위, 틱, 주의력결핍 과잉행동장애 등으로 나타나는 것입니다.

허약체질 개선과 근시 치료를 동시에

나빠진 눈을 정상으로 만든다는 것은 참 어려운 일입니다. 하지만 시력이 나빠진 원인을 찾아 제거하고, 한방 치료를 통해 눈과 몸의 건강 상태를 조절하면 더 이상 나빠지지 않게 할 수는 있습니다.

우선 한약을 처방합니다. 몸 전체의 건강 상태를 진찰하여 허약한 부분을 개선해주는 것입니다. 또한 위로 올라가는 화기를 내려주고 눈으로 기혈의 공급을 원활히 하여 시력을 유지하면서 조금이라도 더 나아질 수 있게 합니다.

둘째로 눈의 긴장을 풀고 기혈 소통을 돕기 위해 눈 주위와 손발에 있는 혈자리를 침을 통해 자극합니다.

셋째로 추나요법으로 후두골과 경추의 위치를 조절하여 눈과 연관된 뇌신경의 활동을 돕고, 혈류를 개선하여 눈으로 기와 혈, 영양이 충분히 공급되게 돕습니다.

넷째로 안구 근육의 긴장을 풀어주기 위해 하루에 15분씩 1~2회 정도 집중적으로 눈 운동을 시킵니다. 여기에서 눈 운동이란 눈의 근육 피로를 풀고 초점 조절 능력을 향상시키는 것을 말합니다.

근시는 발생한 시기부터 성장이 완료될 때까지 계속 악화하는 것이 일반적입니다. 눈은 성장하면서 점점 커지고 나빠진 눈의 초점은 점점 더 어긋나기 때문입니다. 또한 아이가 자랄수록 공부할 양은 많아지고 책도 많이 보게 되므로 일단 나빠진 눈이 더 나빠지지요. 따라서 근시가 나타난 초기에 치료를 서두르는 것이 무엇보다 중요합니다.

평소 생활습관도 눈 건강과 직결됩니다

아이의 눈 건강을 지키려면 몇 가지 실천해야 할 생활습관이 있습니다. 첫째, 아이가 책을 볼 때는 글씨가 큰 그림책을 골라, 반듯한 자세로 책상에 앉아서 보게 하는 것이 가장 좋습니다. 침대에 누워서 책을 보는 것만큼 눈 건강에 나쁜 것도 없습니다. 책과 눈의 거리는 35cm 정도를 유지하고 책상 조명은 충분히 하되, 책상 유리판에 빛이 반사되거나 조명이 직접 눈으로 들어오지 않도록 합니다.

엄마가 책을 읽어줄 때도 아이의 눈과 책의 거리를 35cm로 유지합니다. 가끔 엎드려서 책을 보는 아이가 있는데 그럴 때 눈과 책 사이의 간격이 가까워지고 책에 그림자가 생겨 시력에 나쁜 영향을 미칩니다. 아이가 책을 읽을 때 너무 집중해서 읽느라 눈도 깜박이지 않는다면, 일부러라도 눈을 깜박거리도록 교육해야 합니다. 최소한 책 한 줄을 읽을 때 한 번은 눈을 깜박여야 피로가 안 생깁니다.

둘째, 올바른 텔레비전 시청 습관을 길러줍니다. 요새 같은 세상에서 아예 텔레비전을 안 보게 할 수는 없는 노릇입니다. 못 보게 하면 엄마 몰래 보려고 하는 게 이 시기 아이들의 심리지요. 그러니 억지로 못 보게 하는 것은 의미가 없습니다. 눈의 건강을 해치지 않게 잘 보게 하는 것이 현명하지요.

우선 텔레비전을 1시간 정도 본 다음에는 꼭 5~10분 동안 눈 휴식을 취하게 합니다. 쉬라는 것이 그냥 눈을 감고 있게 하라는 말이 아닙니다. 눈동자를 상하좌우로 움직이게 하거나 잠시 감았다 뜨게 하여 피로를 덜어주는 것이 좋습니다. 또한 텔레비전 화면은 15도 정도 내려다볼 수 있게 두는 것이 좋습니다. 거리는 텔레비전 화면 크기의 약 6~7배 정도 떨어진 정도가 바람직합니다. 또한 책을 읽을 수 있을 정도의 조명에서 보는 것이 좋습니다.

셋째, 아이가 스트레스를 받는 부분이 있는지 꼼꼼히 살펴보세요. 특히 지나친 사교육으로 인해 스트레스를 받으면 눈의 긴장을 가져와 시력이 떨어집니다. 밤에 잘 자게 하고 낮에도 간간이 눈 운동을 통해 눈의 피로를 풀어주는 것이 시력을 지키는 가장 좋은 방법입니다. 푸른 나무와 들판, 자연경관을 자주 보게 하는 것도 잊지 마세요.

넷째, 편식을 피하고 균형 잡힌 식사를 하는 것이 좋습니다. 눈에 좋은 영양소인 비타민A는 눈 점막의 세포 분화에 빠질 수 없는 영양소로, 비타민A가 부족하면 야맹증과 각막건조증 같은 이상이 생길 수 있습니다. 달걀노른자, 우유, 버터, 치즈, 당근, 토마토, 고구마, 해바라기, 효모, 해산물과 블루베리, 시금치, 겨자 잎, 파슬리 등 푸른 잎채소 등이 눈에 좋은 음식입니다.

비타민B군도 눈 건강에 도움이 됩니다. 비타민B군은 우유, 치즈, 간, 콩, 두부, 현미, 보리, 생선, 달걀노른자, 땅콩, 생굴, 돼지고기 등과 각종 채소에 함유되어 있습니다. 비타민B1이 부족하면 시신경이 약해지고, 비타민B2가 부족하면 안구충혈, 각막혼탁, 조로성 백내장, 광선공포증 등이 생기기 쉬우므로 음식을 통해 이런 영양소를 잘 섭취하도록 해야 합니다.

눈 건강에 좋은 간유는 생선의 간과 알, 내장 등에서 추출하는데, 1g당 비타

눈에 좋은 결명자, 구기자, 국화

결명자나 국화는 간의 열을 낮추고 눈을 맑게 하는 효과가 있어 시력이 떨어지는 아이들에게 좋다. 결명자는 30g, 국화는 20g을 약 1리터의 물에 넣고 물의 양이 반 정도 줄어들 때까지 끓인 후, 하루 한 컵 정도 마시면 좋다. 하지만 결명자와 국화 모두 성질이 찬 약재이기 때문에, 배와 손발이 차고 식욕이 부진하며 장이 약해 변이 묽은 음 체질 아이들에게는 진하게 끓이거나 오래 먹이면 좋지 않다.
구기자도 눈에 영양을 공급하고 간을 보하여 눈을 밝게 한다. 구기자 30g을 위와 같은 방법으로 먹인다. 성질이 결명자나 국화처럼 차지 않기 때문에 무난하게 먹일 수 있지만, 그래도 음 체질보다는 양 체질의 아이에게 더 맞다. 구기자와 국화, 구기자와 결명자를 각각 섞어서 달여 먹여도 좋다.

민A가 2,000IU, 비타민D가 200IU 이상 들어 있습니다. 넙치, 돔, 다랑어, 상어류, 고래류의 간에서 추출한 간유에는 그 함량이 5배에 이르며 야맹증, 각막건조증, 각막연화증 등의 치료에 이용되기도 합니다.

안경을 꼭 써야 하나요?

아이의 시력이 어느 정도냐에 따라 반드시 안경을 써야 할 수도 있고, 쓰지 않을 수도 있습니다. 미취학 아이는 가능하면 안경을 쓰지 않은 것이 좋습니다. 왜냐하면 안경은 사물을 잘 보게 해줄 뿐이지 이미 나빠진 시력을 회복하는 데는 아무 도움이 안 되기 때문입니다. 오히려 안경을 쓰면 눈에서 '초점조절기능'을 하는 안근의 역할이 줄어들어 본래의 기능이 약해질 수 있습니다. 또한 눈이 더는 나빠지지 않게 할 기회를 뺏을 수도 있습니다.

하지만 무턱대고 안경을 쓰지 말라는 것은 아닙니다. 일상생활에서도 시력 악화를 억제하기 위한 노력을 기울여야겠지요. 경도근시라면 한약 복용, 침 치료, 추나요법, 시력개선운동 등을 통해 눈이 더 나빠지지 않게 할 수 있습니다. 경도근시는 디옵터 -2 이하로 눈이 많이 나쁜 상태는 아닙니다. 아이들이 안경을 쓰지 않고도 충분히 생활할 수 있는 시력입니다. 하지만 그대로 내버려두면 이 시기 아이들 대부분이 고도근시로 점차 진행합니다. 다행히 경도근시에서 시력 이상을 발견했다면 한방 치료를 통해 악화를 억제할 수 있습니다.

눈이 좋아지는 추나요법

눈 주위의 혈 자리를 자극하여 눈의 피로를 풀고 시력의 악화를 예방할 수 있다. 눈썹이 시작되는 자리(찬죽혈), 끝나는 자리(사죽공혈), 눈 가운데 아래 눈꺼풀 밑으로 만져지는 뼈의 끝(사백혈), 관자노리(태양혈), 눈썹 가운데서 이마 쪽으로 2cm 정도 위(양백혈), 이렇게 다섯 부위를 볼펜 끝으로 10회 이상 너무 아프지 않게 꾹꾹 눌러서 자극한다.

눈 건강을 지키는 생활요법

눈은 한번 나빠지면 다시 좋아지기가 참 어렵습니다. 그러니 나빠지지 않도록 평소에 잘 관리하는 것이 중요합니다. 우선 아이 눈을 정기적으로 쉬게 하세요. 공부를 하다가 쉬는 시간에는 창밖을 보게 합니다. 아이에게 창밖 먼 산이나 건물에 시선을 맞추게 한 다음 다시 가까운 손바닥이나 책상을 보게 합니다. 이를 '수정체 운동'이라 합니다. 10회 정도 반복한 후 바닥에 누워 잠시 눈을 감고 몸을 이완시킨 다음 심호흡을 하게 합니다. 이렇게 초점을 자주 바꿔주면 눈 주위의 근육이 부드러워져 시력이 좋아질 수 있습니다.

둘째, 손으로 가려 눈에 휴식을 줍니다. 엄마가 양손을 30초 이상 충분히 비벼서 따뜻하게 한 다음 아이의 두 눈 위에 살짝 올려놓습니다. 이때 손가락을 오므려서 아이 눈에 빛이 들어가지 않게 해주세요. 이 상태로 5분 이상 즐거웠던 추억을 마음속에 떠올리며 긴장을 풀고 몸을 이완하도록 합니다.

셋째, 책이나 텔레비전을 오래 보게 하지 마세요. 아이가 책을 열심히 읽으면 흐뭇한 마음에 더 읽으라고 권하는 엄마가 많습니다. 한 자리에 한 시간씩 책을 보고 있어도 쉬라는 말을 안 하지요. 아이가 책을 읽을 때는 적어도 한 시간에 한 번은 눈을 쉬게 해줘야 합니다. 또한 책을 볼 때는 너무 가까이 눈을 들이대지 않고 일정한 간격을 유지하면서 보게 하는 것이 좋습니다.

넷째, 눈에 좋은 식품을 많이 먹이세요. '이런 것을 먹인다고 눈이 좋아지나?'라는 안이한 생각은 버리세요. 음식이 곧 약이라고 했습니다. 눈은 오장육부와 관련한 기관으로 몸이 건강해야 눈도 건강합니다. 신체 기능을 도우면서 특히 눈 건강에 좋은 음식들을 많이 먹으면 시력이 떨어지는 것을 미리 막을 수 있습니다.

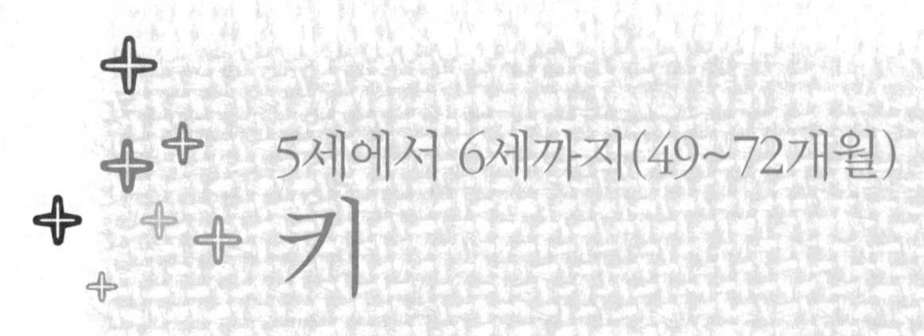

5세에서 6세까지(49~72개월)

키

키의 유전적 요인은 25퍼센트에 지나지 않습니다

요새처럼 키에 대한 관심이 높았던 적이 없던 것 같습니다.
키를 크게 하는 성장보조식품이 불티나게 팔리는 것만 봐도 알 수 있지요.
사실 예전 우리 조상은 "작은 고추가 맵다", "키가 크면 싱겁다"라는 말을 했습니다.
그만큼 키가 작다는 것은 그다지 큰 단점은 아니었습니다.
하지만 세상이 달라져 키가 큰 것이 선망의 대상이 되었습니다.

키가 작은 것은 후천적 요인이 큽니다

일반적으로 키를 결정하는 것은 유전적 요인이 25퍼센트, 영양상태가 31퍼센트, 운동이 20퍼센트, 기타 환경적 요인이 24퍼센트 정도라고 합니다. 이렇듯 키가 크고 작고는 약 75퍼센트가 후천적 요인에 의하여 결정된다고 볼 수 있습니다. 노력하면 그만큼 키가 클 수 있다는 뜻입니다.

키는 성장의 척도입니다. 성장이라는 것은 키뿐만 아니라 체중, 내장기 등의 크기가 양적으로 커지는 것을 의미하지요. 키가 큰 아이는 체중이나 내장기 등의 크기도 더 큽니다. 여기에는 유전적인 요인과 환경적인 요인이 작용합니다. 유전적인 요인은 인종, 민족, 가계, 성별, 연령, 염색체 이상, 선천적인 대사 이상 등을 말합니다. 환경적인 요인은 사회, 경제적 요인, 운동, 영양, 질병, 심리적인 요인, 계절, 신체적인 환경 등을 말합니다.

이 중에서 선천적인 대사 이상이나 염색체 질환, 자궁 내에서의 성장 지연 등에 의해 키가 작은 경우, 즉 어떤 원인이 뚜렷해서 키가 크지 않은 경우를 '왜소증'이라고 합니다. 반면 원인이 없이 다른 모든 검사에서 정상이면서 키가 작은 것을 '저신장증'이라고 합니다. 제가 말하는 일반적인 성장관리의 대상은 저신장증 아이거나 아니면 현재보다 키가 더 크고 싶은 정상적인 아이에 속한다고 볼 수 있습니다.

병적이든 그렇지 않든 키가 너무 작다면 의학적으로는 성장장애라고 합니다. 어감은 좋지 않지만 성장장애의 원인은 크게 두 가지로 구분합니다. 1차성 성장장애와 2차성 성장장애입니다. 1차성 성장장애는 골격 형성 장애, 염색체 이상, 선천적 대사 이상, 자궁 내 성장 지연, 저신장증 등 내적인 원인에 의해 키가 작은 경우를 말합니다. 태아기부터 가진 원인 때문에 출생 후에도 키가 잘 자라지 않은 것이지요. 선천적인 문제를 지니면 이를 해결하기란 참 어렵습니다. 이 중 가장 많은 원인은 '유전적인 저신장증'으로 질병에 속하지는 않으며 주로 부모로부터 작은 신장의 유전적 소질을 받아서 생깁니다.

2차성 성장장애는 영양 결핍, 만성 전신성 질환, 내분비 질환, 정신 사회적인 문제 등 외부의 환경에 의해 키가 작은 것을 말합니다. 성장장애가 후천적으로 발생한 것이므로, 그 원인을 알아내 해결한다면 키가 커질 수 있는 것이지요. 여기에는 '특발성 성장 지연'이라고 하여 검사상 모두 정상인데 원인을 알 수 없는 경우도 포함됩니다.

성장 치료를 원하는 아이 대부분은 유전적인 저신장증이나 2차성 성장장애, 이 중 특발성 성장장애에 해당하는 경우가 많습니다. 다시 말해 엄마 아빠가 작아서 키가 작은 아이, 아니면 질병이나 영양 부족 등 별다른 이유 없이 키가 잘 안 크는 아이를 뜻합니다. 그리고 아이나 엄마가 키에 대한 욕심 때문에 작지도 않은데 지금보다 더 키워달라는 일도 있지요.

흔히 영양 보충, 운동, 일찍 자기, 스트레스 없애기, 성장보조식품 복용 등

현재 많이 시행되고 있는 요법들이 대부분 2차성 성장장애를 해결하려는 것들입니다. 일반적인 아이들의 키를 크게 한다는 것도 이런 경우에 해당하는 이야기지요. 만약 아이가 1차성 성장장애나 특정 질병 때문에 키가 크지 않은 것이라면 이런 방법으로는 해결될 수 없습니다. 질병을 치료하든가 더욱 정밀한 검사와 호르몬 요법 등의 처치가 필요합니다.

1년에 4cm 미만으로 자라면 정밀 검사 고려

키가 작은 아이 중에는 일반적으로 알려진 키 크는 방법을 총동원해도 별 소용이 없는 경우가 있습니다. 이럴 때 엄마들은 "왜 아무리 노력해도 키가 크지 않나요?" 하고 묻게 되지요. 여러 가지 방법을 동원해도 아이의 키가 잘 크지 않는다면 일반적인 관리나 보조적인 치료 이전에 성장호르몬 분비에 대한 정밀 검사를 해보는 것이 좋습니다.

정밀 검사를 위해 혈액, 소변, 대변, 갑상선, 심전도 검사, 성장판 엑스레이, 성장호르몬 유발검사, 염색체 검사, 골밀도 검사, 뇌하수체 이상을 알아내게 되는데 CT를 찍거나 MRI 검사를 하게 됩니다. 키 성장을 위해 정밀검사가 필요한 아이들은 다음과 같습니다.

첫째, 키가 3백분위수 이하인 아이들입니다. 다시 말해 같은 월령과 성별의 아이들 100명 중 3번째 이하에 해당할 정도로 아주 작은 키를 가진 경우를 말합니다. 3백분위 이하라면 제일 작은 경우라고 생각하면 됩니다. 현재의 나이보다 1.5세 이상 어린 아이들과 키가 비슷하게 나옵니다. 즉 6세라면 4.5세 아이의 평균키 정도로 키가 작은 아이들입니다.

두 번째, 엑스레이 검사상 뼈의 연령이 실제 나이보다 2세 이상 어리게 나오는 경우입니다. 뼈 나이가 또래보다 1살 이하로 어리게 나온다면, 오히려 '따라잡기 성장'이 이루어져 지금 백분위보다는 더 커질 가능성이 큽니다. 하지만 2살 이상 어리게 나온다면 문제가 커집니다. 호르몬 분비 이상 등 다른 문제가 있다는 이야기이므로 정밀한 검사가 필요한 것이지요.

세 번째, 1년에 4cm 이하로 성장하는 경우입니다. 아이들은 월령에 따라 1년 동안 크는 키가 다릅니다. 출생할 때의 키는 50cm 정도입니다. 생후 6개월간은 약 17cm의 엄청난 속도로 자랍니다. 다음 6개월간은 약 8cm 자라서 생후 1년이면 신장이 75cm가 됩니다. 2년째는 10cm, 3년째는 8cm, 4년째는 7cm, 이후로는 1년에 5~6cm씩 자랍니다. 그런데 이 시기에 매년 4cm도 안 자란다면 이것 또한 다른 문제가 없는지 확인이 필요합니다. 특히 첫 번째, 두 번째 문제를 같이 가지고 있는 경우에 더 그렇습니다.

두 번의 급속 성장기가 있습니다

성장은 출생에서 성인에 이르기까지 크게 네 시기로 크게 구분할 수 있습니다.

① 출생부터 2세까지: 빨리 성장하는 시기(제1발육 급진기)
② 2세부터 사춘기까지: 서서히 성장하는 시기
③ 사춘기부터 15~16세까지: 빨리 성장하는 시기(제2발육 급진기)
④ 15~16세부터 성인까지: 성장 속도가 급속히 감소하는 시기

이 중 폭발적으로 자라는 시기가 두 번 있습니다. 첫 번째는 태어나서 두 돌이 되기까지의 시기입니다. 아이는 돌 즈음에 27cm 전후로 자라고, 두 돌이 되면 거기에 10cm가 더 자라지요. 이때 아이들이 정말 크게 자랍니다. 이 시기 동안은 영양이나 병치레가 성장에 중요한 변수가 됩니다. 두 번째는 사춘기부터 15~16세까지로 7~12cm 정도 성장합니다. 평균적으로 남자의 경우 12.5세~15세, 여자는 10~13세에 성장의 급증이 관찰됩니다.

또, 남자아이와 여자아이가 키 크는 속도가 다릅니다. 여자아이는 남자아이보다 뼈 성숙 과정이 빨라서 11~14세에는 여자아이들이 더 크고, 남자아이들보다 2년 정도 빨리 자랍니다. 대신 여자아이들은 성장판이 빨리 닫힙니다. 보통 여자아이들은 생리가 시작되어 약 2년 정도가 지나면 긴 뼈의 성장판이 닫

히며, 남자아이들은 이보다 약 2년 정도 후까지 성장할 수 있습니다. 남자는 만 18세, 여자는 만 16세 전후로 성장이 완료됩니다. 그러나 자신의 노력 여하와 체질에 따라서 20대 중반까지도 성장이 조금씩 지속되기도 하는데, 그 가능성은 누구에게나 있습니다. 여하튼 쇠는 뜨거울 때 두드리라는 말도 있듯이, 키를 자라게 하는 일은 어릴수록 쉽다고 보면 됩니다.

키 성장에 영향을 주는 요인들

키 성장이라고 하면 엄마 대부분은 단순히 키가 크는 것만을 떠올리기 쉽습니다. 하지만 이 시기 아이들에게 키 성장은 좀 더 복합적인 의미가 있습니다. 즉, 신장과 체중을 비롯한 각 신체 기관의 성장을 두루 의미합니다. 몸이 건강하게 제대로 발달하는 가운데 키도 큰다는 뜻이지요. 이러한 키 성장은 여러 가지 요인들에 영향을 받습니다.

앞서 보았듯이 성별에 따라서도 달라지는데 만 10세 사춘기가 시작되는 여자아이가 만 12세 사춘기가 시작되는 남자아이에 비해 일찍 성장합니다. 또한 호르몬과 영양 상태에도 영향을 받습니다. 성장호르몬, 갑상선호르몬, 성호르몬, 부신피질 호르몬 및 인슐린 등에 따라 달라지며, 편식이나 식욕부진도 성장장애의 중요한 원인이 됩니다. 특히 성장호르몬은 잠든 후 1~2시간 내에 가장 왕성하게 분비되므로 충분한 수면을 취하는 것이 중요합니다. 잘 자야 잘 큰다는 말이 그래서 나온 것이지요. 감기에 걸리면 2주일은 성장이 멈춘다는 보고에서도 알 수 있듯이 질병은 키 크는 데 부정적인 영향을 미칩니다.

만성질환, 선천 기형, 소화기계와 호흡기계의 허약 등이 있으면 성장할 때 걸림돌이 되기도 하지요. 정신적인 스트레스도 마찬가지입니다. 학교 폭력, 하기 싫은 과외활동, 가정 불안, 애정결핍, 긴장된 환경으로 스트레스를 받으면 원만한 성장이 어렵습니다. 지나치게 활동량이 많다거나 지나치게 활동을 하지 않는 것도 좋지 않습니다. 반면에 적당한 운동은 성장에 많은 도움이 됩니다. 일반적으로 줄넘기, 배구, 농구와 같이 성장판에 적당한 자극을 주는 운

부모의 키로 자녀의 키 알아보기

아이들의 키는 유전적인 요인도 많아서 엄마 아빠의 키를 통해 아이가 앞으로 얼마만큼 성장할지 가늠할 수 있다.
주로 작은 아이들이 여기에 맞아 떨어진다.
* 아들 = (엄마 키+13cm+아빠 키)÷ 2
* 딸 = (아빠 키-13cm+엄마 키)÷ 2

동이 좋으며 유도, 역도, 마라톤처럼 근육을 과도하게 사용하는 운동은 키 크는 데 방해가 될 수 있습니다.

계절에 따라서도 성장 속도가 달라지는데 일반적으로 봄, 여름에 가장 많이 크고 가을, 겨울에 가장 적게 큽니다.

끝으로 유전적인 요인입니다. 부모의 키가 작으면 아이도 키가 작기 쉽습니다. 하지만 이런 유전이 성장에 미치는 비율은 25퍼센트 정도로 추정됩니다. 즉, 부모가 작다고 반드시 아이가 작은 것은 아니며, 유전보다는 영양, 운동, 환경적인 요인 등이 훨씬 더 중요합니다.

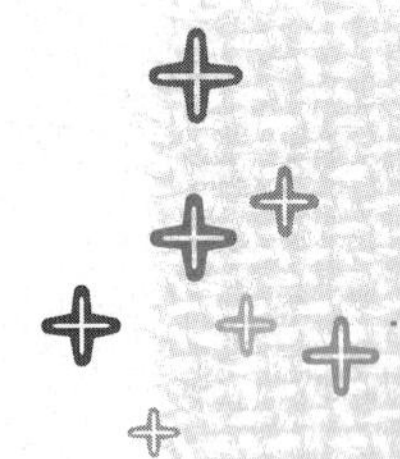

기초공사를 잘해야 키가 큽니다

키가 크려면 먼저 아이 몸이 건강해야 합니다.
잘 먹고 잘 자고 잔병치레가 적어야 성장에 에너지를 쏟을 수 있기 때문입니다.
평소 먹는 것이 신통찮거나 잠을 잘 자지 못하고 병치레가 잦으면
그만큼 성장이 힘들 수밖에 없습니다. 그래서 한의학에서는
아이의 건강 전반을 살피고 치료하는 것이 키 성장의 중요한 밑바탕이 된다고 여깁니다.

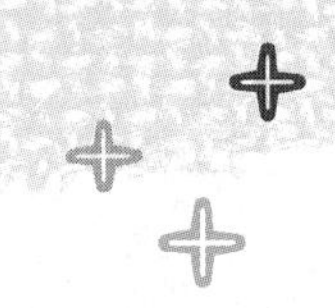

편식하는 아이와 비만인 아이

여러 학회에서 발표된 논문에 따르면 키가 잘 자라지 않은 아이들에게 동반되는 증상으로 가장 많이 나타나는 것은 식욕부진과 편식이라고 합니다. 이러한 영양 불균형과 기타 소화기 질환, 감기 같은 호흡기 질환이 잦은 것도 키를 작게 만드는데, 이 두 원인이 키가 자라지 않은 이유의 약 74퍼센트를 차지한다는 보고도 있습니다.

한의학적인 성장 치료는 뼈와 성장호르몬의 관계만을 다루지 않습니다. 아이의 전반적인 건강 상태를 보강하여 키가 크게 도와주는 것에 집중합니다. 우리 아이들 키가 크는 데 가장 중요한 것은 건강하게 태어나 잘 먹고, 잘 자고, 잔병치레 없이 자라는 것입니다. 거듭 강조하지만 키가 크려면 먼저 아이의 몸을 건강하게 만들어야 합니다.

또 하나 중요한 것은 소아비만이 되지 않도록 신경 쓰는 것입니다. 이 시

기 아이에게 키 성장과 비만은 밀접한 관계가 있습니다. 흔히들 "잘 먹어서 살이 올라야 나중에 키로 간다"고 합니다. 하지만 근래 양방 소아과학회의 발표에 의하면 비만도가 높은 아이들은 사춘기가 일찍 온다고 합니다. 체중이 정상인 어린이들과 비교했을 때 유방 발육과 고환 증대는 6개월 이상, 음모 발현은 1년 이상 빠르게 나타난다는 것입니다. 비만한 여자아이의 초경 또한 정상 체중 여자아이보다 훨씬 빠른 것으로 나타났습니다.

이처럼 비만이 사춘기 조숙증에 영향을 주는 주된 이유는 증가한 체지방 세포에서 분비되는 렙틴, 아디포카인 등의 물질들이 사춘기 중추에 작용하기 때문입니다. 비만은 아이들의 키 성장을 조기에 멈추게 할 수 있으므로 정상 체중을 유지하는 것이 중요합니다. 아이가 비만이라면 비만의 원인을 찾아 비만을 먼저 치료하는 것이 바람직합니다. 이제 살이 쪄야 나중에 키로 간다는 말씀은 하지 마세요.

오장이 허약한 아이

한의학에서 성장장애와 허약증은 매우 밀접한 관계를 맺고 있습니다. 크게 오장 즉 간, 심장, 비위, 폐, 콩팥에 따라 허약증을 구분합니다. 키 성장 치료에는 반드시 이러한 허약증 개선이 우선되어야 합니다.

비위가 약한 소화기계 허약아는 식욕부진과 편식의 성향을 보이며 구토, 빈번한 복통(특히 배꼽 주위), 잦은 체증이 있습니다. 또한 입 냄새가 심하며 마르고 허약한 편입니다. 폐가 약한 호흡기계 허약아는 감기, 발열, 기침, 가래, 콧물 등이 잦으며 비염, 인후염, 편도염, 중이염, 기관지염, 폐렴, 기관지천식 등이 있었거나 앓고 있습니다. 심장이 약한 순환기 및 정신신경계 허약아는 잘 놀라고 무서움을 잘 타며, 매사에 불안해하거나 초조해하면서, 잠을 잘 못 이루기도 합니다. 또 신경이 몹시 예민한 편으로, 손발이 차거나 저리기도 합니다. 간 기능 및 대사기계 허약아는 피로를 잘 느끼고 자주 어지러워하며 코피가 납니다. 살이 무른 편이며 부분적으로 쥐가 잘 납니다. 신장이 약한 비뇨생식기 및 골격계 허약아는 소변이 잦고 시원하지 않으며 야뇨증이 나타납니다. 잘 넘어지거나 허리가 자주 아프고, 밤에 무릎이나 팔이 아프다고 호소하는데 주무르면 시원해합니다.

아이 몸과 키를 동시에 키우는 한의학적 치료

키를 크게 하는 한의학적 치료 방법으로는 한약, 추나 신전요법, 성장침을 들 수 있습니다. 한약으로는 아이의 허약 상태를 개선하면서 뼈의 성장을 극대화합니다. 경우에 따라 2차성징이 조기 발현될 가능성이 있는 아이들은 그 원인을 찾아 생활습관을 바꾸고, 한약으로는 체질개선을 통해 원래 시기대로 발현되게 조절해줍니다.

아이들의 성장에 중요한 장기는 간과 신, 비위입니다. 신은 뼈의 성장을 도맡는 곳이며, 간은 근육을 발달하게 하는 곳이며, 비위는 키 크는 데 필요한 영양을 공급하는 장기지요. 특별히 허약증이 없는 아이는 이 세 장기를 튼튼하게 하여 성장이 촉진되도록 하고 있습니다.

성장침 또한 해당 장기의 반응처인 혈자리를 자극하여 그 활동을 돕습니다. 특히 하체에서 가장 중요한 무릎 성장판 주위의 혈자리를 자극하는데, 이를 통해 성장판으로 기혈의 흐름을 활발하게 하여 하체가 길어지게 도와줍니다.

추나 신전요법은 척추를 바르게 하고, 하체의 주요 성장판을 자극하며, 몸을 죽죽 늘렸다 폈다 하는 것을 반복하여 키가 커지도록 몸을 이완시킵니다. 치료 후 일시적으로나마 1~2㎝ 키가 커지는 것을 확인할 수 있을 정도로 효과적입니다. 추나 신전요법은 척추 측만증을 예방하고 자세를 바르게 해주는 일거양득의 효과를 거둘 수 있습니다.

한방 성장 치료의 장점

첫째, 아이의 전반적인 건강을 증진시킵니다. 한방 성장 치료는 아이 몸의 전반적인 건강 상태를 조절해주기 때문에 신체의 균형잡힌 성장을 돕습니다.

예를 들어 성장부진의 가장 큰 원인인 식욕부진과 잦은 감기를 일으키는 오장육부의 허약증을 보강하고, 성장에 필요한 균형적인 식이, 운동요법을 체질에 맞게 처방합니다. 여기에 척추나 골반을 조정하여 자세를 바르게 하고 전신의 신경 활동을 원활하게 하는 추나요법은 키 성장 치료에 훌륭한 효과를 보이고 있습니다.

둘째, 부작용이 없고 성장 효과가 지속됩니다. 한방 치료는 비용이 비교적 적게 들고, 성장 치료를 잠시 중단하더라도 치료받았던 효과가 급속히 저하되지 않습니다. 특히 성장호르몬 결핍증이 없는 일반적인 저신장증에 아주 효과가 좋고, 이에 따른 부작용이 없는 것으로 나타났습니다. 단, 성장호르몬의 절대치가 부족한 성장 장애아는 성장호르몬 투여에 의한 치료가 좀 더 효과적이며 터너증후군이나 다운증후군 등에서는 한방 치료 효과가 없는 것으로 관찰되었습니다.

셋째, 천연 재료인 한약재를 이용한 자연요법이기 때문에 몸이 튼튼해집니다. 한약재는 자연에서 온 재료이기 때문에 아이에게 해롭지 않습니다. 또한 기본적으로 건강의 균형을 찾고 순환을 돕는 방법을 사용하므로 성장 치료를 받으면서 더불어 몸이 튼튼해지는 효과가 있습니다. 오장의 허약 상태를 판단해 부족한 부분을 근본적으로 도와주며 뼈, 골수, 연골 등을 보강하고 자극해 성장판의 활동을 돕고 성장에 관련된 호르몬의 분비를 왕성하게 합니다. 대표적인 한약재로 녹용, 녹각, 숙지황, 산약(마), 산수유, 보골지, 파극, 홍화씨, 구판(자라 등껍질), 자하거, 당귀, 황기, 인삼, 구기자, 두충, 우슬, 오가피 등을 체질에 따라 적절히 가감합니다.

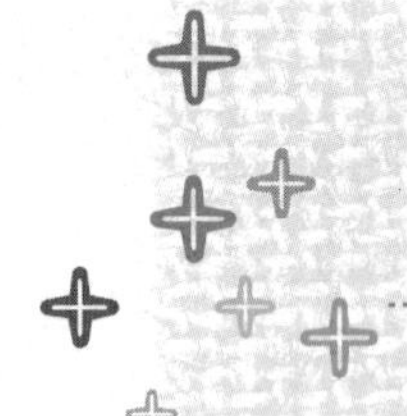

키를 키우는 생활법

아이들의 체질에 따라서 허약한 장부를 도와 전반적인 건강 상태를 올려놓는 것은
성장 치료에서 가장 중요한 일입니다. 아이가 작고 건강하지 않다면
정확한 체질 진단을 통해 전반적인 건강과 맞춤 성장 관리를 받는 것이 좋습니다.
또한 한방 치료에 못지않게 중요한 것이 식생활과 운동, 생활습관입니다.
일시적으로 힘이 집중되거나 같은 근육을 반복하여 쓰는 운동은
오히려 키가 크는 데 방해가 됩니다.

체질에 따라 정해진 키가 달라요

이제마 선생이 쓴 《동의수세보원》에 보면 "소음인의 체형은 키가 작은 것이 보통이며 태음인은 키가 큰 것이 보통이다"라고 하였습니다. 또 "소양인 중에서도 혹 키가 작고 단정한 외형이 소음인과 같은 자가 있으므로 체질 판단에 주의해야 한다"라고 이야기하고 있습니다. 이 내용으로 보아 체질로 보자면 태음인이나 태양인은 키가 크고, 소양인은 혹 작은 경우도 있으며, 소음인은 일반적으로 작다고 이야기할 수 있습니다.

여기서 우리가 주목해야 할 것은 소음인은 비위(소화기능)가 허약한 체질이며 소양인은 신장(비뇨생식기)이 허약한 체질이라는 것입니다. 한의학적으로 볼 때 오장육부 중에서 성장과 연관성이 가장 많은 장기는 신장과 비위입니다. 신장은 선천 발육의 근본으로, 비장은 후천 영양의 근본으로 이야기되는데, 이 두 장부가 허약해지면 성장발달이 지연되고 마른 몸에 잔병치레를 자

키 성장에 좋은 선식

약콩 : 다시마 가루 : 표고버섯 : 검은깨 : 통보리 = 3 : 0.3 : 1 : 1 : 1
약콩, 검은깨, 통보리는 볶아서 갈고 멸치(머리와 내장은 제거), 곡류 등을 첨가해도 좋다. 하루에 한 번 미숫가루처럼 먹이든가 두유에 적당량을 타 먹인다.

주 하는 허약한 아이가 되지요. 따라서 이 체질들은 성장에 밀접한 관련이 있는 비위기능과 신장 기능을 도와주는 것이 성장의 관건이 됩니다.

소음인은 신경이 예민하고 소화기능이 약하고 몸이 찬 경향이 있으며 활동력이 떨어지기 쉽습니다. 따라서 마음을 차분히 하고 따뜻하고 소화가 잘 되는 음식을 섭취하며 규칙적으로 약간 땀이 날 정도의 운동을 하는 것이 좋습니다. 달걀, 멸치, 미꾸라지, 시금치, 귤, 대추 등이 체질에 맞고 키를 크게 합니다.

소양인은 상체에 열이 많고 가슴에 기가 울체되기 쉬우며 성격이 급하고 신장이나 비뇨생식기가 약합니다. 따라서 항상 여유 있는 마음을 갖도록 하며 성질이 서늘하고 담백한 음식이 좋고 하체를 단련하는 규칙적인 운동을 하는 것이 좋습니다. 굴, 새우 등의 해산물과 각종 과일이나 녹색 채소가 체질에 맞고 성장에도 도움이 됩니다.

태음인은 일반적으로 키가 작지는 않다고 하였으나 비만해지기 쉬워 부모의 키가 작은 경우에는 관심을 둬야 합니다. 비만은 2차성징을 일찍 불러 키 크는 것을 일찍 멈추게 할 수 있으므로 체중 관리에 신경을 써줘야 합니다. 육류나 인스턴트 식품을 줄이고 규칙적으로 운동하되 특히 땀이 충분히 나는 운동이 좋습니다. 유제품, 김이나 미역 등의 해조류, 버섯, 콩, 견과류 등이 체질에 맞고 성장에 도움이 됩니다.

키를 크게 하는 식생활

평소 무엇을 먹는가는 아이의 몸에 매우 큰 영향을 미칩니다. 어떤 음식을 먹느냐에 따라 아이 키가 클 수도, 크지 않을 수도 있습니다. 한의학의 도움 못지않게 중요한 것이 평소의 식단입니다.

키 크는 식습관 1. 칼슘과 무기질이 풍부한 음식 섭취

키가 자라려면 뼈의 길이와 굵기가 증대되어야 하는데 여기에는 칼슘이 절대적으로 필요합니다. 따라서 칼슘과 무기질 성분이 부족하면 키가 클 수 없습니다. 칼슘과 인의 흡수를 도와주는 비타민 A, B, C가 많이 함유된 채소와 버터, 간, 달걀 등을 많이 먹는 것이 좋습니다. 칼슘의 흡수를 방해하는 고지방식과 초콜릿, 코코아, 커피 등 카페인이 많이 든 식품, 설탕이 많이 든 음식은 피하는 것이 좋습니다.

키 크는 식습관 2. 편식하지 말고 꼭꼭 씹어 먹기

음식을 꼭꼭 씹어서 먹으면 소화 흡수에 도움이 되고 성장 효과를 발휘할 수 있습니다. 식사 중 물을 많이 주지 말고, 골고루 먹으며 규칙적인 식사를 하게 합니다. 간식이나 야식은 주식을 거르게 하여 영양의 불균형을 가져오므로 되도록 많이 먹이지 않는 것이 좋습니다.

키 크는 식습관 3. 비만을 피하는 식단

아이가 잘 먹는다고 흐뭇하게 바라볼 일만은 아닙니다. 먹는 양보다 적절한 열량과 고른 영양 섭취가 중요합니다. 식사량이 지나치게 많거나 편식이 심하고 고칼로리 음식, 육식 위주로 섭취하면 살이 찌기 쉽습니다. 이렇게 체중이 불면 운동하는 것을 싫어하게 되지요. 그러면 신진대사가 활발하게 이루어지지 못하기 때문에 수직적으로 크기 어려워집니다. 비만은 성장에 방해 요소입니다. 실제로 과다한 체지방은 성장호르몬의 분비를 억제하는 것으로 보고되고 있으며, 또한 2차성징도 조기에 발현하게 해 결국은 키가 자라지 못하므로 주의해야 합니다.

키를 크게 하는 운동

어릴 때 근육이 잘 발달해야 키가 잘 자랍니다. 활동량이 부족해 집에만 있는 아이보다는 늘 활동적인 아이가 당연히 키가 더 크게 되어 있습니다. 키가 크려면 근육의 발육을 위한 적절한 운동이 필요합니다. 어떤 운동이든 힘들지 않게 적당히 하면 키 크는 데 도움이 됩니다. 하지만 지나치게 활동량이 많은 아이도 키가 크지 않을 수 있습니다. 너무 힘들거나 순간적인 힘을 요구하는 운동은 키 크는 데 오히려 방해가 됩니다.

다리가 길어지게 하려면 매일 50m씩 경쾌하게 달리는 것도 좋습니다. 장시간 서 있거나 걷는 것은 되도록 피하며 딱딱한 신발을 신기지 마세요. 발이나 다리를 자주 씻고 마사지해주는 것도 도움이 됩니다. 키 크는 체조를 아침, 저녁으로 2회 이상 매일 하도록 습관을 들이는 것이 좋습니다. 특히 잠자기 1~2시간 전에 줄넘기와 체조를 하면 자는 동안 성장호르몬이 더 잘 나옵니다. 운동할 때 주의할 점은 너무 힘든 운동을 피하는 것입니다. 키를 크게 하는 운동도 아이 체력보다 너무 힘들게 하면 좋지 않습니다.

키 크는 음식 vs 키 안 크는 음식

키 크는 음식

우유, 치즈, 잔멸치, 뱅어포, 새우, 뼈째 먹는 생선, 미꾸라지, 달걀, 두부, 김, 미역 등 칼슘이 풍부한 식품.
아연이 많이 들어 있는 굴, 소라, 조개류. 시금치, 당근, 귤, 식물성 기름, 참치, 살코기, 간 등.
(단, 알레르기나 아토피성 피부염이 있을 때는 우유, 새우, 생선, 달걀 등에 주의).

키 안 크는 음식

설탕, 아이스크림, 푸딩, 주스, 청량음료 등의 단 음식.
짠 음식, 커피, 홍차, 코코아.
쌀, 빵, 전분 식품, 면류 등의 탄수화물. 동물성 기름, 과자나 튀김류의 트랜스지방.

키 크는 운동 vs 키 크는 데 방해되는 운동

아래 제시한 운동을 한다고 꼭 키가 크지 않는다는 뜻은 아니다. 다만 운동을 너무 힘들게 해서는 안 된다. 어떤 운동이든 적당히 즐기면서 하면 키 크는 데 도움이 된다.

키 크게 하는 운동

줄넘기, 철봉 매달리기, 자전거, 가벼운 조깅, 수영, 댄스, 스트레칭, 배구, 농구, 테니스, 단거리 질주, 탁구, 배드민턴, 캐치볼

키 크는 데 방해가 되는 운동

역도, 웨이트 트레이닝, 기계체조, 씨름, 레슬링, 유도, 마라톤, 럭비

집안 분위기와 아이 성격도 영향이 있어요

성격이 밝고 명랑한 아이일수록 키가 잘 자랍니다. 정신이 명랑하면 키 크는 호르몬의 분비가 더욱 좋아지기 때문입니다. 명랑하고 자신감 있는 성격이 형성되도록 가정교육과 환경에 신경을 쓰면 덤으로 키까지 커질 수 있습니다.

아이가 누워 자는 요는 너무 딱딱하지도 너무 푹신하지도 않은 것이 좋고 이불은 가벼운 것, 베개는 약간 낮으면서 부드럽고 평평한 것이 좋습니다. 옷은 활동하기 편해야 하며 꼭 끼는 것을 피합니다.

바르지 못한 자세는 척추 만곡을 가져와 키 크는 데 방해 요소가 될 뿐 아니라 내장기관의 건강에도 바람직하지 않습니다. 의자와 책상을 아이의 체격에 맞추고, 허리를 펴고 앉게 하며, 너무 딱딱한 의자는 다리의 혈액순환을 방해하므로 적당한 두께의 방석을 깝니다. 의자에 앉아서 장시간 공부할 때는 30~50분마다 제자리 걸음이나 스트레칭을 해서 다리의 혈액순환을 도와야 합니다.

성장호르몬은 밤 10시부터 새벽 2시 사이에 가장 많이 나옵니다. 따라서 일찍 자는 습관이 매우 중요합니다. 적절한 일광욕은 비타민D의 생성, 혈청의

키 크는 생활습관 10가지

1. 10시 전에 잘 준비를 한다

성장호르몬은 밤 10시에서 새벽 2시 사이에 많이 분비된다. 특히 잠든 후 2시간 이내에 많이 나온다. 아이의 키를 키우고 싶다면 일찍 재우자.

2. 칼슘이 포함된 식품을 매일 먹는다

신선한 우유와 치즈, 잔멸치, 뱅어포, 새우, 뼈째 먹는 생선, 미꾸라지, 달걀, 콩, 두부, 김, 미역 등 칼슘이 많이 포함된 식품과 아연이 풍부한 굴, 소라, 조개류와 시금치, 당근, 참치, 귤 등을 잘 먹인다. 단, 알레르기나 아토피성 피부염이 있을 때는 우유, 새우, 생선, 달걀 등은 피하는 것이 좋다.

3. 제철 과일과 유기농 채소의 건강한 식단

과일이나 녹황색 채소에는 각종 비타민이나 무기질이 풍부하게 들어 있어 뼈를 튼튼하게 하고 잘 자라게 한다. 신선한 제철 과일과 유기농 채소를 충분히 섭취하고 인스턴트 식품이나 단 음식, 탄산음료, 아이스크림, 과자 등은 되도록 피하는 것이 좋다.

4. 매일 줄넘기를 10분 이상 한다

특히 저녁 식사 후 소화가 조금 된 다음에 하는 것이 좋다. 키는 잘 때 크므로 자기 전에 성장판과 관절, 근육 등을 자극하는 것이 좋다. 철봉 매달리기, 자전거, 가벼운 조깅, 수영, 댄스, 배구, 농구, 테니스, 단거리 질주, 탁구, 배드민턴, 캐치볼 등도 키 크는 데 도움이 되는 운동이다.

5. 매일 잠자기 전과 아침에 스트레칭을 한다

잠자기 전에 하는 스트레칭이 더 효과적이다. 스트레칭은 몸 전체의 근육과 관절을 이완시켜 성장호르몬이 성장판에 작용하여 키가 자라는 데 도움을 주며, 바른 자세를 유지하도록 도와준다.

6. 늘 바른 자세로 서고 앉고 걷는다

바르지 못한 자세는 척추를 휘게 하여 키 크는 데 방해가 된다. 아이가 컴퓨터를 할 때나, 책을 읽을 때, 그림을 그릴 때 바른 자세로 생활할 수 있도록 세심하게 신경 써야 한다.

7. 하체를 따뜻하게 한다

아이의 하체를 따뜻하게 하면 혈액순환이 잘 되어 키가 크는 데 도움이 된다. 반신욕은 하체를 따뜻하게 해주는 데 효과적인 방법이다.

8. 많이 웃을수록 키도 쑥쑥

낙천적이고 명랑한 아이들은 호르몬 분비가 촉진되어 키 크는 데도 유리하다. 화목하고 즐거운 집안 분위기를 만들어주고 아이가 지나친 사교육이나 친구관계에서 스트레스를 받지 않도록 신경을 써주자.

9. 편안하고 활동적인 차림새

아이들은 계속 크므로 신발이나 옷이 작아지기 쉽다. 꽉 끼는 옷은 혈액순환을 방해해 키 크는 데 도움이 되지 않는다.

10. 잔병치레 없는 건강한 몸 만들기

철마다 오는 감기나 제철 아닌 감기까지 다 걸리는 아이, 배앓이를 자주 하는 아이는 그만큼 키 크는 데도 좋지 않다. 아프거나 병이 있을 때 아이의 몸은 성장을 멈추기 때문이다. 따라서 아이가 잔병치레를 하지 않도록 전반적인 건강 상태를 살펴 체력을 길러주자.

칼슘 증가, 인 등 무기물의 침착 증가 등의 작용으로 키를 자라게 합니다. 일광욕이라고 반드시 햇볕을 직접 쬘 필요는 없습니다.

감기는 키의 성장을 방해하므로 감기에 걸리지 않게 주의합니다. 아이가 감기에 자주 걸린다면 한약을 먹여 면역력을 강화시켜줘야 합니다. 잘못된 보조식품이나 약은 심각한 부작용을 불러일으킬 수 있습니다. 성장호르몬도 부작용이 있으므로 신중하게 선택해야 합니다.

바른 생활습관은 성장에 중요한 변수

성장호르몬을 많이 나오게 하려면 올바른 생활습관을 잡아주는 것이 무엇보다 중요합니다. 먼저 운동을 적당히 규칙적으로 하는 것이 좋습니다. 운동을 하고 난 후에는 최대 25배까지 성장호르몬 분비가 증가한다고 합니다. 하지만 지치고 힘든 운동은 오히려 성장에 방해가 된다는 사실도 잊지 마세요. 너무 약하지도 너무 강하지도 않은 적당한 강도의 운동을 최소 주 3회 이상 규칙적으로 하는 것이 좋습니다.

밤늦게 아이에게 간식을 주는 것은 좋지 않습니다. 혈당이 높아지고 인슐린이 과다해져 성장호르몬이 잘 나오지 않기 때문입니다. 아이스크림, 사탕, 탄산음료 같은 단 음식은 혈관에 유기산을 형성하여 뼈와 치아의 칼슘을 녹이기 때문에 좋지 않습니다. 빵, 과자, 라면, 자장면 등의 밀가루 음식과 튀긴 음식, 짠 음식, 가공식품 등도 피하는 것이 좋습니다. 대신 칼슘, 인, 마그네슘, 아연 등 미네랄과 비타민이 풍부한 음식을 많이 섭취합니다. 요즘은 육류의 빠른 성숙을 위해 성장호르몬을 투여하는 경우가 많습니다. 이러한 육류를 먹는 경우 아이들에게는 조기성숙을 유발할 수 있습니다. 부드러운 음식보다 씹어 먹어야 하는 음식이 성장에 더 좋습니다. 씹을수록 '파로틴'이라는 성장 촉진 호르몬이 침에서 나오기 때문입니다.

성장호르몬은 수면 중에 많이 분비됩니다. 밤 10시부터 새벽 2시까지 잠을 잘 때 많이 나오고, 특히 숙면에 빠져드는 취침 후 2시간 정도에 가장 많이 나옵니다. 그러므로 일찍 잠자리에 들고 충분히 잘 수 있도록 해줘야 합니다. 숙면이 어려운 비염이나 아토피, 야제증 등은 반드시 치료하는 것이 좋습니다.

비만은 성장호르몬의 적입니다. 초경이 빨라지고 성장판이 빨리 닫히는 원인 중에 비만이 큰 비중을 차지합니다. 또한 체지방은 성장호르몬 분비를 억제하기도 합니다. 그러므로 비만은 조기에 바로잡는 것이 좋습니다.

아이가 만성질환을 앓고 있다면 먼저 허약체질을 개선하는 것이 중요합니다. 몸을 건강하게 만들어야 성장도 가능하기 때문이지요. 또 아이가 늘 밝은 성품을 가질 수 있도록 도와줘야 합니다. 엄마가 우울증이 있으면 아이의 사춘기가 빨리 온다는 보고도 있습니다. 아이가 아이답게 명랑한 생활을 하면 키도 쑥쑥 자랍니다.

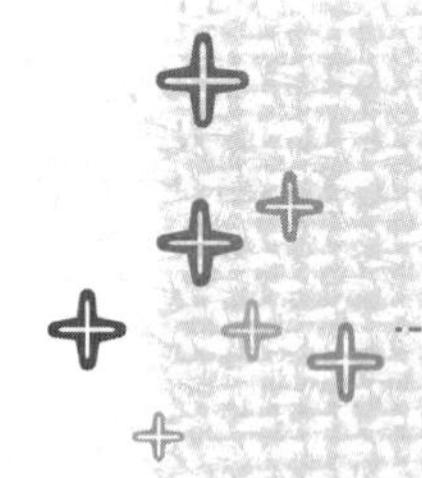

키 성장에 관한 시시콜콜 궁금증

아무래도 아이의 키가 작으면 여러모로 신경이 쓰이게 마련입니다.
또한 키에 대한 여러 가지 정보를 접하다 보면 이런저런 궁금증들이 생기지요.
감기 때문에 키가 안 큰다? 성장호르몬은 득보다 실이 많다?
녹용 먹으면 키 대신 살이 찐다? 키 크는 한약을 먹는 계절이 따로 있다?
성장에 관한 크고 작은 궁금증들을 모았습니다.

감기에 자주 걸려서 키가 작은 걸까요?

종민이를 처음 진찰한 것은 2년 전 7살 때였습니다. 그때 종민이는 감기를 달고 살다시피 하여 양약을 계속 복용하고 있었지요. 하지만 이제 약이 잘 듣지 않아 엄마는 거의 자포자기 상태에서 한방 치료를 받고자 한의원에 온 것입니다.

당시 종민이의 키는 또래 아이들의 평균 신장보다 5~7㎝ 가량 작고, 식욕부진과 현기증, 배가 아픈 증상 등이 있었습니다. 진찰 결과 잦은 감기와 투약으로 몸은 전체적으로 허약해져 있었는데 특히 폐, 기관지 등 호흡기와 아울러 소화기도 약한 상태였습니다. 원기는 상당히 떨어져 있었으며 면역력 저하와 영양 부족까지 생긴 것입니다.

따라서 폐를 보하여 호흡기를 튼튼하게 하고 면역력을 키워주고 비위를 보하여 입맛을 돌게 하고 소화력을 개선하는 데 초점을 두어 6개월마다 주기적으로 처방을 해주었습니다. 며칠 전 다시 병원에 온 종민이는 아주 밝은 얼굴이었습니다. 엄마는 종민이 키가 평균 이상으로 자랐고 지난해에는 감기도 짧게 두 번밖에 걸리지 않았다며 만족해했습니다.

이처럼 소아 시기의 잦은 감기나 만성질환은 근골격의 활발한 성장을 방해합니다. 감기 탓에 늘 식욕이 없으니 영양이 부족할 수밖에요. 원기가 쇠약해져 활력이 없으니 성격도 내성적이거나 신경질적으로 변합니다. 게다가 성장에 필요한 각종 호르몬의 분비를 나쁘게 하여 성장에 치명적인 영향을 미치는 것입니다.

또래보다 작은 우리 아이, 깊은 잠을 못 자요

키를 크게 하는 여러 호르몬 중에 가장 중요한 역할을 하는 성장호르몬은 수면 중 특히 밤 10시부터 새벽 2시 사이에 분비가 활발히 이루어지는데 잠이 든 후 2시간 뒤에 집중된다고 합니다. 따라서 일찍 자는 습관이 키를 크게 하는 데 도움이 된다는 것은 더 말할 것도 없습니다. 그런데 우리 아이들의 현실은 그렇지가 않습니다. 아직 초등학교에 입학하지 않은 아이들도 영어 유치원이나 여러 가지 사교육을 받고 스트레스를 받습니다. 게다가 컴퓨터 게임이나 각종 미디어 등에 지나치게 노출돼 있는 것이 현실입니다. 그리고 맞벌이를 하는 부모님들은 늦게 귀가하는 경우가 많다 보니 10시 이전에 잠드는 아이들은 많지 않습니다.

얼마 전에 잠과 휴식이 성장에 얼마나 중요한지 과학적인 근거를 밝히는 기사가 소개된 적이 있습니다. 미국 위스콘신대학 수의대 노먼 윌스먼 박사가 동물 실험을 통해 뼈는 24시간 계속해서 자라는 것이 아니라 잠잘 때와 쉴 때만 성장한다는 사실을 확인했다는 내용이었습니다. 윌스먼은 소아 정형외과학 최신호에 발표한 연구보고서에서 양의 정강이뼈에 미니 센서를 넣고 관찰한 결과 잠잘 때와 누워서 쉴 때 뼈 성장이 최소한 90퍼센트 이상 이루어지는 것을 알 수 있었다고 합니다. 윌스먼은 "뼈는 양이 누워 있을 때만 성장하고 서 있거나 돌아다닐 때는 거의 자라지 않으며, 이는 다른 동물이나 사람도 마찬가지일 것"이라고 말했지요.

뼈가 밤에만 성장하는 이유는 걷거나 서 있을 때 뼈끝에 있는 연골로 이루어진 성장판이 압박을 받아 성장이 억제되고 누워 있을 때는 압박이 사라지기 때문이라고 합니다. 뼈가 자라면서 통증이 생기는 성장통도 밤에 나타나는 것을 보면 밤에 키가 큰다는 사실이 맞다고 볼 수 있습니다. 지금보다 한 시간이라도 일찍 자고 일찍 일어나도록 습관을 바꾸는 것이 좋습니다.

녹용 먹이면 키가 큰다는데

아이를 진찰하면서 부모님이나 조부모님과 상담을 하다 보면 녹용에 대한 그릇된 속설에 얽매어 있는 경우를 자주 봅니다. 대표적인 이야기가 녹용을 먹으면 살이 찐다는 말입니다. 이 외에도 머리가 나빠진다거나 말이 늦어진다고도 하고 머리가 빨리 센다고도 말합니다.

이러한 속설은 일리가 있는 것일까요? 예전에는 아이들에게 보약을 진찰 없이 지어다 먹이거나 불필요하게 많이 먹이는 경우들이 흔했기 때문에 이런 문제가 나타났을 수도 있습니다. 하지만 이것은 녹용의 부작용이라기보다는 체질에 맞지 않은 처방과 약 먹는 방법이 잘못된 데 따른 부작용이라고 할 수 있습니다.

우선 녹용은 키 성장을 돕는 중요한 인자인 IGF를 증가시킵니다. 반대로 비만과 관련된 중성지방, 콜레스테롤, LDH, Leptin 등을 유의성 있게 감소시킵니다. 다시 말해 녹용은 그 하나만으로 작용할 때는 키를 키우고 비만은 억제하는 효과를 보입니다.

예로부터 약보藥補, 식보食補, 동보動補를 삼보三補라 하였는데 약보다는 식이, 식보다는 동이 중요하다고 했습니다. 즉, 보약보다는 체질에 맞는 균형잡힌 식사가, 그리고 식사보다는 적절한 운동이 더 중요하다는 이야기입니다. 아이나 어른이나 몸을 건강하게 유지하는 비결은 이처럼 가까운 데 있습니다. 하지만 아이들은 아직 오장육부가 미숙하고 연약하여 보약의 도움이 필요한 때가 많습니다. 한약 처방이 필요할 때는 반드시 전문가인 한의사의 진찰을 받고 적절한 처방과 복용량을 정하세요. 이렇게 처방에 따라 녹용을 먹는다면 그러한 걱정은 기우에 불과한 것입니다.

성장호르몬 주사가 효과가 있나요?

성장호르몬 주사는 혈중에 성장호르몬이 부족할 때 맞아야 효과가 있는 것입니다. 일반적으로 성장호르몬 혈중 농도는 정상이면서 키가 작은 일반적인 아이들에게 이러한 주사는 효과가 없으며 오히려 부작용을 일으킬 수도 있으므로 삼가야 합니다. 특히 다음과 같은 질환 외에는 사용하지 못하도록 미국 FDA에서도 규제하고 있습니다.

만성적 전신질환에 의한 왜소증

선천적 심장병, 만성 폐질환. 만성 신부전

호르몬 분비 이상에 의한 왜소증

성장호르몬 결핍증, 갑상선 기능 저하증

선천성 이상에 의한 왜소증

터너증후군, 자궁 내 성장발육 지연에 의한 원시 왜소증

이 같은 사실에도 불구하고 엄마들은 아이 키를 더 키울 욕심에 성장호르몬 주사를 찾습니다. 하지만 그 효과를 보려면 2~3년 이상 지속적으로 성장호르몬 주사를 맞아야 하는데, 그 비용도 만만치 않고 주사를 무서워하는 아이에게 매일 주사를 맞혀야 하는 것도 큰 부담이 아닐 수 없습니다.

그리고 무엇보다 중요한 것은 위의 질환 사례가 아닌 일반적인 경우에는 결과적으로 별 효과가 없다는 것입니다. 주사를 맞는 당시에는 성장 속도가 빨

라지는 것 같지만 성장이 완성되는 스무 살 정도가 됐을 때 최종 키를 보면 원래 아이의 신장 예상치와 별 차이가 없습니다. 외부에서 성장호르몬이 주입되면 몸속에서 더는 성장호르몬을 만들지 않기 때문입니다. 하지만 약 40퍼센트가 관절염을 앓는다고 하니, 그 후유증은 엄청납니다. 부작용으로 체중이 늘고, 손발이 부으며, 손이 저린 수근관증후군과 관절통, 근육통을 앓는 경우도 많습니다. 여러모로 살펴봤을 때 성장호르몬 치료는 충분히 고민하고 결정해야 합니다.

성장호르몬 주사요법이 부작용이 별로 없다고 주장하는 사람들도 많지만 일단 제약회사에서 제공하는 약의 부작용만 보더라도 전신 가려움, 주사 부위 발적, 열감, 갑상선 기능저하, 구역, 구토, 복통, 성장에 수반하는 견관절통, 요통성 이경골, 외골증 등에 이릅니다. 그런데도 키 좀 키우겠다고 성장호르몬 주사를 맞게 하는 것은 현명한 선택이 아니겠지요.

게다가 성장호르몬을 투여하는 치료법은 이제 시행된 지 15년 정도 밖에 되지 않았고, 이는 인체 적합성을 검토하는 데 결코 충분하지 못한 기간임을 명심해야 합니다.

키가 많이 크는 계절이 있나요?

아이들의 성장발달에는 여러 가지 요인이 영향을 줍니다. 유전적인 요인, 질병, 영양, 스트레스, 운동 등 다양하지요. 계절도 그 요인 중의 하나입니다. 키는 봄부터 여름까지 많이 크고, 가을철에 가장 적게 큽니다. 반면에 체중은 가을에 가장 많이 늘고 봄에 가장 적게 늘지요.

만물이 소생하는 봄에는 우리 몸도 혈액순환과 신진대사가 활발해지면서 자연의 기운을 좇아갑니다. 그래서 봄을 가리켜 한방에서는 '발생지절發生之節'이라 합니다. 식물은 땅속 깊숙한 뿌리에서부터 높은 가지 끝까지 힘찬 기운이 솟아오르고, 우리의 몸도 봄이 되면 기氣 순환이 빨라지고 신진대사가 활발해지고 성장도 촉진되지요. 그래서 어느 계절보다도 많은 영양분이 필요로 하고, 반면에 체내 노폐물도 급격히 쌓이며, 기운이 따라가지 못하면 피로하기도 쉽습니다. 한편으로 변덕스러운 날씨와 꽃샘추위에 우리 몸이 다소 어리둥절해집니다. 그러다 보니 감기에 자주 걸리기도 하고 황사나 꽃가루, 기온 변화 등에 의해 알레르기 질환(비염, 결막염, 천식 등)이 많이 발생합니다.

새 학기가 시작되는 봄철 환절기는 아이들이 여러모로 피곤해지기 쉬운 때입니다. 감기, 알레르기 질환 등으로 고생하는 아이도 많습니다. 봄철 아이들의 건강 관리는 성장에 매우 큰 영향을 미칩니다. 따라서 성장 한약도 봄에 먹이는 것이 더욱 효과적일 수 있습니다. 아이가 키가 작거나 허약해서 한약을 먹이려고 생각한다면 봄철에 처방을 받고 몸 관리를 해주세요. 키 성장을 돕는 한약이 아이의 전반적인 건강을 증진시키는 것을 우선하듯이 아이가 잘 자라려면 허약해지고 질병을 앓기 쉬운 봄에 건강 관리를 잘 해야 합니다.

겨울은 추위를 견디려고 몸에 축적한 영양을 더 많이 소비시키는 때입니다. 따라서 봄에는 소비된 영양분을 충분히 보충해줘야 합니다. 특히 천연 비타민을 많이 보충해주는 것이 좋습니다. 산과 들에서 나는 봄 채소를 골고루 섭취하는 것도 좋은 방법입니다. 봄기운과 햇살을 듬뿍 받고 올라오는 제철 냉이, 달래, 씀바귀, 쑥, 보리, 미나리 등은 겨우내 추위를 견디느라 소비한 비타민을 보충하고, 자연의 생기를 우리 몸에 제공합니다. 신체 적응력을 키워주는 것은 물론 질병을 이겨내는 면역력과 성장발달에 가장 좋은 보약이 됩니다. 여기에 줄넘기와 가벼운 운동, 성장 체조가 병행된다면 더욱 좋겠지요.

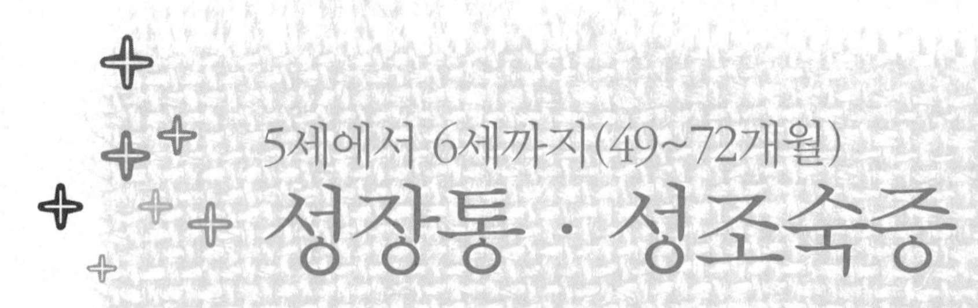

5세에서 6세까지(49~72개월)

성장통 · 성조숙증

성장통은 자연스러운 현상입니다

낮에는 잘 놀던 아이가 밤만 되면 다리가 아프다고 호소합니다.
옛 어른들은 아이가 크려고 그러는 거라고 하셨지요. 이것이 바로 성장통입니다.
성장통이 오는 원인은 정확히 밝혀지지 않았지만 일반적으로 근육이나 인대가 뼈의 성장을 미처 따라가지 못하는 데서 기인한다고 봅니다. 따라서 근육통의 형태로 나타나기 쉬우며,
대개는 근육이나 인대도 곧 성장을 하면서 통증이 서서히 없어집니다.

허약할수록 성장통도 심해요

뼈와 근육, 인대 등이 같은 속도로 일정하게 커지면 별문제가 없겠지만, 약간의 속도 차이가 발생하는 과정에서 미처 자라지 못한 근육이나 인대 때문에 통증이 나타납니다. 이를 흔한 말로 성장통이라고 하지요. 일반적으로는 성장통은 치료 대상이 아닌 자연스러운 증상이지만, 정도가 심한 경우 한의학에서는 성장통 역시 일종의 허약증으로 판단합니다.

성장통은 흔히 4~10세 아이들에게서 양쪽 무릎이나 종아리 또는 허벅지가 아픈 증세로 나타나며, 팔이 아플 때도 있습니다. 남자아이보다 성장이 빠른 여자아이들에게 더 많이 발생하며 대칭적으로 양쪽이 아픈 것이 특징이지만,

그렇지 않을 때도 있습니다. 통증은 대개 저녁이나 밤에 나타나고, 조금 쉬거나 자고 일어나면 씻은 듯이 없어집니다. 거의 매일 반복되며 잘 뛰어노는 아이들에게 더 흔합니다. 또 한동안 통증이 없다가 재발하는 경우도 많습니다.

혈액순환이 잘 되면 성장통도 좋아집니다

성장통은 가벼운 마사지나 따뜻한 수건 찜질, 혹은 따뜻한 물로 샤워하면 한결 좋아집니다. 목욕을 하면서 긴장된 근육이 풀어지고 혈액순환이 원활해지기 때문입니다. 너무 심하게 아파하는 아이들에게는 비위나 신장의 기능을 돕고 성장판에 필요한 기혈을 공급하는 한약을 복용하게 하고 영양 공급도 충실히 하도록 식생활도 도와줘야 합니다. 칼슘과 무기질, 비타민이 풍부한 음식과 고른 영양 섭취가 필요하며 아픈 부위를 마사지해주거나 두드려줘 근육과 인대의 긴장을 풀고 혈액의 흐름을 도와주세요. 특히 아빠가 아이를 주물러주면서 신체 접촉을 통해 성장통도 없애고 아이와 친해지는 시간을 가져보는 것도 좋습니다.

진료가 필요한 성장통

1. 열이 나면서 팔다리가 아프다고 호소할 경우
2. 특정 부위를 아프다고 하거나 관절을 잘 못 움직일 경우
3. 다리를 절거나 관절이 부은 경우
4. 피부색이 변하는 경우
5. 통증이 낮에도 나타나고 몇 시간씩 지속되거나 몇 개월 넘게 가는 경우

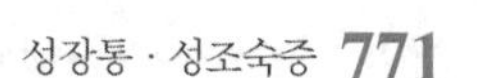

가슴 봉긋한 우리 아이, 혹시 성조숙증?

성호르몬에 의한 사춘기 현상이 너무 빨리 나타나면 성조숙증을 의심해볼 수 있습니다. 의학적으로는 유방 발달, 음모 발달, 고환 크기 증가 등의 현상이 8세 이전의 여자아이, 9세 이전의 남자아이에게 나타나면 성조숙증으로 진단합니다. 남자아이보다 여자아이에게 더 흔하게 나타나지만, 심각한 병적 원인을 가지는 경우는 남자아이가 더 많습니다. 실제로 여자아이가 초등학교 1~2학년 때, 남자아이가 초등학교 2~3학년 때 다양한 사춘기 현상이 나타난다면 정밀 검사를 받아봐야 합니다.

억지로 조절하면 다른 문제가 생깁니다

보통 여자아이는 가슴에 몽우리가 생기는 2차성징이 나타난 후 약 2년 뒤 초경을 하고, 대개 초경 이후로 키는 5~8cm가 더 크고 약 2년 뒤 점차 성장을 멈춥니다. 초경과 성장의 이런 역학 관계 때문에 초경을 조금이라도 늦추려고 인위적으로 호르몬을 조절하는 경우가 많습니다. 그러나 초경을 늦추기 위한 인위적인 호르몬 조절은 자칫 많은 부작용을 가져올 수 있습니다. 내분비 호르몬 계통의 자극은 또 다른 2차적 문제들을 발생시킬 수 있으므로 주의해야 합니다. 즉, 억지로 2차성징 시기를 조절하는 것은 금물입니다. 요즘 아이들의 2차성징이 빨라지는 데에는 몇 가지 중요한 이유가 있습니다. 비만, 운동 부족, 과다한 지방 섭취, 환경호르몬, 과도한 스트레스, 텔레비전이나 컴퓨터를 통한 시각 자극과 선정성 매체 등이 그것입니다. 성조숙증을 예방하려면 인위적인 조절보다 건강한 몸과 마음을 갖도록 도와줘야 합니다.

체질개선으로도 성조숙증을 막을 수 있습니다

몸의 음양과 균형을 맞춰주는 체질개선을 한다면 아이의 성조숙증을 조금이나마 억제할 수 있습니다. 예를 들어 한약재 중에 '시호'는 교감신경의 흥분을 줄여 스트레스에 강하게 만듭니다. '의이인'과 '모려' 등은 지방 흡수를 억제하며 환경호르몬의 흡착 효과를 갖습니다. 지구자, 인진, 오미자 등 간에 좋은 약재는 간의 호르몬 분해 능력을 향상하여 불필요한 성호르몬의 과다 작용을 억제합니다. 이러한 약재들이 아이의 체질과 증상에 맞추어 처방된다면 성조숙증이 불필요하게 진행되는 것을 자연스럽게 막고, 정신적으로나 육체적으로 안정되고 건강한 상태가 되도록 도와줄 수 있습니다.

성조숙증을 예방하는 6가지 생활습관

성조숙증이 걱정된다면 아이의 생활습관을 바로잡을 필요가 있습니다.

첫째, 비만을 경계해야 합니다. 단 음식과 열량이 높은 음식을 많이 섭취하고 운동량이 부족하면 에너지가 축적되면서 체지방의 증가로 이어집니다. 체지방이 많아질수록 여성호르몬 합성량이 많아져 신체의 성숙 또한 빨리 진행됩니다. 키가 미처 자라지 않은 상태에서 빨라진 신체의 변화는 성조숙증으로 이어지며 결국 키를 작게 하는 결과까지 낳습니다.

둘째, 적절한 운동이 필요합니다. 어린 나이에 운동을 시작한 수영선수나 달리기 선수는 다른 아이들에 비해 초경 연령이 2년 정도 늦어지는 것으로 확인되고 있습니다. 꾸준한 운동은 성장호르몬 분비를 촉진하는 한편 2차성징의 조기 발현을 억제할 수 있습니다.

셋째, 동물성 지방의 섭취를 줄이는 것도 한 방법입니다. 사육한 고기 중에는 성장촉진제나 항생제, 환경호르몬에 노출된 경우가 많습니다. 이러한 성분들은 2차성징을 조기 발현시키며 각종 암을 유발하기도 합니다. 주로 지방층에 녹아 있으므로 특히 이 부분의 섭취를 피하는 것이 좋습니다.

넷째, 환경호르몬도 아이들의 성조숙증을 불러옵니다. 인스턴트 음식을 삼가고, 잎채소나 과일도 반드시 깨끗이 씻어 먹는 것이 좋습니다. 플라스틱 용기의 사용을 줄이고 화장품, 비누, 세제, 농약 등 화학물질의 사용을 최소화하는 한편 친환경 제품을 사용하도록 합니다.

다섯째, 텔레비전이나 컴퓨터에 지나치게 노출되면 체내 멜라토닌의 생산이 억제됩니다. 멜라토닌은 아이들의 성적 성숙을 늦추어 사춘기의 조기 발현을 억제하는 호르몬이므로 자극적인 매체에 노출을 최소화하는 것이 좋습니다.

여섯째, 가정환경이 중요합니다. 정서적으로 안정된 가정환경은 성조숙증을 막을 수 있습니다. 부모가 우울증 등 정서 장애를 앓은 경력이 있으면 아이의 사춘기가 빨라진다는 연구 보고가 있습니다.

5세에서 6세까지(49~72개월)

소아비만

소아비만, 반드시 잡아야 합니다

요즘 어디를 가나 뚱뚱한 아이들을 볼 수 있습니다. 왜 그럴까요?
비만아 가운데 특정한 질병에 의한 증후성 비만은 1퍼센트 미만에 불과하다고 합니다.
많이 먹고 덜 움직이는 생활습관과 잘못된 식생활, 심리적인 요인 등이 복합적으로 작용하는
단순성 비만이 대부분입니다. 유전적인 요인보다 환경적인 요인에 의해
비만이 가중된다는 데 문제가 있습니다. 비만은 건강상 문제뿐 아니라
자신감을 떨어뜨리는 요인이 되므로 어릴 때 바로잡아주는 것이 중요합니다.

성인병을 앓는 아이들

소아비만의 80~85퍼센트는 곧장 성인 비만으로 이어집니다. 비만인 소아 청소년들은 성인병이 조기 발병할 뿐만 아니라 비만도도 성인보다 심하고 다이어트가 어렵습니다. 세포의 크기만 커지는 성인 비만과 달리 소아비만은 지방세포의 수와 크기가 모두 증가합니다. 한번 생긴 지방세포는 없어지지 않기 때문에 성인이 되어도 비만으로 이어질 가능성이 매우 큽니다. 이렇게 해서 비롯된 성인 비만은 고혈압, 고지혈증, 심장병, 당뇨, 뇌졸중 등 성인병을 유발할 위험도를 훨씬 크게 만듭니다. 또한 사춘기 연령을 앞당겨 성장판이 빨리 닫히게 하므로 키 성장을 조기에 멈추게 할 수도 있습니다.

체중만 줄이면 오히려 위험해요

근래 양방 소아과학회의 발표에 의하면 비만도가 높은 아이들은 체중이 정상인 어린이들의 보편적인 사춘기 발현 연령과 비교해 유방 발육과 고환 증대는 6개월 이상, 음모 발현은 1년 이상 빠르다고 합니다. 비만한 여자아이의 초경 연령 또한 정상 체중 여아보다 매우 빠른 것으로 나타났습니다. 이처럼 비만이 사춘기 조숙증에 영향을 주는 주된 이유는 증가한 체지방 세포에서 분비되는 랩틴, 아디포카인 등이 사춘기 중추에 작용해 사춘기 발현을 유도하기 때문입니다. 따라서 비만은 아이들의 키 성장을 일찍 멈추게 하는 원인이 될 수 있습니다.

소아비만의 치료는 체중 감소뿐 아니라 적절한 음식 섭취와 운동으로 바른 생활습관을 갖게 하여 바람직한 성장을 유지하게 하는 데 목적이 있습니다. 소아비만은 단순성 비만이 대부분이므로 식이요법과 함께 운동요법, 행동요법 등을 통해 꾸준한 관리를 하면 효과를 볼 수 있습니다. 아이들의 비만 치료는 성인의 다이어트 개념에 똑같이 적용시켜서는 안 됩니다. 한창 자라는 때

비만아의 신체적 특징

1. 또래보다 체중과 키가 더 크고, 얼굴이 뽀얀 편이다.
2. 사춘기가 일찍 나타나기도 하며 조기에 성장판이 닫혀 결과적으로 키가 작을 수 있다.
3. 사춘기 여자아이는 엉덩이, 남자아이는 몸통에 지방이 쌓인다.
4. 남자아이의 유방이 다소 커져 있다.
5. 남자아이의 성기가 작아 보이지만, 실제로는 음경이 살 속에 파묻혀 있고 실제 크기는 정상이다.
6. 여자아이는 초경이 빨라질 수 있다.
7. 배나 허벅지의 피부에 백색 또는 자색의 줄무늬(살 트임)가 나타나기도 한다.
8. 위팔과 넓적다리 비만이 흔하고, 손은 상대적으로 작고 가늘다.

이므로 과도한 체중 감소는 성장발육에 문제를 불러올 수 있기 때문에, 살을 빼더라도 성장에 도움이 되는 방법을 취해야 합니다.

뚱뚱한 아이는 합병증도 많아

어른은 체중(kg)을 키(m)의 제곱으로 나눈 체질량지수(BMI)가 비만의 척도로 쓰입니다. 이 값이 25 이상이면 과체중, 30 이상은 비만입니다. 그러나 아이는 일반적으로 신장별 표준체중과 비교해 비만도를 결정합니다.

한방소아과학회는 '비만도(퍼센트) = (현재 체중 - 신장별 표준체중) / 신장별 표준체중 × 100'의 공식을 사용합니다. 계산 결과, 비만도가 20~30이라면 경도 비만, 30~50은 중등도 비만, 50 이상은 고도 비만입니다. 고도 비만은 고지혈증이나 고혈압 등 성인병의 발병 위험이 커 정밀 진단과 체중 감량 조치가 시급한 상태를 말합니다. 2008년 서울시교육청이 초중고생 8,624명을 대상으로 조사한 결과, 전체의 13.1퍼센트인 1,133명이 비만 증상을 보였고, 비만 정도는 경도 비만 6.9퍼센트, 중등도 비만 5.3퍼센트, 고도 비만 0.9퍼센트였다고 보고하고 있습니다. 이것은 전체 학생 7~8명 중 한 명은 비만 상태라는 얘기입니다. 더 심각한 것은 이 비만 비율이 해가 갈수록 늘어나고 있다는 것입니다. 실제로 대한소아과학회에서 고도 비만아 324명을 대상으로 조사한 결과 고지혈증 61.7퍼센트, 지방간 38.6퍼센트, 고혈압 7.4퍼센트, 당뇨병 0.3퍼센트 등 78.3퍼센트가 합병증을 앓는 것으로 나타났습니다.

5~6세에 특히 주의하세요

소아비만을 제때 제대로 치료하지 않으면 어른이 되어서 비만이 될 확률이 80퍼센트 이상입니다. 따라서 아이가 조금이라도 비만기가 있다면 우선 전문가와 상담을 해서 어떤 상태인지부터 파악해야 합니다. 집에서 관리를 해주면 될 정도인지, 치료를 요하는 심각한 상태인지 파악해서 치료가 필요하다면 그 즉시 처방을 받아 관리에 들어가야 합니다.

소아비만은 특히 지방세포의 크기만 커지는 성인 비만과 달리 지방세포의 수도 함께 증가하기 때문에 초기에 바로잡아야 합니다. 특히 비만세포 수가 많이 늘어나는 시기인 5~6세에 잘 생기므로, 이 시기에 더욱 주의해야 합니다. 소아비만 아이들은 공통적인 특징이 있습니다. 많이 먹으며 움직이기를 싫어하고, 기름기가 많은 음식, 단 음식, 밀가루 음식을 특히 좋아한다는 것입니다. 또한 식사 속도가 무척 빠르며 세 끼 중 저녁 식사량이 가장 많고 텔레비전과 컴퓨터 앞에 앉아 있는 시간이 긴 것으로 조사되었습니다.

소아비만을 고치는 한방 치료

엄청난 식욕을 과시하는 아이, 별로 안 먹는 것 같은데 살이 찌는 아이,
매사에 기운이 없고 허약한 아이 등 같은 비만이라 해도 원인에 따라 치료법도 달라야 합니다.
체질에 맞는 처방과 함께 식욕 억제와 지방 분해를 돕는 방법들을 병행할 때
효과가 더욱 높아집니다. 이 시기 아이들의 성급한 체중 감량은 성장을 방해할 수 있습니다.

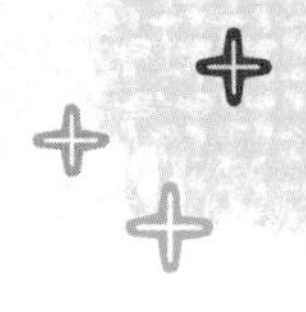

체질에 따라 비만 유형도 달라요

한방에서는 소아비만을 5가지로 나눕니다. 먼저 비허담음형 비만이 있습니다. 흔히 '비위가 약하다' 혹은 '비위가 상했다'고 말하는 그 비장은 주로 음식물을 소화시켜 몸에 제공할 기와 혈을 생산하는 일을 맡고 있습니다. 그런데 만약 비위가 약해 소화력이 약해지면 소화가 덜 된 음식물이 체내에 남아 노폐물로 작용합니다. 이것을 한의학에서는 '담음'이라고 하지요. 이 담음이 잘 대사되어 제거되지 않으면 비만의 원인이 됩니다. 주로 배가 벙벙하고 뱃살이 출렁거리며 하체 쪽으로 부으면서 살이 찌는 경향이 있습니다.

반면에 비위실형 비만은 식욕이 지나치게 왕성하여 억제되지 않고 폭식하는 경향을 띱니다. 몸에 열이 많은 편이며 변비가 흔하고 혀의 백태가 두껍고 구취를 풍깁니다. 이런 아이들은 체격이 크고 몸이 단단하며 뼈도 굵어 체중이 쉽게 빠지지 않습니다. 우선 단 음식, 육류, 인스턴트 음식 등을 먹지 못하

게 하면서 식욕 억제에 치료 중점을 둡니다.

기허형 비만은 기가 부족한 경우로 아이가 활동력이 떨어지고 의욕이 없어 보입니다. 호흡기와 면역력이 약해서 감기에 잘 걸리고 기관지와 코로 질병이 오기 쉽습니다. 몸의 에너지 발산이 잘 이루어지지 않고 기가 정체되어 순환이 잘 안 되며 잘 체하기도 합니다. 얼굴색은 흰 편이고 근육량이 적으며 전신형 비만입니다. 이런 아이들에게는 원기를 보충하고 기혈순환을 활발하게 하는 처방을 합니다. 그리고 평상시에 운동을 생활화하여 신체 활동을 활발히 하고 밝은 기분을 유지하도록 하는 것이 좋습니다.

기체형 비만은 성격이 급하고 스트레스형 비만이 많습니다. 체중 증가와 감량 폭이 커서 쉽게 찌고 쉽게 빠지는 편입니다. 스트레스로 폭식하는 경향이 크고 조급한 성격이 많으며 기가 상체 쪽으로 몰려 가슴이나 팔뚝 등 상체 비만이 많습니다. 매운 음식, 밀가루 음식, 불로 구운 음식은 화를 더 심하게 만들어서 식욕을 항진시키므로 피하는 것이 좋습니다.

끝으로 비신양허형 비만이 있습니다. 위와 신장의 양기가 부족한 형으로 이런 아이들은 소화기능이 약하며 손발이 차고 의욕이 없고 피곤하다는 소리를 많이 합니다. 대변은 묽고 설사기가 자주 나타나며 배도 찬 편입니다. 보통은 얼굴과 살이 흰 편이고 물살이라는 표현을 합니다. 이런 아이들은 찬 음식과 찬 과일류 섭취를 줄이고 땀이 나는 운동을 하는 것이 좋습니다. 복부와 엉덩이로 체지방이 집중적으로 분포하는 경향이 있습니다.

부작용 없는 소아비만 치료

한의학에서는 우선 아이에 따라 비만의 원인을 분류하고 유형별로 체질개선을 위한 한약을 처방합니다. 여기에 이침, 부항요법, 한방 메조요법, 지방 분해침 등을 아이에 따라 적용하여 식욕 억제와 지방 분해 작용을 도와줍니다. 이침은 식욕 억제 작용이 큰데, 귀에 스티커 모양의 침을 붙입니다. 조그만 자석이 붙어 있어 혈 자리를 자극하는 것으로 전혀 아프지 않습니다. 부항은 주로 복부에 10분 정도 붙여주는데 약간 자극은 남지만 대부분 아프지 않아 아이들이 재미있어하며 잘 시술받는 편입니다. 국소 부위의 혈액순환을 도와 지방 분해를 촉진합니다. 메조요법은 한약 추출액을 지방층에 주입하여 지방을 분해하는 보다 적극적인 방법입니다. 아무래도 약이 주입되어야 하기 때문에 조금 큰 아이들에게 적용할 수 있습니다. 순수 천연 약재에서 추출되고 안전성이 검증된 것으로 전혀 부작용이 없습니다.

가정에서 손쉽게 만들어 먹는 한방차

비만에 가장 중요한 것은 바른 식습관입니다. 아이들이 매일 마시는 물을 비만에 효과 있는 차로 대체해보면 어떨까요? 억지로 먹는 것을 조절하기보다 훨씬 쉬운 방법이 될 수 있습니다. 비만에 효과적인 차는 다음과 같습니다.

율무차 율무는 한의학에서는 의이인이라고 부릅니다. 《동의보감》에서는 폐결핵이나 해수에 치료 효과가 있으며, 붓고 저린 증상이나 근육 경련, 다리가 붓고 아플 때 사용한다고 기재하고 있습니다. 또한 몸을 가볍게 하여 몸이 붓고 저리고 호흡기가 약한 비만 환자에게 효과적입니다.
깨끗하게 씻어 말린 율무를 살짝 볶아 분말로 만든 후, 두세 숟가락씩 뜨거운 물에 타서 마십니다. 율무는 쌀보다 열량이 낮고 이뇨 작용을 돕는 기능이 있어 당뇨병 환자도 복용할 수 있으며 여드름, 기미 등 피부미용에도 효과적입니다.

옥수수 수염차 한방에서는 옥수수를 옥촉서라고 일컫습니다. 《본초강목》에 따르면 "성질이 따뜻하지도 차갑지도 않고 맛은 달며 독이 없어 속을 편안하게 하고 입맛도 좋게 한다"고 하며 "뿌리와 잎, 수염은 소변량이 적고 잘 나오지 않은 병과 방광 및 신장 결석으로 인한 통증을 치료한다"고 합니다. 옥수수 수염은 신장에 별 무리를 주지 않고 이뇨 작용을 돕기 때문에 비만 치료법에 좋습니다. 특히 소변이 잘 나오지 않거나 부기가 있으면서 체중이 증가하는 비만아에게 좋지요. 옥수수 수염 한 줌을 약 1리터의 물에 넣고 물의 양이 반으로 줄어들 때까지 끓인 후, 하루 한 컵 정도 마시면 도움이 됩니다.

비파차 비파나무의 잎에 대해《동의보감》에서는 "성질은 평하고 맛은 쓰고 무독하다. 기침과 음식이 소화가 안 되는 것과 위가 찬 것과 구역질을 다스리고 폐의 기운을 돕는다"라고 설명하고 있습니다. 비파차는 몸 안의 지방을 흡수해 콜레스테롤을 낮추며 배변량을 늘려줍니다. 또한 노폐물 배설에도 도움이 되어 몸을 가볍고 상쾌하게 만들어줍니다. 말린 비파잎 한 줌을 약 1리터의 물에 넣고 물의 양이 반으로 줄어들 때까지 끓인 후, 하루 한 컵 정도 마시면 도움이 됩니다.

부분 비만에 좋은 아로마 마사지

올리브 오일 100ml에 사이프러스 오일 30방울, 주니퍼 오일 20방울, 펜넬 오일 10방울, 레몬 오일 30방울을 배합한다. 이렇게 만든 향유를 복부나 허벅지, 팔뚝 부위 등 체지방이 많은 곳에 충분히 바르고 나무주걱 같은 것으로 아이가 최대한 참을 수 있을 만큼 조금 강하게 자극하며 마사지해준다. 간혹 모세혈관이 터지면서 울긋불긋하게 흔적이 남을 수도 있지만 괜찮다. 이런 자극과 향유의 작용에 의해 해당 부위의 체지방 분해가 활성화되고 부분 비만을 관리할 수 있다.

쥐눈이콩 쥐눈이콩은 한의학에서는 서목태라고 합니다. 비만인 사람은 당질을 지방으로 변화시키는 인슐린이 과다하게 분비되는 경향이 많습니다. 그런데 콩에 들어 있는 식이섬유는 포도당의 흡수를 완만하게 하고 인슐린의 분비를 절약하여 체지방으로 축적되는 것을 막아줍니다. 특히 콩 속에 있는 사포닌은 비만 체질을 근본적으로 개선한다는 것이 확인되었습니다. 이 밖에도 콜레스테롤 흡수를 억제하고 장내 환경을 좋게 하여 숙변을 없애는 효과가 있습니다. 깨끗하게 씻어 말린 쥐눈이콩을 살짝 볶아 분말로 만든 후, 두세 숟가락씩 미숫가루처럼 먹습니다.

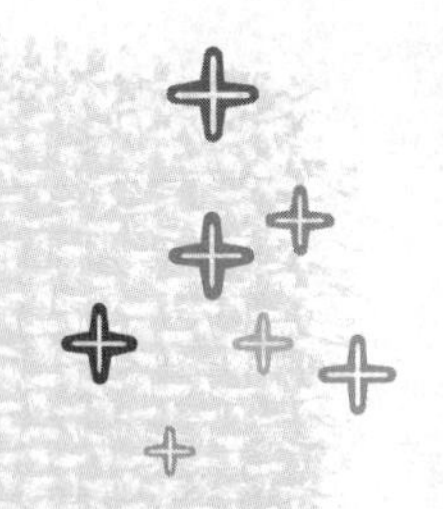

습관을 잡으면 비만도 잡을 수 있습니다

요즘 나타나는 대부분의 소아비만은 잘못된 습관과 환경이 만든 것이라 할 수 있습니다.
열량만 높고 영양의 질은 떨어지는 음식들만 넘쳐나는 식단에,
바깥 활동 대신 컴퓨터와 텔레비전 앞에서 시간을 보내고,
불규칙한 생활과 과도한 스트레스 등이 비만아들에게 보이는 공통적인 생활습관입니다.
살이 찔 수밖에 없는 습관과 환경을 바꾸는 데는
엄마의 역할이 가장 중요합니다. 습관을 바로잡으면 비만도 잡을 수 있습니다.

식이요법은 장기적으로 계획해야

성장기 아이들에게 체중 감량을 목표로 한 무리한 식이요법은 바람직하지 않습니다. 키가 잘 자라면서 서서히 표준체중에 맞춰 성장하도록 최소한 1년 이상 장기 계획을 세워야 합니다. 아이가 음식을 남기지 못하도록 강요하는 것은 바람직하지 않습니다. 아이 스스로 배고픔과 배부름에 따라 음식을 조절할 수 있게 도와줘야 합니다. 기름진 음식을 못 먹게 하려면 엄마 역시 사지도 말고 먹지도 말아야 합니다. 식사 일기를 쓰게 하면 아이 스스로 먹는 행위에 대한 자각을 높일 수 있습니다. 먹은 음식의 종류와 양, 장소, 시간, 감정 등을 적다보면 어떤 음식과 식습관이 체중 증가를 가져왔는지 알 수 있고, 그러한 과정 자체가 아이에게 살을 빼는 흥미를 유발할 수 있습니다. 아이들이 체중 조절에 도움이 되는 행동을 할 때 칭찬이나 보상을 하는 것도 필요합니다. 자전거나 축구공 등 운동기구를 선물하면 자연스레 운동을 유도할 수 있습니다.

이것만은 꼭 알아두세요

비만아의 공통적인 생활습관

1. 간식을 먹어도 식사량은 줄지 않는다.
2. 채소를 잘 먹지 않고, 청량음료와 달거나 기름진 음식을 좋아한다.
3. 배가 고프지 않아도 항상 먹고 싶은 충동을 느낀다.
4. 다른 사람과 함께 먹기보다는 혼자 독차지해서 먹는 것을 더 좋아한다.
5. 식사를 규칙적으로 하지 않는다.
6. 밤에 간식을 자주 먹는다.
7. 과식을 자주 한다(어른만큼 먹는다).
8. 아침은 안 먹고 오후에는 많이 먹는다.
9. 허겁지겁 빨리 먹는다.
10. 주위 사람이 먹으면 배가 고프지 않아도 따라서 먹는다.
11. 차려진 음식은 다 먹어야 한다고 생각한다.
12. 책이나 텔레비전을 보면서 먹거나 마신다.
13. 시간 가는 줄 모르고 몇 시간씩 컴퓨터 게임을 한다.
14. 행동이 느리고 틈만 나면 누우려 든다.
15. 집 안에서 놀 때가 더 많고, 밖에서 운동하기를 싫어한다.
16. 걷기를 싫어하고 달리기는 질색한다.

단계별 식이요법

식이요법을 할 때 가장 주의해야 할 것 중 하나가 체중 조절을 위한 적절한 식사량과 열량의 결정입니다. 소아비만은 성인비만과는 달라서 성장이 빠른 아이의 경우, 심하게 열량 제한(하루 1,200kcal 이하)을 하면 단백질, 무기질, 비타민 등 필수적 영양소가 부족해져 성장과 발육을 저해할 수 있습니다. 표준 체중 130퍼센트 이하의 경도 비만은 현 체중이 유지되도록 잘 관리하면 매년 약 5~6cm의 키가 성장하기 때문에 비만이 큰 문제가 되지 않을 수도 있습니다.

하지만 중등도 혹은 고도 비만아는 경도 비만까지의 체중을 목표로 식사량을 감량해야 합니다. 신체적, 생리적으로 급속한 발달이 이루어지는 사춘기는 성장을 위한 충분한 영양 공급이 필요한 시기이므로 키를 키우면서 체중을 유지하는 것을 목표로 영양 관리를 하는 것이 좋습니다. 그러다가 성장 속도가 다소 감소하는 청소년 후반기에는 일주일에 500g 정도의 체중 감량을 목표로 하루에 500kcal 정도의 열량 섭취를 줄이려는 노력이 필요합니다. 10~14세 비만아의 식사 열량은 보통 어린이의 2/3 정도로 유지하는 것이 좋습니다. 그렇지 않으면 사춘기에는 오히려 다른 건강 문제를 유발할 수도 있습니다. 식이요법을 효과적으로 시행하려면 영양소와 열량에 대한 기본적인 지식과 세밀한 계획이 필요합니다.

아이 식단의 기본 원칙

성장기 아이는 영양소를 골고루 섭취하는 것이 중요합니다. 단백질원이 되는 식품을 많이 섭취해야 하며 단백질의 양뿐만 아니라 질적으로 좋은 식품을 섭취해야 합니다. 신체 조직을 형성하는 단백질인 필수 아미노산은 성장기 아이

아이를 위한 신호등 식이요법

아이들이 이해하기 쉽게 신호등 형태를 만들어 비만에 좋은 음식과 나쁜 음식을 구분하여 섭취하게 한다. 아이가 스스로 식품을 선택하고, 식사량을 조절해가며 먹을 수 있도록 '신호등 식이요법'을 가르쳐 주자. 표에서 제시하는 것처럼 튀김, 햄버거, 피자처럼 빨간색 식품군은 열량이 높고 영양 밀도는 낮은 음식이다. 이 빨간색 식품군을 일주일에 네 가지 이상 섭취하지 않도록 주의한다. 노란색 식품군은 식사의 재료가 되는 주요 식품군으로 정해진 양만 먹도록 한다. 파란색 식품군은 큰 제한 없이 먹어도 좋다.

빨강군 감자튀김, 마요네즈, 과일통조림, 고구마튀김, 도넛, 버터, 설탕, 사탕, 꿀, 과자류, 케이크, 초콜릿, 젤리, 꿀떡, 치킨, 돈가스, 삼겹살, 피자, 핫도그, 햄버거, 각종 인스턴트 음식
노랑군 감자, 사과, 귤, 배, 수박, 감, 과일주스, 토마토, 우유, 두유, 치즈, 기름기를 제거한 육류(닭고기는 껍질 제거)와 생선구이나 찜, 달걀, 두부, 새우, 밥, 호밀빵, 국수, 떡, 고구마, 잡채 등
파랑군 각종 채소, 해조류. 오이, 당근, 배추, 무, 김, 미역, 다시마, 버섯, 녹차, 기름기 걷어낸 맑은 육수 등

에게 꼭 필요한 것이므로 아무리 다이어트를 한다고 하더라도 이를 함유한 식품을 매일 섭취해야 합니다. 또한 비타민, 미네랄에도 중점을 두어야 하지요. 만 6세 이전에는 충분한 비타민 섭취가 두뇌 발달에 결정적인 작용을 합니다. 두뇌 발달에 필요한 단백질, 비타민 그리고 생선기름에 많은 DHA, 오메가3 등을 신경 써서 먹이세요. 뼈와 치아를 구성하는 칼슘과 조혈 작용에 필수적인 철분 역시 매일 섭취해야 합니다.

하루에 필요한 총 에너지의 10~15퍼센트 정도는 영양 균형을 맞추어줄 수 있는 간식을 섭취합니다. 아이는 소화기가 미숙하여 1일 3회의 식사가 무리인 경우도 있습니다. 이럴 때 간식을 통해 영양을 보충합니다.

음식은 꼭꼭 잘 씹어 천천히 먹도록 합니다. 소화가 잘 되고 영양소가 잘 섭취되어야 키 크는 데 도움이 되며 포만감을 제대로 느낄 수 있어 비만도 예방하는 효과가 있습니다.

부모부터 바뀌어야 합니다

일명 '행동교정요법'이라고 말하는 관리방법이 있습니다. 살이 찔 수밖에 없는 아이의 심리 상태와 습관 등을 고쳐주는 것인데, 엄마 아빠가 아니면 해줄 수 없습니다. 여기에는 몇 가지의 원칙이 있습니다. 첫째, 아이의 행동에 대한 보상으로 먹는 것을 주지 말아야 합니다. 둘째, 무의식적으로 음식을 집어먹을 수 있으므로 식탁 위나 탁자 위 등 잘 보이는 곳에 음식을 두지 않아야 합니다. 셋째, 다른 아이들과 어울리는 기회를 만들고 친해지도록 유도해야 합니다. 넷째, 비만 조절 과정을 너무 강압적으로 진행하여 아이가 심리적으로 거부감을 느끼게 해서는 안 되며 늘 도와주고 격려하는 자세로 임해야 합니다. 이런 기본 원칙을 지키는 가운데 비만 치료에 도움이 되는 습관 형성에 힘써야 합니다.

비만 치료에 도움이 되는 생활습관

먼저 규칙적인 식생활과 수면 시간이 중요합니다. 불규칙한 식사나 식사량은 야식 습관과 과식으로 이어집니다. 늦게 잠자리에 드는 아이는 밤에 간식을 먹게 되고 아침에 일어나서는 식사를 거르고 점심은 다시 폭식으로 이어지기 쉽습니다. 규칙적인 생활로 이러한 악순환의 고리를 끊어줘야 합니다.

체중을 주기적으로 검사하는 것이 좋습니다. 하루 사이에 큰 증감이 없으므로 매일 잴 필요는 없으며 일주일 정도 단위로 일정한 시간을 정해 놓고 검사하도록 합니다. 목표에 이를 수 있도록 아이에게 격려를 아끼지 않아야 하겠지요.

하루에 최소한 30분 정도씩 꾸준히 운동하는 습관을 갖도록 도와주세요. 조깅, 수영, 걷기, 축구 등 아이가 좋아하는 운동이라면 어떤 것이든 좋습니다. 당장 할 수 있는 운동이 없다 해도 새로운 운동을 선택하여 배워가면서 재미를 느낄 수 있도록 이끌어주세요. 혼자 힘들게 하는 운동은 어른도 지속하기가 쉽지 않습니다. 가능하면 여러 아이와 관계를 갖고 운동을 하는 것이 서로에게 견제와 격려가 되고 흥미 유발로 말미암은 효과를 볼 수가 있습니다.

아이가 하루에 먹는 음식의 종류와 양을 측정해보는 것도 좋은 방법입니다. 그날 먹은 것을 기록해보면 뜻밖에 많은 양을 먹었다는 사실에 놀라게 될 것입니다. 하지만 이는 아이 스스로 깨달아야 자제할 수 있습니다. 우선 신선한 채소와 지방이 적은 단백질 식품(닭 가슴살, 흰살생선, 두부 등)을 이용하여 식사와 간식을 만들면 비만 해소에 도움이 됩니다. 일정한 장소에서 음식을 먹는 습관을 들이면 눈에 보이는 대로 아무 데서나 먹는 버릇을 고칠 수 있습니다.

간식과 군것질 습관도 고쳐야 합니다. 핫도그 한 개를 먹었다면 열량은 밥 한 공기를 다 먹고 추가로 반 공기를 더 먹은 것과 비슷하며, 콜라 한 캔을 마셨다면 밥 반 공기보다 많은 열량을 섭취한 것이 됩니다. 무심코 먹은 초코파이 한 개도 밥 한 공기와 거의 비슷한 열량을 가지고 있습니다. 식사를 충분히 하고 간식을 먹지 않은 것만으로도 비만 해소에 큰 효과가 있습니다. 식사 전에는 채소같이 부피가 큰 음식을 먼저 섭취합니다. 섬유질이 많은 음식이나 열량보다 부피가 큰 음료수 등을 어느 정도 먹은 후에 식사하면 많은 양을 먹을 수 없기 때문에 비만 해소에 효과적입니다.

무엇을 먹느냐보다 어떻게 먹느냐가 중요해요

비만한 아이들은 무엇을 먹느냐도 중요하지만 어떻게 먹느냐가 무척 중요합니다. 비만한 아이들을 보면 대부분 허겁지겁 무척 빠른 속도로 먹는다는 공통점이 있습니다. 아이가 이런 습관을 가지고 있다면 우선 꼭꼭 씹어 먹으면서 음식을 오래 음미하며 먹는 습관을 가지도록 해야 합니다.

왜 천천히 먹는 것이 중요한지 알아볼까요? 음식을 섭취하면 위에 자극이 전달되고, 흡수된 음식이 분해되면 혈액 중의 포도당 농도가 올라가 뇌에 자극이 전달됩니다. 이렇게 뇌에 자극이 전해지면 포만 중추에서 '이제 배가 부르니 그만 먹어도 좋다'는 신호를 뇌에 보내게 되지요.

그래서 필요한 양만 먹으면 음식을 더 먹고 싶다는 생각이 싹 사라지는 것입니다. 일반적으로 이러한 신호가 뇌까지 전달되는 데 약 20분 정도가 걸린다고 합니다. 적어도 아이가 20분 이상은 식사를 해야 과식을 하지 않는다는 결론이 나오지요. 그래서 무엇을 먹느냐보다 어떻게 먹느냐가 중요하다는 말이 나온 것입니다.

아이가 너무 빨리 허겁지겁 식사를 한다면 이제부터라도 아이와 대화를 나누며 식사 시간을 늘려보는 것은 어떨까요? "오늘 유치원에서 무슨 놀이를 했니?", "누구랑 놀았니?" 등 아이와 자연스러운 대화를 나누며 식사 시간을 즐거운 분위기로 만들어주세요.

텔레비전을 보면서 식사를 하거나, 심지어 컴퓨터 게임을 하는 아이 입에 밥을 넣어주는 엄마도 있습니다. 잘 먹어야 한다는 생각으로 하는 엄마의 무심한 행동이 아이를 비만으로 만드는 것이지요. 식탁이 아닌 장소에서 돌아다니면서 식사를 하는 것도 비만을 부르기 쉽습니다. 반찬을 골고루 먹는 것이 아니라 배를 채우는 데 급급해지기 때문이지요. 이러다 보면 아이의 식사량이 생각보다 많아집니다. 식사 시간을 일정하게 하는 것도 무척 중요합니다. 하루 세 끼를 정해진 시간에 일정하게 먹으면 간식이 줄어들게 돼 있습니다. 식사 시간이 일정하지 않으면 비만을 부르는 간식을 많이 먹게 돼 비만이 되기 쉽습니다.

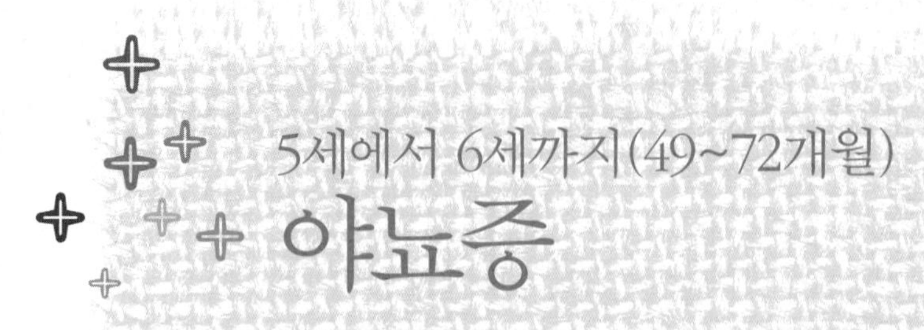

5세에서 6세까지(49~72개월)

야뇨증

만 5세가 지나도 소변을 못 가리는 아이

야뇨증은 만 5세가 지나서도 주 2회 이상 밤에 실수하며
이러한 증세가 3개월 이상 지속하는 것으로, 치료가 필요한 질환입니다.
태어나서 현재까지 계속 밤에 소변을 가린 적이 없는 1차성 야뇨증과,
6개월 이상 잘 가리다가 정신적 스트레스 등으로 다시 소변을 못 가리는 2차성 야뇨증이 있습니다.
대개 1차성 야뇨증이 2차성 야뇨증보다 치료가 까다롭고 오래 걸립니다.

야뇨증은 왜 생길까요?

야뇨증은 30퍼센트에서 많게는 75퍼센트까지 가족력과 관련된 것으로 알려졌습니다. 가족력이란 가족 중에 같은 질병을 앓았던 경험이 있는 것을 말합니다. 특히 여자아이보다는 남자아이에게 더 많이 나타나며, 검사상에는 이상이 없는 경우가 대부분입니다. 만 5세 남자아이의 약 5퍼센트, 여자아이의 3퍼센트 이상이 야뇨증으로, 나이를 먹으면서 점차 줄어드는 것이 보통입니다. 그러나 15세의 연령에서도 1퍼센트 이하로 나타나고 있습니다.

야뇨증을 그대로 두면 자칫 수치심이나 우울감을 느껴 정서적으로 문제가 될 수도 있습니다. 더 심하면 성격이 거칠어지거나, 놀이에 집중하지 못하는

행동장애가 생기기도 합니다. 학계 보고에 의하면 야뇨증을 앓는 아이들이 불안, 공포, 우울, 주의력결핍 및 과잉행동, 비행 척도 등이 높은 것으로 밝혀졌습니다.

또한 야뇨증은 단순히 방광 미성숙, 심리적인 요인에 의하기보다는 전반적인 신체 기능 미숙과 허약증 때문에 발생하는 것이 보통입니다. 그래서 야뇨증을 앓는 아이들을 보면 키가 작고, 식욕이 부진하고 마른 편이며, 감기에 잘 걸리고, 아토피성 피부염 등 알레르기 질환을 앓는 경우가 많습니다.

야뇨증의 원인별 유형

야뇨증 아이들은 몇 가지 특징으로 구분됩니다. 예로부터 한의학에서는 야뇨증의 원인이 되는 해당 장부에 따라 처방을 달리하여 치료했습니다. 이는 병인이 되는 장부에 따라 나타나는 증상도 달라지기 때문입니다. 한의학에서 볼 때 야뇨증은 기본적으로 신장과 방광의 기운이 허약해서 오는데, 크게 세 가지 유형으로 구분할 수 있습니다. 첫째는 원기가 부족한 허약아, 둘째는 선천적인 콩팥과 방광의 허약 상태, 셋째는 심장과 담(쓸개)이 허약한 아이의 야뇨증입니다.

원기 부족에 의한 야뇨증은 식욕이 부진하여 마르고 혈색이 좋지 않으며, 늘 감기를 달고 있고 면역력이 많이 떨어져 있으며 피곤해하는 아이들에게 많이 나타납니다. 주로 비위(소화기계)와 폐, 기관지(호흡기계)가 다른 장부보다 약한 아이들이지요. 방광에 소변이 차면 깨어나야 하는데 소변을 지리고도 모를 정도로 곯아떨어져서 잠을 자는 특징이 있습니다.

콩팥과 방광이 허약한 경우는 야뇨 증상 외에 낮에도 소변을 자주 보지만 양이 적고 조금씩 지리는 것이 특징입니다. 정상적인 방광은 소변이 차면 방광을 비우라는 명령을 척수를 통해 뇌로 전달하는데 콩팥과 방광이 허약한 아이는 이럴 사이도 없이 소변이 흘러나오게 됩니다. 이는 배뇨와 연관된 신경과 호르몬 기능이 미숙하기 때문입니다. 이런 아이는 일반적으로 뼈가 가

늘고 키가 작으며, 지구력이 떨어지고 각종 신체 발달이 지연되는 경우가 많습니다.

심장과 담이 허약한 경우는 아이가 유난히 겁이 많고 신경이 예민하여 신경질적이고 잘 놀라는 경향이 있습니다. 또한 밤에 숙면을 취하지 못하고 잠꼬대를 하거나 놀라서 울기도 합니다. 산만한 아이가 많으며 스트레스에 약하고 심리적으로 불안정해지기 쉬워 특히 2차성 야뇨가 많이 나타납니다. 이럴 땐 심장과 담을 보강시켜 주면서 배뇨를 조절하면 빠른 호전을 볼 수 있습니다.

이러한 유형이 한 가지씩 나타나는 일도 있지만 그보다는 복합적으로 나타나는 경우가 더 많습니다. 유형에 따라 해당 장부를 보강해 나가면서 야뇨증을 치료한다면 더욱 나은 치료 효과를 거두면서 근본적인 치료를 해줄 수 있을 것입니다. 아울러 야뇨증의 치료 외에 다른 허약증을 같이 개선하는 효과를 통해, 아이를 건강 체질로 만들어줄 수 있습니다.

야뇨증의 한의학적 치료

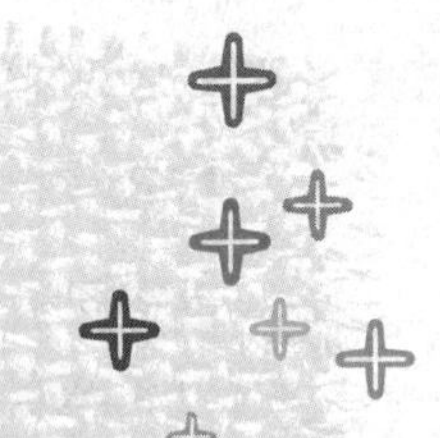

아이가 야뇨증이면 부모님의 마음은 하루하루가 살얼음판을 걷는 것처럼 불안하다고 합니다.
캠프에 가서 소변을 못 가려 놀림을 당하지는 않을까,
자존감이 떨어지지는 않을까 노심초사합니다.
단번에 고쳐지지 않는 증세인 만큼 한방에서는 체질과 원인,
환경 등을 따져 근본적인 치료를 합니다.

약물 치료 효과는 일시적입니다

아이가 야뇨증일 때 부모님은 급한 마음에 우선 양방 치료를 찾습니다. 양방에서는 항우울제나 항이뇨제 등을 먼저 씁니다. 항우울제인 이미프라민이나 항이뇨호르몬제의 일종인 데스모프레신 등을 처방하는데, 투약을 중단하면 재발하는 경우가 많고 부작용도 있어서 선뜻 택하기가 어려운 실정입니다. 하지만 양약을 복용하면 약 70퍼센트 아이가 복용한 날 이후로 실수하지 않아 신기해합니다.

하지만 약을 6개월 이상을 먹는다 해도 복용을 중단하면 그 아이 중 70퍼센트의 아이들은 원래대로 돌아옵니다. 항우울제는 식욕부진, 성격 변화, 소화기 장애, 홍조, 입이 마르거나 간혹 심혈관계에 부작용들이 나타나서 선진국에서는 그 사용이 점차 감소하고 있습니다. 항이뇨호르몬제 역시 드물지만 수분의 체내 축적으로 말미암은 전해질 이상을 일으킬 수 있으므로, 이 약을 투여하는

중에는 자기 전에 과도한 수분을 섭취하지 말 것을 권하고 있습니다.

한방에서는 해당 원인과 유형에 따라 한약을 복용하면서 침 치료를 병행합니다. 여기에 추나요법과 행동요법의 하나인 조건화요법으로 야뇨 경보기를 사용합니다. 추나요법은 척추의 위치를 조절하여 방광이나 생식기에 분포된 신경 활동을 돕고 뇌하수체의 호르몬 기능을 조절하는 치료입니다. 추나요법에 대해서는 이미 많은 논문과 임상적 결과가 미국이나 유럽 등에까지 보고되고 있습니다. 야뇨 경보기는 센서를 넣은 속옷을 입고 자다 오줌을 지리면 경보음이 울려 일어나게 합니다. 방광에 소변이 차면 스스로 일어나게 하게 하는 반사훈련 기구지요. 만 7세 이상이 되어야 사용할 수 있고 실수가 잦을 때 효과적입니다. 일주일에 한두 번 실수하는 경우에는 권하지 않습니다. 야뇨 경보기는 중도에 사용을 포기하는 경우도 적지 않지만 50퍼센트의 아이들은 한방 치료와 병행할 때 좋은 효과를 볼 수 있습니다.

화내는 것보다 칭찬이 효과적입니다

야뇨증이 있는 아이들의 엄마는 대개 예민합니다. 우리 아이만 뒤처지는 것 같아 마음이 늘 어둡지요. 하지만 그럴수록 아이에게 화를 내서는 안 됩니다. 화를 내기보다는 대소변을 잘 가렸을 때 칭찬을 아끼지 않은 편이 야뇨증을 고치는 데 훨씬 효과적입니다.

자기 전에 소변을 보게 하며, 잠자기 3시간 전 물이나 과일 등 소변량을 늘리는 음식을 최대한 적게 먹여야 합니다. 큰 아이들은 잠자리에 이중으로 방수 요를 깔아주고 새 잠옷을 곁에 미리 준비해 스스로 정리하고 옷을 갈아입을 수 있게 하는 것이 좋습니다. 야뇨증 팬티를 사용하면 본인과 가족들의 스트레스를 줄이는 데 어느 정도 효과가 있습니다.

증세를 완화할 수 있는 체조를 하는 것도 좋습니다. 누워서 무릎을 굽히고 엉덩이를 들면서 항문을 조이는데, 약 3초 정도 상태를 유지한 다음에 이완시키고 엉덩이를 내리는 운동을 하루에 10회 이상 반복하게 하세요. 요도나 방광 괄약근을 강화시켜 증상 개선에 도움을 줄 수 있습니다. 편식하는 습관도 고쳐야 하는데, 차가운 음료수나 카페인 음료, 아이스크림, 그리고 인스턴트 음식, 특히 달고 짠 음식의 섭취를 줄여야 합니다.

칼슘 섭취를 늘려주세요

야뇨증이 있는 어린이의 식이요법을 지도할 때 칼슘 섭취를 늘려주라고 합니다. 칼슘의 섭취는 야뇨증의 개선에 도움이 되는데, 한방에서는 칼슘이 단순히 신경과 근육의 활동에 작용하는 것 외에도 신장과 관련이 깊은 무기질로 보고 있습니다.

칼슘의 소요량은 몸집의 크기에 따라 다르고, 성장기에는 증가합니다. 일반적으로 모유를 섭취하는 아이는 칼슘이 하루에 40mg/kg이 필요하며, 우유를 섭취하는 아이는 1일 70mg/kg으로 증가합니다. 대개 유아는 1일 0.5g, 10~18세에서는 1일 1g의 칼슘이 필요합니다.

인체 내 칼슘의 99퍼센트는 뼛속에 있고 1퍼센트 미만이 체액 속에 녹아 있습니다. 이처럼 뼈의 발육과 구성에 칼슘이 필수적인데, 한의학에서는 신장이 뼈와 골수, 뇌척수의 기능과 발육에 주된 작용을 하는 장부에 해당합니다. 다시 말해 배뇨와 관련되어 주된 역할을 하는 장부인 신장은 칼슘과도 밀접한 관계를 갖는다고 할 수 있습니다. 즉 칼슘, 뼈, 키, 소변, 신장은 상호 유기적 관련이 있다고 볼 수 있지요. 칼슘은 혈액 속의 pH가 약 알칼리성으로 유지되도록 하면서 혈액 응고, 심장의 박동, 뼈과 치아의 구성에 필수적이며, 특히 신경자극을 전달하고 근육을 수축 이완하는 중요한 역할을 하고 있습니다.

이런 이유로 방광이나 요도 괄약근의 수축 이완 작용이 무력해서 소변을 적당히 가둬놓지 못하고 지리거나 못 참는 아이에게는 칼슘이 반드시 필요합니다. 또한 방광에 소변이 찼다는 신호를 뇌로 전달하는 기능이 떨어져 자다가 오줌을 싸고, 싸고도 모른 채 곯아 떨어져 있는 야뇨증 어린이에게도 칼슘이 필요합니다. 참고로 칼슘의 공급원은 우유 등의 유제품, 멸치, 잔새우, 뱅어포, 콩류, 꽁치나 조개, 다시마, 김, 무말랭이, 시금치, 고춧잎, 브로콜리 등의 야채류입니다.

야뇨증을 치료해야 키가 큽니다

저희 병원에서 한 해 동안 치료를 받은 야뇨증 아이들의 평균키는 30백분위 정도로 작게 나타났습니다. 키가 크고 비만인 아이들도 야뇨증을 앓을 수 있지만, 일반적으로 볼 때는 야뇨증을 앓는 아이 대부분이 키가 작고 왜소한 경향을 띠는 경우가 많습니다.

그렇다면 그 이유는 무엇일까요? 한방에서 야뇨증은 기본적으로 신허腎虛, 즉 콩팥이 허약한 것으로 봅니다. 좀 더 자세히 이야기하면 신허腎虛하다는 것은 신장 및 방광의 기질적, 기능적 장애와 함께 비뇨생식기와 관련되어 나타나는 건강하지 않은 상태를 모두 포함합니다. 즉 야뇨증, 빈뇨, 배뇨곤란 등 소변의 이상, 생리, 임신, 생식기 질환, 생식기능 등이 모두 여기에 속하며, 나아가 뇌하수체의 호르몬 작용이나 뇌척수와 골수, 골격계의 허약과 연관된 것으로 봅니다.

또한 출생 후 이 신장의 기운은 후천적으로 음식물의 보충을 받아 충실하게 인체의 성장발육을 촉진하는데, 특히 성장과 성적인 성숙과 연관된 호르몬의 활동에서 신장이 그 중추적인 역할을 하고 있으며 그 작용에 의해 치아, 모발, 월경, 생식, 근골격의 발달 등이 이루어집니다.

따라서 신장이 허약한 아이는 선천적으로도 약하게 태어나 출생 시 체중이 적게 나가기도 하고 치아와 모발의 발육상태가 불량하며 소변을 자주 보거나 야뇨증이 있기 쉽습니다. 또한 허리나 무릎이 자주 아프다고 호소하고 뼈가 가늘고 약하며 유난히 겁이 많지요.

한방에서 볼 때 신장은 뇌하수체의 호르몬 작용과 뼈의 발육과 관련하여 키 크는 것과 가장 밀접한 관계가 있는 장기입니다. 그래서 신장과 방광이 허약한 야뇨증 아이들은 키도 작은 경향이 있지요. 결론적으로 보자면 신장과 방광의 허약증을 개선하는 야뇨증 치료는 성장발육에도 반드시 좋은 영향을 미칩니다. 키가 작은 데에는 유전적, 체질적, 영양적, 환경적 원인과 운동 상태 등 다양한 원인이 있지만 한 가지 분명한 사실은 허약한 콩팥과 방광의 기운을 도와주면 성장발육의 여건이 좋아진다는 것입니다. 실제로 야뇨증을 치료하다 보면 키가 많이 컸다는 소리를 자주 듣게 됩니다. 여기에는 한약의 복용 외에도 추나요법 효과도 있습니다.

이 책을 통해 야뇨증 치료를 받고 있는 부모와 아이들에게 야뇨증을 치료하면 키도 더 클 수 있다는 이야기를 분명히 밝혀주고 싶습니다.

야뇨증과 사상체질

사상체질이란 조선 후기 이제마 선생이 《동의수세보원》에서 사람의 체질을 태양인, 태음인, 소양인, 소음인 4가지로 분류한 것을 말합니다. 태양인은 폐 기운이 강하고 간 기운이 약하며, 태음인은 간 기운이 강하고 폐 기운이 약합니다. 소양인은 비위의 기운이 강하고 신장의 기운이 약하며, 소음인은 신장의 기운이 강하고 비위의 기운이 약하다고 하였습니다.

그래서인지 야뇨증을 앓는 아이들을 보면 소양인 체질이 비교적 많은데, 소양인 체질 아이들이 일반적으로 신장과 방광 기운이 허약하기 때문이지요. 하지만 야뇨증은 태음인 아이와 소음인 아이에게서도 자주 나타나는 편입니다. 태음인의 야뇨증은 깊은 수면과 관계가 많고, 소음인은 마르고 허약체질에 속하는 경우가 많아 야뇨증이 나타납니다.

치료에서도 체질이 고려되어야 하는데 태음인 아이는 수면 중 신경 활동과 각성 작용을 돕는 마황을 많이 응용하며 허약한 경우에는 녹용이 효과적입니다. 소양인 아이는 신장과 방광 기운을 돕고자 숙지황, 마, 산수유 등이 주 약재인 육미지황탕 계통의 처방을 많이 응용합니다. 소음인 아이는 비위기능을 돕고 허약증을 개선하려고 인삼이나 황기가 주재료인 보중익기탕 계통의 처방이 많이 사용됩니다.

네 가지 체질 중 태양인은 아주 적으므로 언급을 생략하고 이 외의 체질의 병리적인 특성을 보면 다음과 같습니다.

태음인은 잔병치레가 별로 없고 잘 먹는 편에 속하는데, 경우에 따라 호흡기 계통이 약하여 기관지염, 천식 및 감기를 자주 앓기도 합니다. 참을성이 있고 잠을 깊이 잘 자는 편이며 겁이 많습니다. 마시는 것을 좋아하는데 우유나 음료수를 자주 찾고 비만 성향을 띄기도 하며 과식으로 배가 아프다는 얘기를 종종 합니다. 대변은 잘 보는 편이며 간혹 가늘게 자주 보기도 하지요. 감기에 걸리면 콧물, 가래, 기침이 주 증상인 경우가 많고, 먹는 것이 크게 줄지 않는 경향이 있으며, 항생제나 양약에 둔감해 병을 키우는 경우가 많습니다.

소양인 아이는 진료실에서도 가만히 있지 않고 왔다 갔다 하며 눈이 초롱초롱하고 호기심이 많아 이것저것 만지는 경우가 많습니다. 먹는 것에 비해 활동량이 많아 마르기 쉽고 편식이 심한 편입니다. 평상시에 배나 다리나 머리가 아프다는 말을 자주 합니다. 변비 경향이 있고 놀 때나 잘 때 머리에 땀을 흠뻑 흘리고는 합니다. 엄마들이 아이를 설명할 때 "아이가 더위를 못 참고 열이 많은 편이에요"라는 말을 많이 하지요. 성격이 예민한 편이며 잘 때 자주 깨는 경향도 있습니다. 찬 음식을 자주 찾고 태열이나 아토피 피부염을 앓았던 경우도 많고 감기에 걸리면 열성, 염증성 증상으로 고열, 열 경기, 인후염, 편도염, 중이염 등이 자주 나타납니다.

소음인 아이는 편식뿐 아니라 전체적으로 잘 안 먹는 경향을 띠고 마르고 혈색이 좋지 않습니다. 손발이 차며 추위를 많이 타고 소화기능 및 비위가 약하여 자주 토하고 헛구역질을 하고 냄새에 민감하며 배 아프다는 얘기를 많이 합니다. 차멀미를 하는 경우가 많고 어지럽다고 호소하기도 합니다. 배변이 불규칙한 경우가 많으며 성격이 예민하여 자더라도 잘 깨고 칭얼대다 늦게 자기도 합니다. 몸이 약해지면 잘 때 까무러치고 식은땀을 흘리며, 감기에 걸리면 식은땀을 더 흘리고 식욕이 떨어져 안 먹고 힘들어합니다. 또한 장염이 동반되어 토하거나 설사를 잘 합니다. 항생제 등 양약에 약하고 감기를 앓고 나면 체중이 쉽게 줄기도 합니다.

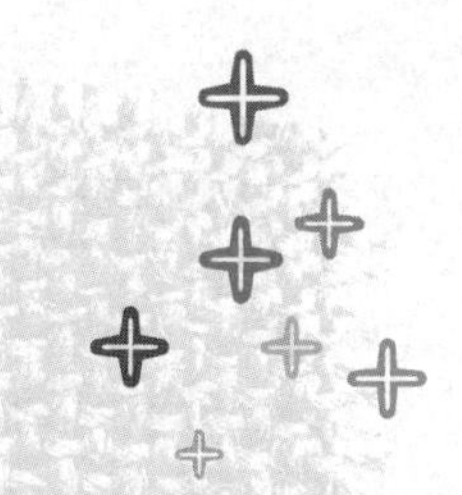

5세에서 6세까지(49~72개월)

두뇌 계발

머리가 좋아지는 총명탕

이 시기가 되면 엄마들은 부쩍 아이들의 두뇌 발달에 관심을 갖게 됩니다.
아이들이 제법 논리력이나 이해력이 좋아지면서 지적 욕구가 눈에 띄게 많이 생기기도 하지요.
그러니 부모로서 아이의 두뇌 계발에 자연스럽게 관심이 가게 마련입니다.
이 시기 아이를 키우는 부모 중에는 총명탕을 먹이려고 한의원을 찾는 경우도 많습니다.
총명탕을 적절히 활용하면서 올바른 식생활을 하면 두뇌 계발에 도움이 됩니다.

총명탕이 정말 머리를 좋아지게 할까?

총명탕은 《동의보감》 내경 편에 건망증을 치료할 수 있는 처방으로 소개되어 있습니다. 이를 근거로 한 많은 실험결과 총명탕은 뇌 세포 손상의 회복, 치매, 학습 효과 증진, 기억력 향상 등에 좋은 효과가 있음이 입증되고 있습니다.

총명탕의 구성 약재는 백복신, 원지, 석창포 등입니다. 이 약재들은 마음을 차분하게 하여 집중력을 키워주는 효과가 있습니다. 지속적인 스트레스로 인하여 화가 위로 올라오고, 머리가 맑지 않은 아이라면 총명탕이 효과가 있을 것입니다. 자주 피곤하거나 학습이나 놀이에 오래 집중하지 못하는 아이에게도 좋은 보약입니다.

언제 먹는 것이 좋을까요?

아이들의 뇌는 출생 후 급격하게 발달하여 만 5~6세가 되면 성인의 90퍼센트 가까이 신경세포가 늘어납니다. 초등학교 입학을 앞둔 이 시기에는 두뇌 발달을 위한 교육과 충분한 영양 공급이 필요하지요. 이 시기의 교육이 여러 가지 의미가 있기 때문에 조기교육 열풍도 일고 있다고 봅니다.

총명탕은 사실 수험생만을 위한 처방은 아닙니다. 저는 이 시기 아이들에게 허약증 개선을 위한 보약을 처방해줄 때는 반드시 총명탕의 구성 약재를 첨가합니다. 두뇌 활동과 집중력을 돕고, 산만한 아이들의 마음을 안정시키는 효과가 있기 때문입니다. 복용 시기가 따로 있지는 않지만 주로 봄, 가을 새롭게 수업이 시작할 때 환절기 보약을 겸해서 처방해주면 더욱 좋습니다.

총명탕 이렇게 먹어요

총명탕은 보통은 아침저녁으로 식후 30분에 복용하며, 아이의 상태에 따라 2주에서 한 달 정도 복용한다. 단, 저녁 한약은 잠자기 2시간 전에는 복용하는 것이 약의 소화 흡수에 좋다. 냉장 보관하며 먹기 전에 따뜻하게 데워서 먹이는 것이 좋다. 약을 먹는 동안 기름진 음식, 찬 음식, 패스트푸드, 녹두, 생무 등은 피한다. 총명탕을 복용할 때는 녹황색 채소를 충분히 섭취하고, 뇌 기능을 도와주는 콩, 호두, 잣 등을 함께 먹으면 좋다.

음식이 똑똑한 아이를 만듭니다

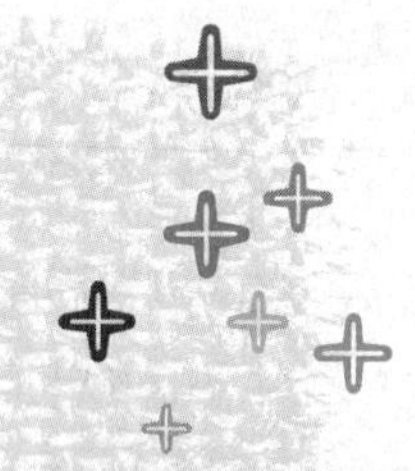

취학 전 아이를 둔 엄마들은 아이의 지적 능력에 신경을 많이 씁니다.
영어 유치원이다, 한글이다 해서 갖가지 사교육을 시키기도 하지요.
하지만 부모들이 착각하기 쉬운 것이 있습니다. 공부를 시키는 것과 두뇌를 계발하는 것은
다르다는 사실입니다. 공부가 두뇌에 지식을 넣는 것이라면,
머리를 좋게 하는 것은 뇌신경의 활동과 용량을 키우는 것입니다.
그러기 위해서는 뇌에 영양을 잘 공급하는 것과 적절히 자극을 해주는 것이 기본입니다.

잘 씹어야 뇌가 발달해요

잘 씹는 것과 뇌가 발달하는 것이 무슨 관계가 있느냐고 하시겠지요. 하지만 잘 씹어야 뇌가 발달합니다. 음식을 잘 씹을수록 턱이 발달하고 턱이 움직이면 혈류가 뇌를 자극해 자연스럽게 뇌가 발달하는 것입니다. 그러므로 부드러운 음식보다는 씹을 수 있는 조금 단단한 음식을 많이 먹이는 것이 좋습니다. 부드러운 흰 쌀밥보다는 잡곡밥을, 케이크 대신에 떡을, 초콜릿 대신 고구마나 감자를 먹여야 아이가 똑똑해집니다.

하지만 요즘 아이들은 거칠고 고형질의 음식을 잘 씹지 못하는 경향이 있습니다. 씹을수록 맛이 좋은 잡곡이나 김치 같은 발효 식품을 잘 못 먹는 것이지요. 하지만 요즘 엄마들은 아이가 이런 음식을 잘 못 먹을 때 대수롭지 않게 생각합니다. 엄마 자신의 식습관을 점검해보면 엄마 역시 고형질의 음식을 잘 안 먹기도 합니다. 하지만 아이가 똑똑해지기 원한다면 음식의 질감에도 신경

을 써야 합니다. 먹기 좋은 부드러운 음식만 줄 게 아니라, 좀 거칠지만 씹으면서 음식 고유의 맛을 더 느낄 수 있는 것들을 많이 먹여야 합니다. 또한 아이가 이것저것 가리지 않고 잘 먹도록 평소에 몸을 많이 움직이게 하세요. 몸을 많이 움직여 활동량이 늘면 밥맛도 좋아집니다. 머리 좋아지게 한다고 사교육만 시킬 것이 아니라 몸을 이용해 즐겁게 놀 수 있는 시간도 반드시 필요합니다.

아침밥을 먹여야 똑똑해집니다

뇌를 잘 움직이게 하려면 영양 섭취가 매우 중요합니다. 특히 아침밥은 영양 섭취라는 측면 외에 또 다른 중요한 역할을 합니다. 사람은 잠을 자는 동안 체온이 1도 정도 내려갑니다. 그러므로 아침을 먹기 전에 우리 몸은 체온이 평소보다 1도 정도 낮은 상태입니다. 체온이 낮으면 뇌의 활동도 당연히 떨어지겠지요. 이때 아침을 먹어야 비로소 체온도 올라갑니다. 또한 뇌가 유일하게 쓰는 영양원은 포도당입니다. 포도당은 탄수화물이 소화되면서 나오는 것입니다. 그러므로 아이의 뇌가 빨리 활동하게 하려면 아침밥을 먹어야만 합니다. 바쁘다고 아침밥을 거르고 유치원에 보낸다면, 아이는 유치원에서 점심을 먹기 전까지 내내 멍한 상태로 지내게 될 것이 분명합니다.

아침밥을 무엇으로 먹일지도 중요합니다. 달고 부드러운 빵보다는 한국인에게 맞는 우리 식단으로 아침을 먹이는 것이 좋습니다. 그래야 속도 편하고 소화도 잘 됩니다. 아이가 아침밥을 먹기 너무 어려워한다면, 너무 늦게 잠자리에 드는 것은 아닌지 살펴보세요. 분명히 늦은 시간까지 텔레비전을 보거나 컴퓨터를 했을 가능성이 큽니다. 저녁 식사 후 늦은 시간에 간식을 먹는 것도 자제해야 합니다. 너무 배가 부른 상태로 잠자리에 들면 숙면을 취하지 못하고 속이 더부룩해 아침밥 먹기가 더욱 어려워지니까요.

그러므로 아이를 일찍 재우고 아침에 충분한 시간을 갖고 식사할 수 있는 분위기를 만드는 것이 중요합니다. 그야말로 어른들의 생활 자체를 바꿔야 아

똑똑한 아이 만드는 5가지 기술

1. 엄마가 부엌에서 음식 만들기를 즐겨라.
2. 반찬 가짓수가 많을수록 아이 머리가 좋아진다.
3. 씹는 음식은 머리를 좋게 한다.
4. 편식은 두뇌에 좋지 않다.
5. 억지로 먹이지 말고 아이의 활동량을 늘려라.

이가 아침밥을 잘 먹을 수 있는 것입니다. 몇 해 전 초등학생을 대상으로 한 설문조사에서 놀랍게도 아이들이 아침밥을 먹지 않은 이유 1위가 '엄마가 아침밥을 차려주지 않아서'였습니다. 엄마는 아이가 안 먹어서 안 차려준다고 변명하겠지만 아이들은 이렇게 느끼는 것입니다. 아이가 아침밥을 먹지 않으려 해도 엄마는 아침밥 차려주는 일을 게을리해서는 안 된다는 사실을 잊지 말아야 합니다.

똑똑한 두뇌를 만드는 자연식

뇌는 우리 몸의 모든 기능을 관장하는 곳입니다. 성인 기준으로 그 무게는 우리 체중의 2퍼센트 정도에 불과하지만 하루 열량의 20퍼센트를 소비할 만큼 활발하게 활동하는 기관이지요. 만약 뇌의 영양 상태가 좋지 않으면 뇌신경세포 수와 크기가 감소하고 신경전달물질의 생산이 줄어 기억장애, 언어장애, 신체장애 등이 나타날 수 있습니다.

콩을 많이 먹어야 머리가 좋아진다는 말이 있지요? 콩은 단백질과 비타민B, 레시틴 등이 풍부하게 들어 있어 뇌 세포를 새로 만들어줄 뿐 아니라 뇌에 영양을 공급해줍니다. 시금치, 우유 등에도 뇌에 영양을 공급해주는 성분이 들어 있습니다. 비타민A가 풍부한 식품도 머리를 좋게 합니다. 멸치처럼 뼈째 먹는 생선에 많은 칼슘, 정제되지 않은 곡류, 해조류, 견과류도 뇌 건강에 좋습니다.

한마디로 표현하면 다양한 음식을 골고루 먹었을 때 머리가 좋아진다는 말입니다. 기본적으로 육류보다는 식물성 음식을 많이 먹는 것이 뇌를 건강하게 하는 지름길입니다. 또한 아무리 좋은 음식에도 설탕, 화학조미료나 첨가물을 많이 사용하면 당연히 두뇌에 나쁜 영향을 미칩니다. 어려울 것 없습니다. 신선한 제철 음식을 즐겁게 먹는다면 똑똑한 뇌를 만들 수 있습니다.

머리를 나쁘게 만드는 음식

두뇌에 안 좋은 영향을 주는 식품은 될 수 있는 한 피하는 것이 좋겠지요. 가공식품이 좋지 않다는 것은 모두 아실 겁니다. 똑똑한 아이로 키우고 싶다면 뇌에 꼭 필요한 미네랄이나 아연, 칼슘 등을 빼앗아가는 가공식품을 반드시 피해야 합니다. 패스트푸드도 좋지 않습니다. 트랜스지방과 불포화지방산이 연소하는 과정에서 생기는 과산화지질이 뇌를 괴롭히기 때문이지요.

단 음식도 신경세포에 악영향을 주거나 세포를 파괴할 수 있으므로 주의해야 합니다. 특히 아이들이 좋아하는 초콜릿은 카페인 성분이 들어 있어 주의력을 떨어뜨리기 쉽습니다. 과도한 지방도 뇌에 좋지 않습니다. 콜레스테롤이 증가하면 뇌가 탁해지기 때문입니다. 기름은 소량 사용하되 우리 몸에 좋은 참기름, 들기름, 올리브 오일 등을 사용하는 것이 현명합니다.

왼손잡이 아이가 머리가 좋을까?

사용하는 손에 따라 좌우 뇌의 발달 정도는 약간의 차이는 있으나, 왼손잡이 아이가 머리가 좋다고는 볼 수 없다. 왼손잡이라고 우뇌가 발달하여 더 똑똑하거나 창의력이 있다고 할 수는 없다는 말이다. 왼손잡이 중 일부 천재성을 가진 역사적 인물들로 말미암아 이런 속설이 생긴 것으로 생각된다. 단, 왼손잡이 아이들을 오른손잡이로 바로잡으려고 노력을 해도 잘 안 되는 경우는 너무 강압적으로 교정할 필요는 없다.

5세에서 6세까지(49~72개월)

감기

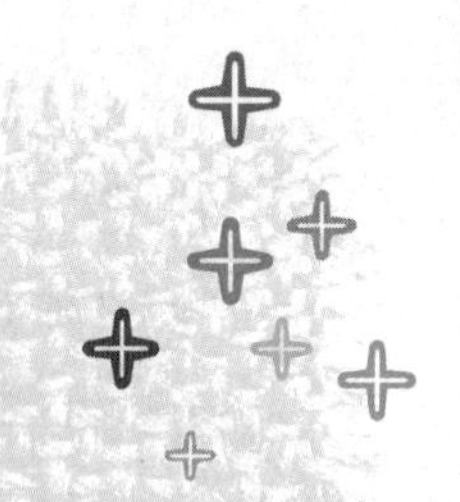

단체생활로 감기에 자주 걸리는 아이들

어린이집이나 유치원에 다니면서 감기를 달고 사는 아이들이 있습니다.
친구 하나가 감기에 걸리기만 하면 특별히 가까이 지내는 것도 아니면서 감기를 옮아오고,
드디어 감기가 나아가나 싶으면 얼마 안 가 다시 감기 증세가 나타나곤 하지요.
아이들이 감기에 걸리는 것은 면역력이 약하기 때문입니다.
이런 아이들에게는 무엇보다 면역력을 높여주는 치료를 해줘야 합니다.

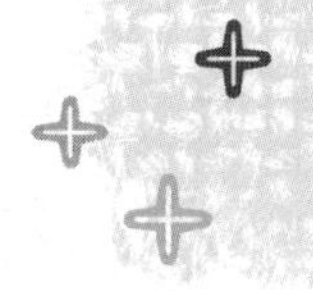

감기치레, 좋은 점도 있어요

이 시기 대부분 아이는 유치원이나 어린이집을 다닙니다. 마냥 어리게만 느껴졌던 아이가 어느덧 자라 사회생활을 시작하는 것을 보면 뿌듯한 마음이 들지요. 그런데 이제 새로운 걱정이 시작되기도 합니다. 이 또래 아이를 둔 엄마들이 자주 하는 하소연이 있습니다.

"아이가 유치원에 다니면서부터 감기를 달고 사는 것 같아요."

같은 반 아이가 감기에 걸렸다는 소식이 들리면 며칠 후 어김없이 콧물이 나고 열이 나기 시작한다는 것이지요. 그렇다고 유치원이나 어린이집에 보내지 않는 것이 능사일까요? 아이들은 단체생활을 하며 병치레를 합니다. 그러

면서 전염성 질환들을 앓게 되는데 이 과정에서 면역력이 길러지는 것입니다.

특히 감기는 제대로 앓기만 한다면 면역력을 기르는 데 큰 도움이 됩니다. 감기에 걸렸을 때 잘 앓고 나면 마치 보약을 먹은 것처럼 면역력이 높아집니다. 이때 중요한 것은 '잘 앓는 것'입니다. 짧은 기간 감기를 앓고 나서 잘 회복하면 그 자체가 바로 면역력을 키우는 과정이 되니까요.

한때 항생제가 만병통치약처럼 처방되던 시절이 있었습니다. 그런데 이제는 항생제를 많이 처방하는 병원의 정보를 인터넷에서 검색해 일부러 피할 만큼 항생제가 위험하다는 인식이 확산하고 있습니다. 물론 해열제와 항생제는 대단히 중요한 약입니다. 그러나 반드시 필요할 때만 써야 합니다. 아이들이 흔하게 걸리는 감기에는 항생제나 해열제가 필요하지는 않습니다. 감기에 걸려 열이 난다고 무턱대고 해열제부터 먹이는 엄마가 많은데, 아이가 열이 난다고 너무 겁내지 마세요. 감기와 싸우느라 몸에 열이 나는 것입니다. 이제 감기쯤은 아이 스스로 이겨내야 합니다. 아이 입에 맞는 음식을 먹이고, 물을 수시로 마시게 하면서 충분히 쉬게 해주세요. 감기에 걸린 동안은 어린이집이나 유치원도 쉬는 게 낫습니다. 충분히 휴식을 취하면서 감기를 잘 이겨내도록 도와주세요.

꼬리에 꼬리를 무는 감기, 면역력이 문제입니다

드디어 감기가 떨어지나 싶어 한숨 돌리면 얼마 지나지 않아 다시 감기에 걸리는 경우가 있습니다. 감기는 한번 걸리면 3~4일에서 일주일이면 낫습니다. 물론 발열, 콧물, 기침을 하다가 중이염으로 발전하기도 하지요. 일단 중이염 같은 합병증으로 발전할 때를 제외하고는 길어도 일주일이면 잦아드는 게 보통입니다. 그러고 나면 당분간 같은 감기에 걸리지 않아야 하죠.

그런데 감기가 나은 것 같다가 2~3일 후에 증세가 재발하고, 콧물이나 기침이 계속된다면, 그건 이전의 감기가 다 낫지 않은 것입니다. 몸의 면역력이 떨어져 있으니 나아가던 감기가 다시 심해지는 것이지요. 이러면 감기를 치료한 후 보약을 처방받는 것이 좋습니다. 호흡기를 보강하고 면역력을 키워주기 위한 것으로, 감기를 오랫동안 그리고 자주 앓는 아이들은 반드시 그렇게 해야 합니다.

또한 면역력 저하와 내성을 줄이려면 항생제 등의 처방을 최소한으로 줄여야 합니다. 웬만한 감기는 내성을 키우지 않고 자기 스스로 극복하게 도와주는 한방 감기약을 먹이는 것도 좋은 방법입니다.

호흡기를 튼튼하게 하는 생활법

감기를 예방하려면 호흡기를 튼튼하게 하는 것이 중요합니다. 호흡기를 튼튼하게 하려면 우선 규칙적으로 운동해야 합니다. 적당한 선에서 땀이 날만큼 몸을 움직이는 것이 좋습니다. 땀이 나면서 혈액순환이 원활해지면 몸에 노폐물이 쌓이지 않고 폐의 기운이 맑아져 호흡기가 튼튼해지고 피부 면역력도 좋아집니다.

집 안 습도 조절에도 신경 써주세요. 호흡기가 약한 아이들은 환경이 건조할 때 호흡기가 상하기 쉽습니다. 젖은 빨래를 방 안에 널거나 어항을 들여놓는 식으로 습도를 조절해줘야 합니다. 아이가 밖에서 돌아왔을 때는 양치질을 하고 손과 발을 깨끗하게 닦게 하세요. 또 마른 수건으로 피부를 마사지해주는 건포마찰을 해주면 피부와 폐가 단련되어 감기에 잘 안 걸립니다.

피부를 단련하는 건포마찰

피부를 단련하고자 마른 수건으로 전신의 피부를 마찰하는 건강법. 팔과 다리, 등, 가슴, 배의 순서로 해준다. 팔과 다리의 아래쪽부터 시작해 몸의 중심을 향해 문지른다. 건포마찰을 하기 전에는 환기를 시켜 실내 산소가 충분한 상태에서 빠르고 적당히 강하게 문지르고 끝낸다. 마찰로 말미암아 수축한 혈관이 확장되어 혈액순환이 왕성해지고 피부의 저항력이 좋아진다.

아이들은 특히 온도 변화가 심한 환절기에 감기에 자주 걸립니다. 면역력이 강한 아이라면 환절기도 별 문제없이 넘어가지만 평소 감기에 자주 걸리는 아이라면 특히 환절기에 건강에 유의해야 합니다. 환절기에는 다음 사항에 유의하세요.

아침에 잠에서 깬 직후에는 몸이 차가운 상태입니다. 잠에서 깨자마자 바로 거실에 나오게 하기보다 방 안에 잠시 머물며 몸을 덥히는 것이 좋습니다. 단, 실내를 너무 따뜻하게 하지 말고, 외출하기 전에는 미리 환기를 시켜 바깥 공기에 적응시켜야 합니다. 외출을 할 때는 마스크를 착용하는 것이 좋고, 목을 스카프로 따뜻하게 감싸는 것도 괜찮습니다. 심한 감기가 아니라면 병원에 가서 약을 지어 먹이기보다는 생강차나 칡차, 유자차 등을 먹이며 충분한 휴식을 통해 감기를 이겨내게 도와주세요.

초기 감기에 효과적인 침 치료

지금 월령 정도면 침 치료로 좋은 효과를 볼 수 있습니다. 감기가 오래되면 나쁜 기운이 아이의 경락을 따라 몸속 깊숙이 들어가게 됩니다. 이렇게 몸속에 기운이 제대로 돌지 않을 때는 경혈에 침이나 부항, 뜸 같은 자극을 가하면 감기 치유에 도움이 됩니다. 이 시기의 아이들은 바늘에 대한 공포가 대단히 크기 때문에 침을 오랫동안 꽂아두기가 쉽지 않습니다. 따라서 빠르고 가볍게 찔렀다가 빼는 방법으로 고안된 아프지 않은 소아용 침을 놓습니다. 열이 심하거나 경련을 일으키는 응급 상황에는 손가락 등을 가볍게 따서 피를 몇 방울 내는 치료를 하기도 합니다. 기침이나 가래가 오래가는 경우에도 등 쪽 혈자리를 가볍게 사혈하면 효과가 있습니다.

감기에 따라오는 불청객, 부비동염과 중이염

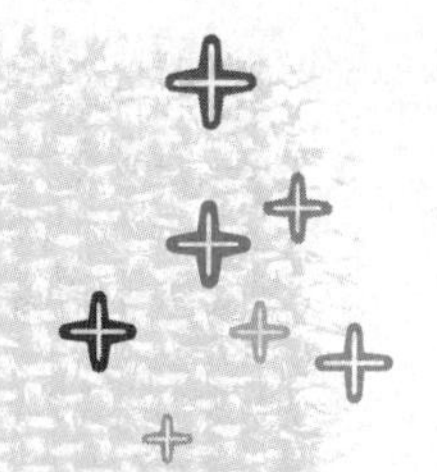

축농증은 부비동염이라고 하여 주로 코뼈 양옆에 있는 부비동에 염증이 생기는 병입니다.
부비동은 촉촉하게 젖은 섬모로 덮여 있으며 평소에는 공기가 차 있는데
감기나 비염이 오래가면 부비동에 염증이 생겨 고름이 고입니다.
특히 아이들은 코와 얼굴이 작고 코 점막이 약해 부비동염이 더 잘 생기지요.

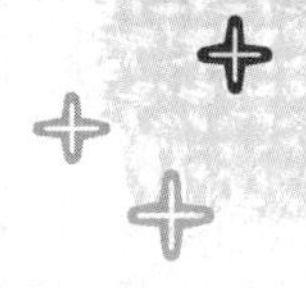

누런 코와 새벽 기침이 반복되는 아이

부비동염은 코의 부비동에 염증이 생기는 것으로 한의학에서는 비연, 뇌루라고 합니다. 비염이 콧구멍 안에 염증이 생긴 것이라면 부비동염은 콧구멍 주위의 부비동까지 염증이 번진 것이지요. 누런 코가 나오면서 기침을 많이 합니다. 특히 새벽에 오랜 시간 기침을 하지요. 입을 크게 벌려 보면 목으로 누런 코가 넘어가는 것을 볼 수 있기도 합니다. 누런 코가 열흘 이상 지속하면 눈 주위와 머리까지 아파지고 때로 열이 나기도 합니다. 신경질을 잘 부리는 아이 중에 부비동염을 앓는 경우가 많은데 코 때문에 예민해진 것입니다. 부비동염을 너무 자주 앓거나 오래 내버려두면 집중력과 기억력이 떨어지며, 코가 답답해 밤에는 잠을 잘 자지 못해 성장에도 장애가 생깁니다.

부비동염에 걸리는 가장 큰 원인은 바로 감기입니다. 감기로 인한 비염이나 편도 감염이 심해지면서 두개골에 있는 공간인 부비동에 염증이 생겨 농이 차

고 배출이 잘 안 돼서 오는 것입니다. 한의학에서는 외부 감염이나 쓸개의 열이 뇌로 전달된 경우, 폐기가 허약한 경우에 생긴다고 봅니다.

부비동염은 4~10세에 자주 걸리는데, 저항력이 약해 감기에 자주 걸리거나, 부비동의 형태가 완성되지 않아 외부 환경에 민감하게 반응하는 탓입니다. 6세 미만의 아이가 밤에 지속적으로 기침하고 누렇고 끈끈한 콧물을 계속 흘린다면 부비동염일 가능성이 큽니다. 어른들은 부비동염에 자주 걸리지는 않으나 한번 걸리면 치료가 쉽지 않고 치료 기간도 오래 걸립니다. 반면에 어린 아이들은 자주 걸리는 대신에 짧은 시간 안에 치료됩니다.

그러므로 부비동염이 생기지 않게 하는 가장 좋은 방법은 바로 감기에 안 걸리는 것입니다. 또한 감기에 걸렸다면 신속하게 치료해주는 것이 중요합니다. 코감기나 감기 뒤 오는 비염이 오래가면 부비동염으로 이어질 가능성이 커집니다.

답답한 코를 도와주는 치료 방법들

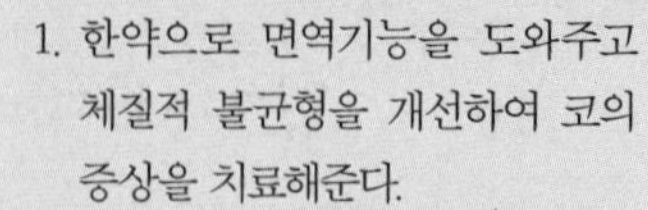

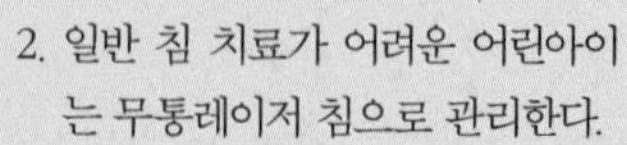

1. 한약으로 면역기능을 도와주고 체질적 불균형을 개선하여 코의 증상을 치료해준다.
2. 일반 침 치료가 어려운 어린아이는 무통레이저 침으로 관리한다.
3. 처방에 의해 배합된 향유를 네뷰라이저를 통해 흡입하여 치료하는 방법으로 염증 개선 및 코 점막 강화, 면역기능 개선을 목표로 한다.
4. 코 점막에 직접 뿌리는 분무약이나 콧속에 넣어 약이 직접 흡수되게 하는 삽입 약을 사용하여 점막의 염증이나 붓기를 빨리 개선한다.
5. 깨끗한 물 1리터에 천연소금 2찻숟가락을 넣거나 생리식염수를 이용해 한쪽 코를 막고 물을 빨아들이게 한 후 입으로 뱉어낸다. 아이가 하기 어려워하면 주사기를 이용해 콧속을 씻어준다. 아침 저녁으로 세수할 때 한다.

항생제나 수술 없이도 나을 수 있습니다

축농증은 생각보다 쉽게 치료가 안 되는 질환입니다. 나았다 하더라도 코는 세균과 바이러스에 늘 노출돼 있기 때문에 재발이 쉽습니다. 양방에서는 종종 항생제로도 치료가 안 돼 수술을 권하기도 합니다. 하지만 아직 어린 아이들에게 수술은 위험할 수가 있지요. 아직 두개골이 자라는 중이기 때문입니다. 성공적으로 수술한다고 하더라도 재발률이 70퍼센트나 되기 때문에 아주 급한 상황이 아니라면 수술하지 않은 것이 좋습니다. 대부분 축농증 치료에 항생제를 많이 사용하는데, 항생제는 많이 먹일수록 좋지 않다는 것은 다 아는 사실이지요.

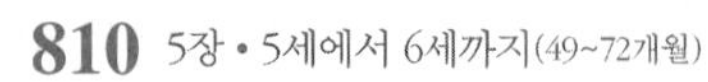

한의학에서는 크게 외부 감염, 쓸개의 열이 뇌로 전달된 경우, 폐기가 허약한 경우로 병인을 나눕니다. 외부 감염은 증상과 맥에 따라 풍한, 풍열 두 가지로 구분 처방하고 있습니다. 이렇게 증상 개선뿐만 아니라 원인에 따라 처방을 구성하여 한약을 복용하면 좋은 효과를 볼 수 있습니다. 아이는 한약 복용과 더불어 통증이 없는 레이저 침 및 비강 레이저 조사, 약향요법, 외치요법(스프레이제 및 삽입약)을 병행하며 가정에서는 비강을 생리식염수로 씻어주는데, 대략 2주에서 한 달 정도면 효과가 나타납니다. 원인에 따라 형방패독산, 창이자산, 상국음, 용담사간탕 등의 처방을 이용합니다. 비염 축농증은 한방으로 치료할 때 예후가 굉장히 좋은 질환 중 하나입니다.

중이염의 원인은 신장과 폐의 허약

귀는 한의학에서 신장과 통한다고 봅니다. 신장의 정기精氣가 귀를 통해 반영되지요. 나이가 들어 정기가 약해지면 귀가 어두워지는 것이 이런 이유입니다. 선천적으로 귓바퀴 모양이 이상한 아이들은 요로 기형도 겸한 경우가 많다고 합니다. 따라서 만성적으로 반복되는 중이염은 신장의 정기를 보강해야 회복되는 경우가 많습니다. 중이염은 코와 편도의 염증과 관련이 있어 여기에 대한 치료도 병행하며, 만성적으로 반복될 때는 신장의 정기를 보강하고 면역력을 높여줘야 합니다.

한방에서 보는 중이염의 원인은 풍열입니다. 풍열독 때문에 염증이 생기는 것이지요. 여기에 습한 기운이 더해져 독기가 잘 물러가지 않은 겁니다. 일반적으로 폐의 기가 부족하고 신장이 약한 아이가 중이염에 잘 걸리지요.

양방이 익숙한 엄마들은 중이염을 한방으로 치료한다는 게 생소하겠지만 중이염은 한약으로 치료가 잘 됩니다. 급성기에는 풍열을 치는 한약으로 치료하고 만성기에는 폐와 신장의 기운을 돕는 한약을 병행해서 치료합니다. 또한 중이염은 감기 합병증의 하나이므로 면역력을 길러 감기에 잘 걸리지 않도록 해야 합니다.

코와 귀를 함께 치료해야 합니다

중이염에 걸리면 주로 귀의 통증, 청력 장애, 귀 울림, 분비물 등의 증상이 나타납니다. 그러나 아이들은 그러한 증세들을 잘 자각하지 못해 아프다는 말을 잘 하지 않아서 병을 크게 키우는 경우가 많습니다. 일단 감기 끝에 다시 열이 오르거나 자꾸 귀 부분을 만지작거리며, 진물이나 고름이 귀에서 흘러나오면 중이염이라고 할 수 있습니다. 또한 텔레비전 음량을 자꾸 높이려 하고, 작게 말하면 잘 못 알아듣는다면 일시적으로 청력이 떨어졌다는 증거입니다. 귀 대신 뺨이 아프다고 하는 아이도 있습니다.

중이염에 잘 걸리는 아이들은 대부분 코감기를 자주 앓고 만성적으로 비염이나 축농증이 있습니다. 귀와 코는 이관으로 연결되어 있는데, 아이들은 이관이 어른보다 짧고 굵으며 수평으로 되어 있기 때문에 세균이 코에서 귀로 넘어가기 쉬운 구조입니다. 귀를 단독으로 치료할 것이 아니라 코에 대한 치료를 해줘야 재발을 막을 수 있지요.

중이염은 그 경과에 따라 급성, 삼출성, 만성으로 나뉩니다. 급성중이염은 이관을 통해 들어온 세균이 염증을 일으켜 귀에서 농이 나오는 것입니다. 통증이 심한 편이며, 제대로 치료가 안 되면 중이에 삼출액이 고이는 삼출성 중이염이 됩니다. 또 중이염이 세균감염 등으로 만성화되면 진주종성 중이염이나 유착성 중이염 등 심각한 질환으로 전이될 수 있기 때문에 유의해야 합니다.

중이염에는 항생제가 필수?

"또 한참 동안 약을 먹여야겠구나."

중이염이라는 진단을 받으면 일단 엄마들은 각오합니다. 실제 아이들의 질환 중 항생제를 가장 많이 쓰는 단일 질환이 중이염이라고 합니다. 그러나 지금은 중이염에 항생제를 쓰지 않은 것이 세계적인 추세입니다. 급성중이염은 발병 2주 이내, 삼출성 중이염은 90퍼센트 정도가 3개월 이내에 자연치유가 된다고 합니다. 3개월 이상 오래가는 만성 중이염이 되는 경우는 그다지 흔치 않은 셈이지요.

그 외 경우에는 무조건 항생제를 사용해서는 곤란합니다. 오랜 항생제 사용은 오히려 중이염 치료를 더디게 합니다. 항생제를 오래 복용해 위장 장애를 일으키고 체력 저하로 면역력이 약해지면 더욱 병이 잘 낫지 않습니다.

중이염 대부분은 자연치유가 됩니다. 그러나 이관 기능이나 코가 좋지 않으면 중이염이 잘 낫지 않지요. 중이염이 잘 낫지 않아 중이에 삼출액이 고이는 삼출성 중이염으로 발전하면 얇은 고막을 약간 째고 그 자리에 튜브를 끼워주는 수술을 권유받기도 합니다. 수술을 통해 귀 안에 고여 있던 농이나 삼출액을 귀 바깥으로 빼내는 원리지요. 튜브는 나중에 저절로 빠져나갑니다. 아이들이 이 수술을 받을 때는 전신마취를 해야 하지요. 수술을 하는 동안 아이들이 가만히 있지 않기 때문입니다. 비교적 간단한 수술이지만 아이들은 전신마취를 해야 하기 때문에 부담스러운 부분이 있습니다.

또한 중이염 수술을 한다고 해서 재발하지 않는 것은 아닙니다. 아이들은 코에서 귀로 연결되는 구조가 어른과 달라 코감기가 오래가면 중이염에 쉽게 걸립니다. 즉, 중이염 수술을 해도 코의 상태가 좋아지지 않으면 몇 번이고 재발하므로 수술을 통한 단발성 치료보다는 근본적인 병의 원인을 치료해주는 것이 중요합니다.

이럴 땐 항생제를

경우에 따라서는 항생제를 꼭 써야 할 수도 있다. 38.5도가 넘는 고열이 3일 이상 계속 되거나 식욕이 없고 호흡이 빠르다면 의사에게 진료를 받아야 하고, 아이가 목이 아프고 속이 매슥거리는 소화기 증상이 있을 경우 세균성 감염을 의심해야 한다. 세균에 의한 고열 증상은 바이러스성 감염증과 달리 아침부터 고열이 나고 특히 기운이 없는 상태를 보인다. 이때는 항생제 처방이 필요하다.

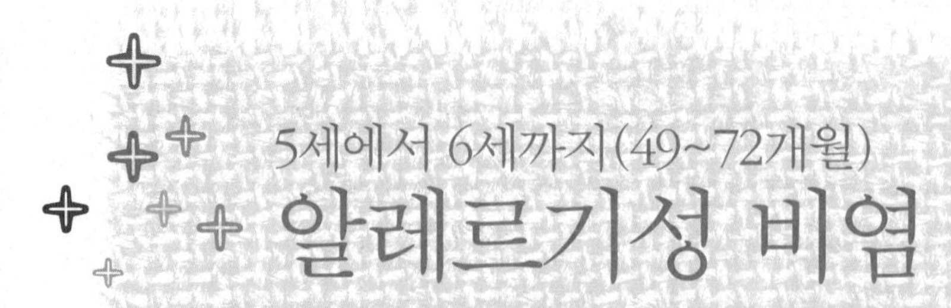

5세에서 6세까지(49~72개월)

알레르기성 비염

알레르기 행진으로 나타나는 비염

알레르기성 비염은 천식, 아토피 피부염과 밀접한 관계에 있습니다.
어려서 아토피 증세가 나타나면 대개 그 아이는
비염과 천식에도 경고등이 켜진 것이라고 볼 수 있습니다.
아토피 피부염을 앓던 아이는 알레르기성 비염에 걸릴 확률이 높으며,
알레르기성 비염은 천식을 앓는 아이들에게서 자주 나타납니다.
이것을 알레르기 행진이라고 하지요.

재채기, 콧물, 코막힘이 대표 증상

알레르기성 비염은 발작성 재채기, 맑은 콧물, 코막힘의 3대 증상이 특징입니다. 특히 아침에 증세가 심하지요. 갑자기 재채기를 끝도 없이 하다가 맑은 콧물을 연거푸 쏟아냅니다. 코가 꽉 막히기도 하지요. 알레르기성 비염은 단지 코에만 증상이 머물지 않습니다. 코와 눈, 귀가 간지럽기도 하고, 두통, 인후염, 결막염, 코가 목 뒤로 넘어가는 후비루 증상, 피로, 식욕 저하 등을 수반하기도 합니다.

알레르기성 비염은 나타나는 시기에 따라 계절성과 통년성으로 나눕니다. 계절성은 일정한 계절에만 나타나는 것이며 화분증, 고초열이라고 하지요. 통

알레르기성 비염의 판단 기준

1. 발작적인 재채기, 맑은 콧물, 코막힘의 3가지 증상을 보인다.
2. 부모 중 한 명 이상이 알레르기 질환을 앓고 있다.
3. 아토피성 피부염을 앓고 있거나 앓은 적이 있다.
4. 특정한 계절이나 물질에 노출되었을 때 갑자기 증세가 나타난다.

년성 알레르기성 비염은 증상이 연중 내내 계속됩니다.

알레르기성 비염은 원인을 정확히 알 수 없고 체질에 따라 비염 증세가 호전과 악화를 반복하기 때문에 별다른 치료를 하지 않고 만성질환으로 키워나가는 경우가 많습니다. 한의학적으로 알레르기성 비염은 폐와 비장의 기운이 허약해 신체 방어력이 떨어졌거나, 외부의 나쁜 기운이 폐를 상하게 해 발생한다고 보고 있습니다. 여기에 온도나 습도 등의 나쁜 기후 조건, 집먼지, 진드기 등의 항원이 알레르기성 비염의 중요한 유발 인자로 작용하는 것이지요.

알레르기성 비염과 감기는 다릅니다

감기는 콧물과 코막힘이 있고, 열이 나기도 하고 두통, 인후통, 기침 등을 수반합니다. 물론 콧물, 재채기, 코막힘 증세만 있는 아이들도 있습니다. 감기는 별다른 합병증이 없을 때 보통 3~4일 정도, 길어도 일주일이면 낫지요.

반면 알레르기성 비염은 콧물, 코막힘, 재채기 증상이 몇 달씩 계속됩니다. 열이 나지 않고, 다른 증상을 수반하지도 않지요. 또 알레르기성 비염이 있는 어린이들은 눈 밑이 검고 푸른색을 띠고 있습니다. 코가 답답하니 코를 자주 후비기도 하고 습관적으로 코를 만집니다. 코 점막 혈관이 예민해져 코피도 자주 나지요. 코가 막혀 있을 땐 입으로 숨을 쉬느라 잠을 잘 때나 평소 생활하면서도 입을 벌리고 있을 때가 잦습니다. 오랫동안 지속하면 얼굴형이 바뀌기도 합니다. 따라서 알레르기성 비염이라면 초기 치료가 매우 중요합니다.

환경과 유전으로 인한 비염

알레르기성 비염의 대표적 원인 물질은 집먼지와 집먼지 진드기입니다. 먼지와 진드기가 많은 환경이 비염을 키운다고 볼 수 있지요. 국화, 쑥, 미역취, 돼지풀, 삼나무, 오리나무 등의 꽃가루도 원인 물질로 꼽히며, 고양이털, 개털, 집파리, 모기, 곰팡이류도 원인이 됩니다. 일반적으로 계절성 알레르기 비염은 식물이 대표적인 항원이고, 통년성의 경우 집먼지 진드기가 대표적인 항원입니다.

또한 알레르기성 비염은 유전적인 영향을 받는다고 알려졌습니다. 식구 중 누군가 알레르기 질환이 있으면 나머지 가족들도 알레르기 질환을 일으킬 가능성이 높습니다. 물론 이것은 유전적인 영향이라기보다 같은 환경에서 지내기 때문에 발생하는 환경적인 영향일 수도 있습니다. 다만 부모 모두 알레르기가 있을 경우 자녀의 42.9퍼센트가 알레르기에 걸린다는 연구결과가 있는 것을 보면 유전적인 요인이 있음을 부정할 수는 없겠지요. 부모 한 명이 알레르기가 있을 때 아이에게 알레르기가 나타날 확률은 19.8퍼센트라고 합니다.

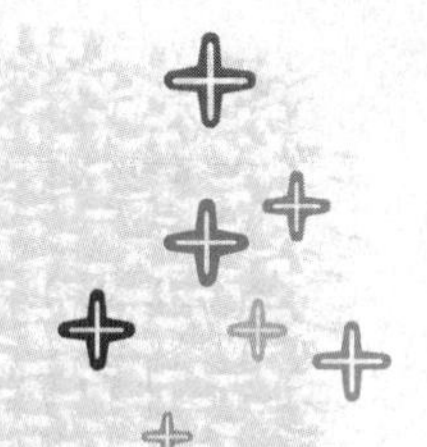

체질을 개선해주는 알레르기성 비염 치료

알레르기성 비염은 아토피 질환의 일종입니다. 코점막에 한정되어 나타나는 증상이라기보다
인체의 전반적인 면역기능과 관련이 있습니다. 따라서 알레르기성 비염이 있다면
단순히 코만 치료하기보다 전체적인 건강을 돌보는 것이 중요합니다.
항히스타민제 등 단발적인 치료를 반복하면 결국 증상이 반복되고 심해지므로
체질을 강화시켜주는 치료가 필요합니다.

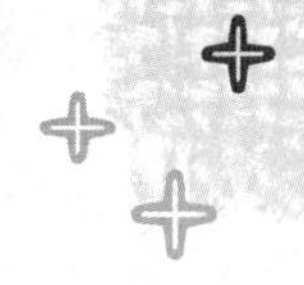

어릴 때 치료할수록 좋아요

알레르기성 비염은 그 자체로 생명에 지장을 가져오는 치명적인 질병은 아닙니다. 그러나 생활을 하는 데 있어 여러 가지 불편함을 가져오며 오랫동안 지속할 때 건강에도 나쁜 영향을 끼칩니다.

이 시기의 아이들은 충분한 수면과 영양 섭취가 필수적입니다. 그러나 알레르기성 비염을 앓는 아이들은 기침, 콧물, 재채기, 코막힘 등의 증세 때문에 몸 상태가 좋지 않고, 숙면을 취하지 못하며 소화기능이 저하되기도 합니다. 그래서 정상적인 발육에 지장을 가져올 수 있습니다. 학교에 들어가서 공부를 할 때도 집중력이 떨어져 학업에 지장을 가져올 수 있고, 치료를 하지 않고 방치하면 코 안에 혹이 생기는 비용종이나 축농증으로 진행할 가능성이 있습니다. 알레르기 질환은 고치기 쉽지 않지만 어릴 때 치료를 시작하면 치료가 되는 속도도 빠르고 예후도 좋습니다.

약물치료보다는 체질개선이 중요

양방에서는 증세가 나타났을 때 항알레르기제나 항히스타민제, 점막수축제, 스테로이드제 등을 투입하는 경우가 대부분입니다. 약을 복용하면 증세는 금세 멈추어 생활의 불편함을 일시적으로나마 덜어주는 장점은 있지만 근본적인 치료가 되는 것은 아닙니다. 따라서 재발의 우려가 크고 약을 복용한 후에는 졸음, 현기증, 두통, 목마름 등의 부작용이 있습니다. 또한 코에 뿌리는 점막수축제는 초기에는 효과가 좋지만 장기간 사용하면 코점막이 다시 부어 약물중독성 비염을 일으킬 수도 있습니다. 알레르기를 억제하는 치료보다는 알레르기를 이겨낼 수 있는 체질로 만드는 것이 중요하겠지요.

한방에서는 체질을 강화시키고 알레르기의 근본 원인을 치료해줍니다. 시일이 오래 걸리기는 하나 재발의 우려가 없고 약에 대한 부작용도 없습니다. 코 면역기능을 높여 자극에 민감하게 반응하지 않도록 도와주는 치료입니다. 증상이 심한 발작기에는 증상을 억제하는 치료를 먼저 하다가 증상이 가라앉으면 면역기능을 높이는 치료를 하게 됩니다. 증상이 심할 때는 통규탕, 소청룡탕, 형개연교탕 등을 쓰고, 증상이 좋아지면 보중익기탕, 육미지황탕 등으로 면역기능을 높여줍니다.

한방 치료를 할 때 유의해야 할 것은 증상이 호전되는 기미가 있다고 치료를 중단해서는 안 된다는 것입니다. 체질이 개선될 때까지 지속적인 치료가 필요합니다. 체질은 1~2개월 이내에는 쉽게 개선되지 않기 때문에 최소 4~6개월 정도 치료를 해야만 근본적인 치료를 할 수 있습니다.

알레르기성 비염을 예방하는 생활습관

집먼지 진드기가 주 항원이 되므로 진드기의 번식을 억제하려고 노력해야 합니다. 침구나 카펫은 건조하게 보관하고, 집 안 환경을 깨끗하게 합니다. 이부자리를 햇볕에 자주 말리고, 침대를 사용하지 않은 것이 좋습니다. 동물의 털 역시 알레르기성 비염을 악화시키므로 털이 있는 애완동물을 기른다거나 털옷, 털 인형 등을 가까이에 두어서는 안 됩니다. 또한 꽃가루가 날리는 계절에 외출할 때는 반드시 마스크를 써야 합니다. 코를 자극할 수 있는 담배연기, 페인트 냄새, 탄 냄새, 찬 바람 등을 피하는 것은 기본이겠지요. 일반적으로 육류, 초콜릿, 우유, 달걀 등의 음식을 주의해야 하는데, 과민 반응이 없다면 어느 정도 섭취하는 것은 무방합니다.

특히 코는 폐와 장과 밀접한 관계를 맺고 있으므로 몸을 차게 하거나 아이스크림이나 탄산음료 등 찬 음식을 많이 먹으면 폐와 장의 기능을 떨어뜨리고 알레르기성 비염을 심하게 할 수 있으므로 주의해야 합니다. 적절한 운동, 충분한 영양 섭취, 휴식을 통해 건강 상태가 좋아지면 알레르기성 비염에 큰 도움이 됩니다.

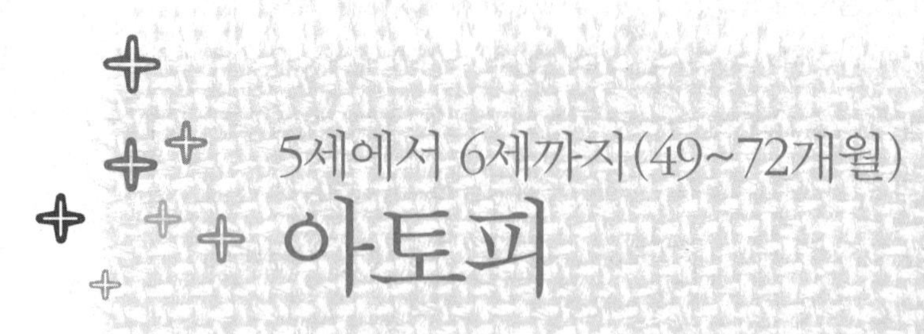

5세에서 6세까지(49~72개월)

아토피

아토피뿐 아니라 성장도 신경을 써야 합니다

아토피는 가려움증의 고통뿐 아니라 여러 가지 문제를 가지고 있습니다.
원인만큼이나 다양한 아토피 증상은 대개 커가면서 나아질 때가 많습니다.
그러나 아토피를 앓는 아이들이 결과적으로 부딪치게 되는 큰 문제는 바로 성장에 있습니다.
아토피 치료만큼 중요한 것이 바로 성장입니다.

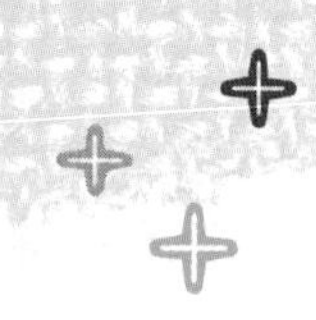

가려움증으로 인한 성장장애

밤새 가려워 잠을 설치거나 긁다가 피까지 나는 아이들을 바라보는 부모의 마음은 이루 말할 수 없이 고통스러울 것입니다. 아토피 자체도 끔찍한데 설상가상의 복병이 기다리고 있습니다. 바로 아토피를 앓은 아이들은 또래보다 키가 작다는 보고입니다. 가려움증 때문에 밤에 숙면을 취할 수 없고, 우유나 고기 등 성장에 꼭 필요한 음식 섭취를 제한받는데다가 아이가 육체적으로나 정신적으로 엄청난 스트레스를 받기 때문입니다. 그래서 아토피를 치료할 때 성장까지 함께 고려해야 합니다.

밖에서 충분히 뛰어놀게 해주세요

바깥바람을 맞으면서 노는 것은 아토피 치료와 성장에 모두 좋습니다. 집 안에서 텔레비전을 보거나 게임만 하게 하지 말고 바깥에 나가 마음껏 뛰어놀게 해주세요. 물론 공기가 좋은 곳이라면 좋겠고, 아스팔트보다는 흙에서 뛰어노는 것이 더 좋겠지요. 다만 피부에 자외선이 너무 직접적으로 많이 닿지 않도록 주의해야 합니다.

적당한 운동은 아이의 스트레스를 줄이고 몸의 순환을 도우며 숙면을 취할 수 있게 해줍니다. 성장에 운동이 필수적이란 것은 말할 필요도 없고요. 특히 가벼운 뜀뛰기나 줄넘기 등은 성장판을 자극하는 운동으로 권할 만합니다. 증상이 심한 아이일수록 땀이 많이 나는 과격한 운동을 피해야 합니다. 또한 잘 자는 것이 중요하니 아이들의 수면 관리에도 각별한 신경을 써야 합니다. 잠자기 직전에 하는 더운 목욕은 아토피 아이들에게 오히려 좋지 않습니다. 또한 방 안 온도는 조금 서늘하게 하고 너무 건조하지 않도록 조절해주세요. 늦은 시간까지 게임을 하거나 텔레비전을 보지 않도록 하고 차분하게 잠잘 분위기를 만들어주면 숙면에 도움이 됩니다.

지나친 음식 제한보다는 건강한 식습관을

아토피 치료와 함께 규칙적인 운동과 고른 영양소 섭취 등이 반드시 고려되어야 합니다. 달걀, 우유, 고기, 심지어 일부 과일까지 항간에서 이야기되는 아토피에 안 좋은 음식들의 종류도 참 많습니다. 물론 특정 음식에 알레르기가 있다면 해당 음식은 먹이지 않아야 합니다. 그 식품을 대체할 수 있는 다른 음식을 먹여야 하지요. 그러나 아토피가 심해질까봐 지레 겁을 먹고 모든 음식을 제한하는 것은 좋지 않습니다. 무조건 먹지 못하게 하면 영양이 불균형해질 뿐만 아니라 아이들의 욕구 불만도 커질 수 있습니다. 시간을 두고 소량씩 섭취하면서 음식에 익숙해지게 해줘야 합니다.

유치원에 보낼 때는 아이가 알레르기가 일어날 가능성이 있는 음식을 먹지 않도록 담당 교사에게 미리 이야기를 해두세요. 어떤 음식이 알레르기를 일으키는지 확실하지 않다면 집에서 먹는 음식과 반응을 기록해보면 좋습니다. 유치원에서 어떤 급식을 했는지도 반드시 검사해둡니다.

또한 시중에 유통되는 과자나 인스턴트 식품은 멀리해야 합니다. 이런 음식들은 맛이 강해 아이들에게 강한 자극을 주지요. 이런 음식을 자주 먹던 아이들은 하루아침에 이를 끊으면 엄청난 스트레스와 함께 금단현상을 보이기도 합니다. 이런 음식들에는 안전성이 검증되지 않은 수많은 화학첨가물이 들어 있습니다. 아이들이 즐겨 마시는 음료수나 아이스크림의 포장지를 자세히 들여다보면 거기에 얼마나 많은 색소와 인공첨가물이 들어 있는지 단번에 알 수 있습니다. 이런 화학 첨가물은 아토피뿐만 아니라 신경을 불안정하게 하고 내분비 호르몬의 불균형을 초래하여 면역기능도 떨어뜨려 다양한 질병의 원인이 됩니다.

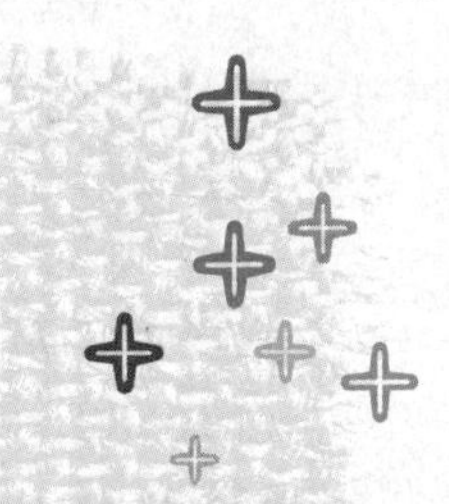

좋아졌다 나빠졌다 반복하는 아토피

아토피의 증세가 좋아졌다고 안심해서는 곤란합니다.
아토피는 눈에 띄게 좋아졌다가 갑자기 나빠지기를 반복합니다.
조금 괜찮아졌을 때 엄마들은 이제 아토피가 다 나았나 기대하며 희망을 걸어보지요.
그러나 아토피는 악화와 호전의 과정이 계속 반복됩니다.
언제 좋아지고 언제 나빠질지는 아무도 모릅니다.
피부가 좋아졌다고 해서 안심하지 말고 아토피 치료를 위해 계속 노력해야 합니다.

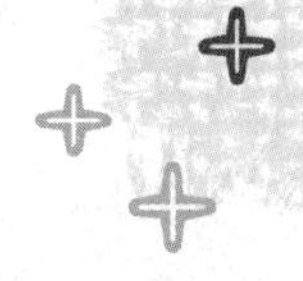

아토피는 만성질환입니다

아토피는 급성질환이 아니라 만성질환입니다. 호전과 악화를 반복하며 점점 더 나빠지거나 점점 좋아지게 되지요. 만성질환에 어떤 특효약이 있을 리 없습니다. 짧은 시간에 효과가 있다는 것은 반대로 단시간에 다시 나빠질 수도 있다는 뜻입니다. 생활을 근본적으로 개선해서 점점 좋아질 수 있도록 도와줘야 합니다. 아이가 학교에 다니게 되면 피부 때문에 자신감을 잃을 수도 있고, 학습 부진으로 이어지는 경우까지 있으니 가능한 한 취학 전에 고쳐주겠다는 마음가짐으로 철저하게 관리해주세요.

음식, 생활습관, 주변 환경에 주의를 기울이고 아토피를 악화시키는 요인이 있다면 철저하게 제거하세요. 아토피가 있는 아이만 따로 관리하지 말고 가족들 모두가 생활수칙을 정해놓고 지키도록 합니다. 아토피 아이가 먹지 말아야 하는 음식은 다른 식구들도 먹지 말고 아토피에 좋지 않은 재질로 된 카펫이나 커튼은 다른 방에서도 사용하지 마세요. 뭐든지 가족 전체가 같이 해야 아이가 스트레스를 받지 않고 주어진 환경에서 잘 생활할 수 있습니다.

새집증후군과 환경호르몬

아토피 아이들의 피부는 민감합니다. 나쁜 물질에 대해 다른 사람보다 훨씬 예민하게 반응하지요. 따라서 아이에게 아토피가 있다면 새집으로 들어가는 것은 아이가 좀 더 큰 뒤로 미루세요. 유치원도 새로 지은 건물에 시설이 좋은 곳보다는 시설이 조금 나쁘더라도 지은 지 몇 년 지난 곳으로 보내는 것이 좋습니다. 증세가 좋아지다가도 나쁜 환경을 접하면 대번에 증세가 악화하는 것이 바로 아토피입니다.

아이에게 아토피가 있으면 먹을거리에 유난히 신경을 쓰게 됩니다. 혹시 아이에게 맞지 않은 재료가 들어 있는 것은 아닌지 늘 살피게 되지요. 먹을거리와 더불어 식기 사용에도 주의를 기울여야 합니다. 식기에서도 독성 물질이 나올 수 있기 때문이지요. 아이들은 예쁜 캐릭터가 그려진 플라스틱 식기를 좋아합니다. 깨지지도 않고 아이들이 좋아하니 무심코 사용하게 되지요. 그러나 플라스틱에서는 환경호르몬 같은 독성물질이 배출될 수 있으므로 사용을 자제하는 것이 좋겠습니다. 플라스틱 제품 대신 유기 그릇, 가공하지 않은 유리, 도자기 등을 권합니다.

긁는다고 야단치지 마세요

아이들은 더는 어리지만은 않습니다. 이제 자신에 대해 관심도 많아지고 주변 사람들의 말에도 민감하게 반응하지요. 특히 이 시기의 아이들은 자기 몸에 관심이 많습니다. 병에 대한 두려움도 많아지지요. 지나치게 아토피를 강조하면 아이는 움츠러들고 소극적이 될 수밖에 없습니다. 또 주변 사람들의 걱정 어린 말을 반복해서 듣다보면 자신의 몸에 대해 더욱 불안해하고 스트레스를 받습니다.

아이의 몸 상태를 수시로 살피되 아이에게 부정적인 말이나 상처 주는 말을 하지는 마세요. 또한 아이가 긁는다고 혼을 내서도 안 됩니다. 스트레스는 아토피의 적입니다. 긁는다고 혼내면 아이는 스트레스 때문에 더 세게 긁습니다.

아이에게 나을 수 있다는 용기와 희망을 불어넣어주세요. 너는 소중하고 예쁜 아이라는 이야기도 덧붙이면서 말입니다. 증상이 심해졌더라도 아이 앞에서 지나치게 걱정하거나 슬퍼하는 티를 내서는 정말 곤란합니다. 주변 사람들에게도 아이 앞에서 아토피 이야기를 하지 않도록 부탁하세요. 그다지 가렵다고 느끼지 않다가도 스트레스를 받으면 피가 나도록 긁어댈 수 있다는 것을 항상 염두에 두세요.

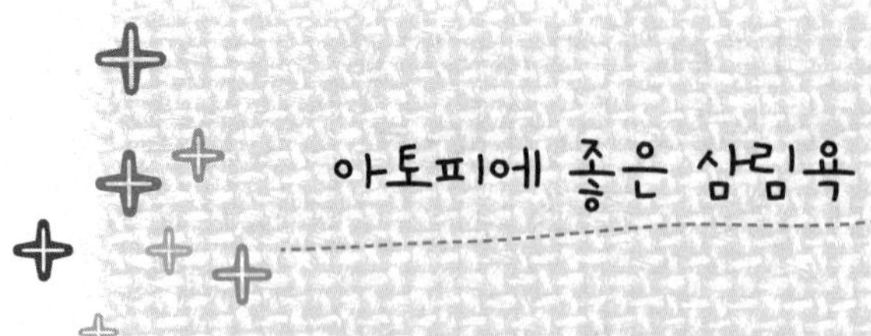

아토피에 좋은 삼림욕

아토피에 약보다 더 좋은 것이 있습니다. 바로 삼림욕입니다.
울창한 숲과 그 숲의 향기는 심신의 피로를 달래주고
나아가 아토피에도 탁월한 효과를 발휘합니다.
숲에 가면 느껴지는 상쾌한 기분은 단지 '기분'에 지나지 않는 것이 아니라
실제로도 몸이 건강해지는 작용에 따른 것입니다.

숲에서 나오는 피톤치드가 항생제보다 효과적

삼림욕은 뭔가 거창한 것이 아니라 그저 신선하고 상쾌한 공기를 마시면서 숲 속을 거닐거나 잠시 머물러 있는 것입니다. 숲이 내뿜는 향기 물질을 쏘이며 몸과 마음을 깨끗이 하는 것이지요. 우리나라에는 유달리 산이 많아 사람들이 늘 삼림욕을 하면서 살아왔습니다. 얼핏 생각하면 쉬울 것 같지만 요즘은 삼림욕을 한번 하려면 큰마음을 먹어야 합니다. 대부분 도시에서 살고 있기 때문이지요.

산에 가면 상쾌하고 기분이 좋아집니다. 그런데 이 삼림욕은 그저 기분을 상쾌하게 하는 효과만 있는 것이 아닙니다. 아토피를 앓는 아이들에게는 이 삼림욕이 아주 효과 있는 치료제입니다.

산속을 걸으며 상쾌한 기분이 드는 이유는 바로 피톤치드 때문입니다. 피톤치드란 러시아어로 식물을 뜻하는 피톤(phyton)과 살균제를 의미하는 치드

(cide)를 합성한 말로 나무가 주위 해충이나 미생물 또 다른 식물로부터 자신을 보호하려고 발산하는 물질을 뜻합니다. 해충에는 유해하고 인체에는 유익한 물질이지요. 이 피톤치드가 사람 몸에 스미면 나쁜 균을 없애고 마음을 안정시켜주며 면역력 강화와 스트레스 해소, 아토피와 같은 피부질환 개선 등에 도움을 줍니다. 피톤치드는 항생제보다 적용 범위가 넓고 부작용이 없습니다.

삼림욕은 봄부터 가을까지가 적기입니다

삼림욕을 하기 좋은 때는 5월과 6월부터 초가을인 10월까지입니다. 봄과 여름은 식물이 본격적으로 성장하는 때이면서 햇빛을 가장 많이 받는 시절이고 가을 역시 수목이 성장하는 2차 성장기로 피톤치드가 많이 분비됩니다. 겨울철에는 다른 계절에 비해 피톤치드의 발산량이 줄어들지만 그래도 삼림욕은 가능합니다. 해 뜰 무렵인 새벽 6시, 그리고 오전 11~12시가 피톤치드가 가장 많이 분비되는 시간입니다. 따라서 삼림욕을 하기로 마음먹었다면 일찍 서두르는 것이 좋겠습니다.

바람은 피톤치드를 날려버릴 수도 있으니 바람이 너무 세지 않은 곳을 선택하는 것이 좋습니다. 바람이 강한 산 밑이나 정상보다는 산 공기가 머무는 중턱쯤이 삼림욕을 하기에 적당합니다. 계곡이나 폭포 근처도 좋습니다. 계곡은 움푹 파여 있어 피톤치드가 가득한 공기와 음이온이 머물 수 있습니다. 습도가 높으면 더욱 피톤치드가 머물기 좋은 환경이 됩니다.

가까운 곳에서 자주 하는 것이 좋아요

삼림욕 효과를 보려면 바람이 잘 통하는 옷을 입어야 합니다. 피부도 호흡을 하기 때문이지요. 피부가 공기에 노출이 많이 될수록 효과도 더 좋습니다.

피톤치드가 많은 곳에서 삼림욕을 하는 것도 좋지만 그보다는 가능한 한 자주 하는 것이 더 중요합니다. 한두 번 가고 그칠 것이 아니라 시간이 날 때마다 자주 가서 삼림욕을 하는 것이 좋습니다. 그냥 나무 밑에 앉아 휴식을 취하거나 흙을 만져보는 것도 좋습니다. 온몸으로 산을 느끼면 그것만으로도 치료 효과가 있는 셈입니다.

전국에는 나무들이 울창한 삼림욕장이 많이 있습니다. 그런 곳에 가서 삼림욕을 한다면 더할 나위 없이 좋겠지요. 그러나 굳이 삼림욕을 하려고 먼 곳까지 갈 필요는 없습니다. 깊은 산 속의 공기는 더 청량하겠지만 바쁜 일상 중에 시간을 내어 매번 멀리 갈 수는 없는 노릇입니다. 또한 삼림욕을 하겠다고 차를 오랫동안 타고 가며 고생을 하느니 편하게 자주 갈 수 있는 근교 작은 산이 더 낫습니다. 집 근처 나무가 많은 공원 같은 곳도 상관없습니다. 가기 쉽고 아이가 편안하게 느끼는 곳이면 충분합니다.

5세에서 6세까지(49~72개월)

두통

두통, 꾀병만은 아닙니다

아이들은 여기저기 아프다는 소리를 하는 경우가 많습니다.
그중에서도 머리 아프다는 소리를 할 때는 사실 좀 겁이 나지요.
처음에 몇 번은 걱정이 되다가도 시간이 지나 큰 탈이 없으면
그냥 아이가 꾀병을 부린다고 생각하고 대수롭지 않게 넘겨버립니다.
그러나 아이들의 두통을 그저 꾀병이라고만 치부해버려서는 안 됩니다.

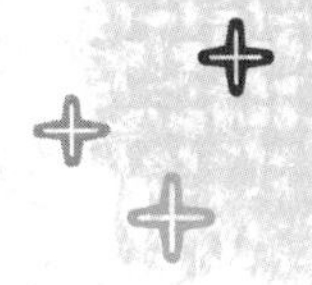

두통은 병이 아니라 증상입니다

두통은 일종의 신호입니다. 머리에 이상이 생겨서 머리가 아픈 것이 아니라, 몸의 다른 기관에 이상이 생겨도 머리가 아플 수 있습니다. 그러므로 아이가 두통을 호소할 때는 "어린애가 머리가 아플 일이 뭐가 있니!"라고 넘겨버리지 말고 아이의 몸 상태를 자세하게 살펴봐야 합니다.

두통의 원인은 굉장히 다양합니다. 성격이 예민해서 두통이 생기는가 하면 감기에 걸려도 머리가 아픕니다. 체했을 때도 머리가 굉장히 아프지요. 그 외 다른 신체적인 이상도 머리에서 감지합니다. 축농증, 중이염, 턱관절 이상이 생겨도 머리가 아프지요. 드문 일이지만 뇌에 이상이 있을 때도 머리가 아픕

니다. 두통은 병이 아니라 증상입니다.

어린아이들은 신체가 미성숙하고 예민한 까닭에 인스턴트 식품이나 카페인이 들어 있는 음식, 첨가물이 많이 들어 있는 음식을 먹어도 두통이 생길 수 있습니다. 따라서 아이가 머리가 아프다고 하면 한번 더 아이의 생활을 점검해줘야 합니다. 머리가 아픈 것은 몸에 이상이 생겼다는 신호라고 보면 되겠습니다.

감기에 걸려도 머리가 아파요

이 시기 아이들에게 가장 흔한 질병 중 하나가 바로 감기지요. 감기에 걸리면 머리가 지끈지끈 아픕니다. 발열과 오한이 나면서 두통이 생기는 것이지요. 이때의 두통은 정수리나 이마 쪽이 아픈 것이 특징입니다. 이런 두통은 감기를 치료해야 사라집니다. 두통이 심할 때는 배를 따뜻하게 해주세요. 목 뒤를 마사지해 풀어줘도 한결 나아집니다. 한편 중이염에 걸렸을 때도 두통이 수반되는 경우가 많습니다. 중이염으로 인한 두통 역시 해당 병증이 사라지면 나아집니다.

체기가 있어도 머리가 아픕니다. 문제는 배에서 생겼지만 그 영향이 머리에까지 미친다는 것입니다. 체했다는 것은 소화가 원활하게 이루어지지 않았다는 것이지요. 먹기 싫은 음식을 억지로 먹었거나 스트레스를 받은 상태에서 음식을 먹으면 장이 움직임을 멈춥니다. 그러면 아이의 몸은 장을 다시 움직이려고 혈액을 장 쪽으로 바쁘게 보냅니다. 그러다 보면 머리 쪽의 혈액 공급에 차질을 빚을 수밖에 없습니다. 따라서 체한 기운을 풀어줘야 두통도 없어집니다. 배를 따뜻하게 해주고 엄지와 검지 사이의 합곡혈을 반복해서 마사지해주면 증세가 나아집니다.

이럴 때는 병원에 가세요

1. 두통의 강도가 세지면서 점점 더 자주 나타난다.
2. 두통과 함께 경련이 일어난다.
3. 두통 때문에 잠에서 깬다.
4. 자고 일어나자마자 머리가 아프다고 한다.
5. 두통과 함께 발열과 구토가 일어나고 목 부위가 굳어진다.
6. 항상 일정한 부위가 아프다.

눈이 나빠도 머리가 아파요

눈이 피로하거나 시력이 좋지 않으면 두통이 생깁니다. 근시나 약시가 있는 경우에도 초점이 잘 맞지 않아 머리가 아플 수 있습니다. 아이가 먼 데 있는 물건을 볼 때 얼굴을 찡그리거나 텔레비전이나 책을 지나치게 가까운 데서 본다면 안과 검진을 받아봐야 합니다.

요새는 아이도 어른 못지않게 스트레스를 많이 받습니다. 한창 뛰어놀아야 할 나이에 과도한 학습을 요구받기 때문입니다. 아직 한글 쓰기도 서툰 아이들을 영어 유치원에 보내기도 합니다. 이런 상황에서 아이들은 스트레스를 받고 긴장할 수밖에 없습니다. 학원에 가기 싫다고 말하면 당장 엄마의 불호령이 떨어지니 어쩔 수 없이 그냥 참고 지내지요. 정말 머리가 아파도 엄마는 꾀병이라며 믿어주지 않습니다. 아이가 머리가 아프다고 하면 그냥 대수롭지 않게 넘기지 마시고 혹시 과도하게 스트레스를 받는 일은 없는지 살펴보세요.

뇌 이상으로 인한 두통

뇌에 이상이 있어 두통이 오는 경우가 있습니다. 흔한 일은 아니지만 뇌종양이나 뇌수막염, 뇌염 등에 걸렸을 때도 머리가 아픕니다. 이때의 통증은 굉장히 심합니다. 두통과 함께 구토를 하거나 팔다리가 마비되기도 하지요. 경우에 따라서는 말도 어눌하게 하고 똑바로 걷지 못하기도 합니다. 이런 증상이 있다면 빨리 병원에 가서 검사를 받아봐야 합니다.

이 시기의 아이들은 온종일 넘어지고 부딪히는 게 다반사입니다. 머리를 어딘가에 부딪치면 어혈이 생길 수 있고, 그로 말미암아 머리가 아플 수 있습니다. 이럴 때는 시간이 지나면서 차츰 나아집니다. 그러나 머리에 충격을 받은 이후 의식을 잃거나 구토를 하면 바로 병원에 데리고 가세요.

두통약 대신 한방차를 먹이세요

아이들이 머리가 아프다고 하면 처음에는 무심히 넘기다가도 일단 두통을 가라앉혀야겠다는 생각에 약을 먹이게 되지요. 딱히 눈으로 보기에 불편한 곳이 없는데 머리만 아프다고 하니 간단히 두통약을 사서 먹이는 것입니다. 그러나 아직 어린 아이에게 전문가의 처방 없이 두통약을 먹이는 것은 굉장히 위험합니다. 시중의 두통약은 치료제라기보다는 증상을 가려주는 약입니다. 즉, 두통을 잠시 잊게 해주는 것이지요. 다른 심각한 원인이 있어 머리가 아픈데 증상만 가라앉히면 병을 키우는 셈이 되고 맙니다. 수두나 바이러스 감염 때문에 생긴 두통에 아스피린을 먹이면 급성뇌부종인 라이 증후군에 걸릴 수도 있지요. 또한 이런 진통제를 자주 먹으면 내성이 생길 수밖에 없습니다. 아이가 지속적으로 두통을 호소하면 가볍게 넘기지 말고 꼭 진료를 받기를 바랍니다.

두통을 완화해주는 족욕 & 마사지법

아이가 감기나 체기로 말미암아 두통을 호소한다면 족욕이 도움된다. 따뜻한 물에 발을 담그면 혈액순환이 좋아진다. 또한 땀이 나면서 노폐물과 함께 몸의 나쁜 기운이 빠져나간다. 손끝으로 아이의 머리를 지그시 눌러 자극해주거나 어깻죽지를 마사지해줘도 두통이 어느 정도 사라지는 효과가 있다.

가벼운 두통일 때는 약 대신 한방차를 마시는 것이 좋습니다. 감기에 걸려 머리가 아플 때는 갈근차, 박하잎차가 도움이 되고 스트레스로 말미암은 긴장 때문에 머리가 아플 때는 국화차와 창포차가 효과가 있습니다. 체기로 말미암은 두통에는 맥아(엿질금), 산사(아가위)와 진피가 좋은데, 이런 약재는 위장의 운동을 돕고 소화액 분비를 촉진하는 기능을 합니다. 또한 두통이 있으면서 속이 거북하고 가스가 찰 때 보리차를 먹으면 소화도 잘 되고 두통도 완화됩니다. 보리차를 끓일 때는 껍질이 있는 생보리를 볶아 쓰는 것이 좋습니다. 보리는 소화를 돕고, 이뇨작용을 하여 체내 잉여 수분을 배출하며, 대사가 원활해지게 도와줍니다. 단, 일반적으로 마시는 보리차보다 훨씬 진하게 끓여 먹어야 합니다.

5세에서 6세까지(49~72개월)

수면장애

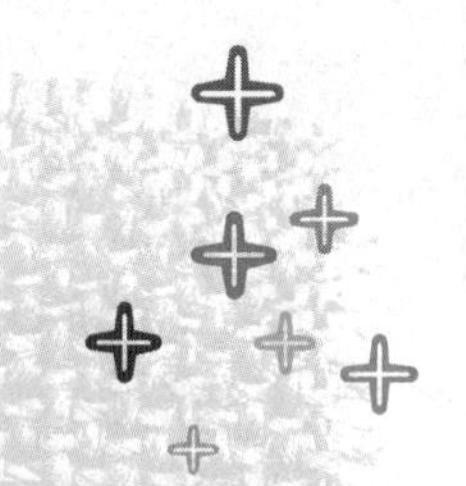

자주 깨는 것은 건강상의 문제

어린아이들은 잠을 자다가 여러 가지 이유로 깹니다. 배가 고파서 깨기도 하고
소변이 마려워 깨기도 하지요. 하지만 자라면서 점점 중간에 깨지 않고 잘 자게 됩니다.
그런데 간혹 밤에 벌떡 일어나 우는 아이들이 있습니다.
비명을 지르고 발을 동동 구르면서 울어대다 다시 잠듭니다.
그리고 아침에는 간밤의 일을 기억하지 못합니다. 이를 야경증이라고 합니다.
이런 일이 반복된다면 아이 건강에 문제가 있는 것입니다.

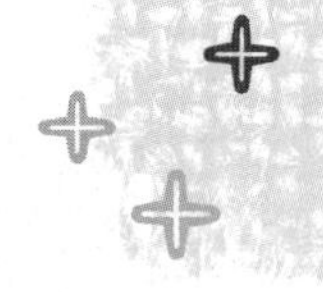

잠은 뇌와 오장육부의 휴식시간

아이들은 무조건 잘 자야 합니다. 제대로 자야 뇌와 오장육부가 휴식을 취하고 호르몬 분비가 원활해져 건강하게 쑥쑥 자랍니다. 또한 잠은 성장과도 직결되는 문제입니다. 성장호르몬은 잠들면서 나오기 시작해 깊은 수면에 빠졌을 때 가장 많이 나옵니다. 그냥 자는 것이 아니라 푹 자야 호르몬 분비가 왕성하다는 이야기입니다. 또한 깊은 잠을 잘 때 면역세포도 잘 만들어지기 때문에 면역력이 좋아지게 된답니다.

한편 잠을 설친 아이는 심리적으로 불안정해집니다. 그러다 보니 낮에는 짜증을 많이 내지요. 수면은 집중력, 기억력과도 깊은 연관이 있습니다. 수면 부족은 학습 부진으로 이어질 수 있습니다. 수면 습관이 나쁘면 면역력이 떨어져 어른이 되고 나서도 심장병과 호흡기 질환, 비만 등에 걸릴 확률이 높아집니다.

상상력이 풍부한 아이들이 악몽을 자주 꿔요

이 시기 아이들이 자다가 보이는 이상행동 중 가장 대표적인 것이 악몽입니다. 상상력이 풍부하고 외부 환경에 민감한 나이여서 그렇지요. 악몽을 꾸면 아이들은 잠에서 깨어나 울고 소리를 지릅니다. 보통 악몽을 꾸고 깨어나는 시간은 새벽이 다 된 시간인데, 이때는 잠에서 완전히 깨지 않은 채 우는 것입니다. 옆에서 엄마가 잠깐 토닥거려주면 이내 잠이 들지요. 아이는 다음날 이 사실을 조금이나마 기억합니다.

악몽은 낮 동안의 생활과 깊은 연관이 있습니다. 낮에 본 무서운 장면이나 이야기들이 꿈에 나타나는 것이지요. 성장기에 나타나는 자연스러운 현상이지만 너무 자주 악몽을 꾼다면 혹시 다른 스트레스가 있는 것은 아닌지 살펴볼 필요가 있습니다. 악몽 때문에 잠자는 것 자체를 두려워할 수도 있으므로 아이가 잠들기 무서워하면 가볍게 넘기지 말고 충분히 달래주고 안아주도록 하세요.

자다가 놀라 깨는 야경증

악몽과 비슷한 증세 중 하나가 바로 야경증입니다. 잘 자던 어린이가 공포를 느끼는 것처럼 돌연히 깨어 눈을 부릅뜨거나 숨을 몰아쉬고 땀을 흘리며 헛소리를 합니다. 큰 소리를 지르기도 하며 벌떡 일어나거나 뛰쳐나가려는 등 이상한 행동을 보이기도 하지요. 야경증은 악몽과는 약간 다릅니다. 우선 아이는 간밤에 있었던 일을 전혀 기억하지 못합니다. 또한 악몽은 주로 새벽에 깨는데, 야경증은 잠이 든 후 1~2시간 지난 후에 나타나는 경우가 흔합니다.

야경증은 아직 뇌 기능이 미숙해 발생하는 것으로 알려졌습니다. 불규칙한 생활, 과도한 피로, 스트레스 등이 증세를 심하게 합니다. 겉으로 드러나는 증상에 비해서 심각한 병이 아니므로 크게 걱정할 필요는 없습니다. 하지만 이상 행동의 정도가 심하고 거의 매일 야경증이 반복된다면 치료를 해줘야 합니다. 한방에서는 간과 심장에 화*가 있거나 심장과 쓸개의 기운이 허약할 때 나타난다고 봅니다. 그 원인에 따라 소요산, 청심온담탕, 가미안신탕, 귀비탕 등을 처방하는데 효과가 좋아서 대부분 3개월 이내에 좋아집니다.

간밤의 일을 기억 못하는 몽유병

몽유병은 잠자리에서 일어나 눈을 감거나 흐릿한 상태에서 어떤 행동을 하는 것입니다. 깨워도 깨어나지 않고, 말을 걸면 대답을 하기도 합니다. 오줌을 싸는 일도 많지요. 일어난 지 몇 분이 지난 후에는 다시 자리로 들어가 잠이 듭니다. 그러나 다음날 물어보면 간밤에 무슨 일이 있었는지 잘 기억하지 못합니다.

몽유병은 야경증과 비슷하지만 불안감과 공포심이 없다는 점에서 차이가 있습니다. 여자아이보다는 남자아이에게 많고, 가족력이 있습니다. 밤에 자다 벌떡 일어나서 왔다 갔다 하니 엄마가 보기에는 보통 일이 아닌 것 같지만, 아이에게는 종종 있는 증상이며 어른이 되어서도 이런 행동을 하는 경우는 많지 않습니다. 자라면서 저절로 좋아집니다.

잠결에 하는 행동 때문에 아이가 다치지 않도록 주의하면 큰일이 나지는 않습니다. 잠자리에 들기 전 소변을 반드시 누게 하세요. 낮잠을 재우고 수면 시간을 늘리면 증세 호전에 도움이 된다는 보고도 있습니다.

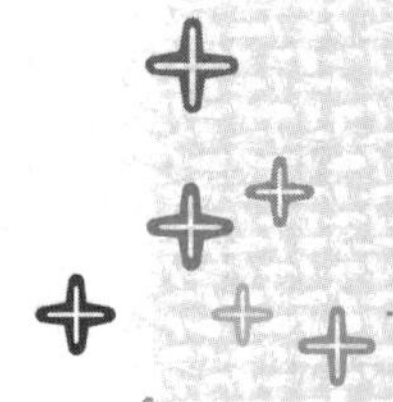

수면장애에 효과적인 한방 치료

아이가 자다 깨는 것을 반복한다고 해도 엄마 대부분은 크면 나아지겠지 하고
무심히 넘어갈 때가 많습니다. 때로는 잠을 방해한다며 짜증을 내는 엄마도 있습니다.
하지만 수면장애 정도가 가벼우면 몰라도 일상생활에 지장이 있을 정도로
심하다면 적극적으로 치료하는 것이 좋습니다.
아이의 몸 상태와 수면장애 증상에 맞춰 적절한 한방 치료를 하면
숙면을 취할 수 있습니다.

수면장애의 원인, 심장과 간의 허약

한의학에서는 아이들이 잠을 잘 자려면 심장과 간의 기운이 안정돼야 한다고 봅니다. 사람이 잠을 잔다는 것은 심장과 간으로 우리의 혼백과 혈血을 가두어 놓는 것으로 보지요. 따라서 신체적인 문제나 질병이 없는데 잠에 문제가 있다면 놀란 기운이 있어 심장과 간의 기운이 불안정하거나, 병리적인 열이 심장과 간에 울체되어 있거나, 심장과 간이 허약해서 그렇다고 보고 온담탕, 도적산, 소아청심원, 감맥대조탕, 귀비탕 등을 처방합니다. 수면장애에 대한 한방 치료는 효과가 우수하여 3개월 이내면 대부분 좋아집니다.

꼭 이런 수면장애가 아니라도 잠을 설치는 아이가 많은데, 그런 경우에는 우선 코를 확인해봐야 합니다. 코에 이상이 있는 아이들은 대부분 낮보다 밤에 코가 더 막힙니다. 코가 막히면 호흡이 원활하지 않으니 밤에 계속 깨고 코도 골게 되지요. 또 콧물이 뒤로 넘어가 기침이 나오면 잠자기가 어렵습니다.

코 문제 때문에 잠을 잘 자지 못할 때는 코 질환을 치료해줘야 합니다. 이 외에도 알레르기성 기관지천식이나 감기로 수면 중에 기침을 많이 해도 잠을 설칩니다. 식체가 있는 경우에도 배가 아프고 속이 편하지 않아 잠을 제대로 잘 수가 없습니다. 이처럼 아이가 잠을 설친다면 몸에 다른 문제는 없는지 확인을 해야 합니다.

정서적 안정감과 생활습관이 중요

아이가 잠을 못 잔다면 평소에 갑작스런 자극을 받지 않게 해야 합니다. 아이에게 큰 소리를 내어 놀라게 하거나 무서운 것을 보여주지 마세요. 또한 집 주위가 여러 가지 소음 때문에 시끄러우면 좋지 않습니다. 그래서 이 시기의 아이들에게는 무서운 영화나 만화 등을 보여주지 말아야 합니다. 상상력이 풍부해 밤 동안 악몽을 꾸는 원인이 될 수 있습니다. 평온하고 잔잔한 음악을 들려줘 정서를 안정시켜주는 것이 좋습니다. 잠투정이 심하더라도 혼자 잠자리에 드는 연습을 시켜주세요. 잠들 때까지 함께 있는 것은 상관없지만, 혼자 자야 한다는 것을 조금씩 가르쳐야 합니다. 하지만 너무 강압적으로 해서는 안 됩니다. 불필요하게 겁을 주거나, 심하게 혼내는 것도 삼가는 것이 좋습니다. 특히 매에 대한 공포는 어른들이 생각하는 것 이상이므로 가능하면 들지 않은 것이 좋겠습니다. 평소에 아이에게 사랑과 관심을 많이 표현해주고, 밤에는 소화가 잘 되는 음식을 먹이면 수면장애를 줄이는 데 도움이 됩니다.

또한 휴일 아침에도 평일처럼 일찍 일어나는 습관을 들이고 일찍 잠자리에 들게 해주세요. 아이들이 컴퓨터 게임에 빠지거나 텔레비전을 보다가 늦게 잠드는 경우가 있는데, 그래서는 곤란합니다. 낮에는 적당한 야외 활동을 통해 일광욕과 운동을 시켜주세요. 그러면 밤에 수면을 유도하는 호르몬인 멜라토닌의 분비가 잘 될 수 있습니다.

숙면을 도와주는 가정요법

잠을 잘 못 자는 아이는 하루에 산조인(멧대추 씨) 6~8g을 볶아 끓여 차처럼 먹이면 잠도 잘 자고 밤에 식은땀도 덜 흘립니다. 또 신경이 예민하고 심장이 약한 아이가 잠투정이 있다면 하루에 용안육(용안 나무의 과육) 6~10g을 끓여 차처럼 먹이든가 씹어 먹게 하면 좋습니다. 용안육은 철분이 풍부하여 대추와 아울러 빈혈에 아주 좋은 약재입니다. 용안육과 대추를 섞어서 달여도 좋습니다.

아이가 자주 놀라고 예민하며 자다가 자주 깨고 보챈다면 하루에 감초 4g, 대추 5개, 참밀이삭(소맥) 반 줌을 한 시간 이상 끓여 차처럼 먹이면 큰 도움이 됩니다. 주의력이 부족하고 산만하며 불안이 심하고 초조해하는 아이에게도 좋습니다. 놀란 정도나 밤에 우는 정도가 심하면 선퇴(매미 허물) 2g, 조구등 6g을 넣어주면 더 좋습니다.

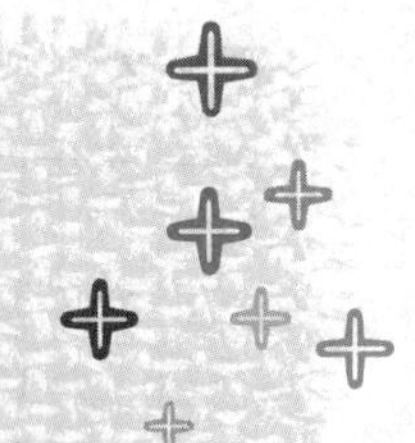

코를 골아요

코는 어른들만 고는 것이 아닙니다. 어린아이들도 코를 곱니다. 코를 심하게 고는 아이들은 주의가 산만하고 성격이 조급해지며 학습능력이 떨어질 수 있습니다.
또 숙면을 취하지 못하기 때문에 키가 잘 자라지 않고, 허약해지기도 합니다.
따라서 아이가 코를 심하게 곤다고 웃어넘길 게 아니라
정확한 원인 진단과 치료를 해야 합니다.
코골이의 원인은 인두 편도인 아데노이드가 큰 경우가 가장 많습니다.

코를 고는 동안은 잘 자는 게 아닙니다

코를 골며 자는 모습을 보고 있으면 흡사 신나게 자는 것 같습니다. 대개는 아이가 코까지 골며 잘 잔다고들 하지요. 그러나 코를 골게 되면 숙면을 방해받습니다. 코를 고는 아이 중 많은 수는 또래 아이보다 성장이 더딘데, 바로 숙면을 취하지 못해 성장호르몬 분비가 원활하지 않기 때문입니다. 또한 숙면을 취하지 못하니 늘 피곤해하고 짜증을 냅니다. 수면장애는 주의집중력과 감정을 담당하는 전두엽의 기능을 감소시켜 ADHD(주의력결핍 과잉행동장애)로 이어질 수도 있습니다.

아이가 코를 곤다면 아데노이드 비대일 가능성이 큽니다. 편도는 보통 인두 편도, 이관 편도, 입천장 편도, 설 편도의 네 가지 종류로 구성되어 있으며, 소화기와 호흡기를 방어하는 검색대 역할을 하고 있습니다. 여기서 인두 편도를 아데노이드라고 하는데 인두 편도는 코의 이물질과 세균을 걸러줍니다. 그런데 지나치게 잦은 감기와 면역기능의 약화는 인두 편도를 비대하게 만듭니다. 여기에 염증이 생겨 붓는 증상을 아데노이드 비대증이라고 하지요. 보통 만 5세까지 크기가 증가하다가 그 이후에 염증이 사라지면 점차 작아집니다.

감염에 의해 일시적으로 아데노이드가 비대해진 것이라면 문제가 없습니다. 그러나 만성일 경우에는 문제가 있습니다. 코막힘, 코골이, 비염, 중이염 등을 유발할 수 있지요. 이 중 코골이는 단순히 코의 문제를 떠나 성장에까지 영향을 미칩니다. 따라서 아이가 코를 곤다면 그냥 지나치지 말고 반드시 치료를 해줘야 합니다. 아데노이드가 비대할 때 코로 숨 쉬는 것이 어려워 입으로 숨을 쉬는 습관을 갖게 되고, 낮이고 밤이고 입을 반쯤 벌리고 있게 됩니다. 그러다 보면 얼굴 폭이 좁고 길어지며 아래턱이 뒤로 쳐지고 돌출 입이 되는 아데노이드 형으로 얼굴형이 바뀔 수도 있습니다.

수술 없이 아데노이드를 작게 하는 한방 치료

편도가 위치한 인두 부위는 한의학에서 신장이 관장하는 곳으로 분류됩니다. 원래 신장은 물水을 주관하는 차가운 장기지요. 그런데 신장이 허약해지면 화火가 치솟기 쉽고 염증이 잘 생기므로 인두 편도 역시 잘 붓고 비대해지는 것입니다. 아데노이드 비대는 잦은 감기와 면역기능의 약화가 주된 원인입니다.

아이가 만일 유난히 편도나 아데노이드가 잘 붓고 염증이 생긴다면 체질적으로 신장에 수기水氣 부족해서 화기火氣가 위로 치솟아 인후 부위에 영향을 미친 탓입니다. 이때는 현삼, 지모, 황맥 같은 한약재를 중심으로 신장의 화를 내리고 길경, 우방자, 산두근, 형개, 연교, 금은화 등으로 아데노이드의 염증을 개선하는 처방을 합니다. 체질개선이 되면 아데노이드가 가라앉습니다.

면역력이 떨어지면 아데노이드가 잘 부어요

아데노이드가 부어 있을 때는 아이스크림이나 얼음물을 피하고 따뜻한 물을 수시로 조금씩 천천히 마시면 도움이 됩니다. 아데노이드에 좋은 대표적인 차는 도라지차입니다. 국산 도라지를 껍질째 썰어서 진하게 달여 먹이면 편도나 아데노이드 비대가 잘 가라앉습니다. 여기에 감초를 넣어서 같이 달이거나 조청을 타 먹여도 좋습니다. 목을 따뜻하게 감싸주는 옷을 입히고 황사가 오거나 찬 바람이 많이 불 때는 마스크를 하고 다니게 하세요. 외출 후에 집에 오면 꼭 손발을 씻기고 양치질을 시키는 것은 기본입니다. 양치질을 하고 나서 죽염수를 이용해 가글을 해주는 것도 추천합니다.

면역력을 향상시키고 저항력을 높이며 기와 혈의 균형을 맞춰주는 보약을 복용하면서 체력을 높이기 위한 운동을 꾸준히 하면 더욱 좋습니다.

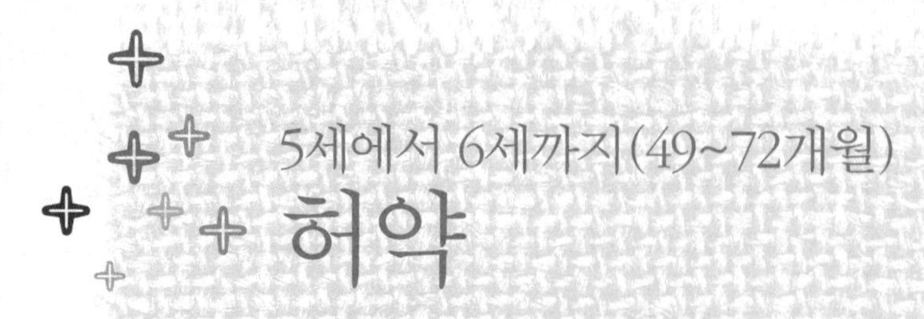

5세에서 6세까지(49~72개월)

허약

잔병치레가 잦은 아이들

허약한 아이들은 말 그대로 잔병치레를 자주 하고 속 시원히 낫지 않는 아이들을 말합니다.
크고 작은 병에 자주 걸리고 약골인 아이들은 성인이 되어서도
건강하지 않은 경우가 많습니다.
별다른 병이 없다고 하더라도 아이 몸이 전반적으로 허약하다면
특별히 신경을 써서 관리해줘야 합니다.

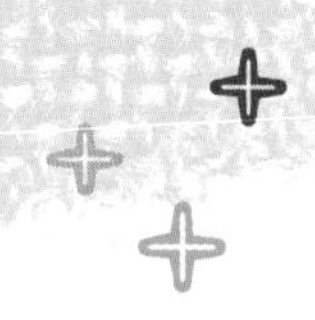

평생 건강을 발목 잡는 허약체질

허약아는 뚜렷한 질병은 없지만 기능적으로 약한 아이를 말합니다. 한방에서는 질병이 발생하는 이유를 허약하기 때문이라고 보고 있지요. 허약한 곳에 질병이 찾아든다는 것입니다. 한의학 서적인 《내경》에는 이런 말이 있습니다.

'비바람이 몰아쳐도 허약하지 않으면 병이 들지 않는다.'

'춥거나 덥더라도 몸이 허약하지 않으면 병이 들지 않는다.'

'병이 침입하는 곳은 반드시 기운이 약하다.'

즉, 똑같은 상황에 놓이더라도 누구나 병에 걸리는 것이 아니라 허약한 아이들이 병에 걸리는 것이지요. 체질적으로 허약하다는 것은 선천적으로 타고

난 기운이 충실하지 못하고 기혈이 허약하여 근골筋骨과 기육肌肉이 영양을 받지 못한다는 것을 말합니다. 또한 건강하게 태어나도 후천적인 섭생의 잘못으로 인해 영양불량이 되거나 질병, 병후조리가 잘못되면 허약해질 수 있습니다. 또한 가정이나 유치원 생활 등의 외적 환경요인으로 인해 정신적 장애가 생겨도 허약아가 될 수 있습니다. 이 시기의 건강은 평생의 건강을 마련하는 밑바탕이 되므로 허약체질을 바로잡아줘야 합니다.

일반적으로는 환절기마다 감기를 달고 살거나, 비쩍 말랐거나, 조금만 걸어도 쌕쌕거리면서 힘들어하는 아이를 두고 허약하다고 합니다. 따라서 엄마들은 아이가 뭐든지 잘 먹고 통통하면 허약하다고 생각하지 않습니다. 아이의 속은 허약한데 엄마는 전혀 모르고 지나치는 경우가 허다하지요. 겉으로 보기에는 건강해 보이는 아이가 뜻밖에 허약아 판정을 받는 사례도 적지 않습니다. 겉보기에 건강하다고 병을 앓지 않거나 체력이 좋은 것은 아닙니다.

신체 균형이 무너져서 오는 허약

허약하다는 것은 구체적으로 간, 심, 비, 폐, 신의 오장 중 어느 부분에 문제가 있는 것을 말합니다. 겉으로 보기에 튼튼해 보이는 아이들도 오장 사이의 균형이 깨지면 허약해집니다. 조화가 무너지면서 몸에 병이 찾아드는 것입니다. 특히 이 시기의 아이들은 유치원이나 어린이집에 가서 친구들과 생활할 때가 많은데, 허약한 아이들은 감기나 장염 등의 질병에 더 자주 걸리고, 다른 친구들보다 더 오래 앓습니다. 오장 허약증에 대해서는 앞에서 언급했습니다.

또 감기에 자주 걸려 항생제를 오랫동안 복용하면 허약해질 수 있습니다. 감기에 자주 걸리니까 항생제를 계속 먹게 되고, 항생제를 오랫동안 먹으면 면역력이 약해져 다시 감기에 걸리는 악순환이 계속됩니다. 감기에 걸렸을 때 항생제로 증상을 치료하기보다 자연스럽게 이겨낼 수 있게 해야 합니다.

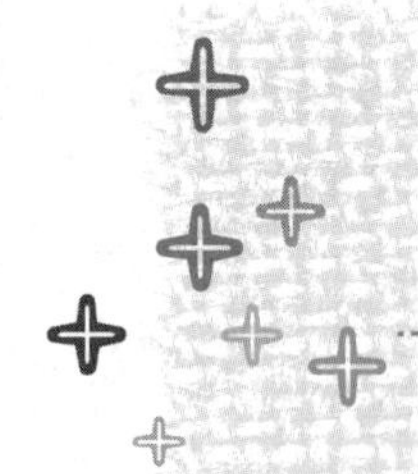

허약체질 개선을 위한 보약

허약한 아이들은 잘 먹지 않고 자주 배가 아프다고 합니다. 아이가 감기를 달고 살면서
수시로 열이 심하게 오르고, 비염이나 아토피 등의 만성질환을 앓고 있다면
몸 상태를 점검해보는 것이 좋겠습니다. 예민하거나 공격적인 아이들,
또 잘 놀라거나 잠을 잘 못 자는 아이들, 야뇨증세가 있는 아이들도 치료해야 합니다.
키 성장이 느려 한 살 정도 어린 아이들과 같거나
혹은 자기 또래에서 10퍼센트 정도 안에 드는 작은 키라면
진찰을 받고 빨리 성장 치료를 시작하는 것이 좋습니다.

반드시 진단과 처방을 받으세요

보약은 건강하지 못한 아이, 허약한 아이에게 필요합니다. 건강한 아이들이 굳이 보약을 먹을 필요는 없습니다. 물론 건강할 때 건강을 지키려고 먹을 수도 있습니다. 허약하다는 것은 단순히 몸이 약한 것만을 의미하지는 않습니다. 몸이 허약하면 성장에도 지장이 생기고 나아가서는 학습에도 무리가 옵니다. 따라서 몸이 허약한 아이들은 이 시기부터 건강을 다져두어야 건강해질 뿐 아니라 이후 본격적으로 진행될 성장과 학습에도 무리를 받지 않습니다.

허약한 아이들이 치료의 목적으로 먹는 보약은 따로 시기를 정해놓고 먹일 필요는 없습니다. 아이가 피곤해하고 밥을 잘 안 먹고 병을 지나치게 오래 앓는 등 허약해 보인다면 계절과 전에 복용했던 시기와 상관없이 그때 먹이면 됩니다. 대개는 계절이 바뀌는 환절기나 잔병치레로 몸이 허약해졌을 때 많이 먹입니다.

일반적으로 보약이라고 하면 다 비슷하겠거니 생각합니다. 보약을 짓는 데도 따로 진료를 받아야 하느냐고 묻는 엄마도 있습니다. 보약은 한 종류가 아닙니다. 아이의 증세에 따라 처방이 달라지지요. 허약한 아이들은 대개 비슷비슷한 증세를 보이지만 자세히 보면 주된 증상이나 좋아하는 음식, 생활습관, 체질 등이 다 다릅니다. 따라서 반드시 한의원에 와 진찰을 받고 아이에게 잘 맞는 약을 처방받는 것이 가장 좋습니다. 어느 부위가 허약한가에 따라 처방이 달라질 수 있으므로 대충 감기에 잘 걸린다거나 땀이 많이 난다거나 밥을 잘 안 먹는다거나 하는 식의 특징만 가지고 약을 짓는 것은 바람직하지 않습니다.

약보, 식보, 동보가 중요

한방에서는 체력을 키우는 데 있어 삼보三補가 중요하다고 합니다. 약을 통해 몸의 약한 기운을 보충해주는 약보, 좋은 음식으로 몸에 영양을 보충해주는 식보, 그리고 평소 운동을 통해 체력을 기르는 동보, 이렇게 삼보 말이지요. 허약하다고 무조건 약을 지어 먹이기보다 우선 영양섭취, 운동, 휴식에 신경을 써주세요. 약을 먹으면서 식생활과 평소 생활습관을 함께 개선해줘야 더 건강해질 수 있습니다.

기혈을 보강하고 근골을 튼튼하게 하는 녹용

한의학 고전 문헌에 보면 녹용은 기와 혈을 보강하고, 근골을 튼튼하게 하며 원기를 보호해주고 정신을 맑게 해주는 약재라고 나와 있습니다. 근육이나 뼈대가 약한 아이, 감기를 달고 살며 항상 피곤해하는 아이, 얼굴빛이 창백하고 몸과 손발이 차며 소변이 시원치 않고 비뇨기계가 약한 아이, 빈혈이 있는 아이, 걷는 것이 늦거나 식욕이 부진한 아이에게 탁월한 효과를 발휘합니다. 체질에 맞기만 하다면 녹용은 허약증과 면역기능 개선, 성장발육에 필수적인 보약입니다.

녹용은 허약한 아이들에게는 좋은 약재지만 그렇다고 모든 아이에게 좋은 것은 아닙니다. 소화력이 별로 좋지 않은 아이가 녹용 같은 동물성 약재를 흡수하기란 쉬운 일이 아니지요. 소화기가 약한 아이들은 먼저 소화기를 다스리는 약을 쓴 후 녹용을 써야 제대로 된 효과를 얻을 수 있습니다. 또한 열이 난 상태에서 녹용을 먹이면 중추 뇌압을 상승시켜 뇌세포에 나쁜 영향을 미칠 수도 있으므로 주의해야 합니다.

그런 이유로 녹용을 쓰기 전에 반드시 한의사의 진료를 받아야 합니다. 또한 녹용은 더운 성질의 약재로 아이들에게 단독으로 먹이는 경우는 없으므로 집에서 함부로 달여 먹이지 말아야 합니다. 반드시 한의사의 진찰 후 아이의 증상과 체질에 맞추어 꼭 필요한 경우에 녹용을 쓰는 것이 바람직하겠습니다.

녹용을 넣은 보약은 기본적으로 1년에 1번 먹으면 되지만 허약 정도나 체질에 따라 1년에 2회 이상 복용할 수도 있습니다. 그 이상의 필요한 관리는 일반 보약으로 하는데, 얼마 동안, 얼마만큼을 먹일지는 한의사가 판단합니다. 일반적으로는 한번 먹을 때 녹용 보약을 2주 먹이고, 이어서 일반 보약으로 2주 정도 더 먹입니다. 그리고 3~6개월 뒤 다시 진찰을 받게 합니다. 물론 치료할 병증이 있고 많이 허약한 경우에는 6주 이상을 복용시키기도 합니다.

빈혈이나 백혈병에도 쓰이는 녹용

우리나라의 한의학은 양생, 즉 질병의 예방적 측면에 치중해 온 까닭에 녹용이 대표적인 보약재로 선호됐다. 녹용은 허약체질을 개선하고 면역력을 높이는 데 탁월한 효과가 있다. 맛은 달고 짜고 시며, 성질은 따뜻하다. 일반적으로 단순한 보약재로만 녹용이 쓰인다고 생각하는데, 최근 연구에 따르면 성장발육의 촉진과 더불어 조혈기능을 돕는 작용이 있어 빈혈이나 백혈병에도 쓰인다. 또한 장기간 복용하면 골다공증에도 효과를 나타내며 디스크나 만성 요통에도 효과가 있다.

자란 지 두 달 된 뿔이 가장 좋아

수컷에게만 자라는 뿔은 수사슴의 왕성한 양陽 기운이 솟구쳐 머리를 뚫고 나온 것으로 양기를 충만하게 품고 있습니다. 봄이 되면 수사슴들 뿔이 돋기 시작하는데, 두 달 정도 자라면 약재로 쓰기 좋은 녹용이 됩니다. 이때를 놓치면 각질화가 진행되어 가을쯤 되면 딱딱한 뿔이 되었다가 자연적으로 떨어집니다. 이렇게 자연적으로 떨어지는 뿔을 녹각이라고 하지요.

녹용은 부위에 따라 상대, 중대, 하대로 나뉘는데 상대가 가장 효과가 좋습니다. 상대는 절단면이 균일하고, 밀도가 촘촘하고 매끄러우며 하대는 거칠고 밀도가 낮습니다. 상대 중에서도 끝단은 분골이라고 하며 가장 효능이 좋다고 알려졌습니다.

사슴의 나이와 종류, 산지, 채취 시기, 건조 방법 등에 따라서 약효가 모두 다르며, 원가지에 비해 가늘고 뾰족한 곁가지는 약효가 떨어집니다.

예전에는 녹용을 얻으려면 반드시 사슴을 죽여야 했지요. 그러므로 지금보다 훨씬 더 귀한 약재였습니다. 한마디로 웬만한 부자가 아니면 얻기 어려운 약재였지요. 그러나 지금은 지혈과 냉동 기술로 사슴을 죽이지 않고도 매년 녹용을 얻을 수 있어 예전보다 훨씬 녹용을 구하기 쉬워졌습니다.

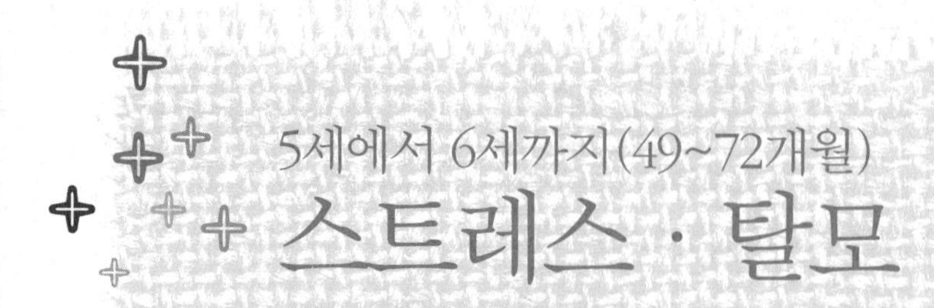

5세에서 6세까지(49~72개월)

스트레스 · 탈모

어른보다 위험한 어린이 스트레스

요새 아이들은 어른 못지않게 육체적 정신적 스트레스에 시달리고 있습니다.
어린아이들은 외부 자극에 대한 방어 능력이 떨어져
스트레스에 무방비 상태로 노출되는 수가 많습니다.
그래서 어린이 스트레스는 사실 어른들의 스트레스보다 더 위험합니다.
어른은 자신이 스트레스를 받고 있다고 자각하고 그것을 풀고자 많은 노력을 기울이지만
아이들은 자기가 스트레스를 받고 있다는 것조차 인지하지 못합니다.
따라서 어떤 증상이 나타났을 때 그것이 왜 나타난 것인지,
혹시 스트레스가 원인은 아닌지 알기가 쉽지 않습니다.

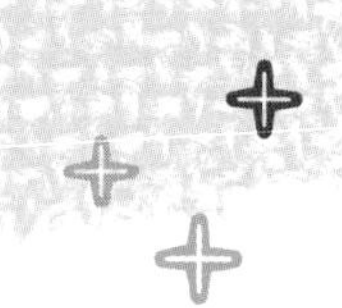

화가 울체되어 가슴이 답답한 아이들

간혹 아이들이 가슴이 답답하다고 하면서 숨 쉬는 게 불편해 보일 때가 있습니다. 숨이 차서 어쩔 줄 모르기도 하고 한숨을 크게 내쉬기도 하지요. 한의학에서는 흉부의 기운이 잘 퍼져나가지 못하고 울체되어 있기 때문이라고 봅니다. 가슴이 답답하고 숨 쉬는 것을 불편해하는 것은 스트레스를 주된 원인으로 봅니다. 아이에게 스트레스나 걱정이 있으면 심장과 간에 화기가 생기고 기운이 울체되어 이런 증상이 나타나는 것이지요.

이런 답답증은 밥을 잘 안 먹는 아이들에게 더 잘 옵니다. 비위가 허약하고 소화기능이 약한 아이들은 음식물을 먹다가 체기가 생기기 쉽고, 이것이 오래

스트레스를 받는 아이들의 특징

1. 생기가 없다.
2. 우울해 보인다.
3. 몸 이곳저곳이 아프다고 한다.
4. 놀이에 적극적이지 않다.
5. 눈치를 자주 본다.
6. 짜증을 많이 낸다.
7. 틱이나 2차성 야뇨증, 야경증 등 이상 증상을 보이기도 한다.

되면 답답해하지요. 소화가 잘 안 되니 식욕이 없고, 배도 아프며 변 상태도 좋지 않고 잠도 잘 못 잡니다.

담음이 있을 때도 아이들은 답답함을 느낍니다. 담음은 잘못된 식습관에서 나타나는데 밀가루 음식, 육류, 단 음식, 찬 음식 등을 많이 먹거나 체질에 맞지 않는 건강식품을 오래 복용한 경우 속에 열이 생겨 가래 같은 체액성 노폐물을 만들게 되는데, 이것이 정체되어 가슴이 답답한 증상이 나타나는 것입니다. 아이가 가슴이 답답하다고 하면서 음식을 잘 먹지 않으면 이 두 가지 경우를 의심할 수 있으니 적절한 처방을 받아 체질을 개선해주는 것이 필요합니다.

불안한 환경과 학업 부담에서 오는 스트레스

아이들이 스트레스를 받는 가장 큰 원인 중 하나는 가정이 화목하지 못한 데 있습니다. 특히 아이들은 엄마 아빠가 싸울 때 대단히 스트레스를 받습니다. 싸움의 강도가 지나칠수록, 혹은 아빠에게 알코올 중독 등의 문제가 있을 때 아이들은 굉장한 불안과 공포를 경험합니다. 아이들에게는 사소한 부부 싸움도 큰 스트레스가 될 수 있다는 점을 염두에 두어야 합니다.

요즘 아이들에게 가장 많이 나타나는 스트레스 중 하나가 바로 학업 스트레스입니다. 사실 이 시기는 마음껏 뛰어놀기만 해도 좋을 나이입니다. 그러나 요즘은 그렇지가 않지요. 학교에 들어가기 전부터 아이들은 학습 스트레스에 시달립니다. 책을 보고 싶지 않은 아이들도 책을 봐야 하고, 영어학원에 가서 단어 시험도 봐야 합니다. 피아노 학원에도 가야 하고, 태권도 학원에도 가야 하고, 미술학원에도 가야 하지요. 그냥 즐겁게 배우기만 하면 좋으련만 엄마 마음은 또 그렇지가 않습니다. 그 안에서 좋은 결과를 내야 한다는 생각에 아이를 다그치게 되지요. 그 과정에서 아이는 상처를 많이 받습니다.

큰 변화를 겪거나 사고 경험이 있는 아이들도 스트레스에 노출됩니다. 사고로 정신적 혹은 육체적으로 상처를 입은 아이들은 상당한 스트레스를 받습니다. 동생이 태어나면서 엄마 아빠의 관심을 덜 받게 되고 걸핏하면 "다 큰 애가 왜 그러니?" 하고 혼나는 것도 큰 스트레스입니다. 아이들은 동생이 태어난 것에 어른들이 상상하는 것보다 훨씬 큰 불안감이나 상실감을 느낍니다. 그러려니 하고 무심히 지나치지 말고 아이의 마음을 잘 다독여줘야 합니다.

꼼꼼한 아이들이 더 위험해요

매사에 꼼꼼한 성격의 아이들은 그렇지 않은 아이들보다 스트레스를 더 잘 받습니다. 옷을 입을 때도 자신이 생각한 대로 갖춰 입어야 하고 놀이터에 가서도 옷이 더러워질까봐 잘 놀지 못합니다. 엄마들은 '더러워지면 갈아입으면 되지!'라며 마음 편하게 생각하지만 이런 아이들은 사소한 더러움에도 극도의 스트레스를 받습니다. 머리를 묶어도 양쪽이 똑같아야 하며 자기 물건도 완벽하게 정리해야 합니다.

이런 아이들을 자세히 들여다보면 엄마의 양육방식에 문제가 있는 경우가 많습니다. 엄마가 지나치게 엄격하게 아이를 키우는 것이지요. 엄마 자신도 의식하지 못하는 사이에 "안 돼!", "하지 마!" 소리를 입에 달고 살다 보니 아이는 거기에 따라 꼼꼼한 성격이 됩니다. 특히 예민한 성향이 있는 아이는 엄마 아빠의 잔소리에 더 큰 영향을 받습니다. 대소변 가리기를 강압적으로 한 경우에도 예민하고 꼼꼼한 성격을 가질 확률이 커집니다.

부모의 관심과 배려가 특효약

가장 중요한 것은 가족 간의 화목한 분위기입니다. 엄마 아빠가 사이가 좋아야 하고 그런 모습을 아이에게 자주 보여주세요. 기본적인 정서가 안정되어 있으면 소소하게 받는 스트레스는 큰 문제가 되지 않습니다. 다만 가족이 화목하지 못하고 엄마 아빠가 늘 싸운다면 다른 문제가 없어도 아이는 그 자체만으로 늘

스트레스 줄이는 생활법 10

1. 화목한 가정 분위기를 유지한다.
2. 어떤 경우든 아이의 마음을 먼저 읽으려고 노력한다.
3. 부모가 필요하다고 생각하는 것보다 아이가 원하는 것을 먼저 하게 해준다.
4. 자주 혼내거나 나무라지 않는다.
5. 텔레비전을 무심코 켜놓지 않는다.
6. 인스턴트 음식을 먹이지 않는다.
7. 집 안에만 있기보다 산책이나 야외활동을 자주 한다.
8. 가까운 곳이라도 교외에 나가 자연을 느끼게 해준다.
9. 아이가 좋아하는 음악을 들려준다.
10. 따뜻한 물에 목욕이나 족욕을 해준다.

불안하고 스트레스를 받으며 긴장 상태로 지낸다고 볼 수 있습니다.

아이의 마음을 읽어주세요. 아무리 공부가 중요하다고 해도 이 시기에는 아이가 싫어하는 공부를 너무 많이 시켜서는 안 됩니다. 엄마가 원하는 것보다 아이가 원하는 것을 할 수 있도록 배려하고, 인형놀이, 그네타기 등 아이가 좋아하는 놀이를 충분히 하게 해주세요.

또 자주 혼내지 마십시오. 사소한 일로 아이를 혼내지 말아야 합니다. 아이는 여러 가지로 미숙하고 불완전한 존재입니다. 만일 정말 혼낼 일이 있을 때는 아이에게 충분히 설명을 해주고 무엇을 잘못했는지 깨닫게 해야 합니다. 가끔 별일이 아닌데도 아이를 윽박지르는 경우가 있는데, 사실 그때는 아이에게 화가 났다기보다 다른 일 때문에 기분이 나쁜 것을 아이에게 화풀이하는 경우가 대부분이지요. 아이를 혼내는 것도 습관입니다. 늘 혼이 나는 아이는 스트레스를 많이 받을 뿐 아니라 엄마의 눈치를 수시로 볼 수밖에 없습니다.

습관적으로 텔레비전을 켜놓지 마세요. 집에서 별생각 없이 텔레비전을 켜놓는 경우도 많은데 그러면 안 됩니다. 텔레비전을 켜놓으면 꼭 보지 않더라도 뇌가 늘 불안정한 상태가 되어 스트레스를 받기 쉽습니다. 텔레비전은 꼭 볼 프로그램만 보고 꺼야 합니다.

인스턴트 음식은 멀리하세요. 인스턴트 음식을 많이 먹으면 스트레스를 많이 받고, 면역성분이 덜 만들어지며, 뇌 기능을 떨어지게 하는 화학물질을 많이 섭취하게 됩니다. 평소 아이가 스트레스를 많이 받는 편이라면 담백하고 가벼운 식사를 하도록 해주세요.

한방차로 스트레스를 다스려요

손쉽게 끓여 마실 수 있는 차로 스트레스를 날려버릴 수 있습니다. 평소 아이에게 음료수 대신 먹인다면 아이가 받는 스트레스가 줄어듭니다. 단, 아이의 체질에 맞게 복용하게 하세요.

백복신차 백복신은 소나무 뿌리에 기생하는 균핵으로 정신을 안정시키고 몸을 가볍게 하며 소화기능을 돕는 작용을 합니다. 하루에 6g 정도의 용량으로 약한 불에 충분히 우려내어 조청을 타서 먹이면 됩니다. 몸이 찬 아이에게는 생강을 넣어서 달여 먹이면 좋습니다.

감초차 감초는 해독작용과 함께 신경을 안정시키는 역할을 합니다. 잘 씻어 물기를 뺀 감초를 하루에 6g 정도 달여 먹입니다. 조청을 넣어 마시게 하면 됩니다. 대추를 같이 넣어 달이면 더욱 좋습니다.

원지차 원지遠志는 '뜻을 멀리 보낸다'는 뜻입니다. 이 말처럼 불안하고 가슴이 두근거릴 때 마음을 단단히 먹게 하고 지력을 돕습니다. 하루에 4g 정도의 용량으로 약한 불에 충분히 우려내어 먹입니다. 역시 조청을 넣어주면 아이들이 잘 먹습니다.

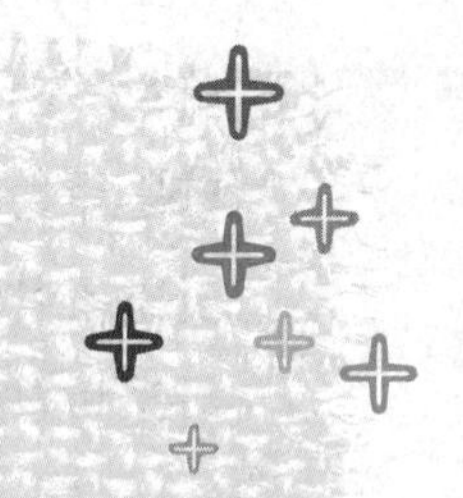

과도한 스트레스로 인한 탈모

최근 들어 탈모증으로 병원을 찾는 아이가 늘었습니다.
어린이 탈모증의 대표적인 원인 중 하나로 과도한 스트레스가 꼽히고 있습니다.
탈모에는 갑자기 동전 크기만 하게 머리카락이 빠지는 원형탈모증이 가장 흔하며
아이가 습관적으로 머리를 뽑는 발모광도 있습니다.

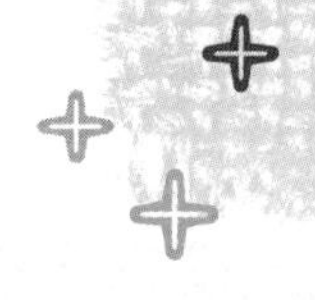

한꺼번에 머리가 빠지는 소아탈모증

소아탈모증은 머리카락이 시일을 두고 조금씩 빠지는 것이 아니라 한꺼번에 확 빠지는 증상입니다. 보통 머리카락이 빠지기 시작해 일주일을 전후로 탈모증이 확연히 나타납니다. 탈모가 생기는 부위는 뒷머리가 가장 많고 그다음으로 옆머리, 정수리 부분, 앞머리 순으로 나타납니다.

소아탈모증의 원인은 대부분 스트레스인데 결손 가정, 맞벌이 부부, 부모나 형제간의 갈등 등의 가정적인 요인이 45퍼센트로 가장 많고, 공부로 말미암은 스트레스나 지나친 학원 교육도 10퍼센트 정도 영향을 미친다고 합니다. 또한 탈모 증세를 보이는 아이 중에 첫째가 55퍼센트로 가장 많고, 막내 33퍼센트, 중간 8퍼센트, 외동 4퍼센트 순으로 나타난 것을 보면 첫아이가 갖는 스트레스가 상당하다는 것을 짐작할 수 있습니다. 엄마는 이 같은 사실을 미리 알고 아이에게 지나친 기대감이나 스트레스를 주지 말아야 합니다.

소아탈모증은 예방이 무엇보다 중요합니다. 시험이나 공부에서 오는 스트레스로부터 적당히 벗어날 탈출구를 만들어줘야 합니다. 너무 강제적이고 부담을 주는 교육을 자제하고 아이에 대한 관심과 사랑으로 아이에게 꼭 필요한 것을 찾아나가야 합니다. 여행도 좋고, 영화 관람도 좋고, 아이와 같이 배드민턴을 하거나 자전거를 타고, 때로는 실컷 놀게도 해줘야 합니다.

콩팥의 기운이 약하고 혈이 부족한 것이 원인

한의학에서 탈모는 콩팥의 기운이 허약하고 혈이 부족한 탓에 머리카락이 자양하지 못해서 발생한다고 봅니다. 중병을 앓고 난 뒤, 출산하고 나서, 영양이 부족한 사람들한테서 자주 보입니다. 여기서 말하는 탈모는 유전적인 대머리나 피부병을 말하는 것은 아닙니다.

위의 신허나 혈허 때문에 생기는 탈모는 점차 머리털이 빠져 성글어지면서, 윤기가 없으며 가늘어지고 누르스름해집니다. 한방적으로는 사물탕, 육미지황탕, 수오연수단 등을 처방합니다.

가정요법으로는 하수오를 끓여 차처럼 먹으면 좋습니다. 하수오는 말 그대로 "어찌 머리가 까마귀처럼 검소?"라는 의미입니다. 예로부터 하수오가 머리를 검게 하고 새로 나게 하는 효능이 있다는 것을 알고 있었던 것입니다. 하수오는 새박 뿌리 또는 은조롱의 뿌리로, 《동의보감》에서는 한 노인이 이것을 백일간 먹고 오랜 병이 나았으며 1년이 되니 자식을 보고 103세까지 살았다는 이야기를 소개하고 있습니다.

동전 모양으로 머리카락이 빠지는 원형탈모

우연히 머릿속에 동그랗게 머리카락이 빈 것을 발견하면 제일 먼저 의심해야 할 것이 원형탈모증입니다. 특별한 자각 증상 없이 동그란 원형이나 타원형으로 탈모가 발생하는데 지름이 1~3cm 정도입니다. 그러나 경우에 따라 탈모가 한 곳이 아니라 여러 곳에 발생하기도 하며, 머리카락만이 아니라 눈썹이나 속눈썹 부위에 생기기도 합니다. 또 이러한 병변 부위들은 점차 넓어져서 서로 연결되어 커지기도 하며 심지어는 머리 전체로 확대되기도 하지요. 자각증상은 없으며, 정신적인 스트레스로 인해 발병하는 경우가 많고, 유전적 소인이나 내분비 장애로 발생하기도 합니다.

맞벌이 부부가 늘어나면서 아이들을 낯선 보육자의 손에 맡길 때가 많습니다. 또한 조기교육 열풍으로 인해 아이들은 밖에서 노는 시간은 점점 줄어들고, 일찍부터 원하지도 않은 학습을 해야 하지요. 가정 불화나 잦은 이사로 낯선 환경이 계속될 때, 또 자주 혼이 나는 것 등도 원형탈모의 원인으로 꼽힙니다.

탈모의 기간은 수주일 혹은 수개월에 걸쳐서 발생하며, 탈모반은 수개월에 걸쳐서 자연 회복될 수도 있습니다. 그러나 회복되는 도중에 또 다른 곳에서 탈모반이 발생하기도 합니다. 특별한 치료 없이도 수주 후에는 저절로 좋아지기도 하나, 체질에 따라 몇 년에 걸쳐서 진행되는 때도 있습니다.

원형탈모증의 원인, 유풍

원형탈모증을 한방에서는 유풍이라고 합니다. 이는 몸에 혈이 부족하고 머리로 풍風이 생겨서 혈이 메말라 머리카락을 촉촉하게 해주지 못해 일어나는 것입니다. 따라서 혈을 보하고 풍을 제거하는 처방으로 치료하였는데, 임상적으로 영양 상태와 스트레스와 연관성이 많습니다.

가정요법으로는 싱싱한 생강을 납작하게 썰어 탈모가 생긴 두피에 가볍게 문질러 자극을 해주거나 쑥을 달인 물로 씻어주면 효과가 있습니다. 또한 솔빗으로 두피를 두드려 자극하는 것도 도움이 됩니다.

사춘기 이전에 발병하는 원형탈모는 초기에 제대로 치료를 하지 않으면 난치성 탈모로 진행할 수 있습니다. 따라서 조기에 적절히 치료하는 것이 무척 중요합니다.

머리가 빠지는 것을 보면 엄마들은 당장 탈모증을 고치고 싶겠지만, 사실 어린이 탈모는 증상만 치료해서는 곤란합니다. 일단 원형탈모가 생겼다면 그 즈음에 아이에게 스트레스를 주는 특별한 상황이 있지는 않았는지 한번 되짚어봐야 합니다. 어린이집을 옮겼다거나, 학원을 많이 다닌다거나, 친구들과의 관계에서 문제가 있거나, 동생을 봤다거나, 최근 엄마에게 많이 혼이 나지는 않았는지 따져봐야 하지요. 스트레스의 원인을 제거해주지 않고 탈모 증상 자체만 치료한다면 다시 재발할 우려가 큽니다. 한약 복용과 함께 스트레스 요인을 없애려고 노력을 같이 해야만 증세가 완벽하게 호전될 수 있습니다.

탈모에 좋은 음식 vs 나쁜 음식

좋은 음식 검은콩, 약콩, 검은깨, 찹쌀, 두부, 우유, 미역, 다시마, 김, 새우, 사과, 포도, 복숭아, 배, 밤, 오렌지, 호두, 버섯, 미나리 등.
나쁜 음식 라면, 빵, 햄버거, 피자, 돈가스, 콜라, 설탕, 케이크, 아이스크림, 커피(카페인), 담배, 탄산음료.

한편 소아탈모는 치료보다 예방이 더 중요합니다. 아이를 학습 스트레스에서 놓여나게 하고 평소 대화를 많이 나누고 아이의 의견을 존중해 편안한 마음을 가질 수 있도록 배려해줘야 합니다.

외부 자극에 민감한 아이들

탈모로 한의원을 찾아온 엄마들에게 혹시 아이가 요새 스트레스를 받은 일이 있느냐고 물으면 대부분 고개를 갸웃거립니다. 그러고는 특별한 건 없다고 대답할 때가 대부분입니다. 소소한 스트레스를 받긴 하겠지만 그건 다른 아이들도 다 겪는 것이기 때문에 별문제가 아닌 것 같다는 것이지요. 다른 아이들도 다 다니는 학원에 다니고, 다른 친구들의 엄마 아빠도 맞벌이하고 있다는 것입니다. 똑같은 상황인데 다른 집 아이는 원형탈모증에 걸리지 않았고 우리 아이만 걸렸으니 스트레스가 원인은 아니라는 것이지요.

그러나 똑같은 상황이라도 아이마다 받아들이는 강도가 다르다는 점을 아셔야 합니다. 성격이 예민하고 감수성이 높으며 건강 상태가 좋지 않은 아이들은 이런 외부 자극에 훨씬 더 민감하게 반응합니다. 따라서 객관적인 외적 조건보다는 아이의 스트레스에 대한 지각도가 관건이 됩니다.

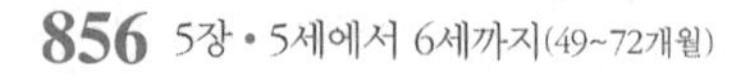

탈모증 아이들의 두피 관리

1. 손이나 빗으로 두피를 마사지해 준다. 머리를 주무르거나 두드려 두피를 자극해주는 것이다. 머리카락을 건강하게 하는 데 도움이 된다.
2. 탈모를 가리려고 머리를 묶거나 모자를 씌우는 것은 좋지 않다. 머리를 당겨 묶으면 두피 자극이 심해져 머리카락이 더 빠질 수 있으므로 느슨하게 묶어야 한다. 또한 탈모를 가리려고 모자를 쓰면 머리가 더 빠질 수 있으므로 유의해야 한다.
3. 머리를 너무 자주 감기지 않는다. 그렇다고 냄새가 날 때까지 감기지 말라는 것은 아니다. 2~3일에 한 번 정도가 적당하다. 향과 색소가 들어간 샴푸보다는 될 수 있는 대로 천연 재료로 된 샴푸를 쓴다. 헤어 드라이어의 뜨거운 바람을 사용해 머리를 말리는 것은 권하지 않는다.
4. 평소 아이의 마음을 이해해줘야 한다. 아이 마음이 편해지지 않으면 아무리 머리카락 관리를 잘해도 탈모를 막을 수 없다. 무엇 때문에 아이가 예민해져 있는지 살펴보고 아이의 마음을 편안하게 해주는 것이 필요하다.

불안하면 머리카락을 뽑는 발모광

발모광은 아이가 스스로 일정 부위의 머리를 잡아 뜯는 증상입니다. 경계가 일정한 원형탈모증과는 달리 마치 벌레가 파먹은 것처럼 머리카락이 듬성듬성 빠지게 되지요. 스트레스 외에도 다른 원인에 의해 생기는 원형탈모증과 달리 발모광은 대부분 심한 심리적인 문제 때문에 일어나는 행동장애에 속합니다. 머리카락을 잡아 뜯으면서 긴장을 풀려는 것이지요. 주로 여자아이들에게서 많이 나타납니다. 역시 심리적 안정을 위한 노력이 가장 중요하며 정도가 심할 경우 전문가와의 상담 및 심리 치료가 필요합니다.

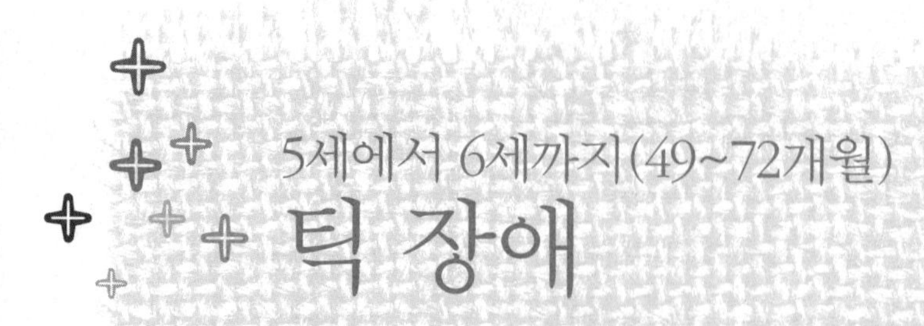

5세에서 6세까지(49~72개월)

틱 장애

신체의 특정 부위를 반복적으로 사용하는 틱 장애

"그만 좀 깜빡거리지 못하겠니?"
아이가 눈을 수시로 깜빡이는 모습을 본 엄마들은 반복적으로 잔소리를 합니다.
아이가 일부러 그런다고 생각하는 것이지요.
그러나 아이는 깜박거리고 싶어서 그러는 게 아닙니다.
자기도 모르는 사이 의도와 관계없이 눈을 깜박이는 것이지요.
신체의 특정 부위를 반복적으로 사용하는 행동을 의학적으로는 틱 장애라고 부릅니다.

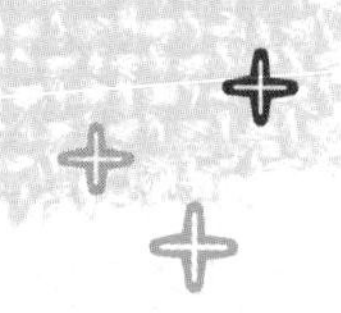

여자아이보다 남자아이에게 많이 나타나는 틱

틱이란 반복적으로 갑작스럽고 빠르게 나타나는 근육의 움직임이나 어떤 소리를 말합니다. 자기 생각과는 상관없이 일어나는 행동들이지요. 흔히 눈을 깜빡이는 것을 비롯하여 안면근육, 머리, 어깨, 팔, 다리 순으로 번져갑니다. 행동만 하는 것이 아니라 갑자기 소리를 지르거나 가래 뱉는 소리를 내기도 합니다. 대부분 12개월 이내로 일과성이지만 만성화되는 수도 있습니다.

틱은 유전적인 원인이나 뇌의 구조적 이상, 뇌의 생화학적 이상, 호르몬, 출산 과정에서의 뇌 손상 등도 원인이 됩니다. 그러나 가장 큰 원인은 아이가 받는 긴장과 스트레스입니다. 주로 초등학교에 들어갈 무렵인 7살 전후에 많이 나타나고 여자아이들보다는 남자아이들에게서 많이 나타납니다.

스트레스를 받으면 상태가 더 나빠져요

틱에는 근육 틱과 음성 틱이 있으며 단순형과 복합형으로 나눌 수 있습니다. 단순한 근육 틱은 눈을 깜빡거리거나 얼굴을 찡그리고, 머리를 흔들고 입을 내밀거나 어깨를 들썩이는 정도입니다. 복합적인 근육 틱은 자기를 때리거나 제자리에서 뛰어오르고 다른 사람이나 물건을 만지거나 던지며, 손의 냄새를 맡거나 남의 행동을 그대로 따라하는 것으로 나타납니다. 또 자신의 성기 부위를 만지는 등 외설적인 행동을 하기도 합니다.

단순한 음성 틱은 킁킁거리거나, 가래를 끓어올리거나 기침하는 소리, 침 뱉는 소리 등을 냅니다. 복합적인 음성 틱은 상황과 관계없는 말을 내뱉는다거나 욕을 하거나 다른 사람의 말을 따라하지요.

이때 엄마가 알아야 할 것은 아이도 자기가 하고 싶어서 하는 게 아니라는 것입니다. 일부러 그러는 게 아니므로 누가 옆에서 화를 내거나 나무라면 증상이 더 심해질 수 있습니다. 틱은 시간이 지나면서 증상의 정도도 달라집니다. 어느 날 증상이 무척 심해졌다가 며칠 뒤에는 다시 잠잠해지는 식입니다. 증상이 드러나는 위치도 달라집니다. 눈을 깜빡이는가 하면 코를 킁킁거리기도 하고, 입을 씰룩거리는 식으로 계속 변합니다. 긴장이나 스트레스를 받으면 상태가 더 나빠지는데 특히 다른 사람 앞에서 혼이 날 때 증세가 심해집니다. 틱 장애 중에서 정도가 심한 경우로 다양한 근육 틱과 음성 틱이 1년 이상 지속하는 것을 뚜렛 장애라고 합니다. 뚜렛 장애는 다양한 근육 틱과 음성 틱이 동시에 나타나기도 하고 각각 나타나기도 합니다. 뚜렛 장애가 있으면 사회생활에 심각한 장애를 가져오게 되며 치료도 쉽지 않습니다.

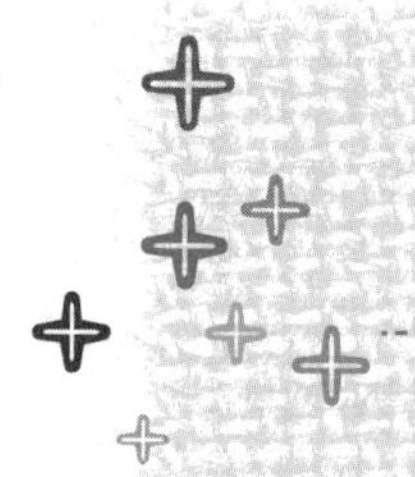

틱의 원인을 찾아 해결해주세요

틱의 가장 큰 적은 스트레스이므로 아이가 무엇 때문에
스트레스를 받고 있는지 원인을 찾아내고 개선해줘야 합니다.
지나치게 많은 학원에 다니고 있지는 않은지, 부모가 아이를 강압적으로 대하는 것은 아닌지,
형제자매 관계에서 스트레스를 받는 부분은 없는지 하나하나 따져보세요.
그중 아이가 유난히 예민하게 반응하거나 싫어하는 것이 있다면
두말할 필요도 없이 중단해야 합니다.

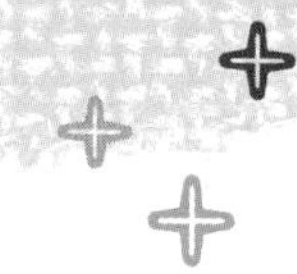

틱은 좋아하는 일에 집중하면 줄어듭니다

아이가 틱 증상을 보이면 엄마는 반복해서 잔소리합니다. 아이에게 계속 주지시키면 조금이라도 덜 할까 싶어서 그런 것이지요. 그러나 틱이 있을 때는 무조건 부모가 기다려주는 것이 중요합니다. 야단을 치거나 그만 하라고 잔소리를 하면 아이는 더 스트레스를 받고, 오히려 증세가 악화할 수 있습니다. 일단 아이의 마음을 편안하게 만들고 스트레스를 없애줘야 합니다. 이럴 때는 관심을 보이는 게 오히려 증세를 더 나쁘게 할 수 있지요. 조금 좋아지거나 나빠졌다고 해도 무심한 듯 넘겨야 틱이 장기화하는 것을 막을 수 있습니다.

아이가 자기의 증상에 관심을 가지지 않도록 유치원 선생님이나 친구들에게 상황을 설명하고 절대 아이를 놀리지 않도록 부탁해두세요. 한편 유치원 생활은 어떤지, 친구 관계에 문제는 없는지 늘 관심을 가지고 지켜봐야 합니다.

틱은 어떤 일에 집중하면 좋아질 수 있습니다. 아이가 좋아하는 놀이를 하

게 해주세요. 단, 자발적이어야 합니다. 이것 좀 해봐라. 저것 좀 해봐라 하며 주변에서 강요해서는 안 됩니다. 규칙적으로 운동하는 것도 좋습니다. 수영이나 태권도, 체조 등을 하면서 근육의 운동을 체계화하면 의미 없는 움직임이 많이 줄어듭니다. 또한 아이가 항상 자신이 사랑받고 있다는 것을 느끼게 해줘야 합니다. 신체 접촉을 많이 하면서 작은 일에도 칭찬을 아끼지 마세요.

틱은 주변 사람들이 아이의 증세를 무시하고 스트레스를 받지 않게 잘 돌봐주면 금세 좋아집니다. 그러나 만일 틱 증세가 1년 이상 지속하거나, 점점 더 심한 증상으로 옮겨간다면 치료해야 합니다.

몸의 균형을 되찾게 하는 한의학적 틱 치료

한의학에서는 이런 틱 증상이 정신적 긴장과 스트레스로 인한 칠정七情(7가지 정)의 손상, 기혈의 순환 이상과 부족, 또는 오장육부의 불균형에서 온다고 봅니다. 증상과 체질에 맞는 약물요법과 침구치료를 하고, 마음을 안정시키는 정신요법을 사용합니다. 대표적인 처방으로는 귀비탕, 온담탕, 인숙산, 시호청간탕 등이 있습니다. 가정에서 틱 장애에 도움이 되는 한방차를 만들어 먹이는 것도 좋습니다. 대표적인 한방차는 다음과 같습니다.

원지차 원지풀의 뿌리를 봄, 여름에 채취한 후 심지를 빼버리고 음지에 말려서 씁니다. 정신을 안정시키고 지력을 돕는 효과가 있습니다. 15g을 1리터의 물에 넣어 물이 반으로 줄어들 때까지 약한 불에 달인 후 하루 한 잔 정도의 양을 몇 번에 나누어 며칠간 먹입니다.

감초대추차 감초와 대추가 어우러져 흥분된 신경을 안정시키는 효과가 있습니다. 여기에 참밀을 한 줌 넣어서 차로 만들어도 좋습니다. 실제 이 처방이 약으로 사용되는데 감맥대조탕이라고 합니다. 감초 10g, 대추 15g, 참밀 40g을 1리터의 물에 넣어 반으로 줄어들 때까지 약한 불에 끓입니다. 하루

한 잔 정도의 양을 몇 번에 나누어 며칠간 먹입니다.

백자인 측백나무의 씨를 백자인이라고 합니다. 백자인은 심장을 보하고 신경을 안정시켜줍니다. 또한 장을 윤기 있게 해서 변비에도 효과가 있습니다. 백자인 30g을 1리터의 물에 넣어 물 양이 반으로 줄어들 때까지 약한 불에 끓입니다. 하루 한 잔 정도의 양을 몇 번에 나누어 며칠간 먹입니다.

정신을 편안하게 해주는 약향요법

틱 장애와 같은 신경증에는 라벤더 오일이 좋다. 아이가 불안해하거나 산만한 경향이 있으면서 틱을 가지고 있다면 목욕물에 라벤더 오일을 넣어준다. 잘 때 베개에 한두 방울 떨어뜨려도 좋다. 스위트 아몬드 오일 5ml에 라벤더 오일을 3방울 정도 떨어뜨려 희석한 다음 손과 발을 마사지해줘도 좋다.

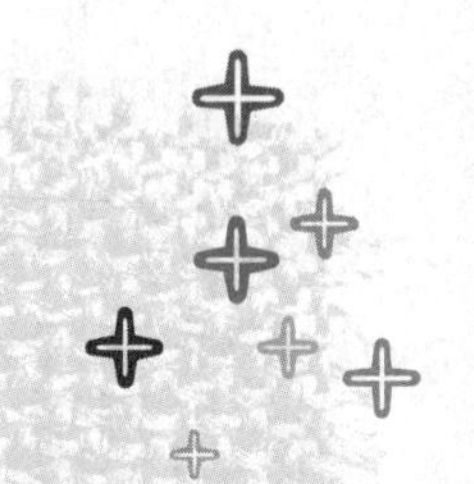

5세에서 6세까지(49~72개월)

주의력결핍 과잉행동장애(ADHD)

산만하고 충동적인 아이들

예전에는 아이가 산만하게 굴면 그저 막연하게 어려서 그러려니 생각했습니다.
하지만 요즘은 아이가 지나치게 산만하면 단순히 성격적인 특징이 아니라
ADHD라는 병을 앓는 것으로 분류합니다.
실제로 초등학교 입학을 앞둔 아이들을 조사한 결과 약 15퍼센트가
ADHD 소견을 보인 것으로 나타났습니다.

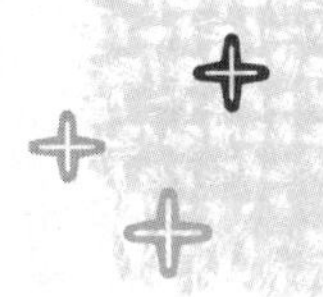

타고난 성격이 아니라 병증입니다

아이들은 얌전하게 앉아서 제 할 일을 하는 경우가 드물기 때문에 ADHD를 앓는 아이들에 대해서도 '원래 아이들이 다 그렇지 뭐' 하고 안일하게 생각할 수 있습니다. 그러나 ADHD를 앓는 아이는 학교 수업에도 흥미가 없고, 충동적이고 공격적인 행동을 하기 때문에 친구들과 잘 지내지도 못합니다. 그러면 주변 어른들은 행동을 바로잡는다고 무조건 혼부터 내게 되지요. 만일 아이가 이유 없이 이런 행동을 보인다면 정확한 진단을 받아야 합니다. 치료를 제대로 받지 못하면 나중에 정서적인 문제를 겪을 확률이 높아집니다.

이 증상을 가진 아이들은 어린이집에서 마구 떠들고 장난을 치며 선생님이

야단쳐도 잘 듣지 않습니다. 수업 시간에 집중하지 못해 다른 아이들을 방해하기도 합니다. 산만함과 충동성과 더불어 품행장애나 반항장애, 학습장애, 우울증, 틱이나 뚜렛 증후군 등의 장애를 보이기도 하지요.

산만한 우리 아이, 혹시 ADHD?

아이들이 어느 정도 산만한 것은 자연스럽고 건강한 것입니다. 하지만 ADHD 아이들에게는 공통으로 나타나는 행동 패턴이 있습니다. 이 아이들은 잠시도 가만히 있지 못합니다. 앉아 있어도 손발을 끊임없이 움직이거나 몸을 계속 꼬고 비틉니다. 당연히 한자리에 차분히 앉아 있기 어려우며 계속 돌아다니는 편입니다. 또 작은 소리나 사소한 자극만 있어도 쉽게 주의가 산만해집니다. 다른 사람의 말을 끝까지 듣지 않고 먼저 대답해버리기도 하고, 엄마나 선생님이 뭔가 시켜도 잘 하는 법이 거의 없습니다. 놀이를 할 때도 자기 순서를 기다리지 못하며 다른 아이들의 놀이를 방해하기 일쑤입니다. 말이 많은 편이고 툭하면 물건을 잃어버리고 위험한 행동을 일삼지요. 아이가 이렇게 행동한다면 ADHD가 아닌지 정확히 진단해보는 것이 좋습니다.

ADHD의 여러 가지 원인

ADHD의 정확한 원인은 아직 규명되지 않았습니다. 그럼에도 환경오염과 먹을거리가 주요 원인이라는 견해가 많습니다. 중금속 오염이나 백설탕, 황색색소, 방부제 등이 영향을 미친다는 것이지요. 이외에도 유전적인 요인, 뇌손상, 뇌 화학물질의 불균형으로 인한 중추신경계 각성 기능의 이상 등 여러 가지 가능성이 보고되고 있습니다. 요즘은 지나친 조기교육이 아이들에게 스트레스로 작용하면서 ADHD의 원인이 되기도 합니다.

또 유전적인 요인도 무시할 수 없습니다. ADHD 아동을 살펴보면 비슷한 문제를 지닌 가족이나 가까운 친척이 있다는 사실이 종종 발견됩니다. ADHD 아동의 행동이 환경과 아동과의 직접 접촉에 의해 야기되는 결과라고 보는 견해도 있습니다. 프로이트 이론에 뿌리를 둔 것으로, 부모가 아동의 행동을 지나치게 허용하나, 집안 분위기가 극도로 혼란스러운 경우 등 부적절한 양육이 아이의 각성 수준 유지 기능을 손상해 ADHD를 불러온다는 것입니다. 부모가 술이나 약물에 중독되면 아이가 직간접적으로 노출되기 때문에 신경학적 손상을 입고 ADHD 증상을 보인다는 보고도 있습니다.

ADHD 아동의 약 15~20퍼센트가 뇌파 검사에서 뇌성숙 지연으로 인한 이상 뇌파가 발견되는 것으로 알려졌습니다. 또 뇌에서 부적합한 행동을 제어하는 역할을 하는 부분, 즉 전두엽 및 기저핵, 시상, 소뇌 등의 연결고리에 생긴 기능적인 문제 때문에 뇌의 메시지를 전달하는 신경전달물질이 불균형을 일으켜 발생한다고 보기도 합니다.

한편 앞서 말했듯이 음식에서 원인을 찾기도 합니다. 1973년 미국의 알레르기학 교수 벤 페인골드(Ben Feingold) 박사는 식품첨가물에 의해 과잉행동장애가 발생한다고 보고하였습니다. 백색정제설탕, 황색 2호, MSG 조미료, 방부제 등이 그것입니다.

혈중에 남아 있는 납의 증가와 과잉 행동 간에 관계가 있다는 연구도 있습니다. 학교 앞 문구점에서 파는 저질 중국산 장난감이나 불량 식품 등에는 중금속들이 과다하게 들어 있어 아이에게 치명적인 결과를 가져올 수 있습니다. 임신 기간에 감염이나 외상 혹은 합병증, 조산과 분만 과정에서의 합병증 등도 태아에게 잠재적인 문제를 일으킬 수 있으므로 특히 조심해야 합니다.

화火가 일으키는 병

한의학에서 보는 ADHD의 가장 큰 원인은 바로 화火입니다. 일반적으로 '화가 난다'고 말할 때의 그 '화'이지요. 화기가 심장이나 간, 쓸개에 뭉쳐 한시도 가만히 있지 못하는 성격이 된 것입니다. 화가 생긴 원인은 임신 중 엄마의 스트레스, 부적절한 육아, 부정적인 가정 분위기, 오염된 음식 등의 영향이라고 알려졌습니다.

ADHD는 다른 동반질환이 많습니다. 듣기, 말하기, 쓰기, 읽기, 계산 등을 습득하는 데 곤란을 겪는 학습 장애나, 다른 사람들에게 과민하게 반응하고 욕을 하거나 때리는 등 폭력적인 양상을 보이는 품행 장애를 동반하기도 합니다. 또한 자신의 의지와 상관없이 특정한 소리나 행동을 하는 틱 장애, 음성 틱과 운동 틱이 1년 동안 지속하는 뚜렛증후군을 동반할 때도 있습니다.

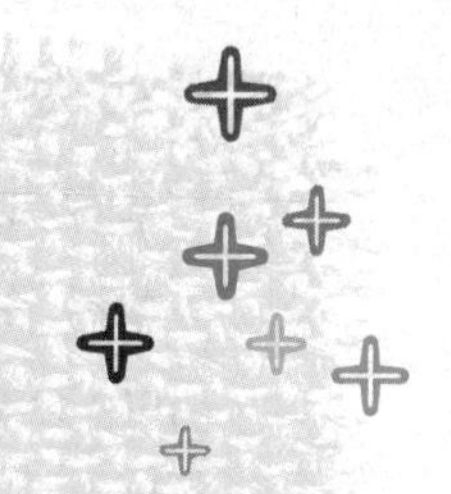

약물 부작용 없는 ADHD 치료

ADHD를 앓는 아이를 키울 때는 한방 치료와 함께
생활습관을 바로잡아야 합니다. 무엇보다 장기전을 치를 각오가 필요합니다.
엄마가 스트레스를 받아 아이를 몰아세우면 상태를 악화시킬 뿐입니다.
한의학으로 ADHD를 치료하면 아이는 침착하고 안정된 모습을 보이게 됩니다.
한방 치료는 약물에 따른 부작용이 없으며 호전되고 나서 한약 복용을 중단하더라도
그 상태가 유지된다는 장점이 있습니다.

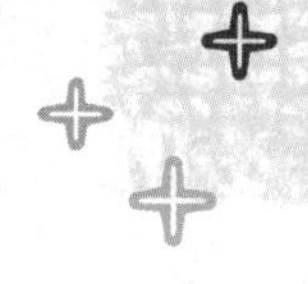

원인에 따라 달라지는 한의학적 치료

첫째, 간에 원인이 있는 경우입니다. 간의 기운이 소통되지 않아 화가 울체된 것으로 얼굴에 열이 오르거나 열이 났다가 식기를 반복합니다. 열이 나면 갑자기 식은땀도 흐르지요. 입이 쓰고 마르며 눈이 충혈되고 피로하며 설태가 끼고 소화기 장애, 불면, 히스테리 등이 생깁니다. 화를 자주 내고 가슴이나 옆구리가 결리고 아프다고 하기도 하지요. 전문 처방으로는 시호귀비탕, 소요산, 육울탕을 활용합니다. 침구 치료로 간의 기운을 소통시키고 화를 내려주면 더욱 효과가 있습니다.

둘째, 가슴이 자꾸 두근거리고 어지러우며 불안 초조하고 잘 놀라며 공포심을 느끼는 아이는 심장의 혈이 부족하여 허화虛火가 발생하는 경우입니다. 이러한 아이는 화를 내기보다 우울하고 의욕이 떨어지며 가슴이 답답하여 한숨이 자주 나오고 슬프기도 합니다. 깊은 잠을 못 자고 꿈을 많이 꾸며 건망증도

생기고 입병이 자주 나고 혀가 붉어지며 어지럽고 손발이 저립니다. 전문 처방으로는 사물안신탕, 귀비탕, 청심보혈탕 등을 활용합니다. 침구 치료로 심장을 보하고 기운을 소통시키며 허화를 내려줍니다.

셋째, 심장과 쓸개가 허하여 체액성 노폐물인 담음과 허화가 발생하기도 합니다. 잠자리가 불안하고 숙면을 취하지 못하며 꿈을 많이 꾸고 쉽게 놀라고 누가 뒤에서 쫓아오는 것 같고 담이 잘 결리며 목에 무언가 걸려 있는 느낌이 들지만 뱉어도 나오지 않으며 가슴이 답답합니다. 어지럽고 두통도 자주 있으며 건망증이 심하고 얼굴색이 어둡고 손발이 차고 배에서 꾸루룩거리는 소리가 자주 나고 차멀미를 하며 복통이 있기도 합니다. 전문 처방으로는 가미사칠탕, 온담탕, 청심온담탕 등을 활용합니다. 침구치료로 심장과 쓸개를 보하고 수액대사를 도와줘 담음의 발생을 줄이고 기운의 순환을 도우며 허화를 내려줍니다.

작은 규칙 지키기부터 시작하세요

거듭 말하지만 강압적인 태도는 증세를 악화시킬 수 있습니다. 물론 잠시도 가만히 있지 않고 말썽을 일으키는 아이를 감당하는 일은 부모에게도 엄청난 스트레스가 됩니다. 그렇다고 해서 아이를 심하게 야단을 쳐서는 곤란합니다. 원칙에 따라 엄격하게 훈육하되 화를 내거나 못마땅한 시선으로 아이를 대해서는 안 됩니다. 객관적으로 문제를 파악하면서, 아이가 그런 행동을 할 때마다 침착하게 아이의 행동을 제지해 주세요.

규칙을 잘 지키게 훈련하는 것도 필요합니다. 아이에게 규칙을 설명할 때는 눈을 맞추고 정확하게 이야기해줘야 합니다. 아이 스스로 지시 내용을 구체적으로 말해보게 하고, 잘못했을 때는 무엇을 잘못했는지 반드시 주지시키세요. 사소하지만 아이가 잘 지키지 못하는 것을 규칙으로 지키도록 합니다. 예를 들어 밥 먹을 때 돌아다니지 않기, 친구 때리지 않기, 차례 지키기 등이 있습니다. 만일 아이가 규칙을 잘 지키면 반드시 칭찬해주세요. 또한 주변을 깔끔하게 정리해주는 것도 좋습니다. 주변 환경이 산만하면 아이는 더욱더 혼란스러워 합니다.

육아와 관련해서 인터넷 사이트나 부모들 사이에서 진실인 것처럼 떠돌고 있는 잘못된 정보들은 너무나도 많습니다. 또한 아이를 키우는 부모 입장에서는 아이 건강과 관련하여 헷갈리고 궁금한 부분이 상당히 많아 보입니다. 여기에서는 부모들이 가장 궁금해하는 질문 65개를 선별해 모으고 그 답을 실었습니다. 자연의 힘으로, 아이의 힘으로 병을 다스리고 아이를 건강하게 키우는 데 필요한 정보들입니다.

6장

엄마들이 가장 궁금해하는 자연건강법 질문 65

돌 보약은 진맥하지 않고 먹여도 되나요?

얼마 전 돌잔치를 끝내고 시어머니께서 아기 보약을 지어오셨어요.
돌 보약이니 먹이라고 하시는데 그냥 먹여도 될까요?
진맥도 없이 아기 상태를 모르는 상황에서 지은 약이라 걱정되네요.

체질에 맞지 않은 보약은 오히려 독약이 될 수도 있습니다. 절대로 아이를 진찰하지 않고 한약을 처방받아서는 안 됩니다.

돌 보약은 다 비슷하다고 생각해서 진료를 받지 않고 약을 짓는 경우가 종종 있습니다. 할머니가 손자의 보약을 지어준다고 한의원도 아닌 한약방이나 약국에서 진맥도 없이 보약을 지어다 며느리에게 가져다주지요. 이때 알아둬야 할 사실은 아이마다 체질이 다르고 허약증이 다르게 나타난다는 것입니다. 즉, 열이 많은지 몸이 찬지, 밥을 잘 먹는지, 잠은 잘 자는지, 어떤 감기를 잘 앓는지 등에 따라 처방이 달라집니다. 인삼, 녹용 등을 써도 되는 아이가 있고 안 되는 아이가 있습니다. 한 첩만 먹어도 되는 아이가 있고 몇 첩을 먹어야 하는 아이가 있습니다. 보약을 처방할 때는 이런 점을 모두 고려하여 짓습니다. 흔히 먹이는 홍삼도 체질과 증상에 맞지 않으면 소화 장애, 설사, 울렁거림, 두통, 불면, 얼굴이나 손발 화끈거림, 가슴 답답함, 아토피의 악화, 피부 발진, 코피 등의 부작용이 나타납니다. 돌 보약이라고 해도 절대 함부로 지으면 안 된다는 것을 꼭 아셨으면 좋겠습니다.

아기 보약에 녹용을 넣으면 좋은가요?

15개월이 된 아기에게 보약을 먹이려고 하는데
주변에서 녹용을 넣어 먹이라고 하네요.
보약에 녹용을 넣으면 어떤 효과가 있나요?

녹용은 아주 훌륭한 보약재 중의 하나입니다. 그래서 보약이라고 하면 흔히 녹용을 먼저 떠올리지요. 하지만 아이의 체질이나 증상에 따라 넣지 말아야 하는 경우도 있습니다. 보약을 쓸 때 녹용을 넣느냐 안 넣느냐는 전문가인 한의사가 판단해야 할 문제입니다. 반드시 녹용이 들어가야 좋은 보약이 되는 것은 아니지요.

보약이라고 하면 여러 가지 약재가 조합되어 처방되는데 녹용도 그중 하나입니다. 다른 약재들로 아이의 체질과 증상을 조절하는 상태에서 녹용이 들어가면 문제가 되지 않습니다. 일반적으로 면역기능과 원기를 돕고 발육을 돕고자 녹용을 넣어서 처방하는 경우가 많이 있지요. 이렇게 녹용이 보약에 많이 쓰이다 보니 보약이라고 하면 으레 녹용이 들어간다고 생각들을 합니다. 그래서 종종 집에서 한의사의 조언 없이 녹용만 달여 먹이기도 하는데, 절대 해서는 안 되는 일입니다. 이러면 녹용 하나의 약성이 두드러지게 나타나 부작용이 생기기 쉽습니다. 녹용을 복용하는 가장 좋은 방법은 한의사에게 진료를 받고 오장육부의 허실을 잡아주는 다른 약재와 함께 먹는 것입니다.

일반적으로 감염성 질환으로 열이 난다거나 태열이나 아토피가 심할 때, 체기나 설사 등 소화 장애가 있을 때는 녹용을 피해야 합니다. 녹용은 따뜻한 성질을 가진 약재로 양기를 보하고 뇌 발달을 도우며 뼈와 치아의 생성에 좋지요. 신체 발육이나 언어 및 지능의 발달이 늦고 잔병치레를 자주 하는 아이, 밥을 잘 먹지 않은 아이에게는 효과가 좋습니다.

보약을 먹을 때 금기 음식을 먹으면 어떤 부작용이 있나요?

18개월이 된 아기에게 보약을 먹이고 있는데 이것저것 가려야 할 음식이 많네요.
금기 음식을 꼭 지켜야 하나요?
실수로 금기 음식을 먹으면 어떤 부작용이 있는지도 알고 싶어요.

일반적으로 주의할 음식은 크게 부작용이 있는 것은 아닙니다. 다만 약효를 떨어뜨릴 수 있으니 자주 먹는 것은 피하도록 하고, 혹시 그런 음식을 먹었더라도 다음부터 주의하면 됩니다. 하지만 어떤 질병을 치료하고자 먹는 한약이면 그 질병에 따라 주의할 음식이 정해집니다. 이런 경우라면 금기 음식을 먹으면 질병이 더 심해지므로 반드시 가려야지요. 아토피를 치료하면서 알레르기를 일으키는 음식을 먹으면 안 되는 것처럼 말입니다.

일반적으로 피해야 할 음식은 크게 세 가지로 구분할 수 있습니다. 한약의 소화를 방해하는 음식과 약성에 어긋나거나 중화시키는 음식, 특정 한약재와 상극인 음식을 말합니다.

흔히 돼지고기, 닭고기 등의 육류와 인스턴트 음식, 밀가루 음식, 유제품, 커피 등 카페인, 찬 음식, 녹두, 숙주, 생무 등이 해당합니다. 이런 음식은 소화력을 떨어뜨려 체기를 발생시킬 수 있고, 한약이 흡수되는 것도 방해합니다. 카페인의 강한 작용은 한약의 작용을 방해하고, 녹두나 숙주는 한약의 효과를 중화시켜 버리지요. 생무는 보약에 흔히 쓰이는 숙지황과 상극이기도 하지만 강한 소화제로 한약을 너무 빨리 소화시켜버릴 수도 있습니다. 한약을 먹을 때 무를 같이 먹으면 흰머리가 많아진다는 이야기가 있습니다. 이것은 한약재 중 혈을 보하는 데 대표적으로 쓰이는 숙지황을 먹고 무를 먹으면 약효가 없어져버리므로 '흰머리가 난다'는 말로 경계하던 것이 속설로 굳어져버린 것입니다.

보약을 먹으면 감기에 덜 걸리나요?

24개월 된 아기가 감기에 너무 자주 걸려요.
주위에서 보약을 먹여 체력을 키우라고 하는데 정말 보약을 자주 먹으면
감기에 덜 걸리나요? 또 얼마나 자주 먹여야 하나요?

보약을 먹으면 확실히 감기에 덜 걸립니다. 보약은 허약할수록 자주 먹입니다.

감기나 질병은 왜 걸리는 걸까요? 한의학 경전으로 불리는《내경》에는 이에 대하여 적절하게 표현하고 있습니다. '사기소진 기기심허邪氣所湊 其氣必虛', 즉 '사기邪氣가 인체에 들어오는 것은 정기正氣가 반드시 허약하기 때문이다'라는 뜻입니다. 이 글에서도 보면 우리 몸이 허약한 부분이 없이 강한 체력을 유지하는 상태에서는

병이 발생할 여지가 없다는 것이지요. 그래서 감기는 몸의 정기氣, 즉 면역력이 약해져서 사기, 즉 바이러스가 들어와 걸린다고 말할 수 있습니다. 건강해서 면역기능이 왕성한 아이라면 감기에 잘 걸리지 않고, 걸려도 금방 회복이 됩니다.

보약은 정기를 북돋워주는 약입니다. 따라서 보약을 아이 체질에 맞게, 시기적절하게 먹이면 면역력이 강해지고 허약증이 개선되어 건강한 몸이 되지요. 그렇게 되면 당연히 감기는 들어오고 싶어도 못 들어옵니다. 정기가 얼씬도 못하게 막고 있으니, 다른 아이는 다 걸려도 건강한 우리 아이는 감기에 안 걸리는 것입니다.

보약을 얼마 동안, 얼마나 자주 먹여야 하는지는 아이의 건강 상태에 따라 달라집니다. 나이에 따라 몇 첩 먹는다, 1년에 몇 번 먹는다고 정해져 있는 게 아닙니다. 허약할수록 복용량과 복용 기간, 복용 주기가 달라지는 것이지요. 아이의 상태에 따라 1년에 여러 번 먹일 수 있고, 1년에 단 한 번만 먹일 수도 있지요. 물론 안 먹일 수도 있고요. 허약 정도가 심한 아이는 한 달 이상 꾸준히 먹이기도 합니다.

보약을 먹고 설사를 해요

16개월 된 아기를 데리고 한의원에서 진맥하고 보약을 지어 왔는데 몇 번 먹지도 않고 설사를 해요. 한의원에 물어보니 양을 줄여서 먹이라고 하는데 계속 먹여도 괜찮을까요? 혹시 보약이 맞지 않는 아기들도 있나요?

복용 초기에는 그럴 수 있습니다. 줄여 먹였다 점차 원래 양대로 늘여 먹이면 문제없이 복용할 수 있습니다.

소화기가 약한 아이들은 보약을 소화 흡수하는 능력도 약하기 때문에 복용 초기에 변이 묽어지거나 배가 아파하는 등의 증상이 나타나기도 합니다. 이런 경우에는 아이가 소화 흡수할 수 있을 정도의 양으로 줄여서 먹여야 합니다. 보통은 반으로 줄여 먹이다가 변 상태를 보고 점차 늘려서 먹입니다. 이렇게 하면 대부분은 문제없이 잘 먹게 되고 보약의 효과도 곧 나타납니다.

물론 한약이 아이에게 맞지 않아 그럴 수도 있습니다. 이런 경우는 설사 외에 다른 여러 부작용이 나타날 수도 있지요. 하지만 이런 경우는 대부분 진맥 없이 보약을 지어 먹여서 그렇습니다. 한의사의 진찰 후 처방을 받았다면 약이 아이에게 맞지 않아 부작용이 나타나는 경우는 드뭅니다.

보약은 소화가 잘 되는 상태에서 먹어야 합니다. 보약도 위장관을 통해 흡수되기 때문에 앞서 먹은 음식이 제대로 소화되지 않으면 보약의 흡수에도 지장을 줍니다. 따라서 한약 복용 중에는 과식을 피하고, 규칙적으로 식사하며, 잠자기 전에 한약을 먹고 바로 자는 것은 좋지 않습니다. 이런 경우에도 설사 등 소화 장애가 나타날 수 있습니다.

또한 식체가 있거나 장염 후 장이 과민한 상태, 만성설사 등 소화기 증상이 뚜렷하다면 여기에 대한 치료부터 선행되어야 합니다. 그런 뒤에야 보약도 잘 듣고 약효도 훨씬 좋아지지요.

06 한방 감기약을 먹이니 치료가 더딘 것 같아요

한방 치료가 자연스럽고 아기 몸에 좋은 것 같기는 한데
한방 감기약을 먹이면 치료가 더딘 것 같아요.
보통 양약은 하루 이틀만 먹여도 기침과 가래가 줄어드는 것 같은데
한방 감기약은 그렇지 않네요.
주변에서도 아기 고생시키지 말고 양약을 먹이라고 하는데 어떻게 해야 할지
모르겠어요.

한방 감기약을 먹는다고 회복이 더딘 것은 절대 아닙니다.

감기는 바이러스성 질환으로 회복하기까지 걸리는 시간은 한약이나 양약이나 비슷합니다. 오히려 적응증에 딱 맞을 경우는 아이의 회복능력이 극대화되면서 양약보다 빠른 효과가 나타납니다. 그래서 저희 한의원에는 한방 감기약 마니아 엄마가 많습니다. 양약을 하루 이틀 먹으면 감기 증상이 가라앉는 것처럼 보이다

가 완전히 회복되지 않고 질질 오래가는 것을 경험해보신 엄마들은 아실 것입니다. 감기 치료란 어차피 합병증이 오지 않게 관리하면서 증상의 완화와 함께 스스로 빨리 이겨내게 하는 것입니다.

한약보다는 양약이 빠를 것 같고, 양약보다는 주사를 맞아야 빨리는 나을 것 같다는 생각은 잘못된 것입니다. 물론 항생제를 꼭 먹여야 할 경우도 있고 주사를 맞아야 할 경우도 분명히 있습니다. 하지만 한방 감기약을 먹이는 이유는 무엇이었습니까? 불필요한 해열제를 써서 오히려 면역기능을 떨어뜨리게 하거나, 무조건 항생제 처방을 해서 내성을 가진 아이로 키우지 않기 위해서가 아닐까요?

이렇게 자연스럽게 이겨내야 오히려 감기에 덜 걸리고, 걸려도 잘 이겨낼 수 있습니다. 무조건 빨리 열을 내리고 기침과 콧물을 멈추게 하는 것이 아이 몸에 좋지만은 않다는 것을 알아야 합니다. 아이를 천천히, 자연스럽게 키우고 스스로 질병을 이겨내고 더욱 건강하게 자라게 하는 것이 자연주의 육아법입니다.

보약을 먹이는 중에 감기에 걸렸어요

돌 지난 아기에게 보약을 먹인 지 3일 정도 됐는데 감기에 걸렸어요.

소아과에 가서 약을 처방받아 지어 왔는데 어떻게 먹여야 하나요?

보약을 끊고 양약을 먹여야 하는지, 시간 간격을 두고 같이 먹여도 되는지 궁금합니다.

감기약을 먹일 때는 보약을 중단하세요. 특히 열이 나고 중이염, 편도염, 비염 등의 급성 염증 반응이 있을 때 보약을 먹여서는 안 됩니다.

아이들은 감기가 오래갑니다. 보통 약을 먹기 시작하면 3~4일에서 일주일은 기본이지요. 감기 초기에는 열이 나고 급성 증상이 나타납니다. 이런 시기에는 보약을 먹이면 안 됩니다. 감기는 사기邪氣가 몸에 들어와서 생기는 것으로 보약을 먹으면 나쁜 기운도 보약을 먹고 강해집니다. 사기란 말 그대로 나쁜 기운으로 바이러스나 세균 등이 여기에 해당하지요.

감기가 급성기를 지나 증상은 심하지 않으면서 오래갈 때가 있습니다. 이런 경우는 처방받았던 보약을 먹일 수 있습니다. 몸의 기운을 도와 감기를 이겨내고 건강을 회복하게 한다는 취지입니다. 하지만 이런 상태라면 양약 복용은 중단하는 것이 좋습니다. 양약이 해줄 수 있는 것은 여기까지라고 생각하고 감기 증상에 맞게 한방 감기약을 처방받아 먹이세요. 감기가 너무 오래갈 경우에는 감기 처방을 하되 보약재를 같이 넣어 약을 지을 수 있습니다. 한방에도 이런 감기약들이 많이 있습니다.

증류 한약을 초콜릿 우유에 타 먹여도 되나요?

17개월 된 아기입니다. 보약을 먹이고 있는데 잘 먹지 않아요.
억지로 먹이면 토하고 난리에요.
그나마 초콜릿 우유와 섞어 먹이면 잘 먹는데 그렇게 해도 되나요?

증류 한약이든 일반 한약이든 우유와 같이 먹는 것은 좋지 않습니다. 유제품은 한약의 흡수를 방해하므로 여기에 한약을 타 먹이는 것은 피해야 합니다.

두 돌 전의 아이들에게는 한약을 먹이기 어려운 경우가 많습니다. 그래서 요즘은 연한 보리차 같은 증류 한약, 단맛이 나고 양이 많지 않은 과립 한약, 시럽 한약 등이 개발되고 있어 대부분 아이가 문제없이 한약을 복용할 수 있습니다. 하지만 아주 예민한 아이들은 이런 한약도 잘 안 먹고 뱉어버려 엄마를 힘들게 하지요.

아이가 한약을 잘 먹지 않으려 한다면 조청이나 올리고당을 타서 먹여보세요. 약효에는 지장이 없습니다. 또는 무가당 포도 주스 등에 희석해서 먹여도 괜찮습니다. 단, 백설탕이나 꿀은 섞어 먹이지 않는 것이 좋습니다.

아이가 하루에 먹어야 할 한약의 정량이 있을 것입니다. 이를 꼭 하루 두 번이나 세 번, 이렇게 딱 맞춰 먹이지 않아도 괜찮습니다. 아이가 한약을 먹기 너무 어려워하면 하루에 다섯 번 이상 수시로 조금씩 나누어 먹이는 것도 한 방법입니다. 만일 아이가 돌 전이라면 작은 주사기나 시럽 약통을 이용해서 입안 깊숙하게 넣어 쭉 짜서 먹이는 방법도 있습니다. 아이들은 한약을 잘 안 먹다가도 형이나 동생이 잘 먹는 모습을 보고 꿀꺽꿀꺽 단번에 들이키기도 합니다. 이런 경쟁심을 잘 이용하는 것도 현명한 방법입니다. 그리고 아이가 한약을 잘 먹으면 칭찬을 아끼지 마세요.

09 끓인 수돗물로 분유를 타도 되나요?

분유를 탈 때 끓여서 식힌 수돗물에 타는데
옆집 엄마가 어떻게 아기한테 수돗물을 먹이느냐며 깜짝 놀라네요.
꼭 정수기 물이나 생수에 타야 하나요?

수돗물도 괜찮습니다. 맹물을 끓여서 식힌 다음에 분유를 타서 먹이면 됩니다.

분유는 맹물에 타는 것을 전제로 만들어졌습니다. 맹물 이외에 보리차, 둥굴레차, 다시마물, 사골국 등 다른 것을 섞지 마세요. 그리고 반드시 맹물을 끓여서 식힌 물을 사용해야 합니다. 끓였다 식힌 물이면 수돗물이든 정수기 물이든 생수든 별 상관은 없습니다. 생수가 깨끗하다고는 하지만 그래도 끓여서 사용해야 합니다. 생수나 깨끗한 정수기 물이라면 1분 정도 끓이면 충분합니다. 그냥 수돗물이라면 5분 정도 끓이는 것이 좋겠습니다.

또 하나, 수유를 하기 전에 반드시 팔목 안쪽에 분유를 떨어뜨려 온도가 적당한지 확인해야 합니다. 팔목에 떨어뜨렸을 때 약간 따끈하다고 느낄 정도인 38도가 적당합니다. 가끔 육각수가 많이 포함된 차가운 생수에 분유를 타 먹이면 장이 튼튼해진다고 생각하는 분들도 있습니다. 이런 이유로 분유를 그냥 차게 먹이는 분들도 있는데, 아기에게 차가운 분유는 좋지 않습니다. 체온이 떨어지고 몸의 대사 기능이 약해져 건강상 문제가 생길 수도 있습니다. 장이 민감해질 수 있고, 소화 흡수에도 이상이 생기며 설사나 감기, 호흡기 질환에 걸릴 수도 있습니다.

모유를 먹고 자꾸 토해요

생후 2달 된 아기에게 모유수유를 하는데 자꾸 토해서 걱정이에요.
그래서인지 몸무게도 잘 늘지 않는 것 같아요.
혹시 모유에 문제가 있는 것은 아닐까요?

모유를 먹는 아기가 자주 토하면서 배앓이와 함께 점액이나 피가 섞인 설사를 한다면 모유 알레르기일 가능성이 있습니다. 하지만 그렇지 않다면 영아기에 흔히 있는 생리적인 구토일 가능성이 큽니다.

아이가 잘 토한다면 모유수유를 하는 엄마가 음식을 주의해서 먹어야 합니다. 참외, 토마토, 딸기, 복숭아, 귤, 오렌지, 키위, 파인애플, 살구, 자두 등의 과일과 콩, 양배추, 브로콜리, 순무 등의 채소, 그리고 우유나 치즈, 요구르트, 아이스크림 같은 유제품이나 커피, 녹차, 홍차, 초콜릿 등 카페인이 든 음식, 마늘과 양파, 생강, 후추 등 자극적이고 향이 강한 음식은 삼가는 것이 좋습니다. 이런 음식은 아기의 위와 장을 민감하게 할 뿐만 아니라 소화기능도 떨어뜨리기 때문입니다.

참고로 지금 월령의 아기는 너무 배부르게 먹거나, 젖을 먹은 후 갑자기 많이 움직이면 쉽게 토합니다. 수유 후에는 반드시 5분 정도 트림을 시키는 것이 좋습니다. 그렇다고 굳이 억지로 시키지는 마세요. 아기를 눕힐 때 오른쪽으로 눕혀주면 소화가 더 잘 됩니다.

만일 토하는 정도가 심하다면 한의학적으로는 그 원인이 비위 허약에 의해 위장의 '숙강작용(음식물을 소화시켜 내려보내는 작용)'이 좋지 않은 것에 있다고 봅니다. 현대의학적으로는 '분문부 이완'이나 가벼운 '위식도역류증'에 해당합니다. 이런 경우라면 적절한 처방과 치료가 필요합니다. 영아기에도 복용이 어렵지 않은 증류 한약이나 과립 한약을 처방하여 비위기능을 돕고 위의 숙강작용을 증진시켜주는 것이지요. 경우에 따라 무통 레이저 침이나 부착형 생체전기침 치료도 병행합니다.

혹시 아이가 모유 알레르기를 일으킨다고 해서 반드시 모유를 끊고 분유를 먹어야 하는 것은 아닙니다. 엄마의 식생활을 조심하면서 아기의 위나 장의 소화 흡수력을 도와주는 치료를 하면 모유수유를 계속 할 수 있습니다.

올챙이처럼 배가 톡 튀어나왔어요

18개월 아이입니다. 밥도 잘 먹고, 변도 잘 보는 편인데 유난히 배가 불룩해요.
우유나 밥을 많이 먹지 않았을 때도
중년 남자들처럼 배가 불룩 나와 있는데 괜찮을까요?

아이가 잘 먹고 소화도 잘 시킨다면 괜찮습니다. 아기들은 몸통 안의 공간이 작아서 음식이 들어가면 위가 바로 팽창되고 배가 볼록 나옵니다. 그러다가도 소화가 되면 배가 쏙 들어가는 경우가 많습니다. 몸통이 좁고 마른 편인데 상대적으로 위의 용적은 큰 아기들에게서 자주 보입니다.

하지만 병적인 경우도 있습니다. 한의학에서는 이것을 '복창'이라고 합니다. 복창에는 영양실조나 비위 허약에서 오는 허창과 음식을 과식하거나 폭식하여 식체가 생겨서 오는 실창이 있습니다. 이런 경우는 치료가 필요합니다. 허창이 있는 아이는 소화를 못 시켜 조금만 먹어도 배가 불룩해지고 팔다리가 가늘고 말랐습니다. 또한 얼굴이 누렇고 허약하며 자려고만 합니다. 실창이 있는 아이는 배가 불룩하면서도 단단하며 썩은 냄새가 나는 트림을 하고, 대변 상태나 냄새도 좋지 않습니다. 체격은 좋은 편이며 입이 말라 찬물을 자주 찾고 열이 한 번씩 올랐다 내리기도 합니다.

아이가 위와 같은 증상이 별로 없고, 잘 먹고 잘 놀고 잘 자고 변도 이상이 없다면 걱정하지 마세요. 크면서 몸통이 커지게 되면 이런 현상도 차츰 없어집니다.

수유한 지 얼마 안 되었는데 또 달라고 해요

생후 2주 된 아기입니다.

분유를 먹은 지 얼마 되지 않았는데 또 달라고 울어요.
배는 빵빵한데 달라는 대로 계속 줘도 될까요?

생후 한 달 이전에는 수유 간격에 신경 쓰지 말고 아기가 먹고 싶어할 때마다 먹이세요. 아기들이 성장발달하는 데 필요한 만큼 분유를 찾게 되어 있습니다. 만일 아기가 분유를 먹고 나서 정말 얼마 되지도 않았는데 또 젖병을 찾으면, 보리차를 먹여보거나 안아서 달래주면서 수유 간격을 조절할 필요는 있습니다. 특히 원하는 대로 먹인다고 자면서 젖병을 계속 빨게 해서는 안 됩니다. 배부른지도 모르게 자면서 계속 먹으면 식체가 생기거나 위장관의 소화기능에 악영향을 줄 수 있습니다.

하지만 생후 한 달이 지나면 되도록 두 시간 이상의 간격을 두는 것이 좋습니다. 그렇다고 억지로 시간을 맞춰서 먹일 필요는 없습니다. 꼭 지켜야 할 원칙은 단 하나, 아기가 배고파할 때 먹이는 것입니다. 신생아 때 먹지 않고 계속 잠만 자는 아기는 3~4시간을 넘기지 말고 깨워서 먹이세요. 낮에는 2~3시간에 한 번, 밤에는 4시간 정도에 한 번 먹이는 것을 원칙으로 삼으면 됩니다. 밤중수유에 강박관념을 가진 나머지 알람시계까지 맞춰두고 몸을 혹사하는 엄마들이 간혹 있습니다. 그러면 엄마도 아기도 성격만 나빠집니다. 아기는 배가 고프면 웁니다. 엄마는 자는 동안이라도 그 울음소리를 귀신같이 알아챕니다. 그러니 2~3시간에 한 번 먹인다는 원칙을 지키되, 무리하게 시간을 맞추려 들지 말고 아기의 배고픈 정도에 맞추세요.

사레가 잘 들어요

15개월 아이인데 물 먹을 때뿐 아니라 밥을 먹을 때도 사레들 때가 많습니다.
마른기침도 자주 하는 편인데 진료를 받아봐야 할까요?

아이가 정상적으로 성장발달을 하고 있다면 큰 문제는 없습니다만 기관지가 약한 체질일 가능성이 큽니다.

사레가 든다는 것은 음식물을 먹을 때 기도(기관지)로 들어가는 것을 막기 위한 반사반응으로, 지금 월령에는 아무래도 이런 기능이 미숙할 수밖에 없습니다. 발달장애나 어떤 질병으로 이런 증상을 보이는 것이 아니라면 문제될 것은 없습니다. 이런 아이들은 기관지가 약하고 예민한 편이라서 사레가 잘 들고 잔기침 등을 하는 것입니다.

만약에 아이가 기침감기를 자주 앓는다면, 기관지를 튼튼하게 만들어주는 호흡기 보약을 처방받으면 큰 도움이 됩니다. 음식은 천천히 꼭꼭 씹어서 먹게 하고, 습도와 온도 조절에 주의하세요. 또 찬 음료나 아이스크림, 밀가루 음식, 기름기가 많은 음식은 적게 먹이고 목 부위를 수건으로 감싸 보온에 신경을 쓰도록 합니다. 평상시 도라지차나 오미자차를 따뜻하게 먹여도 도움이 됩니다.

14 이유식을 먹을 때 물을 너무 많이 먹어요

10개월 된 아기인데 평소에 물을 많이 먹는 편이에요.
이유식을 먹을 때도 이유식과 물을 번갈아 먹을 정도인데,
아기가 달라는 대로 물을 줘도 괜찮을까요?

음식을 먹는 중에 물을 많이 먹이는 것은 좋지 않습니다.

아이마다 조금씩 차이는 있지만 돌 무렵 아기의 위 용적은 400ml 정도로 성인의 1/7 정도 밖에 되지 않습니다. 따라서 이유식을 먹일 때 물을 많이 먹는다면 배가 불러 이유식의 양이 줄어들고 충분한 영양 공급이 안 될 수 있습니다. 그리고 이유식을 먹을 때 물을 많이 먹으면 위의 용적을 쉽게 초과해 위압이 올라가고 자꾸 토할 수도 있습니다. 또 물 때문에 음식물이 위에서 위액과 희석되어 소화 장애가 생기기 쉽지요.

한 보고에 따르면 밥을 먹을 때 물을 많이 먹으면 혈중 인슐린의 양이 늘어나고 지방 축적이 더 잘 이루어져 비만이 되기 쉽다고 합니다. 살이 찐 아이들은 특히 이

유식이나 밥을 먹을 때 물을 많이 찾는데 엄마가 적극적으로 조절해줘야 합니다.

아토피 아기, 식탐이 많아 힘들어요

14개월 된 아기입니다. 아토피가 심해 음식을 조심하고 있는데 식탐이 많아서 누가 먹는 것만 봐도 달라고 떼를 씁니다. 어떻게 하면 좋을까요?

성장기 아이들에게 무조건 음식을 제한할 수는 없지요. 일단 아이에게 민감한 음식부터 제한하고 그 외의 음식은 주의할 음식이라도 제한적으로 허용하면 됩니다. 하지만 과자나 사탕, 인스턴트 음식 등 영양가는 적고 건강에 좋지 않은 음식은 달라고 떼를 써도 처음부터 입맛을 들이지 않도록 하세요.

아토피를 앓는 아이들은 유제품이나 육류, 등푸른 생선, 튀긴 음식, 인스턴트 등 주의해야 할 음식이 참 많습니다. 다른 아이들이 맛있게 먹고 있는데 "너는 먹으면 안 돼!"라고 말하는 엄마 마음도 물론 아플 겁니다. 그러나 먹고 싶은데 참아야 하는 아이들은 더욱 스트레스를 받지요. 또 아이들은 한창 성장을 해야 하고, 고른 영양이 필요합니다. 따라서 무조건 특정 음식을 못 먹게 하기보다는 조리법을 다르게 하거나 대체할 수 있는 음식을 찾아보는 것이 좋습니다. 아토피에 좋지 않은 음식들은 주의해서 먹이되 그중에서 특히 민감한 음식부터 제한하도록 하세요. 증상이 가라앉은 후에 조금씩 섭취해 내성을 키워주는 것도 필요합니다.

엄마부터 '이 음식은 먹으면 안 돼'하는 부정적인 생각보다는 '먹어도 되는 음식이 이렇게 많네' 하는 긍정적인 생각을 해보세요. 이렇게 생각해 보면 어떨까요? '우유 대신 두유나 산양유를 먹이면 되겠구나', '삼겹살 구이 대신 수육을 먹이면 되겠네', '생선은 고등어 대신 대구가 좋겠어', '과일은 토마토, 딸기, 파인애플, 키위, 오렌지 말고도 먹을 것이 많지', '채소나 해조류, 해산물, 김치나 된장찌개도 먹일 수 있네' 생각만 바꾸면 아이가 즐겁게 먹을 수 있는 음식은 얼마든지 있습니다. 이런 긍정적인 사고를 갖고 엄마가 먼저 생활 속에서 실천해야 아이들도 나쁜 음식에 더 집착하지 않습니다. 간식거리는 엄마가 안전하게 만들어 주세요. 그러다 보면 어느새 아이는 달고 자극적이고 기름진 음식보다는 담백한 자연식을 좋아하게 될 것입니다.

16 달걀노른자를 유난히 좋아해요

다섯 살 아이입니다.
아이가 달걀노른자를 너무 좋아해 매일 아침 노른자만 두 개를 먹고 있습니다.
달걀을 너무 많이 먹으면 오히려 몸에 좋지 않다는 말을 들었는데 괜찮을까요?

다섯 살 아이에게 하루에 달걀노른자 2개는 많습니다. 줄여 먹이세요.

달걀노른자는 각종 영양소가 풍부하여 아기 때부터 중요한 이유식 재료로 이용되지요. 하지만 얼마 전까지만 해도 심혈관 질환을 일으키는 혈중 콜레스테롤을 높인다고 해서 성인은 일주일에 3개, 아이들은 2개 정도를 넘기지 말라고 권고했습니다. 그런데 2009년 2월 영국영양재단(BNF)은 런던 서리대 연구팀의 연구결과를 인용해 달걀 섭취량이 콜레스테롤 수치에 거의 영향을 주지 않는다고 발표했습니다.

그렇더라도 하루에 2개라면 많다고 봅니다. 콜레스테롤을 떠나 어느 음식을 그렇게 편식하는 습관도 좋은 것은 아닙니다. 한 음식을 좋아해 많이 먹다 보면 아무래도 다른 음식을 골고루 섭취할 기회는 줄어듭니다.

17 사탕과 밥을 같이 줘도 되나요?

두 돌 넘은 아기가 밥 먹는 것을 너무 싫어해요.
한번은 밥 위에 사탕을 작게 부숴 얹어 줬더니 잘 받아먹더라고요.
계속 이렇게 하면 안 될 것 같은데 좋은 방법이 없을까요?

오죽하면 그런 방법을 썼을까 싶지만 언제까지 밥에 사탕을 얹어 먹일 수는 없습니다. 그런 버릇은 고치는 것이 좋습니다.

어른이든 아이든 단맛을 싫어하는 사람은 별로 없기 때문에 처음부터 바른 식습관을 들이지 않으면 단맛만 찾게 될 수 있습니다. 특히 아이들은 더 그렇지요. 따라서 이유식 때부터 설탕 등 강한 단맛은 길들이지 말아야 합니다. 똑같은 단맛이라도 고구마나 단호박 등의 자연스러운 단맛을 맛보게 하고, 밥을 꼭꼭 씹어 먹으면 단맛이 난다는 것을 느끼게 해야 합니다.

사탕처럼 설탕 범벅인 단맛을 먹으면 밥맛이 떨어질 수밖에 없습니다. 절제력이 없는 아이들이 단맛만 찾고 밥은 안 먹는 것은 당연합니다. 계속 밥을 먹이려고 사탕을 얹어 먹인다면 일시적으로는 밥을 먹을지 몰라도 결국은 사탕만 골라 먹으려고 할 것입니다.

설탕이 많이 들어간 단 음식을 많이 먹으면 다른 것을 잘 안 먹게 되지요. 그러면 결국 아이 성장에 필요한 필수 영양소가 부족해 성장이 어려울 수 있습니다. 시도 때도 없이 단것만 먹다가 충치로 치아가 상할 수도 있습니다.

일단 단번에 사탕을 못 먹게 할 수는 없을 것입니다. 하지만 점차 그 양을 줄여나가면서 밥이나 반찬 등 다른 음식에 흥미를 갖게 하세요. 조금 달게 조리한다거나 아이가 먹게 좋은 형태로 만들어 먹이는 등 조리법에 더 신경을 써야 합니다. 간식도 사탕이나 단 과자 대신 단맛이 많이 나는 자연 간식으로 대체해 나가고요.

집 안에 사탕을 쌓아두고 먹지 못하게 하는 것은 무리입니다. 집에 사탕 같은 것은 가능한 한 전부 치우는 편이 좋습니다. 혹시 주더라도 밥을 먹고 나서 먹을 수 있다거나 하는 조건부로 조금씩 주세요. 여기에는 엄마의 식습관도 중요합니다. 엄마가 먼저 모범을 보이고 단호히 실천해나가면 반드시 아이 식습관도 개선될 것입니다.

밥 먹자는 소리만 하면 배가 아프대요

30개월 된 아기입니다. 평소에도 입이 짧아 잘 먹지 않는 편인데 최근 들어서 밥 먹자는 소리만 하면 배가 아프다며 싫다고 해요. 정말 배가 아픈 건지, 밥을 먹기 싫어서 그런 건지 모르겠어요.

밥은 안 먹고 다른 것은 잘 먹는다면 먹기 싫어서 그런 것입니다. 하지만 다른 군것질도 잘 하지 않는다면 정말 배가 불편한 것이겠지요.

밥만 먹이려고 하면 배가 아프다는 아이가 흔히 있습니다. 안 그러던 아이가 그런다면 체기가 있거나 감기 기운이 있는 등 어떤 원인이 있어서 그런 것이겠지요. 그런 경우는 다른 음식 섭취량도 줄어듭니다. 이때는 아이로 하여금 음식을 먹지 못하게 하는 원인을 찾아 치료를 해줘야 합니다.

체기가 있어 밥을 안 먹을 때는 체기를 내리고 소화력을 도와줘야 합니다. 감기 뒤 항생제 복용이나 장염 등을 동반해서 장이 약해지고 배가 아프다고 하면서 밥을 안 먹을 때는 장 기능을 도와줘야 합니다.

하지만 항상 밥 먹기 싫어서 배 아프다는 말을 입에 달고 살고 단 음식이나 군것질만 찾는다면 잘못된 식습관이 원인입니다. 또한 엄마가 먹는 것에 대해 지나치게 관심을 보여 아이가 스트레스를 받는 등 심리적 요인도 작용할 수 있습니다. 이럴 때는 잘못된 식습관을 고쳐주고 아이를 너무 애지중지 키우는 것을 자제해야 하지요.

아이들이 밥을 잘 안 먹는 데는 여러 가지 원인이 있습니다. 첫째, 식욕부진은 음식 무절제와 영양의 부적절함이 주요 원인입니다. 부모의 과잉보호로 편식이나 과식을 하거나 불규칙한 식사와 부적절한 이유식 등으로 인해 점차 식욕을 잃게 되지요. 둘째, 질병을 오래 앓거나 자주 앓아서 비위가 손상된 경우에도 그렇습니다. 셋째, 선천적으로 허약한 아이가 후천적으로 충분히 보호받지 못하고 영양이 부실하면 원기가 부족해져 식욕부진이 옵니다. 넷째, 여름철에 더위로 말미암아 비위가 약해져서 그럴 수도 있습니다. 다섯째, 환경 변화나 스트레스, 음식에 대한 지나친 강요도 원인이 됩니다.

이런 여러 가지 원인으로 비위의 소화력이 떨어져 체기가 생기거나, 소화즙 분비가 충분하지 않으면, 위장관의 활동이 무력하고 원기가 부족한 아이들이 식욕부진과 각종 소화기 증상을 보이는 것입니다.

이럴 때는 한약이 효과가 좋습니다. 비위가 건강한 아이는 감기에 걸려도 비교적 잘 먹습니다. 정말 탈이 난 게 아니면 배 아프다는 이야기를 하지 않지요. 어쨌거나 비위가 허약한 아이들이 잘 안 먹고 배 아프다는 이야기를 자주 합니다. 비위기능을 보강해서 체질개선을 해주세요. 먹는 게 달라질 겁니다.

19 밥 잘 먹게 하는 침이 있나요?

14개월 된 아기입니다. 밥을 안 먹어도 너무 안 먹는데,
옆집 엄마가 밥 잘 먹게 하는 침을 맞으면 좋아진다고 하더군요.
침을 맞으면 정말 밥을 잘 먹게 될까요?

물론 체기가 있을 때 침으로 체기를 내려주면 밥을 잘 먹습니다. 하지만 그렇지 않은 경우는 침만 가지고는 안 됩니다. 밥을 안 먹는 원인을 찾아 개선해줘야 합니다.

한의학에서 침은 여러 가지 증상에 적용할 수 있습니다. 물론 식욕이 부진한 원인에 따라 소화력을 도와주는 침을 놓아줄 수도 있고, 비위기운을 조금 보해줄 수도 있습니다. 하지만 기본적으로 침은 보하는 성격보다는 치료하는 성격이 강합니다.

아이들이 식욕이 부진한 데는 여러 가지 원인이 있다고 위에서 말씀드렸습니다. 잘못된 식습관이나 과잉보호, 질병이나 허약 등의 원인이 있다면 침만으로 해결될 수 없지요. 적절한 양육과 질병 치료가 필요하고, 비위가 허약할 때는 보약 등을 통한 허약체질 개선이 병행되어야 합니다.

하지만 일시적인 체기가 있거나 소화력을 증진할 목적으로 침을 맞을 때는 효과를 볼 수 있습니다. 침을 맞을 것이냐 약을 먹일 것이냐 하는 문제는 한의사의 진찰 후 판단해야 합니다. 한의원에서 진찰을 받고 필요하다면 침을 맞아도 좋습니다.

젖을 너무 잘 먹어요

백일 된 아기인데 젖을 너무 잘 먹어서 굉장히 통통하답니다.
여자아이라서 커서도 통통하면 어쩌나 고민이 되는데,
혹시 비만이 되지는 않을까요?

지금은 적절한 수유 간격을 가지고 충분한 양의 젖을 먹이세요. 아기가 제 스스로 성장발달하는 데 필요한 만큼 젖을 찾는 것입니다.

아이 중에 식탐이 강한 아이도 있고 먹는 것에 별로 관심이 없는 아이가 있는 것처럼, 어린 아기들도 먹는 습성이 제각각입니다. 유난히 젖을 찾고 먹는 양도 많은 아기는 젖살이 통통하게 오르지요. 주로 태음인 체질의 아기들로, 안 먹어서 고민하는 경우가 별로 없습니다. 이런 아기들은 나중에 이유식도 아주 잘 먹습니다.

하지만 이런 아이들은 이유식을 시작하면서부터는 음식의 종류와 양을 적절히 조절해줘야 합니다. 그렇지 않으면 비만아가 될 확률이 높습니다. 이유식 때 식습관을 잘못 들이면 입맛에 맞는 것을 편식하거나 과식하는 습관이 들어 소아비만이 될 수 있습니다. 이유식은 담백한 자연식 위주로 집에서 직접 만들어주고, 시판 이유식이나 조미된 음식은 가능하면 먹이지 말아야 합니다. 좀 커서 간식을 먹기 시작하면 과자나 사탕, 음료수 같은 단 음식이나 열량이 높은 음식은 최소한으로 먹이고, 처음부터 이런 음식에 입맛을 들이지 않도록 하는 것이 낫습니다.

하지만 일단 이유식 전에는 아기가 원하는 만큼 충분히 먹이는 것이 좋습니다. 이런 아이들은 성장발달이 빨라 몸에서 요구하는 음식 양도 많을 수밖에 없습니다. 또한 이 시기에는 뱃고래가 충분히 늘어야 밤중수유를 중단하기도 좋습니다. 엄마 젖이나 양질의 이유식은 많이 먹어도 비만으로 이어지지 않습니다. 고칼로리 저영양식이 문제지요.

마른기침을 자주 해요

7개월 된 아기인데, 언제부터인지 마른기침을 해요.
가래는 없는 것 같고, 열이 나거나 콧물이 나는 것도 아니에요.
하루에 3~4번 정도 하는데 그냥 놔둬도 괜찮을까요?

우선 적절한 습도를 유지하고 환기를 자주 해주세요. 맑고 건조하지 않은 공기를 마시는 것이 중요합니다. 그래도 계속 그런다면 원인을 찾아 치료를 해야 합니다.

마른기침은 말 그대로 가래는 별로 없고 가볍게 기침을 하는 증상으로 아기들은 주로 감기 후유증으로 마른기침을 많이 합니다. 감기 이후로 코 상태가 깨끗하지 않아 코 가래가 조금씩 넘어가면 밤에 마른기침을 합니다. 또 기관지 증상을 앓고 완전히 회복이 안 된 상태에서도 마른기침을 하지요. 이런 경우 생활 관리만 잘 해줘도 대부분 점차 좋아집니다. 하지만 너무 오래가면 축농증, 만성기관지염, 소아천식 등의 질환이 생길 가능성이 높아지므로 주의해야 합니다.

특히 건조한 겨울철이나 갑작스럽게 기온이 변하고 황사 등의 영향을 받는 환절기에 마른기침을 하는 아이가 많습니다. 또한 요즘은 갈수록 심각해지는 대기오염으로 그런 아이들이 점점 늘어가는 추세입니다.

마른기침은 촉촉해야 할 기관지가 건조하면 더 심해집니다. 따라서 아기에게 충분히 물을 먹이고 실내 온도와 습도를 적정선으로 유지해주세요. 여름철에는 따뜻한 봄 날씨에 맞추어 실내온도를 25~26도로 두며, 겨울철에는 신선한 가을 날씨에 맞추어 20~22도 정도로 유지해야 합니다. 습도 또한 계절에 따라 다를 수 있는데, 봄과 여름에는 50~60퍼센트를, 가을과 겨울에는 40~50퍼센트를 적정 상태로 생각하는 것이 좋습니다. 또 아파트는 건조할 뿐만 아니라 먼지나 집먼지 진드기 등이 많아 자주 환기를 시켜줘야 합니다.

황사가 심한 날에는 창문을 여는 것보다 공기 청정기를 이용해 실내공기를 정화하는 것이 좋습니다. 될 수 있는 대로 외출을 삼가고, 나갈 때는 아기에게 반드시 마스크를 해주세요. 외출 후 집에 들어가기 전에 엄마도 아기도 옷을 잘 털고 양치질을 하고 손을 깨끗이 닦습니다. 조금 큰 아이들에게 수영을 꾸준하게 시키는 것도 좋습니다. 수영은 호흡기능을 단련하는 데 효과가 있을 뿐만 아니라 물에서 하는 운동이어서 습도가 충분해 기관지에 무리가 없습니다.

기관지와 폐를 보하고 윤택하게 해주는 도라지, 오미자, 맥문동으로 차를 끓여 마시면 증상을 완화하는 데 큰 효과를 볼 수 있습니다. 도라지는 기관지의 염증을 제거하고 오미자나 맥문동은 건조한 기관지나 폐를 윤택하게 하여 기침을 멈추게 하는 작용이 강합니다. 증상이 가볍지 않고 너무 오래가면 가정요법에만 의존하지 말고 소아한의원에서 진찰을 받은 후 윤폐탕, 청상보하탕, 맥문동탕 등의 처방을 아이 체질과 증상에 맞게 받아 먹이는 것이 가장 빠른 방법입니다.

감기에 걸렸는데 기침할 때마다 토해요

생후 11개월 된 아기가 기침감기에 걸렸어요. 기침을 할 때마다 먹은 것을 토해요. 자꾸 토하니까 이제는 먹으려 하지도 않는데 어떻게 하면 좋을까요?

어떻게 하긴요. 기침부터 빨리 치료해줘야지요. 일단 수유나 이유식은 부담이 덜 되게 조금 가볍게 먹이다가 토하는 증상이 줄면 원래대로 빨리 복귀합니다.

감기 합병증으로 장염이 동반될 때가 있습니다. 이때 구토와 더불어 열이 나고 설사를 많이 하면 기침할 때만 구토를 하는 것이 아니라 뭘 조금만 먹어도 수시로 토합니다.

기침을 할 때 토하는 것은 기침으로 복압이 올라가고 위에 압력이 전달되어 그런 것이라 양이 많지는 않습니다. 아이들은 위의 역류를 막아주는 분문부 괄약근이 약하기 때문에 쉽게 토합니다. 따라서 기침이 낫지 않으면 계속 토하게 되어 위장은 더 약해지고 더 안 먹게 됩니다.

기침 치료도 중요하지만 토하는 것을 최소한 하려면 일반적인 식사를 해서는 안 됩니다. 탈수를 막고 영양 공급을 잘 하려면 위의 부담을 줄여주고 소화가 잘 되는 음식을 먹여야 하지요.

우선 돌 전 분유를 먹는 아이에게는 평상시보다 농도를 조금 묽게 타서 줍니다.

양도 약간 줄이는 것이 좋습니다. 모유를 먹는 아이는 수유 시간을 줄여 자주 먹더라도 너무 배부르게 먹이는 것은 피합니다. 물은 자주 먹이고, 이유식은 부담이 안 가게 쌀죽 정도로 담백하게 먹입니다. 과일은 덩어리째 먹이지 말고 반드시 갈아서 먹이세요. 유제품이나 고기, 단 음식, 밀가루 음식, 찬 음식 등은 가능한 한 먹이지 않은 것이 좋습니다.

기침감기가 회복되면 먹는 것도 차차 나아집니다. 너무 걱정하지 마시고 기침이 오래가지 않게 치료를 잘 받으세요.

콧물을 달고 사는데 그냥 놔둬도 되나요?

20개월 된 아기가 감기에 걸리지 않았는데도 콧물을 흘려요.
맑은 코가 흘러내려 볼 때마다 닦아주는데 좀처럼 멈추지 않네요.
저도 어렸을 때 콧물을 많이 흘렸던 것 같아 괜찮을 것도 같은데 그냥 놔둬도 될까요?

만성비염으로 보고 치료를 해줘야 합니다. 방치하면 감기에 잘 걸린다거나 중이염, 축농증 등으로 진행될 수 있습니다.

지금의 엄마들이 어렸을 적에는 자라는 환경이 지금과 많이 달랐지요. 방 온도나 습도 유지도 잘 해줄 수 없었고, 엄마 등에 업혀 찬 바람을 쐬며 외출을 하는 경우도 자주 있었습니다. 이런 경우 콧물이 흐르고 말라붙기도 하는 것은 어떻게 보면 자연스러운 증상일 수도 있습니다. 하지만 환경이 덜 오염되고 항생제에 대한 내성이 적고 면역력도 약하지 않은 세대이므로 스스로 이겨내면서 별 탈 없이 건강하게 자랐습니다.

감기 없이도 아이들이 콧물을 조금씩 흘릴 수 있습니다. 콧물 역시 재채기처럼 몸의 방어작용의 하나로 외부에서 들어온 이물질을 걸러내는 반응입니다. 따라서 콧물이 나고 코딱지가 생기는 것은 자연스러운 일입니다. 하지만 콧물을 닦아줘도 계속해서 줄줄 흘린다면 코에 문제가 있는 것입니다. 이런 경우는 비염으로 보고 치료가 필요합니다. 만일 그냥 내버려둔다면 코가 좋지 않은 상태이므로 감기에 자주 걸리기 쉽고 중이염, 축농증으로 진행될 수 있습니다. 알레르기 가족력이 있다면 알레르기성 비염에 걸릴 확률도 높아집니다.

집에서는 집 안 온도와 습도를 잘 유지하고, 환기를 자주 시켜주세요. 밀가루 음식, 설탕, 찬 음식, 기름진 음식을 줄이고 찬 공기에 아기를 노출하지 마시고요. 무즙이나 아로마 오일 중 티트리, 유칼립투스를 섞어 면봉에 묻힌 다음 코 안에 발라주면 콧물을 줄이고 코점막의 염증을 개선하는 데 도움이 됩니다.

편도선 수술을 하는 것이 좋을까요?

다섯 살 딸아이가 감기에만 걸리면 편도가 부어요.
소아과에서 편도선 수술을 권유받았는데 수술하지 않고
한방으로 치료하는 법이 있을까요?

편도의 민감도를 떨어뜨리는 체질개선이 가능합니다.

물론 어쩔 수 없이 수술이 필요한 때도 있습니다. 편도가 염증이 없는 상태에서도 연하곤란이나 호흡곤란을 일으킬 정도로 커져 있는 경우, 혹은 편도에 종양이 생겼을 때, 편도에 디프테리아균이 감염되었는데 항생제가 듣지 않은 경우, 편도 주위에 농양이 있는 경우에는 절제 수술을 심각하게 고려해야 합니다.

이런 몇 가지 경우를 빼고는 한약을 통한 체질개선으로 편도의 민감도를 떨어뜨려 쉽게 붓거나 고열이 오르지 않게 체질개선을 할 수 있습니다.

한의학에서는 어떤 기관이든 우리 몸에서 나름대로 중요한 역할들을 하고 있다고 보기 때문에 절제하는 것을 반대합니다. 절제야말로 자연주의 육아법과는 상반된 방법이지요. 더구나 편도는 양방에서도 만 5세까지는 절제 수술을 하지 않은 것이 좋다고 봅니다. 보통은 이 시기가 되면 편도가 작아지기 시작하면서 문제가 대부분 해결되기 때문이지요.

한의학에서 볼 때 편도가 위치한 인두 부위는 신장이 관장하는 곳으로 분류됩니다. 원래 신장은 물水을 주관하는 차가운 장기지요. 그런데 신장이 허약해지면

화火가 치솟기 쉽고 염증이 잘 생겨 감기만 걸리면 편도가 잘 붓고 열이 오르는 것입니다. 따라서 신장에 수기水氣를 보충하고 화기火氣를 내려주는 체질개선을 하면 편도가 그렇게 쉽게 붓지는 않습니다. 육미지황탕 등으로 신장의 수기를 보충하면서 현삼, 지모, 황백 같은 한약재로 신장의 화를 내려줍니다. 만일 염증이 있다면 길경, 우방자, 산두근, 형개, 연교, 금은화 등으로 염증을 가라앉혀주는 치료를 병행합니다.

편도가 부어 있을 때는 아이스크림이나 얼음물을 피하고 따뜻한 물을 수시로 조금씩 천천히 마시게 하면 도움이 됩니다. 또한 달여 먹으면 도움이 되는 차로 대표적인 것이 도라지입니다. 국산 도라지를 껍질째 썰어 진하게 달여 먹이면 편도나 아데노이드 비대가 잘 가라앉습니다. 여기에 감초를 넣어서 같이 달이거나 조청을 타서 먹여도 좋습니다. 평소에 목을 따뜻하게 감싸주는 옷을 입고, 황사가 있거나 찬 바람이 많이 불 때는 마스크를 해주세요. 외출 후에 반드시 손발을 씻기고 양치질을 해주는 것은 기본입니다. 양치질을 하고 나서 죽염수를 이용해 가글을 해주는 것도 추천합니다. 체력을 높이기 위해 운동도 규칙적으로 하는 것이 좋습니다.

겨울보다 여름에 감기에 잘 걸려요

오뉴월 감기는 개도 안 걸린다는데 4살 아이가 여름만 되면 감기에 걸려요. 반대로 겨울에는 잘 걸리지 않고요. 체질 때문에 그런가요? 어떻게 하면 여름에도 감기에 걸리지 않게 할 수 있을까요?

여름에는 감기에 잘 걸리면서 겨울철에는 안 걸린다면, 열이 많은 체질의 아이가 여름철에 유독 땀을 많이 흘린 상태에서 찬 음식과 냉방기구에 노출되어 그런 것입니다.

또한 속이 차고 양기가 부족한 허약체질인 경우에도 여름 감기에 잘 걸립니다. 이런 경우의 아이들은 여름뿐 아니라 겨울에도 감기에 걸리기 쉬운 체질이기 때문에 생활 관리와 허약체질 개선을 위한 보약이 필요합니다.

아이들은 계절 변화에 따른 적응력이 약하고 체온조절 능력이 떨어집니다. 더구나 열이 많은 아이는 활동적이고 운동량이 많아 여름 무더위에 땀을 많이 흘리지요. 이렇게 더위를 먹고 과도하게 땀을 흘리면 체내 수분인 진액이 부족해지고 탈진 현상이 나타납니다. 한방에서는 이를 '음허'라 말합니다. 또 여름에는 외부 기온이 높고 인체의 양기가 피부를 통해 외부로 발산하기 때문에 반대로 배 안이 냉해지기 쉽습니다. 한방에서는 이를 '기허'라 부르지요. 예로부터 여름 보양식에 삼계탕 등을 쓰는 이유는 더운 성질의 음식을 이용해 냉해진 속을 덥게 하여 이열치열 할 수 있게 하기 위해서입니다.

다시 말해, 음허와 기허증이 생기면 갈증을 계속 느끼고 입맛은 없어지며 몸 안의 기운 순환이 원활하지 않아 면역력이 떨어집니다. 이런 상태에서 차가운 음료수나 아이스크림을 자주 먹고, 선풍기나 에어컨 등 찬 기운에 많이 노출되면 몸으로 '풍한사기風寒邪氣'가 들어와 여름 감기에 걸리는 것입니다.

바깥 기온과 실내온도의 차이가 많이 나면 여름 감기에 걸리기 쉬우므로 바깥과 안의 온도 차가 5도 이상 나지 않도록 조절해주세요. 뜨거운 여름에 나는 제철 과일과 채소는 성질이 서늘하며, 수분과 전해질, 비타민 등이 풍부합니다. 따라서 땀을 많이 흘리고 체력 손실이 있다면 수박, 참외, 자두, 포도, 멜론, 토마토 등을 먹으면 좋습니다. 더위를 이기고 진액을 빨리 보충할 수 있습니다. 그리고 얼음물이나 청량음료, 아이스크림 등을 많이 먹이지 말고, 불볕더위에 달아오른 인체를 순리에 맞게 식히고 기력을 돋우는 따뜻한 고단백 음식을 먹게 하는 것이 좋습니다. 덧붙여 아침저녁으로 덥지 않을 때 적당한 운동을 하는 것이 건강 유지에 도움이 됩니다.

또한 아이가 더워서 잠을 못 이루더라도 에어컨이나 선풍기는 잠이 들 시점에서 한 시간 정도만 틀어주고 반드시 꺼야 합니다. 밤새 차가운 기운과 바람에 노출된 아이들은 체온이 떨어지고 호흡기 점막이 말라 여름 감기에 잘 걸립니다. 냉방기기를 틀어주는 대신 자기 전에 미지근한 물수건으로 마사지하듯 온몸을 닦아주면 열기도 식고 땀띠도 가라앉습니다. 또 자다가 땀을 흘렸으면 옷을 갈아입히고, 베개에 수건을 깔아 축축해지지 않도록 합니다.

한의학에서는 여름을 이기고 감기를 예방하는 처방으로 생맥산, 청서익기탕, 이향산 등을 쓰는데 더위를 타고 여름 감기를 자주 앓을 때 복용하면 여름을 잘 넘기고 가을 겨울에 건강하게 지낼 수 있는 바탕을 만들어줍니다.

맑은 코가 누런 코로 바뀌면 감기가 다 나은 건가요?

코감기에 걸려 맑은 콧물을 흘렸는데 며칠 전부터 맑은 코가 누런 코로 바뀌었어요.
아는 엄마가 감기가 나으려고 그런 거라고 하더라고요.
맑은 콧물이 누런 코로 바뀌면 감기 뒤끝이라던데 정말 그런가요?

감기 뒤끝일 수도 있고 만성비염이나 축농증 등으로 진행된 것일 수도 있습니다. 코감기를 앓으면 처음에는 맑은 콧물이 흐르다가 점차 양이 줄면서 약간 누런색을 띠며 끈적끈적해집니다. 그러고는 점차 감기 증상이 회복되고 콧물도 안 나오게 되지요. 이 경우는 아이들이 그렇게 답답해하고 힘들어하지 않습니다. 콧물 외에 기침이나 열 등의 증상도 대부분 가라앉지요.

하지만 코감기가 만성비염이나 축농증으로 진행되는 경우에도 콧물이 누런색으로 바뀝니다. 단, 이런 경우에는 점차 콧물은 줄어드는 것 같지만 코를 풀거나 흡입을 해보면 안에 누런 코가 꽉 차 있는 것을 확인할 수 있습니다. 아이는 더 답답해하고 코가 뒤로 넘어가 자다가 기침을 계속 하게 됩니다. 코는 농도가 진해져 누렇다 못해 푸른색을 띠기도 하고, 풀어도 잘 나오지 않습니다. 때로는 열이 나기도 하고 두통이나 식욕감퇴도 보입니다.

이상에서 보듯이 콧물이 맑다가 누런 코로 변한다고 해서 모두 감기가 낫는 과정은 아닙니다. 아이의 상태나 기타 증상 등을 잘 살펴 대처하세요. 만일 만성비염이나 축농증이 의심된다면 바로 치료받아야 합니다. 참고로 이런 경우에 생리식염수나 죽염수로 콧속에 분사해 세척해주면 코감기 회복에도 도움이 되고 코가 많이 차 있는지도 확인할 수 있습니다.

3개월째 키와 몸무게에 변화가 없어요

9개월 된 아기입니다. 모유도 잘 먹고, 이유식도 잘 먹는 편인데 3개월째 키와 몸무게에 변화가 없네요. 대변은 하루에 두세 번 정도 보고, 특별히 보채지 않고 잘 노는 편인데 무슨 문제가 생긴 걸까요?

아기가 3개월째 키와 체중이 그대로라면 진찰을 받아보아야 합니다.

말씀하신 대로 허약한 아이가 아닌 경우, 만약 키는 잘 크는데 체중이 늘지 않았다면 키가 크는 것을 몸무게가 못 쫓아가서 그렇다고 생각할 수 있습니다.

사람은 성장하는 데 있어 두 번의 급진기라는 것이 있습니다. 첫 번째가 태어나서 두 돌이 되기까지의 시기입니다. 아이는 돌 즈음에 27cm 전후로 자라고, 두 돌이 되면 거기에 10cm가 더 자라지요. 사춘기 때와는 비교가 안 될 만큼 폭발적인 성장을 합니다. 이렇게 키가 엄청난 속도로 자랄 때는 섭취하는 영양분이 모두 키가 크는 데 쓰일 수 있습니다. 몸무게는 나중에 따라붙게 되므로 키가 한참 클 때는 일시적으로 체중이 늘지 않을 수도 있습니다.

하지만 6개월 동안은 그런대로 잘 성장했는데, 근래 3개월 동안 키도 안 크고 체중도 늘지 않았다면 다른 문제가 있는지 진찰을 받아봐야 합니다. 체중은 그렇다 치더라도 3개월이면 키는 평균적으로 6~7cm는 성장하는 것이 맞습니다. 이런 경우라면 선천적인 기형이나 만성질환(만성신염, 흡수장애, 선천성 심장질환, 갑상선 기능저하증 등)을 의심할 수 없는데, 그것은 6개월까지의 성장은 정상적이라는 전제 하에 그렇습니다. 엄마가 알지는 못해도 어떤 허약증이나 질병, 영양흡수 등의 문제가 없는지 확인을 하고, 만일 별문제가 없다면 성장을 촉진하고 음식의 소화 흡수력을 돕고자 신장과 비위기능을 보강하는 한약 처방을 해주는 것이 좋습니다.

성장클리닉이 도움이 될까요?

지금 아이가 네 살인데, 또래보다 약간 작은 편이어서 걱정입니다.
엄마 아빠 키가 모두 작은 편인데 일찍부터 성장클리닉의 도움을 받으면
키가 더 클 수 있을까요? 또 한방 성장클리닉에서는 어떤 치료를 하는지 궁금합니다.

허약증이 있다면 먼저 그것부터 개선해줘야 합니다. 만약에 특별한 허약증이 없는데 키가 잘 크지 않는다면 성장클리닉의 도움을 받아 유전적인 경향을 극복하는 데 보탬을 줄 수는 있습니다. 하지만 부모님이 작고 현재 아이 키가 약간 작은 정도라면 치료가 급한 것이 아니고 키가 잘 클 수 있도록 생활 관리를 해줘야 합니다.

연령별 성장 부분에서 이야기했듯이 아이들이 키가 잘 자라려면 영양, 운동, 질병, 수면, 스트레스 등 다양한 조건들이 충족되어야 합니다. 우선 이런 것들에 문제가 없는지부터 확인해야 합니다. 이런 모든 조건이 충족된다면 굳이 성장클리닉의 도움을 받을 필요는 없습니다. 나중에 따라잡기 성장도 얼마든지 가능하니까요.

한의학에서 성장과 가장 관련이 깊은 장부는 신장과 비위입니다. 신장은 뼈의 성장과 각종 호르몬의 활동, 면역력과 연관이 깊습니다. 비위는 식욕이나 음식물의 소화 흡수를 통한 기혈의 공급과 직접적인 관련이 있습니다. 이런 기능이 선천적으로 약한 아이들은 특별한 이유 없이도 키가 잘 크지 않을 수 있습니다.

요즘 아이들은 부모님의 유전적인 경향을 극복하는 경우가 대부분입니다. 뚜렷한 이유 없이 키가 안 큰다면 두 장부의 기능을 보강해주는 방향으로 6개월에 한 번 정도 한약을 복용하면 키가 크는 데 훨씬 유리한 조건을 만들 수 있습니다. 그렇게 1~2년 정도 관리를 해주었는데도 키가 잘 자라지 않는다면 성장판 검사를 통해 어느 정도 자랄 수 있는지 확인하는 것이 좋습니다. 검사를 통해 키가 잘 자라지 않을 것으로 예측된다면 본격적인 성장치료를 해야 할 수도 있습니다. 한방 성장클리닉은 주로 한약과 추나요법, 성장침 등을 통해서 접근합니다. 자세한 내용은 성장 부분을 참고하시기 바랍니다.

고열이 아닌데도 열꽃이 피나요?

37~38도 정도의 열이 며칠 동안 났는데, 열이 내리고 나서 배와 등에 붉은 반점이 생겼어요. 이렇게 고열을 앓은 게 아닌데도 열꽃이 필 수 있나요?

돌 이후로는 드물지만 영아기에는 태열 때문에 고열이 아닌 경우에도 열꽃이 필 수 있습니다. 하물며 아기들은 더워서 열이 오르고 땀을 많이 흘려도 발진이 생길 수 있으니까요.

비록 고열이 난 게 아니더라도 아기가 열이 난 후 온몸에 좁쌀 같은 붉은 반점이 돋았다면 열꽃일 가능성이 큽니다. 열꽃은 감기 등 열을 앓고 난 후에 울체되어 있던 속열이 밖으로 나와 나타나는 것입니다. 보통은 돋고 나서 3~4일 정도면 자연스럽게 가라앉기 시작합니다. 별다른 흉터도 생기지 않고 가려워하지도 않습니다.

열꽃이 피었는데 아기가 잘 먹고 잘 논다면 걱정하지 않아도 됩니다. 그러나 아이가 보채면서 열꽃이 쉽게 가라앉지 않고 물집이 생기는 등, 반점이 모양을 바꾸거나 합쳐지면서 커진다면 발진을 동반한 다른 질병일 수 있습니다. 이런 경우는 소아한의원에 가보는 것이 좋겠습니다.

열꽃이 심하다면 우선 한약건재상에서 '형개'와 '황련'이라는 약재를 구해 적당량을 끓여 그 물을 희석하여 목욕을 시키거나, 아기가 놀라지 않을 정도로만 조금 차갑게 하여 닦아주면 쉽게 가라앉습니다. 약재를 구하기 어려우면 녹차 우린 물을 시원하게 해서 발라줘도 괜찮습니다.

배꼽이 덜 닫힐 수도 있나요?

생후 40일 된 아기가 울거나 용을 쓸 때 배꼽이 벌어집니다. 병원에 문의하니 배꼽이 덜 닫혀서 그렇다고 하는데 어떻게 해야 할까요?

이런 증상은 배꼽 탈장에 해당합니다. 보통 돌 전에는 저절로 막히므로 지켜보세요.

아기는 배꼽 부위의 근육이 약한 까닭에 배꼽 부위가 완전히 붙지 않고, 피부 밑의 근육 부위에 작은 구멍이 남아서 배꼽 부위로 장 일부가 튀어나오기도 합니다. 이를 배꼽 탈장이라고 하지요. 배꼽 탈장은 아기가 울거나 기침을 해서 복압이 올라갈 때 생깁니다. 이때 배꼽이 꽈리 모양으로 부푸는데 심하면 주먹만 하게 부풀어 올라 엄마를 놀라게 합니다. 한동안 호전되었다가 다시 나타나기를 반복하는데, 보통은 저절로 괜찮아집니다. 단, 탈장 부위가 너무 크거나 1년 이상 지속할 때는 병원에 가서 진료받는 것이 좋겠습니다. 드물게 수술을 하는 일도 있기 때문이지요. 튀어나온 배꼽을 들여보내려고 반창고를 붙이거나 동전을 붙여놓기도 하는데, 이는 전혀 효과가 없으며 경우에 따라 염증이 생길 수도 있으므로 그냥 놔두세요.

31 아기들도 침을 맞을 수 있나요?

25개월 아기가 감기에 걸려 한의원에 갔더니 침을 놓더라고요.
아기들도 침을 맞을 수 있나요? 어른들이 맞는 침이랑 같은 것인지,
몇 개월부터 맞을 수 있는지 궁금하네요.

아기도 침을 맞을 수 있습니다. 하지만 어른 침과는 조금은 다릅니다.

엄마들은 침이라고 하면 어른이나 맞는 걸로 생각하는데, 침 치료는 신생아 시기에도 가능합니다. 물론 주의해야 할 혈 자리가 있고 성인과는 조금 다른 방법을 쓰지만, 증상과 질병에 따라 필요한 경우에는 침 치료를 하는 것이 효과적이기도 합니다.

예를 들어 아기 때는 천문이 완전히 닫힌 상태가 아니어서 머리에 있는 혈 자리에 침을 놓는 것은 주의를 요합니다. 따라서 어른처럼 침을 깊이 놓기보다는 혈 자리를 자극하는 정도로 침을 놓아야 하는 경우가 많습니다. 그리고 유침이라고 해서 어른들은 침을 맞고 20분 정도 누워 있는 경우가 대부분입니다만 아기들은

그럴 수 없는 경우가 많아 짧게 혈 자리를 자극하는 정도로 침을 놓습니다. 더구나 요즘은 레이저침, 전기침, 스티커침 등 통증이 없는 침이 있어 침 치료가 쉬워졌습니다. 또한 소아들에게는 자락법이라고 하여 혈 자리나 혈관 부위를 따서 출혈을 시키는 치료법을 더 자주 사용합니다. 한의사가 시술할 경우는 부작용이 없습니다만 절대 아무나 함부로 시술해서는 안 됩니다.

가래를 뱉지 않고 꿀꺽 삼키는데 괜찮을까요?

14개월 된 아기가 감기에 걸려 가래가 그렁그렁한데 뱉지를 못해요.

기침하다 가래가 나오면 꿀꺽 삼켜버리는데 괜찮을까요?

가래를 뱉게 하려면 어떻게 해야 하나요?

가래를 삼킨 것 역시 가래가 배출되어서 삼킨 것입니다. 삼켜도 문제될 것은 없습니다.

아기에게 가래를 밖으로 뱉어내는 것은 참 어려운 일입니다. 가래가 나와 삼켰다면 일단은 기관지에서 배출된 것이므로 뱉어낸 것이나 마찬가지입니다. 삼켜서 먹는다고 아기에게 해가 되지 않으니 걱정하지 마세요. 그렇게라도 배출시키는 것이 좋습니다.

가래가 잘 배출되려면 가래가 끈끈해서는 안 됩니다. 따라서 아기에게 물을 충분히 먹이고 방에 젖은 수건을 널어 가래가 잘 배출될 수 있는 상태를 만들어줘야 합니다. 또한 아기는 제 스스로 가래를 뱉을 능력이 없어서, 가슴이나 등을 두들겨줘 가래가 잘 빠져나오게 도와줘야 합니다. 손바닥을 오목하게 해서 가슴과 등을 적당한 세기로 두드려줍니다. 너무 약하게 두드리면 효과가 떨어지니 아프지 않을 정도로 통통 두드려줍니다. 이렇게 하면 기관지에 붙어서 그렁그렁 소리를 내는 가래가 떨어져서 쉽게 밖으로 나옵니다.

유난히 보채는 아기, 어떻게 해야 하나요?

8개월 된 여자아기인데, 요즘 유난히 많이 보채네요. 젖도 잘 안 먹고,
잠도 잘 안 자고 짜증만 부려서 너무 힘이 들어요.
시어머니가 "크려고 보채나 보다" 그러시는데,
아이들은 정말 클 때 보채나요? 어떻게 하면 좋을지 알고 싶어요.

크려고 보채는 것만은 아니지요. 아기에게 육체적이든 심리적이든 불편한 것이 없는지 잘 살펴보세요.

보채고 우는 것은 아기들의 가장 중요한 의사 표현입니다. 배가 고프거나, 소화가 잘 안 되거나, 배가 아프다거나, 기저귀가 젖어 있다거나 신체적으로 무언가 불편할 때 보채고 웁니다. 또한 심리적으로 불안하거나 놀란 일이 있거나 스트레스를 받아도 그렇지요.

아기가 왜 짜증을 내고 우는지를 분명히 알기란 어렵습니다. 물론 아기가 유난히 예민해서 그럴 수도 있습니다. 하지만 어떤 특정한 이유가 있어서 그렇다면 그것은 엄마가 찾아야 합니다. 아기에 대한 관심과 사랑으로 아기가 보채는 이유를 찾아 적절하게 대처해줘야 하지요.

참고로 아기가 육체적인 자극에 대해 느끼는 불쾌함과 편안함, 이 두 가지 감정이 제일 처음 분화되는 정서 반응입니다. 따라서 아기가 불쾌함을 느껴, 예를 들어 배고픔이나 기저귀가 젖은 경우, 짜증을 내거나 울면서 의사표현을 할 때 빠르게 대처하여 수유하거나 기저귀를 갈아줘야 합니다. 그렇지 않고 내버려둔다면 정서적으로 문제가 생길 수 있고 성장했을 때 사회에 제대로 적응하지 못할 수 있습니다.

아기의 울음에 빠르게 반응하여 욕구를 채워주면 아기는 필요할 때 자기를 돌봐주는 엄마를 믿고 인간관계에 대한 기본적인 신뢰를 갖게 되며, 이런 감정은 정신적 사회적 발달에 아주 중요한 요소로 작용하는 것이지요.

만일 아기가 신체적, 심리적인 특별한 이유가 없는데도 자주 보챈다면 한의학에서는 심장에 화가 있는 것으로 봅니다. 심장에 화가 뭉치면 아기는 불안정해지

고 잠을 잘 자지 않으며 자주 보챕니다. 아기의 화는 어른과는 발생 원인이 조금 달라서 태열이 심장으로 모여서 화를 형성한다고 봅니다.

앞에서 밤에 잠을 안 자고 울고 보채는 '야제증'의 가장 큰 원인도 심장에 열이 쌓인 것이라고 했는데, 이런 아이는 얼굴이 붉고 울음소리가 높고 예리하며 대변은 건조하고, 소변량이 적고 붉은색이 감돕니다. 몸에 열이 많아 머리나 손발이 뜨거우며, 땀을 많이 흘리지요. 이럴 때는 심장의 화기를 소변으로 빼줘야 하는데, 도적산과 통심음이 대표적인 처방입니다. 그리고 만일 아기가 놀란 일이 있다면 소아청심원을, 심장이 허약하고 불안정하다면 귀비탕, 감맥대조탕을 처방하여 화를 내리고 아기를 안정시켜줍니다. 특별한 이유가 없는데 아기가 계속 보챈다면 이런 원인은 없는지 진맥을 받아보세요.

30개월이 넘었는데 소변을 가리지 못해요

아이가 30개월이 넘어가는데 소변을 가리지 못합니다.
소변이 마려울 때마다 "쉬" 하며 의사표현을 하긴 하는데 변기에 앉히려고만 하면 울면서 옷에 쉬를 해버리네요. 어떻게 하면 좋을까요?

엄마부터 소변을 가리는 것을 너무 조급하게 생각하지 마시길 바랍니다. '언젠가는 가리겠지' 하고 편안하게 마음을 먹어야 합니다. 엄마가 스트레스를 받으면 아이도 스트레스를 받아 오히려 소변을 더 늦게 가릴 수도 있습니다.

아이가 즐거운 마음으로 대변과 소변을 가릴 수 있으려면 너무 서두르지 않는 것이 좋습니다. 대소변을 빨리 가린다고 좋은 것만은 아닙니다. 아이들에게 대소변 가리기는 무척 큰일입니다. 어른에게는 아무것도 아닐 수 있지만 아이에게는 몹시 어려운 일로, 태어나서 처음으로 받는 사회적인 제재지요. 따라서 강제로 하는 경우 역효과가 나기 쉽습니다. 이런 경우 스트레스나 긴장감 때문에 대소변 가리기에 실패하는 것은 물론이고 나중에 변비, 유분증, 야뇨, 배뇨장애 등을 유발할 수도 있습니다.

아이가 때가 되었는데도 소변을 가리지 못한다면 재미있게 훈련을 유도하는 것이 좋습니다. 아이가 좋아하는 캐릭터 그림이 있는 깜찍한 유아용 변기를 사용하거나, 변기에 아이가 자주 앉아보게 하면서, 마치 가지고 놀 수 있는 것으로 인식하게 해야 합니다. 친한 동성 친구가 소변 보는 것을 보여주는 것도 방법이 될 수 있습니다. 그래야 소변이 마려울 때 자연스럽게 변기에 가서 앉습니다. 또한 배뇨 훈련 중에는 편한 옷을 입히는 것이 좋습니다. 그래야 아이가 소변이 마려울 때 쉽게 옷을 벗을 수 있으니까요. 아이들도 소변을 옷에 쌌을 때 맘이 편하지만은 않습니다.

지금 같은 경우에 소변 가리기를 서두르다 2차적인 문제가 생길 수 있습니다. 아이 성격이 예민한 편이라든가 신장 방광 기능이 허약한 아이라면 더욱 그렇습니다. 소변 가리기에 문제가 생기면 아이가 소변을 너무 자주 보려고 하거나 시원하게 보지 못할 수도 있습니다. 또한 늦게까지 밤에 기저귀를 떼지 못하는 야뇨증으로 진행하기도 하지요.

아이들에게는 칭찬만큼 좋은 것이 없습니다. 소변을 잘 가렸을 때는 칭찬을 아끼지 마시고, 아이의 입장을 충분히 이해해주면서 훈련을 해야 합니다. 절대로 조급하게 서둘러 아이에게 스트레스를 많이 주지 마세요.

피부가 노랗게 보이는데 황달인가요?

생후 한 달 정도 되었는데 아기 피부가 노랗다는 얘기를 많이 들어요.
황달인지 아닌지 어떻게 구별할 수 있나요?

일반적인 아기의 황달은 출생 후 일주일 내에 나타납니다. 지금 피부가 노란 것은 황달일 가능성이 적습니다. 황달의 경우 눈의 흰자가 노래집니다.

신생아 황달을 한의학에서는 태황 또는 태달이라고 부릅니다. 신생아기에 보이는 황달은 전신 피부와 특히 눈의 흰자가 황색을 띠면서 소변이 노랗고 변비나 설사가 있기도 하며, 젖을 잘 빨지 않고 열이 나며 울음을 잘 그치지 않습니다. 간염, 패혈증, 담도폐쇄 등 특정 질병이 있어서 나타나는 황달이 아닌 경우에는 대부분 생후 1주 이내에 나타납니다.

신생아 황달에는 병적인 것과 그렇지 않은 것이 있습니다. 병적이지 않은 황달을 '생리적 황달'이라고 합니다. 생후 수일 동안 적혈구가 빨리 생성되는 반면 간 기능은 미숙하여 생기는 것으로 만삭아의 50퍼센트, 미숙아의 80퍼센트에서 나타납니다. 이 생리적인 황달, 즉 병적이지 않고 크게 치료가 필요하지 않은 황달은 출생 후 2~4일에 나타나 7~14일 정도면 없어지는 것이 특징입니다.

병적인 황달은 태아적아구증과 세균이나 바이러스 감염, 선천적인 대사 질환, 담도가 막혀서 나타나는 황달입니다. 태아적아구증은 엄마와 아이의 혈액형이 달라 나타나는 것으로 엄마가 Rh 음성인데 아이가 Rh 양성일 때, 또는 엄마가 O형인데 아기가 A형 또는 B형일 때 동종 면역으로 일어납니다. 병리적 황달은 보통 생후 24시간 이내에 황달이 나타나는데, 보통 아기의 손, 발바닥까지 노랗게 변하면 병적인 황달일 가능성이 큽니다. 치료는 특수 형광등으로 푸른빛 가시광선을 쏘이는 광선요법이나 심하면 교환수혈을 하게 됩니다.

그리고 모유 황달이 있는데 생후 4~7일 사이에 나타나는 것이 일반적이며 모유수유아 중 200명의 1명꼴로 나타납니다. 모유 황달은 모유의 성분 중 일부가 간에서 대사되는 것이 어려워 나타나는데, 1~2일간 수유를 중단하고 분유를 먹이면 혈청 빌리루빈이 급격히 감소하며, 그 후로는 다시 모유를 먹여도 황달이 나타나지 않습니다. 하지만 황달 기운은 3~10주까지도 가볍게 지속할 수 있으며 눈의 황달기가 가장 늦게 없어집니다. 눈의 흰자는 노란색이 녹색을 띠다가 회색으로 변하면서 없어집니다.

결론적으로 말하면 특정 질병에 의한 황달이 아닌 신생아 황달은 대부분 생후 1주 이내에 나타나며, 눈의 흰자가 노랗게 물든다는 것입니다. 만약에 피부뿐만 아니라 눈이나 손발도 노랗게 보인다면 특정 질병이 있을 수 있으니 진찰을 받아 보세요. 그렇지 않다면 괜찮습니다.

새집증후군 때문에 아토피가 생길 수 있나요?

3개월 된 아기를 키우는 엄마입니다.
다음 달에 새로 분양받은 아파트로 이사할 예정입니다.
지금은 태열기도 없이 깨끗한데 혹시 이사를 가서 아토피가 생길 가능성도 있나요?

당연히 있습니다. 가능하면 새집을 피하시고 안 된다면 예방법을 잘 알아놓으세요.

모든 아이들이 새 아파트에 들어간다고 아토피가 생기는 것은 아닙니다. 새집에서 뿜어져 나오는 유독성 화학물질에 과민증이 있는 '아토피 체질'의 아이에게 주로 생기는 것이지요. 따라서 태열기나 아토피기가 있었던 아이들은 새 아파트에 들어가는 것이 위험합니다. 하지만 그렇지 않은 아이라도 아토피가 발생할 가능성은 충분히 있습니다.

새집증후군과 밀접하게 관련 있는 대표적인 물질 두 가지는 각종 건축 자재에서 배출되는 포름알데히드와 휘발성 유기화합물입니다. 집 안의 가구, 벽지, 타일, 장판, 카펫, 단열재 등과 시공할 때 사용되는 페인트나 접착제 등에서 주로 나옵니다. 그렇다면 어쩔 수 없이 새 아파트나 새로 지은 유치원에 다녀야 할 때 조금이라도 아토피가 나타나지 않게 예방하는 방법은 없을까요?

첫째는 잦은 환기입니다. 이는 가장 간편하면서도 효과적인 방법입니다. 수시로 창문을 열어 환기를 시켜준다면 오염된 공기를 밖으로 배출할 수 있지요. 외출할 때도 창문을 조금 열어두거나 욕실이나 주방의 환풍기를 틀어놓는 것도 한 방법입니다. 둘째, 새 아파트에 입주하기 전에 하루 8시간 이상, 온도는 30도, 기간을 일주일 이상 난방을 한 뒤 입주합니다. 셋째, 화학물질을 내뿜는 합판이나 벽지 대신 숯이나 황토 등 친환경 소재를 사용하여 만든 내장재를 사용하는 것이 좋습니다. 넷째, 코, 눈, 목 등의 점막이 따갑고 자극을 받는 증상은 온도가 높고 습도가 낮을수록 심해지므로 실내온도를 조금 서늘한 18~22도, 습도는 수분이 충분한 60퍼센트 정도로 유지하면 좋습니다. 다섯째, 요즘은 공기정화기도 좋아져 화학물질이나 오염물질을 제거하는 데 도움이 됩니다. 여섯째, 새집증후군은 3년 정도 지나야 조금 안심할 수 있습니다. 따라서 아토피 소질이 있는 아이를 두었다면 가능한 한 새집보다는 지은 지 3년 이상 된 집을 선택하는 것이 현명합니다. 이 밖에도 집 안 공기의 오염물질을 흡수해서 분해할 수 있는 산세베리아, 고무나무, 디펜파키아, 안스륨 등의 식물을 들여놓고 숯을 여기저기에 놓아두는 것도 새집 증후군을 줄이는 방법입니다.

37 엄마에게 알레르기가 있으면 아기에게도 유전되나요?

제가 심한 알레르기성 비염인데 이제 세 살 된 첫아이가 아토피가 심합니다.
병원에 가서 물어보니 둘째를 낳아도 거의 아토피가 될 거라고 하던데 정말 그런가요?
혹시 임신 중에 관리를 잘 하면 아토피 없는 아이를 낳을 수도 있을까요?

엄마의 알레르기가 아기에게 유전될 가능성은 있습니다. 하지만 임신 중, 그리고 출산 후에도 아기에게 의식주 관리를 잘 해주면 아토피는 예방할 수 있습니다.

알레르기성 비염이나 아토피성 피부염은 유전적인 영향을 받는다고 알려졌습니다. 식구들 중 누군가 알레르기 질환이 있으면 나머지 가족들도 알레르기 질환을 일으키게 되지요. 물론 이것은 유전적인 영향이라기보다 같은 환경에서 지내기 때문에 발생하는 환경적인 영향일 수도 있습니다. 다만 부모 두 명이 알레르기가 있다면 자녀의 42.9퍼센트가 알레르기에 걸린다는 연구결과가 있는 것을 보면 유전적인 요인을 무시할 수는 없겠지요. 부모 한 명이 알레르기가 있을 때 아이에게 알레르기가 나타날 확률은 19.8퍼센트라고 합니다.

그런데 사실 수치를 놓고 보자면 반대로 알레르기 질환을 앓지 않은 확률도 상당히 높습니다. 임신 중 관리와 출생 후 아기의 의식주를 잘 관리하면 아토피를 예방할 수 있습니다. 특히 아토피는 태열에서부터 시작되는 경우가 많으므로 임신에서부터 태열에 대한 관리를 해줘야 합니다. 태열의 원인은 태아가 태중에서 받은 열독 때문입니다. 수태기간 동안 엄마의 식생활, 스트레스, 생활환경, 알레르기 체질 등과 관련이 있지요. 특히 임신 중에 심한 스트레스를 피하고, 태열을 조장하는 음식인 고량진미나 맵고 자극적인 음식, 밀가루 음식을 피해야 합니다.

모유를 먹이는 엄마는 출생 후에도 아기에게 영향을 줄 수 있기 때문에 아토피를 유발하는 인스턴트 음식, 밀가루, 튀긴 육류, 등푸른 생선, 달걀흰자 등은 피해야 합니다. 상추, 깻잎, 치커리 등의 쓴 채소와 나물 등을 먹는 것이 젖을 통해 속열을 내리는 데 도움이 됩니다. 스트레스를 받지 않도록 조심해야 하고 컴퓨터나 텔레비전 등에서 나오는 전자파도 쐬지 않는 것이 좋습니다.

일찍 자는 습관도 열을 내리는 데 중요합니다. 제철 과일과 채소를 많이 먹는 것은 좋으나 과일 중에는 토마토, 딸기, 복숭아, 귤, 오렌지, 키위, 파인애플, 그리고 채소 중에서는 고사리, 죽순, 강낭콩, 완두콩, 땅콩, 양배추, 브로콜리, 순무는 많이 먹지 않은 것이 좋습니다. 우유나 치즈, 요구르트, 아이스크림 같은 유제품이나 커피, 녹차, 홍차, 초콜릿 등 카페인이 든 음식, 마늘과 양파, 생강, 후추 등 자극적이고 향이 강한 음식도 삼가야 합니다. 모유수유 중에 조심해야 할 음식은 임신 중에 조심해야 할 음식과 비슷합니다. 모유수유 기간에는 엄마가 먹는 것이 아기에게 바로 전달되므로 오염되지 않은 자연식을 하는 것이 무엇보다 중요합니다.

주거 환경과 생활 관리에 더욱 신경 쓰고, 이유식을 한 후로는 아기가 먹는 음식도 위와 같이 조절해줘야 합니다. 이렇게 하면 아토피를 충분히 예방할 수 있습니다.

머리를 박박 밀어주면 좋은가요?

백일이 되면 배냇머리를 밀어줘야 머리숱이 많아진다고 하는데 정말 그런가요?
어떤 엄마는 머리를 밀어주지 않으면
영양이 머리로 가서 좋지 않다고 하던데 맞는 말인가요?

배냇머리는 깎아주지 않아도 됩니다. 머리를 밀어주지 않는다고 머리숱이 늘지 않는 것은 아닙니다.

옛날 어른들은 배냇머리를 깎아줘야 머리숱이 많아지고 윤이 난다고 했지요. 그러나 머리를 빡빡 민다고 해서 머리숱이 많아지는 것은 아닙니다. 다만 백일을 전후하여 배냇머리가 많이 빠지니까 여기저기 머리카락이 날리고 이것이 아기 입으로 들어갈 수도 있으니 아예 깨끗하게 밀어주는 것이 좋을 수는 있습니다. 배냇머리가 빠지는 것은 자연스러운 일이니 많이 빠진다고 걱정할 필요도 없습니다. 태어났을 때 숱이 적은 아기도 있고, 숱이 많으면서 색이 짙은 아이도 있습니다. 그러나 이 상태가 평생을 가는 것은 아닙니다.

저희 아이는 배냇머리를 깎아주었는데도 세 돌까지 머리숱도 없고 잘 자라지도 않아 사람들이 옷을 보지 않고서는 딸인지 아들인지 구별하기 어려웠답니다. 하지만 점차 머리가 무성해지더니 다섯 돌이 지나면서는 윤기 있는 머리카락으로 자라서 머리를 묶을 정도가 되었습니다. 머리를 처음 묶던 날 얼마나 감격스럽던지 아직도 기억이 생생합니다. 아기 머리는 일부러 밀어주지 않아도 잘 자라니 너무 신경 쓰지 마세요.

머리숱이 많지 않아요

돌이 지났는데도 머리숱이 많지 않습니다.

여자아기인데 아직도 사람들이 아들이냐고 물어보곤 해서 속이 상합니다.

머리를 빨리 나게 하는 방법은 없을까요?

위에서 말씀드린 것처럼 때가 되면 아기 머리가 숱도 많아지고 길이도 잘 자랍니다. 너무 신경 쓰지 마세요.

아이가 체질적으로나 유전적으로 머리카락이 가늘고 늦게 나는 경우도 많습니다. 하지만 성장발달이 정상적이고 잘 먹고 잘 논다면 걱정하지 마세요. 제 아내가 어릴 적에 머리카락이 늦게 나서 그런지 우리 딸아이도 세 돌이 지나서야 머리카락이 잘 자라기 시작하더군요. 딸이라 빨리 머리를 묶어주고 싶었는데 말입니다. 돌 전에는 머리카락이 잘 나라고 할머니가 빡빡 밀어주기도 했습니다. 그런다고 머리숱이 많아지고 잘 자라는 것은 아닌데 말입니다. 하지만 지금은 머리숱도 많고 건강한 머릿결을 자랑한답니다. 제 아내도 어릴 적에 그랬다고 하더군요. 늦게 자란 머리카락은 더욱 무성하고 윤기가 있어 건강한 모발을 가지게 되는 경우가 많으니 걱정하지 마세요.

단, 머리카락이 가늘고 검은색이 진하지 않고 숱도 적은데, 아이가 성장발달까지 부진하다면 한의학에서는 콩팥의 기운이 허약하고 혈이 부족해서 그렇다고 봅니다. 이런 아이들은 키 성장, 행동발달, 치아발육, 소변 가리기 등도 늦어지고 잔병치레도 자주 하는 편입니다. 이런 경우에는 머리카락뿐만 아니라 전반적인 건강상태와 성장발달을 위해 신허와 혈허를 보강해주는 처방을 받아야 합니다.

40 미숙아들은 성장도 느린가요?

임신중독증 때문에 아기를 33주에 낳았습니다.
미숙아는 출생 이후에도 성장에 문제가 있을 수 있나요?
또래보다 성장이 느릴까봐 걱정됩니다.

미숙아들은 작게 태어나서 같은 월령의 아이들에 비해 몸집이 작은 경우가 많습니다. 하지만 미숙 정도가 심하지 않으면 3~4세까지 따라잡기 성장을 통해 또래와 체격이 같아지니 그때까지 무럭무럭 크게 도와주세요.

미숙아는 임신 기간이 37주 미만인 아기로 보통은 체중도 2.5kg이 안 되는 경우가 많습니다. 이렇게 미숙아로 작게 태어나면 미숙한 정도나 합병증 등에 따라 한동안 정상적인 성장발달이 이루어지기 어려울 가능성이 큽니다. 미숙한 정도가 심하고 합병증이 심할수록 성장발달은 더 지연되고 나중에 따라잡기도 어려워집니다.

일반적으로 머리 둘레는 생후 18개월 전후, 체중은 24개월 전후, 키는 40개월 전후까지 따라잡기 성장(catch-up growth)을 하게 됩니다. 이 시기가 되면 다른 아이들과 체격이 비슷해지고 똑같이 커 나간다는 것이지요. 그러나 유치원 기간(4~6세)까지도 또래 아이보다 작은 경우가 25~30퍼센트 정도 되기 때문에 주기적인 점검과 관리가 필요합니다. 이러한 경우에는 최종 성장키(성인키)가 작을 가능성이 또래보다 높아지므로, 최소한 매년 생일을 기준으로 키와 체중을 측정하고 필요하다면 성장클리닉에서 상담을 받아보는 것이 좋습니다.

41 엎드려 자는 것을 좋아해요

15개월에 들어가는데 똑바로 누워 재워도 조금 있으면 몸을 돌려서 엎드려 자요. 엎드려 자면 허리도 나빠지고 심장이 눌려 안 좋다는데 괜찮을까요?

돌 이후로는 엎드려 자도 큰 문제가 되지 않습니다. 아이가 그렇게 자는 것을 편안해한다면 그냥 놔두세요.

영아기에는 머리 모양이 예뻐진다거나, 잘 놀라지 않는다는 이유로 아기를 엎어서 재우는 경우가 있습니다. 실제로 엎어서 재우면 잘 깨지 않고 푹 자는 아기가 많습니다. 게다가 머리통도 예뻐지고 배가 따뜻해져 영아산통도 예방할 수 있습니다. 먹은 것을 토할 때도 토사물이 그냥 앞으로 흐르니 질식할 염려가 없고, 고개도 빨리 가누게 됩니다. 여러모로 장점이 많지만 그래도 가능한 엎어 재우지 않은 것이 좋습니다. 아직은 목을 자유롭게 가누지 못하는 시기이므로 엎어 재우다가 잘못하면 큰일이 날 수도 있습니다. 아기가 숨 쉴 때 아기의 숨에 섞여 있던 이산화탄소가 푹신한 이불에 남을 수 있는데, 그러면 산소가 부족해 위험한 경우가 생기기도 합니다. 얼굴이 붓고 혈류 순환에 장애가 오기도 하지요.

특히 6개월 전에는, 가능하면 돌까지는 엎어 재우지 말아야 합니다. 엎어 재우기는 영아돌연사증후군을 증가시킨다는 보고도 많이 있습니다. 보고에 따르면 아기를 엎어 재우지만 않아도 영아돌연사증후군이 50퍼센트 이상 감소하며, 엎드려 자는 아기는 영아돌연사증후군 가능성이 3배 이상 늘어난다고 합니다.

《동의보감》에는 일반적으로 잘 때 가장 좋은 자세를 오른쪽 옆으로 누워 자는 것이라고 기재하고 있습니다. 실제로 잘 토하는 아기를 오른쪽 옆으로 눕히면 토하는 것도 덜하고 소화도 잘 시킵니다. 물론 이 자세를 오랫동안 유지하기가 쉽지 않습니다. 매번 옆으로 눕혀 재우지는 못하더라도 엄마 젖이나 분유를 먹은 직후만은 옆으로 누워 잘 수 있도록 해주세요. 인형이나 베개, 이불 등을 등에 받쳐 지지해주면 한동안은 옆으로 누운 자세가 유지될 수 있을 것입니다.

눈에 다래끼가 자주 생겨요

27개월 아들인데 돌이 지나고부터
다래끼가 몇 달 간격으로 계속 생기네요.
원래 이렇게 다래끼가 자주 나는 아이들도 있나요?

다래끼는 비위가 허약하거나 비위에 열이 많을 때 잘 생깁니다. 이때 체질을 개선해주면 다래끼가 잘 생기지 않습니다.

다래끼는 맥립종이라고 하는데, 한의학에서는 침이 찌르듯이 아프다 하여 '침안'이라고도 부릅니다. 초기에는 은교산이나 형방패독산 등을 처방하여 풍열을 풀어 다래끼를 가라앉게 합니다. 만일 고름집이 생기면 배농을 위해 탁리소독음 등을 처방하면서 침 치료를 병행합니다.

가정요법도 있습니다. 주먹을 쥐면 새끼손가락 밑으로 손바닥 손금이 접히면서 튀어나오는 부분이 있습니다. 이 부분을 후계혈이라고 합니다. 이곳을 사혈하여 피를 몇 방울 내주면 다래끼가 가라앉습니다. 일반적인 경우에는 따뜻한 찜질을 하여 빨리 곪게 하고, 화농 부위의 속눈썹을 뽑아주면 속눈썹이 빠질 때 농이 함께 배출되면서 다래끼가 가라앉습니다.

요즘은 안과에서 소염제나 항생제 처방을 받고 째서 고름을 빼주는 경우가 많은데, 이것도 하루 이틀이지 다래끼를 달고 살다시피 하는 아이들에게는 너무 고통스러운 일입니다. 다래끼는 비위가 허약하거나 비위에 열이 축적된 징조입니다. 다래끼가 너무 자주 나는 아이들은 체질개선을 통해 비위를 보하거나 비위의 열을 빼줘야 합니다. 육류와 밀가루 음식, 단 음식 등을 줄이고 채소나 과일, 해산물 등 서늘한 성질의 음식을 먹이는 것이 좋습니다. 잠을 충분히 재우고 피로를 풀어주는 것도 잊지 마세요.

5개월 된 아기가 자주 눈물을 흘려요

5개월 된 아기가 시도 때도 없이 눈물을 흘리는데 왜 그런가요?
울 때는 물론이고 울지 않고 가만히 있을 때도
눈물이 질금질금 배어 나오는 것 같아요.

눈물길이 막혀서 그렇습니다. 꾸준히 마사지를 해주면 좋아지는 경우가 많습니다.

일반적으로 아기들 눈에 눈곱이 자꾸 끼거나 눈물이 고이고 흘러내린다면 눈물이 빠져나가는 눈물길이 좁거나 막혀서 그렇다고 보면 됩니다. 눈물샘은 신생아기에는 발달이 덜 되어 처음 2개월은 눈물이 나오지 않을 수 있습니다. 따라서 이 시기 이후로 좀 더 뚜렷하게 눈물이 고이게 되지요. 눈물은 눈물샘에서 나와 눈의 앞쪽 모퉁이에 뚫려 있는 눈물길을 통해 코로 빠져나가게 되지요. 그런데 이 눈물길이 막혀 있으면 눈물이 잘 배출되지 않아서 지금처럼 눈물이 고이게 됩니다.

이런 경우 6개월~1년 정도는 꾸준히 마사지를 해줘야 합니다. 물론 심하면 인위적으로 눈물길을 뚫어주거나 넓혀주지만 마사지를 잘 해주면 그런 경우는 적습니다.

마사지 방법은 다음과 같습니다. 손을 깨끗하게 닦고 엄지와 검지로 양 눈의 안쪽을 잡아보세요. 아마 통통한 주머니 같은 것이 만져질 겁니다. 이 부분을 하루에 3번 정도 1~2분씩 주물러주면 됩니다. 아침에 일어나서 눈곱이 말라붙어 있으면 깨끗한 가제 수건에 생리식염수를 묻혀 닦아주세요.

입 주위가 헐 정도로 손을 빨아요

6개월 된 아기입니다. 매일 손을 빨아서인지 입 주변에 침독이 너무 심해요.

어떻게 하면 좋을까요?

침독 부위에는 바셀린이나 침독크림을 발라주면 증상이 한결 완화됩니다.

아기들은 본능적으로 빠는 욕구가 있습니다. 더구나 지금 월령은 이가 나려고 준비하는 과정이라 침도 유독 많이 흘립니다. 게다가 잇몸이 근질근질해서 손가락이나 공갈젖꼭지를 빠는 것은 기본이고 손에 잡히는 건 뭐든지 입으로 가져가 빨고 잇몸으로 씹으려고 하지요. 이렇게 되면 아기의 입 주변이나 턱, 볼 등에 침독이 올라 벌게지고 오톨도톨 일어납니다. 심하면 진물이 나기도 하고 많이 가려워합니다.

아기가 손가락을 안 빨고 침도 덜 흘리면 좋겠지만 이 또한 성장 과정이기 때문에 억지로 고치기가 쉽지 않지요. 손가락을 억지로 못 빨게 하면 오히려 더 큰 스트레스를 받아 상태를 악화시킬 수도 있습니다. 쓴 약을 바르거나 반창고 따위를 붙여 억지로 빨지 못하게 하는 것은 성공할 가능성이 낮습니다. 또한 심리적 부담을 높여 역효과가 나는 경우가 많아 권하고 싶지 않습니다.

이런 아이에게는 더 많은 사랑과 관심을 쏟아야 합니다. 그리고 이제부터 아이에게 사회성이 만들어지므로, 아이가 심심하지 않도록 같이 놀아주고 또래 아이와 자주 어울리게 하는 등 세심한 배려를 하세요. 특히 화목한 가정 분위기로 심리적 안정을 하게 하는 것이 중요합니다. 특별한 묘책은 따로 없습니다.

바셀린이나 침독크림은 수분이 포함되지 않은 보습제로 단순히 피부를 촉촉하게 만들어주는 것뿐만 아니라, 피부 문제를 일으키는 외부환경이나 자극으로부터 피부를 보호하고 치유 능력을 높여주는 효과가 있어 침독에 좋습니다. 수분이 포함된 로션은 침독에 별 효과가 없습니다.

네 돌이 지났는데도 손을 빨아요

어렸을 때부터 손을 빠는 버릇이 있었는데 네 돌이 지나서도 여전하네요.

오랫동안 손을 빨아서 엄지손가락에 굳은살이 생겼을 정도입니다.

어떻게 하면 좋을까요?

지금 월령에도 손가락을 빠는 것은 일종의 습관성 행동으로 볼 수 있는데, 교정이 필요합니다. 힘들더라도 아이의 버릇을 고치기 위해 말로 끊임없이 이해시켜야 합니다. 사실 손가락 빠는 것이 그리 문제가 되는 것은 아닙니다. 손가락이나 공갈젖꼭지를 빨아도 아이에게 의학적으로나 심리적으로 문제가 생기지는 않는다는 것이 일반적인 견해입니다.

이런 아이들은 잠이 들 때나 힘든 일이 있을 때 손가락이나 물건을 심하게 빠는 경우가 많습니다. 또 심심하거나 무료할 때, 혹은 뭔가에 긴장하거나 불안함을 느끼는 것도 손가락을 빠는 원인 가운데 하나입니다.

억지로 손을 못 빨게 하거나, 빠는 물건을 빼앗고 야단치는 것은 오히려 역효과를 가져올 수도 있습니다. 아이에게 더 큰 스트레스를 주게 되어 상태를 악화시킬 수도 있지요. 쓴 약을 바르거나 반창고 등을 붙여 억지로 못 빨게 하는 것 역시 성공률이 낮고 심리적 부담을 주기 때문에 권하고 싶지 않습니다. 지금 나이라면 손가락을 빨면 뻐드렁니가 된다거나 턱의 모양이 이상해지고, 손가락에 굳은살이 생겨 미워진다는 것을 아이에게 이해시키고 제 스스로 하지 않도록 해야 합니다.

영구치가 나는 만 6세까지는 치아나 턱 발육에 문제를 유발하지 않으니 크게 걱정하지는 마세요. 보통은 아이 스스로 빨면 안 된다는 것을 충분히 이해하는 초등학교에 들어갈 무렵이 되면 자연스럽게 해결됩니다. 참고로 잘 때 주로 그런다면 차라리 공갈젖꼭지를 대신 사용해 빠는 욕구를 충족시켜주세요. 원칙적으로는 사용하지 않는 것이 좋지만 공갈젖꼭지도 영구치가 나기 전까지만 사용하면 큰 문제가 없습니다.

이런 노력에도 손을 빠는 버릇이 없어지지 않는다면 아이에게 그 필요성을 충분히 설명한 후 빨기 방지용 손가락 보호대나 습관 교정장치(치과에서 제작, 입안에 끼우는 장치로 아이가 손가락을 빨 때 즐거움을 느끼지 못하도록 자극을 주는 기능을 함)를 사용해볼 수 있습니다. 이 두 장치는 손가락을 빨아서 손가락 피부에 문제가 생기거나 치아나 턱 발육이 잘 안 되는 문제를 예방하고 손가락 빨기 습관을 교정하려는 것입니다. 하지만 아이가 동의를 하지 않고 거부하면 이런 방법을 쓰는 것에 대해 잘 생각해봐야 합니다.

색깔이 짙고 딱딱한 변을 봐요

17개월 여자 아기가 변을 하루에 한 번씩 보는데 항상 색깔이 짙고 딱딱해요. 소화기관에 무슨 문제가 있는 건 아닐까요?

한의학적으로 대장에 열이 울체되면 색깔이 짙고 단단한 변을 봅니다.

변비는 한의학적으로는 크게 열, 기체, 혈허, 기허 변비로 구분할 수 있습니다. 이 중 열이 대장에 울체되어 나타나는 변비가 이와 같은 성향을 띱니다. 기체 변비는 스트레스가 주된 원인으로 배변해도 그 양이 적으며 시원하지 못하고 계속 불쾌한 느낌이 듭니다. 혈허 변비는 몸에 혈액이 부족하여 장을 윤기 있게 해주지 못하기 때문에 장이 건조해져서 오는 변비입니다. 힘을 줘도 변이 잘 나오지 않고, 염소 배설물처럼 조금씩 하루에 여러 번 봅니다. 기허 변비는 기력이 떨어져 위장관의 운동이 둔해져서 오는 변비인데 변이 가늘면서 잘 안 나오고 처음에는 딱딱하고 나중에는 무른 변을 보는 경향이 있습니다.

흔히 열로 말미암은 변비는 태열이 심하거나 평상시 맵고 열성을 가진 음식을 많이 먹고 열병 후 장에 열이 뭉치고 건조해져서 오는 변비입니다. 변은 검고 건조하게 뭉쳐서 배변이 아주 힘들고 냄새가 지독하며 배가 전체적으로 단단하고 팽만감이 있습니다. 혀는 붉고 누런 설태가 끼어 있으며 마르고 구취가 나기도 합니다. 허약한 아이보다는 체격이 좋고 단단하며 열이 많은 체질의 아이들에게 많습니다.

아이가 변비를 보일 때는 물과 섬유질을 충분히 섭취해야 합니다. 특히 섬유질이 풍부한 채소나 과일은 성질이 서늘해서 열성 변비를 완화하는 데 필수적입니다. 밀가루 음식, 육류, 단 음식, 인스턴트 음식, 매운 음식 등은 열성 변비를 조장합니다. 평상시 철분제나 홍삼처럼 체질과 안 맞는 더운 성질의 건강식품을 먹는 경우, 우유 알레르기 등이 있을 때도 이런 변을 볼 수 있으므로 확인을 해봐야 합니다.

열성 변비에는 대황차가 좋습니다. 대황은 장군풀의 뿌리를 말린 것입니다. 대황 30g을 분쇄하여 물 500ml에 넣고 약한 불로 30분 정도만 끓이면 됩니다. 하루에 100~150ml씩 며칠에 걸쳐 먹입니다. 변비가 심하면 대황의 양을 더 늘리고 쓴맛이 나므로 조청으로 단맛을 가미하여 먹이세요.

47 방귀를 뀔 때마다 똥이 같이 나와요

두 달 된 아기가 방귀를 뀔 때마다 기저귀에 묻을 정도로 똥이 조금씩 나오는데 괜찮을까요?

모유를 먹는 아기에게 흔히 있는 일입니다. 하지만 계속 그런다면 엄마가 먹는 음식에 주의를 기울여야 합니다. 분유를 먹는 아기라면 우유 알레르기 등을 생각해봐야 하지요. 모유수유 중이라면 엄마도 음식 관리를 해야 합니다. 과일 중에는 토마토, 딸기, 복숭아, 귤, 오렌지, 키위, 파인애플, 채소 중에는 강낭콩, 완두콩, 땅콩, 양배추, 브로콜리, 순무는 피하는 것이 좋습니다. 우유나 치즈, 요구르트, 아이스크림 같은 유제품이나 커피, 녹차, 홍차, 초콜릿 등 카페인이 든 음식, 마늘과 양파, 생강, 후추 등 자극적이고 향이 강한 음식도 삼가는 편이 좋고요. 이 외에 기름진 육류, 밀가루 음식, 인스턴트 음식 등도 주의해야 합니다. 이런 음식은 아기의 장을 민감하게 하여 변을 묽게 만들어 지금 같은 증상을 유발하며 태열기나 아토피를 조장할 수도 있습니다.

분유를 먹는 아기들은 모유를 먹는 아기들보다 변이 되기 때문에 이런 경우는 드뭅니다. 만약에 분유수유 중이라면 우유 알레르기로 장 점막이 약해져서 변이 계속 묽게 나올 수 있으니 분유를 바꿔보는 것도 고려해봐야 합니다.

이 외에도 아기가 습하거나 찬 기운에 몸이 상했을 때, 체기가 있을 때, 심하게 놀라거나 스트레스를 받았을 때, 선천적으로 비장과 위장의 허약할 때, 감기나 외부 감염이 있을 때 이런 증상이 나타날 수 있습니다.

참고로 항진된 장의 운동을 억제하려면 배를 시계반대 방향으로 마사지해주는 것이 좋습니다. 이때 배가 차가워지지 않도록 실내 온도에 주의하며, 문지르는 손을 따뜻하게 하여 아기의 배도 따뜻해지도록 합니다.

백일 된 아기가 한쪽만 보려고 해요

아기를 눕혀놓으면 꼭 오른쪽으로 고개를 돌려요.
왼쪽으로 돌려줘도 다시 오른쪽으로 고개를 돌리고,
평소에 안아주면 꼭 오른쪽만 보려고 해요. 혹시 사경이 아닐까요?

지나치게 한쪽으로만 고개를 돌리고 반대쪽으로 돌려줄 때 아파한다면 사경을 의심할 수 있습니다.

고개를 향하는 방향이 일정하다고 하여 그것만으로 사경이라고 보기는 어렵습니다. 아기들은 벌써 어떤 자세가 자신에게 편한지 알고 있습니다. 이쪽저쪽 번갈아가며 고개를 돌리면 머리 모양이 예뻐질 텐데, 아기들은 고집스럽게 한쪽만 쳐다볼 때가 많지요. 아기가 계속 그러면 중간중간에 두꺼운 요나 베개로 등을 받쳐주세요. 아이가 몸을 돌리고 싶어도 돌릴 수 없게 말입니다. 아이가 한쪽으로만 시선을 준다면 반대편에 소리가 나는 모빌을 걸어주는 것도 좋습니다.

아이가 만일 사경이라면 머리를 반대쪽으로 돌리거나 뒤로 젖히면 아파하고, 고개를 돌리는 쪽의 반대쪽 목 옆의 근육(흉쇄 유돌근)이 단단하게 굳어져 있거나 덩어리가 만져질 것입니다. 엄마가 아기 목을 돌려볼 때 아기가 아파하거나 울지 않고 자연스럽게 돌아간다면 사경은 아닙니다.

사경이라는 것은 분만 중에 외상을 받아서 흉쇄 유돌근(흉골과 쇄골이 만나는 부위에서 시작하여 귀의 뒤쪽으로 비스듬히 뻗어 있는 크고 긴 목 옆의 근육) 내에 혈종이 생기거나, 분만 중 국소적인 압박으로 피가 안 통해 흉쇄 유돌근의 근 섬유가 변성을 일으키는 것을 말합니다. 사경은 돌 전에 주로 발견되는데 심한 경우를 제외하고는 스트레칭과 마사지로 좋아질 수 있습니다. 돌 이후 발견되거나 정도가 심하다면 외과적 수술이 필요합니다.

중이염에 자주 걸리면 청력에 문제가 생기나요?

5살 된 아이가 감기만 걸리면 꼭 중이염으로 이어집니다.

중이염을 너무 자주 앓아서 청력에 문제가 생기지는 않을지 걱정입니다.

중이염을 자주 앓는다고 청력에 문제가 생기지는 않습니다. 다만 3개월 이상 오래가는 중이염은 청력에 문제가 될 수 있으므로 적극적인 치료가 중요합니다.

중이염은 크게 급성중이염, 삼출성 중이염, 만성 중이염으로 구분할 수 있습니다. 지금처럼 아이가 감기에 걸릴 때마다 나타나는 중이염은 급성중이염에 해당합니다. 급성중이염을 앓는 중에는 중이에 염증이 생겨 농이 차면 일시적으로 청력이 떨어질 수 있습니다만 대부분 심한 합병증이나 후유증 없이 감기 이후로 회복됩니다.

삼출성 중이염은 잘 들리지 않으면서 대부분 통증이 없는 중이염입니다. 중이 내에 삼출액이 고여 있는 상태로 역시 아이에게 흔한 질환입니다. 발생 원인은 대부분 급성중이염의 후유증으로 나타나며, 처음 발생한 아이의 90퍼센트가 3개월 내에 자연치유가 될 정도로 예후가 좋고, 항생제 복용도 굳이 필요하지 않은 중이염입니다. 삼출성 중이염 역시 청력 손상 등의 후유증은 거의 없습니다. 단, 3개월 이상 지속하면서 세균이 번식해서 화농성을 띠는 만성 중이염은 다릅니다. 만성 중이염은 난치성 중이염으로 진행되어 청력이 손상될 수 있으므로 항생제나 배액관 삽입술 등 적극적인 치료가 필요합니다.

다시 말해 일반적인 감기로 3주 이내로 짧게 왔다가 사라지는 중이염은 청력 손상을 일으키지 않으니 크게 걱정할 필요는 없습니다. 단, 3개월 이상 오래간다면 주기적인 검사와 적극적인 치료로 중이염이 빨리 회복될 수 있게 도와줘야 합니다. 중이염 관리 요령은 다음과 같습니다.

1) 완전히 나을 때까지 꾸준히 치료를 하면서 집에서는 되도록 안정을 취하도록 합니다.
2) 목욕은 되도록 삼가는 것이 좋습니다.
3) 통증이 심할 때는 얼음주머니로 귀 뒤쪽을 냉찜질해주면 통증을 줄일 수 있습니다.
4) 귀에서 고름이 나오면 솜 마개를 자주 갈아 끼워주고 소독해야 합니다. 귀 주위가 더러울 때는 소독액이나 더운 물수건으로 닦아줘 종기 같은 것이 생기지 않도록 합니다.
5) 녹황색 채소를 충분히 먹입니다. 중이염을 비롯해 몸에 염증성 질환이 잘 생기는 아이들은 녹황색 채소를 많이 먹는 것이 좋습니다.
6) 평소에 감기로 코나 목에 염증이 생기지 않도록 감기 예방에 힘씁니다.
7) 집 안에서 담배를 피우는 것은 아이에게 매우 해롭습니다.
8) 코를 풀 때는 귀에 압력이 많이 가해지지 않도록 한쪽씩 번갈아 풀어야 합니다.
9) 젖병이나 공갈젖꼭지를 늦게까지 빠는 것도 좋지 않습니다.

다리가 휘었어요

24개월 된 아기가 심한 O자 다리입니다.
주변에서는 시간이 지나면 나아진다고 말을 하는데
눈에 띄게 다리가 휘어 있다 보니 과연 시간이 지나도 제대로 펴질지 의문입니다.
어느 정도면 치료해야 하는지 알 수 있을까요?

다리가 11자로 펴지려면 만 6세는 지나야 합니다. 그때 가서도 문제가 있으면 교정치료를 해주면 됩니다.

걸음을 막 떼고 아장아장 걷기 시작하는 아이들을 보면 무척 귀엽습니다. 돌이 지나 조금씩 시간이 지나면서 아이는 점차 안정감 있게 걷게 될 것입니다. 이 시기의 아이들은 두 발끝이 안쪽으로 휜 안짱다리로 걷는 수가 많습니다. 다리 모양도 곧은 것이 아니라 O자이지요. 다리 모양을 보고 놀란 엄마들이 문의하는 경우가 많은데 이 시기에는 O자 다리가 정상입니다. 두 돌이 지나면서 일시적으로 펴졌다가 다시 약간 X다리 형을 띠고, 6세가 지나야 11자로 쭉 뻗게 되지요.

또한 다리 길이도 좌우가 차이가 나는 듯 보이기도 합니다. 아직은 좌우 다리에 힘을 골고루 주어 균형 있게 걷는 것이 미숙하기 때문이지요. 한쪽 다리에 더 힘을 주면 다리 길이가 달라 보일 수 있습니다. 정도가 심하면 정형외과에 가서 상담을 받고 방사선 촬영을 해보면 되지만, 방사선을 쏘이는 것이 아이에게 좋을 리 없습니다. 일단 세 돌 정도까지 지켜보다가, 그때까지 여전히 심한 O자형 다리라면 검사를 받아보세요.

51 아이용 홍삼제품을 먹여도 되나요?

30개월 된 아기가 감기에 너무 자주 걸려 걱정이에요.
주변에서 홍삼을 꾸준히 먹여보라고 하는데 도움이 될까요?

열이 많은 체질의 아이들이 홍삼을 오래 먹으면 부작용이 나타날 수 있으므로 주의해서 먹여야 합니다. 한의사에게 진단을 받아 복용할 수 있는 체질인지 확인하세요.

인삼은 《동의보감》에서 "오장의 기운이 부족한 것을 주로 치료하고 정신과 혼백을 안정시키며 눈을 밝게 하고, 심장을 열어 지혜를 더하고 허손을 보하고 설사와 구토를 그치며 폐위(폐결핵)를 다스린다"라고 나와 있습니다.

또 "인삼은 폐의 화를 동하게 하니 피를 토하거나 오래도록 기침하는 사람, 얼굴이 검으면서 기가 왕성한 사람, 혈액이나 음액이 부족한 사람에게는 쓰면 안 된다. 폐가 허약하면 인삼을 써야 하지만 풍한(감기)의 초기에 사기(나쁜 기운)가 성할 때나 오랜 기침으로 열이 뭉쳤을 때는 인삼을 쓸 수 없다"라고 하였습니다.

결론적으로 보자면, 몸이 마르고 피부가 검으며 열이 많은 양 체질은 삼가야 하며, 특히 아기들은 '소양지체少陽之體'라고 하여 태중에서 생성된 열이 아직은 가라앉지 않은 상태이므로 인삼을 쓰는 경우가 많지 않습니다. 더구나 소음인이 아닌 경우는 체질에 맞지 않아 별 도움이 되지 않으며 오히려 해가 될 수도 있습니다.

홍삼은 인삼을 쪄서 말린 것인데 그 과정에서 더운 성질이 감소하여 부작용은 줄고 효능을 높인 것으로 알려졌습니다. 그러나 아무리 처리를 하여도 인삼의 성질은 남아 있기 때문에 인삼과 마찬가지의 부작용을 갖습니다.

홍삼의 부작용으로는 소화 장애, 설사, 울렁거림, 두통, 불면, 얼굴이나 손발 화끈거림, 가슴 답답함, 아토피의 악화, 피부 발진, 혈압조절 이상, 코피 등을 들 수 있습니다. 어떤 한약재든 아이의 체질과 증상을 고려해서 선별되고 적절한 양으로 처방되어야 합니다. 더구나 녹용이나 인삼 등은 약성이 강해서 진찰 없이 그냥 먹이는 것은 바람직하지 않습니다. 이렇게 먹여서 부작용으로 고생하는 경우도 종종 볼 수 있습니다.

52 키 크는 영양제가 효과가 있을까요?

세 돌이 지난 아이가 또래보다 키가 작아요.
아기 아빠는 크면서 달라진다고 기다려보라 하는데 제 키가 작아서 저를 닮을까 걱정이에요. 시중에 키 크는 영양제가 많이 나와 있는데 지금부터 먹이면 효과가 있을까요?

만일 아기의 영양 상태가 불균형하다면 도움이 될 수 있습니다. 하지만 편식하지 않고 골고루 음식을 섭취하는 아이라면 크게 도움이 되지는 않을 것입니다.

키가 잘 크게 하는 요인 중에 영양도 중요한 부분을 차지합니다. 따라서 고른 영양 섭취와 함께 뼈의 성장에 도움을 주는 비타민과 무기질을 충분히 섭취하는 것이 필수라고 할 수 있습니다.

주로 잔멸치, 뱅어포, 새우, 뼈째 먹는 생선, 미꾸라지, 달걀, 콩, 두부, 김, 미역, 우유 등 칼슘이 많이 포함된 식품과, 아연이 풍부한 굴, 소라, 조개류와 시금치, 당근, 참치, 귤, 버섯, 간, 식물성 지방 등을 잘 먹이면 좋습니다.

또한 신선한 제철 과일과 녹황색 채소에는 각종 비타민이나 무기질이 풍부하게 들어 있어 뼈를 튼튼하게 하고 잘 자라게 합니다. 반면 비만을 유발하고 칼슘의 흡수와 이용을 방해하는 동물성 지방과 수산이 많은 음식(초콜릿, 코코아, 커피, 홍차 등의 카페인), 설탕이 많이 든 음식(탄산음료, 아이스크림, 과자 등), 인스턴트 음식은 피하는 것이 좋습니다.

영양제는 비타민, 무기질, 아미노산, 지방산 등 우리 몸에 꼭 필요한 영양분을 보충하는 것으로 영양상으로 결핍되기 쉬운 아이들에게 먹이는 것입니다. 아이가 편식하지 않고 음식을 잘 섭취하고 있다면 굳이 영양제를 따로 먹이지 않아도 됩니다. 같은 양의 칼슘이라도 음식으로 섭취하는 경우와 영양제로 섭취하는 경우는 체내 흡수율이 다릅니다. 음식으로 먹는 경우가 우리 몸에 가장 잘 흡수됩니다.

만약에 식욕이 부진하고 소화력이 약한 아이라면 영양제를 먼저 찾을 것이 아니라 비위허약 상태를 개선해서 잘 먹고 소화를 잘 시키게 해주는 것이 아이를 전반적으로 잘 크게 하는 방법입니다.

코피가 자주 나요

5살 된 여자아이인데 자주 코피를 흘려요. 조금 심하게 놀았다 싶으면 밤에 자다가도 코피를 흘려 이불에 묻히기도 하고, 평상시에도 이유 없이 코피를 잘 흘립니다. 허약해서 그런가요?

환절기에 신체 적응력이 떨어지면서 코점막이 건조해지거나 민감해지면 혈관이 잘 터져 코피가 나곤 합니다. 특히 허약한 아이들이 자주 코피를 흘리지요.

코피는 아이들에게서 자주 보이는 증상입니다. 다른 이상이 없이 코피가 날 때는 조금 지켜봐도 괜찮지만 빈도가 잦다면 체질개선이 필요합니다.

코피는 충격으로 인한 점막 손상이 원인일 때가 많습니다. 코를 후비거나 세게 풀 때, 혹은 뚜렷한 원인이 없이도 코점막이 손상되어 코피를 흘릴 수 있지요. 하지만 너무 자주 코피를 흘린다면 체질적인 원인을 생각해 보아야 합니다.

한방에서는 폐의 열을 코피의 주요 원인으로 꼽습니다. 아이들은 어른보다 열이 위로 뻗치는 경향이 있습니다. 몸 안의 열이 폐로 몰려, 폐와 한통속인 코에서 피가 터져 나오는 것이지요. 습관적으로, 놀다가, 혹은 자다가 흘리는 경우가 대부분이며 코피 양도 많고 지혈도 잘 안 됩니다.

또한 비위가 허약해서 잘 체하고 식욕이 부진하며 얼굴도 누렇고 혈색이 없는 아이들도 피곤하면 코피를 자주 흘립니다. 비위가 약해지면 원기가 부족해지면서 혈관도 약해져 출혈이 생깁니다. 이런 경우 출혈 양은 많지 않습니다.

이 외에 감기에 자주 걸리는 아이 중에서 비염이나 부비동염 같은 후유증이 있으면 코피가 잘 납니다. 비염과 부비동염은 코점막을 약하게 만드는데, 이때 손으로 코를 후비거나 너무 세게 풀거나 날씨가 건조하면 코피가 나기도 합니다. 이럴 경우도 양은 많지 않고 지혈도 금세 됩니다.

참고로 전신적 원인으로 고혈압, 동맥경화, 심장질환 혹은 혈액질환(혈우병, 백혈병 등) 비타민C 혹은 K의 결핍, 기생충, 급격한 기압변동 등이 있을 수 있습니다. 하지만 이런 경우에는 지속적인 발열, 빈혈, 의식장애, 영양결핍, 다른 신체 부위의 잦은 멍 등이 동반되며 코피 양도 아주 많고 지혈도 쉽지 않습니다. 이런 경우는 흔하지 않으니 너무 걱정하지 않아도 됩니다.

오염된 한약재가 많다고 해서 한약을 먹이기가 두려워요

얼마 전 뉴스에서 농약이나 중금속에 오염된 한약재가 유통되고 있다는 보도를 들었어요. 또 한약재 중에 중국에서 들여온 것들도 많다던데 한약을 믿고 먹을 방법이 있나요?

한의원에서 사용되는 한약재는 의약품으로 허가된 한약재입니다. 식품으로 허가된 일부 저질 한약재와는 완전히 다릅니다. 요즘 한약재에 대한 안전성 문제가 많이 거론되는데 안타까운 일입니다. 그러나 여기에는 오해의 소지가 많이 있습니다.

일단 한약재는 크게 의약품과 식품(농산물)으로 크게 구분할 수 있습니다. 의약품 한약재는 식품의약품안전청이 정한 품질검사에 합격한 한약재로 한방 의료기관에 공급되어 안전하게 사용되고 있습니다. 품질검사 항목으로는 농약, 중금속, 환경호르몬, 곰팡이 독소 등의 잔류검사로 식품 한약재보다 훨씬 엄격한 기준에 통과되어야만 의약품으로 허가가 납니다.

식품(농산물) 한약재는 이런 기준이 엄격하지 않고 품질이 천차만별입니다. 이 때문에 종종 저질 한약재가 등장하여 국민의 건강을 위협하고 있는 것입니다. 이런 한약재는 절대로 한의원에서 처방될 수 없으며, 식품판매업소나 농산물 시장 등에서 거래되는 것들입니다.

물론 이런 식품 한약재 역시 안정성을 충분히 확보해야 한다는 것은 분명한 사실입니다. 그래서 최근 대한한의사협회에서는 안전한 한약재가 공급될 수 있도록 노력하고 있습니다. 한의사들도 철저한 자체 검수 과정을 통해 안전한 의약품 한약재를 사용한다는 원칙을 지키고 있습니다.

이것은 수입 한약재나 국산 한약재나 마찬가지입니다. 일반적으로 수입, 중국산 한약재라고 하면 모두 저질이라고 생각할 수가 있는데 그렇지 않습니다. 국내에서 나는 한약재가 생각보다 많지 않으며 베트남이나 중국 등이 원산지인 양질의 한약재도 많이 있습니다. 예를 들어 한약재 중 흔한 감초, 계피만 해도 국내에서는 생산하지 못합니다. 국산인가 아닌가가 중요한 게 아니라 양질의 한약재이냐 아니냐가 중요합니다. 국산도 기준에 미달인 한약재가 있는 것처럼, 중국산 한약재도 그 품질이 천차만별이고 이 중에서 엄격한 식품의약품안전청의 검사를 통과한 양질의 한약재만이 한의원에 공급되어 의약품 한약재로 사용되고 있는 것입니다. 한약은 반드시 한의원이나 한방병원에서 한의사의 진찰 후 처방받으세요. 그렇다면 한약재도 믿고 안심하고 드실 수 있습니다.

55 네 돌이 지났는데도 밤에 오줌을 싸요

낮에는 대소변을 잘 가리는데 밤에는 가끔 이불에 오줌을 싸요.
정말 키를 씌워 소금을 얻으러 보내야 할지 이불 빨래를 할 때마다 걱정이에요.
혹시 비뇨기계통에 문제가 생겨서 그런 건가요?

네 돌이 지나서도 밤에 오줌을 매일 싸면 치료를 시작해야 합니다. 그냥 내버려두면 초등학교까지 가지고 가기 쉽습니다.

야뇨증이란 만 5세를 지나도 3개월 동안 주 2회 이상 밤에 오줌을 싸는 것을 말합니다. 하지만 아이 대부분은 세 돌 정도가 지나면 가끔 실수를 하기는 해도 거의 매일 야뇨증상이 있지는 않습니다. 밤에도 자다가 오줌 마렵다고 일어나서 엄마를 깨우지요. 하지만 네 돌인데도 밤에 소변을 거의 가리지 못한다면 만 5세 이후는 물론 초등학교 때까지 야뇨증이 이어질 수 있으므로 빨리 치료를 시작해야 합니다.

빨리 크는 아이가 있고 늦게 크는 아이가 있듯이, 소변도 빨리 가리는 아이가 있고 늦게 가리는 아이가 있습니다. 문제는 아이가 소변을 잘 가릴 때까지 마냥 기다릴 수가 없다는 것입니다. 계속 내버려두면 수치심이나 우울감을 느껴 정서적으로 문제가 될 수도 있습니다. 더 심하면 성격이 거칠어지거나, 놀이에 집중하지 못하는 행동장애가 생기기도 합니다. 학계 보고에 의하면 야뇨증을 앓는 아이들이 불안, 공포, 우울, 주의력결핍 과잉행동, 비행의 척도 등이 높은 것으로 밝혀졌습니다. 따라서 이 시기에도 소변을 거의 못 가린다면 서둘러 치료를 시작하는 것이 좋습니다. 야뇨증의 한방 치료는 대략 70퍼센트의 치료 효과를 가질 정도로 예후가 좋습니다.

아이가 하루 이틀 오줌을 싸는 게 아니고 여러 날 반복된다면 지치지 않을 부모가 어디 있겠습니까? 하지만 아이 처지에서 생각해보세요. 엄마에게 스트레스를 주려고 일부러 오줌을 싸는 것은 절대 아닙니다. 아이의 자아를 존중하고 자존심을 지켜주며 실수를 하지 않았을 때는 아낌없이 칭찬해주는 것이 아이가 야뇨증을 이기는 힘이 됩니다.

야뇨증은 30퍼센트에서 많게는 75퍼센트까지 가족력과 관련된 것으로 알려졌습니다. 가족력이란 가족 중에 같은 질병을 앓았던 경험이 있는 상황을 말합니다. 특히 여자아이보다는 남자아이에게 더 많이 나타나며, 검사상에는 이상이 없는 경우가 대부분입니다. 만 5세 남자아이의 약 5퍼센트, 여자아이의 3퍼센트 이상이 야뇨증으로, 나이를 먹으면서 점차 줄어들지만 15세에서도 1퍼센트 이하로 나타나고 있습니다.

또한 야뇨증은 단순히 방광의 미성숙이나 심리적인 요인보다는 전반적인 신체 발달의 기능 미숙과 허약증으로 발생하는 것이 보통입니다. 그래서 야뇨증을 앓는 아이들을 보면 키가 작고, 식욕이 부진하고 마르고, 감기에 잘 걸리고, 아토피성 피부염 등 알레르기 질환을 앓는 경우가 많은 것이지요. 야뇨증뿐만 아니라 아이의 전반적인 정신적, 육체적 건강을 지키기 위해서라도 치료를 너무 늦추지 마세요.

56 침대에서 떨어져 머리를 부딪쳤어요

27개월 되는 아기인데, 놀다가 침대에서 떨어지면서 머리를 부딪쳤어요.
한참 울다가 지쳐 잠들었는데 그날 밤에 계속 놀라서 깨면서 울었어요.
어떻게 하면 좋을까요?

이런 경우 보통은 머리에 이상이 있어서라기보다는 놀라서 그렇습니다. 하지만 2~3일 계속 그렇다면 치료나 검사가 필요합니다.

아이를 키우다 보면 이런저런 사고들이 생깁니다. 아이가 걸으면서 활동 반경이 넓어지면 한시도 눈을 떼기가 어렵지요. 이 시기부터는 정말 엄마가 안전사고에 철저히 대비하고 아이의 행동 하나하나에 신경을 써야 합니다. 안전사고 중 가장 흔한 것이 추락입니다. 침대에서 떨어진 것이라면 그래도 문제가 덜 하지만 더 높은 곳이라면 정말 아찔하지요. 하지만 침대도 방심하면 안 됩니다. 침대 밑에는 고무 매트를 깔고 안전 가드도 설치하며 모서리에도 보호대를 대주세요.

만약에 침대에서 떨어져서 머리에 이상이 생겼다면, 두통 때문에 지속적으로 울고 보채는데 잘 진정되지 않습니다. 또한 목이 뻣뻣해지거나, 잘 먹지 못하고, 먹고 나서 바로 토하거나(주로 힘 있게 분사하듯이 뿜어냅니다), 열이 나거나 변이 안 좋아집니다. 이런 증상이 없다면 크게 걱정하지 않으셔도 됩니다.

다만 하루 이틀 동안은 밤에 아이를 깨워서 수면 중의 의식수준이 어떤가를 확인해보세요. 의식수준이 보통 때보다 떨어지고 기면 상태에 빠져 몽롱해 보인다면 MRI로 뇌 검사를 받을 필요가 있습니다. 그렇지 않다면 가까운 한의원에서 진찰을 받고, 놀란 기운을 진정시켜주는 것이 좋습니다. 한방에서는 놀란 기운이 여러 가지 질병의 씨앗이 될 수 있다고 봅니다. 간단한 처방과 치료만으로도 정상 상태를 되찾을 수 있습니다.

57 열 경기를 자주 하는 아이들은 키가 잘 크지 않나요?

감기에 걸리면 열이 오르면서 경기를 몇 차례 합니다. 인터넷으로 검색해보니 열 경기를 자주 하면 키가 잘 크지 않는다던데 정말 그런가요?

흔히 경험하는 단순한 열 경기는 성장발육에 절대 영향을 미치지 않습니다.

건강한 아이들도 열 경기를 할 수 있습니다. 건강한 아이들이라고 고열을 동반한 감기나 감염 질환에 안 걸리는 것은 아니니까요. 열 경기는 말 그대로 열이 너무 올라서 뇌신경이 불안정해져서 나타나는 것입니다.

소아는 뇌가 아직 발달하는 과정에 있습니다. 아직은 해부학적으로나 기능적으로 미숙한 상태이므로 어느 아이에게든 경련이 생기기 쉬운 것입니다. 더구나 가족 중에 열 경기를 경험한 사람이 있다면 그 가능성은 더 커집니다.

열 경기는 5퍼센트 내외의 아이들이 경험하며 특별한 후유증 없이 지나갑니다. 만약에 경련이 15분 이상 지속되고, 하루에 2회 이상, 1년에 5회 이상 증상이 나타나며, 만 5세 이후로도 증상이 있고, 경련 양상이 전신적이지 않고 국소적이라면 정밀한 검사가 필요합니다.

열 경기 외에도 경기의 원인은 다양한데, 경기 자체가 성장발육에 영향을 미치지는 않습니다. 하지만 경기가 뇌 손상이나 뇌 발육 이상, 중추신경계 감염, 중독, 대사성 또는 영양 장애, 뇌종양 등의 뇌질환, 간질 같은 질병에 의해서 일어난다면 2차적인 영향으로 성장발육에 문제를 가져오는 것은 당연하겠지요.

58 6살 남자아이가 지나치게 산만해요

아이가 어렸을 때부터 활동적이고 에너지가 많다는 이야기를 많이 들었어요.
6살이 되어 유치원에 보냈는데 너무 성격이 산만하다며
선생님께 지적을 당하는 경우가 많아요. 한약을 먹으면 좀 차분해질까요?

아이가 지나치게 산만하다면 한의학에서는 심장과 간에 화火가 있다고 봅니다. 한약을 처방해주면 도움이 됩니다. 하지만 음식과 가정교육에도 신경을 써야 합니다.

산만한 정도가 지나쳐 주의력이 떨어지고 행동이 통제되지 않는 것을 '주의력 결핍 과잉행동장애(ADHD)'라고 합니다. ADHD의 원인은 아직 정확히 알려지지 않았습니다만 환경오염과 먹을거리가 주요한 원인이 된다는 견해가 많습니다. 중금속 오염이나 백설탕, 황색 색소, 합성조미료, 방부제 등이 영향을 미친다는 것이지요.

또한 부적절한 양육, 즉 부모가 아동의 행동에 대해 지나치게 너그러워서 아이가 무슨 짓을 해도 가만 놔둔다든가, 가정 분위기가 극도로 혼란스러운 상태에서 아이를 키워도 이런 현상이 나타난다고 합니다. 요즘 부모님들이 귀담아들어야 할 이야기이지요. 이외에도 유전적인 요인, 뇌 손상, 뇌 화학물질의 불균형으로 말미암은 중추신경계 각성 기능의 이상 등 여러 가지 가능성이 보고되고 있습니다.

한의학에서 보는 원인은 바로 화火입니다. 일반적으로 '화가 난다'고 말할 때의 그 '화'이지요. 화기가 심장이나 간, 쓸개에 뭉쳐 한시도 가만 있지 못하는 성격이 된 것입니다. 화가 생긴 원인은 임신 중에 엄마가 스트레스를 많이 받았거나 태열을 조장하는 음식을 먹었을 때, 또 부적절한 육아에서 아이가 스트레스를 받았을 때, 열이 많은 음식이나 체질에 맞지 않는 건강보조식품을 오래 먹었을 때 많이 나타납니다.

심장과 간담에 화를 내리는 청간소요산, 시호귀비탕, 사물안신탕 등을 처방해서 ADHD를 치료하는데, 아이는 점차 침착하고 안정된 모습을 보이게 됩니다. 또한 한약 복용을 중단하더라도 좋아진 정도가 잘 유지된다는 장점이 있습니다.

사물을 볼 때 자꾸 눈을 찌푸려요

45개월 된 아이가 사물을 볼 때마다 잘 안 보이는 것처럼 자꾸 눈을 찌푸려요.
눈이 나빠서 그런 건가요?
시력이 떨어지면 한방 치료로 회복 가능한가요?

일단 시력 검사를 받아보세요. 지금 월령에 시력이 떨어졌으면 정상 회복보다는 더 떨어지는 것을 억제하는 것이 중요합니다.

멀리 있는 것이 잘 안 보이는 근시는 후천적인 요인이 많이 작용합니다. 워낙 어릴 때부터 영상매체나 컴퓨터에 노출이 많고 책을 자주 보는 요즘 아이들은 근시가 점점 빨리 나타나는 경향이 있습니다. 또한 수적으로도 전보다 많이 늘었지요. 특히 몸이 허약한 아이들은 근시가 잘 생깁니다. 이렇게 초등학교 입학 전에 일찍 나타나는 근시는 급속히 고도근시로 발전할 수도 있으므로 반드시 검사해봐야 합니다.

학교에서 아이가 칠판 글씨가 안 보인다고 말할 때 시력 검사를 한다면 늦을 수도 있습니다. 특히 어린아이들이 눈을 가늘게 뜨고 자꾸 앞으로 가서 사물을 보려고 하면 근시일 수 있습니다.

아이들의 건강한 눈을 위해서 적어도 생후 6개월~1년, 3세, 입학 전 이렇게 최소한 세 번 정도는 시력 검진을 받아보는 것이 좋습니다. 아이들의 시력 이상은 조기 발견이 중요하며 신속한 치료 관리가 필수적입니다. 그렇지 않으면 아이의 시력이 많이 나빠지고 나서야 우연히 발견하게 되고 이미 떨어진 시력은 회복하기 어려워집니다.

근시는 선천적이면서 초등학교 입학 이전부터 진행되는 악성근시와, 학업 등으로 인한 눈의 피로 때문에 초등학교 고학년 이후로 발생하는 단성근시로 구분할 수 있습니다. 따라서 유치원 시기부터 발생하는 소아 근시는 악성근시에 속한다고 볼 수 있지요. 근시 발생 시점이 빠른 만큼 악화 속도도 빨라 고도근시나 약시가 될 수 있기 때문에 반드시 치료를 해줘야 합니다.

소아 근시는 개선보다는 악화 속도를 억제하는 것을 목표로 치료합니다. 그만큼 단성근시보다 예후가 좋지 않다는 말입니다. 이 시기에 적절한 한방 치료와 관리는 고도근시나 약시로 진행하는 것을 막아주기 때문에 상당히 중요한 의미가 있습니다. 치료 방법으로는 허약증 개선과 아울러 눈으로 기혈 순환을 돕고 화를 내려주는 한약, 눈 주위 혈 자리를 자극하는 침이나 고약, 추나요법, 시력개선운동 등을 병행합니다.

60 꼭 안고 있어야 잠을 자요

아기가 예민해서 그런지 꼭 품 안에서만 잠을 자려고 해요.
깊이 잠든 것 같아 침대에 눕히려고 하면 귀신같이 알고 깨어나요.
밤에도 꼭 안고 누워야 잠이 드는데 어떻게 하면 좋을까요?

아기가 엄마 품에 있어야만 마음이 안정되어서 그런 것입니다. 백일 이전이라면 좀 힘들어도 당분간은 그렇게 지내세요. 하지만 크면서는 좀 울리더라도 조금 단호하게 대처할 필요가 있습니다.

아기가 안아주거나 업어주지 않으면 보채면서 잠도 안 자고, 놀지도 않는 경우에 옛 어른들은 "손을 탔다"는 말을 했습니다. 이럴 때 엄마는 아주 녹초가 됩니다. 우선 생후 3~4개월까지는 아기가 원하는 대로 가능하면 충분히 안아주는 것이 정서적으로 좋습니다. 아직은 워낙 연약한 상태이기 때문에 엄하게 내려놓고 울리면 정신적으로 불안해하고 충격을 받을 수도 있습니다. 하지만 5~6개월 정도가 되면, 과감히 아기를 잠깐 울게 내버려 두는 것도 나쁘지만은 않습니다. 아기들은 영리하기 때문에 이것이 어떤 상황인지 금방 배웁니다. 엄마가 힘들어 안아줄 수 없을 때도 있고, 스스로 놀 수도 있다는 사실을 깨닫는 것입니다.

요즘 엄마들은 아이를 울리지 않으려고만 하는데, 아기가 울어도 큰일이 나지는 않습니다. 6개월이 지나면서 무조건 안아주기보다는 아기 스스로 탐색하게 하고 놀게 하는 것이 근육 발달과 두뇌 발달에 더 좋습니다. 다만 이 과정은 절대적이지 않고 상대적이니 시기나 방법은 아기에게 맞추어야 합니다. 집안일을 할 때는 전통 육아 방식인 포대기를 이용하는 것도 좋습니다. 누구에게나 맞는 분명하고 확실한 방법은 없습니다. 엄마가 사랑으로 아기와 교감해가면서 노력해야 합니다.

61 잘 때 땀을 너무 많이 흘려요

18개월 된 아기가 땀을 너무 많이 흘려요.
시원하게 재운다고 하는데도 자고 일어나면 땀을 많이 흘려 옷이 젖을 정도예요.
허약해서 그런가요? 아기는 잘 먹고 잘 노는 편이에요.

아기가 잠도 푹 자고 건강한 편이라면 걱정하지 마세요. 체질적으로 속열이 약간 있어서 그런 것인데 크면서 나아집니다.

한의학에서 땀은 크게 자한과 도한으로 구분합니다. 잘 때 흘리는 땀을 도둑 도盜자를 써서 '도한盜汗'이라고 합니다. 속열 때문에 심장이나 혈이 더워져 나는 땀이지요. 속열이 심해지면 밤에 잠을 잘 못 자는 야제증이 생기기도 합니다. 안 그러던 아이가 갑자기 잘 때 땀을 흘리고 잠을 설친다면 소아한의원에서 진찰을 받아보는 것이 좋겠습니다. 그러나 땀을 흘리는 정도가 심하지 않고, 특별히 더하거나 덜하지 않으며 밤에 잘 잔다면 체질적인 것으로 별로 걱정할 필요는 없습니다.

참고로 자한은 주로 낮에 조금만 움직여도 땀을 흘리는 것을 말합니다. 그래서 자한自汗에 '自'는 스스로 죽 흘러내리는 것을 의미하지요. 자한은 그 원인이 원기가 부족하고 허약한 데 있습니다. 허약한 아이들은 밤에만 땀을 흘리는 것이 아니라 낮에 조금만 움직여도 땀을 많이 흘립니다. 자한증에는 황기, 인삼, 백출, 방풍 등의 약재를 써서 폐와 비위의 기운을 도와줍니다.

밤에 유난히 땀을 많이 흘리면서 중이염, 편도염 등의 열성 감기를 자주 앓고 태열이나 아토피를 가지고 있다면 체질개선이 필요할 수 있습니다. 또한 식욕부진, 편식, 무력감, 변비, 구취, 진한 소변, 코피, 두통 등을 동반하고 있는 경우 반드시 치료하는 것이 좋습니다. 도한에는 주로 속열을 내려주는 생지황, 맥문동, 황금, 황련 등의 서늘한 약재를 쓰며, 아울러 혈을 보해주고자 당귀, 천궁, 백작약 등을 씁니다. 다시 말해 혈을 보하고 속열을 내려주는 것이지요.

자다가 다리가 아프다며 자주 깨요

5살 된 아이가 밤만 되면 다리가 아프다며 울어요. 특별히 다친 일도 없는데 그러네요. 주물러주면 좀 나은 것 같은데 성장통인가요? 성장통이라면 어떻게 해줘야 하나요?

예상하신 대로 이는 성장통일 가능성이 큽니다. 성장통에는 마사지나 반신욕 등이 도움이 되며, 심하면 허약증으로 보고 보약 처방을 해줘야 합니다.

성장통이 있으면 아이가 낮에는 잘 놀다가 밤만 되면 다리가 아프다고 호소합니다. 이럴 때 옛 어른들은 "아이가 크려고 그러는 거다"라고 하시곤 했지요. 바로 성장통을 두고 하는 말입니다. 성장통의 원인은 정확히 밝혀지지 않았지만 일반적으로 근육이나 인대가 뼈의 성장을 미처 따라가지 못하는 데서 기인한다고 봅니다. 대개 치료 대상이 되지는 않지만 증상이 심하다면 일종의 허약증으로 보고 처방합니다.

성장통은 흔히 4~10세 아이들에게 많은데 양쪽 무릎이나 종아리 또는 허벅지가 아프다고 하고, 때로는 팔이 아프다고 합니다. 주로 성장이 더 빠른 여자아이들에게 더 많이 발생하며, 일반적으로 대칭적으로 양쪽 모두 아픈 것이 특징이나 그렇지 않을 수도 있습니다. 대개 저녁이나 밤에 나타나고 조금 쉬거나 자고 일어나면 씻은 듯이 없어집니다. 증상이 거의 매일 반복되며 잘 뛰어노는 아이들에게 더 흔하지요. 또 한동안 통증이 없다가 재발하기도 합니다. 하지만 열이 나고 특정 부위가 붓거나 아파서 잘 움직이지 못한다면 검사를 받아봐야 합니다.

성장통이 있으면 가벼운 마사지나 따뜻한 수건 찜질, 혹은 따뜻한 물로 샤워나 반신욕을 하면 좋아질 수 있습니다. 긴장된 근육을 풀어주고 혈액순환을 좋게 해주기 때문입니다. 특히 아빠가 아이를 주물러주면서 신체 접촉을 통해 성장통도 없애고 아이와 친해지는 시간을 가져보는 것도 좋습니다.

앞서 말했듯 한의학에서는 성장통을 큰 문제로 보지 않지만 너무 자주 심하게 아픈 경우는 허약아로 봅니다. 이럴 때는 비위나 신장 기능을 돕고 성장판에 필요한 기혈 공급을 원활히 하는 한약을 복용합니다. 칼슘과 무기질, 비타민이 풍부한 음식과 고른 영양 섭취가 될 수 있도록 식생활도 신경 써주세요.

손발이 너무 차요

30개월 된 아기가 몸은 따뜻한데 손발이 유독 차가워요.
더운 여름에도 손과 발은 냉기가 느껴지는데 건강에 무슨 문제가 있는 건 아닐까요?

소화기 계통과 심장이 약한 소음인 체질에 속하는 아이이기 쉽습니다.

아이들은 말초혈류 순환이 불완전하고 체온조절이 미숙하여 외부 기온이 낮으면 쉽게 손발이 차가워집니다. 하지만 만성적인 질환이 없는데도 손발이 항상 차다면 심장이 약해서 혈류 순환이 더 안 되는 편이거나, 비위기능이 허약해서 마르고 식욕이 부진한 소음인 체질일 가능성이 큽니다.

소음인 아이는 편식을 할 뿐만 아니라 전체적으로 잘 안 먹는 경향을 띠고 대체로 마르고 혈색이 좋지 않습니다. 늘 손발이 차며 추위를 많이 타고 소화기능과 비위가 약해서 자주 토하거나 헛구역질을 하고 냄새에 민감하며 배 아프다는 얘기를 자주 합니다. 차멀미도 많이 하고 어지럽다고 호소하기도 하지요. 대변을 불규칙하게 보는 경우가 많으며 소변은 잘 참고 가립니다. 성격이 예민해서 자다가 잘 깨고, 칭얼대다 늦게 자기도 합니다. 감기에 걸리면 식은땀을 많이 흘리고 식욕이 떨어져 안 먹고 힘들어하며, 장염이 동반되어 토하거나 설사를 합니다. 항생제 등 양약에 약하고 감기를 앓고 나면 체중이 쉽게 줄고 감기가 오래가는 경우가 많습니다.

위에서 열거한 증상이 심하지 않으면 굳이 치료가 필요 없습니다만, 만일 손발이 심하게 차다면 체질을 개선하고 보강해 건강한 소음인 아이로 거듭나게 해야 합니다.

밖에서 활동하기를 싫어하고 소극적이라 적절한 운동을 통해 활동력을 키우고 체력을 단련해줘야 하는데, 이때 운동은 너무 힘들지 않은 가벼운 것이 좋습니다. 땀이 약간 날 정도면 충분합니다. 아이가 힘들어하면 운동량을 줄여야 합니다. 또한 찬 과일, 찬 음식, 밀가루 음식, 인스턴트 음식 등 차고 소화가 잘 안 되는 음식을 피하며, 편식하지 않는 식습관을 들이고 규칙적으로 먹고 과식하지 않게 합니다. 어려서부터 키가 작은 경우가 많으므로 적당한 운동량과 고른 음식 섭취가 중요하며 잔병치레를 막기 위해 주기적으로 보약을 먹여 면역력을 키워줄 필요가 있습니다.

총명탕을 먹으면 정말 머리가 좋아지나요?

두뇌가 발달하는 시기에 총명탕을 먹으면 좋다던데 정말 그런가요?

총명탕은 몇 살부터 먹을 수 있나요?

총명탕을 먹인다고 지능이 올라가는 것이 아닙니다. 총명탕은 머리를 맑게 하고 집중력을 키워주며 두뇌로 기혈순환을 원활하게 해주는 한약입니다. 보통은 단체생활과 교육을 시작하는 나이부터 먹입니다.

총명탕은 《동의보감》 내경 편에 건망증을 치료할 수 있는 처방으로 소개하고 있습니다. 이를 근거로 한 많은 실험결과 총명탕은 손상된 뇌세포의 회복, 치매 예방, 학습 효과 증진, 기억력 향상 등에 좋은 효과가 있음이 입증되었습니다.

총명탕의 구성 약재는 백복신, 원지, 석창포입니다. 이 약재들은 마음을 차분하게 하여 집중력을 키워주는 효과가 있습니다. 지속적인 스트레스로 인하여 화가 위로 올라오고, 머리가 맑지 않은 아이라면 총명탕이 효과가 있을 것입니다. 게다가 쉽게 피곤을 느끼고 학습이나 놀이에 오래 집중하지 못하는 아이에게도 좋은 보약입니다.

아이들의 뇌는 출생 후 급격하게 발달하여 만 6세 정도가 되면 성인의 90퍼센트 가까이 뇌신경 세포가 늘어납니다. 유치원에 들어가고 초등학교 입학을 앞둔 이 시기에는 두뇌 발달을 위한 교육과 충분한 영양공급이 필요합니다. 이 시기의 교육이 그만큼 여러 가지 의미가 있기 때문에 조기교육 열풍도 생기는 것입니다.

총명탕은 수험생만을 위한 처방은 아닙니다. 저는 이 시기 아이들에게 허약증 개선을 위한 보약을 처방해줄 때는 반드시 총명탕의 3가지 구성 약재를 첨가합니다. 그렇게 함으로써 두뇌활동과 집중력을 돕고, 산만한 아이들의 마음을 안정시켜주는 효과를 보는 것이지요.

폐렴으로 입원했다 퇴원했어요

28개월 아기가 폐렴으로 입원했다 일주일 만에 퇴원했어요.
폐렴은 다 나았는데 그동안 잘 먹지를 못해 많이 야위었어요.
몸을 보해주고 싶은데 어떻게 하면 좋을까요?

건강한 아이들이라면 스스로 몸을 회복시키려고 더 먹고 충분히 자면서 기운을 빨리 보충합니다. 하지만 허약체질 아이들은 회복이 느려 보약 처방이 필요할 수 있습니다.

아이들이 이렇게 큰 병치레를 하고 나면 비위가 약해지면서 몸은 야위고 성장 속도가 떨어집니다. 면역력도 약해지고 허약한 상태가 되지요. 병을 앓기 전에 건강했던 아이라면 음식도 더 먹고 잠도 더 자면서 스스로 회복기를 가집니다. 하지만 허약한 아이들은 스스로 회복하는 데 시간이 오래 걸리고 회복 중에 감기라도 다시 걸리면 몸 상태가 더욱 나빠지는 악순환이 계속됩니다.

일단 엄마는 아이의 영양 섭취와 휴식에 더욱 신경 쓰도록 하세요. 그리고 감기에 다시 걸리지 않도록 단체 생활은 잠시 피하는 것이 좋습니다. 사람 많은 곳이나 찬 바람을 맞고 외출하는 것도 주의해야 합니다.

원래 허약했던 아이였다면 스스로 회복하기를 기다리지 말고 호흡기와 아이의 허약 장기를 보강하고 원기를 북돋워줘야 합니다. 아이가 빨리 식욕과 소화기능을 되찾고 면역력이 갖추어지도록 보약 처방을 해주는 것이 좋습니다.

집필을 마치며

낯선 신도시에서 처음으로 한의원 부원장 생활을 시작했습니다. 도시 특성상 아이들이 많아 하루에도 여러 명의 어린 환자들을 만났지요. 그 당시만 해도 아이를 키워본 경험이 없어 오히려 엄마들에게 배워가면서 진료하던 생각이 납니다. 그러다가 내 아이를 갖게 되었고, 하루가 다르게 성장하는 딸아이를 보며 소아과에 대한 관심은 커져만 갔습니다. 결국 한방소아과 공부를 시작해 박사학위를 받고, 소아한의원을 하게 되었고, 지금은 대학에서 한방소아학 강의를 하고 있습니다.

돌아보면 아이를 키우며 힘들었던 일이 한둘이 아닙니다. 아이가 감기에 걸려 밤새 열이 나고 힘들어할 때 그 흔한 해열제조차 먹이지 않는 저를 보고 아내는 발을 동동 굴렀습니다. 아토피로 몸 여기저기에 진물이 나고 가려워 잠도 못 자는 아이를 보며 눈물지으며 자책하기도 했지요.

지금은 건강하게 자라고 있지만, 그렇게 아이를 키우는 과정에서 마음고생도 하고 또 나름의 해결책을 찾으면서 자연의 섭리에 따라 아이를 키운다는 것이 어떤 것인지 조금은 알게 되었습니다. 여전히 아이를 통해 배우고 있지만 말입니다.

진료하면서 한 가지 알게 된 사실이 있습니다. 생각보다 많은 엄마가 아이에게 내성이 생기는 줄도 모르고 무분별하게 약을 쓴다는 것입니다. 제가 만난 엄마들은 틱이나 야뇨증, 비만, 주의력결핍이 결국 엄마의 잘못 때문에 더 심해지는 줄도 모르고 병원을 찾아 헤매고 있었습니다. 애지중지 예뻐할 줄만 알지, 옛날처럼 아이 스스로 건강하게 자라도록 자연의 이치를 따르는 법을 모른 탓이지요.

그러던 중 어느 소아과 의사가 쓴 육아 건강서를 우연히 보고 참 아쉽다는 생각이 들었습니다. 책 곳곳에 보이는 한의학에 대한 부정적 편견과 아이가 아플 때 무조건 병원부터 찾게 하는 내용을 보면서, 아이를 자연의 섭리에 따라 건강하게 키우는 법을 알려줄 한방 육아책이 꼭 필요하다고 느꼈지요. 또한 학교에서 학생들을 가르치면서 교과서 이론이 아닌 엄마들이 매일 고민하는 문제들을 다룬 임상 육아 사례가 절실하다는 것을 깨달았습니다. 여전히 부족하지만, 그런 고민과 마음을 담아 이 책을 낸 것에 보람을 느낍니다.

오랜 기간 정리한 원고가 한 권의 책으로 세상에 나올 때가 되니, 제가 한방 소아과 전문의로 살 수 있도록 이끌어준 소중한 사람들이 떠오릅니다. 얼마 전 돌아가신 어머니께 가장 먼저 이 책을 바칩니다. 그리고 사랑하는 아버지와 항상 저를 성원해주시는 장인, 장모님께도 깊이 감사드립니다. 나에게 살아 있는 소아과 교과서인 예쁜 딸 은재와 늘 든든한 후원자인 멋쟁이 아내 지나에게 무한한 사랑을 전합니다.

지금의 제가 있게 해주신 경희대 한방소아과 김덕곤, 이진용 교수님, 한방소아과를 전공할 수 있도록 지원해주신 김태희 교수님, 학생들에게 강의할 기회를 주신 상지대 이용범 교수님, 흔쾌히 추천사를 써주신 한방소아과학회 김윤희 전 회장님께도 진심으로 감사의 말을 전합니다. 부원장 시절 모든 소아 환자를 믿고 맡겨주신 강창희 원장님, 이 책을 쓰게 된 계기를 마련해준 정승기 원장, 친구이자 조언자인 《제대로 먹어야 몸이 산다》의 저자 최병갑 원장에게도 역시 감사의 말을 전합니다. 덧붙여 개정판을 훌륭하게 출간해주신 한겨레출판 여러분께도 고마움을 전합니다.

저는 한 아이가 태어나서 성인이 될 때까지, 그리고 가능하다면 그 아이가 부모가 되어 자기 아이를 낳아 기르면서도 믿고 진료를 맡길 수 있는, 든든하고 한결 같은 가정주치의가 되고 싶습니다.

이 책 역시 아이를 기르면서 곁에 두고 필요할 때마다 펼쳐보고 도움을 얻을 수 있는 책이 되길 바라며 글을 마칩니다.

찾아보기

'찾아보기' 항목의 중요 페이지는 진하게 표시했습니다.

ㄹ

ㅁ

ㅅ

ㅇ

ㅈ

ㅎ

숫자 및 알파벳

***증상에 따른 약향요법(아로마테라피)**

***증상에 따른 마사지와 추나요법**

***한방차와 한방 재료를 이용한 가정요법**

자연주의 육아백과

초판 1쇄 인쇄 2013년 9월 6일
초판 1쇄 발행 2013년 9월 13일

지은이 전찬일
펴낸이 이기섭
편집인 김수영
책임편집 임윤희
기획편집 김윤정 정회엽 이지은 김준섭
마케팅 조재성 성기준 정윤성 한성진 정영은
관리 김미란 장혜정

펴낸곳 한겨레출판(주) www.hanibook.co.kr
등록 2006년 1월 4일 제313-2006-00003호
주소 121-750 서울시 마포구 공덕동 116-25 한겨레신문 4층
전화 02) 6383-1602~1603 **팩스** 02) 6383-1610
대표메일 book@hanibook.co.kr

ISBN 978-89-8431-737-6 03590

* 책값은 뒤표지에 있습니다
* 파본은 구입하신 서점에서 바꾸어 드립니다.